新形态 材料科学与工程系列教材

材料工艺学

杨昕宇　杨　植　周永强　主　编

尹德武　樊宏斌　刘楠楠　副主编

刘若望　张　敏　陈　光
彭旭锵　赵　梅　宋小芳　参　编

清华大学出版社

北　京

内 容 简 介

本书共分为材料概论、高分子材料工艺、无机非金属材料工艺、金属材料工艺和复合材料工艺等五篇共14章,分别为:材料概述、新材料概述、高分子材料概论、塑料工艺、橡胶工艺、合成纤维工艺、无机非金属材料概论、玻璃工艺、陶瓷工艺、水泥工艺、金属材料概论、金属工艺、复合材料概论和复合材料工艺。本书较全面地介绍了高分子材料、无机非金属材料、金属材料和复合材料等四大类材料的基本概念、基本理论、基础知识、生产方法、制备原理及生产过程。

本书可作为应用型高等院校材料科学与工程、材料物理、材料化学、新能源材料与器件、高分子材料与工程、无机非金属材料工程、金属材料工程等专业的材料工艺学类课程和材料概论课程的教学用书,也可供科研、生产等单位的相关研究和技术人员参考。

图书在版编目(CIP)数据

材料工艺学 / 杨昕宇,杨植,周永强主编. -- 北京 :
清华大学出版社,2024. 7. --(新形态·材料科学与工
程系列教材). -- ISBN 978-7-302-66903-6

Ⅰ. TB3

中国国家版本馆 CIP 数据核字第 2024Z0A858 号

责任编辑:鲁永芳
封面设计:常雪影
责任校对:欧　洋
责任印制:刘　菲

出版发行:清华大学出版社
　　网　　址:https://www.tup.com.cn,https://www.wqxuetang.com
　　地　　址:北京清华大学学研大厦 A 座　　**邮　　编**:100084
　　社 总 机:010-83470000　　**邮　　购**:010-62786544
　　投稿与读者服务:010-62776969,c-service@tup.tsinghua.edu.cn
　　质量反馈:010-62772015,zhiliang@tup.tsinghua.edu.cn
印 装 者:三河市铭诚印务有限公司
经　　销:全国新华书店
开　　本:185mm×260mm　　**印　张**:50　　**字　　数**:1215 千字
版　　次:2024 年 7 月第 1 版　　**印　　次**:2024 年 7 月第 1 次印刷
定　　价:175.00 元

产品编号:100449-01

前言

材料工艺学是高等学校材料科学与工程等材料类相关专业的主干课程。本课程将系统地学习高分子材料、无机非金属材料、金属材料和复合材料等四大材料的基本概念、基础知识、基本理论、制备原理和生产工艺过程。通过本课程的学习，可使学生掌握必要的材料基础知识和基本理论，了解材料发展的概况和使用情况，掌握材料的制备原理和生产过程，能独立地应用基础知识、基本理论和基本方法设计和调控材料的组成、结构、工艺和性能、制备及其使用方法，具备解决材料生产过程中涉及的工程问题的能力，培养学生的创新能力和独立工作能力，为其从事本专业工程技术工作奠定必要的基础。

《材料工艺学》是为了满足应用型高等院校材料一级学科专业的材料工艺学课程教学的需要而编写的教材。在教材编写中，我们针对应用型高等学校材料科学与工程专业培养应用型人才的需要，以内容必需和够用，夯实基础，强化应用，注重学生创新能力和工程应用能力的培养为原则，对庞杂的材料基础知识和生产原理及生产知识进行了科学设计，通过精选内容，整体优化，以典型的材料为主覆盖全部四大材料的基础知识和生产知识，构建了一个完整而又个性和共性兼备的知识体系。该知识体系和内容既体现了科学性、系统性，又做到了简明精要，突出时代性、前沿性和实用性，加强了教材内容与新材料、新能源、新能源汽车、节能环保、高端装备制造等国家战略性新兴产业的联系，反映了产业升级和进步，体现了新工科的要求。

在教材编写过程中，以习近平新时代中国特色社会主义思想为指导，以立德树人为目标，对教材进行了整体规划，紧密联系教材中我国材料的发展、新材料的研发和材料工艺及技术的创新等内容，充分挖掘利用其中蕴含的思政和创新元素，将思政教育和创新教育及专业教育三位一体地有机融合。在专业知识传授过程中，培养学生的创新思维和创新能力，树立科学精神、工匠精神，培育家国情怀，弘扬社会主义核心价值观，树立正确的人生观、世界观及远大理想。

本书由材料概论、高分子材料工艺、无机非金属材料工艺、金属材料工艺和复合材料工艺等五篇共 14 章内容构成，分别为：材料概述、新材料概述、高分子材料概论、塑料工艺、橡胶工艺、合成纤维工艺、无机非金属材料概论、玻璃工艺、陶瓷工艺、水泥工艺、金属材料概论、金属工艺、复合材料概论和复合材料工艺。本书较全面地介绍了高分子材料、无机非金属材料、金属材料和复合材料等四大类材料的基本概念、基本理论、基础知识、生产方法和制备原理及生产过程。本书可作为应用型高等院校材料科学与工程、材料物理、材料化学、新能源材料与器件、高分子材料与工程、无机非金属材料工程、金属材料工程等专业的材料工艺学类课程和材料概论课程的教学用书，也可供科研、生产等单位的相关研究和技术人员参考。

本书由温州大学组织编写，主编为杨昕宇、杨植、周永强，副主编为尹德武、樊宏斌、刘楠楠，参编有刘若望、张敏、陈光、彭旭锵、赵梅、宋小芳。编写分工：杨昕宇编写第 7 章、第 8

章和第 12 章，杨植编写第 2 章和第 3 章，周永强编写第 1 章和第 13 章，尹德武编写第 9 章，樊宏斌编写 14 章，刘楠楠编写第 11 章，刘若望、陈光编写第 5 章，张敏、彭旭锵编写第 4 章，赵梅编写第 10 章，宋小芳编写第 6 章。本书由哈尔滨工业大学王玉金、温广武分别审阅。

本书在编写过程中参考了许多教材和著作及研究成果，在此谨向相关的教师和研究人员表示衷心的感谢。

本书内容非常广泛，由于编者的水平有限，不完善之处在所难免，欢迎同行和读者批评指正。

本书附有教学建议和教学大纲二维码，请扫码观看。

编　者

2023 年 12 月

目录

第一篇　材料概论

第1章　材料概述…………………………………………………… 3

1.1　材料的定义、分类及应用…………………………………………… 3
1.1.1　材料的定义……………………………………………… 3
1.1.2　材料的分类……………………………………………… 3
1.1.3　材料的应用……………………………………………… 4
1.2　材料的发展概况及其地位和作用 ……………………………… 5
1.2.1　材料的发展概况…………………………………………… 5
1.2.2　材料的地位及作用………………………………………… 5
1.3　材料的要素及其相互关系 ……………………………………… 6
1.3.1　材料的四要素……………………………………………… 6
1.3.2　材料四要素之间的相互关系……………………………… 7
1.4　材料的组成和结构 ……………………………………………… 8
1.4.1　材料的组成………………………………………………… 8
1.4.2　材料的结构 ……………………………………………… 12
1.5　材料的合成与加工……………………………………………… 18
1.5.1　气相法 …………………………………………………… 19
1.5.2　液相法 …………………………………………………… 20
1.5.3　固相法 …………………………………………………… 22
1.6　材料的性能和使用效能………………………………………… 23
1.6.1　材料的性能 ……………………………………………… 23
1.6.2　材料的使用效能 ………………………………………… 26
1.7　材料的选择和使用……………………………………………… 27
1.7.1　概述 ……………………………………………………… 27
1.7.2　材料的选用 ……………………………………………… 27
思考题和作业 ……………………………………………………… 30

第2章　新材料概述 ……………………………………………… 31

2.1　概述……………………………………………………………… 31
2.1.1　新材料的定义和分类 …………………………………… 31
2.1.2　新材料在新技术革命和新产业中的作用 ……………… 31

2.2 新能源材料 32
2.2.1 新能源和新能源材料 32
2.2.2 锂离子和钠离子电池材料 32
2.2.3 Ni/MH 镍氢二次电池材料 38
2.2.4 太阳能电池材料 38
2.2.5 燃料电池材料 40
2.2.6 储氢材料 43
2.2.7 风电材料 46
2.2.8 核能材料 53
2.3 纳米材料 55
2.3.1 纳米材料的定义和分类 55
2.3.2 纳米材料的发展史 56
2.3.3 纳米材料的性质 56
2.3.4 纳米材料的结构单元 57
2.3.5 纳米材料的制备 59
2.3.6 纳米材料的应用 61
2.4 生物医学材料 63
2.4.1 生物医学材料的定义和分类 63
2.4.2 生物医学材料的发展概况 65
2.4.3 各种生物医学材料 66
2.5 信息材料 71
2.5.1 概述 71
2.5.2 半导体材料 71
2.5.3 光电子材料 74
2.5.4 电子陶瓷材料 79
2.6 智能材料 80
2.6.1 概述 80
2.6.2 智能材料的分类 81
2.6.3 智能材料的自诊断技术 82
2.6.4 智能金属材料 83
2.6.5 无机非金属基智能材料 84
2.6.6 智能高分子材料 85
2.6.7 基础智能材料 88
2.6.8 新型智能材料 89
2.7 超导材料 90
2.7.1 概述 90
2.7.2 超导体的特性和临界条件 91
2.7.3 超导的原理 93
2.7.4 超导材料的分类 93

2.7.5 超导材料的应用 …… 97
2.8 光学材料 …… 98
2.8.1 概述 …… 98
2.8.2 光致发光材料 …… 102
2.8.3 场致发光材料 …… 103
2.8.4 白光发射材料 …… 104
2.8.5 激光材料 …… 104
2.8.6 红外材料 …… 106
2.8.7 光色材料 …… 107
思考题和作业 …… 108

第二篇 高分子材料工艺

第3章 高分子材料概论 …… 111
3.1 高分子材料概述 …… 111
3.1.1 高分子材料的定义和分类 …… 111
3.1.2 高分子材料的发展概况 …… 111
3.1.3 高分子材料的组成和特点 …… 112
3.1.4 高分子材料的结构 …… 113
3.1.5 高分子材料的合成和加工 …… 115
3.2 塑料 …… 116
3.2.1 塑料的定义和分类 …… 116
3.2.2 塑料的发展概况 …… 118
3.2.3 塑料的组分 …… 119
3.2.4 塑料的性能 …… 121
3.2.5 塑料的加工 …… 127
3.2.6 塑料的选用原则 …… 127
3.3 橡胶 …… 130
3.3.1 橡胶的定义和分类 …… 130
3.3.2 橡胶的组成 …… 131
3.3.3 橡胶的结构与性能 …… 132
3.3.4 橡胶的加工 …… 134
3.3.5 常用的橡胶 …… 137
3.4 合成纤维 …… 141
3.4.1 纤维的定义和分类 …… 141
3.4.2 纤维的主要性能指标 …… 143
3.4.3 成纤高聚物的结构与特性 …… 144
3.4.4 合成纤维的加工 …… 144
3.4.5 常用的合成纤维 …… 145

3.5 新型高分子材料 …… 149
3.5.1 高性能高分子材料 …… 149
3.5.2 高分子功能材料 …… 152
3.5.3 生物医用高分子材料 …… 154
3.5.4 高分子分离膜 …… 155
3.5.5 高分子压电材料 …… 156
思考题和作业 …… 157

第4章 塑料工艺 …… 159

4.1 塑料生产工艺概述 …… 159
4.2 塑料成型原料及配制 …… 160
4.2.1 塑料成型原料 …… 160
4.2.2 物料的混合 …… 172
4.2.3 配料 …… 175
4.3 挤出成型 …… 179
4.3.1 概述 …… 179
4.3.2 挤出成型设备 …… 179
4.3.3 挤出成型原理 …… 183
4.3.4 挤出成型的工艺过程 …… 184
4.4 注射成型 …… 188
4.4.1 概述 …… 188
4.4.2 注射成型设备 …… 188
4.4.3 注射成型的工艺过程 …… 191
4.4.4 塑化原理 …… 193
4.4.5 注射成型工艺的影响因素 …… 194
4.4.6 反应注射成型 …… 198
4.5 模压成型 …… 200
4.5.1 概述 …… 200
4.5.2 模压成型的工艺过程 …… 201
4.5.3 模压成型的工艺特点 …… 203
4.5.4 模压成型工艺的影响因素 …… 203
4.6 压延成型 …… 204
4.6.1 概述 …… 204
4.6.2 压延成型原理 …… 205
4.6.3 压延成型设备 …… 205
4.6.4 压延成型的工艺过程 …… 207
4.6.5 压延成型工艺的影响因素 …… 208
4.7 滚塑成型 …… 209
4.7.1 概述 …… 209

4.7.2 滚塑成型的工艺过程…… 210
4.7.3 滚塑成型工艺的影响因素…… 210
4.8 其他的一次成型方法 …… 211
4.8.1 铸塑成型…… 211
4.8.2 模压烧结成型…… 212
4.8.3 传递模塑成型…… 213
4.8.4 发泡成型…… 214
4.9 中空吹塑成型 …… 216
4.9.1 概述…… 216
4.9.2 中空吹塑成型的工艺过程…… 216
4.9.3 中空吹塑成型工艺的影响因素…… 219
4.10 热成型…… 220
4.10.1 概述…… 220
4.10.2 热成型的工艺过程…… 220
4.10.3 热成型工艺的影响因素…… 222
4.11 拉幅薄膜成型…… 224
4.11.1 概述…… 224
4.11.2 拉幅薄膜成型的工艺过程…… 224
4.11.3 拉幅薄膜成型工艺的影响因素…… 226
4.12 冷成型…… 227
思考题和作业…… 228

第5章 橡胶工艺…… 230

5.1 橡胶的加工工艺概述 …… 230
5.2 橡胶原料及配制 …… 231
5.2.1 生胶和再生胶…… 231
5.2.2 配合剂…… 232
5.2.3 配方设计…… 238
5.3 胶料的加工 …… 239
5.3.1 塑炼…… 240
5.3.2 混炼…… 245
5.4 压延 …… 249
5.4.1 概述…… 250
5.4.2 压延工艺…… 250
5.4.3 压延工艺的影响因素…… 254
5.4.4 常用橡胶的压延特性…… 255
5.5 挤出 …… 255
5.5.1 挤出的工艺过程…… 256
5.5.2 挤出工艺的影响因素…… 259

5.6 橡胶的硫化 …… 260
5.6.1 概述 …… 260
5.6.2 橡胶的硫化过程 …… 262
5.6.3 橡胶硫化程度的测定 …… 263
5.6.4 硫化机理 …… 264
5.6.5 硫化工艺 …… 266
思考题和作业 …… 269

第6章 合成纤维工艺 …… 271

6.1 合成纤维的合成与加工工艺概述 …… 271
6.2 纺丝成型 …… 272
6.2.1 熔融纺丝 …… 272
6.2.2 干法纺丝和湿法纺丝 …… 274
6.2.3 其他纺丝方法 …… 275
6.3 后加工 …… 277
思考题和作业 …… 278

第三篇 无机非金属材料工艺

第7章 无机非金属材料概论 …… 281

7.1 无机非金属材料的定义和分类及特点 …… 281
7.1.1 无机非金属材料的定义 …… 281
7.1.2 无机非金属材料的分类 …… 281
7.1.3 无机非金属材料的特点 …… 281
7.2 无机非金属材料的发展概况 …… 282
7.3 无机非金属材料的应用 …… 282
7.4 玻璃 …… 284
7.4.1 玻璃的定义和分类 …… 284
7.4.2 玻璃的发展概况 …… 285
7.4.3 玻璃的特性 …… 285
7.4.4 玻璃的组成 …… 286
7.4.5 玻璃的形成 …… 287
7.4.6 玻璃的结构 …… 290
7.4.7 玻璃的性质 …… 292
7.4.8 玻璃的制备 …… 303
7.4.9 普通玻璃 …… 304
7.5 陶瓷 …… 306
7.5.1 陶瓷的定义和分类 …… 306
7.5.2 陶瓷的发展概况 …… 307

7.5.3 陶瓷的组成…… 308
7.5.4 陶瓷的显微结构和性能…… 308
7.5.5 陶瓷的制备…… 311
7.5.6 普通陶瓷…… 313
7.6 水泥 …… 318
7.6.1 胶凝材料的定义和分类…… 318
7.6.2 胶凝材料的发展概况…… 318
7.6.3 水泥的定义和分类…… 319
7.6.4 水泥的发展概况…… 319
7.6.5 水泥的组成和性能…… 320
7.6.6 水泥的制备…… 322
7.7 新型无机非金属材料 …… 323
7.7.1 概述…… 323
7.7.2 先进陶瓷…… 324
7.7.3 特种玻璃…… 334
7.7.4 特种水泥…… 343
7.7.5 碳结构材料…… 351
思考题和作业…… 354

第8章 玻璃工艺…… 356

8.1 原料概述 …… 356
8.1.1 原料的选择…… 356
8.1.2 原料…… 356
8.2 原料的加工 …… 361
8.2.1 原料加工工艺流程…… 361
8.2.2 原料的破碎与粉碎…… 362
8.2.3 原料的筛分…… 362
8.3 配合料的制备 …… 362
8.3.1 配合料的称量…… 363
8.3.2 配合料的混合…… 363
8.3.3 配合料的质量要求和控制…… 363
8.3.4 玻璃组成的设计和配合料计算…… 365
8.4 玻璃的熔制 …… 366
8.4.1 概述…… 366
8.4.2 玻璃的熔制过程…… 366
8.4.3 影响玻璃熔制过程的因素…… 370
8.4.4 玻璃熔窑…… 372
8.4.5 窑用耐火材料…… 374
8.4.6 熔窑的节能…… 376

8.5 玻璃的成型 …… 377
8.5.1 玻璃的主要成型性质 …… 377
8.5.2 成型制度的制定 …… 378
8.5.3 浮法成型 …… 378
8.5.4 吹制成型 …… 382
8.5.5 拉制成型 …… 383
8.5.6 压延法成型 …… 384
8.6 玻璃的退火 …… 385
8.6.1 玻璃的应力 …… 385
8.6.2 玻璃的退火工艺 …… 386
8.7 玻璃的缺陷 …… 388
8.7.1 气泡 …… 388
8.7.2 条纹和节瘤 …… 389
8.7.3 结石 …… 390
8.8 玻璃制品的加工 …… 391
8.8.1 冷加工 …… 391
8.8.2 热加工 …… 392
8.8.3 玻璃的表面处理 …… 392
思考题和作业 …… 393

第9章 陶瓷工艺 …… 395

9.1 原料 …… 395
9.1.1 黏土类原料 …… 395
9.1.2 石英类原料 …… 399
9.1.3 长石类原料 …… 400
9.1.4 其他原料 …… 401
9.2 配料及计算 …… 402
9.2.1 配料的依据 …… 402
9.2.2 坯料和釉料组成的表示方法 …… 403
9.2.3 坯料配方计算 …… 405
9.3 坯料及制备 …… 408
9.3.1 陶瓷坯料的种类和质量要求 …… 408
9.3.2 可塑坯料的制备 …… 409
9.3.3 注浆坯料的制备 …… 415
9.3.4 压制坯料的制备 …… 416
9.4 成型 …… 418
9.4.1 可塑成型 …… 418
9.4.2 注浆成型 …… 421
9.4.3 压制成型 …… 427

9.5 釉料制备及施釉 …… 433
9.5.1 釉的分类 …… 433
9.5.2 釉层的形成 …… 434
9.5.3 釉层的性质 …… 435
9.5.4 釉料制备和施釉 …… 438
9.5.5 陶瓷的装饰 …… 441
9.6 干燥 …… 443
9.6.1 干燥原理 …… 443
9.6.2 干燥方法 …… 446
9.6.3 干燥缺陷及原因 …… 450
9.7 烧成 …… 451
9.7.1 烧成方式 …… 451
9.7.2 坯体和釉在烧成过程中的变化 …… 453
9.7.3 烧成窑 …… 457
9.7.4 烧成制度 …… 461
9.7.5 烧成缺陷及产生原因 …… 465
思考题和作业 …… 469

第 10 章 水泥工艺 …… 470

10.1 硅酸盐水泥的生产 …… 470
10.1.1 通用硅酸盐水泥的国家标准 …… 470
10.1.2 硅酸盐水泥的生产方法和生产过程 …… 475
10.2 硅酸盐水泥熟料的组成 …… 477
10.2.1 硅酸盐水泥熟料的化学组成 …… 477
10.2.2 硅酸盐水泥熟料的矿物组成 …… 477
10.2.3 熟料的率值 …… 480
10.2.4 熟料矿物组成的计算 …… 482
10.2.5 熟料矿物组成的选择 …… 483
10.3 硅酸盐水泥的原料和配料计算 …… 485
10.3.1 硅酸盐水泥的原料 …… 485
10.3.2 硅酸盐水泥的配料计算 …… 487
10.4 物料的破碎和均化 …… 488
10.4.1 物料的破碎 …… 488
10.4.2 物料的均化技术 …… 489
10.5 粉磨工艺 …… 493
10.5.1 粉磨的目的和要求 …… 493
10.5.2 粉磨流程 …… 494
10.5.3 影响磨机产量和质量及能耗的主要因素 …… 496
10.6 硅酸盐水泥熟料的煅烧 …… 499

10.6.1 硅酸盐水泥熟料的形成 …… 500
10.6.2 矿化剂和微量元素对熟料煅烧和质量的影响 …… 506
10.6.3 水泥熟料煅烧的设备 …… 508
10.6.4 悬浮预热器 …… 509
10.6.5 分解炉 …… 514
10.6.6 回转窑 …… 515
10.6.7 熟料冷却机 …… 516
10.7 硅酸盐水泥的制成 …… 517
10.7.1 粉磨工艺 …… 518
10.7.2 影响水泥粉磨产量和质量的因素 …… 518
10.7.3 水泥储存与均化 …… 519
10.7.4 水泥包装和散装 …… 520
10.8 硅酸盐水泥的水化和硬化 …… 520
10.8.1 熟料矿物的水化 …… 520
10.8.2 硅酸盐水泥的水化 …… 524
10.8.3 硬化水泥浆体的结构 …… 529
10.8.4 掺混合材的水泥的水化和硬化 …… 530
10.9 硅酸盐水泥的化学侵蚀 …… 534
10.9.1 淡水的侵蚀 …… 534
10.9.2 酸和酸性水的侵蚀 …… 534
10.9.3 硫酸盐的侵蚀 …… 535
10.9.4 含碱溶液的侵蚀 …… 536
10.9.5 提高水泥抗蚀性的措施 …… 536
思考题和作业 …… 537

第四篇 金属材料工艺

第11章 金属材料概论 …… 541

11.1 金属材料概述 …… 541
11.1.1 金属材料的定义和分类 …… 541
11.1.2 金属材料的发展概况 …… 542
11.1.3 金属材料的性能 …… 542
11.1.4 金属材料的结构与组织 …… 548
11.1.5 金属材料的生产工艺 …… 551
11.1.6 金属材料的成型与加工 …… 554
11.2 钢和铸铁 …… 561
11.2.1 钢 …… 561
11.2.2 铸铁 …… 586
11.3 有色金属及合金 …… 597

11.3.1 铝及铝合金 …… 597
11.3.2 铜及铜合金 …… 599
11.3.3 镁及镁合金 …… 600
11.3.4 钛及钛合金 …… 601
11.3.5 轴承合金 …… 601
11.4 新型金属材料 …… 603
11.4.1 形状记忆合金 …… 604
11.4.2 非晶态金属 …… 610
11.4.3 储氢合金 …… 616
11.4.4 超塑性合金 …… 617
思考题和作业 …… 619

第12章 金属工艺 …… 621

12.1 铸造 …… 621
12.1.1 铸造成型基础 …… 621
12.1.2 砂型铸造 …… 625
12.1.3 砂型铸造方法 …… 628
12.1.4 铸件结构的工艺性 …… 630
12.1.5 特种铸造和铸造技术的发展 …… 630
12.2 锻压 …… 633
12.2.1 概述 …… 633
12.2.2 塑性变形对金属组织及性能的影响 …… 635
12.2.3 金属的锻造性能 …… 635
12.2.4 锻造 …… 636
12.2.5 板料冲压 …… 639
12.2.6 挤压、轧制、拉拔 …… 640
12.2.7 特种塑性加工方法 …… 642
12.2.8 塑性加工零件的结构工艺性 …… 644
12.2.9 塑性加工技术新进展 …… 645
12.3 切削 …… 646
12.3.1 车削加工 …… 646
12.3.2 铣削加工 …… 652
12.3.3 刨削加工 …… 654
12.3.4 拉削加工和镗削加工 …… 655
12.4 特种加工 …… 655
12.4.1 电火花加工 …… 656
12.4.2 电解加工 …… 657
12.4.3 超声加工 …… 658
12.4.4 高能束加工 …… 659

12.5 焊接 …… 660
12.5.1 焊接基础 …… 660
12.5.2 常用焊接方法 …… 665
12.5.3 焊接件结构工艺性 …… 674
12.5.4 焊接质量检测 …… 675
12.5.5 焊接技术新进展 …… 678
12.6 钢的热处理 …… 679
12.6.1 概述 …… 679
12.6.2 退火与正火 …… 680
12.6.3 淬火 …… 684
12.6.4 回火 …… 691
12.6.5 表面热处理 …… 694
12.6.6 化学热处理 …… 695
12.6.7 热处理新技术 …… 698
思考题和作业 …… 700

第五篇 复合材料工艺

第13章 复合材料概论 …… 705

13.1 复合材料的定义和命名及分类 …… 705
13.1.1 复合材料的定义 …… 705
13.1.2 复合材料的命名 …… 705
13.1.3 复合材料的分类 …… 706
13.2 复合材料的发展概况 …… 707
13.3 复合材料的性能和加工及应用 …… 707
13.3.1 复合材料的性能 …… 707
13.3.2 复合材料的加工 …… 709
13.3.3 复合材料的应用 …… 710
13.4 复合材料的基体和增强体 …… 710
13.4.1 基体材料 …… 710
13.4.2 增强体 …… 713
13.5 复合材料的增强机制和复合原则 …… 724
13.5.1 复合材料的增强机制 …… 724
13.5.2 复合材料的复合原则 …… 725
13.6 复合材料界面 …… 726
13.6.1 概述 …… 726
13.6.2 聚合物基复合材料界面 …… 726
13.6.3 金属基复合材料界面 …… 730
13.7 聚合物基复合材料 …… 734

13.7.1 聚合物基复合材料的种类和性能 …… 734
13.7.2 常用聚合物基复合材料的性能及应用 …… 735
13.8 金属基复合材料 …… 738
13.8.1 金属陶瓷 …… 739
13.8.2 纤维增强金属基复合材料 …… 740
13.8.3 颗粒和晶须增强金属基复合材料 …… 742
13.9 陶瓷基复合材料 …… 743
13.9.1 常用的陶瓷基复合材料 …… 743
13.9.2 增韧陶瓷基复合材料的性能 …… 745
13.9.3 陶瓷基复合材料的应用 …… 746
13.10 水泥基复合材料 …… 746
13.10.1 水泥基复合材料的定义和种类 …… 746
13.10.2 混凝土 …… 747
13.10.3 纤维增强水泥基复合材料 …… 747
13.10.4 聚合物混凝土复合材料 …… 749
13.10.5 水泥基复合材料的应用 …… 751
13.11 纳米复合材料 …… 753
13.11.1 纳米复合材料的定义和分类及特点 …… 753
13.11.2 纳米复合材料的制备技术 …… 754
13.11.3 各种纳米复合材料 …… 755
13.12 碳/碳复合材料 …… 759
思考题和作业 …… 760

第 14 章 复合材料工艺 …… 761

14.1 聚合物基复合材料加工工艺 …… 761
14.1.1 热固性树脂基复合材料加工工艺 …… 761
14.1.2 热塑性树脂基复合材料加工工艺 …… 763
14.2 金属基复合材料制备工艺 …… 763
14.2.1 固态法制备工艺 …… 764
14.2.2 液态法制备工艺 …… 765
14.2.3 喷涂沉积法制备工艺 …… 766
14.2.4 原位复合法制备工艺 …… 767
14.3 陶瓷基复合材料制备工艺 …… 767
14.4 水泥基复合材料制备工艺 …… 768
14.4.1 纤维增强水泥基复合材料的制备工艺 …… 768
14.4.2 聚合物混凝土复合材料的制备工艺 …… 776
思考题和作业 …… 779

参考文献 …… 780

第一篇

材 料 概 论

第1章

材料概述

1.1 材料的定义、分类及应用

1.1.1 材料的定义

材料一般是指人类用于直接制造生产和生活所需的物品、器件、构件、机器和其他成品的物质。材料是物质，但不是所有的物质都可以称为材料。化学原料、工业化学品、燃料、药物和食物通常不归入材料。只有那些可为人类社会接受且能经济地制造有用成品的物质，才称为材料。有人把炸药、固体火箭推进剂也划入材料的范畴，称之为含能材料。材料总是与一定的用途相联系，可由一种或若干种物质制成。组成相同的材料，由于制备方法的不同，可成为用途迥异的不同类型和性质的材料。

1.1.2 材料的分类

材料的种类繁多，用途广泛，可以从不同的角度进行分类。依据材料的来源，可将材料分为天然材料和人造材料两类。目前，用量较大的天然材料是石料、木材、橡胶等，但其用量在逐渐减少，许多原来使用天然材料的领域正在日益被人造材料所取代。例如，钢筋水泥轨枕代替枕木，人造橡胶代替天然橡胶，化学纤维代替植物纤维等。

按材料的物理化学属性，将材料分为金属材料、无机非金属材料、高分子材料和复合材料四大类，每一类又可分为若干大类，如图 1.1.1 所示。金属材料、无机非金属材料和高分子材料因原子间的相互作用不同，在各种性能上表现出极大的差异。它们相互配合，取长补短，构成现代工业的三大材料体系。复合材料则是由上述三类材料复合而成，它结合了不同材料的优良性能，在强度、刚度、耐腐蚀性等使用性能方面比单一材料优越，具有广阔的发展前景。

从材料的使用性能考虑，将材料分为结构材料和功能材料两类。结构材料以力学性能为基础，用于制造以受力为主的构件。当然，结构材料对物理性能和化学性能也有要求，如光泽、热导率、抗辐照、抗腐蚀、抗氧化能力等。对性能的要求因材料用途而异。功能材料则是在光、电、磁、力、热、化学、生物化学等作用下具有特定功能的一类材料，这种材料涉及面很广，大致有电磁功能、光功能、分离功能、生物功能、形状记忆功能材料等，它们的应用对航天、导弹等先进技术的发展起着重要作用。一种材料往往既是结构材料又是功能材料，如铁、铜、铝等。

按材料的历史分类，材料分为传统材料和新型材料(又称新材料、先进材料)。前者是指已经成熟，且在工业中已批量生产并得到广泛应用的材料，如钢铁、水泥、塑料等，这类材料

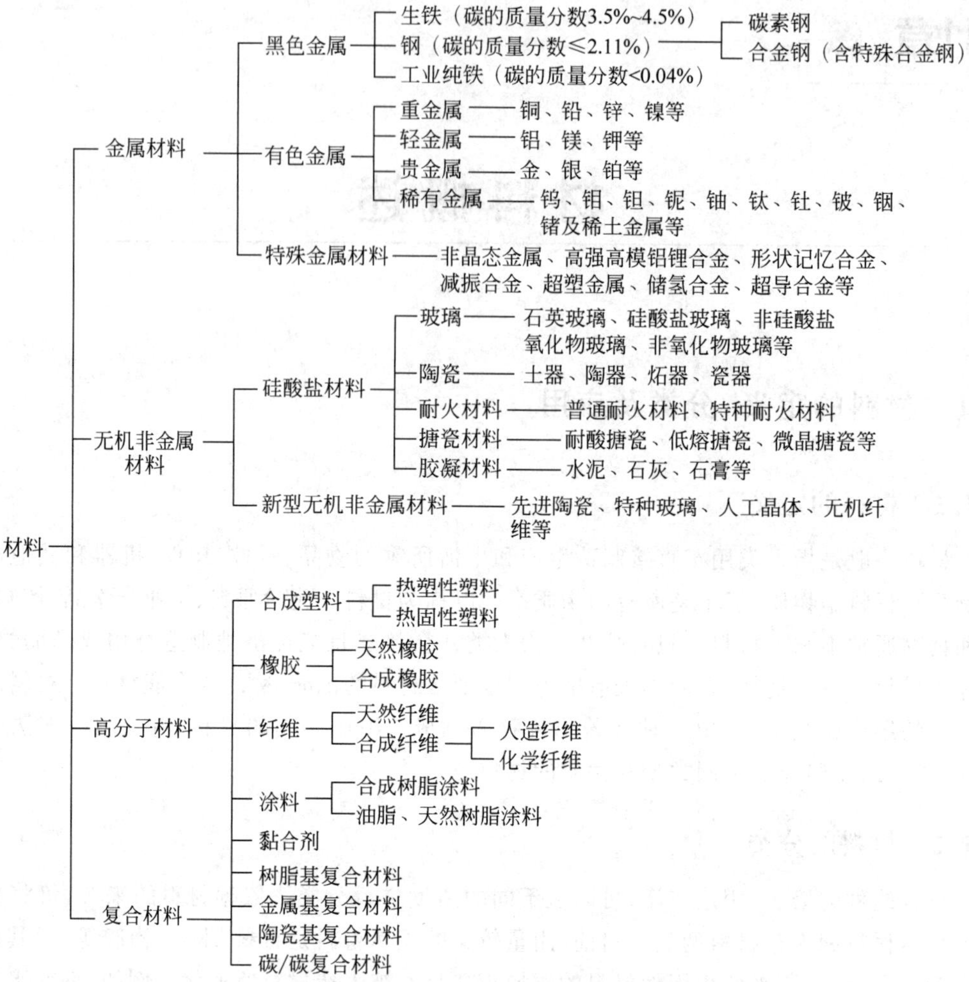

- 材料
  - 金属材料
    - 黑色金属
      - 生铁（碳的质量分数3.5%~4.5%）
      - 钢（碳的质量分数≤2.11%）
        - 碳素钢
        - 合金钢（含特殊合金钢）
      - 工业纯铁（碳的质量分数<0.04%）
    - 有色金属
      - 重金属——铜、铅、锌、镍等
      - 轻金属——铝、镁、钾等
      - 贵金属——金、银、铂等
      - 稀有金属——钨、钼、钽、铌、铀、钛、钍、铍、铟、锗及稀土金属等
    - 特殊金属材料——非晶态金属、高强高模铝锂合金、形状记忆合金、减振合金、超塑金属、储氢合金、超导合金等
  - 无机非金属材料
    - 硅酸盐材料
      - 玻璃——石英玻璃、硅酸盐玻璃、非硅酸盐氧化物玻璃、非氧化物玻璃等
      - 陶瓷——土器、陶器、炻器、瓷器
      - 耐火材料——普通耐火材料、特种耐火材料
      - 搪瓷材料——耐酸搪瓷、低熔搪瓷、微晶搪瓷等
      - 胶凝材料——水泥、石灰、石膏等
    - 新型无机非金属材料——先进陶瓷、特种玻璃、人工晶体、无机纤维等
  - 高分子材料
    - 合成塑料
      - 热塑性塑料
      - 热固性塑料
    - 橡胶
      - 天然橡胶
      - 合成橡胶
    - 纤维
      - 天然纤维
      - 合成纤维
        - 人造纤维
        - 化学纤维
    - 涂料
      - 合成树脂涂料
      - 油脂、天然树脂涂料
    - 黏合剂
  - 复合材料
    - 树脂基复合材料
    - 金属基复合材料
    - 陶瓷基复合材料
    - 碳/碳复合材料

图 1.1.1 材料的分类

由于用量大、产值高、涉及面广泛，是很多支柱产业的基础，所以又称为基础材料；后者则是新近发展起来的具有优异性能和功能以及良好的应用前景的一类材料。新型材料与传统材料之间并没有清晰的界限，传统材料可以发展成为新型材料，新型材料在经过长期生产与应用之后也就成为了传统材料。传统材料是发展新型材料的基础，而新型材料又往往能推动传统材料的进一步发展。

按材料的用途分类，材料可分为建筑材料、机械工程材料、航空航天材料、能源材料、电子材料、信息材料、生物材料、环境材料、核材料等。其中，电子材料是在电子技术和微电子技术中使用的材料，包括介电材料、半导体材料、压电与铁电材料、导电金属及其合金材料、磁性材料、光电子材料等。能源材料是在能源的开发、转换、运输、储存中使用的材料。信息材料是信息的接收、处理、显示、储存和传播中使用的材料，如硅、砷化镓等半导体材料，光导纤维，电磁敏感材料，光敏材料，压电材料等。

1.1.3 材料的应用

由于材料与人类生产、生活息息相关，因此，材料的应用领域也十分广泛，除了日常生活领域，更多的是应用于建筑、机械、能源、化学化工、仪器仪表、航空航天、交通运输、电子信息、环境、生物、地质、冶金等领域。

1.2　材料的发展概况及其地位和作用

1.2.1　材料的发展概况

材料具有悠久的历史，可以说人类的历史就是材料的历史，是材料创新、创造的历史。材料是社会进步的物质基础与先导，是人类进步的里程碑。从人类的发展史看，每一种重要材料的发明和广泛应用，都会把人类支配和改造自然的能力提高到一个新的高度，给社会生产力和人类生活带来巨大的变化，把人类的物质和精神文明推进一大步。

远古时代人类最早使用的是石、木、骨之类的天然材料，其不经加工或简单加工即可制成工具和用具。这是材料发展的初始阶段，这一阶段的特点是人类单纯选用天然材料。

距今300万年以前至距今1万年以前，人类就开始以石头做工具，这称为旧石器时代。1万年以前，人类对石头进行加工，使之成为较简单的器物和工具，从而进入新石器时代。在新石器时代，人类还发明了用黏土作原料，成型后火烧固化而制成陶器，用作器皿盛水、煮食物等，使人类的饮食生活习性由烧烤发展为蒸煮，生存状况彻底改观，这是对人类文明的一大促进。新石器时代，人类开始用毛皮遮身；8000年前，中国人开始用蚕丝做衣服；4500年前，古印度人开始种植棉花。这些材料在被人类使用的同时，也为人类的文明奠定了重要的物质基础。

铜、铁和其后的其他合金的发现及应用，是材料发展的第二阶段。在这个阶段中，金属（主要是钢和铁）确立了工业材料的绝对优势。在人类社会中，这一阶段持续了很长时间，并发挥了极其重要的作用。这个阶段的特点是人类从自然资源中提取有用的材料。在新石器时代，人类已经知道使用天然的金和铜，但因其尺寸较小，数量也少，不能成为大量使用的材料。后来人类在找寻石料的过程中认识了矿石，在烧制陶器的过程中又还原出金属铜和锡，创造了炼铜技术，生产出各种铜器物，从而进入红铜时代，并过渡到青铜时代。这是人类大量利用金属的开始，也是人类文明的重要里程碑。中国在商周（公元前17世纪初至公元前256年）就进入了青铜器的鼎盛时期，在技术上达到了当时世界的顶峰。5000年前，人类开始用铁。由于铁比铜易得且便于利用，在公元前10世纪，铁工具已经比青铜工具更为普通，人类从此由青铜时代进入铁器时代。

随着科学技术和工业的发展，人类对材料提出了质量轻、功能多、价格低等要求。与此同时，人类已掌握了丰富的知识和生产技能，已能人为地制造出一些自然界不存在的材料，来满足社会各种各样的要求，并在材料的研制方面取得很大的自由度和主动性。这是材料发展的第三个阶段，即进入人工合成时代。塑料等各种高分子材料、精细陶瓷、新型复合材料、超晶格异质结等材料是这一阶段的代表。到了近代，18世纪蒸汽机的发明和19世纪电动机的发明，使材料在新品种开发和规模生产等方面发生了飞跃。

目前人类已进入信息社会，材料、能源、信息成为现代文明的三大支柱。材料正向着更高级的先进材料和智能材料方向快速发展。

1.2.2　材料的地位及作用

从人类的历史看，材料与人类的出现和进化有着密切的联系，一切经济活动与生活行为都离不开材料，材料是人类赖以生存和发展的物质基础与先导。在历史上，每一次大的社会进步，无一不是以新材料的出现与应用为前提的。因而历史学家用材料来划分历史，人类经历了石器时代、青铜时代、铁器时代，今天，正跨进先进材料的新时代。在当今社会，人们把材料、能源、信息誉为现代文明的三大支柱，又把新材料与信息技术和生物技术并列为新技术革命的重要标志。材料发展与应用水平的高低，已成为衡量一个国家国力强弱、科学技术进步程度、人民生活水平的重要标志。因此，无论过去、现在还是将来，材料在国民经济与社会进步中的基础与先导的地位是永远不会改变的。

1.3 材料的要素及其相互关系

1.3.1 材料的四要素

20世纪60年代开始，材料科学、材料工程、材料科学与工程的概念被相继提出。随着科学技术的发展，尤其是建立在原有的材料研究成果基础之上的材料研究的发展，以及对材料关键问题认识的日益深化，材料科学、材料工程、材料科学与工程等学科亦随之形成并逐渐走向成熟。

材料科学是研究材料的组成、结构和性能以及它们之间的关系，探索材料的自然规律，这些属于材料的基础性研究。材料研究与开发的最终目的是使用材料，满足科学技术、经济和社会发展的需要。而材料只有采用合理的工艺流程和技术，通过批量生产才能制备出具有实用价值的材料产品。材料工程则是研究材料在制备过程中的工艺和工程技术问题。对于材料科学与工程，是研究材料的组成、结构、制备、性质和使用效能，以及它们之间的相互关系。因而把组成与结构、合成与加工、性质以及使用效能称为材料科学与工程的四个基本要素。把四要素结合在一起，便形成一个四面体的模型，如图1.3.1(a)所示为四要素之间的关系。

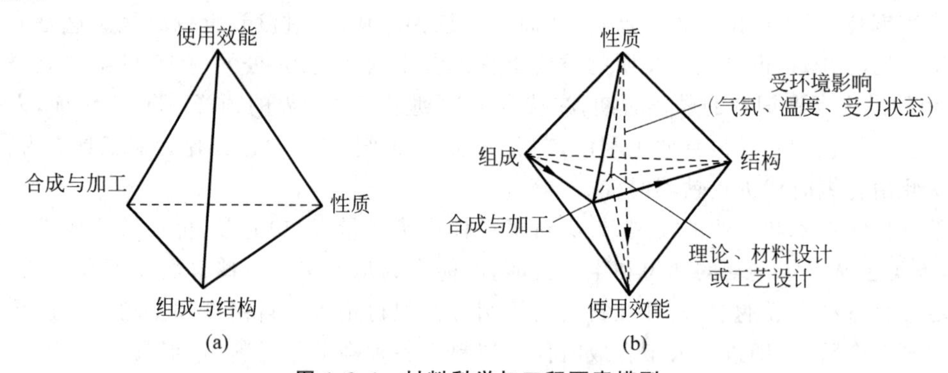

图1.3.1 材料科学与工程要素模型

(a) 材料科学与工程四要素；(b) 材料科学与工程五要素

无论哪种材料，都包括了四个要素。性质赋予了材料的价值和应用性；使用效能是材料在使用条件下应用性能的度量；组成与结构包括了决定材料性质和使用性能的原子类型和排列方式；合成与加工实现了特定的原子排列。

材料的四个要素反映了材料科学与工程研究中的共性问题，其中合成与加工，受加工影响的使用效能，是两个普遍的关键要素。在这四个要素的基础上，各种材料相互借鉴，相互补充,相互渗透。掌握了这四个要素,就把握住了材料科学与工程研究的本质。而各种材料是其内在特征的体现,反映了该种材料与众不同的个性,如果这样去认识,则许多长期困扰材料科技工作者的问题都将迎刃而解。可以依据这四个基本要素,评估材料研究中的机遇,以新的或更有效的方式和方法研制和生产材料。

考虑到材料四要素中的组成和结构并非同义词,即相同的组成,通过不同的合成或加工方法可以得到不同结构的材料,从而使材料具有不同的性质或使用效能。因此,我国有学者提出了一个五个基本要素的模型,即组成、合成与加工、结构、性质以及使用效能。如果把它们结合在一起,则形成一个六面体的模型,如图 1.3.1(b)所示。

材料科学与工程五要素模型有两个主要的特点。一是性质与使用效能有一个特殊的联系。材料的使用效能是材料性质在使用条件下的表现。环境对材料性能的影响很大,如受力状态、气氛、介质和温度等。有些材料在一般环境下的性能很好,而在腐蚀介质下性能却显著下降。有的材料为光滑样品时表现很好,而在有缺口的情况下,性能则大幅下降。特别是有些高强度材料表现尤为突出,一旦有一个划痕,就会造成灾害性破坏。因此,环境因素的引入对工程材料来说十分重要。二是材料理论以及材料设计或工艺设计有了一个适当的位置,处在六面体的中心。因为这五个要素中的每一个要素或几个相关要素都有其理论,根据理论建立模型,通过模型可以进行材料设计或工艺设计,以达到提高性能及使用效能、节约资源、减少污染或降低成本的最佳状态,这是材料科学与工程最终努力的目标。应该说明,目前国际流行的仍是四要素模型。

1.3.2 材料四要素之间的相互关系

材料科学与工程四要素和五要素的提出就是试图在材料的组成、制备、结构、性能、使用效能之间建立一个整体和全貌的关系。

在各种尺度上了解材料的组成与结构,以及它们同合成与加工之间、性能与使用效能之间的内在联系,长期以来一直是材料科学与工程的基本研究内容。

材料的制备包括材料的合成过程及材料的加工过程。材料的制备与材料的结构及性能之间具有密切的关系,影响材料的组织、结构,因而对材料的性能有显著的影响。例如,用高压法合成的聚乙烯和用低压法合成的聚乙烯,在结构上有很大的差别,因而性能也显著不同。又如,铸造法制造的铜棒与轧制法制造的铜棒,其组织结构不相同,晶粒的形状、尺寸和取向也都不相同,所以性能也不同。

材料的原始组织结构及性能又常常决定着采用何种方法将材料加工成所需要的形状,即材料的原始组织结构及性能又影响着材料的制备。例如,热固性树脂与热塑性树脂因其组织结构及性能不同,选用的成型加工方法有很大差别。又如,含有大缩孔的铸件不宜采用合金钢的成型加工方法等。

材料的组成与结构是材料的基本表征。它们一方面是特定的合成与加工条件的产物,另一方面又是决定材料性能与使用效能的内在因素,因而在材料科学与工程的四面体模型中占有独特的承前启后的地位,并起着指导性的作用。

材料的结构决定其性能,材料的组成则通过其结构决定其性能,不同化学组成的材料有不同的结构,从而使其具有不同的性能。例如,铁碳合金的性能与含碳量密切相关。如果不含碳,就是纯铁,性软、延展性极好,但不能作为机械材料使用;当碳的质量分数不超过

2.11%时，称为钢，随着钢中含碳量的增加，钢的强度和硬度直线上升，但塑性、韧性急剧下降，工艺性能也变差；碳的质量分数超过2.11%后，工业上称为铸铁。铸铁虽然强度较低，但有良好的切削、减磨、消振性能，加上生产简便和成本低廉，因此得到了广泛应用。

而相同化学组成的材料由于其制备工艺条件的不同，也会具有不同的结构和性能。例如，由水热法合成的水晶和由熔融法制备的石英玻璃，它们的组成都是二氧化硅，然而，由于其制备工艺条件的不同，两者的结构却完全不同，一个是晶态结构，另一个是非晶态结构，从而造成了两者性能上的较大差异。同样，金刚石和石墨都是由碳元素构成的，然而两者的结构却完全不同，即它们的碳原子的排列方式不同，从而造成了彼此性能上的很大差异。金刚石是最硬的一种物质，绝缘透明，折射光的能力极强，可以加工成装饰品——钻石；也可以加工成钻探机钻头，穿透坚硬的岩层；还可以做成刀具加工最硬的金属或切割玻璃。而石墨正好相反，是最软的矿物之一，用指甲就能在它上面刻划，常用来制作铅笔芯；也可以利用其良好的导电性，作为电极、电刷材料；还可以利用其良好的润滑作用，在机械中作为固体润滑剂使用。

材料的组成和结构是材料合成和加工的结果。材料制备过程不同，则其组成和结构不同，从而使其性能亦不同。在材料的制备过程中，出于不同的目的，人们常将材料以不同的速率冷却、凝固。随着冷却速率的提高，材料内部结构会发生改变，从平衡态过渡到亚平衡态，甚至成为非平衡态材料，材料性能因此也发生显著的改变。快冷技术（冷却速率达$10^4 \sim 10^8$K/s）的采用，为金属材料的发展开辟了一条新途径。首先是金属玻璃的研制成功，提高了金属强度、耐磨、耐腐蚀性能和磁学性能；其次是通过快冷可得到超细晶粒，成为改进金属性能的有效方法；最后是通过快冷发现了准晶，由此改变了晶体学的传统观念。又如，普通玻璃加热到一定温度后快速冷却，就可使其抗冲击、抗弯强度提高3～5倍，成为热稳定性良好的钢化玻璃。

材料的性质是人们关心的中心问题。它取决于材料的成分和各种层次上的结构。材料的性质对材料的使用效能有重要的影响。同时，材料效能的发挥与服役环境条件也是密不可分的。例如，碳石墨材料在真空或惰性气体环境中是难得的加热材料和隔热材料，可以用在2000℃的真空炉中；而一旦处于氧化环境中，碳石墨材料将被烧蚀，故无法在普通加热炉中应用。由于碳石墨材料良好的隔热性质，而且在高温真空或惰性气体环境中不会被烧蚀、熔化，也不会解体，因此，它被用在航天器前端，防止高速运动时高热对航天器的损害。

由上所述可知，材料制备、材料组成与结构、材料性能以及使用效能，它们之间具有相互依赖、相互制约的密切关系。了解并能动地利用这种关系，是材料科学的关键问题之一。

1.4 材料的组成和结构

1.4.1 材料的组成

材料的组成是指构成材料的组元（原子、分子、物相或矿物）及其含量。材料的组成有化学组成和物相或矿物组成之分，通常是指化学组成（成分）。

材料的组元是指在一定的尺度范围内构成材料的最基本、独立的组成单元，在微观范围内是指原子、分子，在亚微观范围内是指某一物相，在宏观范围内是指单一或多种物相的聚集体。

物相是指材料中化学成分和结构均相同的均匀部分，一个相必须在物理性质和化学性质上都是完全均匀的，相与相之间有明显的界面，可以用机械方法将它们分离开。物相有晶相、非晶相和准晶相之分。

1. 化学组成

材料的化学组成是指构成材料的原子、分子及其含量。通常用质量分数表示，有时也用摩尔分数表示。材料的化学组成不仅影响材料的化学性质，也是影响材料物理力学性质的重要因素。例如，高分子材料与无机材料的耐燃、耐热性能不同，钢材与陶瓷、玻璃的抗蚀性差别较大等，都是由于它们具有不同的化学组成。除主要组成以外，杂质对材料结构与性能有重要影响，微量添加物亦不能忽略。

1）金属材料的化学组成

金属材料是由金属元素或以金属元素为主构成的具有金属特性的材料，包括纯金属、合金两类。

（1）单质金属。

在八十多种金属元素中，大多数是以过渡金属为中心的纯金属状态，一般是从含金属元素的天然矿物中冶炼出来，然后再用电冶、电解等方法提纯，得到含杂质很少的纯金属。工业上习惯分为黑色金属和有色金属两大类。铁、铬、锰三种金属属于黑色金属，其余的所有金属都属于有色金属。有色金属又分为重金属、轻金属、贵金属和稀有金属等四类。

（2）合金。

所谓金属合金是指由两种或两种以上的金属元素或金属元素与非金属元素构成的具有金属性质的物质。例如，黄铜是铜和锌的合金，硬铝是铝、铜、镁等组成的合金。为了形成合金所加入的元素，称为合金元素。由两种元素构成的合金称为二元合金，由三种元素构成的合金称为三元合金。表 1.4.1 列出了主要金属合金的化学组成。它们一般是多晶体。合金有时可以形成固溶体、共熔晶、金属间化合物以及它们的聚集体。非晶态合金具有许多优异性能，如强韧性、抗侵蚀、高磁导率、超导性等。

表 1.4.1 主要金属合金的化学组成

种类	母相金属	材料名称（加入的主要元素的质量分数/%）
钢	Fe	结构钢（C 0.1～0.6）；高速钢（W 13～20，Cr 3～6，C 0.6～0.7）；高强钢（C＜0.2，Mn＜1.25，S＜0.5）
铝合金	Al	Al-Cu 合金（Cu 4～8）；Al-Si 合金（Si 4.5～13）；硬铝（Cu 4，Mn 0.5，Mg 0.5，Si 0.3）；超硬铝：Al-Zn-Mg-Cu 系合金；耐热铝：Al-Cu-Li 系合金；防锈铝：Al-Mg 系合金；铸铝（Zn 0.5，Cu 3）
铜合金	Cu	黄铜（顿巴黄铜（Zn 8～20），7-3 黄铜（Zn 25～35），6-4 黄铜（Zn 35～45），黄铜（Zn 45～55））；白铜（Ni 25）；青铜（Sn 4～12，Zn+Pb 0～10）
不锈钢、耐腐蚀钢	Fe	不锈钢（铬系（Cr≥12）；铬镍系（Cr 17～19，Ni 8～16，Mo＜2.0，Cu＜ 2.0），18-8 不锈钢（Cr 18，Ni 8））；耐腐蚀钢（Cr＜12，C＜0.30）
耐热钢	Fe	Fe-Cr 系合金（Cr 4～10）；Fe-Cr-Ni 系合金（Cr 18～20，Ni 8～70，Mn 0.5～2，S 0.5～3，C＜ 0.2）；Fe-Cr-Al 系合金（Cr 5～30，Al 0.6～5，Mn 0.5，Si 0.5～1.0，C 0.1～0.12，Co 1.5～3.0）
低熔点合金		铅-锡合金（Sn 39～40）；黄铜焊料（Zn 40）；铜合金（Sn 60～70，Pb 30～40）；银-铜-磷合金（Ag 15，Cu 80，P 5），磷-铜合金（P 4～8）

续表

种　类	母相金属	材料名称(加入的主要元素的质量分数/%)
钛合金	Ti	高强度β钛合金(Ti8Mo8V2Fe3Al);高塑性钛合金(Ti6Al4V)
非晶态合金		Fe78Si10B12;Pd40Ni40P20;Fe80P13C7;Ti50Be40Zr10;Co70Fe5Si15B10

2) 无机非金属材料的化学组成

无机非金属材料包括陶瓷(陶器、瓷器)、玻璃、水泥、耐火材料、搪瓷和黏土制品等。无机非金属材料都是以某些元素的氧化物(SiO_2、Al_2O_3、Fe_2O_3、CaO、MgO、BaO、B_2O_3、P_2O_5、Na_2O、K_2O、TiO_2等)、碳化物(SiC、B_4C、TiC 等)、氮化物(Si_3N_4、BN、AlN 等)、卤素化合物、硼化物,以及硅酸盐、硼酸盐、磷酸盐、铝酸盐等物质组成的材料。其化学组分几乎涉及元素周期表上的所有元素。表 1.4.2 列出了一些具有代表性的无机非金属材料的组成及用途。

表 1.4.2　无机非金属材料的组成及用途

种　类	材料组成	用　途
绝缘材料	Al_2O_3,MgO,AlN,$MgO-Al_2O_3-SiO_2$ 玻璃	集成电路基片,封装陶瓷,高频绝缘瓷
介电材料	TiO_2,$La_2Ti_2O_7$,$Ba_2Ti_9O_{20}$	陶瓷电容器,微波陶瓷
铁电材料	$BaTiO_3$,$SrTiO_3$	陶瓷电容器
压电材料	$(PbBa)NaNb_5O_{15}$,$PbTiO_3-PbZrO_3$,$PbTiO_3$	超声换能器,滤波器,压电点火,谐振器
半导体瓷	$LaCrO_3$,$ZrO_2-Y_2O_3$,SiC	温度传感器,温度补偿器等
	PTC(Ba-Sr-Pb)TiO_3	温度补偿器和自控加热元件
	CTR(V_2O_5)	热传感元件,防火灾传感器等
	ZnO 压敏电阻	避雷器,浪涌电流吸收器,噪声消除
	SiC 发热体	电炉,小型电热器等
	快离子导体 β-Al_2O_3,ZrO_2,AgI-AgO-MoO_3 玻璃	钠硫电池固体电解质,氧传感器陶瓷
铁氧体	$CoFe_2O_4$,BaO_x · Fe_2O_3,Ni-Zn,Mn-Zn,Cu-Zn-Mg,Li、Mn、Ni、Mg、Zn 与铁形成的尖晶石型铁氧体	铁氧体磁石,记录磁头,计算机磁芯,电波吸收体
透光材料	$Na_2O-CaO-SiO_2$ 玻璃	窗玻璃
	$Na_2O-Al_2O_3-B_2O_3-SiO_2$ 玻璃	透紫外光元件
	透明 MgO,As-Ge-Te 玻璃	透红外光元件
	SiO_2、$ZrF_4-BaF_2-LaF_3$ 玻璃纤维	光学纤维
	透明 BeO,Y_2O_3,$K_2O-BaO-Sb_2O_3-SiO_2-Nd_2O_3$ 玻璃	激光元件
	透明 PLZT(Pb-La-Zr-Ti-O)	光存储元件,视频显示,光开关等
	$CdO-B_2O_3-SiO_2$ 玻璃	光致色器件
湿敏陶瓷	$MgCr_2O_4-TiO_2$,$TiO_2-V_2O_5$,$ZnO-Cr_2O_3$、Fe_2O_3,$NiFe_2O_4$	工业湿度检测,烹饪控制元件等
气敏陶瓷	SnO_2,α-Fe_2O_3,ZrO_2,TiO_2,CoO-MgO,ZnO,WO_3 等	铁氧体透光材料湿敏陶瓷汽车传感器,气体泄漏报警,气体探测
载体	$2MgO \cdot 2Al_2O_3 \cdot 5SiO_2$,$SiO_2 \cdot Al_2O_3$,$Al_2O_3$,$Na_2O-B_2O_3-SiO_2$ 多孔玻璃	汽车尾气催化载体,化学工业用催化载体,酵素固定载体,水处理等

续表

种　类	材料组成	用　途
生物材料	Al_2O_3，$Ca_{10}(PO_4)_6(H)_2$，Na_2O-CaO-P_2O_5-SiO_2 系玻璃，$Ca_3(PO_4)_2$	人造牙齿，人造骨，人造关节
结构材料	Al_2O_3，MgO，ZrO_2，SiC，TiC，WC，AlN，Si_3N_4，BN，TiN，TiB_2，$MoSi_2$，C，Y-Al-Si-O-N 玻璃	耐高温结构材料，研磨材料，切削材料，超硬材料，飞机、火箭零件，网球拍，钓鱼竿等
搪瓷、釉料	Na_2O-CaO-Al_2O_3-B_2O_3-SiO_2-MO_x（MO_x 为过渡金属氧化物）	陶瓷、金属等的装饰、保护用涂层
硅酸盐水泥	CaO-Al_2O_3-Fe_2O_3-SiO_2	建筑材料

普通硅酸盐水泥由硅酸盐水泥熟料、石膏和混合材料组成。硅酸盐水泥熟料是一种主要由含 CaO、SiO_2、Al_2O_3、Fe_2O_3 的原料，按适当配比磨成细粉，烧至部分熔融所得到的以硅酸钙为主要矿物成分的产物，它主要由 CaO、SiO_2、Al_2O_3、Fe_2O_3 四种氧化物组成，其质量分数的总和通常都在 95%以上，四种氧化物质量分数的波动范围为：CaO 62%～67%，SiO_2 20%～24%，Al_2O_3 4%～7%，Fe_2O_3 2.5%～6.0%。除上述四种主要氧化物，通常还含有少量的 MgO、SO_3、Na_2O、K_2O、TiO_2、P_2O_5 等。

普通硅酸盐玻璃的化学组成一般是在 Na_2O-CaO-SiO_2 三元系统的基础上，适量引入 Al_2O_3、MgO、BaO、ZnO、PbO、K_2O、Li_2O 等组成的，以改善玻璃的性能，防止析晶及降低熔化温度。

普通陶瓷是以黏土类及其他天然矿物原料（长石、石英等）经过粉碎加工、成型和煅烧等工艺过程而制成的产品，是一种多晶、多相（如晶相、玻璃相和气相）的硅酸盐材料。日用陶瓷的组成有 K_2O-Al_2O_3-SiO_2 系统、MgO-Al_2O_3-SiO_2 系统、CaO-Al_2O_3-P_2O_5-SiO_2 系统等；建筑卫生陶瓷的组成一般是 CaO-Al_2O_3-SiO_2 系统。许多先进陶瓷一般都是由单一化合物组成，如碳化物（SiC、B_4C、TiC 等）、氮化物（Si_3N_4、BN、AlN 等）。

3）高分子材料的化学组成

有机化合物简称有机物，为含碳化合物的总称，是以碳元素（C）为主，大多数是碳同氢元素（H）、氧元素（O）中的任一种或两种以上结合而成，此外，也有同氮（N）、硫（S）、磷（P）、氯（Cl）、氟（F）、硅（Si）等结合而构成。尽管构成有机化合物的成分元素种类为数不多，但由它们组合起来可以形成组成、结构不同的数量庞大的各种化合物，其数量与日俱增。

高分子材料是以高分子化合物（亦称聚合物、高聚物、树脂）为主要组分制成的材料。所谓高分子化合物主要是指相对分子质量特别大的化合物。与低分子化合物相比，高分子化合物最突出的特点是相对分子质量非常高，通常在 10^4 以上，且相对分子质量事实上是一个平均值，存在相对分子质量的分布；低分子化合物的相对分子质量一般小于 500，且相对分子质量是均一的；高分子化合物的另一个特点是其主链中不含离子键和金属键。

高分子材料根据其不同的来源，可分为天然高分子材料，如木材、皮革、天然纤维、天然橡胶等，以及合成高分子材料，如各种塑料、合成橡胶、合成纤维等。合成高分子化合物是由一种或几种简单的低分子化合物聚合而成。例如，由氯乙烯聚合得到聚氯乙烯。聚氯乙烯是由许多氯乙烯小分子打开双键连接而成的，由相同结构单元多次重复组成的大分子链。这种可以聚合成高分子化合物的低分子化合物称为单体。组成高分子化合物的相同结构单元称为重复单元，每个重复单元又称作大分子链的一个链节，一个高分子化合物中重复单元的数目 n 称为链节数，在大多数场合下链节数可称为聚合度，记为 DP。例如，聚氯乙烯的单体是氯乙烯，链节是 $-CH_2-CHCl-$，聚合度为 300～2500，相对分子质量为 $2\times10^4\sim1.6\times10^5$。

2. 物相（矿物）组成

材料的物相（矿物）组成是指构成材料的物相（矿物）种类及其含量。

普通陶瓷通常是由晶相和非晶相（玻璃相）组成的，晶相是主要物相，决定陶瓷的性能，玻璃相填充在晶相之间，起降低烧结温度、提高陶瓷的致密度和强度的作用。一些特种陶瓷一般是由单一物相组成，如碳化物、氮化物和硼化物等，呈多晶状态。

某些材料如天然石材、无机胶凝材料等，其矿物组成是决定其材料性质的主要因素。水泥所含有的熟料矿物不同或其含量不同，即熟料矿物组成不同，表现出的水泥性质就各有差异。例如，在硅酸盐水泥中，熟料矿物硅酸三钙（C_3S）含量高，其硬化速度较快，强度也较高。

1.4.2 材料的结构

材料的结构决定其性能，而材料的性能又最终影响到材料的使用效能（应用）。因此，为了获得预期性能的材料，需要了解和掌握材料的结构。

1. 材料结构的定义

材料结构是指材料的组成单元（原子、离子或分子、相）的相互结合方式和空间排布情况。

在材料的组成单元中，各原子通过化学键结合在一起形成固体材料。各类材料当键合方式（包括离子键、共价键、金属键或氢键）不同时，便具有不同的结构和特性。因此，金属材料、无机非金属材料和高分子材料的差异，本质上是由不同的元素以不同的方式键合造成的。

实际上，有的材料并不是由单纯的一种键构成的，而是同时兼有几种键。例如，许多无机非金属材料的键性就是复杂型的，大多是离子键、共价键及金属键相互杂交。

原子或分子结合成固体时，它们可能形成晶体，也可能形成非晶体。一般大多数金属属于晶体，有些陶瓷属于单晶或多晶体，还有些陶瓷属于晶体和玻璃的混合体。玻璃、某些高分子化合物则属于非晶体。不具有明显晶体结构的状态统称为无定型态或非晶态，非晶态也可称为玻璃态。通常认为是非晶态固体的有柏油（沥青）、煤焦油沥青、玻璃和某些塑料等。

非晶态的结构明显不同于晶态的结构。原子排列短程有序而长程无序的结构称为非晶态结构或无定形结构，玻璃的结构是最典型的非晶态结构，所以非晶态结构又称玻璃态结构。玻璃态结构的形成是由动力学因素决定的，即主要取决于熔体的黏度。熔体黏度大时，冷却过程中难以实现分子或离子长程有序的排列而形成玻璃态结构。黏度大的熔体在形成玻璃态时需含有聚合成链状或网状的大集团络合离子或分子。例如，SiO_2 熔化时形成紊乱的网状格子，而且 Si—O—Si 键又不会断开，黏度很大，故容易形成玻璃。B_2O_3、P_2O_5、As_2O_3 等都是容易形成玻璃态的物质。多数聚合物，由于具有长链状大分子，一般容易形成玻璃态结构。玻璃化的难易除黏度因素，还与冷却速率密切相关。冷却速率越快，越易形成玻璃态结构。

具有非晶态结构材料的共同特点是：其结构长程无序；物理性质一般是各向同性的；没有固定的熔点，而是一个随冷却速率而改变的转变温度范围；塑性形变一般较大，热导率和热膨胀系数都比较小。

材料一般都存在结构缺陷。物质中的不均匀部分，如微裂纹等都可看作结构缺陷。无论是晶体或非晶体，都会存在各种结构缺陷，结构缺陷通常是指晶体的结构缺陷。

缺陷属于结构变化的一部分。结构缺陷并不意味着材料的质量有缺陷，实际上有时是为了获得所要求的力学及物理性能而有意地造成某些结构缺陷。

材料的基本物理性质如密度、热容、折射率、介电性等，主要是由材料的基本结构（结合键的性质和原子、离子的空间排列状态）所决定的，与结构缺陷的关系不太密切，因此它具有结构不敏感性能。材料的另外一系列物性，如导电性、介电损耗、塑性、脆性等，对材料的结构缺陷十分敏感，因此，这类物性具有结构敏感性能。基本物性也称为基础物性，结构敏感物性亦称为次生（派生）物性或高次物性。研究结构缺陷，是了解材料性能与结构关系十分重要的一个方面。

从几何学的角度，结构缺陷可分为点缺陷、线缺陷、面缺陷及体缺陷。这些缺陷对材料的性能（结构敏感性能）有极重要的影响，与晶体的凝固、固态相变、扩散等过程有极密切的关系，特别是对塑性变形、强度及断裂等力学性能起决定性作用。

点缺陷、线缺陷和面缺陷属于微观缺陷，它们并非静止不变的，而是随着各种条件的改变而不断变动，可以产生、发展、运动，相互作用或合并、消失。

2. 材料结构的分类

材料结构在尺度上从宏观到微观可以分成不同的层次，包括纳米以下、纳米、微米、毫米，以及更宏观的结构层次，一般分成宏观结构、显微结构和微观结构三个层次，材料结构通常是指材料的微观结构。材料结构分析涉及原子与电子结构、分子结构、晶体结构、相结构、晶粒结构、表面与晶界结构、缺陷结构等。

材料组织是指材料内部的各种组成相或各个晶粒的形态、尺寸及分布。只含一种相的组织为单相组织。由多种相构成的组织为多相组织或复相组织。材料组织分为显微组织与宏观组织。

1）材料的微观结构

微观结构是指组成原子、分子的彼此结合形式、状态和空间分布，包括原子、离子、分子的结构，以及原子和分子的排列结构，通常是指物质的原子、分子层次的微观结构。因一般分子的尺寸很小，故把分子排列结构列入微观结构，但对高分子化合物，大分子本身的尺寸可达到亚微观的范围。微观结构一般要借助于电子显微镜、X 射线衍射仪等具有高分辨率的设备进行观察、分析，其分析程度是以埃（Å）为单位表示的。

材料的微观结构可以分为晶体结构、玻璃体结构和胶体结构。

晶体是指材料的内部质点（原子、分子或离子）呈现规则排列的、具有一定结晶形状的固体。因其各个方向的质点排列情况和数量不同，故晶体具有各向异性的性质。然而，晶体材料又是由大量排列不规则的晶粒组成的，因此，所形成的材料整体又具有各向同性的性质。例如，石英、金属等均属于晶体结构。按晶体质点及结合键的特性，可将晶体分成原子晶体、离子晶体、分子晶体、金属晶体和混合键型晶体。不同种类的晶体所构成的材料，其表现出的性质不同。

（1）原子晶体。它是由中性原子构成的晶体，其原子之间通过共价键结合。原子之间靠数个共用电子结合，具有很大的结合能，结合比较牢固，因而这种晶体的强度、硬度、熔点都比较高。石英、金刚石、碳化硅等属于原子晶体。

（2）离子晶体。它是由正、负离子所构成的晶体，因为离子是带电荷的，它们之间靠得失电子形成离子键来结合在一起。离子晶体一般比较稳定，其强度、硬度、熔点较高，但在溶液中要离解成离子，如 NaCl、KCl、$MgCl_2$等。

（3）分子晶体。中性分子由电荷的非对称分布而产生分子极化，或是由电子运动发生的短暂极化所形成的一种结合力，称为范德瓦耳斯力。因为这种结合力较弱，故其硬度小，熔点也低。有机化合物一般为分子晶体。

（4）金属晶体。金属晶体是由金属阳离子排列成一定形式的晶格，如体心立方晶格、面心立方晶格和密排六方晶格。在晶格间隙中有自由运动的电子，这些电子称为自由电子。金属键是通过自由电子的库仑引力而结合的。自由电子可使金属具有良好的导热性及导电性。

（5）混合键型晶体。它由两种以上键结合而成，如石墨。

在金属材料中，晶粒的形状和大小也会影响材料的性质。常采用热处理的办法使金属晶粒产生变化，以达到调节和控制金属材料机械性能（强度、韧性、硬度等）的效果。金属晶体在外力作用下具有弹性变形的特点，当外力达到一定程度时，由于某一晶面上的剪应力达到一定限度，沿该晶面发生相对的滑动，因而材料产生塑性变形，软钢和一些有色金属（铜、铝等）都是具有塑性的材料。

玻璃体是熔融物经急冷而形成的无定形体，是非晶体。熔融物经慢冷，内部质子可以规则地排列形成晶体；若冷却速率较快，达到凝固温度时它还具有很大的黏度，致使质点来不及按一定的规则进行排列就已经凝固成为固体，此时得到的就是玻璃体结构。因其质点排列无规律，具有各向同性，而且没有固定的熔点，故熔融时只出现软化现象。

胶体是指一些细小的固体粒子（直径 1nm～1μm ）分散在介质中所组成的结构。一般属于非晶体，由于胶体的粒子很微小，表面积很大，所以表面能很大，吸附能力很强，使胶体具有很强的黏结力。

胶体由于脱水或粒子凝聚作用，而逐渐产生凝胶，凝胶体具有固体性质。在长期应力作用下又具有黏性液体的流动性质。这是由于固体微粒表面具有一层吸附膜，膜层越厚，流动性越大。例如，混凝土的强度及变形性质，与水泥水化形成的凝胶体有很大的关系。

2）材料的亚微观结构

亚微观结构也称为显微、介观或细观结构，一般是指借助光学显微镜、电子显微镜观察到的晶粒、相的集合状态或材料内部的微区结构，其尺寸为 10^{-7}～10^{-4} m。天然岩石的矿物组成分析，金属材料的晶粒粗细和金相组织分析，组成混凝土材料的粗细骨粒分析、水泥石的分析等，都涉及亚微观结构分析范畴。

材料内部各种组织的性质各不相同，这些组织的特征、数量、分布，以及界面之间的结合情况等构成了材料的亚微观结构，其对材料的整体性质有重要的影响作用。因此，研究分析材料的亚微观结构具有非常重要的意义。

3）材料的宏观组织结构

材料的宏观组织结构是指用肉眼或放大镜等能够观察到的粗大组织构成情况（晶粒、相的集合状态），即尺寸约为毫米级大小以及更大尺寸材料的构造情况，因此，这个层次的结构也可以称为宏观构造。

材料的宏观组织结构按孔隙尺寸可以分为致密结构、多孔结构和微孔结构。

（1）致密结构。

致密结构是指基本上无孔隙存在的紧密结构，具有这类结构的材料如钢铁、有色金属、致密天然石材、玻璃、玻璃钢、塑料等。

（2）多孔结构。

多孔结构是指具有粗大孔隙的结构，如加气混凝土、泡沫混凝土、泡沫塑料、人造轻质材料等。

（3）微孔结构。

微孔结构是指微细的孔隙结构。在生产材料时，增加拌和水量或掺入可燃性物料，由于水分蒸发或烧掉某些可燃物而形成微孔结构，如石膏制品、黏土砖瓦等。

材料的宏观组织结构按构成型态可分为聚集结构、纤维结构和层状结构。

（1）聚集结构。

聚集结构是指由骨料与胶凝材料结合而成的材料。它所包括的范围很广，如水泥混凝土、砂浆、沥青混凝土、石棉水泥制品、陶瓷、增强塑料等材料均属于这类结构。

（2）纤维结构。

纤维结构是指玻璃纤维及矿物棉等纤维材料所具有的结构。其特点是平行纤维方向与垂直纤维方向的强度及导热性等性质都具有明显的方向差异，即各向异性。

（3）层状结构（复合结构）。

层状结构是指采用黏结或其他方法将材料叠合成层状的结构，如层状填料塑料板、纸面石膏板、隔热夹芯金属板。

只有从宏观、亚微观和微观三个不同层次上的结构来研究材料的性质，才能深入其本质，这对改进和提高材料性能以及开发新型材料都有重要意义。

3. 金属材料的结构

金属材料一般都是晶体。金属的晶体结构随温度变化会发生变体转变。金属晶体的结构大部分为体心立方结构、面心立方结构和六方密堆积结构。ⅠA族（1族）元素（碱金属元素）均为体心立方结构，每个元素的配位数为8；ⅡA族（2族）元素（碱土金属元素）大部分为六方密堆积结构，每个原子配位数为12；过渡金属的晶体结构一开始主要是体心立方和六方密堆积结构，最后完全过渡到面心立方结构。面心立方结构和六方密堆积结构一样，是最密的堆积方式，其配位数也是12。由于金属键的作用，金属的晶体结构具有最致密的堆积方式，故配位数也特别高。

在常温下，铁、铬、钨等属于体心立方结构；镍、铝、铜、铅、银、金，以及910～1400℃的铁等属于面心立方结构；钛、镁、锌等属于六方密堆积结构；金刚石、硅、锗等半金属属于金刚石结构。

除了单质金属，由两种或两种以上的金属元素或金属元素与非金属元素构成并具有金属性质的合金，一般都是多晶体，有时可以形成固溶体、共溶晶、金属间化合物以及它们的聚集体。典型的金属固溶体有 Cu-Au、Cu-Ni、Fe-Ni 等合金。组成合金的元素，相互之间作用可以形成化合物，也可以形成固溶体。特殊情况下，也可以形成既不属于化合物，也不属于固溶体的相，称为中间相。

4. 无机非金属材料的结构

（1）晶体的金刚石型结构。

以金刚石为代表，硅、锗等均属于金刚石型结构。

（2）硅酸盐晶体的结构。

硅酸盐材料中的晶体都具有硅酸盐结构。在硅酸盐中，Si 与 O 的结合键为离子键和共价键的混合键。其结构特征是 Si 位于四个氧离子组成的四面体中心而构成硅氧四面体 $[SiO_4]^{4-}$。硅氧四面体之间通过共顶点的氧以不同形式相互连接，形成岛状、链状、层状、架状等不同结构的硅酸盐。

（3）玻璃的结构。

玻璃可以看成是处在过冷状态的一种黏度极高的液体，整个结构不具有晶体的规则排列。玻璃的结构特点是原子排列短程有序、长程无序。

（4）陶瓷的结构。

从显微结构上看，绝大多数陶瓷材料通常含有一种或一种以上的晶相、一定数量的玻璃相、少量或极少量的气相，因而呈现出多相结构。不同类型的陶瓷有着不同的显微结构，但总的来说可以归纳为结晶相、固溶体相、玻璃相和气相。结晶相又可分为主晶相、次晶相及第三晶相。陶瓷材料中的晶相主要有硅酸盐、氧化物、非氧化物三种。晶相是陶瓷材料中最主要的组成部分，这是因为在瓷坯内晶相往往是大量的，同时晶体通常互相连接交织形成结构的骨架。因此。晶相对陶瓷材料的物理、化学性质往往起决定性作用。在多晶材料中，较重要的显微结构参数是晶粒和晶粒尺寸，它们对材料的性能影响很大。当然，与晶界同时存在的空隙（或气孔）对材料的性能也有相当大的影响。

氧化物是大多数典型陶瓷，尤其是特种陶瓷的主要组成和结晶相。在氧化物结构中，其中较大的氧离子组成密堆积的骨架，较小的金属离子填充间隙，从而形成坚固的离子键。在密堆积结构中，一般有两种形式的间隙，即八面体间隙和四面体间隙，如 MgO、CaO、BaO、ThO_2、UO_2、TiO_2、Al_2O_3、Fe_2O_3 等。

非氧化物是指金属碳化物、氮化物、硅化物及硼化物等，它们是特种陶瓷（或金属陶瓷）的主要组成和结晶相。其主要是由强大的离子键结合，但也有一定成分的金属键和共价键，如 TiC、ZrC、NbC、Fe_3C、Mn_3C、Co_3C、Ni_3C、WC、MoC、Cr_7C_3、Mn_7C_3、Fe_3W_3C 等碳化物，以及 BN、Si_3N_4、AlN 等氮化物。

普通陶瓷中的玻璃相是以长石熔融液相为主体构成的非晶态。玻璃相组成随着坯料组成、分散度、烧成时间以及窑内气氛的不同而变化。玻璃相的作用是填充晶相之间的空隙，将分散的晶相连接起来，提高材料的致密度；降低烧成温度，加快烧结过程；阻止晶体转变，抑制晶体长大及填充气孔空隙；获得一定程度的玻璃特性，如透光性等。但玻璃相对陶瓷的机械强度、介电性能、耐热性、耐火性等均不利。

陶瓷中的气相主要是来自于坯料中各成分在加热过程当中单独或者相互发生物理、化学作用所生成的空隙。这些空隙除了大部分被玻璃相填充，还有少部分残留下来变成气孔。除多孔瓷外，气孔的存在对陶瓷性能是不利的作用，它降低了陶瓷的强度，是裂纹产生的根源，使介电损耗增大等。

5. 高分子材料的结构

高分子化合物是由大量重复的结构单元连接而成的。高分子材料的结构包括高分子链的结构、高聚物的结构及聚集态结构。

1）高分子链的结构

高分子化合物的分子是由许多结构相同的链节所组成。高分子化合物的链节与链节之间，和链节内各原子之间一样，也是由共价键结合的，即组成高分子链的所有原子之间的结合键都属共价键。聚合物总是含有各种大小不同（链长不同、分子量不同）的分子。

2）高聚物的结构

高聚物的结构可分为两种类型：均聚物结构和共聚物结构。

（1）均聚物结构。

均聚物是由一种单体聚合而成的，或链仅有一种重复单元的聚合物。均聚物结构有线形结构、支链形结构、网状形结构。

线形结构只含有一种单链节，若干个链节用共价键按一定方式重复连接起来，像一根又细又长的链子一样。支链形结构好像一根"节上小枝"的枝干一样，主链较长，支链较短。网状形结构是指在一根根长链之间有若干个支链把它们交联起来，构成一种网状形状。如果这种网状的支链向空间发展，便得到体形高聚物结构。

（2）共聚物结构。

共聚物是由两种或两种以上的单体链节聚合而成的。由于各种单体的成分不同，共聚物的高分子排列形式也多种多样，可归纳为无规则型、交替型、嵌段型、接枝型。

无规则型是 M_1、M_2 两种不同单体在高分子长链中呈无规则排列；交替型是 M_1、M_2 单体在高分子长链中呈有规则的交替排列；嵌段型是 M_1 聚合片段和 M_2 聚合片段彼此交替连接；接枝型是 M_1 单体连接成主链，又连接了不少 M_2 单体组成的支链。

3）高聚物的聚集态结构

高聚物的聚集态结构是指高聚物材料本体内部高分子链之间的几何排列和堆砌结构，也称为超分子结构。

高聚物的聚集态结构按照大分子排列是否有序，可分为结晶态和非结晶态结构两类。结晶态聚合物结构是指分子作有序的规则排列，非结晶态聚合物结构是指分子作杂乱无序的不规则排列。

结晶态聚合物由晶区（分子有规则紧密排列的区域）和非晶区（分子结构处于无序状态的区域）组成。高聚物部分结晶的区域称为微晶，微晶的多少称为结晶度。一般结晶态高聚物的结晶度为50%～80%。

非晶态聚合物的结构总体上是由聚合物大分子无规则相互穿插交缠而构成的。其结构特点是小距离范围内是有序的，大距离范围是无序的，即短程有序，长程无序。

6. 多相复合材料的结构模式

复合材料可定义为由两个或两个以上独立的物理相，包含黏结材料（基体）和粒料、纤维、晶须或片状材料所组成的一种固体。因此，复合材料的组织是具有单一相组织所不具备的特性的复相组织。复合材料可以是一个连续物理相与一个分散相的复合，也可以是两个或多个连续相与一个或多个分散相在两个连续相中复合的材料。

以金属材料、无机非金属材料、高分子材料为基体的复合材料中，分散相(增强介质)可以是零维、一维、二维或三维的各类材料。通过复合工艺组合而成的多相材料，包括金属-金属、金属-陶瓷、金属-树脂、陶瓷-树脂、陶瓷-陶瓷或树脂-树脂。复合材料的性能通常与其组成相的几何排列直接相关。最普通的相的排列方式是颗粒或纤维分散于基体中的颗粒状、纤维状，以及两相或多相叠加的层片状。

1.5 材料的合成与加工

材料的制备包括材料的合成过程及材料的加工过程，影响材料的组织、结构，因而对材料的性能有显著的影响。

材料的合成主要是指促使原子、分子结合而构成材料的化学与物理过程。合成是在固体中发现新的化学现象和物理现象的主要源泉，合成还是新技术开发和现有技术改进中的关键性要素。合成的研究既包括有关寻找新合成方法的科学问题，也包括以适当的数量和形态合成材料的技术问题；既包括新材料的合成，也包括已有材料的新合成方法(如溶胶-凝胶法)及其新形态(如纤维、薄膜)的合成。

材料的制备也是研究如何控制原子与分子使之构成有用的材料，这一点是与合成相同的，但制备还包括在更为宏观的尺度上或以更大的规模控制材料的结构，使之具备所需的性能和使用效能，即包括材料的加工、处理、装配和制造。简而言之，制备是指将原子、分子聚合起来并最终转变为有用产品的一系列连续过程。

材料的制备是提高材料质量、降低生产成本和提高经济效益的关键，也是开发新材料、新器件的中心环节。材料的制备涉及许多学科，是科学、工程以及经验的综合，是制造技术的一部分，也是整个技术发展的关键一步。它利用了研究与设计的成果，同时也有赖于经验总结和广泛的试验工作。一个国家保持强有力的材料合成与制备技术研究能力，对各工业部门实现高质量、高效率是至关重要的。

材料的合成与加工是材料制备过程的两个阶段，但两者并不是截然分开的，而是互相联系的关系。这是因为选择各种合成反应时往往必须考虑由此得到的产品是否适合于进一步加工、处理、装配等。高分子材料制造中的反应注射成型就是典型的一例，它是将单体快速混合、充模、聚合反应和成型融为一体，在瞬间完成。

材料的制备包括一系列各不相同的技术和工艺，如钢板的轧制，机械加工或切割成型，合金的形变热处理，涡轮叶片的抗腐蚀涂层，陶瓷粉末的压制和烧结，精细陶瓷粉末的溶胶-凝胶生产，硅的离子注入，砷化镓晶体的生长，聚合物改性混凝土的浇注，聚合物的化学反应制备，复合材料的铺层等。其中有些技术和工艺已经广泛应用，有些新的技术和工艺还有待于进一步改进和发展。

材料种类、品种众多，其制备工艺和方法亦非常多，不同的材料各有其相应的制备工艺和方法。总体上来说，材料的制备方法分可分为气相法、液相法和固相法三大类。

1.5.1 气相法

气相法分为两种：一种是制备过程中不发生化学反应的物理气相沉积法(蒸发-凝聚法)；另一种是通过气相化学反应制备材料的化学气相沉积法。

1. 物理气相沉积法

物理气相沉积(physical vapor deposition,PVD)法是利用电弧、高频电场或等离子体等高温热源，将原料加热至高温，使之汽化或形成等离子体，然后通过骤冷使之凝聚成各种形态的材料(如晶须、薄膜、晶粒等)。其原理一般基于纯粹的物理效应，但有时也可以与化学反应相关联。

1) PVD法制备薄膜材料

PVD法主要用于在一定的基体表面制备薄膜层，膜层由元素和化合物从蒸气相凝结而成。PVD法包括真空沉积(蒸镀)法、溅射法和离子镀法等，这些方法及其演变而成的其他方法都是在真空条件下进行的。真空蒸镀及溅射形成的薄膜和原始材料成分基本上是相近的，即在基体表面上没有化学反应发生。

对于PVD技术，沉积能够在一个很宽的衬底温度范围内进行，从几百摄氏度到液氮温度甚至更低的温度。因此，若选择适当的材料和衬底特定条件，PVD技术可适用于玻璃和塑料的镀膜。

2) PVD法制备超细粉体材料

PVD法也可用于制备单一氧化物、复合氧化物、碳化物或金属的微粉。其优点是可以通过输入惰性气体和改变压力，从而控制超细粒子的尺寸。该方法特别适用于制备由液相法和固相法难以直接合成的非氧化物系列(如金属、合金、氮化物、碳化物等)的超细粉，粒径通常在0.1μm以下，且分散性好。

真空蒸发法是研究最多和制备超细粉最常用的方法之一。此法的优点是可以通过改变载气压力而调节微粒的大小，微粒表面光洁、颗粒均匀。但此方法也存在材料形状难以控制、最佳工业条件难以掌握等问题。

2. 化学气相沉积法

化学气相沉积(chemical vapor deposition,CVD)法是一种利用气相反应制备材料的重要合成方法之一。它是指挥发性原料化合物的蒸气通过化学反应合成所需物质的方法。

目前，CVD法主要用于晶体衬底上外延生长硅、砷化镓材料、金属薄膜材料、表面绝缘层、硬化层等，也用于粉末、纤维、块状材料等的合成，其正成为许多工业领域重要的材料合成方法。

CVD法所采用的反应有热分解反应和化学合成反应两类。

热分解反应是最简单的沉积反应，已用于制备金属、半导体、绝缘体等各种材料。利用热分解反应的典型例子是半导体技术中外延生长薄膜、多晶硅薄膜的制备。例如，硅烷(SiH_4)在较低温度时分解，就能在基片上形成硅薄膜，为了在硅单质膜中掺入三价硼或五价磷元素，也可以在气体中加入其氢化物。此外，热分解反应还适用于获得热分解碳和高纯度金属，以及由有机金属络合物获得新的化合物。

化学合成反应包括氢还原反应、氧化反应、水解反应、固相反应、置换反应。绝大多数的

CVD 法的沉积过程都涉及两种或多种气态反应物相互反应，这类反应可以统称为化学合成反应。与热解法相比，化学合成反应的应用更广泛，因为可用于热解沉积的化合物并不多，而任意一种无机材料原则上都可以通过合适的反应合成出来。除了制备各种单晶薄膜，还可用来制备多晶态和玻璃态的沉积层，如 SiO_2、Al_2O_3、Si_3N_4、硼硅玻璃、磷硅玻璃以及各种金属氧化物、氮化物和其他元素间化合物等。

根据所制备的材料组成，利用合适的化学反应以及控制适当的外界条件，如温度、气体、浓度、压力等，采用 CVD 法可以制成多种组成的材料，如单质、化合物、氧化物、氮化物、碳化物等。

1.5.2 液相法

按材料制备时的反应状态、反应温度等的不同，液相法可分成熔融法、溶液法、界面法、液相沉淀法、溶胶-凝胶法、水热法和喷雾法等。

1. 熔融法

熔融法是指将合成所需材料的原料通过加热使其反应并熔融，在加热过程和熔融状态下产生各种化学反应，从而形成一定的结构。根据加热温度的高低，可分为高温熔融法和低温熔融法两类。

高温熔融法是将矿物原料投入各种高温熔炉内，使其在高温下发生各种化学反应并熔融。例如，玻璃的熔制、单晶的熔体生长、高炉的炼铁和转炉的炼钢等，均属于高温熔融法。

低温熔融法是将原料投入各种反应器中，使其在较低的温度下发生各种化学反应并熔融。低温熔融法的典型代表是制备高分子化合物的本体聚合和熔融缩聚。

高分子化合物的本体聚合是指在不加入溶剂或其他介质的情况下，单体在引发剂、热、光、辐射的作用下进行的聚合方法。工业上进行本体聚合的方法分为间歇式和连续式两种。此法的缺点是散热不良，轻则局部过热，导致相对分子质量分布变宽，有气泡产生，从而影响高分子化合物的物理-机械性能；重则温度失控，引起爆炸，这一缺点使其在工业上的应用受到限制，不如悬浮聚合、乳液聚合和溶液聚合等方法应用广泛。此法的优点主要是工艺过程简单、产品纯净，尤其是可制得透明制品，适用于制板材、型材，如聚苯乙烯、聚甲基丙烯酸甲酯(有机玻璃)、聚氯乙烯等。

熔融缩聚是目前生产上采用最多的一种缩聚方法，通常用于生产聚酰胺、聚酯、聚碳酸酯、聚对苯二甲酸二醇酯等。一般在 200～300℃于惰性气体中进行，此时，反应物和生成的聚合物都处于熔融状态，通常反应温度比生成的高分子化合物的熔点高 10～20℃，此外，熔融反应后期常在真空中进行，反应时间也较长，一般要几小时。此法由于不用溶剂或介质，因此副反应少，所得高分子化合物质量好，设备简单且利用率高，故可以连续生产。但是，其所需的反应温度较高，对熔点太高的单体或热稳定性差的高分子化合物均不宜采用。

2. 溶液法

溶液法的典型代表是制备高分子化合物的溶液聚合和溶液缩聚。

溶液聚合是指单体和引发剂溶于适当溶剂中进行的聚合。其优点是：溶液聚合体系黏度低，混合和传热容易，温度易于控制；此外，引发剂分散均匀，引发效率高。缺点是：由于单体浓度低，溶液聚合进行较慢，设备利用率和生产能力低；大分子活性链向溶剂链转移而导致高分子化合物的相对分子质量较低；溶剂回收费用高，高分子化合物中的微量溶剂较难除净。这些缺点限制了溶液聚合在工业上的应用。氯乙烯、丙烯腈、丙烯酸酯、丙烯酰胺等均可用此法进行聚合反应。另外，常用此法生产各种黏合剂、涂料和合成纤维的纺丝液。按高分子化合物是否溶解在溶剂中，可分为均相溶液聚合和沉淀聚合。

溶液缩聚是指在纯溶剂或混合溶剂中进行的缩聚反应，广泛用于生产树脂、涂料等，如聚砜、醇酸树脂、有机硅、聚氨酯等各种树脂。此法既可在高温，也可在低温进行，一般在40～100℃，有时甚至低于0℃，故利用此法可以合成那些熔点接近其分解温度的高聚物。与熔融缩聚相比，其产物有较高的相对分子质量，但因溶剂的存在，不仅副反应增多，后处理烦琐，且降低了设备的利用率。

3. 界面法

界面法是指在各种界面条件下发生反应来制备材料的方法，主要有高分子材料的悬浮聚合、乳液聚合和界面缩聚。

悬浮聚合是指单体以小液滴状态悬浮在水中进行的聚合。悬浮聚合体系一般由单体、引发剂、水、分散剂四个基本组分组成。悬浮聚合是最重要的工业生产方法之一，聚氯乙烯、聚苯乙烯等聚合物均采用此法进行大规模生产。

乳液聚合是指借助于机械搅拌和剧烈振荡，使单体在介质（通常是水）中由乳化剂分散成乳液状态进行的聚合。其最简单的配方是由单体、水、水溶性引发剂、乳化剂四种组分组成。其优点是：以水为介质，价廉且安全，并可保证较快的聚合反应速度；反应可以在较低温度下进行，温度容易控制；也能在较高的反应速率下进行，所获得产品的相对分子质量比溶液聚合的高；由于反应后期高分子化合物乳液的黏度很低，故可直接用来浸渍制品或制作涂料、黏合剂等。此法的缺点是：若需要固体产物时，则聚合后还需要经过凝聚、洗涤、干燥等后处理工序，生产成本较悬浮聚合高；产品中留有的乳化剂难以完全除净，影响产品的电性能。

界面缩聚是指将两种单体分别溶解在两种互不相容的溶剂（如水和烃类）中，当将两种单体溶液倒在一起时，在两相的界面处即发生反应。由于使用的是活性单体，所以在常温乃至低温下，反应都进行得极快，聚碳酸酯等通常采用界面缩聚法生产。

4. 液相沉淀法

液相沉淀法是指在原料溶液中添加适当的沉淀剂（OH^-、$CO_3{}^{2-}$、$C_2O_4{}^{2-}$、$SO_4{}^{2-}$），使原料溶液中的阳离子形成沉淀物，即通过与沉淀剂之间的反应或水解反应产生沉淀，形成不溶性的草酸盐、碳酸盐、硫酸盐、氢氧化物、水合氧化物等沉淀物；沉淀颗粒的大小和形状可由反应条件来控制；再经过过滤、洗涤、干燥，有时还需要经过加热分解等工艺过程，最终得到超细粉体材料。沉淀法主要用于氧化物的制备。液相沉淀法包括直接沉淀法、共沉淀法、均匀沉淀法、水解法、胶体化学法和特殊沉淀法等。

5. 溶胶-凝胶法

溶胶-凝胶法是近几十年来发展极为迅速的一种用化学的方法在低温下制备玻璃和合成其他无机新材料的新方法，简称溶胶-凝胶法（So-Gel 法）。近些年发展起来的包括采用有机金属化合物、高分子化合物以及应用醇盐或其他物质作源物质的溶胶-凝胶过程，在整个无机非金属材料领域，显示出了巨大的优越性和广阔的应用前景。用溶胶-凝胶法制备材料的过程可归纳为溶液→溶胶→凝胶→材料，即将酯类化合物或金属醇盐等溶于有机溶剂中，形成均匀的溶胶，然后在一定温度下反应形成凝胶，最后经干燥处理制成产品。

溶胶-凝胶法的优点是可在较低温度制得玻璃和各种其他无机新材料；材料纯度高、均匀性好，易于均匀地掺杂微量元素。其缺点是原料价格比较高；制备所需的有机溶剂对人体有害；制备时间较长，不易制得大尺寸产品。

溶胶-凝胶法在制备纳米粒子、玻璃、陶瓷、薄膜、纤维、复合材料等方面获得重要应用。

6. 水热法(溶剂热法)

水热法是指在密闭的压力容器中，以水为溶剂，在高温高压的条件下进行化学反应制备无机材料的方法。水热反应依据反应类型的不同，可分为水热氧化、水热还原、水热沉淀、水热合成、水热水解、水热结晶等，其中水热结晶用得最多。水热法应用于制备无机超细粉及晶体材料等。溶剂热法与水热法类似，只不过是用其他溶剂代替了水。

7. 喷雾法

喷雾法也称溶剂蒸发法，是将溶解度大的盐的水溶液雾化成小液滴，使其中的水分迅速蒸发，而使盐形成均匀的球状颗粒，如再将微细的盐粒加热分解，即可得到氧化物超细粉。此方法已用于生产锆钛酸铅镧(PLZT)、铁氧体、氧化锆、氧化铝等超细粉。用喷雾法所得的氧化物粒子为球状，流动性好，易于制粉成型，但由于盐类分解往往会产生大量的有害气体，对环境造成污染，所以在一定程度上限制了这类方法的工业化生产。喷雾法通常有喷雾干燥法、喷雾热分解法和冷冻干燥法三种，前两种工业上应用较多，其过程简单，容易控制。

1.5.3 固相法

固相法是以固态物质为原料，通过各种固相反应和烧结等过程来制备材料的方法，如水泥熟料的煅烧，陶瓷和耐火材料的高温烧结，金属材料的粉末冶金，人工晶体的固相生长，高分子材料的固相缩聚等。固相法包括高温烧结法、自蔓延高温合成法、热分解法、固相缩聚法等。

高温烧结法通常用于陶瓷、耐火材料、粉末冶金以及水泥熟料等的制备。一般是把成型后的坯体或固体粉料在高温条件下进行烧结后才能得到相应的产品。在高温烧结过程中，往往包括多种物理、化学和物理化学变化，形成一定的矿物组成和显微结构，并获得所要求的性能。

自蔓延高温合成(self-propagating high-temperature synthesis，SHS)法是由苏联科学家 Mcrzhanov 于 1967 年首次提出的。它是利用反应本身放出的热量维持反应的持续进行，一旦被引发就不再需要外加热源，并以燃烧波的形式通过反应混合物，随着燃烧波的前进，反应物转化为产物。一般将反应的原料混合物压制成块，在块状的一端引燃反应，反应放出的巨大热量又使得邻近的物料发生反应，结果形成一个以一定速度蔓延的燃烧波。随着燃烧波的推进，反应混合物转化为产物。SHS 法的优点是生产过程简单，时间短，消耗的外部能量少，集材料合成和烧结于一体，可以制得高纯度的产品。另外，在反应过程中，如果与某些特殊手段结合，可以直接制备出密实的陶瓷材料。SHS 法可制备的材料包括粉末、多孔材料、致密材料、复合材料、梯度材料和涂层等。它已在工业和高技术领域中得到广泛的应用。

热分解法是指将金属的碳酸盐、硫酸盐、硝酸盐等加热分解而获得特种无机材料用的氧化物粉末的一种方法。

固相缩聚法可以在比较缓和的条件下(温度较低)合成高分子化合物,以避免许多在高温熔融缩聚反应下发生的副反应,从而提高树脂的质量。并可以制备特殊需要的高相对分子质量的树脂,某些熔融温度和分解温度很接近,甚至分解温度比熔融温度还要低的高分子化合物,可以在熔点以下采用固相缩聚法制备。

普通无机非金属材料的生产是采用天然矿石作原料,经过粉碎、配料、混合等工序,成型(陶瓷、耐火材料等)或不成型(水泥、玻璃等),在高温下煅烧成多晶态(水泥、陶瓷等)或非晶态(玻璃、铸石等),再经过进一步的加工如粉磨(水泥)、上釉彩饰(陶瓷)、成型后退火(玻璃、铸石等),得到粉状或块状的制品。

特种无机非金属材料的原料大多采用高纯、微细的人工粉料。单晶体材料用焰熔、提拉、水溶液、气相及高压合成等方法制造。多晶体材料用热压铸、等静压、轧膜、流延、喷射或蒸镀等方法成型后再煅烧,或用热压、高温等静压等烧结工艺,或用水热合成、超高压合成或熔体晶化等方法,制造粉状、块状或薄膜状的制品。非晶态材料用高温熔融、熔体凝固、喷涂、拉丝或喷吹等方法制成块状、薄膜或纤维状的制品。

1.6 材料的性能和使用效能

1.6.1 材料的性能

材料的性能是指材料在一定的外界条件作用下所作出的反应情况。

材料的性能分为物理性能和化学性能两类,也可以分成力学性能(机械性能)、物理性能和化学性能三类。

1. 材料的力学性能

材料的力学性能是指材料受外力作用时的变形行为及其抵抗破坏的能力。力学性能是一系列物理性能的基础,又称机械性能。它通常包括强度(拉伸强度、压缩强度、抗冲强度、屈服强度等)、塑性、硬度、弹性(弹性模量)与刚性、韧性、疲劳等。

材料在使用过程中,或多或少要受到拉伸、压缩、弯曲、剪切等力的作用。在选择材料和应用材料时,要使材料的力学性能与部件所需的工作条件相匹配。

2. 材料的物理性能

物质不需要经过化学变化就表现出来的性质称为物理性质。材料的物理性能包括热学性能、电学性能、磁学性能、光学性能等。

(1) 热学性能。包括材料的热容、热膨胀、热导率、熔化热、熔点等。

(2) 电学性能。包括电导率、电阻率、介电性能、击穿电压等。

(3) 磁学性能。包括顺磁性、抗磁性、铁磁性等。

(4) 光学性能。包括光的反射、折射、吸收、透射以及发光、荧光等。

3. 材料的化学性能

材料总是在一定的环境介质中使用。这些介质常与材料发生化学反应，影响材料性能的发挥。例如，随处可见的生锈现象，大大缩短了金属材料的使用寿命，甚至导致各种灾难性事故的发生。材料受到其他物质的化学作用而表现出来的性能，称为化学性能。其中，材料抵抗酸、碱、盐、水、空气及各种溶液等介质侵蚀的能力，称为化学稳定性；材料在高温下防止与周围的氧作用而不被损坏的能力，称为抗氧化性。材料化学性能还包括离子交换、吸收、吸附等性能。

材料的组成、结构等不同，材料的化学稳定性也不同。金属材料主要是易氧化腐蚀；硅酸盐类材料由于溶蚀、冻结溶化、水等作用而被损坏；高分子材料则因氧化、生物作用、虫蛀、溶蚀，以及受紫外线的照射老化降解而损害其耐久性。

不同的金属其化学稳定性有很大差别。例如，铂、铱、金、银等化学稳定性良好，而铁的化学稳定性较差。金属的腐蚀是一种常见的现象，其基本原因可分为化学腐蚀和电化学腐蚀两种。化学腐蚀是指金属材料受周围介质作用而引起的一种化学变化；电化学腐蚀是指金属与电解质接触时发生的一种腐蚀。

无机非金属材料中的玻璃、陶瓷、混凝土等都具有良好的耐久性。无机非金属材料的耐久性是由其密度、气孔率、溶解、溶出、氧化等化学作用，以及干湿作用、温度变化、冻结溶化等物理作用因素决定的。

高分子材料的化学性质，总地来说，其大多数是比较稳定的，具有良好的抗腐蚀能力，如聚四氟乙烯(PETE)具有极好的化学稳定性，即使在高温下也不与浓酸、浓碱、有机溶剂和强氧化剂等起反应，在沸腾的水中也毫无损伤，可在$-195\sim250$℃的温度范围内长期使用，所以获得“塑料王”的美称；聚氯乙烯是应用极广的重要塑料，其耐酸性和耐碱性好，而且有一定的强度和刚度，可制成各种规格的管道、阀门、泵、容器以及各种防腐衬里；酚醛树脂等热固性塑料，由于具有由化学键交联形成的网状结构，耐腐蚀性能也很好。

高分子材料之所以具有良好的化学稳定性，其主要原因有三方面。一是分子链上各原子是由共价键结合而成的，键能较高，结合很牢。二是高分子的特殊形态，使得大分子链上能够参加化学反应的基团在与化学反应介质的接触上比较困难。例如，晶态高聚物由于长链分子间堆砌紧密，具有相当高的化学稳定性；无定型高聚物处于玻璃态时，因大分子链不能自由运动，反应基团被固定，化学反应也难以进行，即使在高弹性态和黏流态时，也因大分子链杂乱无章，彼此缠结，许多集团被包裹起来，难以与其他反应介质接触，故与低分子物质相比，化学反应仍然比较缓慢。三是高聚物大都是绝缘体，不会产生电化学腐蚀。聚四氟乙烯不仅C—F键结合很牢，而且分子规整对称易于结晶，加之氟原子组成了严密的保护层包围了碳链，故有非常高的化学稳定性。

高分子材料的老化是指在加工、储存和使用过程中，受化学结构影响，在光、热、氧、高能辐射、气候、生物等因素的综合作用下，其失去原有性能而丧失使用价值的过程(物理化学性质和机械性能变坏的现象)。在太阳光的照射下，高分子材料内部存在的不饱和键、支链、羰基、末端基、引发剂残渣等吸收紫外线而引发光化学反应，使其老化。高分子材料的老化有两种情况：一是由于大分子链之间产生交联，其从线形结构或支链型结构转变为体型结构，变脆，丧失弹性等；二是由于大分子链的降解，其链长度减短，相对分子质量降低，即聚合度减少了，变软、变黏、脱色、丧失机械强度等。

任何一种材料都有其特征的性能和应用。例如，金属材料具有刚性和硬度，可以用作各种结构件；它也具有延性，可以加工成导电或受力用线材；一些特种合金，如不锈钢、形状记忆合金、超导合金等，可以用作耐腐蚀材料、智能材料和超导材料等。陶瓷有很高的熔点、高的强度和化学惰性，可用作高温发动机和金属切削刀具等；而具有压电、介电、电导、半导体、磁学、机械等特性的特种陶瓷，在相应的领域发挥作用，但陶瓷的脆性则限制了它的应用，开发具有高延伸率的韧性陶瓷，成了材料科技工作者追求的目标。利用金刚石的耀度和透明性，可制成光彩夺目的宝石和高性能光学涂层；而利用其硬度和导热性，可用作切削工具和传导材料。高分子材料以其各种独特的性能，在各种不同的产品上发挥作用。例如，汽车等各类交通工具的内饰件、外装件、功能件等，建筑材料，电子材料，航天航空材料等。反之，高分子材料组分的迁移特征，加速了其性能的退化，也对环境（尤其是室内环境）造成损害。而其耐热性低（少数使用温度在 300℃ 以下，多数不超过 150～200℃）、耐候性较差，又限制了其在需要耐热和耐候领域的应用。

由于材料组成和制备工艺的不同，各类材料在性能上存在很大的差异。材料的性能比较见表 1.6.1。

表 1.6.1 材料按物理化学属性分类的性能比较

材料种类	化学组成	结合键	主要特征
金属材料	金属元素	金属键	有光泽，塑性，导电，导热，较高强度和刚度
无机非金属材料	氧和硅或其他金属的化合物、碳化物、氮化物	离子键、共价键	耐高温，高强度，耐蚀，具特殊物理性能（功能），脆，无塑性
高分子材料	碳、氢、氧、氮、氯、氟等	共价键、分子键	密度小，比强度高，橡胶具有高弹性，耐磨，耐蚀，易老化，刚度小，耐高温差
复合材料	两种或两种以上材料组合而成		比强度和比模量高，抗疲劳，高温和减振性能好，功能复合

从表 1.6.1 可知，通常情况下几种材料的性能比较如下。

密度（由大到小）：钢铁＞陶瓷＞铝＞玻璃纤维增强复合材料＞塑料；

耐热性（由高到低）：陶瓷＞钢铁＞铝＞玻璃纤维增强复合材料＞塑料；

拉伸强度（由大到小）：钢铁＞玻璃纤维增强复合材料＞铝≈陶瓷＞玻璃＞塑料；

比拉伸强度（由高到低）：玻璃纤维增强复合材料＞铝＞钢铁＞塑料＞玻璃＞陶瓷；

韧性（由强到弱）：钢铁≈铝≈玻璃纤维增强复合材料＞塑料＞陶瓷≈玻璃；

导热性（由高到低）：铝＞钢铁＞陶瓷＞玻璃＞玻璃纤维增强复合材料＞塑料；

线膨胀系数（由大到小）：塑料＞铝≈玻璃纤维增强复合材料＞钢铁＞玻璃≈陶瓷；

导电性（由大到小）：铝＞钢铁＞陶瓷＞玻璃纤维增强复合材料＞玻璃＞塑料。

金属材料的性能特点是：良好的导电性和导热性，硬度大，强度大，密度高，熔点高，良好的金属光泽。

普通无机非金属材料的性能特点是：耐压强度高，硬度大，耐高温，抗腐蚀。此外，水泥在胶凝性能上，玻璃在光学性能上，陶瓷在耐蚀、介电性能上，耐火材料在防热隔热性能上都有其优异的特性，为金属材料和高分子材料所不及。但与金属材料相比，它们的抗断强度低、缺少延展性，属于脆性材料。与高分子材料相比，它们的密度均较大，制造工艺较复杂。

特种无机非金属材料的性能各具特色。例如，高温氧化物等的高温抗氧化特性；氧化铝、氧化铍陶瓷的高频绝缘特性；铁氧体的磁学性质；光导纤维的光传输性质；金刚石、立方氮化硼的超硬性质；导体材料的导电性质；快硬早强水泥的快凝、快硬性质；光敏材料的光-电性质、热敏材料的热-电性质、压电材料的力-电性质、气敏材料的气体-电性质、湿敏材料的湿度-电性质等。

高分子材料的性能特点可概括如下。

(1) 质轻。密度平均为 $1.45g/cm^3$，约为钢的1/5，铝的1/2。

(2) 比强度高。接近或超过钢材，是一种优良的轻质高强材料。

(3) 良好的韧性。高分子材料在断裂前能吸收较大的能量。

(4) 减摩、耐磨性好。有些高分子材料在无润滑和少润滑的条件下，它们的耐磨、减摩性能是金属材料无法比拟的。

(5) 电绝缘性好。可与陶瓷、橡胶媲美。

(6) 化学稳定性好。对一般的酸、碱、盐及油脂有较好的耐腐蚀性。

(7) 执导率小。

(8) 易老化。高分子材料在光、空气、热及环境介质的作用下，分子结构会产生逆变，使机械性能变差，寿命缩短。

(9) 易燃。塑料不仅可燃，而且燃烧时发烟，产生有毒气体。

(10) 耐热性。高分子材料的耐热性是指温度升高时其性能明显降低的抵抗能力。主要包括机械性能和化学性能两方面，而一般多指前者，所以耐热性实际常用高分子材料开始软化或变形的温度来表示。

(11) 刚度小。例如，塑料的弹性模量只有钢材的1/20～1/10，且在长期荷载作用下易产生蠕变。但在塑料中加入纤维增强材料，其强度可大大提高，甚至可超过钢材。

1.6.2 材料的使用效能

材料的使用效能通常是指材料以特定产品形式在最终使用条件下所表现出的行为(效能)。它与材料的使用性能既有区别又有联系，有时并不加以严格区分。材料的使用性能是指材料在使用时主要利用的某个或某几个方面的性能。例如，结构材料主要是利用其力学性能好来满足使用时的要求，所以，力学性能是结构材料的主要使用性能。材料的使用效能是材料的固有性质与产品设计、工程特性、使用环境、效益和人类需要相融合在一起的综合表现，必须以使用效能为基础进行材料设计，才能得到最佳的方案。因此，往往将材料的合成和加工、材料的性质看作是元器件或设备设计过程中必不可少的一个组成部分。材料的性质是在元器件或设备实现预期的使用性能时而得到利用的，即使用效能取决于材料的基本性能。使用效能包括可靠性、有效寿命、速度(器件或车辆的)、能量利用率(机器或常用运载工具的)、安全性和费用等。因此，建立使用效能与材料基本性能相关联的模型，了解失效模式，发展合理的仿真试验程序，开展可靠性、耐用性、预测寿命的研究，以最低代价延长使用期，这些对先进材料研制、设计和工艺是至关重要的。这些问题，不仅对大型结构和机器用的材料，而且对电子器件、磁性器件和光学器件中的结构元件和其他元件所用的材料，都是十分必要的。

必须指出，在对材料的使用效能的研究过程中，也应特别注意加工工艺技术对其的影响。钢是基础的材料，其性能可精确地预测和再现，经过加工可以显示出比其他任何材料更宽的综合力学性能。钢对加工技术，包括成分、机械变形、热处理变化的敏感性和响应范围是非常好的，可以利用加工工艺技术的不同而获得所需的使用性能。

1.7　材料的选择和使用

1.7.1　概述

开发和使用材料的能力是衡量社会技术水平和未来技术发展潜力的尺度，创造开发新材料的最终目的是使用它们以满足人类的需要，只有当新材料被广泛应用时，其才能真正具有经济和社会意义。正确选择与合理使用材料，是所有工程领域及其设计部门的职责。

在选择材料时，面临庞大数量的可供选择的材料，基本方法是先确定所需要的性能，再看满足这些性能要求的所有材料中哪一种成本最低。这里的成本不仅指材料的价格，还包括制造包装费用、运输费用、使用费用、运行中断的损失、环境清理或处理费用等所有因素在内的部件整体寿命内的总成本(或称终身成本)。此外，材料的选择是一个系统工程，在一个部件或者装置中所选用的各种材料要能够在一起使用，而不能因相互作用而降低彼此的性能，因此，在大多数情况下，材料的选择是一个反复权衡的复杂过程，在某种意义上，其重要性不亚于材料本身的研究开发。

1.7.2　材料的选用

在成千上万种材料中，选择出合适的材料是一件较难的事情。所谓合适的材料除了要有符合要求的性能，还应具备下列特征：供应充足，价格低廉，加工方便，节能，质量轻，耐腐蚀，对人体、环境无不利影响，可生物降解等。

选择材料时，找到一种理想材料几乎是不可能的事情，往往满足了这些条件，却又不符合另一些条件。多数情况下，材料的选择采取折中的原则。例如，如果把比强度要高出钢3～5倍的航天材料——石墨/环氧与芳香族尼龙/环氧复合材料代替钢，可以制造出又轻又节能的汽车，但用这种材料生产出的普通汽车的价格将变成高档汽车的价格，节能就失去了意义。

材料选择的第一步是根据设计方案确定所用材料应有的性能，设计部件不同，所需性能也就不同。例如，一种以力学性能为主的部件，就要考虑下列性能：强度(拉伸、压缩、弯曲、剪切、扭曲等)、耐高温性能、疲劳强度、韧性(耐冲击性)、耐磨(硬度)、耐腐蚀等。这些性能在手册上基本都可以查到，在国家标准中有明确的规定，在产品说明书中也会有较详尽的说明。但在进行查阅和搜索之前，必须要将可能的材料缩小到一个较窄的范围，否则若进行大范围的检索，无异于大海捞针。这就需要对金属、陶瓷、高分子材料、复合材料四大类材料的主要性能有一定了解和比较。

1）材料性能的比较

在材料初选时应考虑的诸多因素中，首先是材料的性能。性能不合格的材料，即使价格低和其他方面再好，也不能用。可靠性是与性能紧密联系在一起的，高性能的材料如果可靠性不高,就等于低性能。价格明显也是材料选择的重要因素,是制约使用高性能材料的主要因素,有时往往是舍弃部分性能而迁就价格,这要考虑性价比。货源问题与价格密切关联,现货往往价格较高而期货较低;规格的不当,往往也会造成价格上升。环境保护和政策等社会因素有时往往会限制对某类材料的选择,这是材料选择的最后阶段应考虑的。这一系列因素中,最复杂的自然是材料的性能。从筛选的角度考虑,每一步都应淘汰尽可能多的不合格者,以便快速缩小选择的范围,所以,我们按筛选速度排定考虑性能的先后次序。

(1) 使用温度。

如果产品在高温下使用(如高于 500℃),可以迅速将选择范围缩小一大半,整个高分子材料家族可以被排除在外,所有的低熔点合金亦被排除在外。但如果使用温度是室温,则优先考虑的是高分子材料,因为在相同密度的材料中,它们价格低、加工最方便。不同使用温度下所考虑的力学性能也是不相同的,室温下,重点考虑屈服强度、延伸率、韧性等;而在高温下,主要考虑的是蠕变与断裂应力等。

(2) 强度。

首先要弄清楚所需要的强度是极限强度还是屈服强度,是拉伸强度还是压缩强度。室温下考虑屈服强度,高温下考虑极限强度。如果使用拉伸强度,应当考虑较韧的材料。如果是压缩强度,反而应考虑脆性材料(如铸铁、陶瓷、石墨等),这些脆性材料都是化学键比较强的物质,在拉伸过程中,这些材料容易产生裂纹而断裂,而在压缩应力下倾向于弥合裂纹,反而使这些脆性材料具有较高的压缩强度。如果材料是在动态应力下工作,屈服强度就失去意义,必须考虑疲劳强度。

(3) 延展性。

延展性是与强度同时考虑的,因为一般情况下强度越高的材料延展性越低。如果二者都很重要,就要采取折中的办法。对金属材料而言,降低晶粒尺寸能够显著提高强度,而使延展性降低不大。在复合材料中,通过改变纤维的体积分数与排列,可以提高延展性,而使强度降低不大。在高分子材料中,强度与延展性的折中办法更多。唯有陶瓷材料,尚无办法兼顾强度与延展性,因为至今还没有一种具有延展性的陶瓷。

(4) 韧性。

如果操作过程中发生振动或冲击,就必须考虑断裂韧性。韧性可以采用测定冲击韧性,但更科学的方法是测定断裂韧性 K_{IC}。K_{IC} 是评定材料抵抗裂纹开裂的性能指标,但目前大多数高分子材料的韧性仍是测定冲击韧性,只有少数 K_{IC} 的数据。高分子材料的断裂韧性普遍较低,只有用玻璃纤维增强的塑料才有较高的断裂韧性,但它已经变成复合材料了。陶瓷基复合材料中的最高韧性来自 SiC/SiC 材料,其 K_{IC} 可达 $25\text{MPa}\cdot\text{m}^{1/2}$。金属具有最高的断裂韧性。根据热处理条件的不同,韧性可以发生很大的变化。中碳钢的 K_{IC} 最高可以达到 $200\text{MPa}\cdot\text{m}^{1/2}$。

(5) 比模量。

比模量(弹性模量与密度之比)比弹性模量更有用。比模量与化学组成相关,若化学组成不变,则只用物理方法(如热处理)不能改变比模量。例如,钢铁的冷加工强化只能提高强度,而不能改变比模量。合金的时效强化能够将强度提高几十倍,但由于加入的合金元素的质量分数仅为百分之几,对提高比模量的作用不大。由此可以看到复合材料在提高比模量方面的优势。由于将基体材料与高比模量的纤维混合,材料的化学组成发生了显著的改变,材料的比模量得到大幅提高，尤其是树脂基复合材料，基体本身的比模量很低，与高比模量纤维复合后，就能使弹性模量得到几十倍甚至上百倍的提高。

(6) 物理性质。

热导率、热膨胀系数与电导率是最重要的物理性质，这些性质都是温度的函数，必须注意在使用温度下的物理性质。主要在三种情况下要考虑热导率：一是设计导热设备时，如散热器、暖气片等，希望材料的热导率尽可能大；二是选择保温材料时，希望材料的热导率尽可能小；三是考虑陶瓷材料的抗热冲击性能时，此时应同时考虑陶瓷的热导率与热膨胀系数，为了获得较高的抗热冲击性能，热导率越大越好，热膨胀系数越小越好。同时，材料的弹性模量应是越小越好。

一个部件、一个装置，不可能完全由一种材料构成，大多数情况下要使用不同种类的材料，或者说是多种材料的组合。以手机为例，外壳是韧性的丙烯腈(A)-丁二烯(B)-苯乙烯(S)(ABS)塑料，内部有执行储存的芯片和声音传输功能元器件(以陶瓷为主的元件)，电路上有铜导线，导线上有绝缘护层，还有发光二极管的指示灯，四类材料都用到了。每一种材料都要分门别类地进行选择，外壳的选择时以力学性能为主，而发光二极管与芯片的选择时要以物理性能为主。

2) 其他选择标准

货源与规格是需要考虑的一个因素：厂家是否能按时保质保量地提供所需的材料，是否具有所需的规格。以塑料异型材为例，截面外形尺寸、材料的厚度、表面光洁度，甚至所能提供的长度都应该考虑。材料的性能合适而规格不合适，仍不是理想的材料选择。

价格是仅次于材料性能的选择因素，有时价格比性能还要重要。例如，欲要选择一种柔软、延展性好的材料，绝不会有人选择黄金，因为价格太高，那就只能退而求其次，牺牲性能向价格让路。材料的价格因地区而不同，因时间季节而不同。对比材料价格的高低很容易，但需要注意材料的标价，许多材料的价格都是按质量计，但实际使用的是材料的体积，在估算价格时，必须将质量价格换算成体积价格。

材料选择时要考虑产品的设计服务年限，服务年限的长短对材料选择有很大影响。有些产品的服务年限希望是无限长，如水电站的发电机、城市中的水电气供应系统，这时应该选择可靠性高的材料，尽可能延长其服务时间。有些产品更新换代比较快，这在材料选择时也要考虑。

材料的加工性是必须考虑的。材料的加工费用是成本的一部分，有时甚至要超过材料的成本。如果一种材料的批量很大，加工成本就会降低；而如果生产批量很小，加工成本就会占相当的比例。有些材料的加工很困难，如陶瓷材料，尤其是金属陶瓷很难，甚至根本不能机械加工，只能用研磨、电火花或电化学方法加工，钛、镁的板或带只能用特殊的工具或热成型装置加工，成本自然很高。有些材料的加工性取决于制品的批量，如工程塑料，如果只是单纯地加工几件制品，可以说是很难加工的；如果要生产几千件，那就只需制造一个金属模具，可以用注射机方便地在一天内完成加工。因此，考虑加工性时，应将加工技术、加工成本与批量结合起来考虑。

环境问题逐渐成为材料选择中的首要因素。一方面，人类正享受着材料不断进步带来的巨大效益；另一方面，面对日益恶化的环境，材料开发和使用中的负面影响，也不能不引起人们的密切关注。例如，原材料生产和材料制造、施工中的废水、废气、废物(也包括有毒物质、粉尘、酸雨）等对环境的污染；材料应用中引起的不良影响，如玻璃幕墙的光污染、家庭装潢带来的有害气体，甚至放射性物质，高分子材料的可燃性，以及由燃烧引起的伤害等。因此，考虑环境并不仅仅是人类对社会的责任，也是社会对人类可持续发展关心所提出的要求。不注重环境保护的企业将为政府法令所不容，在今天的社会中将无立锥之地。材料的可回收性，在高分子材料中较为突出。在选择高分子材料时，应尽量选择热塑性材料，避免热固性材料，因为前者可以回收。设计组合制品时，尽量采用同一种材料或同一系列材料，以便于回收。

在重视环境因素的潮流中，人们提出了“为拆卸而设计”的理念，这一新理念的提出是对以前“为装配而设计”的一次革命。“为装配而设计”或“为生产而设计”的着眼点是设计应便于各零部件的装配，便于生产，便于维修与维护；而“为拆卸而设计”的着眼点则更长远，在设计部件和装置时，就已经考虑到将来废弃时易于拆卸，易于分类处理。如前所述，在选用高分子材料时，尽量使用同一种材料或尽可能少的种类。如果要使用不同的材料，则在材料上打标记。尽量不使用黏合剂和紧固件（如螺钉）等，而让材料自行咬合。

与“为拆卸而设计”几乎同时出现的思想是整体化设计或整体化生产，这一设计思想的中心就是使用尽可能少的零部件，减少装配。减少了装配，自然就减少了材料的种类，也就减少了废弃以后的拆卸。

在进行材料选择时，还必须变换角色，考虑使用者的体验感受。工程技术人员往往对性能、货源、加工等因素考虑得比较周全，而忽略了所选材料的使用者是否满意。从这个意义上讲，使用者应该是材料选择成败的最终裁决者。一种材料的性能优良、价格低廉、货源充足，但如果使用者不满意，前面的一切都是无意义的。最后一个值得考虑的因素是制品的可靠性，包括两个方面：一是材料的性能可靠性；二是对使用者的安全可靠性。要提高性能可靠性，只需加大安全系数，使材料在使用过程中不损坏，不断裂；而安全可靠性是指材料失效时，即使是突然断裂时都不会对使用者的身体或健康产生不利影响，而后一个可靠性既是设计问题，也是材料选择问题。

思考题和作业

1.1 如何理解材料的概念？

1.2 材料如何分类？常用的分类方法是哪一种？

1.3 何为材料的四要素？它的核心是什么？

1.4 如何理解材料四要素之间的关系？

1.5 如何理解材料的结构？

1.6 简述材料的组成。

1.7 材料的合成方法有哪些？

1.8 如何选择和使用材料？

第2章

新材料概述

2.1 概述

2.1.1 新材料的定义和分类

随着科学技术的发展，人们在传统材料的基础上，利用现代科学技术的研究成果，开发出许多新材料。新材料是指新发展起来的具有优异的性能和特殊的功能，对科学技术尤其是高新技术进步和新产业的形成以及经济发展具有重要作用的材料。它也包括采用新技术、新工艺、新装备，使传统材料的性能有明显提高或产生新功能的材料。

新材料作为高新技术的基础和先导，种类众多，应用范围非常广泛。同传统材料一样，新材料可以从结构、组成、功能和应用领域等不同角度对其进行分类。新材料按材料的属性分为新型金属材料、新型无机非金属材料、新型高分子材料、先进复合材料四大类；按使用性能分为新型结构材料和新型功能材料，新型功能材料包括半导体材料、磁性材料、光敏材料、热敏材料、隐身材料，以及制造原子弹、氢弹的核材料等。按应用领域和研究热点分为电子信息材料、新能源材料、生物医用材料、生态环境材料、新型建筑及化工新材料、纳米材料、先进复合材料、先进陶瓷材料、新型功能材料（含高温超导材料、磁性材料、金刚石薄膜、功能高分子材料等）、高性能结构材料、智能材料等，这是较一般的分类法。

2.1.2 新材料在新技术革命和新产业中的作用

材料是人类生产和生活的物质基础，是社会生产力水平的标志。人类的发展历史就是一部材料发展的历史。一种新材料的出现和应用，往往引起社会生产力的大发展，推动社会进步。从石器、陶器、青铜、铸铁、钢、信息材料、复合材料，到今天的纳米材料等各种各样新材料的出现，均标志着一个相应经济发展的历史时期。特别是第二次世界大战结束以来，经济的发展远超过去几个世纪，这与全球范围内的新材料、高新技术及其产业发展和相应的经济增长分不开，从而导致新产业革命的加速形成，其基础无不与新材料的研制和开发休戚相关。

目前，新材料以新型功能材料、高性能结构材料和先进复合材料为发展重点。其中，新型功能材料种类繁多，用途广泛，正在形成一个规模宏大的高技术产业群，有着十分广阔的市场前景和极为重要的战略意义。世界各国均十分重视功能材料的研发与应用，它已成为世界各国新材料研究发展的热点和重点，也是世界各国高技术发展中战略竞争的热点。

新材料在国防建设上作用重大。例如，超纯硅、砷化镓的研制成功，导致大规模和超大规模集成电路的诞生，使计算机运算速度从每秒几十万次提高到每秒百亿次以上；航空发动机材料的工作温度每提高 100℃，推力可增大 24%；隐身材料能吸收电磁波或降低武器装备的红外辐射，使敌方探测系统难以发现等。

新材料产业是我国重点推进的战略性新兴产业之一，新材料对于推动技术创新、支撑整个战略性新兴产业发展，促进传统产业转型升级，保障国家重大工程建设和国防建设，具有重要战略意义。新材料产业必将得到大力发展，市场发展前景十分广阔。

2.2 新能源材料

2.2.1 新能源和新能源材料

能源与人类社会的生存和发展休戚相关，可持续发展是全体人类共同的愿望和奋斗的目标。为了实现可持续发展，必须保护人类赖以生存的自然环境和自然资源，这是人类进入21世纪面临的严重挑战。因此，科学工作者提出了资源和能源最充分利用技术与环境最小负担技术。新能源及新能源材料是这两大技术的重要组成部分，对我国发展尤为重要。

新能源的出现和发展，一方面是能源技术本身发展的结果，另一方面也是由于这些能源有可能解决资源和环境发展问题而受到支持与推动。新能源的发展必须靠利用新的原理来发展新的能源系统，同时还必须靠新材料的开发和利用，才能使新的系统得以实现，并进一步提高效率，降低成本。

新能源包括太阳能、生物质能、核能、风能、地热、海洋能等一次能源，以及二次电池中的氢能等。

新能源材料是指能实现新能源的转化和利用，以及发展新能源技术所需的关键材料。新能源材料是发展新能源的核心和物质基础。新能源材料主要包括：以硅半导体材料为代表的太阳能电池材料，以嵌锂碳负极和 $LiCoO_2$ 正极为代表的锂离子电池材料、燃料电池材料，以储氢电极合金材料为代表的镍氢电池材料，以及以铀、氘、氚为代表的反应堆核能材料等。当前的研究热点和技术前沿包括高能储氢材料、聚合物电池材料、中温固体氧化物燃料电池电解质材料、多晶薄膜太阳能电池材料等。这些材料的大部分已形成或正在形成相当大的产业。

材料、信息、能源是现代文明的三大支柱，新材料是新技术革命的重要标志之一，受到世界各国的高度重视和大力支持，其发展前景十分广阔。

2.2.2 锂离子和钠离子电池材料

1. 概述

电池通常分为一次电池和二次电池。

一次电池是指经一次连续（或间歇）放电到电池容量耗尽后，不能再有效地用充电方法使其恢复到放电前状态的电池，即俗称“用完即弃”的电池。它的特点是携带方便、不需维护、可长期储存或使用。一次电池包括锌锰电池、锌电池、锌汞电池、锌空气电池、汞电池、氢氧电池、镁锰电池、固体电解质电池和锂电池等。锌锰电池又分为干电池和碱性电池两种。

二次电池是指放电到电池容量耗尽后，能用充电方法使其恢复到放电前状态的电池，即可充电电池，也称为蓄电池。二次电池按制作材料和工艺的不同，常分成锂（钠）离子电池、铅酸电池、镍氢电池、镍镉电池、镍铁电池等。其优点是循环寿命长，可全充-放电数百次甚至更多，有些可充电电池的负荷力要比大部分一次性电池高。

一次电池使用后，常随普通垃圾一起被丢弃或被填埋，造成资源浪费，同时电池中的重金属元素的泄漏也会污染地下水和土壤。因此，有必要大力发展二次电池和开发更好性能的新型二次电池。新型二次电池对环境污染较小，可循环使用，且性能优良，因此，人们把新型二次电池又称为绿色二次电池。绿色二次电池的研究开发一直是国际上一系列重大科技发展计划的热点之一，基于新材料和新技术的高能量、无污染、可循环使用的绿色电池新体系不断涌现。例如，储氢合金的实用化研究直接导致了镍氢电池的诞生；嵌入反应和嵌入材料的研究产生了锂离子电池的概念，并迅速发展成新一代便携式电子产品和新能源电动车的电源；高分子材料的电化学研究形成了超薄型高性能聚合物电池，为微电子应用提供了新的选择。

2. 锂离子电池材料

锂是金属中最轻的元素，标准电极电势为－3.045V，是金属元素中电势最低的一个元素。锂系电池分为锂电池和锂离子电池。自20世纪70年代以来，以金属锂为负极的各种高比能量密度锂原电池相继问世，并得以广泛应用。锂离子电池由日本索尼公司于1990年最先开发成功。它是一种二次电池，把能够嵌入锂离子的碳作负极(锂电池用锂或锂合金)；常用 Li_xCoO_2 作为正极材料，也用 Li_xNiO_2 和 Li_xMnO_4；电解液用“$LiPF_6$＋二乙烯碳酸酯(EC)＋二甲基碳酸酯(DMC)”。锂离子电池充-放电时的反应式为：$LiCoO_2+C=Li_{1-x}CoO_2+Li_xC$。它主要依靠锂离子在正极和负极之间移动来工作。在充-放电过程中，Li^+ 在两个电极之间往返嵌入和脱嵌；充电时，外界输入电能，Li^+ 从正极脱嵌，经过电解质嵌入负极，负极处于富锂状态；放电时则相反，对外释放电能。锂离子电池是现代高性能电池的代表，它的出现革新了消费电子产品的面貌。1996年，Padhi和Goodenough发现具有橄榄石结构的磷酸盐，如磷酸铁锂($LiFePO_4$)，比传统的正极材料更安全，尤其是耐高温、耐过充电性能远超传统锂离子电池材料。锂离子电池因工作电压高、比能量密度高、容量大、自放电小、循环性好、使用寿命长、质量轻、体积小等优点，而成为移动电话、计算机等便携式电子设备的理想电源，以及电动汽车、无绳电动工具等的主要动力来源之一。

1) 锂离子电池工作原理

(1) 工作过程。

电池充电时，外界电能使 Li^+ 从正极中脱嵌，通过电解质和隔膜移向负极，嵌入负极中，电子则由外电路通过导线流向负极，当 Li^+ 从正极全部移动到负极时，电池充电完成；反之，电池放电时，Li^+ 由负极中脱嵌，通过电解质和隔膜，重新嵌入正极中，外电路的电子则产生电力，满足用电需求。由于 Li^+ 在正负极中有相对固定的空间和位置，所以，电池充-放电反应的可逆性很好，从而保证了电池的长循环寿命和工作的安全性。

(2) 正负极反应。

正极材料有多种，主流产品多采用锂铁磷酸盐。正极反应为：放电时锂离子嵌入，充电时锂离子脱嵌。充电时，$LiFePO_4 \rightarrow Li_{1-x}FePO_4+xLi+xe$；放电时，$Li_{1-x}FePO_4+xLi+xe \rightarrow LiFePO_4$。

负极材料多采用石墨，负极反应为：放电时锂离子脱插，充电时锂离子插入。充电时，

$xLi+xe+6C \rightarrow Li_xC_6$；放电时，$Li_xC_6 \rightarrow xLi+xe+6C$。

2）锂离子电池材料

锂离子电池在材料方面，主要组成部分为正极材料、负极材料、电解液、隔离材料（隔膜），以及铜铝箔、黏结剂、导电剂、外壳等辅助材料。

（1）正极材料。

锂离子二次电池的电化学性能主要取决于所用电极材料和电解质材料的结构与性能，尤其是电极材料的选择和质量，直接决定着锂离子电池的特性和价格。从克比能量密度来看，一般正极材料是负极材料的1/3～1/2，正极材料的质量要比负极大很多。同时，由于正极材料的价格比负极材料贵很多，因而，正极材料成本占比要大。

锂离子电池的正极材料有多种，主要有三元锂 Li($NiCoMnO_2$、NCM、磷酸铁锂（LFP）、钴酸锂（LCO）、锰酸锂、镍酸锂等。锂离子电池通常是按使用的正极材料命名，分为三元锂离子电池、磷酸铁锂离子电池等。

现阶段作为新能源电池的四大正极材料是三元锂、磷酸铁锂、钴酸锂和锰酸锂，但实际使用的是以三元锂和磷酸铁锂为主，两者占据了新能源电池99%的市场份额。每种材料都有着各自的优缺点。

A. 三元锂。

三元锂电池也叫作三元聚合物锂电池，三元通常指的是镍、钴、锰这三种原材料。三元正极材料是将三种原材料通过不同比例混合并加入一定化学添加剂后，所获得的产物。

三元锂电池最大的优点是能量密度大，且低温环境下的放电性能比较好，多用于长续航的新能源车型。不过由于其原材料的化学稳定性较差，所以三元锂电池的安全性不高，发生热失控的风险要略高于其他类型的电池。目前在新能源汽车中，三元锂电池的装车量占比为40%左右。

B. 磷酸铁锂。

磷酸铁锂因其稳定的橄榄石结构和化学特性，在其发现之初就被认为是最安全的锂离子电池正极原材料。与三元锂电池相比，磷酸铁锂电池具有寿命长、安全性高、可大电流快速放电、耐高温、容量大、无记忆效应、体积小、质量轻、绿色环保、成本低的优势，但是其能量密度和低温放电性能要差于三元锂材料。目前，磷酸铁锂电池凭借其优势，在新能源汽车的装车量占比常年高于三元锂电池，高达60%左右。除了应用于新能源汽车，磷酸铁锂电池同样在储能设备、小型用电设备、小型电器等领域发挥着重要作用。

C. 钴酸锂。

钴酸锂一般指的是氧化锂钴（$LiCoO_2$），是锂离子电池使用较早的一种正极材料。钴酸锂电池的主要优点为工作电压高、放电平稳、比能量密度高、循环性能好，但由于使用了比较稀有的金属钴，所以钴酸锂电池的制造成本非常高，且钴材料的稳定性也不太好，使得电池的安全性较差。目前，钴酸锂电池主要还是用于手机、计算机等电子设备领域，但是特斯拉公司看中了其电压高、能量密度高的优点，将其制成了18650型钴酸锂电池，主要用于特斯拉 Model S 和 Roadster 电动汽车。

D. 锰酸锂。

锰酸锂是一种无机化合物，最初被发现于1981年，作为电极材料，它有着成本低、安全性高、电势高、环保无污染等优点，被认为是有望取代钴酸锂的正极材料。但它致命的两大缺点是能量密度低和循环性能差，目前还未被攻克，所以锰酸锂电池现阶段主要还是用于手机、计算机等消费级电子设备上，但是也有少数新能源车型使用。

（2）负极材料。

锂离子二次电池的负极材料主要有碳材料、锂金属合金、金属氧化物、金属氮化物、纳米硅等，其中碳材料是目前商业应用的主要负极材料，实际使用较多的是石墨（天然石墨、人造石墨等），而锂金属合金、纳米硅已成为研发热点。

（3）电解液。

电解液被称为锂电池的血液，主要起传输离子的作用。锂离子电池的电解质材料目前主要是用液态电解质，由电解质（一般用六氟磷酸锂（$LiPF_6$））及溶剂组成，如图 2.2.1 所示。由于电池的工作电压远高于水的分解电压，因此，采用有机溶剂，如乙醚、乙烯碳酸酯（EC）、丙烯碳酸酯（PC）、二乙基碳酸酯（DEC）等。有机溶剂常常在充电时破坏石墨的结构，导致其剥脱，并在其表面形成固体电解质界面（SEI）膜导致电极钝化。有机溶剂还存在易燃、易爆等安全性问题。现多采用混合溶剂，如含有锂离子络合物的碳酸亚乙酯或碳酸二乙酯等。溶质常采用锂盐，如 $LiPF_6$、高氯酸锂（$LiClO_4$）、四氟硼酸锂（$LiBF_4$）等，$LiPF_6$ 是应用最为普遍的导电盐。

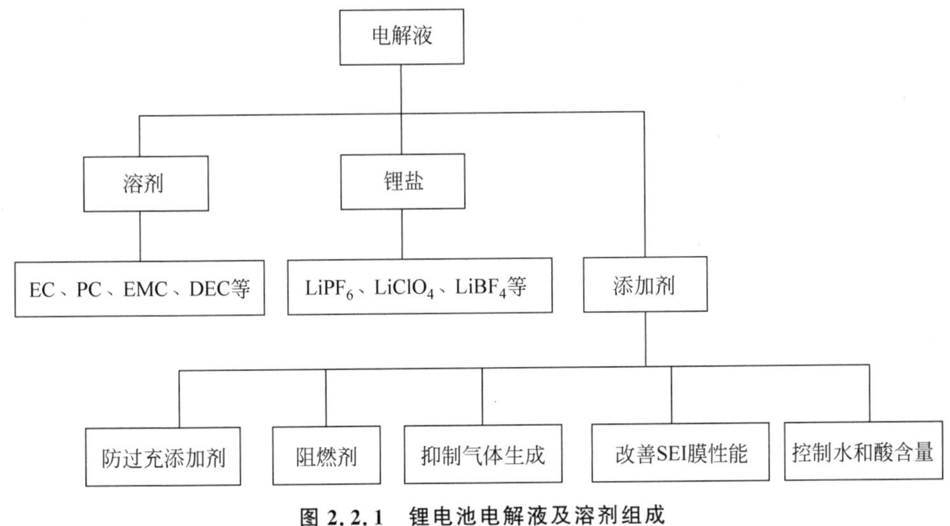

图 2.2.1 锂电池电解液及溶剂组成

（4）隔膜。

隔膜即隔离正负极的膜，使电池内部的电子不能自由穿过，只允许电解质溶液中的离子自由通过。

锂离子电池的结构中，隔膜是关键的内层组件之一。隔膜的性能决定了电池的界面结构、内阻等，直接影响电池的容量、循环以及安全性能等特性，性能优异的隔膜对提高电池的综合性能具有重要的作用。隔膜的主要作用是使电池的正负极分隔开来，防止两极接触而短路，此外还具有使电解质离子通过的功能。

对于锂离子电池，由于电解液为有机溶剂体系，其隔膜要求具有以下性能。

① 在电池体系内，其化学稳定性要好，所用材料能耐有机溶剂。

② 机械强度大，使用寿命长。

③ 为了减少电阻,电极面积必须尽可能大,因此隔膜必须很薄。

④ 为了防止电池体系发生异常时温度升高而产生危险,则在快速产热温度(120～140℃)开始时,热塑性隔膜发生熔融,微孔关闭,变为绝缘体,从而达到截断电流的目的。

⑤ 对锂电池而言,能被电解液充分浸渍,且在反复充-放电过程中能保持高度浸渍。

锂电池隔膜材料分为织造膜、非织造膜(无纺布)、微孔膜、复合膜、隔膜纸等。

由于聚烯烃材料具有优异的力学性能和化学稳定性,以及相对廉价的特点,商品化的隔膜材料主要是以聚乙烯(PE)、聚丙烯(PP)为主的聚烯烃类隔膜。

聚乙烯是乙烯经过聚合后的一种热塑性树脂,通常为无毒、无味的白色粉末或者颗粒,有种类似于蜡的手感。聚乙烯拥有较好的化学稳定性,在室温下可以经受住稀硫酸、稀硝酸、盐酸等溶液的腐蚀,所以是用于制造锂电池隔膜的首选材料。

聚丙烯是一种无色、无味、无毒的半透明固体物质,主要是由丙烯通过加聚反应而成的聚合物,与聚乙烯一样,聚丙烯也可以经受住酸、碱、盐液及其他有机溶剂的腐蚀,目前在机械、电子、汽车、纺织等多个领域得到广泛运用。

主要的隔膜材料产品有单层 PP、单层 PE、PP+陶瓷涂覆、PE+陶瓷涂覆、双层 PP/PE、双层 PP/PP 和三层 PP/PE/PP 等,其中前两类产品主要用于 3C 小容量电池领域,后几类产品主要用于动力锂电池领域。新能源汽车动力锂电池使用的隔膜以三层 PP/PE/PP、双层 PP/PE,以及 PP+陶瓷涂覆、PE+陶瓷涂覆等隔膜材料产品为主。

(5) 其他辅助材料。

铜铝箔、黏结剂、导电剂、外壳(钢壳、铝壳、镀镍铁壳、铝塑膜等)。

3) 锂离子电池制作工艺

(1) 制浆。

用专门的溶剂、导电剂和黏结剂分别与粉末状的正负极材料(活性物质)混合,经搅拌均匀后,制成浆状的正负极物质。

(2) 涂膜。

通过自动涂布机将正负极浆料分别均匀地涂覆在金属箔(铝箔/铜箔)表面,经自动烘干后自动剪切制成正负极极片。

(3) 装配。

按正极片-隔膜-负极片-隔膜自上而下的顺序,经卷绕注入电解液、封口、正负极耳焊接等工艺过程,即完成电池的装配过程,制成成品电池。

3. 钠离子电池材料

钠离子电池也是一种二次电池,始于 20 世纪 80 年代,与锂离子电池几乎同时起步,目前,正逐步走向实际应用。钠离子电池最主要的特征就是用 Na^+ 代替了价格昂贵的 Li^+,具有成本低的优势。此外,还具有电解质的选择范围宽、电化学性能稳定、使用更安全、可以放电到 0V 等优点。其缺点是:理论比容量小,不足锂的 1/2;钠离子在电池材料中嵌入与脱出更难。虽然它的能量密度不及锂离子电池,但仍然具有十分广泛的应用前景,尤其是在对于能量密度要求不高的领域,如低速电动车,电网储能、调峰,风力发电储能等。

1) 钠离子电池的工作原理

它主要依靠钠离子在正极和负极之间"摇摆"移动工作。在充-放电过程中,Na^+ 在两个电极之间往返嵌入和脱嵌。充电时，Na^+ 从正极脱嵌，经过电解质嵌入负极，负极处于富钠状态；放电时则相反。

2）锂离子电池材料

钠离子电池结构组成同锂离子电池一样，一般包括正极、负极、电解质、隔膜等。

（1）钠离子电池正极材料。

一般认为，正极材料的性能是钠离子电池的关键，寻找合适的正极材料成为其实现产业化的关键。因此，研究开发新型正极材料和改善优化已有的正极材料是钠离子电池研究的热点。钠离子电池研究的正极材料主要包括过渡金属氧化物材料、聚阴离子类材料、过渡金属氟磷酸钠盐、普鲁士蓝类材料、有机分子和聚合物、非晶材料等。

① 过渡金属氧化物材料。过渡金属氧化物（Na_xMeO_2）可分为隧道型氧化物（如 $Na_{0.44}MeO_2$）和层状氧化物（如 $NaFeO_2$、Na_xNiO_2）两类。层状氧化物材料的研究主要集中于元素掺杂、取代以及表面包覆，从而改善材料的综合性能，提高材料的结构稳定性。

② 聚阴离子类材料。过渡金属聚阴离子类材料相比于氧化物体系，显示出较优的热稳定性，且大多数的聚阴离子化合物的平均电压相对较高，同时也表现出了较好的循环性能。但聚阴离子类材料通常表现出较低的电导率和体积能量密度，可以在其表面包碳以提高电导率，从而改善电化学性能。聚阴离子类正极材料主要研究的是磷酸盐类化合物。它包括橄榄石型（$NaFePO_4$）、钠快离子型导体（$Na_2V_2(PO_4)_3$）、混合阴离子结构和焦磷酸盐类化合物等。

③ 过渡金属氟磷酸钠盐。过渡金属氟磷酸钠盐研究比较多的主要是 Na_2FePO_4F 和 $Na_3V_2(PO_4)_2F_3$。

④ 普鲁士蓝类大框架化合物。在普鲁士蓝类化合物中，碱金属离子处于三维通道结构和配位空隙中。这种大的三维多通道结构可以实现碱金属离子的嵌入和脱出。同时，通过选用不同的过渡金属离子，如 Ni^{2+}、Cu^{2+}、Fe^{2+}、Mn^{2+} 等可以获得丰富的结构体系，表现出不同的储纳性能。此类化合物具有较高的电压和可逆容量，并且成本较低，具有潜在的应用前景，但是循环稳定性有待改善，材料极易形成缺陷，影响材料整体的容量和电化学性能，且材料高温受热易分解，存在一定的安全隐患。

⑤ 有机分子和聚合物。有机物正极材料相比于无机材料研究较少，其中研究比较多的是小分子有机物。小分子有机材料在电解液中溶解度较大，电化学性能受到一定限制；有机聚合物具有很长的链段结构，难溶于有机电解液，具有更好的稳定性。有机电极材料不含过渡金属元素、环境友好、价格低廉、种类多，并且可以根据结构合理设计化合物，灵活多变，因此具有广阔的前景。构造合适的结构，提高有机材料的电压与循环稳定性，减少材料在电解液中的溶解度，将具有重要意义。

⑥ 非晶材料。C、$FePO_4$ 等较易形成非晶态。非晶材料没有晶格的限制，构造合适的非晶材料有可能获得优于结晶材料的电化学性能。

（2）钠离子电池负极材料。

目前研究较多的负极材料有碳基材料、金属氧化物、合金、非金属单质和有机物等。

① 碳基负极材料。鉴于在锂离子电池领域的经验，碳基材料也被广泛研究作为潜在的钠离子电池负极材料，主要包括石墨、乙炔黑、中间相碳微球、碳纤维和热解炭等。碳基材料普遍存在容量低和循环性能差的问题。

② 合金类负极材料。由于合金有较高的比容量，合金复合材料具有容量高和循环性能

好的特点，近年来成为研究热点。采用合金作为负极材料，可以避免由钠产生的枝晶问题，因而可以提高电池的安全性，延长其使用寿命。目前研究较多的是钠的二元、三元合金，可与钠制成合金负极的元素有 Pb、Sn、Bi、Ce、Sb 等。将合金与其他材料，特别是碳材料进行复合，可显著解决循环性能差的问题。

③ 金属氧化物负极材料。过渡金属氧化物也可以作为有潜力的钠离子电池嵌钠材料。与碳基材料脱嵌反应和合金材料的合金化反应不同，过渡金属氧化物主要是发生可逆的氧化还原反应。目前，可用于钠离子电池负极材料的过渡金属氧化物还比较少，主要有 TiO_2、α-MnO、SnO_2。

④ 非金属单质负极材料。P 是一种有潜力的钠离子电池负极材料。目前关于 P 的嵌钠性能方面的研究还比较少。P 基复合材料有望成为一种高性能的钠离子电池负极材料。目前亟待解决的问题主要是如何抑制钠离子嵌脱过程中材料的体积膨胀，从而得到具有较高库仑效率和优秀循环性能的材料。

⑤ 有机物负极材料。开发低电势下高性能有机嵌钠材料，是目前钠离子电池负极材料研究的新方向。与无机物相比，有机物结构灵活性更高，钠离子在嵌入时迁移率更快。这有效解决了钠离子电池动力学过程较差的问题。含有羰基的小分子有机化合物，由于其结构丰富而成为钠离子电池负极材料的主要候选。

2.2.3 Ni/MH 镍氢二次电池材料

Ni/MH 镍氢二次电池的正极材料采用 $Ni(OH)_2$，负极材料为储氢合金(M)，电解质是 KOH 电解质水溶液。碱性电解质水溶液未参加电池反应。实际上 KOH 电解质水溶液中的 OH^- 和 H_2O 在充-放电过程中参与了如下电极反应：

充电⟶正极　$Ni(OH)_2 + OH^- \rightleftharpoons NiOOH + H_2O + e^-$ ⟶放电

充电⟶负极　$M + H_2O + e^- \rightleftharpoons MH + OH^-$ ⟶放电

Ni/MH 镍氢电池在 20℃条件下的放电性能最佳。由于低温下(0℃以下)MH 的活性低和高温时(+40℃以上)MH 易于分解而析出 H_2，致使电池的放电容量明显下降，甚至不能工作。

Ni/MH 镍氢二次电池由于具有能量密度高、充-放电速度快、质量轻、寿命长、无环境污染等优点，已成为世界各国竞相研制和开发的新能源。目前市场上销售的 Ni/MH 镍氢二次电池主要采用稀土镍系储氢合金电极材料。泡沫镍、纤维镍和特种镀镍穿孔钢带集流体的采用，干法活性物质的填充、正负极的合理匹配，电池整体设计与制造技术的进步，也促进了电池综合性能的逐步提高。动力电池是 Ni/MH 镍氢二次电池发展的一个重要方向。

2.2.4 太阳能电池材料

1. 概述

太阳占太阳系总质量的 99%以上，太阳能是人类取之不尽、用之不竭的可再生能源，也是清洁能源。为了充分有效地利用太阳能，人们开发了多种太阳能材料。按性能和用途，大体上可以分为光热转换材料、光电转换材料、光化学能转换材料和光能调控变色材料等。太阳能利用的水平，最终取决于太阳能材料的发展水平。

太阳能电池是利用太阳光与材料相互作用直接产生电能，这种电能是对环境无污染的可再生能源。太阳能电池的应用可以解决人类社会发展在能源需求方面的三个问题：一是开发宇宙空间所需的连续不断的能源；二是地面一次能源的获得，解决目前地面能源面临的矿物燃料资源减少与环境污染的问题；三是日益发展的消费电子产品的随时随地供电问题。太阳能电池在使用中不释放包括 CO_2 在内的任何气体，这对改善生态环境、缓解温室气体的有害作用具有重要意义。太阳能电池的出现和发展，标志着人类利用太阳能达到了一个新的发展阶段。

根据应用情况，可以将太阳能电池分为空间用太阳能电池与地面用太阳能电池两大类。空间用太阳能电池要求耐辐射、转换效率高、单位电能所需的量小。地面用太阳能电池又可以分为电源用太阳能电池与消费电子产品用太阳能电池。电源用太阳能电池要求发电成本低、转换效率高；消费电子用太阳能电池则要求薄而小、可靠性高等。

太阳能电池发电的原理是基于光伏效应，由太阳光的光量子与材料的相互作用而产生电势，能够产生光伏效应的材料只有半导体材料。按化学组成及产生电力的方式，太阳能电池又可以分为无机太阳能电池、有机太阳能电池和光化学电池。制作太阳能电池所用的半导体材料有元素半导体、化合物半导体和各种固溶体。

太阳能电池材料主要有单晶硅、多晶硅、非晶硅薄膜、铜铟硒（$CuInSe_2$）薄膜、碲化镉（CdTe）薄膜和砷化镓（GaAs）薄膜等。对太阳能电池材料的要求如下。

（1）能够充分利用太阳能辐射，即半导体材料的禁带不能太宽，否则太阳能辐射利用率太低；

（2）有较高的光电转换效率；

（3）材料本身对环境不造成污染；

（4）材料性能稳定，易于工业化生产。

硅、砷化镓等是理想的电池材料，而碲化镉是有毒物质，其应用受到一定限制。从原料资源、生产工艺和性能稳定性等方面综合考虑，硅是最合适的太阳能电池材料，目前太阳能电池材料主要以硅为主。由于薄膜电池被认为是未来大幅降低成本的根本出路，因此，它成为太阳能电池研发的重点方向和主流，在技术上得到快速发展，并逐步向商业化生产过渡。多晶硅薄膜电池在 20 世纪 90 年代中后期开始成为薄膜电池的研发热点。目前占太阳能电池主导市场的是单晶硅电池和多晶硅电池，预计未来多晶硅薄膜电池和非晶硅薄膜电池会逐步占领市场，并有可能最终取代晶体硅电池的主导地位。另外，纳米晶太阳化学能电池也是太阳能电池一个新的发展方向。

2. 晶硅太阳能电池

晶硅太阳能电池分为单晶硅太阳能电池与多晶硅太阳能电池。晶硅太阳能电池以晶体硅半导体为基础，是目前市场上的主导产品。单晶硅太阳能电池在太阳能电池中研究得最早，最先进入应用。由于其可靠性高、转换效率高，与半导体工业的许多技术与设备相通，所以至今仍在不断研究与发展。

晶硅太阳能电池按材料形态主要分为单晶硅、多晶硅、带状硅和多晶硅薄膜等。如图 2.2.2 所示为晶硅太阳能电池示意图。

晶硅太阳能电池以晶体硅半导体材料制成大面积 pn 结进行工作。一般采用 n/p 同质

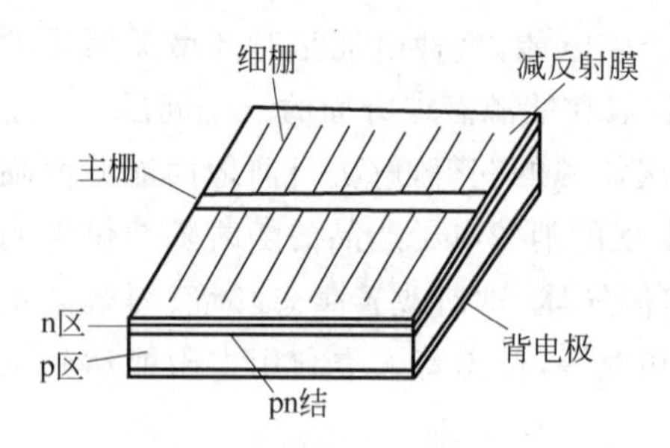

图 2.2.2 晶硅太阳能电池示意图

结的结构，即在约 $10cm^2$ 的 p 型硅片上用扩散法制作出一层很薄的经过重掺杂的 n 型层。然后在 n 型层上面制作金属栅线，作为正面接触电极。在整个背面也制作金属膜，作为背面欧姆接触电极。为了减少光的反射损失，一般在整个表面上再覆盖一层减反射膜。当阳光从电池上层表面入射到电池内部时，入射光子分别为各区的价带电子所吸收，并激发到导带产生电子-空穴对。在势垒区内建电场的作用下，将电子扫入 n 区，将空穴扫入 p 区，各区产生的光生载流子在内建电场的作用下反方向越过势垒，形成光生电流，实现光电转换。

3. 非晶硅太阳能电池

非晶硅太阳能电池是 20 世纪 70 年代中期才发展起来的一种新型薄膜太阳能电池，其最大特点是在降低成本方面有很大优势。由于采用低温工艺技术，耗材少(电池厚度小于 $1\mu m$)，材料与器件同时完成，便于大面积连续生产。因此普遍受到人们重视，并得到迅速发展。

非晶硅(α-Si)是近代发展起来的一种新型非晶态半导体材料，它的组成原子没有长程有序，而只在几个晶格范围内具有短程有序。原子之间的键合十分类似于晶体硅，形成一种共价无规网络结构，具有这种结构的非晶硅可以实现连续的物性控制。

非晶硅太阳能电池的工作原理与单晶硅太阳能电池类似，都是利用半导体的光伏效应。与单晶硅太阳能电池不同的是，在非晶硅太阳能电池中光生载流子只有漂移运动而无扩散运动。由于非晶硅材料结构上的长程无序，无规网络引起的极强散射作用使载流子的扩散长度很短。如果在光生载流子的产生处或附近没有电场存在，则光生载流子由于扩散长度的限制，将会很快复合而不能被收集。为了能有效地收集光生载流子，要求在 α-Si 太阳能电池中光注入所及的整个范围内尽量布满电场。因此，把非晶硅太阳能电池设计成 pin 型(p 层为入射光面)。其中 i 层为本征吸收层，处在 p 和 n 产生的内建电场中，由此实现光电转换。

4. 薄膜太阳能电池

薄膜太阳能电池是以半导体 pn 结作为光电转换的主体结构，使用的半导体材料有 Si、GaAs、InP、CdS、CdTe 和 $CuInSe_2$ 等。由于以上材料采用的是薄膜，所以薄膜太阳能电池具有成本低、光电转换效率高、适合规模化生产等优点。$CuInSe_2$ 太阳能电池和 CdTe 太阳能电池是比较成功的薄膜太阳能电池。

在薄膜光伏材料中，CdTe 具有高效、稳定和价廉的优点。CdTe 多晶薄膜太阳能电池转换效率理论值，在室温下为 27%。目前已制成面积为 $1cm^2$、效率超过 15%的 CdTe 太阳能电池；面积为 $706cm^2$ 的组件，效率超过 10%。另外，$CuInSe_2$/CdS 异质结太阳能电池的转换效率为 12%；面积为 $0.4cm^2$ 的 $CuInSe_2$ 薄膜太阳能电池，转换效率达 17.6%。

2.2.5 燃料电池材料

1. 概述

燃料电池(fuel cell，FC)是一种将存在于燃料和氧化剂中的化学能通过电化学反应直接转化成电能的装置。例如，氢燃料电池是利用氢气在阳极进行的氧化反应，将氢气氧化成氢离子，而氧气在阴极进行还原反应，与由阳极传来的氢离子结合生成水。氧化还原反应过程中就可以产生电流。

燃料电池在等温下就能高效(电池能量利用率50%～70%)且环境友好地转化为电能的发电装置。燃料电池的发电原理与化学电源一样，是由电极提供电子转移的场所；阳极进行燃料(如氢)的氧化过程，阴极进行氧化剂(如氧等)的还原过程；导电离子在将阴、阳极分开的电解质内迁移，电子通过外电路做功并构成电的回路。而燃料电池的工作方式又与常规的化学电源不同，更类似于汽油、柴油发电机。燃料电池的燃料和氧化剂不是储存在电池内，而是储存在电池外的储罐中。当电池发电时，要连续不断地向电池内送入燃料和氧化剂，排出反应产物，同时也要排除一定的废热，以维持电池工作温度的恒定。燃料电池是继水力发电、热能发电和原子能发电之后的第四种发电技术。它是一种不经过燃烧，直接以电化学反应方式将燃料的化学能转变为电能的高效的发电装置。

燃料电池可以分为碱性氢氧燃料电池(AFC)、磷酸燃料电池(PAFC)、质子交换膜燃料电池(PEMFC)、熔融碳酸盐燃料电池(MCFC)、金属燃料电池和固态氧化物燃料电池(SOFC)，以及直接甲醇燃料电池(DMFC)等，而其中利用甲醇氧化反应作为正极反应的燃料电池，备受重视并得到积极发展。

燃料电池是一种清洁能源，其用于发电被认为是21世纪首选的、洁净的、高效的发电技术，具有能量转换效率高、环境友好、无噪声、无污染、制造简便，又能在野外作业等优点。它的研究与开发备受各国政府与企业的重视。燃料电池常用于大型电站和分散式电站，可以显著提高发电效率。从长远来看，对改变现有的能源结构，以及能源的战略储备和国家安全等具有重要意义。

燃料电池发电，受到许多工业发达国家的欢迎，开发极为活跃，其中以美国起步最早，发展最快。美国磷酸燃料电池完全进入商业化应用，对熔融碳酸盐电池的开发重点在大容量的兆瓦级机组的开发，2MW内部改质型设备已经投入运营。日本的开发重点集中在磷酸型、熔融碳酸盐型和固体氧化物型三大类。目前世界上已经有近几十家汽车公司的近百余种车型的燃料电池汽车问世。国际燃料电池产业巨头加拿大巴拉德(Ballard)公司2002年2月建成投产了世界上第一个燃料电池厂。2003年，欧洲在8个国家10个城市开创世界最大规模的燃料电池公共汽车示范，30辆新一代大客车上路示范运营。

中国燃料电池研究始于20世纪50年代末，20世纪70年代在航天工业需求的推动下，中国燃料电池的研究曾呈现出第一次高潮。到20世纪90年代中期，由于国家科技部与中国科学院将燃料电池技术列入“九五”科技攻关计划的推动，中国进入了燃料电池研究的第二个高潮。质子交换膜燃料电池被列为重点，全面开展了质子交换膜燃料电池的电池材料与电池系统的研究，并组装了多台百瓦、1～2kW、5kW和25kW电池组与电池系统。中国科学院将燃料电池技术列为“九五”院重大和特别支持项目，科技部也相继将燃料电池技术列入“九五”“十五”攻关以及“863”和“973”等重大计划之中，并取得了可喜的成就。但由于多年来在燃料电池研究方面投入资金数量较少，我国燃料电池研究与国外水平和实际应用均还存在一定的距离。

目前，我国已成为第一个燃料电池公共汽车示范运行的发展中国家。2003年，由全球环境基金、联合国开发计划署和中国政府共同支持的“中国燃料电池公共汽车商业化示范项目”正式启动。项目首先在北京和上海进行试点示范，以期推动燃料电池公共汽车在中国的产业化和推广应用。

2. 碱性氢氧燃料电池

我国早在20世纪60年代末进行了碱性氢氧燃料电池研究，已研制成功两种石棉膜型、静态排水的碱性氢氧燃料电池。A型电池以纯氢、纯氧为燃料和氧化剂，带有水的回收与净化分系统；B型电池以N_2H_4分解气(H_2含量大于65%)为燃料，空气氧为氧化剂。

碱性氢氧燃料电池用于载人航天飞行时，电池反应生成的水经过净化可供宇航员饮用；供氧分系统还可与生命保障系统互为备份。美国已成功地将Bacon型碱性氢氧燃料电池用于阿波罗登月飞行；石棉膜型碱性氢氧燃料电池用于航天飞机，作为机上主电源。德国西门子公司开发了100kW的碱性氢氧燃料电池并在艇上试验，作为不依赖空气(AIP)的动力源并获成功。

3. 磷酸燃料电池

磷酸燃料电池是指利用天然气重整气体为燃料，空气作氧化剂，以浸有浓H_3PO_4的SiC微孔膜作电解质，Pt/C为电催化剂，产生的直流电经过直交变换以交流形式供给用户使用的电池。

磷酸燃料电池被称为第一代燃料电池，其装机容量可超过千万瓦级规模，电流密度已经达到200mA/cm^2以上，是目前开发研究水平较高、商业化进程最快、最实用化的燃料电池。50～200kW的磷酸燃料电池可供现场应用，1000kW以上的可在区域性电站应用。日本东京4500kW磷酸燃料电池电厂已经成功运行。这不仅推进了民用燃料电池的发展，而且加速了磷酸燃料电池的实用化。目前有上百台200kW PC25正在北美、日本与欧洲运行。

实际应用表明，磷酸燃料电池是高度可靠的电源，可作为医院、计算机站的不间断电源。由于它的热电效率仅有40%左右，余温仅200℃，所以利用价值低；又因为这种电池的启动时间长，所以不适于作移动动力源。

4. 质子交换膜燃料电池

质子交换膜燃料电池是指以全氟磺酸型固体聚合物为电解质，Pt/C或Pt-Ru/C为电催化剂，氢或净化重整气为燃料，空气或纯氧为氧化剂，并以带有气体流动通道的石墨或表面改性金属板为双极的电池。

此种电池特别适于作可移动动力源，是电动汽车和不依赖空气的推进潜艇的理想电源之一，也是军民通用的可移动动力源。美国三大汽车公司(通用(GM)、福特(Ford)、克莱斯勒(Chrysler))均在美国能源部(DOE)资助下发展质子交换膜燃料电池电动汽车。德国的戴姆勒-奔驰(Daimler-Benz)公司和日本的丰田(Toyota)汽车公司等也在发展PEMFC电动汽车。加拿大Ballard公司研制了5kW(MK5)、10kW(MK513)电池组；还用MK513组装200kW (275 hp)电动汽车发动机，以高压氢为燃料，装备了“零”排放电动汽车试验样车，最高时速和爬坡能力均与柴油发动机一样，加速性能还优于柴油发动机。

我国从1995年开始借鉴碱性氢氧燃料电池技术，全面开展了质子交换膜燃料电池研究，先后进行了3～20nm Pt电催化剂、Pt/C电催化剂、碳纸、碳布扩散层、电极制备技术的研究，以及膜电极三合一制备条件的优化，并建立了模型；还研究了电极内气体分布和膜电极三合一内水分布与传递，并设计了金属双极板，解决了电池组内增温、密封和组装等技术问题。

5. 熔融碳酸盐燃料电池

熔融碳酸盐燃料电池是第二代燃料电池，所用的电解质主要为熔融的碱金属碳酸盐、碳酸氢盐或其混合物。阳极是以镍为主的多孔材料，阴极为多孔掺锂氧化物。因其运行温度较高(650～700℃)，可以利用自身的高温进行燃料气的内部重整，因此，这种燃料电池不需要贵金属作催化剂，其发电效率高，有希望发展成大规模发电技术。

熔融碳酸盐燃料电池的关键部件为阳极、阴极、隔膜和积流板(或双极板)。隔膜是熔融碳酸盐燃料电池的核心部件，要求强度高、耐高温熔盐腐蚀，以及浸入熔盐电解质后能阻气并具有良好的离子导电性能。早期隔膜用 MgO，但它有在熔盐中有微弱溶解并易开裂的缺点。目前，普遍采用具有很强的抗碳酸熔盐腐蚀能力的 $LiAlO_2$ 作熔融碳酸盐燃料电池隔膜。该电池的电极是氢气或一氧化碳氧化和氧气还原的场所，为了加速电化学反应，必须有抗熔盐腐蚀、电催化性能良好的电催化剂，并由电催化剂制备多孔气体扩散电极。为了确保电解液在隔膜、阴极、阳极间良好分配，电极与隔膜必须有适宜的孔匹配。阳极使用 Ni，为防止电池工作温度与电池组装力作用下 Ni 发生蠕变，又采用 Ni-Cr、Ni-Al 合金作阳极电催化剂。阴极使用 NiO，它是由多孔 Ni 在电池升温过程中氧化而成，而且部分锂化。NiO 电极在电池工作中缓慢溶解，被经电池隔膜渗透过来的氢还原而沉淀于隔膜中，严重时会导致电池短路。目前，正在开发 $LiCoO_2$、$LiMnO_2$、CuO 和 CeO_2 等新的阴极电催化剂。双极板能够分隔氧化剂(如空气)和还原剂(如重整气)，并提供气体流动的通道，同时起集流导作用。通常选用不锈钢或各种镍基合金钢。

熔融碳酸盐燃料电池除了具有燃料电池的一般特点，还具有在室温下快速启动、无电解液流失、水易排出、寿命长、比功率与比能量密度高等优点，特别适于作可移动动力源。

6. 固体氧化物燃料电池

固体氧化物燃料电池作为第三代燃料电池，是采用氧化钇稳定的氧化锆(YSZ)为固体电解质，阳极材料常用的是 Ni/YSZ 金属陶瓷，阴极材料是由钙钛矿型复合氧化物和连接材料组成。

固体氧化物燃料电池的工作原理是：以固体氧化物作为电解质，这种氧化物在较高温度下具有传递 O^{2-} 的能力，在电池中起传递 O^{2-} 和分离空气、燃料的作用。在阳极(空气电极)上，氧分子得到电子，被还原成氧离子，氧离子在电池两侧氧浓度差驱动力的作用下，通过电解质中的氧空位定向跃迁，迁移到阳极(燃料电极)上与燃料进行氧化反应。

固体氧化物燃料电池被认为是最有效率的和万能的发电系统，特别是作为分散的电站，固体氧化物燃料电池可用于发电、热电联供、交通、航天和其他许多领域，被称为 21 世纪的绿色能源。

2.2.6　储氢材料

1. 概述

在新能源中，氢能占有非常重要的位置。氢的资源丰富，水就是氢和氧的化合物；氢是一种发热值很高的燃料，燃烧 1kg 氢可产生 142120kJ 的热量，约为汽油发热值的 3 倍，比任何一种化学燃料的发热值都大；氢燃烧以后生成水，不污染环境，是一种非常干净的燃料；氢还具有长期储存、运输过程中无能量损耗，以及用途广泛等特点，所以说，氢是理想的二次能源。目前，已有的储氢方法为两种：一是物理法，包括高压压缩法、深冷液化法、活性炭吸附法；二是化学法，分为金属生成氢化物法、无机化合物储氢法、有机液态氢化物法。

氢能源的最大难题是氢气的储存，由于氢在常温下是气体，与固体和液体相比，密度很小，单位质量的体积大。目前市场上出售的氢，一般都是在 150atm(1atm＝101325Pa)下储存在钢瓶内，氢气的质量不到氢气瓶质量的 1/100，由此可见，沉重的钢瓶，实际上像是一个空瓶；而且储存的氢是一种危险品，有爆炸的危险，很不方便。为了解决氢的储存和运输问题，科学家们进行了艰苦的探索，根据金属能吸氢的特性，提出了用金属储氢的办法，开发出一种新型的功能材料——储氢合金。储氢合金是指在一定温度和氢气压力下，能多次吸收、储存和释放氢气的合金材料。相当于钢瓶 1/3 质量的某些储氢合金，能吸尽钢瓶内全部氢气，这些合金的体积仅为钢瓶体积的 1/10。储氢合金一般在常温和常压下，比普通金属吸氢量高 1000 倍。一种镁镍合金制成的氢燃料箱，本身质量是 100kg，所吸收氢气的热量相当于 40kg 汽油。

2. 储氢材料的分类

储氢材料分为四种：活性炭(碳纳米管)、合金、无机化合物、有机化合物。

(1) 活性炭。

活性炭(AC)是最早用于储氢的材料。活性炭的比表面积很大，可高达 $2000m^2/g$ 以上，利用低温加压可吸附储氢。例如，在－120℃、5.5MPa 下，储氢量高达 9.5%(质量分数)，考虑储氢容器及换热器的质量，其储氢量也可达 4.0%(质量分数)。

研究表明，储氢用于汽车内燃机燃料时，在行驶相同距离的条件下，吸附剂储氢体系的总质量为储油体系的 2.5 倍，储气体积比金属氢化物储氢体系稍大一些。但是，活性炭原料易得，吸附储氢和脱氢操作比较简单，投资费用比较低。

随着纳米技术的进步，人们研究发现了富勒烯(C_M)和碳纳米管(CNT)对氢气具有较强的吸附作用，这一发现被称作 20 世纪末材料科学领域最重要的发现之一。程序升温脱附测试(TPD)分析表明，单层碳纳米管(SWNT)的吸氢量比活性炭高，氢在 SWNT 中的吸附量可达 5%～10%(质量分数)，因此有可能成为新一代的储氢材料。

(2) 合金。

合金是储氢材料中研究最多、应用最广的一类储氢材料，包括稀土合金、钛系合金、镁系合金等几大系列。

储氢合金吸、放氢时伴随着巨大的热效应，发生热能-化学能的相互转换，这种反应的可逆性好、反应速率快，因而是一种特别有效的蓄热和热泵介质。储氢合金储存热能是一种化学储能方式，长期储存毫无能量损失。将金属氢化物的分解反应用于蓄热目的时，热源温度下的平衡压力应为一个大气压至几十个大气压。利用储氢合金的热装置可以充分回收利用太阳能和各种中低温(300℃以下)的余热、废热、环境热，使能源利用率提高到 20%～30%。

储氢合金的优点是安全、储气密度高(高于液氢)，并且无需高压(小于 4MPa)及液化，可长期储存而少有能量损失，是一种最安全的储氢方法。

(3) 无机化合物。

某些无机化合物能和氢气发生化学反应,然后在一定条件下又可分解放出氢,从而被用于储氢。这方面有 H. Kramer 利用碳酸氢盐与甲酸盐之间相互转化的储氢技术,其方法是:以活性炭作载体,在 Pd 或 PdO 的催化作用下,以 $KHCO_3^-$ 或 $NaHCO_3^-$ 作为储氢剂,其储氢量约为 2%(质量分数)。该法优点是原料易得、储存方便、安全性好。但缺点是储氢量比较小,催化剂价格也比较贵。

(4) 有机化合物。

这类储氢材料为有机液体,例如苯、甲苯、环己烷和甲基环己烷等。其储氢方法是:有机液体生成氢化物,借助储氢载体(如苯和甲苯等)与氢的可逆反应来实现。它包括催化加氢反应和催化脱氢反应。该法的优点是:储氢量大,环己烷和甲基环己烷的理论储氢量分别为 7.2%和 6.18%(质量分数),比高压压缩储氢和金属氢化物储氢的实际储氢量大;储氢载体苯和甲苯可循环使用,其储存和运输都很安全方便。

3. 储氢合金

储氢合金有镧镍类储氢合金、钛铁类储氢合金、镁镍(铜)类储氢合金、混合稀土类和非晶态类储氢合金。

(1) 镧镍类储氢合金。

1970 年,范菲赫特和克伊佩尔斯研究了镧镍金属间化合物 $LaNi_6$ 储氢材料,其储氢量为本身质量的 1.4%。其优点是在室温下可活化、吸氢和放氢。储氢时氢气压力低(0.1~0.5MPa),放氢时性能稳定,抗毒性好。这种储氢合金已用于制作气相色谱分析仪和氢原子钟的氢源设备,以及各种要求安全和易于携带的氢源设备。这类储氢合金还有 $LaNi_5H_6$。

(2) 钛铁类储氢合金。

1974 年,美国人赖利·威斯沃尔赖利开发了钛铁金属间化合物储氢材料,其储氢量可达自身质量的 1.75%。纯钛铁储氢合金活化困难,要求氢气压力为 3~5MPa,温度 300~400℃,储氢性能易受氢气中杂气,如 O_2、CO、H_2O 等的影响。在钛铁中加入锰可以改善储氢合金性能,这种钛铁加锰的储氢合金可以在室温下活化,进行吸氢和放氢。

(3) 镁镍(铜)类储氢合金。

镁镍(铜)类合金是最早研究的储氢合金材料。1966 年,赖利首先报道了 MgCu 和 MgNi 金属间化合物作为储氢合金材料。此后又研究了 Mg_2Ni 储氢合金材料,这种合金储氢量最大,可达 6%。虽然它的吸氢压力为 1.5~2MPa,较钛铁类低,但放氢要求温度高,达 250~300℃,所以在一般情况下难于应用。

(4) 混合稀土类储氢合金。

在 AB_5 型储氢合金中,$LaNi_5$ 是稀土系储氢合金的典型代表,由荷兰菲利浦实验室首先研制成功。它具有吸氢量大、易活化、不易中毒、平衡压力适中、滞后小、吸放氢快等优点,很早就被认为是在热泵、电池、空调器等应用中的候选材料。但其最大的缺点是在吸放氢循环过程中晶胞体积膨胀大。为了改善储氢合金的性能,所以在 $LaNi_5$ 基础上添加稀土,发展起来一类混合稀土储氢合金,用富镧混合稀土取代纯镧。富镧混合稀土的价格仅为纯镧的 1/5 左右,添加富镧混合稀土的储氢合金,性能与 $LaNi_5$ 相当,且易活化,氢压低(20℃时为 0.38MPa),吸氢后体积膨胀与 $LaNi_5$ 相近。

(5) 非晶态类储氢合金。

非晶态储氢合金比同组分的晶态合金在相同温度和氢压下有更大的储氢量,如 TiCu 非晶态比晶态储氢量大 1/3。非晶态储氢合金还具有较高的耐腐蚀性和耐磨性,即使经受数百次的吸、放氢循环,也不易破碎,吸氢后的体积膨胀小。但非晶态储氢合金由于吸氢过程中的放热,会使其晶化。

储氢合金的发展非常迅速,用途也十分广泛,目前已有不少的储氢合金进入实用的阶段。如日、美等国用储氢合金制作的空调器已开始商品化,它不用对大气有污染的氟利昂,而是利用储氢合金制成超低温制冷机,包括获得 77K 的液氮制冷器,21~29K 的液氢制冷器,甚至是低于 10K 的超低温微型制冷器,在航天和其他超低温物理中有重要用途。利用储氢合金制作热机械泵的原理,可利用工厂排出的低温废水、废气中的热能,建立节能型冷、暖房系统,这是 100~200℃低温热源利用的范例,可以节省大量的能源。储氢合金应用于汽车,每立方米氢的燃烧可行驶 5~6km,是一种完全无污染的能源,目前燃氢的汽车发动机已经研制成功。储氢合金还可以用于小型民用电池、电动车电池和燃料电池等。

4. 储氢合金的应用

(1) 氢燃料发动机。

氢燃料发动机用于汽车和飞机,可提高热效率,减少环境污染,使氢气真正成为便宜而又使用方便的二次能源。在质量上,金属氢化物不如汽油,但与汽油以外的替代能源的电池相比,质量又显得轻。因此,人们正致力研究和开发动力用氢燃料电池。

(2) 热-压传感和热液激励器。

利用储氢合金有恒定的 p-c-T 曲线的特点,可以制作热-压传感器。它利用氢化物的分解压和温度的一一对应关系,通过压力来测量温度。它的优点是有较高的温度敏感性(氢化物的分解压与温度成对数关系),探头体积小,可使用较长的导管而不影响测量精度,氢气分子量小而无重力效应等。它要求储氢材料有尽可能小的滞后,以及尽可能大的 ΔH 和反应速率。

(3) 氢同位素分离和核反应堆中的应用。

某些储氢合金的氢化物与氘、氚化物相比,在同一温度下的分解压有足够大的差异,吸、放氢与氘时,两者的热力学特性有较大的差别,从而可用于氢同位素的分离。采用储氢合金膜制作两腔室的模组件来分离氢同位素或制取高纯氢,是当前研究的一个方向。

在核动力装置中使用储氢合金吸收,可以去除泄漏的氢、氘、氚,以确保运行安全,并可防止焊缝中的氢损伤。

(4) 储氢合金氢化物热泵。

储氢合金氢化物热泵是以氢气作为工作介质,以储氢合金作为能量转换材料,由同温度下分解压不同的两种氢化物组成热力学循环系统,使两种氢化物分别处于吸氢(放热)和放氢(吸热)状态,利用它们的平衡压差来驱动氢气流动,从而利用低级热源来进行储热、采暖、空调和制冷。它具有升温或降温热效率高的优点,分为温度提高型、热量增幅型和制冷型三种操作方式。

2.2.7 风电材料

1. 概述

随着气候问题日益严峻,各国能源结构亟待变革。可再生能源作为能源革命的核心,对于保障能源安全、保护生态环境、拉动相关产业可持续发展具有重要意义。在“双碳”目标引导下，风电并网逐渐从补充能源成为主流能源，成为全球实现碳中和目标的主力军。

风能、光能等可再生能源的碳排放量远低于传统能源，而风电相较于太阳能发电等其他可再生能源又具有更加明显的低碳排放特性，以及更具有规模和经济优势。特别是随着煤炭资源的逐渐枯竭、环保呼声的高涨及对气候变化的关注，以及人们对传统能源种种弊端的认识不断深化，世界上发达国家纷纷投入大量的人力、物力和财力去发展环保新能源。风电迎来快速发展的黄金期，风电产业迅速发展壮大，新增装机量持续攀升。过去10年中全球陆上和海上风电装机容量增加了3.74倍，风电装机量占比由2017年的22.74%提升至2021年的25.83%。我国风电产业起步较晚，但发展迅速，特别是2005年之后，发展更快，2015年已经超越美国成为全球累计装机容量第一位的国家。在2022年发布的我国《“十四五”现代能源体系规划》中指出：全面推进风电和太阳能发电大规模开发和高质量发展，鼓励建设海上风电基地。我国陆上风电资源充足且成本较低、海上风电单机装机量更具效率，预计在“十四五”发展周期及以后，风电装机量仍将逐年稳步提高。

根据风力发电工作原理，风轮半径越大，单机功率越大，发电成本就越低。因此，风电机组大型化趋势越发明显。随着全球风电产业的迅猛发展，对风力发电设备的需求不断增加，特别是海上风电的崛起，对风电用材料的性能的更高的要求和对风电材料更大的需求，从而带动风力发电装备用材料和工业的高速发展。

2. 风力发电系统的主要组成

风力发电系统的主要部件为塔架、转子叶片、机舱、轴心、低速轴、齿轮箱、高速轴及其机械闸、发电机、偏航装置、电子控制器、液压系统、冷却元件、风速计及风向标、尾舵。

(1) 机舱。机舱包容着风力发电机的关键设备，包括齿轮箱、发电机。维护人员可以通过风力发电机塔进入机舱。

(2) 低速轴。风力发电机的低速轴将转子轴心与齿轮箱连接在一起。在现代600kW风力发电机上，转子转速相当慢，为19～30r/min。轴中有用于液压系统的导管来激发空气动力闸的运行。

(3) 高速轴及其机械闸。高速轴以1500r/min运转，并驱动发电机。它装备有紧急机械闸，用于空气动力闸失效时，或风力发电机被维修时。

(4) 偏航装置。借助电动机转动机舱，以使转子正对着风。偏航装置由电子控制器操作，电子控制器可以通过风向标来感觉风向。通常，在风改变其方向时，风力发电机一次只会偏转几度。

(5) 塔架。风力发电机塔载有机舱及转子。通常高的塔具有优势，因为离地面越高，风速越大。现代600kW风轮机的塔高为40～60m。它可以为管状的塔，也可以是格子状的塔。管状的塔对于维修人员更为安全，因为他们可以通过内部的梯子到达塔顶。格子状的塔的优点是比较便宜。

(6) 尾舵。常见于水平轴上风向的小型风力发电机(一般在10kW及以下)。位于回转体后方，与回转体相连。主要作用是：①调节风机转向，使风机正对风向；②在大风风况下使风力机机头偏离风向，以达到降低转速、保护风机的作用。

3. 风力发电系统用材料

风力发电是一种大力发展的清洁能源。这必将促进风电材料向可持续、环保、高性能的方向更好地发展。

风力发电系统所用的材料主要是叶片材料，其次是塔架、轴、发电机等各个部件材料。叶片材料包括基体树脂、增强材料、夹芯材料、涂料、固化剂、结构胶等。

1）叶片材料

叶片作为风力发电机组的输入端，其使用的材料性能直接决定风力发电装置的输出功率。经过近百年的发展，风机叶片已经由木制叶片、布蒙皮叶片、铝合金叶片发展到由基体材料、增强纤维、芯材、涂层材料等组成的复合材料阶段。

（1）基体材料。

在叶片材料中，基体树脂作为整个叶片的材料“包裹体”，与增强纤维、芯材一同构成叶片的基础壳体。基体树脂包裹着纤维材料和夹芯材料，起着黏结、支撑、保护增强材料和传递载荷的作用，还可提供韧性和耐久性，是成本占比最大的风电材料。

基体树脂有环氧树脂、聚氨酯、乙烯基酯树脂、不饱和聚酯树脂、尼龙 66 等。目前兆瓦级以上的风力发电机大都使用环氧树脂作为基体，有少数企业采用乙烯基酯树脂或不饱和聚酯树脂，近年来聚氨酯也逐渐被应用到基体材料领域。

A. 环氧树脂。

基体材料在风电叶片主材中成本占比最高，达 49%。环氧树脂具有优异的强度质量比、耐高温和耐腐蚀等性能，可与各类固化剂配合使用形成三维网状固化物，能够满足叶片基体材料高强度、轻质量、特殊外部翼型等要求，是目前应用最多的叶片基体材料。

环氧树脂指分子中含有两个或两个以上环氧基团的有机化合物，缩聚用的最常用主要原材料为双酚 A 和环氧氯丙烷。环氧树脂具有力学性能高、分子结构致密、黏结性能优异等特点，能制成涂料、复合材料、浇铸料、胶黏剂、模压材料、风电叶片和注射成型材料，在国民经济的各个领域中得到广泛的应用。

环氧树脂是由基础环氧树脂与固化剂、助剂、稀释剂等深加工制成，其优点是对玻璃纤维和碳纤维的浸润性优良，力学性能和耐疲劳性能优异等。

环氧树脂通常采用双酚 A 型环氧树脂改性合成路线生产。相较于双酚 A 型环氧树脂，双酚 A/F 型环氧树脂改性路线合成的环氧树脂所制成的叶片更具韧性，提高了抗冲击、抗疲劳性能。早期瀚森(Hexion)公司等国外巨头掌控着双酚 A/F 型环氧树脂改性路线技术，近几年国内企业亦掌握了此技术路线并开始用于生产。我国环氧树脂的总体产能和产量居全球首位。

B. 聚氨酯。

聚氨酯全名为聚氨基甲酸酯，其主链上含有重复的—HNCOO—结构单元，一般是由多异氰酸酯与多元醇聚合物等经加成聚合而成，具有高强度、高耐磨及耐溶剂等特点。改变聚合物中 NCO 与 OH 的比例，可以得到热固性和热塑性的聚氨酯。聚氨酯应用广泛，可用于合成纤维、泡沫塑料、涂料等。我国目前已成为了世界上最大的聚氨酯生产国，也是最大的聚氨酯市场之一。

随着风电平价时代的来临，降本增效已逐渐成为未来风电企业可持续发展的关键，聚氨酯树脂“成本+性能”双优势凸显。与传统环氧树脂相比，聚氨酯具有黏度低、韧性好、灌注和固化速度快等优点，有利于缩短成型周期，且聚氨酯的强度高于环氧树脂，在可大幅提升叶片生产效率和降低生产成本的同时，又可呈现更为卓越的轻质性、机械性和抗疲劳性。但聚氨酯的电阻率较高，综合电性能较差，仍需要继续优化配方体系。聚氨酯对水分也较为敏感，所以在风电叶片生产过程中，增强纤维和夹芯材料的烘干以及灌注时对水的控制，是聚氨酯批量应用的技术关键。未来有望制备出性能高于环氧树脂复合材料的高性能聚氨酯复合材料。

C. 乙烯基酯树脂。

乙烯基酯树脂是环保高性能耐腐蚀的主力产品，在重防腐领域有其不可替代的优势，因此其在海洋环境中也能够发挥良好的耐腐蚀性。

D. 不饱和聚酯树脂。

不饱和聚酯树脂的力学性能低于环氧树脂和乙烯基酯树脂，且其固化收缩率较大，储存过程中易发生黏度和凝胶时间的漂移。

E. 尼龙 66 和生物基尼龙 56。

尼龙 66 具有耐高温、耐水解、耐磨、阻燃性好、密度适中等性能，被广泛应用于各个领域。

生物基尼龙 56 的生产过程绿色环保，有望做到零碳甚至负碳，对降低碳排放有显著作用，是尼龙 66 的替代新材料产品。

总体而言，环氧树脂仍为基体树脂的主流，但聚氨酯树脂、尼龙 66 和生物基尼龙 56 的未来可期。

(2) 固化剂。

固化剂用于将基体环氧树脂从热塑性线型结构转变为网状结构的过程。固化后基体树脂能够充分展现其机械强度等优异性能，发挥使用价值。环氧树脂固化剂品类众多，风电叶片领域最常用的固化剂为以聚醚胺为代表的胺类固化剂；随着叶片拉挤工艺的不断铺开以及叶片大型化的趋势，未来酸酐类固化剂需求量有望大幅提升。

A. 聚醚胺。

聚醚胺(PEA)是一类具有柔软聚醚骨架，由伯胺基或仲胺基封端的聚烯烃化合物。它具有低黏度、较长适用期、抗老化等多方面优异的综合性能，已广泛应用于风力发电、纺织印染、铁路防腐、桥梁船舶防水、石油及页岩气开采等领域。

聚醚胺的主要应用领域是风力发电材料，作为固化剂用于基体环氧树脂固化及合成结构胶。风电行业的增长动能强劲，拉动聚醚胺需求的大幅增长，使得其应用占比高达 60%以上。

聚醚胺技术壁垒高，国产替代为未来趋势。聚醚胺规模应用起始于 20 世纪 90 年代，发展历史较短，且存在技术、环保、认证三大方面的高门槛特点；主要生产工艺催化胺化法则存在着设备要求高、催化剂制备复杂且价格昂贵、前期资金投入大等问题，长期以来国外头部企业优势明显。全球聚醚胺的主要供应商是巴斯夫公司和亨斯曼公司，合计产能占比为 70%。近年来随着浙江正大新材料科技股份有限公司、无锡阿科力科技股份有限公司等国内公司在技术上获得突破，国内产销量正在稳步提升。

B. 酸酐类固化剂。

甲基四氢苯酐(MTHPA)是通过拉挤成型工艺制得风电叶片用高性能环氧树脂基碳纤

维(或玻璃纤维)增强复合材料中最常用的固化剂。甲基四氢苯酐是一种淡黄色透明油状液体,具有低熔点、低毒、低挥发性等特点,主要生产原料是马来酸酐。酸酐类固化剂是电子信息材料、医药、农药、树脂、国防工业方面的重要中间体,同时还可用于涂料、增塑剂、农药等行业。

(3) 增强材料。

增强材料可为叶片结构提供足够的刚度和强度,通常选用高模量和耐热的纤维状材料及织物,主要包括玻璃纤维和碳纤维两种。目前,玻璃纤维为主流,碳纤维潜力较大。

玻璃纤维是一种性能优异的新型无机非金属材料,绝缘性好,机械强度高,具有轻质、高强度、耐高温、耐腐蚀等特性,是目前使用最广泛的增强材料。风电用玻璃纤维占玻璃纤维总产能的20%~25%。

玻璃纤维以高性价比的优势占据风电市场,但随着风机大型化趋势的逐渐凸显,采用碳纤维的叶片在满足刚度和强度的前提下,比玻璃钢叶片质量轻30%以上,碳纤维未来发展潜力较大。碳纤维是一种丝状碳素材料,被称为材料领域的"黑色黄金",是具有多种优异性能以及广泛应用前景的基础性新材料。高比强度、高比模量、低比重的性能特点,使得以碳纤维为增强体的复合材料具有出色的增强、减重效果。另外,耐腐蚀、耐高温、低热膨胀系数、导电等良好的化学稳定性、热稳定性和电性能特点,使得碳纤维可以在诸如高压、高温、高湿、高寒、高腐蚀之类恶劣工况环境中使用。

碳纤维是由聚丙烯腈(PAN)(或沥青、黏胶)等有机母体纤维,经过预氧化、低温和1000℃以上高温的惰性气体下碳化(其结果是去除除碳以外绝大多数元素)而制成的,是一种含碳量在90%以上的无机高分子纤维。根据原丝类型不同,可分为聚丙烯腈基、沥青基和黏胶基等。目前,以聚丙烯腈基为主,占市场份额的90%以上。

按丝束大小,碳纤维可划分为小丝束和大丝束。小丝束碳纤维初期以1K、3K、6K为主,逐渐发展为12K和24K,主要应用于国防军工等高科技领域。通常将48K以上碳纤维称为大丝束碳纤维,包括48K、60K、80K等,主要应用于纺织、能源等工业领域。从20世纪60年代聚丙烯腈基碳纤维技术的突破开始到现在,市场一直以小丝束碳纤维为主要产品。90年代中期以后,大丝束碳纤维技术取得重大突破,其抗拉强度达到并超过3.6GPa,生产成本也不断降低,大丝束碳纤维迎来了发展的春天。风电叶片是碳纤维的主要应用领域,风电的快速发展,尤其是风机的大型化对增强纤维性能的更高要求,凸显出大丝束碳纤维的优势,大丝束碳纤维市场需求扩大,用量稳定增长。在碳纤维的应用中,风电叶片用量占比最高,已达28%左右。

风电叶片用碳纤维需求稳定增长,全球碳纤维市场需求持续增长,行业处于高景气区间。预计未来我国碳纤维依赖进口、供需紧张的局面将逐渐缓和。碳纤维需求的高增长,同时也带动了其原料聚丙烯腈市场的发展。

(4) 结构胶。

大型风力机叶片大多采用组装方式制造。在两个阴模上分别成型叶片壳体,芯材及其他增强材料部件分别在专用模具上成型,然后在主模具上把叶片壳体与芯材,以及上、下半叶片壳体互相黏结,并将壳体缝隙填实,合模加压固化后制成整体叶片。其中,叶片所用结构胶作为叶片五大主材之一,其性能的好坏直接决定叶片本身质量的优劣。

目前,叶片用结构胶类型主要有环氧型、聚氨酯型、乙烯基型以及丙烯酸酯型等,已经成熟应用的是环氧型结构胶。

目前兆瓦(MW)级叶片用结构胶通常为双组分环氧型结构胶,其主要原材料为环氧树脂和胺类固化剂。其中A组分为环氧树脂主剂,B组分为以聚醚胺为主的固化剂,两组分辅以催化剂(如脂环胺)、填料(如高强玻纤)、触变剂和功能性助剂等,经10～15℃/h的速率进行梯度固化,达到既定温度后,保温一定时间,最终得到符合标准的环氧型黏结结构件。

(5) 夹芯材料。

芯材是风电叶片关键材料之一,通常用在叶片的前缘、后缘以及腹板等部位,一般采用夹层结构来增加结构刚度,防止局部失稳,提高整个叶片的抗载荷能力。夹芯材料通常采用巴沙木、聚氯乙烯(PVC)泡沫、聚对苯二甲酸乙二醇酯(PET)泡沫三种材料,叶片芯材通常为巴沙木和PVC泡沫单独使用或混用。

巴沙木也称轻木,原产中美洲和南美洲厄瓜多尔,是目前人类所知密度最小的木材。其独特的类蜂窝状细胞结构,使其具有轻质、高强的特点,成为风机叶片结构夹芯的理想材料,但单一地区的轻木产量难以满足全球风电产业的需要。

结构泡沫指通过物理发泡剂和/或化学发泡剂,将聚合物制成泡沫材料。PVC结构泡沫材料作为风电叶片的夹芯结构主要用来增加刚度、减轻质量,此外其吸水性低、隔声和绝热效果好等特性,使其成为具有高强度和低密度需求的领域的理想材料,一直是风电叶片芯材的主流产品。PVC泡沫以乙烯基聚合物为基础,由PVC、发泡剂、交联剂等塑料助剂等,经过投料、共混、模压、后处理、模压等复杂的工序制成,习惯称为交联PVC泡沫芯材。PVC泡沫生产技术随国外叶片技术转让而进入国内市场,国产PVC泡沫正快速替代国外产品,已基本实现国产化。国外主要供应商是瑞典戴铂(DIAB)、瑞士思瑞安(3A)和意大利Maricell等公司。

PET泡沫是近几年来替代PVC的主要芯材,PET泡沫材质相对较脆,具有良好的耐热性和力学强度。PET泡沫的力学性能优于PVC泡沫,除了在叶片局部可以替代PVC,还能够替代一部分轻木。另外,PVC泡沫在制造、使用及废弃处理时,都会产生一定程度的环境污染问题,而PET泡沫是可回收的环保材料。

PET泡沫主要原料是对苯二甲酸(PTA)和乙二醇(MEG)。PET泡沫产业链的源头是石油,石油经过处理后得到石脑油,石脑油经过催化重整、芳烃抽提、异构化、加氢等一系列工艺后得到PTA和MEG,两者反应生成PET,再对PET采用特定发泡技术加工后得到PET泡沫,具有优异的力学强度、耐热性和可生物降解性能,广泛应用于环保建材、汽车内饰、屋顶隔热、运动器材、风力发电和航天工业等领域。国内PET产量较多,但PET泡沫主要依靠进口。发泡配方、专用设备、发泡工艺是PET泡沫生产的主要壁垒。目前PET泡沫产业化的生产技术被国外厂商垄断。中国PET泡沫行业起步较晚,从事产品研发以及生产的企业数量较少,行业整体技术水平较为落后,与欧美发达国家还存在较大的差距。

(6) 风电叶片涂料。

风电叶片材料的发展逐步趋向于高性能、轻质化,但风电叶片长期处在恶劣环境下工作,需要经受不同环境地域的考验,其自身材料不足以防御风、雪、雨等恶劣天气的侵蚀和磨蚀。因此,风电叶片通常会涂覆保护涂料。显然,恶劣的环境条件对于风电叶片涂料有更高的性能要求。

风电叶片正常运转过程中通常可能受到两种外界侵蚀：第一种是来自紫外光的照射侵

袭；第二种是风沙、浮尘以及雨雾等对基材的侵蚀。第一种侵蚀是属于化学性的侵蚀；第二种侵蚀是属于机械性的侵蚀，对于涂料行业来说，其防护难度较第一种要大得多。风电叶片正常运转过程中叶尖的线速度可达80m/s，这个速度约相当于一级方程式(F1)赛车的最高时速。风中含有的沙粒或水滴会对叶片表面产生强烈的冲击力。如果风电叶片涂料的耐沙蚀或雨蚀性能不佳，防护涂层将在几年内发生明显损耗，根本坚持不了20年的防护期限。因此，要求涂层必须经受长时间的高速粒子撞击，还必须具有一定的弹性；同时，由于沙子表面粗糙，硬度高，更容易划伤涂层，所以涂层还要具有高机械强度。只要涂层能随时保证这两个特性，再具备足够的厚度，就可以有效抵御风沙、雨雾在叶片运行过程中的侵蚀。

由于涂层耐磨性不佳，导致风电叶片维修成本居高不下，这是大力发展风力发电的障碍。风电叶片防护涂层材料不局限于单一的某种材料，几种树脂的配套使用或通过改性可使涂料性能更趋优异，合理配用聚氨酯、丙烯酸类等聚合物，以获得性能全面的风电叶片涂料。风电叶片涂料主要应考虑到以下几点基本性能。

(1) 风电叶片涂层要与风电叶片材料有优异的附着力，不同的风电叶片材料因基体树脂不同，可能会造成风电叶片涂料在底材上的附着力不尽相同。

(2) 风电叶片涂层要有优异的耐磨性。风电叶片长期经受风力摩擦，另外，在空气流动过程中，空气中的沙粒、雨水、盐雾，都会不断地冲击风电叶片而造成侵蚀。因此，对风电叶片涂层的耐磨性要求极高。

(3) 风电叶片涂层需具有优异的化学性能。风电叶片长期暴露在自然环境下，受到紫外线、雨淋、霜冻等，更有昼夜温差大、四季气候变化的自然条件，造成冷热交替等各种不稳定的因素对风电叶片的侵蚀。而风电叶片涂层作为保护层，需要在不稳定的因素条件下保持性能稳定，耐性(如耐盐雾性、耐紫外老化性、耐湿热性等)优异，以适应不同的极端气候条件。

目前，风电叶片涂料产品已经相对成熟，但不同风电叶片涂料厂商的涂料配套体系各异。

由于风电叶片加工工艺因素，叶片表面不平整有空隙，通常在涂布底漆之前需要用腻子填平空隙。风电叶片涂料配套体系主要是水性涂料配套体系和溶剂型涂料配套体系。水性涂料配套体系气味小，环保，施工方便，且施工工具易清洗。而溶剂型涂料配套体系气味大，但是已经逐渐向高固体分涂料转型，且漆膜性能稳定，防腐蚀性能较水性体系出色，因此风电叶片实际应用溶剂型涂料的相对较多。

目前，风电叶片涂料主要是聚氨酯涂料。风电叶片涂料正向环保型涂料方向发展。近年来，水性风电叶片涂料已经陆续研发成功。水性风电叶片涂料以水为溶剂，挥发性有机化合物(VOC)低。不过，水性风电叶片涂料对施工环境的要求相对较高，水性风电叶片涂料中的溶剂为水，水的汽化温度相对溶剂较高，会导致涂料施工后水不易蒸发，水的蒸发受湿度影响大，只能通过环境湿度调整。

现阶段水性风电叶片涂料无法完全取代溶剂型风电叶片涂料。而溶剂型风电叶片涂料的性能方面，特别是耐磨性、防腐蚀性比水性风电叶片涂料更优。针对环保问题，溶剂型风电叶片涂料可在具有优异性能的前提下，进一步转换为高固体分涂料和无溶剂涂料，以便降低VOC而达到环保的要求。当然，针对水性风电叶片涂料的性能的不足，人们已经开始研发新的材料，力争突破技术瓶颈，提高水性风电叶片涂料的性能。

2）塔架材料

塔架和基础是风力发电机组的主要承载部件，其重要性随着风力发电机组的容量增加、高度增加，越来越明显。塔架的类型有：桁架式钢结构塔架、圆筒（锥筒）式钢塔架、混凝土塔架，钢-预应力混凝土混合塔架。

风力发电的初期大量采用钢筋混凝土塔架。随着风力发电机组的大批量生产，从批量生产的需要考虑而被钢结构塔架所取代。桁架式塔架在早期风力发电机组中大量使用，其主要优点为制造简单、成本低、运输方便，但其主要缺点为不美观，通向塔顶的上下梯子不好安装，维修员上下时安全性差。圆筒式塔架在当前风力发电机组中大量采用，其优点是美观大方，上下塔架安全可靠。

塔架用钢可以选择使用Q235B、Q235C、Q235D结构钢和Q345B、Q345C、Q345D低合金高强度结构钢。塔架用钢表面防锈处理十分重要，通常表面采用热镀锌、喷锌或涂漆处理。

目前，塔架常用钢材料为Q345C、Q345D。该材料具有韧性高、低温性能好的优点，且有一定的耐蚀性。

3）风电灌浆料

风电灌浆料即超高强水泥基灌浆材料，本质上属于极低水胶比水泥基材料体系，是为风电基础起到受力缓冲、提高结构安全性的重要材料。海上风机结构所受到的力极为复杂，包括：由风机叶片和风机自身旋转以及塔桶造成的风机载荷、波浪力、潮流力、船舶的撞击力等，这决定了近海风电导管架基础的灌浆连接尤其重要，尤其是在灌浆材料的选择和灌浆质量的控制等方面的要求将更加严格。

灌浆料制备的重点主要为高性能添加剂。灌浆料以砂子、水泥等低价值原材料为基础，经破碎、粉磨后，与减水剂、钢纤维、膨胀剂等添加剂混合均化而成。普通水泥标准抗压强度为42.5～52.5MPa，而风电专用灌浆料抗压强度超过120MPa，可有效保障风机在风力、水力等荷载作用下的安全承载。灌浆料空间广阔，国产化优势明显。目前国内灌浆料市场大多被海外化工巨头Densit和巴斯夫（BASF）等公司占据。国产灌浆料具备短距离运输、供货周期短等优点，未来风电灌浆料国产化是必然趋势。

2.2.8　核能材料

核能材料是指构成各类核能系统所用的材料，除核能系统所用的常规材料外，主要是指反应堆材料。反应堆材料是各类裂变和聚变反应堆所使用的主要材料，核能材料也称为核材料。核材料广义也是指核工业所用的材料，主要是指易裂变材料，如铀、钚；可聚变材料，如氘、氚；以及可转换材料，如钍、锂等。国际上禁止核扩散和将要禁产的核材料则是高富集的铀和钚，它是核武器的主要原料。

1. 原子核反应堆材料

裂变反应材料有铀-235和钚-239。裂变能是指铀-235或钚-239等重元素的原子核在吸收一个中子后发生裂变，分裂成两个质量大致相同的新原子核，同时放出2～3个中子。这些新生的中子又会引起其他铀-235或钚-239原子核的裂变，如此继续下去就产生链式反应，在裂变的过程中放出能量。

实现裂变反应获取能量的装置称为原子核反应堆，简称反应堆。反应堆有多种类型，但构成基本相同，都由堆芯和辅助系统组成。堆芯内装有核燃料，维持链式裂变反应，绝大部分裂变能以热的形式释出并由冷却剂向外传递。中子需要慢化的反应堆称为热中子堆。直接利用高能中子的反应堆称为快中子反应堆。钚-239 的快中子裂变反应产生的裂变中子数多，除维持链式反应外，有更多的剩余中子可将铀-238 转换成钚-239。由于这类反应堆除了释热外，还能增殖易裂变材料，所以又称为快中子增殖堆，简称快堆。

裂变堆核电厂材料分为堆芯结构材料和堆芯外结构材料。堆芯处于很强的核辐射环境中，所以对材料有特殊的性能要求，堆芯外结构材料与通用的结构材料相同，主要考虑这些材料在使用条件下的强度和耐腐蚀性。

反应堆材料主要有以下几种。

(1) 燃料组件用材料。

核燃料组件将裂变能以热的形式安全可靠地传递给冷却剂。如果核燃料裸露，将与冷却剂直接接触，裂变反应产生的强放射性裂变产物就会进入冷却剂，导致系统严重污染，所以必须在燃料上加包壳，所用材料称为包壳材料。热中子堆燃料元件的包壳材料必须选用热中子吸收截面很低的材料，如铝合金、锆合金和镁合金。快堆材料则选用不锈钢。这些材料除了满足核性能要求外，还要考虑本身的辐照效应，如辐照脆性、辐照生长和辐照肿胀等。与冷却剂和核燃料的相容性也是必须考虑的。

(2) 慢化剂材料。

热中子反应堆内的中子需要慢化。按照反应堆的原理，为了达到良好的慢化效果，质量数接近中子的氢原子核对中子慢化有利。此外，该核与中子的散射截面要大，中子吸收截面要小。符合这些要求的核素主要有氢、氘、铍和石墨。所以，热中子反应堆一般采用轻水(H_2O)、重水(D_2O)、铍、石墨和氢化锆等材料。

(3) 控制材料。

对反应堆的链式反应要进行控制，通常是向堆芯内放入或取出容易吸收中子的材料。常用的控制材料有 B_4C、硼硅酸玻璃、Ag-In-Cd 合金、铪等。铪可以直接以裸露的金属作为控制棒使用，因为它与反应堆冷却剂的相容性很好。但其他吸收材料都要有一个能耐冷却剂腐蚀的包壳管，常用的是不锈钢。

(4) 冷却剂材料。

反应堆冷却剂应该是载热性能良好的流体，而冷却剂材料与包壳材料及其他结构材料要有良好的相容性。目前在热中子反应堆中常用的冷却剂是轻水、重水、CO_2、He，在快中子堆中则用液态金属钠。

(5) 反射层材料。

为了防止堆芯的裂变中子泄漏到堆芯外部，在堆芯周围一般设置反射层，尽可能将泄漏中子反射回堆芯。反射层材料可以用固体砌块(如铍块、石墨块)构成的反射墙，也可以用液体充注堆芯周围反射中子，例如水堆中，水兼作慢化剂、冷却剂和反射层。

(6) 屏蔽材料。

根据核辐射的特性选择屏蔽材料，屏蔽 γ 射线要用高密度的固体材料，如铁、铅、重混凝土；屏蔽热中子要用热中子吸收材料，如硼钢、B_4C/Al 复合材料。屏蔽材料接受核辐射，也会发热，会引起屏蔽材料结构和性能的变化，这在设计和使用中应予考虑。

(7) 反应堆容器材料。

反应堆容器包括堆芯和回路冷却剂,它是反应堆的一道安全屏障。对于水冷动力堆,冷却剂压力很高,器壁很厚,一般采用高强度钢,如 A-508。对于钢冷却堆,由于冷却剂是常压,一般使用奥氏体不锈钢。

2. 聚变堆材料

聚变堆技术难度极大,而聚变堆材料是聚变技术的主要难点之一。按目前托卡马克磁约束聚变装置,聚变堆材料主要有以下几种。

(1) 聚变核材料。

主要是氘和氚。

(2) 氚增殖材料。

氚增殖材料是指通过核反应产生氚的材料。这种材料主要有 Al-Li 合金、陶瓷型的 Li_2O、偏铝酸锂($LiAlO_2$)、偏锆酸锂(Li_2ZrO_3)等,还有液态锂铅合金(Li-Pb,17%原子 Li)、锂铍氟化物(FLiBe)熔盐等。氚增殖材料的基本要求是:有一定的氚增殖能力,化学稳定性好,与第一壁结构和冷却剂有好的相容性,氚回收容易,残留量低。

(3) 中子倍增材料。

中子倍增材料是指含有能产生(n,2n)和(n,3n)核反应的核素的材料。铍(Be)、铅(Pb)和锆(Zr)产生这种核反应的截面较大。含有这些元素的化合物或合金有 Zr_3Pb_2、PbD 和 Pb-Bi 合金等。

(4) 第一壁材料。

第一壁是托卡马克聚变装置包容等离子体区和真空区的部件,又称面向等离子体部件,它与外围的氚增殖区结构紧密相连。第一壁材料主要是第一壁表面覆盖材料,可以选择与等离子体相互作用性能好的材料,如铍、石墨、碳化硅、碳/碳、碳/碳化硅纤维强化复合材料。第一壁材料要在高温、高中子负荷下有合适的工作寿命,目前选用的材料有奥氏体不锈钢、铁素体不锈钢、钒、钛、铌和钼等合金。第一壁材料还包括高热流材料和低活化材料等。

2.3 纳米材料

2.3.1 纳米材料的定义和分类

纳米(nanometer,nm)是一种长度单位。$1nm=10^{-3}\mu m=10^{-6}mm=10^{-9}m=10Å$,即 1nm 是 1m 的十亿分之一,约为头发丝直径的五万分之一。氢原子的直径为 10nm,1nm 等于 10 个氢原子连接起来的长度。由此可知,纳米是一个极小的尺寸,但它却给人们带来了认识上的新层次,即从微米进入纳米。纳米科学技术是指在纳米尺寸范围内认识和改造自然,通过直接操作和安排原子、分子而创新物质。

纳米材料是纳米科技领域中最富活力、研究内涵十分丰富的学科分支。纳米材料是指在三维空间中至少有一维处于纳米尺度范围(0.1~100nm),或由纳米尺度范围的基本单元构成的具有特殊性能的材料。纳米材料与普通材料相比在性能上有突变或者有大幅度的提高。纳米材料大致可以分为纳米粉末(零维)、纳米纤维(一维)、纳米膜(二维)、纳米块体(三维)、纳米复合材料和纳米结构等。其中纳米粉末研究开发时间最长、技术最为成熟,是制备其他纳米材料的基础。纳米材料在结构、光电和化学性质等方面的诱人特征,使之成为材料科学领域研究的热点。

2.3.2 纳米材料的发展史

纳米材料被誉为21世纪的新材料,其概念在20世纪中叶被科学界提出后得到广泛重视和迅速发展。人工制备纳米材料的历史可以追溯到1000多年前,我国古代利用燃烧蜡烛所产生的烟雾制成炭黑,作为墨的原料以及用于着色的染料,这可能是最早的纳米颗粒材料;我国古代铜镜表面的防锈层,经检验证实为由纳米氧化锡颗粒构成的一层薄膜,这大概是最早的纳米薄膜材料。但当时人们并不知道这是由人的肉眼根本看不到的纳米尺度小颗粒构成的新材料。

纳米概念是在1959年年末,由诺贝尔奖获得者理查德·费曼(Richard Feynman)在一次讲演中提出的。他认为,人类能够用宏观的机器制造比其体积小的机器,而这较小的机器可以制作更小的机器,这样一步步达到分子尺度,即逐级缩小生产装置,以致最后直接按意愿排列原子,制造产品。人工纳米微粒是20世纪60年代初期由日本科学家首先在实验室制备成功的。纳米金属则首先是由德国科学家Gleiter在1984年用惰性气体蒸发原位加压法,制备出具有清洁界面的纳米晶体钯、铜、铁等。1987年,美国阿贡国家实验室的Sigel博士也用同样的方法制备出纳米氧化钛多晶体。到目前为止,用这种方法制备的纳米材料已达上百种。1990年7月,在美国巴尔的摩召开了第一届国际纳米科学技术学术会议,正式把纳米材料作为材料科学的一个新的分支。这标志着纳米材料学作为一个相对比较独立学科的诞生。1994年,在美国波士顿召开的材料研究学会(MRS)秋季会议上正式提出纳米材料工程。它是纳米材料研究的新领域,是在纳米材料研究的基础上通过纳米合成、纳米添加而发展新型的纳米材料,并通过纳米添加对传统材料进行改性,扩大纳米材料的应用范围,由此开始形成了基础研究和应用研究并行发展的新局面。

纳米材料发展的历史大致可以划分为三个阶段。第一阶段(1990年以前),主要是在实验室探索用各种手段制备各种材料的纳米颗粒粉体,合成块体(包括薄膜),研究评估表征的方法,探索纳米材料不同于常规材料的特殊性能。第二阶段(1990—1994年),人们关注的热点是如何利用纳米材料已挖掘出来的奇特的物理、化学和力学性能,设计纳米复合材料。第三阶段(从1994年到现在),纳米组装体系、人工组装合成的纳米结构的材料体系越来越受到人们的关注。

我国在纳米材料技术研究方面尽管起步较晚,但目前在理论研究和材料技术研究等方面已基本赶上世界工业发达国家的水平,具备了一定的开发优势。特别是在纳米材料应用研究领域,如用纳米材料技术改性塑料、橡胶、胶黏剂、密封剂、涂料、聚合物基复合材料、陶瓷、电子封装材料以及精细化工产品等方面处于领先地位。这为诸多行业产品提高档次水平、升级换代奠定了坚实的技术基础。

2.3.3 纳米材料的性质

1. 表面效应

表面效应是指纳米微粒的表面原子数与总原子数之比随着纳米微粒尺寸的减小而大幅

增加，粒子表面结合能随之增加，从而引起纳米微粒性质变化的现象。例如，颗粒材料粒度达到5nm时，表面原子数占50%；粒度达到2nm时，表面原子数提高到80%；粒度达到1nm时，表面原子数比例已达到99%，原子几乎都集中到纳米粒子表面。当表面原子数增加到一定的程度时，粒子性能更多的是由各个原子而不是由晶格上的原子决定。由于表面原子数增多，表面原子配位不足和化学价键态严重失配以及高的表面能，纳米体系的化学性质与化学平衡体系出现很大差别。原子配位不足及高的表面能，使这些表面原子具有高的活性，因而极不稳定，很容易与其他原子结合。例如，金属的纳米粒子在空气中会燃烧；无机材料的纳米粒子暴露在空气中会吸附气体，并与气体进行反应。

2. 小尺寸效应(体积效应)

当超细微粒的尺寸较光波波长、德布罗意波长以及超导态的相干长度或透射深度等物理特征尺寸相当或更小时，晶体周期性的边界条件将被破坏，非晶态纳米微粒的颗粒表面层附近原子密度减小，导致声、光、电、磁、热、力等特性呈现新的小尺寸效应。即尺寸减小(纳米粒子体积极小)引起材料宏观物理(力学、热学、光学、磁学)、化学性质上的变化。例如，光吸收显著增加并产生吸收峰的等离子共振频移；磁有序态向磁无序态转变；超导相向正常相的转变；声子谱发生改变。小尺寸效应还使纳米微粒的熔点发生改变。例如，普通金属金的熔点是1337K，当金的颗粒尺寸减小到2nm时，其熔点降到600K。

3. 量子尺寸效应

量子尺寸效应是指粒子尺寸下降到某一值时，金属费米能级附近的电子能级由准连续变为离散能级的现象，以及纳米半导体微粒存在不连续的最高被占据分子轨道和最低未被占据分子轨道能级和能隙变宽的现象。量子尺寸效应会导致纳米颗粒的磁、光、电、声、热以及超导性等特性与块体材料的显著不同。例如，纳米颗粒具有显著的光学非线性及特异的催化性能。

量子尺寸效应产生的最直接影响就是纳米材料吸收光谱的边界蓝移。这是由于在半导体纳米晶粒中，光照产生的电子和空穴不再自由，它们之间存在库仑作用，形成类似于宏观晶体材料中的激子的电子-空穴对。空间的强烈束缚导致激子吸收峰、带边以及导带中更高激发态均相应蓝移，并且，电子-空穴对的有效质量越小，电子和空穴受到的影响越明显，吸收阈值就越向更高光子能量偏移，量子尺寸效应也越显著。

4. 宏观量子隧道效应

微观粒子能够穿过比它动能更高的势垒的现象称为隧道效应。在宏观体系中当满足一定条件时，一些宏观量也可能存在隧道效应。例如，微颗粒的磁化强度、量子相干器件中的磁通量等亦显示出隧道效应，称为宏观量子隧道效应。这种效应和量子尺寸效应一起，将是未来微电子器件的基础，它们确定了微电子器件进一步微型化的极限。

2.3.4 纳米材料的结构单元

纳米块体、薄膜、多层膜和纳米结构的构成单元有团簇、纳米微粒、碳纳米管、纳米棒、纳米丝和纳米线。

1. 团簇

原子团簇是一类新发现的化学物种，是在20世纪80年代才出现的。原子团簇，简称团簇(cluster),是指几个至几百个原子的聚集体。团簇的尺寸范围一般在1～100nm。原子团簇不同于有特定大小和形状的分子,分子间以弱的结合力结合,其形状可以是多种多样的,它们尚未形成规整的晶体。除了惰性气体,它们都是以化学键紧密结合的聚集体。

碳有两种同素异形体:一种是石墨,另一种是金刚石。目前能大量制备并分离的团簇是C_{60}及其他富勒烯。C_{60}是由60个碳原子组成的球形结构,60个碳原子排列于一个截角20面体的顶点上构成足球式的中空球形分子。即C_{60}由32面体构成,其中20个六边形,12个五边形,C_{60}的直径为0.7nm。

2. 纳米微粒

纳米微粒是指颗粒尺寸为纳米量级的超细微粒,尺度在1～100nm,大于原子团簇,小于通常的微粒。通常把仅包含几个到数百个原子或尺度小于1nm的粒子称为"簇",介于单个原子与集合体之间。纳米微粒与微细颗粒和原子团簇的区别不仅反映在尺寸方面,更重要的是在物理与化学性质方面的显著差异。微细颗粒一般不具有量子效应,而纳米微粒具有量子效应;团簇具有量子尺寸效应和幻数效应,而纳米微粒一般不具有幻数效应。这是导致三者特性差异的物理根源。

3. 碳纳米管

碳纳米管是一种纳米尺度的、具有完整分子结构的新型碳材料。它是由碳原子形成的石墨片卷曲而成的无缝、中空的管体,直径0.4nm到几十纳米,长度一般是几十纳米至数微米,甚至毫米级。石墨片不同的卷曲方向和角度,将会得到不同类型的碳纳米管。卷曲成碳纳米管的石墨片的片层可以是一层或多层的。由一层石墨片卷曲成的碳纳米管称为单壁碳纳米管,而由多层石墨片卷曲成的碳纳米管则称为多壁碳纳米管。根据碳纳米管截面的边缘形状,单壁碳纳米管又分为单壁纳米管、锯齿形纳米管和手性纳米管。

碳纳米管由于其独特的结构而具备了十分奇特的化学、物理、电子及力学性能,应用十分广泛。目前,单壁碳纳米管最长可达20nm,定向多壁碳纳米管的长度也可达几毫米,所以,碳纳米管可作为导线、开关和记忆元件,应用于微电子器件。利用碳纳米管的量子效应,在分子水平上对其进行设计和操作,可以推动传统器件的微型化。金属/半导体型碳纳米管结具有二极管的特性,仅允许电流朝一个方向流动,可以作为最小的半导体装置。另外,碳纳米管也可作为微型电路的导线。碳纳米管的端部曲率半径小,在电场中具有很强的局部增强效应,可以用作场发射材料。由于碳纳米管的体积可以小到10^{-5} mm^3,所以可以向人体血液里注射碳纳米管潜艇式机器人,用于治疗心脏病。一个皮下注射器能够装入上百万个这样的机器人,它们从血液里的氧气和葡萄糖获取能量,按编入的程序刺探周围的物质,如果碰上红细胞等正常的组织细胞,识别出来后不作任何反应;当遇到沉积在动脉血管壁上的胆固醇或病毒时,就会将其打碎或消灭,使之成为废物通过肾脏排除。用碳纳米管制作的给药系统,配有传感器、储药囊和微型泵,进入人体后能在需要的部位释放出适当的药量。碳纳米管还可作为碳纳米管场发射显示器、碳纳米管储氢材料、碳纳米管肌肉,以及制造复合材料等。

4. 纳米棒、纳米丝和纳米线

准一维实心的纳米材料是指在二维方向上为纳米尺度,而长度比上述二维方向上的尺度大得多，甚至为宏观量的新型纳米材料。纵横比（长度与直径的比率）小的称为纳米棒，纵横比大的称为纳米丝。一般把长度小于 1μm 的纳米丝称为纳米棒，长度大于 1μm 的称为纳米丝或纳米线。半导体和金属纳米线通常称为量子线。常见的纳米线有半导体硫化物纳米线、发光硅纳米线、单金属纳米线、金属合金纳米线、C_{60} 纳米线，以及有机聚合物纳米线等。

2.3.5　纳米材料的制备

纳米材料的制备方法很多，一般可分为物理方法和化学方法两大类。

1. 物理法制备纳米材料

1）蒸发法

采用电阻加热、高频感应加热、等离子体加热、电子束加热、激光加热等方法将金属、合金或陶瓷蒸发汽化，然后与惰性气体冲突、冷却、凝结而形成纳米材料。其制备过程是在真空蒸发室内充入低压惰性气体（He 或 Ar），将蒸发源加热蒸发，纳米粒子蒸发后与 He 原子碰撞，降低动能，随后在液氮的冷凝壁上冷凝而形成纳米尺寸的团簇。蒸发制备纳米粒子是最早使用的方法，该法所用设备简单，能制备多种元素的纳米粒子，而且易于操作和对纳米粒子进行分析。

2）机械粉碎法

机械粉碎法是指采用新型的高效超级粉碎设备，如高能球磨机、超声速气流粉碎机等将脆性固体粉碎而获得纳米粉体的方法。其特点是操作简单、成本低，但易引入杂质，降低产品纯度，粒度不易控制且分布不均。

球磨法制备纳米材料是在高能球磨机中通过研磨作用使物料碎裂、形变而粉碎得到纳米粉，主要用于无机矿物和脆性金属或合金的纳米粉体的生产。它最初应用于氧化物分散增强的超合金，这种方法现已扩展到生产各种纳米晶、非晶和准晶材料。

目前，已经开发出了应用于不同目的的各种新型球磨设备，如滚转磨、摩擦磨、振动磨和平面磨等。另外，通过高能机械球磨中气氛的控制与外磁场的引入，可以更好地制备纳米材料。

传统技术难以把两相或多相不相溶的成分制成合金，而使用球磨法却可以将不相溶的成分制成均匀混合的合金新材料，如 Cu-Fe、Cu-Pb、Cu-Cr、Cu-W 等材料的生产；还可用于制备 TiAl、NiAl、Ti_3Al 等金属间化合物，以及功能材料和超硬合金等。

3）深度塑性变形法

所谓深度塑性变形法是指材料在准静态压力的作用下发生严重的塑性变形，使材料的晶粒尺寸细化到亚微米或纳米级的制备方法。例如，$\phi 8\times 2$mm 的锗（Ge）在 6GPa 准静压力的作用下，材料结构转化为 10～30nm 的晶相与 5%～10%的非晶相共存，再经 850℃热处理后，开始形成纳米结构，材料由粒径为 100nm 的等轴晶组成，当温度升高到 900℃时，晶粒尺寸迅速长大到 400nm。所以，深度塑性变形后控制材料的热处理温度十分重要，热处理温度不宜过高，否则就无法获得所需粒径的纳米材料。

4）物理气相沉积法

物理气相沉积（physical vapour deposition，PVD）法包括真空蒸镀法、真空溅射法、离子镀法、离子注入法等。

真空蒸镀(冷凝)法是指在真空中通过电阻、高频感应、电子束、激光等方法加热蒸发原料,汽化后的粒子(原子或分子)在低温区相互之间以及与周围气体分子之间碰撞,局域产生过饱和而凝聚成核长成纳米颗粒。其特点是表面清洁、纯度高、结晶良好、粒度可控,但技术设备要求高。20 世纪 80 年代初,H. Gleiter 等首先用真空冷凝法制得具有清洁表面的纳米微粒,并在超高真空条件下加压致密得到纳米固体。

真空溅射法是指在直流或射频高压电场的作用下,利用形成的离子流轰击阴极靶材料表面,高速离子把其动能和动量转移给靶材料表面的原子,这些原子因化学键断裂飞溅出来而在衬底上形成纳米薄膜。通常采用的轰击离子是惰性气体氩受高压电场的作用而电离出的氩离子;阴极靶材料可以是金属、合金或非金属元素,视需要而定。该法的优点是:①能在较低温度和真空系统中进行,有利于严格控制各种成分,防止杂质污染;②在制备合金薄膜或化合物薄膜时,可保持原组分不变;③可在选定的固体材料上制造各种薄膜,如半导体薄膜、金属薄膜、化合物薄膜等。真空溅射镀法包括直流溅射法、射频溅射法、二元溅射法和反应溅射法等。

离子镀法是指在真空条件下,利用气体放电使气体或被蒸发物质部分电离,并在气体离子或被蒸发物质离子的轰击下,将蒸发物质或其反应物沉积在基片上的方法。其包括磁控溅射离子镀、反应离子镀、空心阴极放电离子镀(空心阴极蒸镀法)、多弧离子镀(阴极电弧离子镀)等。

离子注入法是指用同位素分离器,使具有一定能量的离子硬嵌在某一与它固态不相溶的衬底中,再加热退火,让它偏析出来。例如,在一定注入条件下,经一定含量氢气保护的热处理后,获得了在 Cu、Ag、Al、SiO_2 中的 α-Fe 纳米微晶。

2. 化学法制备纳米材料

1) 水溶液法

水溶液法是指用具有不同 pH 的金属盐的溶液通过还原的方法制备超细粉末。还原剂可以是气体或液体,水溶液中的金属离子由氢还原生成金属粉末。如果金属离子浓度或 pH 足够高,只要反应不生成稳定的氢化物,则几乎所有的金属盐均可被氢还原。传统的水溶液法制备的粉末粒子尺寸一般在微米范围,这些微米大小的粒子是由纳米粒子团聚而成的。传统制备非晶粉体是通过高温熔体的快淬方法进行的。但是,如果反应温度低于产物的玻璃转变点的话,用水溶液法也可以制备非晶纳米粒子。例如,纳米尺寸的铁磁粒子可以由还原金属盐、水化钠及钾硼氢化物而制备。采用水溶液法制备纳米材料的优点是,可以在较低的温度下制备非晶纳米铁磁粒子。

2) 沉淀法

沉淀法是指把沉淀剂加入盐溶液中反应后,将沉淀物热处理后得到纳米材料。其特点是简单易行,但纯度低,颗粒半径大,适合制备氧化物。

3) 水热合成法

水热合成法是指高温高压下在水溶液或蒸汽等流体中合成,再经分离和热处理而得纳米粒子。其特点是纯度高、分散性好、粒度易控制。

4) 溶胶-凝胶法

溶胶-凝胶法是指金属化合物经溶液、溶胶、凝胶而固化,再经低温热处理而生成纳米粒子。

其特点是反应物种多，产物颗粒均一，过程易控制，适用于氧化物和Ⅱ～Ⅵ族化合物的制备。

5）微乳液法

微乳液法是指两种互不相溶的溶剂在表面活性剂的作用下形成乳液，在微泡中经成核、聚结、团聚、热处理后的纳米粒子。其特点是粒子的单分散和界面性好，Ⅱ～Ⅵ族半导体纳米粒子多用此法制备。

6）气相燃烧合成法

气相燃烧合成法是指在气体燃烧火焰中形成纳米颗粒。该法不仅可以合成氧化物纳米颗粒，而且通过气体的无氧燃烧，可以合成金属氮化物、碳化物等非氧化物纳米颗粒，气相燃烧合成法已应用于批量生产纳米石墨、细氧化钛涂料。合成的纳米颗粒粒度细，粒子团聚少，粒度分布窄，产物纯度高。

7）有机溶液法

有机溶液法制备纳米材料是用有机或有机金属试剂合成，金属胶体也可以用过渡金属碳化物在惰性气体中热解来制备，这种胶体可用作磁流体。无机金属化合物在乙二醇、二甘醇中热还原，可以制备单分散的Co、Ni、Cu及贵金属纳米粒子。

8）化学气相法

化学气相法主要有气相高温裂解法、喷雾转化工艺和化学气相合成等方法。使用化学气相合成可以制备 SiC、Si_3N_4 非氧化物纳米粉体和 ZrO_2、Y_2O_3 纳米氧化物粉体。其特点是产品纯度高，粒度分布窄。

9）纳米薄膜的制备方法

使用化学气相沉积（chemical vapour deposition，CVD）和电化学沉积的方法能制备纳米薄膜。化学气相沉积方法是把基底材料置于有氢气保护的炉内，加热到高温，向炉内通入反应气体，使之在炉内热解、化合成新的化合物沉积在基底材料表面而获得薄膜。这种方法可用于制备氮化物、碳化物及其他纳米材料薄膜。

使用电化学沉积如电镀（直流电镀、脉冲电镀、无极电镀）等方法可以制备金属、金属-陶瓷复合的纳米材料薄膜。

2.3.6 纳米材料的应用

纳米材料具有特殊的性能，应用前景十分广阔。

1. 开发新型材料

纳米材料可用于开发热电转换材料、高效太阳能转换材料、二次电池材料；功能涂层材料（例如，具有阻燃、防静电、高电容率、吸收散射紫外线和不同频段的红外线的隐身涂层）；电子和电力工业材料，如新一代电子封装材料，厚膜电路用基板材料，各种浆料，用于电力工业的压敏电阻、线性电阻、非线性电阻和避雷器阀门材料；新型大屏幕平板显示的发光材料；磁性材料；用于环境的光催化有机物降解材料，保洁抗菌涂层材料，生态建筑材料，处理有害气体减少环境污染的材料，以及开发纳米陶瓷材料和纳米复合生物材料等。这些新材料可用于高科技领域、国防工业及传统产业中开发新产品。

1）纳米金属

纳米铁材料是由6nm的铁晶体压制而成的，较之普通铁强度提高12倍，硬度提高2～3

个数量级。利用纳米铁材料，可以制造出高强度和高韧性的特殊钢材。对于高熔点难成型的金属，只要将其加工成纳米粉末，即可在较低的温度下将其熔化，制成耐高温的元件，用于研制新一代高速发动机中承受超高温的材料。

2）"纳米球"润滑剂

它的全称为"原子自组装纳米球固体润滑剂"，是指具有二十面体原子团簇结构的铝基合金成分，并采用独特的纳米制备工艺加工而成的纳米级润滑剂。在机车发动机加入纳米球，可以起到节省燃油、修复磨损表面、增强机车动力、降低噪声、减少污染物排放、保护环境的作用。

3）纳米陶瓷

利用纳米粉末制备陶瓷可以使烧结温度下降，简化生产工艺。纳米陶瓷具有良好的塑性，甚至能够具有超塑性，解决了普通陶瓷韧性不足的弱点，大大拓展了陶瓷的应用领域。

4）碳纳米管

碳纳米管的直径只有1.4nm，仅为计算机微处理器芯片上最细电路线宽的1%，其质量是同体积钢的1/6，强度却是钢的100倍。碳纳米管将成为未来高能纤维的首选材料，并广泛用于制造超微导线、开关及纳米级电子线路。

5）纳米催化剂

由于纳米材料的表面积大大增加，而且表面结构也发生很大变化，使表面活性增强，所以可以将纳米材料用作催化剂。例如，超细的硼粉、高铬酸铵粉可以作为炸药的有效催化剂；超细的铂粉、碳化钨粉是高效的氢化催化剂；超细的银粉可作为乙烯氧化的催化剂；用超细的 Fe_3O_4 微粒作为催化剂，可以在低温下将 CO_2 分解为C和 H_2O；在火箭燃料中添加少量的镍粉，便能成倍提高燃烧的效率。

6）量子元件

制造量子元件，首先要开发量子箱。量子箱是直径约10nm的微小构造，当把电子关在这样的箱子里，就会因量子效应使电子有异乎寻常的表现，利用这一现象便可制成量子元件。量子元件主要是通过控制电子波动的相位来进行工作的，从而能够实现更高的响应速度和更低的电力消耗。另外，量子元件还可以使元件的体积大大缩小，使电路得到优化，因此，量子元件的兴起将导致一场电子技术革命。人们期待着利用量子元件在21世纪制造出16GB的动态随机存储器（DRAM），这样的存储器芯片足以存放10亿个汉字的信息。

2. 在化工产品中的应用

在化工产品中利用纳米超微粒子的高比表面积与高活性，能显著地提高催化效率，可作催化材料使用。例如，在火箭发射的固体燃料推进剂中添加约1%质量分数的超细Al或Ni微粒，则每克燃料的燃烧热可增加一倍；超细的Fe、Ni与 γ-Fe_2O_3 混合烧结体可以代替贵金属而作为汽车尾气净化剂；超细Ag粉可以作为乙烯氧化的催化剂；超细的 Fe_2O_3 微粒可以在低温（270～300℃）下将 CO_2 分解为C和 H_2O。

3. 在医学生物领域的应用

人们利用纳米微粒可以进行细胞分离、细胞内部染色。利用一些纳米材料可以制作生物陶瓷，在医学生物领域可制成具有生物活性的人造牙齿、人造骨、人造器官等。采用纳米颗粒复合制备的磷酸钙骨水泥，与肌体亲和性好，无异物反应，还具有可降解性，能被新生骨逐步吸收。具有纳米生物活性磷酸钙盐涂层的合金硬组织替换材料，可用于各种承重硬组织部位病变和损坏后的替换。纳米生物材料不仅在硬组织修补和替换方面，而且在药物缓释材料、疾病检测等医学领域都能发挥巨大的作用。

将纳米材料作为药物载体，可增加某些药物的胃肠吸收效果，提高其生物利用度，也可以起到基因的输送和治疗，以及组织修复等作用。

将纳米大分子"生物部件"与小分子无机物晶体结构组合，采用纳米电子学控制装配成纳米机器人，这些技术和产品将为人类医学科技带来深刻的革命，使许多疑难病症得到解决。这些分子机器人以光感应器作开关，从溶解在血液中的葡萄糖和氧气中获得能量，并按预先编制好的程序探视体内的组织，进行全身健康检查，疏通脑血管中的血栓，清除心脏动脉的脂肪沉积物，吞噬病毒和组织破碎细胞，杀死癌细胞，监视体内的病变等。纳米机器人还可以用来进行人体器官修复工作。例如，修复损坏的器官和组织；做整容手术；进行基因装配工作，从基因中除去有害的脱氧核糖核酸(DNA)或把正常的DNA安装在基因中，使机体恢复正常功能。将由纳米硅晶片制成的含有只读存储器(ROM)的微型设备植入大脑中，使之与神经通路相连，可用于治疗帕金森综合征和其他神经性疾病。

4. 用纳米材料改造传统产业

纳米材料不仅在高科技尖端工业中有重要的应用前景，而且在机械、冶金、石油化工、建筑材料、纺织、轻工等工业领域也有重要的应用价值。用纳米材料改造传统产业，利用比较成熟的纳米材料与技术，使传统产品提高质量、赋予新的功能和更新换代。

2.4 生物医学材料

2.4.1 生物医学材料的定义和分类

1. 生物医学材料的定义

生物医学材料又称为生物材料，是指用于与生命系统接触并发生相互作用，能对其细胞、组织和器官进行诊断、治疗、替换修复或诱导再生的一类天然或人工合成的特殊功能材料。

生物医学材料是材料学科与多种学科相互交叉渗透发展的结果，是一类快速发展中的应用前景十分广阔的新材料。其研究内容涉及材料科学、生命科学、化学、生物学、解剖学、病理学、临床医学、药物学等学科，同时还涉及工程技术和管理科学的范畴。

2. 生物医学材料的分类

1）按材料组成和性质分类

(1) 生物医用高分子材料。

生物医用高分子材料是生物医学材料中发展最早、应用最广泛、用量最大的材料，也是一类正在迅速发展的生物医用材料。医用高分子材料除应满足一般的物理、化学性能要求，还必须具有足够好的生物相容性。按性质的不同，生物医用高分子材料可分为非降解型和可生物降解型两类。它们主要用于人体软、硬组织修复体，人工器官，人造血管，接触镜，膜材，胶黏剂和管腔制品等方面，主要包括聚乙烯、聚丙烯、聚丙烯酸酯、芳香聚酯、聚硅氧烷、聚甲醛等，还可用于药物释放和送达载体以及非永久性植入装置。

(2) 生物医用金属材料。

生物医用金属材料是指用于生物医学材料的金属或合金，是一类惰性材料。生物医用金属材料具有高的力学性能和抗疲劳性能，是临床应用最广泛的承力植入材料。这类材料的应用非常广泛，遍及硬组织、软组织、人工器官和外科辅助器材等各个方面。除了要求这类材料具有良好的力学性能及相关的物理性质，优良的抗生理腐蚀性和生物相容性也是其必须具备的条件。医用金属材料应用中的主要问题是由生理环境的腐蚀而造成的金属离子向周围组织扩散，以及植入材料自身性质的蜕变，前者可能导致毒副作用，后者常常导致植入的失败。已经用于临床的医用金属材料主要有不锈钢、钴基合金和钛基合金等三大类，此外，还有形状记忆合金、贵金属，以及纯金属钽、铌和锆等。

(3) 生物陶瓷。

生物陶瓷又称为生物医用非金属材料。生物陶瓷包括陶瓷、玻璃、碳素等无机非金属材料。这类材料化学性能稳定，具有良好的生物相容性。生物陶瓷主要包括惰性生物陶瓷、活性生物陶瓷和功能活性生物陶瓷三类。功能活性生物陶瓷又包括两类：一类是模拟生物陶瓷材料，这类材料是将天然有机物(如骨胶原、纤维蛋白以及骨形成因子等)和无机生物材料复合，来模拟人体硬组织成分和结构，以改善材料的力学性能和手术的可操作性，并能发挥天然有机物的促进人体硬组织生长的特性；另一类是带有治疗功能的生物陶瓷复合材料，这类材料是利用骨的压电效应能够刺激骨折愈合的特点，使压电陶瓷与生物活性陶瓷复合，在进行骨置换的同时，用生物体自身运动对置换体产生的压电效应来刺激骨损伤部位的早期硬组织生长。现在最常用的是将铁氧体与生物活性陶瓷复合，填充在由骨肿瘤导致的骨缺损部位，利用外加高变磁场，充填物由磁滞损耗而产生局部发热，杀死癌细胞，又不影响周围正常组织。

(4) 生物医用复合材料。

生物医用复合材料是由两种或两种以上不同材料复合而成的生物医学材料，并且与其所有单一材料的性能相比，复合材料的性能都有较大程度的提高。制备这类复合材料的目的就是进一步提高或改善某一种生物材料的性能。它们主要用于修复或替换人体组织、器官，或增进其功能，以及人工器官的制造。它除应具有预期的物理化学性质之外，还必须满足生物相容性的要求。这里不仅要求组分材料自身必须满足生物相容性要求，而且复合之后不允许出现有损材料生物学性能的性质。按基体材料分类，生物医用复合材料又可以分为高分子基、金属基和陶瓷基生物复合材料三类，它们既可以作为生物复合材料的基材，又可以作为增强体或填料。

2) 按材料的用途分类

(1) 骨、牙、关节、肌腱等骨骼、肌肉系统的修复材料和替换材料；

(2) 皮肤、乳房、食道、呼吸道、膀胱等软组织材料；

(3) 人工心瓣膜、血管、心血管内插管等心血管系统材料；

(4) 血液净化膜和分离膜、气体选择性透过膜、角膜接触镜等医用膜材料；

(5) 组织黏合剂和缝线材料；

(6) 药物释放载体材料；

(7) 临床诊断及生物传感器材料；

(8) 齿科材料等。

3) 按生物化学反应水平分类

(1) 近于惰性的生物医用材料;

(2) 生物活性材料;

(3) 可生物降解和吸收的生物材料。

2.4.2 生物医学材料的发展概况

人类利用天然物质和材料治病已有很长的历史。早在公元前5000年,古代人就试用黄金修复失牙;公元前3500年,古埃及人用棉花纤维、马鬃等缝合伤口;墨西哥古印第安人用木片修补受伤的颅骨。公元前2500年的古埃及和中国的墓葬中已经发现采用石头修复失牙的实例;此后又采用木质、象牙作为牙的修复材料。我国在隋末唐初就发明了补牙用的银膏,成分是银、锡、汞,与现代龋齿充填材料——汞齐合金相类似。最先应用于临床实践的金属材料是金、银、铂等贵金属,原因是它们都具有良好的化学稳定性和易加工性。1829年,人们通过对多种金属的系统动物实验,得出了金属铂对机体组织刺激性最小的结论。1851年,人们发明天然橡胶的硫化法后,开始利用天然高分子硬橡木制作的人工牙托和颚骨进行临床治疗。1892年,人们将硫酸钙用于充填骨缺损,这是陶瓷材料植入人体的最早实例。

生物医学材料取得实质性进展则始于20世纪20年代。1926年,人们将含质量分数18%铬和8%镍的不锈钢首先用于骨科治疗,随后在口腔科也得到了应用。1934年,人们研制出高铬低镍单相组织的AISI 302和AISI 304不锈钢,使不锈钢在体内生理环境下的耐腐蚀性能明显提高。1952年,耐蚀能力更强的AISI 316不锈钢在临床获得应用,并逐渐取代了AISI 302不锈钢。为了解决不锈钢的晶间腐蚀问题,在20世纪60年代又研制出超低碳不锈钢AISI 306L和AISI 317L,并制定了相应的国际标准。

在不锈钢发展的同时,钴基合金作为生物医学材料也取得很大进展。最先在口腔中得到应用的是铸造钴铬铝合金,20世纪30年代末又被用于制作接骨板、骨钉等内固定器械。20世纪50年代又成功地制成人工髋关节。20世纪60年代,为了提高钴基合金的力学性能,又研制出锻造钴铬钨镍合金和锻造钴铬钼合金,并应用于临床。为了改善钴基合金抗疲劳性能,于20世纪70年代又研制出锻造钴铬钼钨铁合金和具有多相组织的MP35N钴铬钼镍合金,并在临床中得到应用。

在不锈钢和钴基合金成功地用于临床的同时,金属钛因具有优异的耐蚀性和生物相容性,以及密度低的特性而引起了广泛的注意。20世纪40年代,钛已用于制作外科植入体,20世纪50年代用纯钛制作的接骨板与骨钉已用于临床。随后,一种强度比纯钛高,而耐蚀性和密度与纯钛相仿的Ti6Al4V合金研制成功,有力地促进了钛的广泛应用。20世纪70年代,人们又相继研制出间隙元素含量极低的Ti6Al4V合金、TiSAl2.5Sn合金和钛钼锌锡合金,从而使钛与钛合金成为继不锈钢与钴基合金之后又一类重要的医用金属材料。

20世纪70年代后,随着形状记忆合金的发展,以NiTi系为代表的形状记忆合金逐渐地在骨科和口腔科得到应用,并成为医用金属材料的重要组成部分。

生物陶瓷作为生物材料的研究与开发始于20世纪60年代初。1963年和1964年,多晶氧化铝陶瓷分别应用于骨矫形和牙种植。1967年,低温各向同性碳成功地应用于临床。

1969 年，生物玻璃研制成功。1971 年，羟基磷灰石陶瓷获得了临床应用，从此开始了生物活性陶瓷发展的新纪元。进入 20 世纪 80 年代，人们对生物陶瓷复合材料进行了大量研究，以便在保持生物陶瓷良好的生物相容性条件下，提高其韧性与抗疲劳性能，改善其脆性。20 世纪 90 年代，生物陶瓷的一个重要研究方向是与生物技术相结合，在生物陶瓷构架中引入活体细胞或生长因子，使生物陶瓷具有生物学功能。

高分子材料作为生物材料的发展略晚于金属材料。医用高分子材料取得广泛应用则始于 20 世纪 50 年代有机硅聚合物的发展。20 世纪 60 年代初，聚甲基丙烯酸甲酯(骨水泥)开始用于髋关节的修复，有力地促进了医用高分子材料的发展。从 20 世纪 70 年代起，随着高分子化学工业的发展，医用高分子材料逐渐地成为生物材料发展中最活跃的领域。一些重要的医疗器械与器材，如人工心瓣膜、人工血管、人工肾用透析膜、心脏起搏器、植入型全人工心脏、人工肝、人工肾、人工胰、人工膀胱、人工皮、人工骨、接触镜、人工角膜、人工晶体、手术缝合线等相继研制成功，并得到了广泛应用，有力地促进了临床医学的发展。

人体绝大多数组织的结构均可视为复合材料，故用单一的医用金属材料、医用高分子材料或生物陶瓷来修复人体组织时难以满足临床应用的要求，由此推动了医用复合材料的研究与开发，使其成为 20 世纪 70 年代后生物医学材料发展中最活跃的领域之一。

20 世纪 90 年代后，借助于生物技术与基因工程的发展，已由无生物存活性的材料领域扩展到具有生物学功能的材料领域，其基本特征在于具有促进细胞分化与增殖、诱导组织再生和参与生命活动等功能。这种将材料科学与现代生物技术相结合，使无生命材料生命化，并通过组织工程实现人体组织与器官再生与重建的新型生物材料已成为现代材料科学新的研究前沿。其中具有代表性的生物分子材料和生物技术衍生生物材料的研究已取得重大进展。

近年来，高技术生物材料及制品产业已经形成并正在蓬勃发展，其发展态势可与 20 世纪 50—60 年代的汽车、半导体工业，70—80 年代的电子、计算机工业在世界经济中的重要作用相比拟，这给各国的产业结构调整提供了一个机遇。经济发达国家已形成了新兴的生物材料工业体系。从过去由通用材料生产企业生产医用材料发展到由专业化的企业生产各种医用材料；从利用现成的材料经纯化、改性，使之达到医用要求，过渡到为特定的需要而设计、研制具有特殊医用功能的材料。生物医用材料产业发展如此迅猛，其主要动力来自于人口老龄化、中青年群体中创伤的增多、疑难疾病患者的增加和高技术的发展，其研究和产业化对社会和经济的重大作用正日益受到各国政府、产业界和科学界的高度重视。生物医用材料的研究与开发被许多国家列入高技术关键材料发展计划，并迅速成为国际高技术制高点之一。

2.4.3 各种生物医学材料

1. 可降解与吸收材料

可降解与吸收材料是指在生物体内逐渐被破坏最后完全消失的材料。可降解与吸收材料主要有天然材料与合成材料。天然材料是指来源于动植物或者人体内天然存在的大分子。天然材料主要有多糖和蛋白质两大类。按降解方式可以将降解材料分为化学降解材料、生物降解材料和物理降解材料三种。天然高分子材料是人类最早使用的医用材料，具有良好的生物相容性，几乎都可降解且降解产物无毒。一些天然材料经过适当的化学改性或与合成材料复合就可以广泛地应用于临床医学。典型的材料有胶原蛋白、纤维蛋白、甲壳素、壳聚糖以及纤维素衍生物，主要用于可吸收缝线、药物控释载体、人工皮肤、组织修复和替代、组织隔离膜等。

合成可降解材料具有原料来源丰富，结构和性能可以人为修饰和调控等优点，近几十年来发展迅速。这类材料按化学结构主要有三类：第一类是侧链带有易水解化学基团的聚合物，水解后生成羟基、羧基等亲水性侧基，这些新的基团使聚合物变得易溶于水；第二类是立体交联固化的水溶性高分子，植入体内后交联基团被水解降解，还原为水溶性聚合物；第三类是主链中含有易水解链段的聚合物，这些链段被水解后，大分子链断开，降解为溶于水的齐聚物或单体，这类材料是研究最多且用途最广的可降解生物材料，其中一些产品用于人体并有商品供应，如可吸收缝线、小血管夹、缝合钉、内植骨钉和药物控释载体等。典型的合成可降解生物材料有聚羟基乙酸、聚乳酸、聚己内酯、聚酸酐和氨基酸类聚合物等。

2. 组织工程材料

组织工程是指应用生命科学与工程原理及方法构建一个生物装置，来维护、增进人体细胞和组织的生长，以恢复受损组织或器官的功能。目前各国科学家正在研究如何将材料与活细胞组建成组织工程构件或支架复合体，使它们成为具有生物功能的活性材料。这些材料可以是永久性的，可以是生物降解的，也可以是天然合成的或是杂化的，但必须与活细胞在体内及体外相容。十余年来，软骨、骨、肌腱等组织再造的成功，已展示了其广阔的发展前景。血管、气管等复合组织的再生，标志着组织工程已由单一组织再造向复合组织预制迈出了重大一步；而在胰腺、肝脏等组织再生研究中取得的突破性进展，更向人们展示了人类有能力再生具有复杂组织结构和生理功能的器官。组织工程材料除满足生物相容性要求以外，还要易于加工成三维多孔支架，支架要有一定的力学性能以支持新生组织的生长，并待成熟后能自行降解；此外，还要低毒或无毒，以及能够释放药物或活性物质如生长激素等。

1）软组织修复材料

当前软组织工程材料的研究主要集中在研究新型可降解材料，用物理、化学、生物方法及基因工程手段改造和修饰原有材料，材料与细胞之间的反应和信号传导机制，促进细胞再生的规律与原理，细胞机制的作用和原理等，以及研制具有选择通透性和表面改性的膜材，开发对细胞和组织具有诱导作用的智能高分子材料等。硬组织工程材料的研究和应用主要集中在碳纤维/高分子材料、无机材料（生物陶瓷、生物活性玻璃）、高分子材料的复合研究。

组织工程材料按性质和应用，大致分为生物降解材料、组织引导材料、组织诱导材料和组织隔离材料。

2）硬组织修复材料

迄今为止，用于硬组织修复与替换的材料仍然是金属与合金，其次是生物陶瓷、聚合物、复合材料，以及人和动物的骨骼衍生物等。

（1）生物活性陶瓷。生物活性陶瓷是指能与活体骨组织、活体软组织形成化学键合的陶瓷材料。对于硬组织替换材料，这种键合主要是由羟基磷灰石在界面处的沉积而实现的。界面结合强度随时间增长而增强，与骨折愈合的情形相似。典型的生物活性陶瓷主要包括两类：一类是生物活性玻璃和玻璃陶瓷；另一类是磷酸钙基生物陶瓷。Hench 小组首选的 45S5 生物玻璃，其成分为：质量分数 45%～55% SiO_2、20%～25% Na_2O、20%～25%CaO。

(2) 生物活性玻璃陶瓷。为了改善生物活性玻璃的理化性能和力学性能，1982年，Kokubo小组在M_gO-CaO-P_2O_5-SiO_2中部分析出结晶的磷灰石和硅灰石，这种具有高强度的材料称为生物活性玻璃陶瓷。它在体内环境中能长时间地保持较高的力学强度，主要用于承力的脊柱修复体。

(3) 羟基磷灰石生物活性陶瓷。羟基磷灰石生物活性陶瓷是由羟基磷灰石构成的一种磷酸钙基生物陶瓷。这种材料主要用于人体硬组织(骨、牙)的修复和替换，也用于人工血管、气管等软组织，以及药物控释和送达载体，它还是一种优良的生物化学吸附剂。羟基磷灰石生物活性陶瓷具有良好的生物相容性，植入体内不仅安全、无毒，还能传导骨生长，能与组织在界面上形成化学键结合。

(4) 磷酸钙骨水泥。磷酸钙骨水泥是指选用特定的磷酸钙盐，以类似水泥固化的常温湿法合成的羟基磷灰石。这种材料的特点是：对软、硬组织有良好的生物相容性和生物活性。起始的糊状物可以经预固化成型、注射等多种方式使用。制备过程条件温和、简便。固化产物有较大的比表面积，可用于药物控制释放等。

(5) 钛合金材料。表面生物活化医用金属材料常称为金属植入材料，是应用最早的生物医用材料。金属与合金虽然具有足够的强度和韧性，但属于生物惰性材料，与骨的结合是一种机械锁合。近年来，金属与合金的表面改性研究成为医用生物材料的研究热点之一。利用表面工程技术中表面改性的方法，如阳极氧化法、溶胶-凝胶法、碱处理法、酸-碱两步法，表面诱导矿化、等离子喷涂羟基磷灰石涂层、电化学沉积磷酸钙涂层等办法，不仅可以提高金属表面的稳定性和耐磨性，而且可以赋予生物活性，即可使新骨直接沉积于金属表面，而无纤维结缔组织的中间隔层。

(6) 纤维增强高分子复合材料。由于骨再建需要有适当的应力刺激，通常认为金属的高刚度和高弹性模量会导致植入体与骨之间的力学性能失配，从而使骨发育不良。为此，可以用聚合物复合材料技术来改进骨植入材料的弹性模量，形成良好的力学性能匹配以获得较为理想的骨的再建。用长纤维、连续纤维和聚合物基体，可以在较大范围内改进复合体的力学性能。

3. 介入治疗材料

介入治疗材料包括支架材料、导管材料及栓塞材料等。

置入血管内支架是治疗心血管疾病的重要方法，当前冠脉支架多为医用不锈钢通过雕刻或激光蚀刻制备，在体内以自膨式、球囊扩张式或扩张固定在血管壁。虽然经皮冠状动脉介入性治疗取得较好的成果，但经皮冠状动脉成型术后6个月再狭窄发生率较高(约30%)，是介入性治疗面临的重要问题。血管内支架的主要研究方向为药物涂层支架、放射活性支架、包被支架、可降解支架等。管腔支架大多采用Ni-Ti形状记忆合金材料制备，有自膨式和球囊扩张式两类。主要用于治疗晚期恶性肿瘤所引起的胆道狭窄，晚期气管、支气管或纵隔肿瘤所引起的呼吸困难，支气管良性狭窄，以及不能手术切除的恶性肿瘤所引起的食管瘘，恶性难治性食管狭窄等。

制作导管的材料有聚乙烯、聚氨酯、聚氯乙烯、聚四氟乙烯等。导管外层材料多为能够提供硬度和记忆的聚酯、聚乙烯等，内层为光滑的聚四氟乙烯。

栓塞材料按照材料性质可以分为对机体无活性、自体材料和放射性颗粒三种。理想的栓塞材料应符合无毒,无抗原性,具有良好相容性,能迅速闭塞血管,能按需要闭塞不同口径、不同流量的血管,易经导管运送,易得,易消毒等要求。更高的要求是能控制闭塞血管时间的长短,一旦需要可经皮回收或使血管再通。常用的栓塞材料有自体血块、明胶海绵、微胶原纤维、胶原绒聚物等。

4. 纳米生物医用材料

纳米材料与纳米技术在生物医学材料上应用前景广泛。所谓的"生物导弹"就是用磁性纳米材料定向载体,通过磁性导航系统将药物输送到病变部位释放,增强疗效。碳纳米材料可以显著提高人工器官及组织的强度、韧性等多方面的性能。纳米高分子材料粒子可以用于某些疑难病的介入诊断和治疗。人工合成的纳米级类骨磷灰石晶体已经成为制备纳米类骨生物复合活性材料的基础。

纳米生物医用材料的未来发展方向为:纳米生物医用材料"部件"与纳米医用无机材料及晶体结构"部件"的结合发展,如纳米级电子控制的纳米机器人;药物的器官靶向化;通过纳米技术,使介入性诊断和治疗向微型、微量、微创或无创、快速、功能性和智能性的方向发展;模拟人体组织成分、结构与力学性能的纳米生物活性仿生医用复合材料等。

5. 口腔材料

口腔材料是指用于修补缺损的牙齿、替代缺损缺失牙齿的材料,或者是指用来修补缺损的颌面部软硬组织,恢复其解剖形态、功能和美观的材料,以及口腔预防保健和对畸形的矫治等医疗活动中所使用的各种材料。口腔材料的应用历史可以追溯到2500年前,但口腔材料作为一门独立的学科,是从20世纪中期才开始形成的。口腔材料种类繁多,按品种可以分为有机高分子材料、金属材料和无机非金属材料等;按用途可以分为充填材料、印模材料、模型材料、义齿材料、黏结材料、植入材料和预防保健材料,以及颌面修复材料、衬层材料、包埋材料、磨平抛光材料等。不同种类的材料仅适用于特定的用途,而在完成某一项治疗活动时,常常需要使用几种不同种类的材料。

1) 高分子复合材料

口腔材料中的高分子复合材料,一般是指牙科复合树脂,这种树脂是一种颗粒增强型复合材料,也就是在树脂基质中混入大量的无机填料,以增强材料的强度和弹性模量。这种高分子复合材料的树脂基质是以双酚A甲基丙烯酸缩水甘油酯为主体的二甲基丙烯酸酯类树脂,无机填料颗粒经硅烷偶联剂处理后分散于树脂基质中,有机相中含有低浓度的阻聚剂、稳定剂,以及能够活化并引发单体或齐聚物在室温发生聚合反应的化学物质,经自由基加成聚合反应固化成型。

复合树脂中的树脂基质作为连续相,主要作用是将颗粒状无机填料包裹并黏结在一起,并能在室温下于较短时间内固化成型,并赋予材料一定的强度,树脂基质由基础树脂和稀释剂组成。复合树脂中无机填料由石英或玻璃研磨制得,填料的粒度、粒度分布、折光指数、在复合树脂中所占体积分数、X射线阻射线及硬度,均会对复合树脂的性能和临床表现产生很大影响。由于复合树脂具有与牙体组织相近的色泽、较好的力学性能及较低的热膨胀系数,所以它主要用于修复牙体缺损。

2) 烤瓷材料

烤瓷修复工艺是指直接采用各种粉状瓷料,通过烧结加工制作烤瓷修复体或金属烤瓷修复体的工艺方法。瓷料称为齿科烤瓷材料。烧结后的烤瓷色泽逼真、耐磨性高，并具有优良的化学稳定性和生物相容性，受到临床欢迎，可以用于制作嵌体、甲冠、贴面及金属冠桥等修复体。

(1) 金属烤瓷材料。

传统型烤瓷材料是以长石和 SiO_2 为基本成分的玻璃态陶瓷材料，也称长石质烤瓷材料。在基本成分中加入玻璃改性剂、着色剂、遮色剂和荧光剂等瓷料添加剂，以控制烤瓷材料的熔化温度、烧结温度、线膨胀系数，以及与天然牙齿相匹配的色调。这种烤瓷材料在口腔修复中的应用已有相当长的历史。为了克服单纯烤瓷材料强度不足、脆性较大的缺点，20 世纪 50 年代发展了金属烤瓷修复体。金属烤瓷修复体是指在金属冠核表面熔附上一种线膨胀系数与之相匹配的瓷料，这种瓷料称为金属烤瓷材料。金属烤瓷修复体兼有陶瓷和金属的优点，已经普遍应用于制作金属烤瓷全冠和各种固定修复体，是目前比较理想的前牙修复材料。根据美容修复要求，烤瓷粉又分为釉瓷、体瓷和不透明瓷等。烤瓷的基底材料有：金合金、钯银合金、镍铬合金和钴铬合金等。

(2) 全瓷修复材料。

全瓷修复材料及技术发展较快。由于它克服了传统烤瓷材料抗弯强度低的弱点，而且较金属烤瓷修复体更加美观，更符合人们的审美要求，因而日益受到重视。全瓷修复材料有如下三种。

A. 玻璃浸渗氧化铝核瓷(粉浆涂型氧化铝瓷)。其基本原理是：用氧化铝粉涂塑形成冠的核形，通过烧结使氧化铝颗粒表面初步熔结，形成一个稳定的立体网络结构，然后渗透烧烤，使熔融的玻璃料通过毛细作用渗入氧化铝颗粒之间的孔隙中，形成复合的网状交联结构。所制备的材料具有良好的物理力学性能，不仅可以制作嵌体、高嵌体、前后牙冠，还可制作前后牙固定桥。

B. 铸造陶瓷。用失蜡法铸造工艺成型的陶瓷称为铸造陶瓷或铸造玻璃陶瓷。它是经铸造工艺以玻璃态成型，再经热处理产生结晶相而瓷化的玻璃陶瓷材料，是用于全瓷修复体的材料之一。牙科铸造陶瓷目前主要有两大类：一类为云母系铸造陶瓷，晶化前玻璃体含 SiO_2 较多，晶化后生成物主晶相为硅氟云母；另一类为磷酸钙结晶类铸造陶瓷，晶化前玻璃体含 P_2O_5、CaO 较多，晶化后生成物是磷灰石类结晶。

C. 可切削陶瓷。可切削陶瓷是指能够用普通金属加工机械进行车、铣、刨、磨、钻等加工的特种陶瓷。齿科可切削陶瓷主要是指用计算机辅助设计(CAD)和计算机辅助制作(CAM)修复技术的陶瓷类材料。CAD/CAM 主要用于嵌体修复，也可用于贴面及冠的制作。优点是一次就诊即可完成，不用取印模，省时省事，可制作精确的修复体；缺点是设备昂贵。

(3) 口腔植入材料。

植入是指将生物材料制品植入人体内，替代缺损缺失的人体组织或器官结构，以恢复其生理外形和功能的技术。所采用的材料称为植入材料或种植材料。口腔医学所涉及的这种技术和材料分别称为口腔植入技术和口腔植入材料。口腔植入材料除用于颌面软组织整复的医用高分子材料(如硅橡胶等)外，主要发展方向为人工牙根植入材料和骨修复材料。

人工骨植入体的主要用途是修补和重建缺损的骨组织、固定松动的牙以及矫正畸形等。人工牙植入体用于修复缺失牙，它是一种中间修复体，是义齿的支持者。通过外科手术将人工牙根植入体植入拔牙窝或人工牙窝内，在其上部制作人工牙冠、局部固定义齿、可摘局部义齿或总义齿等修复体，以恢复缺失牙的解剖形态和咀嚼功能。

2.5 信息材料

2.5.1 概述

21 世纪是以信息产业为核心的知识经济时代。随着信息技术向数字化、网络化的迅速发展，超大容量信息传输、超快实时信息处理和超高密度信息存储已经成为信息技术追求的目标。信息的载体正由电子向与光电子结合和光子方向发展。与此相应，信息材料也从体材料发展到薄层、超薄层微结构材料，并正向光电信息功能集成芯片和有机/无机复合材料以及纳米结构材料方向发展。

信息材料是指为实现信息探测、传输、存储、显示和处理等功能而使用的材料。信息材料是信息技术和产业的基础，信息材料主要包括微电子材料、光电子材料、存储和显示材料、光纤传输材料、传感材料、磁性材料和电子陶瓷等材料。这些材料及其产品支撑着通信、计算机、家电与网络技术等现代信息产业的发展。目前，信息材料作为基础性材料已渗透到国民经济和国防科技中各个领域。以硅为代表的集成电路材料是集成电路产业的基础，没有硅和砷化镓等高质量的微电子材料，就不可能制造出高性能的电子元器件和集成电路。

21 世纪是光电子时代，光电子产业的兴起和发展无不以光电子材料的发展为基础。例如，砷化镓、磷化铟等半导体材料的研制成功导致了新型激光器和光探测器的出现。目前世界上 80%的信息传输业务是由光纤来完成，光纤及其网络技术的进步和普及改变了人类社会的交流和生活方式。存储和显示材料、磁性材料、电子陶瓷材料广泛应用于计算机、通信设备、家用电器、汽车、医疗设备、航空航天等各个领域。微电子材料发展趋势是向着大尺寸、高均匀性、高完整性，以及薄膜化、多功能化、片式化和集成化方向发展。

21 世纪以来，中国信息材料科技和产业的发展取得了很大进展。无机非线性人工晶体方面的研究水平一直保持国际领先地位。在氮化镓基器件的基础材料和器件技术以及关键装备方面取得了全面突破。研制出具有自主知识产权、性能指标达到国际先进水平的金属内电极多层陶瓷电容器。设计、制备了一系列新型有机复合和有机分子信息存储薄膜，成功地实现了超高密度的信息存储。光纤预制棒制造核心技术的研制亦取得重大突破。二维电子气材料、应变自组装量子点材料及量子点激光器、Ⅲ族锑化物材料与器件等方面的研究处于国际先进水平。在大晶格失配材料体系的柔性衬底材料、大功率半导体量子阱激光材料和器件、激光光纤模块、超高亮度黄光和橙光发光二极管材料等方面，都取得了具有自主知识产权的成果。

2.5.2 半导体材料

半导体材料是 20 世纪中最重要、最有影响的功能材料之一，在微电子领域内具有独特的地位，同时又是光电子领域的主要材料。半个世纪以来，半导体材料以及由其制成的各种晶体管、集成电路、敏感器件的发展，导致了一场电子工业的革命，使人类社会进入当今的信息时代。

半导体材料种类很多，从单质到化合物、从无机物到有机物、从晶态到非晶态等，大致可以分为元素半导体、化合物半导体、固溶体半导体、非晶半导体和有机半导体等。

1. 单晶硅

硅是当前最重要、产量最大、发展最快、用途最广的半导体材料，95%以上的半导体器件是使用硅材料制作的。

硅是单一元素半导体，它的主要特征是力学强度高，结晶性好，自然界中储量丰富，以 SiO_2 或硅酸盐的形式存在，含量约占地壳总质量的 26%。硅成本低，并且可以拉制出大尺寸的完整单晶。目前，硅是制造大规模集成电路最关键的材料，是大规模集成电路的基石。电子级纯的硅通常具有非晶或多晶结构形式，从而大大降低了电子的运动寿命和运动速度，严重影响器件的频率特性，为此，必须利用单晶生长技术把硅的非晶或多晶结构转变为单晶结构。单晶硅是人工能获得的最纯、最完整的晶体材料，它的纯度、完整性、均匀性以及直径尺寸是衡量单晶硅质量及可达到功能的指标。单晶硅普遍采用提拉法合成，该法可以生产出比较均匀、无缺陷的硅单晶，即单晶硅。具体方法是：在坩埚中盛满硅并使其温度保持在高于硅的熔点(约 1680℃)100℃左右，将一颗小的硅种晶浸入熔融硅中，随后就像钓鱼一样，将它缓缓地从熔融硅中拉起并同时旋转拉杆，在种晶向上提拉时，熔融的硅便附在上面生长，晶体尺寸逐渐增大，直至达到最终尺寸。目前，提拉法可以生长出直径分别约为 150mm、200mm，甚至更大尺寸的优质单晶。目前人们正在利用空间站，在太空无重力或微重力的条件下制备大尺寸的优质硅单晶。

将单晶硅切割成片并抛光，制成硅片(或叫作晶片)。随着集成电路特征线宽尺寸的不断减小，对硅片的要求越来越高，控制单晶的原生缺陷变得越来越困难，因此外延片越来越多地被采用。在世界范围内，8 英寸(in，1in=2.54cm)和 12 英寸硅片仍然是少数几家硅片生产企业的拳头产品，他们有自己的专有生产技术，为世界提供了大部分的制造集成电路用的 8 英寸和 12 英寸硅抛光片和硅外延片。

硅片要求表面非常光滑，表面上各点的高度差小于 1nm。然后再通过几十道工序(通常是在超净环境中生产)，在硅片上集成许许多多的晶体管或其他元件。这样的硅片制成后又被切割成许多芯片，每个芯片就可以包含多至上百万个晶体管。随后，将芯片封装在陶瓷壳中，便构成了具有特殊电路功能的集成电路。这种利用集成化工艺制成的集成电路是包含了晶体管、电阻、电容以及它们之间连线的电路网络。这些元器件全部制作在一块半导体硅的芯片上。因此，要提高半导体芯片上元器件的集成度，则晶体管的小型化具有决定性的意义。只有晶体管尺寸缩小，电子系统才可以做得更小，成本更低，尤其是晶体管越小，集成电路的集成度越高，从而提高电路的工作速度。

目前，单晶硅的最新进展主要反映在：大口径化；抛光(PW)硅片的质量改进和外延(EW)硅片的生产成本降低。大口径化主要反映在直径 300mm 硅片的产量。硅片的质量改进主要反映在低缺陷及无缺陷硅单晶的开发，这里的缺陷主要是指点缺陷，特别是低 COP(crystal originated particle)及 LD (large dislocation)。硅片的生产成本降低主要反映在作为基板的硅片生产成本的降低，如单晶生长的高速化、大重量化，同一石英坩埚多次生长等，以及外延技术的改进。

2. 锗材料

锗是重要的元素半导体材料之一。锗是间接跃迁型半导体，是最早用区熔法提纯的半导体。锗单晶生长的方法有直拉法和区熔均平法等，用直拉法可以生长出高质量的单晶，用区熔均平法即水平区熔法可拉制出高纯单晶。

由于锗的载流子迁移率比硅高，在相同条件具有较高的工作频率和较低的饱和压降，以及较高的开关速度和良好的低温性能，锗在半导体工业中具有许多不可替代的作用。锗主要用于制作雪崩二极管、高速开关管、低温红外探测器和低温温度计等，也可以制作检波二极管、开关二极管、混频二极管、变容二极管以及高频小功率三极管等。锗探测器具有灵敏度高、效率高的优点，广泛用于国防、宇航、电子、化工、医疗卫生等领域。

3. 砷化镓和磷化铟

砷化镓和磷化铟作为第二代半导体材料，是微电子和光电子的基础材料，具有电子饱和漂移速度高、耐高温、抗辐照等特点，在超高速、超高频、低功耗、低噪声器件和电路，特别在光电子器件和光电集成方面占有独特的优势。砷化镓具有许多优于硅的特性。由于砷化镓中电子的有效质量小，因而电子在砷化镓中的运动速度就比在硅中快。根据理论计算表明，用砷化镓制成的晶体管开关速度，比硅晶体管的开关速度快 1～4 倍。因此，利用砷化镓晶体管制造的计算机，速度更快、功能更强。此外，在高频通信信号放大、光探测和半导体激光技术等方面的应用，砷化镓都具有独特的优越性。

砷化镓是一种化合物半导体。因为镓(Ga)是化学元素周期表中的ⅢA 族元素，而砷(As)是ⅤA 族元素，所以称砷化镓为Ⅲ-Ⅴ族化合物半导体。此外，磷化镓(GaP)、磷化铟(InP)和锑化铟(InSb)等也是Ⅲ-Ⅴ族化合物。由两族元素相间组成的Ⅲ-Ⅴ族化合物，有着与硅不同的结构特点，使这些材料具有许多优良的特性。例如，砷化镓单晶材料中电子在电场作用下的迁移速度，比硅单晶材料中的电子迁移率大 6～7 倍，因此，砷化镓可以用来研制工作频率很高(10^{10} Hz)的微波器件，而砷化镓微波器件是微波通信、军事电子技术和卫星数据传输系统的关键器件。磷化铟具有比砷化镓更优越的高频性能，发展的速度更快，但研制 4 英寸(10.16cm)以上大直径的磷化铟单晶的关键技术尚未完全突破。砷化镓单晶材料的发展趋势是：增大晶体直径；提高材料的电学和光学微区均匀性；降低单晶的缺陷密度，特别是位错。砷化镓和磷化铟单晶材料的垂直梯度凝固法(VGF)生长技术发展很快，很有可能成为主流技术。

4. 氮化镓和碳化硅

以氮化镓和碳化硅为代表的第三代半导体材料，具有禁带宽度大、击穿电场高、热导率大、电子饱和漂移速度高、电容率小、抗辐射能力强和化学稳定性良好等优点。在光显示、光存储、光探测等光电子器件，以及高温、高频、大功率的微电子器件领域有着广阔的应用前景。

氮化镓是一种宽禁带、直接跃迁的半导体材料，由于它的宽禁带度为 3.4eV(300K)，可以用来制作蓝色发光二极管。用氮化镓与磷化镓的红色、绿色发光二极管相配，可制作大屏幕高亮度的彩色显示屏。氮化镓基宽禁带半导体材料、器件和电路具有超强的性能，近年来受到各国军方的重视。

碳化硅是一种很重要的宽禁带半导体材料，晶体结构很复杂，有多种晶型的碳化硅，常用的有 α-SiC 和 β-SiC。碳化硅晶体生长难度大，晶片价格昂贵，目前，国际上只有少数公司和研究机构掌握这项技术。碳化硅可以制成 pn 结并可在 500℃温度工作，由于它的禁带宽度很宽，可以制作蓝色或其他颜色的发光二极管。与蓝宝石衬底材料相比，碳化硅衬底材料具有更高的热导率，晶格常数和热膨胀系数与氮化镓材料更为接近，晶格失配度仅为3.5%（蓝宝石与氮化镓材料的晶格失配度为17%），所以，碳化硅是一种更理想的衬底材料。目前，碳化硅衬底氮化镓微电子材料及器件的研究是国际上的热点，碳化硅也是军用氮化镓基高电子迁移率晶体管(HEMT)结构材料和器件的首选衬底。

2.5.3 光电子材料

由光电子材料制造的光电子器件主要包括新型光显示器件、光存储器件、光照明器件、光探测器件、全固态激光器、光纤传输器件等。随着光电集成成为21世纪光电子技术发展的一个重要方向，光电子器件的尺度逐步低维化，由体结构向薄层、超薄层和纳米结构的方向发展，材料系统由均质到非均质、工作特性由线性向非线性、平衡态向非平衡态发展。光电子器件的发展重点将主要集中在激光器件、红外探测器件、等离子体显示器件、液晶显示器件、高亮度发光二极管和光纤用材料等。

1. 发光二极管材料

发光二极管(light emitting diode，LED)是能够辐射光的半导体二极管。施加正向电压时，通过pn结分别把n区电子注入p区、p区空穴注入n区，电子和空穴复合发光，把电能直接转化成光能发射出来。LED是能量转换效率较高的固体发光器件。

LED作为半导体照明光源具有高效、节能、环保、使用寿命长、易维护等显著特点。半导体照明光源的诞生和发展，被誉为人类照明史上继白炽灯、荧光灯之后的又一次革命，它已经成为普通照明领域的一种新型固态冷光源。

经过40多年的发展，LED材料和器件已经实现了红、橙、黄、绿、青、蓝、紫七原色LED的生产和应用，并拓展到近红外、红外和近紫外范围，发光效率提高了近千倍。现在使用氮化镓基材料除了已经制备出蓝光、绿光到近紫外波段的高亮度LED，还由此发展出高亮度白光LED，为半导体照明产业的发展奠定了基础。

国际上LED产业正在向种类更多、亮度更高、应用范围更广、价格更低的方向发展。其中半导体照明(含特种照明和通用照明)用LED是发展的重中之重。日本日亚公司在蓝宝石衬底上生长氮化镓基LED，无论是蓝光LED、紫光LED、紫外LED，还是白光LED，均为国际上目前最高水平。发光材料从GaAlAs、GaAsP向AlGaInP和氮化镓转变。目前研发的重点是低成本、大功率、超高亮度的GaN基蓝、紫光LED制造技术的突破。

LED材料应用于广告、家用电器、车载、交通信号以及信息处理等显示中。

2. 液晶显示(LCD)材料

液晶是介于液态与结晶态之间的一种物质。它除了兼有液体和晶体的某些性质，还有其独特的性质。对液晶的研究现已发展成为一个引人注目的学科。

液晶主要分为两大类：溶致液晶和热致液晶。溶致液晶要溶解在一定的溶剂中才呈现液晶性，热致液晶则在一定的温度范围内才呈现液晶性。显示用的液晶是一些相对分子质量为200～500的有机化合物。其分子的几何形状有棒状、板状、碗状三种。板状分子液晶主要用于液晶显示器的光学补偿膜；碗状分子液晶目前尚未应用；液晶显示用的主要是棒状分子液晶。

1）棒状液晶

液晶分子呈棒状，宽约零点几纳米，约1nm。这种棒状分子由中心部和末端基团构成。中心部是由中心桥键连接苯环（或联苯环、环己烷、嘧啶环、醛环等）而形成的刚性体，中心桥键是双键酯基、甲亚氨基、偶氮基、氧化偶氮基等功能团。末端基团有烷基、烷氧基、酯基、氰基、硝基、氨基等，其直链长度和极性基团的极性使液晶分子具有一定的几何形状和极性。中心部和末端基团的不同组合可形成具有不同物理性能的液晶相。现在，人们认识的液晶已有1万多种，只有当棒状分子的几何长度（L）和宽度（d）的比值$L/d>4$时，才具有液晶相。

2）液晶相

由于液晶分子结构和分子之间相互作用不同，使液晶分子按照不同取向排列，其排列方式可分为向列相、近晶相和胆甾相三大类。

在向列相液晶中，棒状分子不分层，分子可以转动和向各个方向滑动，只是在分子长轴方向保持平行排列。这类液晶的黏度较小，流动性较好，是显示类液晶的主要类型。

在胆甾相液晶中，棒状分子也分层排列，层内分子互相平行，但分子长轴与层平面平行。相邻两层分子的长轴方向略有变化，旋转一定角度。分子沿层的法线方向排列成螺旋状结构。这类液晶所显示的颜色会随温度的变化而变化。

在近晶相液晶中，棒状分子分层排列，分子在层内沿长轴方向平行排列，可垂直或倾斜于层平面。分子只能在层内转动和滑动，不能在层间移动。这类液晶的黏度很大，一般不用于液晶显示。

3）高分子液晶材料应用

（1）主链型高分子液晶。

热致型主链高分子液晶的主要代表是聚酯液晶。1963年，人们首先制备了对羟基甲酸的均聚物（PHB），希望这种刚性结构的高分子会呈现出良好的液晶性。由于PHB的熔融温度太高，分子尚未熔融就降解了，因而没有实用价值。20世纪70年代，人们把PHB与聚对苯二甲酸乙二醇酯（PET）进行共聚，成功地获得了热致型高分子液晶。这些液晶材料有聚甲亚胺、聚芳醚砜和聚氨酯等。

溶致型主链高分子液晶主要有芳香族聚酰胺、聚酰胺酰肼、聚苯并噻唑和纤维素等。

聚芳酯液晶、聚苯并噻唑、聚苯并噁唑均具有较好的耐热性和很高的力学性能，可以用来制造纤维和工程塑料。

（2）侧链型高分子液晶。

侧链型高分子液晶可以通过加聚、缩聚和聚合物侧基官能团反应（接枝共聚）等途径合成。用带有液晶基元侧基的烯烃经加工聚合成侧链高分子液晶，是常用的方法，主要有聚丙烯酸酯类、聚甲基丙烯酸酯类和聚苯乙烯衍生物。利用大分子的化学反应将低分子液晶结构单元连接到主链上，也是一种重要的制备方法，如常见的聚硅氧烷类液晶分子。

（3）液晶复合材料。

液晶复合材料是近年来发展起来的新型复合材料，通常是以玻璃纤维、碳纤维等为增强成分，以热固性或热塑性树脂为基质复合而成的。目前人们已经用刚性的液晶高分子制成了分子复合体系。对于溶致液晶的高分子，可以采用和树脂共沉淀的方法来达到分子复合目的；对于可热致液晶的高分子，可以采用熔融法制备热致液晶复合高分子材料。

(4) 高分子液晶的应用。

由于高分子液晶具有灵敏的电响应特性和光学特性，已经将其用于液晶数码显示。把透明的向列型液晶薄膜夹在两块导电玻璃板之间，施加适当的电压，很快变成不透明，电压的变化会改变液晶分子的排列方式，引起光线强度和色彩的变化，便产生图像，可以做成电视屏幕、广告牌等。胆甾型液晶的颜色随温度变化，可用于温度的测量；另外，胆甾型液晶的螺距会因为某些微量杂质的存在而受到强烈影响，从而改变颜色，这一特性可用于某些化学药品的痕量蒸气的指示。利用高分子液晶的热-光效应实现光存储。高分子液晶可以做成光导体，光导体是指在光的照射下电导率会显著改变的一种物质，如非晶硅、GaS 等，它们可以用于很多场合，包括空间光调制器等。功能性液晶高分子膜可广泛应用于工业领域，由高分子和低分子液晶构成的复合膜具有选择性地渗透，可用于离子交换膜、富氧膜、电荷分离膜、脱盐膜和人工肾脏透析膜等。

3. 等离子显示材料

等离子显示板(PDP)是一种平板型主动发光器件。它是利用惰性混合气体在一定电压的作用下产生气体放电，从而形成等离子体，直接发射可见光，或发射真空紫外线以激发光致发光荧光粉而发射可见光。PDP 按驱动方式分为交流(AC)、直流(DC)和自扫描型三种，其中 AC-PDP 具有伏安特性非线性强、亮度高、视角大、响应快、寿命长和环境性能强，以及存储能力强等优点，已经成为大尺寸显示屏壁挂电视的主流产品之一。PDP 材料可分为单色 PDP 材料和彩色 PDP 材料。

单色 PDP 是利用 Ne-Ar 混合气体在一定电压作用下产生气体放电，直接发出 582nm 橙色光而制作的平板显示器。由间隙为 100μm 的上下两块平板玻璃以低熔点玻璃在四周封接而成。在玻璃内表面上用真空溅射和光刻法制一组平行电极，电极上依次覆盖一层透明氧化硅绝缘膜和一层 MgO 保护膜。两块玻璃以电极呈正交相对而置。玻璃间隙内充有一定压强的 Ne-Ar 混合气体。单色 AC-PDP 最大对角线尺寸为 152cm，是目前最大的平板显示器件。

彩色 PDP 是利用 He-Ar 混合气体放电时产生的不可见的 147nm 真空紫外线激发相应的三原色光致发光荧光粉使其发出可见光而实现显示的。目前已实用化的彩色 PDP 主要有表面放电式、对向放电式和脉冲放电式三种。

4. 光纤、光缆材料

光纤(光导纤维)是一种由折射率较大的纤芯和折射率较小的包层构成的圆柱形介质光波导。光纤设计所依据的基本原理是全反射定律。如果光波能够在光纤中沿着一个以上的路径(简称模)行进，这样的光纤称为多模光纤；如果芯料的直径十分细，只有一束光波基本沿芯料的中心传播，这样的光纤称为单模光纤。光通信中用于传播光信息的光学纤维材料称为光纤材料，又称为光波导纤维材料。光通信是一种重要的通信方式，通信用光纤材料成为当今最引人注目的新型光传输材料，得到了日益广泛的应用。

光缆是指内含光纤，按光、机和环境规范的缆。它在过去几十年里发展十分迅速，1980 年前后，全世界只有 2～3 家光纤厂，现在已发展到数百家。光纤光缆呈现以下两个方面的发展趋势。

芯棒方面：目前国际上生产芯棒的工艺有多种方法，但就其主要特点而言，管内法更适于生产折射率分布比较精细复杂的产品。例如，梯度多模光纤和非零色散位移光纤。而外沉积法在生产常规单模光纤方面更易于发挥高沉积速率的优势，同时具有彻底除去OH的技术优势，有利于制造正在兴起的低水峰光纤。

外包层工艺方面：套管法的主要限制因素是合成石英管的价格高，只要合成石英管的价格降得足够低，则这种方法简单实用。等离子体喷涂技术的主要限制因素在于产品不是全合成的，用天然石英原料，自然资源有限，其优势是成本较低。发展大直径长拉丝光纤预制棒已成为降低成本的有效方法。大直径长拉丝预制棒可以减少多根预制棒的头尾损耗，减少工艺运输和安装等非必要生产工时，增加连续生产时间，提高原材料利用率。进一步开发高生产效率、低成本的预制棒技术方向，则很可能是发展复式设备和技术，即实现在一台设备上同时制造多根大预制棒。

石英材料光纤是由掺二氧化锗的高折射率的纤芯，以及纯石英或掺氟材料的低折射率的包层组成的弱光波导。纤芯位于光纤的中心部位，折射率较高。它的主要成分是高纯度的二氧化硅，纯度要达到99.9999%，其余成分为极少量掺杂材料，如二氧化锗(GeO_2)。掺杂材料的作用是提高纤芯的折射率。纤芯直径一般在5～50μm。包层折射率较低，一般比纤芯折射率低百分之几，作用是把光限制在纤芯中。包层材料一般是二氧化硅。若是多包层光缆，则包层会含有少量的掺杂材料氟来降低折射率，包层直径为125μm。包层的外面是外径为250μm的高分子材料(如环氧树脂、硅橡胶等)涂覆层，作用是增强光纤的柔韧性和力学强度。

生产石英光纤的原料是液态卤化物，有四氯化硅($SiCl_4$)、四氯化锗($GeCl_4$)和氟利昂(CF_2Cl_2)等。它们在常温下是无色的透明液体，有刺鼻气味，易水解，在潮湿空气中强烈发烟，有一定的毒性和腐蚀性。氧化反应和载运气体有氧气和氩气(Ar)等。为了保证光纤质量并降低损耗，要求原材料中含有过渡金属离子、氢氧根等杂质的质量分数不应高于10^{-9}的量级，大部分卤化物都需要进一步提纯。

石英光纤制造主要包括两个过程，即制棒和拉丝。为了获得低损耗的光纤，这两个过程都要在超净环境中进行。制造光纤时先要熔制出一根玻璃棒，玻璃棒的芯包层材料都是石英玻璃，纯石英玻璃的折射率约为1.458，欲使光在光纤芯中传输，必须使纤芯中的折射率稍高于包层中的折射率，为此，在制备芯玻璃时均匀地掺入少量的比石英折射率稍高的材料，从而满足光的传输条件，这样制成的玻璃棒叫作光纤预制棒。将预制棒放入近2000℃高温的石墨拉丝炉中加温软化，以相同的比例拉成又长又细的玻璃丝，这种玻璃丝中的芯和包层的厚度比例及折射率分布，与原始的光纤预制棒材料完全一样。拉出的光纤要马上进行涂覆。

光纤的品种有通信光纤和传感光纤。通信光纤是光电信息传输的主要方向，通信光纤材料主要是熔石英光纤。传感光纤能够传输高强度的激光。例如，在激光手术刀的应用中，需要将激光器发射的光传输到需要手术的部位。重金属氧化物玻璃光纤、硫化物或卤化物的单晶或多晶，主要应用于激光波长在红外波段范围内。光纤还可以制造光纤传感器。

光纤传感器是20世纪70年代中期出现的一种新型光学传感器。它是光纤和光纤通信技术迅速发展的产物，是对以电为基础的传统传感器的革命性变革，它用光而不是用电作为敏感信息的载体，用光纤而不是用金属导线作为传递敏感信息的介质。因此，它同时具有光学测量和光纤传输的一些极其宝贵的优点，即灵敏度高、电绝缘、抗电磁干扰、抗化学腐蚀、生理安全性强和形状可塑性好等，这是传统传感器所无法比拟的，能解决许多传统传感器无法解决的问题。

光纤用途很多。利用其透光性好、直径可以调到几微米到几百微米、可挠性好，而制成各种规格的光纤传光束和传像束，用来改变光线的传输方向，移动光源的三维位置；用来改变图像（或光源）的形状、大小和亮度；还可以解决光通量从发射源到接收器之间的复杂传输通道问题。利用光学纤维面板可以传递图像、移动像面等特性，可以用作电子光学器件中的端窗和级间耦合元件，为改善系统的性能、简化系统的结构，提供了一种有效的新技术。

光纤在光学系统中可以用于光纤潜望镜、自准直系统、平像场器、光纤换向器等方面；在光电系统中主要用于像增强器、X 射线像增强器、阴极射线管和变像管等。

在医学上利用光纤可以制作内窥镜和“光刀”，用于诊断和手术。

光纤可用于传感技术，做成各种光纤传感器，如光纤声、光纤磁、光纤温度、光纤网络和光纤辐射类型传感器。

光纤还可以做成光纤转换器，用于高空侦察系统和星光摄谱系统等方面。

光纤通信是光纤的重要应用领域。光纤通信具有通信容量大、抗干扰、保密性好、质量轻、抗潮湿和抗腐蚀等优点。

5. 激光晶体材料

材料中的原子可以处于不同的能量状态，一个原子吸收外界能量后由低能级跃迁到高能级的过程称为激发。处于高能级的原子是不稳定的，可能自发地恢复到低能级，并伴随有光发射，这一过程称为自发辐射。处于高能级的原子受到外界光感应的作用，也会恢复到低能级，也伴随有光的发射，这一过程叫作受激发射。使材料中多数能发生受激辐射的原子或离子都处于激发状态，然后用外界光感应，使所有处于激发态的原子或离子几乎同时受激发射而回到低能级，这样将发射出强大的光束，这强大的光束就是激光。激光具有高度的方向性和单色性，而且可以通过光学手段使有限的激光能量在空间和时间上高度集中，从而使激光具有高的亮度。

固体、液体和气体都能产生受激发射，用这些材料制成的激光器分别称为固体激光器、液体激光器和气体激光器。固体激光器的工作物质主要有激光晶体和激光玻璃。这些材料大多由两部分组成，一部分是作为“发光中心”的激活离子，另一部分是作为激活离子“载体”的基质材料。

激光晶体材料的发展经历了两个阶段，第一阶段是以红宝石（掺铬的 Al_2O_3）晶体为代表，第二阶段是以掺钕的钇铝石榴石（Nd：YAG）为代表。自 1964 年美国首先研制出掺钕的钇铝石榴石晶体材料以来，经过几十年的努力，激光晶体材料的质量有了很大提高，已经形成了规模产业。国际上已经研制出并实现激光振荡的激光晶体多达数百种，正在开发的有数十种。在世界范围内，掺钕的钇铝石榴石晶体已发展成为应用最广泛的激光晶体。20 世纪 70 年代末至 80 年代初，研制出一批室温工作的高功率输出终端声子宽带可调谐激光晶体，其中最突出的是金绿宝石（Cr：$BeAl_2O_4$）和钛宝石（Ti：Al_2O_3）晶体。20 世纪 80 年代末至 90 年代初，受泵浦用大功率半导体激光二极管（LD）技术和高功率固体激光器技术发展的带动，研制 LD 泵浦和高功率激光材料，获得了掺钕钒酸钇（Nd：YVO_4）和掺镱钇铝石榴石（Yb：YAG）等一批性能优良的 LD 泵浦和高功率激光晶体，极大地推动了微片激光器和高功率激光器技术及应用的迅速发展。近 20 年来又有一批激光晶体新材料(如掺钕氟磷酸锶 Nd∶S-FAP)和新技术(如扩散键合技术)涌现,并且随着晶体生长方法和生长设备技术的进步,激光晶体的直径和尺寸不断增大,质量和性能不断提高。

经过 50 余年的努力,特别是近 30 年的发展,中国在激光晶体材料领域取得了举世瞩目的成果。掺钕钇铝石榴石等一批晶体产品已形成批量生产能力,产品的质量达到或接近国际先进水平,许多国家重点工程使用的材料靠自己研制,打破了外国封锁和禁运。

6. 非线性晶体材料

光通过晶体进行传播时,会引起晶体的电极化。当光强在一定限度以下时,晶体的电极化强度与光频电场之间呈线性关系,其非线性关系可以忽略;当光强很大时,如激光通过晶体进行传播时,电极化强度与光频电场之间就呈现非线性关系,由此引起一系列的非线性效应,具有这种效应的晶体就称为非线性光学晶体。

1961 年,美国科学家 Franken 将一束红宝石产生的激光束入射到石英晶体上,发现射出的激光束中除了红宝石的 693.4nm 的光束外,在紫外区还出现了一条二倍频率的 347.2nm 的光谱线,这是首次发现晶体的非线性光学效应。非线性光学晶体材料是光电子技术特别是激光技术的重要物质基础,可以用于激光频率转换,调制激光的强度和相位,实现激光信号的全息存储等。现在,非线性光学晶体材料已成为最重要的信息材料之一,广泛应用于激光通信、激光信息存储与处理、光学雷达、医用器件、材料加工、X 射线光刻技术及军用激光技术等领域,并发挥越来越重要的作用。

非线性光学晶体已由无机晶体拓展到有机晶体,由块体晶体发展到薄膜、纤维和超晶格材料。人们将非线性光学晶体的性质与其内部微观结构联系起来,有意识地通过分子设计、晶体工程等科学方法来探索与研制各种新型的非线性光学晶体材料,使其向更深层次的方向发展,促进非线性光学领域的不断创新。

在非线性晶体材料、器件及应用方面,工业发达国家如美国、英国、日本等居于世界前列,从最初原理的提出,到新材料的探索、器件的开发,他们都处于领先地位。在非线性晶体材料的生产上,日本、中国、俄罗斯、乌克兰和立陶宛等都占有重要地位。

中国在非线性晶体材料研究方面一直保持着国际领先地位,受到世界瞩目,最主要的成就是发明了掺镁铌酸锂晶体,通过掺杂使得铌酸锂($LiNbO_3$)的抗损伤阈值提高两个数量级以上,拓宽了铌酸锂晶体的应用领域;实现了熔剂法磷酸钛氧钾(KTP)晶体的产业化,使 KTP 晶体在全世界得到普及应用,促进了激光技术的发展。在硼酸盐系列中发现并研制了一系列性能优异的紫外非线性光学晶体,开创了紫外激光倍频的新纪元,使研究不断向固体紫外激光的极限发展。

2.5.4 电子陶瓷材料

电子陶瓷材料是制造各种陶瓷电容器的主体结构材料。陶瓷电容器广泛用于各类电子整机,对整机的小型化、高可靠、多功能化有着极其重要的作用。电子陶瓷材料随着表面贴装技术中片式元器件用量的增幅而日益上升,要满足片式化、小型化、复合化、智能化以及微波高频大容量等方面的需求。

新一代微波介质陶瓷材料的研究开发主要围绕两大方向展开:一是追求超低损耗的极

限；二是探索更高电容率的新材料体系。

热敏电阻器正在向高性能、高可靠、高精度、片式化和规模化方向发展。例如，消磁电路用正温度系数（PTC）热敏电阻适应高亮度、大屏幕彩电、彩显需要，正向高电压、低电阻（2.2Ω）方向发展。马达启动用PTC热敏电阻正向长寿命（开关500万次）方向发展。

氮化铝具有高热导率、与硅相匹配的热膨胀系数、无毒、密度较低、比强度高等优点，使其成为微电子工业中电路基板封装的理想材料，因而发展迅速，达到了较高的商品化和实用化程度。

1. 覆铜板材料

覆铜板材料主要有新型低电容率覆铜板、积层法多层板用涂树脂铜箔、芳酰胺无纺布增强的半固化片、低线膨胀系数的封装基板用覆铜板、无卤化覆铜板、二层型无黏结剂挠性覆铜板等。覆铜板材料发展趋势为：高耐热性或高玻璃化温度（T_g）；高尺寸稳定性或低线膨胀系数；低电容率或高电容率的各种覆铜板材料；耐离子迁移性；介质层厚度的均匀性和平整度；无卤素覆铜板材料（不含卤素及锑化合物等对环境有影响的物质）；具有各种功能的特种覆铜板材料，如导热覆铜板及黏结片、平面电阻和平面电容材料等。

2. 压电晶体材料

压电晶体材料有人造石英晶体、铌酸锂晶体、钽酸锂晶体和金刚石等。压电晶体材料是制造声表面波器件、谐振器、振荡器等频率元件的关键材料。压电晶体材料的发展趋势是形态由晶体向薄膜方向发展，功能向复合效应方向发展。

2.6 智能材料

2.6.1 概述

智能材料（intelligent materials，IM）是指能感知环境刺激并据此进行分析判断，自动及时地作出结构、性能和功能等方面适度响应的新型材料。

智能材料要求材料集感知、信息处理和响应于一体，类似生物那样具有智能属性，具备自诊断、自适应、自修复等能力。它能感知周围环境变化，并针对这一变化采取相应对策。

智能材料是新材料领域正在形成的一门新的分支学科，是21世纪最先进的材料。智能材料是一门交叉学科，涉及化学、物理、材料、生物、电子信息、力学、机械、自动化、计算机、管理等学科。目前，许多国家各学科的大批专家和学者正积极致力于发展这一学科，其中包括化学家、物理学家、材料学家、计算机专家，以及土木工程和航空领域的专家等。

1989年11月，日本高木俊宜教授在日本科学技术厅航空、电子等技术评审会上提出了智能材料的概念，此时，美国对于在航空、宇宙领域中具有传感功能和执行功能的适应性构物、灵巧结构物的研究正处于十分活跃的阶段。1990年5月，日本设立了智能材料研讨会，作为智能材料研究和情报交流的中心。随后，英、意、澳等国家相继开始了智能材料的研究。

国外在智能材料的研发方面已经取得了许多突破。例如，英国宇航公司研制出了导线传感器，用于测试飞机蒙皮上的应变与温度情况；英国开发出一种快速反应形状记忆合金，寿命期具有百万次循环，且输出功率高，以它作制动器时反应时间仅为10min。形状记忆合金还已成功应用于卫星天线、医学等领域。我国对智能材料的研究也非常重视，从 1991 年起就把智能材料列为国家自然科学基金和国家“863”计划的研究项目，并已取得一定的研究进展。

2.6.2 智能材料的分类

1. 按组成智能材料的基材情况分类

1）金属智能材料

金属智能材料主要是指形状记忆合金材料，它是一类重要的执行器材料，可用其控制振动和结构变形。形状记忆是热弹性马氏体相变合金所呈现的效应，金属受冷却、剪切，由体心立方晶格位移转变成马氏体相。形状记忆是指加热时马氏体低温相转变至母相而恢复到原来形状。

超磁致伸缩材料作为稀土功能材料已经引起了人们的广泛关注。物体在磁场中磁化时，其长度发生伸长或缩短的现象，即磁致伸缩现象。(Tb、Dy)Fe_2 多晶合金是最典型的磁致伸缩材料。

2）无机非金属智能材料

无机非金属智能材料主要包括压电陶瓷、电致伸缩陶瓷、电(磁)流变体等。

3）高分子智能材料

由于人工合成的高分子材料品种多、范围广，因此，合成的高分子智能材料也较多，其中智能凝胶、药物控制释放体系、压电聚合物、智能膜等都是较重要的高分子智能材料。

2. 按智能材料的自感知、自判断、自结论和自执行的角度分类

1）传感器用智能材料

(1) 压电体。

压电体材料在电场的作用下，体积产生变化。在可供智能结构选用的压电体中，压电晶体因脆性，给制造和使用带来了困难。纤维形态的压电材料因很容易与复合材料制造过程相结合，适合于自动化生产，很有发展前途，但目前压电纤维还达不到足够的长度，难以在实际结构中应用。压电陶瓷可以机械加工成各种形状，并具有良好的强度和刚度、抗撞击和频宽特性。

(2) 电阻应变仪。

电阻应变仪是一种简单、廉价、应用技术成熟的传感器。它们一般用于测量制造后的结构表面各点的应变，不适合自动化制造技术。若用同一材料制成丝状应变仪，则便于自动化生产。

(3) 光纤。

光纤是最有前途的智能结构传感器。由于光纤直径小，便于复合材料的自动化生产。此外，光纤埋在复合材料结构中，对结构的强度和刚度几乎没有影响。同一光纤传感器可起两个作用：在复合材料结构固化时，可用于监控固化质量；在固化后，可作为应变传感器。

2）驱动器用智能材料

(1) 压电体。

驱动器用压电体与前述传感器用压电体材料相同，主要适用于高频和中等行程的控制，可以对智能结构进行主动控制。当应用系统通电给压电陶瓷时，压电陶瓷改变自身尺寸，而

且形变速度之快是形状记忆合金所不能比拟的。目前,压电陶瓷驱动器已应用于各种光跟踪系统、自适应光学系统(如激光陀螺补偿器)、机器人微定位器、磁头、喷墨打印器和扬声器等。因为压电陶瓷和压电聚合物对于外加应力能够产生可测量的电信号,很适合用作传感器。常用于触觉传感器,可识别布莱叶盲文字母,并可区分砂纸级别;聚偏二氟乙烯膜作为机器人触觉传感器,用于感知温度和压力。

(2) 伸缩性陶瓷。

伸缩性陶瓷可以分为电致伸缩性陶瓷和磁致伸缩性陶瓷,它们根据所加电场和磁场的变化而改变体积。电致伸缩性陶瓷适合能量要求低的高频和低撞击应用,磁致伸缩性陶瓷对能量要求高。

(3) 电流变液。

电流变液在电势差作用下,黏度会发生显著变化。它可以作为空间结构用驱动器,用于结构减振;填充在复合材料制成的直升机旋翼叶片内腔中,用来控制旋翼刚度,达到减振目的。

2.6.3 智能材料的自诊断技术

1. 光纤自诊断技术

1) 光栅纤细化制造工艺

小直径光栅的规格是:核心径为6.5μm,被覆径为40μm,聚酰亚胺被覆膜为6μm。光纤的传输损失系数为0.5dB/km。其制造工艺是在高压下负载处理,对聚酰亚胺层进行化学腐蚀,利用激光技术刻制,然后再次给光栅刻制部分被覆和高温热处理。

2) 埋入光栅元件的温度特性

当光栅传感元件被埋入材料中时,光栅的特性与埋入状态有很大的关系。特别是透过波和反射波的光谱与埋入状态有很大的关系。所以埋入时元件周围压力尽量保持均一是极为重要的,而且元件周围温度的影响也很大。随着温度的增加,光栅的中心波长变大,与温度的增加几乎呈线性增加的关系。

3) 多点自诊断计测系统

在构造物的自诊断过程中,有时需要把多个传感元件以分布方式埋入,从而把握构造物内部的整体状态。要实现这一计测过程,一般说来有两种方式:一种方式是把光纤本身作为传感元件,对多根光纤进行连续计测;另一种方式是用一条光纤把多个光栅元件连接成多点计测系统。在光栅多点计测系统中,多个信号的分离是不可缺的。这里要利用信号的多重化技术,来分割典型的多重化信号。

4) 光栅元件对卫星用夹层板的监控

由于人造卫星的大型化和大电力化,其构造及热系统技术的要求越来越高。因此,对制造、试验、运转的全过程自诊断监视显得非常重要。光纤用于自诊断时,由于光纤易断及再接困难等,所以光纤连接部件的开发必不可少。另外,光纤的曲率半径大于10μm,则其光通量损失就很小,光纤的连接对其性能影响不大。最近开发出了V形槽连接部件,利用这样的连接部件,既可便于两光纤的连接,又能保护光纤在埋入时不被折断。

5) 光栅元件对建筑构造物的监控

为了适应主构造为钢筋的建筑物,把光栅元件粘贴在金属薄板上而成为一体,可构成便于应变测量用的传感元件。如果在其上沿光栅元件周围开槽，来排除外部应力的影响，这样可构成温度测量用的传感元件。检验结果显示，光栅的波长不随应变的增加而变化，但与温度的增加呈线性关系。利用光栅的应变量变化，来构成位移传感器，可测量钢筋构造中特定部位的位移量。建筑构造物的自诊断系统一般是由上述三种传感元件组合而成的。

2. 发射自诊断技术

1）声发射

固体在变形或破坏时，其内部释放出的能量会产生断续的短脉冲群，这一声现象称为声发射。与声发射技术形成对照的是超声波探伤技术，超声波探伤的原理是向固体内发送一超声波，经过已有的内部缺陷或裂纹的反射、投射，然后接收其反射回来的波形。而声发射的源泉是材料内缺陷或裂纹的扩展和破坏。缺陷或裂纹的扩展和破坏是一个动态过程，由此可以利用声发射的这一特征对材料、构造的损伤及破坏过程进行实时监控。

2）埋有单纤维复合材料的声发射

在埋有单纤维的复合材料中，当带有裂纹的短纤维复合材料受到拉伸时，裂纹尖端由于应力集中，会产生塑性变形或微观断裂和扩张。而裂纹尖端的变形和微观破坏所释放的应变能，却同时会产生弹性波，并被声发射传感器接收。因此，可以利用声发射技术检测材料的声波和裂纹尖端的损伤。

3. 电阻应变自诊断技术

碳纤维增强的复合材料是现今应用的复合材料的主流。该复合材料的增强材料为碳纤维，具有良好的导电性能。由于纤维损伤、断裂或层间剥离等会引起导电性的变化，所以，近年来利用碳纤维来监控材料构造的内部损伤已经成为可能。另外，即使其内部没有明显的损伤，但碳纤维受到载荷的作用，也会与通常的应变传感器一样，电阻会产生变化，这就使碳纤维复合材料的自诊断成为可能。

2.6.4　智能金属材料

1. 概述

智能金属材料是指具有自检知、自判断、自行动功能，乃至能够对变形、振动、损伤等进行适当控制的金属材料。自检知、自判断、自行动功能分别对应于人体的感官功能、大脑功能，以及肌肉动作及声带发声等行动功能。通过对材料进行设计和选择一些加工手段，可实现金属材料的智能化。

生物体在受到损伤时，都具有自预警和自修复能力，这是很神奇而复杂的自然现象。无论是从仿生技术，还是从提高材料的可靠性、安全性角度出发，构思和设计具有自预警和自修复能力的智能材料都是可能的。在金属材料中存在许多数十微米以下的微孔和缺陷，在使用的过程中材料因产生疲劳裂缝和蠕变变形而受到损伤。缺陷尺寸越大，越易受损伤，所需疲劳破坏应力就越小；但是当缺陷小于一定的极限尺寸时，疲劳强度就不再受其影响。一般普通低强度钢的缺陷极限尺寸比高强度钢要大许多。因此，在实际应用中，在保证强度的前提下，允许材料内部有微孔存在。常用的钢和铝合金中，即使内部有 1μm 左右的微孔，也不会降低材料的疲劳强度。利用此特性可构思损伤自预警乃至自修复智能结构材料。

1）自预警功能

在材料内部的微孔中预埋入可产生声波的物质，当材料受到损伤、微孔扩展成较大裂缝时，这种预埋物质便产生声响，实现报警。

2）自修复功能

自修复功能主要是通过在材料内部分散或复合一些功能性物质来实现。当材料受损伤时，这些物质受作用而发生某种变化，抑制损伤进一步发展，从而实现自修复。按照功能性物质在材料内部分散的尺寸大小，可将自修复功能分为三种类型，即微量元素型、微球型、丝线或薄膜型。

2. 自修复功能的类型

1）微量元素型

这种类型的材料加入的元素有B、N、Zr等，加入量很少，分散尺寸在纳米级别乃至原子尺度。例如，一种含微量N和B的不锈钢材料，牌号为SUS304，在真空中温度处于700℃以上的高温时，内部N、B原子会向材料表面扩散，在表面形成一层稳定的不吸附水分的BN膜即所谓真空墙，当BN膜被剥离或损伤后，可通过真空加热而再生，即有一定的自修复功能。这种材料在高温高载荷下对于蠕变损伤还具有补强修复功能。蠕变损伤主要是由于材料的内部微孔或缺陷表面的原子通过粒界扩散而使微孔加大。当不锈钢出现这种情况时，由于在高温、真空的条件下N和B会向微孔表面扩散并形成一层BN膜，此膜可阻止其他原子的扩散迁移，稳定了微孔表面，因而对损伤实现了有效的抑制或加强修复。

2）微球型

这种类型的材料加入了Y_2O_3、ZrO_2和Cr_2N微粒，尺寸在微米级别。例如，在Fe-Cr合金中分散有Y_2O_3微球。通常，高温疲劳裂缝尖端有一层氧化膜，此氧化膜对裂缝的发展具有一定的抑制作用。当Fe-Cr合金中发生高温疲劳裂化时，由于S在基材和氧化膜之间的界面偏析作用，氧化膜受到破坏剥落，失去抑制疲劳裂化发展的能力。而当Fe-Cr合金材料中分散有Y_2O_3微球时，Y_2O_3微粒可捕集有害的S，从而对氧化膜起到补强作用，抑制了裂缝尖端的塑性变形。因此，通过在材料中分散微米级别的功能性微球，可以实现材料损伤的自修复。

3）丝线或薄膜型

通过在材料内部埋入功能性丝线或表面涂覆功能性薄膜，可实现自修复功能。具有这种功能的材料有压电陶瓷、形状记忆合金等。例如，将直径0.38mm的Ti-Ni形状记忆合金细线埋入聚合物中，当丝线附近产生损伤裂缝时，丝线受到作用，电流流过丝线使其温度升高，丝线因恢复记忆形状而拉紧，从而使裂缝闭合或缩小，这样就实现了自修复功能。

日本等国正在研究使金属材料具有如下功能，即当材料发生变形、裂纹等损伤和性能恶化时，借助颜色、声音、电信号等检知这些现象的自我诊断功能，以及利用由应力引起的相变使应力集中缓和的自我修复功能。日本金属材料所采用当材料发生变形时能产生电压的压电树脂膜来预示金属的疲劳寿命。

2.6.5 无机非金属基智能材料

1. 智能陶瓷

陶瓷材料的主要缺点是脆性大，作为结构材料使用时需要对其裂纹的发展能自检测和预告,并能自修复。由于陶瓷材料往往又具有传感(如气敏、温敏、湿敏和压电效应等)或执行的功能,而且某些陶瓷还可制造成具有初级信息处理功能的电子器件(如正温度系数热敏电阻等),因此,智能陶瓷可以几乎都用陶瓷材料构成,而不一定要采用其他材料的元件,这在制造上可避免许多技术困难(如界面问题、匹配问题、相容性问题、绝缘问题和封装问题等),所以,智能陶瓷引起了人们普遍的关注和重视。

智能陶瓷具有很多特殊的功能,它能像有生命物质,如人的五官那样感知客观世界,并且这类陶瓷可能动地对外做功、发射声波、辐射电磁波和热能,以及促进化学反应和改变颜色等,对外作出类似于有生命物质的智慧反应。很多智能陶瓷具有自修复和候补功能,它能使材料抵抗环境的突然变化。例如,部分稳定氧化锆能够抑制开裂,它的四方-单斜相变,能自动在裂纹起始处产生压应力来终止裂纹扩展。在纤维增强的复合材料中,部分纤维断裂,释放能量,从而避免进一步断裂。陶瓷变阻器和正温度系数热敏电阻是智能陶瓷,在其遭受高电压雷击时,氧化锌变阻器可失去电阻,使雷击电流旁路入地,该电阻像候补保护那样可自动恢复。变阻器的非线性伏安特性也是一种自修复能力的表现,使材料能重复多次使用。

2. 光致变色玻璃与电致变色玻璃

变色镜是一种能在光的激发下发生变色反应的玻璃。其原理是在玻璃中存在很细小的AgCl微晶,当紫外线辐照时,Ag^+还原成Ag,此时银原子团簇吸收入射光,产生深色效应;在没有紫外线照射时,Ag原子转变为Ag^+,原子团簇解体,镜片褪色。现在已有大量的光致变色材料,包括许多有机化合物,以及Zn、Cd、Hg、Cu和Ag的一些无机化合物。这些材料的原子或分子有两种状态,两种状态的原子(分子)或电子组态不同,对可见光范围的吸收系数不同,因而在不同光辐射条件下呈现出不同的颜色。在正常状态下,分子有一种颜色(或者无色);当受到光或其他适当波长范围的辐照作用时,它们转入第二种状态,显示第二种颜色;而在光线移开时,它们又恢复到原来的状态,即原来的颜色。光致变色玻璃的光色特性起因于分散的卤化银微小晶体,它们是在玻璃最初冷却时或者随后的热处理中形成的。热处理的温度介于基质玻璃的应变点和软化点之间。这些卤化银颗粒可能含有较高浓度的杂质(如存在于玻璃中的碱金属离子),而光致变色行为显著地受到玻璃的组成和热过程的影响。

应用薄膜材料的电致变色特性,已经制作出了“电开关”的自动控制灵巧窗,此窗用于房屋的自动采光控制。利用这种电致变色材料在电场作用下而引起的透光(或吸收)性能的可调性,可实现由人的意愿调节光照度的目的。同时,电致变色系统通过选择性吸收或反射外界热辐射和阻止内部热扩散,可减少办公楼和民用住宅等建筑物在夏季保持凉爽和冬季保持温暖而必须耗费的大量能源。这种由基础玻璃和电致变色系统组成的装置既可用作建筑物的门窗玻璃,又可作为汽车等交通工具的挡风玻璃,还可用作大面积显示器,在建筑、运输及电子等工业领域有着广泛的应用前景。

2.6.6 智能高分子材料

1. 智能高分子材料用于药物控制释放体系

智能高分子材料作为生物医用材料,其应用前景十分广阔。在药物的控制释放方面已经取得了良好的进展。

一般的给药方式，使人体内的药物浓度只能维持较短的时间，血液中或是体内组织中的药物浓度上下波动较大，时常超过规定的最高耐受剂量或低于最低有效剂量。这样不但起不到应有的疗效，而且还可能产生副作用。频繁的小剂量给药可以调节血药浓度，但这使患者难以接受。药物控制释放体系(DDS)是药物学发展的一个新领域，能使血液中的药物浓度保持在有效治疗指数范围内，具有安全、有效、使用方便的特点。

1）程序式药物释放体系

程序式药物释放体系是指药物释放不受外界环境变化的影响，释药的速率、滞后时间由自身的结构决定。最典型的程序式药物释放体系有以下三种。

(1) 扩散管制。

在药物释放体系中，很重要的一部分就是药物被聚合物膜包埋，做成胶囊或微胶囊。或者药物均匀地分散在聚合物体系中，此时药物需经聚合物网络密度变化的间隙扩散或渗出。空隙减小，同种药物的扩散系数降低。

(2) 化学反应控制。

药物不仅能通过扩散从药物释放体系中释放，而且还能借助聚合物的生物降解释放而得到控制。在这种情况下，水和酶使包埋药的聚合物降解，或使药物与聚合物间断键，从而释放药物。

(3) 溶剂活化体系控制。

在溶剂活化体系控制下，药物被聚合物所包埋，直到外部溶剂将聚合物溶胀，或通过水渗透产生渗透压。一种重要的渗透压控制释放体系是含有渗透剂(药物本身或外加的盐)的药片。药片被半透膜包围，膜上用单束激光钻孔，外面的溶剂、水以恒速穿过膜，进入药片，驱使药物以恒速穿出激光孔。

药物释放持续时间的控制方法有：利用聚合物溶蚀速度控制和利用药物在聚合物的扩散释放控制等。

2）智能式药物释放体系

所谓智能式药物释放体系是指根据生理和治疗需要，按照时间、空间调节释放程序，它不仅具有一般控制释放体系的优点，而且最重要的是根据病灶信号而自反馈地控制药物脉冲释放，即需要时药物释出，不需要时药物停止释放，从而达到药物控制释放的智能化目的。高分子材料作为药物释放体系的载体材料，集传感、处理及执行功能于一体，在药物释放体系中起着关键的作用。

(1) 外部调节式药物脉冲释放体系。

在外部调节式药物脉冲释放体系中，外部刺激的信号主要有光、热、pH、电、磁、超声波等。Mathiowitz 等制备了一种光照引发膜破裂的微胶囊，微胶囊由对苯二甲酰与二胺通过界面聚合制得，在微胶囊中包含有偶氮二异丁腈(AIBN)及药物。当光照时 AIBN 分解产生氮气，氮气产生的压力将膜胀破，药物得以释放。

有些聚合物，如聚电解质、由氢键作用的高分子复合物等，在电场作用下发生解离或者使其解体为两个单独的水溶性高分子而溶解，实现药物的释放。

(2) 自调节式智能药物释放体系。

这种智能药物释放体系是指人体在发病时会产生某些特异的信号，根据自身产生的这些信号控制药物的释放，真正做到需要时给药、不需要时自动停药的智能药物释放体系。

（3）靶向药物释放体系。

有些药物的毒性太大且选择性不高，在抑制和杀伤病毒组织时，也损伤了正常组织和细胞，特别是在抗癌药物方面。因此，降低化学和放射药物对正常组织的毒性，延缓机体耐药性的产生，提高生物工程药物的稳定性和疗效，这是智能药物需要解决的问题之一。对药物的靶向制导，实现药物定向释放，这是一种理想的方法。靶向制剂就是指利用特异性的载体，把药物或其他具有杀伤肿瘤细胞的活性物质有选择性地运送到病灶部位，如肿瘤部位，以提高疗效、降低毒副反应的制剂。

根据载体的不同，靶向机理可以分为两类。

A. 主动靶向。主动靶向即载体能与肿瘤表面的肿瘤相关抗原或特定的受体发生特异性结合。这样的导向载体多为单克隆抗体和某些细胞因子。

B. 被动靶向。被动靶向即具有特定粒径范围和表面性质的微粒，在体内吸收和运输过程中能被特定的器官和组织吸收。此类体系主要有脂质体、聚合物微粒和纳米颗粒等。

自20世纪80年代以来，人们以单克隆抗体为导向载体，与药物等连接而制成化学免疫偶联物，结果显示其在体内呈特异性分布。通过基因工程技术改性单抗，降低单抗偶联物的免疫原性，提高了偶联物在肿瘤部位的浓度。脂质体作为药物载体，利用体内局部环境的酸性、温度及受体的差异而构造的pH敏脂质体、温敏脂质体及免疫脂质体等，具有较好的靶向作用。

2. 智能凝胶

高分子材料在凝胶上的应用是智能高分子的又一重要用途。生物体大部分是由柔软而含有水的物质——凝胶组成的。凝胶是由液体与高分子网络所构成的，由于液体与高分子网络的亲和性，液体被高分子网络封闭，失去流动性。如同生物体，凝胶材料构成的仿生系统也能感知周围环境的变化，并作出响应，因此，对这个领域的探索已经引起人们的高度重视。

凝胶按来源可分为天然凝胶和合成凝胶；根据高分子网络里所含液体可分为水凝胶与有机凝胶；根据高分子交联方式可分为化学凝胶与物理凝胶等。在这些凝胶中，水凝胶是最常见、也是最重要的一种，绝大多数的生物、植物内存在的天然凝胶均属于水凝胶。

凝胶构成生物体的最主要的原因是它能在外界条件的刺激下，如pH、温度、光、电场、离子强度、溶剂组成等，发生膨胀与收缩，这种膨胀有时能达到几百倍甚至几千倍，即生物体内的凝胶是智能凝胶。

刺激-响应水凝胶有以下三种。

（1）pH响应凝胶。

在[聚乙二醇-共聚-丙二醇-星型嵌段丙烯酰胺]交联-聚丙烯酸互穿聚合物网络水凝胶（1：IIIPN）中，以网络Ⅰ中醚键上的氧和网络Ⅱ中羧基上氢间氢键的生成与解离作为传感部分，可响应介质由pH=1.0～12的变化而发生纵向变形，而且这种由化学能直接转变为机械能的化学机械行为具有可逆性。

（2）温敏性凝胶。

N，N-亚甲基双丙烯酰胺交联的聚丙烯酰胺体系是一种温敏水凝胶。N-异丙基丙烯酰胺的聚合物（PNIPA）经N，N-亚甲基双丙烯酰胺微交联后，其水溶液在高于某一温度时发生收缩，而低于这一温度时，又迅速溶胀，此温度称作水凝胶的转变温度（浊点），对应着不交联的 PNIPA 的较低临界溶解温度。一般解释为，当温度升高时，疏水相间相互作用增强，使凝胶收缩，而降低温度时，疏水相间作用减弱，使凝胶溶胀，这种凝胶即所谓的热缩凝胶。

(3) 电场响应凝胶。

大部分凝胶的高分子网络上都带有电荷。例如，高分子电解质凝胶的离子性高分子网络，能在电场作用下产生收缩、变形，在直流电场下能产生电流振动等。如果将一块高度吸水膨胀的水凝胶放在一对电极之间，然后加上适当的直流电压，凝胶将会收缩并放出水分。网络上带正电荷的凝胶，在电场下，水分从阳极放出，否则从阴极放出。如果将在电场下收缩的凝胶放入水中，则又会膨胀到原来大小。

2.6.7 基础智能材料

基础智能材料是智能器件的基础，许多材料本身就具有某些智能特性。例如，一些材料的性能，如颜色、形状、尺寸、机械特性等随环境或使用条件的变化而改变，具有学习、诊断和预见的能力，以及对信号的识别和区分能力；还有一些材料的结构或成分可随工作条件变化，从而具有一种对环境自适应、自调节的功能。还有一些材料的电性能、光性能以及其他物理性能或化学性能随外部条件的不同而变化，因而除了具有识别和区分信号、诊断、学习和刺激能力，还可发展成具有动态自动平衡及自维修的功能。具有各种独特功能的可用于构造智能器件的基础智能材料，还在不断发展、丰富和完善中。目前可用于智能器件的智能材料主要有形状记忆智能材料、压电智能材料、电/磁流变液智能材料、磁致伸缩智能材料和光纤智能材料等。新近发展起来的自组装智能材料可以按照人们的需要以分子量级的尺度设计和制作，这是一类具有一种或多种智能特性的新材料，这些基础智能材料是构成智能器件的基础、核心和单元。

1. 压电智能材料

压电智能材料是一类具有压电效应的材料。具有压电效应的电介质晶体在机械应力的作用下将产生极化并形成表面电荷，若将这类电介质晶体置于电场中，电场的作用将引起电介质内部正负电荷中心的相对位移而导致形变。由于压电材料具有上述特性，故可实现传感元件与动作元件的统一，从而使压电材料广泛地应用于智能材料与结构中，特别是可以有效地用于材料损伤自诊断、自适应，以及减振与噪声控制等方面。常用的压电材料主要是压电陶瓷，按其组成又可分为单元系、二元系和三元系压电陶瓷。而新近发展的压电复合材料是将压电陶瓷和聚合物按一定的比例、连通方式和空间几何分布复合而成，具有比常用的压电陶瓷更优异的性能。

2. 电/磁流变液智能材料

电流变液和磁流变液是两类非常重要的智能材料，它们通常由固体微粒分散在合适的液体载体中而制成。在外加电场或磁场的作用下，电流变液和磁流变液的剪切应力、黏度等流变性能会发生显著的可逆变化，这种优异性能使它们在很多方面得到应用。由聚甲基丙烯酸的锂盐、聚乙烯醇、聚苯胺等组成的电流变液，是一种性能较好的电流变液。在电流变液的应用方面，除了将电流变液用于阻尼器、离合器、减振器、安全阀等方面以外，还把电流变液用于民用建筑物的抗震方面。对于磁流变液，为了提高其稳定性和获得较大的剪切应力，人们尝试用有机-无机复合微粒来组成磁流变液。例如，将羰基铁粒子用偶联剂处理后分散在硅油中组成磁流变液；将铁粉与高分子化合物或表面活性剂结合形成复合粒子，以组成磁流变液等。磁流变液主要应用在汽车离合系统、刹车系统、阻尼器、密封和抗震减振等方面。

3. 磁致伸缩智能材料

磁致伸缩效应是指磁性物质在磁化过程中因外磁场条件的改变而发生微小的几何尺寸可逆变化的效应。而磁致伸缩智能材料是一类磁致伸缩效应强烈、具有高磁致伸缩系数的材料，即是一类具有电磁能/机械能相互转换功能的材料。磁致伸缩材料通常分为金属磁致伸缩材料和稀土-铁（RFe_2）超磁致伸缩材料两大类。由于稀土-铁超磁致伸缩材料具有比传统磁致伸缩材料更大的磁致伸缩值，并且机械响应快、功率密度大、耦合系数高，从而在智能材料领域中具有较好的应用前景。目前，这类材料已广泛用于声呐系统、大功率超声器件、精密定位控制、机械制动器、各种阀门和驱动器件等方面。

4. 自组装智能材料

自组装智能材料是在特定的基片上，通过化学键、氢键或静电引力，将聚合物分子或聚合物与无机纳米粒子的复合物逐层组装上去，以形成单层、双层或多层自组装薄膜材料。近十几年来，静电自组装薄膜材料发展很快。这种材料具有薄膜厚度可精确控制到分子水平、薄膜厚度与成分均匀等特点，在非线性光学材料、光学器件等方面有着重要的潜在应用。

2.6.8 新型智能材料

1. 智能皮肤

智能皮肤是指用于火箭、卫星、飞机等航空航天器，以及潜水艇和水上舰船的壳状机身结构。在各种结构中，敏感器或执行器不是一个或少数几个，而是形成系统，并且它们的形状、性能和完整性对安全运行至关重要。

对不同的航行器，这种皮肤的细节有所区别。例如，把潜水艇的智能皮肤设计成三层，最外层为敏感器系统层，中间层是制动器系统层，最内层为结构层。声呐波冲击到智能皮肤上就由敏感器产生信号，送往控制室放大处理，然后制动器受激发去调整反射波，使潜水艇不易被发现。海上舰船的智能皮肤的功能之一是减少海上环境对航行器的阻碍作用，以便增加航行速度。这种皮肤的形状在一定范围内可变并可控，使船体与水接触的轮廓可以改变，表面可以更“光滑”，从而使阻力减少。

智能皮肤的最重要任务是对飞机的“健康”进行不间断的监测。飞行环境对结构的疲劳寿命起主要作用。所谓飞行环境是相当广义的。例如，结构性负荷（大小、周期、着陆时的剧烈冲击等）、温度、湿度、加速度和电磁辐射等。“健康”连续监控的目的是保障飞行安全，杜绝或尽量减少灾难性事故的发生。当飞机的特定部位已有内部缺陷或结构失效时，或者在飞机上结冰已超过预先设定的某临界值时，或有不利于飞机空气动力特性的严重影响时，由敏感器系统传来的信息经处理可在驾驶舱显示屏上显示出来，供驾驶员选择对策，决定是返航还是继续执行任务。

2. 生物传感器

对物质与待测物发生化学反应后所产生的化学或物理变化，再经过信号转换器转变成电信号进行测量的仪器，称为生物传感器。生物传感器的选择性好坏完全取决于它的敏感元件，可用作敏感元件的物质有酶、微生物、动植物组织、细胞器、抗原和抗体等。因此，根据所用敏感物质可将生物传感器分为酶传感器、微生物传感器、组织传感器、细胞器传感器、免疫传感器等。

最早问世的生物传感器是酶电极。酶电极是以固定化酶为分子识别元件、电化学电极为信号转换器件的电极。它既有酶的分子识别功能和选择催化功能，又具有电化学电极响应快、操作简便的优点。它是在化学电极的敏感面上组装固定化酶膜，当酶膜上发生酶促反应时，产生的电极活性物质将由基础电极对之响应。

微生物电极则是以活的微生物作为分子识别元件的敏感材料。利用微生物对有机物的同化作用，当固定化微生物与某一特定的有机化合物接触时，有机化合物就会扩散到固定有微生物的膜中，并被微生物所同化。微生物细胞的呼吸活性(摄氧量)在同化有机物后有所提高，可通过测定氧的含量来估计被测物的浓度。

生物传感器由于其门类多、涉及学科领域广、技术先进，已被广泛应用于临床医学、环境监测、食品等领域。例如，在临床医学上有测定葡萄糖、乳酸、尿素、胆固醇、谷氨酸等的传感器，有测定药物浓度的药物传感器，还有人工脏器用生物传感器；环境监测用生物传感器也有多种，如水质检测用的测定硝酸盐、亚硝酸盐等的传感器，测定有毒气体的传感器等；应用于食品领域的传感器有测定赖氨酸等氨基酸的传感器，以及测定海产品鲜度的传感器等。

3. 仿生陶瓷

仿生陶瓷是在模仿自然界生物所具有的特异性基础上制备出的陶瓷材料。仿生陶瓷主要应用于与海洋有关的领域。例如，模仿鳍和鸟翼研究柔软、可折叠又很结实的材料；依据珊瑚结构构思复合材料传感器。仿生陶瓷的另一个应用是用压电陶瓷做仿生水声器，用于潜水艇、海上石油平台地球物理勘探设备，以及鱼群探测器和地震监测器；此外，灵巧水声装置可以接收和传递鱼汛，用于监测水下植物的生长等方面。

4. 智能纤维

智能纤维是指能够感知环境的变化或刺激(如电、磁、热、光、机械、化学、湿度等)而作出反应，并能进行调节的纤维。典型的智能纤维有形状记忆纤维、防水透湿织物、变色纤维、调温纤维、压电纤维和自动抗菌纤维等。

变色纤维类似于变色玻璃，也是在外界刺激下改变颜色，例如光、热等的变化。调温纤维能根据外界环境温度变化自动放热或吸热，使纤维周围温度相对恒定，在一定时间内实现温度调节功能。这类纤维用于体育服装、汽车内装饰等方面。类似的纤维还有调温调湿纤维、自控加热纤维等。

2.7 超导材料

2.7.1 概述

电能是人类生产和生活不可或缺的能源。由于线路电阻的存在，电流在电路输送过程中会以发热的形式损耗而造成很大的浪费损失。如果没有电阻的存在，那么电能的利用率就会极大地提高。

超导又称超导性，是指材料在某一临界温度以下通以电流时，其电阻完全消失，出现零电阻率的现象，具有这种超导性的材料称为超导材料，即超导体。超导材料在电阻消失前的状态称为常导状态；电阻消失后的状态称为超导状态。超导体的另外一个特征是：当电阻消失时，磁感应线将不能通过超导体，这种现象称为抗磁性。超导性和抗磁性是超导体的两个重要特性。

超导现象是由荷兰 Leiden 大学的物理学家卡末林・昂内斯(Kamerlingh Onnes)于1911 年在研究汞在液氮温度电阻时首次发现的。一般金属的电阻率随温度的下降而逐渐减小，当温度接近于 0K 时，其电阻达到某一值。但他的实验表明，当温度降低到 4.2K (−269℃)，汞导线的电阻突然下降到零。继发现汞的超导现象之后，人们又陆续发现其他一些物质也具有这种现象，目前已发现 20 多种金属元素常压下具有超导性，而晶态超导合金与化合物已有 1000 余种。以 NbTi、Nb_3Sn 为代表的实用超导材料已实现了商品化，在核磁共振人体成像、超导磁体及大型加速器磁体等多个领域获得了应用；超导量子干涉器作为超导体弱电应用的典范，已在微弱电磁信号测量方面起到了重要作用，其灵敏度是其他任何非超导的装置所无法达到的。但是，由于常规低温超导体的临界温度太低，必须在昂贵复杂的液氦(4.2K)系统中使用，因而严重地限制了低温超导应用的发展。

高温氧化物超导体的出现，突破了温度壁垒，把超导应用温度从液氦(4.2K)提高到液氮(77K)温区。同液氦相比，液氮是一种非常经济的冷媒，并且具有较高的热容量，给工程应用带来了极大的方便。另外，高温超导体都具有相当高的磁性能，能够用来产生 20T 以上的强磁场。

超导材料的出现将人们带进了一个前景十分广阔的崭新的技术领域，超导现象的应用给能源、交通的飞跃发展提供了可能性，并将对科技、经济、军事乃至社会发展产生难以估量的深远影响。超导材料最诱人的应用是发电、输电和储能。利用超导材料可以将发电机的单机容量提高 5～10 倍，发电效率提高 50%；超导输电线和超导变压器可以把电力几乎无损耗地输送给用户，在我国节省的电能相当于新建数十个大型发电厂；利用超导材料的抗磁性所产生的磁悬浮效应，可以制作高速超导磁悬浮列车。超导材料已经在全世界范围内引起公众、政府的极大关注，众多科学工作者都参与了超导研究工作，特别是近 30 年来，超导技术在理论、材料、应用和低温测试方面都取得了很大的进展。超导材料已然成为现代新型材料领域中一个十分重要的方面，人们期望着它的发展与应用最终会给人们的生产和生活带来巨大的变革与影响。

2.7.2 超导体的特性和临界条件

1. 完全导电性

完全导电性是指当温度下降至某一数值或以下时，超导体的电阻突然变为零的现象，也叫作零电阻效应。超导体的零电阻与通常导体的零电阻在本质上是完全不同的。

导体的零电阻通常是指理想晶体没有电阻的情况，自由电子可以不受限制地运动。随着温度的降低，导体的电阻通常随温度渐变至零，但是由于金属晶格原子的热运动以及晶体缺陷和杂质等因素，周期场受到破坏，电子受到散射，故而产生一定的电阻，即使温度降为零时，其电阻率也不为零，仍保留一定的剩余电阻率。金属的纯度越低，剩余电阻率就越大。

而超导体的零电阻是当温度下降至某一数值时，电阻几乎是跃变至零的。另外，需要指出，超导体的零电阻是指直流电阻，理想导电性或完全导电性都是相对于直流而言的，超导体的交流电阻并不为零。

2. 完全抗磁性

完全抗磁性是指只要超导体进入超导态，超导体内的磁感应线将全部被排出体外，磁感应强度恒等于零的特性。超导体无论是在磁场中冷却到某一温度，还是先冷却到某一温度再通以磁场，只要进入超导态，都会出现完全抗磁性，与初始条件无关。

完全抗磁性产生的原因是当超导体处于超导态时，外磁场的磁化使超导体表面产生无损耗的感应电流。这个感应电流在超导体内产生的磁场恰好与外加磁场大小相等、方向相反，从而互相抵消，使合成总的磁场为零。在超导体的外部，感应电流的磁场和原磁场叠加，将使总磁场的磁场线全部被排出体外，绕过超导体通过。感应电流起到屏蔽外磁场的作用，屏蔽电流分布在超导体表面层一定厚度内，深度视材料性质而定，一般为 10^{-8}～10^{-6}m。

超导体的零电阻现象和完全抗磁性是两个完全独立，又有一定关联的基本特性。完全抗磁性不能推导出零电阻现象，零电阻现象也不能保证完全抗磁性，但它是其产生的必要条件。由此可见，某种材料只有同时满足这两个特性，即电性质$R=0$，磁性质 $B=0$ 时，才可以成为超导材料。

3. 超导体的临界条件

超导体有三个临界条件：临界转变温度、临界磁场强度、临界电流。

1）临界转变温度 T_c

临界转变温度是指材料从常导态转变为超导态，电阻突然消失的温度，用 T_c 表示。考虑到超导材料的使用，T_c 越高越好。超导材料研究的主要难题就是突破“温度障碍”，即寻找高临界转变温度超导材料——高温超导材料和室温超导材料。

2）临界磁场强度 H_c

临界磁场强度是指破坏超导体的超导态，使其转变为常导态的最小磁场强度，用 H_c 表示。对于处在超导态的物质，当外加磁场超过 H_c 时，磁感应线将穿入超导体，超导性就被破坏了。H_c 是温度的函数，一般可以近似表示为抛物线关系，即 $H_c=H_{c0}(1-T^2/T_c^2)$ $(T\leqslant T_c)$，其中，H_{c0} 是 0K 时的临界磁场强度。当 $T=T_c$ 时，$H_c=0$，H_c 是随温度的降低而增加的，当温度降至 0K 时达到最大值 H_{c0}；H_c 还与材料的性质有关，不同材质的 H_c 的变化幅度不同。

3）临界电流 I_c

除了上述两个临界条件对超导体有影响，输入电流也起着重要作用。临界电流是指超导态允许流动的最大电流，也可以说是破坏超导性所需的最小极限电流，亦是产生临界磁场的电流，用 I_c 表示。输入电流大于 I_c 时，它所产生的磁场与外加磁场之和将会超过 H_c，使超导态遭到破坏。根据西尔斯比定则，对于半径为 r 的超导体所形成的回路中，I_c 与 H_c 的大小有关：$I_c=rH_c/2$。I_c 与温度的关系也可以近似表示为抛物线关系，即 $I_c=I_{c0}(1-T^2/T_c^2)$，其中，I_{c0} 是 0K 时的临界电流。

4）三个临界条件的关系

这三个临界条件是相互关联、相互依存的关系。要使超导体处于超导状态，就必须将条件控制在三个临界参数 T_c、H_c、I_c 之下，不满足任何一个条件，超导状态都会立即消失。其中，T_c、H_c 是材料的本征参数，只与材料的电子结构有关；而 H_c、I_c 则彼此有关，并依赖于温度。

2.7.3　超导的原理

1. 库珀电子对

库珀认为，超导态是由机械动量和场动量为零的超导电子组成的。它是一种在动量空间由吸引作用引起的凝聚现象。只要两个电子间存在净的吸引作用时，不管这种作用多么微弱，都会在费米面附近形成一个动量大小相等、方向相反，且自旋相反的两个电子束缚态，它们通过交换虚声子吸引在一起，两个电子的总能量将低于费米能级 $2E_f$，它们的吸引作用有可能超过电子之间的库仑力排斥作用，表现为净的相互吸引作用，这样的两个电子的束缚态称为库珀电子对。

从能量上看，组成束缚态的两个电子，由相互作用所导致的势能降低，比其动能所提升的 $2E_f$ 大，即库珀电子对的总能量将低于 $2E_f$。

2. 超导性量子(BCS)理论

1957 年，美国物理学家巴丁(J. Bardeen)、库珀(N. Cooper)和施里弗(J. R. Schrieffer)提出了超导性量子理论，所以又称为 BCS 理论。它是第一个且是唯一的一个成功解释了超导现象的理论。这三位科学家因此获得了 1972 年诺贝尔物理学奖。

常温下，在金属导体中充满了摆脱了原子束缚的无序排列的自由电子，在一定的电压下，它们的定向运动就形成了电流。在这种定向运动中，电子受到的阻碍称为电阻。当温度下降到超导临界温度以下时，自由电子不能完全无序地运动，由于晶格的振动作用，有一部分正常电子会两两凝聚成一个电荷量为 $2e$ 的库珀电子对($T=0$K 时，电子全部“凝聚”成库珀对)。当库珀电子对与晶格相互作用时，两个电子的动量可此消彼长，但它们的总动量始终保持不变。因此，电子对几乎不受晶格的散射作用，宏观上便表现为直流电阻为零。

温度越低，库珀电子对越多，电子对的结合越牢固，不同电子对之间相互的作用力越弱。在电压的作用下，库珀电子对按一定方向畅通无阻地流动起来。当温度升高后，出现不成对的单个激发电子，相当于正常的电子，而且电子对因受热运动的影响而遭到破坏，吸引力减弱，结合程度变差。温度越高，库珀电子对的数目越少，直到临界转变温度时，电子对全部拆散成单个的正常电子，超导态转变为常导态。这就是超导性量子理论。概括起来，它的主要内容如下所述。

(1) 超导性来源于电子间通过声子作媒介所产生的相互吸引作用，当这种作用超过电子间的库仑力排斥作用时，电子会形成束缚对，即库珀电子对，从而导致超导性的出现。库珀电子对会导致能隙存在，超导临界场、热力学性质和大多数电磁学性质都与这种库珀电子对有关。

(2) 元素或合金的超导转变温度与费米面附近电子能态密度 $N(E_f)$ 和电子-声子相互作用能 U 有关，可用电阻率来估计。

2.7.4　超导材料的分类

1. 按磁化特征分类

按其磁化特征，超导材料可分为第一类超导体和第二类超导体。

1）第一类超导体

第一类超导体在临界磁场强度 H_c 以下显示出超导性，超过临界磁场强度就立即转变为常导体。

对于第一类超导体，电流仅在它的表层内部流动，且 H_c 和 I_c 都很小，当到达临界电流时，超导状态即被破坏。所以，第一类超导体实用价值不大。这类超导体包括除 V、Nb、Tc 以外的其他超导元素。

2）第二类超导体

第二类超导体有两个临界磁场强度，即上临界磁场强度 H_{c2} 和下临界磁场强度 H_{c1}。当外加磁场强度 H 小于下临界磁场强度 H_{c1} 时，这类超导体处于纯粹的超导态，又称为迈斯纳状态，磁场线完全被排出体外，具有同第一类超导体相同的特性。当 H 加大到 H_{c1}，并从 H_{c1} 逐渐增强时，体内有部分磁感应线呈斑状穿过，电流在超导部分流动，并随着 H 的增加，透入深度增大，直到 $H=H_{c2}$ 磁场线完全穿入超导体内，超导部分消失，转为正常态。即第二类超导体在 $H_{c1}<H<H_{c2}$ 之间时，体内既有超导态部分，又有正常态部分，处于混合态，也称涡旋态，这时第二类超导体仍具有零电阻，但不具有完全抗磁性。

第二类超导体包括 V、Nb、Tc 以及大多数合金和化合物超导体，例如目前已投入批量生产的铌三锡（Nb_3Sn）、钒三镓（V_3Ga）、铌-钛（NbTi）都属于第二类超导体。

有人还提出了第三类超导体，也就是第二类超导体中的非理想超导体。这类超导体在混合状态下，除了具备第二类超导体性质外，还能在磁场中通过电流，而且不会破坏其超导性。这类超导体又称为强磁场超导体或硬超导体。相对于非理想第二类超导体，还有理想的第二类超导体，它们在混合状态下，当有电流传输时，就有电能消耗，即表现为有电阻（流阻），又称为软超导体。

第一类和第二类超导体产生的原因是超导态和正常态之间存在着界面能。第一类超导体的界面能为正值，超导态和正常态之间界面的出现会导致体系能量的上升，因此不存在超导态与正常态共存的混合态，这类超导体从超导态向正常态过渡时，不经过混合态；第二类超导体不纯，导致电子自由程减小，如果小到电子对的尺度时，这种自由程尺度就起着电子对尺度作用，随着不纯度的增加，电子对尺度进一步小到小于磁场穿透深度，这时，超导态和正常态之间界面能出现了负值，表明超导态和正常态界面的出现，有利于降低体系的能量，所以体系呈现出混合态。

超导体只有当临界温度、临界磁场强度、临界电流较高时才有实用价值。第一类超导体的临界磁场强度较低，因此应用十分有限；第二类超导体的临界磁场强度明显地高于第一类超导体，目前有实用价值的超导体都是第二类超导体。

2. 按临界转变温度分类

按临界转变温度的不同，超导材料可以分为低温超导体、高温超导体和其他类型的超导体。

1）低温超导体

低温超导体也称为常规超导体，是指临界转变温度较低（$T_c<30K$）的超导材料。它按其化学组成又可分为元素超导体、合金超导体、化合物超导体。

（1）元素超导体。

在所有的金属元素中，约有半数具有超导性，目前已发现的超导元素有 50 多种。有 27

种超导元素在常压下具有超导性，其中临界转变温度最高的是铌 Nb(T_c=9.24K)，与一些合金超导体相接近，而制备工艺要简单得多，它也是常温下唯一可实用的超导元素，可以加工成薄膜。在常压下不表现超导性的元素，在高压下有可能呈现超导性，而原为超导体的元素在高压下其超导性也会改变。例如，铋(Bi)常压下不是超导体，但在高压下显示出超导性；而镧(La)虽然在常压下是超导体，其临界转变温度仅为 6.06K，但是，用 15GPa 高压作用所产生的新相，T_c 可高达 12K。还有许多超导元素，它们的超导临界温度也是随压力的增高而上升。另外一些元素在经过特殊工艺处理(如制备成薄膜、电磁波辐照、离子注入等)后显示出超导性。

在超导元素中，除钒(V)、铌(Nb)、锝(Tc)属于第二类超导体外，其余的均为第一类超导体。由于第一类超导体临界磁场很低，其超导状态很容易受磁场影响而遭受破坏，因此，其实用价值不高。

(2) 合金超导体。

合金超导体具有塑性好、易于大量生产、成本低等优点。它们大多都是第二类超导体，具有较高的临界转变温度以及特别高的临界磁场强度和临界电流密度，这对于超导性的应用是特别重要的。目前，常见的合金超导体有以下几种。

A. Nb-Zr 合金。作为合金系超导材料，最早出售的超导线为 Nb-Zr 系，用于制作超导磁体。Nb-Zr 合金具有低磁场、高电流的特点，在高磁场下仍能承受很大的超导临界电流密度，比超导化合物材料延性好、抗拉强度高，制作线圈工艺较简单。但覆铜较困难，须采用镀铜和埋入法，工艺较麻烦，制造成本高。它在 1965 年以前曾是超导合金中最主要的产品。

B. Nb-Ti 合金。在目前的合金超导磁料中，Nb-Ti 系合金线材的应用最为广泛。Nb-Ti 合金线材虽然不是当前最佳的超导材料，但由于这种线材的制造技术比较成熟，力学性能稳定，生产成本低，并易于压力加工，在线上包覆铜层，获得良好的合金结合，提高热稳定性，所以近年来在应用上取代了 Nb-Zr 合金，是目前实用线材中的主导。但 Nb-Ti 合金不易加工成扁材，因为它有显著的各向异性，在轧制的过程中，使临界电流密度降低。

Nb-Ti 合金的 T_c 随成分变化，在 Ti 的质量分数为 50%时，T_c 是 9.9K，达到最大值。随着 Ti 含量的增加，强磁场的特性也会提高。

C. 三元合金。三元合金比二元合金在超导性能方面有明显的提高，目前已经商业化的三元合金有 Nb-Zr-Ti、Nb-Ti-Hf、V-Zr-Hf 等。Nb-Zr-Ti 合金的临界转变温度大约在 10K，其超导性主要受合金成分、含氧量、加工度和热处理等因素的影响。

(3) 化合物超导体。

化合物超导体和合金超导体相比，超导临界条件(T_c、H_c、I_c)均较高，在强磁场中性能良好，但质脆、不易加工，需采用特殊的加工方式。常见的化合物超导材料有 Nb_3Sn、V_3Ga、$Nb_3(Al,Ge)$等。

化合物超导体按其晶格类型可分为 B1 型、A15 型、C15 型和菱面晶型，Nb_3Sn 和 V_3Ga 就属于 A15 型，也是最受重视的类型。

2) 高温超导体

液氮无论在价格、来源和制备上，都比液氦具有较大的优势，因此，科学家们长期探索能在液氮沸点 77K 以上的温区呈现超导性的材料，同时也把临界转变温度 T_c 达到 77K 以上的超导材料称为高温超导体。高温超导体的使用温度高，应用比较广泛。

高温超导体可以分为氧化物超导体和非氧化物超导体两类。

(1) 氧化物超导体。

氧化物超导体按元素组分可以分为含铜氧化物超导体和非含铜氧化物超导体。含铜氧化物超导体根据其具体的化学成分有 La 基、Bi 基、Ti 基、Pb 基、稀土基和电子型。电子型含铜氧化物超导体因其载流子是电子型而备受关注，其余几种的多数载流子是空穴型。常见的含铜氧化物超导体有镧锶铜系、钇钡铜系、铊钡铜系、汞钡钙铜系、钕铈铜系和无限层超导体。非含铜氧化物超导体的 T_c 都不高，但提供了全新的超导体结构材料，有助于对现有的高 T_c 氧化物超导机制的认识。

(2) 非氧化物超导体。

非氧化物高温超导体主要是 C_{60} 化合物。它的优点是稳定性极高。C_{60} 原子团簇的独特掺杂性质是由它特殊的球形结构引起的，其尺寸远超一般的原子或离子。当其构成固体时，球外壳之间较大的空隙提供了丰富的结构因素。C_{60} 化合物及其衍生物作为实用超导材料和新型半导体材料，具有广阔的应用空间。

(3) 高温超导薄膜。

由于高温超导体大多是多组元的氧化物陶瓷，材料允许通过的电流不能满足实际的需求，而优质的膜材料可以通过较大的电流，电子技术向微电子方向的发展也促进高温超导薄膜的研制，这对高温超导体的应用有重要的意义。目前有三个体系的超导薄膜：Y-Ba-Cu-O 系、Bi-Sr-Ca-Cu-O 系、Tl-Ba-Ca-Cu-O 系。

3) 其他类型的超导体

(1) 非晶超导体。

非晶超导体有非晶态简单金属及其合金、非晶态过渡金属及其合金。这类超导体的优点是高强度、高均匀度、高耐磨、高耐腐蚀。非晶态结构的长程无序性对其超导性的影响很大，能使有些物质的超导转变温度 T_c 提高，这是由非晶态超导体与晶态超导体的不同所引起的。纳米非晶态合金的制备会在此领域有更大的发展。

(2) 复合超导体。

复合超导体是指用超导线(或带)与良导体(如 Cu)复合而成的超导材料。其优点是可以承载更大的电流，减少退化效应，增加超导的稳定性，提高力学强度和超导性能。复合导体主要有超导电缆、复合线、复合带、超导细线复合线、编织线和内冷复合超导体等，其主要由超导材料、良导体、填充料、绝缘层，以及高强度材料包覆层和屏蔽层六部分组成。

(3) 金属间化合物(R-T-B-C)超导体。

在 20 世纪 70 年代，就有人报道稀土-过渡族元素-硼所组成的金属间化合物的超导性。这类超导体表现出超导性与铁磁性共存的复杂现象，故人们又称它们为磁性超导体。这类金属间化合物超导体中以铅钼硫($PbMo_6S_8$)的超导转变温度最高，T_c 达到 14.7K。目前制备出来的新的四元素硼碳金属间化合物，超导转变温度提高到 23K。

(4) 有机超导体。

第一个被发现的有机超导体是$(TMTSF)_2PF_6$，尽管这种有机盐的超导转变温度只有 0.9K，但是有机超导体的低维特性、低电子密度和电导的异常频率关系引起了人们的注意。有机超导体的发现预示了一个新的超导性研究领域的出现。

(5) 重费米子超导体。

重费米子超导体 $CeCu_2Si_2$ 的 T_c 只有 0.7K。这类超导体的比热容测量显示，其低温电子比热容系数非常大，是普通金属的几百倍甚至几千倍。由此可以推断，这类超导体的电子有效质量 m 比自由电子(费米子)的质量大几百倍甚至几千倍，所以称为重费米子超导体。这类超导体的主要特点是具有强烈的各向异性，并存在两种不同的基态：反铁磁态和超导电态，即重费米子系统可以通过某种相互作用进入反铁磁态，或者通过某种电子配对机制而进入超导态。

2.7.5 超导材料的应用

超导材料的应用十分广泛，大致可以分为三类：强电应用、弱电应用和抗磁性应用。强电应用又称大电流应用，有超导发电、输电、储能、能源开发、核磁共振等；弱电应用又称电子学应用，包括超导探测器、超导器件、超导计算机等；抗磁性应用主要为磁悬浮列车和热核聚变反应堆。

1. 强电应用

1) 超导输电线路

超导最直接、最诱人的应用是用超导体制造输电线。目前高压输电线的能量损耗高达10%以上，如果用超导导线替代它们，由于导线电阻消失，线路损耗也就降为零，电力几乎无损耗地输送给用户，可极大地降低输电成本，还能缓解日益严重的能源紧张，并减少由此带来的环境负担。用超导材料可制造高效率大容量的动力电缆和变压器，并且可减少导体的需求量，节约大量有色金属资源。

2) 超导发电机

在大型发电机或电动机中，用超导体代替铜材可望实现电阻损耗极小的大功率传输。由于它的零电阻特性，可在截面较小的线圈中，通以大电流，形成很强的磁场，磁感应强度可比普通发电机提高 5～10 倍，而且质量仅为数十千克。超导电机的小型、质轻、输出功率高、损耗小等优点，不仅对大规模电力工程是重要的，而且对航海、航空的各种船舶、飞机也是特别理想的。目前，超导单级直流电机和同步发电机是主要的研究对象。

3) 超导储能

超导材料具有高载流能力和零电阻的特性，在其回路中通入电流，电流可永不减弱，因此可长时间无损耗地储存大量电能，需要时储存的能量可以连续释放出来，由此可以制成超导储能系统。它的优点是储能密度大、输出电流大、储能效率高。

4) 核磁共振成像

核磁共振仪需要在一个大空间内有一个高均匀度和高稳定性磁场。超导磁体不仅能满足这一要求，而且在磁场强度方面比常规磁体有明显优势。目前生产的超导磁体的 70%～80%用于核磁共振领域。

2. 弱电应用

1) 超导探测器

利用超导器件对磁场和电磁辐射进行测量，灵敏度非常高，即使是微弱的电磁信号，也能被采集、处理和传递，实现高精度的测量和对比。利用超导器件还可以制成超导红外-毫米波探测器，其探测范围几乎覆盖整个电磁波频谱，填充了电磁波谱中远红外至毫米波段的空白，不但灵敏度高、频带宽，而且还具有高集成密度、低功率、高成品率、低价格等优点。

2）超导微波器件

高温超导系统在移动通信系统中有重要的作用，它所带来的好处是：提高了基站接收机的抗干扰能力；可充分利用频率资源，扩大基站能量；减少了输入信号的损耗，提高基站系统的灵敏度，从而扩大基站的覆盖面积；改善通话质量，提高数据传输速度。

3）超导计算机

超导计算机中超大规模集成电路元件的连线是用接近零电阻和超微发热的超导器件制作的，不存在散热问题，可使超导计算机具有许多优点：器件的开关速度比现有半导体器件快2～3个数量级，比普通半导体Si集成电路快1000倍左右；功率很低，只有半导体器件的千分之一左右，散热问题很易解决；输出电压在毫伏数量级，而输出电流大于控制线内的电流，具有一定增益，信号检测方便；体积更小，成本更低；因超导抗磁效应，电路布线干扰完全消除，信号准确无畸变。

3. 抗磁性应用

1）磁悬浮列车

利用超导材料的抗磁性，将超导材料放在永磁体的上方，由于磁体的磁感应线不能穿过超导体，磁体和超导体之间会产生排斥力，超导体悬浮在磁体上方。利用这种磁悬浮效应可以制造高速超导磁悬浮列车。由于它是悬浮于轨道上行驶，导轨与机车间不存在任何实际接触，没有摩擦，时速可达几百千米而且运行平稳、舒适且噪声低、无废气污染，是一种新型的陆上交通工具。但制造和运行成本较高，电动悬浮式超导列车还有待不断完善。

2）磁封闭体

利用超导体产生的强磁场，可以制成热核聚变反应堆中的磁封闭体，将其中的超高温等离子体包围、约束起来，再缓慢地释放，从而控制核聚变能源。

另外，超导材料还可用于医学、生物学及军事领域等。由此可见，超导材料有着广阔的应用前景。但是，目前全面实现超导材料的实用化还绝非易事，如何提高其临界转变温度、临界电流密度和改良其加工性能，一直是超导材料研究的难题，超导材料还有待于进一步的开发和利用。

2.8 光学材料

2.8.1 概述

1. 光

光是一种以电磁波形式存在的物质。它包含了无线电波、红外线、可见光、紫外线、X射线、宇宙射线等。其中，波长为380～780nm的电磁波能够引起人眼的视觉反应，因而称为可见光。不同波长的可见光呈现的颜色各不同，波长从长到短，分别呈现红、橙、黄、绿、青、蓝、紫的颜色。一般把红、绿、蓝称为三原色。自然界中的绝大部分彩色，都可以由三原色按一定比例混合得到；反之，任意一种颜色（三原色除外）均可被分解为三原色。作为原色的三种彩色，相互独立，其中任何一种原色都不能由另外两种原色混合产生。由三原色混合而得到的彩色光的亮度等于参与混合的各原色的亮度之和。三原色的比例决定了混合色的色调和色饱和度。另外，任何一种颜色都有一个相应的补色。互补的两种颜色以适当比例混合时，可产生白色。红、绿、蓝的补色分别是青、紫、黄。

2. 发光

发光是一种物质把某种方式吸收的能量，不经过热的阶段，直接转换为光的特征辐射的现象，是热辐射之外的另一种辐射。发光与白炽灯这类的炽热物体的热辐射不同。热辐射的基本性质不随发热体的性质而异，发光则反映材料的特征。光子是固体中的电子从受激高能态返回较低能态时发射出来的。当发出的光子能量在 1.8～3.1eV 时，便是可见光。

材料发光所需吸收的能量可以从较高能量的电磁辐射（如紫外光）得到，也可以从高能电子或热能、机械能和化学能中得到。根据材料从吸收能量到发光之间延迟时间的长短，把发光分为荧光和磷光两类。发出荧光的材料有某些硫化物、氧化物、钨酸盐和一些有机物质等。长余辉发光材料是一类典型的能够产生磷光的发光材料。它吸收激发光能并储存起来，光激发停止后，再把储存的能量以光的形式慢慢释放，并可持续几个甚至几十个小时的发光材料。这种吸收光—发光—储存—再发光并可无限重复的过程，与蓄电池的充电—放电—再充电—再放电的反复重复是类似的，所以，长余辉发光材料又称为蓄光型发光材料。

在各种形式能量激发下能发光的固体物质称为固体发光材料。按照激发能量方式的不同，发光材料可分为：①由紫外光、可见光、红外光等外来光激发而发光的光致发光材料，光致发光材料按其发光性能、应用范围的不同，又分为长余辉发光材料、灯用发光材料和多光子发光材料；②由电子束流激发而发光的阴极射线发光材料；③由电场（电能）激发而发光的电致（场致）发光材料；④由化学反应引起的发光的化学发光材料；⑤由 X 射线辐射而发光的 X 射线发光材料；⑥用天然或人造放射线物质辐照而发光的放射性发光材料。

有关发光物质的最早记载是大约 1600 年意大利博洛尼亚鞋店经营的商品上镶嵌的宝石，该宝石由矿石与炭一起经煅烧而制得，在黑暗中可以发光，当时十分珍贵。1603 年，意大利人 Gasciarolus 在焙烧当地矿石炼金时，得到一些在黑暗中发红光的矿物，后经分析是石头内含有硫酸钡成分，经还原焙烧后可能部分变成了硫化钡，这实际上就是后来人工制备的硫化钡蓄光型发光材料。1609 年，Brand 发现了在空气中发白光的物质，将之命名为磷光体，从此以后把无机发光颜料称为荧光粉。1898 年，居里夫妇从铀镭沥青矿中提炼出镭，放射线发光材料开始在各方面得到应用。1938 年，人们开始使用天然放射性物质如镭、钍等激发源，但这类材料对人体危害很大。第二次世界大战后，随着原子能的和平利用，人们开始研究镭的替代物。1960 年前后，发展和改进了纯 β 辐射体：钷和氚。元素钷比镭能获得更高的发光辉度，大大减轻了对人体的危害和对环境的污染。

发光材料在合成过程中所形成的晶体里产生了结构缺陷和杂质缺陷，才具有发光性能。结构缺陷是晶格点产生空位和离子，也称晶格缺陷，由材料的晶格缺陷引起的发光称为自激活发光。在基质材料中加入某种元素，在高温合成过程中，此元素的离子掺入基质晶格形成了杂质缺陷，由这种缺陷引起的发光称为激活发光。加入的元素称为激活剂，也可称为发光中心。实际应用的各类发光材料大多是激活剂型发光材料。

对于光致发光材料，激发材料的光能量可以被基质吸收（也称本征吸收）。基质吸收能量，其发光可直接由价带电子和空穴的复合产生，也可通过晶格缺陷或杂质缺陷所形成的发光中心来产生。这种类型的发光材料称为“复合型”发光材料。

一种材料能否发光和发光的强弱，要根据条件而定，一般激发条件下不发光的材料在非常强的能量激发下也有微弱的发光。有些材料需要提高纯度，发光才能变强；有些材料需要掺入一定量的激活剂才能有更强的发光。发光是外界因素和物质相互作用的一种结果。外界的作用一旦停止，发光也将停止，但有一个延续的时间，比光的振动周期(10^{-14}s 数量级)长很多。可以利用这个特点把发光和其他种类的光发射如散射、反射等区别开来。已知的最短的发光延续时间长于 10^{-12}s，最长的则可达几小时甚至几十个小时。

纯物质一般不发光，必须加入适量的掺杂物后才能诱导出发光现象。发光现象广泛存在于各种材料中，在半导体、绝缘体、无机物和有机物及生物中都有不同形式的发光。

发光现象和发光材料具有重要的实际应用，主要应用领域是在光源、显示器件、探测器件和光电子器件方面。另外，还可以作无机化学上的痕量分析，蛋白质、核酸等的有机分子的分析；可以在医学上用作诊断；在石油、造纸、食品、金属加工以及其他工业和农业上也有应用。具体的应用方面，例如，1986 年诺贝尔化学奖获得者 Polanyi 利用红外化学发光分析新形成的分子的结构和性质；荧光灯是在灯的玻璃罩内表面涂上特制的钨酸盐或硅酸盐涂层，由汞辉光放电产生紫外激发涂层而发出荧光；电视屏幕上显示的图像是显像管内的电子束迅速扫过荧光屏上的涂层，使其发光而形成的图像；利用电致发光原理制成的发光二极管可用于数字显示等。

3. 发光的特征

1）颜色

发光材料的发光颜色彼此不同，都有其各自的特征，已有发光材料的种类很多，其发光的颜色可覆盖整个可见光的范围。材料的发光光谱可以分成三种类型：①宽带谱(半宽度为 100nm，如 $CaWO_4$)；②窄带谱(半宽度为 50nm，如 $Sr(PO_4)_3Cl:Eu^{3+}$)；③线谱(半宽度为 0.1nm，如 $GdVO_4:Eu^{3+}$)。

一个材料的发光光谱属于哪一类，既与基质有关，又与掺杂物有关。随着基质的改变，发光的颜色也可改变。

2）发光强度

由于发光强度是随激发强度而变的，通常用发光效率来表征材料的发光本领，发光效率也同激光强度有关。在激光出现前，电子束的能量较高，强度也较大，所以，一般不发光或发光很弱的材料，在阴极射线激发下则可发出可觉察的光或较强的光。激光出现后，因激光的强度可大于等于 $10^7 W/cm^2$，在它激发下除了容易引起发光外，还容易出现非线性效应，包括双光子或多光子效应，易引起转换，例如将红外光转换为可见光。发光效率有 3 种表示方法：量子效率、能量效率、光度效率。量子效率是指发光的量子数与激发源输入的量子数的比值；能量效率是指发光的能量与激发源输入的能量的比值；光度效率是指发光的光度与激发源输入的光度的比值。

3）发光持续时间

发光一般分为荧光和磷光两种。荧光是指在激发时发光，激发停止后发光转瞬停止；磷光是指在激发停止后仍然发出的光。即荧光发光维持时间(余辉)较短，磷光发光维持时间较长，一般小于 10^{-8}s 为荧光，大于 10^{-8}s 为磷光。现在，荧光、磷光的时间界限并不明确，但发光总是延迟于激发。

4. 发光的类型

发光材料一般都要在其中掺杂微量的其他物质，才能产生有效的发光。对掺杂物的选择须考虑两点：如果基质是半导体，又希望它有一定的导电能力，则需要从施主、受主的角度选择掺杂物，这些掺杂物同时在复合发光中发挥作用；在高阻半导体及绝缘体中，则需要从发光中心的角度选择掺杂物。常用的掺杂物有过渡族元素、类汞元素、重金属及稀土元素等。稀土离子的谱线丰富，在发光跃迁中由于外壳层的屏蔽较好，受外界的影响较小，近年来成为寻找新发光材料的常用元素。稀土元素不仅作为激活材料，使发光材料具有需要的发光特性，而且由于它的发光跃迁受周围环境的影响小，目前也在尝试用它的化合物做成发光材料，以增加发光中心的浓度。另外一种趋势是加大化合物的元胞体积，使两个发光中心的距离拉开，以避免由激活剂浓度的提高而引起的发光猝灭。发光的类型有以下几种。

1）阴极射线发光

阴极射线发光是在真空中从阴极发出的电子经加速后轰击荧光屏所发出的光。发光区域只局限于电子所轰击的区域附近。由于电子的能量在几千电子伏以上，所以，除了发光以外，还产生 X 射线等。X 射线对人体有害，因而在显示屏的玻璃中常添加一些重金属（如 Pb），以吸收电子轰击下荧光屏所产生的 X 射线。

在可以连续激发的条件下，改变加速电压时，发光亮度有相应的变化。但是，在高速电子的轰击下，发光屏的温度将要上升，而当温度上升到一定值后发光的亮度将下降，这种现象称为温度猝灭，它与发光中心的结构密切相关。在晶体中，发光中心的电子态与它周围离子的数目、价态、方位及距离都有关系。但是，由于晶格的振动，周围离子的方位及距离都在变化。随着晶格的振动，发光中心的电子态也将发生相应的变化。

使用阴极射线发光材料时，除了考虑它的亮度及影响亮度的几种因素，还必须重视另外两个重要的特性，即发光颜色及衰减。对于必须保证特定颜色的彩色电子束管来说，则要牺牲一定的亮度。因为在三原色中，第三种颜色要与其他两种颜色匹配，如果它发光不亮，其他两种颜色的发光亮度也就要降低使用。在显示合成色时，如果它们的饱和特性和老化特性不同，也容易出现颜色漂移。在飞点扫描中要求余辉特别短，雷达屏中则要求余辉特别长，这时可用的发光体的种类就很有限。在雷达管中常用双层屏，在电子束轰击下，第一层发出短余辉的蓝光，它再激发长余辉的第二层材料，发射黄光。

2）场致发光

在外电场作用下，半导体材料表面出现发光现象，称为场致发光。场致发光材料是禁带宽度比较大的半导体。在这些半导体内场致发光的微观过程主要是碰撞激发或离化杂质中心，它在与金属电极相接的界面上将形成一个势垒，电子从金属电极一侧隧穿到半导体的概率明显增大。当电压提高时，概率进一步增大。电子进入半导体后随即被半导体内的电场加速，动能增加，在沿电场方向的整个自由程内，能量越积越高。当它与发光中心或基质的某个原子发生碰撞时，它就会将一部分能量交给中心或基质的电子，使它们被激发或被离化。发光中心由于电子没有离开中心，当它从激发态跃迁到基态时，发射出光。原子由于电子离开了中心，进入导带而为整个晶格所有，电子与离化中心复合时，就发出光。在使用场致发光材料时，最主要的依据是发光亮度随电压的变化规律。

最常用的直流场致发光粉末材料有：ZnS：Mn、Cu(黄光)；ZnS：Ag(蓝光)；(ZnCd)S：Ag(绿光或红光)，它们都是在约100V电压下激发。

3) X射线激发发光

发光材料在X射线照射下可以发生康普顿效应，也可以吸收X射线，它们都产生高速的光电子。光电子经过非弹性碰撞，产生第二代、第三代电子。当这些电子的能量接近发光跃迁所需的能量时，即可激发发光中心，或者离化发光中心，随后发出光。一个X射线的光子可以引起很多个发光光子。X射线发光屏是利用发光材料使X光转换为可见光，并显示成像的屏幕。目前，已研制出一系列X射线发光材料，这些材料的发光或起源于原子团，或起源于掺杂离子的能级间的电子跃迁。

4) 发光二极管发光

发光二极管是一种在低压下发光的器件。用发光二极管做成的指示器和字符数字显示器等多用于台式计算机及类似的仪表中。使用单晶或单晶薄膜材料的发光二极管的阻抗较低，电流较大，材料又昂贵，而其发光的效率也很低，这限制了它的使用。现在已经制成了各种颜色的材料，如发红光的GaAsP，发绿光的GaP。近年来又发展了GaAlAs双异质结发光二极管，使外量子效率上升到16%，在20mA电流下，发光强度达到2坎德拉(cd)，已经作为强光源使用。

5. 光学材料

光学材料是指具有一定光学性质和功能的光介质材料。光学材料主要是传输光线的材料，入射光线进入这些材料时会以折射、反射和透射的方式，改变光线的方向、相位和偏振态，使光线按照预定的要求传输，也可以吸收或散射一定波长范围的光线而改变光线的强度和光谱成分。光学材料包括传统光学材料和光功能材料。近代光学的发展，特别是激光的出现，使光功能材料得到了发展。光功能材料在外场(力、声、热、电、磁和光)的作用下，其光学性质会发生变化，因此，可作为探测和能量转换的材料使用，它已经成为光学材料的一个新的重要分支。传统上常把光学材料分为光学晶体、光学玻璃、光学塑料，主要包括光纤材料、发光材料、光色材料、激光材料以及红外材料等。

2.8.2 光致发光材料

光致发光材料用于荧光灯，始于第二次世界大战之前。荧光灯的主要部件是抽去空气的玻璃管，其中充满的低压汞蒸气放电产生紫外线(85%的紫外线的波长为254nm)。荧光材料涂在玻璃管的内侧，该荧光材料将紫外辐射转变为白光。

荧光灯中引入了稀土激活的荧光粉后，使光的流明效率和显色性能显著提高。因此，灯的种类越来越多，应用更加广泛。现代的荧光灯中的稀土离子有二价的铕离子和三价的铈、钆、铽、钇和铕等离子。

早期的荧光粉是用两种荧光粉的混合物制成，即 $MgWO_4$ 与 $(Zn、Be)_2SiO_4：Mn^{2+}$。荧光粉 $MgWO_4$ 是一种激活剂的含量为100%的发光材料，这是由于其晶格中的每一个八面体钨酸根均能够发光，这种材料不存在猝灭。

$Y_2O_3：Eu^{3+}$ 是红光荧光粉，可满足发红光荧光粉的所有条件，其发射光峰值位于

613nm，而所有其他位置的发射光相当弱。它容易被 254nm 的射线所激发，其量子效率相当高，接近于 100%。

含 Eu^{2+} 的蓝光荧光粉有 $BaMgAl_{10}O_{17}:Eu^{2+}$、$Sr_5(PO_4)_3Cl:Eu^{2+}$ 和 $Sr_2Al_6O_{11}:Eu^{2+}$。

三原色灯中发绿光的离子是 Tb^{3+}，它的第一允许吸收谱带是 $4f^8 \rightarrow 4f^7 5d$。由于它所处能量状态太高，因而不能有效地产生 254nm 激发。为了能够有效地吸收 254nm 辐射，需要使用敏化剂。Ce^{3+} 是一种非常合适的敏化剂，Ce^{3+} 的 $4f \rightarrow 5d$ 跃迁能级要比 Tb^{3+} 的 $4f^8 \rightarrow 4f^7 5d$ 跃迁能级低一些。

与其他发光材料相比，Cu、Ag、Mn 激活的 ZnS 为基质的发光材料有较高的发光效率，广泛应用于阴极射线管(CRT)、场发射显示(FED)、电致发光(EL)、X 射线发光和长余辉发光材料领域。

蓄光型发光材料和其他光致发光材料具有相同的发光性能，只是更注重其发光的衰减规律和热释光性能。蓄光型发光材料的主要应用是与其他物质(如涂料、塑料、纤维、陶瓷、玻璃等)制成各种发光制品。该类材料除了要有优良的发光性能，还应具备适宜于制品的制备工艺所要求的某些特性。这类材料或其制品在实际使用过程中，会遇到紫外线、太阳光的照射，或处在潮湿、高温、低温的恶劣环境中，这又要求材料有较优良的紫外辐照稳定性、耐水性、耐温性等。

2.8.3 场致发光材料

在一面电极为透明导电玻璃的平板式电容器中，放进几十微米厚的混有介质的发光粉，然后，在两个电极之间加上约百伏的电压，就可从玻璃一面看到发光。电极之间加交流电压或直流电压都可产生发光，不同的是所用的发光材料不一样。直流场致发光材料本身应该是一个可以传导电流的半导体，其中掺 Cu 量较高，一般在 10^{-3}g/g。此外，要使它们具有很好的发光特性，还需经过包铜工艺处理。包铜工艺是将已经焙烧好的材料包上一层铜，它的化学成分可表示为 Cu_xS。铜的价态不易测量，实验结果表明，在包铜工艺中用二价铜的化合物比用一价铜的化合物所得结果更稳定，易于重复，常用的二价铜的化合物以醋酸铜为主。最常用的直流场致发光粉有 ZnS：Mn，Cu，亮度约 350cd/m^2；其他如 ZnS：Ag 可以发出蓝光；(ZnCd)S：Ag 可以发出绿光，改变配比(ZnCd)S：Ag 可以发出红光。

场致发光的研究和应用是以交流场致发光为主，这是因为交流场致发光的发光效率较高，大约为 15lm/W。在未加电压时，半导体和两个电极的接触面上都有各自的势垒。当两个电极间加有电压时，靠近负极一端，越过势垒的电子通过加速及碰撞，引起一些中心的激发及另外一些中心的电离。在前一情形中，电子没有离开中心，迟早将回到基态而发光。在后一情形中，电子已经离开了中心或基质的价带，它将被电场加速。但由于能量较高的"热电子"与离化中心复合的概率较小，所以，它在电场作用下将漂移到对面电极。但是，在正电极也有一个半导体和电极之间的反势垒，电子又不能进入正电极，而停留在正电极附近。这时，电子经多次碰撞，能量已降到导带底，与交流电压上半周时在这个区域离化的中心复合而发光。这样，复合过程就比激发过程(这里指离化过程)落后半个周期。每半周期内都发生一次复合。因此，从发光波形看，不管是激发或是离化，发光出现的频率总是激发电压频率的 2 倍。交流场致发光的亮度随电压变化的规律与直流场致发光中的规律相似。

目前，在场致发光材料中，最受重视的是薄膜材料。薄膜的交流场致发光已经获得应用。它的机理与粉末材料的一样，只是它不需要介质，而且可在高频电压下工作，发光亮度很高，发光效率也可达到几流明每瓦。这种薄膜主要是采用真空蒸发法制备，所得薄膜是多晶的。作为蒸发源，可以用已经焙烧好的交流场致发光材料，也可以用组成薄膜化合物的成分分别为源，使它们同时蒸发。加热方法可以用电热丝，也可以用电子束。在分开设源的情况下，可以选用各自的适宜温度。在制备中还要严格掌握各种条件，包括真空度、蒸发源的流量、基板的温度等。

2.8.4 白光发射材料

20世纪90年代初，人们研究发现：适当地掺杂活化，能使ZnS半导体材料具有与其处于微观状态或宏观状态时完全不同的光电性质，这在光电子学领域具有巨大的应用潜力。尤其是在纳米ZnS基质中掺入Cu^{+}、Mn^{2+}等过渡金属离子或其他稀土离子用作激活剂时，会改变ZnS能带结构，形成不同能级的发光中心，从而可实现不同波段的高效可见辐射。目前，采用多种掺杂手段已经制备出了多波段过渡金属离子掺杂ZnS基发光材料。目前白光电致发光器件仍主要依靠红、绿、蓝三种颜色的发光二极管配合而成；或通过荧光粉转换实现白光。而直接掺杂离子形成新的发光中心获得白光发射的材料还比较少。岳利青等通过在ZnS中掺入Cu、Mn发光中心，采用溶胶-凝胶法制备了纳米ZnS基白光发射材料。

2.8.5 激光材料

1. 激光的产生

1960年，世界上第一台以红宝石($Al_2O_3:Cr^{3+}$)为工作物质的固体激光器研制成功，这在光学发展史上翻开了崭新的一页。激光的产生机理如下所述。处于高能态的电子跃迁到低能态，可以通过两种途径以辐射形式释放能量：一是电子无规则地跃迁到低能态，称为自发发射；二是一个具有能量等于两能级间能量差的光子与处于高能态的电子作用，使电子转到低能态，同时产生第二个光子，这一过程称为受激发射，即用一个光子去激发位于高能级的电子使之放出光子，受激发射产生的光就是激光。激光由于是受激发射，因此，可以发出波长相同的纯单色光，其相同波长单色光具有相干性，即时间相干性和空间相干性，所以，激光具有强大的能量密度。激光技术和激光材料的研究，对于科学技术的发展具有重大的意义。

2. 激光材料的分类和组式及典型的激光材料

激光材料是指能够产生激光的工作物质。激光材料分为晶体、玻璃两类。晶体又分为氧化物、复合氧化物、氟化物、阳离子络合物和复合氟化物。激光材料应具有良好的物理化学性能，即要求热膨胀系数小、弹性模量大、热导率高，光照稳定性和化学稳定性好。

1）激活离子

晶体激光工作物质需要在基质晶体中掺入适量的激活离子。激活离子的作用是在固体中提供亚稳态能级，由泵浦作用激发振荡产出一定波长的激光。对激活离子的要求总是希望是四能级的，即被泵浦激发到高能级上的粒子，由感应激发跃迁到低能级发生激光振荡时，不直接降到基态，而是降到中间的能级，这比直接降到基态的三能级工作的激活离子效率高，振荡的阈值也低。目前，激活离子来自三价和二价的铁系、锕系和镧系元素。激光的波长取决于激活离子的种类。

2）基质晶体

对于基质晶体，要求其有良好的力学强度和热导性以及较小的光弹性。为了降低热损耗和输入，基质对其所产生的激光的吸收应接近零。基质晶体应能制成较大尺寸，且光学性能均匀。基质晶体大体上可分为三类。

（1）氟化物晶体。这类晶体是早期研究较多的激光晶体材料，如 CaF_2、BaF_2、SrF_2、LaF_3、MgF_2 等，它们熔点较低，易于生长单晶。但是，由于多数需要在低温下才能工作，所以现在应用较少。

（2）金属含氧酸化合物晶体。这类材料也是较早研究的激光晶体材料之一，它们均以三价稀土离子为激活离子，掺杂时需要电荷补偿，是一种四能级结构的工作物质，如 $CaWO_4$、$CaMnO_4$、$LiNbO_4$ 和 $Ca(PO_4)_3F$ 等。

（3）金属氧化物晶体。这类晶体如 Al_2O_3、$Y_3Al_5O_{12}$、Er_2O_3 和 Y_2O_3 等，它们掺入三价过渡族金属离子或三价稀土离子构成激光晶体，应用较广，研制最多。掺杂时不需电荷补偿，但它们的熔点都较高，较难制备出优质的单晶。

3）红宝石激光晶体（Cr^{3+} ：Al_2O_3）

红宝石是世界上第一台固体激光器的工作物质，它是由刚玉单晶（α-Al_2O_3）为基质，掺入 Cr^{3+} 激活离子所组成。α-Al_2O_3 为六方晶系，铬原子的外层电子为 $3d^54s^1$。将 Cr 原子掺杂到 Al_2O_3 晶格，Cr 原子失去 $3d^54s^1$ 三个电子，只剩下 $3d^3$ 的三个外层电子，成为 Cr^{3+}。从激光器对工作物质的物化性能和光谱性能要求来说，红宝石激光器堪称是一种较为理想的材料。红宝石晶体物化性能很好，坚硬、稳定、热导性好、抗破坏能力高，对泵浦光的吸收特性好，可在室温条件下获得 694.3nm 的可见激光振荡。其主要缺点是属三能级结构，产生的激光的阈值较高。

红宝石的激光发射波长为可见光-红光的波长，这一波长的光不但为人眼可见，而且对于绝大多数的各种光敏材料和光电探测元件来说，均易于进行探测和定量测量。因此，红宝石激光器在激光器基础研究、强光光学研究、激光光谱学研究、激光照相和全息技术、激光雷达与测距技术等方面都有广泛的应用。

4）掺钕钇铝石榴石激光晶体（Nd^{3+} ：YAG）

这种激光工作物质是以钇铝石榴石（$Y_3Al_5O_{12}$，YAG）为基质，Nd^{3+} 为激活离子。钇铝石榴石属立方晶系，具有良好的力学、热学和光学性能，Nd^{3+} ：YAG 激光跃迁能级属于四能级系统。与红宝石相比，Nd^{3+} ：YAG 晶体的荧光寿命较短，荧光谱线较窄，工作粒子在激光跃迁高能级上不易得到大量积累，激光储能较低，以脉冲方式运转时，输出激光脉冲的能量和峰值功率都受到限制。因此，Nd^{3+} ：YAG 器件一般不用来作单次脉冲运转。但由于其阈值比红宝石低，增益系数比红宝石大，适合于作重复脉冲输出运转。重复率可高达每秒几百次，每次输出功率达百兆瓦以上。军用激光测距仪和制导用激光照明器都采用掺钕钇铝石榴石激光器。这种激光器也是唯一能在常温下连续工作，且有较大功率的固体激光器。

5）半导体激光材料

半导体激光器是固体激光器中重要的一类。这类激光器的特点是体积小、效率高、运行简单、价格低。半导体激光器以半导体为工作物质，其核心是半导体器件 pn 结二极管，在电流正向流动时会引起激光振荡。

目前,大部分半导体激光器具有双异质结结构,该结构可减小阈值电流密度,能在室温下连续工作。双异质结激光器的 pn 结是用带隙和折射率不同的两种材料在适当的基片上外延生长形成的。作为双异质结激光器材料,要求采用晶格常数大致相同的两种材料来组合。目前,制作半导体激光器的材料很多,有短波也有长波,它的激发方式可以是 pn 结正向电注入式,也有电子束激励及光激励等方式。

2.8.6 红外材料

1. 概述

红外材料是指能够透过红外线,并对不同波长红外线具有不同透过率、折射率及色散的材料。红外线同可见光一样都是电磁波,它的波长范围很宽,为 0.7～1000μm。红外线按波长可分为三个光谱区:近红外(0.7～3μm),中红外(3～30μm)和远红外(30～1000μm)。红外线与可见光一样,具有波粒二象性,遵守光的反射和折射定律,在一定条件下产生干涉和衍射现象。

红外技术主要应用有以下四个方面。

(1) 辐射测量、光谱辐射测量。如非接触温度测量,农业、渔业、地面勘察,探测零件焊接缺陷,微重力下热流过程研究。

(2) 对能量辐射物的搜索和跟踪。如宇航装置导航,火箭、飞机预警等。

(3) 制造红外成像器件、夜视仪器和红外显微镜等。这些红外仪器可以用于火山、地震的研究,肿瘤、中风的早期诊断,军事上的伪装识别,半导体元件和集成电路的质量检查等。

(4) 通信和遥控。如宇宙飞船之间的视频和音频传输,海洋、陆地、空中目标的距离和速度测量。这种红外通信比无线电等通信抗干扰性好,也不干扰其他信息,保密性好,而且在大气中传输时,波长越长,损耗衰减越小。

2. 主要的红外材料

红外材料一般都是晶体,主要有碱卤化合物晶体、碱土-卤族化合物晶体、氧化物晶体、无机盐化合物晶体及半导体晶体。

1) 碱卤化合物晶体

碱卤化合物晶体是一类离子晶体,如氟化锂(LiF)、氟化钠(NaF)、氯化钾(KCl)、溴化钾(KBr)等。这类晶体熔点不高,易制备成大单晶,具有较高的透过率和较宽的透过波段。缺点是晶体易受潮解、硬度和强度低,应用范围受限。

2) 碱土-卤族化合物晶体

碱土-卤族化合物晶体是另一类重要的离子晶体,如氟化钙(CaF_2)、氟化钡(BaF_2)、氟化锶(SrF_2)、氟化镁(MgF_2)。这类晶体具有较高的强度和硬度,几乎不溶于水,适于窗口、滤光片、基板等方面的使用。

3) 氧化物晶体

蓝宝石、石英、氧化镁和金红石等氧化物晶体,具有优良的物理性能和化学性能,熔点高、硬度大、化学稳定性好,作为优良的红外材料,在火箭、导弹、人造卫星、通信、遥测等方面使用的红外装置中,被广泛地用作窗口和整流罩。

4）无机盐化合物单晶体

无机盐化合物单晶体中可作为红外透射光学材料使用的主要有 $SrTiO_2$、$Ba_3Ta_4O_{15}$、$Bi_4Ti_3O_{12}$ 等。$SrTiO_2$ 单晶在红外装置中主要作浸没透镜使用，$Ba_5Ta_4O_{15}$ 单晶是一种耐高温的近红外透光材料。金属铊的卤化合物晶体，如溴化铊、氯化铊、溴化铊-碘化铊和溴化铊-氯化铊等也是一类常用的红外光学材料。这类晶体具有很宽的透过波段，且只微溶于水，所以，是一种适于在较低温度下使用的良好的红外窗口与透镜材料。

5）半导体材料

在半导体材料中有些晶体也具有良好的红外透过特性，如硫化铅（PbS）、硒化铅（PbSe）、硒化镉（CdSe）、碲化镉（CdTe）、锑化铟（InSb）、硅化铂（PtSi）、碲镉汞（HgCdTe）等。其中 HgCdTe 材料是目前最重要的红外探测器材料，探测器可覆盖 1～25μm 的红外波段，是目前国外制备光伏阵列器件、焦平面器件的主要材料。

2.8.7 光色材料

材料受光照射着色，停止光照时，又可逆地褪色，这一特性称为材料的光色现象。具有光色现象的材料称为光色材料。

1. 光色玻璃

到目前为止，已发现了几百种光色材料，光色玻璃是其中的一种重要材料。

根据照相化学原理制成的含卤化银的玻璃是一种光色材料。它是以普通的碱金属硼硅酸盐玻璃的成分为基础，加入少量的氯化银（AgCl）、溴化银（AgBr）、碘化银（AgI）或它们的混合物作为感光剂，再加入极微量的敏化剂制成。加入敏化剂的目的是提高光色互变的灵敏度。敏化剂为砷、锑、锡、铜的氧化物，其中氧化铜特别有效。将配好的原料采用与制造普通玻璃相同的工艺，经过熔制、退火和适当的热处理就可制得卤化银光色玻璃。

一般的光致变色玻璃的基础组成范围是（质量分数）：SiO_2 40%～76%，Al_2O_3 4%～26%，B_2O_3 4%～26%。少量金属氧化物是（质量分数）：Li_2O 2%～8%，Na_2O 4%～15%，RuO 6%～20%，Ru_2O 8%～25%，Cs_2O 10%～30%。

尽管卤化银光色玻璃是把照相化学原理移植到玻璃的产物，却是青出于蓝而胜于蓝。普通照相底片只能使用一次，不能重复使用，即发生的光化学反应是一个不可逆的过程。而光色玻璃遇光变暗、无光褪色的光色互变特性，即使在反复几十万次以后仍丝毫没有衰退。在光色玻璃中，以极微小的晶粒形式存在的氯化银晶体（颗粒大小为 5～30nm，$1cm^3$ 光色玻璃中含有几千万亿个晶体颗粒），经过光照射虽然也会发生光化学作用分解成氯原子和银原子，银原子使玻璃在可见光区产生均匀光吸收而着色变暗，但由于玻璃本身的惰性和不渗透性，一方面使银原子不能在玻璃中自由行动，另一方面氯原子也跑不出去，所以，当光照结束后，光分解产生的氯和银原子又重新相遇，生成无色的氯化银，使光色玻璃复明，这就是光色玻璃的褪色过程可逆的原因。

光色玻璃的性能可根据需要进行调节。改变光色玻璃中感光剂的卤素离子种类和含量，即可调节光色玻璃由透明变暗所需辐照光的波长范围。例如，仅含氯化银晶体的光色玻璃的光谱灵敏范围为紫外光到紫光；若含氯化银和溴化银晶体，则其灵敏范围为紫外光到蓝绿光区域。

光色玻璃熔制后，要进行热处理。通过控制热处理的温度与时间，可以控制玻璃中析出的卤化银晶体颗粒大小，从而达到调节光色玻璃的光色性能的目的。

2. 光色晶体

一些单晶体也具有光色互变特性。用白光照射掺稀土元素钐(Sm)和铕(Eu)的氟化钙(CaF_2)单晶体时，能透过晶体的光的波长为500～550nm，绿光较多，晶体呈绿色；用紫外光照射此晶体，则绿色退去变成无色；再用白色光照射，又会变成绿色。

对于光色晶体颜色的可逆变化，通常是由于材料中(含微量掺杂物)存在两种不同能量的电子陷阱，它们之间发生光致可逆电荷转移。在热平衡时(光照处理前)，捕获的电子先占据能量低的A陷阱，吸收光谱为A带。当在A带内曝光时，电子被激发至导带，并被另一陷阱B(能量高于A陷阱)捕获，材料转换成吸收光谱为B带的状态，即被着色了。如果把已着色的材料在B带内曝光(或用升高温度的热激发)时，处于B陷阱内的电子被激发到导带，最后又被A陷阱重新捕获，颜色被消除。

3. 光存储材料

光色材料的一个重要用途是作为光存储材料，由于光色材料的颜色在光照下发生可逆变化，所以，产生两种形式的光学存储，即"写入"型与"擦除"型。写入型是指用适当的紫光或紫外线辐射，"转换"最初处于热稳定或非转换态的材料；擦除型是指用适当的可见"擦除"光，对预先在转换辐射下均匀曝光而变黑了的材料进行有选择的光学擦除。通常记录全息图都采用擦除型。当样品材料在干涉型擦除光曝光时，就形成吸收光栅。入射光最弱的地方为最大吸收(擦除效果差)，入射光最强的地方为最小吸收(擦除效果好)。

信息读出时，照明光通过吸收光栅，光栅衍射以再现所存储的信息。为消除全息图，只需用光照射晶体使其重新均匀着色，恢复到原来的状态。$CaF_2:LaF_2$、NaF、$CaF_2:CeF_2$、NaF、$SrTiO_3:NiO$、MoO_3、Al_2O_3、$CaTiO_3:NiMoO_4$等是最有可能应用于全光学记录、读出和擦除的无机光色材料。

思考题和作业

2.1　何谓新材料？它有哪些种类，在新技术革命和新产业中有何作用？

2.2　简述锂离子电池的工作原理，以及其所用的材料和应用。

2.3　太阳能电池材料有哪些？晶体硅太阳能电池板由哪些材料构成？

2.4　如何理解燃料电池？

2.5　储氢材料有哪些？储氢合金材料有哪些？

2.6　简述风电材料。

2.7　何谓纳米材料？它的性质如何？有哪些结构单元？其制备方法有哪些？有何应用？

2.8　何谓生物材料？如何分类？

2.9　何谓信息材料？它包括哪些材料？

2.10　简述智能材料。

2.11　何谓超导？超导材料有哪些类型和应用？

2.12　简述光学材料。

第二篇

高分子材料工艺

第3章

高分子材料概论

3.1 高分子材料概述

3.1.1 高分子材料的定义和分类

高分子材料也叫作聚合物(polymer)材料，是指以有机高分子化合物为主，并加入各种添加剂经加工而成的材料。

按照高分子材料的来源，高分子材料分为天然高分子材料和合成高分子材料两大类。天然高分子材料主要有天然橡胶、纤维素、淀粉、蚕丝等。合成高分子材料的种类繁多，如合成塑料、合成橡胶、合成纤维等。

按照高分子材料的用途，高分子材料分为塑料、橡胶、化学纤维、胶黏剂和涂料等。其中合成塑料、合成纤维和合成橡胶的产量最大、品种最多，统称为三大合成材料。

按照高分子材料的使用性能，高分子材料分为结构高分子材料和功能高分子材料，前者主要利用它的强度、弹性等力学性能，后者主要利用它的声、光、电、磁和生物等功能。

高分子材料作为四大材料之一，是材料的重要组成部分。由于高分子材料原料来源丰富、制造方便、品种众多，因此，已经成为国民经济建设与人民日常生活所必不可少的材料。高分子材料为发展高新技术提供了更多更有效的高性能结构材料、高功能材料，以及满足各种特殊用途的专用材料。例如，在机械和纺织工业，由于采用塑料轴承和塑料齿轮来代替相应的金属零件，车床和织布机运转时的噪声大大降低，改善了工人的劳动条件；塑料同玻璃纤维制成的复合材料——玻璃钢，由于它比钢铁更加坚固，被用来代替钢铁制备船舶的螺旋桨和汽车的车架、车身等。高分子材料的发展也促进了医学的进步，例如，用高分子材料制成的人工脏器和人工角膜等，使一些器质性疾病不再是不治之症。总之，目前高分子材料在尖端技术、国防、国民经济以及社会生活的各个方面都得到了广泛的应用。

3.1.2 高分子材料的发展概况

高分子科学是20世纪30年代才从有机化学中独立出来的一门学科，是近代发展最迅猛的学科之一。它以三大合成高分子材料(塑料、橡胶、纤维)为主要研究对象。

通常所说的高分子材料是指合成高分子材料，是20世纪初发展起来的一种新型材料。高分子材料的性能多样，用途十分广泛，已在相当程度上取代了钢材以及木材、棉花等天然材料。高分子材料虽然是材料领域之中的后起之秀，但在新材料的发展中尤其引人注目，它的出现带来了材料领域的重大变革，从而形成了金属材料、无机非金属材料、高分子材料和复合材料共存的材料格局。高分子材料的发展大致经历了以下三个阶段。

1）天然高分子材料的利用阶段

历史上，人们长期从自然界中的动植物中获取天然纤维、橡胶、皮革等天然高分子材料，利用这些天然高分子材料制作一些衣物和用品等。1826年，M. Faraday发现了天然橡胶的组成是 C_5H_8，这是对天然橡胶认识上的一个重要突破。

2）天然高分子材料的改性阶段

1839年，C. Goodyear发现了橡胶的硫化，人们发明了由天然橡胶经过硫化制成橡胶制品的工艺；1869年，J. W. Hatt用硝酸纤维素、樟脑和乙醇，制造出第一种半人工合成的高分子材料"赛璐珞"，1870年，实现了工业化生产。

3）人工合成高分子材料的开发和发展阶段

1907年，美国L. H. Baekeland发明了第一种人工合成的高分子材料——酚醛树脂，1909年，实现工业化，开创了塑料的时代。

1925—1935年，人们逐渐明确了高分子化合物的定义，高分子的分子量和分子量分布概念，聚合同系物以及合成高分子化合物的缩聚反应和加聚反应等基本概念与原理。在此基础上诞生了"高分子化学"这一新兴学科。20世纪30年代后，随着高分子化学学科的建立，人们阐明了聚合反应机理，掌握了高分子的分子量控制方法。工业上用缩聚反应合成了聚酰胺，用加聚反应合成了丁苯橡胶、氯丁橡胶、聚氯乙烯塑料等，并实现了高压法合成聚乙烯等。由于第二次世界大战中橡胶是战略性物资，合成橡胶工业得以大力发展，并且着眼于石油化工解决原料资源问题，发展了由石油裂解气体生产丁二烯、乙烯与苯乙烯的工业生产方法，奠定了石油化学工业的基础。20世纪50年代以后，齐格勒(K. Ziegler)和纳塔(G. Natta)发明了以烯烃、二烯烃为原料的配位定向聚合，实现了聚烯烃工业化生产。由于发现了由有机金属化合物和过渡金属化合物组成的催化剂体系，可以容易地使烯烃、二烯烃聚合为性能优良的高聚物，国际上对原料烯烃、二烯烃的需求量急增。许多以煤和粮食为原料的化工产品纷纷转向石油路线进行生产，石油化学工业迅速发展。20世纪60年代以后，逐渐建立了化学纤维工业、合成橡胶工业和塑料工业。我国也相继建成了若干大型石油化工基地，如中国石油兰州石化公司、吉林石化公司、大庆石化公司，中国石化上海石油化工股份有限公司等。这些企业已成为化学纤维、合成橡胶、合成树脂与塑料、胶黏剂、涂料等工业的骨干企业，促进了我国高分子材料工业迅速发展。

目前，高分子材料的发展方向是：从结构材料发展到功能材料；从单一的材料向复合材料发展；从单纯配方调节向预定性能生产发展。另外，随着科学技术的飞速发展，新理论、新技术不断涌现，对材料性能和功能的要求不断提高，新概念材料以及材料的交叉融合已成为发展趋势。

3.1.3 高分子材料的组成和特点

1. 高分子材料的组成

高分子材料通常是由高分子化合物和各种添加剂所组成，它是一个多相复合物。高分子化合物为主要组成，它决定高分子材料的基本性能；添加剂起到改善高分子材料的性能和加工工艺性能，以及降低成本等作用。高分子材料的组成不同，其性能不同；而组成相同的高分子材料亦会由加工工艺和条件的不同而导致性能的不同。

2. 高分子材料的特点

高分子材料的主要特点为：原料丰富，生产容易，成本低，加工快；产品多，性能多种多样，用途广泛，适应能力强（通过改性可以得到多种性能）；具有特种功能，如塑性、弹性、韧性、耐腐蚀、防辐射、绝缘。

高分子材料的性能特点为：密度、强度、模量较低，韧性较好；耐久性、耐热性较差，热膨胀系数大，易燃烧；良好的透光性、着色性、化学稳定性和成型加工性；传热系数小，绝缘性优良，可赋予制品特殊的功能。

3.1.4 高分子材料的结构

高分子合成材料是分子量很大的材料，它是由许多单体（低分子）用共价键连接（聚合）起来的大分子化合物，所以高分子又称大分子，高分子化合物又称高聚物或聚合物。例如，聚氯乙烯就是由氯乙烯聚合而成。人们把彼此能相互连接起来而形成高分子化合物的低分子化合物（如氯乙烯）称为单体，而所得到的高分子化合物（如聚氯乙烯）就是高聚物。组成高聚物的基本单元称为链节。若用 n 值表示链节的数目，则 n 值越大，高分子化合物的分子量 M 也越大，即 $M=n\times m$，式中 m 为链节的分子量，通常称 n 为聚合度。整个高分子链就相当于由几个链节按一定方式重复连接起来，成为一条细长链条。高分子合成材料大多数是以碳和碳结合为分子主链，即分子主干由众多的碳原子相互排列成长长的碳链，两旁再配以氢、氯、氟或其他分子团，或配以另一较短的支链，使分子呈交叉状态。分子链和分子链之间还依赖分子间作用力连接。

高分子化合物的化学结构有以下三个特点。

（1）高分子化合物的分子量虽然十分巨大，但它们的化学组成一般都比较简单，与有机化合物一样，仅由几种元素组成。

（2）高分子化合物的结构像一条长链，在这个长链中含有许多个结构相同的重复单元，这种重复单元叫作“链节”，即高分子化合物的分子是由许多结构相同的链节所组成。

（3）高分子化合物的链节与链节之间，同链节内各原子之间一样，也是由共价键结合的，即组成高分子链的所有原子之间的结合键都属共价键。

低分子化合物按其分子式，都有确定的分子量，而且每个分子都一样。高分子化合物则不然，一般所得聚合物总是含有各种大小不同（链长不同、分子量不同）的分子。换句话说，聚合物是同一化学组成、聚合度不等的同系混合物，所以高分子化合物的分子量实际上是一个平均值。

1. 高聚物的结构

高聚物的结构可分为两种类型：均聚物和共聚物。

1）均聚物

线形高聚物只含有一种单链节，若干个链节用共价键按一定方式重复连接起来，像一根又细又长的链子一样。这种高聚物结构在拉伸状态或在低温下易呈直线形状（图 3.1.1(a)），而在较高温度或稀溶液中，则易呈蜷曲状。这种高聚物的特点是可溶，即它可以溶解在一定的溶液之中，加热时可以熔化。基于这一特点，线形高聚物结构的聚合物易于加工，可以反复应用。一些合成纤维、热塑性塑料(如聚氯乙烯、聚苯乙烯等)就属于这一类。

支链形高聚物结构好像一根"节上小枝"的枝干一样(图 3.1.1(b)),主链较长,支链较短,其性质与线形高聚物结构基本相同。

网状高聚物是在一根根长链之间有若干个支链把它们交联起来,构成一种网状形状。如果这种网状的支链向空间发展的话,便得到体形高聚物结构(图 3.1.1(c))。这种高聚物结构的特点是在任何情况下都不熔化,也不溶解。成型加工只能在形成网状结构之前进行,一经形成网状结构,就不能再改变其形状。这种高聚物在保持形状稳定、耐热及耐溶剂作用方面有其优越性。热固性塑料(如酚醛、脲醛等塑料)就属于这一类。

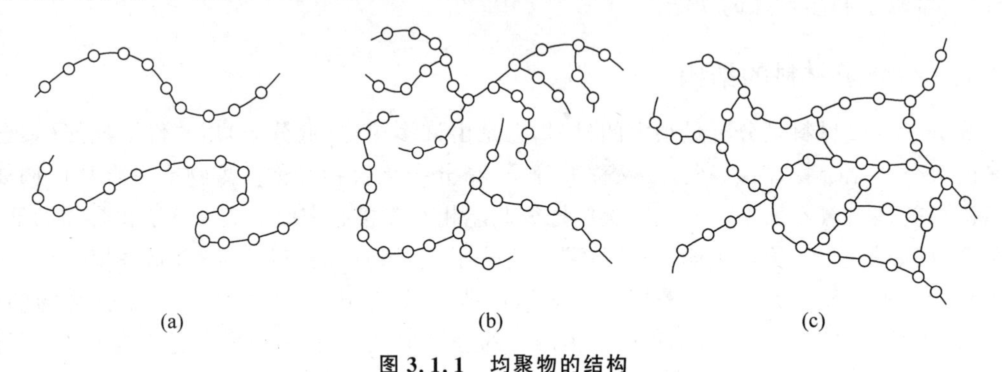

图 3.1.1 均聚物的结构

(a) 结形结构;(b) 支链形结构;(c) 网状结构

2) 共聚物

共聚物是由两种以上不同的单体链节聚合而成的。由于各种单体的成分不同,共聚物的高分子排列形式也多种多样,可归纳为无规则型、交替型、嵌段型、接枝型。若将 M_1 和 M_2 两种不同结构的单体分别以有斜线的圆圈和空白圆圈表示,共聚物高分子结构可以用图 3.1.2 表示。

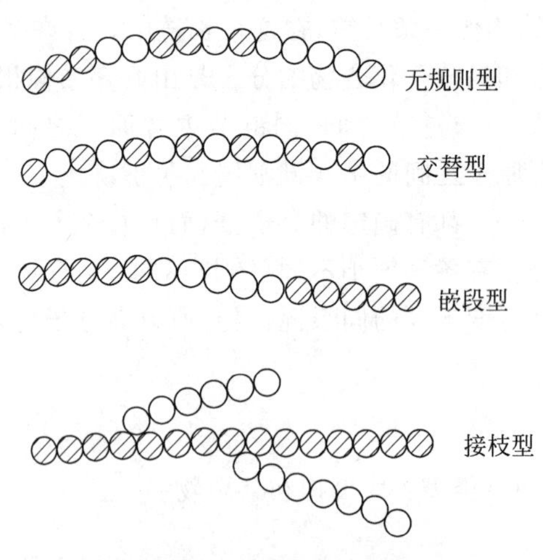

图 3.1.2 共聚物高分子结构

无规则型是 M_1、M_2 两种不同单体在高分子长链中呈无规则排列;交替型是 M_1、M_2 单体在高分子长链中呈有规则的交替排列;嵌段型是 M_1 聚合片段和 M_2 聚合片段彼此交替连接；接枝型是 M_1 单体连接成主链，又连接了不少 M_2 单体组成的支链。

共聚物能把两种或多种自聚的特性综合到一种聚合物中来。因此，有人把共聚物称为非金属的"合金"，这是一个很恰当的比喻。例如，ABS 树脂是丙烯腈（A）、丁二烯（B）和苯乙烯（S）三元共聚物，具有较好的耐冲击、耐热、耐油、耐腐蚀及易加工等综合性能。

2. 高聚物的聚集态结构

高聚物的聚集态结构是指高聚物材料本体内部高分子链之间的几何排列和堆砌结构，也称为超分子结构。实际应用的高聚物材料或制品，都是许多大分子链聚集在一起的，所以高聚物材料的性能不仅与高分子的分子量和大分子链结构有关，而且与高聚物的聚集状态有直接关系。

高聚物按照大分子排列是否有序，可分为结晶态和非结晶态两类。结晶态聚合物分子排列规则有序，非结晶态聚合物分子排列杂乱不规则。

结晶态聚合物由晶区（分子有规则紧密排列的区域）和非晶区（分子处于无序状态的区域）组成。

高聚物部分结晶的区域称为微晶，微晶的多少称为结晶度。一般结晶态高聚物的结晶度有 50%～80%。

非晶态聚合物的结构，过去一直认为其大分子排列是杂乱无章的，相互穿插交缠的。近来研究发现，非晶态聚合物的结构只是远距离范围的无序，小距离范围内是有序的，即近程有序、远程无序。

晶态与非晶态影响高聚物的性能。结晶使分子排列紧密，分子间作用力增大，所以使高聚物的密度、强度、硬度、刚度、熔点、耐热性、耐化学性、抗液体及气体透过性等性能有所提高；而依赖链运动的有关性能，如弹性、塑性和韧性较低。

3.1.5 高分子材料的合成和加工

高分子合成工业的任务是将基本有机合成工业生产的单体通过聚合反应合成为高分子化合物，为高分子材料成型加工工业提供基本原料。基本有机合成、高分子合成和高分子材料成型加工，是高分子材料生产过程中紧密联系的三个过程。

以石油和天然气为原料制备高分子材料制品的过程，需要经过石油开采、石油炼制、基本有机合成、高分子合成、高分子材料成型加工等环节。

高分子化合物的合成过程是利用基本有机合成工业提供的主要原料——单体以及溶剂、塑料添加剂和橡胶配合剂等辅助原料合成高分子化合物的过程。高分子化合物合成的工艺流程长，所需工序和设备多，核心生产过程的是聚合反应过程。一般来说，高分子化合物的合成主要经过六个生产过程。

(1) 原料的准备与精制。

这个过程包括单体、溶剂、水等原料的储存、洗涤、精制、干燥、调整浓度等。单体在储存运输中添加的阻聚剂以及原料中的杂质可能对聚合反应产生阻聚作用，发生链转移反应，使产品的分子量降低或对聚合催化剂产生毒害和分解作用，因而使聚合催化作用大大降低；或者使逐步聚合反应过早地封闭端基而降低产品分子量，还可能发生有损聚合物色泽的副反应等。因此，原料需要精制。

(2) 催化剂或引发剂的配制。

这个过程包括聚合用催化剂、引发剂和助剂的制造、溶解、储存、调整浓度等。高分子合成工厂中最容易发生的安全事故是引发剂分解爆炸、催化剂引起的燃烧与爆炸，以及易燃单体有机溶剂的燃烧与爆炸事故。为了避免单体或溶剂的浓度积累，形成易爆空气混合物，需要加强操作区域的通风、排风。

(3) 聚合反应。

聚合反应是指通过化学反应将低分子量单体结合在一起形成高分子量聚合物的过程，分为自由基聚合、离子聚合与配位聚合、缩聚等。

(4) 分离。

分离包括分离未反应的单体，以及脱除溶剂、催化剂、滴聚物等过程。

(5) 回收。

回收主要是指未反应单体和溶剂的回收与精制过程。

(6) 后处理和辅助过程。

后处理包括聚合物的输送、干燥、造粒、均匀化、储存、包装等过程。辅助过程涉及综合利用、"三废"(废水、废渣、废气)处理等过程。

高分子材料成型加工过程是指以高分子合成工业生产的合成树脂和合成橡胶为主要原料，加入适量的添加剂，采用合适的方法生产出塑料制品、合成纤维、橡胶制品、涂料、胶黏剂等的过程。

3.2 塑料

3.2.1 塑料的定义和分类

塑料是指以聚合物为主要成分，加入适当的助剂制成配合料，在一定条件(温度、压力等)下塑制成一定形状和尺寸，冷却至常温能保持其形状和尺寸不变的材料，习惯上也包括塑料的半成品，如压塑粉等。

聚合物作为塑料的基础组分，不仅决定塑料的类型，而且决定塑料的主要性能。一般而言，塑料用聚合物的内聚能介于纤维与橡胶之间，使用温度范围在其脆化温度和玻璃化温度之间。应当注意，同一种聚合物，由于制备方法、制备条件及加工方法的不同，则既可用于生产塑料，也可用于生产纤维或橡胶。例如，尼龙既可用于塑料，也可用于纤维。

塑料作为高分子材料的主要品种之一，品种众多，性能亦各有差别。目前大批量生产的已有20余种，少量生产和使用的则有数十种。对塑料有各种不同的分类。根据组分数目可分为单一组分塑料和多组分塑料。单一组分塑料基本上是由聚合物构成或仅含少量辅助物料(染料、润滑剂等)，如聚乙烯塑料、聚丙烯塑料、有机玻璃等；多组分塑料则除聚合物之外，尚包含大量辅助剂(如增塑剂、稳定剂、改性剂、填料等)，如酚醛塑料、聚氯乙烯塑料等。

根据受热后形态性能表现的不同，塑料可分为热塑性塑料和热固性塑料两大类(图3.2.1)。热塑性塑料受热后软化，冷却后又变硬，这种软化和变硬可重复、循环，因此可以反复成型，这对塑料制品的再生很有意义。聚烯烃类、聚乙烯基类、聚苯乙烯类、聚酰胺类、聚丙烯酸酯类、聚甲醛、聚碳酸酯、聚砜、聚苯醚等都属于热塑性塑料。热塑性塑料占塑料总产量的

70%以上,用量大的品种有聚氯乙烯、聚乙烯、聚丙烯等。热固性塑料是由单体直接形成网状聚合物或通过交联线型预聚体而形成,其配料在第一次加热时可以软化流动,加热到一定温度,一旦形成交联聚合物,受热后就不能再恢复到可塑状态。因此,对热固性塑料而言,聚合过程(最后的固化阶段)和成型过程是同时进行的,所得制品是不溶不熔的。热固性塑料的主要品种有酚醛树脂、氨基树脂、不饱和聚酯、环氧树脂等。

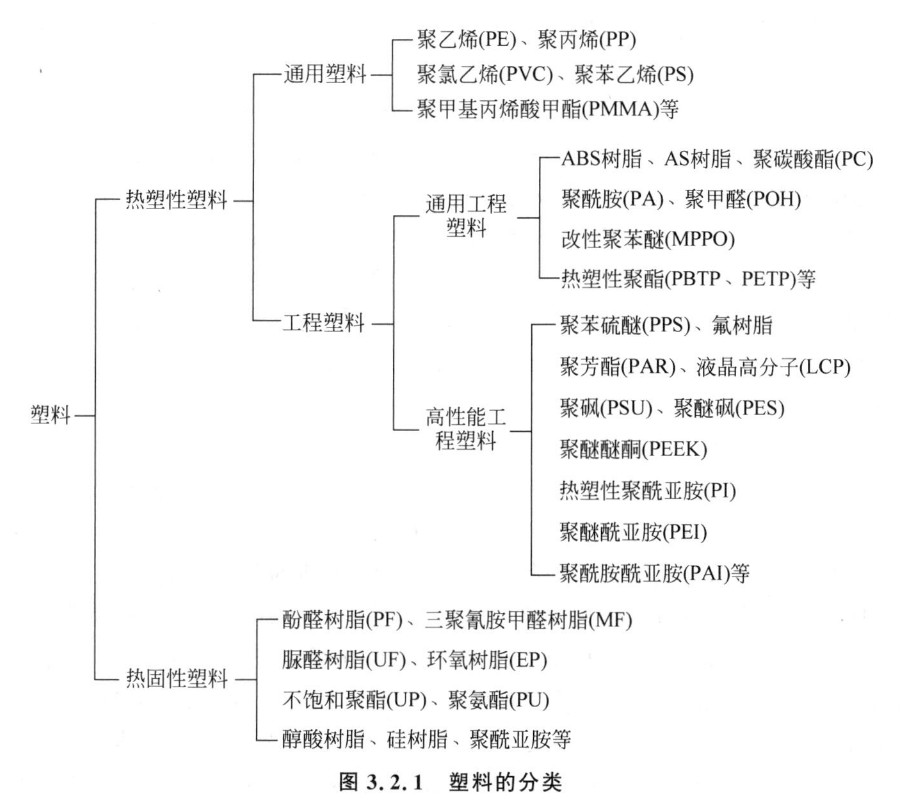

图 3.2.1 塑料的分类

按塑料的使用范围,塑料可分为通用塑料和工程塑料两大类。通用塑料是指产量大,价格较低,力学性能一般,主要作非结构材料使用的塑料,如聚氯乙烯、聚乙烯、聚丙烯、聚苯乙烯等。工程塑料一般是指可作为结构材料使用,能经受较宽的温度变化范围和较苛刻的环境条件,具有优异的力学性能,耐热、耐磨性能和良好的尺寸稳定性。工程塑料的大规模发展只有三十几年的历史,主要品种有聚酰胺、聚碳酸酯、聚甲醛等。最初,这类塑料的开发大多是为了某一特定用途而进行的,因此产量小、价格贵。近年来随着科学技术的迅速发展,对高分子材料性能的要求越来越高,工程塑料的应用领域不断开拓,产量逐年增大,使得工程塑料与通用塑料之间的界限变得模糊,难以截然划分了。某些通用塑料,如聚丙烯等,经改性之后也可作满意的结构材料使用。

按塑料中树脂大分子的有序状态,塑料可分为无定形塑料和结晶型塑料。无定形塑料中树脂大分子的分子链的排列是无序的,不仅各个分子链之间排列无序,同一分子链也像长线团那样无序地混乱堆砌。无定形塑料无明显熔点,其软化以至熔融流动的温度范围很宽。聚苯乙烯类、聚砜类、丙烯酸酯类、聚苯醚等都是典型的无定形塑料。结晶型塑料中树脂大分子链的排列是远程有序的,分子链相互有规律地折叠,整齐地紧密堆砌。结晶型塑料有比较明确的熔点，或具有温度范围较窄的熔程。同一种塑料如果处于结晶态，则其密度总是大于处于无定形态时的密度。结晶型塑料与低分子晶体不同，很少有完善的百分之百的结晶状态，一般总是结晶相与无定形相共存。因此，通常所谓的结晶型塑料，实际上都是半结晶型塑料。结晶型塑料的结晶度与结晶条件有关，可以在较大范围内变化。只有热塑性塑料才能有结晶状态；所有的热固性塑料，由于树脂分子链间相互交联，各分子链间不可能互相折叠、整齐紧密地堆砌成很有序的状态，因此不可能处于结晶状态。聚乙烯、聚丙烯、聚甲醛、聚四氟乙烯等都是典型的结晶型塑料。

塑料是一类重要的高分子材料，具有质轻、电绝缘、耐化学腐蚀、容易成型加工等特点，某些性能是木材、陶瓷甚至金属所不及的。各种塑料的相对密度为0.9～2.0，密度的大小主要决定于填料的用量，其密度一般仅为钢铁的1/6～1/4。

所有的塑料均为电的不良导体，表面电阻为$10^9\sim10^{18}\Omega$，因而广泛用作电绝缘材料。塑料中加入导电的填料，如金属粉、石墨等，或经特殊处理，可制成具有一定电导率的导体或半导体以供特殊需要。塑料也常用作绝热材料。许多塑料的摩擦因数很低，可用于制造轴承、轴瓦、齿轮等部件，且可用水作润滑剂。同时，有些塑料摩擦因数较高，可用于配制制动装置的摩擦零件。塑料可制成各种装饰品，以及各种薄膜、型材、配件及产品。塑料性能的可调范围宽，具有广泛的应用领域。

塑料的突出缺点是，力学性能比金属材料差，表面硬度亦低，大多数品种易燃，耐热性也较差。这些正是当前塑料改性研究的方向和重点。

塑料材料的应用已遍及国民经济各个部门和人们生活的各个领域，从工业、农业、交通运输到国防建设。例如，在机械制造、仪器仪表、电子电器、邮电通信、汽车制造、军工技术、医疗卫生、轻纺、食品、家电制造、日用品、文化娱乐等方面的应用日益普及。在航空航天工程中，塑料材料也日益重要，以热固性树脂为基体的复合材料已有数十年的应用历史，高性能的热塑性树脂基复合材料又异军突起，后来居上。树脂基复合材料以其质轻，比强度、比刚度高以及其他一些独特性能，在减轻飞行器质量，增大有效载荷，改善飞行性能和某些特殊功能方面，起着其他任何材料所不可替代的作用。另外，许多优异的工程塑料，在航空航天用仪表、电子设备、电机电器、机械附件、机内装饰等方面的应用也越来越多，越来越重要。

3.2.2 塑料的发展概况

人类用合成方法生产的第一种塑料是硝化纤维。硝化纤维作为塑料使用的第一个专利产品出现于1856年，而实现工业化生产是在1872年，这就是用樟脑增塑的硝化纤维——赛璐珞的生产。随后，在1897年出现了酪素塑料。进入20世纪，塑料新品种相继出现，1907年出现了酚醛塑料，1918年出现了脲醛塑料。1930年，第一家生产聚苯乙烯的工厂投产，随后在1931年，聚氯乙烯和聚甲基丙烯酸甲酯也实现了工业化生产。尼龙66的第一个专利产生于1937年，次年建成实验厂，1939年实现了工业化生产，产品的最初形式是纤维，在第二次世界大战中才开发出了塑料薄膜和模塑制品。1939年，高压法生产的聚乙烯问世。20世纪40年代和50年代，塑料工业有了更快的发展，出现了更多的新品种。聚四氟乙烯、聚三氟氯乙烯、抗冲击性聚苯乙烯、ABS、尼龙6、尼龙610都是出现在40年代的主要品种。50年代投产的塑料主要新品种有尼龙11、三聚氰胺甲醛塑料，以及用齐格勒(Ziegler)法和菲利浦法生产的高、中密度聚乙烯，聚甲醛，聚碳酸酯和氯化聚醚。我国于1958年成功地研究制出尼龙1010。20世纪60年代，相继实现了许多性能优异的工程塑料的工业化生产，其主要品种有聚苯硫醚、聚苯醚、聚砜、聚对苯二甲酸乙二醇酯(PET)、聚酰亚胺、聚对苯二甲酸丁二醇酯。聚醚醚酮、聚芳酯、聚苯酯则是20世纪70年代投入市场的工程塑料新品种的代表。后来还出现了某些塑料新品种，但塑料材料的发展更多的是用各种改性方法改进已有塑料材料的性能，增加已有各大品种的品级、规格，以满足日益拓宽的应用要求。可以预料，塑料材料的未来发展，仍将是新品种不断开发和已有品种的性能改进。新中国成立后，我国塑料工业几乎是从无到有并不断取得迅速发展。目前我国可生产现有的几乎所有塑料品种，塑料产量也跃入大国行列，并仍在迅速发展之中。在所有高分子材料中，塑料的应用最广，品种最多，生产量最大，与人们生活和技术发展关系最密切，发展潜力极大。

3.2.3 塑料的组分

单组分的塑料基本上是由聚合物组成的，典型的是聚四氟乙烯，不加任何添加剂。聚乙烯、聚丙烯等，只加少量添加剂。但多数塑料品种是一个多组分体系，除基本组分聚合物之外，尚包含各种各样的添加剂。聚合物的含量一般为40%～100%。通常最重要的添加剂可分成四种类型：有助于加工的润滑剂和热稳定剂；改进材料力学性能的填料、增强剂、抗冲改性剂、增塑剂等；改进耐燃性能的阻燃剂；提高使用过程中耐老化性的各种稳定剂。

主要的添加剂及其作用简单介绍如下。

1. 填料及增强剂

为提高塑料制品的强度和刚性，可加入各种纤维状材料作增强剂。最常用的是玻璃纤维、石棉纤维，新型的增强剂有碳纤维、石墨纤维和硼纤维。填料的主要功能是降低成本和收缩率，在一定程度上也有改善塑料某些性能的作用，如增加模量和硬度、降低蠕变等。主要的填料有石英砂、硅酸盐(云母、滑石、陶土、石棉)、碳酸钙、金属氧化物、炭黑、玻璃珠、木粉等。增强剂和填料的用量一般为20%～50%。

增强剂和填料的增强效果取决于它们与聚合物界面分子间相互作用的状况。采用偶联剂处理填料及增强剂，可增加其与聚合物之间的作用力，通过化学键偶联起来，更好地发挥其增强效果。

2. 稳定剂

为了防止塑料在光、热、氧等条件下过早老化，延长制品的使用寿命，常加入稳定剂。稳定剂又称为防老剂，它包括抗氧剂、热稳定剂、紫外线吸收剂、变价金属离子抑制剂、光屏蔽剂等。

能抑制或延缓聚合物氧化过程的助剂称为抗氧剂。抗氧剂的作用在于它能消除老化反应中生成的过氧化自由基，还原烷氧基或羟基自由基等，从而使氧化的连锁反应终止。抗氧剂有取代酚类、芳胺类、亚磷酸酯类、含硫酯类等。一般而言，酚类抗氧剂对制品无污染和变色性，适用于烯烃类塑料或其他无色及浅色塑料制品。芳胺类抗氧剂的抗氧化效能高于酯类且兼有光稳定作用，缺点是有污染性和变色性。亚磷酸酯类是一种不着色抗氧剂，常用作辅助抗氧剂。含硫酯类作为辅助抗氧剂用于聚烯烃，它与酚类抗氧剂并用时有显著的协同效应。

热稳定剂主要用于聚氯乙烯及其共聚物。常用的热稳定剂有金属盐类和皂类，主要的有盐基硫酸铅和硬脂酸铅。其次有钙、镉、锌、钡、铝的盐类及皂类；有机锡类是聚氯乙烯透明制品必须用的稳定剂，它还有良好的光稳定作用；环氧化油和酯类，是辅助稳定剂也是增塑剂；螯合剂，是能与金属盐类形成络合物的亚磷酸烷酯或芳酯，单独使用并不见效，与主稳定剂并用时才显示其稳定作用，最主要的螯合剂是亚磷酸三苯酯。

紫外线吸收剂是一类能吸收紫外线或减少紫外线透射作用的化学物质，它能将紫外线的光能转换成热能或无破坏性的较长光波的形式，从而把能量释放，使聚合物免遭紫外线破坏。常用的紫外线吸收剂有多羟基苯酮类、水杨酸苯酯类、苯并三唑类、三嗪类、磷酸胺类等。

变价金属离子如铜、锰、铁离子，能加速聚合物（特别是聚丙烯）的氧化老化过程。变价金属离子抑制剂就是一类能与变价金属离子的盐联结为络合物，从而消除这些金属离子的催化氧化活性的化学物质。常用的变价金属离子抑制剂有醛和二胺缩合物、草酸胺类、酰肼类、三唑和四唑类化合物等。

光屏蔽剂是一类能将对聚合物有害的光波吸收，然后将光能转换成热能散射出去或将光反射掉，从而对聚合物起到保护作用的物质。光屏蔽剂主要有炭黑、氧化锌、钛白粉、锌钡白等黑色或白色的能吸收或反射光波的化学物质。

3. 润滑剂

加入润滑剂是为了防止塑料在成型加工过程中发生粘模现象。润滑剂可分为内外两种。外润滑剂主要作用是使聚合物熔体能顺利离开加工设备的热金属表面，这有利于它的流动和脱模。外润滑剂一般不溶于聚合物，只是在聚合物与金属的界面处形成薄的润滑剂层。内润滑剂与聚合物有良好的相溶性，能降低聚合物分子间的内聚力，从而有助于聚合物流动并降低内摩擦所导致的升温。最常用的外润滑剂是硬脂酸及其金属盐类，内润滑剂是低分子量的聚乙烯等。润滑剂的用量一般为0.5%～1.5%。

4. 抗静电剂

抗静电剂的作用是通过降低电阻来减少摩擦电荷，从而减少或消除制品表面静电荷的形成。大多数抗静电剂是吸水的化合物（电解质），它们基本上不溶于聚合物，易渗出到表面，形成亲水性导电层。抗静电剂一般是有机氮化物或具有醚结构的化合物。

5. 阻燃剂

阻燃剂是用以减缓塑料燃烧性能的助剂。

6. 着色剂

着色剂亦称色料，它赋予塑料制品各种色泽。着色剂分为染料和颜料两种。染料为有机化合物，常能溶于增塑剂或有机溶剂中。颜料可分为有机化合物和无机化合物两类，它们颗粒较大，通常不溶于有机溶剂。

7. 发泡剂

发泡剂是一类受热时会分解放出气体的有机化合物，它是制备泡沫塑料的助剂之一。最常用的发泡剂是偶氮二甲酰胺（AC）。

8. 偶联剂

增强剂或填料用偶联剂处理后可提高其效能，改善塑料制品的性能。常用的偶联剂有有机硅烷、有机钛酸酯等。

9. 变定剂（固化剂）

在热固性塑料成型时，线型的聚合物转变为体型交联结构的过程称为变定（固化）。在变定过程中加入的对变定起催化作用或本身参加变定反应的物质，称为变定剂（固化剂）。广义而言，各种交联剂也都可视为变定剂。

上述各种组分的加入应根据塑料制品的性能和用途不同而定。

3.2.4 塑料的性能

塑料性能包括塑料的力学性能、光学性能、热性能、燃烧性能、电性能、物理性能、老化性能及耐化学药品性。

塑料相对于金属来说，具有质量轻、比强度高、化学稳定性好、电绝缘性好、耐磨、减摩和自润滑性好等优点。另外，如透光性、绝热性等也是一般金属所不及的。但对塑料本身而言，各种塑料之间存在着性能上的差异。

1. 塑料的性能特点

1）塑料的优点

（1）相对密度小、质轻。质轻是塑料最大特性之一，一般塑料的相对密度为 0.9～2.3，具有很好的比强度。

（2）良好的减摩、耐磨和自润滑性能。塑料的摩擦因数较小，同时许多塑料如聚四氟乙烯、尼龙等具有良好的自润滑性能。

（3）电绝缘性能好。

（4）耐腐蚀性能好。一般塑料对酸、碱、大气腐蚀等化学介质具有良好的抵抗能力。

（5）具有消音吸振性。用它制作传动零件，可减少噪声，改善环境。

2）塑料（工程塑料）的缺点

（1）强度、刚度低，这是塑料作为工程结构材料使用的最大障碍之一。

（2）冲击韧性低。

（3）蠕变温度低。塑料在室温下受到载荷作用后即有显著的蠕变现象，产生冷流性，载荷大时甚至发生蠕变断裂。

（4）耐热性低、线膨胀系数大。大多数塑料只在 100℃以下使用，只有少数在 200℃左右的环境下长期使用。塑料的线膨胀系数比金属要大 3～10 倍，因此难以与金属件紧密结合。

（5）有老化现象。

2. 力学性能

力学性能包括拉伸性能、冲击性能、硬度、弯曲性能、压缩性能、耐疲劳及耐磨耗等。在塑料，尤其是工程塑料的所有性能中，力学性能通常是最基本也是最重要的性能。

1）强度

通常热塑性塑料强度一般在 50～100MPa，热固性塑料强度一般在 30～60MPa，强度较低；但塑料的比强度比较高，承受冲击载荷的能力同金属一样。

2）拉伸性能

拉伸性能是指度量塑料在拉断时能承受的拉力大小，同时测定塑料断裂之时能伸长的程度。不同类型的塑料通常通过测定其拉伸强度、断裂伸长率和拉伸弹性模量等指标来判断及进行比较。

拉伸强度是指在拉伸试验中直到试样断裂为止，试样在标线范围内单位原始横截面上所承受的最大拉伸应力，即

$$\sigma_t = \frac{p}{b \cdot d} \tag{3.2.1}$$

式中，σ_t 为拉伸强度，MPa；P 为试样断裂时最大拉伸负荷，N；b 为试样宽度，mm；d 为试样厚度，mm。

断裂伸长率是指拉伸负荷所引起的试样长度的增加率。即在拉伸试验中，试样断裂时标线间距离的增长量与原始标线间距离之比，以百分数表示。

$$\varepsilon_t = \frac{L - L_0}{L_0} \times 100\% \tag{3.2.2}$$

式中，ε_t 为断裂伸长率，%；L 为试样断裂时标线间距离，mm；L_0 为试样原始标线间距离，mm。

应力-应变图是指塑料试样在恒定的拉伸速率下，作用于物体的负荷所引起的应力和相应的变形之间的关系图（图 3.2.2），也可称应力-应变曲线。曲线包括弹性区和塑性区两部分。在弹性变形区，应力和应变成线性比例关系，也称比例极限，塑料表现出弹性行为；在塑性变形区，应力与应变不成比例关系，最后试样发生断裂。

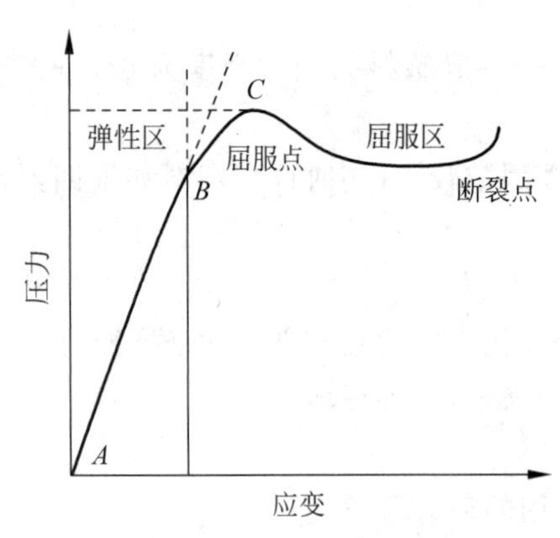

图 3.2.2 应力-应变图

弹性模量是指在应力-应变曲线的比例极限范围内，塑料所承受应力（拉伸、压缩、弯曲、剪切等）与塑料产生的相应应变之比，也称为杨氏模量，单位为 MPa。塑料可按照它们的相对刚度、脆性、硬度和韧性进行分类，而拉伸应力-应变曲线可以作为这种分类的基础。大致可分成五类：①软而弱塑料，弹性模量低，拉伸强度和断裂伸长率中等，典型代表是聚四氟乙烯；②软而强塑料，弹性模量低，拉伸强度较高，断裂伸长率大，如聚乙烯；③硬而脆塑料，弹性模量高，拉伸强度高，伸长率小，如酚醛、聚苯乙烯；④硬而强塑料，弹性模量高、拉伸强度高、具有一定伸长率，如聚氯乙烯、聚碳酸酯；⑤硬而韧塑料，弹性模量高，拉伸强度和伸长率也大，如尼龙。

3）冲击性能

冲击性能是表征塑料受高速冲击时，塑料材料抵抗破坏的能力，用于评价塑料脆性和韧性，这对工程设计是个很重要的指标。冲击性能试验方法国内较常用的是简支梁法和悬臂梁法。

冲击强度是指塑料试样在冲击负荷下试样破断时所吸收的冲击能量与试样原始横截面积之比，单位为 kJ/m^2。它是塑料韧性的一种量度。

$$a=\frac{A}{b \cdot d}\times 10^3 \tag{3.2.3}$$

式中,a 为无缺口试样冲击强度,kJ/m^2; A 为无缺口试样吸收冲击能量,J; b 为无缺口试样宽度,mm; d 为无缺口试样厚度,mm。

对某些冲击韧性高的塑料,为了降低试样破断时所吸收的能量,使得到的冲击值数据准确,重复性好,则需在试样中间开一个规定形状和规定尺寸的缺口。

$$A_k=\frac{a_k}{b \cdot d_k}\times 10^3 \tag{3.2.4}$$

式中,A_k 为缺口试样冲击强度,kJ/m^2; a_k 为缺口试样吸收冲击能量,J; b 为缺口试样宽度,mm; d_k 为缺口试样缺口剩余厚度,mm。

4) 弯曲性能

弯曲性能是指塑料承受垂直作用于其纵轴上的弯曲负荷的能力。对于设计者来说是有意义的,是应用设计的重要参考指标,它是通过弯曲试验来评定塑料的弯曲强度、弯曲模量及塑性形变大小。

弯曲强度是指塑料在弯曲负荷作用下,在到达规定宽度前或之时,负荷达到最大值时的弯曲应力,单位为 MPa。

$$\sigma_f=\frac{3Pl}{2bd^2} \tag{3.2.5}$$

式中,σ_f 为弯曲强度,MPa; P 为试样承受最大弯曲负荷,N; l 为试样跨度,mm; b 为试样宽度,mm; d 为试样厚度,mm。

挠度是指弯曲试验时,试样跨度中心的顶面或底面偏离原始位置的距离。在国家标准和国际标准化组织(ISO)标准中规定,挠度值一般为试样厚度的 1.5 倍,因为大多数塑料在此挠度值时已出现屈服现象,材料已失去了使用价值,若再继续试验,得到的数据准确性就会受到影响。

5) 硬度

硬度是指塑料材料对较硬物体侵入的抵抗能力,特别是塑料对永久形变、压痕或刻痕的抵抗能力。它是用于评价塑料的软硬程度,不能与塑料的耐磨损和耐磨蚀相混淆。硬度与拉伸强度、弹性模量等有一定关系,所以通过对硬度的测定也可大致了解塑料的其他力学性能。测定硬度的方法较多,塑料行业常用的是球压痕法和洛氏法。

球压痕硬度是指在一定负荷作用下,将规定直径的球压痕器垂直压入试样表面,得到保持一定时间后所压出的压痕深度;然后再计算出单位压痕面积上所承受的压力,表示该塑料的球压痕硬度,单位为 N/mm^2。硬度值越高,塑料越硬。对较软塑料通常用此法测定。

$$H=\frac{0.21P}{0.25\pi D(h-0.04)} \tag{3.2.6}$$

式中,H 为球压痕硬度,N/mm^2; P 为试验负荷,N; D 为压痕器直径,mm; h 为压痕深度,mm。

洛氏硬度是指把作用在一压头上的负荷从一固定的较小值增加到一较大位,然后返回到较小负荷测定压痕深度的净增加,表示塑料硬度。洛氏硬度不是以物理单位来表示,而是用一刻度符号代表压头尺寸、负荷和所用的刻度盘标度。根据塑料软硬程度,选用 M、L 和 R 三种标度。在每一标度下数值越高,材料越硬。对较硬的塑料目前国内外广泛采用此法测定。

6）压缩性能

压缩性能是描述塑料在较低的压缩负荷和均匀加载速率下的行为。尽管许多塑料产品在实际使用中都要承受压缩负荷，但是压缩性能不能作为设计零件的基础，除此之外，还必须考虑塑料冲击、蠕变和疲劳试验的结果。通常压缩性能为研究和开发、质量控制，以及是否达到产品规格和满足特殊用途和要求提供依据。

压缩强度是指塑料在压缩试验中，直到试样破裂时，原始最小截面积上所承受的最大压缩应力，单位为 MPa。

$$\sigma_c = \frac{P}{F} \tag{3.2.7}$$

式中，σ_c 为压缩强度，MPa；P 为压缩应力，N；F 为试样面积，mm^2。

压缩应变是指塑料在承受压缩负荷时，试样在纵向产生的单位原始高度的变化百分率，或塑料在承受压缩负荷时的缩短量与其原始长度的比值。

7）摩擦、磨损性能

虽然塑料的硬度低，但其摩擦、磨损性能优良，摩擦因数小，有些塑料有自润滑性能，很耐磨，可制作在干摩擦条件下使用的零件。

8）耐磨耗

耐磨耗是指塑料经受逐渐从其表面磨去塑料材料的机械作用（如摩擦、刮削或腐蚀）的能力。塑料的耐磨耗通常是用塑料与一种研磨剂对磨时的质量损失来测定的，工业上使用最广泛的研磨剂称为泰伯（Taber）研磨剂，并配以不同磨损度的各种磨轮，试验结果以每千转的质量损失（mg）表示，同时报告磨轮等级及测试时负荷大小。对较软塑料使用负荷较小的磨轮，塑料作为摩擦制件使用时，必须考核其磨耗及摩擦性能。聚甲醛、增强聚四氯乙烯的耐磨耗性能很好，可作为耐磨材料。

9）耐疲劳

塑料材料受到周期性重复的弯曲、拉伸、压缩或扭曲负荷的行为，一般称为疲劳。这种反复的周期性负荷，最终会造成塑料力学性能下降和裂纹扩展，而导致材料的完全破坏。耐疲劳是指用塑料材料受到交变负荷时的强度残余率表示的一种性能。耐疲劳是通过测定疲劳强度、疲劳极限等指标来评价。

疲劳强度是指在疲劳试验中，使试样在承受给定循环次数 N 时，产生疲劳破坏的应力值，称为循环 N 次时的疲劳强度 S_N。它可从应变-疲劳曲线上求得。

疲劳极限是指在疲劳试验中，应力反复循环多次（一般 N 为 10^7 次）而试样不被破坏或断裂的最大应力。在设计齿轮、管道、振动机械零件以及受交变压力作用的压力容器，耐疲劳数据具有实际重要意义。

10）蠕变

蠕变是指材料受到一固定载荷时，除了开始的瞬时变形外，随时间的增加变形逐渐增大的过程。由于塑料的蠕变温度低，因此塑料在室温下就会出现蠕变，通常称为冷流。

3. 热性能

热性能是塑料熔融温度、负荷热变形温度、维卡（Vicat）软化温度、分解温度、热稳定性、软化温度、玻璃化转变温度、线膨胀系数等与热或温度有关的性质的总称。由于塑料对温度变化极为敏感，在研究塑料力学、电学或化学性能时就必须得到这些性能数据的温度条件。聚合物分子量、聚合物结晶度、聚合物分子取向、聚合物分子间的结合力、交联程度和共聚作用对塑料热性能有明显影响。因此，从所得的热性能数据来设计塑料零件或选择塑料时，就必须全面了解温度对该塑料的短期和长期的性能影响。塑料的热性能与力学性能一样重要。

1）负荷热变形温度

将塑料标准试样浸在液体传热介质中，以恒速升温方式，施加一定的简支梁静弯曲负荷直到试样弯曲形变达到规定，此时的温度称为热变形温度，又称热畸变温度。通常用于控制产品质量和对塑料短期耐热性能作筛选分级：在一狭窄温度范围内，能区分哪种塑料会失去刚性，哪种塑料在高温下能经受住较轻的负荷。但用这个方法所得数据不能用于预测该塑料在高温下的耐热行为，也不能表示该塑料的长期耐热性，因此，不能作为设计零件或选择材料依据，还必须做长期耐热试验。

2）维卡软化温度

标准塑料试样浸在液体传热介质中，用规定速度等速升温，直到试样被截面积为 $1mm^2$ 的圆柱状平头针刺入 1mm 深度，此时的温度称为维卡软化温度。用这个方法所得的数据与负荷热变形数据的用途很相似，也是限于产品质量控制、开发和塑料材料表征，在比较热塑性材料热软化品质方面很有参考价值。对于没有明确熔点的塑料，例如有机玻璃、聚乙烯、聚苯乙烯和纤维素是很适用的。

3）熔体流动速率

熔体流动速率(MFR)是指塑料试样在规定的温度和压力条件下，从一个规定长度和直径的小孔中挤出的速率，单位为 g/10min。MFR 是用于表征热塑性塑料流动性能，MFR 越大、流动性越好，加工性能也越好。MFR 也是一种分子量倒数的量度，因为流动特性与分子量成反比，则低分子量聚合物的 MFR 就较高，反之亦然。MFR 的测定，不仅可控制工艺生产过程，使工艺生产重复、稳定，还可为塑料加工提供有参考价值的数据。

4）线膨胀系数

线膨胀系数可定义为单位温度变化条件下，塑料材料在长度上的变化量。塑料的膨胀系数是比较大的，为金属的 3～10 倍，因此在制造有金属嵌件的或与金属件紧密结合在一起的塑料制品时，常常会因为膨胀系数相差过大而造成开裂、脱落等。不同种类塑料热胀冷缩性能不同，一般用线膨胀系数来表示塑料膨胀或收缩程度。由于塑料的膨胀和收缩都比金属大 6～9 倍，而且不同塑料在相同温度范围内的膨胀和收缩也并非相同，膨胀系数之差往往会引起塑料内应力或应力集中，并造成过早破坏，所以测量和了解各类塑料的线膨胀系数对于塑料成型加工和塑料制品应用是很有必要的。一些通用塑料的线膨胀系数通常在$(1\sim20)\times10^{-5}/℃$。

5）玻璃化转变温度

玻璃化转变温度是指无定形高聚物由玻璃态转变成高弹态时的转变温度，以 T_g 表示。这是每种高聚物的特征温度，是非晶相热塑性塑料使用温度上限，是橡胶使用温度下限。测定高聚物的 T_g 的原理是：由于到达 T_g 时，许多物理性能，如比容、比热容、折射率、介电损耗、核磁共振吸收谱线宽度等都发生明显变化，根据其中某一特性变化而求得 T_g。

6）耐热性

耐热性用来确定塑料的最高允许使用温度范围。衡量耐热性的指标，通常有马丁

(Martens)耐热温度和热变形温度两种。热塑性塑料的马丁温度多数在100℃以下；热固性塑料的马丁温度一般均高于热塑性塑料，如有机硅塑料的马丁温度高达300℃。

7）导热性

塑料的导热性很差，导热系数一般只有0.84～2.1J/(m·h·℃)。

4. 光学性能

塑料的光学性能是指透光率、雾度、折射率和黄色指数。从应用实际出发，透光率和雾度是非常重要的。由于塑料具有独特的性能，如优良的透明度和透光度，容易模塑和机械加工，耐候性和力学性能都很好，所以已成功地用作光学塑料。例如，聚甲基丙烯酸甲酯、聚苯乙烯、聚碳酸酯等，用于制作光学透镜眼镜片、显微镜镜头、光学纤维等光学制品。

1）透光率

透光率是指透明塑料光线透过尺度。即标准光源的一束平行光垂直照射透明塑料时，平行光透过塑料材料的光通量与入射光光通量之比，以百分数表示。

$$T_t = \frac{T_2}{T_1} \times 100\% \tag{3.2.8}$$

式中，T_t 为透光率，%；T_2 为透过塑料的光通量；T_1 为入射光光通量。

2）雾度

雾度是指本来透明的试样由于在试样中或试样表面光散射而引起的云雾状外貌。

雾度的定义是标准光源的一束平行光垂直照射到透明塑料时，由于塑料内部或表面光散射，使平行光偏离入射方向，一般大于2.5°，以这样的散射光通量与透过塑料的光通量之比，以百分数表示。

$$H = \frac{T_d}{T_2} \times 100\% \tag{3.2.9}$$

式中，H 为雾度，%；T_d 为散射光通量；T_2 为透过塑料光通量。

雾度一般是由材料表面缺陷、密度变化或产生光散射的杂质引起的。一般地，透光率高的塑料，雾度比较低，清晰度就好。用于光学制品的塑料其透光率都要超过90%，而雾度不超过50%。

3）黄色指数

黄色指数是指无色透明、半透明塑料或接近白色的塑料偏离白色的程度。黄色指数是在标准光源照射下，测量表示塑料颜色的三刺激值如 x、y、z，然后通过计算得出的，即

$$Y_z = \frac{100(1.28x - 1.06z)}{y} \tag{3.2.10}$$

黄色指数测定主要是用于控制产品质量。

4）折射率

折射率可定义为光在真空中(或空气中)的速度与光在一透明试样中的速度之比。以光入射角的正弦与折射角的正弦之比表示。

折射率是透明材料的基本性能，对于设计摄影机的镜头、显微镜和其他光学设备来说是很重要的。塑料折射率一般都是用数字阿贝(Abbe)折射仪测定。

5. 化学性能

塑料一般都有较好的化学稳定性，对酸、碱等化学药品具有良好的抗腐蚀性能。这主要

是与高分子化合物纠缠在一起的长链结构，以及分子链上含有 C—C、C—H、C—O 这些牢固的共价键有着密切的关系。塑料的化学稳定性是指塑料受化学介质腐蚀的程度和快慢，这除了与介质的种类有关外，还与介质的温度、压力、制品内残存的内应力、孔隙数量等因素有关。

3.2.5　塑料的加工

塑料的成型加工一般可分为混合、混炼和成型加工等工序。

1. 混合与混炼

为了提高塑料制品的性能，用于成型加工制品的高分子材料往往是由多种树脂和各种添加剂组成，需要通过力场，如搅拌、剪切等操作，把这些组分混合成为一个高均匀度和分散度的整体，这个过程主要由混合与混炼工序来完成。

2. 成型加工

成型加工是指将各种形态的塑料（包括粒料、溶液或者分散体）制成所需要形状的制品或坯件的过程，是塑料制品或型材生产的必经工序。

成型加工方法很多，包括注射成型、挤出成型、中空成型、热成型、压缩模塑、层压与复合、树脂传递模塑成型、挤拉成型等，其中常用的是注射成型、挤出成型、中空成型。

塑料经成型后，某些制品还需要经过后加工工序才可作为成品出厂。后加工工序主要包括机械加工、修饰、装配等。后加工过程通常需要根据制品的要求选择，而不是每种制品都必须要进行后加工。

3.2.6　塑料的选用原则

1. 概述

迄今为止，树脂种类已达到上万种，实现工业化生产的也不下千余种。塑料材料的选用就是在众多的实用树脂品种中，选择一个合适的品种。在具体应用中，最常用的树脂品种也不外乎二三十种。因此，塑料材料的选择范围不是很广，可选品种不是很多，往往只局限于几个品种。

在实际选用过程中，有些树脂在性能上十分接近，难分伯仲。究竟选择哪一种更为合适，需要多方考虑、反复权衡才可以确定。因此，塑料材料的选用是一项十分复杂的工作，可遵循的规律并不十分明显。

需要特别注意是，从各种书刊上引用的塑料材料性能数据，都是在特定条件下测定的，这些条件可能与实际工作状态差别较大。在引用时一定要注意，与实际的使用条件和使用环境是否相吻合，如不吻合，则要将所引数据转换成实际使用条件下的性能，或按实际使用条件重新测定。

面对一个要开发的产品，选材应遵循如下步骤：首先，要确定这个产品是否可选用塑料材料制造；其次，如果确定可用塑料材料来制造，则究竟选用哪种塑料材料，是进一步需要考虑的因素。

在选择最合适的塑料材料时往往从以下因素中考虑。

（1）制品要求的使用性能。在制品要求的使用性能方面，须考虑制品的使用条件（包括受力条件、电能状况、透过性、透明性、精度及外观等）和制品的使用环境（包括环境温度、环境湿度、接触介质，以及环境的光、氧、辐射等）两方面。

（2）原料的可加工性。在原料的可加工性方面，须考虑加工难易性、加工成本、加工废料、加工精度、加工形状等因素。

（3）制品的成本。

（4）原料的来源。

任何一种材料都不可能尽善尽美，总会存在这样或那样的不足，从而限制了在某些特定场合的应用。塑料材料在众多材料中具有很多突出的性能，也有其自身的局限性，但同其他材料相比，其局限性较小，应用范围较广。

2. 各种材料的性能比较

目前应用的材料有金属、玻璃、陶瓷、水泥、石材、塑料、橡胶及纤维等，不同品种材料的性能比较见表 3.2.1。

表 3.2.1 不同品种材料的性能

材料性能	钢	铝	铜	玻璃	陶瓷	木材	高密度聚乙烯	聚碳酸酯	30%GF PA610
相对密度	7.8	2.8	8.4	2.6	2.1～2.94	0.28～0.9	0.95	1.21	1.45
线膨胀系数/$\times10^{-5}K^{-1}$	1.2	2.4	1.8	0.58	0.3～0.6	0.9～2.4	13.4	7.0	3.28
热导率/(10^2 W/(m·K))	0.6	2.1	3.8	0.5	0.4	0.0011	0.0044	0.019	0.022
拉伸强度/MPa	550	470	390	6～8	20～260	—	29	65	256
冲击强度/(J/m)	70	168	46	脆	脆	—	30	54	177
比强度	70	168	46	3	10～86	—	30	54	176

从表 3.2.1 中可以看出，不同材料的性能大不相同。在强度方面，以金属材料最好，特种陶瓷和纤维增强工程塑料次之；在比强度方面，以金属铝和纤维增强工程塑料最好；冲击强度以金属、塑料为好；在耐热方面，以陶瓷、金属和玻璃最好，塑料次之，木材最小；密度以塑料和木材最小，木材中以泡桐最轻，塑料中以泡沫塑料最轻；线膨胀系数以塑料最大，陶瓷最小；导热性以塑料、木材最小，玻璃、陶瓷次之，金属最大。

3. 不宜选用塑料的条件

一般情况，在下列使用条件下，不宜选用塑料材料而应选用其他材料。

1）要求材料强度特别高

超强纤维增强的工程塑料虽然强度会大幅提高，并且比强度高于钢，但在大载荷应用场合，例如拉伸强度超过 30MPa 时，塑料材料仍满足不了需要。此时只好用高强度金属材料或超级陶瓷材料。

2）要求耐热温度高

塑料的最高使用温度一般不超过 400℃，而且大多数塑料的使用温度都在 100～260℃范围内；只有不熔聚酰亚胺、液晶聚合物、聚苯酯、聚苯并咪唑（PBI）、聚硼二苯基硅氧烷（PBP）的热变形温度可大于 300℃。因此，如果使用环境的温度长期超过 400℃，则几乎没有塑料材料可供选用；如果使用环境的温度短期超过 400℃，甚至达到 500℃以上，并且无较大的负荷，则有些耐高温塑料可短时使用。不过以碳纤维、石墨或玻璃纤维增强的酚醛等热固性塑料很特别，虽然其长期耐热温度不到 200℃，但其瞬时可耐上千摄氏度高温，可用作耐烧蚀材料，用于导弹外壳及宇宙飞船面层。

3）要求尺寸精度高

由于塑料材料的成型收缩率大且不稳定，塑料制品受外力作用时产生的变形大，热膨胀系数比金属大几倍，因此，塑料制品的尺寸精度不高，很难生产高精度产品。对于 1、2 级精度的制品，建议尽可能不要选用塑料材料，而选用金属或高级陶瓷。

4）高绝缘性材料

在超高压电力输送环境中，要求绝缘材料的耐电晕性特别突出。而塑料材料除聚乙烯、聚酰亚胺及交联聚乙烯(XLPE)的耐电晕性较好外，其他塑料的耐电晕性都不好。但聚乙烯、聚酰亚胺及 XLPE 的耐电晕性只可用于 550kV 以下的高压，对于超过 550kV 以上的超高压绝缘材料，几乎没有一种塑料材料可以满足要求。此时，建议选用云母等其他绝缘材料。

5）高导电材料

塑料材料素以绝缘性能好而著称，但近年来开发出不少导电性塑料品种，具体有聚乙炔、聚苯胺、聚吡咯、聚噻吩(PTP)等，这些导电树脂的导电性能接近于导电金属。但在目前的开发阶段，塑料导体仍存在诸多不足。例如，导电性能不高，强度低，原料价格十分昂贵，成型加工困难。为此，在最近一段时期内，除非使用环境特殊需要(如质轻、形状复杂、耐腐蚀等)，建议不用塑料材料作高导电材料，而选用导电金属材料。

6）高磁性材料

传统的磁性材料一直为铁氧体和稀土两类。近年来开发的磁性塑料材料一直为树脂与磁粉的复合材料，其磁性不高，只能用于对磁性要求不高的场合。最近，对磁性塑料材料的开发已取得一些进展，但真正可用作高磁性材料的塑料尚处于研究开发阶段。因此，建议不要选用塑料材料作高磁性材料，而低磁性材料可选用复合磁性塑料材料。

4. 选用塑料的适宜条件

1）要求制品轻质

塑料材料的相对密度在 0.83～2.2，在众多材料中只比木材的相对密度稍高一点(木材的相对密度在 0.28～0.98)，而且泡沫塑料材料的相对密度更低，在 0.1～0.4，高发泡塑料制品的相对密度甚至比 0.1 还要低得多。为此，在制品特别强调轻质，而木材又不能满足需要时，一般选用塑料或泡沫塑料。

2）要求制品比强度高

比强度为材料的强度与材料的相对密度的比值。在各种材料中，塑料具有最高的比强度，比特种合金铝还要高。在一些既要求减重又要求高强度的中、低载荷使用环境中，塑料材料是最合适的材料品种。在汽车工业中，塑料结构件的使用量已达到 10%以上，而且正逐步增长；在飞机及航天工具上，使用塑料减重的意义更巨大。

3）制品的形状复杂

在各种材料中，塑料具有易加工的特点，它适于成型形状复杂的制品。对于形状复杂的制品，宜采用易加工的塑料材料，用注塑方法成型。例如，一个汽车用油箱，用金属材料制造，由 5 个部件组成，需要 23 道工序，加工费占总成本的 50%；用塑料材料制造，由 3 个部件组成，只需 3 道工序，加工费仅占总成本的 20%～30%。

4）中低载荷作用下的结构制品

由于塑料材料在强度上不及高强度金属材料和特种陶瓷材料，且其强度值随温度、湿度的升高而迅速下降。所以，它不适于连续高温且有载荷作用场合使用，只适用于中低温度下、中低载荷作用的结构制品。

5）要求制品的耐腐蚀性好

塑料具有很高的耐腐蚀性，其耐腐性仅次于玻璃及陶瓷材料。不同品种塑料的耐腐蚀性不同，在塑料中聚四氟乙烯的耐腐蚀性最好，可耐各种强酸、强碱及强氧化剂；其他塑料大都不耐强酸、强碱及强氧化剂。一些化工管道、容器及需要润滑的结构部件都宜用耐腐蚀塑料材料制造。

6）要求综合性能好的制品

在所有材料中，塑料的综合性能最高。以聚碳酸酯及聚砜为例，在其大分子中，同时具有刚、韧、硬的性能，即具有耐拉伸、弯曲、压缩、剪切、冲击、磨损，以及耐腐蚀、电绝缘性优异等优点。因此，在一些要求综合性能好的制品，如力学性能、热性能、电性能、环境性都要求时，应选用塑料材料。

7）要求具有自润滑性的制品

很多塑料品种都具有优异的自润滑性，如聚酰胺、聚甲醛、超高分子量聚乙烯(UHMWPE)、聚酰亚胺及聚四氟乙烯(F4)等。在很多场合，摩擦接触的结构制品禁止使用润滑剂，以防止污染，如食品、纺织、日用及医药机械等。用自润滑性塑料材料制造运动型结构制品，不经润滑即可正常运动，而且可避免污染。

8）要求制品具有防振、隔热、隔音性能

塑料，尤其是泡沫塑料同时具有优异的防振、隔热、隔音性能，只有木材具有相近的性能，而其他材料都无可比拟。在防振应用上，软质聚氨酯、聚乙烯、聚苯乙烯泡沫塑料最为常用，其中软质聚氨酯泡沫塑料常用于体育器材，而聚乙烯、聚苯乙烯常用于防振包装。在隔热应用中，常用硬质聚氨酯、聚苯乙烯、酚醛和脲醛等泡沫塑料。在隔音应用中，聚苯乙烯泡沫塑料最常用。

3.3 橡胶

3.3.1 橡胶的定义和分类

橡胶是有机高分子弹性化合物，在很宽的温度范围(−50～150℃)内具有优异的弹性，所以又称为高弹体。

橡胶具有独特的高弹性，还具有良好的疲劳强度、电绝缘性、耐化学腐蚀性以及耐磨性等，这使它成为国民经济中不可缺少和难以代替的重要材料。橡胶是常用的弹性材料、密封材料、减振防振材料和传动材料。

橡胶按其来源可分为天然橡胶和合成橡胶两大类。天然橡胶是从自然界含胶植物中制取的一种高弹性物质；合成橡胶是用人工合成的方法制得的高分子弹性材料。

合成橡胶品种很多，按其性能和用途可分为通用合成橡胶和特种合成橡胶。凡性能与天然橡胶相同或相近、广泛用于制造轮胎及其他大量橡胶制品的，称为通用合成橡胶，如丁苯橡胶、顺丁橡胶、氯丁橡胶、丁基橡胶等。凡具有耐寒、耐热、耐油、耐臭氧等特殊性能，用于制造特定条件下使用的橡胶制品的，称为特种合成橡胶，如丁腈橡胶、硅橡胶、氟橡胶、聚氨酯橡胶等。但是，特种橡胶随着其综合性能的改进、成本的降低以及推广应用的扩大，也可以作为通用合成橡胶使用，例如乙丙橡胶、丁基橡胶等。

合成橡胶还可按大分子主链的化学组成的不同分为碳链弹性体和杂链弹性体两类。碳链弹性体又可分为二烯类橡胶和烯烃类橡胶等。

3.3.2 橡胶的组成

单纯的橡胶(生胶)尽管具有高弹性等一系列优越性能，但它还存在一些缺点，如强度低，适应的温度范围窄，耐老化性差，在溶剂中易溶解或溶胀等，不能够满足生产工艺和实际应用的要求。所以，为了制得符合使用性能要求的橡胶制品，改善橡胶加工工艺性能以及降低成本等，就必须在生胶中加入各种配合剂。即实用的橡胶制品是由生胶和配合剂组成的。

1. 生胶

生胶为橡胶制品的主要成分，它决定了橡胶的物理化学性质。生胶包括天然橡胶和合成橡胶。

1）天然橡胶

天然橡胶来源于自然界中含胶植物，它是一种以聚异戊二烯为主要成分的天然高分子化合物，其成分中91%～94%是橡胶烃(聚异戊二烯)。天然橡胶是应用最广的通用橡胶，从橡胶树上采集的乳胶经过稀释后加酸凝固、洗涤，然后压片、干燥、打包，即制得市售的天然橡胶。天然橡胶综合性能优异，具有广泛用途。

2）合成橡胶

合成橡胶是人工合成的高弹性聚合物，以煤、石油、天然气为原料制成。合成橡胶品种很多，主要有丁苯橡胶、顺丁橡胶、乙丙橡胶、氟橡胶、硅橡胶、丁腈橡胶、聚丙烯酸酯橡胶、聚氨酯橡胶等。

2. 配合剂

配合剂是指为了使橡胶获得某种必要的性质和改善加工工艺性能，以及降低成本而加入的化学物质。配合剂种类较多，根据在橡胶中所起的作用，配合剂主要包括：硫化剂、硫化促进剂、防老剂、增塑剂和填料等。有些配合剂在不同的橡胶中起着不同的作用，也可能在同一橡胶中起着多方面的作用。

1）硫化剂

在一定条件下能使橡胶发生交联的物质，称为硫化剂。常用的硫化剂有硫黄、含硫化合物、金属氧化物、过氧化物等。

2）硫化促进剂

凡是能加快橡胶与硫化剂反应速率，缩短硫化时间，降低硫化温度，减少硫化剂使用量，并能改善硫化胶物理机械性能的物质，都称为硫化促进剂。常用的有机促进剂有硫醇基苯并噻唑、二硫化二苯并噻唑、二硫化四甲基秋兰姆等。

3）补强剂和填充剂

能够提高橡胶物理机械性能的物质称为补强剂，能够在胶料中增加容积的物质称为填充剂（增容剂）。这两者无明显界限，通常一种物质兼有两类的作用，既能补强又能增容，但在分类上以是否起主导作用为依据。最常用的补强剂是炭黑，其次是白炭黑、碳酸镁、活性碳酸钙、活性陶土等。常用的填充剂有硫酸钡、滑石粉、云母粉等。

4）防老剂和增塑剂

防老剂是一类能够抑制橡胶老化，从而延长橡胶制品使用寿命的物质。物理防老剂主要有石蜡、微晶蜡等物质，化学防老剂主要有酚类和胺类。

增塑剂是指能够提高橡胶的可塑性和流动性，改善硫化胶的某些性能的物质。常用的物理增塑剂包括硬脂酸、油酸、松焦油、三线油、六线油等。化学增塑剂大多是含硫化合物，如噻唑类、胍类促进剂、硫酚、亚硝基化合物等。

3.3.3 橡胶的结构与性能

1. 结构特征

作为橡胶材料使用的聚合物，在结构上应符合以下要求，才能充分表现橡胶材料的高弹性能。

(1) 大分子链具有足够的柔性，玻璃化温度应比室温低得多。这就要求大分子链内旋转势垒较小，分子间作用力较弱，内聚能密度较小。橡胶类聚合物的内聚能密度一般在 $290kJ \cdot cm^{-3}$ 以下，比塑料和纤维类聚合物的内聚能密度低得多。

只有在 T_g 以上，聚合物才能表现出高弹性能，所以橡胶材料的使用温度范围在 T_g 与熔融温度之间。表 3.3.1 列举了几种橡胶类聚合物的玻璃化温度及使用温度范围。

表 3.3.1 几种主要橡胶的玻璃化温度及使用温度范围

名称	T_g/℃	使用温度范围/℃	名称	T_g/℃	使用温度范围/℃
天然橡胶	−73	−50～120	丁腈橡胶(70/30)	−41	−35～175
顺丁橡胶	−105	−70～140	乙丙橡胶	−60	−40～150
丁苯橡胶(75/25)	−60	−50～140	聚二甲基硅氧烷	−120	−70～275
聚异丁烯	−70	−50～150	偏氟乙烯-全氟丙烯共聚物	−55	−50～300

(2) 在使用条件下不结晶或结晶度很小。例如，聚乙烯、聚甲醛等在室温下容易结晶，故不宜用作橡胶材料。但是，如天然橡胶等在拉伸时可结晶，而除去负荷后结晶又熔化，这是最理想的，因为结晶部分能起到分子间交联作用而提高模量和强度，去载后结晶又熔化，不影响其弹性恢复性能。

(3) 在使用条件下无分子间相对滑动，即无冷流，因此大分子链上应存在可供交联的位置，以进行交联，形成网络结构。

2. 性能

1）有橡胶状弹性（高弹性）

橡胶由若干细长而柔顺的分子链组成，分子链通常错曲成无规线团状，相互缠曲，当受外力拉伸时分子链就伸直,外力去除后又恢复错曲。故橡胶的弹性模量低,变形量大,形变快速可逆。橡胶的弹性模量小,一般在 10～100cN/cm^2。与能弹性不同,它是由于大分子链形状的改变,即源于构象熵的变化,故属熵弹性。所以,伸长变形即使达 100%,仍表现有可复原的特性,这就是橡胶状弹性。

2) 具有黏弹性

橡胶是黏弹性体,在外力作用下产生的形变等行为受时间、温度等条件的支配,表现明显的应力松弛和蠕变现象。在振动或交变应力等作用下产生滞后,服从时温等效法则。

3) 有缓冲减振作用

橡胶的柔软性、弹性、黏弹性等的结合,对声音及振动的传播有缓冲作用,可利用这点来防除噪声和振动公害。

4) 对温度依赖性大

橡胶因黏弹性而显著受温度影响。例如,橡胶在低温时处于玻璃态,并进而脆化;在高温时则发生软化、熔融、热氧化、热分解,以至燃烧。

5) 具有电绝缘性

橡胶是高分子电介质,但是也可加入某些助剂降低绝缘性,制备导电橡胶。

6) 有老化现象

如同金属之腐蚀、木材之腐朽一样,橡胶也会因环境条件的变化而发生老化。

7) 必须加入配合剂

为提高橡胶材料的工程价值,一般都必须在橡胶中加入各种配合剂。

此外,橡胶质软、硬度低、柔软性好,透气性差,可做气密性材料及防水性材料等。正是由于上述的宝贵性能,橡胶材料和橡胶制品的应用范围特别广泛;对农业、工业、国防和科学技术的现代化,对促进交通运输业,满足人民生活的需要都起着极为重要的作用。

3. 结构与性能的关系

橡胶的性能,如弹性、强度、耐热性、耐寒性等与分子结构和超分子结构密切相关。

1) 弹性、强度与结构的关系

弹性和强度是橡胶材料的主要性能指标。分子链柔顺性越大,橡胶的弹性就越大。线型大分子链的规整性越好,等同周期越大,含侧基越少,链的柔顺性越好,则橡胶的弹性越好。例如,高顺式聚 1,4-丁二烯是弹性最好的橡胶。此外,分子量越高,则橡胶的弹性和强度越大。橡胶的分子量通常为 10^5～10^6,比塑料类和纤维类要高。

交联使橡胶形成网状结构,可提高橡胶的弹性和强度。但是交联度过大时,交联点间网链分子量太小,强度大而弹性差。

橡胶在室温下是非晶态时才具有弹性。但结晶对强度影响较大,结晶性橡胶拉伸时形成的微晶能起网络结点作用,因此纯硫化胶的抗张强度比非结晶橡胶高得多。

2) 耐热性和耐老化性能与结构的关系

橡胶的耐热性主要取决于主链上化学键的键能。含有 C—C、C—O、C—H 和 C—F 键的橡胶具有较好的耐热性,如乙丙橡胶、丙烯酸酯橡胶和含氟橡胶等。橡胶中的弱键能引发降解反应,对耐热性影响很大。不饱和橡胶主链上的双键易被臭氧氧化,次甲基的氢也易被氧化,因而耐老化性差。饱和性橡胶没有降解反应途径,从而耐热氧老化性好,如乙丙橡胶、硅橡胶等。此外，带供电取代基者容易氧化，如天然橡胶。而带吸电取代基者较难氧化，如氯丁橡胶，由于氯原子对双键和 α 氢的保护作用，使它成为双烯类橡胶中耐热性最好的橡胶。

3）耐寒性与结构的关系

当温度低于玻璃化温度（T_g）时，或者是由于结晶，橡胶将失去弹性。因此，降低其 T_g 或避免结晶，可以提高橡胶材料的耐寒性。

降低 T_g 的途径有：降低分子链的刚性；减小链间作用力；提高分子的对称性；与 T_g 较低的聚合物共聚；支化以增加链端浓度；减少交联键，以及加入溶剂和增塑剂等。避免结晶，则可以通过以下方法使结构无规化：无规共聚；聚合之后无规地引入基团；进行链支化和交联，采用不导致立构规整性的聚合方法及控制几何异构等。

4）化学反应性与结构的关系

橡胶的化学反应性有两个方面：一是有利的反应，如交联反应或进行取代等改性反应；二是有害的反应，如氧化降解反应等。上述两方面反应往往同时存在。例如，二烯烃类橡胶主链上的双键，一方面为硫化提供了交联的位置，同时又易受氧、臭氧和某些试剂所攻击。为了改变不利的一面，可以制成大部分结构的化学活性很低，而引入少量可供交联的活性位置的橡胶，例如丁基橡胶、三元乙丙橡胶、丙烯酸酯橡胶及氟橡胶等。

5）加工性能与结构的关系

结构对橡胶加工中熔体黏度、压出膨胀率、压出胶质量、混炼特性、胶料强度、冷流性以及黏着性有较大影响。

橡胶的分子量越大，则熔体黏度越大，压出膨胀率增加，胶料的强度和黏着强度都随之增大。橡胶的分子量通常大于缠结的临界分子量。分子链的缠结，引入少量共价交联键或离子键合键、早期结晶等热短效交联，都可以减少冷流和提高胶料强度。

橡胶的分子量分布一般较宽，其中高分子量部分提供强度，而低分子量部分起增塑剂作用，可提高胶料流动性和黏性，增加胶料混炼效果，改善混炼时胶料的包辊能力。同时，加宽分子量分布，可有效地防止压出胶产生鲨鱼皮表面和熔体破裂现象。长链支化也可改善胶料的包辊能力。

此外，胶料的黏着性与结晶性有关。结晶性橡胶，在界面处可以由不同胶块的分子链段形成晶体结构，从而提高了黏着程度；对于非结晶性橡胶，则需加入添加剂。

3.3.4 橡胶的加工

橡胶制品加工用原材料包括生胶、配合剂、纤维材料、金属材料等。橡胶制品加工过程为：生胶经烘胶、切胶、塑炼后，与粉碎后配好的配合剂混炼，再与纤维材料或金属材料经压延、挤出、裁剪、成型、硫化、修整、成品校验后，得到各种橡胶制品。橡胶制品生产工艺流程如图 3.3.1 所示。

1. 塑炼

生胶由于黏度过高或均匀性较差等，往往难以加工。将生胶进行一定的加工处理，使其获得必要的加工性能的过程称为塑炼，通常在炼胶机上进行。塑炼工艺进行之前，往往需要进行烘胶、切胶、选胶、破胶等预加工处理。

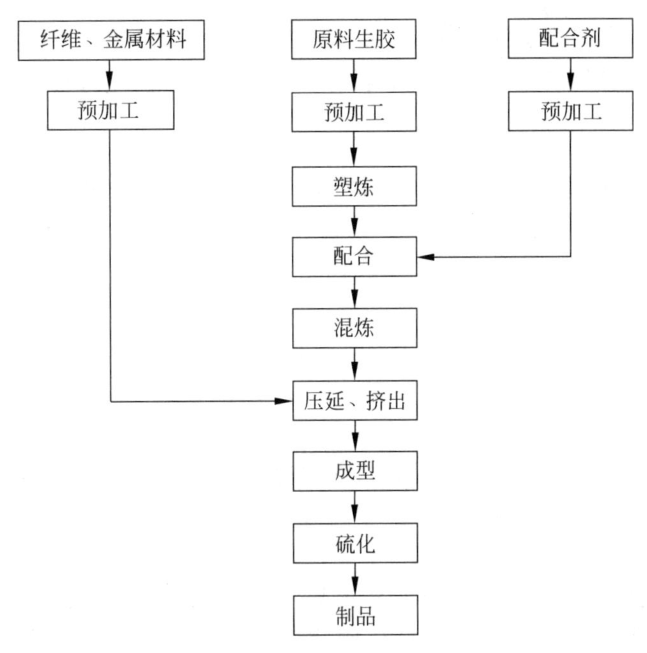

图 3.3.1　橡胶制品生产工艺流程

生胶塑炼方法很多，但工业化生产多采用机械塑炼法。依据设备的不同分为开炼机塑炼、密炼机塑炼和螺杆塑炼机塑炼三种。

1）开炼机塑炼

生胶在滚筒内受到前后辊相对速度不同而引起的剪切力以及强烈的挤压和拉撕作用，橡胶分子链被扯断，从而获得可塑性。

2）密炼机塑炼

生胶经过烘、洗、切加工后，橡胶块经皮带秤称量，通过密炼机投料口进入密炼机的密炼室内进行塑炼，当达到给定的功率和时间后便自动排胶，排下的胶块在开炼机或挤出压片机上捣合，并连续压出胶片，然后胶片被涂上隔离剂，挂片风冷，成片折叠，定量切割，停放待用。

3）螺杆塑炼机塑炼

首先将生胶切成小块，并预热至 70～80℃。其次，预热机头、机身与螺杆，使其达到工艺要求的温度。塑炼时，以均匀的速度将胶块填入螺杆机投料口，并逐步加压，生胶由螺杆机机头口型的空隙中不断排出，再用运输带将胶料送至压片，冷却停放，以备混炼用。

2. 混炼

为提高橡胶制品的性能、改善加工工艺和降低成本，通常在生胶中加入各种配合剂，在炼胶机上将各种配合剂加入生胶而制成混炼胶的过程称为混炼。混炼除了要严格控制温度和时间外，还需要注意加料顺序。混炼越均匀，制品质量越好。

（1）混炼准备工艺：粉碎、干燥、筛选、熔化、过滤和脱水。

（2）混炼方法：开炼机混炼和密炼机混炼。

3. 共混

单一种类橡胶在某些情况下不能满足产品的要求，采用两种或两种以上不同种类橡胶或塑料相互掺和，能获得许多优异性能，从而满足产品的使用性能。采用机械方法将两种或两种以上不同性质的聚合物掺和，制成宏观均匀混合物的过程称为共混。

4. 压延

压延是橡胶工业的基本工艺之一，它是指混炼胶胶料通过压延机两辊之间，利用辊筒间的压力使胶料产生延展变形，制成胶片或胶布(包括挂胶帘布)半成品的一种工艺过程。它主要包括贴胶、擦胶、压片、贴合和压形等操作。

1）压延准备工艺

压延准备工艺包括热炼、供胶、纺织物烘干和压延机辊温控制。

2）压延工艺

(1）压片。

压片是指将已预热好的胶料，用压延机在辊速相等的情况下，压制成一定厚度和宽度胶片的压延工艺。胶片表面应光滑无气泡、不起皱、厚度一致。

(2）贴合。

贴合是指通过压延机将两层薄胶片贴合成一层胶片的作业，通常用于制造较厚、质量要求较高的胶片，以及由两种不同胶料组成的胶片、夹布层胶片等。

(3）压形。

压形是指将胶料压制成一定断面形状的半成品或表面有花纹的胶片，如胶鞋底、车胎胎面等。

(4）纺织物贴胶和擦胶。

纺织物贴胶和擦胶是指借助于压延机，为纺织材料(帘布、帆布、平纹布等)挂上橡胶涂层或使胶料渗入织物结构的作业。贴胶是用辊筒转速相同的压延机在织物表面挂上(或压贴上)胶层；擦胶则是通过辊速不等的辊筒，使胶料渗入纤维组织之中。贴胶和擦胶可单独使用，也可结合使用。

5. 挤出

挤出是橡胶工业的基本工艺之一。它是指利用挤出机使胶料在螺杆或柱塞推动下，连续不断地向前进，然后借助于口模挤出各种所需形状的半成品，以完成造型或其他作业的工艺过程。

(1）喂料挤出工艺。

喂入胶料的温度超过环境温度，达到所需温度的挤出操作。

(2）冷喂料挤出工艺。

冷喂料挤出即采用冷喂料挤出机进行的挤出。挤出前胶料不需热炼，可直接供给冷的胶条或黏状胶料进行挤出。

(3）柱塞式挤出机挤出工艺。

柱塞式挤出机是最早使用的挤出设备，目前应用范围逐渐缩小。

(4）特殊挤出工艺。

包括剪切机头挤出工艺、取向口型挤出工艺和双辊式机头口型挤出工艺。

6. 裁断

轮胎及其他橡胶制品中，常用纤维帘布、钢丝帘线等骨架材料为骨架，使其制品更为符合使用要求。在橡胶制品的加工中，常将挂胶后的纤维帘布、细布及钢丝帘布裁成一定宽度和角度，供成型加工使用。裁断工艺分为纤维帘布裁断和钢丝帘布裁断两大类。

7. 硫化

在加热或辐射的条件下，胶料中的生胶与硫化剂发生化学反应，由线形结构的大分子交联成为立体网状结构的大分子，并使胶料的力学性能及其他性能发生根本变化，这一工艺过程称为硫化。硫化方法分为室温硫化法、冷硫化法、热硫化法三种。

硫化是橡胶加工的主要工艺之一，也是橡胶制品生产过程的最后一道工序，对改善胶料力学性能和其他性能，使制品能更好地适应和满足使用要求至关重要。

3.3.5　常用的橡胶

1. 天然橡胶

天然橡胶(NR)的利用始于15世纪，主要来源于巴西等国。中国天然橡胶产量占世界第四位。

天然橡胶的主要成分是橡胶烃，是由异戊二烯链节组成的天然高分子化合物，相对分子质量为3万～3000万，多分散性指数为2.8～10，并具有双峰分布规律。因此，天然橡胶具有良好的物理力学性能和加工性能。

天然橡胶具有一系列优良的物理力学性能，是综合性能最好的橡胶。一些物理常数见表3.3.2。

表3.3.2　天然橡胶的物理常数

项　　目	生　　胶	纯胶硫化胶	项　　目	生　　胶	纯胶硫化胶
密度/(g/cm^3)	0.906～0.916	0.920～1.000	折射率(n_D)	1.5191	1.5264
体积膨胀系数/K^{-1}	670×10^{-6}	660×10^{-6}	电容率(1kHz)	2.37～2.45	2.5～3.0
导热系数(W/(m·K))	0.134	0.153	电导率(60s)/(S/m)	2～57	2～100
玻璃化温度/K	201	210	体积弹性模量/MPa	1.94	1.95
熔融温度/K	301	—	抗张强度/MPa	—	17～25
燃烧热/(kJ/kg)	−45	−44.4	断裂伸长率/%	75～77	750～850

(1) 具有良好的弹性。弹性模量约为钢铁的1/30000，而伸长率为钢铁的300倍。回弹率在0～100℃范围内可达50%甚至80%以上，伸长率最大可达1000%。

(2) 具有较高的力学强度。天然橡胶是一种结晶性橡胶，在外力作用下拉伸时可形成结晶，产生自补强作用。纯胶硫化胶的抗张强度为17～25MPa，炭黑补强硫化胶可达25～35MPa。

(3) 具有很好的耐屈挠疲劳性能，滞后损失小，多次变形时生热低。

此外，还具有良好的耐寒性、优良的气密性、防水性、电绝缘性和绝热性。

天然橡胶的缺点是耐油性差，耐臭氧老化性和耐热氧老化性差。天然橡胶为非极性橡胶，因此，易溶于汽油和苯等非极性有机溶剂。天然橡胶含有不饱和双键，因此化学性质活泼。在空气中易与氧进行自动催化氧化的连锁反应，使分子断链或过度交联，使橡胶发生黏化和龟裂，即发生老化现象，未加防老剂的橡胶曝晒4～7天即出现龟裂；与臭氧接触几秒钟内即发生裂口。加入防老剂可以改善其耐老化性能。

天然橡胶是用途最广泛的一种通用橡胶。大量用于制造各类轮胎、各种工业橡胶制品，如胶管、胶带和工业用橡胶杂品等。此外，天然橡胶还广泛用于日常生活用品，如胶鞋、雨衣等，以及医疗卫生制品。

2. 合成橡胶

合成橡胶（synthetic rubber）又称人造橡胶，即用人工合成的方法经由单体聚合而制成的弹性高分子化合物，一般均需经过硫化和加工才具有实用价值。合成橡胶的弹性及耐寒性比天然橡胶差，但耐磨、耐温、耐老化及耐腐蚀性则优于天然橡胶。生产合成橡胶的原料主要是石油、天然气和煤，其次是木材和农副产品。目前合成橡胶的种类很多，根据化学结构有烯烃类、二烯烃类和元素有机类。习惯上按其性能和用途，可分为性能与天然橡胶接近、可以代替天然橡胶的通用橡胶，以及具有特殊性能的特种橡胶。目前主要有七大品种：丁苯橡胶、顺丁橡胶、氯丁橡胶、异戊橡胶、丁基橡胶、乙丙橡胶和丁腈橡胶，另外较重要的还有聚氨酯橡胶、聚硫橡胶、氟橡胶和硅橡胶等。

1）丁苯橡胶

丁苯橡胶（styrene butadiene rubber，SBR）又称聚苯乙烯丁二烯共聚物，由丁二烯和苯乙烯共聚制得。丁苯橡胶是最早工业化的合成橡胶，1937 年由德国首先实现工业化生产，它是产量最大的通用合成橡胶，有乳聚丁苯橡胶、溶聚丁苯橡胶和热塑性丁苯橡胶（热塑性苯乙烯-丁二烯-苯乙烯嵌段共聚物）。丁苯橡胶具有良好的弹性、耐低温性和耐磨性，但耐撕裂性不好，硫化时焦烧期较长。丁苯橡胶的力学性能、加工性能及制品的使用性能接近于天然橡胶，有些性能（如耐磨、耐热、耐老化及硫化速度）较天然橡胶更为优良，丁苯橡胶成本低廉，其性能不足之处可以通过与天然橡胶并用或调整配方而得到改善。因此，丁苯橡胶至今仍是用量最大的通用合成橡胶，可以部分或全部代替天然橡胶，广泛用于轮胎、胶带、胶管、电线电缆、医疗器具等各种橡胶制品的生产。

2）氯丁橡胶

氯丁橡胶（Chloroprene rubber，CR）是由 2-氯-1，3-丁二烯聚合而成的一种高分子弹性体。它是合成橡胶的主要品种之一，于 1931 年美国首先实现工业化生产。

氯丁橡胶根据其性能和用途分为通用型和专用型两大类。通用型氯丁橡胶又可分为硫黄调节型和非硫黄调节型，前者是以硫黄作调节剂，秋兰姆作稳定剂；后者系采用硫酸作调节剂。专用型氯丁橡胶是指用作黏合剂及其他特殊用途的氯丁橡胶。

工业上采用乙炔法和丁二烯法制造氯丁二烯。乙炔法是指将乙炔气体通入氯化亚铜·氯化铵络盐的溶液中，使之二聚生成乙烯基乙炔，再在氯化亚铜催化剂的作用下，与氯化氢反应制得氯丁二烯。丁二烯法是指丁二烯经氯化、异构化、脱氯化氢等过程制取氯丁二烯。

氯丁橡胶普遍采用乳液聚合法进行生产。以松香酸皂为乳化剂，过硫酸钾为引发剂。硫调节型氯丁橡胶的聚合温度为 40℃，非硫调节型的一般在 10℃ 以下。聚合后经凝聚、水洗、干燥而得成品。

氯丁橡胶具有优异的耐燃性，是通用橡胶中耐燃性最好的；优良的耐油、耐溶剂、耐老化性能，其耐油性仅次于丁腈橡胶而优于其他通用橡胶；氯丁橡胶是结晶性橡胶，有自补强性，生胶强度高；还具有良好的黏着性、耐水性和气密性，其耐水性是合成橡胶中最好的，气密性比天然橡胶大 5～6 倍。

氯丁橡胶的缺点是电绝缘性较差，耐寒性不好，密度大，储存稳定性差，储存过程中易硬化变质。

氯丁橡胶具有较好的综合性能和耐燃、耐油等优异特性，广泛用于各种橡胶制品，如耐热运输带，耐油、耐化学腐蚀胶管和容器衬里，胶辊，密封胶条等。

3）顺丁橡胶

顺丁橡胶（butadiene rubber，BR）是丁二烯经配位阴离子的溶液聚合工艺制得的。顺丁橡胶具有特别优异的耐寒性、耐磨性、弹性、气密性和良好的耐老化性能，绝大部分用于生产轮胎，少部分用于制造耐寒制品、缓冲材料及胶带、胶鞋等。顺丁橡胶的缺点是抗撕裂性能较差，抗湿滑性能不好。

4）乙丙橡胶

乙丙橡胶（ethylene propylene rubber，EPR）是指以乙烯、丙烯为主要单体的合成橡胶，是一种介于通用橡胶和特种橡胶之间的合成橡胶。根据分子链中单体组成的不同，有二元乙丙橡胶和三元乙丙橡胶之分。二元乙丙橡胶（EPM）为乙烯和丙烯的共聚物。三元乙丙橡胶（EPDM）为乙烯、丙烯和少量的非共轭二烯烃的共聚物，因其主链由化学稳定的饱和烃组成，只在侧链中含有不饱和双键，故其耐臭氧、耐热、耐候等耐老化性能和电绝缘性能优异，是乙丙橡胶的主要品种，在乙丙橡胶商品牌号中占80%～85%。乙丙橡胶的缺点是硫化速度慢，不宜与不饱和橡胶并用，自黏性和互黏性差，耐燃性、耐油性和气密性差，因而限制了它的应用。乙丙橡胶可广泛用于汽车部件（如轮胎胎侧、密封件、胶条和内胎）、建筑用防水材料、电线电缆护套、耐热胶管、胶带、环保橡胶跑道，以及胶鞋、卫生用品等浅色橡胶制品。

5）丁腈橡胶

丁腈橡胶（NBR）是指以丁二烯和丙烯腈为单体经乳液共聚而制得的高分子弹性体。它是以耐油性而著称的特种合成橡胶。

丁腈橡胶可按丙烯腈含量、分子量、聚合温度等因素分类。丁腈橡胶中丙烯腈含量一般在15%～50%，按其含量不同分五种：极高（43%以上）、高（36%～42%）、中高（31%～35%）、中（25%～35%）、低（24%以下）丙烯腈丁腈橡胶。固体丁腈橡胶分子量达几十万，穆尼（Mooney）黏度在20～140，按穆尼黏度可分许多类。依聚合温度不同，可分为热聚丁腈橡胶和冷聚丁腈橡胶，前者聚合温度为25～50℃，而后者为5～20℃。

6）氟橡胶

氟橡胶（FR）是指含氟单体聚合或缩聚而得的含有氟原子的特种合成橡胶。氟橡胶品种很多，主要分为四大类：含氟烯烃类、亚硝基类、全氟醚类和氧化磷腈类。氟橡胶的突出特点是耐热、耐油及耐化学腐蚀。其耐热性可与硅橡胶媲美；对日光、臭氧及气候的作用十分稳定；对各种有机溶剂及腐蚀性介质的抗耐性，均优于其他各种橡胶。因此是现代航空、导弹、火箭、宇宙航行等尖端科学技术部门，以及化工、石油、汽车等工业部门不可缺少的材料，作为各种耐高温、耐特种介质腐蚀材料，密封材料，以及绝缘材料使用。其主要缺点是弹性和加工性能较差。

7）硅橡胶

硅橡胶（SiR）是指由环状有机硅氧烷开环聚合或以不同硅氧烷进行共聚而制得的弹性共聚物。硅橡胶分子由硅、氧原子构成主链，含碳基团为侧链，侧链为乙烯基的硅橡胶用量最大，分子链柔性大，分子间作用力小。其最大特点是既耐热，又耐寒，使用温度在－100～

300℃，还具有优异的耐候性、耐臭氧性及良好的绝缘性，并且无味、无毒。缺点是抗张强度低，抗撕裂性能差，耐酸碱腐蚀性和耐磨性能不好。硅橡胶主要用于航空、电气、食品及医疗等领域，可用于制造耐高温、低温橡胶制品，如各种垫圈，密封件，高温电线、电缆绝缘层，食品工业耐高温制品，以及人造心脏、人造血管等人造器官和医疗卫生材料。

8）聚氨酯橡胶

聚氨酯橡胶由聚酯（或聚醚）与二异氰酸酯类化合物聚合而成。它随原料种类和加工方法的不同而分为许多种类。这种橡胶的优点是耐磨性能好、弹性好、硬度高、耐油、耐溶剂、耐低温及耐臭氧老化等，缺点是易于水解、耐热老化性能差。它主要用于耐磨制品、高强度耐油制品，在汽车、制鞋、机械工业中的应用最多。

9）动态硫化热塑性弹性体

动态硫化热塑性弹性体是指在高温下能塑化成型，而在常温下显示硫化橡胶弹性的一类新型材料。这类材料兼有热塑性塑料的成型加工性和硫化橡胶的高弹性能，又称热塑性动态硫化橡胶，是在橡胶和热塑性塑料熔融共混过程中使橡胶硫化，硫化了的橡胶作为分散相分布在热塑性塑料连续相中。过去以 TPR 表示热塑性橡胶，以 TPE 表示热塑性弹性体，目前一般用 TPV 统一表示动态硫化热塑性弹性体。TPV 常温下的物理性能和功能类似于热固性橡胶，在高温下表现为热塑性塑料的特性，可以快速、经济和方便地加工成型，具有优良的加工性能，加工过程中材料流动性高、收缩率小，可采用注射、挤出等热塑性塑料的加工方法成型加工，加工方法高效、简单易行，无需增添设备，可回收使用废旧材料。

常用的苯乙烯类热塑性弹性体（TPS 或 TPE-S）是丁二烯或异戊二烯和苯乙烯的嵌段共聚物，又称为苯乙烯嵌段共聚物（SBC）。TPS 与丁苯橡胶性能相似，但是 TPS 为自交联热塑性弹性体，使用过程无需硫化。TPS 包括苯乙烯-丁二烯-苯乙烯嵌段共聚物（SBS）、苯乙烯-异戊二烯-苯乙烯嵌段共聚物（SIS）、苯乙烯-乙烯-丁烯-苯乙烯嵌段共聚物（SEBS）和苯乙烯-乙烯-丙烯-苯乙烯嵌段共聚物（SEPS）。其中 SBS 是第一代热塑性弹性体的典型代表，是以苯乙烯和丁二烯为原料，通过无终止阴离子聚合工艺合成的三嵌段共聚物，在常温下显示橡胶的弹性，高温下又能够塑化成型。SEBS、SEPS 分别是 SBS 和 SIS 的加氢产品，SEBS 以聚丁二烯加氢作软链段，SEPS 以聚异戊二烯加氢作软链段。由于几种 TPS 产品的生产工艺较为接近，因此大部分厂家可以同时生产 SBS、SIS、SEBS 等产品。

SBS 是 TPS 中产量最大（占 70%以上）、成本最低、应用较广的产品。SBS 主要用于鞋底的模压制品和用于胶管、胶带的挤出制品，用其制作的鞋底色彩美观、摩擦系数高、力学性能优异；SBS 在烃类溶剂中具有很好的溶解性，抗蠕变性能明显优于 EVA 胶、丙烯酸系列胶黏剂；SBS 作为高分子改性剂，可以用于聚丙烯、聚乙烯、聚苯乙烯和 ABS 的共混改性，改善制品的低温性能、抗冲性能和屈挠性能，广泛用于电器元件，汽车的方向盘、保险杠、密封件等；SBS 比丁苯胶、废胶粉更容易溶解于沥青中，可以大幅改进沥青路面性能，SBS 改性的防水卷材耐久性好，在建材领域有重要应用。由于 SBS 中的软段聚丁二烯嵌段部分的双键化学性质活泼，因此对氧、臭氧、热、光等的耐老化性能较差。

SEBS 是 SBS 的氢化产品，通过对 SBS 进行选择性加氢，使 SBS 中聚丁二烯链段氢化成聚乙烯（E）和聚丁烯（B）链段，从而使丁二烯嵌段部分的双键饱和，解决了 SBS 的稳定性问题。另外，SEBS 弹性体嵌段是丁烯-乙烯结构，该链段比丁二烯更为柔顺，因此 SEBS 的手感比 SBS 改性材料更为柔和，但丁烯-乙烯链段比丁二烯链段缠绕更为紧密，加工温度高于 SBS。SEBS 一般比较坚硬，刚性较强，模量较高，拉伸强度比加氢前有显著提高，扯断伸长率下降。由于 SEBS 分子链中双键没有或很少，故对光、氧、臭氧的耐候性和耐老化性能明显变好，抗冲强度大幅度提高，具有优良的耐热、耐压缩变形等性能，既具有可塑性，又具有高弹性，无需硫化即可加工使用，SEPS 广泛应用于耐老化性好的接触型胶黏剂、压敏胶黏剂、热熔胶和密封材料，以及润滑油增黏剂、高档电缆电线的填充料和护套料、沥青改性等。SEBS 以其卓越性能在业界享有“橡胶黄金”之称。

SIS 的生产工艺难度比 SBS 大，因此 SIS 产品牌号明显少于 SBS。目前约 90%的 SIS 应用于热熔胶，用 SIS 制备的热熔胶不仅黏结性能优良，而且耐热性好、环保。

SEPS 是 SIS 的氢化产品。SEPS 分子链的规整度较低，不易结晶，因此比部分结晶的 SEBS 具有更好的柔韧性和高弹性。SEPS 广泛应用于化妆品、汽车润滑油，以及电气、通信领域中的填充料，也可用于医疗、电绝缘、食品包装，以及复合袋的层间黏合。由于 SIS 的异戊二烯结构比 SBS 的丁二烯结构多了一个甲基支链，在同等条件下加氢会比 SBS 困难很多。此外，金属离子的脱除也是 SEPS 生产的一个难点。

3.4 合成纤维

3.4.1 纤维的定义和分类

1. 纤维的定义

纤维(fiber)是指长度比其直径大很多倍，并具有一定柔韧性的细丝物质。供纺织应用的纤维，长度与直径之比一般大于 1000∶1。典型的纺织纤维的直径为几微米至几十微米，而长度超过 25mm。

2. 纤维的分类

纤维一般分为天然纤维和化学纤维两大类。

1) 天然纤维

天然纤维是指自然界存在的，可以直接取得的纤维，根据其来源，分成植物纤维、动物纤维和矿物纤维三类。

(1) 植物纤维是由植物的种子、果实、茎、叶等处得到的纤维，如竹纤维、亚麻、剑麻、蕉麻、棉花、椰子纤维等。

(2) 动物纤维是由动物的毛或昆虫的腺分泌物中得到的纤维，如羊毛、兔毛、牦牛绒、蚕丝等。动物纤维的主要化学成分是蛋白质，故也称蛋白质纤维。

(3) 矿物纤维是从纤维状结构的矿物岩石中获得的纤维，如温石棉、青石棉等各类石棉、硅灰石等，它们的主要组成物质为各种氧化物和硅酸盐。

2) 化学纤维

化学纤维是指用天然或合成高分子化合物经化学加工而制得的纤维。可分为人造纤维、无机纤维和合成纤维。

(1) 人造纤维。

人造纤维也称再生纤维，是用含有天然纤维或蛋白纤维的物质，如木材、甘蔗、芦苇、大豆蛋白质纤维等天然高聚物及其他失去纺织加工价值的纤维为原料，经过化学处理与机械加工而制得的纤维。其中，以含有纤维素的物质如棉短绒、木材等为原料的称纤维素纤维；以蛋白质为原料的称再生蛋白质纤维。主要用于纺织的人造纤维有黏胶纤维、醋酸纤维、铜氨纤维。

(2) 无机纤维。

无机纤维是以天然无机物或含碳高聚物纤维为原料，经高温加热熔融拉丝或直接碳化而制成，包括玻璃纤维，金属纤维和碳纤维等。

(3) 合成纤维。

合成纤维是指以石油、天然气、煤等为原料，人工合成为具有适宜分子量并具有可溶(或可熔)性的线型成纤聚合物，经纺丝成型和后处理而制得的化学纤维。如聚酯纤维(涤纶)、聚酰胺纤维(尼龙或锦纶)、聚乙烯醇纤维(维纶)、聚丙烯腈纤维(腈纶)、聚丙烯纤维(丙纶)、聚氯乙烯纤维(氯纶)等。

合成纤维根据大分子主链的化学组成，分为杂链纤维(如聚酰胺纤维、聚对苯二甲酸乙二酯等)和碳链纤维两类(如聚丙烯纤维、聚丙烯腈纤维、聚乙烯醇缩甲醛纤维)，如图 3.4.1 所示，上述各类中还可进一步分成几个小类。例如，聚酰胺类纤维中有脂肪族、脂环族及芳香族三小类，每小类还可分成很多个产品。合成纤维品种繁多，已经投入工业生产的约三四十种。其中最主要的是聚酯纤维、聚酰胺纤维和聚丙烯腈纤维三大类，这三大类纤维的产量占合成纤维总产量的 90%以上。其次是聚乙烯醇、聚烯烃及含氯类纤维。而聚酰亚胺及聚四氟乙烯纤维等虽然目前产量不大，因其具有耐高温特性，在国民经济中占有特殊地位，主要用于航天航空等高科技领域。

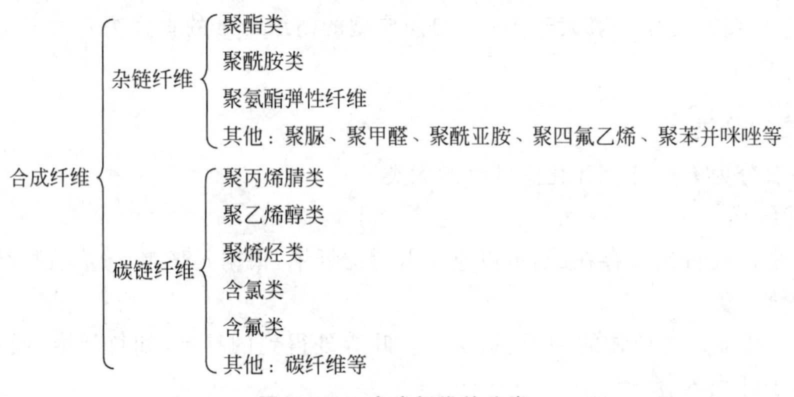

图 3.4.1 合成纤维的分类

合成纤维工业是 20 世纪 40 年代才发展起来的，由于合成纤维性能优异、用途广泛、原料来源丰富易得，其生产不受自然条件限制，因此合成纤维工业发展速度十分迅速。

合成纤维具有优良的物理、力学性能和化学性能，例如强度高、密度小、弹性高、耐磨性好、吸水性低、保暖性好、耐酸碱性好、易洗快干、不会发霉或虫蛀等。某些特种合成纤维还具有耐高温、耐辐射、高强力、高模量等特殊性能。因此，合成纤维应用之广泛已远超纺织工业的传统应用领域，而深入国防工业、航空航天、交通运输、医疗卫生、海洋水产、通信联络等重要领域，成为不可缺少的重要材料。不仅可以纺制轻暖、耐穿、易洗快干的各种衣料，而且可用作轮胎帘子线、运输带、传送带、渔网、绳索、耐酸碱的滤布和工作服等。高性能的特种合成纤维则用作高空降落伞，飞行服，以及飞机、导弹和雷达的绝缘材料，原子能工业中特殊的防护材料等。

3. 纤维的应用

众所周知，纤维最常见的用途是纺织领域，各种纺织物早已大量地用于服装和各种纺织品的生产。新的纺织纤维的出现使其又有了新的应用。例如，新型的抗菌导湿纤维织成的面料可以使汗液透过而不附着，随时保持衣服的干爽。

在军事方面，黏胶基碳纤维帮导弹穿上"防热衣"，可以耐几万摄氏度的高温；无机陶瓷纤维耐氧化性好，且化学稳定性高，还具有耐腐蚀性和电绝缘性，用于航空航天、军工领域；聚酰亚胺纤维可用于制作高温防火保护服、赛车防燃服、装甲部队的防护服和飞行服。

纤维在医药方面的应用已非常广泛。甲壳素纤维制成的医用纺织品，具有抑菌除臭、消炎止痒、保湿防燥、护理肌肤等功能，因此可以制成各种止血棉、绷带和纱布，废弃后还会自然降解，不污染环境。聚丙烯酰胺类水凝胶可以控制药物释放，聚乳酸或者脱乙酰甲壳素纤维制成的外科缝合线，在伤口愈合后自动降解并吸收，患者就不用再手术拆线。

在生物领域，随着生物科技的发展，一些纤维展现出独特的用途。类似肌肉的纤维可制成"人工肌肉""人体器官"。聚丙烯酰胺具有生物相容性，是人体组织良好的替代材料，聚丙烯酰胺水凝胶能够有规律地收缩和溶胀，这些特性可以模拟人体肌肉的运动。纳米纤维能在骨折处形成一种类似于胶质的凝胶，引导骨骼矿质在胶原纤维周围生成一个类似于天然骨骼的结构排列，修补骨骼于无形之中。

3.4.2 纤维的主要性能指标

评价纤维质量的主要性能指标有线密度、断裂强度、断裂伸长率和初始模量等。

1. 线密度

线密度(纤度)是表征纤维粗细程度的指标，有质量单位和长度单位两种表示方法。

质量单位：表示纤维粗细的质量单位有旦尼尔(简称旦，D)和特克斯(简称特，tex)两种。旦尼尔是指 9000m 长的纤维在公定回潮率下的质量克数。纤维越细，旦尼尔数值越小。例如，150 旦尼尔长度 9000m 的涤纶纤维的质量是 150g。特克斯是指 1000m 长的纤维在公定回潮率下的质量克数。特克斯是公制单位，旦尼尔虽然不是公制单位但最常用。

长度单位：表示纤维粗细的质量单位有公制支数(简称公支)和英制支数(简称英支)两种。公支表示在公定回潮率下每克纤维的长度米数。英支表示在公定回潮率下每磅(1 磅=454g)纤维的长度米数。对于同一种纤维，支数越高，纤维越细。例如，60 公支的涤纶纤维指 1g 涤纶纤维长度为 60m。

由于纤维长丝与纱线形状不规则，且纱线表面有毛羽(伸出的纤维短毛)，因此天然纤维或化学纤维很少用直径表示其细度，多使用线密度表示。

2. 断裂强度

断裂强度是指纤维在连续增加的负荷作用下，直至断裂所能承受的最大负荷与纤维的线密度之比。断裂强度高，则纤维在加工过程中不易断头、绕辊，纱线和织物牢度高；但断裂强度太高，纤维刚性增加，手感变硬。

3. 断裂伸长率

断裂伸长率是指纤维在伸长至断裂时的长度比原来长度增加的百分数。断裂伸长率大,纤维的手感柔软,在纺织加工时,毛丝、断头少;但断裂伸长率过大,织物容易变形。

4. 初始模量

模量是指抵抗外力作用下形变能力的量度。纤维的初始模量表征纤维对小形变的抵抗能力,是指纤维受拉伸的伸长为原长的1%时所需的应力。

纤维的初始模量越大,越不易变形。在合成纤维中,涤纶的初始模量最大,腈纶次之,锦纶较小,故涤纶织物挺括,不易起皱,而锦纶织物易起皱,保形性差。

3.4.3 成纤高聚物的结构与特性

高分子材料若能纺丝加工成有用的纤维,就必须具有一定的结构和特性。

(1) 高分子长链为线型,具有尽可能少的支链,无交联。因为线型高分子能沿着纤维纵轴方向有序地排列,可获得强度较高的纤维。

(2) 高分子应具有适当高的分子量,且分子量分布较窄。若分子量太低,则不能成纤,性能也差;分子量太高,则性能提高得不多,反而会造成纺丝加工困难。

(3) 成纤高分子材料的分子结构规整,易于结晶,最好能形成部分结晶的结构。晶态部分可使高分子的取向态较为稳定,晶体的复杂结构、缺陷部分及无定形区域可使高分子纺成的纤维具有一定的弹性和较好的染色性等。

(4) 成纤高分子中含有极性基团,可增加分子间的作用力,提高纤维的力学性能。

(5) 结晶高分子的熔点和软化点应比允许的使用温度高得多,而非结晶高分子的玻璃化转变温度应高于使用温度。

(6) 成纤高分子需要具有一定的热稳定性,易于加工成纤,并具有实用价值。

3.4.4 合成纤维的加工

合成纤维生产过程包括纺丝液的合成、纺丝及初生纤维的后加工等过程。

以石油、天然气、煤和石灰石等为原料,经分解、裂化和分离得到有机低分子化合物单体,如苯、乙烯、丙烯、苯酚等,在一定温度、压力和催化剂作用下,将单体聚合成高聚物,即合成纤维的材料(又称成纤高聚物),把其溶解或熔融成黏稠的液体(称纺丝液),然后将这种液体用纺丝泵连续、定量而均匀地从喷丝头小孔压出,形成的黏液细流经凝固或冷凝而成纤维。最后根据不同的要求进行后加工。

工业上常用的纺丝方法主要是熔融纺丝法和溶液纺丝法。

熔融纺丝法是指将高聚物加热熔融制成熔体,并经喷丝头喷成细流,在空气或水中冷却而凝固成纤维的方法。

溶液纺丝法是指将高聚物溶解于溶剂中以制得黏稠的纺丝液,由喷丝头喷成细流,通过凝固介质使之凝固而形成纤维的方法。根据凝固介质的不同又可分为如下两种方法。

(1) 湿法纺丝。

凝固介质为液体,故称湿法纺丝。它是使从喷丝头小孔中压出的黏液细流在液体中通过,这时细流中的成纤高聚物便被凝固成细丝。

(2) 干法纺丝。

凝固介质为干态的气相介质。从喷丝头小孔中压出的黏液细流，被引入通有热空气流的两道中，热空气将使黏液细流中的溶剂快速挥发，挥发出来的溶剂蒸气被热空气流带走，而黏液细流脱去溶剂后很快转变成细丝。

此外，还有一些新的纺丝方法，如干湿纺丝法、液晶纺丝、冻胶纺丝、相分离法纺丝、乳液或悬浮液纺丝、反应纺丝法等。

用上述方法纺制出的纤维，强度很低，手感粗硬，甚至发脆，不能直接用于纺织加工制成织物，必须经过一系列后加工工序，才能得到结构稳定、性能优良、可以进行纺织加工的纤维。

另外，目前化学纤维还大量用于与天然纤维混纺，因此在后加工过程中有时需将连续不断的丝条切断，而得到与棉花、羊毛等天然纤维相似的、具有一定长度和卷曲度的纤维，以适应纺织加工的要求。

3.4.5 常用的合成纤维

合成纤维品种繁多，但从性能、应用范围和技术成熟程度方面看，重点发展的是聚酰胺、聚酯和聚丙烯腈三类。

1. 聚酰胺纤维

聚酰胺纤维是世界上最早投入工业化生产的合成纤维，是合成纤维中的主要品种。

聚酰胺纤维是指大分子主链中含有酰胺键（$-\overset{\overset{\displaystyle O}{\|}}{C}-NH-$）的一类合成纤维。中国商品名称为锦纶，国外商品名有“尼龙”“耐纶”“卡普隆”等。聚酰胺品种很多，中国主要生产聚酰胺6、聚酰胺66和聚酰胺1010等。聚酰胺1010以蓖麻油为原料，是中国特有的品种。由于该纤维长分子链上含有酰胺基，可以通过氢键的作用，加强酰胺基之间的联结，从而使纤维有较高的强度。另外，聚酰胺纤维分子链上许多亚甲基的存在，使该纤维柔软，富有弹性，同时也具有良好的耐磨性，它的耐磨性是棉花的10倍，羊毛的20倍。

聚酰胺纤维一般分为两大类，一类是由二元胺和二元酸缩聚而得，通式为$\left[HN(CH_2)_x NHCO(CH_2)_y CO \right]_n$。根据二元胺和二元酸的碳原子数目，可得到不同品种的命名。例如，聚酰胺66纤维是由乙二胺和己二酸缩聚而得。另一类是由ω-氨基酸缩聚或由内酰胺开环聚合而得，通式为$\left[NH(CH_2)_x CO \right]_n$。根据其单体所含碳原子数目，可得到不同品种的命名，例如聚酰胺6纤维是由己内酰胺开环聚合而得的。

聚酰胺纤维是合成纤维中性能优良、用途广泛的品种之一。其性能特点如下所述。

(1) 耐磨性好，优于其他一切纤维，比棉花高10倍，比羊毛高20倍。

(2) 强度高，耐冲击性好。它是强度最高的合成纤维之一。

(3) 弹性高，耐疲劳性好。可经受数万次双曲挠，比棉花高7～8倍。

(4) 密度小。除聚丙烯和聚乙烯纤维，它是所有纤维中密度最小的，相对密度为1.04～1.14。

此外，其耐腐蚀、不发霉、染色性较好。

聚酰胺纤维的缺点是弹性模量小，使用时易变形，耐热性及耐光性较差。

聚酰胺纤维可以纯纺和混纺做各种衣料及针织品，是制作运动服和休闲服的好材料，特别适用于制造单丝、复丝弹力丝袜，耐磨又耐穿。工业上主要用于制作轮胎帘子线、渔网、运输带、绳索、工业滤布，以及降落伞等军用物品。

2. 聚酯纤维

聚酯纤维是指由聚酯树脂经熔融纺丝和后加工处理制成的一种合成纤维。聚酯树脂是由二元酸和二元醇经缩聚而制得。其大分子主链中含有酯基，故称聚酯纤维。

聚酯纤维的品种很多，主要包括聚对苯二甲酸乙二酯(PET)、聚对苯二甲酸丙二酯(PTT)、聚对苯二甲酸丁二酯(PBT)等纤维，但目前主要品种是PET纤维，是由对苯二甲酸或对苯二甲酸二甲酯和乙二醇缩聚而制得的，相对分子质量为15000～22000。PET的纺丝温度控制在275～295℃（熔点为262℃，玻璃化温度为80℃）。聚酯纤维的中国商品名称为“涤纶”，俗称“的确良”。国外商品名称有“达柯纶”“帝特纶”“特丽纶”“拉芙桑”等。

聚酯纤维于1953年投入工业化生产，由于性能优良，用途广泛，是合成纤维中发展最快的品种，产量居第一位。除PET纤维外，目前已工业化生产的新型聚酯纤维有聚对苯二甲酸1,4环己烷二甲酯纤维(耐热性高，熔点为290～295℃)，聚对、间-苯二甲酸乙二酯纤维(易染色)，低聚合度聚对苯二甲酸乙二酯纤维(抗起球)，聚醚酯纤维(易染色)，含有二羧基苯磺酸钠的聚对苯二甲酸乙二酯纤维(易染色，抗起球)等。

以对苯二甲酸二甲酯为原料生产涤纶纤维，主要经过酯交换、缩聚、纺丝、纤维后加工四个步骤。首先将对苯二甲酸二甲酯溶于乙二醇，进行酯交换反应，生成的对苯二甲酸乙二酯，在高真空度下于265～285℃进行缩聚，然后将聚合物熔体铸带、切片。聚酯纤维纺丝通常采用挤压熔融纺丝法进行。

聚酯纤维具有一系列优异性能。

(1) 弹性好。聚酯纤维的弹性接近羊毛，耐皱性超过其他一切纤维，由其制成的纺织品的抗皱性和环保性特别好，外形挺括，即使变形也易恢复。弹性模量比聚酰胺纤维高。

(2) 强度高。湿态下强度不变，强度比棉花高1倍，比羊毛高3倍。其冲击强度比聚酰胺纤维高4倍，比黏胶纤维高20倍。

(3) 吸水性小。聚酯纤维的回潮率仅为0.4%～0.5%，因此电绝缘性好，织物易洗易干。

(4) 耐热性好。聚酯纤维熔点为255～260℃，比聚酰胺耐热性好。

此外，耐磨性仅次于聚酰胺纤维，耐光性仅次于聚丙烯腈纤维。还具有较好的耐腐蚀性，不发霉，不腐烂，不怕虫蛀。聚酯纤维的缺点是染色性能差，吸水性低。

由于聚酯纤维弹性好、织物有易洗易干、保形性好、免熨等特点，所以是理想的纺织材料。可纯纺或与其他纤维混纺制作各种服装及针织品。在工业上，可用于制作电绝缘材料、运输带、绳索、渔网、轮胎帘子线、人造血管等。

3. 聚丙烯腈纤维

聚丙烯腈纤维是指以丙烯腈为原料聚合成聚丙烯腈，而后纺制成的合成纤维。中国商品名称为“腈纶”，国外商品名称有“奥纶”“开司米纶”等。

聚丙烯腈纤维自1950年投入工业生产以来，发展速度一直很快，目前世界产量仅次于聚酯纤维和聚酰胺纤维，居合成纤维的第三位。

目前大量生产的聚丙烯腈纤维，是由 85%以上的丙烯腈和少量其他单体的共聚物纺制而成的。丙烯腈均聚物纺制的纤维硬脆，难于染色，这是由大分子链上的氰基极性大，使大分子间作用力强、分子排列紧密所致。为了改善纤维硬脆的缺点，常加入 5%～10%的丙烯酸甲酯、醋酸乙烯等“第二单体”进行共聚。改善染色性则常加入 1%～2%的甲叉丁二酸、丙烯磺酸钠等“第三单体”共聚。

聚丙烯腈纤维蓬松柔软，有较好的弹性，无论外观或手感都很像羊毛，被誉为“人造羊毛”。而且某些质量指标已超过羊毛，纤维强度比羊毛高 1～2.5 倍，密度比羊毛小，保暖性及弹性均较好。聚丙烯腈纤维的弹性模量高，仅次于聚酯纤维，比聚酰胺纤维高 2 倍，保型性好。聚丙烯腈纤维的耐光性与耐气候性能，是除含氟纤维外，天然纤维和化学纤维中最好的。在室外暴晒一年强度仅降低 20%，而聚酰胺纤维、黏胶纤维等则强度完全破坏。此外，聚丙烯腈纤维具有很高的化学稳定性，对酸、氧化剂及有机溶剂极为稳定。其耐热性也较好，其软化温度为 190～230℃，仅次于聚酯纤维。

由于聚丙烯腈大分子链上的氰基极性很大，使大分子间作用力很强，分子排列紧密，所以聚丙烯腈纤维吸湿和保水性差，为改善腈纶的吸湿、吸水性，目前主要采用以下两种方法。

(1) 用碱减量法对其表面处理，使纤维表面粗糙化，产生沟槽、凹窝，以增强其吸水效果。

(2) 通过氨基酸在不同的反应条件下对其进行改性，使氰基部分转化为羧酸基团。

聚丙烯腈纤维广泛地用来代替羊毛，制成毛毯等，或与羊毛混纺，制成毛织物、棉织物等；还用于制作军用帆布、窗帘、帐篷等。

目前又发展了抗静电聚丙烯腈纤维、阻燃聚丙烯腈纤维、高收缩丙烯腈纤维、细纤度丙烯腈纤维等不同类型的纤维，该类纤维将得到广泛的应用。

4. 其他纤维

1) 聚丙烯纤维

聚丙烯纤维是 1957 年投入工业化生产的。中国商品名为“丙纶”，国外称“帕纶”“梅克丽纶”等。近年来发展速度亦很快，产量仅次于涤纶、锦纶和腈纶，是合成纤维的第四大品种。

目前聚丙烯纤维的工业生产是采用连续聚合的方法进行定向聚合，得到等规聚丙烯树脂。由于熔体黏度较高，普遍采用熔融挤压法纺丝。

2) 聚乙烯醇纤维

聚乙烯醇纤维是指将聚乙烯醇纺制成纤维，再用甲醛处理而制得的聚乙烯醇缩甲醛纤维。中国商品名为“维纶”，国外商品名有“维尼纶”“维纳纶”等。聚乙烯醇纤维于 1950 年投入工业化生产，目前世界产量在合成纤维中居第五位。

聚乙烯醇纤维的生产，是以醋酸乙烯为原料，经聚合生成聚醋酸乙烯，再经醇解而得聚乙烯醇。将聚乙烯醇溶于热水中经湿法纺丝、拉伸等工序，再经热处理、缩醛化而制得聚乙烯醇纤维，缩醛度控制在 30%左右。湿法纺丝主要生产短纤维，干法纺丝生产维纶长丝。

由于聚乙烯醇纤维原料易得，性能良好，用途广泛，性能近似棉花，因此有“合成棉花”之称。最大特点是吸湿性好，可达 5%，与棉花(7%)接近。聚乙烯醇纤维是高强度纤维，强度为棉花的 1.5～2 倍，不亚于以强度高著称的锦纶与涤纶。

此外，耐化学腐蚀、耐日晒、耐虫蛀等性能均很好。聚乙烯醇纤维的缺点是弹性较差，织物易皱，染色性能较差，并且颜色不鲜艳；耐水性不好，不宜在热水中长时间浸泡。

聚乙烯醇纤维的最大用途是与棉混纺制成维棉混纺布或针织品。长丝可用于人力车胎的帘子线。

3）聚氯乙烯纤维

聚氯乙烯纤维是指用聚氯乙烯树脂通过溶液纺丝法制得的纤维。中国商品名为“氯纶”，国外商品名有“天美纶”“罗维尔”等。通常将以氯乙烯为基本原料制成的纤维统称为含氯纤维，其中主要包括聚氯乙烯纤维、过氯乙烯纤维（过氯纶）、偏二氯乙烯和氯乙烯共聚物纤维（偏氯纶）等。

聚氯乙烯纤维突出的优点是：耐化学腐蚀性、保暖性和难燃性；耐晒、耐磨和弹性都很好；它的吸湿性很小，电绝缘性强；其强度接近棉纤维。缺点是耐热性差，沸水收缩率大和染色困难。

5. 特种合成纤维

特种合成纤维具有独特的性能，产量较小，但起着重要的作用。特种合成纤维品种很多，按其性能可分为耐高温纤维、耐腐蚀纤维、阻燃纤维、弹性纤维、吸湿性纤维等。

1）耐高温纤维

（1）芳香族聚酰胺纤维。

芳香族聚酰胺纤维（芳纶）是大分子由酰胺基和芳基连接的一类合成纤维。

（2）碳纤维。

碳纤维是主要的耐高温纤维之一，是用再生纤维素或聚丙烯腈纤维经高温碳化而制得的。碳纤维包括碳素纤维和石墨纤维两种，前者含碳量为80％～95％，后者含碳量在99％以上。碳素纤维可耐1000℃高温，石墨纤维可耐3000℃高温；并具有高强度、高模量、高温下持久不变形、很高的化学稳定性、良好的导电性和导热性，是航空航天、原子能工业的优良材料。

（3）聚酰亚胺纤维

聚酰亚胺纤维是由均苯四酸二酐和芳香族二胺聚合经溶液纺丝后，再经热处理脱水环化而制得，其外观为金黄色。商品名为PRD-14。聚酰亚胺纤维可在－150～340℃下使用，具有高强度、高弹性、高韧性、高度耐原子辐射、高绝缘等性能，可用于航天、电气绝缘、核动力防护织物、涂层织物和层压材料等。

此外，耐高温纤维还有聚苯并咪唑纤维、聚砜酰胺纤维等。

2）耐腐蚀纤维

耐腐蚀纤维主要是聚四氟乙烯纤维，此外还有四氟乙烯-六氟丙烯共聚纤维、聚偏氟乙烯纤维等含氟共聚纤维。

3）阻燃纤维

阻燃纤维是指纤维在中、小型火源点燃下会发生小火焰燃烧，而火源撤走后又能较快地自行熄灭的一类纤维。阻燃纤维又称难燃纤维。

阻燃纤维主要品种有聚偏二氯乙烯纤维（偏氯纶）、聚氯乙烯纤维（氯纶）、维氯纶、腈氯纶等。其中以偏氯纶阻燃性能最好。

偏氯纶是指80％～90％的偏氯乙烯和10％～20％的氯乙烯共聚物经熔融纺丝制成的

纤维，具有突出的难燃性和耐腐蚀性、弹性较好，但强度低，主要用于制作工业用布及防火织物。

近年来，采用共聚法、共混法和纤维阻燃后整理法制得了阻燃涤纶、阻燃腈纶和阻燃丙纶，其中阻燃涤纶已实现了工业化生产。

4）弹性纤维

弹性纤维是指具有类似橡胶丝的高伸长性（大于400%）和回弹力的一类纤维。通常用于制作各种紧身衣、运动衣、游泳衣及各种弹性织物。目前主要品种有聚氨酯弹性纤维和聚丙烯酸酯弹性纤维。

聚氨酯弹性纤维在中国的商品名为“氨纶”，它是由柔性的聚醚或聚酯链段和刚性的芳香族二异氰酸酯链段组成的嵌段共聚物，又用脂肪族二胺进行了交联，因而获得了似橡胶的高伸长性和回弹力。当聚氨酯弹性纤维伸长600%～750%时，其回弹率可达95%以上。

丙烯酸酯类弹性纤维商品名为“阿尼姆/8”。此类纤维是由丙烯酸乙酯或丁酯与某些交联性单体乳液共聚后，再与偏二氯乙烯等接枝共聚，经乳液纺丝法制得。这类纤维的强度和伸长特性不如聚氨酯类弹性纤维，但是它的耐光性、抗老化性，以及耐磨性、耐溶剂及漂白剂等性能均比聚氨酯类纤维好，而且还具有难燃性。

5）吸湿性纤维和抗静电纤维

合成纤维的缺点之一是吸湿性差。吸湿性纤维主要品种是锦纶4，由于分子链上的酰胺基比例较大，吸湿性优于目前所有的锦纶品种，比锦纶6高一倍，与棉花相似，兼有棉花和锦纶6的优点。近年来还出现了高吸湿性腈纶、亲水丙纶，主要是改变纤维的物理结构。例如，增加纤维的内部微孔，使纤维截面异形化和表面粗糙化等。

容易带静电是合成纤维又一缺点，这是由于分子链主要由共价键组成，不能传递电子。通常把经过改性而具有良好导电性的纤维称为抗静电纤维。合成纤维的带静电性与疏水性密切相关，吸湿性越大，则导电性越好。目前，抗静电纤维主要有耐久性抗静电锦纶和耐久性抗静电涤纶，是通过添加抗静电组分共聚等方法制得，主要用于制作无尘衣、无菌衣、防爆衣等。

3.5 新型高分子材料

目前大规模生产的高分子材料大多数还是那些只能在普通条件下使用的高分子材料，即通用高分子材料，它们存在着机械强度和刚性差、耐热性低等缺点。随着生产和科学技术的发展，对高分子材料提出了更高的要求，因而推动了高分子材料向高性能化、功能化复合化、生物化和智能化方向发展，这样就出现了许多产量低、价格高、性能优异的新型高分子材料。

3.5.1 高性能高分子材料

现有的高分子材料虽已有很高的强度和韧性，足以与金属材料相媲美，但为了满足航天及微电子领域的需要，仍需开发具有优越耐热性和耐环境性能的高分子材料。因此，高性能材料的开发和研究是高分子材料科学近年来的一个主要发展方向。高性能高分子材料研究主要包括：单一高分子材料的高性能，通过改性技术高性能化，以及与高性能材料研究并行的高分子材料试验评价技术的研究。高性能化的途径有：创制新颖分子结构的高分子聚合物；通过变更聚合催化剂、聚合工艺条件、共聚、共混、交联、结晶化等进行高分子结构改性；通过新的加工方法，改变聚合物聚集态结构，达到高性能化；通过微观复合方法，例如原位复合、分子复合和自增强达到高性能化。

1. 工程塑料

1958年，美国杜邦公司以“向钢铁挑战”为题，报道了聚甲醛，并开始使用“工程塑料”这一名称。工程塑料一般是指工业用的高性能热塑性塑料，而区别于用来制作日常生活用品和包装材料的通用塑料。与通用塑料相比，工程塑料具有耐热性优良，抗拉、抗弯和冲击强度高，电气绝缘性能优良，耐磨、减摩性能好，吸振、消声性能优异，耐化学药品腐蚀，成型加工方便和成本较低等特点。因而，工程塑料已经作为耐热、高比强和耐磨的轻型材料在工业生产中崭露头角，其产量和需求量的年增长率长期居高不下。

目前，主要的工程塑料品种已有十多种，其中产量较大的有聚酰胺(PA，俗称尼龙)、聚甲醛(POM)、聚碳酸酯(PC)、改性聚苯醚(改性PPO)和热塑性聚酯，人们把它们称为五大通用工程塑料；而将聚苯硫醚、聚酰亚胺、聚醚醚酮、聚砜和聚醚砜等称为特种工程塑料或超级工程塑料。通用工程塑料的价格一般为传统通用塑料的2～6倍，特种工程塑料的价格更高，是通用塑料的5～10倍，可见工程塑料是附加值高的产品。

工程塑料可广泛应用于汽车、家用电器、电子设备、机械、照相机、钟表，以及飞机、导弹等产品，产生了较大的经济效益和社会效益。

2. 工程塑料合金

工程塑料合金是指一种表现均一的多组分的工程聚合物体系，是两种或多种不同结构单元的均聚物或共聚物的混合物，且其中任一组分的比例必须大于5%。在形态上，合金有均相和非均相两类，且多为复相结构。合金依赖两相分子间的作用力黏混在一起，其各组分间具有某种程度的热力学混溶性；它不同于共价键的共聚物，也不同于简单的混合物。工程塑料合金普遍采用物理共混方法制取，所以也常称为共混物。也有人将化学合成的接枝或嵌段共聚物称为塑料合金。这里需要说明的是，工程塑料合金是借用了“金属合金”这个术语，它们都是多组分(元)体系，在形态上都有组分(元)互溶或不溶的相存在；但本质上它们是不同的，一个是塑料，一个是金属。

工程塑料合金是20世纪60年代随工程塑料问世接踵而至的新材料。它主要是为解决工程塑料成本高和熔融黏度大、成型加工难两大弊病。最先推出的是PC/ABS(聚碳酸酯-苯乙烯-丁二烯-丙烯腈共聚物)合金，继而有PPO/PS(聚苯醚-聚苯乙烯)和PPO/HIPS(聚苯醚-高抗冲聚苯乙烯)合金、PC/PE(聚碳酸酯-聚乙烯)合金。随着工程塑料及其合金品种的不断增多和应用领域的日益扩大，逐渐大量取代金属材料。它在物性和加工性能与成本效益上，都显示出相当明显的优势。但大多数工程塑料及其合金存在冲击强度不够高的弱点。20世纪70年代中期，超韧尼龙的出现和热塑性弹性体的兴旺，给工程塑料合金带来了生机。共混合金技术开始转向以提高材料的韧性为重要目标，一系列超韧牌号产品应运而生。庞大的汽车工业成为工程塑料合金竞争的最好市场。在PC/PBT/弹性体(聚碳酸酯-聚对苯二甲酸丁二醇酯-弹性体)合金的推动下，又诞生了不少耐汽油之类溶剂的高韧合金。同时，电子信息技术的飞速发展，促使高模量、易流动的工程塑料合金在其设备壳体上的用量剧增。

目前已形成商品的工程塑料合金种类很多，其主要品种有几十种，年消费量在万吨以上的有 PPO/PS、PC/ABS、超韧尼龙、PC/PBT；消费量在千吨以上的有 PC/PE、苯乙烯-马来酸酐共聚物(SMA/ABS)、增韧聚酯等。聚碳酸酯类工程塑料合金有如下三类。

1）PC/ABS 合金

20 世纪 60 年代中期，人们用 50%ABS 树脂与 50% PC 熔融共混，开发了 PC/ABS 合金。这种合金的性能均衡，成本也易为用户接受，不足之处是制品不透明和阻燃性变差。其后经过不断地研究与改进，人们陆续开发出可适应多种应用领域的产品，如高冲击、高耐热和阻燃、室内暴露颜色稳定、可与食品接触、防电磁干扰、高流动性和玻璃增强的合金。这种合金具有尺寸稳定、表面光泽、外观华丽、耐冲击、高热变形温度、良好的刚性和强度等特点，可采用多种方法成型加工。该种合金大量用于制作计算机外壳和键盘、办公设备壳体、电气接插件、火焰报警器零部件、电动工具壳、汽车仪表板、照相机壳体、电吹风器件、摩托车头盔、安全帽、电镀构件和家用电器等。由于 PC/ABS 合金价格适中，性能优良，用途广泛，各国 PC 和 ABS 树脂生产厂都有系列化的产品出售。

2）PC/PBT/弹性体合金

在汽油和香蕉水等化学介质中产生应力开裂现象，这是 PC 长期不能进入汽车这个庞大行业的重要原因。1982 年，人们用耐化学药品性优异的 PBT 和弹性体与 PC 共混，开发出了有优异化学耐蚀性与一系列优异物理性能的 PC/PBT/弹性体合金。它在很宽广的温度范围内有很高的冲击强度，弯曲模量高，在高低温和潮湿状态下尺寸稳定，成型加工适应性强。这种合金已成功地用于多种汽车的前后保险杠、挡泥板、车门等大型内外车件，电子接插件，气动或电动剪草机底板，链锯盒，摩托车头盔，安全帽，垒球棒及其他体育用品等。

3）PC/PET/弹性体合金

1984 年，人们用价格便宜的 PET 和 PC 及弹性体共混推出了新的高韧合金。其特点是在很宽的温度范围内有很高的冲击强度；有优异的化学耐蚀性，在汽车、电动机中无应力开裂现象；刚性高、耐磨、尺寸稳定；耐热加工性能良好等。它已用于汽车、运动器材、工业和机械零件等。这种合金中的某些牌号以其透明性和优异化学耐蚀性为特征，居其他无定性工程塑料之上。它暴露于 5×10^{6} 拉德(rad，1rad＝0.01Gy)的 γ 射线辐照下有优异的颜色稳定性，再加之它吸水性小、尺寸稳定、强韧，而成为医用器材的材料，已用于模塑渗析装置、血液过滤器、充氧器等。在工业上用于暴露在化学介质中的过滤转鼓、电子润滑扩散器和海水过滤器等。此外，还有 PC/PE 合金和 PC 其他合金等。

4）其他工程塑料合金

聚酰胺(尼龙)合金有：超韧尼龙(PA/弹性体合金)；PA/乙烯共聚物合金；PA/ABS 合金；PA 其他合金。聚苯醚合金有：PPO/PS 或 HIPS 合金；PPO/PA 合金。热塑性聚酯合金有：PBT/弹性体合金；PBT/PET 合金；PET/弹性体合金；SMA/ABS 合金；PSF/ABS 合金；PPS/PTFE 合金等。

工程塑料合金品种每年都在增多，其发展趋势为：用弹性体共混增韧，提高冲击强度；合成特定的树脂来共混，性能更具特色，为一般树脂共混所不及；用玻璃纤维或特种纤维增强合金提高强度和刚性，满足某些特定的要求。

3.5.2 高分子功能材料

高分子功能材料是高分子材料科学中富有活力的新领域，发展很快，涌现出了一大批各种各样的高分子功能材料。它主要包括电磁功能高分子材料，光学功能高分子材料，物质传输、分离功能高分子材料，催化功能高分子材料，生物功能高分子材料和力学功能高分子材料等。例如，像金属那样导电的导电性高聚物，能吸收大量水分的吸水性树脂，用于制造大规模集成电路的光刻胶，作为人造血管和人造心脏等的原料的医用高分子材料等。

1）高分子导电材料

绝大多数塑料之所以是电的不良导体或绝缘体，是由于它们分子中所含的电子被紧紧束缚住，处于不能自由迁移的状态。若能使这些电子自由移动，塑料也就能导电了。首先，人们发现四硫代富瓦烯（TTF）与四氰代对二亚甲基苯醌（TCNQ）的电荷转移复合物晶体具有很高的导电性，后来还发现这类电荷转移复合物在加压和极低温下能转变为超导体。由于这类复合物单晶显示了金属的导电性，所以常称为有机金属或合成金属。现有的合成金属虽然有高导电性，但丧失了有机材料的易加工性和成膜能力，这是这类有机导电材料尚未能达到实用化的重要原因之一。所以，人们希望开发能通过加热、加压成型或能用流涎法成膜的有机导电材料。

世界上第一种有应用前景的结构型导电有机高分子材料聚乙炔于 1977 年由美、日科学家合作制成。1979 年，美国学者又率先研制成采用聚乙炔作电极的实验二次电池，引起了人们对导电高分子的极大关注，掀起了研究聚乙炔的世界性热潮。到目前为止，已开发出了以聚苯胺、聚噻吩、聚吡咯为代表的一系列导电高分子新品种，在改进稳定性、提高电导率，以及解决可溶性、可熔性等方面也都取得了显著的进展。

现在，人们已合成出数百种不同结构和类型的导电高分子化合物。从结构上看，可以分为共轭高分子、电荷转移复合体、聚合物离子-自由基盐、含金属聚合物等。其中，共轭结构的导电高分子仍代表着导电高分子发展的主流。为获取高导电的聚合物，希望聚合物本身共轭体系为十分完整的分子结构，聚合物本身应为取向度高度一致且结晶度高。另外在掺杂时，应选择合理的掺杂剂种类，以及最佳的掺杂条件（浓度、均相等）。为此，人们对各种聚合的聚合方法、后处理工艺不断更新和完善。迄今，所得的 π 共轭导电聚合物绝大多数是不溶和不熔的，所以，对于可溶性的导电聚合物的研究具有重大意义。其中包括嵌段和接枝共聚法，在链段中提供可溶性成分，可直接浇铸成膜。可溶性导电聚合物的合成须经拉伸成型（如成膜、成纤等）以提高其取向控制，后再转化成共轭体系，另选用兼有溶剂功能的掺杂剂。重要的导电高分子材料有：聚乙炔及其衍生物、聚芳香烃、含金属聚合物和非电荷转移型导电聚合物。

导电高分子材料可用于聚合物电池和太阳能电池。导电高分子聚乙炔，具有 p 型和 n 型的半导体特性，目前用聚乙炔制成的太阳能电池已进入试用阶段，其中一层为 p 型聚乙炔膜，另一层为 n 型聚乙炔，称为 n-Si 层膜，当太阳光照射后，就有太阳能转换成电能。聚乙炔的优点是：质轻、易成型，并能大规模地生产大面积薄膜等。

高分子导电材料可用于制造电致变色显示元件。导电高分子通过掺杂和去掺杂，会发生绝缘体与金属两种极端性能的变化，随之造成其对吸收光谱的改变，聚合物的颜色也随之改变。高分子材料中的掺杂物种类和掺杂量不同，则高分子导电材料的颜色亦不同。

聚苯并噻吩为透明导电高分子材料，所以，可以用作透明导电聚合物膜，当与透明性好的聚甲基丙烯酸甲酯、聚碳酸酯复合时，可制成高强度的透明导电膜。另外，可用聚噻吩和聚吡咯的复合膜，相互弥补不足，可用于制作场效三极管。除上述应用外，导电聚合物还应用于传感器、催化剂，以及用于电器设备的防静电、防电磁干扰屏蔽材料等方面。

2）高分子磁性材料

工业上常用的磁性材料有铁氧体磁铁、稀土类磁铁和铝镍钴合金磁铁等，目前仍以铁氧体磁铁用量最多。它们的缺点是既硬且脆，加工性差，无法制成复杂、精细的形状。为了克服这些缺陷，将磁粉混炼于塑料或橡胶中制成的高分子磁性材料就应运而生。这样制成的复合型高分子磁性材料密度低，容易加工成尺寸精度高和复杂形状的制品，还能与其他元件一体成型等，因此越来越受到人们的关注。

高分子磁性材料主要分为两大类，即结构型和复合型。所谓结构型是指并不添加无机类磁粉而高分子材料本身即具有强磁性，如“PPH·硫酸铁”；复合型是指添加铁氧体或稀土类磁粉于高分子中制成的磁性体，目前具有实用价值的主要是这一类。对于复合型高分子磁性材料，橡胶型所用的材料为天然橡胶、丁腈橡胶、聚丁二烯等；塑料型所用的合成树脂有聚乙烯、聚丙烯、聚氯乙烯、乙烯-醋酸乙烯共聚物、氯化聚乙烯、聚酰胺（尼龙）、聚苯硫醚、甲基丙烯酸类树脂等热塑性树脂，以及环氧树脂、酚醛树脂、三聚氰胺等热固性树脂。若将磁粉涂布于高分子带基上，便制造出录音录像带。

3）光功能高分子材料

光功能高分子材料是指能够对光进行透射、吸收、储存、转换的一类高分子材料。目前，这类材料已有很多，主要包括光导材料、光记录材料、光加工材料、光学用塑料、光转换系统材料、光显示用材料、光导电用材料、光合作用材料等。随着通信技术的发展，利用高分子材料的光曲线传播特性，人们开发出了非线性光学元件，即塑料光导纤维以及塑料-石英复合光导纤维。随着激光技术的发展和对大容量、高信息密度储存（记录）材料的需求，人们开发出先进的信息储存元件（光盘）。光盘的基材就是高性能的有机玻璃和聚碳酸酯。利用高分子材料的光化学反应，开发出在电子工业和印刷工业上得到广泛使用的感光树脂、光固化涂料及黏合剂。利用高分子材料的能量转换特性，制成了光导电材料和光致变色材料。利用某些高分子材料的折射率随应力而变化的特性，开发出光弹材料，用于研究受力结构材料内部的应力分布。

对高分子材料尤其是光功能材料来说，比较重要的性能是吸收、折射、散射和反射。光功能高分子材料有以下几种。

(1) 光学透明塑料。

光学透明塑料是应用最早、最普通的光功能材料，常用的有有机玻璃（PMMA）、聚碳酸酯、聚苯乙烯、聚氯乙烯、有机硅材料、环氧树脂、聚乙烯醇缩丁醇（PVB）等。上述材料的透光率在88%～92%。可根据要求，选择适当材料制成各种复杂形状的透镜、棱镜和光学元件。它们的基本功能就是通过透射、折射和反射，准确传输光线、形成图像等。塑料光学元件可以用注射、挤出、模压等方法成型，工艺简单和成本低。

(2) 光导电材料。

在一个大分子链中同时含有给电子基和受电子基时，高分子材料就会由于构成了电子转移的通道而具有光导电性。聚乙烯基咔唑（PVK）及其电子络合物是典型的光导电高分子材料，它可应用于电子照相。还有为数不少的聚合物及其络合物具有光导电性，如聚乙烯、聚苯乙烯、尼龙、聚乙炔等。

(3) 光致变色材料。

光致变色材料在光照射时其化学结构会发生变化，对可见光产生吸收而产生颜色变化，在停止光照后又能恢复原来颜色，或者用不同波长的光照射时呈现不同的颜色等。例如，在聚丙烯酸类高分子侧链上引入硫代缩氨脲汞的基团，则在光照射时由于发生了氢原子转移的互变异构变化，使颜色由黄红色变为蓝色，因而呈现光致变色现象。

光致变色材料用途极广，可制成各种颜色的护目镜，以防止阳光、电焊闪光、激光等对眼睛的损害；用于窗玻璃或窗帘的涂层，可以调节室内光线；在军事上可用于伪装隐蔽色、密写信息材料；以及在国防上动态图形显示新技术中用于储存信息等。此外，还可以利用零级衍射原理，由 PVC 薄膜产生彩色图像。

(4) 光弹材料。

在二维应力-光学定律中，任一点的光程差与相应点的主应力差成正比。当光弹材料受到应力时，应力分布的不平衡导致光学各向异性，即产生双折射，当通过偏振光时，则在透明的光弹材料中形成条纹，可以通过条纹的分布分析应力分布规律。早期用的光弹材料是酚醛树脂，后采用透明环氧树脂。用光弹材料进行应力分析，受到各工程部门的重视。

3.5.3 生物医用高分子材料

生物医用高分子材料是指用来制造人工器官、医疗器械和药物新剂型的高分子材料，能促使人体组织修复或再生的高分子材料，用于培养、分离、提纯和固定生物活性物质的高分子材料和仿生高分子材料。生物医用高分子材料是涉及多种学科的边缘学科，它在医学的发展、探索生命的奥秘等方面起着越来越重要的作用，引起世界医学、生物学、生理学、遗传学界及化学工作者的高度重视。许多国家成立了专门的研究机构，开展了大规模的试验研究工作。生物医用高分子材料是功能高分子领域内异常活跃的重要的研究方向。

1) 对生物医用高分子材料的要求

对生物医用高分子材料的要求除了具有医疗功能性，还要强调安全性，即不仅要治疗，还要对人体健康无害。这是对其他功能材料不曾强调的特殊要求。对医用高分子材料的要求可以概括为材料与活体之间的相互关系，即材料对活体要有生物相容性，活体对材料要求有医疗功能及耐生物老化。生物相容性是生物对材料的生物反应，主要是指对血液反应(血液相容性)、对生物组织的反应(组织相容性)和免疫反应等，这些反应又是相互联系的。材料的耐生物老化是生物体对材料的反应，包括物理性质的变化和化学性质的变化，即要求这两个方面都是惰性。

2) 典型的生物医用高分子材料

(1) 人工器官用高分子材料。

目前已经用于临床的人工器官用高分子材料有：硅橡胶、聚氨酯、聚四氟乙烯、聚碳酸酯、聚甲醛、聚甲基丙烯酸甲酯、聚乙烯、聚丙烯、聚氯乙烯、聚乙烯醇、尼龙、涤纶、腈纶、人造丝、碳纤维、氟碳高分子、聚乙烯基吡咯烷酮、硅烷共聚物和离子交换树脂等几十种。用这些高分子材料能制造出各种人工器官和组织，如人工心脏、人工肾、人工肝、人工喉、人工骨、人工眼球和人工皮等。临床应用表明，采用生物医用高分子材料来修补和替换人体病变、衰竭或受伤的器官和组织，矫正或修补畸形的器官和组织，促进组织的修复和再生，是提高人民健康水平、延长寿命和增加形体美的有效方法。

(2) 控制药物释放的高分子材料。

虽然有许多药物对患部有很好的药效，但因对患部以外有很强的副作用而不能采用。这样的药物如果能够做到仅仅集中供给到患部，那么也就有可能被采用。另有一些药，浓度低了达不到疗效，高了又要产生明显的副作用。例如用来治疗糖尿病的胰岛素，希望它能经常地在血液中保持一定的浓度，为此，必须每天注射几次来加以补充。如果胰岛素能够以一定的速度，或者更主动地以在血液中经常保持一定浓度的方式供给的话，对于糖尿病患者将是福音。为了使这些设想成为现实，近代出现了控制释放技术，并正在导致药物设计、合成、赋形和临床应用的一场变革。

控制药物释放的最简单的办法是将药物包埋在膜里，通过采用不同材料的膜和改变膜的性质，就能控制药物向膜外释放的速度。实现这种技术的关键是开发无害而易分解的高分子材料作为药物赋形剂。用于癌的化学疗法的控制释放药物，理想的情况是能够将治疗部位组织内的药物浓度，在1～2个月内保持在有效浓度，而在药物全部释放后，用作包膜或基体的高分子材料被消化吸收。日本科学家开发的聚氨基酸就是一种能满足上述要求的高分子材料，它是含有疏水性L-谷氨酸苄酯和亲水性L-谷氨酸衍生物的共聚物，通过分子设计获得了适用于各种不同药物的共聚物，并制成了抗癌药的缓释剂型。后来，他们又进一步改变剂型，将其微胶囊化，以期可以埋入恶性肿瘤内部，从而大幅度地提高以往通过血液给药的化学疗法的疗效和降低副作用。

控制药物释放的另一个办法是以高分子为载体，连接上小分子药物，即所谓药物的高分子化。药物经高分子化后，就有可能降低毒性，提高疗效，并能做到缓释、长效。

(3) 生物降解吸收性高分子材料。

外科内植用的医用高分子材料作为永久性材料使用时，不仅要求组织相容性好，而且要求其耐生物老化性要好，即要求在活体环境内非常稳定。而作为永久性植入材料时，要求其在发挥作用后能自动被吸收，最好能参与正常的代谢循环而被排出体外。例如，可吸收性缝合线用于内脏伤口手术，术后缝线被吸收就免除了拆线之苦。一些损伤过的活体组织须经适当辅助手段方能自己修复，例如骨科固定材料，愈后被吸收则可免去拆除之苦。药物释放体系也是备受青睐的材料。生物降解吸收高分子材料在活体内的降解可以分为水解和酶解两大类。经降解而产生的水溶性高分子的分子量，要低到能够被肾脏排出，或更进一步在活体内被分解而参与代谢，最主要的是分解产物应没有毒性，并在活体环境下能够降解，而属于此类的高分子化合物并不多，一般来说，生物和天然高分子材料易于被酶促分解。

3.5.4 高分子分离膜

20世纪初，已有人用天然高分子或其衍生物制透析、电渗析、微孔过滤膜。1953年，美国C.E.里德用致密的醋酸纤维素制的膜将海水分离为水和盐，当时由于水的透过速度极小而未能实用。1960年，Loeb和Sourirajan成功地开发了各向异性的不对称膜的制备方法；由于起分离作用的活性层极薄，流体通过膜的阻力小，从而开拓了高分子分离膜在工业上的应用。之后出现了中空纤维膜，使高分子分离膜更适于工业用途。20世纪70年代以来，气体分离膜、透过蒸发膜、液体膜以及生物医学用膜的研究，开拓了高分子分离膜应用的新领域。

高分子分离膜是指用高分子材料制成的具有选择性透过功能的半透性薄膜。它具有省能、高效和洁净等特点，因而被认为是支撑新技术革命的重大技术。

膜分离过程就是用分离膜作间隔层，在压力差、浓度差或电位差的推动力下，借流体混合物中各组分透过膜的速率不同，使之在膜的两侧分别富集，以达到分离、精制、浓缩及回收利用的目的。单位时间内流体通过膜的量(透过速度)、不同物质透过系数之比(分离系数)或对某种物质的截留率，是衡量膜性能的重要指标。

高分子分离膜可按结构分为：①致密膜，膜中无微孔，物质仅从高分子链段之间的自由空间通过；②多孔质膜，一般膜中含有孔径为 0.02～20μm 的微孔，可用于截留胶体粒子、细菌、高分子量物质粒子等；③不对称膜，由同一种高分子材料制成，膜的表面层与膜的内部结构不相同，表面层为 0.1～0.25μm 薄的活性层，内部为较厚的多孔层；④含浸型膜，在高分子多孔质膜上含浸有载体而形成的促进输送膜和含有官能基团的膜，如离子交换膜；⑤增强膜，以纤维织物或其他方式增强的膜。

按膜的分离特性和应用角度可分为反渗透膜(或称逆渗透膜)、超过滤膜、微孔过滤膜、气体分离膜、离子交换膜、有机液体透过蒸发膜、动力形成膜、镶嵌带电膜、液体膜、透析膜、生物医学用膜等多种类别。

许多高分子材料可以制备高分子分离膜，用得较多的是聚砜、聚烯烃、纤维素脂类和有机硅等。高分子分离膜的制备方法有流延法、不良溶剂凝胶法、微粉烧结法、直接聚合法、表面涂覆法、控制拉伸法、辐射化学侵蚀法和中空纤维纺丝法等。分离膜只有组装成膜分离器，构成膜分离系统才能进行实用性的物质分离过程。一般有平膜式、管膜式、卷膜式和中空纤维膜式分离装置。

高分子分离膜广泛应用于海水淡化、食品浓缩、废水处理、富氧空气制备、医用超纯水制造、人工肾及人工肺装置、药物的缓释等方面，高分子分离膜的推广应用可以获得巨大的经济效益和社会效益。例如，利用反渗透进行海水淡化和脱盐，要比其他方法消耗的能量都小。

3.5.5 高分子压电材料

1. 高分子的压电现象

压电现象是 100 多年前居里兄弟(P. Curie 和 J. Curie)研究石英时发现的。如果对无机材料或高分子材料施加以应力或应变，在样品的两面就会产生电压，或者对样品加上电压就产生应力或应变，这反映了电能与机械能的相互转变，这种现象叫作压电现象。压电陶瓷在 20 世纪前半期已实用化了，而压电高分子的研究起步较晚，始于 20 世纪 50 年代对骨及木材的研究。1969 年，日本科学家 H. Kawai 发现经过极化的 β 型聚偏氟乙烯(CH_2CF_2)，简称 PVDF，它有很大的压电性，有工业应用的可能。加之高分子材料力学强度大，易加工成柔性薄膜，这就大大加速了高分子压电材料的研究。

高分子材料是晶体与非晶体的混合物，其性能与高分子聚集状态有关，有压电变换功能的高分子压电材料大致可分为五类，即热电高分子、光学活性高分子、铁电高分子、压电陶瓷/高分子复合材料及高分子驻极体。光学活性高分子有蛋白质、多糖、核酸、聚氧化丙烯以及聚 β 羟基丁酸酯(PHB)；热电极性高分子有聚氯乙烯；铁电高分子有聚偏氟乙烯、偏氟乙烯/三氟乙烯共聚物，亚乙烯基二氰/醋酸乙烯共聚物，尼龙9及尼龙11等。

2. 聚偏氟乙烯的压电性

1969年，H. Kawai将聚偏氟乙烯单向拉伸，使晶型由螺旋分子链组成的α晶型转变为由平面锯齿形分子组成的β晶型，在高温下施加高压电场极化，样品便出现压电性。偏氟乙烯/三氟乙烯共聚物(PVDF/TYFE)，在一定的组成范围内，不用拉伸，样品就是β晶型。

压电性的起源，可归结为两个机理。

(1) 尺寸效应。假定CF_2为刚性偶极子，不因为外应力而变化，由于尺寸的变化而引起的压电性，偏氟乙烯的压电性占主要成分。

(2) 结晶相的本征压电性。结晶相的压电常数是由电致伸缩常数与剩余极化之乘积所决定。本征压电性对偏氟乙烯的贡献是次要的。而对于偏氟乙烯/三氟乙烯共聚物，三氟乙烯含量高而居里点低时，本征压电性的贡献是主要的。

3. 主要的高分子压电材料

(1) 无定形压电高分子材料。无定形压电高分子材料有亚乙烯二氰/醋酸乙烯酯共聚物，$d_{31}=5\times10^{-12}$C/N。

(2) 奇数尼龙。尼龙7、尼龙9及尼龙11的研究有很大进展。尼龙11的剩余极化与偏氟乙烯相当，尼龙7的剩余极化达到93mC/m^2，在T_g以上d_{31}为17×10^{-12}c/N。

(3) 芳香聚脲。日本科学家开发的一种压电材料，是将两种单体芳香二胺及二异氰酸酯在真空中蒸发到基板上，预聚之后在电场下偶极取向，然后聚合为高聚物。可以做成各种形状、任意厚度，而且由于是刚性链，热稳定性较偏氟乙烯为好。

(4) 复合压电材料。复合压电材料是将锆钛酸铅(PZT)粉末与高分子相混合产生的复合材料，它兼备PZT的高压电性以及高分子的柔软性。

4. 高分子压电材料的应用

高分子压电材料最初的应用是耳机及高频扬声器，使用了横向的压电效应。高分子材料的声阻抗与水及人体相近，信号易匹配，适合于用作人体信息的变换材料。例如心音计、脉搏计、血压计及血流计等。

高分子压电材料纵向压电效应利用的一个典型例子是作超声波器件，例如水听器、超声诊断仪及探伤；也有作超声显微镜及表面波器件。特别值得一提的是，偏氟乙烯/三氟乙烯共聚物在医疗诊断方面的应用，利用3～10MHz的超声波诊断人体脏器，与PZT的探头比较，不用匹配层，由于加工好，不用声透镜，因而超声波聚焦良好，可得到人体内脏清晰的断层像，适用于甲状腺、乳腺及内脏诊断。高分子压电材料在热电方面的应用有侵入检测器、火灾报警器、非接触温度计、激光功率计及热像仪等。

思考题和作业

3.1　何谓高分子材料？它有哪些类型？

3.2　高分子材料由哪些组分所构成？性能有何特点？

3.3　高聚物的结构分为哪几个层次？

3.4 简述高分子材料的合成和加工过程。
3.5 何谓塑料？它是如何分类的？
3.6 塑料由哪些组分构成？性能有何特点？
3.7 简述塑料的加工工艺。
3.8 如何选用塑料材料？
3.9 常用塑料有哪些？各有何特点？
3.10 何谓橡胶？有哪些种类？
3.11 橡胶由哪些组分构成？性能有何特点？
3.12 如何理解橡胶结构与性能的关系？
3.13 简述橡胶的加工工艺。
3.14 常用的橡胶有哪些？各有何特点？
3.15 何谓纤维？纤维通常是如何分类的？成纤高聚物有何特点？
3.16 简述合成纤维的加工工艺。
3.17 常用合成纤维有哪些？各有何特点？
3.18 简述新型高分子材料。

第4章

塑料工艺

4.1 塑料生产工艺概述

高分子工业包括高分子合成工业和高分子材料加工工业。一般来说,高分子合成工业属于化学工业,高分子材料加工工业属于材料工业。广义上的塑料生产过程包括高分子的合成和塑料的加工两大环节。实际生产中,塑料的生产过程仅指塑料的加工过程。即塑料的生产工艺是通过各种加工技术将高分子合成工业生产的合成树脂(有时还加入各种添加剂、助剂或改性材料等)制成实用的塑料制品的过程。

塑料的加工(又称塑料成型加工)是将合成树脂或塑料转化为塑料制品的各种工艺的总称。塑料加工一般包括塑料的配料、成型、机械加工、塑件接合、表面修饰和装配等。其中,塑料成型是塑料生产的核心和关键工序,后四个工序是在塑料已成型为制品或半制品后进行的,又称为塑料的二次加工。

1. 配料

塑料加工所用的原料,除聚合物外,一般还要加入各种塑料助剂(如稳定剂、增塑剂、着色剂、润滑剂、增强剂和填料等),以改善成型工艺和制品的使用性能或降低制品的成本。聚合物与添加剂经混合制成均匀的配合物的过程称为配料。配合物有粒状、粉状、溶液和悬浮分散体四大类。一般成型加工工艺多采用粒料和粉料。

2. 成型

塑料的成型加工是指把聚合物或聚合物与其他组分的混合物加热后在一定条件下塑制成一定形状,并经冷却定型、修整而制成塑料制品的过程,它是塑料加工的关键环节。

塑料的成型加工通常包括两个过程:①使原材料产生变形或流动,并取得所需要的形状;②设法保持取得的形状(固化)。实现这两个过程一般包括四个步骤:混合、熔融和均化作用;输送和挤压;拉伸或吹塑;冷却和固化(包括热固性聚合物的交联和橡胶的硫化)。并不是所有制品的加工成型过程都必须完全包括以上四个步骤。例如,注射与模压成型通常不需要经过拉伸或吹塑,热固性聚合物交联硬化(交联硬化与热塑性聚合物的冷却固化均统称硬化)成型后也不需要冷却。

塑料成型方法的选择主要决定于塑料的类型(热塑性还是热固性)、起始形态,以及制品的外形和尺寸。塑料的成型通常分成热塑性成型与热固性成型两类。热塑性塑料加工常用的方法有挤出、注射成型、压延、吹塑和热成型等;热固性塑料加工一般采用模压、传递模塑,也用注射成型。层压、模压和热成型是使塑料在平面上成型。此外,还有以液态单体或聚合物为原料的浇铸等。塑料的成型加工方法多达数十种，其中最主要的是挤出、注射、压延、吹塑及模压，它们所加工的制品质量约占全部塑料制品的80%以上。

按塑料的成型次数，塑料的成型还可以分成一次成型和二次成型。

塑料的一次成型是指通过加热使塑料处于黏流态的条件下，经过流动、成型和冷却硬化（或交联固化），而制成各种形状产品的方法。塑料的一次成型包括挤出成型、注射成型、模压成型、压延成型、滚塑成型、铸塑成型、模压烧结成型、传递模塑成型及发泡成型。其中，前四种是最重要的成型方法。塑料的二次成型是指在一定条件下，将一次成型所得的片、管、板等半成品通过再次成型加工，以获得最终制品的方法。

二次成型与一次成型中高分子材料的物理状态不同：一次成型是通过材料的流动或塑性形变而成型，伴有高分子的状态和相态转变；二次成型是通过材料的黏弹形变而成型，成型温度低于高分子的熔融温度或黏流温度。因此，二次成型仅适用于热塑性塑料。二次成型包括中空吹塑成型、热成型、拉幅薄膜成型等。另外，冷成型既不属于一次成型也不属于二次成型，一般把其列为其他成型法。

3. 塑件接合

把塑料件接合起来的方法有焊接和黏结。焊接法有使用焊条的热风焊接，热熔焊接，以及高频焊接、摩擦焊接、感应焊接、超声焊接等。黏结法可按所用的胶黏剂，分为熔剂黏结、树脂溶液黏结和热熔胶黏结。

4. 塑件装配

塑件装配是指用黏合、焊接以及机械连接等方法，使制成的塑料件组装成完整制品的作业。例如，塑料型材经过锯切、焊接、钻孔等步骤组装成塑料窗框和塑料门。

5. 机械加工

机械加工是指借用金属和木材等的加工方法，制造尺寸很精确或数量不多的塑料制品，也可作为成型的塑料加工辅助工序，如挤出型材的锯切。由于塑料的性能与金属和木材不同，塑料的热导性差，热膨胀系数、弹性模量低，当夹具或刀具加压太大时，易于引起变形，切削时受热易熔化，且易黏附在刀具上。因此，塑料进行机械加工时，所用的刀具及相应的切削速度等都要适应塑料特点。常用的机械加工方法有锯、剪、冲、车、刨、钻、磨、抛光、螺纹加工等。此外，塑料也可用激光进行截断、打孔和焊接。

6. 表面修饰

表面修饰目的是美化塑料制品表面，通常包括：机械修饰，即用锉、磨、抛光等工艺，去除塑件上的毛边、毛刺，以及修正尺寸等；涂饰，包括用涂料涂敷塑件表面，用溶剂使表面增亮，用带花纹薄膜贴覆制品表面等；施彩，包括彩绘、印刷和烫印；镀金属，包括真空镀膜、电镀以及化学法镀银等。其中烫印是在加热、加压下，将烫印膜上的彩色铝箔层（或其他花纹膜层）转移到塑件上。许多家用电器及建筑制品、日用品等，都用此法获得金属光泽或木纹等图案。

4.2 塑料成型原料及配制

4.2.1 塑料成型原料

高分子材料是以高分子为主体的多相复合体系，即很少用纯高分子制造产品，大多要加添加剂。塑料成型加工的原料通常是以高分子树脂为主体并添加各种助剂组成的均匀配合物,这种配合物的形态有粒状、粉状、溶液和悬浮分散体四大类。一般成型加工工艺多采用粒料和粉料。

成型物料除了主体高分子,常加有各类助剂,如增塑剂、防老剂、填料、润滑剂、着色剂、交联剂、阻燃剂、发泡剂、抗静电剂、防霉剂等。助剂的加入主要有两个目的,一是改善塑料的成型加工性能,二是赋予塑料制品好的使用性能。

配方反映了各种添加剂与聚合物质量的比例关系。添加剂的种类繁多,而各种添加剂在高分子材料中的作用各有不同。添加剂按其特定性能可分为以下几类:改进加工性能的助剂,如增塑剂、润滑剂、脱模剂等;改进力学性能的助剂,如增塑剂、补强填料、增韧剂、固化剂等;改进表面性能的助剂,如抗静电剂、润滑剂、耐磨剂等;降低成本的助剂,如增容填料、稀释剂等;改进光学性能的助剂,如着色剂、颜料和染料等;改进抗老化性能的助剂,如抗氧剂、热稳定剂、光稳定剂、杀菌剂等防老剂;使制品轻质化的助剂,如发泡剂;使制品难燃化的助剂,如阻燃剂。

1. 高分子基材

高分子基材是物料的主要组分,赋予制品基本的性能。高分子基材对加工性能和制品使用性能影响很大,主要的影响因素如下所述。

(1) 分子量的影响。高分子的分子量增大,大多有利于提高制品的强度,但加工温度升高、加工时流动性下降。

(2) 分子量分布的影响。高分子的分子量分布不能过大,否则制品的力学性能、热性能将下降;同时,分子量分布也影响配料过程和材料的加工性能。生料就是由高分子的分子量分布过大造成的:配料过程中低分子量级的已经充分塑化,而高分子量级的因尚未塑化还是生料。如果这些生料带入制品中,会使制品产生硬粒子,并影响其他助剂与高分子的混合,最终影响制品质量。

(3) 颗粒结构的影响。颗粒结构影响增塑剂的吸收。表面粗糙、不规则、疏松多孔的粒子易于吸收增塑剂。

(4) 粒度的影响。粒度主要影响混合的均匀性。高分子粒度过大,容易造成混合不均,影响制品性能。但过细的粒子容易造成粉尘飞扬和容积计量困难。

(5) 其他因素的影响。例如,高分子中的水分、挥发物含量、结晶度、密度、杂质等均对配料和制品性能有一定的影响。

2. 增塑剂

对一些玻璃化温度较高的聚合物,为制得室温下软质的制品和改善加工时熔体的流动性能,需要加入一定量的增塑剂。增塑剂是添加到高分子材料中用于削弱高分子分子间的次价键,从而增加高分子材料塑性的物质。增塑剂大多数是沸点较高、不易挥发、与聚合物有良好混溶性的低分子油状液体,少数是熔点低的固体,可渗入高分子之间,降低分子间作用力,增加高分子的活动性,因而具有降低聚合物玻璃化温度及成型温度的作用。通常玻璃化温度的降低值与增塑剂的体积分数成正比。同时,增塑剂增加塑料制品的柔韧性、降低塑料的刚性和脆性。在使用过程中表现柔软的高分子材料往往在加工过程中具有良好的可塑性,这与高分子的玻璃化转变温度 T_g 有关。增塑剂能够降低高分子的 T_g 并提高其塑性,既可用于塑料，也可用于橡胶。

1）增塑剂的作用

增塑剂的作用主要是增加高分子材料的可塑性，改进其柔软性、延伸性和加工性，并提高制品的耐寒性。

(1) 使添加剂与高分子容易混合。高分子都较硬，有些添加剂也是固体，因此两者不易混合，而加入增塑剂后，高分子变软，易与添加剂混合均匀。

(2) 使混合物变软，改善加工工艺。加入增塑剂后，高分子间相互作用力下降，高分子材料的 T_g、T_f、T_m、T_b 降低，流动性提高，有利于成型加工。

(3) 使制品在常温下表现柔软。增塑剂 T_b 降低了材料的 T_g，所以制品表现柔软。

(4) 增强制品的耐寒性。增塑剂降低了高分子材料的 T_g 和脆化温度 T_b，使制品的耐低温性提高。

2）增塑剂的作用机理

一般认为，具有强极性基团的分子间作用力大，而具有非极性基团的分子间作用力小。因此，要使强极性基团的高分子易于挤出或压延成型等，则需降低分子间的作用力，可借助于升高温度或加入增塑剂实现。按照增塑剂的作用方式有外增塑剂和内增塑剂两种。

(1) 外增塑剂。

外增塑是将低分子量的有机化合物或聚合物添加到需要增塑的聚合物中，削弱高分子链间的引力，增加高分子链的移动性，降低高分子链的结晶度，从而增强高分子材料的塑性，以改善高分子材料加工时的流动性。外增塑剂的优点是性能较全面，增塑作用可调范围大；缺点是耐久性较差，易挥发、迁移和抽出。外增塑剂分为非极性增塑剂和极性增塑剂。外增塑剂通常为高沸点的油类或低熔点的固体。

A. 非极性增塑剂。非极性增塑剂起溶剂化作用，增大了高分子聚合物分子之间的距离，降低了聚合物分子间的作用力。它的增塑效果与体积分数成正比。

非极性增塑剂的溶解度参数低，用于增塑非极性聚合物，如液态石蜡增塑聚苯乙烯。非极性增塑剂对非极性聚合物的 T_g 降低的数值 ΔT_g 直接与增塑剂的用量成正比，用量越大，隔离作用也越大，T_g 降低越多。

B. 极性增塑剂。极性增塑剂主要起屏蔽作用，同时体积效应也起作用。增塑剂分子中的极性基团与聚合物分子的极性基团相互吸引，取代了聚合物分子间极性基团的相互作用，降低了聚合物分子间的作用力。极性增塑剂的增塑效果与其物质的量有关。极性增塑剂的溶解度参数高，用于增塑极性聚合物，如邻苯二甲酸二辛酯(DOP)增塑聚氯乙烯。某些聚合物的极性按下列顺序升高：聚乙烯＜聚丙烯＜聚苯乙烯＜聚氯乙烯＜聚乙酸乙烯＜聚乙烯醇。

(2) 内增塑剂。

内增塑是在高分子链上用化学方法引入一些侧基(如支链或取代基)，从而降低聚合物分子间的吸引力，使刚性分子链变软、易于活动。内增塑剂多属于共聚树脂，通过引入起增塑作用的组分而改变聚合物的分子结构，达到增塑效果。内增塑剂的优点是耐久性好、不挥发、难抽出、稳定；缺点是聚合成本高、使用温度范围较窄。

A. 共聚树脂。例如氯醋树脂，将氯乙烯与少量乙酸乙烯酯进行共聚，得到氯醋树脂。

B. 引入支链或取代基。例如氯化聚乙烯，由高密度聚乙烯经氯化取代反应，制得氯化聚乙烯。

3）增塑剂的分类

增塑剂按照制品的使用性能可以分为以下7种。

（1）耐寒制品，采用癸二酸二辛酯（DOS）、己二酸二辛酯（DOA）等脂肪族二元酸酯类耐低温性增塑剂，可以降低制品的脆化温度。

（2）耐热制品，采用季戊四醇酯。

（3）无毒制品，采用柠檬酸酯、磷酸二苯辛酯、环氧大豆油（ESO）。

（4）耐热且无毒制品，采用环氧大豆油。

（5）耐热、耐光制品，采用环氧十八酸辛酯、环氧大豆油、偏苯三酸酯。

（6）阻燃制品，采用磷酸酯类、氯化石蜡、氯化脂肪酸类。

（7）耐菌制品，采用磷酸酯类。

增塑剂对高分子材料耐老化性能的影响强弱为脂肪族酯＞芳香族酯＞氯代物＞磷酸酯。

需要注意，不是每种塑料都需要加入增塑剂，如聚酰胺、聚苯乙烯、聚丙烯和聚乙烯等不需增塑。在工业上使用增塑剂的聚合物，最主要的是聚氯乙烯，80%左右的增塑剂是用于聚氯乙烯塑料；此外还有聚醋酸乙烯、硝酸纤维素、醋酸纤维素等。

由于各种增塑剂的性能不一样，单独使用一两种增塑剂无法满足全面的性能要求。为了取长补短，生产上常采用混合增塑剂，通常将主增塑剂（起主要作用）、辅助增塑剂（起功能性作用）、增量剂（降低成本）配合使用。

在高分子中加入增塑剂的方法很多，但通常是在一定温度下用强制性的机械混合法分散在高分子中。

4）增塑剂的选择

对增塑剂的要求主要是：相容性，必须在一定范围内与高分子相容；迁移性和消耗小；对热或化学试剂稳定；不易挥发，并且尽量不燃、无毒。一般选择增塑剂时主要考虑以下三方面。

（1）相容性。

相容性反映了增塑剂与高分子的混合难易程度，一般将增塑剂与高分子的溶解度参数δ等相近与否作为判据。

当分子量相近时，芳香结构的增塑剂与聚氯乙烯的相容性优于脂肪结构的增塑剂。

（2）稳定性。

稳定性反映了增塑剂在高分子材料中的耐久性程度，是指增塑剂在高分子材料内部的迁移性和在材料表面的挥发性。例如，一些增塑制品长期使用后会发黏或变硬，发黏是由于增塑剂发生了迁移，变硬是由于增塑剂的挥发。

当分子量相当时，由正构醇形成的酯的塑化效率、耐挥发性、耐低温性优于由异构醇形成的酯。增塑剂分子量越小，在高分子中的活动能力越大，渗透力也就大，即易混，增塑效果好，但稳定性差。增塑剂合格的衡量标准首要是沸点，要求在4mmHg（1mmHg＝133Pa）下的沸点不低于200℃。增塑剂的相容性与稳定性相互矛盾，需要协调，解决相容性和稳定性的最有效方法是采用内增塑。

（3）对加工性能的影响。

增塑剂对高分子材料加工性能的影响包括：①对凝胶化速度和温度的影响；②对热稳定性的影响；③对黏性和润滑性的影响。例如，增塑聚氯乙烯的最低塑化温度分别为：$T_{\mathrm{DOP}}=$

105℃，T_{DINP}=122℃，T_{DOTP}=135℃，T_{EOS}=142℃，T_{DOS}=152℃，T_{TOTM}=158℃。

3. 防老剂

高分子是高分子材料的主体，因其分子结构的特殊性，老化是高分子材料的必然规律。为了延长高分子材料制品的使用寿命、防止老化而加入的物质称为防老剂。其目的主要是防止成型过程中高分子受热分解，或长期使用过程中防止高分子受光和氧的作用而老化降解，以及消除杂质(主要是金属离子)的催化降解作用。

高分子材料的老化是指高分子材料在制备、成型加工和使用过程中，受外界的物理因素、化学因素和生物因素的影响而发生分子结构变化(降解、交联、接上基团等微观变化)、表面状态变化(变色、发黏、裂纹、变形等宏观变化)或使用性能变化(强度下降、硬度增大等宏观变化)。为防止或抑制由高分子材料老化引起的破坏作用，可采取改性方法，如添加防老剂、共聚改性(引入带功能性基团的单体)或对活泼端基进行消活、稳定处理等，其中添加防老剂为主要方法。

防老剂的种类主要有热稳定剂、抗氧剂和光稳定剂。

1) 热稳定剂

热稳定剂是指防止高分子材料在加工或使用过程中因受热而发生降解或交联的添加剂。主要用于聚氯乙烯、氯乙烯共聚物、聚甲醛、氯丁橡胶和氯醚橡胶等热敏性高分子材料中。

(1) 热稳定剂的作用机理。

A. 去除高分子降解后产生的活性中心，抑制高分子材料的进一步降解。

若活性中心是高分子降解后析出的自由基，可加有机锡(如二丁基二乙酸锡)，以生成较稳定的自由基；若活性中心是不稳定氯原子，可加金属皂类和金属硫醇盐类以生成稳定的高分子。其他金属化合物、胺类、亚磷酸酯类也有此作用，金属皂类(硬脂酸盐类)用得最多。

B. 对双键结构起加成作用，防止高分子继续降解及颜色改变。

高分子降解后往往会出现共轭形式排列的多烯结构，进而在外界条件的影响下成为降解中心。同时，双键能移动高分子吸收光线的波长范围，而使高分子显出各种颜色。所以降解越烈，双键特别是共轭双键越多，则高分子颜色越深。因而，可通过变色判定高分子降解情况。可加入对双键起加成作用的物质(如硫醇类、螯合剂、顺丁烯二酯类)，与高分子链上的不饱和双键起加成反应，防止高分子继续降解。

C. 转变在降解中起催化剂作用的物质。

聚氯乙烯加金属皂类时生成的金属氯化物有催化降解作用，所以，加入金属皂类和盐类热稳定剂的同时，还应添加螯合剂(如亚磷酸酯)以中和 HCl、阻滞聚氯乙烯降解，并且钝化金属杂质、消除金属离子的催化降解作用。

(2) 热稳定剂的作用。

热稳定剂有预防型和补救型两种：预防型的作用是中和 HCl、取代不稳定氯原子、钝化杂质、防止自动氧化；补救型的作用是与不饱和部位反应、破坏碳正离子盐。各种热稳定剂发挥的作用不同，需根据作用要求选择不同热稳定剂。

A. 中和 HCl：金属皂类、环氧化合物、金属硫醇盐。

B. 取代不稳定氯原子：金属羧酸盐、金属硫醇盐。

C. 钝化杂质：亚磷酸酯。

D. 防止自动氧化：金属硫醇盐、酚类抗氧剂。

E. 与不饱和部位反应：金属硫醇盐。

F. 破坏碳正离子盐：金属皂类、环氧化合物、金属硫醇盐。

(3) 热稳定剂的种类。

A. 铅盐类：有润滑性，毒性较大，透明性差，易产生硫污。

B. 金属皂类：有润滑性，与其他添加剂组合后具有协同效应。例如，金属皂类和金属硫醇盐类，其他金属化合物、胺类、亚磷酸酯类也有此作用。其中，采用金属皂类最多。

C. 有机锡类：优良的稳定性和透明性，可用于透明高分子材料制品。常用的有二丁基二乙酸锡、二丁基二月桂酸锡等。

D. 有机锑类：优良的稳定性和透明性，气味较有机锡小。

E. 有机辅助类：与金属皂类或有机锡类并用时具有协同效应，如金属硫醇盐类。

F. 复合类：热稳定性高，润滑性好，使用方便，如“金属皂类＋亚磷酸酯＋环氧化合物”。

G. 稀土类：热稳定性高，透明性好，可用于透明高分子材料制品。

2) 抗氧剂

抗氧剂是指可抑制或延缓高分子材料自动氧化速度，延长其使用寿命的物质。高分子材料在制备、成型加工、储存和使用过程中，不可避免地要与氧发生接触，从而发生自动氧化反应，造成材料老化。自动氧化的外因主要在于环境中的 O_2，内因主要在于高分子的分子结构。对于塑料，成型加工时提供的能量等于或大于键能时易断裂，而键能大小与高分子的分子结构有关。一般主链上键能的大小顺序为：伯碳原子的键能＞仲碳原子的键能＞叔碳原子的键能＞季碳原子的键能。因此，高分子链中与叔、季碳原子相邻的键都是不稳定的。例如，聚丙烯含叔碳原子，所以聚丙烯比聚乙烯稳定性差，易与 O_2 反应降解。

(1) 影响自动氧化老化的因素。

A. 氧气：高分子与 O_2 反应降解，导致材料力学性能降低。

B. 机械力：使高分子断裂，从而加速老化。

C. 变价金属离子：通过加速过氧化物分解而加速老化。例如，微量的 Fe^{2+}/Fe^{3+} 等变价金属离子对过氧化物 ROOH 的分解具有很强的催化作用。

D. 温度：温度每升高 10℃，氧化速度加快一倍。

(2) 抗氧剂的作用。

按照其作用机理，抗氧剂可分为两大类。

A. 链终止型抗氧剂(主抗氧剂)。抗氧剂作为自由基或增长链的终止剂，多数为受阻酚类和仲芳胺类，均有不稳定的氢原子，可与自由基 R· 和 ROO· 反应，生成活性较小的自由基或惰性产物，从而避免自由基从高分子中夺取氢原子，阻止高分子的氧化降解。

对抗氧剂 A—H 的要求是：A—H 键能小于 R—H 键能，而且 A 的活性不能太小，也不能太大。这是因为太大不能起防老作用，反而引发自由基；太小则不起作用(不与 R 反应)。常用的抗氧剂有：2,6-二叔丁基-4-甲基苯酚(抗氧剂 264)、四[β-(3,5-二叔丁基-4-羟基苯基)丙酸]季戊四醇酯(抗氧剂 1010)、β-(3,5-叔丁基-4-羟基苯基)丙酸正十八碳醇酯(抗氧剂 1076)、N-环己基-N′-苯基对苯二胺(防老剂 4010)、N-(1,3-二甲基)丁基-N′-苯基对苯二胺(防老剂 4020)。

B. 预防型抗氧剂(辅助抗氧剂)。预防型抗氧剂有两种。一种是作为氢过氧化物分解剂,与过氧化物反应并使之转变成稳定的非自由基型稳定化合物,从而避免降解,属于这一类的抗氧剂主要有亚磷酸酯类和各种类型的含硫化合物。另一种是作为金属离子钝化剂,即能使变价金属离子转化为稳定的络合物,减缓氢过氧化物分解作用的物质,主要有酰胺类及酰肼类。

(3) 抗氧剂的种类。

抗氧剂一般在高分子合成后或在高分子材料成型加工中加入,在塑料中的用量为0.1%～1%。常用的抗氧剂有5种。

A. 酚类:用于塑料和橡胶,无色污性,可用于无色或浅色制品,如抗氧剂264。

B. 对苯二胺类:用作橡胶防老剂,有色污性,仅可用于深色制品,如防老剂4010。

C. 二芳基仲胺类:用于塑料和橡胶,有色污性,不适于浅色制品。

D. 酮胺类:用作橡胶防老剂,有色污性,不适于浅色制品。

E. 硫代酯及亚磷酸酯类:属于辅助抗氧剂,用于塑料和橡胶,无色污性,可用于白色或艳色制品。

3) 光稳定剂

高分子材料中含有不饱和结构、夹杂微量杂质,以及存在结构缺陷时,可吸收波长大于290nm的紫外线而发生降解。光对高分子材料的降解是光和氧共同作用的结果。对光和氧降解敏感的高分子有:①具有芳香结构的高分子;②主链上含有不饱和基团的高分子;③仲、叔碳原子上有活泼氢的高分子。这些高分子在光和氧降解作用下会发生断链和交联,形成含氧官能团,导致材料外观和性能的变化。光稳定剂主要用于抑制或屏障高分子材料制品在阳光或强荧光下因吸收紫外线而引起的降解破坏。

(1) 影响光和氧降解的因素。

影响高分子材料光降解性能的因素主要有:①催化剂残留物的引发作用;②氢过氧化物的引发作用;③羰基的引发作用;④单线态氧的作用;⑤稠环芳烃的引发作用;⑥不饱和结构的引发作用。

(2) 光稳定剂的作用。

光稳定剂是指可有效地抑制光致降解的一类添加剂。通常其用量为高分子质量的0.05%～2%。按照其作用机理可分为4类。

A. 光屏蔽剂(颜料):用于厚制品和不透明制品,在高分子中起屏蔽作用。主要有炭黑、二氧化钛(对聚丙烯起降解作用,但用量多时会起屏蔽作用)、氧化锌和锌钡白(又名立德粉,是硫化锌和硫酸钡的混合物)。

B. 紫外线吸收剂:许多紫外线吸收剂由于本身形成分子内氢键,当吸收光能后,氢键被破坏,吸收的能量又可以热能的形式放出,使氢键恢复,进而继续发挥作用,高分子得以保护,即通过自身的异构转换方式,将吸收的能量以热能或无害的低能辐射形式释放或消耗。紫外线吸收剂的作用机理有两种。一种是先于高分子吸收入射的紫外线,移出高分子吸收的光能。这种光稳定剂应用最普遍,常用的有二苯甲酮类(UV-9、UV-531、DOBP)和苯并三唑类(UV-P、UV-326、UV-327),还可用水杨酸酯类(BAD、TBS、OPS)、三嗪(三嗪-5)、取代丙烯腈等。另一种是先驱型紫外线吸收剂,本身不具有吸收紫外线作用,光照射后分子重排,改变结构成为紫外线吸收剂而发挥其作用,常用的有苯甲酸酯类(光稳定剂901、紫外线吸收剂 RMB 等)。

C. 猝灭剂：通过转移高分子吸收紫外线而产生的“激发态能”，从而避免由此产生自由基而使高分子进一步降解。常用镍、钴的有机络合物，如 NBC、AM-101、1084、2002 等光稳定剂。

D. 自由基捕捉剂：受阻胺类衍生物(GM-508、LS-770、LS-774)，不仅是自由基捕捉剂，也是高效的光屏蔽剂。

(3) 光稳定剂的种类。

A. 颜料类：炭黑是效能最高的颜料类光屏蔽剂，还有二氧化钛、氧化锌、亚硫酸锌、锌钡白和铁红等无机颜料，以及酞菁蓝、酞菁绿等有机颜料。

B. 受阻胺类：产量最大的光稳定剂，是高效的光屏蔽剂，防光老化效能优于吸收型光稳定剂。常用受阻胺类有 GM-508、LS-770、LS-774 等。

C. 二苯甲酮类：能吸收 290～400nm 的紫外光，与高分子的相容性好，工业上常用的主要有 UV-531、UV-9 和 UV-0。

D. 苯并三唑类：能吸收 300～385nm 的紫外光，广泛应用于塑料，工业上常用的主要有 UV-326、UV-327 和 UV-P。

E. 有机金属络合物类：主要产品是二价镍的络合物，由于其分子中含重金属镍，发达国家和地区已停止使用。

光稳定剂的选用除了考虑光稳定剂的自身因素，还应考虑高分子的结构特性、特定的应用要求，以及与添加剂的配伍性。目前光稳定剂的发展趋势主要集中在高分了量化、多功能化及反应性等方面。

4. 填料

为了改善制品的成型加工性能，或为了增加物料体积、降低制品成本而加入的物质，称为填料(填充剂)。填料一般为固体物质，作用主要是增加体积、降低成本，不影响材料的使用性能或影响很小。填料虽不能提高塑料制品的力学性能，但可改善塑料的成型加工性能，还可改善或赋予塑料制品某些新的性能。

1) 填料的作用机理

粉状填料的加入通常不是单纯的物理混合，添加的粉状填料与高分子之间存在分子间力，这种分子间力虽然很弱，但具有加和性。如果高分子的分子量较大，其总力就较为可观，从而可改变高分子的构象平衡和松弛时间，降低高分子的结晶倾向和溶解度，提高高分子的玻璃化转变温度和硬度，降低高分子材料制品的线膨胀系数和成型收缩率，同时常会使高分子熔体黏度增大。但填料若超过一定用量，可导致高分子材料强度的降低。

通常采用偶联剂对填料进行表面处理，以增强填料与高分子间的结合。不同的填料其作用不同，炭黑填料还具有提高塑料光老化性能的作用，二硫化钼填料还能显著改善高分子材料的耐磨性和自润滑性，大部分无机填料都能降低高分子材料的线膨胀系数和制品的成型收缩率，并能提高材料的耐热性和阻燃性以及强度，使高分子材料制品能在较宽温度下工作。

2) 常用填料的种类

(1) 碳酸钙。

碳酸钙是最常用的填料，广泛用于胶黏剂、密封剂、造纸、塑料、橡胶、油漆、涂料等行业。

碳酸钙有如下几种。

A. 重质碳酸钙(研磨碳酸钙):由天然石灰石等经机械粉碎而制得,沉降体积1.1~1.9cm^3/g。

B. 轻质碳酸钙(沉淀碳酸钙):由无机合成后沉降而制得,沉降体积2.4~2.8cm^3/g。

C. 活性碳酸钙:采用表面活性剂或偶联剂对轻质碳酸钙进行表面改性而制得。

D. 纳米碳酸钙:沉降体积3.0~4.0cm^3/g。

(2) 炭黑。

炭黑是最常用的橡胶补强剂,还可作为塑料光稳定剂,习惯上按炭黑对橡胶的补强效果和加工性能命名不同种类的炭黑,如耐磨炉黑、超耐磨炉黑、快压出炉黑、半补强炉黑、热裂法炭黑、乙炔炭黑等。

(3) 硅酸盐。

硅酸盐填料有白炭黑、陶土、滑石粉和云母粉等。白炭黑为水合二氧化硅($SiO_2 \cdot nH_2O$),补强效果仅次于炭黑,是硅橡胶的优良补强剂,适用于白色、浅色橡胶制品。陶土、滑石粉和云母粉主要作为降低成本的填料。

(4) 硫酸盐类。

硫酸盐类填料有硫酸钡、硫酸钙、锌钡白等,主要作为填料,也有着色作用。

(5) 金属氧化物。

这类填料有氧化铝、氧化钛、氧化锌、氧化镁、氧化铁、磁粉等,主要作为填料和着色剂。

(6) 金属粉。

金属粉填料有铝、锌、铜、铅等粉末,主要起装饰作用。

(7) 纤维类。

纤维类填料有玻璃纤维、碳纤维、硼纤维等,主要起增强作用。

5. 润滑剂

润滑剂是指为了减少或避免制品与设备的黏附,提高制品表面光洁度,以及在高分子材料加工时为减小高分子材料之间、高分子材料与加工设备或成型模具之间产生的较大的摩擦力而加入的添加剂。

1) 润滑剂的作用

润滑剂通过降低高分子材料之间、高分子材料与设备之间的摩擦及黏附,改善高分子材料的加工流动性,提高生产能力和制品外观质量,属于工艺性添加剂。润滑剂与增塑剂的区别在于润滑剂仅在加工时有作用,而增塑剂在加工和使用中都起作用。

润滑剂分子(石蜡除外)是由极性基团和不同长度的烃链组成,两者之间的比例决定了它们的润滑效果。润滑剂按照其作用机理分为内润滑剂和外润滑剂两种。内润滑剂与高分子间有一定相容性,加入后可减少高分子内聚能,削弱内摩擦,有稳定剂的作用,如硬脂酸及其盐类。外润滑剂与高分子间相容性差,易从材料内部析出并附着在物料表面,可降低设备与物料间的摩擦,如石蜡、硬脂酸、矿物油、硅油等。

内润滑与外润滑是相对的,二者之间并无严格的界限。例如,单脂肪酸甘油酯(极性)为聚氯乙烯(PVC)的内润滑剂,聚烯烃的外润滑剂;硬脂酸(极性)低浓度时为PVC的内润滑剂,高浓度时为PVC的外润滑剂;聚乙烯蜡(非极性)为聚烯烃的内润滑剂,PVC的外润滑剂。

2）润滑剂的种类

（1）脂肪酸及其金属皂类。

主要产品是硬脂酸和硬脂酸盐，其中硬脂酸锌、硬脂酸钙、硬脂酸铅、硬脂酸钡等脂肪酸金属皂类是兼具热稳定作用的润滑剂。

（2）酯类。

酯类润滑剂主要产品有硬脂酸正丁酯、硬脂酸单甘油酯、三硬脂酸甘油酯。

（3）醇类。

醇类润滑剂是有效的内润滑剂，主要产品有高级脂肪醇、多元醇、聚乙二醇、聚丙二醇。

（4）酰胺类。

酰胺类润滑剂具有较好的外润滑作用，主要产品有油酸酰胺、硬脂酸酰胺、乙醇双油酸酰胺、乙醇双硬脂酸酰胺。

（5）石蜡及炔类。

石蜡及炔类具有优良的外润滑作用，主要产品有固体石蜡、微晶石蜡、液态石蜡、氯化石蜡、聚乙烯蜡、聚丙烯蜡。

此外，脱模剂、防黏剂、开口剂（滑爽剂）、光泽剂等均属于润滑剂的范畴。例如，有机类开口剂主要有油酸酰胺、芥酸酰胺，无机类开口剂主要有滑石粉、硅藻土、二氧化硅等，其中用量最大的是二氧化硅。

3）润滑剂的选择

选用润滑剂时应首先研究其对高分子熔化的影响，然后考虑它们的润滑性能。润滑性能主要考虑如下两方面。

（1）内、外润滑的平衡。

根据高分子材料加工工艺，以一种润滑作用为主，兼顾内、外润滑作用。例如，PVC 的成型工艺，在注射成型、挤出成型时主要考虑提高流动性，以内润滑为主；而在模压成型、层压成型时主要考虑提高脱模性，以外润滑为主。

（2）物料的软硬程度。

根据物料的软硬程度调整润滑剂的用量，防止过润滑。例如，加工软质 PVC 制品时主要考虑防黏附作用，润滑剂的添加量小于 0.5%。

6. 着色剂

为了使制品美观、赋予制品颜色而加入高分子材料中的物质，称为着色剂。有些着色剂还具有防老化的作用。着色剂常为油溶性的有机染料和无机颜料。

1）染料

染料为有机化合物，透明性好、着色力强、色彩鲜艳。染料大多具有可溶性，可以使被染物的表面、内部均被着色，特别适用于透明制品。

有机着色剂一般是有机染料，常用的有偶氮类、酞菁类、二噁嗪类和荧光类化合物。

2）颜料

颜料以分散微粒形式使材料表面着色，有一定的遮盖力。制品着色后不透明，但其耐热性比采用染料着色的制品高。

无机着色剂一般为无机颜料，常用的有炭黑、钛白粉、锌钡白、金粉、银粉、铬黄和镉红等。

7. 交联剂

在热固性塑料成型时加入的能使高分子发生交联反应的物质，称为交联剂(或称固化剂)。交联是指将线型或轻度支化型高分子转变成二维网状结构或三维体型结构高分子的反应过程。

不同的高分子材料应选用不同的交联体系。例如，酚醛模塑粉中加入交联剂六亚甲基四胺，环氧树脂中加入交联剂二元酸酐或二元胺等。常用交联剂有如下几种。

1）有机过氧化物

有机过氧化物(R—O—O—R)交联剂通过受热分解产生自由基，引发聚合物的自由基交联反应。适用于聚烯烃(PO)和饱和橡胶。常用产品有过氧化二苯甲酰(BPO)、过氧化二异丙苯(DCP)。

2）胺类化合物

胺类化合物(NH_2—R)交联剂适用于热固性塑料(酚醛树脂、氨基树脂、环氧树脂)。

3）双官能团化合物

双官能团化合物交联剂适用于不饱和聚酯树脂，常用产品为烯类，如苯乙烯(St)、甲基丙烯酸甲酯(MMA)。

8. 阻燃剂

大多数高分子材料属于易燃材料，存在产生火灾的隐患，因此，提高高分子材料的阻燃性能是其发展和应用的迫切需要。凡加入高分子材料后能够赋予该易燃高分子材料难燃性的物质，都称为阻燃剂。阻燃剂通过物理途径和化学途径切断燃烧循环，可分为添加型阻燃剂和反应型阻燃剂。添加型阻燃剂分为无机(氢氧化铝、氢氧化镁)和有机(卤系、磷系、氮系)两种。反应型阻燃剂为含反应性官能团的有机卤单体、有机磷单体。

阻燃剂一般为含有 Cl、Br、P、N、Si、B、Al、Sb 等化学元素的无机或有机化合物，其中含 Cl、Br 的卤系阻燃剂是目前产量最大的重要有机阻燃剂，也是使用量最多的。但是，传统卤系阻燃剂在燃烧过程中产生浓烟和卤化氢有害物质，严重危害人类健康和环境，因此，低烟、低毒的无卤阻燃剂是今后的发展方向。无卤阻燃剂包括无机、磷系、硅系、氮系、硼系，以及含多种阻燃元素的阻燃剂等。

1）磷系阻燃剂

目前磷阻燃元素是替代卤族元素最理想的阻燃元素。因为与卤系阻燃剂相比，磷系阻燃剂同样具有优异的阻燃性和热稳定性，且在燃烧过程中少烟、低毒，降解后的产物对环境友好。有机磷系阻燃剂是近几年发展较为迅速的一种高性能阻燃剂。将磷酸酯加入高分子材料中，通过凝聚相阻燃机理，在燃烧时高分子材料转化成难燃的焦炭，既隔绝了氧气，又阻止或减少了可燃性气体的产生。但是绝大多数磷酸酯类阻燃剂为液态，挥发性大、耐热性不理想，同时相容性也需要提高。它的应用形式多为兼具阻燃性和抗菌性的磷酸酯类增塑剂，主要产品有磷酸三甲苯酯。

2）氮系阻燃剂

氮系阻燃剂是一种新型高效的无卤阻燃剂，由于氮在高分子中一般以多键原子存在，释放需要较高能量，因此其稳定性较好；阻燃过程中可以促使基材交联成碳，并且本身分解的产物多为无毒或低毒物质。氮系阻燃剂非常符合现代社会对阻燃剂稳定、高效、低毒的要求。虽然氮系阻燃剂有着优异的特性，但是其阻燃性因含氮量的限制而明显欠佳，其与高分子材料的相容性也不是很好，并且添加后基材的黏度会升高，因此其单独在高分子材料阻燃方面的应用不如磷系阻燃剂广泛，它的应用形式多为固化剂。

3）硅系阻燃剂

硅系阻燃剂不仅具有优良的阻燃性和热稳定性，而且可以提高固化产物的介电性能，并改善其脆性，更重要的是产品具有低毒特性。根据硅元素引入的方式可以分成添加型阻燃剂和反应型阻燃剂。添加型阻燃剂仅是一种物理的分散混合过程，比较方便、快捷，并且成本低得多，但阻燃效果不太理想，且会影响最终产品的性能；反应型阻燃剂则是通过化学方法将硅元素接入固化原料上，其阻燃效果好，产品力学性能得到最大限度保持。硅元素的一些特点决定了其添加量不能过高，为了保证良好的阻燃性，需与其他阻燃元素协同阻燃。目前研究较多的是硅-磷和硅-氮协同阻燃体系。但是含硅阻燃剂的制备过程复杂，生产成本过高的问题仍须解决。此外，研究硅元素与其他元素间协同作用的机理，更好地发挥其阻燃性，也是摆在研究人员面前的问题。

4）磷氮系阻燃剂

磷系和氮系阻燃剂都存在着一定的不足，工业应用中通常把这两种阻燃剂并用，调整氮系阻燃剂和磷系阻燃剂的配比，并利用两者的阻燃协同效应，制得性能更加优良的阻燃剂。磷-氮协同阻燃原理是，利用氮化合物产生的不燃性气体与焦磷酸保护膜通过发泡作用形成泡沫隔热层，使材料变成膨胀体以降低热传导，并利用磷氮化合物形成 P—N—P、P—O—P、P—C 等化学键，形成一种焦化碳结构的糊状物留在剩余碳中，起到覆盖作用，中断燃烧连锁反应，从而极大地抑止材料的燃烧。另外，采用磷-氮协同新型膨胀阻燃技术，在有效提高阻燃效率的同时，减少了阻燃剂的添加量，降低了生产成本。

9. 其他添加剂

高分子材料中还有特殊用途的其他添加剂，如发泡剂、抗静电剂、偶联剂、防霉剂等。

1）发泡剂

凡加入高分子材料后，在对象材料及制品中形成细孔或蜂窝状结构的物质，都称为发泡剂。发泡剂分为化学发泡剂和物理发泡剂两种。化学发泡剂经加热分解后能释放出 CO_2 和 N_2 等气体。物理发泡剂通过某种物质的物理形态的变化形成泡沫细孔，常以低沸点物质使其物理发泡。常用低沸点卤代烷主要有三氯一氟甲烷、二氯二氟甲烷。

发泡剂又有无机与有机之分。无机发泡剂有碳酸铵、碳酸氢钠、亚硝酸钠等。有机发泡剂常用偶氮类、磺酰肼类、亚硝基类，其中最主要的是偶氮二甲酰胺（发泡剂 AC）。

工业生产中有时还需加入催化剂（有机锡、叔胺）来调节反应速率，以保持起泡速度与扩链速度的平衡；采用泡沫稳定剂（表面活性剂）调节表面张力，使泡沫均匀。

2）抗静电剂

凡能导引和消除聚集的有害电荷，使其不对生产和生活造成不便或危害的物质，都称为抗静电剂。抗静电剂一般是表面活性剂，在结构上极性基团（亲水基）和非极性基团（亲油基）兼而有之。抗静电剂主要用于塑料和合成纤维的加工。对塑料制品，通常是添加到高分子材料内部。经常受摩擦的塑料制品(如电影胶片)需要加入抗静电剂,以防止聚集静电荷。抗静电剂还可克服塑料表面易吸附灰尘而污染的缺点。

3) 偶联剂

偶联剂是指在配混过程中改善高分子与无机填料或增强材料界面性能的一种物质。偶联剂分子的一端为极性可水解基团,易与无机物的极性表面发生化学反应而结合;另一端为活性反应基团,可与高分子产生化学结合及物理吸附作用。硅烷类偶联剂适用于含硅类无机填料和补强剂;钛酸酯类偶联剂适用于碳酸钙。例如,采用硅烷类偶联剂处理空心玻璃微珠。

4) 防霉剂

防霉剂是指对霉菌具有杀灭或抑制作用,防止高分子材料发生霉变的物质。高分子材料中的各种添加剂(尤其是增塑剂)是其易受霉菌侵蚀的主要原因。潮湿环境中使用的塑料制品应当添加防霉剂。防霉剂的主要种类有有机氯化合物、有机锡化合物、有机铜化合物等。

4.2.2 物料的混合

高分子材料由多种组分组成,在成型前必须将各种组分相互混合,制成合适形态的物料再进行成型加工,这一过程称为混合,又称为配料。这实际上是成型加工前的准备工艺——物料的配制,物料配制中最重要的操作是物料的混合与分散。在高分子材料制品生产中,首先要在对制品的形状、结构和使用性能的科学预测和判定的前提下,正确选用高分子基体材料和各种添加剂(配方设计),然后实施制品制造过程。物料的混合与分散是物料配制中的重要操作。

1. 混合的基本原理

制备混合物时通常有分散与混合两个基本过程。混合是指多组分体系内各个组分相互进入其他组分所占空间中的过程。分散是指参加混合的一种组分或几种组分发生粒子尺寸减小或溶于其他组分中的变化。混合与分散一般是同时进行、同时完成的,在混合过程中,组分的颗粒尺寸不断减小,同时向着对方扩散,最终达到均匀分散,形成组成均匀的混合物。

1) 混合的方法

常用的混合方法有混合、捏和、塑炼。混合和捏和是在低于高分子材料的流动温度和较缓和的剪切速率下进行的,混合后的物料各组分在本质上基本没有变化;而塑炼是在高于高分子材料的流动温度和较强的剪切速率下进行的,塑炼后物料中各组分在化学性质或物理性质上会有所改变。塑炼的主要工艺控制条件是塑炼温度、时间和剪切力,需要严格控制。例如,混合塑炼时间过久,会引起高分子降解而降低制品质量。

2) 混合机理

混合是一种趋向于减少混合物非均匀性的操作,是在整个系统的全部体积内,各组分在其基本单元没有发生本质变化情况下的细化和分布过程。混合过程依靠扩散、对流和剪切三个作用完成。

扩散是指依靠物料中各个组分的浓度差,推动物料各组分从其浓度较高的区域向浓度较低区域的迁移。对于气体或液体的混合,扩散作用较明显;而高分子与其他组分之间的混合，即使在熔融状态下也难以依靠扩散作用完成。

对流是指多组分物料在相互占有的空间内发生迁移的过程，一般要借助于外力推动，如搅拌就是明显的对流。

剪切是指依靠机械力产生的剪切而促使物料组成达到均一的过程。剪切会使物料形状变化、表面积增大、物料占有其他物料空间的可能性增加，因而特别适合于塑性物料的混合。成型用塑料的混合主要是依靠对流和剪切两种作用过程实现的，因而外力在其混合过程中是不可缺少的。

在实际混合过程中，很少有某种作用单独存在的情况，往往是扩散、对流、剪切协同作用，只不过其中某一种占优势而已。

2. 混合效果的评定

混合是否均匀、混合终点如何判断等，这些都涉及混合效果的评定，即涉及分析与检验混合体系内各组分单元分布的均匀程度。可以直接对混合物取样，对其进行检验、观察和判定混合效果，也可以通过检测与混合物的混合状态密切相关的制品或试样的物理性能、力学性能和化学性能等，间接地判断多组分体系的混合状态。例如，可用差示扫描量热法(DSC)、动态力学分析(DMA)测定共混高分子材料的 T_g 作为表征混合状态的间接指标；用拉伸强度、冲击强度、弯曲强度等力学性能作为表征混合状态的间接指标。衡量混合效果的办法随物料性状而不同。

1）液体物料的混合效果评定

对于液体物料，混合效果的评定相对比较简单，主要是分析混合物不同部分的组成。若不同部分的组成与整个物料的平均组成一致，或相差很小，说明混合效果好；反之，则说明混合效果差，需进一步混合或改进混合的方法及操作等。

2）固体或塑性物料的混合效果评定

对于固体或塑性物料，混合效果的评定主要从组成物料的均匀程度和分散程度两个方面考虑。均匀程度是指取样中混入物占混合料的比例与理论上比例之间的差异大小；分散程度是指混入组分的粒子在混合后的物料中微观分布的均匀性，一般用同一组分相邻粒子间平均距离描述。混合分散程度将直接影响高分子材料制品的性能，特别是物理力学性能和加工过程的进行。例如，加入某填料能显著提高塑料制品的强度，但如果加入的填料混合分散不均匀，则会在制品中造成薄弱点，反而使制品强度降低。

实际生产中应根据所配物料的种类和使用要求确定混合与分散的程度，尽量做到在混合过程中增大不同组分的接触面积，减小同一组分料层的平均厚度；使各组分的交界面均匀地分布在被混合的物料之中；使混合物的任何部分中各组分的比例与整体比例相同。

3. 主要的混合设备

混合设备是完成混合操作工序必不可少的工具，混合的质量指标、经济指标（产量及能耗等）及其他各项指标在很大程度上取决于混合设备的性能。混合物的种类及性质各不相同，混合的质量指标也有所不同，必须采用具有不同性能特征的混合设备。常用混合设备如下所述。

1）预混合设备

用于预混合的设备主要有转鼓式混合机、捏和机、螺带式混合机、高速混合机等。转鼓式混合机只能用于非润湿性物料，捏和机、螺带式混合机和高速混合机都可兼用于非润湿性和润湿性物料。常用预混合设备捏和机和高速混合机如图 4.2.1 所示。

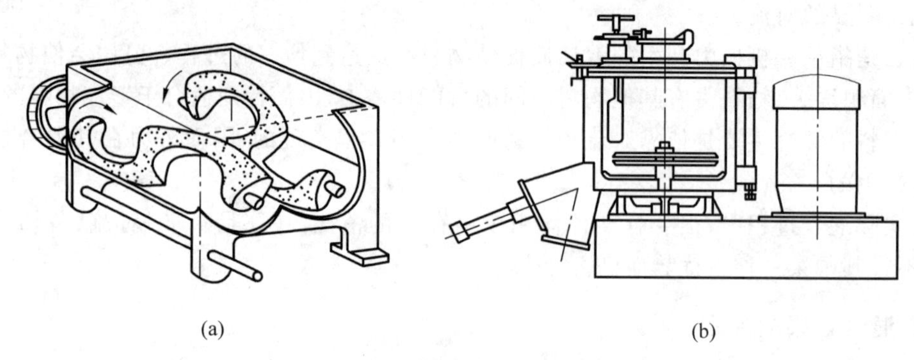

(a) (b)

图 4.2.1 常用预混合设备

(a) 捏和机；(b) 高速混合机

(1) 捏和机

捏和机是常用的物料预混合设备，适用于非润湿性固态物料和润湿性固液物料之间的混合。主要结构为具有加热或冷却夹套的底部的鞍形混合室，以及一对 Z 型搅拌桨。捏和机的混合需要较长时间，约半小时至数小时不等。

(2) 高速混合机。

高速混合机是广泛使用的高效物料预混合设备，适用于固态混合和固液混合，更适用于配制粉料。主要结构为具有加热或冷却夹套的圆筒形混合室、折流挡板和高速叶轮。高速混合机的混合一般需时较短，为 8～10min。

2) 塑化设备。

塑化(塑炼)属于再混合，塑化的对象是初混物，塑化温度 T>流动温度 T_f，有较大的剪切应力。塑化的目的在于：①借助于加热和剪切应力作用，使高分子熔化，并与各配合剂相互渗透混合；②驱出物料中的水分、空气及其他挥发物；③增大物料的密度，提高物料的可塑性；④有时还专门为一些成型工艺提供塑性物料。

塑化所用的设备主要有双辊筒机、密炼机和挤出机等。双辊筒机制得的炼成物通常是片状的，粉碎片状物的方法是将物料用切粒机切成粒料；密炼机制得的块状物料用粉碎机粉碎；挤出机挤出的条状物一般用装在口模出口处的旋转切刀切成粒料。常用塑化设备双辊筒机和密炼机如图 4.2.2 所示。

(1) 双辊筒机。

双辊筒机(开炼机)是广泛使用的物料混合设备，适用于塑料的塑化和混合，橡胶的塑炼和混炼，填充与共混改性物的混炼，为压延机连续供料，母料的制备等。主要结构如下：①一对安装在同一平面内的中空辊筒；②辊筒中间可通冷却水或蒸汽，以便冷却或加热；③工作时两根相向旋转，两辊筒的辊距可调；④两辊筒转速略有差异，存在一定速比(1∶1.15～1∶1.27)。

(2) 密炼机。

密炼机是广泛使用的高强度物料混合设备，适用于塑料的塑化和混合，橡胶的塑炼和混炼，填充与共混改性物的混炼，为压延机连续供料，母料的制备等。主要结构如下：①密炼

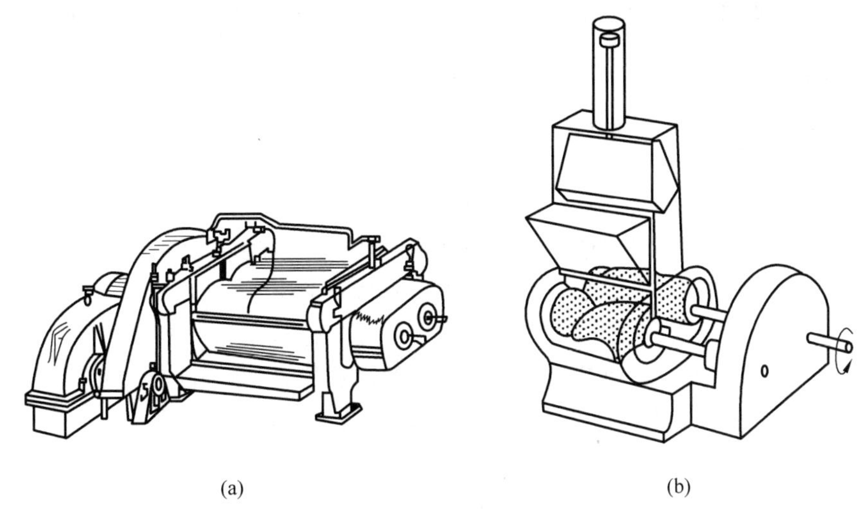

图 4.2.2　常用塑化设备

(a) 双辊筒机；(b) 密炼机

室的上部为加料口、下部为排料口，上、下各有一顶栓，当上、下顶栓关闭后，即形成封闭的密炼室；②密炼室内有一对相向旋转、表面有螺旋形突棱的转子；③密炼室外壁有冷却(加热)夹套；④转子转速略有不同，存在一定速比。

(3) 挤出机。

单螺杆挤出机是广泛使用的高分子材料加工设备，混合能力较弱，主要用于挤出造粒，成型板、管、丝、膜、中空制品和异型材。主要结构为带有加热或冷却装置的料筒和三段式螺杆。

双螺杆挤出机是极为有效的高分子材料混合设备，混合能力很强，主要用于熔融混合、填充改性、纤维增强改性、共混改性及反应挤出成型。主要结构为带有加热或冷却装置的∞字形料筒和组合式螺杆。可分为啮合异向旋转双螺杆挤出机、啮合同向旋转双螺杆挤出机、非啮合(相切)双螺杆挤出机。

行星螺杆挤出机是具有混炼、塑化双重作用的高分子材料混合设备，主要作为压延机的供料装置，例如用于生产透明 PVC 片材。主要结构为两根串联的螺杆，第一根为常规螺杆，起供料作用；第二根为行星螺杆，起混炼、塑化作用，末端呈齿轮状，螺杆套筒上有特殊螺旋齿。

(4) 连续混炼机。

连续混炼机既有密炼机的优异混合特性，又可使其转变为连续工作，特别适合于高填充物的分散混合，对工艺的适应性强，可在很宽的范围内完成混合任务，可用于各种类型的塑料和橡胶的混合。主要结构为：在内部有两根并排的转子，转子的工作部分由加料段、混炼段和排料段组成，两根转子做相向运动，但速度不同。

4.2.3　配料

塑料成型前的配料是指将高分子和各种添加剂混合形成一种均匀的配合物的过程。配合物的形态可为粉状或粒状，也可为溶液或悬浮体等。成型前物料的配制依物料的组成不同而有一定的区别，但共同的配制方法都离不开搅拌、干掺混、捏和及塑炼四种。

1. 粉料和粒料的配制

粉料和粒料的配制主要包括原料高分子和各种添加剂的准备，以及原料的混合。

1）原料的准备

原料的准备是指物料的预处理、称量及输送。由于远途装运或其他原因，高分子材料中有可能混入一些杂质等，为了保证质量和安全生产，应首先对物料进行过筛以除去粒状杂质等，再采取吸磁处理以除去金属杂质等。过筛会使高分子粒径大小比较均匀，便于与其他添加剂混合。储存中易吸湿的高分子材料，在使用前还应进行干燥。增塑剂通常在混合之前进行预热，以降低其黏度并加快其向高分子中扩散的速度，同时强化传热过程，使受热高分子加速溶胀以提高混合效率。防老剂和填料等添加剂组分其固体粒径较大，要将其在高分子材料中分散则比较困难，且易造成粉尘飞扬，影响加料准确性，而且，有些添加剂如铅盐对人体健康危害很大。为了简化配料操作和避免配料误差，一般先配成添加剂含量高的母料(液态浆料或固体的颗粒料)后，再加入体系中混合，使原料各组分相互分散以获得成分均匀的物料。

2）初混合

初混合是指在低聚合物熔点和较为缓和的剪切应力下进行的一种简单混合。初混合过程仅仅提高各组分微小粒子的空间无规排列程度，而并不减小粒子本身。不经初混合而直接塑炼，对缩短工艺流程、降低加工成本是有利的。但直接塑炼要求的条件比较苛刻，所用设备受料量有限，故若要大批量生产时的质量达到满意的结果，则在塑炼前用初混合先求得原料组分间的一定均匀性是合理的。此外，由于受现有塑炼设备特性的限制，对某些不太均匀的物料，即使其重量小于塑炼设备的受料量，如果单凭塑炼而要得到合格的均匀性，则塑炼时间必须延长。这样不但延长了生产周期，而且易使树脂降解，所以要求先初混合。经过初混合的物料，在某些场合下也可直接用于成型。一般单凭一次初混合很难达到要求。

混合时的加料次序很重要，通常是依次加入树脂、增塑剂、稳定剂、润滑剂、染料。混合终点一般凭经验判断或用时间控制。

3）初混物的塑炼

其目的是改变物料的性状，使物料在剪切力作用下热熔、剪切混合而达到适当的柔软度和可塑性，使各种组分的分散更趋均匀，同时还依赖于这种条件来驱逐其中的挥发物，以及弥补树脂合成中留下的缺陷(驱赶残存的单体、催化剂残余体等)，有利于输送和成型等。塑炼的条件比较严格，如控制不当，必然会造成混合物料各组分蒙受物理及化学上的损伤。例如，塑炼时间过久，会引起聚合物降解而降低其质量。因此，不同种类的塑料应各有其相宜的塑炼条件，并需通过实践来确定。塑炼工艺控制的主要指标有塑炼温度、时间和剪切力三项。塑炼的终点可通过测定试样的均匀性和分散程度来决定，最好是通过测定塑料试样的撕裂强度来决定。

4）塑炼物的粉碎和粒化

粉碎和粒化都是使固体物料在尺寸上得到减小，所不同的只是前者形成的颗粒大小不等，而后者颗粒比较整齐，已有其固定形状。粉碎一般是将片状塑炼物先进行初碎，而后再用粉碎机完成。粒料是用切粒机，将片状塑炼物作多次纵切和横切完成；或用挤出机将初混物挤成条状物，然后再由装在挤出机上的旋转刀切成颗粒料。

2. 溶液的配制

成型中所用的聚合物溶液，有些是在合成聚合物时特意制成的，如酚醛树脂和聚酯等的溶液；而另一些则需在用时配制，如乙酰纤维素和氯乙烯-乙酸乙烯酯共聚物的溶液等。

溶液的主要成分是溶质和溶剂。作为成型用的高分子溶液，其溶剂一般为醇类、酮类、烷烃、氯代烃等。溶剂的作用是将高分子溶解成具有一定黏度的液体，在成型过程中必须予以排出。因此，对溶剂的要求是，对高分子具有较高的溶解能力，且无色、无味、无毒、成本低、易挥发等。此外，高分子溶液中还可能加有增塑剂、稳定剂、着色剂和稀释剂等。

配制溶液所用的设备，一般都是附有强力搅拌和加热夹套的釜。为了将聚合物团块撕裂和加强搅拌作用，也有在釜内加各式挡板的。工业上常用以下两种配制方法：慢加快搅法和低温分散法两种，通常采用慢加快搅法。

(1) 慢加快搅法是先将溶剂在溶解釜内加热至一定温度，然后在快速搅拌和恒温下，缓缓加入粉或片状的聚合物，直至投完应加的量为止。投料的速率应以不出现结块现象为度。缓慢加料的目的在于使聚合物完全分散之前不致结块；而快速搅拌既有分散和扩散作用，又在借搅拌桨叶与挡板之间的剪切应力来撕裂可能产生的团块。高分子溶液配制中应控制适当的黏度。

(2) 低温分散法是先将溶剂在溶解釜内降温直至其失去活性，然后将应加的聚合物粉状物或片状物一次投入釜中，并使它很好地分散在溶剂之中，最后在不断地搅拌下将聚合物逐渐升温，这样当溶剂升温而恢复活性时，就能使已经分散的聚合物很快地溶解。

配制溶液时，对溶剂和溶液加热的温度，应在可能范围内尽量降低，不然，即使在溶解釜上设有回流冷凝装置，也会引起溶剂的过多损失。另外，由于溶解过程时间较长，高温常易引起聚合物的降解。当然，过猛的搅拌也可能使聚合物有一定的降解。

3. 溶胶的配制

高分子溶胶(又名糊、糊塑料)是指固体高分子稳定地悬浮在非水液体介质中所形成的分散体系。高分子溶胶的配制主要用于生产某些软制品、涂层制品等，例如用于制造人造革、地板、地毯衬里、纸张涂布(墙纸)、泡沫塑料，铸塑(搪塑或滚塑等)成型，浸渍制品等。高分子溶胶目前用得最多的是乳液法生产的 PVC 及氯乙烯的共聚物，称为 PVC 糊。PVC 糊除含有 PVC 和增塑剂外，还配有稳定剂、填料、着色剂、胶凝剂、稀释剂、挥发性溶剂等。配制 PVC 糊时，先将各种添加剂与少量增塑剂混合，并用三辊研磨机磨细以作为“小料”备用，而后将 PVC 乳液和剩余增塑剂在室温下于混合设备内搅拌混合；混合过程中缓缓注入“小料”，直至成均匀糊状物。为求质量进一步提高，可将所成糊状物再用三辊研磨机磨细，然后真空或离心脱气。

高分子溶胶在常温常压下通常是稳定的，但直接与光和铁、锌接触时，会在储存、成型和使用中造成高分子的降解，因此高分子溶胶的储存容器不能用铁或锌制造，而应为内衬锡、玻璃、搪瓷等的材质。塑性凝胶和有机凝胶的高分子溶胶中常需加入胶凝剂。胶凝剂是一种具有增稠作用的配合剂，常用的是有机膨润土和一些金属皂类，其作用是使体系具有一定的触变性，使得塑型后的型坯在烘熔过程中不会形变。高分子溶胶具有触变性，储存时也有可能由于溶剂化的增加而黏度上升。

配制高分子溶胶的设备主要有混合机、捏和机、三辊研磨机、球磨机。

4. 胶乳的配制

高分子胶乳是指高分子粒子在水介质中所形成的具有一定稳定性的胶体分散体系，其配制方法分为以下两步。

1）胶乳原材料的加工

（1）制备配合剂水溶液。将水溶性的固体或液体的胶乳配合剂用搅拌法配制成水溶液。此类物质为表面活性剂、碱、盐类和皂类。

（2）制备配合剂分散体。将非水溶性的固体粉末配合剂与分散剂、稳定剂和水一起研磨，制成粒子细小的水分散体。

（3）制备配合剂乳状液。采用合适的乳化剂将非水溶性液体或半流体的胶乳配合剂制成稳定的乳状液。

2）胶乳的配合

胶乳的配合是指将各种配合剂的水溶液、水分散体和乳状液等与橡胶胶乳进行均匀混合的过程。胶乳的配合方法有配合剂分别加入法、配合剂一次加入法、母胶配合法。

5. 高分子共混

将两种或两种以上的高分子混合，使之形成表观均匀的混合物的过程称为高分子共混。高分子共混是高分子改性的一种重要手段，是取长补短地利用各高分子组分的性能，从而发展高分子新材料的一种有效途径。共混物的制备方法有以下六种。

1）干粉共混法

干粉共混法是指将两种或两种以上不同类型的高分子粉末在非加热熔融状态下混合，共混物粉料可直接用于成型，例如聚四氟乙烯（PTFE）与其他树脂共混。混合设备为球磨机、螺带式混合机、高速混合机、捏和机。

2）熔融共混法

熔融共混法是指将高分子材料各组分在软化或熔融状态下混合，共混物熔体经冷却、粉碎或粒化后再成型。其适用于工业化生产和实验室研究。混合设备为开炼机、密炼机、单螺杆挤出机和双螺杆挤出机。

3）溶液共混法

溶液共混法是指将高分子材料各组分溶于共溶剂中搅拌混合均匀，或各组分分别溶解再混合均匀，然后加热驱除溶剂。其主要适用于实验室研究。混合设备为搅拌器。

4）乳液共混法

乳液共混法是指将不同种类的高分子乳液搅拌混合均匀后，经共同凝聚即得共混物料。其主要适用于高分子乳液。混合设备为搅拌器。

5）共聚-共混法

共聚-共混法是指将一种高分子溶于另一种高分子的单体中，然后使单体聚合，即得到共混物。其主要用于生产橡胶增韧塑料。混合设备为聚合釜。

6）IPN 法

IPN 法是指先制取一种交联高分子网络，将其在含有活化剂和交联剂的第二种高分子单体中溶胀，然后聚合，第二步反应所产生的高分子网络就与第一种高分子网络相互贯穿，两个高分子相都是连续相,形成互穿网络(IPN)高分子共混物。

4.3 挤出成型

4.3.1 概述

挤出成型即挤压模塑,是指借助于螺杆或柱塞的挤压作用,使受热熔化的塑料在压力推动下强行通过口模(型腔),形成具有恒定截面的连续型材的成型方法。

挤出成型几乎能成型所有的热塑性塑料(除 PTFE),也可加工某些热固性塑料。其可以用来制作管材、棒材、板材、片材、薄膜、线缆包覆物,以及塑料与其他材料的复合材料等各种连续制品。目前挤出成型制品占热塑性制品的 40%~50%。挤出成型与其他成型技术组合后,还可用于生产中空吹塑制品、双轴拉伸薄膜和涂覆制品等多种塑料产品。挤出成型生产效率高、用途广泛、适应性强,可用于塑料挤出、橡胶压出和挤出纺丝等。

挤出成型的基本过程为:①塑化,挤出机内将固体塑料加热并依靠塑料之间的内摩擦热使其成为黏流态物料;②成型,在挤出机螺杆的旋转推挤作用下,通过具有一定形状的口模,使黏流态物料成为连续型材;③定型,用适当的方法使挤出的连续型材冷却定型为制品。

根据塑料塑化方式的不同,挤出成型可分为干法和湿法两种,其中干法比湿法优点多,是最常用的方法。湿法仅用于硝酸纤维素和少数醋酸纤维素塑料等的成型。按照加压方式的不同,挤出成型又可分为连续和间歇两种。

4.3.2 挤出成型设备

挤出成型所用的设备是挤出机,有螺杆、柱塞挤出机两种。连续挤出成型所用设备为螺杆式挤出机,间歇挤出成型采用柱塞式挤出机。螺杆式挤出机又可分为单螺杆挤出机和多螺杆挤出机,用得最多的是单螺杆挤出机。挤出机广泛应用于塑料和橡胶的加工,还可用于塑料的塑化、造粒、着色和共混等,也可同其他方法混合成型,还可为压延成型供料;在合成树脂生产中,挤出机可作为反应器,连续完成聚合和成型加工。

螺杆挤出机是借助于螺杆旋转产生的压力和剪切力使物料充分塑化和均匀混合,通过口模而成型,因而使用一台挤出机就能完成混合、塑化和成型等一系列工序,进行连续生产。柱塞挤出机主要是借助柱塞压力将已塑化好的物料挤出口模而成型,料筒内物料挤完后柱塞退回,待加入新的塑化料后再进行下一次操作,生产是不连续的,而且对物料不能充分搅拌、混合,还需预先塑化,故一般较少采用此法,而仅用于黏度特别大、流动性极差的塑料,如硝酸纤维素塑料等的成型。

单螺杆挤出机的基本组成主要包括六个部分:传动部分、加料装置、料筒、螺杆、机头和口模、辅助设备,其基本结构如图 4.3.1 所示。

1. 传动部分

传动部分的作用是驱动螺杆,供给螺杆在挤出过程中所需要的力矩和转速,通常由电动机、减速箱和轴承等组成。在挤出过程中,要求螺杆转速稳定,能够无级变速,以保证制品质量均匀一致,螺杆转速一般为 10~100r/min。

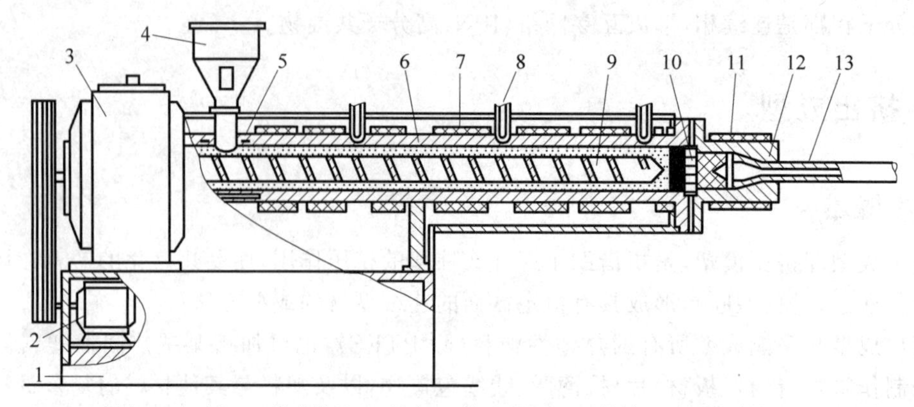

1-机座；2-电动机；3-传动装置；4-料斗；5-料斗冷却区；6-料筒；7-料筒加热器；
8-热电偶控温点；9-螺杆；10-过滤网及多孔板；11-机头加热器；12-机头；13-挤出物。

图 4.3.1 单螺杆挤出机结构示意图

2. 加料装置

供料一般采用粒料供料，也可采用带状料或粉料。装料设备通常使用锥形料斗，其容积要求至少应能容纳 1h 的用料。料斗底部有截断装置，以便调整和切断料流，料斗侧面有视孔和标定计量的装置。有些料斗有搅拌器，并能自动上料或加料。

3. 料筒

料筒为一金属圆筒，长径比 $L/D=15\sim30$，使物料充分加热和塑化。一般采用耐温耐压的，强度较高、坚固耐磨、耐腐的合金钢或内衬合金钢的复合钢管制成。要求有足够的厚度、刚度，内壁光滑或刻有各种沟槽，外壁附有电阻、电感或其他加热器，温控装置及冷却系统。

4. 螺杆

螺杆是挤出机最主要的部件，对物料产生输送、挤压、混合和塑化作用。它直接关系到挤出机的应用范围和生产率。通过螺杆的转动对塑料产生挤压作用，塑料在料筒中才能产生移动、增压和从摩擦取得部分热量，塑料在移动过程中得到混合和塑化，黏流态的熔体在被压实而流经口模时，取得所需形状而成型。与料筒一样，螺杆也是用高强度、耐热和耐腐蚀的合金钢制成。螺杆与料筒配合，可实现对塑料的粉碎、软化、熔融、塑化、排气和压实，并向成型系统连续均匀地输送胶料。

物料在料筒中沿螺杆前移时，经历温度、压力、黏度等的变化，根据物料的变化特征，可将螺杆沿长度方向分为加料段、压缩段和均化段三段(图 4.3.2)。螺杆各段的作用和结构是不同的。

(1) 加料段(送料段)的作用是将料斗供给的料送往压缩段。加料段靠近料斗一侧，在该段对物料主要起传热软化、输送作用，无压缩作用，是固体输送区，物料形变很小。

加料段的长度随塑料种类而不同，挤出结晶高分子的最长，硬质无定形高分子的次之，软质无定形高分子的最短。

(2) 压缩段(迁移段)的作用是压实物料，使物料由固体转化为熔融体，并排除物料中的空气。压缩段在螺杆的中段，物料在此段继续吸热软化、熔融，直到最后完全塑化，物料在该

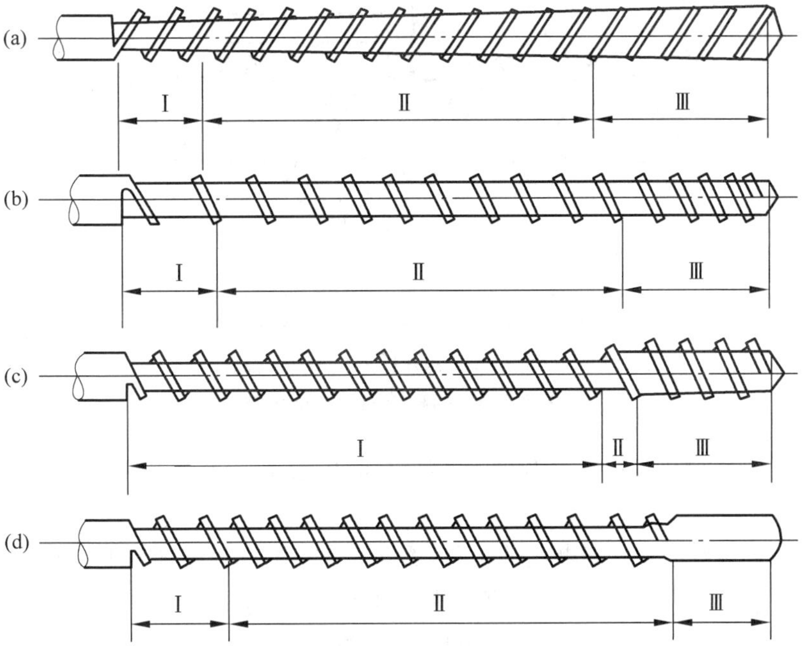

Ⅰ-加料段；Ⅱ-压缩段；Ⅲ-均化段。

图 4.3.2　几种螺杆的结构形式

(a) 渐变型(等距不等深)；(b) 渐变型(等深不等距)；(c) 突变型；(d) 鱼雷头螺杆

段内可以进行较大程度的压缩。

压缩段的长度主要与塑料的熔点等性能有关。熔化温度范围宽的塑料(如聚氯乙烯在150℃以上开始熔化)，压缩段最长，可达螺杆全长的100%(渐变型)；熔化温度范围窄的塑料(如低密度聚乙烯在105～120℃，高密度聚乙烯在125～135℃)，压缩段为螺杆全长的45%～50%；熔化温度范围很窄的塑料(如聚酰胺等结晶型塑料)，压缩段甚至只有一个螺距的长度(突变型)。

(3) 均化段(计量段)的作用是将熔融物料定量定压地送入机头，使其在口模中成型。均化段靠近机头口模一侧，为等距等深的浅槽螺纹，由压缩段送来的已塑化的物料在均化段的浅槽和机头回压下搅拌均匀，成为质量均匀的熔体，为定量定压挤出成型创造必要条件。

均化段要维持较高而且稳定的压力，以保持料流稳定，使物料混合均匀、塑化完全，因此应有足够的长度，可为螺杆全长的20%～25%。

为避免物料滞留在螺杆头端面死角处而引起分解，螺杆头部常设计成锥形或半圆形；有些螺杆的均化段是表面完全平滑的杆体，称为鱼雷头。鱼雷头具有搅拌和节制物料、消除流动时脉动现象的作用，能增大物料的压力，降低料层厚度，改善加热状况，且能进一步提高螺杆塑化效率，故混合和受热效果好。

表征螺杆结构的特征参数有直径、长径比、螺旋角、压缩比、螺距、螺槽深度、螺杆和料筒的间隙、螺槽宽度、螺纹宽度(图 4.3.3)。

螺杆直径 D 即螺纹的外径，挤出机的生产能力(挤塑量)近似与螺杆直径的平方成正比，螺杆直径决定了螺杆的生产能力，故常用螺杆直径表征挤出机的规格。

螺杆的长径比 L/D 关系到物料的塑化，长径比一般为15～25。对于硬塑料，塑化时间

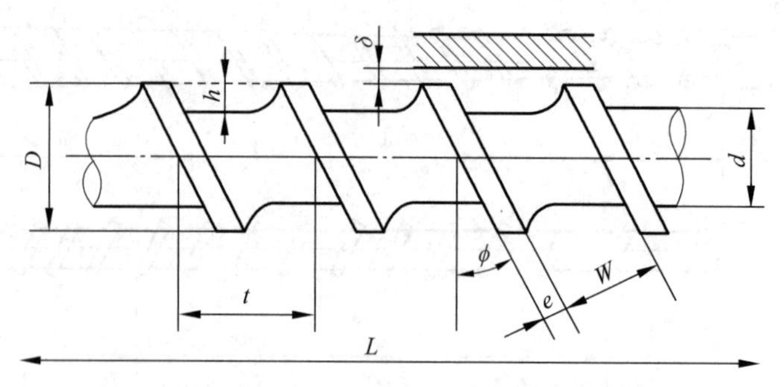

D-螺杆直径；d-螺杆根径；t-螺距；W-螺槽宽度；e-螺纹宽度；
h-螺槽深度；ϕ-螺旋角；L-螺杆长度；δ-料筒间隙。

图 4.3.3 螺杆结构的特征参数

长，L/D 大些；对于粉末料，要求多塑化一些时间，L/D 应大些；对于结晶型塑料，L/D 也应大些。

螺旋角 φ 即螺纹与螺杆横断面的夹角，螺旋角大小的选择与塑料形态有关。通常粉状物料在螺旋角 $\varphi=30°$时生产率最高，方块状物料的螺旋角 φ 宜选择 15°左右，圆球料的螺旋角 φ 宜选择 17°左右。实际上为了加工方便，多取螺旋角为 17°41′。

压缩比表示物料通过螺杆时被压缩的倍数，是螺杆加料段最初一个螺槽容积与均化段最后一个螺槽容积之比。压缩比越大，塑料受到的挤压作用越大。塑料种类不同时，应选择不同的压缩比。按压缩比来分，螺杆可分为三种：等距不等深、等深不等距、不等深不等距。其中等距不等深是最常用的一种，这种螺杆加工容易，塑料与机筒的接触面积大，传热效果好。

螺距 t 和螺槽深度 h。螺距 t 即螺纹的轴向距离，标准螺杆的螺距等于螺杆直径。螺槽深度 h 即螺纹外半径与根部半径之差，螺槽深度正比于挤出量。螺槽深度大，则剪切力小，物料输送量大，但太深会影响螺杆强度；螺槽深度小，产生的剪切速率大，塑化效果好，但生产率低。

螺杆与料筒的间隙 δ 是料筒内径与螺杆外径之差的一半。螺杆与料筒间隙的大小影响挤出能力和物料的塑化。间隙小，则料层薄，物料受热好，物料所受剪切力大。因此，螺杆与料筒的间隙一般控制在 0.1～0.6mm。

螺槽宽度 W 即垂直于螺棱的螺槽宽度。在其他条件相同时，螺距和槽宽的变化不仅决定螺杆的螺旋角，还影响螺槽的容积，从而影响塑料的挤出量和塑化程度。螺槽宽度加大则意味着螺纹宽度减小，螺槽容积相应增大，挤出量提高；同时螺纹宽度减小，螺杆旋转摩擦阻力减小，所以功率消耗降低。

螺纹宽度 e 影响漏流，进而影响产量。

5. 机头和口模

机头是口模与料筒的过渡连接部分，口模是制品的成型部件，机头和口模通常为一整体，习惯上统称机头，但也有机头和口模各自分开的情况。机头的作用是将处于旋转运动的塑料熔体转变为平行直线运动，使塑料进一步塑化均匀，并将熔体均匀而平稳地导入口模，还赋予必要的成型压力，使塑料易于成型和所得制品密实。口模为具有一定截面形状的通道，塑料熔体在口模中流动时取得所需形状，并被口模外的定型装置和冷却系统冷却硬化而成型。机头与口模的组成部件包括过滤网、多孔板、分流器（有时它与模芯结合成一个部件）、模芯、口模和机颈等部件。

按照料流方向与螺杆中心线有无夹角，机头可分为直通式机头、直角式机头和偏移式机头。直通式机头主要用于挤管材、片材和其他型材。直角式机头多用于挤薄膜、线缆包覆物和吹塑制品。偏移式机头用于共挤薄膜、共挤型材、共挤吹塑。

6. 辅助设备

主要包括以下几类：原料输送、干燥等预处理设备；定型和冷却设备，如定型装置、水冷却槽、空气冷却喷嘴等；用于连续、平稳地将制品接出的可调速牵引装置；成品切断和辊卷装置；控制设备等。

4.3.3 挤出成型原理

挤出过程中物料的状态变化和流动行为十分复杂，主要包括三个过程：固体输送，熔化过程（相迁移），熔体输送。挤出过程中不仅存在温度、压力和黏度的变化，还存在物料化学结构和物理结构的变化。挤出成型原理主要是研究物料在螺杆式挤出机中的塑化挤出过程、状态变化及运动规律的工程原理，如物料在螺槽内速度、压力、温度分布规律，螺杆的输送能力、塑化能力及功率消耗等。

1. 固体输送

固体输送是全部塑化挤出过程的基础，它的主要作用是将固体物料压实后向熔融段输送。固体输送是在机筒加料段进行的，挤出过程中，塑料靠本身的自重从料斗中进入螺槽，当粒料与螺纹斜棱接触后，斜棱面对塑料产生一个与斜棱面相垂直的推力，将塑料往前推移。物料的移动同物料与螺杆、机筒之间的摩擦力有关，如果物料与螺杆之间的摩擦力小于物料与机筒之间的摩擦力，则物料沿轴向前移；反之，则物料与螺杆一起转动。

2. 熔化过程

物料在挤出机中的熔化过程很复杂，熔化区内既存在固体料又存在熔融料，流动与输送中物料有相变化发生。由于通常塑料在挤出机中的熔化主要是在压缩段完成的，因而研究塑料在该段由固体转变为熔体的过程和机理，能更好地确定螺杆的结构，保证产品的质量和提高挤出机的生产率。

螺槽中固体物料的熔化过程如图 4.3.4 所示。从图中可以看出，与料筒表面接触的固体粒子在料筒的传导热和摩擦热的作用下，首先熔化并形成一层薄的熔膜，这些不断熔融的

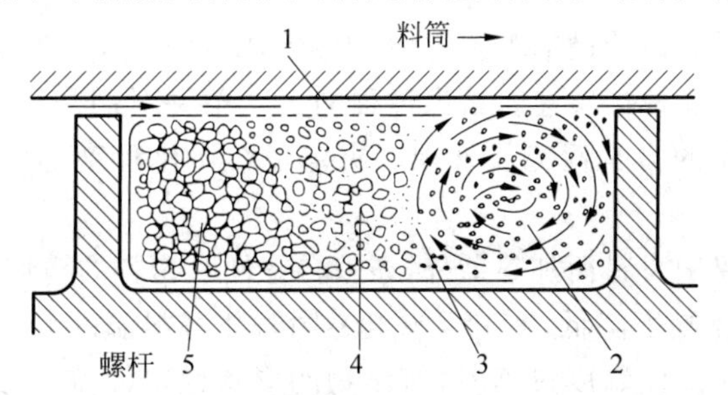

1-熔膜；2-熔池；3-迁移面；4-熔池的固体粒子；5-未熔融的固体粒子。

图 4.3.4 固体物料在螺槽中的熔化过程

物料不断向螺纹推进面汇集，形成旋涡状的熔池流动区，在熔池的前边充满着受热软化和半熔融后黏结在一起的固体粒子，以及尚未完全熔融和温度较低的固体粒子。随着物料往机头方向的输送，熔化过程逐渐进行。

3. 熔体输送

熔体输送是从物料完全熔融处开始的，其主要功能是将熔融物料进一步混合、均化，并克服流动阻力向机头输送。熔体输送段中熔体的流动有正流、逆流、横流和漏流四种基本形式。

(1) 正流。熔体沿着螺槽向机头方向的流动，是螺杆旋转时螺纹斜棱的推力在螺槽 Z 轴方向作用的结果，其流动也称拖曳流动。塑料的挤出就是这种流动产生的。

(2) 逆流。逆流的方向与正流相反，它是由机头、口模、过滤网等对塑料反压所引起的反压流动，所以又称压力流动。

(3) 横流。螺杆与机筒相对运动在垂直于螺棱方向的分量引起的熔体流动，由于受螺纹侧壁的限制，这种流动一般为环流。横流对塑料的混合、热交换和塑化影响很大，但对总的生产率影响不大。

(4) 漏流。也是由口模、机头、过滤网等对塑料的反压引起的，但它是熔体从螺杆与料筒的间隙沿着螺杆轴向料斗方向的流动。由于 δ 通常很小，漏流比正流和逆流小得多。

4.3.4 挤出成型的工艺过程

1. 塑料挤出成型的工艺过程

挤出成型主要用于热塑性塑料制品的成型，也可用于少数热固性塑料的成型。适于挤出成型的塑料种类很多，制品的形状和尺寸有很大差别，但挤出成型工艺过程大体相同。其程序为原料的干燥，塑料挤出，制品的定型与冷却，牵引和热处理，切割或卷取，有时还包括制品的后处理等。

1) 原料的干燥

原料中的水分或从外界吸收的水分会影响挤出过程的正常进行和制品的质量，较轻微时会使制品出现气泡、表面晦暗等缺陷，同时使制品的力学性能降低；严重时会使挤出成型无法进行。因此，使用前应对原料进行干燥，通常控制水分含量在 0.5%以下。高温下易水解的塑料应控制水分含量小于 0.03%，如尼龙、涤纶、聚碳酸酯等。预热和干燥的方式是烘箱、烘房，可抽真空干燥。

2) 塑料挤出

塑料挤出是挤出成型最关键的工艺过程，为连续成型工艺，其工艺影响因素主要有温度(料筒各段、口模)、压力及螺杆转速。挤出过程的工艺条件对制品质量影响很大，特别是塑化情况更直接影响制品的力学性能及外观。决定塑料塑化程度的因素主要是温度和剪切作用。

物料的温度除主要来自料筒加热器外，还来自螺杆对物料的剪切作用而产生的摩擦热。料筒中料温升高时熔体黏度降低，有利于塑化；同时随着料温的升高，熔体流量增大，挤出物出料加快；但机头和口模温度过高时，挤出物的形状稳定性差，制品收缩率增加，甚至会引起制品发黄、出现气泡等，使挤出不能正常进行。温度降低时，熔体黏度大，机头压力增加，挤出制品压得较密实，形状稳定性好，但离模膨胀较严重，应适当增大牵引速度，以减小因膨胀而增大的壁厚；料温过低时塑化较差，且因熔体黏度大而功率消耗增加。当口模与模芯温度相差过大时，挤出的制品出现向内或向外翻，或扭歪情况。

增大螺杆的转速能强化对物料的剪切作用，有利于物料的混合和塑化，且对大多数塑料能降低其熔体的黏度，并提高料筒中物料的压力。但螺杆转速过高，挤出速率过快，会造成物料在口模内流动不稳定、离模膨胀加大，制品表面质量下降，并且可能会出现由冷却时间过短而造成制品变形；螺杆转速过低，挤出速率过慢，物料在机筒内受热时间过长，会造成物料降解，使制品的物理力学性能下降。

3）制品的定型与冷却

挤出物离开口模后仍处于高温熔融状态，还具有很大的塑性变形能力，定型与冷却的目的是使挤出物通过降温将形状及时固定下来。若定型和冷却不及时，制品在自身重力作用下就会发生形变。大多数情况下定型与冷却是同时进行的，通常只有在挤出管材和各种异形型材时才有定型过程，而挤出薄膜、单丝、线缆包覆物等则不需定型；挤出板材和片材时，有时还通过一对压辊压平，也有定型和冷却作用。管子的定型方法可用定径套、定径环和定径板等，也有采用能通水冷却的特殊口模定径。冷却时，冷却速率对制品的性能有一定影响，冷却过快时容易在制品中引起内应力等，并降低外观质量；对软质或结晶的塑料，则应较快冷却，否则制品极易变形。

4）牵引和热处理

制品从口模挤出后一般会产生离模膨胀现象，从而使挤出物尺寸和形状发生改变；同时，制品从口模挤出后重量越来越大，若不引出则会造成堵塞，使生产停滞，进而破坏挤出的连续性，并使后面的挤出物发生形变。因此，连续而均匀地将挤出物牵引是很必要的，常用的牵引挤出管材的设备有滚轮式和履带式两种。

牵引速率直接影响制品壁厚、尺寸公差和性能外观。牵引速率越快，制品壁厚越薄，冷却后的制品在长度方向的收缩率也越大；牵引速率越慢，制品壁厚越厚，且容易导致口模与定型模之间积料。牵引时，牵引速率必须稳定且与制品挤出速率相匹配，一般牵引速率略大于挤出速率，以便消除由离模膨胀引起的尺寸变化，并对制品进行适度拉伸；同时要求牵引速度十分均匀，否则会影响制品的尺寸均匀性和力学性能。

有些制品在挤出成型后还需要进行热处理。例如，由狭缝扁平口模直接挤出片材经拉伸而得的薄膜，应在材料的 $T_g \sim T_f$（或 T_m）间进行热定型，以提高薄膜的尺寸稳定性，减少使用过程中的热收缩率，消除内应力。

5）切割或卷取

合格的制品即可按要求进行切割或卷取。

2. 典型塑料挤出制品成型工艺流程

挤出成型可以生产各种规格的硬管、软管、异形型材、薄膜、板、片、平面拉幅薄膜、单丝、泡沫塑料等，还可以生产织物或纸张的涂覆材料；采用两三台挤出机和多层吹塑机头连用，可生产多层复合薄膜或挤出复合制品；使用旋转机头还可生产各种连续的管形网状挤出物。图 4.3.5 为管材、片、板、纸张涂覆、线缆包覆和吹塑薄膜挤出成型工艺过程的示意。实际上各种材料的挤出过程极其多样化。例如，吹塑薄膜的成型工艺除图 4.3.5 表示的上吹法外，还可采用下吹法、平吹法等。总之，可根据要求使用不同的口模和机头，在不同工艺条件下生产各种制品。

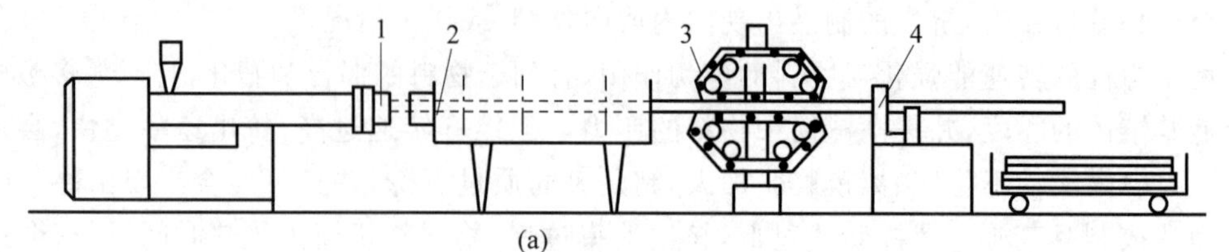

(a)

1-挤管；2-定型与冷却；3-牵引；4-切断。

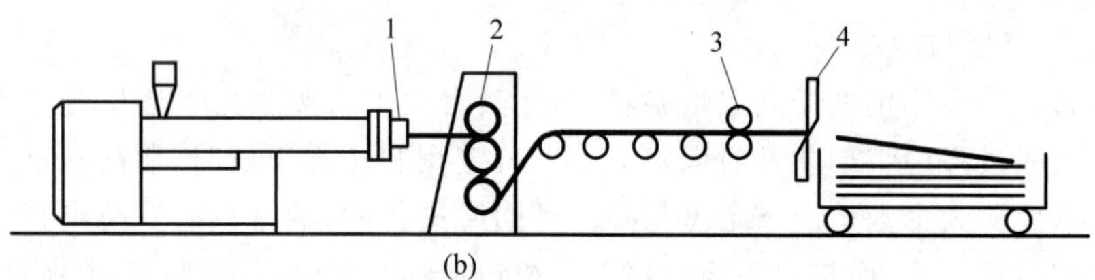

(b)

1-片或板坯挤出；2-碾平与冷却；3-切边与牵引；4-切断。

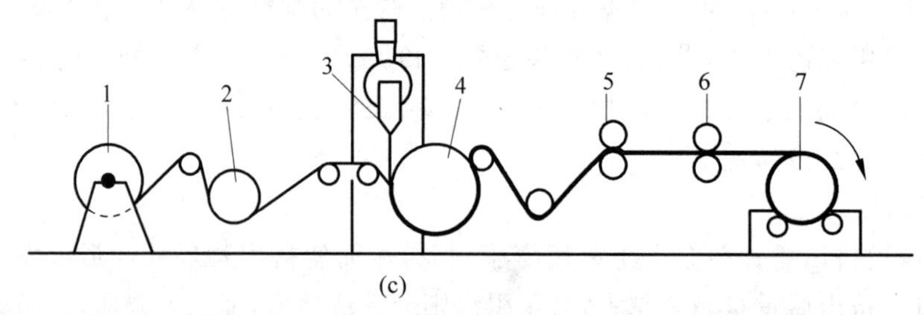

(c)

1-放纸；2-干燥；3-挤出涂覆；4-冷却与碾平；5-切边；6-牵引；7-辊卷。

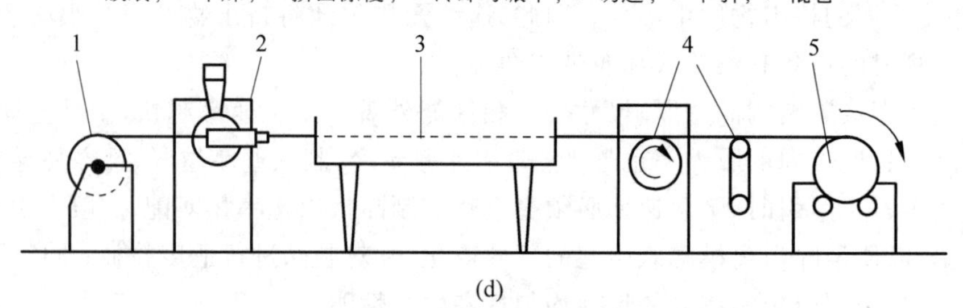

(d)

1-放线；2-挤出包覆；3-冷却；4-牵引与张紧；5-辊卷。

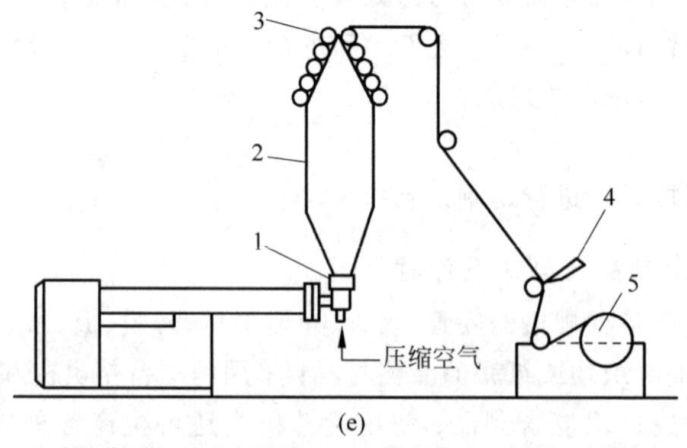

(e)

1-管坯挤出；2-吹气膨胀；3-冷却牵引；4-切断；5-辊卷。

图 4.3.5 几种挤出成型工艺过程示意图

(a) 管材挤出；(b) 片或板的挤出；(c) 纸张涂覆；(d) 线缆包覆；(e) 吹塑薄膜

3. 反应挤出成型

反应挤出成型是集高分子合成与材料成型加工为一体的技术。传统的高分子合成反应与高分子材料的成型加工是两个截然分开的工艺过程,而反应挤出成型是在高分子材料挤出成型加工中同时进行化学合成反应的过程。挤出设备不仅是成型加工装置,而且被用作化学反应器。反应挤出中的化学反应是通过挤出机的混合作用实现的,主要发生在高分子的熔体中,也可在液相或固相中发生。反应主要包括接枝、交联、嵌段、交换、聚合、缩聚等。反应挤出成型装置可用单螺杆和双螺杆挤出机。

1) 反应挤出成型原理

反应挤出成型是指以螺杆和料筒组成的塑化挤压系统作为连续反应器,将欲反应的各种原料组分(单体、引发剂、高分子、助剂等)一次或分次由相同的或不同的加料口加入料筒中,在螺杆转动下实现各原料之间的混合、输送、塑化、反应和从口模挤出的过程。反应的混合物在熔融挤出过程中同时完成指定的化学反应,挤出机即反应容器。

反应挤出中存在显著的化学变化,如单体之间的缩聚、加成、开环形成高分子的聚合反应,高分子与单体之间的接枝反应,高分子之间的交联反应等。

2) 反应挤出成型设备

反应挤出成型的主要设备是双螺杆挤出机,一般采用同向啮合式,是经过专门设计制造的同向旋转、自清洁式双螺杆挤出机,以保证反应物料混合均匀,防止产生不均匀的凝胶(尤其是缩聚反应时)。对设备的要求如下所述。①能为物料提供足够的熔化时间、反应时间,并有足够时间在脱挥段(脱除聚合物中的小分子物质)对产品进行纯化处理,即要求反应挤出机要有较大的长径比。②物料的停留时间分布窄,在保证化学反应充分完成的前提下,需防止部分物料停留时间长而引起降解、交联等其他副反应。③优良的排气性能,要求在高真空度下能够迅速脱除未反应的单体、生成的小分子副产物、物料中夹杂的挥发分等,但同时不会引起排气口冒料。④螺杆对物料具有强输送能力和强剪切功能。由于反应混合物熔化后的黏度差别大,混合输送相对困难,故需强化螺杆的输送能力,而且强烈的剪切有助于化学反应的进行。⑤良好的热传递性能。反应挤出过程中,尤其是本体聚合过程中释放的反应热必须尽快排出反应体系,故要求挤出料筒具有良好的冷却功能。

3) 反应挤出成型的类型

反应挤出成型可制备的高分子类型有:①直接由单体的聚合反应制备高分子;②先制得预聚体或低聚物,再加入挤出机中制备高分子聚合物;③将高分子加入挤出机中,经化学改性制备功能高分子;④将共混物与增容剂在挤出机中反应,制备高分子合金;⑤高分子在挤出机中做可控降解反应,制备特定高分子。

反应挤出成型已经广泛应用于高分子本体聚合、偶联/交联反应、可控降解反应、接枝反应及反应性共混等方面,在高分子制备、功能化及高性能化学改性等领域发挥了重要作用。

(1) 本体聚合。

反应挤出成型进行本体聚合可分为缩聚反应和加聚反应两大类,如聚甲基丙烯酸甲酯(PMMA)的本体聚合。成型加工时控制的关键在于:物料的有效熔化混合、均化,以及防止由形成固相而引起的挤出机螺槽的堵塞;自由有效地向增长的高分子进行链转移;排除高分子聚合反应热,以保证反应体系的温度低于聚合反应的上限温度(一般指分解温度)。

(2) 偶联/交联反应。

反应挤出成型进行的偶联/交联反应包括高分子与缩合剂、多官能团偶联剂或交联剂的反应,通过链的增长或支化来提高分子量,或通过交联增加熔体黏度。由于偶联/交联反应中熔体黏度增加,而且其反应体系的黏度梯度与挤出机内物料本体聚合的黏度梯度相似,因此适用于偶联/交联反应的挤出机与用于物料本体聚合的挤出机类似,都有若干个强力混合带。例如,由聚酯、聚酰胺与多环氧化物的反应及动态硫化制备热塑性弹性体。

(3) 可控降解反应。

反应挤出成型可用于控制高分子的分子量分布,特别适用于聚烯烃的可控降解。经过降解后的聚烯烃其分子量分布变窄。

(4) 接枝反应。

采用连续反应挤出成型可对热塑性高分子进行接枝改性。如果形成的支链较长,则原高分子的物理性质发生很大变化,形成了一种新的高分子;如果形成的支链较短(5个单体单元以下)且带有反应性官能团,则原高分子的力学性质变化不大,但化学性质会发生明显的改变。采用反应挤出成型在聚乙烯分子主链上接枝乙烯基硅烷,已在工业生产中得到广泛应用。

(5) 反应性共混。

采用反应性共混方法将具有不同性能的高分子材料通过共价键或离子键组装在一起,制备具有各共混组分优良性能的新型高分子合金材料,这是当前高分子材料科学发展较快的领域之一。反应性共混方法制备高分子合金材料的关键是共混组分必须含有能产生相互间反应的官能团,或在共混体系中加入能使组分间产生化学反应的小分子化合物,如交联剂、引发剂等。

4.4 注射成型

4.4.1 概述

注射成型也称注塑,是指将粒状或粉状的塑料原料在注塑机的料筒中加热熔化至呈流动状态,在柱塞或螺杆加压下,使熔融塑料被压缩并向前移动,进而通过料筒前端的喷嘴,以很快的速度注入温度较低的闭合模具内,经过一定时间的冷却成型,开启模具得到与模腔形状一致的塑料制品,是一种间歇操作。

注射成型的特点是:能一次成型外形复杂、尺寸精确、带有各种金属嵌件的塑料制品,制品的大小从钟表齿轮到汽车保险杠等多种多样;可加工的塑料种类繁多,除聚四氟乙烯和超高分子量聚乙烯等极少数高分子外,几乎所有的热塑性塑料(通用塑料、纤维增强塑料、工程塑料)、热固性塑料和弹性体都能用注射成型方法方便地成型制品;成型过程自动化程度高,其成型过程的合模、加料、塑化、注射、开模和制品顶出等全部操作均由注塑机自动完成。注射成型的产品占塑料制品总量的30%以上。

4.4.2 注射成型设备

1. 注塑机的规格和分类

注塑机是注射成型的主要设备,注塑机的类型和种类很多。目前注塑机规格统一采用注塑机一次所能注射出的聚苯乙烯最大质量(g)为标准。例如，铭牌 SZ-250/100 型注塑机，表示该机对聚苯乙烯的注射量为 250g，锁模力为 100t；如果注射其他塑料，则应按密度进行换算。一般制品的总质量(包括流道)应为该塑料最大质量的 80%。

注塑机按外形特征可以分为立式、卧式、直角式和旋转式，实际中多按结构特征划分为柱塞式和螺杆式。注射量在 60g 以下的通常用柱塞式(图 4.4.1)，60g 以上的多数为螺杆式(图 4.4.2)。注塑机按用途可分为热塑性塑料型、热固性塑料型，以及发泡型、排气型、高速型、多色型、精密型等专用机型。热塑性、热固性塑料注射成型主要采用螺杆式注塑机，柱塞式注塑机仅用于不饱和聚酯树脂增强塑料。

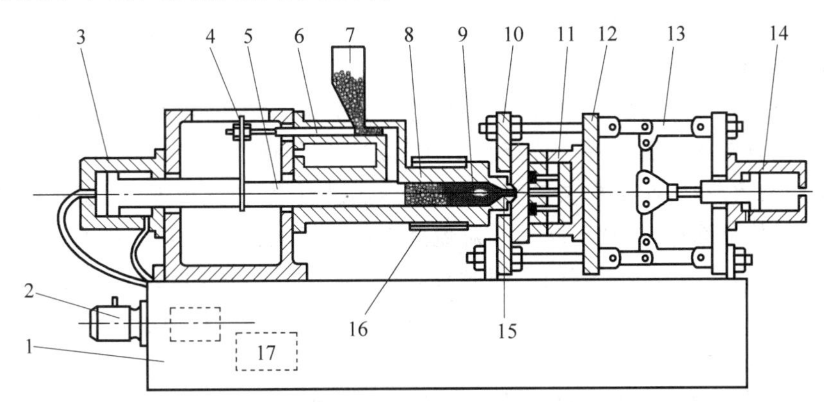

1-机座；2-电动机及油泵；3-注射油缸；4-加料调节装置；5-注射料筒柱塞；6-加料筒柱塞；7-料斗；8-料筒；9-分流梭；10-定模板；11-模具；12-动模板；13-锁模机构；14-锁模(副)油缸；15-喷嘴；16-加热器；17-油箱。

图 4.4.1　卧式柱塞式注塑机结构示意图

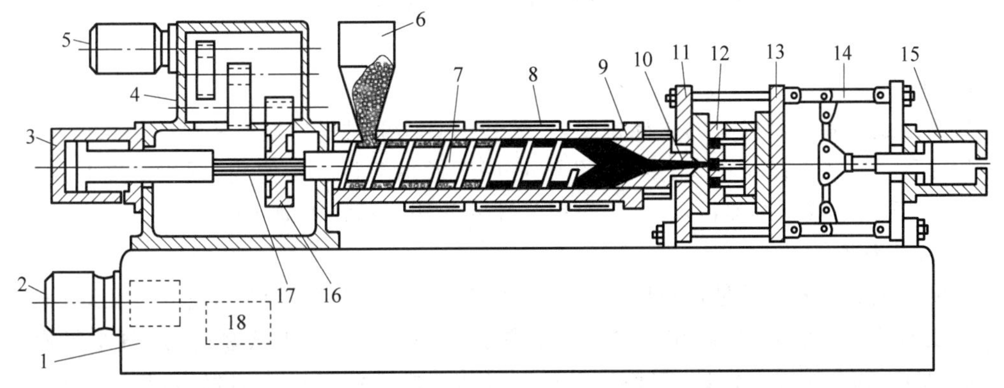

1-机座；2-电动机及油泵；3-注射油缸；4-齿轮箱；5-齿轮传动电动机；6-料斗；7-螺杆；8-加热器；9- 料筒；10-喷嘴；11-定模板；12-模具；13-动模板；14-锁模机构；15-锁模(副)油缸；16-螺杆传动齿轮；17-螺杆花键槽；18-油箱。

图 4.4.2　卧式螺杆式注塑机结构示意图

2. 注塑机的基本结构

注塑机主要由注射系统、锁模系统和模具三部分组成。

1) 注射系统

注射系统是注塑机的主要部分，其作用是使塑料受热、均匀塑化并达到黏流态，在很高的压力和较快的速度下，通过螺杆或柱塞的推挤注射入模，并经保压补塑而成型。注射系统包括以下几部分。

(1) 加料装置(料斗)。

注塑机上设有加料斗，常为倒圆锥形或锥形，其容量可供注塑机1～2h之用。包括计量装置、干燥装置和自动上料装置。

(2) 料筒(塑化室)。

与挤出机的料筒相似，但内壁要求尽可能光滑，呈流线型，避免缝隙、死角或不平整处，各部分机械配合要精密，减小注射时的阻力。料筒大小取决于注塑机最大注射量，一般柱塞式注塑机的容积为最大注射量的6～8倍，螺杆式注塑机的容积为最大注射量的2～3倍。

(3) 分流梭和柱塞。

两者都是柱塞式注塑机料筒内的主要部件。分流梭是装在接近喷嘴的料筒靠前端的中心部分，形状像鱼雷的金属部件。分流梭的作用是将料筒内流经该处的塑料分成薄层，使塑料产生分流和收敛流动，减少料层厚度，以缩短传热过程，加快热传递，增强混合塑化；同时可以加热，增大传热面积，有利于减少和避免接近料筒面处塑料过热而引起的热分解现象。柱塞是一根坚实的表面硬度极高的金属圆杆，直径通常在20～100mm，只在料筒内做往复运动，它的作用是传递注射油缸的压力施加在塑料上，使熔融塑料注射入模具。

(4) 螺杆。

螺杆的作用是送料、压实、塑化、传压。当螺杆在料筒内旋转时，将从料斗来的塑料卷入，并逐步将其压实、排气和塑化，熔化塑料不断由螺杆推向前端，并逐渐积存在顶部和喷嘴之间，螺杆本身受熔体的压力而缓慢后退，当积存熔体达到一次注射量时，螺杆停止转动，传递液压或机械力将熔体注射入模。与挤出机螺杆的区别在于，注塑机螺杆的长径比较小，压缩比较小，均化段较短，加料段较长，同时螺杆头部呈尖头形，而挤出螺杆为圆头或鱼雷头形。

(5) 喷嘴。

喷嘴是连接料筒和模具的重要桥梁，主要作用是注射时引导塑料从料筒进入模具，并具有一定射程。喷嘴的结构形式有：通用式(适用于通用塑料)、延伸式(适用于高黏度塑料)和自锁式(适用于低黏度塑料)。一般热稳定性差的塑料不宜用细孔喷嘴。

2) 锁模系统

锁模系统的主要作用是在注射过程中锁紧模具，防止注射时熔料高速冲击，所导致的模具离缝或制品溢边现象，从而在去除制件时能打开模具。在注射成型时，熔融塑料通常以40～200MPa的高压注入模具，塑料注射速度极快。由于注射系统的阻力，压力有损失，实际施于模腔内的压力远小于注射压力。因此，所需的锁模压力比注射压力要小，但应大于或等于模腔内的压力，才不致在注射时引起模具离缝，产生溢边现象。总之，锁模系统要开启灵活，闭锁紧密。启闭模具系统的夹持力大小及稳定程度对制品尺寸的准确程度和质量都有很大影响。

锁模系统的形式有：①曲臂的机械与液压力相结合的装置，适用于大中型生产；②全液压装置，适用于小型生产；③全机械装置，适用于小型生产。

3) 模具

模具是使塑料注射成型为具有一定形状和尺寸的制品的部件。对不同的成型方法，采用原理和结构特点各不相同的模具。按照成型加工方法，模具分为压制模具（压模）、压铸模（传递成型模）、中空吹塑模具、真空或压力成型模具、挤出模具及注射模具等，其中注射模具最为重要。注射模具一般可分为动模和定模两大部分，注射时动模和定模闭合构成型腔和浇注系统，开模时动模和定模分离，取出制件。定模安装在注塑机的固定模板上，而动模安装在注塑机的移动模板上。

注射模具的组成包括以下四大部分。

（1）浇注系统。

浇注系统是塑料熔体从喷嘴进入模腔前的流道部分，包括主流道、分流道、浇口等。主流道是指紧接喷嘴到分流道之间的一段流道，与喷嘴处于同一轴心线上，可以直接开设在模具上，但常常加工成主流道衬套再紧配合于模板上。分流道是主流道和浇口之间的过渡部分。浇口是分流道和型腔的连接部分，塑料熔体经浇口入型腔成型。

（2）成型零件。

成型零件是指构成制品形状的各种零件，包括动/定模型腔、型芯、排气孔等。型腔是构成塑料制品几何形状的部分。排气孔（或槽）是指模具中开设的排气孔。当塑料熔体注入型腔时，如不及时排出气体，会使成型制品上出现气孔、表面凹痕等，甚至会引起制品局部烧焦、颜色发暗。

（3）结构零件。

结构零件是指构成模具结构的各种零件，包括执行导向、脱模、抽芯、分型等动作的各种零件。导向零件是模具上设计的确保动、定模合模时准确对中的零件。常见的导向零件由导向柱和导柱孔组成。脱模装置是为了在开模过程中制品能迅速和顺利地自型腔中脱出而在模具中设置的装置，主要有以机械方式和液压方式顶出脱模的两种形式。当制品的侧面带有孔或凹槽（伏陷物）时，除极少数制品（伏陷物深度浅，塑料较软）可进行强制脱模外，在模具中都需考虑设置侧向分型（瓣合模）或侧向抽芯机构（可动式侧型芯）。

（4）加热和冷却。

塑料熔体注射入模具后，根据不同塑料和制品的要求，往往要求模具具有不同温度，因为模温对制品的冷却速率影响很大。

4.4.3 注射成型的工艺过程

完整的注射工艺过程按其先后次序应包括成型前的准备、注射过程、制品的后处理等。

1. 成型前的准备

成型前的准备工作包括：原料的预处理，如原料的检验（测定粒料的某些工艺性能等），有时还包括原料的染色和造粒，原料的预热及干燥；嵌件的预热和安放；脱模剂的选用及试模；料筒的清洗及试车。

1）原料的预处理

成型前对原料进行预热和干燥，除去水分、避免气泡，尤其是在高温下易水解的高分子原料。

2）嵌件的预热和安放

嵌件应先放入模具且必须预热，注意冷热均匀以降低嵌件周围的收缩应力。

3）脱模剂的选用

脱模剂的使用应适量、均匀，以免影响制品表面质量。

4）料筒的清洗

当改变产品、更换原料及颜色时均需清洗料筒。可根据前后原料的热稳定性、成型温度及其相容性，采取相应的操作步骤。

2. 注射过程

由加料→塑化→注射充模→保压→冷却→脱模几个过程组成。由于注射成型是一个间歇过程，因此需保持定量（定容）加料，以保证操作稳定、塑料塑化均匀，最终获得良好的制品。加料过多、受热时间过长等容易引起物料的热降解，同时注塑机功率损耗增加；加料过少时，料筒内缺少传压介质，模腔中塑料熔体压力降低，难以补塑（补压），制品容易出现收缩、凹陷、空洞等缺陷。加入的塑料在料筒中进行加热，由固体粒子转变成熔体，经过混合和塑化后，熔体被柱塞或螺杆推挤至料筒前端；经过喷嘴、模具浇铸系统进入并填满型腔，这一阶段称为注射充模。在模具中熔体冷却收缩时，继续保持施压状态的柱塞或螺杆，迫使浇口和喷嘴附近的熔体不断补充入模中（补塑），使模腔中的塑料能形成型状完整而致密的制品，这一阶段称为保压。当浇注系统的塑料已经冷却硬化（称凝封）后，已不再需要继续保压，因此可退回柱塞或螺杆，并加入新料；卸除料筒内塑料中的压力，同时通入冷却水、油或空气等冷却介质，对模具进行进一步的冷却，这一阶段称为冷却；实际上冷却过程从塑料注射入模腔就开始了，它包括从充模完成、保压到脱模前这一段时间。制品在模腔内冷却到所需温度（玻璃态温度或结晶态温度）后，即可用人工或机械的方式脱模。注射过程包括柱塞空载期、充模期、保压期、返料期、凝封期、继冷期 6 个阶段。

1）柱塞空载期

物料在料筒中加热塑化，注射前柱塞（或螺杆）开始向前移动，但物料尚未进入模腔，柱塞处于空载状态，而物料在高速流经喷嘴和浇口时，由剪切摩擦而引起温度上升，同时由流动阻力而引起柱塞和喷嘴处压力增加。

2）充模期

塑料熔体开始注入模腔，物料温度达到最高，模具内压力迅速上升，到型腔被充满时，模腔内压达最大值，同时柱塞和喷嘴处压力均上升到最高值。

3）保压期

这时，塑料仍为熔体，柱塞需保持对塑料的压力，使模腔中的塑料得到压实和成型，并缓慢地向模腔中补压入少量塑料，以补充塑料冷却时的体积收缩。随模腔内料温下降，模内压力也因塑料冷却收缩而开始下降。

4）返料期（返压期或倒流期）

柱塞开始逐渐后移，并向料筒前端输送新料（预塑）。由于料筒喷嘴和浇口处压力下降，而模腔内压力较高，尚未冻结的塑料熔体被模具内压返推向浇口和喷嘴，出现倒流现象。

5）凝封期

型腔中料温持续下降，至凝结硬化的温度时，浇口冻结，倒流停止。

6）继冷期

在浇口冻结后的冷却期，实际上型腔内塑料的冷却是从充模结束后就开始的。继冷期内，型腔内的制品继续冷却到塑料的玻璃化转变温度附近，然后脱模。

3. 制品的后处理

注射制品经脱模或机械加工之后，常需要进行适当的后处理以改善制品的性能和提高尺寸稳定性。制品的后处理主要指热处理、调湿处理和修整。

1）制品需后处理的原因

主要是消除制品内应力，提高制品质量的均匀性，因为：①注射成型的制品大多形状复杂、壁厚不均，导致冷却速率不一，产生应力集中；②注射压力、注射速度高，熔体流变行为复杂，制品各部分的结晶与取向不同，会造成制品质量不均。

2）制品后处理的方法

（1）热处理。

热处理的目的是使高分子的弹性形变得到松弛，并通过加热制品到材料的 $T_g \sim T_f$（或 T_m）加速松弛过程，使制品中内应力逐渐消除或降低。加热介质可使用空气、油类（甘油、液态石蜡和矿物油等）和水。

（2）调湿处理。

调湿处理是使制品在一定的湿度环境中预先吸收一定的水分，使其尺寸稳定下来，以使其在使用过程中不再发生更大的变化。对于吸水性大、吸水后尺寸变化大的塑料，如聚酰胺等更为必要。

（3）修整。

塑料制品在注塑完成后，其表面可能会出现飞边、毛刺等。飞边又称溢边、披锋等，大多发生在模具的分合位置上，如动模和静模的分型面、滑块的滑配部位、镶件的缝隙、顶杆孔隙等处，飞边在很大程度上是由模具或机台锁模力失效造成的。虽然大部分的飞边、毛刺的长度都很小，通常小于1cm，但是会影响工件的外观和使用。针对此类现象，一般采取的解决方法是使用刮刀、磨砂纸等对塑料件进行手工或机械打磨。

4.4.4 塑化原理

在注射过程中最重要的是塑化。塑料应在料筒内经加热达到充分的熔融状态，使之具有良好的可塑性。

1. 决定塑化质量的因素

决定塑料塑化质量的主要因素是物料的受热情况和所受到的剪切作用。通过料筒对物料加热，使高分子松弛，并出现由固体向液体的转变；一定的温度是塑料得以形变、熔融和塑化的必要条件；剪切作用则以机械力的方式强化了混合和塑化过程，使混合和塑化扩展到聚合物分子的水平，而不仅是一般静态的熔融。剪切作用使塑料熔体的温度分布、组成和分子形态都发生改变，并更趋于均匀；同时螺杆的剪切作用能在塑料中产生更多的摩擦热，促进塑料内部的塑化。因而螺杆式注塑机对塑料的塑化比柱塞式注塑机要好得多。

2. 对塑料塑化的要求

塑料塑化的要求如下：①进入型腔前充分塑化，熔体达到规定的成型温度，熔体各处料温尽可能均一；②使热分解产物含量达到最小值；③提供足够的塑化料以满足生产需要。

注射成型中塑料的塑化与塑料特性、工艺条件的控制及注塑机的塑化结构相关，塑化质量取决于物料受热情况和所受剪切作用。

3. 柱塞式注塑机内的塑化情况

螺杆式注塑机的塑化过程与螺杆式挤出机相同，但是料筒内物料的熔融是非稳态的间歇过程。柱塞式注塑机的柱塞对料筒内的物料没有剪切、混合作用，塑化效果远不如螺杆式注塑机，需要提高其塑化效率和热均匀性。

柱塞式注塑机内塑料塑化时所需的温度来自两方面：料筒壁对物料的传热和物料内部的摩擦热。采用加热效率 E 表征物料的塑化情况，加热效率还可反映从喷嘴出来的实际料温。一般要求 $E>80\%$。E 越高，表示塑化越好越均匀。加热效率与料筒的内壁温度、传热面积、受热时间、塑料热扩散速率有关。延长塑料在料筒中的受热时间，增大塑料的热扩散速率，减少料筒中料层的厚度，在允许的条件下采取提高出口料温等，这些措施均能增大加热效率。

对于螺杆式注塑机，由于剪切作用引起的摩擦热大，能使塑料温度升高。此外，随着注射速度（单位时间的注射量）的增加，料筒的加热效率降低。

4.4.5 注射成型工艺的影响因素

注射成型工艺的核心问题就是采用一切措施以得到塑化良好的塑料熔体，并把它注射到模腔中，在控制条件下冷却定型，使制品达到要求的质量。最重要的工艺条件是足以影响塑化和注射充模质量的温度（料温、喷嘴温度、模具温度）、压力（注射压力、模腔压力）、相应的各个作用时间（注射时间、保压时间、冷却时间），以及注射周期等。另外，会影响温度、压力变化的工艺因素（如螺杆转速、加料量及剩料等）也不能忽视。

1. 料温

料温由料筒温度控制，所以料筒温度关系到塑料的塑化质量。料筒末端的最高温度应高于黏流温度 T_f 或熔点 T_m，但必须低于塑料分解温度 T_d，也就是控制料筒末端温度在 T_f（或 T_m）$\sim T_d$。

确定料筒温度时还应考虑制品和模具的结构特点。料温密切影响成型加工过程、材料的成型性质、成型条件及制品力学性能等。通常随料温的升高，熔体黏度降低，料筒、喷嘴和模具浇注系统中压力减小，塑料在模具中流动长度增加，从而成型性能得到改善；注射速率增大，熔化时间与充模时间减少，注射周期缩短；制品表面光洁度提高。但温度过高时，将引起塑料热分解，并引起塑料的某些力学性能的降低。选择料筒温度时应从以下几方面考虑。

(1) 热敏性塑料。必须考虑热敏性塑料从 T_f（或 T_m）$\sim T_d$ 的温度差。

(2) 分子量及其分布。分子量大的塑料，料筒温度高，但应小于 T_d；分子量分布宽的塑料，料筒温度应选择较低值，即比 T_f 稍高即可。

(3) 制品尺寸。对同种塑料，制品尺寸小、冷却快，可选高料筒温度。注射成型薄壁制品时，熔体入模阻力大且极易冷却而失去流动能力，所以应选择较高料筒温度。

(4) 不同设备。塑料在螺杆式注塑机料筒中流动时，剪切作用大，有摩擦热产生，且料层薄，熔体黏度低，热扩散速率大，温度分布均匀，加热效率高，混合和塑化好，因此螺杆式注塑机的料筒温度比柱塞式的低 10～20℃。

(5) 结晶型塑料。料筒温度高时，塑料结晶结构破坏彻底，残存晶核少，导致熔体冷却时以均相成核，结晶速度慢、结晶尺寸大。料筒温度低时，结晶结构破坏不彻底，残存晶核多，熔体冷却时以异相成核，结晶速度快、结晶尺寸小。

2. 模具温度

塑料充模后在模腔中冷却硬化而获得所需的形状。模具的温度影响塑料熔体充满时的流动行为，并影响塑料制品的性能。因此，模具温度决定了塑料熔体的冷却速率，冷却速率的快慢取决于料温与模温的差异。冷却速率是由冷却介质温度 T_c 控制的，T_c＜塑料的 T_g 时为骤冷，T_c≥塑料的 T_g 时为中速冷，T_c≥塑料的 T_g 时为缓冷。模温的确定应根据所加工塑料的性能、制品性能的要求、制品形状与尺寸，以及成型过程的工艺条件等综合考虑。

(1) 为使制件脱模时不变形，模温通常应低于塑料的 T_g 或不易引起制件变形的温度，制件的脱模温度稍高于模温即可脱模，以提高生产效率。

(2) 为保证充模时制品完整和质量紧密，对熔体黏度大的塑料(如聚碳酸酯、聚砜等)宜用较高的模温；熔体黏度小的塑料(如醋酸纤维素、聚乙烯和聚酰胺等)则用较低的模温。

(3) 应考虑模温对塑料结晶、分子取向、制品内应力和各种力学性能的影响。对于结晶型塑料，温度降到 T_m 以下即结晶，结晶速度受冷却速率的控制。模温影响制品的结晶度和结晶形态：模温高时，冷却速率小，有利于结晶，制品结晶度上升；中等模温时，冷却速率适中，制品的结晶和取向也适中；模温低时，冷却速率大，不利于结晶，制品结晶度下降。对于无定形塑料，冷却过程无相转变，模温的高低主要影响冷却时间的长短，较低的模温，冷却快、生产效率高。模温还影响熔体在模腔中的流动性，熔融黏度较低的塑料(如聚苯乙烯、聚酰胺)选择较低的模温，熔融黏度较高的塑料(如聚碳酸酯、聚磷酸酯、聚砜)选择较高的模温，模温过低会造成制品缺料、充模不全和内应力。

3. 注射压力

注射压力影响塑化、充模和成型。温度上升，注射压力下降。注射压力在充模前的作用是克服阻力，推动塑料熔体向料筒前端流动，在充模后的作用是压实物料并充满模具而成型。在注射过程中压力的作用主要有三个方面。

(1) 推动料筒中物料向前端移动，同时使物料混合和塑化。柱塞或螺杆提供克服固体塑料粒子和熔体在料筒和喷嘴中流动时所引起的阻力。

(2) 充模阶段，注射压力克服浇注系统和型腔对塑料的流动阻力，并使物料获得足够的充模速度及流动长度，使物料在冷却前能充满型腔。

(3) 保压阶段，注射压力压实模腔中的物料，并对物料由冷却而产生的收缩进行补料，使从不同的方向先后进入模腔中的物料熔成一体，从而使制品保持精确的形状，获得所需的性能。

因此，注射压力对注射过程和制品的质量有很大的影响。在注射过程中，随着注射压力增大，充模速度加快，物料的流动性增加，制品接缝强度提高。对于成型大尺寸、形状复杂和薄壁的制品，宜采用较高的注射压力；对熔体黏度大、玻璃化转变温度高的物料(如聚碳酸酯、聚砜等)，也宜采用较高的注射压力。但是，由于制品内应力也随注射压力的增大而加大，对采用较高注射压力的制品应进行退火处理。

注射压力与料温是相互制约的。料温高时注射压力减小；反之，所需注射压力加大。

4. 注射周期和注射速度

注射周期是指完成一次注射所需要的全部时间，由注射充模、保压、冷却和加料（包括预塑化）时间，以及开模（取出制品）、辅助作业（如涂擦脱模剂、安放嵌件等）和闭模时间组成。注射成型过程各阶段的时间，与塑料产品、成型工艺性能和制品特点有关，其中最主要的是注射时间和冷却时间。

注射速度常用单位时间内柱塞或螺杆移动的距离（cm/s）表示，有时也用质量或容积流率（g/s 或 cm^3/s）表示。注射速度主要影响注射周期和制品性能。注射速度与注射压力是相辅相成的，注射速度加快，则剪切作用加大、生热量增大、温度升高、充模压力增大，充模顺利，生产周期缩短。但注射速度太快常使熔体由层流变为湍流，严重时引起喷射作用，卷入空气，造成制品内应力较大。所以，注射速度不宜太快，熔体宜以层流状态流动，以便顺利将模腔内的空气排出。注射压力和注射速度的总体选择原则是：①熔体黏度高、T_g 高，则选用高速注射，同时选用高模温、高料温；②为避免湍流，同时缩短生产周期，多选用中速注射；③对形状复杂、浇口尺寸小、流程长、薄壁的制品，宜选用高速注射和高压。

注射成型不仅适用于热塑性塑料，而且适用于酚醛树脂、环氧树脂等热固性塑料的成型。用于热固性塑料成型时必须严格控制料筒温度，物料在料筒中的塑化温度应低于交联反应温度，而浇口和模温则控制在物料的交联反应温度附近，制品靠加热固化而成型。

此外，注射成型还可用于泡沫塑料、多色塑料、复合塑料及增强塑料的成型。

5. 常见注射制品的缺陷及解决方案

常见注射制品的缺陷有气眼、黑点/黑纹、发脆、熔接痕、流痕、欠注、银纹/水花及缩痕等。

1）气眼

气眼是指空气被封在型腔内而使制件产生的气泡。产生气眼的原因是：型腔内气体不能被及时排出；两股熔体前锋交汇时气体无法从分型面、顶杆或排气孔中排出；缺少排气口或排气口尺寸不足；制件设计薄厚不均。

解决注射制品产生气眼缺陷，主要是从制品结构设计、模具设计和成型工艺三方面采取措施。①在制品结构设计时，减少厚度的不一致，尽量保证壁厚均匀。②在模具设计时，在最后填充的地方增设排气口；重新设计浇口和流道系统；保证排气口足够大，使气体有足够的时间和空间排出。③在成型加工工艺中，降低最后一级注塑速度；增加模温；优化注塑压力和保压压力。

2）黑点/黑纹

黑点/黑纹是指在制件表面存在黑色斑点或条纹，或是棕色条纹。其产生原因是：①材料降解，塑料在料筒内、螺杆表面停留时间过长，导致炭化降解，因而在注射过程中产生黑点或条纹；②材料污染，塑料中存在脏的回收料、异物、其他颜色的材料或易于降解的低分子材料，空气中的粉尘也容易引起制件表面的黑点。

克服注射制品产生黑点/黑纹的缺陷，主要是从材料、模具设计、注塑机和成型工艺四方面采取措施。①材料采用无污染的原材料，置于相对封闭的储料仓中，增加材料的热稳定性。②模具设计时，考虑清洁顶杆和滑块；改进排气系统；清洁和抛光流道内的任何死角，保证不产生积料；注塑前清洁模具表面。③选择合适的注塑机吨位；检查料筒内表面、螺杆表面是否刮伤积料。④在成型加工工艺中，降低料筒和喷嘴的温度；清洁注塑过程的各个环节；避免已经产生黑点/黑纹的物料被重新回收利用。

3）发脆

发脆是指制件在某些部位容易开裂或折断。制品发脆主要是由材料降解导致高分子断链，高分子的分子量降低，从而造成高分子的力学性能下降。其产生原因是：干燥条件不合适，注塑温度设置不对，浇口和流道系统设置不恰当，螺杆设计不恰当，熔接痕强度不高。

克服注射制品发脆的缺陷，也主要是从材料、模具设计、注塑机和成型工艺四方面采取措施。①材料干燥时，设置适当的干燥条件，选用高强度的塑料；②模具设计时，增大主流道、分流道和浇口尺寸；③注塑机选择设计良好的螺杆，使塑化时温度分配更加均匀；④在成型加工工艺中，降低料筒和喷嘴的温度；降低背压、螺杆转速和注塑速度。

4）熔接痕

熔接痕是指两股料流相遇熔接而产生的表面缺陷。制件中如果存在孔、嵌件或是多浇口注塑或者制件壁厚不均，均可能产生熔接痕。

消除注射制品的熔接痕，主要是从材料、模具设计和成型工艺三方面采取措施。①材料方面要增加熔体的流动性；②模具设计时改变浇口的位置，增设排气槽；③在成型加工工艺中增加注塑压力和保压压力，增加熔体温度，降低脱模剂的使用量。

5）流痕

流痕是指在浇口附近呈波浪状的表面缺陷。产生流痕的原因是：熔体温度过低，模温过低，注塑速度过低，注塑压力过低，流道和浇口尺寸过小。

消除注射制品的流痕，主要是从模具设计和成型工艺两方面采取措施。①模具设计中，增大流道中冷料井的尺寸，以吸纳更多的前锋冷料；增大流道和浇口的尺寸；缩短主流道尺寸或改用热流道系统。②在成型加工工艺中，增大注塑速度，增大注塑压力和保压压力，延长保压时间，增大模具温度，增大料筒和喷嘴温度。

6）欠注

欠注是指模具型腔不能被完全填充的一种现象。其产生原因是：熔体温度、模具温度或注塑压力、速度过低；原料塑化不均，流动性不足；排气不良；制件太薄或浇口尺寸太小；聚合物熔体结构设计不合理，导致过早硬化或未能及时进行注塑。

消除注射制品的欠注缺陷，主要是从材料、模具设计、注塑机和成型工艺四方面采取措施。①材料方面，要增加熔体的流动性。②模具设计时，考虑在填充薄壁之前先填充厚壁，避免出现滞留现象；增加浇口数量，减少流程比；增加流道尺寸，减少流动阻力；排气口的位置设置适当，避免出现排气不良的现象；增加排气口的数量和尺寸。③注塑机设备，要检查止逆阀和料筒内壁是否磨损严重；检查加料口是否有料或是否架桥。④在成型加工工艺中，增大注塑压力；增大注塑速度，增强剪切热；增大注塑量；提高料筒温度和模具温度。

7）银纹/水花

银纹/水花是指水分、空气或碳化物顺着流动方向在制件表面呈现发射状分布的一种表面缺陷。其产生原因是：原料中水分含量过高，原料中夹有空气，或聚合物降解。

消除注射制品的银纹/水花缺陷，主要是从材料、模具设计和成型工艺三方面采取措施。①要根据原料商提供的数据干燥原料。②模具设计时，增大主流道、分流道和浇口尺寸，检查是否有充足的排气位置。③在成型加工工艺中,选择适当的注塑机和模具;切换材料时,把旧料完全从料筒中清洗干净;增大背压;改进排气系统;降低熔体温度、注塑压力或注塑速度。

8）缩痕

缩痕是指制件在壁厚处出现表面下凹的现象,通常在加强筋、沉孔或内部格网处出现。缩痕产生的原因是:注塑压力或保压压力过低;保压时间或冷却时间过短;熔体温度或模温过高;制件结构设计不当。

消除注射制品的缩痕,主要是从结构设计和成型工艺两方面采取措施。①设计制品结构时,在易出现缩痕的表面进行波纹状处理;减小制件厚壁尺寸,尽量减小厚径比;重新设计加强筋、沉孔和角筋的厚度。②在成型加工工艺中,增加注塑压力和保压压力;降低熔体温度;增大浇口尺寸或改变浇口位置。

4.4.6 反应注射成型

反应注射成型是一种成型过程中有化学反应的注射成型方法。这种方法所用原料不是高分子,而是将两种或两种以上具有反应性的液态单体或预聚物以一定比例分别加到混合注射器中,在加压下混合均匀后,立即注射到闭合模具中,在模具内聚合固化,定型成制品。由于所用原料是液体,用较小压力即能快速充满模腔,降低了合模力和模具造价,从而特别适用于生产大面积制件。例如,以异氰酸酯和聚醚制成聚氨酯半硬质塑料的汽车保险杠、翼子板、仪表板等。此法具有设备投资及操作费用低、制件外表美观、耐冲击性好、设计灵活性大等优点。采用反应注射成型还可制得表层坚硬的聚氨酯结构的泡沫塑料。为了进一步提高制品刚性和强度,在原料中混入各种增强材料时称为增强反应注射成型,产品可作汽车车身外板、发动机罩。

目前,典型的反应注射成型制品有汽车保险杠、挡泥板、车体板、卡车货箱、卡车中门和后门组件等大型制品。它们的产品质量比片状模压料(SMC)产品好,生产速度更快,所需二次加工量更小。

1. 反应注射成型特点

反应注射成型是将化学活性高、分子量低的两种或两种以上的液态单体或预聚物混合后,在常温低压下注入模具内,完成聚合、交联和固化等化学反应并固化成制品。反应注射成型与其他塑料成型技术相比具有以下特点。

(1) 由于是液态原料,所需注射压力和锁模力仅为普通注射成型的 1/100～1/40,耗能少。

(2) 成型模腔压力小,为 0.3～1.0MPa,设备和模具所需的投资少。

(3) 反应注射成型适用于多种快速固化类高分子材料。现已广泛应用于聚氨酯、环氧树脂、酚醛树脂、不饱和聚酯、尼龙、聚脲、聚环戊二烯、有机硅树脂和互穿聚合物网络等多种材料的加工。

(4) 易于成型薄壁大型制件,且具有很好的涂饰性;液态物料对模具表面的花纹、图案具有很好的再现性。

(5) 成型工艺过程具有物料混合效率高、流动性好、原料配制灵活、生产周期短的特点。

(6) 具有设备投资及生产成本低、制件外表美观、耐冲击性好、设计灵活性大等优点，特别适用于汽车覆盖件等大型塑件的成型加工。

2. 反应注射成型设备

反应注射成型设备主要由反应注射装置、锁模装置和控制系统三部分组成。反应注射装置一般由原料罐、温度调节机、计量泵、混合注射器组成。其中原料储存和调温设备较简便，多为自制。计量泵多采用活塞式高压计量泵。用于增强配方，物料黏度增大时，采用渐变式螺杆泵和枪式钢筒计量泵。

高压混合注射器是反应注射成型设备的关键组件。它在缩短生产周期，提高制品质量方面的作用极大。混合注射器必须在高压或接近高压下工作，通常压力可达 20.68MPa，有的可达到 27.58MPa。压力高的混合注射器的体积可以较小，产品质量更优。商品级混合注射器中体积最小的仅有 1～10mL，大的为 100mL，如若再大，则只能作低压混合用。混合注射器体积越小，制品表面缺陷越少，并且容易自清理；混合效果也好，喷出的原料配比失调少，并且操作方便。高压混合注射器的一次喷出量可以从几十克到 30kg，喷射速度可达 270～360kg/min，而低压机只有 4.5～40.8kg/min。高喷出量的设备能采用反应性最快的配方，可大大缩短成型周期。几乎所有的反应注射成型高压系统都带多个混合注射器，一般带 4～10 个，有的甚至可带 18 个之多。一个混合注射器可有多个注射位置。因此，一机多头又一头多位，大大提高了设备的利用率。一个反应注射成型模具注射位的投资仅为熔融注射位的 1/5。

锁模装置控制模具的启闭：反应注射成型的锁模力均在百吨之内，比相同注射量的塑料注塑机的锁模力小两个数量级之多。根据开模时运动的情况，锁模装置有固定式和倾斜式之分，其中以倾斜式居多。脱模时可转动 90°或更大的角度，操作方便。

成型模具的优劣对反应注射成型关系极大。好的成型模具能增加产率，降低废品率，改进制品质量。排气设计好坏是成型模具成败的关键。物料注入模具后，通常在 2～4s 内反应发泡充满模腔，排出空气，所以必须设有排气口。较简单的模具排气口设在合模线上，复杂的需添设隔板或若干个排气钉，不让空气卷进制品或残留在模面上。反应注射成型模具只要能耐 1MPa 的压力不变形即可，可采用铝、铝锌合金材料制作。大量生产时多采用钢质模具，小批量的还可采用环氧树脂模具。反应注射成型模具只有塑料注射模具质量的 1/10～1/5。大多数高分子的生成过程是放热反应，模具需将热量导出，在模具内要设有冷/热盘管，以通循环温水的方式控制模温。此外，由于注入模具内的料液黏度很低，模具分模面的精度要高，否则容易泄漏或产生飞边。

3. 反应注射成型的工艺过程

单体或预聚物以液体状态经计量泵以一定的配比进入混合注射器进行混合，将混合物注入模具后，在模具内快速反应并交联固化，脱模后即反应注射成型制品。这一过程可简化为：储存→计量→混合→充模→固化→脱模→后处理。

1) 储存

反应注射成型工艺所用的两组分原液通常在一定温度下分别储存在两个储存器中，储存器一般为压力容器。在不成型时，原液通常在 0.2～0.3MPa 的低压下，在储存器、换热器和混合注射器中不停地循环。

2）计量

两组分原液的计量一般由液压系统完成，液压系统由泵、阀及辅件（控制液体物料的管路系统与控制分配缸工作的油路系统）所组成。注射时还需经过高低压转换装置将压力转换为注射所需的压力。原液用液压定量泵进行计量输出，要求计量精度至少为±1.5%，最好控制在±1%。

3）混合

在反应注射制品成型中，产品质量的好坏很大程度上取决于混合注射器的混合质量，生产能力则完全取决于混合注射器的混合质量。一般采用的压力为10.34～20.68MPa，在此压力范围内能获得较佳的混合效果。

4）充模

反应注射物料充模的特点是料流的速度很高。为此，要求原液的黏度不能过高，例如聚氨酯混合料充模时的黏度为0.1Pa·s左右。

当物料体系及模具确定之后，重要的工艺参数只有两个，即充模时间和原料温度。聚氨酯物料的初始温度不得超过90℃，型腔内的平均流速一般不应超过0.5m/s。

5）固化

聚氨酯双组分混合料在注入模腔后具有很高的反应性，可在很短的时间内完成固化定型。但由于塑料的导热性差，大量的反应热不能及时散发，成型物内部温度远高于表层温度，成型物的固化从内向外进行。为防止型腔内的温度过高（不能高于高分子的热分解温度），应该充分发挥模具的换热功能来散发热量。反应注射模内的固化时间主要由成型物料的配方和制品尺寸决定。

6）脱模

当制品达到一定强度后就进行脱模，一般在模具内涂有脱模剂，以便于制品脱出模具。

7）后处理

反应注射制品从模具内脱出后还需要进行后处理。后处理有两个作用：补充固化和涂漆后的烘烤，以便在制品表面形成牢固的保护膜或装饰膜。

4.5 模压成型

4.5.1 概述

压制成型是成型加工技术中历史最久，也是最重要的方法之一，几乎所有的高分子材料都可用此方法来成型制品。压制成型主要依靠外压的作用实现成型物料造型的一次成型，根据材料的性状和成型加工工艺的特点，可分为模压成型和层压成型。

模压成型是采用模具的一种压制成型方法，主要用于热固性塑料、橡胶和复合材料的成型。用于热固性塑料的成型又称压缩模塑，是将粉状、粒状、碎屑状或纤维状的塑料放入加热的阴模模槽中，合上阳模后加热使其熔化，并在压力作用下使物料充满模腔，形成与模腔形状一样的模制品，再经加热使其进一步发生交联反应而固化，脱模后即得制品。采用模压法加工的塑料主要有酚醛树脂、氨基树脂、环氧树脂、有机硅（主要是硅醚树脂制的压塑粉）、硬聚氯乙烯、聚三氟氯乙烯、氯乙烯与醋酸乙烯共聚物、聚酰亚胺等。模压制品主要有电源插座、电器插头、计算机键盘等。

模压成型的特点是：成型工艺及设备成熟，设备和模具比注射成型简单；属于间歇成型，生产周期长，生产效率低，劳动强度大，难以自动化；制品质量好，不会产生内应力或分子取向；能压制较大面积的制品，但不能压制形状复杂及厚度较大的制品；制品成型后，可趁热脱模。

除以压塑粉为基础的模压成型外，以片状材料作填料，通过压制成型还能获得另一类材料——层压复合材料，如酚醛树脂、不饱和聚酯树脂、环氧树脂、有机硅树脂、聚苯二甲酸二烯丙酯树脂等。层压复合材料的制作采用层压成型。层压成型主要包括填料的浸胶、浸胶材料的干燥和压制等几个过程。层压成型技术可生产板状、管状、棒状和其他一些形状简单的制品。

4.5.2 模压成型的工艺过程

模压成型的工艺过程为：加料→闭模→排气→保压固化→脱模→顶出制件→模具清洗→后处理。模压成型的关键设备是压机，压机的作用在于：通过模具对塑料传热和施加压力；提供成型必要的温度和压力；开启模具和顶出制品。压机有机械式和液压式两种，模压成型多采用液压式的油压机或水压机。

模压的原料（树脂或塑料粉及其他组分）常为粉状，有时也呈纤维束状或碎片状。将待压原料置于金属模具的型腔内，然后闭模，在加热、加压的情况下，使塑料熔融、流动，充满型腔，经适当的放气，再经保压后，塑料就充分交联固化为制品。因为热固性塑料经交联固化后，其分子结构变成三维交联的体型结构，所以制品可以趁热脱模。模压成型前常需预压、预热原料，虽然增加了成本，但是对模压成型工艺和产品质量作用很大。预压是将模压原料在室温下按一定质量预压成一定形状锭料或压片，减少塑料成型时的体积，有利于加料操作和提高加热时的传热速度，可以缩短模压时间；粉状原料也可以不经预压而直接使用。加料前常对原料进行预热，即将原料置于适当的温度下加热一定时间，这样既可排除原料中某些挥发物如水分等，又可提高原料温度、缩短成型时间。预热常用烘箱、真空干燥箱、远红外加热器或高频加热器等。由于热固性塑料的成分中含有具反应活性的物质，预热温度过高或时间过长会降低其流动性，所以在预热温度确定后，预热时间应控制在获得最大流动性的时间的极小范围内为佳。经过预热的原料即可进行模压。

预压的作用是使原料成为紧密的坯体，优点是加料快、准确、无粉尘；降低了压缩率，可减小模具的装料量；使物料利于传热，可提高预热温度；便于成型较大或带有精细嵌件的制品。预压压力的范围在40～200MPa，一般控制在使预压物的密度达到制品最大密度的80%为宜。预热的作用是使水分、可挥发气体挥发掉，使塑料内外温度一致，消除内应力，提高制品质量。优点是加快了固化速度，缩短了成型时间；提高了物料流动性，增进了物料固化的均匀性；降低了模压压力，可以成型流动性差或较大的制品。

模压成型用的模塑料大多数是由热固性树脂加上粉状或纤维状的填料等配合剂组成。热固性塑料制品模压成型的工艺流程如图4.5.1所示。

1. 加料

按需要向模具内加入规定量的塑料，即加料，如图4.5.2所示。加料多少直接影响制品的密度与尺寸等。加料量多，则制品毛边厚，尺寸准确性差，难以脱模，并可能损坏模具；加料量少，则制品不紧密，光泽差，甚至造成缺料而产生废品。

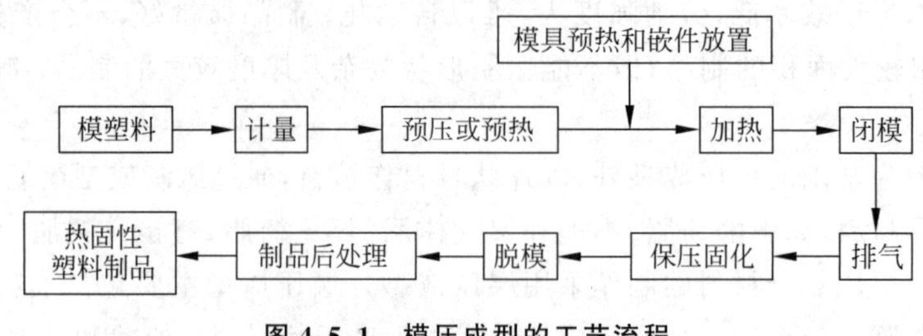

图 4.5.1　模压成型的工艺流程

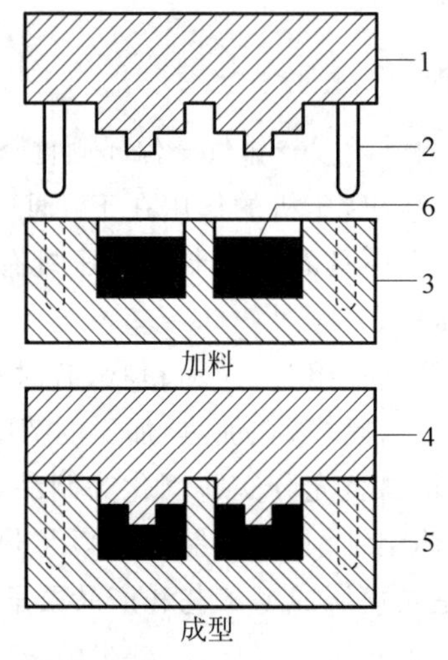

1,4-阳模；2-导合钉；3,5-阴模；6-塑料。

图 4.5.2　模压成型中塑料在成型前后变化的示意图

2. 闭模

加料完后即使阳模和阴模相闭合。合模时先快速，待阴、阳模快接触时改为慢速。先快后慢的操作法有利于缩短非生产时间，防止模具擦伤，避免模槽中的物料因为合模过快而被空气带出，甚至使嵌件移位、成型杆或模腔遭到破坏。待模具闭合即可增大压力(通常达 15～35MPa)对物料加热加压。

3. 排气

模压热固性塑料时，常有水分和低分子物放出，为了排出这些低分子物、挥发物及模内空气等，在模塑的模腔内当反应进行至适当时间后，可卸压松模短时排气。排气操作能缩短固化时间和提高制品的力学性能，避免制品内部出现分层和气泡。但排气过早、过迟都不行，过早达不到排气目的，过迟则因物料表面已固化，气体排不出来。

4. 保压固化

热固性塑料的固化是在模压温度下保持一段时间，以高分子的缩聚反应达到要求的交联程度，制品具有所要求的力学性能为准。固化速率不高的塑料，其固化也可在制品能够完整地脱模时就暂告结束,再用后处理完成全部固化过程,以提高设备利用率。模内固化时间通常为保温保压时间,一般为30s至数分钟不等,多数不超过30min。固化时间取决于塑料的种类、制品的厚度、预热情况、模压温度和模压压力等。过长或过短的固化时间对制品性能都有影响。

5. 脱模

脱模通常是靠顶出杆完成的。带有成型杆或某些嵌件的制品应先用专门工具将成型杆等拧落,而后进行脱模。

6. 模具清洗

脱模后,通常用压缩空气吹洗模腔和模具的模面,如果模具上的固着物较紧,还可用铜刀或铜刷清理,甚至用抛光剂刷拭等。

7. 后处理

为了进一步提高制品的质量,热固性塑料制品脱模后也常在较高温度下进行后处理。后处理能使塑料固化更趋完全,同时减少或消除制品的内应力,减少制品中的水分及挥发物等,有利于提高制品的电性能及强度。

后处理和注射制品的后处理一样,在一定环境或条件下进行,只是处理温度不同。一般处理温度比成型温度高10～50℃。

4.5.3 模压成型的工艺特点

(1) 热固性塑料模压成型时,塑料粉末或颗粒经过熔融,并同时经过交联反应而形成致密的固体制品。从模具外部加热和加压的结果是热固性塑料在模腔内同时进行复杂的物理和化学变化。

(2) 模压成型过程中,模具内压力、温度、塑料体积随时间改变。在无凸的肩模具和有凸肩的模具内,物料的体积-温度-压力关系稍有所不同。

4.5.4 模压成型工艺的影响因素

1. 模压温度

模压温度即成型时的模具温度,又称模温,是影响热固性塑料流动、充模并最后固化成型的主要因素。与热塑性塑料不同,热固性塑料的模具温度更为重要。它决定了成型过程中高分子交联反应的速度,从而影响塑料制品的最终性能。

模压成型在闭模后迅速增大成型压力,使塑料在温度还不很高而流动性又较大时流满模腔各部分,这是非常重要的。由于流动性影响塑料的流量,模压成型时熔体的流量-温度曲线也具有峰值。流量减少情况反映了高分子交联反应进行的速度,峰值过后曲线斜率最大的区域交联速度最大,此后流动性逐渐降低。温度升高能加速热固性塑料在模腔中的固化速度,缩短固化时间,因此高温有利于缩短模压周期。但过高的温度会造成固化速度太快而使塑料流动性迅速降低,引起充模不满,特别是模压形状复杂、壁薄、深度大的制品时,这种弊病最为明显;温度过高还可能引起塑料变色、有机填料等的分解,使制品表面颜色暗淡。同时,高温下外层固化要比内层快得多,以致内层挥发物难以排除,这不仅降低制品的力学性能，而且在模具开启时会使制品发生肿胀、开裂、变形和翘曲等。因此，在模压厚度较大的制品时往往不是提高温度，而是在降低温度的情况下延长模压时间。但温度过低不仅固化慢、效果差，也会造成制品灰暗，甚至表面发生肿胀，这是由于固化不完全的外层受不住内部挥发物压力作用。一般地，经过预热的塑料进行模压时，由于内外层温度较均匀，流动性较好，模压温度可高些。

2. 模压压力

模压压力是指压机作用于模具上的压力。模压压力的作用在于：使塑料在模具中加速流动；压实塑料，增加塑料密实度；克服低分子物挥发产生的压力，避免制品出现缺料、肿胀、脱层等缺陷；压紧模具，使模具紧密闭合，从而使制品具有固定尺寸，毛边最小；防止冷却时制品变形。

成型时所需的模压压力可以根据下式计算：

$$P_{m}=\frac{\pi D^{2}}{4A_{m}}P_{g} \tag{4.5.1}$$

式中，P_{m} 为模压压力，MPa；P_{g} 为压机实际使用的液压，即表压，MPa；A_{m} 为制品在受力方向上的投影面积，cm^{2}；D 为压机主油缸活塞的直径，cm。一般地，热固性塑料，如酚醛树脂、脲甲醛树脂的模压压力为 15～30MPa。

模压压力的大小不仅取决于塑料的种类，而且与模温、制品的形状以及物料是否预热等因素有关。通常塑料的流动性越小、固化速度越快、压缩率越大（特别是填料为纤维状或碎布片状情况下）时，所需要的模压压力越大。但是，并不是压力越大越好，如模压压力过大，超过模具承受能力，则会损坏模具。

3. 模压时间

模压时间主要是指固化所需时间，即塑料在模具中从开始升温、加压到固化完全为止这段时间。模压时间与塑料的类型（高分子种类、挥发物含量等）、制品形状、厚度、模具结构、模压工艺条件（压力、温度）及操作步骤（是否排气、预压、预热）等有关。

模具中的热固性塑料需要在一定的压力和温度下保持一定的时间才能充分交联固化，成为性能良好的制品。模压时间的长短对塑料制品的性能影响很大，若模压时间太短，则高分子固化不完全，制品力学性能差，外观无光泽，制品脱模后易出现翘曲、变形等现象；适当增加模压时间，一般可使制品的收缩率和变形减少，其他性能也有所提高。但过分延长模压时间会使塑料“过熟”，不仅延长成型周期、降低生产率、多消耗热能和机械功，而且高分子交联过度会使制品收缩率增加，引起高分子与填料间产生内应力，制品表面发暗和起泡，从而使制品性能降低，严重时会使制品破裂。因此，模压时间过长或过短都不适当。生产中应在保证制品质量的前提下，尽可能地降低压力、温度并缩短时间。

4.6 压延成型

4.6.1 概述

压延成型是生产高分子薄膜和片材的主要方法，是将已塑化的接近黏流温度的物料通过一系列相向旋转的平行辊筒的间隙,使物料承受挤压和延展作用,成为具有一定厚度、宽度的表面光洁的薄片状连续制品。

压延成型可用于塑料、复合材料和橡胶的成型加工,也可用于造纸和金属加工等。在塑料工业中用于生产热塑性塑料的薄膜、薄片、人造革和复合薄膜。压延成型可生产 0.05～0.3mm 厚的薄膜及 0.3～1.0mm 厚的薄片制品,如用于制造光学级 PET 薄膜(液晶显示屏的偏光板、背光板)。

采用压延成型的原料有非晶形热塑性塑料、结晶形热塑性塑料。其中,非晶形热塑性塑料有聚氯乙烯、ABS 塑料、乙烯-醋酸乙烯共聚物(EVA)和改性聚苯乙烯,结晶形热塑性塑料有聚乙烯和聚丙烯。

4.6.2 压延成型原理

压延成型过程是接近黏流温度的物料在一系列相向旋转着的平行辊筒的间隙受到挤压和发生塑性流动变形的过程。在压延成型过程中,借助于辊筒间产生的剪切力,将物料多次挤压、剪切可以增大其可塑性,在进一步塑化的基础上延展成为薄型制品。在压延过程中,受热熔化的物料与辊筒间的摩擦和本身的剪切摩擦会产生大量的热,局部过热会使塑料发生降解,因而应注意辊筒温度、辊速比等,以便控制产品质量。

4.6.3 压延成型设备

压延制品的生产流程包括供料阶段和压延阶段,是一个从原料混合、塑化、供料,直到压延的完整连续过程。供料阶段所需的设备包括混合机、开炼机、密炼机或塑化挤出机等。压延阶段由压延机和牵引、刻花、冷却、切割、卷取等辅助装置组成,其中压延机是压延成型的关键设备。压延机主要由几个平行排列的辊筒组成,有二辊、三辊,也有四辊或五辊,其中以三辊和四辊用得最普遍。辊筒的排列方式有三角形、直线 I 形、L 形、倒 L 形、Z 形、斜 Z 形等,如图 4.6.1 所示。

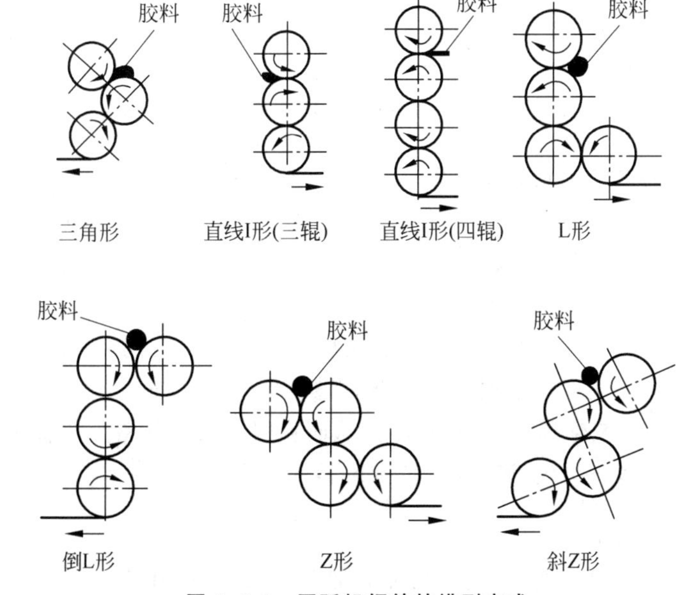

图 4.6.1 压延机辊筒的排列方式

双辊压延机主要用于塑炼和压片；三辊压延机主要用于生产橡胶片材；四辊压延机可生产较薄的塑料制品，还可完成双面贴胶的操作，目前应用较为广泛；五辊压延机主要用在硬制片材（如聚氯乙烯硬片）的生产上，一般用得较少。随着辊筒数目增加，原料受压延次数增加，制品质量提高；同时，可以提高辊筒转速，提高生产率。辊筒排列方式以倒L形和斜Z形应用最广，各辊间隙均可调整。压延机的规格用辊筒外径和辊筒的工作部分长度表示。辊筒可通入蒸汽或过热水加热。

压延机由机体、辊筒、辊筒轴承、辊距调整机构、挡料装置、切边装置、传动装置、安全装置、加热冷却装置和辅机等组成。机体主要起支撑作用，包括机架和机座，也用以支承辊筒、轴承、调节装置和其他附件。压延机主要由辊筒、制品厚度调整机构、传动装置与辅机三大部分组成。

1. 辊筒

辊筒起压延成型作用，是压延机中最主要的部件。辊筒应有足够的刚度和强度，辊筒表面应有足够的硬度、耐磨性、光洁度及加工精度。辊筒的长径比一般为2～3，同一压延机的几个辊筒其直径和长度都是相同的。辊筒内部可通蒸汽、过热水或冷水来控制表面温度，其结构有空心式和钻孔式两种。

2. 制品厚度调整机构

物料在辊筒间隙受到压延时，对辊筒产生横向压力，这种企图将辊筒分开的作用力称为分离力。分离力使辊筒产生弹性弯曲，弹性弯曲程度大小以辊筒轴线中央部位偏离原来水平位置的距离表示，称为辊筒的挠度。挠度造成压延制品的厚度不均，其横向断面呈现中间部分厚而两端部分薄的现象（图4.6.2）。

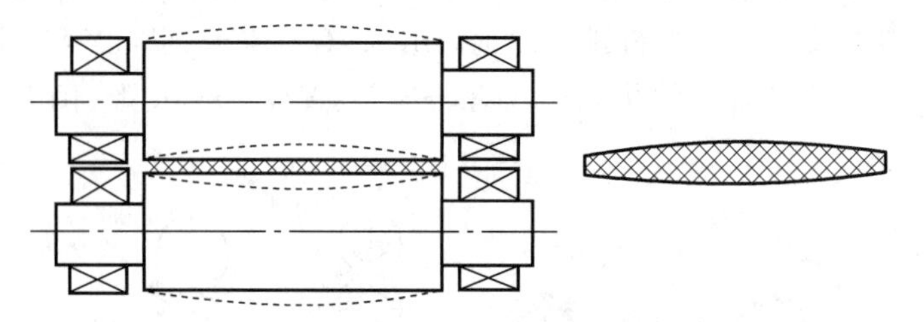

图4.6.2 辊筒的弹性弯曲对压延制品的横向断面的影响

克服分离力从而调节压延制品厚度均匀性的方法一般有以下三种。

（1）中高度法（凹凸系数法）。将辊筒设计和加工成略呈腰鼓形，从而克服由弹性弯曲造成的制品横截面中间厚两边薄。辊筒固定的中高度法与物料性质、温度、制品厚度等因素有关，有很大的局限性，通常用于橡胶压延机。

（2）轴交叉法。将两辊筒的轴交叉一定角度，从而克服由弹性弯曲造成的制品横截面中间厚两边薄。轴交叉角度可根据产品种类、规格和工艺条件进行调整。

（3）预应力法。可在轴颈上施加预应力，从而克服或减少分离力的有害作用，提高压延制品厚度的均匀性。可根据辊筒的变形范围调整预应力大小。

3. 传动装置与辅机

压延机辊筒由直流电机通过齿轮、联轴节带动，辊筒速度和速比可在一定范围内调节。

传动装置主要是电动机和减速装置，调速方式是无级调速。

通常压延机还必须和其他辅助设备组合成一条生产线才能进行生产。辅机包括上料装置(如双辊机或挤出机)、金属检测器、主机加热及温度控制装置、冷却装置、引离辊、输送带、测厚仪、卷绕装置、切割装置等。如要求与织物复合(如贴胶)，则还要有烘布装置、预热辊、刻花装置、贴合装置等。

4.6.4　压延成型的工艺过程

压延成型的工艺特点如下所述：①制品质量均匀密实，尺寸精确。②成型适应性不是很强。要求塑料必须有较宽的黏流温度范围($T_f \sim T_d$)；制品形状单一，如薄膜、薄片。③制品为断面形状固定的薄层连续型材，尺寸大。④成型不用模具，辊筒为成型面，表面可压花纹。⑤需配备塑化供料装置，可自动化连续生产。⑥设备庞大复杂，辅助设备多，生产能力大。

压延成型可生产 0.05～0.3mm 厚的薄膜和 0.3～1.0mm 厚的薄片，其生产工艺过程如下所述。

1. 薄膜和片材制品的生产

以软质聚氯乙烯薄膜的生产为例说明薄膜和片材制品的压延工艺过程，如图 4.6.3 所示。原料先经过金属检测器检测，防止夹杂物损坏辊筒表面，再将高分子按一定配方加入高速捏和机或管道式捏和机中，将增塑剂、稳定剂等先经旋涡式混合器混合后，也加入高速捏和机中充分混合。混合好的物料送入螺杆式挤出机或密炼机中预塑化，然后输送至辊筒机内反复塑炼、塑化；由辊筒机塑化完全的料再送入四辊压延机。塑料在压延机的辊筒间受到多次压延和碾平，形成厚薄均匀的薄膜，然后由引离辊承托而离开压延机，再经冷却辊冷却后由卷绕装置卷绕成卷即得制品。必要时在引离辊和冷却辊之间进行刻花处理。

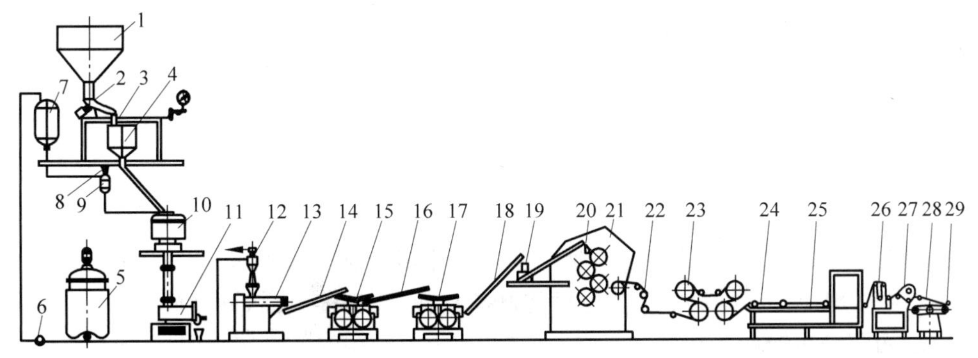

1-树脂料仓；2-电磁振动加料斗；3-自动磅秤；4-称量计；5-大混合器；6-齿轮泵；7-大混合器中间储槽；8-传感器，9-电子秤料斗；10-加热混合机；11-冷却混合机；12-集尘器；13-塑化机；14-运输带；15-双辊机；16-运输带；17-双辊机；18-运输带；19-金属检测器；20-摆斗；21-四辊压延机；22-冷却导辊；23-冷却辊；24-运输带；25-运输辊；26-张力装置；27-切割装置；28-复卷装置；29-压力辊。

图 4.6.3　软质聚氯乙烯薄膜的压延工艺流程图

2. 复合织物的生产

复合织物是以布或纸为增强基材，在其上黏附以黏流态塑料薄层(如聚氯乙烯糊、聚氨酯糊等)而制得的一种复合材料,如人造革等。用辊筒通过辊压方式将熔融态聚氯乙烯等黏流态塑料的薄层复合于布或纸上的方法则称为压延法。

以压延法生产人造革时,布或纸应先预热,同时聚氯乙烯可先经挤压塑化或辊压塑化再喂于压延机的进料辊上,通过辊筒的挤压和加热作用,使聚氯乙烯与布紧密结合,再经刻花、冷却、切边和卷取而得制品。通常压延法生产人造革等复合织物又可分为贴胶法和擦胶法两种。

利用压延机辊筒压力使胶片贴在织物上称为贴胶法。例如,帘布贴胶常用四辊压延机一次双面贴胶。擦胶法则是利用压延机辊筒的转速不同,把胶料擦入织物线缝和捻纹中,复合织物间黏合较牢固。在三辊压延机中擦胶成型时,中辊转速大于上下辊。贴胶法对织物损伤小,生产速度快,但胶层和织物附着力稍低,多运用于薄的织物和帘布一类经纬线密度稀的织物。擦胶法则适用于帆布类紧密织物。

4.6.5 压延成型工艺的影响因素

压延成型工艺的影响因素主要有辊温、辊速、辊距和辊隙存料量、物料性能等。压延成型操作条件包括辊温、辊速、速比、辊距及存料量等,它们是互相联系和制约的,其中辊温和辊速是关键。辊温及分布、辊速及速比、辊距和辊隙存料量,影响物料的塑化情况。

1. 辊温和辊速

大多数物料容易黏附在高温、高转速的辊筒上,为了压延成型的顺利进行,应控制各辊筒的温度和速度。对于I形和斜Z形四辊压延机,一般温度设置为:$T_{辊3} \geqslant T_{辊4} > T_{辊2} > T_{辊1}$,速度设置为:$v_{辊3} \geqslant v_{辊4} > v_{辊2} > v_{辊1}$。辊温及各辊的温差取决于塑料产品、辊速及制品厚度三者关系,对于同种塑料,辊速高、制品薄,则辊温低。

2. 辊距和辊隙存料量

为使制品结构紧密、压延顺利,一般辊距越来越小,最后基本等于制品厚度。辊距越小,挤压压力越大,可以赶走物料中的气泡,增大制品密度,有利于塑化传热。

另外,两辊间隙之间应有一定的存料量,以增大压力,促进塑化,提高制品质量。存料量不宜太多,否则会使物料停留时间过长而发生降解。

3. 牵引

压延成型中通过牵引使高分子有适当的定向作用。对于四辊压延机,一般要求辊筒速度$v_{卷取辊} > v_{冷却辊} > v_{拉伸辊} > v_{辊3}$。这样使制品拉伸,有利于引离,同时制品不会因自身重力而下垂,可保证生产的顺利进行。

4. 影响压延制品质量的因素

影响压延制品质量的因素很多,主要影响因素是压延效应,此外还需要考虑制品的表面质量的控制,以及制品厚度与辊筒的弹性变形的关系。

1) 影响压延效应的因素

(1) 辊温。辊温升高,物料塑性增大,分子活动能力增大,可使压延效应减小。

(2) 物料性质。具有各向异性的配合剂(如纤维等)会使制品的压延效应增大。

(3) 辊速及速比。辊速及速比增大,则剪切作用增大,压延效应增大。

(4) 制品厚度、供料厚度。厚度越大,则辊隙越大,剪切作用越小,压延效应减小。

(5) 操作方式。不断改变喂料方向,有利于减少压延效应。

(6) 冷却速率。缓慢冷却可使取向高分子有足够时间松弛,则压延效应减小。

2) 影响压延制品表面质量的因素

影响压延制品表面质量的主要因素有原材料、压延工艺条件及冷却定型。

(1) 原材料。

高分子的分子量及分布影响制品的强度;高分子中的灰分和挥发物影响制品的透明度,如不及时排除则会产生气泡;当压延外力消除后,高分子特有的黏弹性使其具有高弹形变,影响制品的厚薄;压延过程中加入的各种添加剂会影响制品的光泽度和透明性。

(2) 压延工艺条件。

辊温及分布、辊速及速比、辊距和辊隙存料量等压延工艺条件影响物料的塑化情况。如果温度不均匀,物料流动性不良,会造成制品不透明及有斑点。

(3) 冷却定型。

冷却辊的温度和转速影响制品的收缩率和平整度。

3) 影响制品厚度的因素

压延制品最突出的质量问题是薄膜横向厚度不均,这种现象的主要原因是辊筒的弹性变形和辊筒表面在轴向上存在温差。

(1) 辊筒的弹性弯曲与制品厚度的关系。

在压延过程中,辊筒对物料施加压力,而物料对辊筒又产生反作用力即分离力,分离力使辊筒发生弯曲变形,造成制品厚度不均匀,薄层制品中间厚而两边薄。

(2) 辊筒表面温度变化与制品厚度的关系

由于辊筒两端比中间部分更易散失热量,辊筒两端的温度比中间低,因此辊筒热膨胀不均匀,最终造成薄膜两侧厚度增大。提高薄膜厚度均匀性的方法主要是对辊筒两端进行补偿加热,对辊筒弹性弯曲进行补偿。

4.7　滚塑成型

4.7.1　概述

滚塑又称旋转模塑,是一种制造各种尺寸和形状的中空无缝产品的加工方法,主要应用于热塑性高分子材料。近年来,可交联聚乙烯等热固性材料的滚塑也发展很快,滚塑所能成型的高分子涵盖了聚氯乙烯、聚乙烯、尼龙、聚丙烯、聚碳酸酯、氟塑料等多种材料。

滚塑成型的工艺特点是:生产同体积制品时,滚塑成型设备的投资和模具加工费用比注射成型的低;特别适合于多产品、小批量、形状复杂的中空制品;制品壁厚较均匀,厚度易于控制;无边角废料,且制品圆角处较厚,增加了制品的强度;滚塑成型为无压成型,制品几乎无内应力,不会产生变形、开裂等缺陷;通过不同材料的组合,可以生产多层容器等复合制品,满足不同的性能要求;可从塑料单体直接制取塑料制品。

由于滚塑并不需要较高的注射压力、较高的剪切速率或精确的化合物计量器,因此模具和机器都比较低廉,而且使用寿命较长。

4.7.2 滚塑成型的工艺过程

滚塑成型的工艺过程为：加料→加热→冷却→脱模，如图 4.7.1 所示。

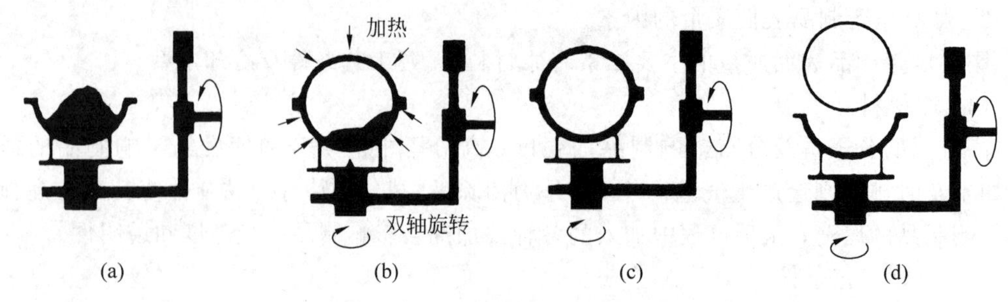

图 4.7.1 滚塑成型的工艺过程

(a) 加料；(b) 加热；(c) 冷却；(d) 脱模

1. 加料

称取定量的液态或粉状高分子原料加入滚塑成型模具中，然后将两瓣模具紧固在一起(夹紧或螺栓固定)，沿着两垂直旋转轴旋转。

2. 加热

将模具移入已加热到一定温度的加热室中，使模具在旋转状态下被加热。热量通过模壁传给模具内部翻腾的高分子原料，使其逐渐熔融并均匀地涂布、黏附于模腔的整个内壁，制品成型为与模腔内表面相同的形状。

3. 冷却

当高分子充分熔融后，将模具移入冷却室中。在模具旋转状态下喷水冷却，使模具内部的熔融高分子逐渐固化。冷却过程中先通空气冷却，再喷水冷却，降低冷却速率。冷却速率对无定形高分子影响较小，但对结晶高分子影响较大，急冷不仅会降低模具的使用寿命，而且易使制品产生内应力，降低制品的抗冲击性和环境应力开裂性。

4. 脱模

将已冷却的模具移到脱模位置，停止旋转，打开模具即可取出制品。

4.7.3 滚塑成型工艺的影响因素

滚塑成型工艺的影响因素主要包括原料特性、高分子熔体的流动速率、加料量、加热温度和加热时间、冷却时间及模具旋转速度。

1. 原料特性

原料特性包括粉末的粒径、粒度分布状况，松密度和干流性。粒径通常用“目数”表示。滚塑成型中，颗粒越细越好，这样最大限度地增加了颗粒之间的接触面，提高了颗粒的吸热效率。颗粒越细，则制品断面气孔含量越少，制品抗冲击性能越高。

2. 高分子熔体的流动速率

高分子熔体流动速率高的制品表面光滑，断面气孔较稀，但抗冲击性能较差。这是由于高分子熔体流动速率高时，平均分子量低，流动性好，成型性好，而抗冲击强度下降。熔体流动速率一般控制在 4g/10min 左右。

3. 加料量

滚塑成型的最大特点是制品壁厚可随加料量的多少而改变。随着加料量的增加，制品壁厚随之增加，制品的刚性提高，熔融时间延长，而且制品成本提高。因此，应在保证制品性能的前提下，适当减少加料量，以降低制品成本。

4. 加热温度和加热时间

加热温度越高，则熔融越充分，制品断面气孔含量越少，抗冲击性能越高，而且加热时间缩短。但是，加热温度过高易使物料降解，制品表面发黄，而且旋转轴承的使用寿命缩短。因此，应根据物料性能确定加热温度和加热时间。

5. 冷却时间

冷却过程中应避免急冷，以防止制品产生内应力，降低制品的抗冲击性能。冷却时间过短，熔融物料未完全固化，会造成脱模困难，难以获得合格制品；冷却时间过长，熔融物料冷却充分，脱模容易，但延长了生产周期，劳动生产率下降。

6. 模具旋转速度

模具旋转速度决定制品壁厚的均匀性，通过调整主、副轴旋转速度比，使高分子树脂在熔融期间与所有模面接触，可以达到制品壁厚均匀。模具旋转速度根据制品的形状而定，模具旋转速度过高会产生较强的离心力，使制品壁厚产生较大的变化。

4.8 其他的一次成型方法

塑料一次成型加工方法中，除了以上挤出成型、注射成型、模压成型、压延成型、滚塑成型之外，还有铸塑成型、模压烧结成型、传递模塑成型、发泡成型等。

4.8.1 铸塑成型

塑料的铸塑成型类似于金属的浇铸，包括静态铸塑、嵌铸、离心铸塑和流延成膜等。聚甲基丙烯酸甲酯、聚苯乙烯、碱催化聚己内酰胺、有机硅树脂、酚醛树脂、环氧树脂、不饱和聚酯、聚氨酯等常用静态铸塑法生产各种型材和制品。

铸塑成型的优点是所用设备较简单，成型时一般不需加压，故不需加压设备，对模具强度的要求也低。铸塑成型对制品的尺寸限制较少，宜生产小批量的大型制品。制品的内应力较低，质量良好，近年来在产量方面有较大的增长，其工艺过程及设备也有不少新的发展。缺点是成型周期较长、制品的尺寸准确性较差等。

1. 静态铸塑

静态铸塑又称浇铸，是最简单且应用广泛的一种成型方法，是指在常压下将物料灌入模腔，经固化成为制品。能用于静态铸塑的原料很多，可使用液状单体、部分聚合或缩聚的浆状物，以及高分子与单体的溶液，将其与催化剂(有时为引发剂)、促进剂或固化剂一起倒在模腔中,使之完成聚合或缩聚反应,从而得到与模具型腔相似的制品。

静态铸塑工艺过程可分为4个步骤:原料的配制和处理,浇铸入模,硬化或固化,制品后处理。

2. 嵌铸

嵌铸又称封入成型,是将各种样品(零件)等内嵌物包封到塑料中间的一种成型技术,即在浇铸的模型内放入预先经过处理的样品,然后将准备好的浇铸原料倾入模中,在一定的条件下固化后,样品便包嵌在塑料中。嵌铸工艺可用于透明性好的丙烯酸酯类塑料,以及有机硅、不饱和聚酯、环氧树脂等。

3. 离心浇铸

离心浇铸是将原料浇铸入高速旋转的模具或容器中,在离心力的作用下使其充满回转体形的模具或容器,再使其固化定型而得到制品。离心浇铸与静态铸塑的区别在于其模具要求转动,而静态铸塑的模具不转动。离心浇铸与静态铸塑相比,其优点是易于生产薄壁或厚壁的大型制品,且制品的精度高,因而机械加工量少,缺点是设备较复杂。

离心浇铸制品多为圆柱形或近似圆柱形,如轴套、齿轮、滑轮、轮子、垫圈等,所采用的原料通常都是熔融黏度较小、熔体热稳定性较好的热塑性塑料,如聚酰胺、聚乙烯等。

4. 流延成膜

将热塑性塑料与溶剂等配成一定黏度的胶液,然后以一定速度流布在连续回转的基材(一般为无接缝的不锈钢带)上,通过加热排除溶剂而成膜的成型方法称为流延成膜。从钢带上剥离下来的膜称为流延薄膜。薄膜的宽度取决于钢带的宽度,其长度可以是连续的,而其厚度则取决于胶液的浓度和钢带的运动速度等。

流延成膜的特点是制品厚度小(可达5~10μm)且厚薄均匀、不易带入机械杂质、透明度高、内应力小,较挤出吹塑更多地用于光学性能要求高的场合。其缺点是生产速度慢,需耗用大量溶剂,且设备昂贵、成本较高等。

4.8.2 模压烧结成型

模压烧结主要用于聚四氟乙烯和超高分子量聚乙烯等树脂的成型。聚四氟乙烯分子中,碳氟键的存在增加了链的刚性,所以晶区熔点很高(327℃),加上分子量很大、分子链的紧密堆积等,使得聚四氟乙烯的熔融黏度很大,甚至加热至分解温度(415℃)时仍不能变为黏流态。因此,不能用一般热塑性塑料的成型加工方法来加工聚四氟乙烯,而通常采用类似于粉末冶金的方法即模压烧结法成型。

以聚四氟乙烯为例说明模压烧结法的基本步骤。将粉末状的聚四氟乙烯冷模压成密实的各种形状的预成型品(锭料),然后将预成型品加热到其结晶熔点327℃以上的温度,使聚四氟乙烯树脂颗粒互相熔融,形成密实的连续整体,最后冷至室温即得产品。模压烧结工艺大致可分为以下步骤。

1. 高分子原料的选择

聚四氟乙烯原料通常是选用自由基悬浮聚合法生产的,若颗粒太大,则会加料不均而使制品密度发生差异甚至引起开裂。加工薄壁制品时,可采用自由基乳液聚合生产的聚四氟乙烯。

2. 捣碎过筛

结块或成团的高分子粉料需在搅拌下捣碎成松散的粉末，然后过筛使之呈疏松状。

3. 加料预成型

称取规定量的高分子，均匀加入模槽中，然后闭模加压(严防突然加压)。为了避免制品产生夹层和气泡，在升压过程中要进行放气，最后还需保压一段时间。保压完后缓慢卸压，以防压力解除后锭料由于回弹作用而产生裂纹，卸压后应小心进行脱模。

4. 烧结

烧结是将强度很低的预成型品缓慢加热至物料熔点以上，使分散的颗粒状物料互相扩散，并熔融成密实的整体。烧结过程分为两个阶段。

1）升温阶段

聚四氟乙烯受热体积膨胀，其传热性很差，若升温太快，则会使预成型品的内外温差过大，造成物料各部分膨胀不均匀，制品产生内应力，尤其是对大型制品的影响更大，甚至会使制品出现裂纹。另外，升温过快时，外层温度已达要求而内层温度仍很低，在这种状况下冷却会造成“内生外熟”的现象。因此，升温速度必须较慢。

2）保温阶段

因为晶区的熔解与高分子的扩散需要一定的时间，所以必须将制品在烧结温度下保持一段时间，保持时间的长短与烧结温度的高低、高分子的热稳定性和制品的类型等相关。一般烧结温度控制在高分子的 T_m 以上、T_d 以下。在高分子不发生分解的范围内，烧结温度越高，制品的收缩率越大，结晶度也越大。在烧结温度附近延长保温时间，与提高温度的效果相同。

5. 冷却

烧结好的制品随即冷却，冷却过程是使聚四氟乙烯从无定形相转变为结晶相的过程。冷却的快慢决定了制品的结晶度，也直接影响制品的力学性能。如果快速冷却，则制品结晶度小；如果缓慢冷却，则制品结晶度大，拉伸强度较大，表面硬度高，耐磨，断裂伸长率小，但收缩率较大。冷却速率与制品尺寸相关，对于大型制品，若快速冷却，则内外冷却不均，会造成不均匀的收缩和裂缝等，因此大型制品一般不采用快速冷却。

6. 成品检验和后加工

冷却好的制品需经质量检验和后加工。一般是将聚四氟乙烯片材置于车床上，采用特制车刀车削而成聚四氟乙烯薄膜。

4.8.3　传递模塑成型

传递模塑成型又称传递成型、注压成型或压铸成型，是以模压成型为基础，吸收了热塑性塑料注射成型的经验而发展起来的一种热固性塑料的成型方法。它弥补了模压成型难以制造外形复杂、薄壁或壁厚变化很大、带有精细嵌件的制品，以及制品尺寸精度不高、生产周期长等缺陷。

1. 传递模塑成型的工艺过程

传递模塑成型是指将热固性塑料置于加料室内，使其加热熔融后，借助于压力使塑料熔体通过铸口进入模腔成型的一种方法。成型时，将预热或未预热的塑料加入加料室中加热熔融，在熔融的同时施压于熔融物，使其经过一个或多个铸口，进入一个或多个模腔中，边流动、边固化，模具也有一定温度，塑料固化一定时间后即可脱模，制得与模具形状一致的制品。

2. 传递模塑成型工艺的影响因素

传递模塑成型工艺的影响因素与模压成型一样，也是成型压力、模塑温度、模塑时间和压注速度，但是由于传递模塑的成型操作过程与模压成型不同，所以工艺参数的选择有所差异。

1）成型压力

成型压力是指施加在加料室内物料上的压力。高压力需要高强度、高刚度的模具和大的合模力，所以一般希望在较低压力下完成高分子的压注。采用如降低高分子黏度、改进模具注胶口和排气口设计、改进纤维排布设计、降低注胶速度等措施，都可以降低压力。

传递模塑成型工艺中，由于高分子熔体通过浇注系统时要克服浇口和流道的阻力，因此传递模塑的成型压力通常是模压成型压力的1.5～3.5倍。模塑料的流动性越差、固化速率越快，所需成型压力越高，以保证熔融料能够在较短的时间内充满模腔。

2）模塑温度

模塑温度是指传递模塑成型时模具的温度，取决于高分子体系的活性期和达到最小黏度的温度。在不致过多缩短高分子凝胶时间的前提下，为了在最小压力下使纤维获得充足的浸润，模塑温度应尽量接近高分子最小黏度的温度。温度过高会缩短高分子的固化期，过低的温度会使高分子黏度过大，而使模塑压力升高，也阻碍了高分子树脂渗入纤维。较高的温度能使高分子表面张力降低，使纤维中的空气受热上升，因而有利于气泡的排出。模塑温度一般比模压成型时的温度低10～20℃。另外，加料室的温度应比模腔更低些，以避免物料温度过高而产生早期固化，造成熔融料的流动性下降。模塑温度还受注料速度的影响，压注速度越快，熔融料通过浇口和流道的速度越快，所受到的剪切摩擦越强，升温越高，相应模塑温度应略低一些。

3）模塑时间

模塑时间是指对加料室内物料开始施压至固化完成后开启模具的这段时间。通常传递模塑成型时间比模压成型时间短20%～30%。这是由于对加料室内物料施压时温度已升高到固化的临界温度，物料进入模腔后即可迅速进行固化反应。模塑时间主要取决于物料的种类、制品的大小和形状、壁厚、预热条件等。

4）压注速度

压注速度取决于高分子树脂对纤维的润湿性，高分子的表面张力及黏度，受高分子的活性期、压注设备、模具刚度、制件的尺寸和纤维含量的制约。压注速度快，可以提高生产效率，也有利于气泡的排出，但速度的提高会伴随压力的升高，需合理控制。

目前，一些新型的塑料传递模塑成型工艺有真空辅助传递模塑、复合材料树脂渗透传递模塑、柔性辅助传递模塑（分为气囊辅助传递模塑、热膨胀软模辅助传递模塑）等。

4.8.4 发泡成型

发泡成型用于泡沫塑料和海绵橡胶的成型。泡沫塑料是以气体物质为分散相、以固体高分子为分散介质的分散体,是一类带有许多气孔的塑料制品。按照气孔的结构不同,泡沫塑料可分为开孔(孔与孔是相通的)和闭孔(各个气孔互不相通)泡沫塑料。

发泡原理是利用机械、物理或化学的作用,使产生的气体分散在高分子中形成空隙,此时高分子受热熔化或链段逐步增长而使高分子达到适当黏度,或高分子交联到适当程度使气体不能溢出,形成体积膨胀的多孔结构,同时高分子适时固化,使多孔结构稳定下来。发泡剂可分为物理发泡剂与化学发泡剂两类。对物理发泡剂的要求是无毒,无臭,无腐蚀作用,不燃烧,热稳定性好,气态下不发生化学反应,气态时在塑料熔体中的扩散速度低于在空气中的扩散速度。常用的物理发泡剂有空气、氮气、二氧化碳、碳氢化合物、氟利昂等。化学发泡剂是受热能释放出气体(如氮气、二氧化碳等)的物质,对化学发泡剂的要求是:释放出的气体应无毒、无腐蚀性、不燃烧、对制品的成型以及物理和化学性能无影响,释放气体的速度应能控制,发泡剂在塑料中应具有良好的分散性。应用比较广泛的无机发泡剂有碳酸氢钠和碳酸铵,有机发泡剂有偶氮甲酰胺和偶氮二异丁腈。

发泡成型的方法可以分为机械法、物理法和化学法三种。

1. 机械法

机械法是利用强烈搅拌将空气卷入高分子熔液中,先使其成为均匀的泡沫物,而后通过物理或化学变化使其稳定。机械法发泡成型在工业上应用较少,只在开孔型硬质脲甲醛泡沫塑料的生产中得到应用。这类泡沫塑料性脆、强度低,但价廉,通常用在消音隔热等非受力用途方面。

2. 物理法

物理发泡法是利用物理的方法使高分子材料发泡,常用的方法如下。

(1) 在加压的情况下先将惰性气体溶于熔融状高分子或其糊状的复合物中,而后减压使被溶解的气体释出而发泡。

(2) 将挥发性的液体均匀地混合于高分子材料中,而后加热使其在高分子材料中汽化而发泡。

(3) 将颗粒细小的物质(食盐或淀粉等)混入高分子材料中,而后用溶剂或伴以化学方法使其溶出而成泡沫。

(4) 将微型空心玻璃球等埋入熔融的高分子或液态的热固性高分子材料中,而后使其冷却或交联而成为多孔的固体物。

(5) 将疏松、粉状的热塑性塑料烧结在一起。

物理法优点是毒性较小,所用发泡剂成本较低,且不残存在泡沫制品中,也不影响其性能。缺点是某些过程所用的设备较复杂,需要专用的注塑机及辅助设备,技术难度较大。

3. 化学法

化学发泡法是利用化学方法产生气体使高分子材料发泡。按照发泡原理不同,工业上常用的化学发泡法有以下两种。

1) 对加入高分子材料中的化学发泡剂进行加热,使之分解释放出气体而发泡

这种化学发泡方法所用设备简单,而且对高分子产品无太多限制,因此是最主要的一种化学发泡方法。所用发泡剂分有机发泡剂(偶氮二异丁腈、偶氮二异酰胺等)和无机发泡剂(碳酸铵、碳酸氢钠等)两类。此法多用于聚氯乙烯泡沫塑料生产,不仅在产品上有软硬之

分，而且在工艺上有很多变化。

2）利用高分子材料各组分之间相互发生化学反应释放出的气体而发泡

这种化学发泡方法多用于聚氨酯泡沫材料的生产。它是通过聚酯（或聚醚）等与二异氰酸酯（或多异氰酸酯）在催化剂的作用下发生化学反应分解出二氧化碳而发泡。过程自始至终都有化学反应，按完成化学反应的步骤不同又可分为一步法和二步法。

（1）一步法。

将高分子的单体、泡沫控制剂、交联剂、催化剂及乳化剂等组分一次混合，高分子的生成、交联及发泡同时进行，一步完成。由于较难控制反应，工业上一般很少采用此法。

（2）二步法。

先将低黏度的聚酯与二异氰酸酯混合，反应生成含有大量过剩异氰酸基团的预聚体，然后加入催化剂、水、表面活性剂等组分，进一步混合发泡；或是将一半聚酯与二异氰酸酯混合，另一半聚酯与催化剂等溶液混合，发泡前再将两部分混合即可发泡成型。由于反应控制容易，原料使用方便，泡沫塑料的气孔均匀，故工业上常用此法。这种发泡成型方法包含下列三个反应：聚酯与二异氰酸酯之间的链增长反应，二异氰酸酯与水反应生成二氧化碳（气体起发泡剂作用），高分子链进一步与二异氰酸酯的交联反应。其中二异氰酸酯与水生成二氧化碳的反应决定着泡沫的密度与构造；高分子链的交联反应则决定着泡沫体的硬度，交联度越大则硬度越高。采用蓖麻油（既有交联点，又含有多元羟基）为原料，与异氰酸酯反应所得预聚物再进一步发泡和交联可制成半硬质聚氨酯泡沫塑料。采用多元异氰酸酯或多端基支链型聚酯为原料，可制得硬质聚氨酯泡沫塑料。

4.9 中空吹塑成型

4.9.1 概述

中空吹塑成型又称吹塑模塑，是指借助气体压力使闭合在模具型腔中的处于类橡胶态的型坯吹胀成为中空制品的二次成型技术。这种方法可生产口径不大的各种瓶、壶、桶和儿童玩具等。最常用的塑料是聚乙烯、聚氯乙烯、聚丙烯、聚苯乙烯等，也有用聚酰胺、聚对苯二甲酸乙二醇酯、纤维素塑料和聚碳酸酯等。

中空吹塑成型是除挤出成型、注塑成型外第三种最常用的塑料加工方法，吹塑用的模具只有阴模（凹模），与注塑成型相比，设备造价较低，适应性较强，可成型性能好、具有复杂起伏曲线的制品。

4.9.2 中空吹塑成型的工艺过程

中空吹塑成型过程是：将挤出或注射成型制得的塑料型坯（管坯）在其还处于半熔融的类橡胶态时置于各种形状的模具中，并即时在型坯中通入压缩空气将其吹胀，使其紧贴于模腔壁上成型，经冷却脱模后即得中空制品。塑料中空制品的成型方法包括挤出吹塑、注射吹塑和双向拉伸吹塑三种，三种方法制造型坯的方式不同，但吹塑过程基本相同。

1. 挤出吹塑成型

挤出吹塑成型主要用于无支撑的型坯加工，工艺过程包括：①型坯的形成，通常直接由挤出机挤出,并垂挂在安装于机头正下方的预先分开的型腔中;②当下垂的型坯达到合格长度后立即合模,并靠模具的切口将型坯切断;③从模具分型面上的小孔插入压缩空气管,送入压缩空气,使型坯吹胀并紧贴模壁而成型;④保持充气压力使制品在型腔中冷却定型后即可脱模得到制品。

挤出吹塑的优点是设备简单,投资少,生产效率高;型坯温度均匀,熔接缝少,吹塑制品强度较高;对中空容器的形状、大小和壁厚允许范围较大,适用性广,模具和机械的选择范围宽,故工业生产中应用得较多。缺点是废品率较高,废料的回收、利用较差,成型后必须进行修边操作。挤出吹塑成型的工艺过程如图 4.9.1(a)所示。

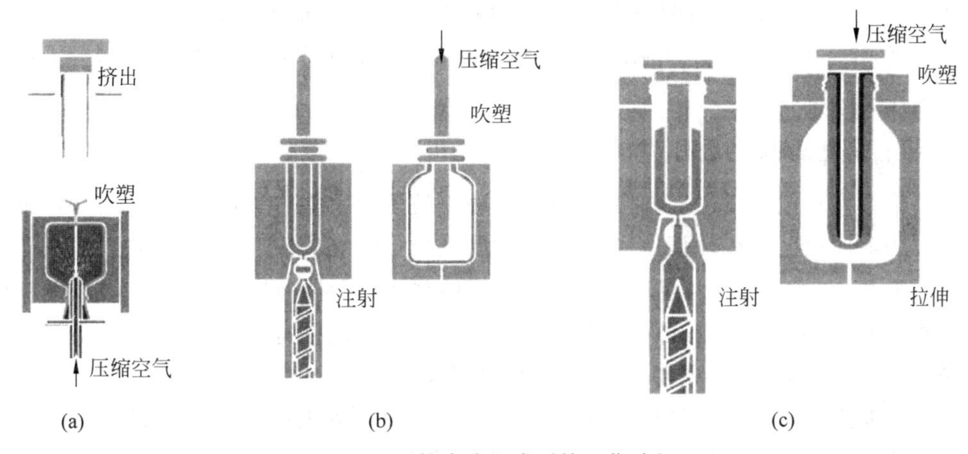

图 4.9.1　挤出吹塑成型的工艺过程

(a) 挤出吹塑成型;(b) 注射吹塑成型;(c) 一步法注拉吹成型

传统的挤坯吹瓶法适用于聚乙烯、聚丙烯、聚氯乙烯,不适合 PET,这是因为熔融的 PET 不够黏稠,若以挤坯吹瓶法吹 PET 瓶,则瓶子轴向的厚度差异很大,而且没有显著的延伸,瓶子强度不大。挤出吹塑包括单层直接挤坯吹塑、多层共挤出吹塑和挤坯拉伸吹塑等。

(1) 单层直接挤坯吹塑。吹塑成型的型坯仅由一种物料经过挤出机前的机头挤出,然后吹塑制得单层中空制品。

(2) 多层共挤出吹塑。采用多台挤出机供料,在同一机头内复合、挤出,然后吹塑多层中空制品。多层吹塑成型工艺常用于加工防渗透性容器,其改进工艺是增设阀门系统,在连续挤出过程中可更换塑料原料,因而可交替生产出硬质和软质制品。例如,六层共挤出吹塑可生产汽车塑料油箱。

(3) 挤坯拉伸吹塑(挤出—蓄料—压坯—吹塑)。挤出机头有储料缸,待熔体达到预定量后,加压柱塞使其经环隙口模呈管状物压出,然后合模吹塑中空制品。主要用于生产大型中空吹塑制品,能够对挤出型坯的壁厚进行程序控制。

2. 注射吹塑成型

注射吹塑成型主要用于由金属型芯支撑的型坯加工,先用注射成型制成有底型坯,然后将型坯移至吹塑模具中成型中空制品。型坯的形成是通过注射成型的方法将型坯模塑在一根金属管上,管的一端通入压缩空气,另一端的管壁上开有微孔,型坯模塑和包覆在这一端上。注射模塑的型坯通常在冷却后取出，吹塑前重新加热至材料的 T_g 以上，迅速移入模具中，并吹入压缩空气，型坯即胀大脱离金属管，贴于模壁上成型和冷却。注射吹塑成型的工艺原理示于图 4.9.1(b)中。

注射吹塑的优点是加工过程中没有废料产生，制品飞边少或完全没有，且口部不需修整；制品的尺寸和壁厚精度较高，加工过程可省去切断操作；细颈产品成型精度高，产品表面光洁，能经济地进行小批量生产。缺点是型坯需重新加热，增大了热能消耗；成型设备成本高，仅适合于小的吹塑制品，生产上受一定限制。

无拉伸的注坯吹塑主要用于生产小型精制容器和广口容器，其优点是：对塑料产品的适应性好；制品无接缝，废边废料少；制品壁厚均匀，无需后加工。缺点是：需要注塑和吹塑两套模具，设备投资大；型坯温度高，吹胀物冷却慢，成型周期长；型坯内应力大，容器的形状和尺寸受到限制。

3. 双向拉伸吹塑

双向拉伸吹塑包括挤出—拉伸—吹塑、注射—拉伸—吹塑，是指在高分子的高弹态下通过机械方法轴向拉伸型坯，用压缩空气径向吹胀或拉伸型坯以成型中空容器的方法，即在型坯吹塑前于 $T_g \sim T_m$(或 T_f)温度下用机械方法使型坯先做轴向拉伸，继而在吹塑中使型坯径向尺寸增大，又得到横向拉伸。这种经过双向拉伸的制品具有双轴取向结构，各种力学性能如制品的弹性模量、屈服强度、透明性等都得到改善。

双向拉伸中空成型与前两种中空成型技术比较，对型坯的冷却、型坯的尺寸精度、型坯加热温度的控制、中空容器底部的熔合，以及底部和口部的修整等的技术要求较高。因此，虽可用挤出成型生产型坯，但还是以注射成型生产型坯为主，因为注射成型有利于控制型坯的尺寸和壁厚，并通过重新加热能精确控制型坯的拉伸温度。双向拉伸吹塑工艺中的一步法注拉吹成型工艺过程如图 4.9.1(c)所示，型坯的拉伸可分逐步拉伸和同时拉伸两种，与拉幅薄膜双向拉伸类同。热塑性塑料经注射制成瓶坯后，可采用以下两种方法吹瓶。

1）一步法(热坯法)

将热塑性高分子树脂粒子加热熔融，先以注射成型制成瓶坯，随即快速将热的瓶坯吹成瓶子。由于瓶坯的尺寸远小于瓶子，由瓶坯吹制瓶子的过程中存在双向延伸，可制成物性良好的透明、壁厚均匀的瓶。适用于生产精度高、透明度好、无瓶坯中转污染的高档产品，如发光二极管(LED)灯泡的聚碳酸酯灯罩、聚丙烯输液瓶、PET 药瓶和化妆品包装瓶等。

由于一步法是在瓶坯尚未冷至常温的情况下随即快速加热至吹瓶温度，因此能耗低于二步法。缺点是：①降低了生产效率，瓶坯制造、调温、吹瓶、顶出四个步骤均集中在同一机台进行，耗时最久的瓶坯制造决定了整个生产循环的时间，故生产效率降低；②运输成本高。

2）二步法(冷坯法)

将瓶坯完全冷却、储存后，再根据需要适时将瓶坯加热吹制成瓶子。二步法的优点是：①生产效率高，瓶坯与瓶子的生产是分开的，采用多腔注塑模具增加了一次成型的瓶坯数量；②运输成本低，瓶坯的体积远小于瓶子，便于长途运输至异地进行吹瓶和使用。缺点是：瓶坯需再加热至吹瓶温度，故能耗高于一步法。

此外，还有压制吹塑、蘸涂吹塑、发泡吹塑、三维吹塑等。目前吹塑制品的 75%采用挤出吹塑成型，24%采用注射吹塑成型，1%采用其他吹塑成型。在所有的吹塑产品中，75%属于双向拉伸产品。

4.9.3 中空吹塑成型工艺的影响因素

中空吹塑成型工艺的影响因素主要是型坯温度、吹气压力和充气速度、吹胀比、模温及冷却时间等。

1. 型坯温度

生产型坯的关键是控制型坯温度，使型坯在吹塑成型时的黏度能保证型坯在吹胀前的移动，并在模具移动和闭模过程中保持一定形状，否则型坯将变形、拉长或破裂。高分子材料的黏度计算公式如下：

$$\eta = 622L^2\rho/v \tag{4.9.1}$$

式中，L 为型坯长度；ρ 为高分子熔体密度；v 为挤出速度。在挤出吹塑过程中，L、ρ、v 一定时，可算出所需黏度 η，通过调节型坯的挤出温度，使材料的实际黏度大于计算黏度，型坯就具有良好的形状稳定性。

各种高分子材料对温度的敏感性不同，对于黏度对温度特别敏感的高分子材料，要非常小心地控制温度。聚丙烯比聚乙烯对温度更敏感，故聚丙烯比聚乙烯加工性差，所以聚乙烯比聚丙烯更适于采用吹塑成型。

确定型坯温度时除了考虑型坯的稳定性，还需要考虑高分子材料的离模膨胀效应。型坯温度降低时，高分子挤出口模时的离模膨胀效应会变得严重，以致型坯挤出后会出现明显的长度收缩和壁厚增大现象；型坯的表面质量降低，出现明显的鲨鱼皮、流痕等；型坯的不均匀度也随温度降低而增加；制品的强度低，容易破裂，表面粗糙无光。因此，适当提高型坯温度是必要的。型坯温度一般控制在材料的 T_g 和 $T_f(T_m)$之间，并且偏向于 $T_f(T_m)$一侧。

2. 吹气压力和充气速度

中空吹塑成型主要是利用压缩空气的压力使半熔融状型坯胀大而对型坯施加压力，使其紧贴模腔壁，形成所需形状，压缩空气还起冷却成型的作用。不同的产品，吹气压力也不一样。一般吹气压力为0.2～0.7MPa。吹气压力与塑料产品以及制品的大小、厚薄、形状有关，也与充气速度等有关。一般地，黏度低、易变形的塑料，以及厚壁、小容积的制品宜采用较低吹气压力；而黏度大、模量高的塑料，以及薄壁、大容积的制品宜采用较高吹气压力。

充气速度尽可能大一些好，这样可使吹胀时间缩短，有利于制品取得较均匀的厚度和较好的表面。但充气速度不能过大，否则会在空气进口处出现真空，造成这部分型坯内陷，口模部分的型坯可能被极快的气流拖断，致使吹塑失效。

3. 吹胀比

吹胀比是指制品尺寸和型坯尺寸之比，即型坯吹胀的倍数。型坯尺寸和质量一定时，制品尺寸越大，型坯的吹胀比越大。虽然增大吹胀比可节约材料，但制品壁厚变薄，成型困难，制品的强度和刚度降低。吹胀比过小时，塑料消耗增加，制品有效容积减小，制品壁较厚，冷却时间延长，成本增高。一般吹胀比控制为2～4，吹胀比的大小应根据高分子材料的种类和性质、制品的形状和尺寸以及型坯的尺寸等决定。

4. 模温及冷却时间

中空吹塑成型应适当提高模温，否则模温过低，型坯表面粗糙，制品切口部分的强度不足，表面易有条纹或熔接痕。

中空吹塑成型的冷却时间一般占制品成型周期的 1/3～2/3（相对较长），以防止高分子材料因弹性回复作用而产生制品变形。

冷却时间根据塑料产品和制品形状确定。通常随制品壁厚的增加，冷却时间延长。对于厚度为 1～2mm 的制品，一般几秒到十几秒的冷却时间已足够。对于厚度一定和冷却温度一定的型坯，冷却时间达 1.5s 时，聚乙烯制品壁两侧的温差已经接近于相等，所以过长的冷却时间是不必要的。

4.10 热成型

4.10.1 概述

热成型是指利用热塑性塑料的片材（或板材）作为原料来制造塑料制品的一种二次成型技术。将裁成一定尺寸和形式的热塑性塑料的片材或板材夹在模具的框架上，使其在 T_g～T_f 间的适宜温度加热软化，片材一边受热、一边延伸，在一定的外力作用下，其紧贴模具的型面，取得与型面相仿的轮廓，经冷却定型、脱模和修整后，获得敞开式立体类型的制品。

热成型的特点是：①制件规格适应性强，应用范围广，用热成型方法可以制造特大、特小、特厚及特薄的各种制件；②热成型制品通常为内凹外凸的半壳形，制品厚度不大但表面积可以很大；③设备投资低，由于热成型设备简单，加工方便，因此热成型设备总体具有投资少、造价低的特点；④模具制造方便，模具结构简单、加工容易，对材料的要求不高，且制造和修改方便；⑤生产效率高，热成型方法成型快速而均匀，成型周期较短且模具费用低廉，适于自动化和长时间生产，是塑料成型方法中单位生产效率最高的加工方法。

热成型适用的高分子材料有聚苯乙烯、聚氯乙烯、聚甲基丙烯酸甲酯、ABS、高密度聚乙烯、聚酰胺、聚碳酸酯、PET 等。热成型塑料产品种类繁多、用途广泛，从饭盒、一次性杯子等日用器皿，到电子仪表外壳、玩具、雷达罩、飞机罩、立体地图和人体头像模型等。

4.10.2 热成型的工艺过程

热成型的工艺过程一般包括片材的夹持、加热、成型、冷却、定型、脱模等工序。成型设备可采用手动、半自动和全自动的操作。图 4.10.1 为热成型工艺流程图。

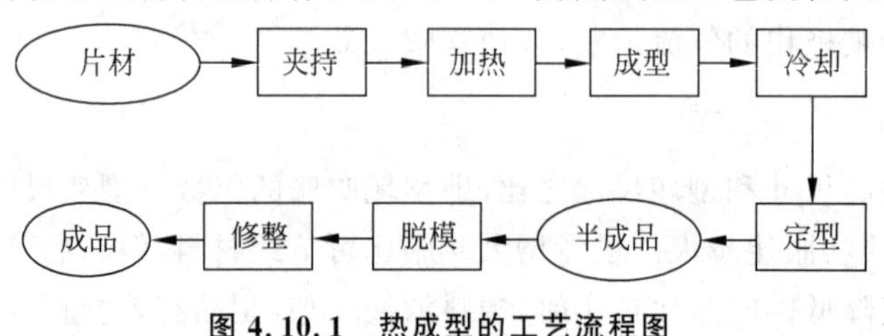

图 4.10.1 热成型的工艺流程图

热成型方法根据片材成型时主要受力来源可分为差压成型(如阴模真空成型和压缩空气成型)、覆盖成型(如阳模真空成型)、柱塞辅助成型(如柱塞式辅助真空成型)、回吸成型或推气成型(如气压成型、真空回吸成型、气胀真空回吸成型和推气真空回吸成型)、对模成型(如凹凸模对压成型)等多种方法。几种主要热成型的工艺原理和工艺过程如图 4.10.2 所示。

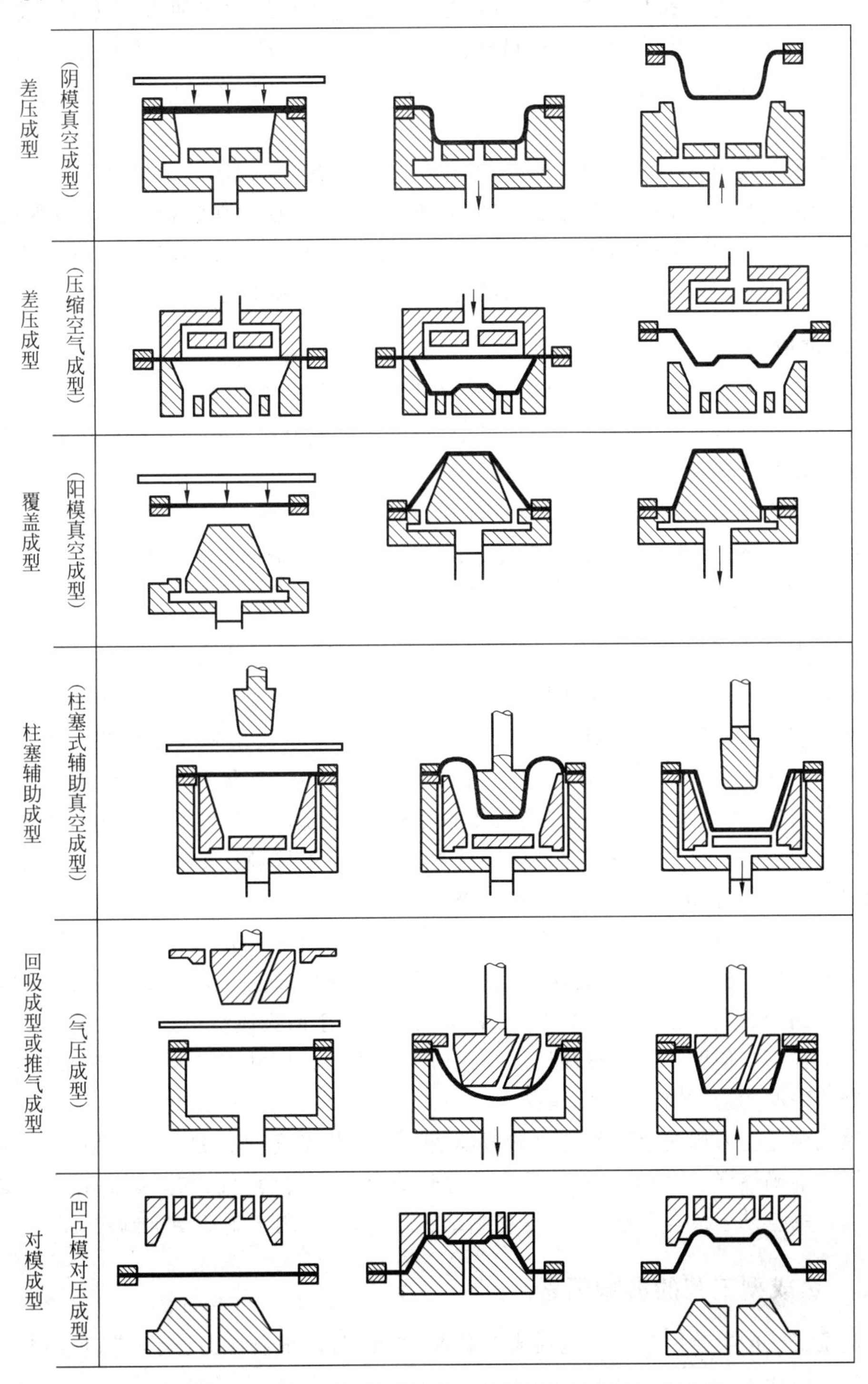

图 4.10.2　几种主要热成型的工艺原理和工艺过程示意图

1. 差压成型

差压成型包括真空成型和压力成型，一般采用阴模。先用夹持框将片材夹紧，置于模具上，然后用加热器(加热元件可以是电阻丝、红外线及远红外线加热元件等)进行加热，当片材被加热至足够温度时移开加热器，并立即抽真空或通入压缩空气加压。这时在受热软化的片材两面形成压差，片材被迫向压力较低的一边延伸和弯曲，最后紧贴于模具型腔表面，取得所需形状。经冷却定型后，自模具底部气孔通入压缩空气将制品吹出，再经修饰后即成品。

差压成型法是热成型中最简单的一种，其制品的特点是：①制品结构鲜明，精细部位是与模面贴合的一面，而且光洁度较高；②成型时，凡片材与模面在贴合时间上越晚的部位，其厚度越小，即贴合模具越早，制品厚度越大；③模具结构简单，通常只有阴模；④制品表面光泽好，并且不带任何瑕疵，材料原来的透明性成型后不发生变化。

2. 覆盖成型

覆盖成型基本上和真空成型相同，不同之处是所用模具为阳模。借助于液压系统的推力将阳模顶入由框架夹持且已加热的片材中，也可用机械力移动框架将片材扣覆在模具上，然后抽真空使片材包覆于模具上而成型。

覆盖成型主要用于制造厚壁和大深度的制品，其制品的特点是：①制品结构鲜明，表面光洁度高；②贴合模具越早，制品厚度越大；③制品侧面有牵伸和冷却的条纹。

3. 其他热成型

柱塞辅助成型、回吸成型或推气成型、对模成型等其他热成型方法都是在差压成型基础上发展起来的。柱塞辅助成型主要用于制造壁厚均匀的深度拉伸制品，采用阴模，包括柱塞助压真空成型和柱塞助压气压成型，以及气胀柱塞助压真空成型和气胀柱塞助压气压成型等。柱塞辅助成型是在封闭模底气门的情况下，先用柱塞(其体积一般为模框的70%～90%)将预先在$T_g \sim T_f$温度区间加热软化的片材压入模框，由于模框内封闭气体的反压作用，片材先包于柱塞上(柱塞下降时应不使片材与模底型腔接触)，片材在这一过程中受到延伸，停止柱塞移动的同时随即抽真空，片材被吸附于模壁而成型。

回吸成型或推气成型是先抽真空使热的片材向下弯曲和延伸并达到预定深度，然后将模具伸入凹下的片材中，当片材边沿完全被封死不漏气时，即从下部压入空气使片材贴于模具上成型。回吸成型与推气成型相似，二者不同之处在于回吸成型不是从下部压入空气，而是从模具上抽真空使凹下的片材被反压于模具上成型。回吸成型或推气成型采用阳模，主要用于制造壁厚均匀、结构复杂的制品。

对模成型是指采用两个彼此扣合的单模使已经加热至高弹态的片材成型，用于制造复制性和尺寸准确性好、结构复杂的制品。双片热成型是指将两块已加热到高弹态的热塑性片材通过抽真空贴于模具上成型，并熔融黏结在一起，主要用于制造中空制品。

4.10.3 热成型工艺的影响因素

热成型工艺的影响因素主要包括成型温度、加热时间、成型压力、成型速度、冷却速率和材料的成型性能等。

1. 成型温度

成型温度主要影响制品的最小厚度、厚度分布和尺寸误差。随着温度的升高,塑料的伸长率增大,在某温度时有极大值,超过这一温度之后伸长率反而降低。因而在伸长率较大的成型温度范围内,随着温度的升高,制品的壁厚减小,并且可成型深度较大的制品。因此,伸长率最大时的温度应是最适宜的成型温度。但随着温度的上升,材料的拉伸强度会下降,如果在最适宜温度下成型压力所引起的应力已大于材料在该温度下的拉伸强度,则片材会产生过度形变,甚至引起破坏,使成型不能进行,在这种情况下应降低成型温度或降低成型压力。较低成型温度可以缩短冷却时间和节约能源,但制品的形状、尺寸稳定性会变差,且轮廓清晰度会变坏。在较高的成型温度下,制品的可逆性变小,制品光泽度高、清晰度高,形状、尺寸稳定,适当的成型温度还可以减少制品应力,减少制品拉伸皱痕,但温度过高会引起高分子降解、材料变色等。

总之,成型温度的确定应根据高分子材料的种类,片材的壁厚,制品的形状和对表面的精度要求,制品的使用条件,成型方式及成型设备结构等因素进行综合考虑。

2. 加热时间

加热时间是指将片材加热到成型所需的时间。加热时间主要受厚度和材料的影响。加热时间随片材厚度的增加而增加。此外,塑料是热的不良导体,加热时间与塑料的热导率有关。塑料的比热容越大,热导率越小,加热时间就越长。加热时间还与加热器的种类、表面温度、加热器与片材的距离、环境温度等因素有关。

3. 成型压力

压力的作用是使片材产生形变,但塑料有抵抗形变的能力,其弹性模量随温度的升高而降低。在成型温度下,只有当压力在塑料中引起的应力大于塑料在该温度下的弹性模量时,才能使塑料产生形变。如果在某一温度下所施加的压力不足以使塑料产生足够的伸长,只有提高压力或升高成型温度时才能顺利成型。

4. 成型速度

形变过程中材料受到拉伸,成型速度不同,材料受到的拉伸速度也不同。如果成型温度不很高,则适于采用慢速成型,这时材料的伸长率较大,对于成型大的制品(片材拉伸程度高,断面尺寸收缩大)特别重要。成型速度过慢,则因材料易冷却而成型困难,同时生产周期延长,因此也是不利的。

5. 冷却速率

冷却速率对制品中高分子的结晶度、制品力学性能、表面质量、尺寸稳定性等均有重要影响。高分子材料的结晶度随着冷却速率的增加而下降,调节冷却速率可以控制制品结晶度。

6. 材料的成型性能

热成型对材料成型性能的要求是:①具有良好的加热延伸性,较高的拉伸比;②具有足够高的拉伸强度、冲击强度及耐针孔性;③有复合要求的制品需具有良好的热黏强度;④用于食品及医药包装的制品还应满足无毒、无味或低味等要求。

一般来说，伸长率对温度敏感的材料，适用于较大压力和缓慢成型，并且适于在单独的加热箱中加热，再移入模具中成型，目前这种方法占多数；而伸长率对温度不敏感的材料，适于较小压力和快速成型，这类材料宜夹持在模具上，用可移动的加热器加热。

4.11 拉幅薄膜成型

高分子材料成型加工制备塑料薄膜的方式很多，有挤出成型、压延成型、吹塑成型及拉幅薄膜成型等。挤出成型主要用于制备厚度1mm左右的薄膜，压延成型用于制备厚度0.3mm左右的薄膜，吹塑成型用于制备厚度0.05mm左右的薄膜，而拉幅薄膜成型可以制备具有良好尺寸稳定性、韧性强、透明性和光滑性更好的厚度在0.05～1mm的薄膜。

4.11.1 概述

拉幅薄膜成型是在挤出成型的基础上发展起来的一种塑料薄膜成型方法。它将挤出成型制得的厚度为1～3mm的厚片或型坯重新加热到T_g～T_m(或T_f)温度范围，在材料的高弹态下进行大幅度拉伸而形成薄膜。适用的高分子材料有PET、聚丙烯、聚乙烯、聚苯乙烯、聚氯乙烯、聚酰胺等。

材料在高弹态下进行大幅度拉伸时，高分子长链沿力的方向伸长并取向。分子链取向后，高分子的力学性能发生了变化，产生了各向异性现象，拉幅薄膜就是高分子具有取向结构的一种材料。与未拉伸薄膜比较，拉幅薄膜具有以下特点：①薄膜在常温下的拉伸强度、弹性伸长率和冲击强度有很大提高，强度为未拉伸薄膜的3～5倍，但抗撕裂性能大幅度下降，拉伸取向后的薄膜折射率增加，表面光泽度提高，透明度提高，对水蒸气、氧气及其他气体的渗透性降低，制品使用价值提高；②耐热性和耐寒性改善，使用范围扩大；③在拉伸方向的膨胀系数变小(包括热膨胀和湿膨胀)，热收缩率增加，耐磨损性提高；④绝缘强度、体积电阻等电性能得到改善，但易产生静电；⑤薄膜厚度减小，宽度增大，平均面积增大，成本降低。

4.11.2 拉幅薄膜成型的工艺过程

薄膜的拉伸取向方法主要分为平膜法(拉幅法)和管膜法两种，两种方法又有不同的拉伸技术。

1. 平膜法

平膜法分为单向拉伸和双向拉伸两种。拉伸时只沿一个方向进行的称为单向拉伸，此时材料中分子沿单轴取向；沿平面的两个不同方向(常相互垂直)进行拉伸则称为双向拉伸，此时材料中分子沿双轴取向。单向拉伸在合成纤维中应用普遍，在挤出单丝和生产打包带、编织条及捆扎绳时应用较多，沿拉伸取向方向薄膜的强度提高，但在垂直于拉伸取向方向薄膜的强度下降，容易撕裂。双向拉伸中高分子的分子链平行于薄膜表面，薄膜平面相互垂直的两个拉伸方向的拉伸强度大于未取向薄膜，但不如取向纤维那么大。双向拉伸薄膜有较大的应用范围，如成型高强度双轴拉伸膜和热收缩膜等。

平膜法的生产设备及工艺过程较复杂，但薄膜质量较高，故目前工业上应用较多，尤以逐次拉伸平膜工艺控制较容易,应用最广,主要用于生产高强度薄膜。目前用得最多的是先进行纵向拉伸,后进行横向拉伸的方法。但有资料认为,先横后纵的方法能制得厚度均匀的双向拉伸薄膜。进行纵向拉伸时也有多点拉伸和单点拉伸之分：如果加热到类橡胶态的厚片是由两个不同转速的辊拉伸的,称为单点拉伸,两辊筒表面的线速度之比就是拉伸比,通常为3～9；如果拉伸是由若干个不同转速的辊筒分别来完成的,则称为多点拉伸,这时这些辊筒的转速是依次递增的,其总拉伸比是最后一个拉伸辊(或冷却辊)的转速与第一个拉伸辊(或预热辊)的转速之比。多点拉伸具有拉伸均匀、拉伸程度大、不易产生细颈现象(薄膜两边变厚而中间变薄)等优点,实际应用较多。

平膜法拉幅薄膜成型大多数情况下是将原料直接由挤出机挤成厚片,其厚度根据预拉制薄膜的厚度和拉伸比确定。熔融的厚片在冷却辊上硬化并冷却到加工温度以下,然后送入预热辊加热到拉伸温度,随后进入纵向拉伸机的拉伸辊群进行纵向拉伸,达到预定纵拉伸比的材料或冷却或直接送入横向拉伸机。横向拉伸机分为预热段、拉伸段、热定型段和冷却段。拉幅机有两条张开呈一定角度的轨道,其上固定有链轮,链条可绕链轮沿轨道运转,固定在链条上的夹具可夹住薄膜的两边,在沿轨道运行中对薄膜产生强制横向拉伸作用。达到预定横向拉伸比后夹具松开,薄膜进入热定型区进行热处理,最后经冷却、切边和卷绕而得产品。其典型工艺过程如图4.11.1所示。

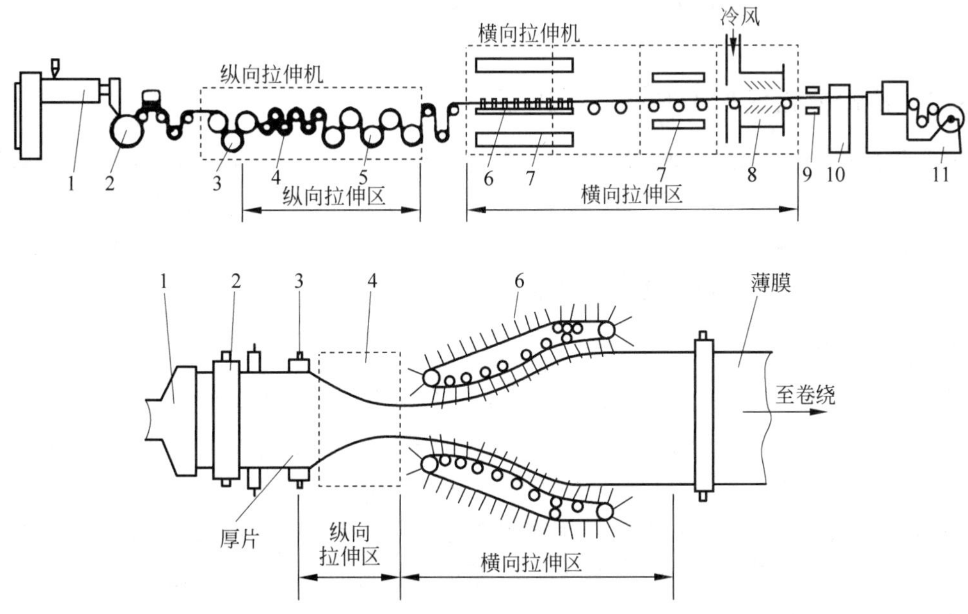

1-挤出机；2-厚片冷却辊；3-预热辊；4-多点拉伸辊；5-冷却辊；6-横向拉伸机夹子；7-加热装置；8-风冷装置；9-切边装置；10-测厚装置；11-卷绕机。

图4.11.1 平挤逐次双向拉伸薄膜成型工艺过程

2. 管膜法

管膜法以双向拉伸为特点,成型设备和工艺过程与吹塑薄膜很相似,但由于制品强度较差,主要用于生产热收缩膜。管膜法拉幅薄膜多采用泡管法,泡管法一般是纵横同时拉伸,由挤出机出来的型坯通过压缩空气吹胀,在纵横双向同时获得拉伸,达到预定拉伸比后进行冷却定型,最后卷曲而得产品。

泡管法拉幅薄膜成型的工艺过程如图 4.11.2 所示。

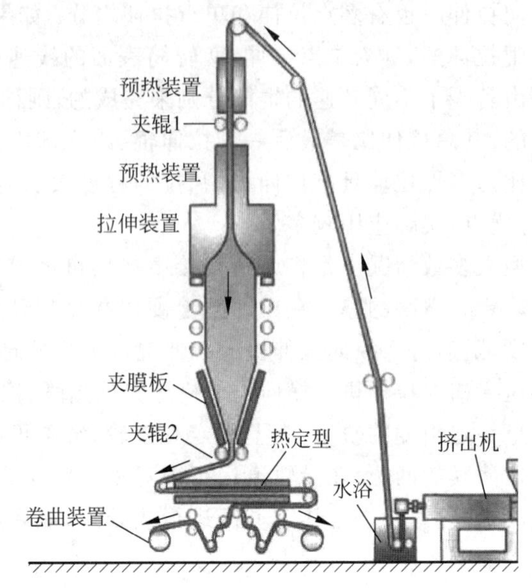

图 4.11.2 泡管法拉幅薄膜成型的工艺过程示意图

4.11.3 拉幅薄膜成型工艺的影响因素

拉幅薄膜生产工艺条件及方法都必须满足薄膜生产中形成适度结晶与取向结构的要求。只有结晶适当即形成均匀分布的微晶结构而又取向的薄膜拉伸强度高、模量高,而且透明性好、尺寸稳定、热收缩小,具有良好的使用性能。拉伸过程中影响高分子取向的主要因素为拉伸温度、拉伸速度、拉伸倍数和拉伸方式、热定型条件、冷却速率等。

1. 拉伸温度

无定形高分子和结晶高分子在拉幅工艺上存在差别。对于无定形高分子,通常控制拉伸温度在 $T_g \sim T_f$(高分子处于黏弹态)。由于拉伸中包含着高弹形变,为使有效拉伸(取向度提高)增加,则适当增大拉力和对拉伸的薄膜进行张紧热定型是非常必要的。通常将挤出的厚片或型坯加热到 T_g 以上温度,于恒温下进行拉伸。有时为了提高薄膜的取向程度,使加热温度沿拉伸方向形成一定的温度梯度,这是因为材料的弹性模量随温度的上升而降低,温度的逐渐升高有利于薄膜拉伸程度的进一步提高。

对于结晶高分子,一般不希望在其结晶状态下进行拉伸取向,因为在结晶状态取向需要更大拉力,容易使薄膜在拉伸中破裂,而且结晶区域比非结晶区域取向速度快,所以在结晶状态拉伸时,薄膜中取向度很不均匀。因此,通常将结晶高分子加热到 T_m 以上一段时间,然后在挤成厚片时进行骤冷,最好使厚片温度迅速冷却到 T_g 以下,使高分子基本保持没有明显结晶区域的状态;拉伸前再将厚片加热到稍高于 T_g 以上温度,使结晶不易生长,并进行快速拉伸,达到所需取向度后骤冷至 T_g 以下,这样可以防止薄膜在拉伸中生长结晶。形成薄膜后再于最大结晶速率温度(通常为 $0.85T_m$)下进行短时间热处理和冷却,薄膜中即很快形成均匀分布的微晶结构。这种薄膜具有强度高、尺寸稳定、热收缩小和透明性好的特点。

总之，升高温度有利于分子的取向，并能降低达到一定取向度时所需的拉应力。

2. 拉伸速度

由于拉伸时高分子形变取向的松弛过程落后于拉伸过程，如果拉伸速度过大，在较低伸长率时，薄膜就可能在拉伸中破裂，因此，薄膜的伸长率和取向度随拉伸速度的增大而减小，拉应力随拉伸速度减小而降低。

3. 拉伸倍数和拉伸方式

薄膜中的取向度随拉伸倍数的增加而增加。为了使薄膜在各个方向都有较均衡的性能，通常纵横各向的拉伸倍数都控制在3～4倍范围内，拉伸倍数还要根据对薄膜性能的要求来确定。纵向拉伸倍数主要影响成品膜的力学性能。

拉伸方式有先纵后横两次拉伸、先横后纵两次拉伸、纵—横—纵三次拉伸以及纵横同时拉伸等多种方法，目前薄膜拉伸通常采用逐次双向拉伸的方法，多采用先纵向拉伸再横向拉伸的拉伸方式。

4. 热定型条件

为了使薄膜的取向结构稳定下来，并在使用过程中不发生显著的收缩和变形，常需对拉伸薄膜进行热定型。在拉伸程度达到要求后，将薄膜放在张紧轮上，在不允许收缩的情况下进行短时间热处理定型，使薄膜中可恢复的高弹形变得到松弛，冷却后即可得到热收缩率较小的拉幅薄膜。热处理温度通常在$T_g \sim T_f$，即只允许高分子链段产生松弛，而不希望发生整个分子取向结构的破坏。

热塑性高分子拉伸取向的一般规律可归结如下：①当拉伸速度与拉伸倍数一定时，拉伸温度越低(但应以拉伸效果为准，一般稍高于T_g)，则取向作用越大；②当拉伸温度与拉伸速度一定时，取向度随拉伸倍数的增大而提高；③冷却速率越快，则有效取向度越高；④当拉伸温度与拉伸倍数一定时，拉伸速度越大，则取向作用越大；⑤在固定的拉伸温度和速率下，拉伸比随拉应力的增加而增加时，薄膜取向度提高；⑥拉伸速度随温度的升高而加快，在有效的冷却条件下，有效取向程度提高。

5. 冷却速率

无定形高分子和结晶高分子的冷却速率存在差别。结晶高分子需要控制冷却速率，结晶高分子拉伸前的第一道工序是厚片骤冷，骤冷的目的是保证结晶高分子基本处于无定形状态，以免拉伸时薄膜易破裂或取向不均匀。结晶高分子在拉伸后需要迅速骤冷到T_g以下，以便获得结晶适当即形成均匀分布的微晶结构而又取向的高性能薄膜。

4.12 冷成型

在熔融温度以下成型塑料的方法称为冷成型，又称为固相成型。其既不属于一次成型，也不属于二次成型，可以把它归属于成型后的加工。塑料的冷成型借鉴了金属的加工方法如锻压、滚轧、冲压等，使塑料在常温或 T_g 以下成型，即原料无须熔融或者软化到黏流状态，在玻璃态即可成型。所采用的工艺和设备类似于金属加工。冷成型要求成型原料本身是完整的坯料，其形状最好近似于成型制品。

冷成型的优点是避免了高分子材料在高温下降解，由于冷成型的迅速取向，提高了制品的性能；成型工艺无加热和冷却过程，大大缩短了生产周期，降低了成本；可加工分子量非常高的高分子材料；制品不存在熔接缝和浇口痕迹。冷成型工艺也存在着一些缺点，例如制品尺寸、形状和精密度差，制品分子取向明显，存在强度的各向异性。

塑料的冷成型工艺和设备与金属成型大致相似，根据施力方式可分为锻造、液压成型、冲压成型、滚轧成型等。冷成型主要用于加工改性聚丙烯、超高分子量聚乙烯、聚苯乙烯、硬聚氯乙烯、聚四氟乙烯、ABS、尼龙 6 等。

影响冷成型工艺的因素主要有材料自身的结构和表面质量，冷成型方式，材料的内应力和塑性，材料自身的强度和硬度等。

思考题和作业

4.1 一个采用压延法生产耐低温防老化农用聚氯乙烯薄膜的配方为：聚氯乙烯树脂 XS-2 100，邻苯二甲酸二辛酯 37，癸二酸二辛酯 10，亚磷酸三苯酯 0.5，硬脂酸镉 0.8，硬脂酸钡 2.4，UV-9 0.3。试分析以上配方并指出各组分所起的作用，论述作用原理。

4.2 说明聚氯乙烯的配方原理，配方中各成分的作用。

4.3 根据聚乙烯、聚丙烯的配方实例，分别说明聚乙烯、聚丙烯的各配方原理，配方中各成分的作用。

4.4 说明环氧树脂的配方原理，配方中各成分的作用。

4.5 为什么生产中很少用纯聚合物生产塑料制品？助剂主要有哪些种类？简述其作用。

4.6 简述物料混合和分散机理，以及所借助的混合设备，其优缺点有哪些？

4.7 简述粉料、粒料的配制过程。

4.8 简述单螺杆挤出机的基本结构和作用。

4.9 螺杆加料段、压缩段、均化段的作用是什么？螺杆长度与塑料特性之间有什么关系？

4.10 简述挤出机挤出成型原理。

4.11 注射成型设备的基本结构是什么？各起什么作用？

4.12 螺杆式与柱塞式注塑机相比较有什么优点？分流梭的作用是什么？

4.13 简述注射成型周期各阶段的作用及其对成型过程和制品性能的影响。

4.14 简述注射成型中料筒和模温的确立原则。

4.15 注塑制品为什么要进行后处理？后处理方法有哪些？

4.16 压制成型中预热和预压的作用是什么？压制成型的控制因素有哪些？

4.17 影响压延制品质量的因素有哪些？

4.18 论述辊筒的弹性弯曲与制品厚度的关系。

4.19 为什么压延制品会存在制品横截面不均匀的现象？有哪几种控制制品均匀性的

方法？

4.20 中空吹塑成型适用于生产哪些塑料？吹塑制品有哪些？

4.21 吹塑工艺的主要成型方法及其特点是什么？吹塑工艺受哪些因素影响？

4.22 热成型适用于生产哪些塑料？热成型制品有哪些？

4.23 热成型工艺的主要方法及其特点是什么？影响热成型工艺的因素有哪些？

4.24 生产高分子薄膜制品的工艺有哪几种？各成型方法有什么特点？

4.25 拉幅薄膜成型工艺的影响因素有哪些？

第5章

橡胶工艺

5.1 橡胶的加工工艺概述

橡胶的加工工艺一般是先准备好生胶、配合剂、纤维材料、金属材料，生胶需经烘胶、切胶、塑炼后与粉碎后配好的配合剂混炼，再与纤维材料或金属材料经压延、挤出、裁剪、成型加工、硫化、修整、成品检查后得到各种橡胶制品。主要的工艺流程包括生胶的塑炼，塑炼胶与各种配合剂的混炼及成型，胶料的硫化等加工工序，如图 5.1.1 所示。

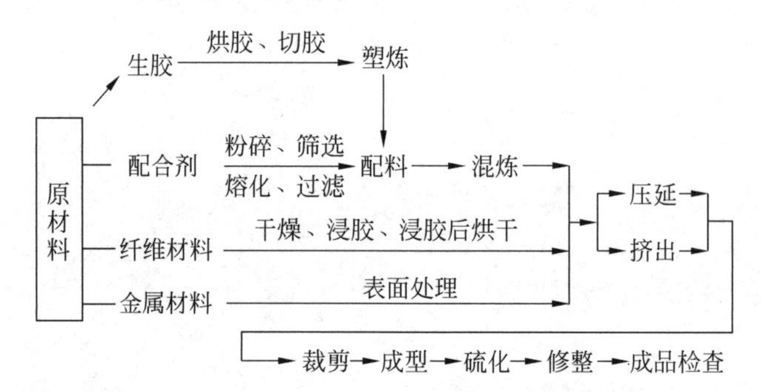

图 5.1.1 橡胶制品生产基本工艺流程

1. 塑炼

将生胶进行一定的加工处理，使其获得必要的加工性能的过程称为塑炼，通常在炼胶机上进行。塑炼工艺进行之前，往往需要进行烘胶、切胶、选胶、破胶等准备加工处理。

塑炼依据设备的不同分为开炼机塑炼、密炼机塑炼和螺杆塑炼机塑炼三种。

2. 混炼

为提高橡胶制品的性能、改善加工工艺和降低成本，通常在生胶中加入各种配合剂，在炼胶机上将各种配合剂加入生胶制成混炼胶的过程称为混炼。混炼除了要严格控制温度和时间外，还需要注意加料顺序。混炼越均匀，制品质量越好。混炼的准备工艺为粉碎、干燥、筛选、熔化、过滤和脱水。混炼方法有开炼机混炼和密炼机混炼。

3. 共混

单一种类橡胶在某些情况下不能满足产品的要求，采用两种或两种以上不同种类橡胶或塑料相互掺和，能获得许多优异性能，从而满足产品的使用性能。采用机械方法将两种或两种以上不同性质的聚合物掺和而制成宏观均匀混合物的过程称为共混。

4. 压延

压延是橡胶工业的基本工艺之一，它是指混炼胶胶料通过压延机两辊之间，利用辊筒间的压力使胶料产生延展变形，制成胶片或胶布(包括挂胶帘布)半成品的一种工艺过程。压延准备工艺包括热炼、供胶、纺织物烘干和压延机辊温控制。压延工艺主要包括压片、贴合、压形、贴胶和擦胶等操作。

5. 挤出

挤出是橡胶工业的基本工艺之一。它是指利用挤出机使胶料在螺杆或柱塞推动下，连续不断地向前进，然后借助于口模挤出各种所需形状的半成品，以完成造型或其他作业的工艺过程。

6. 裁断

裁断是橡胶行业的基本工艺之一。轮胎、胶带及其他橡胶制品中，常用纤维帘布、钢丝帘线等骨架材料为骨架，使其制品更为符合使用要求。在橡胶制品的加工中，常将挂胶后的纤维帘布、帆布、细布及钢丝帘布裁成一定宽度和角度，供成型加工使用。裁断工艺分为纤维帘布裁断和钢丝帘布裁断两大类。

7. 硫化

在加热或辐射的条件下，胶料中的生胶与硫化剂发生化学反应，由线形结构的大分子交联成为立体网状结构的大分子，并使胶料的力学性能及其他性能发生根本变化，这一工艺过程称为硫化。

硫化是橡胶加工的主要工艺之一，也是橡胶制品生产过程的最后一道工序，对改善胶料力学性能和其他性能，使制品能更好地适应和满足使用要求至关重要。硫化方法分为 3 种：室温硫化法、冷硫化法 、热硫化法。

5.2 橡胶原料及配制

橡胶原料分为主要原料和辅助原料两类。主要原料是各种生胶，如天然橡胶，丁苯橡胶、硅橡胶、丁腈橡胶、聚氨酯橡胶等各种合成橡胶，它们决定了橡胶的物理化学性质。辅助原料是为了使橡胶获得某种必要的性质和改善加工工艺性能而加入的原料，如补强剂、增塑剂、防老剂等。辅助原料统称为配合剂。有些橡胶制品还需用纤维或金属材料作为骨架材料。

5.2.1 生胶和再生胶

生胶按其来源可分为天然橡胶和合成橡胶两大类。

1. 天然橡胶

天然橡胶来源于自然界中的含胶植物，有橡胶树、橡胶草和橡胶菊等，其中三叶橡胶树含胶多、产量大、质量好。从橡胶树上采集的天然乳胶经过一定的化学处理和加工可制成浓缩胶乳和干胶，前者直接用于乳胶制品，后者即作为橡胶制品中的生胶。

天然橡胶是一种以聚异戊二烯为主要成分的天然高分子化合物，分子式是$(C_5H_8)_n$，其成分中91%～94%是橡胶烃(聚异戊二烯)。天然橡胶是应用最广的通用橡胶，从橡胶树上采集的乳胶经过稀释后加酸凝固、洗涤，然后压片、干燥、打包，即制得市售的天然橡胶。天然橡胶综合性能优异，用途广泛。

1）天然橡胶的物理特性

天然橡胶的弹性卓越，稍带塑性；具有非常好的机械强度，滞后损失小，在多次变形时生热低；是非极性橡胶，电绝缘性能良好；是结晶橡胶，自补性良好，耐屈挠性、隔水性、阻气性优异。

2）天然橡胶的化学特性

由于含有不饱和双键，天然橡胶化学反应能力较强，容易进行加成、取代、氧化、交联等化学反应。光、热、臭氧、辐射、屈挠变形，以及铜、锰等金属都能促进橡胶的老化，不耐老化是天然橡胶的致命弱点。但添加了防老剂的天然橡胶有时在阳光下暴晒两个月依然看不出多大变化，在仓库内储存3年后仍可以照常使用。

3）天然橡胶的耐介质特性

天然橡胶具有较好的耐碱性能，但不耐浓强酸。由于天然橡胶是非极性橡胶，只能耐一些极性溶剂，在非极性溶剂中则发生溶胀，因此其耐油性和耐溶剂性很差。

2. 合成橡胶

合成橡胶是人工合成的高弹性高分子，广泛应用于工农业、国防、交通及日常生活中。合成橡胶一般在性能上不如天然橡胶全面，但某些种类的合成橡胶具有较天然橡胶更为优良的耐热、耐磨、耐老化、耐腐蚀或耐油等性能。

合成橡胶按照用途可分为通用橡胶和特种橡胶两类。通用橡胶指可以部分或全部代替天然橡胶制造常用橡胶制品的合成橡胶，如丁苯橡胶、异戊橡胶、顺丁橡胶、乙丙橡胶等，主要用于制造各种轮胎及一般橡胶制品。特种橡胶指制造特定条件下使用的橡胶制品(如具有耐高温、耐油、耐臭氧、耐老化和高气密性等特点的橡胶)的合成橡胶，常用的有氟橡胶、硅橡胶、聚硫橡胶、氯醇橡胶、丁腈橡胶、聚丙烯酸酯橡胶、聚氨酯橡胶和各种热塑性弹性体等，主要用于要求某种特性的特殊场合使用的橡胶制品。

3. 再生胶

再生胶是指废硫化橡胶经化学、热及机械加工处理后所制得的，具有一定的可塑性，可重新硫化的橡胶材料。再生过程中主要反应称为"脱硫"，即利用热能、机械能及化学能(加入脱硫活化剂)使废硫化橡胶中的交联点及交联点间分子链发生断裂，从而破坏其网络结构，恢复一定的可塑性。再生胶可部分代替生胶使用，以节省生胶、降低成本；还可改善胶料工艺性能，提高产品耐油、耐老化等性能。

5.2.2 配合剂

生胶是决定橡胶制品性能的主要成分，具有高弹性等一系列优越性能，但它的强度低，适应的温度范围窄，耐老化性差，在溶剂中易溶解或溶胀，所以几乎不存在单纯用生胶生产橡胶制品的情况。为了制得符合使用性能要求的橡胶制品，改善橡胶加工工艺性能以及降低成本等，必须加入各种配合剂。橡胶配合剂种类繁多，根据在橡胶中所起的作用，橡胶的配合剂主要包括硫化剂、硫化促进剂、防老剂、增塑剂和填料等。

1. 硫化体系

橡胶只有经过交联才能成为有使用价值的高弹性材料。橡胶的交联体系通常由硫化剂与硫化促进剂、活性剂、防焦剂所组成。

1) 硫化剂

硫化是指橡胶线型长链分子通过化学交联而形成三维网状结构的过程。由于天然橡胶最早是采用硫黄交联,所以将橡胶的交联过程称为"硫化"。

硫化剂是指在一定条件下能使橡胶分子链起交联反应,使线型长链分子形成立体网状结构,可塑性降低,弹性和强度增加的物质。除了某些热塑性橡胶不需要硫化,天然橡胶和各种合成橡胶都需配入硫化剂进行硫化。交联后的橡胶又称硫化胶,其受外力作用发生形变时,具有迅速复原的能力,并具有良好的力学性能及化学稳定性。硫化胶中交联键的性质对其应用和工作特性起决定性作用,一般硫化胶的硬度和定伸应力随着交联密度的增加而增加,撕裂强度、疲劳寿命、韧性和拉伸强度开始是随交联密度的增加而增加,达到某一最大值后则是随交联密度的增加而减小。

橡胶硫化剂包括硫、硒、碲,含硫化合物,有机过氧化物,金属氧化物,胺类化合物,合成树脂等,用得最普遍的是硫和含硫化合物。硫化剂适用于各类天然橡胶和合成橡胶,不同的硫化剂产品可根据需要配合使用。例如,N,N′-间苯胺双马来酰亚胺(PDM)是一种多功能橡胶助剂,在橡胶加工过程中可作硫化剂,也可用作过氧化物体系的助硫化剂,还可作为防焦剂和增黏剂,既适用于通用橡胶,也适用于特种橡胶和橡塑并用体系。

(1) 硫黄(S)。

硫黄是最古老的硫化剂,用得最多。适用于不饱和橡胶、含少量双键的橡胶(三元乙丙橡胶、丁基橡胶)。用量为:软制品 0.2～5phr,半硬制品 8～10phr,硬制品 25～40phr。同类硫化剂有硒、碲,价格昂贵、硫化速度慢。

(2) 含硫化合物(R—S—S—R)。

含硫化合物硫化剂是在硫化温度下能分解出活性硫的化合物。适用于电线绝缘层。其析出硫的活性足以硫化橡胶,而不足以与 Cu 反应生成黑色的 CuS。常用的有四甲基二硫代秋兰姆(TMTD)、二硫代吗啡琳(DTDM)。

(3) 有机过氧化物(R—O—O—R)。

有机过氧化物硫化剂通过受热分解产生自由基,引发高分子的自由基交联反应。适用于饱和橡胶,如氟橡胶、硅橡胶、乙丙橡胶及聚烯烃。常用的有过氧化二苯甲酰、过氧化二异丙苯。

(4) 金属氧化物(MeO)。

金属氧化物硫化剂适用于含氯橡胶,如氯丁橡胶、氯醚橡胶、氯化丁基橡胶、溴化丁基橡胶及聚硫橡胶。常用的有 ZnO、MgO、PbO。金属氧化物还可作为硫黄硫化体系的活性剂。

(5) 胺类化合物(NH_2—R)。

胺类化合物硫化剂适用于氟橡胶、丙烯酸酯橡胶及热固性塑料。

(6) 合成树脂。

合成树脂硫化剂适用于丁基橡胶、三元乙丙橡胶,常用的为酚醛树脂。

2）硫化促进剂

硫化促进剂简称促进剂，是指能促进橡胶硫化作用的物质，可提高胶料的硫化速度、缩短硫化时间、降低硫化温度、减少硫化剂用量和提高橡胶的力学性能。在进行硫化时，特别是用硫黄进行硫化时，除硫化剂外，一般要加入促进剂和活性剂，才能很好地完成硫化。对硫化促进剂的基本要求如下所述。

（1）有较高的活性。硫化促进剂的活性是指缩短橡胶达到正硫化所需时间的能力。所谓正硫化时间是指硫化胶达到最佳力学性能的硫化时间。

（2）硫化平坦线长。正硫化之前及其后，硫化胶性能均不理想。促进剂的类型对正硫化阶段的长短（硫化曲线表示中的硫化平坦线）有很大影响，硫化平坦线较长的硫化胶性能较好。

（3）硫化的临界温度较高。临界温度是指硫化促进剂对硫化过程发生促进作用的温度。为了防止胶料早期硫化，通常要求促进剂的临界温度不能过低。

（4）对橡胶老化性能及力学性能不产生恶化作用。各种促进剂对硫化胶的性能都有影响。有的产生好的作用，有的则相反。例如，对于天然橡胶，可以迟缓其硫化胶老化的促进剂有硫醇基苯并噻唑、一硫化四甲基秋兰姆等；迟缓老化作用小甚至会加速老化的促进剂有二苯胍、五次甲氨基二硫代甲酸氮己环等。

不同种类的促进剂对硫化胶性能的影响不同。例如，硫醇基苯并噻唑能使硫化胶具有低定伸强度和中等定伸强度，并增大柔软性，还能提高橡胶的耐磨性能，特别是含炭黑的胶料中宜配入这种促进剂。二硫代二苯并噻唑则特别适用于制造多孔橡胶制品。工业上常将两种或两种以上的促进剂混合使用。

促进剂种类很多，可分为无机和有机两大类。无机促进剂有氧化镁、氧化铅等，其促进效果小，硫化胶性能差，多数场合已被有机促进剂所取代。有机促进剂的促进效果大，硫化胶物理力学性能好，发展较快，品种较多。

有机硫化促进剂的分类如下所述。①按化学结构分，有噻唑类、秋兰姆类、胍类、次磺酰胺类、硫脲类和二硫化氨基甲酸盐类。例如，工业上为解决焦烧问题常使用迟效性促进剂，迟效高速硫化促进剂有N-环己基-2-苯并噻唑次磺酰胺（CZ）、N-（氧化二亚乙基）-2-苯并噻唑次磺酰胺（NOBS）等次磺酰胺类促进剂。由于仲胺类促进剂NOBS在硫化过程中会产生致癌物亚硝胺，发达国家已经禁止使用。②按与硫化氢反应的性质分，有酸性、碱性和中性硫化促进剂。③一般按促进能力划分硫化促进剂，以促进剂M（2-巯基苯并噻唑）为强促进剂，并以其促进能力作为标准衡量。促进能力大于M的为超促进剂，如促进剂四甲基二硫代秋兰姆（TMTD），150℃硫化时间为5～10min；促进能力等于M的为强促进剂，如促进剂2,2′-二硫代二苯并噻唑（DM），150℃硫化时间为10～30min；促进能力小于M的为中促进剂，如促进剂二苯胍（D），150℃硫化时间为30～60min；促进能力小于D的为弱促进剂，如促进剂六亚甲基四胺（H），150℃硫化时间为60～120min。

3）活性剂

活性剂能够提高胶料中硫化促进剂的活性、减少硫化促进剂的用量、缩短硫化时间，同时可以提高硫化胶的交联度和耐热性。几乎所有的促进剂都必须在活性剂存在下，才能充分发挥其促进效能。常用ZnO作为天然橡胶、合成橡胶的活性剂，以促进橡胶的硫化、活化、补强和防老化作用，提高橡胶制品的耐撕裂、耐磨性能。硫化活性剂分为无机和有机两类。

(1) 无机活性剂。

无机活性剂主要是金属氧化物，如 ZnO、MgO、CaO、PbO。常用的为 ZnO，加入量 3～5phr。ZnO 还可以作为金属氧化物硫化剂交联卤化橡胶，且 ZnO 可以提高硫化胶的耐热性能。由于金属氧化物在脂肪酸存在下，对促进剂才有较大活性，通常将 ZnO 与硬脂酸并用。

(2) 有机活性剂。

有机活性剂主要是脂肪酸类，如硬脂酸、月桂酸、二乙醇胺、三乙醇胺。常用的有硬脂酸(HSt)，加入量 1～3phr。通常将硬脂酸与 ZnO 并用。

4) 防焦剂

防焦剂又称硫化延迟剂或稳定剂，其作用是能够防止胶料在硫化前的加工及储存过程中发生早期轻度硫化现象。防焦剂的实质是在交联初期的抑制作用，只有当防焦剂消耗到一定程度时，促进剂才起作用。防焦剂分为以下三类。

(1) 亚硝基化合物类：防焦剂 NA(N-亚硝基二苯胺，又称高效阻聚剂)。

(2) 有机酸类：邻苯二甲酸酐、苯甲酸、邻羟基苯甲酸。

(3) 硫代酰亚胺化合物类：防焦剂 CTP(N-环己基硫代邻苯二甲酰亚胺)。

加入防焦剂会影响胶料性能，如降低耐老化性等，故一般不用。常用防焦剂有邻羟基苯甲酸、邻苯二甲酸酐等。

2. 防老剂

防老剂是一类能够抑制橡胶老化从而延长橡胶制品使用寿命的物质。橡胶分子主链中含有—C—C═C—结构时，在双键 β-位的单键具有相对不稳定性，易受 O_2 的作用而降解。因此，橡胶及其制品在长期储存和使用过程中，如果受到热、氧、臭氧、变价金属离子、机械应力、光、高能射线的作用，以及其他化学物质和霉菌等的侵蚀，会发生分子链断裂、支化或进一步交联，而逐渐发黏、变硬、发脆或龟裂。橡胶及其制品的性能随时间而逐渐降低，以致完全丧失使用价值的这种现象称为老化。为此，需要在橡胶及其制品中加入某些化学物质，以提高其对上述各种破坏作用的抵抗能力，延缓或抑制老化过程，从而延长橡胶及其制品的储存期和使用寿命，这类能抑制橡胶老化现象的物质称为防老剂。防老剂一般可分为物理防老剂和化学防老剂两类。

1) 物理防老剂

物理防老剂的作用是在橡胶制品表面形成一层薄膜，主要有石蜡、微晶蜡等物质。由于在常温下此种物质在橡胶中的溶解度较小，因而逐渐迁移到橡胶制品表面，形成一层薄膜，起到隔离臭氧、氧气与橡胶的接触作用，用量一般为 1～3phr。

2) 化学防老剂

化学防老剂的作用是终止橡胶的自催化性自由基断链反应。橡胶在氧、热、光和应力的作用下会产生自由基，并与橡胶分子反应，使橡胶分子断链。

一个自由基在瞬间就可以增加为几个新的自由基。防老剂 AH 在这些自由基引发下发生氢转移，消除了活性大的自由基，生成对橡胶无害的 A·，因而起到防老化作用。

化学防老剂主要有酚类和胺类。酚类一般无污染性，但防老化性能较差，主要用于浅色和透明制品；胺类防老剂的防护效果最为突出，也是发现最早、产品最多的一类，如 N-环己基-N′-苯基对苯二胺(防老剂4010)、N-(1,3-二甲基)丁基-N′-苯基对苯二胺(防老剂4020)。胺类防老剂的主要作用是抗热氧老化、抗臭氧老化,并且对铜离子、光和屈挠等老化的防护也有显著效果,但胺类一般都有污染性,主要用于黑色和深色制品。其中,酮胺类防老剂具有最好的防老化效果,对苯二胺类衍生物可作为橡胶抗臭氧剂。抗臭氧剂与抗氧剂的区别在于抗臭氧剂只是在制品表面发挥作用,在橡胶中的用量为1~5phr,而抗氧剂是在制品内部抑制氧的扩散,在橡胶中的用量为1~5phr。

某些情况可不使用防老剂,如硬质胶、饱和胶和低不饱和胶,因为这些胶自身有较好的防老性能。

3. 增塑剂

橡胶的增塑是指在橡胶中加入某些物质,使得橡胶分子间的作用力降低,从而降低橡胶的 T_g,提高橡胶的可塑性、流动性,便于压延、压出等成型操作,同时改善硫化胶的某些力学性能。例如,降低硬度和定伸应力,赋予较高的弹性和较低的生热量,提高耐寒性等。

使用增塑剂的目的主要是:使生胶软化,增加可塑性使其便于加工,减少动力消耗;润湿炭黑等粉状配合剂,使其易于分散在胶料中,缩短混炼时间,提高混炼效果,增加制品的柔软性和耐寒性;增进胶料的自黏性和黏性。

增塑剂按作用机理可分为物理增塑剂和化学增塑剂。

1)物理增塑剂

物理增塑剂又称为软化剂,其作用原理是使橡胶溶胀,增大橡胶分子之间的距离,降低分子间的作用力,从而使胶料的塑性增加。作用机理和增塑效果同塑料增塑剂。

常用的物理增塑剂包括硬脂酸、油酸、松焦油、三线油、六线油等。按来源可分为:①石油系,如操作油、重油、石蜡、凡士林、沥青和石油树脂;②煤焦油系,如煤焦油、古马隆树脂和煤沥青;③松油系,如松香、松焦油、萜烯树脂、油膏;④合成酯类,如邻苯二甲酸酯类、磷酸酯类和脂肪族二元酸酯类;⑤液体聚合物类,如液体丁蜡橡胶、液体聚丁二烯、液体聚异丁烯。

2)化学增塑剂

化学增塑剂又称为塑解剂,可加速橡胶分子在塑炼时的断链作用。这类物质还起着自由基接受体的作用,因此在缺氧和低温情况下同样能起作用。化学增塑剂大多是含硫化合物,如噻唑类、胍类促进剂、硫酚、亚硝基化合物等。

化学增塑不会因为起增塑作用的物质挥发或析出而丧失其作用,增塑效果长久,因而越来越受到重视。

3)增塑剂的选择

增塑剂应根据生胶结构来选择,增塑剂分子的极性要与橡胶的极性相对应,才能促进两者相溶;增塑剂的凝固点应低于橡胶的 T_g,且差值越大越好,此外还必须考虑制品的性能与成本。例如,多件贴合制品(轮胎内层的帘布层),宜使用煤焦油、松焦油、古马隆树脂、沥青等有增黏作用的增塑剂,而不宜用石蜡、机械油之类有润滑作用的增塑剂。

4. 填料

为了改善橡胶的成型加工性能,赋予或提高制品某些特定的性能,或为了增加物料体积、降低制品成本而加入的一类物质称为填料。填料往往是橡胶中添加量最多的一种添加剂。

填料一般为固体物质，按用途可分为两大类：补强剂和增容剂，橡胶加工中常称惰性填料为填充剂。

1）补强剂

补强剂又称补强填料，是能够改善胶料的工艺性能，提高硫化橡胶的硬度、拉伸强度、撕裂强度、定伸强度、耐磨性等力学性能的配合剂。最常用的补强剂是炭黑，其次是白炭黑、碳酸镁、活性碳酸钙、活性陶土、古马隆树脂、松香树脂、苯乙烯树脂、酚醛树脂、木质素等。

在炭黑补强的众多理论中分子滑动理论最具说服力。分子滑动理论认为，炭黑的补强作用原理在于它的表面活性高而能与橡胶分子相结合。橡胶能够很好地吸附在炭黑表面，润湿炭黑。吸附是一种物理过程，即炭黑与橡胶分子之间的吸引力大于橡胶分子间的内聚力，称为物理吸附。这种结合力比较弱，还不足以说明主要的补强作用。主要的补强作用在于炭黑的表面活性的不均匀性，有些活性很大的活化点具有不配对的电子，能够与橡胶分子发生化学作用。橡胶吸附在炭黑的表面上而有若干个点与炭黑表面发生化学结合，这种作用称为化学吸附。尽管吸附力不如化学键，但强于分子间力。化学吸附的强度比单纯的物理吸附大得多。这种化学吸附的特点使橡胶分子链比较容易在炭黑表面上滑动，但不易与炭黑脱离。这样，橡胶与炭黑之间就构成了一种能够滑动的强固的键。这种能在表面上滑动而强固的化学键产生了两种补强效应：第一种效应是当橡胶受外力作用而变形时，分子链的滑移及大量的物理吸附作用能吸收外力的冲击，对外力引起的摩擦或滞后形变起缓冲作用；第二种效应是使应力分布均匀，当橡胶分子受力被拉伸时，炭黑在分子之间滑动，炭黑间的距离就拉长了（相当于短分子链段变长了），分子不是被各个击破，而是整体运动。这两种效应使橡胶强度增加，能够抵抗破裂，同时不会过于损害橡胶的弹性。

炭黑补强机理能解释许多炭黑的补强现象。结晶橡胶如天然橡胶中微晶体的作用与炭黑相似，晶体中的分子链也能滑动，起着平衡应力的作用，称自补强。因此，结晶橡胶比纯胶的强度大，炭黑对它也有补强效应，可进一步提高其强度。

影响炭黑补强效果的因素主要有炭黑的种类、用量、粒径和结构。不同种类的炭黑，其补强效果不同，且同一种炭黑用量不同时补强效果也不同。炭黑用量有峰值，在峰值之前随着炭黑用量的增加，补强效果增加；在峰值之后则相反，随着炭黑用量的增加，补强效果下降，甚至到零，这时过量炭黑的作用相当于稀释剂。炭黑的补强效果在很大程度上取决于粒子的粗细，高耐磨炉黑（HAF）是粒径较小的炭黑，其硫化胶的拉伸强度较大。粒子越细，活性和补强作用越大，一般当粒径小于 0.1μm 即达到纳米级别时，炭黑具有显著的补强效果；粒径在 0.1～1.5μm 时则略有补强作用；粒径过大时只能起填充增容作用。但粒子太细，工业成本增大、分散困难，混合时的摩擦生热、动力消耗增大。

炭黑结构对加工性能有很大的影响。炭黑在制造过程中，相邻的颗粒相互熔融在一起，并连接起来形成链状的三维空间结构，这是炭黑的一次结构（原结构）。炭黑在后加工处理时，由于物理吸附而形成的松散结构称为二次结构（次结构），例如炭黑在收集过程中由静电沉淀所致的结构。炭黑一次结构的牢度高，不易在加工过程中被破坏，即炭黑在混合分散于胶料的过程中仍保持这种聚合状态。炭黑基本粒子的聚集状态和程度一般用结构性高低评价，结构性高的炭黑中的空隙容积大；反之，结构性低的炭黑中的空隙容积较小，以吸油值表示。炭黑的结构性越高，对橡胶的补强作用越大，在胶料中的分散也越容易，橡胶的压出性能也越好。此外,炭黑结构对硫化胶性能也有一定的影响,结构性高的橡胶吸油能力强,导电性能、硬度和拉伸强度都大,当然绝缘性能较差。

在橡胶工业中,炭黑是仅次于橡胶而居第二位的重要原料,是橡胶重要的补强填料,对非结晶性橡胶的补强尤为显著。其耗用量一般占橡胶耗量的40%~50%,在天然橡胶中的用量常为合成橡胶的10%~50%,在丁苯胶中的用量则为30%~70%。炭黑不仅能提高橡胶制品的强度,而且能改进橡胶的工艺性能,赋予制品耐磨、耐撕裂、耐热、耐寒、耐油等多种性能,并延长橡胶制品的使用寿命。

2) 增容剂

增容剂又称惰性填料,橡胶加工中俗称填充剂,是指对橡胶补强效果不大,仅仅是为了增加胶料的容积以节约生胶,从而降低成本或改善工艺性能,特别是压出、压延性能而加入的配合剂。需要指出,增容剂与补强剂无严格的界限,应视具体的使用场合及对象。一般选择相对密度小的增容剂,这样质量轻而体积大。常用的增容剂有硫酸钡、滑石粉、云母粉等。橡胶制品中补强剂与增容剂用量较大,一般在20%左右。

5.2.3 配方设计

对于天然橡胶或合成橡胶,如不添加适当的配合剂,则很难用来加工制造实用橡胶制品。橡胶配方是指在满足实用橡胶制品使用性能及加工性能的胶料中,各种原材料的种类和用量的搭配方案。橡胶制品的配方设计就是合理地选用适当的橡胶、配合剂,以及恰当的用量及最佳组合,满足产品结构、加工性能、使用条件与相应的使用性能、产品寿命、外观质量、成本等综合要求,或者在突出重点性能的前提下达到所需各种性能的综合平衡,使其质量好、加工效率高。

1. 配方种类

生胶原材料和配合剂的种类繁多,作用复杂。橡胶配方设计的重点是如何保持制品的使用性能及加工性能的平衡,因此,橡胶配方一般由主体原料、交联体系、性能体系、加工体系和成本体系5部分组成(表5.2.1)。

表5.2.1 橡胶配方的组成

体　　系	配方组成	组　分　数
主体原料	生胶、再生胶	1~2
交联体系	硫化剂、促进剂、活化剂、防焦剂	4~5
性能体系	补强剂、防老剂、着色剂、发泡剂、抗静电剂等	2~5
加工体系	增塑剂、润滑剂	1~2
成本体系	增容剂	1~2

配方有三种:基本配方、性能配方和生产配方。一般配方制定的步骤是:先根据调研结果选材,确定基本配方;再根据实验室的性能试验对基本配方进行取舍,并选出综合性能最好的性能配方;最后到车间进行中试,通过试验拟定加工工艺条件,确定生产配方的组分、用量、胶料质量指标及检验方法等。

1) 基本配方

基本配方由主体材料和必需的添加剂组成,制定基本配方时主要考虑主体材料和添加剂的合理性，包括种类、用量。基本配方给出的添加剂及其基本用量，一般采用传统使用量，并且尽可能简单。

通用的基本配方组成和用量（质量份）如下：生胶 100phr，硫黄 0.5～3.5phr，促进剂 0.5～1.5phr，金属氧化物 1～10phr，有机酸 0.5～2.0phr，防老剂 0.25～1.5phr。

2）性能配方

性能配方由基本配方和性能体系组成，主要针对制品性能要求，添加能提高相应性能的添加剂。

3）生产配方

生产配方由性能配方和加工体系、成本体系组成，制定时须全面考虑原料的来源、成型加工工艺的可行性和产品的经济性。

2. 配方设计原则

配方设计需考虑制品的使用性能、加工性能和成本三者的平衡，注意以下原则。

（1）制品的性能要求。了解制品使用条件，考虑制品质量、使用寿命及力学性能等指标。

（2）成型加工性能的要求。考虑成型加工设备的特点、制造工艺的加工操作性能及环保问题，尽量降低成本，降低原材料消耗。

（3）原材料的要求。考虑原材料供应问题和技术质量指标，原材料使用尽量立足国内，因地制宜，要求原材料来源容易、产地较近、价格合理。

（4）产品的经济成本要求。了解所使用生胶和配合剂的性能以及各种配合剂的相互关系。在满足使用性能的前提下，根据性价比选用原材料，并通过配方调整提高生产效率。

3. 配方设计程序

配方设计过程是高分子材料各种基本理论的综合应用过程，是高分子材料结构与性能关系在实际应用中的体现。因此，配方设计时应该综合理论基础和专业知识，主要包括：①橡胶基本理论知识，如高分子结构、结晶、性能、硫化、老化、补强等；②橡胶原材料基本知识，如产品性能、应用要求等，特别是各厂家原材料产品性能差别和新产品；③橡胶基本工艺知识，如混炼、塑炼、压延、压出、硫化、成型及有关生产设备等；④橡胶性能测定方面的知识和操作，如强度、拉伸性能、弹性、老化性能测定等。

配方设计就是选择生胶和配合剂的种类和用量，制定经济合理的工艺条件，以获得综合性能良好的实用制品。配方设计程序如下所述。

（1）选用基料：综合考虑使用性能、工艺条件、成本要求。

（2）选用硫化剂及促进剂。

（3）根据成本改进配方。

5.3　胶料的加工

橡胶加工包括生胶的塑炼、塑炼胶与各种配合剂的混炼及成型、胶料的硫化等工序。由生胶及配合剂制成橡胶制品的工艺流程为：塑炼→混炼→压延→挤出→硫化→制品。

5.3.1 塑炼

生胶是强韧的高弹态高分子，其分子量一般高达几十万，而成型加工需要柔软的塑性状态，解决的办法是进行塑炼。塑炼是指通过机械应力、热、氧或某些化学试剂的作用，降低生胶的分子量和黏度以提高其可塑性并获得适当的流动性，使生胶由强韧的高弹性状态转变为柔软的塑性状态的过程。塑炼是橡胶加工的第一个工序，通常在炼胶机上进行。塑炼过程中一般不加配合剂，主要是改变橡胶的弹塑性，以满足混炼和成型加工的需要。

1. 塑炼目的

① 降低生胶的弹性，增大可塑性，以利于混炼时配合剂的混入和均匀分散；②改善胶料的流动性，便于压延、压出操作，使胶坯形状和尺寸稳定；③增大胶料黏着性，方便成型操作；④提高胶料的溶解性，便于制造胶浆，并降低胶浆黏度使之易于渗入纤维孔眼，增大附着力；⑤改善胶料的充模性，使模制品的花纹清晰饱满；⑥改善橡胶的共混性，以利于不同黏度的生胶均匀混合。

总之，橡胶要有恰当的可塑性才能在混炼时与各种配合剂均匀混合，在压延加工时易于渗入纺织物中，在压型、注压时具有较好的流动性。此外，塑炼还能使生胶分子量分布变窄，胶料质量、性能均匀一致，以便于控制生产过程。

橡胶的可塑度通常用威廉氏可塑度、德弗硬度和穆尼黏度等表示。

2. 塑炼机理

橡胶经塑炼而增强可塑性的实质是橡胶分子断链，高分子链长度降低，分子量降低。断裂作用既可发生于高分子主链，又可发生于侧链。橡胶在塑炼时受到氧、电、热、机械力和增塑剂等因素的作用，因此塑炼机理与这些因素密切相关，其中起重要作用的是氧和机械力，而且两者相辅相成。塑炼通常可分为低温塑炼和高温塑炼两种。下面以天然橡胶为例，分别阐述低温塑炼和高温塑炼机理。

1）低温塑炼

低温塑炼以机械降解作用为主，氧起到稳定自由基的作用。低温时在机械力作用下，首先切断橡胶高分子链生成高分子自由基：

$$\sim\sim CH_2-\overset{\overset{\large CH_3}{|}}{C}=CH-CH_2-\vdots-CH_2\sim\sim \xrightarrow{\text{剪切力}} \underset{(\text{I})}{\sim\sim CH_2-\overset{\overset{\large CH_3}{|}}{C}=CH-\overset{\alpha}{\dot{C}}H_2} + \underset{(\text{II})}{\cdot CH_2\sim\sim} \tag{5.3.1}$$

若周围有氧存在，生成的自由基（Ⅰ）和（Ⅱ）会立即与氧作用，分别生成橡胶高分子过氧化物自由基（Ⅲ）和（Ⅴ）。新生成的橡胶高分子过氧化物自由基（Ⅲ）和（Ⅴ）在室温下不稳定，会与橡胶分子 RH 反应生成稳定的产物（Ⅳ）和（Ⅵ）。从而阻止橡胶自由基的重新结合，分子链长度降低，起到塑炼的效果。相关反应如下：

$$\underset{(\text{I})}{\sim\sim CH_2-\overset{\overset{\large CH_3}{|}}{C}=CH-\overset{\alpha}{\dot{C}}H_2} + O_2 \longrightarrow \underset{(\text{III})}{\sim\sim CH_2-\overset{\overset{\large CH_3}{|}}{C}=CH-CH_2-OO\cdot} \tag{5.3.2}$$

$$\underset{(\text{III})}{\sim\sim CH_2-\overset{\overset{\large CH_3}{|}}{C}=CH-CH_2-OO\cdot} + RH \longrightarrow \underset{(\text{IV})}{\sim\sim CH_2-\overset{\overset{\large CH_3}{|}}{C}=CH-CH_2-OOH} + R\cdot \tag{5.3.3}$$

$$\cdot CH_2\sim\sim + O_2 \longrightarrow \cdot OO-CH_2\sim\sim \quad (5.3.4)$$
(Ⅱ)　　　　(Ⅴ)

$$\cdot OO-CH_2\sim\sim + RH \longrightarrow HOO-CH_2\sim\sim \quad (5.3.5)$$
(Ⅴ)　　　　(Ⅵ)

2）高温塑炼

温度提高，橡胶分子和氧均活泼，可直接进行氧化反应，使橡胶分子降解。高温塑炼以自动氧化降解作用为主，机械作用可强化橡胶与氧的接触。在温度较高时，由于橡胶软化，机械力的作用明显减小，橡胶表面的氧被活化，与橡胶高分子发生氧化断裂（自动催化氧化连锁反应），完成塑炼。

链引发：$RH + O_2 \longrightarrow R\cdot + HOO\cdot$　(5.3.6)

链增长：$R\cdot + O_2 \longrightarrow ROO\cdot$　(5.3.7)

$ROO\cdot + R'H \longrightarrow ROOH + R'\cdot$　(5.3.8)

链终止：$ROOH \longrightarrow RO\cdot + \cdot OH \longrightarrow R'OOH + R''OH$　(5.3.9)

$(R = R' + R'')$

3. 塑炼的影响因素

塑炼过程中的主要影响因素为机械力、氧气、温度、静电、化学增塑剂、交联等，其中起重要作用的是机械力和氧气。

1）机械力

塑炼中的剪切力使橡胶分子断裂。橡胶在炼胶机辊或转子的作用下被强烈地剪切和撕拉，相互卷曲交织在一起的分子链被拉直，并从应力集中的链位（多在中央部位）断裂。机械断链作用在塑炼初期表现得最为强烈，橡胶的分子量下降很快，以后渐趋平缓，进而达到极限，分子量不再随塑炼而变化，此时的分子量即称为极限分子量。每种橡胶都有特定的极限分子量，这是因为机械断链一般只对一定长度的橡胶分子链有作用，一般分子量小于7万的天然橡胶和分子量小于3万的顺丁橡胶的分子链基本上不再受机械力的作用而断裂，这时的生胶太黏、太软，其硫化胶性能极低，称为过炼。顺丁橡胶缺乏天然橡胶的结晶性，分子量在4万以下即不受机械力破坏。丁苯橡胶和丁腈橡胶虽然由丁二烯合成，但由于分子内聚力比顺丁橡胶大，T_g 较高，分子量降低程度介于顺丁橡胶和天然橡胶之间。总体来说，这些合成橡胶塑炼后的平均分子量比天然橡胶高，所以都不容易产生过炼。

塑炼时，机械作用使橡胶分子链断裂并不是杂乱无章的，而是遵循一定规律：当剪应力作用于橡胶时，其分子链将沿着流动方向伸展，其中央部分受力最大，伸展也最大，同时链段的两端却仍保持着一定的卷曲状。当剪应力达到一定值时，高分子链的中央部分首先断裂，分子量越大，分子链中央部位所受剪应力也越大。剪应力一般随着分子量的平方而增加，因此，分子链越长越容易切断。随着塑炼时间的增加，总的趋势是使生胶分子量分布变窄。而在高温塑炼时并不发生分子量分布过窄的情况，因为氧化对分子量最大和最小部分起同样作用。

橡胶高分子在机械力作用下断裂生成断链小分子自由基，活性很高的小分子自由基将发生两种化学反应：一种是与空气中的氧结合，生成稳定的橡胶过氧化氢物而获得塑炼效果；另一种是自由基重新聚结，生成新的橡胶高分子而消减塑炼效果。两种作用的强弱取决于橡胶的结构、温度、介质等因素。

2）氧气

生胶在氮气中长时间塑炼时其黏度几乎不变，但在相同温度的氧气中塑炼时黏度迅速下降。氧气在橡胶塑炼中起两个作用：一是与机械断链所生成的小分子自由基结合，阻止其重新聚结；二是直接使橡胶分子产生氧化断链。前者的作用一般在低温条件下产生，后者的作用在高温条件下产生。高温条件下氧化断链作用对橡胶大分子链和小分子链是同等的，所以在橡胶平均分子量变小的同时，分子量分布不会变窄。试验表明，生胶结合 0.03% 的氧就能使分子量降低 50%，可见在塑炼中氧化作用对分子链断裂的影响很大。

3）温度

温度对橡胶的塑炼效果有很大影响，而且在不同温度范围内的影响也不同。温度对塑炼的作用具有两重性，以天然橡胶为例：在低温范围内（110℃以下），随着温度升高，塑炼效果降低，升温对塑炼产生不良影响；在高温范围内（110℃以上），温度越高，塑炼效果越好，升温对塑炼起促进作用。低温塑炼时，由于橡胶较硬、黏度高，受到的机械破坏作用较剧烈，主要是机械破坏作用使橡胶分子断链而获得塑炼效果；高温塑炼时，橡胶由硬变软、黏度降低，橡胶分子链在机械力作用下容易产生滑移，主要是氧的氧化裂解作用使橡胶分子链降解。高温塑炼时，机械作用主要是翻动和搅拌生胶，以增加生胶与氧的接触，从而加速裂解过程。因此，在较高温度下利用氧化降解作用塑炼，在较低温度下利用机械破坏作用塑炼，效果最好。

4）静电

塑炼过程中，生胶受到机械的剧烈摩擦而产生静电。橡胶与辊筒或转子表面接触处产生的电势差造成辊筒和堆积胶间经常有电火花。这种放电可促进生胶表面的氧激发活化，生成原子态氧和臭氧，从而加速氧化断链作用，促使橡胶分子进一步氧化断裂。

5）化学增塑剂

无论低温塑炼还是高温塑炼，加入化学增塑剂都能加强氧化作用，促进橡胶分子断裂，从而提高塑炼效果。化学增塑剂又称塑解剂，其增强塑炼效果的作用机理主要有两方面：一是塑解剂在塑炼过程中受热、氧的作用，分解产生自由基，这些自由基能使橡胶高分子链发生氧化降解；二是塑解剂能封闭塑炼过程中橡胶高分子链断裂生成的端基，并使其丧失活性，不再重新结合，从而使可塑性增加。

由于塑解剂的效能随温度的升高而增强，因此在密炼机高温塑炼中使用塑解剂比在开炼机低温塑炼中更为有效。在密炼机里使用塑解剂所节省的塑炼时间和能量可高达 50%。常用化学塑解剂的种类和作用机理如下所述。

（1）接受剂型增塑剂，如硫酚、苯醌和偶氮苯等，属低温塑解剂。在低温塑炼时起自由基接受剂作用，能使断链的橡胶分子自由基稳定，生成较短的分子链。

（2）引发剂型增塑剂，如过氧化二苯甲酰和偶氮二异丁腈等，属高温塑解剂。在高温下分解成极不稳定的自由基，再引发橡胶分子生成高分子自由基，进而氧化断链。由于橡胶自由基的存在，其在空气中会按自动氧化反应过程进一步反应，直至最后分解为小分子量化合物。

（3）混合型增塑剂，又称链转移型塑解剂，如硫醇类及二邻苯甲酰胺基苯基二硫化物类物质。这类塑解剂兼具引发剂和接受剂两种功能，既能在低温塑炼时起自由基接受剂作用，使橡胶分子自由基稳定，又能在高温下引发橡胶形成自由基加速自动氧化断链。

因此，使用引发型塑解剂时宜在较高温度下塑炼，使用接受型塑解剂时宜在较低温度下塑炼。

6）交联

橡胶分子断裂成链自由基后，有几种变化的可能：①断裂分子被氧和塑解剂封闭；②本身分子在断裂处重新键合；③断裂分子与另一个断裂分子键合。显然，②和③是不希望发生的。其中③有可能产生交联作用，影响塑炼效果，交联形成的网状结构对后续加工十分有害。因此，塑炼过程中要保证物料与空气充分接触，避免空气不足时产生交联反应，还要根据情况使用塑解剂。

4. 塑炼工艺

生胶塑炼之前需先经过烘胶、切胶、选胶和破胶等准备工序。烘胶可以降低生胶的硬度以便于切割，同时解除有些生胶结晶。烘胶在烘房中进行，温度一般为 50～70℃。切胶是将烘热的生胶用切胶机切成 10kg 左右的小块以便于塑炼。切胶后应筛选除去表面砂粒和杂质。破胶在辊筒粗而短的破胶机中进行，以提高塑炼效率。破胶时的辊距一般在 2～3mm，辊温在 45℃以下。

按照塑炼机理，塑炼工艺可分为机械塑炼法、化学塑炼法和物理塑炼法三种类型。

（1）机械塑炼法。通过开炼机、密炼机和螺杆塑炼机等的机械破坏作用，使橡胶分子断链。其中氧和摩擦作用使塑炼效果提高。

（2）化学塑炼法。借助化学增塑剂的作用，引发并促进高分子链的断裂。

（3）物理塑炼法。通过添加大量软化剂，减小橡胶分子之间的相互作用力，从而增加分子活动能力。

按照塑炼所使用的设备类型，塑炼可大致分为以下三种方法。

1）开炼机塑炼

开炼机（开放式炼胶机）是传统的塑炼设备，其基本工作部件是两个圆柱形的中空辊筒，两辊筒水平平行排列，以不同的转速相对回转，胶料放到两辊筒间的上方，在摩擦力的作用下被辊筒带入辊距中。由于两辊筒表面的线旋转速度不同，则胶料通过辊筒时的速度也不同。开炼机塑炼就是凭借前后胶料的相对速度不同而产生的剪切作用以及强烈的挤压、拉撕作用，使橡胶链断裂，从而获得可塑性。

开炼机塑炼是使用最早的塑炼方法，其优点是塑炼胶料质量好，收缩小，但生产效率低，劳动强度大，属于间歇式的生产模式。此法适用于胶料变化多和耗胶量少的工厂。开炼机塑炼属于低温塑炼，因此，降低橡胶温度以增大作用力是开炼机塑炼的关键。与温度和机械作用力有关的设备特性和工艺条件都是影响塑炼效果的重要因素，主要有辊温、辊距、塑炼时间、辊速和辊速比、装胶容量和塑解剂等。其中，辊距、辊速比、温度是影响开炼机塑炼效果的主要因素。两辊间距缩小，则剪切作用增大，塑炼效果增强。温度越低，则塑炼效果越好。也可使用塑解剂，塑炼温度可低一些。开炼过程中，空气中的氧和臭氧与物料接触较多，塑炼作用较好。塑炼中挤压、剪切作用会产生大量热量，需要对双辊通入冷水冷却（胶料温度一般控制在 55℃以下）；可采用分段塑炼，一般塑炼 10～15min 后冷却一段时间再塑炼。

2）密炼机塑炼

密炼机（密闭式炼胶机）塑炼是将称量好的橡胶投到密炼机的密炼室内，对物料进行加压，密炼室内两个转子以不同的速度相向回转，使被加工的生胶在转子与转子的间隙中、转子与密炼室壁的间隙中，以及转子与上、下顶栓的间隙中，受到不断变化的剪切、扯断、搅拌、折卷和摩擦的强烈捏炼作用，在高温、快速和加压的条件下橡胶的可塑性很快提高。密炼机的转子与密炼室内壁、转子与转子的间隙很小，物料在塑炼中所受剪切作用很大。物料不仅上下翻转，还受Z形转子的旋转带动而沿转子纵向来回运动，因此物料相互混合效果较好。由于塑炼中剪切作用大，即使冷却，温度仍很高，因此塑炼时间短。密炼机塑炼的生产能力大、劳动强度较低、电力消耗少，但由于是密闭系统，清理较困难，仅适用于胶种变化少的场合。

密炼机塑炼主要靠转子机械作用和热氧化裂解作用。密炼机塑炼的影响因素有转子转速、密炼室温度、塑炼时间、装胶容量和上顶栓压力等，其中装胶容量和上顶栓压力是影响密炼机塑炼效果的主要因素。由于塑炼效果在一定范围内随压力的增加而增大，因此上顶栓压力一般在0.5MPa以上，有时甚至达到0.6～0.8MPa。

密炼机塑炼属于高温机械塑炼，塑炼效果随温度的升高而增大，但温度过高会导致橡胶分子链的过度降解，致使胶料力学性能下降。例如，丁苯橡胶用密炼机塑炼时，如超过140℃则会产生支化、交联，形成凝胶，反而降低可塑性，在170℃下塑炼还会生成紧密型凝胶。为了提高密炼机的使用效率，通常对可塑性要求高的胶料采用分段塑炼或加塑解剂塑炼。

3）螺杆机塑炼

螺杆机塑炼主要是利用螺杆与机筒间的机械剪切力和高温热作用使橡胶分子链断裂，与开炼机和密炼机塑炼的差别是螺杆机塑炼中氧对生胶的作用较小。因此，采用螺杆机塑炼时应该严格控制排胶温度在80℃以下，防止出胶后胶料表面氧化作用，并尽量避免产生夹生胶。

螺杆机的螺杆分为前后两段。靠近加料口的一段为三角形螺纹，其螺距逐渐减小，以保证吃胶、送料以及初步加热和捏炼。靠近排胶孔的一段为不等腰梯形螺纹，胶料在这里经进一步挤压剪切后被推向机头，并再次受到捏炼作用。在前后两段螺纹中间的机筒内表面上装有切刀，以增加胶料被切割翻转的作用。机头由机头套和芯轴组成，机头套内表面有直沟槽，芯轴外表面有锥状体螺旋沟槽，胶料通过机头时进一步受到捏炼。机头套与芯轴之间的出胶孔隙大小可以通过机筒或螺杆的前后相对移动而调整。排胶孔出来的筒状塑炼胶片在出口处被切刀划开成片状，经输送带送往压片机补充塑炼和冷却下片。生胶进入料筒后，通过螺杆的旋转向口模方向行进；螺杆旋转时，由于螺杆与料筒的间隙很小，形成较大的剪切作用而使生胶塑炼。

螺杆机塑炼的特点是在高温下进行连续塑炼。胶料在料筒内因剪切摩擦而升温，属高温连续机械塑炼。在螺杆机中生胶一方面受到强烈的搅拌作用，另一方面由于生胶受螺杆与机筒内壁的摩擦而产生大量的热，加速了氧化裂解。用螺杆机塑炼时，温度控制很重要，一般机筒温度以95～110℃为宜，机头温度以80～90℃为宜。机筒温度超过120℃时，则排胶温度太高而使胶片发黏、粘辊，不易后续加工；机筒温度低于90℃时，设备负荷增大，塑炼胶会出现夹生现象。螺杆机塑炼的生产效率比密炼机高，生产能力较大，并能连续生产。但缺点是在操作运行中产生大量的热，对生胶力学性能的破坏性较大，分子量分布较宽。如果对塑炼温度加以合理控制，则可将这种破坏限制在最低程度。

5. 橡胶的塑炼特性

1）天然橡胶与合成橡胶塑炼特性的差别

橡胶的塑炼特性随其化学组成、结构、分子量及其分布等的不同而有显著差异。天然橡胶与合成橡胶塑炼特性的差别见表5.3.1。

表5.3.1 天然橡胶与合成橡胶塑炼特性的差别

特　性	天然橡胶	合成橡胶	特　性	天然橡胶	合成橡胶
塑炼难易	易	难	复原性	小	大
生热	小	大	收缩性	小	大
增塑剂	有效	效果差	黏着性	大	小

2）合成橡胶低温塑炼的条件

合成橡胶比天然橡胶难塑炼。根据塑炼机理，合成橡胶在低温塑炼时需满足下列条件：①橡胶分子主链中有结合能较低的弱键存在；②橡胶所受剪应力较大；③被切断的橡胶高分子自由基不易发生再结合或与其他橡胶分子反应；④尽可能使橡胶高分子在氧化断链反应中生成的过氧化物对橡胶分子产生断链作用，而不成为交联反应的引发剂。

3）多数二烯类合成橡胶难塑炼的原因

由于大多数二烯类合成橡胶不具备上述合成橡胶低温塑炼需满足的条件，因此较难塑炼。其原因如下所述。

① 在天然橡胶聚异戊二烯链中存在的甲基共轭效应在聚丁二烯橡胶和丁苯胶中不存在，所以机械塑炼时二烯类橡胶分子链的断裂不如天然橡胶容易。

② 合成橡胶的初始黏度一般较低，分子链短，在塑炼时分子间易滑动，剪切作用减少。同时，合成橡胶在辊压伸长时的结晶也不如天然橡胶显著，因此在相同条件下所受机械剪切力比天然橡胶低。

③ 在机械力作用下生成的丁二烯类橡胶分子自由基的稳定性比天然橡胶聚异戊二烯的低，在缺氧条件会再结合成长链型分子或产生支化和凝胶。在有氧存在的条件下，能产生氧化作用，同时发生分解和支化等反应，分解反应导致橡胶分子量降低，支化反应导致凝胶的生成。

5.3.2 混炼

混炼是指用炼胶机将生胶或塑炼生胶与配合剂炼成混炼胶的工艺，是橡胶加工中最重要的生产工艺之一。

1. 混炼目的

为了提高橡胶产品的使用性能，改进橡胶工艺性能和降低成本，必须在生胶中加入各种配合剂。混炼就是将各种配合剂与可塑度合乎要求的生胶或塑炼生胶在一定的温度和机械力作用下混合均匀，制成性能均一、可供成型的混炼胶的过程。混炼的目的是通过机械作用使生胶和各种配合剂均匀混合，混炼的成品称为混炼胶。在混炼胶中粒状配合剂呈分散相，生胶呈连续相。若混炼不良，胶料会出现各种各样的问题，如焦烧、喷霜（混炼胶或硫化胶内部的液体或固体配合剂因迁移而在橡胶制品表面析出形成云雾状或白色粉末物质的现象）

等，使压延、压出、涂胶、硫化等工序难以正常进行，并导致成品性能下降。

在混炼过程中，橡胶分子结构、分子量大小及其分布、配合剂聚集状态均发生变化。通过混炼，橡胶与配合剂发生物理及化学作用，形成新的结构。混炼胶就是一种具有复杂结构特性的分散体系，控制混炼胶质量对保持半成品和成品性能有重要意义。通常采用的检查混炼效果的方法有：目测或显微镜观察，测定可塑性，测定相对密度，测定硬度，测定力学性能和进行化学分析等。检验的目的是判断胶料中的配合剂是否分散良好，有无漏加和错加配合剂，以及混炼操作是否符合工艺要求等。

2. 混炼机理

由于生胶黏度很高，为使各种配合剂均匀地混入和分散，则必须借助炼胶机的强烈机械作用进行混炼。由于各种配合剂的表面性质不同，它们对橡胶的活性影响也不一致。按照表面特性，配合剂一般可分为两类：一类具有亲水性，如碳酸盐、陶土、氧化锌、锌钡白等；另一类具有疏水性，如各种炭黑等。

用量最大的配合剂是炭黑。炭黑在橡胶中的均匀分散过程有三个阶段：第一阶段是润湿过程，即生胶分子逐渐进入炭黑颗粒聚集体的空隙中成为包容橡胶；第二阶段是分散过程，在强剪切力作用下，包容橡胶体积逐渐变小，直至炭黑在生胶中充分分散；第三阶段是生胶的化学降解阶段，此时橡胶分子链受剪切力作用而断裂，分子量和黏度下降。

生胶的混炼性能好坏常以炭黑混入时间(BIT)衡量。炭黑混入时间是指从炭黑被混炼到均匀分散所需的时间，一般用密炼机的转动力矩对时间作图，将出现第二个转矩峰作为分散过程终结，出现第二个转矩峰的时间称为炭黑混入时间，即 BIT 值。BIT 值越小，混炼越容易。

混炼时的辊筒温度决定了生胶的包辊性能，应选择适当的辊筒温度，使生胶在能够完全包辊的情况下进行混炼，而后在升温进行压延。

3. 混炼的影响因素

混炼胶组分复杂，组分性质影响混炼过程、分散程度及混炼胶的结构。

1) 配合剂的性质

(1) 分散性。

一般能溶于橡胶的配合剂比较容易混合均匀，如软化剂、促进剂、硫黄。不能溶于橡胶的配合剂不容易混合均匀，如填充剂、补强剂。

(2) 几何形状。

球状配合剂(即使不溶于橡胶)比较容易混合均匀，如炭黑。片状、针状等不对称形状的配合剂一般不容易混合均匀，如陶土、滑石粉、石棉。

(3) 表面性质。

表面性质与橡胶相近的配合剂容易混合均匀，如炭黑。表面性质与橡胶相差较大的配合剂不容易混合均匀，如陶土、硫酸钡、碳酸钙、氧化锌、氧化镁。对于表面性质与橡胶相差较大的配合剂，可以采用加入表面活性剂的办法来解决其不容易混合均匀的问题。常用的表面活性剂有硬脂酸、高级醇、含氮化合物。

(4) 聚集体。

对于粒径很小的配合剂(如炭黑、某些填充剂)，颗粒团聚倾向很大，必须在混炼时使其搓开。胶料黏度高有利于分散团聚体。因此，塑炼胶的可塑性不宜过大，混炼温度不宜过高。

2）结合橡胶的作用

混炼过程中，当橡胶分子被断裂成链自由基时，炭黑粒子表面的活性部位能与链自由基结合，形成一种不溶于橡胶溶剂的产物，即结合橡胶。已经与炭黑结合的橡胶分子又会通过缠结、交联等结合更多的橡胶分子，生成更多的结合橡胶。不仅在混炼中会生成结合橡胶，在混炼后的停放过程中也会生成结合橡胶。

结合橡胶的生成有利于补强剂、填充剂的分散，有利于改善物料性能。但如果生成的与橡胶结合的炭黑凝胶过多，则难以进一步分散。一般地，橡胶的不饱和度越高，越容易生成结合橡胶；橡胶的化学活性越大，越容易生成结合橡胶；配合剂粒子越细，越容易生成结合橡胶；配合剂活性越大，越容易生成结合橡胶；混炼温度越高，越容易生成结合橡胶。

3）混炼胶的结构

混炼胶是一种具有复杂结构特性的胶态分散体，由粒状配合剂分散于生胶中而形成。混炼胶与一般胶态分散体系的区别在于：

(1) 分散介质由生胶和溶于生胶的配合剂共同组成，分散介质和分散体的组成随温度而变；

(2) 细粒状配合剂分散在生胶中，在接触界面上形成多种化学、物理的结合；

(3) 橡胶的黏度很高，热力学不稳定性不明显。

4. 混炼工艺

混炼需借助强大机械力作用进行。混炼时的加料顺序是：①先加塑炼胶或具有一定可塑性的生胶；②再加用量少、难分散的配合剂；③后加用量多、易分散的配合剂；④最后加硫黄等硫化剂。

混炼工艺依所用炼胶机的类型而异，按其使用的炼胶机一般可分为开炼机混炼、密炼机混炼和螺杆机混炼。

1）开炼机混炼

开炼机混炼是在炼胶机上先将橡胶压软，然后按一定顺序加入各种配合剂，经反复捣胶压炼，采用小辊距薄通法，使橡胶与配合剂互相混合以得到均匀的混炼胶。

加料顺序对混炼操作和胶料的质量都有很大影响，不同的胶料，根据所用原材料的特点，采用一定的加料顺序，通常为：生胶或塑炼胶→固体软化剂→小料（促进剂、活性剂、防老剂）→液体软化剂→补强剂、填充剂→硫黄、超促进剂。

开炼机混炼的工艺控制因素主要是辊速、速比和辊温，一般辊速为 15～35r/min，速比为 1∶1.1～1∶1.2，辊温为 50～60℃。因剪切升温，混炼中需通入冷却水。混炼中采用割开、翻动、折叠等方法，使各配合剂与胶料混合均匀。

开放式炼胶机混炼的缺点是粉剂扬尘大、劳动强度大、生产效率低，生产规模也比较小。优点是适合混炼的胶料产品多，适应性强，可混炼各种胶料；混炼后的胶料成片状，可直接进行后加工，无需辅助混炼。

2）密炼机混炼

密炼机混炼一般是与压片机配合使用，先把生胶和配合剂按一定顺序投入密炼机的混炼室内，使之相互混合均匀后，排胶于压片机上压成片，并使胶料温度降低(不高于100℃)，然后加入硫化剂和需低温加入的配合剂，通过捣胶装置或人工捣胶反复压炼，以便混炼均匀。

密炼机混炼方法主要有一段混炼法、二段混炼法、引料法和逆混法。

(1) 一段混炼法是指经密炼机和压片机一次混炼而制成混炼胶的方法。通常加料顺序为：生胶→小料→填充剂→炭黑→油料软化剂→排料。胶料直接排入压片机，薄通数次后，使胶料降至100℃以下，再加入硫黄和促进剂，翻炼均匀后下片冷却。此法的优点是比二段混炼法的胶料停放时间短和占地面积小，缺点是胶料可塑性偏低，补强剂炭黑不易分散均匀，而且胶料在密炼机中的炼胶时间长，易产生早期硫化。此法较适用于天然橡胶胶料和合成橡胶比例不超过50%的胶料。

(2) 二段混炼法的混炼过程分为两个阶段。其中第一段同一段混炼法一样，只是不加硫黄和活性较大的促进剂，首先制成一段混炼胶(炭黑母炼胶)，然后下片冷却停放8h以上。第二段是将第一段混炼胶放回密炼机上进行补充混炼加工，待捏炼均匀后排料至压片机，加硫化剂、促进剂，并翻炼均匀下片。为了使炭黑更好地在橡胶中分散，提高生产效率，通常第一段在快速密炼机(转速40r/min以上)中进行，第二段则采用慢速密炼机，以便在较低的温度加入硫化剂。密炼机加料顺序一般为：生胶→小料→填充剂→补强剂→液体增塑剂→硫黄。一般当合成橡胶比例超过50%时，为改进并用胶的掺和、炭黑的分散，提高混炼胶的质量和硫化胶的力学性能，可以采用二段混炼法，如氯丁胶料、顺丁胶料等。

(3) 引料法是在投料同时投入少量(1.5～2kg)预混好的未加硫黄的胶料，作为引胶或种子胶。当生胶和配合剂之间浸润性差、粉状配合剂混入有困难时，这样可大大加快粉状配合剂的混合分散速度。无论是在一段、二段混炼法还是逆混法中，加入引胶均可获得良好的分散效果。例如，丁基橡胶的内聚力低、自黏性差，胶料容易散碎，重新聚结为整体的过程又十分缓慢，混炼时需要较高的混炼温度与较长的混炼时间，混炼时配合剂不易分散，包辊性较差。因此，使用开炼机或密炼机混炼丁基橡胶时，常采用引料法来克服丁基橡胶包辊性差的问题，加料过程中采取慢加料分批进行。首先将配方中一半生胶以小辊隙反复薄通，待包辊后再加另一半生胶，以提高混炼效果。

(4) 逆混法是加料顺序与上述诸法加料顺序相反的混炼方法：先将炭黑等各种配合剂和软化剂按一定顺序投入混炼室，在混炼一段时间后再投入生胶或塑炼胶进行加压混炼。其优点是可缩短混炼时间，还可提高胶料的性能。该法适用于能大量添加补强剂特别是炭黑的胶种，如顺丁橡胶、乙丙橡胶等，也可用于丁基橡胶。逆混法还可根据胶料配方特点加以改进，如抽胶改进逆混法及抽油改进逆混法等。

密炼机混炼温度高、压力大；混炼容量大；混炼时间短，生产效率高；自动化程度高；因混炼室密闭，减少了粉剂的飞扬，劳动条件改善。但是对温度敏感的胶料不适合密炼；密炼后的胶料形状不规则，还需配备开炼机补充加工。

密炼机混炼的工艺控制因素主要是装料量、温度和上顶栓压力，一般装料量为$V_{装}=KV$(K为装料系数，V为密炼机容积)，其中装料系数K常用0.48～0.75，温度为100～130℃(近年来也有采用170～190℃)。上顶栓压力的提高有利于增加装料量，缩短密炼时间，提高混炼胶质量。密炼机混炼重点主要是控制密炼时间，应根据具体配方而定。密炼机混炼时投料顺序基本同开炼机混炼，但交联剂和促进剂须在密炼后的开炼辅助操作中加入。

3）螺杆机混炼

螺杆机混炼是一种连续混炼方法，混炼机是螺杆传递式装置，可节省能源和占地面积，减轻劳动强度，并且便于连续化生产。采用螺杆混炼机进行混炼，可与压延、挤出等后道工序联动，便于实现自动化。

4）混炼胶后处理

混炼胶后处理是指混炼后混炼胶的冷却、停放及质量检验。混炼胶一般需强制冷却至30～35℃以下停放一段时间。停放的目的是使橡胶应力松弛、配合剂继续分散均匀、橡胶与炭黑进一步相互作用。混炼质量可以通过混炼胶的可塑度、硬度、密度和力学性能等进行快速检验。

5. 橡胶的混炼特性

1）天然橡胶

天然橡胶一般比合成橡胶容易混炼，其受机械捏炼时，塑性增加很快，发热量比合成橡胶小，配合剂易于分散。加料顺序对配合剂分散程度的影响不像合成橡胶那样显著，但混炼时间对胶料性能的影响比合成橡胶大。采用开炼机混炼时，辊温一般为50～60℃（前辊较后辊高5℃左右）。用密炼机时多采用一段混炼法。

2）丁苯橡胶

混炼时生热量大、升温快，混炼温度比天然橡胶低。丁苯橡胶对粉剂的润湿能力较差，粉剂难以分散，所以混炼时间比天然橡胶长。采用开炼机混炼时需增加薄通次数；采用密炼机混炼时，可采用二段混炼法，硫化剂、超促进剂在第二段混炼的压片机中加入。由于丁苯橡胶在高温下容易聚结，因此密炼机混炼时需注意控制温度，一般排胶温度不宜超过130℃。

3）氯丁橡胶

氯丁橡胶的物理状态随温度而变化。通用型氯丁橡胶在常温至70℃时为弹性态，容易包辊，混炼时配合剂易于分散；温度升高至70～94℃时呈粒状，并出现黏辊现象而不能进行塑炼、混炼、压延等工艺；温度继续升高而呈塑性态时，显得非常柔软而没有弹性，配合剂也很难均匀分散。

采用开炼机混炼时，辊温一般在40～50℃范围内，温度高则易粘辊。加料时先加入氧化镁后加入氧化锌，可避免焦烧。当氯丁橡胶中掺入10%的天然橡胶或顺丁橡胶时，能改善工艺性能。采用密炼机混炼时，可采用二段混炼，操作更安全，氧化锌在第二段混炼的压片机上加入。

由于氯丁橡胶混炼时温度高则容易出现粘辊和焦烧，因此操作时须严格控制温度和时间。

4）两种或两种以上橡胶并用

若配方中采用两种或两种以上的橡胶，其混炼方法有两种：方法一是橡胶各自塑炼，使其可塑性相近，然后相互混匀，再加配合剂分散均匀，此法较简便；方法二是各种橡胶分别加入配合剂混炼，然后把各胶料再相互混炼均匀，此法能提高混炼的均匀程度。

5.4 压延

压延是高分子材料加工中重要的基本工艺过程之一，也是某些高分子材料如橡胶、热塑性塑料的半成品及成品的重要加工成型方法之一。橡胶的压延加工首先是由开炼机将混炼胶片进行粗炼、细炼，或由销钉式冷喂料挤出机给压延机供料；如果产品中含有织物，则织物先经烘干后经一定张力送至压延机；通过压延机辊筒的延展和挤压，制成胶片或胶帘布，再通过冷却降温，最后卷取得到制品。与塑料的压延相同，压延过程是通过两个辊筒作用把胶料碾压成具有一定厚度和宽度的胶片的过程。

5.4.1 概述

橡胶的压延工艺是指将胶料通过辊筒间隙并在压力作用下延展成一定厚度和宽度的胶片，在胶片上压出某种花纹，或在作为制品结构骨架的织物上覆上一层薄胶等的工艺过程。

橡胶压延的主要设备是压延机，压延机的工作原理是：两个相邻辊筒在等速或有速比的情况下相对回转时，将具有一定温度和可塑性的胶料在辊面摩擦力的作用下拉入辊距中，由于辊距截面逐渐变小，胶料逐渐受到强烈的挤压与剪切作用而延展成型，从而完成胶片压延或压型、纺织物覆胶、钢丝帘布粘胶，以及多层胶片的贴合。

表面上看，压延只是胶料造型的变化，但实质上也是一种流体流动变形的过程。在压延过程中，胶料一方面发生黏性流动，另一方面发生弹性变形。压延中的各种工艺现象与胶料的流动性质有关，也与胶料的黏弹性有关。胶料在辊隙中的受力情况与塑料非常相似。压延时，胶料流动的动力来自两个方面：一是辊筒旋转拉力，它是由胶料和辊筒之间的摩擦作用产生，其作用是把胶料带入辊筒间隙；二是辊筒间隙对胶料的挤压力，其作用是使胶料变形并前进。

橡胶压延机按辊筒数目分为双辊、三辊、四辊等。此外，还常配备有预热胶料的开放式炼胶机，向压延机输送胶料的运输装置，纺织物的浸胶、干燥装置，以及纺织物压延后的冷却装置等。橡胶压延机可分为以下五种类型。

(1) 压片压延机——三辊或四辊，各辊的转速相同。

(2) 擦胶压延机——常用三辊，各辊间有一定的速比。

(3) 通用压延机——三辊或四辊，各辊的速比可变。

(4) 压型压延机——二辊、三辊或四辊，一个辊筒表面刻有花纹或沟槽，并可以拆换。

(5) 钢丝压延机——常用四辊，用于钢丝帘布的贴胶。

橡胶压延成型之前的准备工艺主要是胶料的热炼。采用开炼机对混炼胶进行捏炼，以提高胶料的温度，使之达到均匀的可塑度，并起到补充混炼分散的作用。各种压延成型工艺对胶料的可塑度要求有所不同：①擦胶要求胶料有较高的可塑度，易渗入织物的空隙；②压片和压型要求胶坯有较好的挺性，可塑度可略低；③贴胶要求胶料的可塑度介于前两者之间。

5.4.2 压延工艺

压延加工通常在温度较高的情况下进行，温度是影响压延操作的重要参数之一，辊筒温度分布会影响压延制品的质量。同时，辊筒内外温差引起的温度应力与辊筒所受的弯矩应力、扭矩剪切应力的复合，还会影响到辊筒的强度并加大辊筒的挠度变形，从而使压延制品产生较大的厚度误差。

橡胶压延主要用于胶片压延、压型、纤维织物与钢丝帘布的挂胶等橡胶半成品的生产。橡胶压延机常用的三辊与四辊压延工艺如图 5.4.1 所示。

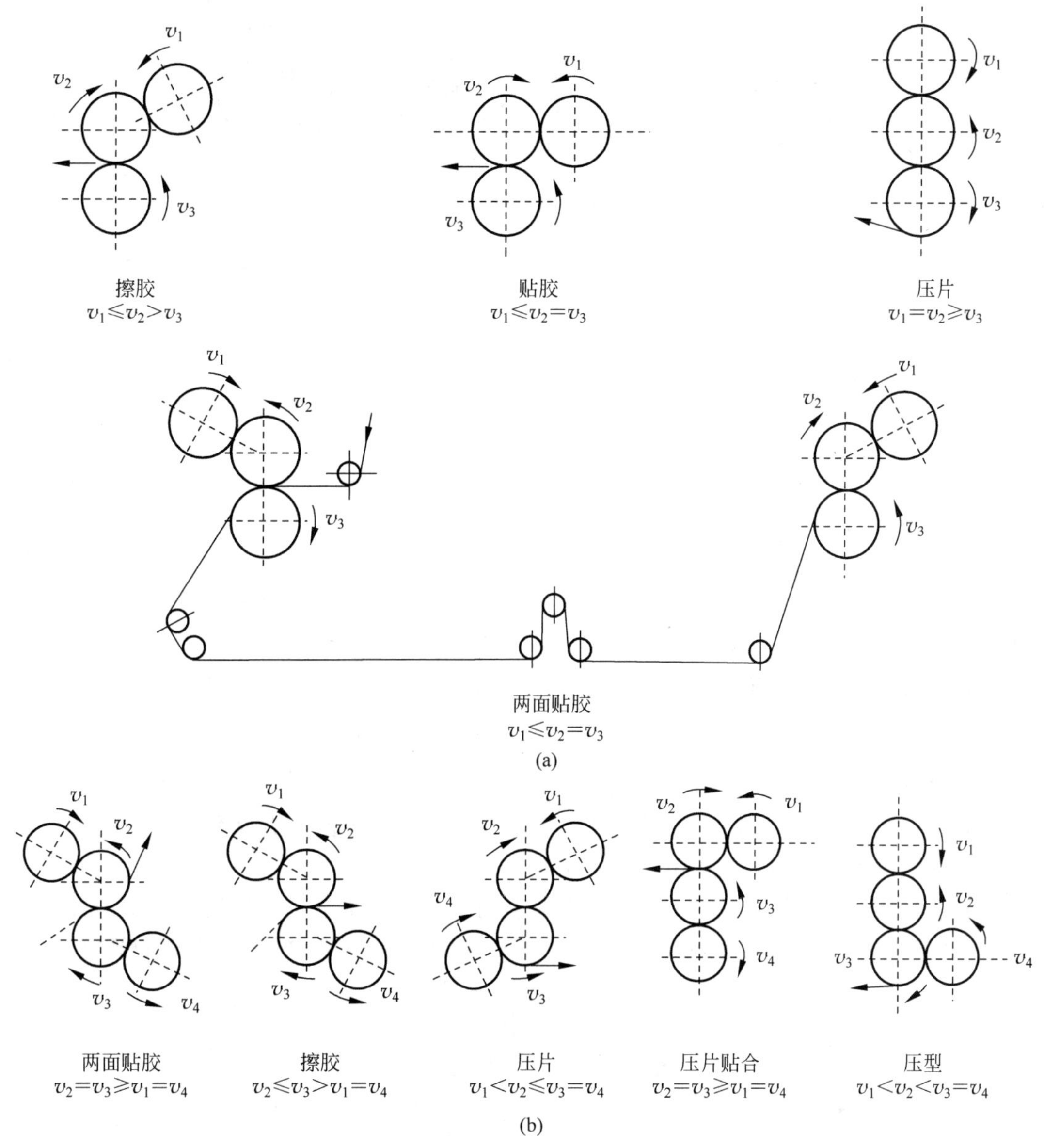

图 5.4.1　三辊与四辊橡胶压延工艺示意图

(a) 三辊压延机；(b) 四辊压延机

1. 胶片压延

胶片压延又称压片，是使用压延机将预热好的胶料压制成具有一定表面形状与规定断面规格的胶片。胶片表面应光滑、无气泡、不皱缩，厚度均匀。胶片压延示意图见图 5.4.2，其中，图(a)的中、下辊间不积胶，下辊仅作冷却用，温度要低；图(b)的中、下辊间有积胶，下辊温度接近中辊温度，适量的积胶可使胶片光滑而气泡少；图(c)四辊压延所得的胶片规格较准确。

胶片压延时，辊温应根据胶料的性质而定。通常含胶量高或弹性大的胶料，其辊温应较高；含胶量低或弹性小的胶料，其辊温宜较低。为了使胶片在辊筒间顺利转移，压延机各辊

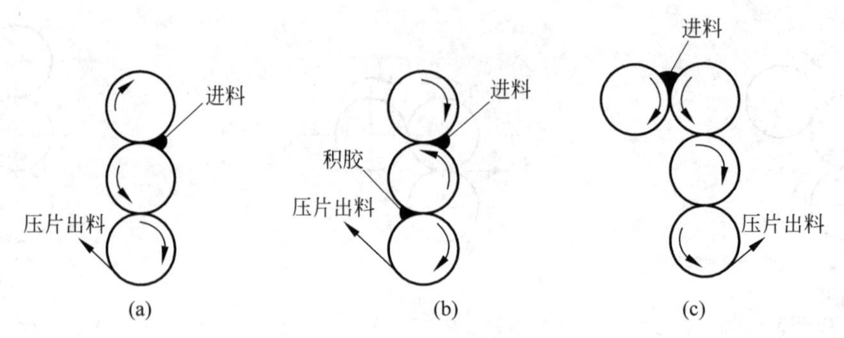

图 5.4.2 胶片压延示意图

(a) 中、下辊间无积胶；(b) 中、下辊间有积胶；(c) 四辊压延

筒应有一定的温度差。例如，天然橡胶胶料会黏附在热相上，胶片由一个辊筒转入另一个辊筒时，后者的辊温就应该高一些；丁苯橡胶胶料则黏附冷辊，所以后辊的辊温应低一些。

胶料的可塑性对胶片压延质量影响很大，要得到好的胶片，就要求胶料有一定的可塑度。胶料塑性小，压延后的胶片收缩大，表面不光滑。

压延后的胶片，其纵向(胶片前进的方向)与横向的力学性能不相同，纵向的扯断力比横向的大，伸长率比横向小，收缩率则比横向大。其他的力学性能也有相应的变化。与塑料的压延相同，这种纵横向性能差异的现象称为压延效应。这是胶料中橡胶和各种配合剂分子经压延作用后产生定向排列的结果。

2. 压型

压型是指将热炼后的胶料压制成具有一定断面形状或表面刻有某种花纹的胶片的工艺，此种胶片可用作鞋底、轮胎胎面等的坯胶。

压型用的压延机至少有一个辊筒的表面上刻有一定的图案。各种类型的压延方法如图 5.4.3 所示，其操作情况与胶片压延相似。压型要求规格准确、花纹清晰、胶料致密性好。

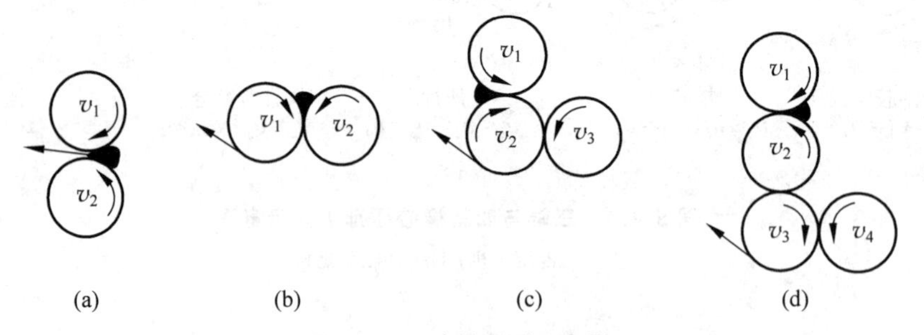

图 5.4.3 胶料压型示意图

(a) 两辊压型($v_1=v_2$)；(b) 两辊压型($v_1=v_2$)；(c) 三辊压型($v_1 \geqslant v_2=v_3$)；(d) 四辊压型($v_2=v_3=v_4 \leqslant v_1$)

胶料的可塑性、热炼温度、返回胶掺用率，以及辊温、装胶量等都对压型质量有很大的影响。需要注意的是，压型依靠胶料的可塑性而不是压力，所以辊筒左右的压力要平衡，胶料要有一定的可塑度。此外，压型后要采取急速冷却以使花纹定型。

3. 纺织物的贴胶和擦胶

纺织物挂胶是指将胶料均匀牢固地压覆于纺织物表面生产胶布的压延工艺过程。根据使用纺织物种类及胶布种类和性能要求的不同,橡胶压延法生产纺织物挂胶分擦胶与贴胶两种加工方式。用压延机在纺织物上复合上一层薄胶称贴胶,使胶料渗入纺织物则称为擦胶。常用压延机在纺织物上挂上一层薄胶,制成挂胶帘布或挂胶帆布作为橡胶制品的骨架层,如轮胎外胎的尼龙挂胶帘布层。

贴胶和擦胶的主要目的是保护纺织物,以及提高纺织物的弹性。为此,要求橡胶与纺织物有良好的附着力,压延后的胶布厚度要均匀,表面无布折,无露线。

常用的四辊压延机一次双面贴胶和三辊压延机单面两次贴胶的工艺如图 5.4.4 所示。图(a)中贴胶的两辊速度相等,中、下辊间没有积胶,是三辊压延机的一种;图(b)是中、下辊间有适当积胶的贴胶,这种称为压力贴胶;由于有堆积胶,胶料易于渗入纺织物中;图(c)靠辊筒的压力在纺织物上贴胶,供胶的两辊筒稍有速度比,有利于去除气泡,不易粘辊。

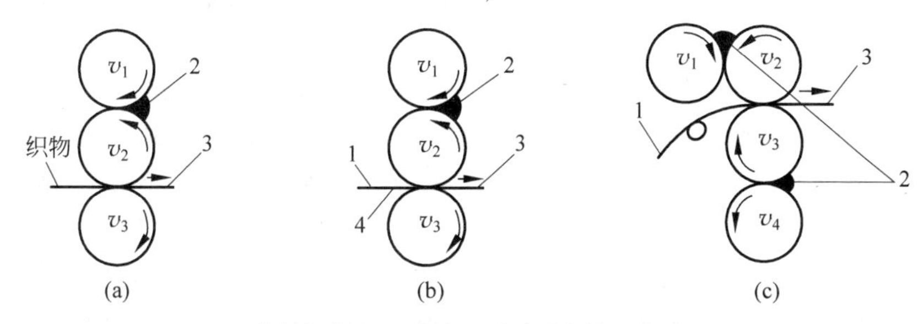

1-纺织物进辊;2-进料;3-贴胶后出料;4-积胶。

图 5.4.4　贴胶工艺示意图

(a) 无积胶贴胶($v_2=v_3>v_1$);(b) 有积胶贴胶($v_2=v_3>v_1$);(c) 四辊两面一次贴胶($v_2=v_3>v_1=v_4$)

贴胶和擦胶的方法在生产中都已普遍应用,有些纺织物既可采用贴胶,又可采用擦胶。贴胶和擦胶各有优缺点。贴胶法由于两辊筒间摩擦力小,对纺织物的损伤较少,同时压延速度快,生产效率高,但胶料对纺织物的渗透较差,会影响胶料与纺织物的附着力。贴胶适用于薄的纺织物或经纬密度稀的纺织物(如帘布),特别适用于已浸胶的纺织物如帆布等。

4. 胶片贴合

胶片贴合是指采用压延机将两层薄胶片贴合成一层胶片的工艺,用于质量要求较高、较厚胶片的贴合,以及两种不同胶料组成的胶片或夹布胶片的贴合(图 5.4.5)。胶片贴合时要求各胶片有一致的可塑度,否则贴合后易产生脱层、起鼓等现象。

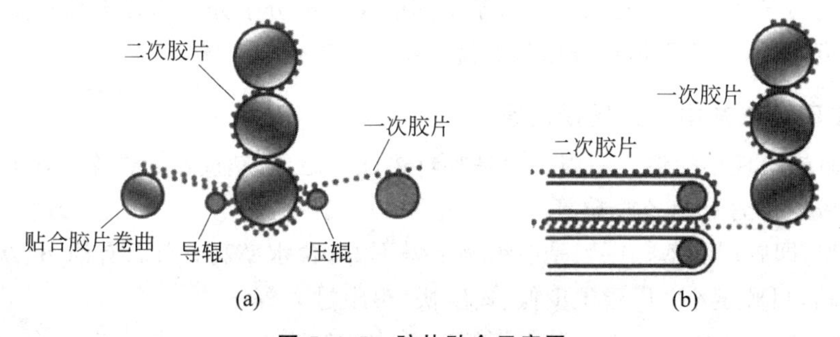

图 5.4.5　胶片贴合示意图

(a) 三辊压延机贴合;(b) 四辊压延机贴合

5.4.3 压延工艺的影响因素

压延橡胶制品质量的控制，受到配方设计、设备和压延机操作工艺等诸多因素的影响。影响橡胶压延性能的主要因素是压延机辊筒温度、辊筒速度、加工时间与橡胶原料自身的主要特性。

1. 压延机操作工艺因素

（1）辊温和辊速。物料压延成型时所需要的热量，一部分由加热辊筒供给，另一部分则来自物料与辊筒之间的摩擦以及物料自身剪切作用所产生的能量。摩擦热产生的大小除了与辊速有关，还与物料自身的塑性程度有关。如果在高速条件下，辊温要低一些，否则会引起物料温度上升，从而导致粘辊。反之，如果在低速条件下，辊温要高一些，否则会使制品表面毛糙，有气泡甚至出现空洞。

（2）辊筒速比。压延机具有速比的目的不仅在于使物料依次贴辊，还在于使物料更好地塑化。此外，还可使物料取得一定的延伸和定向，从而使制品厚度减小，质量提高。调节速比的要求是不能使物料粘辊和脱辊。速比过大会出现粘辊现象，过小则不宜吸辊。

（3）辊距及辊隙间存料。调节辊距的目的是适应不同厚度产品的要求，以及改变存料量。压延辊的辊距，除最后一道辊距与产品的厚度大致相同外，其他各道辊距都较大，而且按辊筒的排列次序自下而上逐渐增大，以使各辊隙间有少量存料。辊隙存料在压延成型中起储备、补充和进一步塑化的作用。

2. 加工时间及硫化程度

压延加工时间增加时，胶料各向异性增大。同时，硫化胶和未硫化试样在各向异性方面的差异较大，硫化时间越长，各向异性相应减小。

3. 橡胶原料特性

（1）分子量。

一般地，使用分子量较高和分子量分布较窄的树脂或橡胶，可以得到力学性能、热稳定性和表面均匀性好的制品，但会增加压延温度和设备的负荷。

（2）流变特性。

高分子按物理性能的不同分为玻璃态、高弹态、黏流态。处于高弹态和黏流态之间、靠近黏流态的高分子才适合压延加工。由于不同的橡胶高分子处于高弹态和黏流态的温度范围和剪切黏度不同，需要根据橡胶原料的流变特性选择压延工艺条件。

4. 橡胶压延工艺中常见质量问题

（1）麻面或出现小疙瘩。原因一般是胶料热炼不足、可塑度小；热炼不均匀；温度过高产生自硫或胶料中含有自硫胶粒等。

（2）掉胶，即胶层剥落。原因是纺织物干燥不好，含水率高；布面有油污、灰尘等杂物；胶料热炼不均，可塑度小；压延温度低、速度快、辊距过大等。

（3）帘布跳线、弯曲。原因是胶料可塑度不均；布卷过松；中辊积胶过多，局部受力过大；帘布纬线松紧不一。

（4）出兜，即帘布中部松而两边紧的现象。原因是纺织物受力不均，中部受力大于边部；纺织物本身密度不均匀，伸长率不一致。

(5) 压偏、压坏、打折。压偏是由辊距一边大一边小、递布不正、辊筒轴承松紧不一致造成的。压坏一般是由操作不当所致，例如辊距、速度、积胶控制不好等。打折则是由垫布卷取过松、挂胶布与冷却辊速不一致引起的。

5.4.4 常用橡胶的压延特性

1. 天然橡胶

热塑性大、收缩率小、压延容易。天然橡胶易黏附热辊，压延时应适当控制各辊的温差，以使胶片能在辊筒间顺利转移。

2. 丁苯橡胶

热塑性小、收缩率大，因此用于压延的胶料必须充分塑炼。由于丁苯橡胶对压延的热敏感性显著，其操作与天然橡胶有所不同，压延温度应低于天然橡胶（一般低 5～15℃），各辊温差由高到低。

3. 顺丁橡胶

顺丁橡胶的压延温度应比天然橡胶低些，压延的半成品较丁苯橡胶胶料光滑、紧密和柔软。

4. 氯丁橡胶

通用型氯丁橡胶在 75～95℃时易粘辊，难以压延。压延应采用低温法（65℃以下）或高温法（95℃以上）。压延后要迅速冷却。若在胶料中加入少许石蜡、硬脂酸或掺用少量顺丁橡胶，则可减少粘辊现象。

5. 乙丙橡胶

乙丙橡胶的压延性能良好，可以在广泛的温度范围内（80～120℃）连续作业，温度过低时胶料收缩率大，易产生气泡。另外，压延胶料的门尼黏度应选择恰当。

6. 丁基橡胶

丁基橡胶在无填料时不能压延，填料多时则较易压延。丁基橡胶粘冷辊，脱热辊，压延时各个辊筒应保持一定的温度范围。

7. 丁腈橡胶

丁腈橡胶胶料黏性小、易粘冷辊，热塑性小、收缩性大，在胶料中加入填充剂或软化剂可减少收缩率。当填充剂的质量占生胶质量的 50％以上时，才能得到表面光滑的压延胶片。

5.5 挤出

橡胶的挤出成型是半成品成型，半成品还需要硫化才能最终成为制品。在橡胶工业中挤出的应用很广，如轮胎胎面、内胎、胶管内外层胶、电线、电缆外套及各种异形断面的制品等都可用挤出机造型。

5.5.1 挤出的工艺过程

挤出是橡胶加工中的一项基础工艺，其基本作业是在挤出机中对胶料加热与塑化，通过螺杆的旋转，使胶料在螺杆和机筒筒壁之间受到强大的挤压力，不断地向前移动，并借助于口型挤出各种断面的半成品，以达到初步造型的目的。

橡胶的挤出成型分为四个阶段：第一阶段，接受喂入料，输送和压实混炼胶；第二阶段，加热和塑化胶料，使之成为更易流动的块料；第三阶段，混合和热均化混炼胶；第四阶段，利用压力迫使混炼胶通过口模成型。对于热喂料挤出机，第二阶段和第三阶段则是由预热的开炼机提供的。

橡胶挤出工艺如下所述。①混炼胶的热炼。混炼胶通过热炼而塑化，提高可塑性，以条状或厚片状进入挤出机。热炼温度为 70～80℃。②挤出成型。胶料在挤出机内，保温、均化、增加成型可塑性，通过口型挤出，得到橡胶半成品。③冷却。橡胶胶料经口型挤出后迅速冷却到 25～35℃以下，以防止橡胶制品焦烧和变形。

1. 内胶挤出

内胶挤出是指将胶料通过相应口型的挤出机挤出，可以获得相应规格的坯管，其产品质量及生产效率等都优于胶片包贴工艺。在内胶挤出过程中，挤出机各部位温度，芯型和口型选配，以及胶料挤出膨胀率，与内胶挤出质量有非常密切的关系。

(1) 挤出温度。挤出机口型、机头、机身这三部分的温度对挤出管坯质量关系很大。通常，挤出温度依不同胶料及其含胶率、可塑性等因素而定。不同胶料的挤出温度见表 5.5.1。

表 5.5.1 不同胶料的挤出温度

胶　　种	挤出机各部位温度/℃			胶　　种	挤出机各部位温度/℃		
	机身	机头	口型		机身	机头	口型
天然橡胶	50～60	65～75	85～95	丁腈橡胶＋氯丁橡胶	20～30	50～60	70～80
天然橡胶＋氯丁橡胶	30～40	50～60	65～75	丁基橡胶	50～60	70～80	85～95
天然橡胶＋丁苯橡胶	40～50	60～70	75～85	氯磺化聚乙烯	40～50	50～60	65～75
天然橡胶＋顺丁橡胶	30～40	60～70	75～85	乙丙橡胶	45～55	55～65	90～100
丁腈橡胶	23～35	55～65	70～80				

(2) 芯型选配。管坯的挤出机芯型一般为圆锥体结构，以利于挤出和调节管坯内径，其中直头型挤出机芯型的锥度较大，即对挤出管坯内径的调节范围较宽。因此，在挤出过程中，特别是采用直头型挤出机时，只需选配与挤出管坯内径相适应的芯型规格即可。

(3) 口型选配。管坯挤出中，较为常用的挤出口型为内圆锥形结构，由于挤出规格及胶料膨胀率等多种因素，因此，挤出口型的选配变换比较频繁。为了选取适宜的挤出口型，一般先根据挤出管坯的规格选取相近的口型，在一定的挤出条件下进行试挤出，然后测得试挤出管坯的直径，并计算其膨胀率。一般情况下，挤出管坯的膨胀率可按下式计算：

$$B=(D_2-D_1)/D_1\times 100\% \tag{5.5.1}$$

式中，B 为胶料挤出膨胀率，%；D_1 为口型内直径，mm；D_2 为试挤出管坯的外直径，mm。

(4) 挤出膨胀率的影响因素。橡胶管制造的挤出工艺中，挤出膨胀率的影响因素较多。例如，若所使用的胶种、胶料含胶率、胶料可塑性、挤出温度、挤出胶层厚度及挤出速度等变化，则其挤出膨胀率也会变化。

① 胶种。一般情况下，丁苯橡胶、丁腈橡胶和丁基橡胶等合成橡胶的挤出膨胀率都大于天然橡胶，而顺丁橡胶和氯丁橡胶类似于天然橡胶。在多胶种并用时，其挤出膨胀率随胶料组成而变化。

② 胶料含胶率。在使用胶种相同的情况下，含胶率越高，其挤出膨胀率越大；反之膨胀率越小。

③ 胶料可塑性。同一种胶料，可塑性越高，其挤出膨胀率越小；反之，挤出膨胀率越大。

④ 挤出温度。采用同一种胶料，在允许的温度范围内，在其他工艺条件一定的情况下，挤出温度较高者，其挤出膨胀率较小；反之，挤出膨胀率较大。

⑤ 挤出厚度。在其他条件相同的情况下，挤出膨胀率随挤出胶层厚度的增加而减小。

⑥ 挤出速度。在一定的挤出条件下，挤出机螺杆的转速越快，挤出膨胀率越大，反之挤出膨胀率越小。

(5) 挤出内胶厚度的补偿。为使胶管成品内胶层厚度符合产品标准要求，一般挤出胶层厚度要比结构设计的厚度适当增加一些，以补偿在工艺过程中所造成的壁厚减薄。引起内胶减薄的原因比较多，例如以硬芯法成型的胶管，在内胶筒套管时因充气而膨胀，以及在编织、缠绕等过程中内胶受到挤压、拉伸等，都会使胶层减薄。此外，挤出后的内胶管坯，由于冷却定型时间不够或相互黏着而在成型时拉扯也会造成胶层减薄。内胶的补偿厚度要根据胶料性质和工艺要求等条件而定，当胶料可塑性和编织锭子的张力都较大时，其补偿厚度要大一些，一般补偿厚度为0.2～0.4mm。对质量要求较高的产品，其补偿厚度还需随着季节不同而变化，一般在夏季的补偿厚度要比冬季适当增加一些。

(6) 挤出管坯的质量问题及预防措施。挤出管坯中较为常见的质量问题及预防措施可参见表5.5.2。

表5.5.2 挤出管坯常见的质量问题及预防措施

质量问题	原因	预防措施
管坯粗细不均	胶料可塑性不一致或热炼不均 喂料不均 挤出速度和牵引速度配合不当	严格控制胶料可塑性，加强热炼工艺 保持喂料均匀 挤出与牵引速度配合一致
胶层破裂	胶料内有杂质 胶料产生局部自硫 胶料中混有胶疙瘩或其他硬粒	加强胶料清洁工作 防止胶粒自硫，改进配方 胶料过滤或挤压挑洗
胶层起泡或海绵现象	胶料中水分低或挥发物太多 胶料热炼或喂料时夹入空气 挤出机温度太高 挤出机螺杆磨损严重而造成推力不足	控制原材料质量 适当掌握热炼工艺，喂料均匀，防止胶料在机内翻滚夹入空气 适当控制挤出温度 定期检修或调换挤出机螺杆

续表

质量问题	原因	预防措施
管壁厚薄不均	芯型偏位 胶料温度不均	准确校正芯型位置 胶料热炼均匀，并注意适当保温
管坯黏着	冷却不够 隔离效果差 挤出后管坯挤压太紧	挤出后管坯需充分冷却，并控制停放时间 喷涂适量的隔离剂 挤出后管坯不能挤压太紧

2. 外胶挤出

胶管外层胶的挤出，除了需采用横头型或斜头型挤出机，其他工艺要求与内胶挤出无多大区别。在挤出过程中，管坯从芯型内孔的一端通向另一端，胶料通过芯型与口型之间的空隙挤出而包覆在管坯上，从而成为紧密压实的管体。因此，无论是采用横头型还是斜头型挤出机进行挤出，对芯型和口型进行合理选配是十分重要的。

(1) 芯型选配。在外胶挤出过程中，对芯型内孔及外直径的选配，必须与挤出管坯的规格相适应。如果芯型内孔太大，会造成包覆的外层胶鼓起或折皱，即胶层不能紧贴在管坯表面，甚至产生脱层、鼓泡等质量问题；若芯型内孔太小，则在挤出外胶时，管坯难以通过而引起胶料堵塞，甚至产生管坯局部严重堆胶，或使管坯强行拉伸而造成质量事故。

一般情况下，芯型的孔径应为未包外胶时管坯直径加 0.5～1.0mm，在测量管坯外径时应多测几处，并取外径较大的部位作为选配芯型的依据。

(2) 口型选配。外胶挤出口型的选配主要是注意控制挤出胶层的厚度。如果选配不当，则除了造成胶层厚度不达标，还会使胶层对管坯的包覆性能受到影响。对外胶挤出口型选择的一般要求是：以未包胶时的管坯外直径加上胶层单面厚度为基础，进行适当调节，使管坯包覆的胶层厚度达到产品标准或设计要求。

3. 冷喂料挤出和抽真空挤出

冷喂料挤出和抽真空挤出对改进胶管的生产工艺和提高产品质量起着重要作用。

冷喂料挤出的主要特点是挤出前的胶料不需经过热炼，可直接将冷胶料喂入挤出机。冷喂料挤出机的主要结构特点是工作螺杆的长径比 L/D 比普通挤出机的螺杆大得多，可达 12～17，而普通挤出机一般为 4～6。螺杆可分为三段，第一段为喂料段，由双螺纹向单螺纹过渡；中间段为塑化段，由主、副螺纹组成；第三段为压缩挤出段，由单螺纹组成。

采用抽真空挤出机能在管坯挤出或包胶过程中，排除胶料中的空气和水分，提高管体的密实性。尤其在采用连续生产时，可避免或减少制品在硫化过程中产生气泡、脱层等质量问题。抽真空挤出机的螺杆分为前后两段，前段的长径比一般为 12，螺纹较窄，后段的长径比为 8，螺纹较宽而深，前后两段之间的空隙为真空室。环坝式真空挤出机的螺杆长径比在 15 以上，螺杆上设有两三个环坝，螺杆输送的胶料在此处被挤成薄片，然后落入真空室。

此外，也有用普通挤出机进行抽真空挤出的，其方法主要是在机头配备抽真空装置，当送入管坯挤出外胶时，可抽出管坯与胶层之间的空气及少量挥发物，以提高挤出胶层与管坯的密实性，获得较好的质量。由于这种抽真空作用会使送入的管坯产生一定的阻力，因此，挤出速度略有减慢。

4. 复合挤出

复合挤出是采用具有复合机头装置的挤出机，在挤出过程中，使胶管的不同胶层同时进行挤出。复合挤出尤其适用于在管状织物内外同时包覆不同胶层，其主要优点是生产效率高，特别适用于连续化生产。这种挤出机的结构特点是包含一个延长的挤出机头，还包含一些管状装置，这些管状装置排列成两个主要的环状通道并伸入上述机头的纵向出料口，其中一个环状通道用于挤出内层胶，另一个通道用于挤出外层胶，可供不同的胶料同时挤出。

复合挤出工艺可使几种不同颜色或不同硬度的胶料同时挤出，如橡胶与海绵、橡胶与金属、橡胶与纤维，特别是橡胶与塑料共复合挤出，是目前挤出工艺重要的发展方向之一。

5.5.2　挤出工艺的影响因素

影响橡胶挤出工艺的因素很多，主要有胶料的组成和性质、挤出机的选择、挤出温度、挤出速度、挤出物的冷却等。

1. 胶料组成和性质

胶料中生胶含量大时，挤出速度慢、收缩大、表面不光滑。在一定范围内，随生胶中所含填充剂数量的增加，挤出性能逐渐改善，不仅挤出速度有所提高，而且制品收缩率减少，但胶料硬度增大，挤出时生热明显。胶料中加有松香、沥青、油膏矿物油等软化剂时可加快挤出速度，改善挤出物的表面。掺用再生胶的胶料挤出速度较快，而且挤出物的收缩率小，挤出时生热少。天然橡胶的挤出速度比合成橡胶快，挤出后半成品的收缩率较小。

2. 挤出机的选择

橡胶挤出机，是一种利用螺杆或柱塞将一定温度的胶料通过挤压而形成特定形状橡胶产品的设备。挤出机的大小要依据挤出物断面的大小和厚薄确定。对于挤出实心或圆形中空的半成品，一般口型尺寸为螺杆直径的0.3～0.75。口型过大而螺杆推力小时，将造成机头内压力不足，挤出速度慢和排胶不均匀，以致半成品形状不完整。相反，若口型过小，压力太大，剪切力较大，增加了焦烧的危险性。

橡胶挤出机的发展经历了柱塞式挤出机、螺杆式热喂料挤出机、螺杆式冷喂料挤出机、主副螺纹冷喂料挤出机、排气式冷喂料挤出机、销钉式冷喂料挤出机、复合式冷喂料挤出机等阶段。橡胶挤出的设备、加工原理与塑料挤出类似，但也有其自身特点。

(1) 柱塞式挤出机。柱塞式挤出机是最早的橡胶挤出机，用于生产电缆胶皮。早期为单柱塞不连续型，随后逐渐发展为双柱塞连续型。

(2) 螺杆式热喂料挤出机。挤压速度稳定，产品可塑性好、密度较高。挤出前的胶料须经过热炼，使料温达到50～70℃并具有一定的可塑度。挤出机不承担传热塑化作用，仅对胶料做进一步的恒温与均化。热喂料挤出机长径比较小，通常为4～6，因而可以降低剪切发热，防止焦烧。

(3) 螺杆式冷喂料挤出机。增加了加热、冷却装置，胶料经过升温塑化，在机头压力下挤出成型。该类挤出机省去了热炼环节，但能耗较大、适用范围较窄。冷喂料挤出机长径比较大，通常为8～20，功率为热喂料挤出机的2～4倍。

(4) 主副螺纹冷喂料挤出机。强化了塑化和混炼效果，消除了螺槽中胶料的死区，产能达到热喂料挤出机的100%～130%。已得到推广并取代了大部分的热喂料挤出机。

(5) 排气式冷喂料挤出机。螺杆分为喂料段、压缩段、节流段、排气段和挤出段，可通过真空排气装置的负压吸力排出胶料中的挥发性气体。

(6) 销钉式冷喂料挤出机。在机筒内壁添加销钉，在较低温度下提高了胶料的挤出量和塑化均匀度。该类挤出机已成为橡胶挤出机的主流。销钉式冷喂料挤出机的特点是：①机筒内壁装有数排金属销钉，沿圆周方向径向插入螺杆环槽中，对流动的胶料进行剪切、搅拌和分流；②销钉破坏了胶料在挤出过程中的层流和结块现象，达到了胶料塑化好、胶温低和节能的效果。

(7) 复合式冷喂料挤出机。采用不同性能的胶料在机头内复合，用于轮胎的胎面、胎侧和三角胶等部件的挤出，以及胶管复合、胶塑复合和胶板的多层共挤出。

3. 挤出温度

挤出温度即成型温度，胶料成型时一般控制在70～80℃。挤出机的温度应分段控制，各段温度是否控制准确，在挤出工艺中十分重要，影响挤出操作的正常进行和半成品的质量。通常控制口型处温度最高，机头次高，机身最低。胶料在口型处的短暂高温一方面使分子松弛较快，增大热塑性，减小弹性恢复，降低膨胀和收缩率，另一方面减少焦烧的危险。总之，合理控制挤出机的温度，能使半成品获得光滑的表面、稳定的尺寸和较少的收缩率。

4. 挤出速度

挤出速度可用单位时间挤出的胶料的体积或质量表示，多以挤出质量表示。对固定产品，也可以用单位时间内挤出物的长度表示。通常挤出速度应恒定。

5. 挤出物的冷却

挤出物离开口型时温度较高，有时甚至高达100℃以上，因此需要冷却。但冷却速率不宜太快，以免造成橡胶制品收缩不一。

挤出物进行冷却的目的，一方面是降低挤出物的温度，增加存放期间的安全性，减少焦烧的危险；另一方面是使挤出物的形状尽快稳定下来，防止变形。

5.6 橡胶的硫化

5.6.1 概述

1. 硫化

无论是天然橡胶还是合成橡胶，一般都不能直接使用，实用橡胶制品都是通过加入一些配合剂并经过一系列工艺处理而生产出来的"熟橡胶"。在这一系列工艺处理过程中，硫化是最关键的工序。硫化是橡胶加工中的最后一个工序，可以得到定型的具有实用价值的橡胶制品。

硫化又称交联、熟化，是指在生胶中加入硫化剂和促进剂等交联助剂，在一定的温度、压力和时间下，使线型结构的塑性橡胶转变为三维网状结构的弹性橡胶的过程。由于最早是采用硫黄实现天然橡胶的交联的，故称硫化。除硫黄外，过氧化物、脂肪或芳香胺类、磺酸盐、芳香二元醇及季磷盐等化合物均可作硫化剂。硫化的实质就是化学交联反应，即线型高分子通过发生化学交联反应而形成网状高分子，从物性上则是由塑性的混炼胶转变为高弹性硫化橡胶或硬质橡胶的过程。

要实现理想的硫化过程，除选择最佳硫化条件外，配合剂特别是促进剂的选用具有决定意义。经过硫化，未硫化橡胶固有的强度低、弹性小、冷硬热黏、易老化等缺陷得到改变，橡胶的耐磨性、抗溶胀性、耐热性等方面也有明显改善。橡胶制品因具有了可供使用的力学性能而应用范围得到扩大。

2. 硫化橡胶制品的重要性能指标

硫化是决定橡胶制品质量的一个决定性因素，在一定的硫化时间内，橡胶的可塑性、永久变形和伸长率等随硫化时间的增加而逐渐下降；回弹性、定伸强度和硬度等则随硫化时间增加而逐渐增强；撕裂强度增强到一定值后便开始下降；拉伸强度的变化则随不同胶种和硫化体系而有所不同。下面分别从橡胶的定伸强度、硬度、弹性、拉伸强度、伸长率和永久变形等性能论述硫化对橡胶性能的影响。

1）定伸强度

橡胶未硫化时，线型分子能比较自由地滑动，在其塑性范围内显示出非牛顿流动特性，但是随着硫化程度的加深，这种流动性能越来越弱，对定长拉伸时所需的变形力越来越大，即定伸强度越来越大。

通过硫化，橡胶单个分子间产生交联，且随着交联密度增加，产生一定变形（如拉伸至原长度的200%或300%）所需外力随之增加，硫化胶变硬。对某一橡胶，当试验温度和试片形状及伸长一定时，则定伸强度与两个交联键之间橡胶分子的平均分子量成反比，也就是与交联度成正比。这说明交联度越大，即交联键间链段平均分子量越小，则定伸强度越强。

2）硬度

与定伸强度一样，随着交联度增加，橡胶的硬度增加。硫化橡胶的硬度在硫化开始后迅速增大，在正硫化点时达到最大值，此后基本保持恒定。

3）弹性

未硫化胶受到较长时间的外力作用时，主要发生塑性流动，橡胶分子基本上没有回到原来位置的倾向。橡胶硫化后，交联使分子或链段固定，形变受到交联网络的约束，外力作用消除后，分子或链段力图回复原来的构象和位置，所以硫化后橡胶表现出很大的弹性。随着交联度的适当增加，这种可逆的弹性回复表现得更为显著。

橡胶的弹性来源于链段微布朗运动位置的可逆变化，由于这一特性的存在，较小的外力即可使它产生高度的弹性变形。当处于塑性状态时，橡胶分子产生位移后不倾向于复归原位；橡胶分子交联后，彼此出现了相对定位，因而产生了强烈的复原倾向。但是交联程度继续增大时，高分子之间由于相对固定性过分增大，变形后的复原趋向就减小了，所以当硫化橡胶严重过硫时弹性减弱，从弹性体弹性转变为刚性体弹性，这说明此时分子的微布朗运动已经受定位效应限制而大大减弱。

4）拉伸强度

拉伸强度与定伸强度和硬度不同，它不随交联键数目的增加而不断上升。例如，采用硫黄硫化的橡胶，当交联度达到适当值后，如若继续交联，其拉伸强度反而会下降。拉伸强度随交联键能的增加而减小，按下列顺序递减：离子键>多硫键>双硫键>单硫键>碳碳键。

软质胶的拉伸强度(以天然橡胶为例)随着交联程度的增加而逐渐提高，直到出现最高值为止。当进一步硫化时，经过一段平坦后，拉伸强度急剧下降。在硫黄用量很高的硬质胶中，拉伸强度则下降后又复上升，一直达到硬质胶水平时为止。

5）伸长率和永久变形

橡胶的伸长率随着交联程度的增加而逐渐下降，永久变形也有同样的规律。结合硫量越大，交联程度越高，橡胶的伸长率就越低；随着交联程度的增加，橡胶压缩永久变形逐渐减弱。

有硫化返原性的橡胶如天然橡胶和丁基橡胶，在过硫化以后由于交联度不断降低，其伸长率和永久变形又会逐渐增大。

6）其他性能

(1) 抗溶胀性。未硫化橡胶与其他高分子一样，在某些溶剂中溶胀并吸收溶剂，直到丧失内聚力为止。只有在溶剂对橡胶的渗透压大于橡胶分子的内聚力时，才会出现溶胀。橡胶的分子量随交联程度的增加而增大，渗透压递减，橡胶内聚力增加，溶胀程度也随之减少。溶胀程度除取决于交联程度外，还取决于橡胶和溶剂的化学结构。

(2) 透气性。橡胶的交联程度增加后，网状结构中的空隙逐渐减小，气体在橡胶中通过和扩散的能力因阻力变大而减弱，所以通常未经硫化的橡胶比硫化橡胶的透气性好。

(3) 耐热性。橡胶在正硫化时的耐热性最好，欠硫和过硫都会降低橡胶制品的耐热性。

(4) 耐磨性。硫化开始后，耐磨性逐渐增强，到正硫化时耐磨性达到最好，欠硫或过硫时橡胶的耐磨性能都不好。

5.6.2 橡胶的硫化过程

胶料在硫化时，其性能随硫化时间的变化而变化的曲线，称为硫化曲线。从硫化时间影响胶料定伸强度的过程来看，合成橡胶的硫化过程可分为四个阶段(图 5.6.1)：焦烧阶段，欠硫阶段，正硫阶段(硫化平坦期阶段)，过硫阶段。其中焦烧时间越长，表示胶料的操作安全性越大，热硫化时间要求短，从而能提高生产效率；硫化平坦期要求时间长一些，不易过硫以便工艺上好控制。

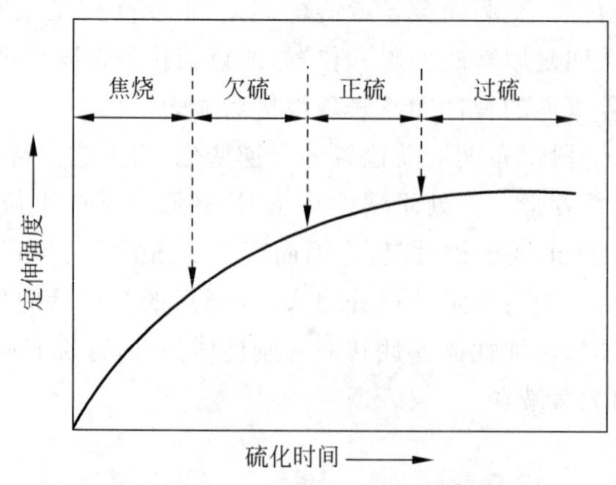

图 5.6.1 合成橡胶的硫化过程

1. 焦烧阶段

焦烧阶段又称硫化起步阶段或硫化诱导期，指硫化时胶料开始变硬而后不能进行热塑性流动的阶段。在这一阶段，交联尚未开始，胶料在模型内有良好的流动性。不同类型橡胶的硫化曲线会有所不同。胶料硫化起步的快慢直接影响胶料的焦烧性和操作安全性。这一阶段的长短取决于所用配合剂，特别是促进剂的种类。采用超速促进剂的胶料，焦烧期比较短，胶料易发生焦烧，操作安全性差。采用迟效性促进剂（如亚磺酰胺）或与少许秋兰姆促进剂并用时，可获得较长的焦烧期和良好的操作安全性。不同的硫化方法和制品，对焦烧期的长短有不同的要求。当硫化模压制品时，希望有较长的焦烧期，使胶料有充分时间在模型内流动，而不致使制品出现花纹不清晰或缺胶等缺陷。在非模型硫化中，则要求硫化起步尽可能快而迅速变硬，防止制品因受热变软而发生变形。大多数情况希望有较长的焦烧时间以保证操作安全。

2. 欠硫阶段

欠硫阶段又称预硫阶段，指硫化起步与正硫化之间的阶段。在欠硫阶段，由于交联度低，橡胶制品应具备的性能大多还不明显。尤其是欠硫阶段初期，胶料的交联度很低，其性能变化甚微，制品没有实用意义。但是到了欠硫阶段后期，即制品轻微欠硫时，尽管制品的拉伸强度、弹性、伸长率等尚未达到预期水平，但其抗撕裂性和耐磨性等优于正硫化胶料。因此，如果着重要求抗撕裂性和耐磨性，则制品可以轻微欠硫。

3. 正硫阶段

正硫阶段指达到适当交联度的阶段。在正硫阶段，硫化胶的各项力学性能并非在同一时间都达到最高值，而是分别达到或接近最佳值，其综合性能最好。正硫阶段所取的温度和时间分别称为正硫化温度和正硫化时间。

正硫化时间须视制品所要求的性能和制品断面的厚薄而定。制品越厚越应考虑后硫化。由于橡胶导热性差，传热时间长，制品散热降温较慢，当制品硫化取出以后还可以继续进行硫化，称为后硫化。一般情况下，可以把拉伸强度最高值略前的时间或强伸积（拉伸强度与伸长率的乘积）最高值的硫化时间定为正硫化时间。

4. 过硫阶段

正硫阶段之后，继续硫化便进入过硫阶段。这一阶段的前期属于硫化平坦期的一部分。在平坦期中，硫化胶的各项力学性能基本保持稳定。平坦期之后，天然橡胶和丁基橡胶由于断链多于交联出现硫化返原现象而变软；合成橡胶则因交联继续占优势和环化结构的增多而变硬，且伸长率也随之降低，橡胶性能受到损害。硫化平坦期的长短，不仅表明胶料热稳定性的高低，而且对硫化工艺的安全操作及厚制品硫化质量的好坏均有直接影响。

5.6.3　橡胶硫化程度的测定

橡胶的硫化程度通常采用硫化仪测定。从硫化时间影响定伸强度的硫化过程曲线来看，只有当胶料达到正硫化时，硫化胶的某一特性或综合性能最好，而欠硫或过硫均对硫化胶的性能产生不良影响。因此，准确测定和选取正硫化就成为确定正硫化条件和使产品获得最佳性能的决定因素。转子旋转振荡式硫化仪是一种测定硫化程度的仪器，具有方便、精确、经济、快速和重现性好等优点，并且能够连续测定与加工性能和硫化性能等有关的参数，只需进行一次试验即可得到完整的硫化曲线。

5.6.4 硫化机理

硫化对橡胶性能有重大影响，在保证橡胶制品质量的条件下，适量增加硫化剂和促进剂用量、提高硫化温度等，可以缩短硫化时间、提高设备生产能力。硫化体系不同，硫化机理不同。橡胶硫化分为硫黄硫化和非硫黄硫化两大类，其中非硫黄硫化又包括含硫化合物硫化、有机过氧化物硫化、金属氧化物硫化和合成树脂硫化等。

1. 硫黄硫化

硫黄硫化适用于不饱和橡胶、三元乙丙橡胶，以及不饱和度大于2%的丁基橡胶。交联体系为：硫黄+促进剂+ZnO、HSt，其中硫黄以八硫环形式存在。

1）含促进剂的硫黄硫化

含促进剂的硫黄硫化过程可分为四个基本阶段：硫化体系各组分间相互作用生成中间化合物；中间化合物与橡胶互相作用在橡胶分子链上生成活性侧基；活性侧基相互间及与橡胶分子间作用形成交联键；交联键的继续反应。

（1）硫黄与促进剂反应生成中间化合物。

硫化初期，硫黄与促进剂的反应以及促进剂与活性剂的反应对硫化过程起主要作用，硫黄与促进剂反应生成多硫化物。

（2）中间化合物与橡胶反应生成活性侧基。

所生成的中间化合物先与橡胶分子链作用，分两步使橡胶分子链上生成含有硫和促进剂基团的活性侧基。

（3）活性侧基间及活性侧基与橡胶分子间作用形成交联键。

硫化过程中，当多硫侧基的生成量达到最大值时，橡胶的交联反应迅速进行。

无活性剂时的交联反应：多硫侧基在弱键处断裂分解为自由基，然后这些自由基与橡胶分子作用生成交联键。

有活性剂时的交联反应：交联反应性质发生了变化，侧基间的互相作用成为主要反应。这是因为硫化时所生成的各种含硫侧基被吸附于活性剂如氧化锌的表面上，这些极性侧基团互相吸引而靠近，所以它们之间容易进行反应生成交联键。

再者，因为锌离子能与多硫侧基的多硫键中间一个硫原子络合，催化多硫侧基裂解并与另一个橡胶分子链的侧基进行反应生成交联键，同时生成能够再次进行交联反应的交联前驱。

这两种交联反应说明，有活性剂时，交联键的数量增加，交联键中硫原子数减少，因而硫化胶的性能得到提高。

（4）交联键的继续反应。

硫黄交联键的进一步变化与交联键的硫原子数、反应温度、活性物质的存在等有关，特别是多硫交联键更容易发生变化。在硫化过程中，可以进行多硫键变短、交联键断裂及主链改性等反应。

A. 多硫键变短。

多硫交联键中硫原子被脱出，使交联键的硫原子数减少，交联键变短。所脱出的硫可用于生成环状结构。此外，脱出的硫可与促进剂发生反应生成中间化合物。

B. 交联键断裂及主链改性。

在较高的温度下，多硫交联键容易断裂而生成橡胶分子链的多硫化氢侧基，同时另一橡胶分子链形成共轭三烯结构，主链改性。

所生成的多硫化氢侧基可以在橡胶分子内进行环化，生成环化结构，也可以脱离橡胶分子键生成多硫化氢，同时使主链形成共轭三烯结构。

交联键断裂和主链改性对硫化工艺和硫化胶的性能均有不良影响。

2）活性剂的作用

在硫黄硫化体系中，活性剂通常不可缺少。用作活性剂的主要是一些金属氧化物，其中ZnO使用最广。在相同结合硫的情况下，有ZnO的硫化胶的交联度远比无ZnO的硫化胶多。在生产上，甚至活性剂用量不足也会造成橡胶制品报废。硫化活性剂ZnO、HSt的作用是：作为活性剂，提高促进剂的活性；提高硫化胶的交联密度和耐老化性能。

在硫化过程中，交联和裂解总是一对矛盾。而在交联键中，多硫键的键能＜少硫键的键能＜无硫键的键能。因此，硫原子数的减少有利于交联度的提高。

（1）与多硫侧基作用。

当锌离子与多硫侧基中间的一个硫原子进行络合后，多硫侧基断裂的位置与无ZnO时不同，有ZnO的发生在强键处，无ZnO的发生在弱键处。有ZnO的断裂后生成两个自由基，即一个多硫促进剂自由基和一个橡胶分子链多硫自由基。后一个自由基用以交联，前一个自由基与橡胶反应又生成多硫侧基，再次参与交联反应。结果生成的交联数比无ZnO的多，交联键的硫原子数却比无ZnO的少。

有ZnO的情况下所生成的交联键硫原子数较少，而生成的橡胶多硫侧基又成为交联前驱，能够再次参与交联反应，使交联数增加。这是有ZnO硫化胶的热稳定性和力学性能较高的重要原因之一。

（2）与多硫化氢侧基作用。

多硫交联键高温下易发生断裂生成硫氢基（$RS_x H$），可以使橡胶分子生成环化结构。而ZnO能与$RS_x H$作用，使断裂的交联键再次结合为新的交联键，避免了交联键减少和环化结构生成，所以交联键的总数没有减少。

（3）与硫化氢作用。

硫化过程中产生的硫化氢能够分解多硫键，使交联键减少，而ZnO能与硫化氢反应，从而避免多硫键的断裂。

（4）与多硫交联键作用。

ZnO能与多硫键作用，脱出多硫键中的硫原子。因此，使多硫键成为较少硫原子的交联键，硫化胶的热稳定性得到提高。

2. 非硫黄硫化

通常硫黄只能硫化不饱和橡胶，对于饱和橡胶、某些极性橡胶和特种橡胶，需用有机过氧化物、金属氧化物、胺类及其他物质硫化。

非硫黄硫化可分为有机过氧化物硫化、金属氧化物硫化、树脂硫化、含硫化合物硫化等。其中，含硫化合物在硫化过程中能够析出活性硫，使橡胶交联起来，其过程与硫黄交联相似。

硫化胶的网络结构为C—C、C—S—C、C—S_x—C。

1）有机过氧化物硫化

有机过氧化物硫化适用于除丁基橡胶和异丁橡胶外的所有橡胶，主要硫化饱和橡胶，如硅橡胶、氟橡胶、二元乙丙橡胶和聚酯型聚氨酯橡胶等。交联剂主要是过氧化二异丙苯(DCP)、过氧化二苯甲酰(BPO)和过氧化二叔丁基(DTBP)，其中DCP硫化的橡胶性能较好。

有机过氧化物之所以能使橡胶分子交联，是因为有机过氧化物的过氧基团不稳定，受热分解为自由基，可与橡胶自由基相互结合，形成交联结构。采用有机过氧化物硫化的硫化橡胶的网络结构为C—C，热稳定性较高。

有机过氧化物的分解形式取决于反应条件和介质的pH。在碱性或中性介质中，按自由基型分解；在酸性介质中，则按离子型分解。

在有机过氧化物与橡胶的硫化反应过程中，有机过氧化物首先分解为自由基。生成的自由基可以脱出橡胶分子链上的氢，形成橡胶自由基。所生成的这些橡胶自由基可以相互结合而发生交联。也可以在叔碳原子处发生主链断裂反应。丙烯含量越高，分子链断裂反应越多，二元乙丙橡胶的交联效率取决于合成时乙烯和丙烯的比例。

2）金属氧化物硫化

金属氧化物适用于含卤橡胶、聚硫橡胶的硫化。金属氧化物如ZnO、MgO、PbO等是氯丁橡胶、氯醇橡胶、氯化丁基橡胶、溴化丁基橡胶、聚硫橡胶、羧基橡胶和氯磺化聚乙烯等极性橡胶的主要硫化剂。由于这些橡胶的分子链上都带有活性基团，可以与金属氧化物作用，使橡胶分子链间形成交联键。硫化胶的网络结构为C—O—C、C—S—C。

(1）氯丁橡胶和氯醇橡胶的硫化。

氯丁橡胶的硫化剂常用ZnO和MgO，氯醇橡胶多用PbO作硫化剂。两种橡胶的硫化机理类似，在此以氯丁橡胶的硫化反应为例说明。

A. 无促进剂的氯丁橡胶硫化反应。结合在氯丁橡胶烯丙基叔碳原子上的氯和双键可以发生转移，活泼氯与ZnO作用生成醚型交联键。

B. 含促进剂的氯丁橡胶硫化反应。在含促进剂乙基硫脲(也称亚乙基硫脲)时，氯丁橡胶硫化反应生成硫醚交联键。

(2）聚硫橡胶、羧基橡胶、氯磺化聚乙烯的硫化反应。

端基为硫醇基(-SH)的聚硫橡胶用ZnO硫化时，反应不是生成交联键的交联反应，而是分子链的合并过程。

氯磺化聚乙烯的硫化反应是磺酰氯水解后生成的羟基与金属氧化物作用进行交联。

3）树脂硫化

树脂(主要是酚醛树脂)可用于硫化不饱和橡胶、聚氨酯、聚丙烯酸酯和羧基橡胶等，以制备高耐热性的硫化胶。

橡胶与酚醛树脂的硫化反应(含促进剂SnCl·$2H_2O$)为离子型反应，反应过程为：①树脂的羟甲基在酸催化下脱水，生成亚甲基醌；②橡胶双键被络合酸极化；③亚甲基醌与被络合酸极化了的橡胶双键发生反应进行交联。

5.6.5 硫化工艺

橡胶硫化的三大工艺参数是温度、时间和压力，其中硫化温度是对制品性能影响最大的参数。

1. 硫化温度和硫化时间

硫化温度对硫化的反应速度影响很大，硫化温度越高，则硫化速度越快，但也有一定限度，因为高温硫化时溶于胶料中的氧会发生强烈的氧化作用，使制品的各种性能指标降低。一般橡胶的热硫化温度为130～170℃。

影响硫化温度与硫化时间关系的因素很多，但在橡胶制品制造中可以用以下公式进行粗略表示：

$$t_1/t_2=K^{(T_2-T_1)/10} \tag{5.6.1}$$

式中，t_1 为当温度为 T_1 时所需的硫化时间；t_2 为当温度为 T_2 时所需的硫化时间；K 为硫化温度系数，表示当硫化温度每变化10℃时达到同一硫化程度所需时间比；T_2-T_1 为温度差。

硫化温度系数 K 因各种胶料而异，其数值可以通过实验测定，一般在1.5～2.5，在实际生产中为了方便计算一般取 $K\approx 2$。

由式(5.6.1)可知，硫化温度每升高10℃，硫化时间大约缩短一半。因此，在生产上一定条件下可以考虑采取提高硫化温度的方法来缩短硫化时间，从而提高硫化的生产率。但事实上硫化温度具有一定的限制，因为高温硫化会加剧胶料的氧化速度，加速橡胶分子链的裂解，以致制件力学性能的下降。同时，橡胶的传热性很差，制件特别是厚制件均匀达到高温是困难的。因此，多数橡胶的硫化温度控制在120～180℃。

确定硫化温度时，需考虑的因素主要是橡胶胶种、硫化体系、骨架材料、制品断面厚度。由于橡胶是不良导热体，为了保证均匀的硫化程度，厚橡胶制品一般采用逐步升温、低温长时间硫化。

2. 硫化压力

大多数橡胶制品是在一定压力下进行硫化的，只有少数橡胶制品，如胶布在常压下进行硫化。

1）硫化时加压的目的

硫化时加压的目的主要是防止制品中产生气泡，提高胶料的密实性，使胶料流散并充满模型，增加胶料与骨架材料间的结合力。

在硫化过程中硫化剂与生胶分子的作用是固相反应，压力对反应速度没什么影响。但胶料中有水分、吸附的空气和溶解的气体等，在硫化过程中由于胶料受热，水分蒸发以及部分配合剂分解，气体的解析以及硫化的副反应放出 H_2S 等气体，都会使制品产生气孔或脱层现象。

加压进行硫化可以消除这些现象，并且提高制品的耐磨、耐老化性能和硬度。但硫化压力过高时会损伤骨架材料；压力过低时，加热会出现起泡、脱层和呈海绵状等缺陷，使制品性能降低。

2）硫化压力的选择

橡胶硫化压力是保证橡胶制品几何尺寸、结构密度、力学性能的重要因素，同时能保证零件表面光滑无缺陷，达到制品密封、气密的要求。硫化压力的选择以橡胶的弹性和软化温度为依据，对于可塑性大、软化温度低的橡胶，其硫化压力可适当降低。

随着硫化压力的增大，产品的径向刚度逐渐增大，而胶料的收缩率逐渐减小。目前在国内的减振橡胶行业内，通常采用增加或者降低产品所使用的胶料硬度来调整产品的刚度，而比较先进的橡胶企业普遍采用提高或者降低产品硫化时的胶料硫化压力来调整产品的径向刚度。

随着硫化压力的不断增大，橡胶分子链之间的距离逐渐减小，使得硫化交联效率提高，从而引起胶料的交联密度增大，这一变化导致了拉伸强度逐渐增大，扯断伸长率逐渐减小，撕裂强度逐渐降低，胶料的压缩永久变形显著减小。

硫化压力一般根据胶料性能(可塑性)、产品结构(厚度大小/复杂程度)和工艺条件(如贴胶、擦胶、注压硫化工艺、模压硫化工艺等)进行确定。一般地，产品厚度大、层数多和结构复杂时，需要较高的硫化压力。

3. 硫黄用量

硫黄用量越大，硫化速度越快，硫化程度也越高。但硫黄在橡胶中的溶解度有限，过量的硫黄会从胶料表面析出，俗称喷硫。为了减少喷硫现象，要求在尽可能低的温度下，或者至少在硫黄的熔点以下加硫。根据橡胶制品的使用要求，硫黄在软质橡胶中的用量一般不超过3%，在半硬质胶中用量一般为20%左右，在硬质胶中的用量可高达40%以上。

4. 硫化介质

硫化介质是指加热硫化过程中用来传递热量的物质，如饱和蒸气、热空气、过热水、热水、红外线、γ射线等。硫化介质在某些场合下可兼作热媒。

根据硫化介质及加热硫化方式的不同，加热硫化可分为直接硫化、间接硫化和混气硫化三种：①直接硫化，是指将制品直接置入热水或蒸气介质中硫化；②间接硫化，是指将制品置于热空气中硫化，一般用于某些外观要求严格的制品，如胶鞋等；③混气硫化，是指先采用空气硫化，而后改用直接蒸气硫化。此法既可以克服蒸气硫化影响制品外观的缺点，也可以克服由于热空气传热慢而硫化时间长和易老化的缺点。

5. 硫化方法

硫化方法有冷硫化、室温硫化和热硫化三种。冷硫化可用于薄膜制品的硫化；室温硫化用于室温和常压硫化过程，例如使用室温硫化胶浆(混炼胶溶液)进行自行车内胎接头、修补等；热硫化是橡胶制品硫化的主要方法，大多数橡胶制品采用热硫化。热硫化根据硫化设备可以分为平板硫化、注压硫化、硫化罐硫化、个体硫化机硫化、共熔盐硫化、沸腾床硫化、微波硫化、高能辐射硫化等。在此介绍几种主要的硫化方法。

1）平板硫化

平板硫化是指将半成品或胶料的模型置于加压的上下两个平板间进行硫化的方法，平板采用蒸气或电加热。平板硫化主要用于硫化各种模型制品，也可硫化传动带、运输带和工业胶板等。

平板硫化法大多采用平板硫化机硫化。平板硫化机的主要功能是提供硫化所需的压力和温度，压力由液压系统通过液压缸产生，温度由加热介质提供。平板硫化机按工作层数可有单层和双层之分，按液压系统工作介质则可有油压和水压之分。

2）注压硫化

注压硫化工艺的流程为：胶料预热塑化→注射→硫化→出模→修边。

注压硫化是将胶料加热混合，并在接近硫化温度下注入模腔。因而，在注压过程中，加热模板所提供的热量只用于维持硫化，它能很快将胶料加热到190～220℃。采用注压硫化法可以生产出尺寸稳定、力学性能优异的高质量产品；可以省去半成品准备、起模和制品修边等工序，减少硫化时间，缩短成型周期，实现自动化操作，提高生产效率，有利于大批量生产；可以减少胶料用量，降低成本，减少废品，提高经济效益。注压硫化适用于模型制品、胶鞋、胶辊和轮胎等制品。

3）其他硫化方法

（1）微波硫化。

微波硫化主要用于厚橡胶制品的预热和硫化。微波技术是20世纪20年代发展起来的新技术，70年代初期人们把微波应用于橡胶连续硫化和预热。

厚制品的硫化时间主要取决于使制品内部达到正硫化温度的传热时间，内外层温度梯度越大，传热时间越长。如何减小温度梯度，是减少硫化时间的关键。采用微波预热半成品，依靠橡胶微观分子的高频振动摩擦生热，形成自内而外的加热通道，可以在很短的时间内使胶料内部温度接近表层温度，从而大幅度缩短硫化时间。

微波加热效率与橡胶极性和胶料组成有关，与交变电场的电压和频率成正比。极性大的橡胶，微波加热效率高，根据橡胶介电损耗的大小，橡胶微波加热效率从高到低的顺序为：硅橡胶、氯丁橡胶、丁腈橡胶、异戊橡胶、丁苯橡胶、三元乙丙橡胶、天然橡胶、丁基橡胶。非极性橡胶的微波加热效率可以通过增加电场频率来提高，但不经济。所以，通常选用适当的配合剂或与极性橡胶并用等方法来提高非极性橡胶的微波加热效率。在配合剂中，由于填料的用量大，故其影响也大，微波加热效率从高到低依次为：高耐磨炭黑、快压出炉黑、乙炔炭黑、槽法炭黑、炉法炭黑、白炭黑、陶土、重质碳酸钙。

（2）高能辐射硫化。

高能辐射硫化是通过高能射线离子激活橡胶分子，产生自由基，使橡胶高分子交联形成三维网状结构。这种硫化方法可以不加或少加硫化体系，反应在常温下进行。

相比化学硫化，辐射硫化具有快速、灵活、节能和环境污染小等特点，可改善橡胶的化学稳定性和耐热性，在改善某些橡胶性能方面具有无法比拟的优势。

并非所有的橡胶在高能射线作用下都可以产生交联，一些橡胶可能以交联为主，另一些橡胶则可能以裂解为主或交联与裂解兼有，这与橡胶的结构有关。以交联为主的橡胶有天然橡胶、丁苯橡胶、顺丁橡胶、氯丁橡胶、丁腈橡胶、乙丙橡胶、甲基硅橡胶、苯基硅橡胶、氯磺化聚乙烯等。以裂解为主的橡胶主要有聚异丁烯橡胶、丁基橡胶、聚硫橡胶、氟橡胶等。在配合剂中，对橡胶辐射硫化有加速作用的是ZnO、陶土、碳酸钙、瓦斯炭黑和灯烟炭黑；有减缓作用的是硫黄和二硫化四甲基秋兰姆；基本无影响的是二苯胍和硫醇基苯并噻唑。如果选用适当的敏化剂，例如在天然橡胶中加入双马来酰亚胺（10%以下），则可以大大提高辐射硫化速率，并减少辐射剂量。

思考题和作业

5.1 根据天然橡胶（NR）、丁苯橡胶（SBR）、顺丁橡胶（BR）、异戊橡胶（IR）的配方实例，分别说明NR、SBR、BR、IR各配方的原理，配方中各成分的作用。

5.2　根据丁基橡胶(IIR)、乙丙橡胶(EPR)、氯丁橡胶(CR)、丁腈橡胶(NBR)的配方实例，分别说明各配方的原理，配方中各成分的作用。

5.3　简述炭黑补强橡胶的原理，以及影响炭黑补强效果的因素。

5.4　举例说明橡胶老化的防护方法。

5.5　橡胶配方设计有什么原则？

5.6　简述橡胶塑炼的方法和设备。

5.7　分析对比天然橡胶与合成橡胶塑炼特性的异同。

5.8　合成橡胶低温塑炼的条件是什么？

5.9　说明大多数二烯类合成橡胶难塑炼的原因。

5.10　简述橡胶的混炼特性。

5.11　简述橡胶混炼的方法和设备。

5.12　对比塑料压延制品，说明橡胶压延制品的加工工艺过程。

5.13　分析橡胶压延效应的影响因素。

5.14　分析橡胶压出工艺的影响因素。

5.15　简述硫化对橡胶性能的影响。

5.16　配方一样时分别加工厚的大轮胎和薄的小轮胎，应如何选择硫化温度和硫化时间？为什么？

5.17　分别绘出无硫化促进剂和有硫化促进剂的天然橡胶、乙丙橡胶和丁苯橡胶等三种类型的橡胶的硫化曲线示意图，在图中标出整个硫化时间所分的四个阶段，并具体说明各阶段的硫化情况。

5.18　某配方中的丁苯橡胶在120℃硫化时到达正硫化时间为120min，为提高生产效率，现欲缩短硫化时间到60min，此时应如何选择硫化温度？

5.19　简述饱和蒸气硫化介质不适用于哪些情况的橡胶硫化。

5.20　简述橡胶硫黄硫化中活性剂的作用，并举例说明。

第6章

合成纤维工艺

6.1 合成纤维的合成与加工工艺概述

合成纤维通常是由线型高分子化合物合成树脂经熔融纺丝或溶液纺丝制成的。合成纤维中通常加有少量消光剂、防静电剂及油剂等。消光剂一般为白色颜料如钛白粉、锌白粉等,可以减除合成纤维的光泽。油剂能够增加纤维的柔性和饱和性。

合成纤维的整个生产工艺流程包括单体制备与聚合(高聚物的合成),纺丝熔体和溶液的制备,纺丝,以及初生纤维的后加工等过程。合成纤维的加工工艺一般只包括后三个环节,其中,纺丝成型是主要工艺过程。目前,合成纤维的生产技术向着高速化、自动化、连续化和大型化的方向发展。

1. 单体制备与聚合

利用石油、天然气、煤等为原料,经分馏、裂化和分离得到有机低分子化合物,例如苯、乙烯、丙烯等作为单体,在一定温度、压力和催化剂作用下,聚合而成的成纤高聚物即合成纤维的原料。

高聚物若能纺丝加工成有用的纤维,则必须具有一定的结构和特性。成纤高分子需要具备如下性质。

(1) 高分子长链为线型,具有尽可能少的支链,无交联。因为线型高分子能沿着纤维纵轴方向有序地排列,可获得强度较高的纤维。

(2) 高分子应具有适当高的分子量,且分子量分布较窄。若分子量太低,则不能成纤,性能也差;分子量太高,则性能提高得不多,反而会造成纺丝加工困难。

(3) 成纤高分子的分子结构规整,易于结晶,最好能形成部分结晶的结构。晶态部分可使高分子的取向态较为稳定,晶体的复杂结构、缺陷部分及无定形区域可使高分子纺成的纤维具有一定的弹性和较好的染色性等。

(4) 成纤高分子中含有极性基团,可增加分子间的作用力,提高纤维的力学性能。

(5) 结晶高分子的熔点和软化点应比允许的使用温度高得多,而非结晶高分子的玻璃化转变温度应高于使用温度。

(6) 成纤高分子需要具有一定的热稳定性,易于加工成纤,并具有实用价值。

合成纤维成型用高聚物有聚酰胺、聚酯、聚氨酯、聚丙烯腈、聚烯烃、聚氯乙烯、聚乙烯醇等。

2. 纺丝成型

纺丝成型是指采用各种成型方法将高分子熔体或黏性溶液加工成初生纤维的过程。纺丝成型过程是通过纺丝熔体或溶液在纺丝过程中的流动完成的，包括纺丝液在喷丝细孔中的流动，纺丝流体的内应力松弛和流场的转化(剪切向拉伸转化)，纺丝条的拉伸流动，纤维的固化。

纺丝成型的方法有熔融纺丝法、溶液纺丝法、静电纺丝法、液晶纺丝、相分离纺丝、乳液纺丝、无喷头熔池纺丝等，主要方法为熔融纺丝法和溶液纺丝法。

3. 后加工

纺丝成型得到的初生纤维必须经过一系列的后加工才能用于纺织加工。后加工因合成纤维品种、纺丝方法和产品的不同要求而异。后加工处理涉及集束、加捻、拉伸、水洗、上油、干燥、热定型、络丝、分级、卷曲、切断、包装等工序。其中主要的工序是拉伸和热定型。

6.2 纺丝成型

纺丝过程是指将高分子熔体或黏性溶液用齿轮泵定量供料，在牵引的作用下，定量而均匀地从喷丝头的细孔中挤出成为液态细流，在空气、水或特定的凝固浴中固化而成为初生纤维的过程。它是合成纤维生产过程中的主要工序。

纤维纺丝成型的方法很多，主要有两大类：熔融纺丝法和溶液纺丝法。根据凝固方式的不同，溶液纺丝法可分为湿法纺丝和干法纺丝两种。此外，还有静电纺丝等一些较新的其他纺丝方法。

6.2.1 熔融纺丝

熔融纺丝是指以高分子熔体为原料，采用熔融纺丝机进行纺丝的一种成型方法。凡是加热能熔融或转变成黏流态而不发生显著降解的高分子，都能采用熔融纺丝法进行纺丝。这种方法适用于能熔化、易流动而不易分解的高分子，如聚酯纤维、聚酰胺纤维、聚烯烃纤维等。

1. 熔融纺丝工艺过程

熔融纺丝在熔融纺丝机中进行，纺丝过程包括四个步骤：纺丝熔体的制备，喷丝板孔压出形成熔体细流，熔体细流被拉长变细并冷却凝固(拉伸和热定型)，固态纤维上油和卷绕。其工艺过程如图 6.2.1 所示。首先将高分子熔融，然后通过喷丝泵将熔体压入喷丝头，接着熔体从喷丝头流出形成细丝，最后经冷凝形成纤维。例如，涤纶纤维采用螺杆挤出机熔融纺丝的工艺过程如图 6.2.2 所示。

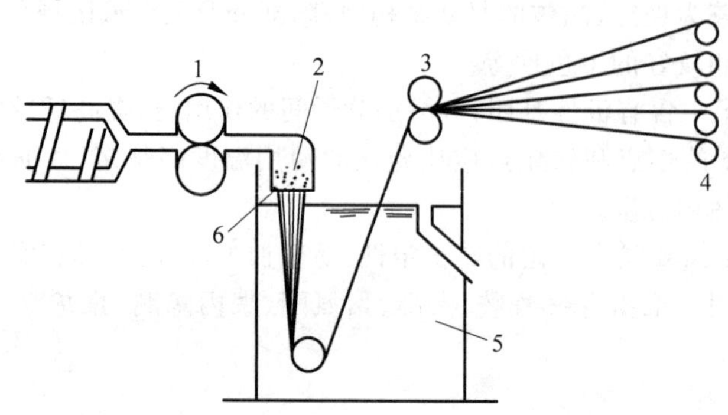

1-齿轮泵；2-过滤填料；3-导丝；4-卷绕辊；5-骤冷浴；6-喷丝板。

图 6.2.1 熔融纺丝工艺过程

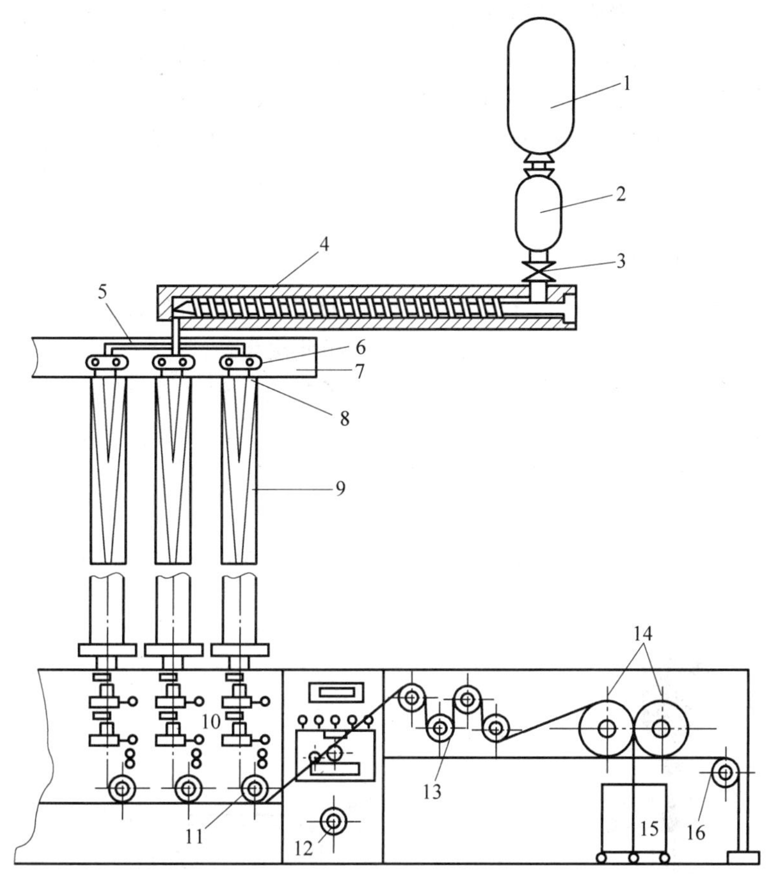

1-大料斗；2-小料斗；3-进料筒；4-螺杆挤出机；5-熔体导管；6-计量泵；7-纺丝箱体；8-喷丝头组件；9-纺丝套筒；10-给油盘；11-卷绕辊；12-废丝辊；13-牵引辊；14-喂入轮；15-盛丝桶。

图 6.2.2 螺杆挤出机熔融纺丝的工艺过程

熔融纺丝的工艺过程简单，纤维强度高，不使用其他溶剂，纺丝速率快(800～1000m/min)。适用于熔融纺丝的高分子种类比较多，如聚酰胺、聚酯等。

熔融纺丝设备主要由螺杆挤出机、纺丝组件、纺丝泵、纺丝吹风窗及纺丝冷却套管等组成。

2. 熔融纺丝工艺的影响因素

熔融纺丝的主要工艺参数包括挤出温度、高分子通过喷丝板各孔的流速、卷绕速率或落丝速度、纺丝线的冷却条件、纺程长度、喷丝孔形状和尺寸及间距等。

(1) 温度。温度对纤维性能有重要影响。熔融纺丝时温度太高，纺丝液黏度低，形成自重引力大于喷丝头拉伸力，易造成细丝屈服黏结的现象。

(2) 冷却速率。冷却速率慢时，细丝冷凝时间长，经不起拉伸、易发生断头；冷却速率快时，细丝易出现“夹心”，导致纤维强度降低。

(3) 喷丝速率和卷绕速率。细丝从口模挤出后，会产生离模膨胀现象，从而使挤出物尺寸和形状发生改变；同时细丝从口模挤出后若不及时引出，会造成堵塞。因此，需要连续而均匀地将细丝牵引卷绕起来，卷绕速率必须稳定且与喷丝速率相匹配，一般卷绕速率略大于喷丝速率,以消除由离模膨胀引起的尺寸变化,并对细丝进行适度的拉伸取向。

(4) 给湿及油剂处理。对于吸水性大、吸水后尺寸变化大的高分子,如聚酰胺等,需要进行给湿处理,使喷出的细丝在一定的湿度环境中预先吸收一定的水分,以使尺寸稳定。同时需要在纺丝和卷绕筒管之间用油剂处理,在其表面形成一层油膜,以改善纤维平滑性,降低丝束的摩擦系数,增强可纺性,提高纺丝效率,保护纤维的质量。

6.2.2 干法纺丝和湿法纺丝

干法纺丝和湿法纺丝适用于难熔融或易分解的高分子的纺丝,湿法和干法的差别只是纤维凝固方式不同。腈纶、维纶、氨纶及芳纶都采用此法生产。

干法纺丝和湿法纺丝工艺过程都是:将高分子制成纺丝原液,然后将原液通过过滤脱泡后,经计量泵把原液从喷丝头挤出形成原液细流,在凝固浴的作用下,原液细流中的溶剂向凝固浴扩散,浴中的沉淀剂向细流扩散,经过适当的拉伸而形成初生纤维,再上油和卷绕。图 6.2.3 为干法纺丝工艺过程。

图 6.2.4 是将高分子溶于挥发性溶剂中,通过喷丝孔喷出细流,在热空气中形成纤维的纺丝方法。

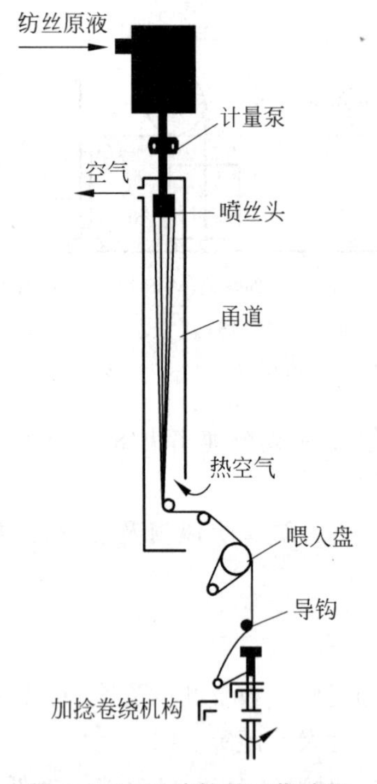

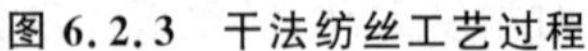
图 6.2.3 干法纺丝工艺过程

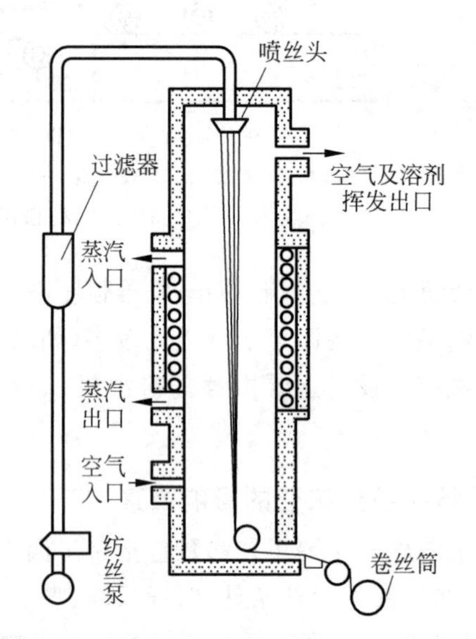

图 6.2.4 在热空气中形成纤维的干法纺丝

一般地,分解温度低于熔点或加热时,纺丝容易变色,但能溶解在适当溶剂中的高分子适用于干法纺丝。对于既能用干法纺丝又能用湿法纺丝成型的纤维,如聚丙烯腈纤维、聚氯乙烯纤维、聚乙烯醇、聚氨酯等纤维,干法纺丝更适合于纺长丝。

熔融纺丝、干法纺丝、湿法纺丝三种方法的对比见表 6.2.1。

表 6.2.1　熔融纺丝法、干法纺丝法和湿法纺丝法的比较

性　　质	纺丝方法		
	熔融纺丝	干法纺丝	湿法纺丝
纺丝液状态	熔体	溶液	溶液或乳液
纺丝液浓度/%	100	18～45	12～16
纺丝液黏度/(Pa·s)	100～1000	$20\sim4\times10^2$	$2\sim2\times10^2$
喷丝头孔数/个	1～30000	10～4000	24～160000
喷丝孔直径/mm	0.2～0.8	0.03～0.2	0.07～0.1
凝固介质	冷却空气,不回收	热空气,再生	凝固浴,回收、再生
凝固机理	冷却	溶剂挥发	脱溶剂(或伴有化学反应)
卷取速度/(m/min)	20～7000	100～1500	18～380

6.2.3　其他纺丝方法

1. 静电纺丝

静电纺丝是一种对高分子溶液或熔体施加高电压进行纺丝的方法。该技术被认为是制备纳米纤维的一种高效低耗的方法,如图 6.2.5 所示。静电纺丝本质上属于一种干法纺丝。

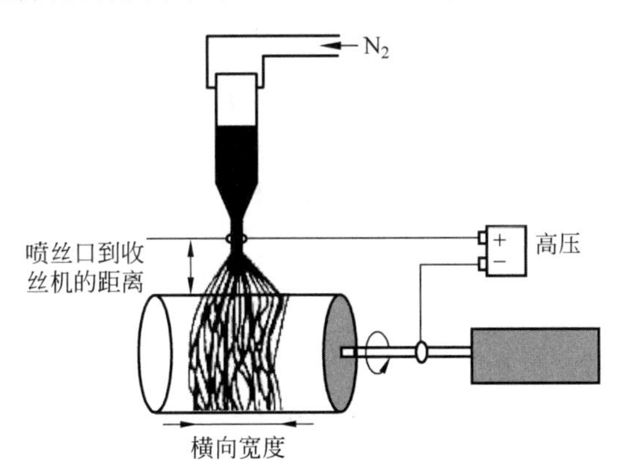

图 6.2.5　静电纺丝工艺过程

静电纺丝装置是由定量供给溶液或熔体的装置(计量泵)、形成细流的装置(喷丝模口)、纤维接收屏和高压发生器等几部分组成。

在静电纺丝过程中,将聚合物熔体或溶液加上几千伏至几万伏的直流高压,从而在毛细管和接地的接收装置间产生一个强大的静电场。当静电场力施加于液体的表面时,由于电离作用,将在表面产生电流。相同电荷相斥导致了电场力与液体表面张力的方向相反。这样,当电场力施加于液体的表面时,将产生一个向外的力,对于一个半球形状的液滴,这个向外的力就与表面张力相反。如果电场力的大小等于高分子溶液或溶体的表面张力,带电的液滴就悬挂在毛细管的末端并处于平衡状态。随着电场力的增大,在毛细管末端呈半球状的液滴在电场力的作用下将被拉伸成圆锥状,这就是 Taylor 锥。当电场力超过一个临界值后,排斥的电场力将克服液滴的表面张力而形成射流,而在静电纺丝过程中,液滴通常具有一定的静电压并处于一个电场当中,因此,当射流从毛细管末端向接收装置运动时,都会出

现加速现象,这也导致了射流在电场中的拉伸,最终在接收装置上形成无纺布状的纳米纤维。

2. 液晶纺丝

液晶纺丝是一种利用具有刚性分子结构的高分子在适当的溶液浓度和温度下,可以形成各向异性溶液或熔体,从而制得高取向度和高结晶度的高强纤维的纺丝方法。

在纤维制造过程中,各向异性溶液或熔体的液晶区在剪切和拉伸流动下易于取向,同时各向异性高分子材料在冷却过程中会发生相变而形成高结晶性的固体,从而可以得到高取向度和高结晶度的高强纤维。

溶致性高分子的液晶纺丝通常采用干湿法纺丝工艺,热致性高分子的液晶纺丝可采用熔融纺丝工艺。

3. 相分离纺丝

相分离纺丝法与下文的冻胶纺丝法类似,采用高分子溶液作为纺丝原液,只是纺丝线的固化是改变温度的结果,而不是改变溶液的组成。相分离纺丝法是根据高分子在溶剂中不同温度下的溶解度不同的原理,使高分子溶液极速降温,从而导致高分子与溶剂发生相分离而固化。

相分离纺丝法的临界相分离温度高于室温而低于挤出温度。所得初生纤维经过拉伸和萃取溶剂后得到成品纤维。

相分离纺丝法的优点是:纺丝速度快,生产能力大(卷取速度 100～1600m/min);纺丝原液浓度可以较低,而形成细旦纤维(一般把 0.9～1.4dtex(1dtex＝0.1tex＝0.1g/km)的纤维称为细旦纤维);可纺制填充物粒径高于纤维直径的纤维。缺点是需要合理选择溶剂及回收溶剂。

4. 乳液纺丝

乳液纺丝是将成纤高分子分散在分散介质中,构成乳液或悬浊液进行纺丝的方法。

乳液纺丝法适用于一些熔点高于分解温度,且无合适溶剂的高分子的纺丝。20 世纪 50 年代就被用来生产聚四氟乙烯纤维。

乳液纺丝法的工艺过程与湿法纺丝类似。将粉末状的高分子颗粒分散在某种成纤载体中,配制成乳液,载体通常是另一种高分子的溶液,这种高分子溶液易被纺成纤维,并能在高温下破坏分解。在进行高温处理时,载体分解,高熔点的高分子粒子被烧结或熔融而连续化形成纤维。为了提高纤维强度,在进行烧结时通常进行一定的拉伸。

乳液纺丝法适用于生产聚四氟乙烯纤维、陶瓷纤维、碳化硅纤维、氧化硅纤维、维氯纶(氯乙烯在聚乙烯醇缩乙醛(PVA)水溶液中进行乳液聚合后进行纺丝)等。

5. 冻胶纺丝

冻胶纺丝也称凝胶纺丝,是一种通过冻胶态中间物质制得高强度纤维的新型纺丝方法。冻胶纺丝通常采用干湿法纺丝工艺,使挤出细流先通过气隙,然后进入凝固浴。因此,它与普通干湿法纺丝的区别,主要不在于纺丝工艺,而在于挤出细流在凝固浴中的状态不同。

冻胶纺丝的所有工艺控制都是为了减少纤维宏观和微观的缺陷,得到结晶结构接近理想的纤维,使分子链几乎完全沿纤维轴取向。

与干法、湿法纺丝相比，冻胶纺丝采用超高分子量原料，为半稀溶液(2%～10%)；固化过程主要是冷却过程，溶剂基本不扩散；拉伸比大(大于20)；产品高强度高比模量。

6. 无喷头熔池纺丝

无喷头熔池纺丝是指将丝条拉出，经冷却固化后形成纤维的方法。

由于大多数高分子的热稳定性不是很好，一般从未加保护的熔体表面自然拉出纤维的过程较难成功。但研究表明，将高分子熔体表面遮蔽起来，如采用保温隔膜，则纺丝过程可以稳定地进行。

熔池纺丝法可以生产与普通熔融纺丝性质类似的纤维，但纤维的变异系数较大。采用熔池纺丝法可以较为容易地生产双组分复合纤维，将芯层高分子熔体从皮层高分子熔体表面下方拉出。

6.3 后加工

后加工因合成纤维品种、纺丝方法和产品的不同要求而异，其中主要的工序是拉伸和热定型。拉伸的目的是提高纤维的断裂强度、耐磨性和疲劳强度，降低断裂伸长率。将拉伸后的纤维使用热介质(热水、蒸汽等)进行定型处理，以消除纤维的内应力，提高纤维的尺寸稳定性，并且进一步改善其物理性能与机械性能。

后加工的具体过程，根据所纺纤维的品种和纺织加工的具体要求而有所不同，但基本可分为短纤维加工与长纤维加工两大类。另外，通过某些特殊的后加工，还可得到具有特殊性能的纤维，如弹力丝、膨体纱等。

1. 短纤维的后加工

通常在一条相当长的流水作业线上完成，它包括集束、牵伸、水洗、上油、干燥、热定型、卷曲、切断、打包等一系列工序。根据纤维品种的不同，后加工工序的内容和顺序可能有所不同。

集束工序是将纺制出的若干丝束合并成一定粗细的大股丝束，然后导入拉伸机进行拉伸。拉伸是使大分子沿纤维轴向取向排列，以提高纤维的强度。一般拉伸4～10倍。

热定型是为了进一步调整已经牵伸纤维的内部结构，消除纤维的内应力，提高纤维的尺寸稳定性，降低纤维的沸水收缩率，以改善纤维的使用性能。

上油是使纤维表面覆上一层油脂，赋予纤维平滑柔软的手感，改善纤维的抗静电性能。上油后可降低纤维与纤维之间以及纤维与金属之间的摩擦，使加工过程顺利进行。

为了使化学纤维具有与天然纤维相似的皱褶表面，增加短纤维与棉、羊毛混纺时的抱合力，拉伸后的丝束一般都加以卷曲。采用热空气、蒸汽、热水、化学药品或机械方法都能使纤维进行卷曲。

2. 长丝的后加工

长丝后加工与短纤维后加工相比，加工工艺和设备结构都比较复杂，这是由于长丝后加工需要一缕缕丝(线密度为几十特(tex)至一百多特)分别进行，而不是像短纤维那样集束而成为大股丝束进行后加工。这就要求每缕丝都能经过相同条件的处理。

长丝的后加工过程包括拉伸、加捻、复捻、热定型、络丝、分级、包装等工序。

加捻是长丝后加工的特有工序，其目的是增加单根纤维间的抱合力，避免在纺织加工时发生断头或紊乱现象，同时提高纤维的断裂强度。纤维的捻度以每米长度的捻回数表示。通常经拉伸加捻后得到的捻度为10～40捻每米。若需要更高捻度，则要再进行复捻。

长丝后加工中，拉伸和热定型的目的与短纤维后加工基本相同。

以上为长丝后加工的一般过程，根据纤维品种不同，其后加工内容也可能有所不同。例如，纺制黏胶纤维长丝时，纤维已经受了足够的牵伸，并在卷曲时已获得了一定的捻度，因此黏胶纤维后加工可省去拉伸和加捻工序。

3. 弹力丝的加工

热塑性合成纤维长丝（主要是涤纶和锦纶）经过特殊的变形热处理，便可制得富有弹性的弹力丝。弹力丝在长度上的伸缩性可达原丝的数倍，而在蓬松性方面则可相当原纤维的数十倍。

弹力丝的加工方法有多种，有假捻法、填塞箱、空气喷射法等。其中以假捻法应用最为广泛，目前世界上约有80%的弹力丝是用该法生产的。

4. 膨体纱的加工

膨体纱是指以腈纶为主，利用其热塑性制得的具有蓬松性的纱线。制法是将经过一般短纤维后加工的腈纶纱束（不经切断）在牵切机上进行热拉伸，然后取其中50%～60%丝束在一定温度下进行松弛热定型，经处理后，其收缩性减小，这样就得到了具有高收缩性和低收缩性的两种不同的纤维，将两种纤维进行混纺，再将纺出来的纱线在一定温度下进行热处理，这时，高收缩性纤维收缩成芯子，而低收缩性的则浮在表面，从而得到了蓬松柔软、保暖性好的膨体纱。

思考题和作业

6.1　简述合成纤维的生产工艺过程。

6.2　简述合成纤维的主要成型加工方法。

6.3　简述静电纺丝法的加工过程和制品。

第三篇

无机非金属材料工艺

第7章

无机非金属材料概论

7.1 无机非金属材料的定义和分类及特点

7.1.1 无机非金属材料的定义

无机非金属材料是以某些元素的氧化物、碳化物、氮化物、卤素化合物、硼化物以及硅酸盐、铝酸盐、磷酸盐、硼酸盐等物质所组成的材料，是除有机高分子材料和金属材料以外的所有材料的统称。无机非金属材料的提法是20世纪40年代以后，随着现代科学技术的发展从传统的硅酸盐材料演变而来的。无机非金属材料是与有机高分子材料和金属材料并列的三大材料之一。

7.1.2 无机非金属材料的分类

无机非金属材料品种和名目极其繁多，用途各异。通常把它们分为普通的(传统的)和先进的(新型的)无机非金属材料两大类。

普通的无机非金属材料具有悠久的历史，是工业生产和基本建设所必需的基础材料，也是人们生活的常用材料。它主要包括玻璃、陶瓷、无机胶凝材料(主要是水泥)、耐火材料等，另外，搪瓷、磨料(碳化硅、氧化铝)、铸石(辉绿岩、玄武岩等)、碳素材料、非金属矿(石棉、云母、大理石等)也都属于普通的无机非金属材料。

新型无机非金属材料是20世纪中期以后发展起来的，具有特殊性能和用途的材料。它们是现代新技术、新产业、传统工业技术改造、现代国防和生物医学所不可缺少的物质基础，主要包括先进陶瓷、特种非晶态材料、人工晶体、纳米材料、无机生物材料、无机涂层、无机纤维等。

7.1.3 无机非金属材料的特点

在晶体结构上无机非金属材料的结合力主要为离子键、共价键，或离子-共价混合键。这些化学键的特点，例如高的键能和键强、大的极性，赋予这一大类材料高熔点、高强度、耐磨损、高硬度、耐腐蚀和抗氧化的基本属性，宽广的导电性、导热性和透光性，以及良好的铁电性、铁磁性和压电性，举世瞩目的高温超导性也是在这类材料上发现的。

在化学组成上，随着无机新材料的发展，无机非金属材料已不局限于硅酸盐，还包括其他含氧酸盐、氧化物、氮化物、碳与碳化物、硼化物、氟化物、硫系化合物、硅、锗、Ⅲ-Ⅴ族及Ⅱ-Ⅵ族化合物等。其形态和形状也趋于多样化，复合材料、薄膜、纤维、单晶和非晶材料占有越来越重要的地位。为了取得优良的材料性能,无机非金属材料在制备上普遍要求高纯度、高细度的原料,并在化学组成、添加物的数量和分布、晶体结构和材料微观结构上能精确地加以控制。

7.2 无机非金属材料的发展概况

旧石器时代人们用来制作工具的天然石材是最早使用的无机非金属材料。在公元前6000—前5000年,中国发明了原始陶器。中国商代有了原始瓷器,并出现了上釉陶器。以后为了满足宫廷观赏及民间日用、建筑的需要,陶瓷的生产技术不断发展。公元200年(东汉时期)的青瓷是迄今发现的最早瓷器。陶器的出现促进了人类进入金属时代,中国夏代炼铜用的陶质炼锅,是最早的耐火材料。铁的熔炼温度远高于铜,故铁器时代的耐火材料相应地也有很大发展。18世纪以后钢铁工业的兴起,促进耐火材料向多品种、耐高温、耐腐蚀方向发展。公元前3700年,古埃及就开始有简单的玻璃珠作装饰品。公元前1000年前,中国也有了白色穿孔的玻璃珠。公元初期罗马已能生产多种形式的玻璃制品。1000—1200年间玻璃制造技术趋于成熟,意大利的威尼斯成为玻璃工业中心。1600年后玻璃工业已遍及世界各地区。公元前3000—前2000年已使用石灰和石膏等气硬性胶凝材料。随着建筑业的发展,胶凝材料也获得相应的发展。公元初期有了水硬性石灰,火山灰胶凝材料,1700年以后制成罗马水泥。1824年,英国约瑟夫·阿斯普丁(Joseph Aspdin)发明波特兰水泥。上述陶瓷、耐火材料、玻璃、水泥等的主要成分均为硅酸盐,属于典型的硅酸盐材料。18世纪工业革命以后,随着建筑、机械、钢铁、运输等工业的兴起,无机非金属材料有了较快的发展,出现了电瓷、化工陶瓷、金属陶瓷、平板玻璃、化学仪器玻璃、光学玻璃、平炉和转炉用的耐火材料,以及快硬早强等性能优异的水泥。同时,发展了研磨材料、碳素及石墨制品、铸石等。

20世纪以来,随着电子技术、航天、能源、计算机、通信、激光、红外、光电子学、生物医学和环境保护等新技术的兴起,对材料提出了更高的要求,促进了特种无机非金属材料的迅速发展。20世纪30—40年代出现了高频绝缘陶瓷,铁电陶瓷和压电陶瓷,铁氧体(又称磁性瓷)和热敏电阻陶瓷等。20世纪50—60年代开发了碳化硅和氮化硅等高温结构陶瓷,氧化铝透明陶瓷,β氧化铝快离子导体陶瓷,气敏和湿敏陶瓷等。至今,又出现了变色玻璃、光导纤维、电光效应、电子发射及高温超导等各种新型无机材料。

7.3 无机非金属材料的应用

无机非金属材料已经广泛地应用于工业、农业、国防和人们的日常生活中,无机非金属材料工业成为国民经济的支柱产业之一,在国民经济中占有重要的先行地位,具有超前特性,其发展速度通常高于国民经济总的发展速度。可以说无机材料工业是整个国民经济兴衰的“晴雨表”,与人类的文明生活和国民经济的发展息息相关。无机非金属材料的发展必将极大地促进现代科学技术的进步和人类文明程度的提高。

玻璃瓶罐、器皿、保温瓶、工艺美术品等,已成为人们生活用品的一部分,其中玻璃瓶罐,也是食品工业、化学工业、医药工业、文教用品工业大量采用的包装容器。窗玻璃、平板玻璃、空心玻璃砖、饰面板和隔声隔热的泡沫玻璃,在现代建筑中得到了普遍的采用。钢化玻璃、磨光玻璃、夹层玻璃、高质量的平板玻璃，装配着各种运输工具的风挡和门窗。各种颜色信号玻璃在海、陆、空交通中起着“指挥员”的作用。电真空玻璃和照明玻璃，充分利用了玻璃的气密、透明、绝缘、易于密封和容易抽真空等特性，是制造电子管、电视机、电灯等不可取代的材料。光学玻璃用于制造光学仪器的核心部件，广泛地应用于科研、国防、工业生产、测量等各方面；显微镜、望远镜、照相机、光谱仪和各种复杂的光学仪器，极大地改变了科学研究的条件和方法；玻璃化学仪器、温度计，是化学、生物学、医学、物理学工作者必备的实验用具；大型玻璃设备及管道是化学工业上耐蚀、耐温的优良器材；光导纤维的出现改变了整个通信体系，使“信息高速公路”的设想成为现实；玻璃纤维、玻璃棉及其纺织品，是电器绝缘、化工过滤，以及隔声、隔热、耐蚀的优良材料，它们与各种树脂制成的玻璃钢，质量轻、强度高、耐蚀、耐热，用于制造绝缘器件和各种壳体。

日用陶瓷、卫生陶瓷、建筑陶瓷、化工陶瓷和电瓷等与人们的生产、生活息息相关，它们产量大、用途广。特种陶瓷是随着现代电器、无线电、航空、原子能、冶金、机械、化学等工业，以及电子计算机、空间技术、新能源开发等尖端科学技术的飞跃发展而成长起来的。氮化硅、碳化硅等新型结构陶瓷主要用于发动机汽缸套、燃气轮机叶片，以及轴承、轴瓦、密封圈、火箭喷嘴、陶瓷切削刀具等。由于其高温下的高强度、高硬度、抗氧化、耐磨损、耐烧蚀等特性，为先进热机的耐热、耐磨部件的应用开辟了良好的前景。电绝缘陶瓷、电介质陶瓷、磁性陶瓷、压电陶瓷等功能陶瓷广泛用于计算机、精密仪器等领域。超导陶瓷的出现成为现代物理学和材料科学的重大突破。生物陶瓷由于其优良的生物相容性和生物活性等特殊性能，已广泛应用于生物医学工程。陶瓷基复合材料在军械和航空航天领域发挥着重要作用。

耐火材料与高温技术，陶瓷、玻璃、水泥工业，尤其是钢铁工业的发展关系密切，钢铁冶炼发展过程中的每一次重大演变都有赖于耐火材料新品种的开发。碱性空气转炉成功的关键之一是由于开发了白云石耐火材料。平炉成功的一个重要因素是生产了具有高荷重软化温度的硅砖；耐急冷急热的铬镁砖的发明，促进了全碱性平炉的发展。近年来钢铁冶炼新技术，如大型高炉高风温热风炉、复吹氧气转炉、连续铸钢等都无一例外地有赖于优质高效耐火材料的开发。

水泥广泛应用于工业建筑，民用建筑，交通，水利，农林，国防，港口，城乡建筑，航天工业、核工业以及其他新型工业的建设等领域。它的应用使高层建筑，超高层建筑，大跨度桥梁，巨型水坝，美丽多姿的公路、立交桥等特殊功能的建筑物或构筑物的出现成为可能，它对人们的日常生活和人类的文明产生了积极的影响。

半导体材料的出现对电子工业的发展具有巨大的推动作用。计算机小型化和功能化的提高，与锗、硅等半导体材料密切相关。人工晶体、无机涂层、无机纤维等先进材料已逐渐成为近代尖端科学技术的重要组成部分。

无机非金属材料作为三大基础材料之一，在半个多世纪以来，随着人们对材料基础知识的深入了解，学科的交叉渗透以及研究工作的迅猛发展，各种新材料及其特异性能材料的相继出现以及传统材料性能的不断提高，它的应用范围也从传统领域向高新技术领域发展。其应用领域已由建筑、建材、轻工、石油、化工等传统技术产业，拓展到信息、航空、航天、新能源、交通、微电子、核技术、军工等高新技术产业。

无机非金属材料的应用领域，如图 7.3.1 所示。

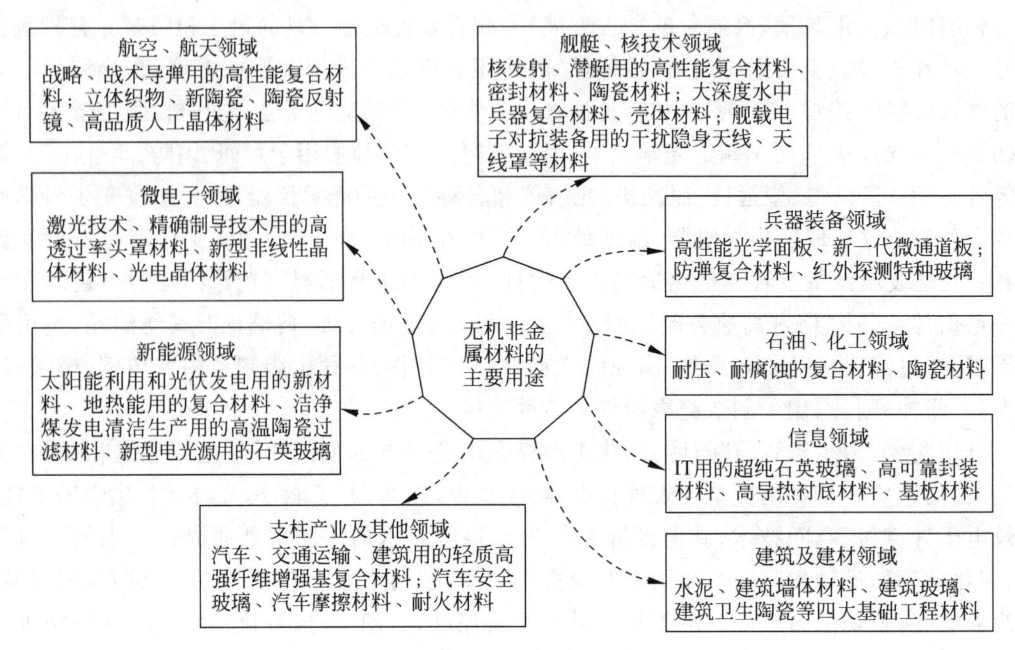

图 7.3.1　无机非金属材料的应用领域

7.4　玻璃

7.4.1　玻璃的定义和分类

1. 玻璃的定义

广义的玻璃包括金属玻璃、有机玻璃和无机玻璃，狭义的玻璃仅指无机玻璃。

玻璃一般是指由熔融物冷却硬化而得到的非晶态无机固体。它通常是以多种无机矿物(如石英砂、石灰石、长石、纯碱等)为主要原料，另外加入少量辅助原料制成的。

玻璃具有一系列非常可贵的特性：透明，坚硬，良好的耐蚀、耐热和光学、电学性能，可以用多种成型和加工方法制成各种形状和大小的玻璃制品，并且可以通过调整玻璃的化学组成改变其性能，以满足不同使用条件的需要。特别是制造玻璃的原料易于获得，价格低廉。因此，玻璃制品被广泛应用于建筑、轻工、交通、医药、化工、电子、航天等各个领域，在国民经济中起着重要的作用。

2. 玻璃的种类

1）按玻璃的化学组成分类

可分为硅酸盐、硼酸盐、磷酸盐、锗酸盐、砷酸盐、锑酸盐、碲酸盐、铝酸盐、钒酸盐、硒酸盐、铅酸盐、钨酸盐、铋酸盐及镓酸盐玻璃，硫系玻璃，卤化物玻璃，卤氧化物玻璃，金属玻璃等。其中硅酸盐玻璃应用最早，用量最大。

2）按玻璃的应用分类

(1) 普通玻璃：瓶罐玻璃、器皿玻璃、保温瓶玻璃、平板玻璃、仪器玻璃、电真空玻璃、封接玻璃、泡沫玻璃、玻璃微珠、眼镜玻璃及玻璃纤维。

(2) 特种玻璃：玻璃光纤、生物玻璃、微晶玻璃、石英玻璃、光学玻璃、防护玻璃、半导体玻璃、激光玻璃、超声延迟线及声光玻璃等。

3) 按使用功能不同分类

可分为普通玻璃、生物玻璃、半导体玻璃、激光玻璃、吸热玻璃、安全玻璃、镜面玻璃、热反射玻璃以及隔热玻璃等。

7.4.2 玻璃的发展概况

玻璃的制造已有五千年以上的历史，一般认为最早的制造者是古代的埃及人，他们用泥罐熔融，以捏塑或压制方法制造饰物和简单器皿。公元前1世纪时，罗马人发明用铁管吹制玻璃，这一创造对玻璃的发展做出了极大的贡献。11世纪到15世纪，玻璃的制造中心在威尼斯。1291年，威尼斯政府为了技术保密，把玻璃工厂集中在穆兰诺岛，当时生产窗玻璃、玻璃瓶、玻璃镜和其他装饰玻璃等，制品十分精美，具有高度艺术价值。16世纪以后，穆兰诺岛工人开始逃亡到国外，玻璃的制造技术也随之得到了传播。17世纪时，欧洲许多国家都建立了玻璃工厂，并开始用煤代替木柴作燃料，玻璃工业又有了很大的发展。1790年，瑞士人狄南(Guinand)发明用搅拌法制造光学玻璃，为熔制高均匀度的玻璃开创了新的途径。18世纪后期，由于蒸汽机的发明，机械工业和化学工业不断地发展，路布兰制碱法问世，玻璃的制造技术也得到了进一步的提高。19世纪中叶，发生炉煤气和蓄热室池炉应用于玻璃的连续生产。随后，出现了机械成型和加工。氨法制碱以及耐火材料质量的提高，对于玻璃工业的发展都起了重大的促进作用。19世纪末，德国人阿贝(Abbe)和肖特(Schott)对光学玻璃进行了系统的研究，为建立玻璃的科学基础做出了杰出的贡献。20世纪以来，玻璃的生产技术获得了极其迅速的发展，玻璃工艺学逐渐成为专门学科。目前多数制品的生产已达到完全自动控制的程度，玻璃的科学研究也达到了很高的水平。

我国在东周时期已能制造玻璃珠、玻璃璧等饰物，玻璃组成中都含有氧化铅和氧化钡，与其他国家的古代玻璃有明显的区别。在半封建半殖民地的旧中国，玻璃工业十分落后，当时除了极少数几个用机器生产窗玻璃和瓶罐玻璃的工厂外，其余为数不多的玻璃工厂还处于手工生产状态，设备简陋，劳动条件很差，制品的品种不多。新中国成立前夕，玻璃生产几乎濒于停顿的境地。新中国成立以后，我国玻璃工业得到了快速发展，特别是改革开放以后，出现了跨越式发展。现在，我国许多玻璃产品的生产技术和工艺已接近或达到国际先进水平，熔窑效率和劳动生产率及耐火材料质量得到不断提高，平板玻璃产量居于世界第一，汽车玻璃享誉海内外，新品种玻璃不断涌现，玻璃品种基本上已能满足我国的要求。我国的玻璃原料和能源都很丰富，玻璃工业的发展有着广阔的前途。

7.4.3 玻璃的特性

玻璃态是指从熔体冷却获得的，在室温下还保持熔体结构的固体物质状态，也包括用其他方法获得的以结构无序为主要特征的固体物质状态。

玻璃作为非晶态固体的一种，可以保持一定的外形，其原子不像晶体那样在空间作远程有序排列，而近似于液体一样具有近程有序。玻璃的主要特征表现为以下几个方面。

1. 各向同性

在理想状态下，均质玻璃的物理性质(如硬度、弹性模量、热膨胀系数等)在各个方向都是相同的，而结晶态物质则为各向异性。玻璃的各向同性是源于其内部质点排列的无规则和统计均匀性。

2. 介稳性

熔体冷却转化为玻璃时，由于在冷却过程中黏度急剧增大，质点来不及作形成晶体的有规则排列，没有释放出结晶潜热，因而系统内能尚未处于最低值，玻璃处于介稳状态，在一定条件下它还具有自发放热而转化为内能较低的晶体的倾向。

3. 无固定熔点

玻璃态物质与结晶态物质不同，没有固定熔点。它由固体转变为熔体和由熔体转变为固体都是在一定温度区间(软化温度范围)内进行的。

4. 性质变化的连续性和可逆性

玻璃态物质从熔融状态到固体状态的转变过程是逐渐变化的，其性质变化也是连续的和可逆的。

5. 可变性

玻璃的组成在一定范围内可以连续变化，与此相应的是玻璃的性质也是随之连续变化。

7.4.4 玻璃的组成

玻璃是由各种氧化物所组成。根据各种氧化物在玻璃结构中的作用不同，可将其分成三类：玻璃形成体氧化物、玻璃中间体氧化物及玻璃调整体氧化物。这三类氧化物的不同的比例形成了具有不同性能的玻璃品种。

玻璃形成体(网络生成体)氧化物能单独生成玻璃，在玻璃中能形成各自特有的网络体系。

玻璃调整体(网络外体)氧化物不能单独生成玻璃，其阳离子不参加网络，一般处于网络之外。网络外体氧化物因化学键的离子性强，其中的氧离子易于摆脱阳离子的束缚，是“游离氧”的提供者，起断网作用。但其阳离子(特别是高电荷的阳离子)又是断键的积聚者。当阳离子的电场强度较小时，断网作用是主要方面；而当电场强度较大时，积聚作用是主要方面。

玻璃中间体氧化物一般不能单独生成玻璃，其作用介于网络生成体和网络外体之间。阳离子配位数一般为 6，但在夺取“游离氧”后配位数可以变成 4。当配位数大于等于 6 时，阳离子处于网络之外，与网络外体作用相似。当配位数为 4 时，能参加网络，起网络生成体作用(又称补网作用)。

玻璃中常见氧化物按不同作用的分类，见表 7.4.1。

表 7.4.1 玻璃中常见氧化物的分类

玻璃形成体	玻璃中间体	玻璃调整体
B_2O_3	Al_2O_3	MgO
SiO_2	Sb_2O_3	Li_2O

续表

玻璃形成体	玻璃中间体	玻璃调整体
GeO_2	ZrO_2	BaO
P_2O_5	TiO_2	CaO
V_2O_5	PbO	SrO
As_2O_3	BeO	Na_2O
TeO_2	ZnO	K_2O

玻璃按其的化学组成分成硅酸盐、硼酸盐、磷酸盐、锗酸盐、砷酸盐、锑酸盐、碲酸盐、铝酸盐、钒酸盐、硒酸盐、铅酸盐、钨酸盐、铋酸盐及镓酸盐玻璃，硫系玻璃，卤化物玻璃，卤氧化物玻璃，金属玻璃等。其中硅酸盐玻璃应用最早，用量最大。

硅酸盐玻璃是以 SiO_2 为主要成分的玻璃，普通的硅酸盐玻璃的化学组成是以 Na_2O-CaO-SiO_2 三元系统为基础，适量引入 Al_2O_3、B_2O_3、MgO、BaO、ZnO、PbO、K_2O、Li_2O 等氧化物以改善玻璃的性能，防止析晶及降低熔化温度。

7.4.5 玻璃的形成

1. 玻璃的形成方法

玻璃的形成方法分为熔融法和非熔融法两类。传统的玻璃形成方法是熔融法，或者说熔体冷却法，即将单成分或多成分系统的物质加热成熔体，在冷却过程中不析出晶体，而是转变为玻璃体，冷却的最终温度应该低到使熔体具有足够大的黏度，以及分子运动慢到不能重排为晶体与较稳定的晶体形态。除了熔体冷却方法，现在以非熔融方法制造玻璃有许多新途径，如气相沉积、电沉积、真空蒸发和溅射、液体的水解合成和化学反应等。因此，许多用传统的熔体冷却法不能得到的玻璃态物质，现在可以成功地合成非晶态固体了。

2. 玻璃的形成条件

目前工业上大量生产仍采用熔体冷却法。其中用途最广、用量最大的为氧化物玻璃。现以此为对象，重点讨论一元和多元氧化物在熔体冷却条件下的玻璃形成规律。

从熔体冷却到形成一个稳定的、均匀的玻璃一般要经过一个析晶温度区，熔体必须越过析晶温度范围而不析晶，冷却到凝固点以下，方能形成玻璃体。所以熔体在冷却过程是全部转变成玻璃体，还是部分转变为玻璃体和部分转变为晶体，甚至全部转变为晶体，这个问题与玻璃形成条件密切相关。

1）热力学条件

从热力学角度来看，玻璃态物质较之相应结晶态物质具有较大的内能，因此它总是有降低内能向晶态转变的趋势，所以通常说玻璃是不稳定的或亚稳的，在一定条件下（如热处理）可以转变为多晶体。玻璃一般是从熔融态冷却而成。在足够高温的熔制条件下，晶态物质中原有的晶格和质点的有规则排列被破坏，发生键角的扭曲或断键等一系列无序化现象，它是一个吸热的过程，体系内能因而增大。然而在高温下，$\Delta G=\Delta H-T\Delta S$ 中的 $-T\Delta S$ 项起主导作用，而代表焓效应的 ΔH 项居于次要地位，就是说熔体熵对自由能的负的贡献超过热焓 ΔH 的正的贡献，因此体系具有最低自由能组态，从热力学上说熔体属于稳定相。当熔体从高温冷却时，情况发生变化，由于温度降低，$-T\Delta S$ 项逐渐转为居次要地位，而与焓效应有关的因素(如离子的场强、配位等)则逐渐增强其作用。当降到某一定的温度时(例如液相点以下),ΔH 对自由能的正的贡献超过熔体熵的负的贡献,使体系自由能相应增大,从而处于不稳定状态。故在液相点以下,体系往往通过分相或析晶的途径放出能量,使其处于低能量的稳定态。

一般来说,同组成的晶体与玻璃体的内能差别越大,玻璃越容易结晶,即越难于生成玻璃。

2) 动力学条件

从动力学的角度讲,析晶过程必须克服一定的势垒,包括成核所需建立新界面的界面能以及晶核长大所需的质点扩散的激活能等。如果这些势垒较大,尤其当熔体冷却速率很快时,黏度增加甚大,质点来不及进行有规则排列,晶核形成和长大均难于实现,从而有利于玻璃的形成。

事实上如果将熔体缓慢冷却,则最好的玻璃生成物(如 SiO_2、B_2O_3 等)也可以析晶;反之,若将熔体快速冷却,使冷却速率大于质点排列成为晶体的速率,则即使是金属亦有可能保持其高温的无定形态。因此从动力学的观点看,生成玻璃的关键是熔体的冷却速率,故在研究物质的玻璃生成能力时,必须指明熔体的冷却速率和熔体数量(或体积)的关系,因为熔体的数量大,冷却速率小;数量小则冷却速率大。

为了衡量玻璃的生成能力,人们尝试过各种表征冷却速率的标准。例如用晶体线生长速率的倒数,临界冷却速率(能获致玻璃的最小冷却速率)以及乌尔曼(D. R. Uhlmann)提出的三 T 图等。所谓三 T 图,是通过 T-T-T(温度-时间-转变)曲线法,以确定物质形成玻璃的能力大小。在考虑冷却速率时,必须选定可测出的晶体大小,即某一熔体究竟需要多快的冷却速率,才能防止产生能被测出的结晶。据估计,玻璃中能测出的最小晶体体积与熔体之比大约为 10^{-6}。

关于玻璃生成的动力学观点的表达方式很多,下列两种物理化学因素是主要的。①为了增加结晶的势垒,则在凝固点(热力学熔点 T_m)附近的熔体黏度的大小,是决定能否生成玻璃的主要标志。②在相似的黏度-温度曲线情况下,具有较低的熔点,即 T_g/T_m 较大时,玻璃态易于获得。随熔点的黏度上升,化合物生成玻璃的冷却速率减小,即冷却速率较小也能生成玻璃。在玻璃形成化合物和单质的 T_g 与 T_m 的关系图中,直线为 $T_g/T_m=2/3$,通常称为"三分之二"规则,作为衡量物质形成玻璃能力的粗略参数之一。一般来说,易生成玻璃的氧化物位于直线的上方,而较难生成玻璃的氧化物则位于直线的下方。

3) 结晶化学条件

玻璃形成的结晶化学条件涉及熔体的结构、键性、键强等。

(1) 熔体结构。

形成玻璃的倾向大小与熔体中负离子团的聚合程度有关。聚合程度越低,越不易形成玻璃;聚合程度越高,越容易形成玻璃。

熔体自高温冷却,原子、分子的动能减小,它们必将进行聚合并形成大阴离子[如 $(Si_2O_5)_n^{2-}$—层,$(SiO_3)_n^{2-}$—链等],从而使熔体黏度增大。一般认为,如果熔体中阴离子集团是低聚合的,就不容易形成玻璃。因为结构简单的小阴离子集团(特别是离子),便于位移、转动,容易调整成为晶体,而不利于形成玻璃。反之,如果熔体中阴离子集团是高聚合的,例如形成具有三度空间的网络或两度空间的层状、一度空间链状结构的大阴离子(在玻璃中通常三者兼而有之，相互交叠)，这种错综复杂的网络，由于位移、转动、重排困难，所以不易调整成为晶体，即容易形成玻璃。例如，氯化钠熔体是由自由的 Na^+ 与 Cl^- 构成，在冷却过程中，很容易排列成为 NaCl 晶体，不利于生成玻璃；而 SiO_2 熔体是一种高聚合的三度空间网络的大阴离子，因此在冷却过程中，由于网络大，熔体结构复杂，转动、重排都很困难，结晶激活能力较大，故不易调整成为晶体，玻璃形成能力很大。但熔体的阴离子集团的大小并不是能否形成玻璃的必要条件，低聚合的阴离子因特殊的几何构型或因其间有某种方向性的作用力存在，则只要析晶激活能相对于热能大得多，都有可能成为玻璃。对于无机玻璃，因凝固点(T_m)一般较高，则大阴离子应该是重要条件之一。

(2) 键性。

化学键的性质对玻璃的形成也有重要的作用。化学键是表示原子间的作用力，一般分为金属键、共价键、离子键、氢键及范德瓦耳斯键五种形式。但这五种键不是绝对的，例如共价键与离子键，共价键与金属键之间有过渡形式。离子键没有方向性和饱和性，故离子倾向于紧密排列，原子间相对位置容易改变，因此离子相遇组成晶格的概率比较大，故离子化合物的析晶激活能不大，容易调整成为晶体。共价键有方向性与饱和性，作用范围较小。但是单纯共价键的化合物大都为分子结构，而作用于分子间的为范德瓦耳斯力，由于范德瓦耳斯力无方向性，组成晶格的概率比较大，一般容易在冷却过程中形成分子晶格，所以共价键化合物一般也不易形成玻璃。金属键无方向性、饱和性，金属结构倾向于最紧密排列，在金属晶格内形成一种最高的配位数(12)，原子间相遇组成晶格的概率最大，因此最不容易形成玻璃。从以上分析见，比较单纯的键型如金属键、离子键化合物在一般条件下不容易形成玻璃，而纯粹的共价键化合物也难于形成玻璃。当离子键和金属键向共价键过渡时，形成由离子-共价，金属-共价混合键所组成的大阴离子时，就最容易形成玻璃。例如离子与共价键的混合键(极性共价键)，既具有离子键易改变键角、易形成无对称变形的趋势，又具有共价键的方向性和饱和性、不易改变键长和键角的倾向。前者造成玻璃的长程无序，后者赋予玻璃短程有序，因此极性共价键化合较易形成玻璃。例如，具有极性共价键的 SiO_2、B_2O_3 等都容易形成玻璃。

(3) 键强。

化学键的强度对熔体能否冷却成为玻璃有重要的影响。有人认为熔体具有“大分子”结构。熔体析晶必须破坏熔体内原有的化学键，使质点位移，建立新键，调整为具有晶格排列的结构。化学键强大的熔体，其内部的化学键不易破坏，难以调整成为有规则的排列，因而易于生成玻璃。孙观汉于 1947 年提出，可用元素与氧结合的单键强度(MO_x 的解离能除以阳离子 M 的配位数)的大小来衡量氧化物形成玻璃的能力。将氧化物分成三类：键强在 334.9kJ/mol 以上者称为玻璃形成氧化物，它们本身能生成玻璃，如 SiO_2、B_2O_3、P_2O_5、GeO_2、As_2O_5 等；键强在 251.2kJ/mol 以下者，称为玻璃调整氧化物，在通常条件下不能生成玻璃，但能改变网络结构，从而改变玻璃的性能，一般使结构变弱，如 Na_2O、K_2O、CaO 等；键强在 251.2～334.9kJ/mol 之间者称为中间体氧化物，其玻璃形成能力介于玻璃形成物与玻璃调整氧化物之间，但本身不能单独形成玻璃。加入玻璃中能改善玻璃的性能，如 Al_2O_3、BeO、ZnO、TiO_2 等。总之，在一定温度和组成时，阳离子与氧之间的键强越高，熔体中所存在的各种负离子团也越牢固。这些负离子团越牢固，意味着键的破坏和重新组合也越难，而成核和晶化越难，形成玻璃的倾向越大。

有人提出过另一种表示键强的阳离子场强(Zc/a^2),作为衡量玻璃形成能力的标准。凡是场强大于1.8的阳离子如Si^{4+}、B^{3+}、P^{5+}等,都是网络形成体,能够生成玻璃;场强小于0.8的阳离子如碱金属、碱土金属离子,则是网络外体,又称为网络修改物,其本身不能生成玻璃。阳离子场强介于0.8~1.8之间的是中间体氧化物,它们可作为调整离子出现,有时又可以类似于网络形成体而参加网络。

键强是衡量玻璃生成条件之一,对许多氧化物是适用的,但有一定的局限性。

7.4.6 玻璃的结构

1. 玻璃的结构

玻璃的结构决定其性能。正确地理解玻璃态的内部结构,有利于根据所需要的玻璃性质确定玻璃成分,调整配方,从而指导玻璃工业的生产。

由于玻璃微观结构的复杂性和研究手段的局限性,迄今为止,玻璃结构尚未有一个统一的结论。多年来,人们曾提出过多种有关玻璃结构的学说,近代玻璃结构的假说主要是晶子学说和无规则网络学说。对玻璃态物质结构的探索尚需进一步深入开展,真正要理解和阐述玻璃结构,应从类似理想气体和液体的理想玻璃的角度去考虑玻璃结构问题。

1930年,兰德尔(Randell)基于一些玻璃的衍射花样与同成分的晶体相似的现象,提出了玻璃结构的微晶学说。列别捷夫(A. A. Лебедев)根据硅酸盐光学玻璃折射率随温度变化的曲线在520℃附近出现突变的现象,进一步完善了微晶学说。晶子学说认为:玻璃是由无数"晶子"所组成,"晶子"不同于微晶,是带有点阵变形的有序排列区域,它分散在无定形介质中,且从"晶子"到无定形区的过渡是逐步完成的,两者之间并无明显界限。

玻璃的晶子学说揭示了玻璃中存在有一定的规则排列的有序区域,即玻璃中存在微不均匀区,这对于玻璃的分相、晶化等本质的理解有重要价值。总的来说,晶子学说强调了玻璃结构的近程有序性。

1932年,查哈里阿森(W. H. Zachariasen)借助于离子结晶化学的一些原则和晶体结构知识,提出了玻璃结构的无规则网络学说。该学说认为:由于共价键的因素,玻璃的近程有序与晶体相似,即形成氧离子多面体(三角体和四面体)结构单元,多面体结构单元之间通过顶角相连形成三度空间连续的网络,但其排列是拓扑无序的、无对称性和周期性。

笛采尔(Dietzel)、孙观汉和阿本(A. A. Anneh)等从结构化学的观点,根据各种氧化物形成玻璃结构网络所起作用的不同,进一步区分它们为玻璃网络形成体、网络外体(或称网络修饰体)和中间体氧化物。

玻璃形成体氧化物应满足:

(1) 每个氧离子应与不超过两个阳离子相联;

(2) 在中心阳离子周围的氧离子配位数必须是小的,即4或更小;

(3) 氧多面体相互共角而不共棱或共面;

(4) 每个多面体至少有三个顶角是共用的。

碱金属离子被认为是均匀而无序地分布在某些四面体之间的空隙中,以保持网络中局部的电中性,因为它们的主要作用是提供额外的氧离子,从而改变网络结构,故它们称为网络外体(网络调整体或修饰体)。

比碱金属和碱土金属化合价高而配位数小的某些阳离子，可以部分地参加网络结构，故称为“中间体”，如 Al_2O_3、BeO 和 ZrO_2 等。

无规则网络学说认为：熔融石英玻璃的结构是由硅氧四面体[SiO_4]作为结构单元，相互通过顶角连接而成的三维空间网络，但[SiO_4]的排列是无序的，缺乏对称性和周期性。当熔融石英玻璃中加入碱金属和碱土金属离子时，它们会均匀而无序地分布于某些[SiO_4]之间的空隙中，以维持网络中局部的电中性。对硼酸盐和磷酸盐玻璃结构也可作类似的描述。把纯 B_2O_3 和 P_2O_5 玻璃看成是分别由硼氧三角体[BO_3]和磷氧四面体[PO_4]连接而成的无序的二维空间网络。

无规则网络学说着重说明了玻璃结构的连续性、统计均匀性与无序性，可以解释玻璃的各向同性、内部性质的均匀性和随成分改变时玻璃性质变化的连续性等，因而在长时间内该理论占主导地位。

事实上，玻璃结构的晶子学说与无规则网络学说分别反映了玻璃结构这个比较复杂问题的矛盾的两个方面。总体来说，玻璃物质结构的特点为短程有序和长程无序，从宏观上看玻璃主要表现为无序、均匀和连续性，而从微观上看它又呈现有序、微不均匀和不连续性。

2. 玻璃的结构因素

1）硅氧骨架的结合程度

对于硅酸盐系统玻璃，SiO_2 以各种[SiO_4]的形式存在，系统中存在“桥氧”（双键）和“非桥氧”（单键），二者的比例不同，各种玻璃的物理化学性质也相应发生变化。

随着 SiO_2 含量的下降，碱金属氧化物含量增加，系统中桥氧数下降，非氧数上升，硅氧骨架连接程度下降，网络结构呈架状—层状—链状—组群状—岛状改变，玻璃性质也发生相应变化。

当碱金属氧化物含量大于 33.3%时，玻璃的性质就有逆向变化。碱金属氧化物含量很高（大于 50%）的固态玻璃具有与一般硅酸盐玻璃不同的特殊性质，我们称为“逆向玻璃”或“逆性玻璃”。

2）阳离子的配位状态

玻璃中场强大的阳离子（小离子半径和高电荷）所形成的配位多面体是牢固的，当由于各种原因而引起配位数改变时，可使玻璃某些性质改变。发生硼效应、铝效应，以及硼—铝效应和铝—硼效应等。

硼效应（硼反常）是指在硼酸盐或硼硅酸盐玻璃中，当氧化硼与玻璃修饰体氧化物之比达到一定值时，在某些性质变化曲线上出现极值或折点的现象。玻璃性质的突变是由于硼离子的配位状态发生变化而导致玻璃的结构变化。

在钠硼铝硅酸盐玻璃中还出现硼-铝效应或铝-硼效应。

3）离子的极化程度

氧离子被中心阳离子 R 极化，使原子团[RO_n]中 R—O 键趋于牢固，R—O 键的间距减小，甚至键性发生变化，称之为内极化。

二次极化是指当同一氧离子受到原子团外的另一阳离子 A 的外极化影响时，R—O 键的间距反而增加，这种“二次极化”（反极化）甚至会引起原子团的解裂。

离子的极化和反极化现象对玻璃的结构和性质有重要影响。

4）离子堆积的紧密程度

石英玻璃和硅酸盐玻璃中原子间存在大量空穴，大多数硅酸盐有类方石英结构。可用氧离子堆积来描述玻璃结构中离子堆积的紧密程度。玻璃的双碱效应与离子堆积的紧密程度有关。

7.4.7 玻璃的性质

热、电、光、机械力、化学介质等外来因素作用于玻璃，玻璃作出一定反应，该反应即玻璃的性质。玻璃性质与组成和结构密切相关。

按照玻璃性质的共性可把玻璃性质分成两类。第一类性质与玻璃组成间不存在简单的加和关系，并与玻璃中离子迁移有关，如电导率、电阻、黏度、介电损耗、离子扩散速度、化学稳定性等。第二类性质与玻璃组成间的关系比较简单，一般可以利用加和法则进行推算，如玻璃折射率、分子体积、色散、弹性模量、硬度、热膨胀系数、电容率等。

1. 玻璃熔体的工艺性质

1）黏度

黏度是流体内部结构的外在表现，是玻璃熔体的重要性质，它对玻璃熔制、澄清、均化、成型、退火、加工等各个阶段都有重要影响。玻璃的化学组成与温度是影响其熔体黏度的主要因素。

(1)黏度的定义。

黏度是指面积为 S 的二平行液层，以一定速度梯度如 $\mathrm{d}v/\mathrm{d}x$ 移动时需克服的内摩擦力 f：

$$f=\eta S\mathrm{d}v/\mathrm{d}x \tag{7.4.1}$$

式中，η 为黏度或黏度系数，其单位为帕·秒(Pa·s)。

(2) 黏度参考点。

玻璃黏度是玻璃的一个重要性质，它与玻璃的熔化、成型、退火、热加工和热处理等都有密切的关系。常用的黏度参考点如下：

A. 应变点，大致相当于黏度为 $10^{13.6}$ Pa·s 时的温度，即应力能在几小时内消除的温度；

B. 转变点(T_g)，相当于黏度为 $10^{12.4}$ Pa·s 时的温度；

C. 退火点，大致相当于黏度为 10^{12} Pa·s 时的温度；

D. 变形点，相当于黏度为 $10^{10}\sim10^{11}$ Pa·s 时的温度范围；

E. 变形点软化温度(T_f)，它与玻璃的密度和表面张力有关，相当于黏度为$(3\sim15)\times10^6$ Pa·s 时的温度；

F. 操作范围，相当于成型时玻璃液表面的温度范围，$T_{上限}$ 指准备成型操作的温度，相当于黏度大于 10^5 Pa·s 时的温度，操作范围的黏度一般为 $10^3\sim10^{6.6}$ Pa·s；

G. 熔化温度，相当于黏度为 10Pa·s 时的温度，在此温度下玻璃能以一般要求的速度熔化；

H. 自动供料机供料的黏度，$10^2\sim10^3$ Pa·s。

(3) 玻璃黏度与成分的关系。

玻璃组成与熔体黏度之间存在复杂的关系，玻璃组成通过改变熔体结构而对黏度产生影响。

硅酸盐玻璃中，玻璃的黏度首先取决于硅氧四面体网络的连接程度，即随 O/Si 比的上升而下降。

化学键强度也影响玻璃熔体的黏度。在其他条件相同的前提下，黏度随阳离子与氧的键力的增大而增大。例如，二价金属对黏度增加的顺序为：Mg＞Ca＞Sr＞Ba。

离子间相互极化对黏度也有显著影响，ZnO、CdO、PbO 降低玻璃黏度。

此外，在一定条件下，结构的对称性对黏度起重要作用。根据玻璃的组成，可以利用奥霍琴(M. B. Oxomyh)法或福尔切尔(Fulcher)法对玻璃的黏度进行近似计算。

常见氧化物对玻璃黏度的作用大致归纳如下。

A. SiO_2，Al_2O_3，ZrO_2 等提高玻璃黏度。

B. 碱金属氧化物 R_2O 降低玻璃黏度。

C. 碱土金属氧化物对玻璃黏度的作用较为复杂。一方面类似于碱金属氧化物，能使大型的四面体群解聚，引起黏度减小，另一方面这些阳离子电价较高(比碱金属离子大一倍)，离子半径又不大，故键力较碱金属离子大，有可能夺取小型四面体群的氧离子于自己的周围，使黏度增大。应该说，前一效果在高温时是主要的，而后一效果主要表现在低温。碱土金属对黏度增加的顺序一般为：$Mg^{2+}>Ca^{2+}>Sr^{2+}>Ba^{2+}$，其中 CaO 在低温时增加黏度；在高温时，当含量小于 10%～12%时降低黏度，当含量大于 10%～12%时增加黏度。

D. PbO、CdO、Bi_2O_3、SnO 等降低玻璃黏度。

E. Li_2O、ZnO、B_2O_3 等都有增加低温黏度，降低高温黏度的作用。

(4) 玻璃黏度与温度的关系。

玻璃的黏度随温度降低而增大，从玻璃液到固态玻璃的转变，黏度是连续变化的，如图 7.4.1 所示。

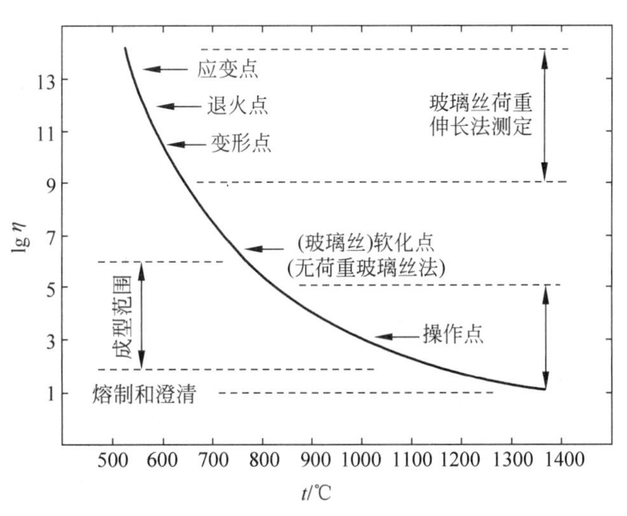

图 7.4.1 玻璃的黏度(η)-温度(t)曲线

所有实用硅酸盐玻璃，其黏度随温度的变化规律都属于同一类型，只是黏度随温度的变化速度以及对应于某给定黏度的温度有所不同。

生产上常把玻璃的黏度随温度变化的快慢称为玻璃的料性，黏度随温度变化快的玻璃称为短性玻璃,反之称为长性玻璃。

2) 表面张力

玻璃的表面张力系指玻璃与另一相接触的相分界面上在恒温、恒容下增加一个单位表面时所做的功,单位是 N/m 或 J/m^2。硅酸盐玻璃的表面张力为 $(220\sim380)\times10^{-3}N/m$,比水的表面张力大 3~4 倍,与熔融金属数值相近。

玻璃的表面张力对玻璃生产中的澄清、均化、成型、加工、玻璃液与耐火材料相互作用等过程都有重要的作用。

减小玻璃熔体的表面张力,极有助于消除小气泡。例如,加入澄清剂可以减小玻璃熔体的表面张力,使小气池可能增大和合并。玻璃中条纹的消失和均匀性的改进与表面张力有关。玻璃熔体中条纹的表面张力比母体玻璃低,条纹很容易散开和消失。母体玻璃含较多的 Al_2O_3 和 RO 时,表面张力高,会使玻璃不均匀。玻璃表面张力对成型也有重要作用,近代浮法玻璃生产原理就是基于玻璃的表面张力作用。

各种氧化物对玻璃的表面张力有不同的影响。例如,Al_2O_3、La_2O_3、CaO、MgO 能提高表面张力;K_2O、PbO、B_2O_3、Sb_2O_3 等如加入量较大,则能大大地降低表面张力;同时,Cr_2O_3、V_2O_5、Mo_2O_3、WO_3 等,当用量不多时,也能显著地降低表面张力。

氧化物对表面张力的影响分为三类。第Ⅰ类氧化物,例如 SiO_2、TiO_2、ZrO_2、Al_2O_3、BeO、CaO、MgO、SrO、BaO、ZnO 等,它们的影响符合加和性规则;第Ⅱ类,例如 K_2O、PbO、B_2O_3、Sb_2O_3 等;第Ⅲ类,例如 Cr_2O_3、V_2O_5、Mo_2O_3、WO_3 等,这两类氧化物对熔体的表面张力的关系是其含量的复合函数,不符合加和原则。由于这些组分的吸附作用,表面层的组成与熔体内的组成不同。

氟化物(如 Na_2SiF_6、Na_3AlF_6)、硫酸盐(如芒硝)、氯化物(如 NaCl)等都能显著地降低玻璃的表面张力,它们的加入有利于玻璃的澄清和均化。

玻璃的表面张力一般随温度的升高而减小,两者几乎呈直线的关系,但也有出现正温度系数的玻璃。例如,在表面活性组分及一些游离的氧化物存在的情况下,表面张力能随温度升高而略有增加。

2. 玻璃的性质

1) 玻璃的密度

玻璃单位体积的质量称为玻璃的密度。它主要取决于构成玻璃的原子的质量,也与原子堆积的紧密程度及其配位数有关。玻璃密度的测定也已愈来愈广泛地作为控制玻璃生产和玻璃组成恒定性的有效手段。常温下测定玻璃密度有代表性的方法有排液失重法(阿基米德法)、比重瓶法、悬浮法(重液法)。影响玻璃密度的主要因素有化学组成、温度、热历史等。

(1) 化学组成。

玻璃的密度与化学组成关系十分密切,在各种玻璃制品中,石英玻璃的密度最小,为 $2200kg/m^3$,普通钠钙硅玻璃的密度为 $2500\sim2600kg/m^3$,硼硅酸盐玻璃的密度为 $2.2\sim2.3kg/m^3$。

在硅酸盐、硼酸盐、磷酸盐玻璃中引入 R_2O 和 RO 氧化物时,随着它们离子半径的增大,玻璃的密度增大。Li^+、Mg^{2+} 等半径小的阳离子可填充于网络空隙,虽然使硅氧四面体的连接断裂,但并不引起网络结构的扩大。K^+、Ba^{2+}、La^{3+} 等阳离子的离子半径比网络空隙大，因而使结构网络扩张。因此，玻璃中加入前者使结构紧密度增加，加入后者则使结构紧密度下降。同一氧化物在玻璃中的配位状态不同时，密度也将产生明显的变化。B_2O_3从硼氧三角体[BO_3]转变为硼氧四面体[BO_4]，或者 Al_2O_3 等从中间体[RO_4]转变为八面体[RO_6]均使密度上升。因此，连续改变这类氧化物含量至产生配位数变化时，在玻璃成分-性能变化曲线上就出现了极值或转折点。

在 $R_2O-B_2O_3-SiO_2$ 系玻璃中，当 $Na_2O/B_2O_3>1$ 时，B^{3+} 由三角体转变为四面体，玻璃密度增大；当 $Na_2O/B_2O_3<1$ 时，由于 Na_2O 不足，[BO_4]又转变为[BO_3]，使玻璃结构紧密，密度下降，出现"硼反常现象"。

在 Na_2O-SiO_2 玻璃中，以 Al_2O_3 取代 Na_2O 时，当 Al^{3+} 处于网络外成为[AlO_6]八面体时，玻璃密度上升，当 Al^{3+} 处于[AlO_4]四面体中，[AlO_4]的体积大于 [SiO_4]密度下降，出现"铝反常现象"。玻璃中含有 B_2O_3 时，Al_2O_3 对玻璃密度的影响更为复杂。

玻璃的密度可根据玻璃的组成，利用霍金斯-孙观汉法进行计算。

(2) 温度。

玻璃的密度随温度升高而下降。一般工业玻璃，当温度由 20℃升高到 1300℃时密度下降 6%～12%，在弹性变形范围内，密度的下降与玻璃的热膨胀系数有关。

(3) 热历史。

玻璃的热历史是指玻璃从高温冷却，通过转变温度区域时的经历，包括在该区停留时间和冷却速率等具体情况在内。热历史影响到固态玻璃结构以及与结构有关的许多性质。

A. 玻璃从高温状态冷却时，则淬冷玻璃比退火玻璃的密度小。

B. 在一定退火温度下保温一定时间后，玻璃密度趋向平衡。

C. 冷却速率越快，偏离平衡密度的温度越高，其 T_g 温度也越高。所以，在生产上退火质量好坏可在密度上明显地反映出来。

析晶是玻璃结构有序化的过程，因此析晶后密度增大。玻璃析晶(包括微晶化)后密度的大小主要取决于析出晶相的类型。

(4) 密度在生产控制上的应用。

在玻璃生产中常出现的事故，例如料方计算错误、配合料称量差错、原料化学组成波动等，均可引起玻璃密度的变化。因此，各玻璃厂常用测定密度作为控制玻璃生产的手段。密度的测定方法简单、快速且准确，如再与其他的物理、化学分析等手段结合，就能更全面地分析和查明事故的原因，从而达到更好地控制工艺生产的目的。

2) 玻璃的力学性能

(1) 玻璃的机械强度。

玻璃的机械强度一般用抗压强度、抗折强度、抗张强度和抗冲击强度等指标表示。从机械性能的角度来看，玻璃之所以得到广泛应用，就是因为它的抗压强度高，硬度也高。然而，由于它的抗张强度与抗折强度不高，并且脆性很大，使玻璃的应用受到一定的限制。

实验证明，窗玻璃和瓶罐玻璃的抗折强度与其理论强度相差 2～3 个数量级。

Griffirh 认为，玻璃的实际强度低的原因是，玻璃中存在的微裂纹引起应力在微裂纹处集中，表面上的微裂纹便急剧扩展，以致在比理论低得多的应力作用下破裂。另外，玻璃的脆性和不均匀区的存在也是其实际强度低的原因。

为了提高玻璃的机械强度，可采用退火、钢化、表面处理及涂层、微晶化、与其他材料制成复合材料等方法。这些方法都能极大地提高玻璃的机械强度，有的可使玻璃抗折强度成倍增加，有的甚至增强几十倍以上。

影响玻璃机械强度的主要因素有化学组成、缺陷、强度和应力等。

不同组成的玻璃其结构中的键强也不同，例如桥氧离子与非桥氧离子的键强不同，碱金属离子与碱土金属离子的键强也不一样，从而影响玻璃的机械强度。

石英玻璃的强度最高，含有 R^{2+} 的玻璃强度次之，强度最低的是含有大量 R^{+} 的玻璃。CaO、BaO、B_2O_3（15%以下）、Al_2O_3 对强度影响较大，MgO、ZnO、Fe_2O_3 等影响不大。各种组成氧化物对玻璃抗张强度的提高作用的顺序是：

$$CaO > B_2O_3 > BaO > Al_2O_3 > PbO > K_2O > Na_2O > (MgO、Fe_2O_3)$$

各组成氧化物对玻璃的抗压强度的提高作用的顺序是：

$$Al_2O_3 > (SiO_2、MgO、ZnO) > B_2O_3 > Fe_2O_3 > (BaO、CaO、PbO)$$

宏观缺陷如固态夹杂物、气态夹杂物、化学不均匀等，由于其化学组成与主体玻璃的化学组成不一致而造成内应力，同时，一些微观缺陷如点缺陷、局部析晶等在宏观缺陷地方集中，导致玻璃产生了微裂纹，严重影响玻璃的强度。温度对不同的玻璃的强度影响不同，随着温度升高，有的玻璃强度增加，而玻璃纤维因表面积大，当使用温度较高时，可引起表面微裂纹的增加和析晶，故温度升高，强度下降。

玻璃中的残余应力，特别是分布不均匀的残余应力，使强度大为降低。玻璃进行钢化后，玻璃表面存在压应力，内部存在张应力，而且是有规则地均匀分布，玻璃强度得以提高。

除此之外，玻璃结构的微不均匀性、加荷速度、加荷时间等均能影响玻璃的强度。

（2）玻璃的硬度。

硬度是表示物体抵抗其他物体侵入的能力，可以用莫氏硬度、显微硬度、研磨硬度和刻划硬度表示。

玻璃的硬度取决于化学成分。网络生成体离子使玻璃具有高硬度，而网络外体离子则使玻璃硬度降低。

石英玻璃和含有 10%～12% B_2O_3 的硼硅酸盐玻璃硬度最大，含铅的或碱性氧化物的玻璃硬度较小。各种氧化物组分对玻璃硬度提高的作用大致是：

$$SiO_2 > B_2O_3 > (MgO、ZnO、BaO) > Al_2O_3 > Fe_2O_3 > K_2O > Na_2O > PbO$$

一般玻璃硬度为莫氏硬度 5～7。

（3）玻璃的脆性。

玻璃的脆性是指当负荷超过玻璃的极限强度时立即破裂的特性。玻璃的脆性通常用它破坏时所受到的冲击强度来表示。玻璃的最大弱点是脆性大。玻璃的脆性是其结构特点决定的，玻璃的远程无序性使其没有屈服极限。而玻璃的近程有序性使其在低温下裂纹扩展而不产生塑性变形，呈现典型的脆性。在一定条件下，裂纹尖端处产生较大拉应力，出现脆性断裂。脆性即缺少塑性的性能，一般来说随着强度或硬度增加，脆性趋势提高。

石英玻璃的脆性很大，玻璃中加入 R_2O 和 RO 时，脆性更大，并且随加入离子半径的增大而升高。对于硼硅酸盐玻璃来说，B^{3+} 处于三角体时比处于四面体时脆性小。因此，为了获得硬度高而脆性小的玻璃，应该在玻璃中引入半径小的阳离子，如 Li_2O、BeO、MgO、B_2O_3 等组分。

此外，热处理对玻璃脆性也有影响。淬火玻璃的强度较退火玻璃大 5～7 倍。

3）玻璃的热学性质

玻璃的热学性质包括热膨胀系数、热稳定性、导热系数、比热容等。其中，热膨胀系数是极重要的热学性质。

（1）玻璃的热膨胀系数。

玻璃的热膨胀系数有线膨胀系数和体膨胀系数两种表示方法，通常采用线膨胀系数来表示，体膨胀系数大约是线膨胀系数的三倍。热膨胀系数是玻璃的重要热学性质。玻璃的热膨胀对玻璃的成型、退火、钢化，玻璃与玻璃、玻璃与金属、玻璃与陶瓷的封接，以及对玻璃的热稳定性等性质都有重要的意义。

玻璃的热膨胀系数根据成分不同可在很大范围内变化，玻璃的热膨胀系数变化范围为$(5.8\sim150)\times10^{-7}/℃$。若干非氧化物玻璃的热膨胀系数甚至超过$200\times10^{-7}/℃$，还能制得零膨胀或负膨胀的微晶玻璃，从而为玻璃开辟了新的应用领域。

影响玻璃热膨胀系数的主要因素有玻璃的组成、结构和热历史等。

玻璃热膨胀系数随化学组成的变化，取决于各种阳离子与氧离子之间的吸引力 f。f 越大，离子间由热振动而产生的振幅越小，所以热膨胀系数就越小；反之，热膨胀系数就越大。Si—O 键的键力较大，所以石英玻璃的热膨胀系数最小；R—O 键的键力较小，故随着 R_2O 的引入和 R^+ 半径的增大，f 不断减小，热膨胀系数不断增大。RO 的作用和 R_2O 的作用相类似，只是它们对热膨胀系数的影响比 R_2O 小，R_2O 与 RO 氧化物对玻璃热膨胀系数影响的次序为

$$Rb_2O > Cs_2O > K_2O > Na_2O > Li_2O$$

$$BaO > SrO > CaO > CdO > ZnO > MgO > BeO$$

玻璃的网络骨架对玻璃的膨胀也起决定作用。Si—O 组成的三维网络，刚性大，不易膨胀。而 B—O，虽然它的键能比 Si—O 大，但由于 B—O 组成$[BO_3]$层状或链状网络，因此B_2O_3 玻璃的热膨胀系数比较大。当$[BO_3]$三角体转变成$[BO_4]$四面体时，又能降低硼酸盐玻璃的热膨胀系数。

综上所述，组成对玻璃热膨胀系数的影响为：

在比较玻璃的化学组成对玻璃热膨胀系数的影响时，首先要看它们在玻璃中的作用，是网络形成体还是中间体或网络外体。

A. 增强网络的成分，使 α 降低；反之，使 α 上升。

B. R_2O 和 RO 主要起断网作用，积聚作用是次要的，使 α 上升；而高电荷离子（如In^{3+}、Zr^{4+}、Th^{4+}）主要起积聚作用，使结构紧密，α 降低；在玻璃中 R_2O 总量不变，引入两种不同的 R^+ 离子产生的混合碱效应（中和效应），同样能使 α 下降出现极小值。

C. 中间体氧化物在有足够“游离氧”条件下，形成四面体参加网络，使 α 降低。

玻璃的热历史对热膨胀系数有较大影响。玻璃的热膨胀系数可以用加和性法则近似计算。

除此之外，玻璃析晶后，玻璃微观结构的致密性，析晶相的种类、晶粒的大小和多少，以及晶体的结晶学特征等会影响玻璃的热膨胀系数，大多数情况下是使之降低。

（2）玻璃的热稳定性。

玻璃的热稳定性也是玻璃的一个重要热学性质。玻璃经受剧烈的温度变化而不破坏的性能称为热稳定性，其大小用试样在保持不破坏条件下所能经受的最大温度差来表示。对

玻璃的热稳定性影响最大的是热膨胀系数，其次，是玻璃的厚度。玻璃的热膨胀系数越小，热稳定性越好；玻璃的厚度越大，热稳定性越差。

4）玻璃的化学稳定性

玻璃抵抗气体、水、酸、碱、盐或各种化学试剂侵蚀的能力称为化学稳定性，可分为耐水性、耐酸性、耐碱性等。玻璃的化学稳定性不仅对于玻璃的使用和存放，而且对玻璃的加工，如磨光、镀银、酸蚀等都有重要意义。

玻璃的化学稳定性取决于侵蚀介质的种类和特性，以及侵蚀时的温度、时间和压力等。

（1）水对玻璃的侵蚀。

对硅酸盐玻璃而言，水的侵蚀开始于水中的 H^+ 和玻璃中的 Na^+ 进行离子交换，生成硅羟团（—Si—OH）和 NaOH，随后硅羟团进一步水化形成硅酸[$Si(OH)_4$]，硅酸和 NaOH 发生中和反应。另外，H_2O 分子也能与硅氧骨架直接起反应并进一步水化也形成硅酸[$Si(OH)_4$]，反应产物 $Si(OH)_4$ 是极性分子，它能使周围的水分子极化，而定向地吸附在自己的周围，成为 $Si(OH)_4 \cdot nH_2O$（或简写为 $SiO_2 \cdot xH_2O$），通常称之为硅酸凝胶，除一部分溶于水溶液外，大部分吸附在玻璃表面，形成一层薄膜，它具有较强的抗水和抗酸性能，因此，被称为保护膜层。

（2）酸对玻璃的侵蚀。

除氢氟酸外，一般的酸并不直接与玻璃起反应，它是通过水的作用侵蚀玻璃。酸的浓度大，意味着其中水的含量低，因此，浓酸对玻璃的侵蚀作用低于稀酸。

水对硅酸盐玻璃侵蚀的产物之一是金属氢氧化物，这一产物要受到酸的中和。中和作用起着两种相反的效果，一是使玻璃和水溶液之间的离子交换反应加速进行，从而增加玻璃的失重；二是降低溶液的 pH，使 $Si(OH)_4$ 的溶解度减小，从而减少玻璃的失重。当玻璃中 R_2O 含量较高时，前一种效果是主要的；反之，当玻璃中 SiO_2 较高时，则后一种效果是主要的。即高碱玻璃其耐酸性小于耐水性，而高硅玻璃则耐酸性大于耐水性。

（3）碱对玻璃的侵蚀。

碱对玻璃的侵蚀是通过 OH^- 离子破坏硅氧骨架（Si—O—Si 键）而增加了非桥氧的数目，被碱破坏的 SiO_2 骨架溶解在溶液中，所以，在玻璃被侵蚀过程中，不形成硅酸凝胶薄膜，而使玻璃表面层全部脱落。

碱对玻璃的侵蚀程度与侵蚀时间呈直线关系，与 OH^- 浓度成正比，随碱中阳离子对玻璃表面的吸附能力的增加而增大，不同阳离子的碱对玻璃的侵蚀顺序为

$$Ba^{2+} > Sr^{2+} > NH_4^+ > Rb^+ \approx Na^+ \approx Li^+ > Ca^{2+}$$

碱对玻璃的侵蚀随侵蚀后在玻璃表面形成的硅酸盐在碱溶液中溶解度的增大而加重。

（4）大气对玻璃的侵蚀。

大气对玻璃的侵蚀，实质上是水汽、CO_2、SO_2 等对玻璃表面侵蚀的总和。玻璃受潮湿大气的侵蚀过程，首先开始于玻璃表面的某些离子吸附了大气中的水分子，这些水分子以 OH^- 离子基团的形式覆盖在玻璃表面上，形成一薄层。

如果玻璃化学组成中，K_2O、Na_2O 和 CaO 等组分含量少，则这种薄层形成后，就不再继续发展；如果玻璃化学组成中含碱性氧化物较多，则被吸附的水膜会变成碱金属氢氧化物的溶液，这种碱没有被水移走，在原地不断积累。随着侵蚀的进行，碱浓度越来越大，pH 迅速上升，最后类似于碱对玻璃的侵蚀，从而极大地加速了对玻璃的侵蚀。因此，水汽对玻

璃的侵蚀，先是以离子交换为主的释碱过程，后来逐渐过渡到以破坏网络为主的溶蚀过程。实践证明，水汽比水溶液有更大的侵蚀性。

（5）影响玻璃化学稳定性的主要因素。

玻璃的组成及结构对其化学稳定性影响甚大。此外，玻璃的化学稳定性还受其表面状态、温度和压力的影响。

SiO_2 含量越多，即硅氧四面体互相连接紧密，玻璃的化学稳定性愈高。碱金属氧化物含量越高，网络结构越容易被破坏，玻璃的化学稳定性就愈低。

离子半径小，电场强度大的离子如 Li_2O 取代 Na_2O，可加强网络，提高化学稳定性，但引入量过多时，又由于“积聚”而促进玻璃分相，反而降低了玻璃的化学稳定性。

在玻璃中同时存在两种碱金属氧化物时，由于“混合碱效应”，化学稳定性出现极值。

以 B_2O_3 取代 SiO_2 时，由于“硼氧反常现象”，在 B_2O_3 引入量为16%以上时（$Na_2O/B_2O_3<1$ 时），化学稳定性出现极值。

将少量 Al_2O_3 引入玻璃组成，$[AlO_4]$ 修补 $[SiO_4]$ 网络，从而提高玻璃的化学稳定性。

通常，凡是能增加玻璃网络结构，或侵蚀时生成物是难溶解的，能在玻璃表面形成一层保护膜的组分都可以提高玻璃的化学稳定性。

当玻璃在酸性炉气中退火时，玻璃中的部分碱金属氧化物移到表面上，被炉气中的酸性气体（主要是 SO_2）所中和，而形成“白霜”（其主要成分为硫酸钠）。白霜易被除去而降低玻璃表面碱性氧化物含量，从而提高了玻璃的化学稳定性。相反，如果在没有酸性气体的条件下退火，将引起碱在玻璃表面上的富集，从而降低了玻璃的化学稳定性。

玻璃钢化后，因表面层有压应力，而且坚硬，微裂纹少，所以提高了化学稳定性；但在高温下渗透出来的碱因没有酸性炉气中和，又降低了化学稳定性。相比之下，前者起主要作用，所以钢化玻璃随钢化程度的提高，化学稳定性也将提高。

玻璃的化学稳定性随温度的升高而剧烈变化。在100℃以下，温度每升高10℃，侵蚀介质对玻璃侵蚀速度增加50%～150%，100℃以上时，侵蚀作用始终是剧烈的。

压力提高到2.94～9.80MPa时，甚至较稳定玻璃也可在短时间内剧烈地破坏，同时有大量 SiO_2 转入溶液中。

5）玻璃的光学性质

玻璃是一种高度透明的物质，可以通过调整成分、着色、光照、热处理、光化学反应以及涂膜等物理和化学方法，使之具有一系列对光的折射、反射、吸收和透过等主要的光学性能。

（1）玻璃的折射率。

玻璃折射率可以理解为电磁波在玻璃中传播速度的降低。一般玻璃的折射率为1.50～1.75，平板玻璃的折射率为1.52～1.53。

影响玻璃折射率的主要因素有玻璃的组成、热历史、温度等。

玻璃内部离子的极化率越大，玻璃的密度越大，则玻璃的折射率越大，反之亦然。例如，铅玻璃的折射率大于石英玻璃的折射率。

氧化物分子折射度越大，折射率越大；氧化物分子体积越大，折射率越小。当原子价相同时，阳离子半径小的氧化物和阳离子半径大的氧化物都具有较大的折射率；而离子半径居中的氧化物（如 Na_2O、MgO、Al_2O_3、ZrO_2 等）在同族氧化物中有较低的折射率。这是因为离子半径小的氧化物对降低分子体积起主要作用，离子半径大的氧化物对提高极化率起主要作用。

Si^{4+}、B^{3+}、P^{5+}等网络生成体离子，由于本身半径小，电价高，它们不易受外加电场的极化。不仅如此，它们还紧紧束缚（极化）它周围O^{2-}（特别是桥氧）的电子云，使它不易受外电场（如电磁波）的作用而极化（或极化极少）。因此，网络生成体离子对玻璃折射率起降低作用。

将玻璃在退火温度范围内，保持一定温度，其趋向平衡折射率的速率与所处的温度有关。

当玻璃在退火温度范围内，保持一定温度与时间并达到平衡折射率后，不同的冷却速率得到不同的折射率。冷却速率越快，折射率越低；冷却速率越慢，折射率越高。

当化学组成相同的玻璃，在不同退火温度范围时，保持一定温度与时间并达到平衡折射率后，以相同的冷却速率冷却时，则保温温度越高，其折射率越小；若保温温度越低，其折射率越高。

可见，退火不仅可以消除应力，而且还可以消除光学不均匀。因此，光学玻璃的退火控制是非常重要的。

玻璃的折射率随温度的升高而增大。

(2) 玻璃的光学常数。

玻璃的折射率、平均色散、部分色散和色散系数（阿贝数）等为玻璃的光学常数。

A. 折射率。

玻璃的折射率以及有关的各种性质，都与入射光的波长有关。因此为了定量地表示玻璃的光学性质，首先要建立标准波长。国际上统一规定下列波长为共同标准。

钠光谱中的D线：波长589.3nm（黄色）。

氦光谱中的d线：波长587.6nm（黄色）。

氢光谱中的F线：波长486.1nm（浅蓝）。

氢光谱中的C线：波长656.3nm（红色）。

汞光谱中的g线：波长435.8nm（浅蓝）。

氢光谱中的G线：波长434.1nm（浅蓝）。

上述波长测得的折射率分别用n_D，n_d，n_F，n_C，n_g，n_G表示。

在比较不同玻璃折射率时，一律用n_D为准。

B. 色散。

玻璃的色散，有以下几种表示方法。

a. 平均色散（中部色散）即n_F与n_C之差（n_F-n_C），有时用Δ表示，即$\Delta=n_F-n_C$。

b. 部分色散，常用的是n_d-n_D，n_D-n_C，n_g-n_G和n_F-n_C等。

c. 阿贝数，也叫作色散系数、色散倒数，以符号γ表示，γ为n_D-1与n_F-n_C之比。

d. 相对部分色散为n_D-n_C与n_F-n_C之比等。

光学常数最基本的是n_D和n_F-n_C，因此可算出阿贝数。阿贝数是光学系统设计中消色差经常使用的参数，也是光学玻璃的重要性质之一。

(3) 玻璃的着色。

玻璃的着色在理论上和实践上都有重要意义，它不仅关系到各种颜色玻璃的生产，也是一种研究玻璃结构的手段。由于离子的电价、配位极化等灵敏地影响到玻璃的颜色和光谱特性，因此，人们常通过玻璃的着色来探讨玻璃的结构，以及随玻璃成分的递变和不同物理化学处理而发生的结构变化。

物质颜色的产生是物质与光作用的结果。物质呈色的总的原因在于光吸收和光散射，当白光投射在不透明物体表面时，一部分波长的光被物体所吸收，另一部分波长的光则从物体表面反射回来因而呈现颜色；当白光投射到透明物体上时，如全部透过，则呈现无色，如果物体吸收某些波长的光，而透过另一部分波长的光，则呈现与透过部分相应的颜色。

根据原子结构的观点，物质之所以能吸收光，是由于原子中电子(主要是价电子)受到光能的激发，从能量较低的“轨道”跃迁至能量较高的“轨道”，亦即从基态跃迁至激发态所致。因此，只要基态和激发态之间的能量差处于可见光的能量范围时，相应波长的光就被吸收，从而呈现颜色。

在玻璃配合料中加入着色剂，经熔制和热处理后可以得到各种不同色调的颜色玻璃。玻璃着色的机理大致可以分为离子着色、金属胶体着色和硫硒化物着色三大类，颜色玻璃亦对应地分成三类。

A. 离子着色。

钛、钒、铬、锰、铁、钴、镍、铈、镨、钕等过渡金属在玻璃中以离子状态存在，它们的价电子在不同能级间跃迁，由此引起对可见光的选择性吸收，导致着色。玻璃的光谱特性和颜色主要取决于离子的价态，以及其配位体的电场强度和对称性。此外，玻璃成分、熔制温度、时间、气氛等对离子的着色也有重要影响。其中铈、镨、钕等内过渡元素由于价电子处于内层，为外层电子所屏蔽，周围配位体的电场对它的作用较小，故着色稳定，受上述因素的影响较小。

几种常见离子的着色如下所述。

钴的着色：在一般玻璃熔制条件下，钴常以低价钴 Co^{2+} 状态存在，故实际上钴在玻璃中不变价，着色稳定，受玻璃成分和熔制工艺条件影响较小。根据玻璃成分不同，Co^{2+} 在玻璃中可能有[CoO_6]和[CoO_4]两种配位状态，前者颜色偏紫，后者颜色变蓝，但在硅酸盐玻璃中多以 4 配位出现，6 配位较少，它较多地存在于低碱硼酸盐玻璃和低碱磷酸盐玻璃中。钴的着色能力很强，只要引入 0.01%的 Co_2O_3，就能使玻璃产生深蓝色。钴不吸收紫外线，在磷酸盐玻璃中与氧化镍共同作用，可制造黑色透短波紫外线玻璃。

铬的着色：铬在玻璃中可能以 Cr^{3+} 和 Cr^{6+} 两种状态存在，前者产生绿色，后者为黄绿色。在强还原条件下，有可能完全以 Cr^{3+} 存在。Cr^{6+} 在高温下不稳定，所以，在玻璃中常以 Cr^{3+} 出现。铅玻璃熔制温度低，则有利于形成 Cr^{6+}。铬在硅酸盐玻璃中溶解度小，给铬着色玻璃的生产带来困难。铬金星玻璃就是利用铬的溶解度小来制造的。

钕的着色：钕以 Nd^{3+} 状态存在于玻璃中，它一般不变价，钕在玻璃中产生美丽的紫红色，可用于制造艺术玻璃。

铜的着色：根据氧化还原条件不同，铜可能以 Cu^0、Cu^+、Cu^{2+} 三种状态存在于玻璃中。Cu^{2+} 产生天蓝色，Cu^+ 无色，原子状态的 Cu^0 能使玻璃产生红色和铜金星。Cu^{2+} 在红光部分有强烈吸收，因此，常与铬一起用于制造绿色信号玻璃。

铁的着色：铁在钠钙硅酸盐玻璃中有低价铁离子 Fe^{2+} 和高价铁离子 Fe^{3+} 两种状态，玻璃的颜色主要决定于两者之间的平衡状态，着色强度则决定于铁的含量。Fe^{3+} 着色很弱，Fe^{2+}使玻璃着淡蓝色。铁离子由于具有吸收紫外线和红外线的特性，常用于生产太阳眼镜和电焊片玻璃。在磷酸盐玻璃中，在还原条件下，铁有可能完全处于Fe^{2+}状态，它是著名的吸热玻璃，其特点是吸热性好，可见光透过率高。

钛的着色：钛的稳定氧化态是Ti^{4+}，钛还有氧化态Ti^{3+}的化合物，而氧化态为Ti^{2+}的化合物很少见。钛可能以Ti^{4+}、Ti^{3+}两种状态存在于玻璃中，Ti^{4+}是无色的，但由于它强烈地吸收紫外线而使玻璃产生棕黄色。少量的钛、铁或钛、锰共同作用都能产生深棕色，含钛、铜的玻璃呈现绿色。

钒的着色：钒可能以V^{3+}、V^{4+}和V^{5+}三种状态存在于玻璃中。钒在钠钙硅玻璃中产生绿色，一般认为主要是由V^{3+}产生的，V^{5+}不着色。在强氧化条件下，钒易形成无色的钒酸盐。钒在钠硼酸盐玻璃中，根据钠含量和熔制条件不同，可以产生蓝色、青绿色、绿色、棕色或无色。含V^{3+}的玻璃经光照还原作用会转变为紫色，被认为是V^{3+}还原成V^{2+}所致。

锰的着色：在高温熔制条件下，高价锰被还原，因此，锰一般以Mn^{2+}和Mn^{3+}状态存在于玻璃中，而在氧化条件下多以Mn^{3+}存在，使玻璃产生深紫色。氧化越强，着色越深。在铝硅酸盐玻璃中，锰产生棕红色。Mn^{2+}着色能力很弱，近于无色。

镍的着色：镍与钴类似，在玻璃中不变价，一般以Ni^{2+}状态存在，故着色也较稳定。Ni^{2+}在玻璃中有［NiO_6］和［NiO_4］两种状态，前者着灰黄色，后者产生紫色。玻璃的组成和热历史均影响Ni^{2+}的配位状态，从而影响含镍玻璃的着色。

铈的着色：铈可能以Ce^{3+}和Ce^{4+}两种状态存在于玻璃中。Ce^{4+}强烈吸收紫外线，但可见光区的透过率很高。在一定条件下，Ce^{4+}的紫外吸收带常常进入可见光区，使玻璃产生淡黄色。铈和钛可使玻璃产生金黄色，在不同的基础玻璃成分下变动铈、钛比例，可以制成黄、金黄、棕、蓝等一系列的颜色。

B. 硫、硒及其化合物着色。

单质硫、硒着色：单质硫只是在含硼很高的玻璃中才是稳定的，它使玻璃产生蓝色。单质硒可以在中性条件下存在于玻璃中，产生淡紫红色。在氧化条件下，其紫色显得更纯更美，但氧化又不能过度，否则将形成SeO_2或无色的硒酸盐，使硒着色减弱或失色。为了防止产生无色的碱硒化物和棕色的硒化铁，就必须严防还原作用。

硫碳着色："硫碳"着色玻璃，颜色棕而透红，色似琥珀。在硫碳着色玻璃中，碳仅起还原剂作用，并不参加着色。一般认为，它的着色是由硫化物(S^{2-})和三价铁离子(Fe^{3+})共存而产生的。有人认为，琥珀基团是由于［FeO_4］中的一个O^{2-}为S^{2-}取代而形成，玻璃中Fe^{2+}/Fe^{3+}和$S^{2-}/SO_4{}^{2-}$的比值对玻璃的着色情况有重要作用，一般来说，Fe^{3+}和S^{2-}含量越高，着色越深；反之着色越淡。

硫化镉和硒化镉着色：硫化镉和硒化镉着色玻璃是目前黄色和红色玻璃中颜色最鲜明、光谱特性最好的一种玻璃。这种玻璃的着色物质为胶态的CdS、CdS·CdSe、CdS·CdTe、Sb_2S_3和Sb_2Se_3等，着色主要决定于硫化镉与硒化镉的比值(CdS/CdSe)，而与胶体粒子的大小关系不大。

氧化镉玻璃是无色的，硫化镉玻璃是黄色的，硫硒化镉玻璃随CdS/CdSe比值的减小，颜色从橙红到深红，碲化镉玻璃是黑色。

镉黄、硒红一类的玻璃，通常是在含锌的硅酸盐玻璃中加入一定量的硫化镉和硒粉熔制而成，有时还需经二次显色。

C. 金属胶体着色。

玻璃可以通过细分散状态的金属对光的选择性吸收而着色。一般认为,选择性吸收是由胶态金属颗粒的光散射而引起。这类着色玻璃主要有铜红、金红、银黄玻璃。玻璃的着色与散射粒子的类别、大小、浓度和形状有关。一般来说,玻璃的颜色很大程度上取决于金属粒子的大小。例如金红玻璃,金粒子小于 20nm 时为弱黄,20～50nm 时为红色,50～100nm 时为紫色,100～150nm 时为黄色,大于 150nm 时发生金粒沉析。铜、银、金是贵金属,它们的氧化物都易于分解为金属状态,这是金属胶体着色物质的共同特点。

为了实现金属胶体着色,它们先是以离子状态溶解于玻璃熔体中,然后通过还原剂或热处理,使之还原为原子状态,并进一步使金属原子聚集、成核并长大成胶体,使玻璃着色。

需要注意的是,玻璃熔制过程必须控制熔制气氛,铜红玻璃必须在还原条件下熔制,金红玻璃则必须在氧化条件下熔制,银黄玻璃则要在中性条件下熔制,以使这些金属在高温下都以离子状态存在于玻璃熔体中。另外,在热处理显色过程中,金属颗粒常常由于成长过大而使玻璃发生乳浊(肝色)现象,这是金属胶体着色的常见缺陷之一。为了防止这种现象的发生,除了适当控制显色工艺制度外,一般必须在玻璃中加入适量的氧化亚锡(铜红玻璃常用锡粉)。主要是利用锡离子的"金属桥"特性,使金属原子在玻璃熔制或热处理显色过程中与锡的"金属桥"形成合金,防止金属原子进一步长大而发生乳浊。

7.4.8 玻璃的制备

玻璃的生产工艺过程主要为:配合料制备→玻璃熔制→成型→退火→缺陷检验→一次制品或深加工→检验→二次制品。

配合料的制备,首先是计算出玻璃配合料的料方,根据配料单将各种加工好的原料,如石英砂、石灰石、长石、纯碱、硼酸等称量后在混料机内混合均匀,制成所要求的配合料,再把配合料送到窑头料仓。

玻璃熔制是指将配合料经过高温加热而形成均匀、无气泡的玻璃液的过程。玻璃熔制是玻璃生产的核心过程,它直接影响到玻璃的产量、质量和燃料的消耗以及熔窑的寿命等。玻璃熔制是一个很复杂的物理、化学反应过程,分为硅酸盐形成、玻璃的形成、玻璃液的澄清、玻璃液的均化和玻璃液的冷却五个阶段。玻璃的熔制在熔窑内进行。熔窑主要有两种类型。一种是间隙式生产的坩埚窑,玻璃料盛在坩埚内,在坩埚外面加热。现在只有光学玻璃和颜色玻璃仍采用坩埚窑生产。另一种是连续生产的池窑,明火在玻璃液面上部加热,配合料在池窑内一般是在 1300～1600℃熔制。

成型是为了将熔制好的玻璃液转变成具有固定形状的制品。成型必须在一定温度范围内才能进行,这是一个冷却过程,玻璃首先由黏性液态转变为可塑态,再转变成脆性固态。成型方法可分为人工成型和机械成型两大类。人工成型主要包括吹制、拉制、压制和自由成型。机械成型包括吹制法、拉制法、浮法、压制法、压延法、浇铸法、离心浇铸法、烧结法等。

玻璃在成型过程中经受了激烈的温度变化和形状变化,这种变化会在玻璃中留下热应力,从而降低玻璃制品的强度和热稳定性。如果直接冷却,很可能在冷却过程中或以后的存放、运输和使用过程中自行破裂(冷爆)。为了消除冷爆现象,玻璃制品在成型后必须进行退火。退火是指在某一退火温度保温一定时间后缓慢降温再快速冷却到室温,以消除或减少玻璃中的热应力到允许值。此外,为了提高某些玻璃制品的强度,可进行钢化处理。

7.4.9 普通玻璃

1. 瓶罐玻璃

瓶罐玻璃是生活中比较常见的一类普通玻璃，它因具有良好的气密性，一定的热稳定性和机械强度，易洁净，良好的化学稳定性，不与内装物发生反应，对内装物无污染等特点，而广泛地用作包装容器。此外，瓶罐玻璃的透明或多彩、多样，能起到美化包装的作用，有利于提高商品的档次。瓶罐玻璃广泛地应用于食品、酒类、饮料和医药等行业的产品包装。

瓶罐玻璃的种类与具有代表性的组成及应用，见表 7.4.2。

表 7.4.2 瓶罐玻璃的种类与具有代表性的组成及应用

种　类	组　成	应　用
食品包装瓶玻璃	Na_2O-CaO-SiO_2 系统	酒瓶、饮料瓶、牛奶瓶、果酱瓶等
药品包装瓶玻璃	NaO-B_2O_3- SiO_2 系统	药剂瓶、化学试剂瓶等
化妆品包装瓶玻璃	Na_2O-CaO-SiO_2 系统	香水瓶、发油瓶等
文教用品瓶玻璃	Na_2O-CaO-SiO_2 系统	文具收纳筒、标本瓶等

2. 建筑玻璃

建筑玻璃是指用于建筑物外立面、家具装饰及室内装饰等玻璃的总称。

玻璃最重要的物理特性是其透明性。同时，玻璃制品自身物理和化学性质均十分稳定，在空气中不易氧化变质，从而保证了其可供长期使用。以上这些优点，使得玻璃成为一种建筑材料，而被广泛应用于建筑物外立面、家具装饰及室内装饰等。

建筑玻璃的主要特点，是透光、隔声、保温、耐磨、耐气候变化和材质稳定等。随着玻璃技术和人们生活需求的不断发展，现代建筑中的建筑玻璃，早已不仅仅是一种采光材料，而是已发展成为一种具有控制光线、调节温度、防止噪声和提高建筑艺术装饰等功能的结构材料和装饰材料。

建筑玻璃的种类与具有代表性的组成及应用，如表 7.4.3 所示。

表 7.4.3 建筑玻璃的种类与具有代表性的组成及应用

种　类	组　成	应　用
平板玻璃	Na_2O-CaO-SiO_2 系统	建筑物外墙窗户、门扇
建筑安全玻璃	Na_2O-CaO-SiO_2 系统	商品陈列箱、橱窗、水槽用玻璃，防范或防弹用玻璃，大厦地下室、屋顶以及天窗
建筑装饰玻璃	Na_2O-CaO-SiO_2 系统	建筑物的玻璃门窗，建筑物墙面、柱面装饰
节能型玻璃	Na_2O-CaO-SiO_2 系统	建筑物的玻璃门窗，冰箱、冰柜面板

3. 器皿玻璃

广义的器皿玻璃是指用于制造日用器皿、装饰品和艺术品等的玻璃的总称。狭义的器皿玻璃是指用于制造盛装食品和饮料等容器的玻璃。器皿玻璃一般具有一定的光透性和较高的折射率，此外，为了满足丰富多彩的装饰和艺术设计效果的要求，也有加入各种着色剂后制得的有色玻璃器皿，以及加入乳浊剂后制得的乳浊玻璃器皿。而应用在高温加热的条件下，则多采用热膨胀系数低、耐温度急变性强的耐热硼硅酸盐玻璃。

器皿玻璃的种类与具有代表性的组成及应用，见表7.4.4。

表7.4.4　器皿玻璃的种类与具有代表性的组成及应用

玻璃名称	组　成	应　用
酒具器皿玻璃	Na_2O-CaO-SiO_2 系统	高脚酒杯、无脚酒杯、甜酒杯、威士忌酒杯等
水具器皿玻璃	Na_2O-CaO-SiO_2 系统	水杯、凉水具、冰桶、饮料杯等
餐具器皿玻璃	Na_2O-CaO-SiO_2 系统	碟、缸、盘、碗、调味品瓶等
杂件器皿玻璃	Na_2O-CaO-SiO_2 系统	烟灰缸、储物器皿等
炊具器皿玻璃	NaO-B_2O_3-SiO_2 系统	咖啡壶、平底煎锅、电磁炉面板等

4. 仪器玻璃

仪器玻璃是指用于制造实验室器具、管材和装置的玻璃。它不仅应具有良好的抗化学侵蚀性及抗冲击性、较高的机械强度、较低的脆性，而且还应具有较高的软化温度和良好的工艺性能。仪器玻璃良好的化学稳定性能，主要是指较好的耐酸、碱和水的侵蚀抵抗性。此外，还可通过选择不同成分的玻璃以及制造工艺，以满足不同的使用需求。

仪器玻璃的种类与具有代表性的组成及应用，见表7.4.5。

表7.4.5　仪器玻璃的种类与具有代表性的组成及应用

种　类	组　成	应　用
输送和截流装置玻璃	Na_2O-CaO-SiO_2 系统	玻璃接头、接口、阀门、塞、管和棒等
容器玻璃	NaO-B_2O_3- SiO_2 系统	耐热器皿、瓶、烧杯、烧瓶、槽、试管等
基本操作仪器玻璃	B_2O_3- Al_2O_3- SiO_2 系统	蒸发皿、冷凝管、燃烧管、蒸馏烧瓶等
测量器具玻璃	Na_2O-CaO-SiO_2 系统	量器、滴管、吸液管、注射器等
分析仪器玻璃	Na_2O-CaO-SiO_2 系统	培养皿、显微镜附件等

5. 电真空与封接玻璃

玻璃具有热软化型黏结剂的功能，在被加热后，因软化、熔融而具有流动性。这就使得其不仅可以自身相互黏结，还可以与金属或陶瓷黏结。当玻璃的热膨胀特性与被封接材料相符合时，便可达到极强的黏结状态。由于玻璃具有在制造成本、生产工艺和透光性方面的优势，因此，玻璃很早就被作为电真空材料与封接材料，广泛应用于真空电子技术、微电子技术、激光和红外技术、电光源、高能物理等方面。

电真空玻璃是指用于制造电真空器件和灯泡的玻璃材料的总称。电真空玻璃通常具有较好的软化温度、热稳定性、化学稳定性、电绝缘性能、介电损耗角和耐电压强度等性能，此外还具有良好的加工与封接气密性能。

封接玻璃是指用于将玻璃、陶瓷、金属及复合材料等相互之间封接起来的中间层玻璃。封接玻璃可分为低温封接玻璃和高温封接玻璃。可在比较低的温度下使用的高铅封接玻璃，称为焊料玻璃，可分为稳定型和结晶型两类。

电真空与封接玻璃的种类以及具有代表性的组成及应用，如表7.4.6所示。

表 7.4.6 电真空与封接玻璃的种类以及具有代表性的组成及应用

种　　类	组　　成	应　　用
结晶型封接玻璃	$ZnO-Al_2O_3-SiO_2$ 系统	半导体器件的气密性封接、电子显示器件的黏结
非结晶型封接玻璃	$Bi_2O_3-ZnO-B_2O_3$ 系统	集成电路的封装、电子显示器件的黏结
复合型封接玻璃	MgO 复合 $Bi_2O_3-BaO-SiO_2$ 系统	平板式固体氧化物燃料电池的封接

7.5 陶瓷

7.5.1 陶瓷的定义和分类

1. 陶瓷的定义

传统概念的陶瓷是指以黏土为主要原料,并与其他天然矿物原料,经过粉碎、混合、成型和烧成等工艺过程所制成的产品,是陶器、炻器、瓷器等黏土制品的统称,亦即普通"陶瓷"的概念。

随着近代科学技术的发展,近百年来许多新的陶瓷品种不断问世,如氧化物陶瓷、碳化物陶瓷、氮化物陶瓷、压电陶瓷、金属陶瓷等各种结构陶瓷和功能陶瓷,它们统称为"特种陶瓷"或"精密陶瓷""先进陶瓷""新型陶瓷",它们的生产过程虽然基本上还是原料处理、成型、焙烧这种传统的陶瓷生产方式,但已很少使用或不再使用黏土、长石、石英等天然原料,而是已扩大到化工原料和人工合成矿物原料,其组成范围也已从传统的硅酸盐拓展到无机非金属材料的范围,同时它们对原料处理、成型、烧成等工艺过程的要求比传统陶瓷更高,从而诞生了许多新工艺、新技术。因此,人们把陶瓷定义为:陶瓷是以天然矿物或化工产品为原料,经原料加工处理、混合、成型、烧成等工序制成的无机产品。

在国际上并无统一的陶瓷的概念和范围,在中国及一些欧洲国家,"陶瓷"仅包括普通陶瓷和特种陶瓷两大类制品;而在日本和美国,"陶瓷"一词则泛指所有无机非金属材料制品,除陶瓷外,还包括耐火材料、水泥、玻璃、搪瓷等。

陶瓷具有金属和高分子材料所没有的高强度、高硬度、耐腐蚀、导电、绝缘、磁性、半导体,以及压电、铁电、光电、电光、超导、生物相容性等特殊性能,目前已从日用、化工、建筑、装饰领域发展到微电子、能源、交通及航天等领域。例如新型的高强度陶瓷、高温陶瓷、高韧陶瓷、光学陶瓷等高性能陶瓷,可制作切削工具、高温陶瓷发动机、陶瓷热交换器以及柴油机的绝热零件等,从而大大拓宽了陶瓷的应用领域。

2. 陶瓷的分类

陶瓷制品种类繁多,目前国际上尚无统一的分类方法,较常见的两种分类法,一种是按陶瓷的用途分类,另一种是按陶瓷的基本物理性能分类。

按陶瓷制品的用途,陶瓷分为两大类:普通陶瓷(传统陶瓷)和特种陶瓷(新型陶瓷)。

普通陶瓷是人们日常生活和生产中最常见的陶瓷制品,按其用途不同又可分为日用陶瓷(包括盆、罐、茶具、餐具和艺术陈设陶瓷等)、建筑卫生陶瓷、化工陶瓷、化学瓷、电瓷及多孔陶瓷、其他工业用陶瓷。这类陶瓷制品所用的原料基本相同,组成上属铝硅酸盐和氧化物材料,其生产工艺技术也相近,均采用典型的传统生产工艺,本书主要涉及这类制品及其生产工艺。

特种陶瓷或新型陶瓷亦称先进陶瓷、精密陶瓷，通常是指普通陶瓷以外的具有特殊性能和功能以及高附加值的陶瓷，其组成和性能要求以及生产工艺技术与普通陶瓷有很大的差异。特种陶瓷根据其性能及用途的不同，可分为结构陶瓷和功能陶瓷两大类。结构陶瓷主要是利用其机械和热性能，包括高硬度、高强度、高韧性、耐磨性、耐热、耐热冲击、隔热、导热、低热膨胀性能等。功能陶瓷则主要是利用其电性能、磁性能、半导体性能、光性能、生物化学性能等。

按陶瓷的基本物理性能特征分类，陶瓷分为陶器和瓷器。

陶器通常是未烧结或部分烧结，有一定的吸水率(＞5%)，断面粗糙无光，不透明，敲之声音粗哑，有的无釉，有的施釉。陶器又可进一步分为：①粗陶器，如盆、罐、砖瓦、各种陶管等；②精陶器，如日用精陶、美术陶器、釉面砖等。

瓷器的坯体已烧结，基本上不吸水，致密，有一定透明性，敲之声音清脆，断面有贝壳状光泽，通常根据需要施有各种类型的釉。瓷器同样也可进一步分成：炻瓷器(吸水率≤5%)、普瓷器(吸水率≤1%)、细瓷器(吸水率≤0.5%)。炻瓷器，也就是半瓷器，即介于陶与瓷之间的一类产品，主要有日用器皿、卫生陶瓷、化工陶瓷、低压电瓷、地砖、锦砖、青瓷等。细瓷器如高级日用细瓷(长石瓷、绢云母瓷、骨灰瓷等)、美术瓷、高压电瓷、高频装置瓷等。

另外，按陶瓷性能分类，陶瓷可分为高强度陶瓷、铁电陶瓷、耐酸陶瓷、高温陶瓷、压电陶瓷、高韧性陶瓷、电解质陶瓷、光学陶瓷等。

7.5.2 陶瓷的发展概况

我国的陶瓷有着悠久的历史和辉煌的成就。我国是世界上最早发明陶器的几个国家和地区之一，远在距今8000年前的新石器时代我国就有了陶器，到了距今约3000年的殷商时期发明了釉料，创制了釉陶。从陶器到瓷器是我国陶瓷生产史上的一个重大飞跃，世界公认瓷器是我国最早发明的，故英文“瓷器”与“中国”同称“china”，远在公元1—2世纪的东汉时代，我国就出现了瓷器，比西方开始制造瓷器早15个世纪。此后我国制瓷工艺技术不断发展，到了隋唐，瓷器的使用已很普遍。唐代三彩陶器——唐三彩成为中国人民与各国人民文化交流的象征。宋代各地名窑辈出，其中著名的有定窑、汝窑、官窑、哥窑、钧窑。南宋以后，特别是从明代开始，景德镇成为我国瓷业中心。明清年代景德镇的制瓷技艺越发精益，其中不乏青花、粉彩、郎窑红、窑变花釉等名贵品种。清康熙、雍正、乾隆三朝制品尤其精巧华丽，不仅在我国陶瓷史上，而且在世界陶瓷史上均享有盛誉。清代名窑除江西景德镇外，还有广东石湾、江苏宜兴、山东博山等地，至清末湖南醴陵瓷、窑也以后来居上而闻名于世。

中国瓷器对世界各国影响很大，远在唐代，中国瓷器即以新兴的商品进入国际市场，东销日本，西销印度、波斯以及埃及。时至宋代，中国瓷器远销到土耳其、荷兰、意大利等国，同时中国的制瓷技术也流传到了国外。大约从16世纪起，西方国家开始仿制中国瓷器。在旧中国，由于反动统治加上帝国主义的侵略和掠夺，我国的陶瓷业逐渐衰弱萧条，失去了在世界上的领先地位。

新中国成立后，我国的陶瓷业得到了迅速的恢复和发展，各种陶瓷产品的品种、质量和产量都得以迅猛发展，特别是改革开放以来，陶瓷业变化更是日新月异，从国外引进了全套或部分陶瓷生产新工艺、新装备，通过对这些工艺及装备的系统消化和吸收，使我国陶瓷的生产水平又有了大大提高。目前,我国陶瓷工业总体水平与世界先进水平的差距越来越小,陶瓷产品的质量有较大改善,已成为全球最大的陶瓷生产国和出口国。

7.5.3 陶瓷的组成

陶瓷是典型的无机非金属材料,它的化学组成由氧化物、碳化物、氮化物、硼化物,以及硅酸盐、铝酸盐、磷酸盐、硼酸盐等组成。普通的陶瓷通常是由氧化硅(SiO_2)、氧化铝(Al_2O_3)、氧化钠(Na_2O)、氧化钾(K_2O)、氧化钙(CaO)、氧化镁(MgO)等多种氧化物组成。例如,日用陶瓷中的长石质瓷主要是由 SiO_2、Al_2O_3、K_2O 三种氧化物组成,还有少量的 Fe_2O_3 等其他氧化物。特种陶瓷通常是由一种或两种化合物组成,如氮化硅陶瓷、碳化硅陶瓷、氮化硼陶瓷、镁铝尖晶石($MgO \cdot Al_2O_3$)陶瓷等都是由一种或两种化合物组成。

陶瓷的矿物组成(相组成)通常是由不同含量的晶相、玻璃相和气相组成,一般来说,以晶相为主,玻璃相次之,气相很少;也有玻璃相和气相非常少,几乎全为晶相的陶瓷。晶相是陶瓷材料中主要的组成相,决定陶瓷材料物理化学性质的主要是晶相。在陶瓷中可以是由一种晶体(单相)或不同类型的晶体(多相)组成。其中含量多的称为主晶相,含量少的称为次级晶相或第二晶相。例如,日用陶瓷中的长石质瓷的主晶相为莫来石,次晶相为方石英、石英。陶瓷材料的性能与主晶相的种类、数量、分布及缺陷状况等密切有关。特种陶瓷材料通常由单一的晶相组成,如碳化物、氮化物、硼化物陶瓷,也有多相晶体组成的。

7.5.4 陶瓷的显微结构和性能

1. 陶瓷的显微结构

陶瓷是由晶相和玻璃相以及气相构成。陶瓷的显微结构是决定其各种性能的最基本的因素之一,它主要包括晶相和玻璃相以及气相的种类和数量,晶粒的大小及形状,气孔的尺寸及数量,微裂纹的存在形式及分布。

1) 晶粒

陶瓷主要是由取向各异的晶粒构成,晶相的性能往往能表征材料的特性。例如,刚玉瓷具有强度高、耐高温、绝缘性好、耐腐蚀等优点。这是因为 Al_2O_3 晶体是一种结构紧密、离子键强度很大的晶体,Al_2O_3 含量越高,则玻璃相越少,气孔也越少,其性能也越好。

陶瓷制品的原料是细颗粒,烧结后的成品不一定获得细晶粒,这是因为烧结过程中要发生晶粒的生长。陶瓷生产中控制晶粒大小十分重要。

晶粒的形状对材料的性能影响也很大。例如,α-Si_3N_4 陶瓷的晶粒呈针状,β-Si_3N_4 晶粒呈颗粒状或短平状,前者抗折强度比后者几乎高一倍。

晶粒越细,强度越高,其原因是晶界上质点排列不规,易形成微观应力。陶瓷在烧成后的冷却过程中,在晶界上会产生很大应力,晶粒越大,则晶界应力越大,对于大晶粒甚至可出现贯穿裂纹。由格里菲斯(Griffith)公式,断裂应力与裂纹尺寸的平方根成反比,陶瓷中的已存裂纹,将会大大降低断裂强度。

2) 玻璃相

玻璃相的作用是充填晶粒间隙,黏结晶粒,填充气孔,提高材料致密度、降低烧结温度和抑制晶粒长大。玻璃相熔点低,热稳定性差,导致陶瓷在高温下产生蠕变。因此,工业陶瓷必须控制玻璃相的含量，一般为20%～40%，特殊情况下可达60%。

3）气相

气相指陶瓷孔隙中的气体即气孔，是陶瓷生产过程中形成并被保留下来的。气孔对陶瓷性能有显著影响，它使陶瓷密度减小，并能减振，这是有利的一面；但使陶瓷强度下降，介电耗损增大，电击穿强度下降，绝缘性降低，这是不利的方面。因此，生产上要控制气孔的数量、大小及分布。一般希望降低气孔的体积分数，一般气孔占5%～10%，力求气孔细小，呈球形，分布均匀。但有时需增加气孔，例如保温陶瓷和过滤多孔陶瓷等气孔率可达60%。

2. 陶瓷的性能

陶瓷材料的化学键大都为离子链和共价键以及离子、共价混合键，键合牢固并有明显的方向性，同一般的金属相比，其晶体结构复杂而表面能小。因此，它的强度、硬度、弹性模量、耐磨性、耐蚀性和耐热性比金属优越，但塑性、韧性、可加工性、抗热振性及使用可靠性却不如金属。因此，搞清陶瓷的性能特点及其控制因素，不论是对研究开发，还是对使用设计都具有十分重要的意义。

1）陶瓷的力学性能

（1）弹性性能。

陶瓷材料为脆性材料，在室温下承载时，几乎不能产生塑性变形，而在弹性变形范围内就产生断裂破坏。因此，其弹性性质就显得尤为重要。与其他固体材料一样，陶瓷的弹性变形可用胡克定律来描述。

陶瓷的弹性变形实际上是在外力的作用下原子间距由平衡位置产生了很小位移的结果。弹性模量反映的是原子间距的微小变化所需外力的大小。陶瓷有很高的弹性模量，一般高于金属2～4个数量级。

温度升高时，原子间距增大，即弹性模量降低。因此，固体的弹性模量一般均随温度的升高而降低。一般来说，热膨胀系数小的物质，往往具有较高的弹性模量。

物质熔点的高低反映其原子间结合力的大小，一般来说，弹性模量与熔点成正比例关系。不同种类的陶瓷材料弹性模量之间大体上有如下关系：氧化物＜氮化物＜硼化物＜碳化物。

泊松比也是描述陶瓷材料弹性变形的重要参量。除BeO与MgO外，大多数陶瓷材料的泊松比都小于金属材料的泊松比。

陶瓷材料的致密度对其弹性模量影响很大，随着气孔率的增加，陶瓷的弹性模量急剧下降。

（2）硬度。

硬度是材料的重要力学性能参数之一，金属材料的硬度与强度之间有直接的对应关系。而陶瓷材料属脆性材料，测定硬度时，在压头压入区域会发生包括压缩剪断等复合破坏的伪塑性变形。因此，陶瓷材料的硬度很难与其强度直接对应起来。但硬度高、耐磨性好是陶瓷材料的主要优良特性之一，硬度与耐磨性有密切关系。加之，在陶瓷材料的力学性能评价中，硬度测定是使用最普遍，且数据获得比较容易的评价方法之一，因而占有重要的地位。

陶瓷的硬度很高，一般远高于金属和高聚物。例如，各种陶瓷的硬度多为1000～5000HV（HV是维氏硬度），淬火钢为500～800HV，高聚物一般不超过20HV。

目前,用于测定陶瓷材料硬度的方法,主要有维氏硬度(HV)、显微硬度(Hm)和洛氏硬度(HR)。其中最常用的是维氏硬度。

对于结构陶瓷材料,常温下维氏硬度与弹性模量 E 之间的关系大体上呈直线关系。

(3) 强度。

陶瓷材料的理论强度很高,然而陶瓷存在大量气孔、缺陷,致密度小,致使它的实际强度远低于理论强度。金属材料的实际抗拉强度和理论强度的比值为 1/3～1/50,而陶瓷常常低于 1/100。

陶瓷的强度对应力状态特别敏感,它的抗拉强度虽低,但抗压强度高,因此要充分考虑与设计陶瓷应用的场合。

陶瓷一般具有优于金属的高温强度,高温抗蠕变能力强,且有很高的抗氧化性,适宜作高温材料。

陶瓷在室温几乎没有塑性,但在高温慢速加载的条件下,特别是组织中存在玻璃相时,陶瓷也能表现出一定的塑性。陶瓷的韧性低、脆性大,是陶瓷结构材料应用的主要障碍。

由其化学键所决定,陶瓷材料在室温下几乎不能产生滑移或位错运动,因而很难产生塑性变形,所以其破坏方式为脆性断裂。一般陶瓷材料在断裂前几乎没有塑性变形,因此陶瓷材料的室温强度测定只能获得一个断裂强度值。而金属材料则可获得屈服强度和极限强度。

陶瓷材料的室温强度是指弹性变形抗力,即当弹性变形达到极限程度而发生断裂时的应力。强度与弹性模量和硬度一样,是材料本身的物理参数,它决定于材料的成分组织结构,同时也随外界条件(如温度、应力状态等)的变化而变化。

由于陶瓷材料的脆性,在绝大多数情况下都是测定其弯曲强度,而很少测定拉伸强度。

陶瓷材料本身的脆性来自于其化学键的种类,实际陶瓷晶体中大都是以方向性较强的离子键和共价键为主,多数晶体的结构复杂,平均原子间距大,因而表面能小。因此,同金属材料相比,在室温下开动的滑移系几乎没有,位错的滑移、增殖很难发生。因此,很容易由表面或内部存在的缺陷引起应力集中而产生脆性破坏。这是陶瓷材料脆性的原因所在,也是其强度值分散性较大的原因所在。

通常陶瓷材料都是用烧结的方法制造的,在晶界上大都存在着气孔、裂纹和玻璃相等非晶相,而且有时在晶内也存在有气孔、孪晶界、层错、位错等缺陷,陶瓷的强度除决定于本身材料种类(成分)外,上述微观组织因素对强度也有显著的影响(微观组织敏感性)。其中气孔率与晶粒尺寸是两个最重要的影响因素。

气孔是绝大多数陶瓷的主要组织缺陷之一,气孔明显地降低了载荷作用横截面积,同时气孔也是引起应力集中的地方(对于孤立的球形气孔,应力增加 3 倍)。实验发现,多孔陶瓷的强度随气孔率的增加近似按指数规律下降。当材料成分相同、气孔率不同时,将引起强度的显著差异,为了获得高强度,应制备接近理论密度的无气孔陶瓷材料。

陶瓷材料的强度和晶粒尺寸的关系与金属有类似的规律,也符合霍尔-佩奇(Hall-Petch)关系。但对烧结体陶瓷来讲,只有晶粒尺寸不同而其他组织参量都相同的试样的制作是非常困难的,因此,往往其他因素与晶粒尺寸同时对强度起影响作用。但无论如何,室温断裂强度无疑地随晶粒尺寸的减小而增高,所以对于结构陶瓷材料来说,努力获得细晶粒组织,对提高室温强度是有利而无害的。

陶瓷材料的烧结大都要加入助烧剂，因此形成一定量的低熔点晶界相而促进致密化。晶界相的成分、性质及数量(厚度)对强度有显著影响。晶界相最好能起阻止裂纹过界扩展并松弛裂纹尖端应力场的作用。晶界玻璃相的存在对强度是不利的，所以应尽量减少晶界玻璃相的数量，并通过热处理使其晶化。对单相多晶陶瓷材料，晶粒形状最好为均匀的等轴晶粒，这样承载时变形均匀而不易引起应力集中，从而使强度得到充分发挥。

综上所述，高强度单相多晶陶瓷的显微组织应符合如下要求：①晶粒尺寸小，晶体缺陷少；②晶粒尺寸均匀、等轴，不易在晶界处引起应力集中；③晶界相含量适当，并尽量减少脆性玻璃相含量，应能阻止晶内裂纹过界扩展，并能松弛裂纹尖端应力集中；④减少气孔率，使其尽量接近理论密度。

为了提高陶瓷材料的强度，除了要控制上述组织因素外，更常见的是通过复合的办法提高强度。例如，自生复相陶瓷棒晶强化，加入第二相的颗粒弥散强化、纤维强化、晶须强化等。

陶瓷材料的强度亦随温度变化。陶瓷材料的一个最大的特点就是高温强度比金属高得多。未来汽车用燃气发动机的预计温度为1370℃，这样的工作温度，Ni、Cr、Co系的超耐热合金已无法承受，但SiC陶瓷却大有希望。

陶瓷材料的强度在温度 $T<0.5T_m$（T_m 为熔点）时，基本保持不变；在温度高于 $0.5T_m$ 时才出现明显的降低。

2）陶瓷的物理性能

陶瓷的热膨胀系数比高聚物和金属低得多。陶瓷的导热性比金属差，多为较好的绝热材料。

抗热振性是指材料在温度急剧变化时抵抗破坏的能力，一般用急冷到水中不破裂所能承受的最高温差来表达。多数陶瓷的抗热振性差，例如日用陶瓷的抗热振性为220℃。

陶瓷的导电性能变化范围很大。多数陶瓷具有良好的绝缘性，是传统的绝缘材料。但有些陶瓷具有一定的导电性，甚至出现陶瓷超导。

3）陶瓷的化学性能

陶瓷的结构非常稳定，常温下很难同环境中的氧发生作用。陶瓷对酸、碱、盐等的腐蚀有较强的抵抗能力，也能抵抗熔融的有色金属(如铝、铜等)的侵蚀。但在有些情况下，例如高温熔盐和氧化渣等会使某些陶瓷材料受到腐蚀破坏。

7.5.5　陶瓷的制备

普通陶瓷的基本生产工艺过程如图7.5.1所示。

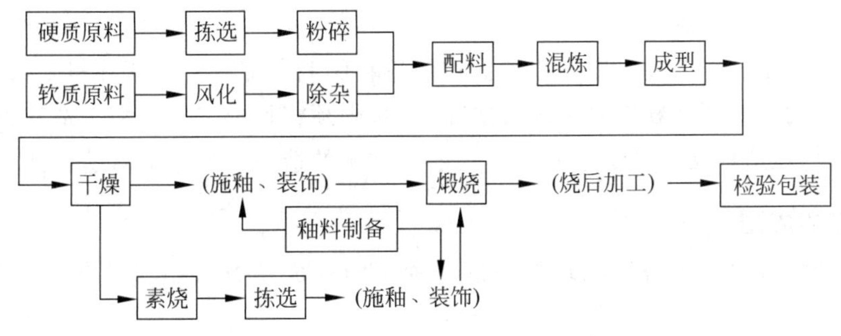

图7.5.1　普通陶瓷的基本生产工艺过程

普通陶瓷品种繁多，各种制品的生产工艺过程不尽相同，基本上可分为两种类型：一次烧成和二次烧成。一次烧成工艺简单，设备投资小，生产周期短，但工艺难度较大，除要求生坯有足够的强度外，对坯釉配方的匹配性及烧成时工艺制度也要求严格。二次烧成工艺是将坯体先素烧后再施釉入窑烧成，多用于生坯强度较低或坯釉烧成温度相差太大的制品。一些高档瓷器及精陶制品一般都是采用二次烧成工艺生产。

1. 普通陶瓷生产用原料

陶瓷制品种类众多，所用原料亦多种多样，按其来源，可分为天然原料和化工原料两大类。普通陶瓷所用原料大部分是天然矿物原料，主要是具有可塑性的黏土类原料，以石英为代表的瘠性类原料和以长石为代表的熔剂类原料。此外，还有一些化工原料，作为坯料的辅助原料以及釉料、色料的原料。特种陶瓷所用的原料主要是化工原料。

2. 坯料的制备

坯料是指将陶瓷原料经配料和一定的加工过程，制得的符合生产工艺要求的多组分均匀的混合料。陶瓷坯料有三种：可塑坯料、注浆坯料和干压坯料。

坯料的制备首先要对原料进行预处理，主要包括硬质原料的水洗，软质原料（软质黏土）的风化、淘洗或拣选，其目的是尽量清除有害杂质，提高原料纯度，以保证质量。

（1）可塑坯料的制备。

可塑坯料的一般制备工艺为：精选后的硬质料粗碎（颚式破碎机）＋软质料→配料→中碎（轮碾机或雷蒙机）→湿球磨细碎（球磨机）→搅拌池→过筛、除铁→泥浆池→压滤（压滤机）→粗炼→陈腐→真空练泥。

（2）注浆坯料的制备。

注浆坯料制备的两种基本工艺是球磨化浆工艺，以及球磨、压滤、泥段化浆工艺，区别主要在于有无压滤等工序。

前者在细碎以前的工序和可塑坯料基本相同。注浆料一般经球磨直接制备，不需压滤等工序，其制备工艺简单，但泥浆稳定性不够好。即，硬质料的粗碎、中碎＋软质料→球磨→搅拌池→过筛、除铁→浆桶→注浆成型。

后一种工艺在真空练泥以前同可塑坯料的制备流程，其特点是用制备好的坯料通过化浆制得，泥浆的稳定性较好。其工艺流程为：精选后的各种原料→球磨→振动过筛→浆池→除铁→过筛→压滤→粗炼→陈腐→真空练泥→泥段入搅拌池化浆→过筛→除铁→泥浆池→备用注浆。

（3）干压坯料的制备。

干压坯料的制备工艺在泥浆池以前同可塑坯料的制备流程。干压坯料要求粉料有较好的结合性及流动性。要使粉料具有较好的流动性，则须将坯料进行造粒。造粒方法有三种：普通造粒法、加压造粒法和喷雾造粒法。目前最常用的造粒方法是喷雾造粒法。

3. 陶瓷的成型

成型是指将按要求制备好的坯料通过各种不同的成型方法制成具有一定形状大小的坯体。

陶瓷生产中采用的成型方法主要有以下三种。

1）可塑成型

可塑成型是指利用泥料的可塑性，用外力将泥料塑造成一定形状的坯体的成型方法，如旋压法、滚压法、塑压法、注射法及轧膜成型法等。

2）注浆成型

注浆成型可分为两种。

（1）传统注浆成型是利用多孔模型从泥浆中吸取水分，因而在模壁上形成一层薄的泥层而制得各类坯体，如普通注浆法、真空注浆法、离心注浆法。

（2）广义注浆法是指所有具有一定液态流动性的坯料成型方法，如热压注、流延法等。这类注浆料是将塑化剂加入一些非黏土类的瘠性料中，然后使其加热调制成具有一定流动性和悬浮性的浆料。这是一种应用广泛的成型方法，许多日用陶瓷、美术瓷、卫生陶瓷和工业陶瓷制品均用此法成型。

3）压制成型

它是将粉料填充在某一特制的模型中，施加压力，使之压制成具有一定形状和强度的坯体。压制成型大体上分为普通压制成型和等静压法两种。前者是采用金属模具装填坯料，从上、下两个方向对其进行多次加压，使之密实，常用于某些普通陶瓷制品的成型。而等静压成型是使坯料在各方向同时均匀受压而致密成坯，由于坯料各向均匀受压，故所得坯体密度大而均匀，许多特种陶瓷是采用此法成型。

4. 生坯的干燥

生坯的干燥是指依靠蒸发而使成型后的坯体脱水的过程。干燥方法有自然干燥、热风干燥（对流干燥、快速对流干燥）、电热干燥、红外线干燥等。

5. 施釉、装饰

大多数普通陶瓷制品都要进行施釉和装饰。常见的施釉方法有喷釉、浇（淋）釉、浸釉、涂（刷）釉、干法施釉等；常见的装饰方法有雕塑、色釉装饰、艺术釉装饰、釉上彩饰、釉下彩饰等。

6. 烧成

烧成是陶瓷生产过程中极重要的一道工序，是对陶瓷生坯进行高温焙烧，使之发生质变成为陶瓷产品的过程。烧成的目的是去除坯体内所含溶剂、黏结剂、增塑剂等，并减少坯体中的气孔，增强颗粒间的结合强度。

普通陶瓷一般采用窑炉在常压下进行烧结。坯体在烧成过程中将产生一系列物理化学变化，从而形成预期的矿物组成和显微结构，并赋予制品预期的性能。

陶瓷窑炉的种类很多，大体上可分为两大类：连续式窑和间歇式窑。常见的连续式窑有隧道窑、辊道窑、推板窑等；间歇式窑有倒焰窑、梭式窑等。

7.5.6　普通陶瓷

普通陶瓷是以黏土类及其他天然矿物原料，经过粉碎加工、成型和烧成等工艺过程而制成的制品，是一种多晶、多相（例如，晶相、玻璃相和气相）的硅酸盐材料。

普通陶瓷成本低，加工成型性好，质地坚硬，不氧化，耐腐蚀，不导电，能耐一定高温。但强度较低，高温性能也不及先进陶瓷。

普通陶瓷广泛用于日用、电气、化工、建筑、纺织中对强度和耐温性要求不高的领域，例如地面铺设、输水管道和隔电绝缘器件等。

1. 日用陶瓷

日用陶瓷是日常生活中人们接触最多和最熟悉的陶瓷，如餐具、茶具、咖啡具、酒具和炊具等。

日用陶瓷的质量优劣可由其物理化学性质、外观性质及使用性能等来描述。外观性质包括白度、透明度、釉面光泽度、造型、尺寸规格、色泽及装饰等。日用陶瓷的内在质量指标主要是致密度、热稳定性、机械强度、釉面硬度、坯釉结合性，以及产品釉画和画面的铅、镉溶出量。影响日用陶瓷性质的因素主要是原料的化学成分和矿物组成，釉的相组成和结构，以及生产工艺等。

1) K_2O-Al_2O_3-SiO_2 系统

(1) 长石质瓷。

长石质瓷属于 K_2O-Al_2O_3-SiO_2 系统。它是以长石作为熔剂的"长石-石英-高岭土"三组分配料系统。长石质瓷是国内外普遍生产的一种日用陶瓷。长石质瓷的烧成温度范围宽，根据各成分的配比和工艺因素的不同，烧成范围可为 1150～1450℃。长石质瓷的矿物组成为莫来石、方石英、石英和玻璃相。长石质瓷，其瓷质洁白，坚硬、机械强度高，化学稳定性好。坯层呈半透明，断面呈贝壳状，不透气，吸水率很低。

(2) 绢云母。

瓷绢云母瓷属于 K_2O-Al_2O_3-SiO_2 系统。它是以绢云母作为熔剂的"瓷石-高岭土"二组分配料系统。绢云母瓷的矿物组成为莫来石、石英、方石英和玻璃相。绢云母瓷除了具有长石质瓷的一般性能以外，还具有透光性较好的特点。绢云母瓷大多采用还原焰烧成，瓷质白里泛青，别具一格。

2) MgO-Al_2O_3-SiO_2 系统

滑石质瓷又称蛇纹石质瓷，属于 MgO-Al_2O_3-SiO_2 系统。它是以滑石或蛇纹石为主要原料制造的瓷器。滑石质瓷早已应用于高频技术的绝缘材料方面。应用滑石、蛇纹石制造的日用陶瓷，是我国一些瓷产区利用当地原料发展起来的又一新品种。

滑石质瓷与原顽辉石-堇青石质瓷的化学组成主要是 SiO_2，MgO，一定量的 Al_2O_3 和少量的 CaO、K_2O、Na_2O 等。滑石质瓷的烧成温度，一般约为 1300℃，在瓷坯中主晶相为原顽辉石。

蛇纹石质瓷，其性能特点近于滑石质瓷，透明度好，白度高，其不足之处是烧结范围狭窄。

3) CaO-Al_2O_3-P_2O_5--SiO_2 系统

骨灰瓷又称骨质瓷，属于 CaO-Al_2O_3-P_2O_5-SiO_2 系统的典型瓷种。它是以磷酸盐作为熔剂的"磷酸盐-高岭土-石英-长石"四组分配料系统。它以磷酸钙为熔剂，加入一定量黏土、石英和长石，经烧制而成。由于生产中通常采用动物的骨灰引入 $Ca_3(PO_4)_2$，所以称为骨灰瓷。目前普遍采用天然磷灰石和人造骨灰为原料生产骨灰瓷。

骨灰瓷具有高白度、高透光度和高强度等优良性质。其不足之处，是热稳定性较差、烧结范围不宽。

4）紫砂陶

人们习惯把紫砂器称为“紫砂陶”，简称紫砂，是我国传统工艺陶瓷产品，已有近千年的生产历史。江苏宜兴是我国紫砂器的发源地和主要产区。紫砂器主要产品有壶、杯、瓶、盆、碗和碟类，以及假山石景、蔬果玩物、文具用品、人物雕塑等。它被广泛用于泡茶盛水、储存食物、美化居室、布置庭院等方面。

紫砂器所采用的黏土原料称为紫砂泥。按其外观颜色，紫砂泥可分为紫泥、绿泥和红泥。紫泥，因其固有的化学成分、矿物组成和颗粒组成，而被作为制作各种紫砂器的主要原料。绿泥，其储量不多，当用于制作大件产品时则不易烧成，除少数产品采用绿泥制作外，通常作为化妆土粉饰在紫泥坯体的表面。红泥，也常用作化妆土和制造小件产品。

紫砂器的主要色调取决于铁的化合物种类及其含量。在氧化焰烧成条件下，当$w_{(Fe_2O_3)}$为1%～2%时，烧成后呈浅黄色；当$w_{(Fe_2O_3)}$为3%～6%时，烧成后呈浅红色至棕红色；当$w_{(Fe_2O_3)}$为6%～9%时，烧成后呈棕红色至紫色；当$w_{(Fe_2O_3)}>10\%$时，烧成后很容易呈黑色。紫砂器是以紫泥一种原料制成，因而烧成后呈现紫色。紫泥的矿物组成主要为云母、石英、黏土矿物和赤铁矿。

2. 建筑卫生陶瓷

建筑卫生陶瓷是指主要用于建筑装饰、建筑构件和卫生设施的陶瓷制品。按用途建筑卫生陶瓷可分为陶瓷墙地砖、卫生陶瓷、装饰陶瓷、饰面瓦、建筑琉璃制品及陶瓷管；按制品材质可分为陶质、炻质及瓷质制品；按制品外观可分为施釉与不施釉制品。建筑卫生陶瓷，具有强度高、美观、防潮、防火、耐腐蚀、抗冻、不变质、不褪色、易清洁等特点。

建筑卫生陶瓷产品要求具有功能化、个性化等特点，近几年已开发的品种有仿天然石材的各种花纹图案砖，各种丝光、亚光或金属光泽的墙地砖，透水性广场砖，防菌自洁砖及洁具，自动灭火砖，保健型瓷砖（调湿调温砖），抗静电砖，光致变色瓷砖，储电砖，耐磨地砖新品种，发光瓷砖和环保型瓷砖等。

1）陶瓷墙地砖

陶瓷墙地砖是指采用陶土和石英砂等材料，经研磨、压制、施釉和烧结等工序而制成的陶质或瓷质板材，主要应用于土木建筑工程中。陶瓷墙地砖，可分为内墙砖、外墙砖和地砖。陶瓷墙地砖的品种主要有彩釉内墙砖、花砖、腰线砖、彩釉地砖、瓷质砖、玻化砖、仿古砖、仿生砖、自洁砖、负离子砖、亚光釉面砖、劈裂砖、锦砖、广场砖、各类仿天然石材的瓷质砖等。

陶瓷墙地砖的坯体按烧结程度及吸水率的大小，一般可分为三类：瓷质坯体（0<吸水率<0.5%），炻质坯体（0.5%<吸水率<10%）及陶质坯体（吸水率>10%）。一部分地砖（例如，瓷质砖和玻化砖）属瓷质坯体；外墙砖及一部分地砖，为炻质坯体；内墙砖，则一般为陶质坯体。

（1）瓷质坯料。

瓷质坯料是由长石、石英和黏土配制而成，有的还掺加滑石等。瓷质坯料的化学组成为$(0.3\sim0.5)(R_2O+RO)\cdot Al_2O_3\cdot(5.5\sim8.5)SiO_2$。

瓷质坯料的矿物组成为：长石30%～60%；石英20%～40%；黏土20%～40%。其中，SiO_2的含量，一般不超过75%，否则坯体烧成时易炸裂；Al_2O_3的含量，一般不取上限，否则将会提高烧成温度。烧成后产品的主要晶相为莫来石、堇青石、残余石英和顽火辉石等。制品的吸水率低、坯体致密、强度大、热稳定性好，但其烧成收缩大。

(2) 炻质坯料。

炻质坯料所能利用原料的范围极广，但有一个特点，就是大都采用各地的劣质含铁黏土或工业固体废弃物等。

炻质坯料的一般化学组成为(0.2～0.6)($RO+R_2O$)·Al_2O_3·(1.6～7.0)SiO_2。

这类产品的主晶相仍为莫来石。其所采用原料范围广，烧成温度因所采用原料的不同而不同。但是，在高温时产生的液相量大，因而产品具有较高的机械强度，热导率低，耐腐蚀，热稳定性好。

(3) 陶质坯料。

陶质坯料其产品是釉面砖(内墙砖)，具有代表性的组成有长石质、石灰石质、石灰石-长石质、黏土质、硅灰石质和透辉石质等。其主要相组成为烧成中的残余黏土、石英、少量莫来石、玻璃相与气孔等。其中，石灰石质细陶坯体，则是由固相反应所生成的莫来石、方石英、钙长石、f-SiO_2(包括晶质与无定形态两种)、少量黏土和云母残骸等固相组分互相交织，并在玻璃(少量、多类型熔融体)的胶结下，所构成的一种多孔的不完全的烧结体。若在坯料中掺加碱金属氧化物(CaO 或 MgO)时，则可促使部分石英转变成方石英，同时也就改变了玻璃相的成分，增加了结晶相的比例，从而提高坯体的耐腐蚀性，降低其湿膨胀率。这对于形成所谓压应力釉、提高制品的热稳定性，乃至克服精陶后期的釉面龟裂等均有利。因此，在陶质坯料中，通常也可掺加 2%～4%的石灰石、白云石或滑石等成分。

2) 卫生陶瓷

卫生陶瓷又称洁具，是指主要应用于卫生间、厨房和实验室等场所的带釉陶瓷制品。根据制品的吸水率的不同，卫生陶瓷可分为 2 类：瓷质卫生陶瓷(吸水率≤5%)和炻陶质卫生陶瓷(5%<吸水率≤15%)。还可根据坯体的烧结程度不同，卫生陶瓷可分为 3 类：多孔坯体(精陶质和熟料精陶质)，半烧结坯体(半瓷质)及烧结坯体(瓷质)。

卫生陶瓷的品种，主要有洗面器(立柱式、托架式、台式)、大便器(坐便器、蹲便器)、小便器(斗式、壁挂式、落地式)、洗涤器(斜喷式、直喷式)、水槽(洗涤槽、化验槽)、水箱(低水箱、高水箱)、存水弯(S 型、P 型)及其他(肥皂盒、手纸盒、化妆盒、衣帽钩、毛巾架托)。

各种类型的卫生陶瓷坯料，由黏土类原料、长石和石英配制而成。

卫生陶瓷坯料的化学组成为：SiO_2 64%～70%；Al_2O_3 21%～25%；MgO 1%～1.3%；CaO 0.5%～0.6%；R_2O 2.5%～3.0%。

3) 装饰陶瓷

装饰陶瓷一般是指从设计角度，为满足人们物质和精神功能的要求，在制品表面采用不同装饰材料和各种装饰方法进行艺术加工后的陶瓷制品。装饰陶瓷的主要品种包括瓷粒、陶瓷浮雕、陶瓷壁画等。

4) 饰面瓦

饰面瓦是指以黏土为主要原料，经过混炼、成型、烧成而制成的陶瓷瓦，用来装饰建筑物的屋面。饰面瓦可分为中式瓦、日式瓦、西式瓦等。

5) 建筑琉璃制品

建筑琉璃制品是指以黏土为主要原料，经成型、施釉和烧成而制成的用于建筑物的瓦类、脊类和饰件类陶瓷制品。建筑琉璃制品的品种，主要有琉璃瓦、琉璃砖、琉璃建筑装饰制件等。

3. 电工陶瓷

电工陶瓷简称电瓷，是指应用在电力工业、有线通信、交通、照明乃至家用电器的绝缘子中作为主绝缘体的瓷质元件。在高压电瓷行业中，常按坯体的配方把高压电瓷分为两大类：普通高压电瓷和高强度电瓷。普通高压电瓷用于制造一般高压绝缘子和中、小型套管等产品。

电工陶瓷通常采用长石质硬质瓷的瓷质材料，从化学组成来看，属于高碱质配方系统。瓷坯在 1230～1320℃范围内烧成的相组成(体积分数，%)为：大量不均质铝硅酸盐玻璃相，40%～50%；呈熔化状态和带有裂纹的粒状石英残留物，8%～12%；方石英，6%～10%；新生成针状莫来石，10%～30%；未及时熔进液相的黏土和高岭土的分解产物的集合体，少量；气孔，少量。

高强度或超高强度电瓷，主要用于超高压输配电的棒形支柱或悬式绝缘子及高强度套管等产品。从化学组成的角度，其坯体配方分为两大类：高硅质瓷坯和高铝质瓷坯。

高硅质瓷坯可分为两种：高石英质瓷坯和方石英质瓷坯。方石英质瓷坯的特点是含有较多的方石英晶体。

高铝质瓷坯是在传统的长石质高压电瓷的配方基础上，采用富 Al_2O_3 原料取代其中一部分石英而形成的。在瓷坯中，除了原有的莫来石和残余石英晶体等，还增加了刚玉晶体。目前，随着高速铁路的快速发展，抗污闪电瓷和耐极寒电瓷等已成为研究热点。

4. 化工陶瓷与化学陶瓷

1）化工陶瓷

化工陶瓷是指现代化学工业生产中采用的一种无机非金属耐腐蚀材料。它具有优异的耐腐蚀性能，除了氢氟酸、氟硅酸和热浓碱，在其他所有的无机酸和有机酸介质中，几乎不受侵蚀；同时具有硬度高、耐压强度高、耐磨度高、不易老化、不易污染介质等特点。但是，其脆性大，冲击韧性和抗拉强度低、缺乏延展性，不能承受过大的机械振动，不易加工，导热性和耐急冷急热性能差。

化工陶瓷的品种主要有离心泵、鼓风机、喷射器、分离机、塔类、填料、容器(槽、罐、锅、壶)、旋塞与阀门、管道、耐酸硅、耐酸耐温砖、耐酸球磨机、蒸发皿、漏斗、坩埚等。

化工陶瓷广泛应用于石油、化工、化纤、化肥、冶金、造纸、制药、食品、印刷、染料等领域，作为化工过程的加热、冷却、吸收、浓缩、蒸馏、过滤、结晶、搅拌，以及储存、输送，控制液体与气体流量等工艺过程中的化工设备使用。

2）化学陶瓷

化学陶瓷是指应用于工业试验、科学研究、制药工业和化学工业上的一种重要陶瓷制品。常用的化学陶瓷品种，主要有坩埚、蒸发皿、研钵、漏斗、过滤板、燃烧管和燃烧舟等。

化学陶瓷的坯料为高岭土、长石，以及少量的氧化铝、石灰石及石英等。就其组成而言，基本上属于硬质瓷器的范畴。由于莫来石晶体比大多数硅酸盐更能抵抗酸碱的侵蚀，由莫来石晶体交织着的坯体的强度高。因此，优良的化学陶瓷，必须含有大量的莫来石结晶，同时坯体组成中游离石英的含量则应尽量少。这可防止在使用过程中由多次的灼烧和冷却而引发的开裂。为了促使化学陶瓷的坯体中能生成大量的莫来石晶体，在配方组成中，Al_2O_3 含量可高达 34%～44%，SiO_2 含量为 49%～61%（高铝低硅质）；长石的含量则要求在 20%以下，少用或不用石英配料。为了促进莫来石晶体的形成，还可添加矿化剂，如方解石、白云石和滑石等。若坯料中所采用黏土的黏性较强，则虽然有利于成型，但是其收缩太大，因此可将部分黏土烧成熟料。大多数的化学陶瓷制品，均需施上一层釉。

7.6 水泥

7.6.1 胶凝材料的定义和分类

在物理、化学的作用下，能从浆体变成坚硬的石状体，并能胶结其他物料而制成具有一定机械强度的复合体的物质，统称为胶凝材料。

根据化学成分，胶凝材料分为无机胶凝材料和有机胶凝材料两大类。沥青、各种树脂和橡胶属于有机胶凝材料。无机胶凝材料按照其硬化条件，又分为水硬性胶凝材料和非水硬性胶凝材料两类。水硬性胶凝材料拌水后既能在空气中硬化，又能在水中硬化，保持并继续发展其强度，通常称为水泥，如硅酸盐水泥、铝酸盐水泥、硫铝酸盐水泥等。非水硬性胶凝材料又称气硬性胶凝材料，它拌水后不能在水中硬化而只能在空气中硬化，也只能在空气中保持或继续发展其强度；已硬化并具有强度的制品在水的长期作用下，强度会显著下降，以致破坏；这类胶凝材料如石灰、石膏、水玻璃、镁质胶凝材料等。

7.6.2 胶凝材料的发展概况

胶凝材料的发展与社会生产力的发展紧密相关。在很早的古代，人们就用黏土抹砌简易的建筑物，有时还掺入稻草、壳皮等植物纤维作加筋增强，形成初期的混凝土，但未经煅烧的黏土不耐水且强度很低。随着火的发明，在公元前 3000—前 2000 年，中国、古埃及、古罗马等就相继开始利用煅烧所得的石膏和石灰来调制砌筑砂浆。古埃及金字塔的砌筑就是利用了煅烧后的石膏胶泥，而我国的万里长城的砌筑则是利用了石灰胶凝材料。

随着生产的发展，人们在实践中发现，在石灰中掺加某些火山灰，不仅能提高强度而且能抵御淡水或含盐水的侵蚀，从而用于各类市政建筑。古罗马的庞贝城以及罗马神庙等建筑物都使用了石灰-火山灰材料。

由于社会的不断进步，对胶凝材料提出了更高的要求，因而于 18 世纪后半期先后制成了水硬性石灰和罗马水泥。在此基础上又用含适量黏土(20%～25%)的石灰石经煅烧磨细制得早期水泥。

19 世纪初期，人们已经将石灰石或白垩加黏土的细粉按一定比例配合，在石灰窑内经高温煅烧成烧结块(熟料)再磨制成水硬性胶凝材料，因与英国波特兰城建筑岩石的颜色相似，故称为波特兰水泥(Portland Cement，我国称为硅酸盐水泥)。1824 年，英国人阿斯普丁(J. Aspdin) 第一个获得了生产波特兰水泥的专利。这种水泥含有硅酸钙，不但能在水中硬化，而且能长期抗水，强度甚高。其首次大规模使用是 1825—1843 年用于修建泰晤士河隧道。

硅酸盐水泥出现后，应用日益广泛，对于工程建设起了重大的促进作用。但随着现代工业的发展，仅仅硅酸盐水泥、石膏、石灰等几种胶凝材料已满足不了工业建设和军事工程的需要。因而到20世纪初就逐渐发明出各种不同用途的硅酸盐水泥，如快硬水泥、抗硫酸盐水泥、中低热水泥和油井水泥等。在1907—1909年，又发明了以低碱性铝酸盐为主要成分的具有快硬性的高铝水泥(现称铝酸盐水泥)。近几十年，又陆续发明了硫铝酸盐水泥、氟铝酸盐水泥等品种，从而使水硬性胶凝材料的发展进入多品种多用途的时期。

7.6.3　水泥的定义和分类

加入适量水后可成塑性浆体，既能在空气中硬化又能在水中硬化，并能将砂、石等材料牢固地胶结在一起的细粉状水硬性胶凝材料，通称为水泥。

水泥的种类很多，按其用途和性能可分为通用水泥、专用水泥和特性水泥三大类。通用水泥为用于大量土木工程的一般用途的水泥，如硅酸盐水泥、普通硅酸盐水泥、矿渣硅酸盐水泥、火山灰质硅酸盐水泥、粉煤灰硅酸盐水泥和复合硅酸盐水泥。专用水泥是指有专门用途的水泥，如油井水泥、砌筑水泥等。而特性水泥则是指某种性能比较突出的一类水泥，如快硬硅酸盐水泥、抗硫酸盐硅酸盐水泥、中热硅酸盐水泥、膨胀硫铝酸盐水泥、自应力铝酸盐水泥等。

按其所含的主要水硬性矿物，水泥又可分为硅酸盐水泥、铝酸盐水泥、硫铝酸盐水泥、氟铝酸盐水泥，以及以工业废渣和地方材料为主要组分的水泥。目前水泥品种已达一百多种。

水泥是建筑工业三大基本材料之一，可广泛用于民用、工业、农业、水利、交通和军事等工程。虽然制造水泥耗能较多，但它与砂、石等集料制成的混凝土却是一种低能耗的建筑材料。在未来较长的时期内，水泥仍然是主要的建筑材料。水泥有许多优点：水泥浆有很好的可塑性，可制成各种形状和尺寸的混凝土构件；适应性强，可用于海上、地下或干热、严寒地区，以及耐侵蚀、防辐射等特殊要求的工程；耐久性好，水泥混凝土既没有钢材的生锈问题，也没有木材的腐朽等缺点，更没有塑料制品的老化、污染等问题。因此，水泥不但大量应用于工业与民用建筑，还广泛应用于交通、水利、农林以及港口等工程；航天工业、核工业以及其他新型工业的建设，也需要各种无机非金属材料，其中最为基本的都是以水泥基为主的新型复合材料，因此，水泥具有极其广阔的发展前景。

7.6.4　水泥的发展概况

水泥的实际应用至今已有近200年，这期间水泥工业的生产规模不断扩大，工艺和设备不断改进，品种和质量也有很大的发展。1826年，出现第一台烧水泥用的自然通风的普通立窑；1910年，实现立窑机械化连续生产。1885年，出现第一台回转窑，有效地提高了产量和质量，使水泥工业进入了回转窑阶段。1923年，立波尔窑的出现，使水泥工业出现较大的变革，窑的产量明显提高，热耗显著降低。20世纪50年代初，悬浮预热器的出现，使热耗大幅度降低。20世纪60年代，电子计算机开始应用于水泥工业。1971年，日本科研人员开发了预分解窑技术，从而使水泥工业生产技术有重大突破。立式磨、辊压机、原料预均化、生料均化以及X射线荧光分析等技术的发展和应用，使干法水泥生产的熟料质量明显提高，能耗进一步降低。由于应用了电子计算机和自动控制技术，许多先进的水泥厂都已采用全厂集中控制、巡回检查的方式，在矿山开采，生料和烧成车间，以及包装和发运等工序都实现了自动控制。

非水硬性胶凝材料的发展在我国已有几千年历史，而水泥工业则始于1876年在河北唐山建立的启新洋灰公司，以后又相继在湖北以及广州、上海、南京等地建立水泥厂。但在新中国成立前，水泥工业发展非常缓慢，历史最高水平的年产量（1942年）仅有229万吨。按人均消费水泥量计算，约为当时美国、比利时等国的1/150，且水泥品种只有普通硅酸盐水泥和白色硅酸盐水泥等几个品种。

新中国成立后，我国水泥工业发展迅速，从1949年的66万吨提高到2022年的21.18亿吨（2014年最高24.9亿吨），约占世界水泥总产量的58%，早已成为全球水泥制造的第一大国。水泥品种也从新中国成立初期的2～3种增加到目前的60多种。除了满足一般建筑工程需要外，还能生产石油、水电、冶金、化工等许多部门需要的专用水泥和特性水泥。利用工业废渣生产水泥，也取得很好的效果。同时，不断引进消化并发展新技术、新工艺和新设备，在1976年建立第一条烧油预分解窑生产线之后，已自行研究设计了上海川沙、江苏省邳州市、新疆等日产700吨熟料的预分解窑生产线和江西、鲁南、双阳的日产2000吨熟料的预分解窑生产线，并在冀东、柳州、珠江等厂引进了国外大型现代化干法生产线。我国在水泥熟料煅烧、粉磨、熟料形成、水泥新矿物系列、水化硬化、混合材、节能技术等有关基础理论以及测试方法的研究和应用等方面，也取得了喜人的进展。但是，同世界先进水平相比，我国水泥工业还存在一些问题，主要是生产效率低、能耗高、经济效益差和技术力量不足，人均产量低。另外，机械化和自动化水平较低，设备制造能力差，环境污染严重。

当前，世界水泥工业的中心课题仍然是能源、资源和环境保护。为此，要发展以预分解窑为中心的新工艺及其他先进技术，在我国的特定条件下，要逐步淘汰普通立窑，改造和提高机立窑。从而形成一个具有中国特色的水泥工业体系，以优质、低耗、多品种的水泥来保证各类建设工程和人民生活的需要。

7.6.5 水泥的组成和性能

1. 水泥的组成

通用硅酸盐水泥是由硅酸盐水泥熟料和石膏及混合材一起磨细而成。所以，水泥的组成材料为硅酸盐水泥熟料、石膏和混合材。不同的水泥品种中，硅酸盐熟料、石膏和混合材的含量应符合相关国家标准GB 175—2023的规定。

1）硅酸盐水泥熟料

硅酸盐水泥熟料中硅酸钙矿物应不小于66%，氧化钙和氧化硅的质量比应不小于2.0。

（1）硅酸盐水泥熟料的化学组成。

硅酸盐水泥熟料主要由CaO、SiO_2、Al_2O_3和Fe_2O_3四种氧化物组成，其含量总和通常在95%以上。这四种氧化物含量的波动范围：CaO为62%～67%；SiO_2为20%～24%；Al_2O_3为4%～7%；Fe_2O_3为2.5%～6.0%。

除了上述四种主要氧化物，熟料中通常还含有MgO、SO_3、K_2O、$N_{a2}O$、TiO_2、P_2O_5等氧化物。

（2）硅酸盐水泥熟料的矿物组成。

在硅酸盐水泥熟料中，CaO(C)、SiO_2(S)、Al_2O_3(A)和Fe_2O_3(F)不是以单独的氧化物存在，而是以两种或两种以上的氧化物经高温化学反应而生成的多种矿物的集合体的形式存在。其结晶细小，一般为 30～60μm。它主要有四种矿物：硅酸三钙（$3CaO \cdot SiO_2$，C_3S），硅酸二钙（$2CaO \cdot SiO_2$，C_2S），铝酸三钙（$3CaO \cdot Al_2O_3$，C_3A），铁相固溶体（通常以铁铝酸四钙 $4CaO \cdot Al_2O_3 \cdot Fe_2O_3$（$C_4AF$）作为代表式）。通常熟料中 C_3S 和 C_2S 含量约占 75%，C_3A 和 C_4AF 的理论含量约占 22%。

此外，还有少量游离氧化钙（f-CaO）、方镁石（结晶氧化镁）、含碱矿物及玻璃体。

2）石膏

天然石膏应符合 GB/T 5483—2008《天然石膏》中规定的 G 类或 M 类二级（含）以上的石膏或混合石膏。以硫酸钙为主要成分的工业副产物石膏，采用前应经过试验证明对水泥性能无害。

3）混合材料

活性混合材料分别为符合 GB/T 203—2008《用于水泥中的粒化高炉矿渣》、GB/T 18046—2017《用于水泥、砂浆和混凝土中的粒化高炉矿渣粉》、GB/T 1596—2017《用于水泥和混凝土中的粉煤灰》、GB/T 2847—2022《用于水泥中的火山灰质混合材料》标准要求的粒化高炉矿渣、粒化高炉矿渣粉、粉煤灰、火山灰质混合材料。

非活性混合材料为活性指标分别低于上述标准要求的粒化高炉矿渣、粒化高炉矿渣粉、粉煤灰、火山灰质混合材料；以及石灰石和砂岩，其中石灰石中的 Al_2O_3 含量应不大于 2.5%。

2. 水泥的性能

通用硅酸盐水泥在物理指标方面的技术要求主要包括凝结时间、安定性、强度、细度等。

1）凝结时间

水泥的凝结时间是指水泥从加水开始到失去流动性（从可塑性状态发展到固体状态）所需要的时间，分初凝时间和终凝时间两种。初凝时间是指水泥从加水开始到初步失去塑性状态的时间；终凝时间是指水泥从加水拌和开始到完全失去塑性的时间。凝结时间直接影响到施工。凝结时间过短，则水泥砂浆与混凝土在浇灌之前即已失去流动性而无法使用；凝结时间过长，则降低施工速度和延长模板周转时间。

硅酸盐水泥的初凝时间不小于 45min，终凝时间不大于 390min。

普通硅酸盐水泥、矿渣硅酸盐水泥、火山灰质硅酸盐水泥、粉煤灰硅酸盐水泥和复合硅酸盐水泥的初凝时间不小于 45min，终凝时间不大于 600min。

2）安定性

水泥加水硬化后体积变化的均匀性称为水泥安定性。即水泥加水以后，逐渐水化硬化，水泥硬化浆体能保持一定形状、不开裂、不变形、不溃散的性质。

水泥的安定性用沸煮法检验，必须合格。

3）强度

强度是水泥的一个重要指标，又是设计混凝土配合比的重要数据。水泥在水化硬化过程中强度是逐渐增长的，一般以 3d、7d 以前的强度称为早期强度，28d 及其后的强度称为后期强度，也有以三个月以后的强度称为长期强度。由于水泥经 28d 后强度已大部分发挥出来，所以，用 28d 强度划分水泥的等级，即划分为不同的标号。

不同品种不同强度等级的通用硅酸盐水泥，必须同时满足国家标准(GB 175—2023)规定的各龄期抗压、抗折强度的相应指标。若其中任一龄期的抗压、抗折强度指标达不到所要求标号的规定，则以其中最低的某一龄期的强度指标确定该水泥的标号。

硅酸盐水泥的强度等级分为42.5、42.5R、52.5、52.5R、62.5、62.5R六个等级。

普通硅酸盐水泥的强度等级分为42.5、42.5R、52.5、52.5R四个等级。

矿渣硅酸盐水泥、火山灰质硅酸盐水泥、粉煤灰硅酸盐水泥和复合硅酸盐水泥的强度等级分为32.5、32.5R、42.5、42.5R、52.5、52.5R六个等级。

其中，R型水泥属于快硬型，对其3d强度有较高的要求。

4) 细度

硅酸盐水泥和普通硅酸盐水泥的细度以比表面积表示，其比表面积不小于$300m^2/kg$；矿渣硅酸盐水泥、火山灰质硅酸盐水泥、粉煤灰硅酸盐水泥和复合硅酸盐水泥的细度以筛余表示，其$80\mu m$方孔筛筛余不大于10%，或$45\mu m$方孔筛筛余不大于30%。

以上性能中，凝结时间、安定性及强度是通用硅酸盐水泥的三项重要建筑性质指标。

7.6.6 水泥的制备

1. 水泥的生产方法

水泥生产首先要制备出生料，然后由生料煅烧成水泥熟料，最后再用熟料和石膏等磨制成水泥。由于生料制备有干湿之分，所以将水泥生产方法分为湿法、半干法和干法三种。

湿法工艺是将生料制成含水32%～36%的料浆，在回转窑内烘干并煅烧成熟料，这种方法已经被淘汰；半干法工艺是将生料粉加10%～15%水制成料球，再喂入立窑或立波尔窑煅烧成熟料，这种方法是被限制发展的一种方法；干法工艺是将原料经烘干、粉碎而制成生料粉，然后喂入窑内煅烧成熟料，生料含水率一般仅1%～2%，省去了烘干生料所需的大量热量。以前干法生产是采用中空回转窑，传热效率低，生料粉不易混匀；后来出现生料粉空气搅拌技术和悬浮预热技术以及预分解等技术。现在干法生产完全可以制备出质量均匀的生料，新型的预分解窑已将生料粉的预热和碳酸盐分解都移到窑外在悬浮状态下进行，热效率高，减轻了回转窑的负荷，使窑的生产能力得以大幅提高。现在将悬浮预热和预分解窑统称为新型干法窑，它是今后的发展方向。目前，我国的水泥工业正在以新型干法生产为主体，并向生态环境型产业转型。

2. 水泥的生产工艺

水泥的生产过程主要分三个阶段：生料的制备、熟料的煅烧和水泥的制备，可以概括为“两磨一烧”，即石灰石和黏土以及铁粉等原料首先经过破碎、磨细和混匀而制成均匀的生料，然后生料再经1450℃以上高温煅烧成熟料，最后熟料经破碎后与石膏及混合材一起磨细成为水泥。

1) 硅酸盐水泥生产的原料

硅酸盐水泥熟料生产的主要原料是石灰石质原料和黏土质原料，必要时加入少量硅质或铁质校正原料，调整生料的化学成分以满足熟料的化学成分的要求。

硅酸盐水泥是由在熟料中加入适量的石膏共同磨细而成，有些品种的水泥还允许加入一定量的混合材。石膏又称缓凝剂，用来调节水泥的凝结时间。常用天然石膏矿，主要成分为二水硫酸钙($CaSO_4 \cdot 2H_2O$),或者天然硬石膏,主要成分为无水硫酸钙($CaSO_4$)。混合材是用来改善水泥性能以及调节水泥标号。常用粒化高炉矿渣、粉煤灰、火山灰质混合材、石灰石、粒化电炉磷渣和冶金工业的各种熔渣。对这些材料都有一定的质量要求和掺加量限定。

2) 原料的破碎及预均化

水泥生产过程中,大部分原料要进行破碎,如石灰石、黏土、铁矿石及煤等。石灰石是水泥生产用量最大的原料,开采后的粒度较大,硬度较高,因此石灰石的破碎在水泥厂的物料破碎中占有比较重要的地位。

原料预均化就是在原料的存、取过程中,运用科学的堆取料技术,实现原料的初步均化,使原料堆场同时具备储存与均化的功能。

3) 生料的制备

生料的制备是指将石灰质原料、黏土质原料与少量校正原料经破碎后按一定比例配合,在烘干兼粉磨的球磨机或立式磨中磨细,并在空气预均化库中调配为成分合适、均匀的生料的过程。

4) 水泥熟料的煅烧

水泥熟料的煅烧是指生料在水泥煅烧系统内煅烧至部分熔融,以得到以硅酸钙为主要成分的硅酸盐水泥熟料的过程。它是水泥生产的关键,直接关系到水泥的产量、质量,燃料的消耗,以及煅烧设备的安全运转。

新型干法水泥熟料煅烧时,生料先后进入旋风预热器和预分解炉中完成生料的预热和碳酸盐的预分解,再进入回转窑。在回转窑中发生未分解的少量碳酸盐的迅速分解以及一系列的固相反应,物料温度升高到1300℃左右时出现液相,继续升温到1450℃烧成熟料。熟料烧成后,冷却到1300～1100℃由回转窑卸入篦式冷却机,冷却机将高温熟料冷却到100～150℃后送入熟料破碎机,熟料被破碎后卸到熟料输送机,运至熟料库储存。

5) 水泥粉磨

水泥粉磨是指将一定配合比的水泥熟料、石膏和混合材在水泥粉磨机中粉磨至适宜粒度的粉状水泥的过程。粉磨好的水泥送入水泥库储存。

7.7 新型无机非金属材料

7.7.1 概述

在人类历史的发展中,最早使用的材料是无机非金属材料,如陶瓷、玻璃、水泥、耐火材料,它们都是以硅酸盐为主要成分。随着现代科学技术的发展,新材料、新工艺、新装备和新技术的不断涌现,在无机材料领域中出现了一个新的领域——新型无机非金属材料。它是指新近发展起来或正在发展中的具有优异性能或特殊功能,对科技尤其是高新技术发展及新产业的形成具有决定意义的无机非金属材料。

新型无机材料是以人工合成的高纯原料经特殊的先进工艺制作成的材料。从新材料的合成来看,往往是利用极端条件或技术作为必要的手段,如超高压、超高温、超真空、超低温、超高速冷却、超高纯等。结构陶瓷、功能陶瓷、纳米陶瓷、人工晶体、特种玻璃、无机多孔材料、无机智能材料以及纳米碳（碳结构）材料等都属于新型无机非金属材料，它们都是当前人们最为关注的新材料，也是各国科学工作者研究和开发的热点。新型无机材料具有高性能与多功能等特点，在信息、航空航天、生命科学等现代科学技术领域中发挥极其重要的作用。

新型无机材料与普通硅酸盐材料的主要区别如下所述。

(1) 在组成上，它们的组成已远超硅酸盐的范围，包括纯氧化物、复合氧化物、硅化物、碳化物、硼化物、硫化物，以及各种无机非金属化合物、经特殊的先进工艺制成的材料。

(2) 在用途上，已由原来主要利用材料所固有的静态物理性状，发展到利用各种物理效应和微观现象的功能性，并在各种极端条件下使用。

(3) 在制备工艺方法方面有重大的改进与革新，制品的形态也有很大的变化，由过去以块状为主的状态向着单晶化、薄膜化、纤维化、复合化的方向发展。

7.7.2 先进陶瓷

1. 新型结构陶瓷

新型结构陶瓷材料包括用于各种环境中的耐磨、耐蚀、耐高温等构件的各类陶瓷材料，它强调材料的力学性能。新型结构陶瓷具有耐高温、耐热冲击、耐摩擦、高硬度、高刚性、低膨胀性、隔热等特殊性质，并且即使在恶劣环境下，其工作性能也非常稳定，因而大都用于工程方面，故又称为工程陶瓷。它广泛用于路面、建筑物、桥梁、沟渠、航空航天、工业制品零件等许多方面。主要研究和开发的热点有高强高韧结构陶瓷、超硬结构陶瓷、高温结构陶瓷。新型结构陶瓷的主要应用见表 7.7.1。

表 7.7.1 新型结构陶瓷的主要应用

性能应用	分类	名　称	典型材料	主要用途
机械力学性能	高强高韧结构陶瓷	热机陶瓷	Si_3N_4、赛隆(sialon)、SiC	汽车发动机、燃气轮机部件等
		高温、高强陶瓷	Al_2O_3、B_4C、ZrO_2、Si_3N_4、SiC	热交换器、高温高速轴承、火箭喷嘴等
	超硬结构陶瓷	工具陶瓷	$Al_2O_3+TiO_2$、$Al_2O_3+ZrO_2$、Si_3N_4、赛隆	切削工具、挖掘用钻头、剪刀等
		耐磨陶瓷	Al_2O_3、B_4C、ZrO_2、Si_3N_4、SiC	密封件、轴承、拉丝模、机械零件、喷砂嘴等
热功能	高温结构陶瓷	特种陶瓷	MgO、ThO_2、SiC	特种耐火材料等
		绝热陶瓷	K_2OnTiO_2、$CaOnTiO_2$、Al_2O_3	耐热绝缘体、不燃壁材等
		导热陶瓷	BeO、AlN、SiC	集成电路、绝缘散热基片等
		低膨胀陶瓷	Al_2O_3、TiO_2、MgO、SiO_2、Si_3N_4	热交换器、高温结构材料等

1) 高强高韧结构陶瓷

近年来广泛开展了加稀土高强陶瓷、高韧陶瓷的研究和应用。典型高强高韧结构陶瓷为 Si_3N_4、SiC、部分稳定 ZrO_2，多以军事和航天应用为主。

2) 超硬结构陶瓷

超硬结构陶瓷是指金刚石和氮化硼或两者的复合体。此外，烧结碳化物的金属陶瓷如 WC、TiC 等作为超硬工具材料得到广泛应用。超硬结构陶瓷可以切削和研磨各种结构材料，也可用于地质钻探、精密切削（铜、不锈钢等），还可制作圆珠笔尖、手表外壳、小孔径拔丝模等。

3）高温结构陶瓷

高温结构陶瓷材料具有以下特征：①能够承受现有金属材料不能承受的高温（目前高温合金的极限温度为 1100℃），或苛刻环境条件下具有较高强度；②高温下具有高韧性；③抗蠕变性高；③耐蚀性优异；④抗热冲击能力高；⑤耐磨性好；⑥化学性能稳定。

高温结构陶瓷分为两类。一类是氧化物系，一般熔点高于 1728℃。高温时，酸性氧化物陶瓷适用于接触酸性材料，碱性氧化物陶瓷适用于接触碱性材料，中性氧化物陶瓷两者均适合。另一类是非氧化物陶瓷，有碳化物、硼化物、氮化物等。高温陶瓷主要用于火箭、导弹、喷气发动机的部分部件，航天飞机外壳、耐热瓦，汽轮叶片，飞机高温轴承，模具，坦克、汽车的发动机，以及耐高温、耐磨、耐蚀涂层和核能技术。在空间和军事技术的许多场合，高温结构陶瓷往往是唯一可用的材料。

氮化硅除抗机械振动性能和韧性相对较差外，其余几种性能都优于一般陶瓷，曾被誉为“像钢一样强，像金刚石一样硬，像铝一样轻”。利用其耐热性、化学稳定性、耐熔融金属腐蚀的性能，在冶金工业方面用于制作铸造器皿、燃烧舟、坩埚和蒸发皿等，在化工方面用于制作过滤器、热交换器部件、触媒载体、煤气化的热气阀、燃烧器汽化器等。利用氮化硅陶瓷的耐磨性和自润滑性，可用于泵的密封环。氮化硅陶瓷用于切削工具、高温轴承、拔丝模具、喷砂嘴等也获得很好效果。氮化硅陶瓷在现代超硬精密加工中获得广泛的应用。在航天工业中，氮化硅陶瓷用于火箭喷嘴、喉衬和其他高温耐热结构部件。此外，在半导体工业、电子、军事和核工业方面也有不少应用。

六方氮化硼作为一种软质材料，弹性模量低，莫氏硬度为 2，力学强度低，但比石墨高，是陶瓷中唯一一种在烧成后可进行车、铣、刨、钻等机械加工的陶瓷材料，加工精度可达 0.01mm，容易制成复杂形状、精密的陶瓷部件。

氮化钛是一种新型的结构材料，它不但硬度大（显微硬度为 21GPa）、熔点高（2950℃）、化学稳定性好，而且具有动人的金黄色金属色泽，因此，氮化钛既是一种很好的耐熔耐磨材料，又是一种深受人们喜爱的代金饰品。氮化钛还有较高的导电性，可用作熔盐电解的电极以及电触头等材料。氮化钛还是具有较高的超导转变温度（T_c）的超导材料。

碳化硅是一种高温强度大、高温蠕变性好、硬度高、耐磨、耐腐蚀、抗氧化、高热导率和高电导率以及热稳定性好的材料，因此成为 1400℃以上良好的高温结构陶瓷材料。它的应用范围十分广泛，见表 7.7.2。

表 7.7.2　碳化硅的应用范围

应用范围	使用环境	用　　途	主要优点
石油工业	高温、高液压研磨	喷嘴、轴承、密封、阀片	耐磨
化学工业	强酸、强碱高温氧化	轴承、密封、泵零件、热交换器汽化管道、热电偶套管	耐磨、耐蚀、气密性
汽车、拖拉机、飞机、火箭	发动机燃烧	燃烧器部件、涡轮增压器转子、燃气轮机叶片、火箭喷嘴	耐高温腐蚀
汽车、拖拉机	发动机机油	阀系列	低摩擦、高强度、低惯性负荷、耐热振性

续表

应用范围	使用环境	用　　途	主要优点
机械矿业	研磨	喷砂嘴、内衬、泵零件	低摩擦、耐磨
造纸工业	纸浆、废液纸浆	密封套管、轴承	耐磨、耐蚀、低摩擦
热处理炼钢	高温气体	热偶套管、热交换器燃烧元件、密封、轴承	耐热、耐蚀、气密性
核工业	含硼高温水	辐射管	耐辐射
微电子工业	大功率散热	封装材料、基片	高导热、高绝缘
激光	大功率、高温	反射屏	高刚度、稳定性
其他	加工成型	拉丝、成型模、纺织导向	耐磨、耐蚀

2. 功能陶瓷

功能陶瓷是指在光、热、电、磁、化学、生物等作用下，而具有某种特殊性能的陶瓷。它们通常具有一种或多种功能，已在空间技术、电子技术、能源开发、光电子技术、红外技术、激光技术、传感技术、生物技术和环境技术等领域得到广泛的应用。

1）电介质陶瓷

电介质陶瓷是指电阻率超过 $10^8\Omega\cdot m$ 的陶瓷。它能够承受较强的电场而不被击穿，可以在静电场或交变电场中使用。根据在电场中的极化特性，电介质陶瓷可分为绝缘陶瓷、电容器陶瓷、压电陶瓷、导电陶瓷、超导陶瓷、铁电陶瓷等。

（1）绝缘陶瓷。

A. 性质。

绝缘陶瓷应具备以下性质：①高的体积电阻率（室温下，大于 $10^{12}\Omega\cdot m$）和高的介电强度（大于 $10^4 kV/m$），以减少漏导损耗和承受较高的电压；②电容率小（常小于 9），可以减少不必要的电容分布值，避免在线路中产生恶劣的影响，从而保证整机的质量；③高频电场下的介电损耗要小（$\tan\delta$ 一般在 $2\times10^{-4}\sim9\times10^{-3}$ 范围内）；④力学强度要高，通常弯曲强度为 45～300MPa，抗压强度为 400～2000MPa；⑤良好的化学稳定性，能耐风化、耐水、耐化学腐蚀。

除上述要求外，有时还要求具有耐机械力冲击和热冲击的性能等。

绝缘陶瓷材料按化学组成分为氧化物系和非氧化物系两大类，氧化物系主要有 Al_2O_3 和 MgO 等电绝缘陶瓷；非氧化物系主要有氮化物陶瓷，如氮化硅（Si_3N_4）、氮化硼（BN）、氮化铝（AlN）等。除了上述多晶陶瓷，近年来又发展了单晶电绝缘陶瓷，如人工合成云母、人造蓝宝石、尖晶石、氧化铍（BeO）及石英等。

目前国内外主要采用 Al_2O_3 陶瓷作为集成电路基板材料。金刚石和立方氮化硼作为高热导率材料用于半导体基板和封装时优于其他材料，但价格高，大量生产之前还有若干技术问题有待解决。此外，SiC 和 BeO 也是较理想的材料，但前者烧结困难，后者在生产过程中会产生毒害。氮化铝作为高导热材料也具有巨大潜力，可以取代 BeO、SiC，甚至部分取代 Al_2O_3。因为氮化铝陶瓷热导率虽比 BeO 和 SiC 陶瓷略低，但比 Al_2O_3 陶瓷高 8～10 倍，体积电阻率、击穿强度、介电损耗等电气性能可与 Al_2O_3 陶瓷媲美，且电容率较低，力学强度较高，可进行多层布线，是很有发展前途的基板材料。

B. 制备特点。

绝缘陶瓷生产的主要特点是通过一定的工艺措施控制体积电阻率和介电损耗。

a. 选择体积电阻率高、结构紧密的晶体材料为主晶相。

b. 严格控制配方，避免杂质离子，尤其是碱金属或碱土金属离子的引入。在必须引入金属离子时，要尽量减少玻璃相的含量。若为改善工艺性能而引入较多玻璃时，应采用中和效应和压抑效应，应尽量控制玻璃相数量，降低材料中玻璃相的电导率。

c. 在改善主晶相性质时，尽量避免产生缺位固溶体或填隙固溶体，最好形成连续固溶体，可避免损耗显著增大。

d. 避免引入变价金属离子，以免产生自由离子和空穴，引起电子式导电，使电性能恶化。可以采用引入不等价杂质离子的方法消除已有的自由电子和空穴，提高体积电阻率。

e. 防止产生多晶转换，因多晶转变时晶格缺陷多，电性能下降，损耗增多。

C. 应用。

现代主要电绝缘陶瓷材料的用途见表 7.7.3。

表 7.7.3 现代主要电绝缘陶瓷材料的用途

用　　途	应用举例	材　　质
电力	绝缘子、绝缘管、绝缘衬套、真空开关	I,U,A
汽车	火花塞、陶瓷加热器	A
耐热用	热电耦保护管、绝缘管	U,A,M,I
电阻器	膜电阻芯和基板、可变电阻基板	F,Z,A,U
CdS 光电池	光电池基板	S,Z,A
调谐器	支撑绝缘柱、定片轴	S,A,F
电子计算机	滑动元件、磁带导杆	A,F
电路元件	电容器基板、线圈框架	A,S,F
整流器	硅可控整流器、饱和扼流圈封装用	A,G
阴极射线管	阴极托、管子	A,F,S
电子管	管壳、磁控柱	A,B,G
混合集成电路	厚膜用基片、薄膜用基片	A,F,B
半导体集成电路	玻璃封装外壳、陶瓷浸渍	A,B
半导体	Si 晶体管管座、二极管管座	A,S
封接用	金属喷涂法加工	A,F,B,U
光学用	高压钠灯、紫外线透射器	A (Lucalox)

注：A-氧化铝；B-氧化铍；F-镁橄榄石；G-玻璃陶瓷；I-普通陶瓷；M-氧化镁；S-块滑石；U-莫来石；Z-锆英石。

(2) 电容器陶瓷。

电容器陶瓷按性质分为四类：第一类为非铁电电容器陶瓷，这类陶瓷最大的特点是高频损耗少，在使用温度范围内电容率随温度呈线性变化；第二类为铁电电容器陶瓷，它的主要性能是介电容率呈非线性，而且特别高，故又称强电容率电容器陶瓷；第三类为反铁电电容器陶瓷；第四类为半导体电容器陶瓷。根据电容器陶瓷所采用陶瓷的特点，电容器可分为温度补偿（Ⅰ型）、温度稳定（Ⅱ型）、高电容率（Ⅲ型）和半导体系（Ⅳ型），其各自的特征见表 7.7.4。

表 7.7.4 电容器陶瓷的分类和特征

类　型	特　征
Ⅰ	电容率的温度系数在$+10^{-4}$/℃到-4.7×10^{-3}/℃之间，易于获得高的 Q 值($Q=V\tan\delta$ 称为品质因数，是电介质的重要特征值之一)，绝缘电阻高，适用于高频
Ⅱ	电容率的温度系数接近于零时具有高的 Q 值，适用于高频 电容率较高时，在几吉赫带宽 Q 值很高，则可用于制造滤波器，呈微波电介质陶瓷
Ⅲ	采用高电容率陶瓷($\varepsilon=1000\sim30000$)，可获得大容量、绝缘电阻高、$Q$ 值小，适用于低频
Ⅳ	利用半导体的高电容率陶瓷的表面层或阻挡层，则可以比Ⅱ型更小型化

电容器陶瓷材料在性能方面的基本要求如下：

A. 电容率应尽可能高，电容率越高，陶瓷电容器的体积就可以做得越小；

B. 材料在高频、高温、高压及其他恶劣环境下，应能可靠、稳定地工作；

C. 介质损耗角正切要小，对于高功率陶瓷电容器，能提高无功功率；

D. 比体积电阻高于 $10^{10}\,\Omega\cdot m$，这可保证在高温下工作不致失败；

E. 高的介电强度。

(3) 铁电陶瓷。

铁电性是指在一定温度范围内具有自发极化性能，在外电场作用下，自发极化能重新取向，而且电位移矢量与电场强度之间的关系呈电滞回线现象的特性。这类材料的电势能在物理上与铁氧体的磁性能相类似，故称为铁电陶瓷。

目前，应用最多的铁电陶瓷是铁电电容器陶瓷和透明电光铁电陶瓷两种。铁电电容器陶瓷又可分为高电容率系和半导体系。高电容率系铁电陶瓷几乎都是以钛酸钡为基体的，添加能够移动居里点，或添加能够降低居里点处电容率的峰值，并使电容率随温度的变化变得平坦的压降剂，以及促进和防止还原的添加物来调节材料性能，使得陶瓷材料能满足特殊需要。半导体系铁电陶瓷的结构决定了晶界层陶瓷电容器具有高的电容率、高的抗潮性、高的可靠性，与普通材料陶瓷电容器相比，电容率或电容随温度的变化较平缓，工作电压也相当高。

目前发展的透明电光铁电陶瓷的基本组成是锆钛酸铅(PZT)，并添加 Bi 或较多的 La 改性，形成掺镧锆钛酸铅(PLZT)。它是目前透明电光陶瓷材料制备及应用中最多的一种。由于其显著的透明性特点，以及经过人工极化后还具有压电、光学双折射、电控可变双折射效应和电控可变光散射效应等特性，已被用于光调制器、光开关、全息存储和光数据处理过程中的编页器和光栅等。

(4) 压电陶瓷。

某些电介质晶体通过机械力作用能引起电介质中带电粒子的相对位移而发生极化，并由此引起表面电荷的现象称为压电效应。如果在铁电陶瓷片两侧放上电极，进行极化使内部晶粒定向排列，陶瓷便具有压电性，成为压电陶瓷。

压电陶瓷的优点是易于制造，可批量生产，成本低，不受尺寸和形状的限制，可在任意方向进行极化，可通过调节组分而改变材料的性能，而且耐热、耐湿和化学稳定性好等。从晶体结构来看，钙钛矿型、钨青铜型、焦绿石型、含铋层结构的陶瓷具有压电性。压电陶瓷按成分系统可分为：以 $BaTiO_3$、$PbTiO_3$、$KNbO_3$、Bi_4BaTiO_{15} 为主的单元系；主要是 $PbTiO_{0.48}Zr_{0.62}O_3$ 和 $Na_{0.5}K_{0.5}NbO_3$ 的锆钛酸铅二元系；通过改变 Zr/Ti 比和掺入少量其他元素而形成的复合钙钛矿型和锆钛酸铅三元系。目前应用最广泛的压电陶瓷有钛酸钡、钛酸铅、锆钛酸铅、锆钛酸铅镧。表 7.7.5 列举了压电陶瓷的应用领域。

表 7.7.5　压电陶瓷的应用领域

应用领域		举　例
信号源	标准信号器	振荡器、压电音叉、压电音片等用作精密仪器中的时间和频率标准信号源
信号转换	电声换能器	拾声器、送话器、受话器、扬声器、蜂鸣器等声频范围的电声器件
	超声换能器	超声切割、焊接、清洗、搅拌、乳化及超声显示等频率高于 20kHz 超声器件
发射与接收	超声换能器	探测地质构造、油井固实程度、无损探伤和测厚、催化反应状况、超声衍射、疾病诊断等各种工业用的超声器件
	水声换能器	水平导航定位、通信和探测的声呐、超声测深、鱼群探测和传声器
信号处理	滤波器	通信广播中所用的各种分离滤波器和复合滤波器
	放大器	声表面波信号放大器，以及振荡器、混频器、衰减器、隔离器等
	表面波导	声表面波传输线
传感与计测	加速计、压力计	工业和航空技术上测定振动体或飞行器工作状态的加速度计、自动控制开关、污染检测用振动计，以及流速计、流量计和液面计等
	角速度计	测量物体角度及控制飞行器航向的压电陀螺
	红外探测器	监视领空、检测大气污染浓度、非接触式测温以及热成像
	位移发生器	激光稳频补偿元件、纤维加工设备，以及光角度、光程长的控制器
存储显示	调制	用于电光和声光调制的光阀、光闸、光变频器和光偏转器、声开关
	存储	光信息存储器、光记忆器
	显示	铁电显示器、声光显示器、组页器等

(5) 导电陶瓷。

导电陶瓷在一定条件下，例如加热或其他方法激发时，可使外层电子获得足够的能量，克服原子核对它的吸引力和控制，而成为自由电子。在适当条件下，有些陶瓷具有与金属相似的自由电子导电机制或与液体强电解质相似的离子导电机制，由此可分为电子导电陶瓷和离子导电陶瓷两种。

电子导电陶瓷主要有氧化锆、氧化钍，以及由复合氧化物组成的铬酸镧陶瓷，都是新型的高温电子导电陶瓷。离子导电陶瓷主要有以阴离子作为导电体的稳定氧化锆和以阳离子作为导电体的 $\beta\text{-}Al_2O_3$ 等固体电介质陶瓷。铬酸镧($LaCrO_3$)作为一种熔点高(使用温度在1800℃以上)、抗热振性好(在空气中的使用寿命在 1700h 以上)的电子导电体，用作高温电炉的发热体和磁流体发电机的高温电极材料，应用十分广泛。

稳定氧化锆陶瓷在高温时不仅产生电子导电，也会由阳离子的运动而产生离子电导。因此，凡是在高温情况下需要测量或控制氧气含量的地方，都可以采用氧化锆陶瓷氧气敏感元件，这种元件在节能和防止大气污染方面都能发挥作用。

$\beta\text{-}Al_2O_3$ 陶瓷是一种只允许钠离子通过的陶瓷，可以作为离子选择电极的选择膜，即离子浓度传感器；而利用它只允许一种阳离子通过的特性可准确而又快速地测定被测离子的浓度，可以用于金属提纯等方面。$Na\text{-}\beta\text{-}Al_2O_3$ 导电陶瓷用来制作钠硫电池和钠溴电池的隔膜材料，此类电池广泛用于电子手表、电子照相机、听诊器和心脏起搏器等。

2) 敏感(半导体)陶瓷

敏感陶瓷用于制造敏感元件，是根据某些陶瓷的电阻率、电动势等物理量对热、湿、光、电压，以及某种气体、某种离子的变化特别敏感的特性而制得的，按其相应的特性，可把这些材料分别称作热敏、湿敏、光敏、压敏、气敏及离子敏感陶瓷。此外，还有具有压电效应的压力、位置、速度、声波敏感陶瓷，具有铁氧体性质的磁敏陶瓷，以及具有多种敏感特性的多功能敏感陶瓷等。这些敏感陶瓷已广泛应用于工业检测、控制仪器、交通运输系统、汽车、机器人、防害减灾、监测及家用电器等领域。

(1) 光敏陶瓷。

光敏陶瓷也称光敏电阻瓷，属半导体陶瓷。由于材料的电特性不同以及光子能量的差异，它在光的照射下吸收光能，产生不同的光电效应：光电导效应、光电发射效应和光生伏特效应。利用光电导效应来制造光敏电阻，可用于各种自动控制系统；利用光生伏特效应则可制造光电池或太阳能电池。目前常用于制造光敏电阻的光敏材料主要有 CdS、CdSe 和 PbS。

(2) 热敏陶瓷。

热敏陶瓷是一类电阻率、磁性、介电性等性质随温度发生明显变化的材料，用于制造温度传感器，以及线路温度补偿及稳频的元件——热敏电阻。它具有灵敏度高、稳定性好、制造工艺简单及价格便宜等特点。按照热敏陶瓷的电阻-温度特性，一般可分为三大类：第一类是电阻随温度升高而增大的热敏电阻，称为正温度系数(PTC)热敏电阻；第二类是电阻随温度的升高而减小的热敏电阻，称为负温度系数(NTC)热敏电阻；第三类是电阻在某特定温度范围内急剧变化的热敏电阻，称为临界温度热敏电阻(CTR)。

A. PTC 热敏电阻。

PTC 热敏电阻有两种用途：一是用于恒温电热器，PTC 热敏电阻通过自身发热而工作，达到设定温度后，便自动恒温，因此不需另加控制电路；二是用作限流元件。

B. NTC 热敏电阻。

工作温度在 300℃以上的 NTC 热敏电阻常称为高温热敏电阻。这类材料性能要求苛刻，要求热敏感性高、电阻温度系数大、热稳定性好、无相变、结构稳定等。陶瓷材料作高温热敏电阻有突出的优点，尤其在汽车空气/燃料比传感器方面有很大的实用价值。有两种较典型材料：一种是稀土氧化物材料，包括 Pr、Er、Tb、Nd、Sm 等氧化物，加入适量其他氧化物(如过渡金属氧化物)，在 1600～1700℃烧结后，可在 300～1500℃工作；另一种是 $MgAl_2O_4$-$MgCr_2O_4$-$LaCrO_3$ 或[$(LaSr)CrO_3$]三元系材料，该系材料适于 1000℃以下温区。

工作温度在－55℃以下的 NTC 热敏电阻材料称为低温热敏电阻材料。其受磁场影响小，灵敏度高，热惯性小，低温阻值大，以及稳定性、力学强度、抗带电粒子辐射等性能好，且价格低廉。这种材料以过渡金属氧化物为主，加入 La、Nd、N 等的氧化物。主要材料有 Mn-Ni-Fe-Cu、Mn-Cu-Co、Mn-Ni-Cu 等。

C. CTR 热敏电阻。

CTR 热敏电阻主要是指以 VO_2 为基本成分的半导体陶瓷，在 68℃附近电阻值突变达到 3～4 个数量级，具有很大的负温度系数，因此称为巨变温度热敏电阻或临界(温度)热敏电阻。这种变化具有再现性和可逆性，故可作电气开关或温度探测器。V 系的多种氧化物，如 V_2O_5、VO_2、V_2O_3、VO 等各有不同的临界温度。每种 V 系氧化物与 B、Si、P、Mg、Ca、Sr、Ba、Pb、La、Ag 等氧化物形成多元系化合物，可上、下移动其临界温度。

(3) 压敏陶瓷。

压敏陶瓷是指电阻值随着外加电压变化而有一显著的非线性变化的半导体陶瓷。它在某一临界电压以下电阻值非常高，几乎没有电流，但当超过这一临界电压时，电阻将急剧变化，并且有电流通过。制造压敏陶瓷的材料有 SiC、ZnO、$BaTiO_3$、Fe_2O_3、SnO_2、$SrTiO_3$ 等。其中 $BaTiO_3$、Fe_2O_3 利用的是电极与烧结体界面的非欧姆特性，而 SiC、ZnO、$SrTiO_3$ 利用的是晶界非欧姆特性。

目前应用最广、性能最好的是 ZnO 系压敏半导体陶瓷。其主要成分是 ZnO，并添加 Bi_2O_3、CoO、MnO、Cr_2O_3、Sb_2O_3、TiO_2、SiO_2、PbO 等氧化物经改性烧结而成。ZnO 系压敏电阻陶瓷材料可用于各种大型整流设备、大型电磁铁、大型电机、通信电路、民用设备开关的过电压保护。此外，压敏电阻还可用于晶体管保护、变压器次级电路的半导体器件保护，以及大气过电压保护等。同时由于 ZnO 系压敏电阻具有优异的非线性和短的响应时间，且温度系数小、压敏电压的稳定度高，故在稳压方面得以应用。可用于彩色电视接收机、卫星地面站彩色监视器，以及电子计算机末端数字显示装置中，稳定显像管阳极高压，以提高图像质量等。但它的缺点是静电容小、响应慢，故噪声吸收性能差。

(4) 气敏陶瓷。

气敏陶瓷是一种对气体敏感的陶瓷材料，陶瓷气敏元件(或称陶瓷气敏传感器)具有灵敏度高、性能稳定、结构简单、体积小、价格低廉、使用方便等优点。

气敏陶瓷接触被测气体后，其电阻将发生变化，电阻变化量越大，其灵敏度就越高，可检测的气体浓度的下限就越低。气敏半导体陶瓷元件具有选择性，在众多的气体中，只对某一种气体表现出很高的灵敏度，而对其他气体的灵敏度甚低或者不灵敏。环境条件如环境温度与湿度等会严重影响气敏元件的性能，因此，要求气敏元件的性能随环境条件的变化越小越好。气敏元件的响应时间和恢复时间越小越好，这样接触被测气体时能立即给出信号，脱离气体时又能立即复原。气敏元件的加热电压和电流越小，功耗越小，这样有利于小型化，使用方便。

SnO_2 系气敏陶瓷是最常用的气敏半导体陶瓷，它是以 SnO_2 为基材，加入催化剂、黏结剂等。SnO_2 系气敏元件灵敏度高，出现最高灵敏度的温度较低，约在 300℃；适于对低浓度气体的检测；物理化学稳定性好，成本低。它已广泛应用于家用石油液化气的漏气报警、生产用探测报警器和自动排风扇等。已进入实用的 SnO_2 系气敏元件对于可感知气体，例如 H_2、CO、甲烷、丙烷、乙醇、酮或芳香族气体等，具有同样程度的灵敏度，因而 SnO_2 系气敏元件对不同气体的选择性就较差。

ZnO 系气敏半导体陶瓷最突出的优点是气体选择性强，一般加入适量的贵金属催化剂来提高陶瓷元件的灵敏度。ZnO 系气敏元件对异丁烷、丙烷、乙烷等碳氢化合物有较高灵敏度，碳氢化合物中碳元素数目越大，灵敏度越高。掺 Pd 的 ZnO 系气敏陶瓷元件对 CO 灵敏度较高，对碳氢化合物灵敏度较差。掺 Ag 的 ZnO 系气敏陶瓷元件对乙醇、苯和煤气较灵敏。加入 Cr_2O_3 可使 ZnO 系气敏陶瓷元件达到初始稳定状态所需的时间和恢复时间缩短，提高可靠性和长时间稳定性。ZnO 系气敏陶瓷元件的结构与 SnO_2 系的不同，可以把它做成双层，将半导体元件与催化物分离，这样可以更换催化剂来提高元件的气体选择性，其缺点是元件的使用工作温度较高。

(5) 湿敏陶瓷。

新型湿度传感器可将湿度的变化以电信号形式输出，易于实现远距离监测、记录和反馈的自动控制。以湿敏材料制造的湿敏元件配以适当的电路即成为湿度传感器。湿敏元件的主要参数有湿度量程、灵敏度、响应时间、分辨率和温度系数。测试量程越宽，湿敏元件的使用价值越高。高湿型适用于相对湿度大于70%之处；低湿型适用于相对湿度小于40%之处；全湿型适用于相对湿度0～100%之处。湿敏元件对湿度的响应速度用吸湿和脱湿时间表示，总称响应时间。当湿度由0或近于0增加到50%时，达到平衡所需要的时间为吸湿时间；当湿度由100%或近于100%下降到50%时，达到平衡所需要的时间为脱湿时间。也可以在相应的起始湿度和终止湿度这一变化区间内，将63%的相对湿度变化所需时间作为响应时间。一般说来，吸湿的响应时间较脱湿的响应时间要短些。

$MgCr_2O_4$-TiO_2 系多孔陶瓷具有很高的湿度活性，湿度响应快，对温度、时间、湿度和电负荷的稳定性高，是很有应用前途的湿敏传感器陶瓷材料，已用于微波炉的自动控制。程序控制的微波炉，根据处于微波炉蒸汽排气口处的湿敏传感器的相对湿度反馈信息，调节烹调参数。此外，目前比较常见的高温烧结型湿敏陶瓷还有 $ZnCr_2O_4$ 为主晶相系半导体陶瓷，以及新研究的羟基磷灰石($Ca_{10}(PO_4)_6(OH)_2$)湿敏陶瓷。

Si-Na_2O-V_2O_5 系湿敏陶瓷是典型的低温烧结型湿敏陶瓷(一般低于900℃)，其阻值为 10^2～10^7Ω，随相对湿度以指数规律变化，测量范围为(25～100)%RH。感湿机理是，由于 Na_2O 和 V_2O_5 吸附水分，则吸湿后硅粉粒间的电阻值显著降低。优点是，温度稳定性较好，可在100℃下工作；阻值范围可调，工作寿命长。缺点是，响应速度慢、有明显湿滞现象，不能用于湿度变化不剧烈的场合。此外，比较常见的低温烧结型湿敏陶瓷还有 ZnO-Li_2O-V_2O_5 系湿敏陶瓷等。

3) 生物陶瓷

(1) 生物陶瓷(bioceramics)材料的特点。

A. 在人体内材料的理化性能稳定，长期使用不变质，有良好的组织相容性，满足种植学要求；

B. 陶瓷的成分组成范围较宽，根据应用要求设计成分配方，控制材料性能变化达到临床要求；

C. 易于成型，可按实际需要制成各种形状和尺寸，如颗粒状、柱状和多孔型等，也可制成骨钉、骨夹板，甚至制成牙板、关节和颅骨等；

D. 易于着色，例如陶瓷牙冠与天然牙逼真，利于整容、美容。

(2) 生物陶瓷分类。

A. 生物惰性陶瓷。

生物惰性材料是指在生物环境中能保持稳定，不发生或仅发生微弱化学反应的生物医学材料。它与组织间的结合主要是组织长入其粗糙不平的表面而形成一种机械嵌联，即形态结合。目前生物惰性陶瓷在宿主内能维持其物理和力学性能，无毒、不致癌、不过敏、不发生炎症，能终生保持生物功能。

生物惰性陶瓷有致密和多孔的氧化铝陶瓷、ZrO_2 陶瓷、单相铝酸钙陶瓷、碳素材料等。生物惰性陶瓷主要用作结构支撑植入体，有的用作骨片、骨螺钉、股骨头、髋关节或其他部件，以及非结构支撑，如通风管、消毒装置及给药装置等。陶瓷也广泛用于牙科作修复材料。

B. 生物活性陶瓷。

生物活性材料的概念是指材料能在其表面引起正常组织的形成，并且它建立的连续性界面能够承担植入部位所承担的正常负荷。这类植入材料能表现出最佳的生物相容性，是一类能诱出或调节生物活性的生物医学材料。

生物活性陶瓷具有优异的生物相容性，能与骨形成骨性结合界面，结合强度高，稳定性好，植入骨内还具有诱导骨细胞生长的趋势，逐步参与代谢，甚至完全与生物体骨和齿结合成一体。生物活性陶瓷主要有羟基磷灰石、磷酸钙生物活性材料、磁性材料、生物玻璃等。

C. 生物降解陶瓷。

所谓可降解生物材料是指那些在被植入人体以后，能够不断地发生分解，分解产物能够被生物体所吸收或排出体外的一类材料。主要包括β-TCP生物降解陶瓷和生物陶瓷载体两类。前者主要用于修复良性骨肿瘤或瘤样病变手术刮除后所致缺损；后者主要用作微药库型载体，可根据要求制作成一定形状和大小的中空结构，用于治疗各种骨科疾病。

4）无机智能陶瓷

智能陶瓷是一种具有自诊断、自调整、自恢复、自转换等功能的功能陶瓷。通常认为智能陶瓷是机敏陶瓷的高级阶段。近年来，围绕机敏和智能材料及其相关技术，美、日等国掀起一股研制新型固态制动器（执行器）的热潮，包括压电制动器、超声电动机和换能器等。

（1）机敏陶瓷的分类。

机敏陶瓷是指能直接或间接地感受到外部环境或内部状态发生的变化，并能通过改变其物理性能作出优化反应的功能陶瓷。机敏陶瓷可分为无源机敏性陶瓷和有源机敏性陶瓷两大类。无源机敏性陶瓷不需要外部的能源支持系统便能对外部环境或内部状态所发生的变化作出反应。有源机敏性陶瓷则需要有外部的支持系统。

许多功能陶瓷具有无源机敏性，可视为机敏陶瓷。制造变色眼镜的玻璃也是一种无源机敏性材料，在阳光的照射下，玻璃吸收了光子，析出胶体状的金属微粒，使其颜色变深，从而阻止了阳光的透射。

有源机敏性需要有外部的支持反馈系统，这种支持反馈系统把材料感受到的外部环境或内部状态所发生的变化加以放大、变换和处理，然后再反馈给材料作出反应，因此灵敏（机敏）程度要比无源机敏材料高。

机敏陶瓷能够感知环境变化并能通过反馈系统作出有益的响应，同时能起传感器和执行器（或叫作致动器）的双重作用。

（2）传感器用机敏陶瓷。

陶瓷敏感材料见表7.7.6。

表7.7.6　陶瓷敏感材料

传感类型	典型材料	主要性质
压力	$Pb(Zr_{1-x}Ti_x)O_3$	压电性
电压	$ZnO \sim Bi_2O_3$	晶界隧道效应
温度（NTC）	$Fe_{2-x}Ti_xO_3$	电子电导
温度（PTC）	$Bi_{1-x}La_xTiO_3$	晶界势垒
温度（CTR）	VO_2	半导体-金属相变
温度	$MgCr_2O_4$-TiO_2	表面电导
酸度	IrO_2	表面化学反应
气体	$Zr_{1-x}Ca_xO_{2-x}$	离子电导
光	CdS	光电导

(3) 执行器用敏感陶瓷。

执行器又叫作制动器，包括更广泛的众多种响应类型，例如显示、开关、信号传输、电场和磁场的调节等。表 7.7.7 列出了一些常见的陶瓷执行器件。

表 7.7.7　常见的陶瓷执行器

类　型	典型材料	主要用途
驱动	PZT	喷墨头、喷射阀、点阵打印头
定位	PMN	跟踪磁头、激光头机器人、精密加工机械的微定位
开关	PZT	控制系统
调整	PMN	实时光学变形镜
显示	ZnS	信号显示、光电转换
报警	PZT	扬声器、号角

5) 多孔陶瓷材料(分子筛)

多孔材料是 20 世纪发展起来的崭新材料体系，它包括金属多孔材料(泡沫金属)和非金属多孔材料(如泡沫塑料和多孔玻璃等)。其显著特点是具有规则排列、大小可调的孔道结构，以及高的比表面积和大的吸附容量，在大分子催化、吸附与分离、纳米材料组装及生物化学等众多领域具有广泛的应用前景。

多孔无机材料的形成，主要是其无机物前体在模板剂的作用下，借助有机高分子、无机物的界面作用，形成具有一定结构和形貌的无机材料。有时则根据需要加入催化剂或助剂(如共溶剂等)，然后除去溶剂，经煅烧或化学处理除去模板剂得到多孔材料。对孔的大小和分布不进行精确控制的多孔材料，可用作质轻的结构材料或者热、声和电的绝缘体以及药物控释载体等。对孔径大小进行一定程度的控制的材料，用于常规的催化分离、吸附层析和过滤等。有些精确控制孔的大小和分布的晶体，可用于太阳能收集器、定量控制装置，以及用作 X 射线或者中子的微聚焦镜。而具有特定孔形状和孔道内具有特定基团的多孔材料，则用于分子识别和化学传感器等多种技术中。

7.7.3　特种玻璃

特种玻璃又称新型玻璃，是指除普通玻璃以外，采用精制、高纯或新型原料，采用新工艺在特殊条件下或严格控制形成过程而制成的具有特殊性能或功能、用途的玻璃，包括经玻璃晶化而获得的微晶玻璃等。

特种玻璃是在普通玻璃所具有的透光性、耐久性、气密性、形状不变性、耐热性、电绝缘性、组成多样性、易成型性和可加工性等优异性能的基础上，通过使玻璃具有特殊的功能，或将上述某项特性发挥极致，或将上述某项特性置换成为另一种特性，或牺牲上述某些性能而赋予某项有用的特性后而获得的。如今，通信光纤，已经作为实现通信技术革命的主角，在现代信息高速公路中起着其他材料无法起到的作用。激光玻璃，功能光纤，光记忆玻璃，集成电路光掩模板，光集成电路用玻璃，以及电磁、磁光、光电、声光、压电、非线性光学玻璃，高强度玻璃及生物化学等功能玻璃发展迅速，有可能形成较大的市场规模。高性能的特种玻璃不仅作为重要的无机结构材料使用，而且也是新型的功能材料之一，在现代科学技术发展中占有重要地位。

1. 新型玻璃与传统玻璃的比较

1）成分的变化

从纯硅酸盐系统发展至以硅酸盐、硼酸盐及磷酸盐为主的玻璃系统，并进一步出现了锆酸盐、镓酸盐、锗酸盐、碲酸盐、铋酸盐、铝酸盐及钒酸盐等新的非硅酸盐氧化物系统；从纯氧化物发展至卤化物、硫族化物和合金化合物等非氧化物玻璃；出现了由上述不同类型玻璃混合而成的混合玻璃；从纯无机化合物发展至无机-有机(ORMOSIL)复合玻璃，还通过加入丙烯酸酯类化合物而形成了新的有机-无机玻璃；从成分单纯的 Na_2O-CaO-SiO_2 系统发展至以元素周期表中大部分元素为成分的多形式特种玻璃。

2）形状的变化

从传统的板状、块状发展至薄膜、纤维、空心和实心的玻璃微球以及玻璃量子点。即从三维发展到二维、一维及零维。

3）玻璃态的变化

传统的观点认为，玻璃是由单一均匀的玻璃态构成的，随着特种玻璃的发展，玻璃材料已经从传统的均一的玻璃态发展出多种不互溶的玻璃态，玻璃与可控大小的晶态或气态共存的新型玻璃。例如首先出现的 Vycor 玻璃，以及继而出现的乳浊玻璃、微晶玻璃和泡沫玻璃等。复合材料的出现和发展也创造出了若干玻璃和其他材料复合的新材料，例如夹层玻璃、玻璃纤维增强水泥、玻璃钢等。

4）功能的变化

玻璃已从单纯的透光材料和包装材料发展成具有光、电、磁和声等特性的材料，玻璃本身也从早期的单纯材料发展为元件(如激光器件、超声延迟线等)，近年来随着智能玻璃的发展，玻璃已跨入器件的时代。此外，由于生物玻璃的研究成功，玻璃已经从一种无生命的材料发展成为有机体的修补或替换材料。

5）制备工艺的变化

特种玻璃的高温熔融法已从传统玻璃采用的坩埚和池窑工艺制备法，发展为电加热、高频感应加热、多层坩埚熔炼、高压真空熔炼、太阳炉熔炼、等离子火焰熔化以及激光熔化等多种手段。此外，制备玻璃的方法已有气相合成，真空蒸发和溅射，CVD 和金属有机化合物化学气相沉积(MOCVD)等气相沉积，双辊急冷，低温合成，高能射线辐照以及目前发展相对较快的溶液-胶凝法等多种制备工艺。

2. 特种玻璃的分类

1）光学功能玻璃

光学功能玻璃种类多、用途广。光学功能玻璃主要包括光传导功能、激光发射功能、光记忆功能、光控制功能、非线性光学功能、感光及光调节功能、偏振光起偏功能等玻璃。

2）电磁功能玻璃

电磁功能玻璃是通信、能源以及生命科学等领域中不可缺少的电子材料和光电子材料。电磁功能玻璃主要包括导电性能、光电转换功能、声波延迟功能、电子发射功能、电磁波防护功能、磁性玻璃等。虽然对于电学功能而言，大部分情况是晶体材料优于非晶体材料，但是晶体元件的尺寸太小，需要一些本身不具备特殊电磁功能的基板给予支撑，这些基板对晶体材料能否发挥正常的电磁功能起着十分重要的作用，通常把这类材料也归属于电磁功能材料。

3）热学功能玻璃

热学功能主要有耐热冲击性、低膨胀性、导热性、隔热性和加热软化等，可以相应制备成低膨胀玻璃、低膨胀微晶玻璃、中空玻璃、加气玻璃、封接玻璃等。

4）力学和机械功能玻璃

相比于硬而脆、杨氏模量低，又难以机械加工的普通玻璃力学特种玻璃具有更大的弹性模量、更高的硬度和韧性，以及更好的机械加工性能。由此，可以制备高杨氏模量氧氮玻璃、高韧性微晶玻璃、高韧性玻璃基复合材料和云母微晶玻璃。

5）生物及化学功能玻璃

生物及化学功能玻璃主要包括具有熔融固化、耐腐蚀、选择性腐蚀、水溶性、杀菌、光化学反应、化学分离精制、生物活性、生物相容性、疾病治疗和降解性等功能的玻璃。根据这些功能制备的玻璃有放射性废料固化玻璃、抗碱玻璃、化学切削玻璃、抗菌杀菌玻璃、自洁玻璃、多孔玻璃、人工骨微晶玻璃、牙冠微晶玻璃、磁温缓释肥料、玻璃缓释饲料等。

3. 光导纤维

光导纤维简称光纤，是一种能够传导光的玻璃纤维，其传输原理是“光的全反射”。光导纤维具有传光效率高、聚光能力强、信息传输量大、分辨率高、抗干扰、耐腐蚀、可弯曲、保密性好、资源丰富和成本低等一系列优点。目前已有可见光、红外、紫外等导光和传像制品问世，并广泛应用于通信、计算机、交通、电力、广播电视、微光夜视及光电子技术等领域。其主要产品有通信光纤、非通信光纤、光学纤维面板、微通道板等。通信光纤是指光信号的传输媒质。它是由折射率较高的纤芯和折射率略低的包层所组成。纤芯和包层不可分离，利用光的全反射原理传输光信号。

通信光纤的分类：按光纤纤芯传输模式数量不同，可分为多模光纤和单模光纤；按光纤横截面上折射率分布形式不同，可分为阶跃型（突变型）光纤和渐变型光纤；按工作波长不同，可分为短波长光纤、长波长光纤和超长波长光纤；按构成光纤的材料不同，可分为石英玻璃系光纤、多组分玻璃系光纤等。

通信光纤传输的信息量，比普通铜线传输的电信号量高上千倍，在提高通信容量的同时，可以节省大量日趋枯竭的铜资源，所以，通信光纤也是一种理想的环境友好材料。目前，通信光纤主要采用石英玻璃光纤。如果需要调节纤芯和包层玻璃的折射率，则可以在纤芯玻璃中掺加 Ge 和 P 等提高其折射率的成分，或者在包层玻璃中掺加 B 和 F 等降低其折射率的成分。

光在光纤中传输一定距离而引起的光功率的损耗，称为衰减，常用衰减系数 α 表征，其单位为 dB/km。光功率是指光在单位时间内所做的功。其单位常用毫瓦（mW）和分贝毫瓦（dBm）表示。光纤通信能够得以实现，主要是由于石英玻璃光纤的光功率损耗降低到了非常小，基本接近其理论极限。

光纤的光功率损耗，主要取决于纤芯材料以及纤芯与包层界面的性能。光纤的本征损耗取决于光学材料本身，一旦材料选定，则无法继续降低。也就是说，要降低光纤的本征损耗，只有开发新的材料。光纤的非本征损耗只取决于光纤的制备条件和生产工艺条件，可通过改进这些条件来降低或消除。目前，石英玻璃光纤的衰减系数 α 约为 0.2dB/km，接近其理论极限，即非本征损耗已接近于零。

在跨洋等远距离通信中，石英玻璃光纤的衰减系数 α 仍然很大。目前，光纤通信在每30～50km需要设置一个中继站，以便将光纤的衰减和色散等减弱，或将失真的信号恢复到原来的水平。若要延长中继距离，则必须对光纤的结构、制备条件以及材料本身进行改进。目前所研究的主要有三个方面：①采用相干光光纤通信；②采用光孤子光纤通信；③采用超低损耗光纤通信。

第①和第②方面，是在现有石英系列光纤的基础上，通过改变光纤的结构（采用保偏光纤）或者是利用光纤的非线性光学效应——光孤子进行光信息的传输，以减小光信号的失真或不失真。第③方面，则是采用其他系列的光纤，即超低损耗光纤，以降低光信号的衰减来达到长距离传输的目的。

超低损耗光纤的研究，主要有两个方面：①降低现有石英玻璃光纤的瑞利散射损耗；②探索长波长光纤通信的红外光纤。

重金属氧化物、氟化物、卤化物、硫系物以及硫卤化物玻璃，其红外透光范围都比石英玻璃要宽得多。从理论上讲，这些玻璃的多声子吸收损耗，将比石英玻璃要小得多，而且在红外光区，瑞利散射和Urbach吸收都可以降得很低，所以，采用这些玻璃制成的光纤，都将具有比石英玻璃光纤小的理论最小损耗。这种光纤称为红外光纤。重金属氧化物玻璃，其红外透光范围虽然比石英玻璃广、多声子吸收比石英玻璃要小，但是，其折射率和Urbach吸收边都比石英玻璃的大，所以，其理论最小损耗不可能比石英玻璃低很多，难以成为超低损耗光纤。另外，由于是多组分体系，在光纤的制备和生产工艺上都比石英玻璃困难。除了氟化物以外的氯化物和溴化物等卤化物玻璃，其理论最小损耗可比石英玻璃低2～3个数量级，但是，它们的其他实用性能和生产性能都很差，难以成为实用产品。

作为超低损耗光纤材料，研究得最多的是氟化物玻璃和硫化物玻璃。以氟锆酸盐为代表的重金属氟化物玻璃，除了红外透光范围比石英玻璃广、多声子吸收要比石英玻璃小，Urbach吸收边和瑞利散射都有可能比石英玻璃小，所以，它们的理论最小损耗，比石英玻璃光纤的要低2～3个数量级，可望达到 10^{-3} dB/km或以下。但是，进入20世纪90年代以后，由于其研究的不断深入，人们已经了解到要实现超低损耗的目标，在技术上还有待于重大突破。

另外，硫系玻璃作为超低损耗光纤的候选材料也被大量研究，其最低理论损耗比 SiO_2 玻璃光纤的低大约1个数量级。但是，在硫系玻璃光纤中，存在一种由玻璃结构缺陷所引起的称为弱吸收拖尾的光功率损耗，使得它目前所能实际达到的最低损耗比其理论最低损耗高出几个数量级，比目前广泛使用的 SiO_2 系列玻璃光纤也高出大约2个数量级。但是，按瑞利散射，Urbach拖尾和多声子吸收拖尾来预测，其理论最小损耗大约在 10^{-2} 数量级。如果把弱吸收拖尾也考虑为光纤的本征损耗，则 As_2S_3 玻璃光纤的理论最小损耗为23dB/km。与不考虑弱吸收拖尾时相比，两者相差3个数量级。正是由于这种弱吸收拖尾的存在，降低硫系玻璃光纤的光功率损耗的工作步履艰难。

红外光纤除有望作为超低损耗的通信光纤之外，在红外激光和图像的传输方面，也有重要的应用前景。例如，重金属卤化物玻璃和硫卤玻璃等。

4. 激光玻璃

玻璃作为激光工作物质，具有可以改变化学组成和制造工艺以获得许多重要的性质，以及容易得到各种尺寸和形状，价格低廉等特点。

激光玻璃是指由基质玻璃和激活离子所构成的一种固体激光材料。激光玻璃的各种物理化学性质主要取决于基质玻璃，而它的光谱特性主要由激活离子决定，但它们之间也存在相互联系和影响。直到 20 世纪 80 年代中期，基质玻璃体系主要是硅酸盐、磷酸盐和氟磷酸盐，近年来氟化物激光玻璃的研究十分活跃，是一类优异的激光基质材料，氟化物玻璃的声子能量较低，因此无辐射跃迁很少，这一特性在上转换激光的开发中尤为有利。激光玻璃的激活离子，主要是稀土离子，例如 Nd^{3+}、Yb^{3+}、Er^{3+}、Tm^{3+} 和 Ho^{3+} 等。

在激光玻璃中，最重要的是钕离子激光玻璃，其吸收光谱与氙灯的辐射光谱非常一致，提高了光泵效率。钕离子激光玻璃的组成与性能，见表 7.7.8。

表 7.7.8 钕离子激光玻璃的组成与性能

玻璃类别	玻璃体系	受激发射截面面积 S/cm^2	发光波长 λ/nm	谱线宽度 Δa/nm	荧光寿命 t/s	Ⅰ	Ⅱ	Ⅲ	Ⅳ	Ⅴ
硅酸盐	SiO_2-Al_2O_3-Li_2O-Na_2O-CaO	0.9～3.6	1057～1065	34～43	170～1090	A	C	A	C	C
硼酸盐	B_2O_3-Al_2O_3-Na_2O-BaO	2.1～3.2	1054～1063	34～38	270～450	B	B	B	C	C
磷酸盐	P_2O_5-Al_2O_3-Li_2O(K_2O)-ZnO(BaO)	2.0～4.8	1052～1057	22～35	250～530	B	B	B	B	B
锗酸盐	GeO_2-BaO-Na_2O	1.7～2.4	1060～1063	36～40	330～460	A	D	A	C	C
碲酸盐	TeO_2-WO_3-Li_2O	3.0～5.1	1057～1088	26～31	140～240	D	D	C	D	C
氟磷酸盐	P_2O_5-AlF_3-MgF_2-CaF_2-SrF_2-BaF_2	2.2～4.3	1049～1056	27～34	310～570	C	A	B	A	B
氟化铍基	BeF_2-AlF_3-KF-CaF_2	1.6～4.0	1047～1050	19～28	460～1030	C	A	C	B	A
氟化锆基	ZrF_4-AlF_3-LaF_3-BaF_2-NaF	2.0～3.0	1049	26～27	430～450	C	C	C	B	A
氯化铋基	$BiCl_3$-$ZnCl_2$	6.0～6.3	1062～1064	19～20	180～220	D	D	D	B	C

注：Ⅰ-耐热冲击性；Ⅱ-非线性折射率；Ⅲ-化学稳定性；Ⅳ-热光系数；Ⅴ-透光区域。
A、B、C、D 表示性能的优劣，A 为最好，D 为最差。

5. 光致变色玻璃

光致变色玻璃或称光色玻璃，是指受紫外线或日光照射后，由于在可见光谱区产生吸收而自动变色，而当光照停止时又回复到原来的透明状态的玻璃。许多有机物和无机物均具有光致变色性能，但光致变色玻璃可以长时间反复变色而无疲劳（老化）现象，且机械强度好、化学性能稳定、制备简单，可获得稳定的形状复杂的制品。

目前，应用于太阳镜等的光致变色玻璃，是含有卤化银的铝硼硅酸盐玻璃或铝磷酸盐玻璃。除此之外，含卤化镉和/或卤化铜的铝硼硅酸盐玻璃，某些含 TlCl 的玻璃、含 CdO 的玻璃，以及掺低价稀土离子的碱硅酸盐玻璃等，也具有光致变色效应。但是，目前它们的光致变色特性，都比含卤化银玻璃的要差。

光致变色玻璃用于制造太阳镜，汽车、飞机、轮船以及建筑物的自动调节光线的窗玻璃，以及光信息存储和记忆装置。采用光致变色玻璃制成的光学纤维面板，还可用于计算技术和显示技术,可作为全息记录介质等。但是,对于某些应用,光致变色玻璃的变色速率和褪色速率等性能,都有待于进一步提高。

6. 非线性光学玻璃

在激光问世之前,人们所研究的基本上是弱光束在介质中的传播,而确定介质光学性质的折射率或电极化率,是与发光强度无关的常量,即介质的电极化强度正比于光波的电场强度,当光波叠加时遵守线性叠加原理。在上述条件下研究光学问题,称为线性光学。对于很强的激光,例如当光波的电场强度可与原子内部的库仑场相比拟时,光与介质的相互作用将产生非线性效应,反映介质性质的物理量,不仅与电场强度 E 的一次方有关,而且还取决于 E 的更高幂次项,从而导致在线性光学中不明显的许多新现象。

非线性光学玻璃是指其光学性质依赖于入射光的发光强度的具有非线性光学效应的光电功能玻璃。非线性光学效应是指介质的环境是随着光的电磁场的不同(包括振动方向和振幅大小)而不同的光学现象。

玻璃等非晶态材料是各向同性的,在宏观上具有反演对称性,从理论上认为是不具备二阶非线性光学效应的。但是,近几年的研究发现,通过强外场作用,可以在玻璃中观察到明显的二阶、三阶非线性光学效应。由于玻璃态物质在透光性、易成型加工性、溶剂特性、批量生产及价格等方面明显优于晶体材料,所以,只要其非线性光学系数与晶体材料相近,在应用上就有很大的优势。

非线性光学玻璃,在未来的全光信息技术中有着广泛的应用前景。例如,光开关、光存储、光源、逻辑回路和光放大等。就光开关而言,利用非线性光学材料的光开关,其速率比其他形式的开关要快得多。非线性光学玻璃,将有可能成为实现超高速信息处理技术的关键材料。

7. 快离子导体玻璃

快离子导体玻璃又称快离子导体或超离子导体,是指完全或主要由离子迁移而导电的固体电解质。快离子导体玻璃,按离子传导的性质,可分为三类:阴离子导体、阳离子导体和混合离子导体。

快离子导体玻璃具有很高的电导率。快离子导体玻璃,对电导率的要求虽然没有明显的界线,但一般要求离子的电导率大于 10^{-4}S·cm^{-1}。由于离子与电子相比具有大得多的体积和质量,所以,在固体中离子的移动通常是很困难的。为此,固体中的离子导电,必须满足特定的条件。对玻璃来说,其结构比晶体更加开放,可望有比晶体更高的电导率。具有代表性的快离子导体玻璃及其电导率,见表 7.7.9。

表 7.7.9 具有代表性的快离子导体玻璃及其电导率

离子种类	玻璃体系	电导率 σ/(S·cm^{-1})(25℃)
Ag^+	$AgI-Ag_2O-MoO_3$	2×10^{-2}
	$AgI-Ag_2O-P_2O_5$	2×10^{-2}
	$AgI-Ag_2O-B_2O_3$	8×10^{-3}
	$AgI-Ag_2SeO_4$	3×10^{-3}
	$AgI-Ag_2MoO_4-AgPO_3$	10^{-2}

续表

离子种类	玻璃体系	电导率 $\sigma/(S\cdot cm^{-1})$(25℃)
Li^+	Li_4SiO_4-Li_3BO_3	10^{-6}
	LiI-Li_2S-B_2S_3	10^{-3}
	LiI-Li_2S-P_2S_5	5×10^{-4}
	LiI-Li_2S-SiS_2	2×10^{-3}
	Li_3PO_3-Li_2S-SiS_2	10^{-3}
	Li_2S-GeS_2	2×10^{-4}
	LiCl-Li_2O-B_2O_3	10^{-5}
Cu^+	CuI-Cu_2O-P_2O_5	10^{-3}
	CuI-Cu_2O-MoO_3	5×10^{-3}
	CuI-Cu_2MoO_4-$CuPO_3$	3×10^{-3}
Na^+	Na_2O-ZrO_2-P_2O_5-SiO_2	2×10^{-3}(150℃)

具有统计性的结构，基本上出现在一些氧卤化物玻璃或硫卤玻璃之中。主要是因为，这类玻璃的结构是由化学键比较强的氧或硫系物离子的网络，以及随机分布在网络中的卤素离子及金属阳离子所构成的。这种结构中的阳离子比较容易移动。

经研究发现，玻璃中阴离子的混合，可以提高阳离子的电导率；反之，阳离子的混合，可以提高阴离子的电导率。

Li^+ 导体玻璃，将是应用最为广泛的快离子导体玻璃，可望成为全固体锂电池的最有力的候选材料。Li_2S-SiS_2 等体系玻璃，具有与 Ag^+ 导电玻璃相近的电导率，而且能够在常压下熔制，在此基础上掺加不同的阴离子，将有可能进一步提高其电导率。

另外，离子导电晶体与玻璃的复合，也是提高离子电导率的一个途径。其典型例子是将 β-AgI 常温冻结在玻璃基质之中。AgI 在常温下为 α 相，其电导率非常低。但是，利用熔体的高速冷却法可以使 β-AgI 冻结在玻璃基质中，获得离子电导率达 $100S\cdot cm^{-1}$ 级的玻璃基复合离子导电材料。

8. 生物功能玻璃

生物功能玻璃包括生物玻璃以及几种具有生物活性的微晶玻璃。

1) 生物玻璃

生物玻璃是指能实现特定的生物、生理功能的玻璃。将生物玻璃植入生物体骨缺损部位，它能与骨组织直接结合，起到修复骨组织、恢复其功能的作用。

1969 年，L. L. Hench 教授研制出一种 Na_2O-CaO-SiO_2-P_2O_5 系统玻璃，被命名为 Bioglass。该种玻璃被植入生物体后，能与生物环境发生一系列特殊的表面反应，使材料与自然组织形成牢固的化学键结合而具有生物活性。这种玻璃是人类最早发现的无机材料在生物体内能与自然骨形成化学键结合的材料，具有极其重要的历史意义。

生物玻璃，一般以商品名为 45S5（“45”表示 SiO_2 的含量为 45%；“5”表示 Ca 与 P 的物质的量之比为 5∶1）的生物活性玻璃为代表。生物玻璃，具有代表性的玻璃组成（质量分数）为：Na_2O 24.5%，CaO 24.5%，SiO_2 45%，P_2O_5 6%。但是，45S5 的机械强度极低，不能用于负重的部位。目前,生物玻璃主要用于耳小骨或齿槽骨等不受力部位的填充材料,或者是作为涂层在其他部位得到应用。

2）微晶玻璃

微晶玻璃是指玻璃在晶核形成剂作用下,经热处理、光照射或化学处理等而均匀地析出大量的微小晶体,形成致密的晶相与玻璃相结合的多相复合材料。通过控制微晶的种类、数量和尺寸等,可以获得透明微晶玻璃、膨胀系数为零的微晶玻璃、表面强化微晶玻璃、不同色彩或可加工微晶玻璃。

几种具有生物活性的微晶玻璃分别被命名为 Ceravital、Cerabone A-W、I lmaplant 和 Bioverit 的微晶玻璃。

(1) Ceravital 微晶玻璃。

生物玻璃由于碱金属含量很高,所以它在生物体内长期溶解出碱金属离子,这有可能扰乱生理环境,并同时形成富 Si^{4+} 的凝胶层,对骨组织与材料之间的牢固结合不利。

1973 年,Bronmer 和 Blencke 等在 L. L. Hench 的基础上,研制出了 Na_2O-K_2O-MgO-CaO-P_2O_5-SiO_2 系统玻璃,将其命名为 Ceravital。它是能与骨组织形成较强的化学键结合的生物活性微晶玻璃。其具有代表性的玻璃组成(质量分数)为：Na_2O 4.8%,K_2O 0.4%,MgO 2.9%,CaO 34.0%,P_2O_5 11.7%,SiO_2 46.2%。Ceravital 微晶玻璃是从玻璃中析出一部分磷灰石晶体而形成的微晶玻璃。与生物玻璃相比,其特点是碱金属的含量大大降低,使碱金属等离子的溶出量大大减少,骨组织与材料结合界面的凝胶层基本不再形成,从而增加了界面的结合强度。

这种微晶玻璃与骨组织结合的形式被认为是：首先由微晶玻璃溶解出磷灰石,然后通过大食细胞对表面玻璃相的吞食作用,形成一层覆盖于微晶玻璃表面的基质层,在此上面形成磷灰石晶体和骨胶原纤维层,由此实现微晶玻璃与骨组织的化学键结合。但是,由于这种微晶玻璃的本身强度还不足够高,所以,还只是用于耳小骨等不受力的部位。

(2) Cerabone A-W 微晶玻璃。

1982 年,Kokubo 小组研制出了一种高强度的生物材料：MgO-CaO-P_2O_5-SiO_2-CaF 系统玻璃,将其命名为“A-W 生物活性微晶玻璃”,其商品名为 Cerabone A-W。这是一种在玻璃相中析出磷灰石与 β 硅灰石两种晶相的微晶玻璃。它兼有很好的生物活性和很高的机械强度。Cerabone A-W 微晶玻璃,具有的代表性原始玻璃组成(质量分数)为：MgO 4.6%,CaO 44.9%,P_2O_5 16.3%,SiO_2 34.2%,CaF_2 0.5%。

由于 β 硅灰石以针状形态析出,起到了增强作用,所以,这种微晶玻璃具有很高的机械强度。其强度高于自然骨的强度,是目前发现的唯一一种在植入生物体内后其断裂不是发生在界面或材料内部,而是发生在骨内部的生物材料。这种材料即使在生物体内连续不断地承受 65MPa 的弯曲应力,也可维持 10 年以上不致损坏。这一应力相当于人体承受的最大应力,考虑到人类需要休息,这种材料在植入生物体内后使用一生是不成问题的。同时,这种微晶玻璃中析出的针状硅灰石晶体,由于是无规则排列的,所以机械加工性能也很好。目前,它已应用于人工脊椎和人工脊椎间板、长管骨和髂骨的固定物,以及骨修补材料。

Cerabone A-W 微晶玻璃与骨组织的结合机理如下所述。

当它埋入生物体内后,表面在体液的作用下被少量溶解,代之而沉积一层羟基磷灰石,通过这层新形成的羟基磷灰石,使材料与骨组织之间形成牢固的化学键结合。

目前,这种微晶玻璃的唯一缺陷是其弹性模量过高。这也是大部分生物陶瓷材料的缺点。

(3) I lmaplant 微晶玻璃。

这种生物材料为:Na_2O-K_2O-MgO-CaO-P_2O_5-SiO_2-CaF_2 系统玻璃。其析出晶相与 Cerabone A-W 微晶玻璃相同,即在玻璃相中析出磷灰石与β硅灰石两种晶相。但其不同之处在于,前者是将块状玻璃经微晶化而制得的一种生物活性微晶玻璃,被命名为 I lmaplant。

I lmaplant 微晶玻璃,具有代表性的原始玻璃组成(质量分数)为:Na_2O 4.6%,K_2O 0.2%,MgO 2.8%,CaO 31.8%,P_2O_5 11.2%,SiO_2 44.3%,CaF_2 5.0%。

由于是将块状玻璃微晶化,β硅灰石晶体只从表面析出,所以,材料内部有可能发生龟裂,不能安心地用于受力较大的部位。目前,已作为颚骨和头盖骨等的补缀材料而得到应用。

(4) Bioverit 微晶玻璃。

1984 年,Vogel 首先报道了一种可加工的生物活性微晶玻璃:Na_2O-K_2O-MgO-CaO-Al_2O_3-SiO_2-P_2O_5-F 系统玻璃,其被命名为 Bioverit。Bioverit 微晶玻璃在玻璃相中除了析出磷灰石晶体以外,还析出无规则排列的片状氟金云母晶体。所以,可以通过机械方法加工成各种复杂的形状,并且加工后强度不降低。

Bioverit 微晶具有代表性的原始玻璃组成(质量分数)为:Na_2O+K_2O 3%~8%,MgO 2%~21%,CaO 10%~34%,Al_2O_3 8%~15%,SiO_2 19%~54%,P_2O_5 2%~10%,F 3%~25%。

Bioverit 微晶目前已用于人工耳小骨和人工齿根等。但是,它的本身的强度稍弱于 A-W 生物活性微晶玻璃。

9. 多孔玻璃

多孔玻璃是指由某些钠硼硅酸盐玻璃经过分相热处理和酸处理后所制备的玻璃。

多孔玻璃可以通过微粒状玻璃粉的烧结,无机盐或有机金属(例如,醇盐等)的水解,以及玻璃的分相等方法来制备。

这里以由玻璃分相制备多孔玻璃为例,说明多孔玻璃的制备方法。

1) 玻璃熔融

选择具有分相能力的玻璃组成,将其原料在 1200~1500℃的高温下熔融,冷却后获得均匀的玻璃。

2) 分相处理

将所得到的玻璃在稍高于玻璃化转变温度条件下热处理一定的时间,使玻璃分相。通过调节热处理的温度和时间,可以自由控制多孔玻璃的孔径。

3) 酸处理

通过分相处理而分离成两相的玻璃,通常一相易溶于酸,而另一相则难溶于酸,所以,将分相玻璃浸渍在酸性溶液中,易溶于酸的一相被溶解,而另一相被作为骨架保存下来,就形成了多孔玻璃。

分相本来是制造均匀玻璃时所要避免的一种现象,而多孔玻璃的制备正是巧妙地利用了这一现象。具有分相能力的玻璃体系已有许多报道,甚至被认为是玻璃中的一般现象,但是,只有一部分玻璃体系能通过分相处理而制得多孔玻璃。迄今开发的多孔玻璃的体系及其特征，见表7.7.10。

表7.7.10 多孔玻璃的体系及其特征

多孔玻璃体系	原始玻璃组成	特　征
SiO_2 体系	SiO_2-B_2O_3-Na_2O(-Al_2O_3)	最常见的多孔玻璃体系，是最容易获得的多孔玻璃
ZrO_2 体系	SiO_2-B_2O_3-ZrO_2-Na_2O-RO (R为碱土金属或Zn)	因为所获得的多孔玻璃骨架中含有大量的Zr，所以耐水和耐碱性好
P_2O_5 体系	SiO_2-P_2O_5-Na_2O	由于含有一部分P，适用于生物玻璃及生化色谱分析的填充材料
GeO_2 体系	SiO_2-B_2O_3-Na_2O-GeO_2	无孔化处理后用于梯度折射率透镜
火山灰体系	SiO_2-B_2O_3-CaO-Al_2O_3	原始玻璃的软化点高，分相温度也高，适用于制备较大孔径的多孔玻璃
稀土类体系	B_2O_3-Na_2O-(CeO_2、ThO_2和HfO_2等)	耐碱性好，耐高温(1500℃)
磷钛酸锂铝体系(微晶玻璃)	P_2O_5-TiO_2-Al_2O-Li_2O-CaO	因骨架中含锂，可以进行离子交换，适合于抗菌防霉

多孔玻璃的特点为：①孔径的控制范围广泛、孔径分布非常均匀；②比表面积的选择范围广；③微孔结构为各向同性，形状一致，不会因物理力的作用而改变形状；④耐热性、耐酸性、耐臭氧性、耐微生物性能、耐有机溶剂性好；⑤不受细菌和霉菌等的侵蚀；⑥可以通过微孔表面的Si—OH键等进行表面改性；⑦可以制成管状、板状、粉状等各种形状。

正是由于以上特点，多孔玻璃作为酶、微生物、抗原、抗体、动物细胞、植物细胞和激素等的固定载体以及过滤材料，在食品，酿酒，脱氧核糖核酸(DNA)的合成与分离，生物反应器等多种生物工程领域得到了广泛应用。

10. 特种玻璃的研究与进展

近10～20年来，由于核磁共振(NMR)、拉曼光谱(Raman)、扩展X射线吸收精细结构分析(EXAFS)、化学位移透射电镜(TEM)和扫描电镜(SEM)中子衍射等先进手段的综合应用，使玻璃材料的研究从宏观进入了微观，从定性进入了半定量或定量阶段；随着固体物理学的研究重心向非晶态转移，玻璃材料的研究正在向更高更深层次发展，促使玻璃材料不断地探索新系统，从传统的硅酸盐玻璃向非硅酸盐玻璃和非氧化物玻璃领域发展，使之日益成为光电子技术开发的基础材料。预计在今后的发展中，光电子功能玻璃，如激光玻璃、光记忆玻璃、集成电路(IC)光掩模板、光集成电路用玻璃，以及电磁、磁光、光电、声光、压电、非线性光学玻璃，高强度微晶玻璃，溶胶-凝胶玻璃及生物玻璃将有大幅度的发展，有可能形成很大的商品市场。

7.7.4 特种水泥

为了满足各种复杂条件下的工程对水泥使用的特殊要求，或为了节约能源，综合利用工业废渣和劣质原料，以提高水泥生产的经济效益，人们研究开发和生产了许多特性水泥和专用水泥，随着国民经济和科学技术的发展，特性和专用水泥的品种还将继续增加。

1. 快硬水泥和特快硬水泥

现代建筑工程技术的日益发展，在很多情况下都要求水泥的硬化速度快，早期强度高，最好是凝结时间还能任意调节。

按照我国的水泥命名原则，快硬水泥是指标号以3d强度计的水泥，而特快硬水泥则是标号以小时（不超过24h）强度计的水泥，按其主要矿物组成则可分为硅酸盐型、铝酸盐型、硫铝酸盐型和氟铝酸盐型等。

1）快硬硅酸盐水泥

凡以硅酸盐水泥熟料和适量石膏磨细制成的，标号以3d抗压强度表示的水硬性胶凝材料，都称为快硬硅酸盐水泥（简称快硬水泥）。快硬水泥分为325、375和425三个标号。除强度外，快硬水泥的品质指标与硅酸盐水泥略有区别，例如SO_3最大含量为4.0%。细度为0.08mm方孔筛筛余不得超过10%；凝结时间规定初凝不得早于45min，终凝不得迟于10h。

快硬水泥生产方法与硅酸盐水泥基本相同，只是要求C_3S和C_3A含量高些，C_3S含量在50%～60%，C_3A含量在8%～14%。也可只提高C_3S含量而不提高C_3A含量。

为保证熟料煅烧良好，则生料要求均匀，比表面积大。生料细度要求0.08mm方孔筛筛余小于5%，水泥比表面积一般控制在330～450m^2/kg，以利于早期强度的发展。另外，适当增加石膏掺入量，使之硬化时形成较多的钙矾石，以利水泥强度的发展，其SO_3含量一般为3%～3.5%。

快硬水泥水化放热速率快，水化热较高，早期强度高，但早期干缩率较大。水泥石较致密，不透水性和抗冻性均优于普通水泥。其主要用于抢修工程、军事工程、预应力钢筋混凝土构件，适用于配制干硬混凝土。

2）快硬硫铝酸盐水泥

以铝质、石灰质原料和石膏，经适当配合后，煅烧成含有适量无水硫铝酸钙的熟料，再掺适量石膏共同磨细所得的水硬性胶凝材料，称为快硬硫铝酸盐水泥。

快硬硫铝酸盐水泥的主要矿物为无水硫铝酸钙（$C_4A_3\bar{S}$）和β型硅酸二钙（β-C_2S）。其矿物组成大致范围为：$C_4A_3\bar{S}$ 36%～44%，C_2S 23%～34%，C_2F 10%～27%，$CaSO_4$ 4%～17%。其化学成分为CaO 40%～44%，Al_2O_3 18%～22%，SiO_2 8%～12%，Fe_2O_3 6%～10%，SO_3 12%～16%。

熟料煅烧温度为1250～1350℃，不宜超过1400℃，否则$CaSO_4$分解，$C_4A_3\bar{S}$也分解，要防止还原气氛，因为还原气氛使$CaSO_4$分解成CaS、CaO和SO_2。由于烧成温度低，主要是固相反应，出现液相少，窑中不易结圈。熟料易磨性好，热耗较低。

水泥水化过程主要是$C_4A_3\bar{S}$和石膏形成钙矾石和$Al(OH)_3$凝胶，使早期强度增长较快。另外，较低温度烧成的β-C_2S水化较快，生成C-S-H凝胶填充在水化硫铝酸钙之间，使水泥后期强度增大。改变水泥中石膏掺入量，可制得快硬不收缩，微膨胀、膨胀和自应力水泥，快硬硫铝酸盐水泥凝结较快，初凝与终凝时间间隔较短，初凝一般在8～60min，终凝在10～90min。加入柠檬酸、糖蜜、亚甲基二苯二磺酸钠等可使水泥凝结速度减慢。

快硬硫铝酸盐水泥早期度高，长期强度稳定，低温硬化性能好，在5℃仍能正常硬化。水泥石致密、抗硫酸盐性能良好，抗冻性和抗渗性好，可用于抢修工程、冬季施工工程、地下工程，以及配制膨胀水泥和自应力水泥。由于水泥浆体液相碱度低，pH只有9.8～10.2，对玻璃纤维腐蚀性小。

3）快硬氟铝酸盐水泥

以矾土、石灰石、萤石（或加石膏）经配料煅烧得到的以氟铝酸钙（$C_{11}A_7 \cdot CaF_2$）为主的熟料，再与石膏一起磨细而成的水泥，称为快硬氟铝酸盐水泥。我国的双快（快凝、快硬）水泥和国外的超速硬水泥均属此类。

这种水泥的主要矿物为阿利特、贝利特、氟铝酸钙和铁铝酸四钙固溶体。由于这类水泥的生料中含有氟，使煅烧温度降低。其烧成温度一般控制在1250～1350℃。温度过高易结大块，易结圈；温度过低，易生烧。熟料要快速冷却。这类熟料易磨性好，其比表面积一般控制在500～600m^2/kg。该类水泥水化速度很快。氟铝酸钙几乎在几秒钟内就水化生成水化铝酸钙CAH_{10}、C_2AH_8、C_4AH_{13}、C_4AH_{19}和$AH_2\overline{F}$（$\overline{F}$为CaF_2）。几分钟内，水化铝酸钙与硅酸盐相溶解出来的$Ca(OH)_2$以及$CaSO_4$作用，生成低硫型水化硫铝酸钙和钙矾石。C_3S和C_2S的水化产物也是C-S-H凝胶和$Ca(OH)_2$。水泥石结构是以钙矾石为骨架，其间填充C-S-H凝胶和铝胶，故能很迅速达到很高的致密度而具有快硬早强特性。

氟铝酸盐水泥凝结很快，初凝一般仅几分钟，初凝与终凝的时间间隔很短。终凝一般不超过半小时。可用酒石酸、柠檬酸和硼酸调节凝结时间。硬化很快，5～10min就可硬化，2～3h后抗压强度可达20MPa，4h混凝土标号可达15MPa。低温硬化性能好，6h可达10MPa，1d可达30MPa。

氟铝酸盐水泥可用于抢修工程，用作喷锚用的喷射水泥。由于其水化产物钙矾石在高温下迅速脱水分解，它可作为型砂水泥用于铸造业。

4）特快硬水泥

特快硬水泥是一种短时间就能发挥很高强度的水泥。它的硬化速度比快硬水泥更快。例如，日本的1日水泥（oneday cement）1d抗压强度可达20MPa。这种水泥的生产主要是煅烧出水硬性良好的水泥熟料，并尽量提高细度和增加石膏掺入量。在配料上，石灰饱和率更高，同时掺入CaF_2、$CaSO_4$、TiO_2、BaO、P_2O_5、MnO和Cr_2O_3等少许成分，提高阿利特含量和水泥熟料矿物的水化速度。其次是将水泥进行高细粉磨，比表面积高达500～700m^2/kg。其石膏掺入量按SO_3计在3.0%左右。水泥水化快、凝结快，抗压强度特别是早期抗压强度高。

我国尚无特快硬硅酸盐水泥标准，只有特快硬调凝铝酸盐水泥的专用标准。按此标准，特快硬调凝铝酸盐水泥是一种以铝酸一钙为主要成分的水泥熟料、加入适量硬石膏和促硬剂磨细而成的，可调节凝结时间、小时强度增长迅速的水泥。

特快硬调凝铝酸盐水泥的主要水化产物为钙矾石和单硫型水化硫铝酸钙。由于没有由晶体转化而造成的后期强度降低问题，后期强度稳定，主要用于要求小时强度的检修、喷射以及负温施工工程。

5）铝酸盐水泥

铝酸盐水泥也称高铝水泥或矾土水泥，是一种快硬水泥，以矾土和石灰石配料经烧结或熔融，经粉磨而成。

（1）组成。

铝酸盐水泥的主要成分为Al_2O_3、CaO、SiO_2，其矿物组成随化学组成而变化。通常铝酸盐水泥的矿物组成主要为CA、CA_2、$C_{12}A_7$、C_2AS，还有微量的尖晶石（MA）和钙钛石（$CaO \cdot TiO_2$）以及铁相，可能为C_2F，也可能为CF、Fe_2O_3、FeO等。

CA是铝酸盐水泥的主要矿物，其水硬活性很高，凝结时间正常，硬化迅速，是铝酸盐水泥强度的主要来源。在CaO含量较低的铝酸盐水泥中，CA_2含量较多，它的早期强度低，但后期强度不断提高，CA_2含量高，可使铝酸盐水泥耐热性提高。CaO含量过高时，熟料形成$C_{12}A_7$。由于它晶体结构有大量空腔，水化极快，凝结极快，强度不及CA高。熟料中SiO_2含量较高时，C_2AS含量增加，因为它的晶格中离子配位很对称，水化活性很低，使水泥早期强度下降。CA_5活性差，但耐热性好，只存在于Al_2O_3含量很高的低钙铝酸盐水泥中。镁尖晶石和钙钛石不具有胶凝性，它们消耗水泥中的有效成分Al_2O_3和CaO，使水泥质量下降。

(2) 生产。

铝酸盐水泥生产所用原料为矾土和石灰石。可用烧结法，也可用熔融法。对矾土的要求为：$SiO_2<10\%$，$Al_2O_3>70\%$，$Fe_2O_3<1.5\%$，$TiO_2<5\%$，$Al_2O_3/SiO_2>7$。采用熔融法时可用低品位铁矾土。采用纯的石灰石，要求$CaO_2\geqslant 52\%$，$SiO_2<1\%$，$MgO<2\%$。

熟料主要矿物为CA、CA_2和C_2AS。其配料主要控制碱度系数A_m和"铝硅比系数"。A_m为熟料中实际形成CA、CA_2的CaO量与熟料中铝酸钙全部为CA所需的CaO量之比值。A_m高则CA多，水泥凝结快，强度高；A_m低，则CA少而CA_2多，凝结慢强度低。用回转窑生产时，一般$CA/CA_2=1.14$，A_m约为0.75。此时，烧结温度范围为50～80℃，生产易于控制。生产快硬铝酸盐水泥时，A_m值为0.8～0.9；生产膨胀水泥用的熟料，A_m值为0.7～0.8；若生产耐高温的水泥，A_m值为0.55～0.65。铝硅比A/S值对水泥强度有很大影响。A/S>7，水泥标号可达325以上；A/S>9，水泥标号可达425以上，对于低钙铝酸盐水泥，A/S常高于16。

国外多采用熔融法生产高铝水泥。原料不需要磨细，可用低品位矾土。但烧成热耗高，熟料硬度高，粉磨电耗大。我国广泛采用回转窑烧成法，烧成热耗低，粉磨电耗低，可用生产硅酸盐水泥的设备。但要用优质原料，生料要均匀，烧成温度范围窄，仅50～80℃。烧成温度一般在1300～1380℃。在煅烧中要采用低灰分燃料，以免灰分的落入而影响物料的均匀性，造成结大块和熔融，另外要控制好烧成带的火焰温度。优质铝酸盐熟料为浅黄色，结粒在5～10mm。由于熟料凝结正常，粉磨时不加石膏等缓凝剂。

(3) 水化和硬化。

铝酸盐水泥的主要矿物CA，水化极快，其水化产物与温度关系很大，在环境温度<15～20℃时，主要生成CAH_{10}；在温度20～30℃，转变为C_2AH_8和$Al(OH)_2$凝胶；温度>30℃，则再转变为C_3AH_5和$Al(OH)_3$凝胶。$C_{12}A_7$的水化与CA相似。结晶的C_2AS水化很慢。β-C_2S水化生成C-S-H凝胶。该水泥的水化热与硅酸盐水泥相近，但24h内放热量很大。

硬化主要是CAH_{10}、C_2AH_5六方片状晶体互相交错搭接而形成坚强的结晶结合体，氢氧化铝凝胶填充于晶体空隙，使水泥获得较高机械强度。但其长期强度经1～2年，特别是在湿热环境下会明显下降甚至引起工程的破坏。这是由于介稳相$CAH_{10}C_2A_5$逐步转变为C_3AH_5稳定相。温度越高，转变越快。在晶型转变时释放出大量游离水，使孔隙率增加，强度下降。因此，许多国家限制铝酸盐水泥应用于结构工程。

(4) 性能和应用。

根据GB/T 201—2015《铝酸盐水泥》规定，铝酸盐水泥(除CA60-Ⅱ外)初凝时间不得早于 30min,终凝时间不得迟于 360min。

温度对凝结时间有影响。温度低于 25℃,对凝结时间影响不明显;超过 25℃,凝结变慢。在铝酸盐水泥中加入 15%~60%硅酸盐水泥则会发生闪凝,这是因为硅酸盐水泥析出 $Ca(OH)_2$ 而增加液相 pH。

铝酸盐水泥的特点是强度发展非常迅速,24h 内几乎可达到最高强度。另一特点是在低温(5~10℃)时也能很好硬化,而在高温(大于 30℃)条件下养护,强度剧烈下降。因此,铝酸盐水泥的使用温度不得超过 30℃,更不宜采用蒸汽养护。铝酸盐水泥抗硫酸盐性能好,因为水化时不析出 $Ca(OH)_2$。此外,水化产物含有 $Al(OH)_3$ 凝胶,使水泥石致密,抗渗性好,对碳酸水和稀酸 (pH≥4)也有很好的稳定性,但对浓酸和浓碱的耐蚀性不好。

铝酸盐水泥有一定耐高温性,在高温下仍能保持较高强度,特别是低钙铝酸盐水泥,可用作各种高温炉内衬。

铝酸盐水泥不应与石灰或硅酸盐水泥混合使用,否则发生快凝并使强度下降,这是因为 $Ca(OH)_2$ 与低碱性水泥铝酸钙作用生成 C_3AH_5。目前,铝酸盐水泥主要用于配制膨胀水泥、自应力水泥和耐热混凝土。

2. 抗硫酸盐水泥、中低热水泥和道路水泥

1) 抗硫酸盐水泥

凡以适当成分生料烧成时部分熔融,得到以硅酸钙为主的硅酸三钙和铝酸三钙含量受限制的熟料,加入适量石膏磨制成的具有一定抗硫酸盐侵蚀性能的水硬性胶凝材料,都称为抗硫酸盐硅酸盐水泥,简称抗硫酸盐水泥。

水泥的硫酸盐腐蚀主要是由水泥石中 $Ca(OH)_2$ 和水化铝酸钙与环境介质的 SO_4^{2-} 作用生成钙矾石所引起。而 $Ca(OH)_2$ 主要来自于 C_3S 的水化,水化铝酸钙主要来自于 C_3A 和 C_4AF 的水化。但实践证明:C_4AF 比 C_3A 的耐腐性要强。因此,抗硫酸盐水泥的矿物组成主要是限制 C_3S 和 C_3A 的含量。

抗硫酸盐水泥熟料中,C_3S 和 C_3A 的计算含量分别不应超过 50%和 5%。“C_3A+C_4AF”含量应小于 22%。MgO 不得超过 5%,烧失量应小于 1.5%,游离 CaO 小于 1%,水泥中 SO_3 含量小于 2.5%,水泥细度 0.08mm 方孔筛筛余应小于 10%,比表面积不得小于 $240m^2/kg$。

抗硫酸盐水泥适用于一般受硫酸盐侵蚀的海港、水利、地下、隧涵、道路和桥梁基础等工程。一般可抵抗 SO_4^{2-} 浓度不超过 2500mg/L 的纯硫酸盐的腐蚀。若超过此浓度,应采用高抗硫酸盐水泥熟料。其熟料中 C_3A 含量不大于 2%,C_3S 含量不大于 35%。

2) 中低热水泥

中低热水泥是中热硅酸盐水泥、低热硅酸盐水泥和低热矿渣硅酸盐水泥的统称。其主要特点为水化热低,适用于大坝和大体积混凝土工程。

由于混凝土的热导率低,水泥水化时热量不能及时散失,易使混凝土内部温度达 60℃或更高,而外部冷却较快,这使混凝土内外温度相差几十摄氏度,从而出现温度应力产生微裂缝,降低坝体的耐久性。为此,必须采用水化热较低的水泥。为降低水泥水化热和放热速率,必须减少熟料中的 C_3A 和 C_3S 的含量,相应提高 C_2S 和 C_4AF 的含量。但考虑到 C_2S 的早期强度很低,因此,C_3S 含量不能过少,否则水泥的强度发展太慢。

增加水泥细度对总水化热影响不大，但会增加水化放热速率。水泥太粗则强度下降。中低热水泥细度一般与普通硅酸盐水泥相近。掺混合材料可使水泥水化热按比例降低。

根据我国标准 GB 200—2003《中热硅酸盐水泥、低热硅酸盐水泥》规定，中热硅酸盐水泥是由适当成分的硅酸盐水泥熟料加入适量石膏磨细制成的具有中等水化热的水硬性胶凝材料，简称中热水泥。低热硅酸盐水泥是由适当成分的硅酸盐水泥熟料加入适量石膏磨细制成的具有低水化热的水硬性胶凝材料，简称低热水泥。低热矿渣水泥是由适当成分的硅酸盐水泥熟料加入矿渣和适量石膏磨细制成的具有低水化热的水硬性胶凝材料。其矿渣掺量为水泥质量的 20%～60%，允许用不超过矿渣总质量 50%的磷渣或粉煤灰代替矿渣。

中热硅酸盐水泥熟料中，C_3A 含量不得超过 6%，C_3S 含量不得超过 55%，f-CaO 不得超过 1.0%，碱含量由供需双方商定。低热矿渣硅酸盐水泥的熟料中，C_3A 含量不得超过 8%，f-CaO 不得超过 1.2%，碱含量由供需双方商定。当水泥在混凝中和骨料可能发生有害反应并经用户提出低碱要求时，中热水泥熟料中的碱含量以 Na_2O（"$Na_2O+0.658K_2O$"）表示不得超过 0.6%；低热矿渣水泥熟料中碱含量不得超过 1.0%。

中热水泥和低热硅酸盐水泥强度等级为 42.5，低热矿渣水泥强度等级为 32.5。

3）道路水泥

道路水泥是指用于道路和机场跑道等工程的水泥。对道路水泥的性能要求是：耐磨性好、收缩小、抗冻性好、抗冲击性好，有高的抗折强度，还要求有良好的耐久性。道路水泥主要是依靠改变硅酸盐水泥矿物组成、粉磨细度、石膏掺入量和掺外加剂来获得上述特性。

对道路水泥熟料的矿物组成的要求是：熟料中 C_3S 和 C_4AF 的含量要高，而 C_3A 的含量应减少，以满足抗折强度高、耐磨性好和胀缩性小的性能要求。

综合以上要求，制造道路水泥应以高铁高阿利特水泥为宜。我国水泥标准 GB/T 13693—2017《道路硅酸盐水泥》规定：由道路硅酸盐水泥熟料，适量石膏和活性混合材料，磨细制成的水硬性胶凝材料，称为道路硅酸盐水泥，简称道路水泥。

道路水泥熟料矿物组成为：$C_3A<5\%$；$C_4AF>16\%$；f-CaO，旋窑生产的不得大于 1.0%，立窑生产的不得大于 1.8%。其水泥的细度为 0.08mm 方孔筛筛余不得超过 10%，初凝时间不早于 1h，终凝不迟于 10h，28d 干缩率不大于 0.10%，28d 磨耗量不大于 $3.00kg/m^2$。

另外，掺入钢渣、矿渣等可提高道路混凝土的耐磨性。适当增加水泥中石膏掺入量，可提高强度和减少收缩。

3. 膨胀和自应力水泥

普通硅酸盐水泥在空气中硬化时，其收缩率为 0.20%～0.35%，这将使混凝土内部产生微裂缝，其强度、抗渗性和抗冻性均下降。另外，外界介质侵入内部，造成钢筋锈蚀，耐久性下降。

在浇注装配式构件接头或建筑物之间的连接处以及堵塞孔洞、修补缝隙时，由于水泥的收缩，也达不到预期的效果，而用膨胀水泥可克服这些缺点。膨胀水泥是指在硬化初期由于化学反应而体积均匀膨胀的水泥。当用膨胀水泥制造混凝土时，由于水泥石膨胀，使之与黏结的钢筋一起膨胀，钢筋受拉而伸长，混凝土则因钢筋的限制而受到相应的压应力。以后混凝土收缩时，不能使膨胀抵消。因而还有一定剩余膨胀，不但能减轻开裂，还能抵消外界施加的拉应力。这种水泥水化本身预先产生的压应力，称为"自应力"，并以"自应力值"（MPa）

表示混凝土所产生的压力的大小。

根据膨胀值的大小和用途的不同，膨胀水泥可分为补偿收缩作用的膨胀水泥和自应力水泥。前者所产生的压应力大致抵消干缩所引起的拉压力，膨胀值不是很大。后者膨胀值大，其膨胀在抵消干缩后仍能使混凝土有较大的自应力值。影响膨胀的因素主要有材料组成、细度、水灰比和水泥用量，以及养护方法。

使水泥产生膨胀的反应主要有三种：CaO 水化生成 $Ca(OH)_2$、MgO 水化生成 $Mg(OH)_2$，以及形成钙矾石，因为前两种反应产生的膨胀不易控制，目前广泛使用的是以钙矾石为膨胀组分的各种膨胀水泥。我国习惯上根据膨胀水泥的组成分为硅酸盐型、铝酸盐型和硫铝酸盐型。

无收缩快硬硅酸盐水泥是指以硅酸盐水熟料，与适量的二水石膏和膨胀剂共同粉磨制成的具有快硬、无收缩性能的水硬性胶凝材料，又称浇筑水泥。无收缩快硬硅酸水泥熟料的 MgO 含量不得超过 5%。水泥中 SO_3 含量不得超过 3.5%。0.08mm 方孔筛筛余不得超过 10%。初凝时间不得早于 30min，终凝时间不得迟于 6h；水泥净浆试体水中养护的自由膨胀率，1d 不小于 0.02%，28d 不得大于 0.3%。无收缩快硬硅酸盐水泥主要用于配制装配式框架节点的后浇混凝土和钢筋浆锚连接砂浆或混凝土；各种现浇混凝土工程的接缝工程；机器设备安装的灌浆；要求快硬、高强、无收缩的混凝土工程。

自应力硅酸盐水泥是指以适当比例的硅酸盐水泥或普通硅酸盐水泥、铝酸盐水泥和天然二水石膏磨制而成的膨胀性的水硬性胶凝材料。该种水泥根据 28d 自应力值的大小分为四个能级，代号为 S_1、S_2、S_3、S_4。其比表面积大于 340m^2/kg，初凝不得早于 30min，终凝不得迟于 390min，28d 自由膨胀率不得大于 3%，膨胀稳定期不得迟于 28d。

自应力硅酸盐水泥的配比为：普通硅酸盐水泥 67%～73%，铝酸盐水泥 12%～15%，二水石膏 15%～18%。水泥浆体自由膨胀 1%～3%，膨胀在 7d 内达最大值。膨胀的产生主要是由于铝酸盐水泥中的 CA 和 CA_2 与石膏作用生成钙矾石。由于水泥浆体液相碱度高，其膨胀特性激烈，稳定期短，但其膨胀特性不易控制，产品质量不够稳定，其抗渗性、气密性不够好，自应力值低，不宜制造大口径的高压输水、输气管。我国的明矾石膨胀水泥也属于硅酸盐型膨胀水泥。我国膨胀和自应力硅酸盐水泥的组成和性能相当于美国的 M 型膨胀水泥。

膨胀和自应力铝酸盐水泥是由铝酸盐水泥和二水石膏磨细而成。其自应力水泥的配比为铝酸盐水泥 60%～66%，二水石膏 30%～40%（以 SO_3 计约为(16±0.5)%），其自应力值高，可达 5MPa，其膨胀也是由于形成钙矾石。由于铝酸盐水泥既是强度组分，又是膨胀组分，且液相碱度低，生成的钙矾石分布均匀，同时还析出相当数量的 $Al(OH)_3$ 凝胶起塑性垫衬作用，此时，钙矾石膨胀与强度发展相匹配，因此，浆体抗渗性、气密性好，制品工艺易于控制，质量比较稳定。但成本高，膨胀稳定期长。

膨胀和自应力硫铝酸盐水泥是由硫铝酸盐水泥熟料掺入较多石膏磨细而成。水泥比表面积为 350～400m^2/kg，初凝时间为 1h 左右，终凝时间为 1.5～2h，水泥的膨胀也是由于钙矾石的形成。

水化产物主要为钙矾石和 $Al(OH)_3$ 凝胶。水化初期形成的钙矾石起骨架作用，$Al(OH)_3$ 凝胶和 C-S-H 凝胶的存在，对膨胀起垫衬作用，因此，膨胀特性缓和，水泥石致密，具有良好的致密性和抗渗性。自应力值取决于石膏掺入量，其自应力值为 2～7MPa，可用于制造大口径高压输水、输气、输油管。

4. 油井水泥

油井水泥专用于油井、气井的固井工程，又称堵塞水泥。它的主要作用是将套管与周围的岩层胶结封固，封隔地层内油、气、水层，防止互相串扰，以便在井内形成一条从油层流向地面、隔绝良好的油流通道。

油井底部的温度和压力随着井深的增加而提高，每深入 100m，温度约提高 3℃，压力增加 1.0～2.0MPa。例如，井深达 7000m 以上时，井底温度可达 200℃，压力可达到 125.0MPa。因此，高温高压，特别是高温对水泥各种性能的影响，是油井水泥生产和使用的最主要问题。研究结果表明，温度和压力对水泥水化的影响中，温度是主要的，压力是次要的。高温作用使硅酸盐水泥的强度显著下降。因此，不同深度的油井，应该用不同组成的水泥。

油井水泥的基本要求为：水泥浆在注井过程中要有一定的流动性和合适的密度，水泥浆注入井内后，应较快凝结，并在短期内达到相当强度；硬化后的水泥浆应有良好的稳定性和抗渗性、抗蚀性等。

根据 GB/T 10238—2005《油井水泥》，我国油井水泥分为八个级别，包括普通型(O)、中抗硫酸盐型(MSR)和高抗硫酸盐型(HSR)三类。各级别油井水泥适用于不同的油井情况。

油井水泥的物理性能要求包括：水灰比，水泥比表面积，15～30min 内的初始稠度，在特定温度和压力下的稠化时间，以及在特定温度、压力和养护龄期下的抗压强度等。

油井水泥的生产方法有两种：一种是制造特定矿物组成的熟料，以满足某级水泥的化学和物理要求；另一种是采用基本油井水泥，加入相应的外加剂，达到等级水泥的技术要求。采用前一种方法往往给水泥厂带来较多的困难。因此，现在多采用第二种方法。油井和气井的情况十分复杂，为适应不同油气井的具体条件，有时还要在水泥中加入一些外加剂，如增重剂、减轻剂或缓凝剂等。

5. 装饰水泥

装饰水泥指白色水泥和彩色水泥。硅酸盐水泥的颜色主要由氧化铁引起。当 Fe_2O_3 含量在 3%～4%时，熟料呈暗灰色；Fe_2O_3 含量在 0.45%～0.7%时，带淡绿色；而 Fe_2O_3 含量降低到 0.35%～0.40%后，接近白色。因此，白色硅酸盐水泥(简称白水泥)的生产主要是降低 Fe_2O_3 含量。此外，氧化锰、氧化钴和氧化钛也对白水泥的白度有显著影响，故其含量也应尽量减少。石灰质原料应选用纯的石灰石或方解石，黏土可选用高岭土或瓷石。生料的制备和熟料的粉磨均应在没有铁污染的条件下进行。其磨机的衬板一般采用花岗岩、陶瓷或耐磨钢制成，并采用硅质卵石或陶瓷质研磨体。燃料最好用无灰分的天然气或重油，若用煤粉，其煤灰含量要求低于 10%，且煤灰中的 Fe_2O_3 含量要低。由于生料中的 Fe_2O_3 含量少，故要求较高的煅烧温度(1500～1600℃)，为降低煅烧温度，常掺入少量萤石(0.25%～1.0%)作为矿化剂。

白水泥的 KH 与普通硅酸盐水泥的相近，但由于 Fe_2O_3 含量只有 0.35%～0.40%，因此，硅率较高(SM=4)，铝率最高(IM=20)，主要矿物为 C_3S、C_2S 和 C_3A，C_4AF 含量极少(只有 1%～1.5%)。

白水泥的白度，是以白水泥与 MgO 标准白板的反射率的比值来表示。为提高熟料白度，在煅烧时宜采用弱还原气氛，使 Fe_2O_3 还原成颜色较浅的 FeO，另外，采用漂白措施，将刚出窑的熟料喷水冷却，使熟料从1250～1300℃急冷至500～600℃，也可提高熟料白度，熟料存放一段时间(7d)也可提高白度。为保证水泥白度，在粉磨时加入白度较高的石膏，同时提高水泥粉磨细度。

采用铁含量很低的铝酸盐或硫铝酸盐水泥生料也可生产出白色铝酸盐或硫铝酸盐水泥。

用白色水泥熟料与石膏以及颜料共同磨细可制得彩色水泥。所用颜料要求对光和大气能耐久，能耐碱而又不对水泥性能起破坏作用。常用的颜料有氧化铁(红、黄、褐红)、二氧化锰(黑、褐色)、氧化铬(绿色)、赭石(赭色)、群青蓝(蓝色)和炭黑(黑色)。但制造红、褐、黑等较深颜色彩色水泥时，也可用一般硅酸盐水泥熟料来磨制。

在白色水泥生料中加入少量金属氧化物着色剂直接烧成熟料，也可制得彩色水泥。例如，Cr_2O_3 可得绿色水泥，加CoO在还原火焰中可得浅蓝色水泥，在氧化焰中可得玫瑰红色水泥；加 Mn_2O_3 在还原火焰中烧得淡黄色水泥，在氧化焰中可得浅紫色水泥。颜色的深浅随着色剂的掺量(0.1%～2.0%)而变化。

在铝酸盐或硫铝酸盐生料中掺入各种着色剂，可烧制得彩色铝酸盐或硫酸盐水泥熟料；然后磨制成彩色水泥，其水泥色泽鲜，早期强度高。由于此两种水泥水化时几乎不析 $Ca(OH)_2$，故它们不会出现彩色硅酸盐水泥的“褪色”现象。

7.7.5 碳结构材料

1. 富勒烯(C_{60})

1) C_{60} 的结构

C_{60} 是具有32面体的几何球形芳香分子。纯净的 C_{60} 的晶体结构为面心立方，C_{60} 晶体是靠范德瓦耳斯力结合的，团簇之间没有化学键存在，也就是说 C_{60} 晶体是一种分子晶体。C_{60} 分子对称性很高，仅次于球对称。

2) C_{60} 的性质

(1) 物理性质。

C_{60}，黑色粉末，密度(1.65±0.05)g/cm^3，升华温度为400℃，熔点大于700℃，易溶于 CS_2、甲苯等，在脂肪烃中溶解度随溶剂碳原子数的增加而增大。C_{60} 的可压缩率是金刚石的40倍，石墨的3倍，这表明 C_{60} 可能是已知固体碳中弹性最大的。它的抗冲击能力比迄今所知的所有粒子都要强。C_{60} 具有良好的光学及非线性光学性能。C_{60} 分子本身是绝缘体，但研究发现，经过适当的金属掺杂后，C_{60} 表现出良好的导电性和超导性，且具有很高的超导临界温度。

(2) 化学性质。

C_{60} 分子很稳定，可抗辐射，抗化学腐蚀，但易放出电子。纯净的 C_{60} 分解速度很慢。C_{60} 应具有芳香性，能够进行一般的稠环芳烃所进行的反应。C_{60} 难以与亲电试剂发生反应，而易于与亲核试剂如NR及金属反应。由于 C_{60} 的中空球形结构，它能在球的内外表面都进行反应，从中得到各种功能的 C_{60} 衍生物。

3) C_{60} 的合成和修饰

在1990年，人们首次用电阻加热法成功地大量合成 C_{60}，同时又用电弧法在制备 C_{60} 方面有了突破性的进展。此后人们又发明了CVD、电子束辐射法、激光蒸发法、火焰法、太阳能法和电弧等离子体蒸发法，以及化学合成法。

电弧法是制备C_{60}和碳纳米管目前使用最广泛的方法。一般工艺是：电弧室充惰性气体保护，两石墨棒电极靠近，拉起电弧，再拉开，以保持电弧稳定。放电过程中阳极温度相对高于阴极，所以阳极石墨棒不断被消耗，同时在石墨阴极上沉积出含有C_{60}或者碳纳米管的产物。电弧法能成功地制备毫克级的C_{60}，产率可达10%～13%。但由于电弧放电通常十分剧烈，难以控制进程和产物，合成的沉积物中存有碳纳米颗粒、无定形碳或石墨碎片等杂质，给分离带来了困难。

利用化学合成的可调控性，可以方便、大量地得到富勒烯及其包合物以及化学修饰产物。目前，富勒烯的化学合成主要有两种途径，一种是以心环烯等"碗"形分子为基本原料，通过扩环来逐步接近富勒烯；另一种是从聚多烃前体出发，试图通过气相重排而得到富勒烯。

4）C_{60}的研究现状及应用前景

（1）C_{60}在生物学和医学领域的应用。

Sijbensma等发现，二酰氨基二酸二苯基C_{60}能够抑制人类艾滋病毒特异蛋白酶的活性，从而降低该病毒感染宿主细胞的能力并抑制它的生长。Tokuyama等发现，梭酸C_{60}不仅对一些生物酶有选择性抑制作用，对DNA也具有选择性剪切作用，而且在光照的条件下对体外培养的人类宫颈癌细胞的生长有一定的抑制作用。

C_{60}是一种非极性分子，不能溶于水或其他极性溶剂。虽然C_{60}在一些有机溶剂（如甲苯等）中的溶解度较大，但它们对生物体有毒性作用，不能直接应用。因此，如何将C_{60}引入生物学和医学研究领域，正处于探索阶段。

（2）C_{60}转化为金刚石。

（3）光学应用潜力。

C_{60}分子形成的丰富多样的聚合结构，具备独特的电学特性和非线性光学特性。目前，对C_{60}聚合材料的表面形态、导电性质以及非线性光学特性的研究还有待进一步开展。Pekker等研究$(KC_{60})_n$单晶纤维时发现，这种大尺度聚合结构是一种典型的准一维金属，奇特之处在于这种"金属"对可见光透明，这种光学特性是一般的一维金属材料所不具备的。这一发现已经预示了C_{60}聚合材料巨大的应用潜力。

（4）新型超导材料。

美国贝尔实验室的Hebard等发现，掺K的C_{60}薄膜具有超导性，确定了超导相为K_3C_{60}，其超导临界温度可达18K；后来又相继发现了Rb_3C_{60}的T_c为28K，Rb_2CsC_{60}的T_c为31K，$RbCs_2C_{60}$的T_c为33K。这对高温超导体的研究及开发应用产生了极大的作用。此外，相继研究成功的$RbTi_2C_{60}/C_{70}$的T_c为48K，也属于高温超导材料。C_{60}掺杂方面的研究及应用已是该领域的重要方向。

（5）复合材料。

研究人员将富勒碳与铁进行复合，得到一种复合材料。这种复合材料组织非常细密且均匀，具有很高的强度、延展性和优良的铸造性能，表面氧化和表面脱碳都优于一般铁合金，耐磨性显著优于stellite合金，进一步热处理后，55%～70%的富勒碳转为金刚石。这种复合材料的宏观硬度可达65HRC。

2. 碳纳米管

1）碳纳米管的结构

碳纳米管(CNT)是石墨管状晶体，是单层或多层石墨片围绕中心按一定的螺旋角卷曲而成的无缝纳米级管，每层纳米管是一个由碳原子通过 sp^2 杂化与周围 3 个碳原子完全键合后所构成的六边形平面组成的圆柱面。但是由于存在一定的曲率，其中也有一小部分碳属 sp^3 杂化。其平面的六角晶胞边长为 2.46nm。最短的 C—C 键长为 1.42nm。

按照碳纳米管管壁的层数分为单壁(SWNT)和多壁(MWNT)两种。SWNT 的直径一般为 1～6nm，长度则可达到几百纳米到几个微米，现在的制备技术已达到毫米级。因为 SWNT 的最小直径与富勒烯分子类似，故也有人称其为巴基管或者富勒管。一个理想的 SWNT 是由六边形碳原子环网络围成的无缝、中空管体，其两端通常由半球形的大富勒烯分子罩住。MWNT 的典型直径和长度分别为 2～30nm 和 0.1～50μm，最长者可达数毫米。MWNT 的层间接近 ABAB…堆垛，片间距一般为 0.34nm。无论是 SWNT 还是 MWNT 都具有很高的长径比，一般为 100～1000，最高可达 1000～10000，完全可认为是一维分子。

碳纳米管随着制备工艺不同而呈现多种多样的形态和结构。一般来说，由石墨电弧法制备的碳纳米管比较直，层数比较少；而由催化裂解法制备的碳纳米管多弯曲、缠绕，层数较多。而且在电子辐射下，碳纳米管能够转变成巴基葱。弯曲的碳纳米管在局部出现凸凹的现象，这是由于在六边形中出现了五边形和七边形。当六边形逐渐延伸出现五边形时，由于张力的关系而导致纳米管凸出；而出现七边形时，纳米管则凹进。

2）碳纳米管的特性及应用

碳纳米管作为一维纳米材料，质量轻，六边形结构连接完美，具有许多奇特力学、电磁学和化学性能。

（1）力学性质。

碳纳米管具有与金刚石相同的热导和独特的力学性质。理论计算表明，碳纳米管的抗张强度比钢的高 100 倍；碳纳米管延伸率达百分之几，并具有好的可弯曲性。碳纳米管无论是强度还是韧性，都远优于任何纤维材料。将碳纳米管作为复合材料增强体，可表现出良好的强度、弹性、抗疲劳性及各向同性，这可能带来复合材料性能的一次飞跃。

（2）电磁性能。

Satio 等经理论分析认为，根据碳纳米管的直径和螺旋角度，大约有 1/3 是金属导电性的，而 2/3 是半导体的。Dai 等进一步指出，完美碳纳米管的电阻要比有缺陷的碳纳米管的电阻小一个数量级或更多。Ugarte 发现，碳纳米管的径向电阻大于轴向电阻，并且这种电阻的各向异性随着温度的降低而增大。有计算认为，直径为 0.7nm 的碳纳米管具有超导性，尽管其超导临界温度只有 1.5×10^{-4}K，但预示着碳纳米管在超导领域里的应用前景。碳纳米管轴向磁感应系数是径向的 1.1 倍，超出 C_{60} 近 30 倍。

（3）场发射性。

有文献报道，碳纳米管具有良好的场发射性能。原因是碳纳米管是良好的导体，并且载流能力特别大，能够承受较大的场发射电流。对于直径为 10nm 的碳纳米管，在很低的工作电压下即可产生较大的局部场强，从而发射电子。同时，碳纳米管的化学性质稳定，不易与其他物质反应；并且力学强度高、韧性好，在场发射过程中不易发生折断或形变，并且不要求过高的真空度。

利用碳纳米管作为场发射电极材料,其优良的场发射电极特性,可以使场发射平板显示器变得更薄、更亮、更清晰,可以使平板显示技术发生变革。碳纳米管较以往的场发射阴极有多方面的优势。

此外,碳纳米管的内部空腔和外表面也有着奇妙的特性。内部空腔有可能作为纳米试管或模腔,外表面经修饰后有可能生成独特性能的催化剂。由于碳纳米管及其修饰物具有各种优良的性能,其在医学、军事、仪器等方面有着广阔的应用前景。例如,用碳纳米管制成给药系统用于医学;制成隐身材料用于军事;也可以作为扫描探针显微镜的探针;利用其吸附性,制成储氢材料等。

3. 卡拜

苏联化学家以乙炔氧化缩聚合成了线型碳分子,并把它命名为卡拜(carbyne),源自分子中的共轴三键结构。其实线型碳还有另一种键联形式,即累积双键型。前者称为α卡拜,后者称为β卡拜。在国外学术界多称为carbyne及carbynoid compounds,也有不少用"线型碳"(linear carbon)的名称,以示其碳原子为sp杂化轨道彼此键联而成的线型结构。线型碳最早引人注目的地方是其sp杂化的微观结构,预期由其制得的材料有可能在常温下显超导性,而后来引起科学家更多关注的是其化学惰性及生物相容性。现在线型碳最引人注目的地方是其在生物医学和制备金刚石方面的应用。

在研究线型碳的性质时,发现线型碳与金刚石相比有更好的化学和生物惰性。这一性质对于生物医学来讲有很重要的利用价值。类金刚石和线型碳涂层对塑料基质具有高附着力、化学惰性及生物相容性,且被证明不过敏,可有效防止由微生物污染而造成的视觉上的变化。

线型碳是一维结构,金刚石是立体结构,但根据Whittaker提供的相图,在一定条件下,线型碳可以以低于石墨的条件转变成金刚石。此外,线型碳的分子间虽然无任何化学键而仅有范德瓦耳斯力作用,但在实际样品中往往有周期性的交叉连接,从而导致其层状晶格排布,使其成为部分交联的三维聚合体。这也较石墨的层间结构更易转变为金刚石。现在,由线型碳转化为金刚石的研究按其实现的途径可分为两种:一种是在β线型碳中加入金刚石晶种,在高温高压条件下实现转化,此反应经过两个过程,先是β线型碳转变成为线型碳晶体,紧接着在第二个阶段才转变为金刚石;另一种是在低温下直接由α线型碳转化为金刚石。

由线型碳加热或照射制备的具有10～1000nm直径的线型碳纤维,可在基质、粒子或多孔体上形成。

线型碳的研究相比于富勒烯缓慢。这主要有两个方面的原因:一个是线型碳的制备困难,制备纯的线型碳很难,如果要制备单一构型的线型碳就更难;另一是由于线型碳有很强的化学惰性,纯化、检测和表征均受到很大的限制。

思考题和作业

7.1 什么是无机非金属材料?如何分类?有何特点?

7.2 什么是玻璃?如何分类?有何应用?

7.3 玻璃有哪些特性？

7.4 玻璃中的氧化物如何分类？有何作用？

7.5 形成玻璃有哪些要求？

7.6 简述玻璃的结构的两大学说，说明玻璃结构的特点。

7.7 简述影响玻璃的结构因素。

7.8 玻璃的黏度参考点有哪些？

7.9 各种氧化物对玻璃的表面张力有何影响？

7.10 玻璃的实际强度比理论强度低的原因是什么？

7.11 采取哪些措施可以提高玻璃强度？

7.12 各种氧化物对玻璃的热膨胀系数有何影响？

7.13 为什么说水汽比水溶液有更大的侵蚀性？

7.14 物质呈色的原因是什么？

7.15 简述玻璃的生产工艺。

7.16 什么是陶瓷？陶瓷如何分类？有哪些应用？

7.17 简述陶瓷的显微结构。

7.18 简述陶瓷的生产工艺。

7.19 普通陶瓷有哪些？

7.20 什么是胶凝材料？胶凝材料如何分类？

7.21 什么是水泥？水泥如何分类？

7.22 简述水泥的组分构成。

7.23 简述水泥的生产工艺。

7.24 什么是新型无机材料？它有何特点？

7.25 功能陶瓷有哪些？列举出5种以上结构陶瓷？

7.26 新型玻璃有何特点？

第8章

玻璃工艺

玻璃是一种具有各种优良性能和易加工的材料,广泛应用于各个领域。玻璃的品种很多,其生产规模和化学成分以及具体的生产过程各不相同,但它们却有相近的生产工艺流程。玻璃的生产工艺过程主要为:原料的加工→配合料制备→玻璃熔化→成型→退火→缺陷检验→一次制品或深加工→检验→二次制品。

8.1 原料概述

8.1.1 原料的选择

在新品种玻璃投产前和生产中,为配合工艺调整的要求而需要改变原料品种时,都涉及原料的选择。原料的选择是一项重要工作,它直接影响玻璃制品的产量、质量与成本。不同的玻璃品种对原料的要求亦不同,原料选择的原则如下:

(1) 原料的质量应符合玻璃制品的技术要求,其中包括化学成分稳定、含水量稳定、颗粒组成稳定、有害杂质少(主要指 Fe_2O_3)等;

(2) 便于在日常生产中调整成分;

(3) 适于熔化与澄清,挥发与分解的气体无毒性;

(4) 对耐火材料的侵蚀要小;

(5) 原料应易加工、矿藏量大、分布广、运输方便、价格低等。

8.1.2 原料

玻璃原料通常分为主要原料及辅助原料两类。

主要原料是指引入各种组成氧化物的原料,它们决定了玻璃的物理化学性质。例如,引入 SiO_2、B_2O_3、P_2O_5、Al_2O_3、CaO、MgO、Na_2O、PbO 等氧化物的原料。

辅助原料是指为使玻璃获得某种必要的性质或加速玻璃熔制过程而引入的原料。根据它们作用的不同,分为助熔剂、澄清剂、着色剂、脱色剂、乳浊剂等。

1. 石英类原料

自然界中的 SiO_2 结晶矿物统称为石英。引入 SiO_2 的原料主要有硅砂和砂岩,此外,还有石英岩、脉石英。

SiO_2 是硅酸盐玻璃中最主要的成分,它使玻璃具有高的化学稳定性、力学性能、电学性能、热性能,但如果含量过多,会使玻璃熔制时玻璃液黏度过大,为此需要相应地提高熔化温度。

(1) 硅砂。

硅砂也称石英砂,它主要由石英颗粒所组成。质地纯净的硅砂为白色,一般的硅砂因含有铁的氧化物和有机质而多呈淡黄色或红褐色。

评价硅砂的质量,主要有化学组成、颗粒组成和矿物组成三个指标。

A. 硅砂的化学组成。

它的主要成分是 SiO_2,并含有少量的 Al_2O_3、Na_2O、K_2O、Fe_2O_3 等杂质。主要的有害杂质为 Fe_2O_3,它能使玻璃着成蓝绿色而影响玻璃透明度。有些硅砂中含有 Cr_2O_3,它的着色能力比 Fe_2O_3 大 30~50 倍,使玻璃着成绿色。TiO_2 使玻璃着成黄色,若与氧化铁同时存在,可使玻璃着成黄褐色。

B. 硅砂的颗粒组成。

它是评价硅砂质量的重要指标,对原料制备、玻璃熔制、窑炉蓄热室的堵塞均有重要的影响。通常粒度越细,其铝铁含量越高。因此,硅砂的粒径应在 0.15~0.8mm,其中 0.25~0.5mm 的颗粒应不少于 90%,0.1mm 以下的颗粒不超过 5%。

C. 硅砂的矿物组成。

硅砂中伴生的无害矿物有长石、高岭石、白云石、方解石等;其伴生的有害矿物主要有赤铁矿、磁铁矿、钛铁矿等,它们能使玻璃强烈地着色;某些重金属矿物如铬铁矿等,由于熔点高、化学性能稳定,会使玻璃难以熔化而形成黑点和疙瘩,对这些杂质的不利影响必须加以重视。

(2) 砂岩。

砂岩是指由石英颗粒和黏性物质在地质高压下胶结而成的坚实致密的岩石。根据黏性物质的性质可分为黏土质砂岩(含 Al_2O_3 较多)、长石质砂岩(含 K_2O 较多)和钙质砂岩(含 CaO 较多)。所以砂岩成分不仅取决于石英颗粒,而且与黏性物质的种类和含量有关。砂岩中的有害杂质是 Fe_2O_3。砂岩外观多呈淡黄色、淡红色,铁染现象严重时呈红色。表 8.1.1 为硅砂和砂岩的成分范围。

表 8.1.1 硅质原料的成分范围(%)

	SiO_2	Al_2O_3	Fe_2O_3	CaO	MgO	R_2O
硅砂	90~98	1~5	0.1~0.2	0.1~1	0~0.2	1~3
砂岩	95~99	0.3~0.5	0.1~0.3	0.05~0.1	0.1~0.15	0.2~1.5

(3) 石英岩。

石英岩是一种变质岩,系硅质砂岩经变质作用使石英颗粒再结晶而成的岩石。SiO_2 含量大于 97%,硬度大,不易粉碎,是制造高级玻璃制品的良好原料。

(4) 脉石英。

脉石英属火成岩,质地坚硬,为显晶质。外观色纯白,半透明,呈油脂光泽,断口呈贝壳状,SiO_2 含量高达 99%,是生产日用细瓷和耐火砖的良好原料。

2. 长石类原料和长石的替代原料

引入 Al_2O_3 的原料主要有长石和高岭土。

(1) 长石。

长石是一类最为常见的造岩矿物,约占地壳总质量的 60%,为架状结构的碱金属或碱土金属的铝硅酸盐。在自然界中的长石有呈淡红色的钾长石($K_2O \cdot Al_2O_3 \cdot 6SiO_2$)、呈白色的钠长石($Na_2O \cdot Al_2O_3 \cdot 6SiO_2$)和钙长石($CaO \cdot Al_2O_3 \cdot 6SiO_2$)。在矿物中它们常以不同的比例存在。例如,常见的斜长石是钠长石和钙长石形成的连续固溶体。生产中所谓的钾长石或钠长石,实际上都是以含钾或含钠为主的钾钠长石。所以,长石的化学组成波动较大。对长石的质量要求是:$Al_2O_3>16\%$;$Fe_2O_3<0.3\%$;$R_2O>12\%$。

(2) 高岭土。

天然矿物中的优质长石资源有限且不可再生,开发替代型原料已成为现代工业技术发展的重要任务。目前实际生产中常使用一些长石的代用品,例如高岭土、叶蜡石等。

高岭土又称黏土($Al_2O_3 \cdot 2SiO_2 \cdot 2H_2O$),由于所含 SiO_2 及 Al_2O_3 均为难熔氧化物,所以,在使用前应进行细磨。对高岭土的质量要求是:$Al_2O_3>25\%$;$Fe_2O_3<0.4\%$。表 8.1.2 为长石和高岭土的成分范围。

表 8.1.2 长石和高岭土的成分范围(%)

	SiO_2	Al_2O_3	Fe_2O_3	CaO	MgO	R_2O
长石	55~65	18~21	0.15~0.4	0.15~0.8	—	13~16
高岭土	40~60	30~40	0.15~0.45	0.15~0.8	0.05~0.5	0.1~1.35

3. 钠质原料

Na_2O 能提供游离氧,增加玻璃结构中的 O/Si 比值,在玻璃熔制过程中,它使玻璃液黏度降低,是良好的助熔剂。但是,Na_2O 能增加玻璃的热膨胀系数,降低其热稳定性、化学稳定性和机械强度,所以,在玻璃成分中含量不能过多,一般不超过 18%。引入 Na_2O 的原料主要有纯碱和芒硝。

1) 纯碱(Na_2CO_3)

纯碱是微细白色粉末,易溶于水,是一种含杂质少的重要的化工产品,主要杂质有 NaCl(不大于 1%)。纯碱易潮解、结块,它的水含量通常在 9%~10%波动,应储存在通风干燥的库房内。对纯碱的质量要求是:$Na_2CO_3>98\%$,$NaCl<1\%$,$Na_2SO_4<0.1\%$,$Fe_2O_3<0.1\%$。

2) 芒硝(Na_2SO_4)

芒硝分为无水芒硝和含水芒硝($Na_2SO_4 \cdot 10H_2O$)两类。芒硝不仅可以代碱,而且又是常用的澄清剂。生产中为降低芒硝的分解温度常加入还原剂(主要为碳粉、煤粉等)。同样作为引入 Na_2O 的原料,与纯碱相比,使用芒硝也有如下缺点:分解和反应温度高,热耗较大;对耐火材料的侵蚀大并易产生芒硝气泡;需使用还原剂,当用量过多时,Fe_2O_3 还原成 FeS 而使玻璃着成棕色;纯碱和芒硝的理论 Na_2O 含量分别为 58.53%和 43.7%,即后者有效 Na_2O 含量较低。因此,使用纯碱引入 Na_2O 较芒硝更有利。但由于芒硝具有澄清作用,实际生产中仍经常将 2%~3%的芒硝与纯碱联合使用。对芒硝的质量要求是:$Na_2SO_4>85\%$,$NaCl<2\%$,$CaSO_4<4\%$,$Fe_2O_3<0.3\%$,$H_2O<5\%$。

4. 钙质原料

CaO 在玻璃中的主要作用是增加玻璃的化学稳定性和机械强度。引入 CaO 的主要原料有石灰石、方解石。上述原料主要成分均为 $CaCO_3$,后者的纯度比前者高。对含钙原料的质量要求是：$CaO>50\%$，$Fe_2O_3<0.15\%$。

5. 镁质原料

用 MgO 代替部分 CaO，可改善玻璃成型性能，提高玻璃的化学稳定性和机械强度。引入 MgO 的原料主要为白云石（$MgCO_3 \cdot CaCO_3$），呈蓝白色、浅灰色、黑灰色。对白云石的质量要求是：$MgO>20\%$，$CaO<32\%$，$Fe_2O_3<0.15\%$。

6. 澄清剂

凡在玻璃熔制过程中能分解产生气体，或能降低玻璃黏度促使玻璃液中气泡排除的原料，都称为澄清剂。常用的澄清剂可分为以下三类。

1）氧化砷和氧化锑

两者均为白色粉末。它们在单独使用时将升华挥发，仅起鼓泡作用。但与硝酸盐组合作用时，它在低温吸收氧气，在高温放出氧气而起澄清作用。由于 As_2O_3 的粉状和蒸气都是极毒物质，目前已禁止使用，大都改用 Sb_2O_3。

2）硫酸盐

硫酸盐主要有硫酸钠，它在高温时分解逸出气体而起澄清作用，玻璃生产大都采用此类澄清剂。

3）氟化物

氟化物主要有萤石（CaF_2）及氟硅酸钠（Na_2SiF_6）。萤石是天然矿物，是由白、绿、蓝、紫色晶体组成的微透明的岩石。氟硅酸钠是工业副产品。在熔制过程中，此类原料是以降低玻璃液黏度而起到澄清作用。但它们对耐火材料的侵蚀大，产生的气体（HF、SiF_4）污染环境，目前已限制使用。

7. 着色剂

根据着色机理，着色剂可分为以下三类。

1）离子着色剂

锰化合物：软锰矿（MnO_2）、氧化锰（Mn_2O_3）、高锰酸钾（$KMnO_4$）等。Mn_2O_3 使玻璃着成紫色，若还原成 MnO 则使玻璃变为无色。

钴化合物：绿色粉末的 CoO（氧化亚钴）、深紫色的 Co_2O_3 和灰色的 Co_3O_4。热分解后的 CoO 使玻璃着成天蓝色。

铬化合物：重铬酸钾（$K_2Cr_2O_7$）、铬酸钾（K_2CrO_4）热分解后的 Cr_2O_3 在还原条件下使玻璃着成绿色。在氧化条件下，因同时存在高价铬氧化物（CrO_3），能使玻璃着成黄绿色，若在强氧化条件下，则由于 CrO_3 数量增多，而使玻璃变为淡黄色至无色。

铜化合物：蓝绿色晶体的硫酸铜（$CuSO_4 \cdot 5H_2O$）、黑色粉末的氧化铜（CuO）、红色结晶粉末的氧化亚铜（Cu_2O）。热分解后的 CuO 使玻璃着成湖蓝色。

2）胶体着色剂

金化合物：主要是三氯化金（$AUCl_3$）的溶液。为了得到稳定的红色玻璃，应在配合料中加入 SnO_2。

银化合物：主要有硝酸银（$AgNO_3$）、氧化银（AgO）、碳酸银（Ag_2CO_3）。其中以 $AgNO_3$ 所得的颜色最为均匀，添加 SnO_2 能改善玻璃的银黄着色。

铜化合物：CuO 及 $CuSO_4 \cdot 5H_2O$，添加 SnO_2 作为还原剂，能改善铜红着色。

3）化合物着色剂

硒与硫化镉：常用金属硒粉、硫化镉、硒化镉。单体硒使玻璃着成肉红色；CdSe 使玻璃着成红色；CdS 使玻璃着成黄色；Se 与 CdS 的不同比例可使玻璃着成由黄到红的系列颜色。

8. 脱色剂

脱色剂主要作用在于减弱铁、铬氧化物对玻璃着色的影响。根据脱色机理可分为化学脱色剂和物理脱色剂两类。

物理脱色剂即在玻璃中加入一定数量的能产生互补色的着色剂，使颜色互补而消色。常用的物理脱色剂有 Se、MnO_2、NiO、Co_2O_3 等。

化学脱色剂则是借助于脱色剂的氧化作用，使玻璃被有机物沾染的黄色消除，或使着色能力强的低价铁氧化物转变为着色能力较弱的三价铁氧化物，以便进一步使用物理脱色法消色，使玻璃的透光度增加。常用的化学脱色剂有 As_2O_3、Sb_2O_3、Na_2S、硝酸盐等。

9. 氧化剂和还原剂

在玻璃熔制过程中能释出氧的原料称为氧化剂，能吸收氧的原料称为还原剂。常用的氧化剂原料主要有硝酸盐（硝酸钠、硝酸钾、硝酸钡）、氧化铈、氧化锑等。常用的还原剂原料主要有碳（煤粉、焦炭、木屑）、酒石酸钾、氧化锡等。

10. 乳浊剂

使玻璃产生乳白不透明的原料称为乳浊剂。最常用的乳浊剂有氟化物（萤石、氟硅酸钠）、磷酸盐（磷酸钙、骨灰、磷灰石）等。

11. 其他原料

玻璃工业所采用的原料主要是矿物原料与工业原料两类。随着工业发展，新的矿物原料不断发现，工业废渣、尾矿的不断增加，影响了环境，为此，应根据玻璃制品的要求而选用新矿与废渣来改变现有的原料结构。

国内目前采用的有含碱矿物、矿渣、尾矿，用它们来引入部分氧化钠。这些原料主要有以下品种。

1）天然碱

天然碱中含较多的 Na_2CO_3 和 Na_2SO_4，是一种较好的天然矿物原料，它的成分为：SiO_2 5%～6%，Na_2CO_3 67%，Na_2SO_4 17%，Fe_2O_3 0.3%。

2）珍珠岩

珍珠岩是火山喷出岩浆中的一种酸性玻璃熔岩，其成分随产地而异，一般为灰绿、绿黑，并有珍珠状光泽。其成分主要为：SiO_2 73%，R_2O 13%，Na_2SO_4 9%，Fe_2O_3 0.9%～4%。

3）钽铌尾矿

钽铌尾矿主要成分为：SiO_2 70%，Al_2O_3 17%，R_2O 8%，Fe_2O_3 0.1%。它是应用较多的一种代碱尾矿。

4）碎玻璃

碎玻璃是玻璃生产时产生的废品或社会上回收的废玻璃。绝大多数企业生产时都要利用一定量本厂的碎玻璃或回收的废玻璃。

8.2 原料的加工

8.2.1 原料加工工艺流程

若采用块状原料进厂，则都必须经过破碎、粉碎、筛分，而后经称量、混合制成配合料，其一般工艺流程如图 8.2.1 所示。

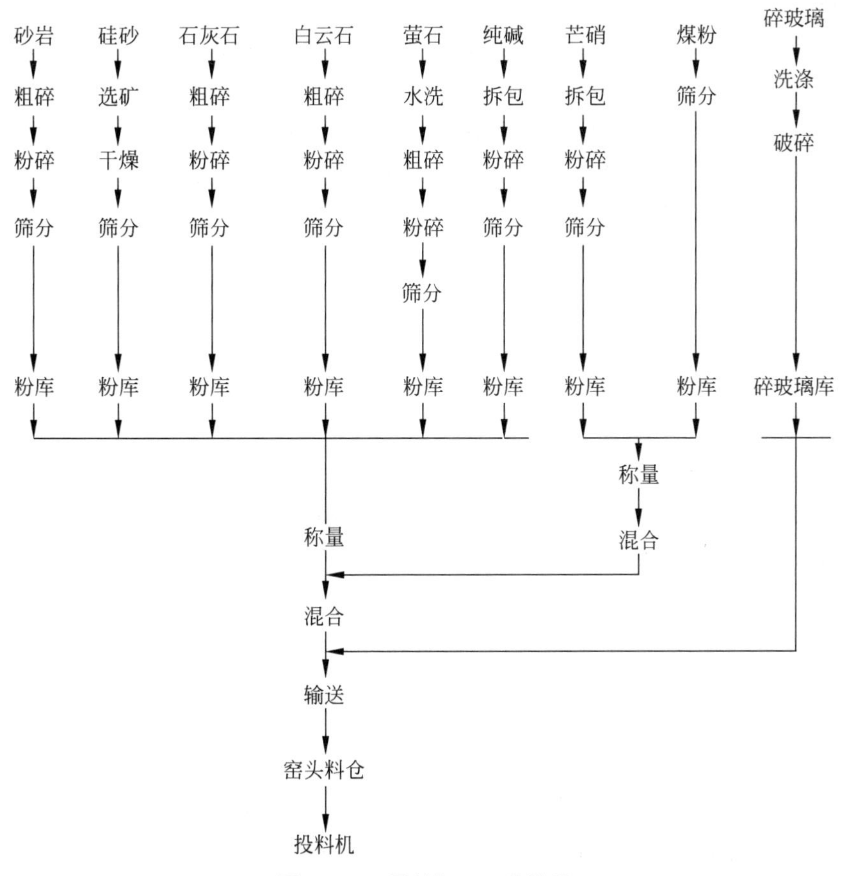

图 8.2.1 原料加工工艺流程

各个企业的工艺流程并不相同，这主要表现在以下几个方面。

1. 破粉碎系统的选择

一般日用玻璃厂由于熔化量不大，常以粉料进厂，直接拆包把粉料送入粉料仓，因此原料车间不设原料的破粉碎。日熔化量大的平板玻璃厂，一般以块料进厂，则须设原料的破粉碎设备。

原料的破粉碎系统可分为单系统、多系统与混合系统。单系统是指各种原料共用一个破碎、粉碎、筛分系统；多系统是指每一种原料单独使用一套系统。实际上，大中型厂一般都采用混合系统，即把用量较多的原料组成多系统，而把用量较少、性质相近的原料组成单系统。

2. 设备的选择

不同的工艺流程对设备的选择也不尽相同,例如采用排库或塔库的工艺流程时,前者的每种原料多使用单独称量,而后者则使用集中称量。

8.2.2 原料的破碎与粉碎

日熔化量较大的平板玻璃厂一般都是矿物原料块状进厂。为此,必须进行破碎与粉碎。根据矿物原料的块度、硬度和需要的粒度等来选择加工处理方法和相应的设备。要进行破粉碎的原料有砂岩、长石、石灰石、萤石、白云石等。

砂岩是胶结致密、莫氏硬度为7的坚硬矿物。早期是把砂岩锻烧水淬后再进行破粉碎。由于劳动强度大、能耗高、生产率低,而不再使用锻烧的方法,目前一般直接由破碎机破碎。

采用的粗碎设备是各种型号的颚式破碎机,常用的是复摆式的颚式破碎机。可供选用的中碎与细碎的设备有反击式破碎机、锤式破碎机及对辊破碎机。

颚式破碎机的构造简单、维修方便、机体坚固,能处理粒度范围大和硬度大的矿物。因此,至今它仍是广泛使用的粗碎设备。但其不足之处是破碎比不大,一般为4～6,它不宜用于片状岩石和湿的塑性物料的破碎。

反击式破碎机适宜对硬脆矿物进行中碎,具有破碎比大、效率高、电耗小、生产能力大、产物粒度均匀、构造简单等优点,其不足之处是板锤和反击板磨损大,须经常更换,它主要用来进行砂岩的中碎。

对辊破碎机的优点是过粉碎的物料少,能破碎坚硬的物料,设备的磨损小,常用作中块砂岩的细碎设备。其缺点是入料粒度不能过大、产量偏低、噪声和振动大。

锤式破碎机适于中等硬度物料的中、细碎,具有较高的粉碎比(10～50),产品粒度较细,机体紧凑,但锤子的磨损较大。它主要用于白云石、石灰石、长石、萤石、菱镁石等原料的中、细碎。

8.2.3 原料的筛分

原料粉碎后都必须进行筛分。生产中常用的筛分设备主要有六角筛和机械振动筛两种。小型工厂常采用摇筛。

六角筛适用于筛分砂岩、白云石、长石、石灰石、纯碱、芒硝等粉料,但不适用于含水量高的物料。其优点是运转平稳、密闭性好、振动小、噪声小,其缺点是筛面利用率仅为整个筛面的1/6,因而产量低。目前大型工厂都采用机械振动筛来筛分砂岩粉。

机械振动筛主要用来筛分砂岩。其优点是筛分效率高、构造简单、维修方便、密闭性好,能分出多种粒级的物料,电耗低。其缺点是振动和噪声大。若筛与筛间分隔不当,易蹦大颗粒。

8.3 配合料的制备

配合料的制备是玻璃生产工艺的重要组成部分。它直接影响制品的产量、质量。因此,能否获得优质高产的配合料,对后续的熔制工艺和成型工艺影响极大。

8.3.1 配合料的称量

根据所设计的玻璃成分及给定的原料成分，进行料方计算，确定配料单，按配料单逐个进行原料的称量。称量准确是制备合格配合料的先决条件，称量的设备有台秤、标尺式自动秤、自动电子秤等，现代生产中多采用带斗的自动称量器。称量的方式有两种，即一次称量和减量称量。

若工艺上采用排库，一般就采用单独称量，即一种原料单独使用一个秤；若工艺布置采用塔库，则采用集中称量，即各种原料共用一个秤进行称量。

对秤的精度要求是根据玻璃成分允许波动范围而定，一般要求成分稳定在0.05%～0.1%，对SiO_2要求在0.2%以内，所以要求秤在使用时的称量精度在1/500以上，为保证这一精度，要求秤在出厂时的精度达到1/1000。

8.3.2 配合料的混合

配合料的质量与原料的混合工艺密切相关。

影响原料混合质量的因素包括原料的物理性质（密度、颗粒组成、表面性质等）、原料的配比、加料顺序、加水量、加水方式、混合时间、是否加入碎玻璃、混合机的结构等。

按混合机的结构不同，可分为转动式、桨叶式、盘式三类，相应的混合机有鼓形混合机、桨叶式混合机、强制式混合机。

鼓形混合机在结构上与混凝土搅拌机相近。其优点是容量大、效率高、混合质量好，当加入碎玻璃时能防止产生料蛋，以及减少疙瘩，但动力消耗大，维修不便。

桨叶式混合机是一种结构简单的混合机。在横向圆筒内，中间主轴旋转，带动焊在其上的刮板回转，使配合料搅拌混合，它的使用和维修均较方便，适合于中小型工厂。

强制式混合机由一个可旋转的底盘和两个带有耙子的轴组成。底盘与耙子的旋转方向相反，从而达到强制混合的目的。这种混合机的混合质量优于其他各种混合机，适合于大中型工厂。

8.3.3 配合料的质量要求和控制

1. 配合料的质量要求

配合料的质量对玻璃制品的产量和质量有较大的影响，保证配合料的质量是加速玻璃熔制和提高玻璃质量，防止产生缺陷的基本措施。虽然不同的玻璃制品对配合料的质量有不同的要求，但它们对配合料的基本要求上是一致的。对配合料的质量要求主要有以下几个方面。

(1) 制备配合料的各种原料均应有一定的粒度组成，即同一种原料应有适宜的粒度，不同原料间亦应保持一定的颗粒比，以保证配合料的均匀度，防止配合料的分层，提高玻璃液均匀度和熔制速度。

(2) 配合料应具有一定水分，使水在石英颗粒表面形成一层水膜，5%的纯碱和芒硝溶于水膜中，有助于加速熔化。一般纯碱配合料的含水率为3%～5%，芒硝配合料为3%～7%。

(3) 为了有利于玻璃液的澄清和均化，配合料需要有一定的气体率。配合料的气体率为逸出气体量与配合料总量之比。钠钙硅酸盐玻璃的气体率为 15%～20%，硼硅酸盐玻璃的气体率为 9%～15%。

(4) 配合料必须混合均匀，以保证玻璃液的均匀性。

(5) 配合料称量准确，避免金属和其他杂质混入，以保证配合料的化学组成。

2. 配合料的质量控制

在生产过程中必须控制各个工艺环节以保证配合料的质量。配合料的质量是根据其均匀性与化学组成的正确性来评定的，在设计和生产上应考虑的一些质量控制如下所述。

1) 原料成分的控制

原料成分的控制分为厂外、厂内控制两类。厂外控制：要求矿山的原料成分波动范围小，因此，应使用同一矿山与同一矿点的原料。厂内控制：对进厂的原料成分要勤加分析，各种原料应分别堆放，不能混放，对不同时间进厂的原料也应分别堆放。

2) 原料的水分控制

原料的水分波动将直接影响称量的精度，对易潮解的原料，如纯碱、芒硝等，应在库房中存放；对水分波动较大的硅砂，应进行自然干燥或强制干燥；对防尘用水，应严格控制用量；对各种原料，应定期检测水分含量。

3) 原料的粒度控制

目前一般均采用筛分法以控制粒度的上限，有时由于混合质量较差而产生料蛋时，往往把配合料进行再筛选，这有利于提高玻璃的熔制质量。

4) 称量误差程度的控制

称量误差程度直接影响各原料间的配比。它取决于秤的精度误差、容量误差及操作误差。当所称量的原料量越接近秤的全容量时，就越接近秤本身所标定的精度，即容量误差越小。因此，在选用秤时必须遵循大料用大秤、小料用小秤的原则。操作误差主要有工人的读数误差、由库闸关闭不严造成的漏料误差，以及由加料过猛造成的冲击误差。

5) 混合均匀度的控制

混合均匀度主要与下列因素有关。

(1) 混合机的选型。

根据工作原理混合机可分为重力式(如鼓形混合机等)和强制式(如盘式混合机等)两类。后者在物料混合过程中与物料的粒度、形状、密度和容积密度无关，因而它的混合质量优于前者。

(2) 进料顺序的影响。

合理的进料顺序能防止原料结块，并使难熔原料表面附有易熔原料。一般的进料顺序是：先加难熔的硅砂和砂岩，同时加水混合，使硅质原料表面附有一层水膜，然后加入纯碱，使其部分溶解于水膜之中，最后加入白云石、石灰石、萤石及已预混合的芒硝和碳粉。

(3) 混合时间的影响。

混合均匀度与混合时间有关，混合时间过长与过短都不利于配合料的混合均匀。它的最佳值应由实验决定。

6) 配合料在运输过程中的分料、飞料与沾料等控制

8.3.4 玻璃组成的设计和配合料计算

1. 玻璃组成设计的原则

玻璃的科学研究，特别是性质和组成依从关系的研究，为玻璃组成的设计提供了重要的理论基础。实际设计玻璃组成应遵循如下原则：

(1) 根据玻璃组成和结构及性质的依从关系，设计的玻璃组成需要满足预定性能要求；

(2) 根据相图和形成图设计玻璃组成，形成玻璃的倾向大，析晶倾向小，同时满足不同成型工艺的要求；

(3) 需对初步设计的基础玻璃组成进行必要的性能调整；

(4) 经反复试验，性能测试后确定合理的玻璃组成。

2. 配合料的计算

1) 配合料计算的重要工艺参数

根据所设计的玻璃组成和所采用原料的化学成分，可以进行配合料的计算。进行配合料计算时，应认为原料中的气体物质在加热过程中全部分解逸出，而且分解后的氧化物全部转入玻璃成分中。随着对制品质量要求的不断提高，必须考虑各种因素对玻璃成分的影响。例如，氧化物的挥发、耐火材料的溶解、原料的飞损、碎玻璃的成分等，从而在计算时对某些组分作适当的增减，以保证设计成分。

在玻璃配合料计算过程中，几个重要的工艺参数如下所述。

(1) 纯碱挥散率。

纯碱(Na_2CO_3)的挥散率是指纯碱中未参与反应的挥发和飞散的量与纯碱的总用量的比值。纯碱挥散率是一个实验值，与加料方式、熔化方法、熔制温度和纯碱的本性(重碱或轻碱)等有关。在池窑中纯碱的挥散率，一般为0.2%～3.5%。

(2) 芒硝的含率。

芒硝的含率是指由芒硝($Na_2SO_4 \cdot 10H_2O$)引入的Na_2O的量与由芒硝和纯碱引入的Na_2O总量的比值。芒硝的含率随着原料供应和熔化情况而改变，一般控制为5%～8%。

(3) 碳粉的含率。

碳粉的含率是指由煤粉引入的固定碳的量与由芒硝引入的Na_2SO_4的量之比值。煤粉的理论含率为4.2%。根据火焰性质、熔化方法来调节碳粉的含率，在生产上一般控制为3%～5%。

(4) 萤石的含率。

萤石的含率是指由萤石引入的CaF_2的量与原料的总用量之比值。萤石的含率随着熔化条件和碎玻璃的储存量而变化，在正常情况下，一般控制为1%以下。

2) 配合料计算的步骤

第1步，粗算。即假定玻璃中全部SiO_2和Al_2O_3均由硅砂和砂岩引入；CaO和MgO均由白云石和菱镁石引入；Na_2O均由纯碱和芒硝引入。在进行粗算时，可选择含氧化物种类最少，或用量最多的原料开始计算。

第2步，校正。例如，在进行粗算时，在硅砂和砂岩用量中没有考虑其他原料引入的SiO_2和Al_2O_3，所以应进行校正。

第3步，换算。即将计算结果换算成实际配料单。

8.4 玻璃的熔制

8.4.1 概述

配合料在玻璃窑炉中经高温加热形成均匀的、无缺陷的并符合成型要求的玻璃液的过程,称为玻璃的熔制过程。玻璃熔制是玻璃生产最重要的环节,玻璃制品的产量、质量、成品率、成本、燃料耗量、窑炉寿命等都与玻璃熔制过程密切相关。因此,进行合理的玻璃熔制是非常重要的。

玻璃熔制过程是一个很复杂的过程,它包括一系列物理的、化学的和物理化学的现象和反应,其变化结果是使各种原料的混合物形成透明的玻璃液。

配合料在高温加热过程中所发生的变化见表8.4.1。

表8.4.1 配合料在高温加热时所发生的各种变化

物理变化	化学变化	物理化学变化
1. 配合料的加热	1. 固相反应	1. 共熔体的生成
2. 配合料的脱水	2. 盐类的分解	2. 固态溶解、液态互溶
3. 各组分的熔化	3. 水化物的分解	3. 熔体、炉气、气泡间的相互作用
4. 晶相转化	4. 结晶水的分解	4. 熔体与耐火材料间的作用
5. 个别组分的挥发	5. 硅酸盐的形成与相互作用	5. 不均体的扩散,熔体的均化冷却

从加热配合料直至熔成玻璃液,常可根据熔制过程中的不同特征而分为五个阶段:硅酸盐形成阶段、玻璃形成阶段、玻璃液的澄清阶段、均化阶段、玻璃液的冷却阶段。

玻璃熔制的五个阶段互不相同,各有特点,但又彼此关联,在实际熔制过程中并不严格按上述顺序进行。例如,在硅酸盐形成阶段中有玻璃形成过程,在澄清阶段中又包含有玻璃液的均化。熔制的五个阶段,在池窑中是在不同空间同一时间内进行,在坩埚炉中是在同一空间不同时间内进行。

8.4.2 玻璃的熔制过程

1. 硅酸盐形成阶段

硅酸盐生成反应在很大程度上是在固体状态下进行的,配合料各组分在加热过程中经过了一系列的物理的、化学的和物理化学的变化,结束了主要反应过程,大部分气态产物逸出。这一阶段结束时,配合料变成了由硅酸盐和剩余二氧化硅组成的不透明烧结物。对普通钠钙硅玻璃而言,这一阶段在800～900℃完成。

从加热反应看,其变化有以下几种类型:

多晶转化,如 Na_2SO_4 的多晶转变,斜方晶型—单斜晶型;

盐类分解,如 $CaCO_3 \longrightarrow CaO+CO_2\uparrow$;

生成低共熔混合物,如 Na_2SO_4-Na_2CO_3;

形成复盐,如 $MgCO_3+CaCO_3 \longrightarrow MgCa(CO_3)_2$;

生成硅酸盐,如 $CaO+SiO_2 \longrightarrow CaSiO_3$;

排除结晶水和吸附水，如 $Na_2SO_4 \cdot 10H_2O \longrightarrow Na_2SO_4 + 10H_2O$。

2. 玻璃形成阶段

烧结物继续加热时，低共熔混合物首先开始熔化，同时在硅酸盐形成阶段生成的硅酸钠、硅酸钙、硅酸铝、硅酸镁等硅酸盐及剩余的 SiO_2 开始熔融，它们之间相互熔解和扩散，到这一阶段结束时烧结物变成了透明体，再无未起反应的配合料颗粒，但玻璃中还有大量气泡和条纹，因而玻璃液在化学组成和性质上都是不均匀的。普通玻璃在 1200～1250℃范围内完成玻璃形成过程。

由于石英砂粒的溶解和扩散速度比之其他各种硅酸盐的溶扩散速度低得多，所以玻璃形成过程的速度实际上取决于石英砂粒的溶扩散速度。

石英砂粒的溶扩散过程分为两步，首先是砂粒表面发生溶解，而后溶解的 SiO_2 向外扩散，这两者的速度是不同的，其中后者扩散速度最慢，所以玻璃的形成速度实际上取决于石英砂粒的扩散速度。由此可知，玻璃形成速度与玻璃成分、石英颗粒直径以及熔化温度有关。

除 SiO_2 与各硅酸盐之间的相互扩散外，各硅酸盐之间也相互扩散，后者的扩散有利于 SiO_2 的扩散。

硅酸盐形成和玻璃形成这两个阶段没有明显的界限，在硅酸盐形成阶段结束前，玻璃形成阶段就已开始，而且两个阶段所需时间相差很大。例如，以平板玻璃的熔制为例，从硅酸盐形成开始到玻璃形成阶段结束共需 32min，其中硅酸盐形成阶段仅需 3～4min，而玻璃形成却需 28～29min。

3. 玻璃液的澄清

随着温度的继续升高，玻璃液黏度逐渐下降，玻璃液中的可见气泡慢慢逸出进入炉气，直至气泡全部排出。这个过程即是进行去除可见气泡的所谓澄清过程。玻璃液的澄清过程是玻璃熔化过程中极其重要的一环，它与制品的产量和质量有着密切的关系。对通常的钠钙硅玻璃而言，此阶段的温度为 1400～1500℃，玻璃液的黏度维持在 10Pa·s 左右。

在硅酸盐形成与玻璃形成阶段中，由于配合料的分解、部分组分的挥发、氧化物的氧化还原反应、玻璃液与炉气及耐火材料的相互作用等，析出了大量气体，其中大部分气体将逸散于熔窑空间，剩余气体中的大部分将溶解于玻璃液中，少部分以气泡形式存在于玻璃液中，也有部分气体与玻璃液中某种组分形成化合物，因此，存在于玻璃液中的气体主要有三种状态，即可见气泡、物理溶解的气体、化学结合的气体。

由于玻璃成分、原料种类、炉气性质与压力、熔制温度等不同，在玻璃液中的气体种类和数量也不相同。常见的气体有 CO_2、O_2、N_2、H_2O、SO_2、CO 等，此外尚有 H_2、NO_2、NO 及惰性气体。

熔体的"无泡"与"去气"是两个不同的概念，"去气"的概念应理解为全部排除前述三类气体，但在一般生产条件下是不可能的，因而澄清过程是指排除可见气泡的过程。从形式上看，此过程是简单的流体力学过程，实际上还包括一个复杂的物理化学过程。

1) 在澄清过程中气体间的转化与平衡

在高温澄清过程中，溶解在玻璃液内的气体、气泡中的气体及炉气这三者间会相互转移与平衡，它决定于某类气体在上述三相中的分压大小，气体总是由分压高的一相转入分压低的另一相中。

依据道尔顿分压定律可知,气体间的转化与平衡除与上述气体的分压有关外,还与气泡中所含气体的种类有密切关系。

气体在玻璃液中的溶解度与温度有关。在高温下(1400~1500℃)气体的溶解度比低温(1100~1200℃)时小。

由此可知,气体间的转化与平衡取决于澄清温度、炉气压力与成分、气泡中气体的种类和分压、玻璃成分、气体在玻璃液中的扩散速度。

2) 在澄清过程中气体与玻璃液的相互作用

在澄清过程中气体与玻璃液的相互作用有两种不同的状态。一类是纯物理溶解,气体与玻璃成分不产生相互的化学作用;另一类是气体与玻璃成分间产生氧化还原反应,其结果是形成化合物,随后在一定条件下又析出气体,这一类在一定程度上有少量的物理溶解。

(1) O_2 与熔融玻璃液的相互作用。

氧在玻璃液中的溶解度首先决定于变价离子的含量,O_2 使变价离子由低价转为高价离子,如氧化铁转变成三氧化二铁。氧在玻璃液中的纯物理溶解是非常少的。

(2) SO_2 与熔融玻璃液的相互作用。

无论何种燃料,一般都含有硫化物,因而炉气中均含有 SO_2 气体,它能与配合料、玻璃液相互作用形成硫酸盐,例如 SO_2 与某种组分的硅酸钠反应而形成硫酸钠。因此,SO_2 在玻璃液中的溶解度与玻璃中的碱含量、气相中 O_2 的分压、熔体温度有关。单纯的 SO_2 气体在玻璃液中的溶解度较参与反应的要小。

(3) CO_2 与熔融玻璃液的相互作用。

它能与玻璃液中某种氧化物生成碳酸盐而溶解于玻璃液中。

(4) H_2O 与熔融玻璃液的相互作用。

熔融玻璃液吸收炉气中水汽的能力特别显著,完全干燥的配合料在熔融后其含水量甚至可达 0.02%。H_2O 在玻璃熔体中并不是以游离状态存在,而是进入玻璃网络。

其他气体如 N_2、H_2、CO、惰性气体与玻璃液的相互作用,或化学结合,或物理溶解。

3) 澄清剂在澄清过程中的作用机理

为加速玻璃液的澄清过程,常在配合料中添加少量澄清剂。根据澄清剂的作用机理可把澄清剂分为三类。

(1) 变价氧化物类澄清剂。

这类澄清剂的特点是在低温下吸收氧气,而在高温下放出氧气,它溶解于玻璃液中经扩散进入核泡,使气泡长大而排除。这类澄清剂如 As_2O_3、Sb_2O_3。

(2) 硫酸盐类澄清剂。

硫酸盐类澄清剂分解后产生 O_2 和 SO_2,对气泡的长大与溶解起着重要的作用。属这类澄清剂的主要有硫酸钠。它的澄清作用与玻璃熔化温度密切相关,在 1400~1500℃能充分显示其澄清作用。

(3) 卤化物类澄清剂。

卤化物类澄清剂主要是降低玻璃黏度,使气泡易于上升排除。属这类澄清剂的主要有氟化物,如 CaF_2、NaF。氟化物在熔体中是以形成 $[FeF_6]^{3-}$ 无色基团、生成挥发物 SiF_4、断裂玻璃网络而起澄清作用。

4）玻璃性质对澄清过程的影响

玻璃液中气泡的排除主要以两种方式同时进行：大于临界泡径的气泡上升到液面后排除；小于临界泡径的气泡，在玻璃液的表面张力作用下气泡中的气体溶解于玻璃液而消失。如前所述，在上述过程中伴随有各种气体的交换。因此，玻璃液的黏度与表面张力和澄清密切相关，实际上前者的作用远大于后者。

气泡的上升速度与玻璃液的黏度成反比关系，玻璃液的黏度越小，气泡的上升速度越大。

4. 玻璃液的均化

玻璃液的均化包括对其化学均匀和热均匀两方面的要求，这里主要介绍玻璃液的化学均匀性。

在玻璃形成阶段结束后，在玻璃液中仍存有与主体玻璃化学成分不同的不均匀体，消除这种不均体的过程称为玻璃液的均化。对普通钠钙硅玻璃而言，此阶段可在低于澄清温度下完成，不同玻璃制品对化学均匀度的要求也不相同。

当玻璃液中存在化学不均体时，主体玻璃与不均体的性质也将不同，这对玻璃制品产生不利的影响。例如，两者热膨胀系数不同，则在两者界面上将产生结构应力，这往往就是玻璃制品炸裂的重要原因；两者光学常数不同，则使光学玻璃产生光畸变；两者黏度不同，是窗用玻璃产生波筋、条纹的原因之一。由此可见，不均匀的玻璃液对制品的产量和质量有直接影响。

玻璃液的均化过程通常按下述三种方式进行。

1）不均体的溶解与扩散的均化过程

玻璃液的均化过程是指不均体的溶解与随之而来的扩散。由于玻璃是高黏度液体，其扩散速度远低于溶解速度。扩散速度取决于物质的扩散系数、两相的接触面积、两相的浓度差，所以要提高扩散系数，最有效的方法是提高熔体温度以降低熔体的黏度，但它受制于耐火材料的质量。

显然，不均体在高黏滞性、静止的玻璃液中仅依靠自身的扩散是极其缓慢的。例如，消除1mm宽的线道，在上述条件下所需时间为277h。

2）玻璃液的对流均化过程

熔窑和坩埚内的各处温度并不相同，这导致玻璃液的对流，在液流断面上存在着速度梯度，这使玻璃液中的线道被拉长，其结果不仅增加了扩散面积，而且会增加浓度梯度，这都加强了分子扩散，所以热对流起着使玻璃液均化的作用。

热对流对玻璃液的均化过程也有其不利的一面，加强热对流的同时，往往加剧了对耐火材料的侵蚀，这会带来新的不均体。

在生产上常采用机械搅拌，强制玻璃液产生流动，这是行之有效的均化方法。

3）由气泡上升而引起的搅拌均化作用

当气泡由玻璃液深处向上浮升时，会带动气泡附近的玻璃液流动，形成某种程度的翻滚，在液流断面上产生速度梯度，导致不均体的拉长。

在玻璃液的均化过程中，除黏度对均化有重要影响外，玻璃液与不均体的表面张力对均化也有一定的影响。当不均体的表面张力大时，则其面积趋向于减少，这不利于均化。反之，将有利于均化过程。

在生产上对池窑底部的玻璃液进行鼓泡，也可强化玻璃液的均化，这是行之有效的方法。对坩埚炉常采用往埚底压入有机物或无机汽化物的方法，可产生大量气体而达到强制搅拌的目的。

5. 玻璃液的冷却

这一阶段是将均匀、无气泡的玻璃液温度降低 200～300℃，使其达到成型所需要的黏度值（一般黏度为 $10^2 \sim 10^3$ Pa·s）。对一般的钠钙硅玻璃通常要降到 1000℃左右再进行成型。

在降温冷却阶段有两个因素会影响玻璃的产量和质量，即玻璃的热均匀度和是否产生二次气泡。

在玻璃液的冷却过程中，不同位置的冷却强度并不相同，因而相应的玻璃液温度也会不同，也就是整个玻璃液间存在着热不均匀性，当这种热不均匀性超过某一范围时，会对生产带来不利的影响，例如造成产品厚薄不均、产生波筋、玻璃炸裂等。

在玻璃液的冷却阶段，它的温度、炉内气氛的性质和窑压，与前阶段相比有了很大的变化，因而可以认为它破坏了原有的气相与液相之间的平衡，从而要建立新的平衡。由于玻璃液是高黏滞液体，要建立平衡是比较缓慢的，因此，在冷却过程中原平衡条件改变了，虽不一定出现二次气泡，但又有产生二次气泡的内在因素。

二次气泡的特点是直径小（一般小于 0.1mm）、数量多（每 $1cm^3$ 玻璃中可达几千个小气泡）、分布均（密布于整个玻璃体中）。二次气泡又称再生泡，或称尘泡。

二次气泡产生的主要情况如下所述。

(1) 硫酸盐的热分解。

在澄清的玻璃液中往往残留有硫酸盐，这种硫酸盐可能来源于配合料中的芒硝，以及炉气中的 SO_2、O_2 与玻璃中的 Na_2O 的反应结果。当已冷却的玻璃液由于某种原因又被再次加热，或炉气中存在还原气氛时，这样就会使硫酸盐分解而产生二次气泡。

(2) 物理溶解的气体析出。

在玻璃液中有纯物理溶解的气体，气体的溶解度随温度升高而降低，因而冷却后的玻璃液若再次升温就放出二次气泡。

(3) 玻璃中某些组分易产生二次气泡，例如 BaO_2 在低温度时分解产生 O_2。

8.4.3 影响玻璃熔制过程的因素

1. 玻璃成分

玻璃成分对玻璃熔制速度有很大的影响。例如，玻璃中 SiO_2、Al_2O_3 含量提高时，其熔制速度就减慢；当玻璃中 Na_2O、K_2O 增加时，其熔制速度就加快。

2. 配合料的物理状态

1) 原料的选择

当同一玻璃成分采用不同原料时，它将在不同程度上影响配合料的分层（如重碱与轻碱）、挥发量（硬硼石与硼酸）、熔化温度（铝氧粉 Al_2O_3 的熔点为 2050℃，钾长石的熔点为 1170℃）等。

2）原料的颗粒组成

其中影响最大的是石英的颗粒度，这是由于它具有较高的熔化温度和较小的扩散速度。其次是白云石、石灰石、长石的颗粒度。

3）碎玻璃的加入量

碎玻璃的加入会加速玻璃的熔制，一般碎玻璃的加入量为25%～30%，碎玻璃加入量过多，玻璃会发脆，机械强度下降。

3. 熔窑的温度制度

熔窑的熔制温度是最重要的因素。温度越高，硅酸盐反应越强烈，石英颗粒的溶解与扩散越快，玻璃液的去泡和均化也越容易。试验表明，在1450～1650℃范围内，每升高10℃可使熔化能力增加5%～10%。因此，提高熔制温度是强化玻璃熔化，提高熔窑生产率的最有效措施。但必须注意，随着温度的升高，对耐火材料的侵蚀将加快，燃料消耗量也将大幅度提高。

4. 加速剂和澄清剂的应用

在配合料中引入适量的氟化物、氧化砷、硝酸盐、硼酸盐、铵盐等，均能加速玻璃的形成过程。大部分加速剂是化学活性物质。加速剂通常并不改变玻璃成分和性质，其分解产物也可组成玻璃成分，它们往往降低熔体的表面张力、黏度，增加玻璃液的透热性，所以加速剂往往也是澄清剂。常用的氟化物有萤石（CaF_2）、硅氟化钠（Na_2SiF_6）和冰晶石（Na_3AlF_6）等，氟化物在熔制过程中的加速作用主要是：它能降低玻璃液的黏度以及提高玻璃液的透热性；另外由氟化物所蒸发。若氟的含量过高，可能引起乳浊以及提高玻璃的析晶能力。此外，必须考虑到有30%的氟将成为SiF_4挥发掉，在配合料的计算中应预先将SiO_2作相应的校正。由于排出的氟化物将损害人体健康，不符合环境卫生保护的要求，因此在许多国家中，氟化物的使用已逐渐被其他加速剂所代替。B_2O_3是一种极有效的玻璃熔制的加速剂，在配合料中加入少量的B_2O_3（0.5%～1.5%），能降低玻璃熔体在高温下的黏度，加速玻璃液的澄清和均化过程，还能改善玻璃的许多性质，提高玻璃质量。但B_2O_3价格较贵，因而在使用上受到一定的限制。

澄清剂是用来加速玻璃液的澄清过程。属于此类的物质有硝酸盐、硫酸盐、氟化物、变价氧化物等。

5. 加料方式

玻璃池窑的加料是玻璃生产的重要工艺环节之一，加料方式影响到熔化速度，熔化区的温度，液面状态和液面高度的稳定，以影响产量和产品质量。配合料加入窑内的料层厚度在很大程度上影响到配合料的熔化速度和池窑的生产能力。配合料薄层加料时，容易浮在上层，由辐射和对流获得热量，以及从下层由玻璃液通过热传导取得热量，配合料中各组分容易保持分布均匀，使硅酸盐形成和玻璃形成的速度加快。而且，由于料层薄，还有利于气体的排除，也缩短了澄清所需的时间。薄层加料的料层厚度一般不大于50mm，使未熔化的配合料颗粒不能潜入深层。这时表面形成的玻璃液比它邻近和下面的玻璃液温度低，可以改变玻璃液流的方向，减少或消灭向池壁的表面流。这对减少窑体的侵蚀，保证玻璃液的质量和提高池窑生产能力极为有利。配合料和碎玻璃也可不经预先掺和而同时按比例加入，把碎玻璃垫在配合料层的下面一起送入窑中,使配合料像在碎玻璃垫子上熔化一样。处于配合料下面的碎玻璃先沉入玻璃液中熔化,而配合料则处于玻璃液面上,经受火焰的热辐射作用,逐渐熔化。这种加料方法,可增加配合料表面的受热面积,强化玻璃的熔融过程,能使未起反应的砂粒,不致沉入玻璃液中,消除玻璃液中出现的配合料结石现象,从而能够保证得到质量较好的玻璃。为能获得较合理的加料方式,对加料机的选择是很重要的。通常有螺旋式、垄式、地毯式、裹入式、辊筒式(回转式)等。螺旋式加料机系在水冷却套内操作,采用螺旋叶将配合料连续推入池窑。它与窑墙密闭较好,可减少热损失。用此加料机可避免配合料受热熔结所造成的困难,最适宜于熔制硬质玻璃。垄式加料机采用往复式推进杆将配合料连续推入池窑。

6. 机械搅拌或鼓泡,辅助电熔以及高压与真空熔炼的使用

在窑池内进行机械搅拌或鼓泡,是提高玻璃液澄清速度和均化速度的有效措施。

在用燃料加热的熔窑作业中,同时向玻璃液通入电流而使之增加一部分热量,从而可以在不增加熔窑容量下增加产量,这种新的熔制方式称为辅助电熔。一般分别设在熔化部、加料口、作业部,可提高料堆下的玻璃液温度40～70℃,这就大大提高了熔窑的熔化率。

在石英光学玻璃生产工艺中常采用真空和高压熔炼技术来消除玻璃液中的气泡。采用高压法使可见气泡溶解于玻璃液中,采用真空法能使可见气泡迅速膨胀而排除。

7. 耐火材料的性质

玻璃池窑中所使用的耐火材料和坩埚的性质,对于玻璃池窑的作业以及玻璃的质量和产量均有显著的影响。使用质量不高的耐火材料,不但限制熔制温度,还会缩短池窑寿命,降低熔窑的产量,以及使玻璃带有各种缺陷(结石、条纹等),降低玻璃的质量。此外,如玻璃池窑的结构和砌筑质量等,都对玻璃熔制过程有重大的影响。

8.4.4 玻璃熔窑

玻璃熔窑的作用是把合格的配合料熔制成无气泡、条纹、析晶的透明玻璃液,并使其冷却到所需的成型温度。所以,玻璃熔窑是生产玻璃的重要热工设备,它与制品的产量、质量、成本、能耗等均有密切关系。

玻璃熔窑分为池窑与坩埚窑两大类。把配合料直接放在窑池内熔化成玻璃液的窑称为池窑；把配合料放入窑内的坩埚中熔制玻璃的窑称为坩埚窑。凡玻璃品种单一、产量大的都采用池窑。凡产品品种多、产量小的都采用坩埚窑。以下主要介绍池窑。

玻璃池窑有各种类型,按其特征可分为以下几类。

1. 按使用的热源分类

(1) 火焰窑。以燃烧燃料为热能来源。燃料可以是煤气、天然气、重油、煤等。

(2) 电热窑。以电能作热能来源。它又可分为电弧炉、电阻炉及感应炉。

(3) 火焰-电热窑。以燃料为主要热源,电能为辅助热源。

2. 按熔制过程的连续性分类

(1) 间歇式窑。把配合料投入窑内进行熔化,待玻璃液全部成型后,再重复上述过程。它是属于间歇式生产,所以窑的温度是随时间变化的。

（2）连续式窑。投料、熔化与成型是同时进行的。它是属于连续生产，窑温是稳定的。

3. 按废气余热回收分类

（1）蓄热式窑。由废气把热能直接传给格子体以进行蓄热，而后在另一燃烧周期开始后，格子体把热传给助燃空气与煤气，回收废气的余热。

（2）换热式窑。废气通过管壁把热量传导到管外的助燃空气而达到废气余热回收。

4. 按窑内火焰流动走向分类

（1）横火焰窑。火焰的流向与玻璃液的走向呈垂直方向。

（2）马蹄焰窑。火焰的流向是先沿窑的纵向前进而后折回，呈马蹄形。

（3）纵火焰窑。火焰沿玻璃液流方向前进，火焰到达成型部前由吸气口排至烟道。

根据我国目前的能源情况，国内所有玻璃厂均采用火焰窑，用重油或煤气为燃料。大中型平板玻璃厂一般均采用横焰蓄热式连续池窑来熔化玻璃，图 8.4.1 为其平面图，图 8.4.2 为其立面图。

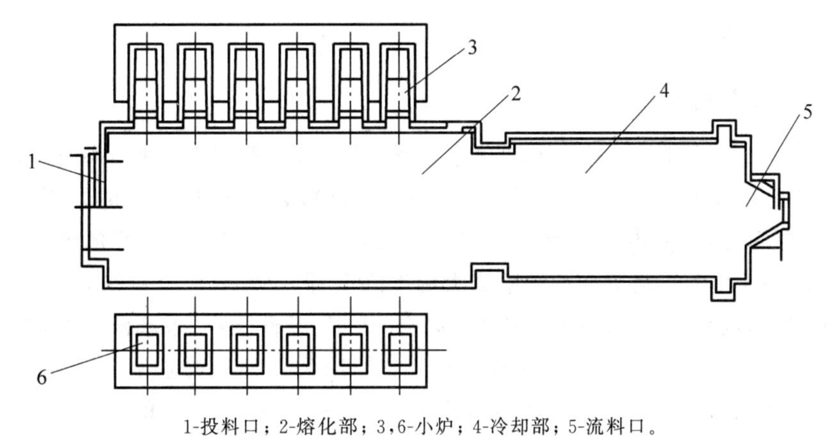

1-投料口；2-熔化部；3,6-小炉；4-冷却部；5-流料口。

图 8.4.1　浮法窑平面图

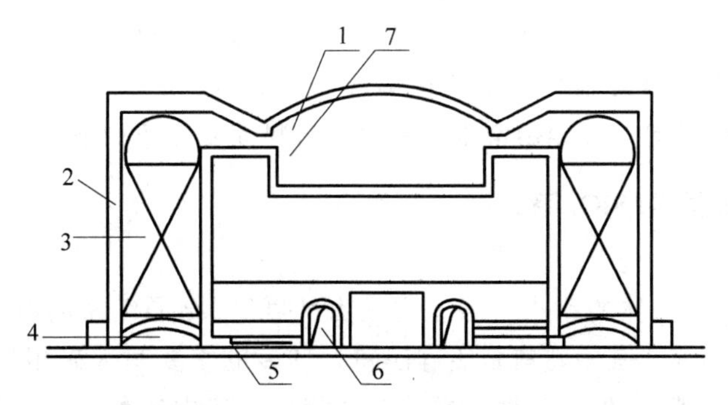

1-小炉口；2-蓄热室；3-格子体；4-下部烟道；5-联通烟道；6-支烟道；7-燃油喷嘴。

图 8.4.2　浮法窑立面图

从图 8.4.1 可以看出，配合料由投料口 1 进入熔化部 2，由窑的一侧的小炉 3 喷焰加热，火焰把热量传给配合料，熔化与澄清后的玻璃液进入冷却部 4，经流料口 5 进入锡槽。燃烧后的废气进入另一侧的小炉 6。

从图 8.4.2 可以看出，燃烧后的废气进入小炉口 1，在蓄热室 2 中废气把热量传给格子体 3，使格子体的温度上升，废气经蓄热室下部烟道 4、联通烟道 5 进入支烟道 6，汇至总烟道由烟囱把废气排放于大气中。

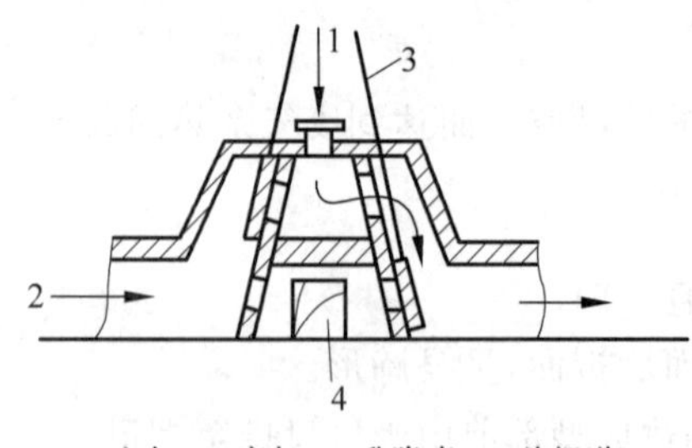

1-空气；2-废气；3-升降索；4-总烟道。

图 8.4.3 换向闸板

通常每隔 20min 火焰换向一次，即通过换向设备(图 8.4.3 为换向闸板)，使气流(废气与助燃空气)的流向相反。其过程为助燃空气经换向设备进入支烟道 6、联通烟道 5 进入蓄热室下部烟道 4，助燃空气在蓄热室 2 上升过程中，被已加热的格子体 3 所加热，它经小炉口 1 进入熔窑内火焰空间，与此同时，设在小炉口 1 下部的燃油喷嘴 7 同时喷射雾化油，与助燃空气形成火焰燃烧，它把燃烧热传给配合料以进行熔化，燃烧后废气进入另一侧的小炉口中。

上述类型的平板玻璃窑以重油为燃料，熔化温度为 1580～1600℃，熔化率为 2～2.5t/(m^2 · d)，窑的使用周期为 5～8 年。

8.4.5 窑用耐火材料

近几十年来，由于耐火材料的质量有了显著的提高，新型耐火材料又不断涌现，使玻璃工业在高温强化熔制技术上取得了很大的进展。例如，熔化温度由 1450℃ 提高到 1580～1600℃，甚至更高，熔化率由 1.2t/(m^2 · d)提高到 3t/(m^2 · d)以上，窑的使用周期由 2～3 年延长到 5～8 年，由熔制造成的缺陷亦大幅度降低等。

熔窑用耐火材料在长期使用中，要经受高温、火焰、碱性飞料、玻璃液等的物理化学侵蚀作用。因而玻璃窑用耐火材料除应具备一般工业炉用耐火材料的基本性质外，还必须满足玻璃熔制工艺上的特殊要求：①有足够高的耐火度；②有相当高的高温力学强度；③高温体积稳定性好；④抗玻璃液、碱性飞料、火焰的侵蚀能力强。此外，还要对玻璃液不产生污染、热稳定性好，以及对尺寸公差、价格等的要求。

耐火材料按其耐火度可分为 1580～1770℃ 的普通耐火制品，1770～2000℃ 的高耐火制品，大于 2000℃ 的特高耐火制品。按其化学成分可分为 SiO_2 系、Al_2O_3-SiO_2 系、Al_2O_3-SiO_2-ZrO_2 系、MgO 系等。玻璃熔窑常用的耐火材料简要介绍如下。

1. 硅氧质耐火材料(SiO_2 系)

1) 硅砖

硅砖是以 SiO_2 为主体的耐火材料。它是由纯度高、结晶细密的石英质岩石与少量石灰乳混合后经煅烧而成。其中熟料是废硅砖粉。硅砖的主要耐火矿相是鳞石英和方石英、少量未转化的残余石英，此外还有极少量的玻璃相。硅砖中各种不同变体的晶型转化都伴随有体积的变化。最大的热膨胀发生在 300℃ 以下，因此，在烤窑时须特别注意。在 700℃ 以上一般不会对硅砖砌体造成破坏。硅砖的热稳定性较差，850℃ 的硅砖在水中急冷而不破坏的次数只有 1～2 次。硅砖是酸性耐火材料，有良好的抗酸性渣性能，但对碱性组分的耐蚀能力差，抗玻璃液的冲刷能力也差。

由于硅砖的荷重软化温度高、抗玻璃液中 R_2O 的能力差，所以它适用于砌筑各种碹体、山墙、冷却部胸墙等，不适宜砌筑与玻璃液相接触的池壁等。

2）白泡石

白泡石又称泡沙石或白砂石，是一种天然的耐火材料，它是由高岭石黏结的石英砂岩。外观选择应以青灰色、致密坚硬、不含杂质和条纹者为佳。其主晶相以石英和高岭石为主，有明显的层状构造和各向异性。白泡石的耐火度波动在1650～1730℃。

白泡石的膨胀性与硅砖不同，700～800℃时的热膨胀系数最大，此时最易炸裂。煅烧后的白泡石，荷重软化温度与耐压强度都有明显提高，残余膨胀小，体积稳定，抗热冲击性也大为改善，所以一般都采用煅烧后的白泡石作耐火材料。早期在中小型池窑上广泛用作池壁砖。

2. 硅酸铝质耐火材料（Al_2O_3-SiO_2 系）

1）黏土砖

黏土砖是由耐火黏土为主要原料制成的耐火砖。Al_2O_3 的含量在30%～46%，主晶相是莫来石与部分 SiO_2 晶体（以方石英为主），并有相当数量的玻璃相。耐火度可达1580～1750℃，但荷重软化温度只有1300～1450℃。因此，允许的使用温度也相应降低，一般为1300℃以下。它主要用于熔窑温度较低的部位，如池底砖，熔化部和冷却部最下层的池壁砖，大梁砖，蓄热室下部的墙，炉条碹，格子砖下部，烟道碹等。

2）高铝砖

高铝砖以高铝矾土为原料，在1500℃下烧制而成。随着 Al_2O_3 的增加，又可分为硅线石制品、莫来石制品、莫来石-刚玉制品、刚玉-莫来石制品以及刚玉制品。由于 Al_2O_3 含量不同，其主晶相也不相同，Al_2O_3 含量低时以莫来石晶相为主，含量高时以刚玉晶相为主，其中均含有少量的玻璃相。

高铝砖的耐火度、荷重软化温度、抗玻璃液侵蚀的能力都比黏土砖高。因此，它主要用于温度较高的承重部位，如蓄热室的间隔墙和侧墙，蓄热室的半圆碹等。

3. 电熔耐火材料（Al_2O_3-SiO_2-ZrO_2 系）

电熔耐火材料是把耐火材料的原料放在电弧炉中进行熔化，再浇注成型、缓慢冷却而成。其特点是结构致密、气孔率低、容积密度大、力学强度高、荷重软化温度高、耐蚀性能优良。

1）电熔锆莫来石砖。

电熔锆莫来石砖又称黑铁砖，是最早的电熔耐火材料。

2）电熔锆刚玉砖。

电熔锆刚玉砖又称白铁砖，其主要晶相为紧密共存的刚玉（α-Al_2O_3）和斜锆石（ZrO_2），玻璃相的含量很少。这种砖的最大特点是组织稳定而致密，抗玻璃液侵蚀的性能强，比铝氧系统的电熔耐火材料还好，是目前抗玻璃液侵蚀的最佳材料。

电熔锆莫来石砖和电熔锆刚玉砖主要用于熔窑投料池、池壁、流液洞、喷嘴砖、下间歇砖等与玻璃液相接触的部位。

4. 碱性耐火材料（MgO 系）

目前在玻璃窑上使用的碱性耐火材料有镁砖、镁硅砖、镁铬砖、铬镁砖等。

镁砖是以方镁石为原料制成，MgO 的含量为80%～85%。按生产工艺不同，可分为烧结镁砖和不烧结镁砖。前者是以烧结镁砂为原料，加入含亚硫酸盐的纸浆废液作结合剂，在1600～1700℃下烧成的，其主矿相为方镁石，含少量玻璃相。不烧结镁砖是在烧结镁砂中加入矿化剂和低温结合剂，经加压成型、干燥而成制品。

镁砖的抗碱性能强，抗酸能力差，它主要用于蓄热室上部的格子体和蓄热室墙的上半部。

8.4.6 熔窑的节能

玻璃工业是能耗最多的工业之一。在玻璃生产中常把熔窑的单位热耗作为熔窑热效率的主要技术经济指标。目前平板玻璃熔窑的热效率，高的可达30%～40%，低的一般不超过25%，平板玻璃的单位热耗水平，较先进的为每千克玻璃液4600～7100kJ，而较差的为每千克玻璃液10880～11700kJ。

降低能耗通常采用以下措施。

1. 高温熔化制度

实践证明，高温熔化制度是提高熔窑产量、改善玻璃质量、降低单位热耗的有效途径。

为提高熔化温度应采取如下措施：

(1) 使用高质量的优质耐火材料；

(2) 采用高热值燃料；

(3) 提高空气预热温度；

(4) 富氧燃烧。

2. 熔窑保温

加强窑体保温，减少窑体的热散失是降低单位热耗的有效措施。

3. 废气余热利用

由废气带走的热损失占燃料总热量的百分之十几至百分之二十，若能部分回收则可大大降低燃料耗量。一般常采用余热锅炉，所产生的蒸汽供生产及生活使用。

4. 改进玻璃的熔化工艺

通过改进玻璃熔化工艺，既可以提高配合料的熔化速度，降低单位能耗，又提高了玻璃液的质量。常用的措施有配合料的压块、粒化、采用新式投料机、采用碎玻璃垫层加料法等。

5. 改进燃烧技术

为使燃料充分燃烧，常采用的措施有火焰增碳技术、油掺水技术，以及降低燃烧时的空气过剩系数等。

6. 采用鼓泡与机械搅拌技术

采用鼓泡与机械搅拌技术可加速玻璃液的热交换，提高熔化能力，强化澄清与均化，特别是提高深层玻璃液的温度。此项技术是节能的有效措施。

7. 改进熔窑结构

主要有加宽投料池、改进蓄热室及小炉结构等。

8. 采用辅助电熔以及实现生产自动化

8.5 玻璃的成型

玻璃的成型方法可以分为两类：热塑成型和冷成型，后者包括物理成型（研磨和抛光等）和化学成型（高硅氧质的微孔玻璃）。通常把冷成型归属到玻璃冷加工中，玻璃成型通常指热塑成型。

玻璃热塑成型方法有吹制法（瓶罐等空心玻璃）、压制法（水杯、烟缸等）、压延法（压花玻璃等）、浇铸法（光学玻璃等）、拉制法（窗用玻璃、玻璃管、玻璃纤维等）、离心法（玻璃棉等）、烧结法（泡沫玻璃等）、喷吹法（玻璃珠等）、焊接法（仪器玻璃等）、浮法（平板玻璃等），以及上述几种方法的组合，如压-吹法等。

8.5.1 玻璃的主要成型性质

1. 玻璃的黏度

玻璃的黏度随温度的下降而增大，这一特性是玻璃制品成型和定形的基础。在高温范围内，钠钙硅酸盐玻璃的黏度增加较慢；而在900～1000℃，黏度增长加快，即黏度的温度梯度突然增大，曲线变弯；随后黏度增长更快，即可迅速定形。玻璃制品的成型温度范围选择在接近黏度温度曲线的弯曲处，相当于黏度$10^2 \sim 10^6$ Pa·s时，一般将在$10^2 \sim 10^8$ Pa·s黏度范围内温度范围大的玻璃称为长性玻璃，反之则称为短性玻璃。长性玻璃在相同的冷却速率下有较长的操作时间，而短性玻璃则要求迅速成型。

利用玻璃黏度随温度变化的可逆性，可以在成型过程中多次加热玻璃，使之反复达到所需的成型黏度，可进行局部的反复加工，以制造复杂的制品。

2. 表面张力

玻璃液的表面张力对成型的有利作用在于：它使自由的玻璃液滴成为球形，可不用模型吹制料泡，自动调节料滴的形状；在玻璃纤维和玻璃管的拉制中能自然得到圆形；在爆口和烘口时，表面张力能使边缘变圆。但表面张力对成型也有不利之处，例如引上平板玻璃时会使原板发生收缩，压制时使制品的锐棱变圆，得不到清晰的花纹等。

3. 弹性

高黏度的玻璃具有弹性，虽然其弹性系数比处于固体状态的弹性系数小若干数量级，但如果应力作用过快，黏滞的玻璃也可能发生脆裂。在成型的低温阶段，弹性的作用更明显。弹性大的玻璃（较小的应力能产生较大的应变能）能抵抗较大的温度差，可减少缺陷的发生。

4. 热性质

玻璃成型时的冷却速率取决于外界的冷却条件，也与玻璃自身的比热容、热导率、表面辐射强度和透热性有关。

玻璃的比热容决定着它在成型过程中放出的热量。随着温度的下降，玻璃的比热容减少，高温下硅酸盐玻璃的比热容不大。玻璃的热导率，表面辐射强度和透热性越大，玻璃的冷却速率越快，成型的速度也就越快。无色玻璃虽然热导率不高，但透明性好，透过辐射线的能力强，所以高温传热尚好。有色玻璃的透热性差，中间的热量不易传至表面，所以成型时间要延长。

热膨胀系数对成型的允许公差及模型的尺寸有影响，设计模型尺寸时应予以考虑，此外，对封接玻璃，套料玻璃要求其膨胀系数相匹配。

8.5.2 成型制度的制定

合理的成型制度应使玻璃在成型各工序的温度和持续时间，同玻璃液的流变性质及表面热性质协调一致。即在需要变形的工序，玻璃应有充分的流动度，使其迅速充满模型，表面得到迅速的冷却，出模时不变形，表面不产生裂纹等缺陷。对于某一品种的玻璃而言，其黏度和温度有直接对应关系，即 $\Delta\eta/\Delta T$ 是一定的。而成型过程中玻璃液的温度是由过程中的热传递来决定的。因此，首先要了解玻璃在不同成型方法中的热传递状况，计算其冷却速率 $\Delta T/\Delta t$，再得出硬化速率 $\Delta\eta/\Delta t$，最后根据硬化曲线和冷却曲线确定每个工序的温度和持续时间。

1）成型黏度范围

一般工业玻璃液的成型黏度范围为 $10^2 \sim 10^6$ Pa·s。成型开始所需的黏度还与许多因素有关，如成型方法，玻璃的颜色和配方，制品的造型和质量等。成型开始黏度大致在 $10^{1.5} \sim 10^4$ Pa·s，灯泡玻璃约为 $10^{1.5}$ Pa·s，平板玻璃为 $10^{2.5} \sim 10^3$ Pa·s，压制和拉管为 $10^3 \sim 10^4$ Pa·s。成型终了黏度为 $10^5 \sim 10^7$ Pa·s。

2）成型各阶段的持续时间

从理论上说，可以根据玻璃的黏度-时间曲线来确定成型的时间，即按成型黏度范围（$\Delta\eta$）得出总的持续时间（Δt）。实际过程要复杂得多，特别是在用模子成型的自动吹制机上。各工位的温度和持续时间与玻璃的热传递密切相关，需要经过反复试验测试确定。

3）模型的温度制度

模型的温度制度也是成型制度的一个重要方面，在成型之前，模型应加热到适当的操作温度。在成型过程中，模型从玻璃中吸取并积蓄热量，同时因辐射和对流，又将热量传递给模外的冷却介质。为了维持稳定的操作温度，则模型从玻璃中吸取的热量和散失到冷却介质中的热量必须相等，这样模型的外表面和距外表面一定距离的模壁处温度才会恒定。实验数据说明，在距离模型内表面 1cm 处，其温度波动已不显著，模具的厚度一定要大于温度波动厚度的 50%或 1 倍左右，使温度波动层外有足够的等温传热带，以保持模具温度制度稳定。

8.5.3 浮法成型

浮法是指熔窑熔融的玻璃液在流入锡槽后漂浮在熔融金属锡液的表面上成型平板玻璃的方法。它是由英国皮尔金顿公司发明并于 1959 年投入工业生产。其优点是玻璃质量高（接近或相当于机械磨光玻璃），拉引速度快，产量大，厚度可控制在 1.7～30mm，宽度目前可达 5.6m，便于生产自动化。浮法生产玻璃的问世是世界玻璃生产发展史上的一次重大变革，它已经取代了大多数拉制法平板玻璃生产，成为目前最先进的平板玻璃生产方式。

1. 浮法生产玻璃的成型过程

浮法玻璃成型工艺如图 8.5.1 所示，熔窑的配合料经熔化、澄清、冷却而成为 1100～

1150℃左右的玻璃液，通过熔窑与锡槽相连接的流槽，流入熔融的锡液面上，在自身重力、表面张力以及拉引力的作用下，玻璃液摊开成为玻璃带，在锡槽中完成抛光与拉薄，在锡槽末端的玻璃带已冷却到600℃左右，把即将硬化的玻璃带引出锡槽，通过过渡辊台进入退火窑。

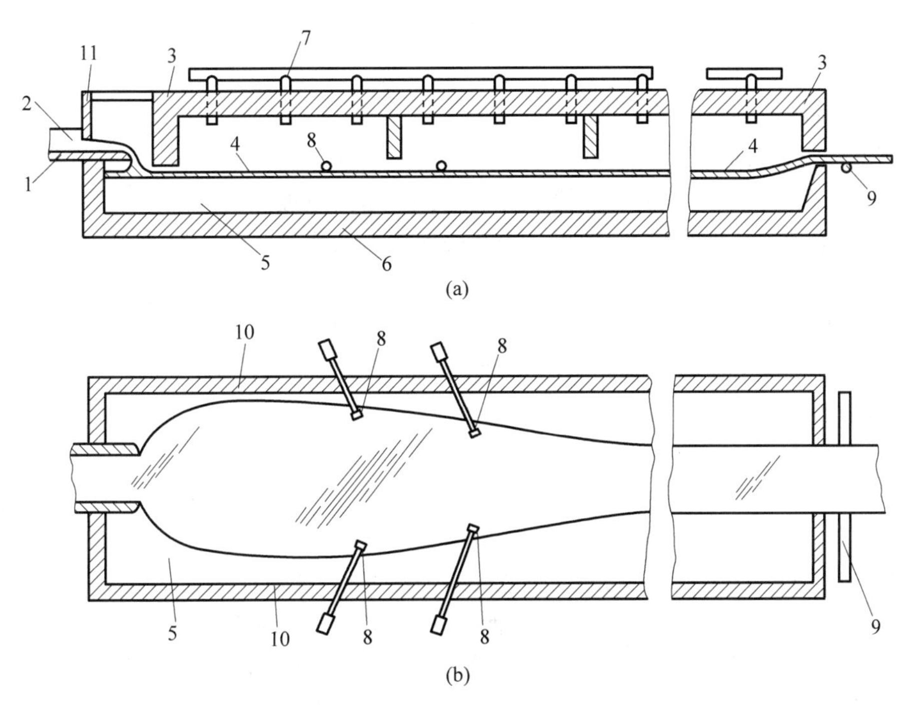

1-流槽；2-玻璃液；3-顶盖；4-玻璃带；5-锡液；6-槽底；7-保护气管道；8-拉边辊；9-过渡辊台；10-胸墙；11-闸板。

图 8.5.1　浮法玻璃成型工艺示意图

(a) 侧视图；(b) 俯视图

2. 浮法玻璃的成型原理

浮法玻璃的成型是在锡槽中进行的。玻璃液由熔窑经流槽进入锡槽后，其成型过程包括自由展薄、抛光、拉引等过程。

浮法玻璃的成型原理是，让处于高温熔融状态的玻璃液浮在比它重的金属液表面上，受表面张力作用，使玻璃具有光洁平整的表面，并在其后的冷却硬化过程中加以保持，则能生产出接近于抛光表面的平板玻璃。

3. 玻璃厚度的控制

如何控制玻璃的厚度，是浮法生产平板玻璃的关键。生产厚度大于6mm的玻璃比较容易，主要是限制玻璃带自由变宽，可在锡槽摊平抛光区设石墨挡边器来限制玻璃宽度，如果同时加大玻璃液的供给量并调整拉引速度，就可以生产6～30mm厚的玻璃。但要生产厚度小于6mm的各种玻璃就比较困难。因为玻璃在锡液上自由摊平有一个平衡厚度，即使再加大拉力，厚度变化也不大，但宽度却大大减小。如拉力过大，则玻璃带会被拉断。要解决浮法玻璃拉薄问题，就首先要了解有关平衡厚度和表面张力的增厚作用，这样才能了解浮法玻璃拉薄的方法。

1）浮法玻璃的平衡厚度

高温锡液面上的玻璃液（1050℃）在没有外力作用的条件下，重力和表面张力达到平衡时，玻璃带的厚度有一个固定值，称为平衡厚度，约为7mm。

在有拉引辊的拉引力作用下，玻璃的厚度小于7mm，即5.7～6.3mm，6.3mm厚度称为在有拉引力作用下的平衡厚度。

2）玻璃表面张力的增厚作用

在高温下，玻璃液的黏度小（约10^3Pa·s），表面张力能充分发挥作用，浮在锡液上的玻璃带，横向没有约束力，当纵向拉力增加时，宽度缩小，而厚度改变不大，即使利用拉边器暂时保持宽度，玻璃带短期被拉薄，随后又会在表面张力的作用下缩小宽度，厚度又回到平衡厚度，这就是表面张力的增厚作用。只有当玻璃的温度下降到使黏度达到10^5Pa·s左右时，这种增厚作用才会大大减弱。这是由于温度降低使玻璃的黏度迅速增大，而表面张力增加不多，巨大的黏滞力使表面张力难以发挥作用，因此当有拉边器作用时，在强大的拉力下就可使玻璃变薄。

3）玻璃拉薄

从以上分析可见，要拉薄玻璃，就必须在玻璃带的856～700℃处设置拉边器。拉边器用石墨辊或与玻璃不粘连的金属辊制成。辊的头部有齿条，可压入玻璃带，它以一定的速度自转，其线速度小于拉引辊的拉引速度，造成一个速度差，从而使拉边辊前方（摊平抛光区）玻璃带的拉引速度远小于拉引辊的拉引速度，保证了摊平抛光程度不受拉引速度的影响。拉边辊成对地设在玻璃板的两侧，设置对数的多少与所拉的板厚有关。例如，板厚为5mm、3mm、2.5mm，相应的拉边辊对数为1对、4对、5对。在拉引3mm厚玻璃时，第一对拉边辊的速度为0.085m/s，最后一对则为0.17m/s。采用拉边辊后，玻璃的厚度同拉引速度有一定的对应关系。玻璃越薄，拉引速度应越大。

浮法玻璃的拉薄在工艺上有两种方法，即高温拉薄法（1050℃）与低温拉薄法（850℃），采用低温拉薄比高温拉薄更为有利。低温拉薄还可分为两种：低温急冷法和低温徐冷法。

低温急冷法：玻璃在离开抛光区后，进入强制冷却区，使其温度降到700℃，黏度为10^7Pa·s；而后玻璃进入重新加热区，其温度回升到850℃，黏度为10^5Pa·s，在使用拉边器情况下进行拉薄，其收缩率达30%左右。

低温徐冷法：玻璃在离开抛光区后，进入徐冷区，使其温度达850℃，再配合拉边器进行高速拉制，这种方法的收缩率可降到28%以下。

4. 浮法成型的工艺制度

图8.5.2为徐冷法拉薄成型工艺制度示意图，如下所述。

（1）玻璃液通过坎式宽流槽流入锡槽，温度约为1100℃。

（2）摊平抛光区温度在1050～900℃，玻璃液黏度为$10^{2.7}$～$10^{3.2}$Pa·s。连续均匀流入锡槽的玻璃液浮在锡液表面，摊平并被抛光，摊平抛光过程所需的时间约为2min。

（3）徐冷区，温度由900℃降至850℃，玻璃液黏度从$10^{3.2}$Pa·s变为$10^{4.25}$Pa·s。

（4）拉薄区，温度从850℃降至700℃，玻璃液黏度为$10^{4.25}$～$10^{5.75}$Pa·s。在该黏度下，表面张力使玻璃变厚作用已不明显，受拉力作用，玻璃易于伸展变薄，且厚度、宽度几乎

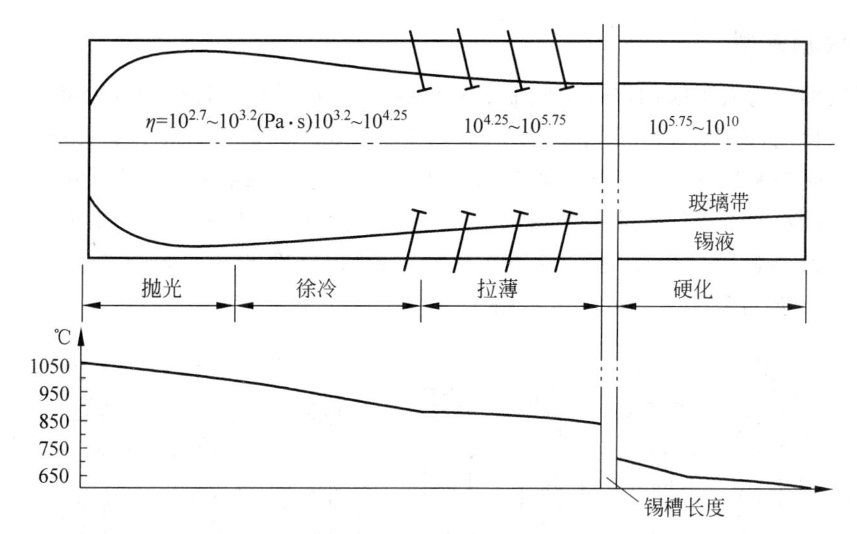

图 8.5.2 浮法玻璃成型——徐冷法拉薄成型工艺制度示意图

按比例减少。玻璃带在该区形成了一个收缩过渡段，或称为变形区，拉边辊都设在此区。

（5）硬化区，温度从 700℃降至 650～600℃，玻璃的黏度为 $10^{5.75}$～10^{10} Pa·s。由于黏度迅速增加，使其能在保持原状情况下被拉出锡槽进入退火窑。如锡槽出口温度偏高，则玻璃带在被引上转动辊时会出现塑性变形；反之，如温度过低，则会断板，并使锡液的氧化加剧。

5. 浮抛介质和保护气体

1）浮抛介质

浮抛液在玻璃成型过程中的主要作用是托浮和抛光玻璃，在选用的各种金属及合金中，尤以金属锡液最符合浮法工艺的成型条件。锡中所含各种杂质都是组成玻璃的元素，它们可以在玻璃成型过程中夺取玻璃中的游离氧成为氧化物，这种不均质的氧化物会成为玻璃表面的膜层；当金属锡中的含铁量达 0.2%时，会在锡液表面形成铁锡合金 $FeSn_2$，它增加锡液的“硬度”；Al_2O_3 含量过多，会在锡液表面生成 Al_2O_3 薄膜，使锡液表面呈现不光滑；杂质 S 能生成 SnS，是形成浮法玻璃缺陷的原因之一。以上都会影响玻璃的抛光度，因此，对于浮抛玻璃用锡液，其纯度要求在 99.90%以上，为此常选用特级锡。

另外，锡的密度远高于玻璃的密度，有利于对玻璃的托浮；锡的熔点(231.96℃)远低于玻璃出锡槽口的温度(650～700℃)，有利于保持玻璃的抛光面；锡的热导率为玻璃的 60～70 倍，有利于玻璃板面温度的均匀；锡液的表面张力高于玻璃的表面张力，有利于玻璃的拉薄。

使用锡液作浮抛介质的主要缺点是锡极易氧化成 SnO 及 SnO_2，它不利于玻璃的抛光，同时又是产生虹彩、沾锡、光畸变等玻璃缺陷的主要原因，为此须采用保护气体。

2）保护气体

在锡槽中引入保护气体的目的在于防止锡的氧化以保持玻璃的抛光度，减少产生虹彩、沾锡、光畸变等缺陷，减少锡的损失等。一般保护气体由“N_2+H_2”组成，H_2 的比例为 4%～9%，H_2 与 N_2 的比例可以有所不同，以满足锡槽不同部分的要求。例如，在锡槽的进出口处的 H_2 的比例要稍大些。

8.5.4 吹制成型

吹制成型分为人工吹制和机械吹制。目前除少量工艺美术品和少量大件产品外，人工吹制已很少使用，而以各种自动化机械吹制为主。1905年，第一台完全自动化的欧文斯制瓶机问世。它是利用抽气减压原理将玻璃液吸入雏形模内。以后又发展为由供料机将一定形状和质量的料滴有规律地滴入制瓶的雏形模内，如Lynch（林取）自动制瓶机等。这些制瓶机为了连续装料，它们的模子均随着工作台一起转动，图8.5.3和图8.5.4分别为林取10制瓶机的成型过程和生产流程示意图。

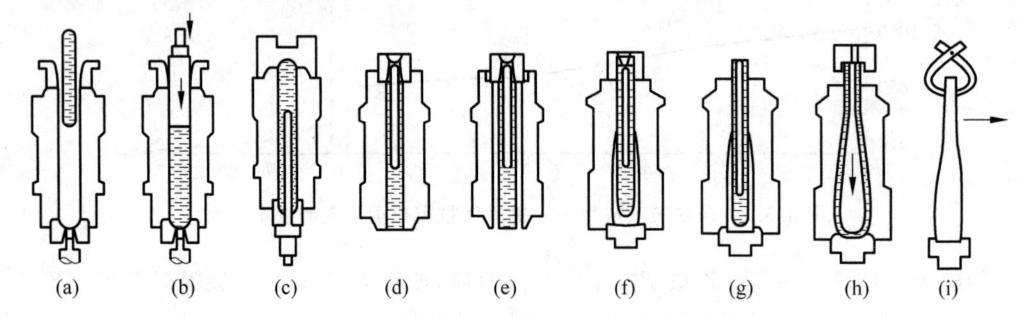

图8.5.3 林取10制瓶机的成型过程示意图

(a) 接受料滴；(b) 真空吸口及扑气；(c) 倒吹气；(d) 雏形模翻转；(e) 雏形模微开进行重热；(f) 移入成型模；(g) 料泡在成型模中；(h) 吹气成型；(i) 成品钳出

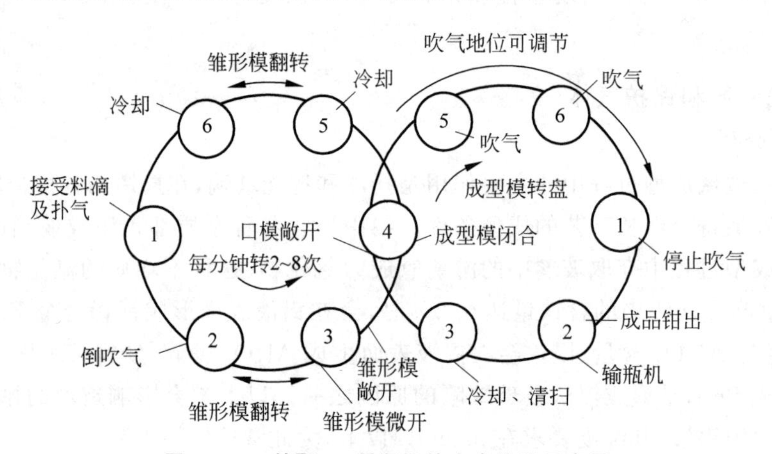

图8.5.4 林取10制瓶机的生产流程示意图

该机生产效率和成品率高，缺点是机器占地面积大，部件易磨损，换模及检修时要停机等。后来又发展了行列式制瓶机，它由各个独立的分部排列起来，组成的每一分部具有一个雏形模和一个成型模。因此，当某一分部检修换模时，其他分部可继续生产，不需全部停车。在料滴质量相同的条件下，可以同时生产几种大小高低不同的瓶罐。机器无转动部件，机件不易损坏，操作平稳安全。缺点是料滴经过金属导管溜到各机组雏形模时温度不均匀，易造成制品厚薄不均。联邦德国制的H1-2型制瓶机能使料滴直接落入雏形模内，并用由上而下的冲头压制成小口瓶或大口瓶的雏形，使瓶壁均匀。该机运行平稳，雏形、重热成型的时间能够独立调节，更能够适应玻璃的温度与黏度变化的特性。

8.5.5 拉制成型

拉制成型适用于成型各种板材和管材,其作用原理是对黏流状态的玻璃施加拉力,使其变薄,并在不断的变形中得到冷却而定型。

1. 平板玻璃的垂直拉制法

20 世纪初,比利时人费克发明了平板玻璃有槽垂直引上法,后来美国将其发展为无槽垂直引上法,1971 年,日本旭硝子玻璃公司进一步改造为对辊法。它们的基本原理大致相同,即,在液面保持一定均匀拉力,在板的两个边部加强冷却,造成一个半固化的边,加上板面两侧的两片大水包的冷却作用,使整个板面固化,以抵抗纵向拉引时板面的横向收缩。当玻璃板表层硬化,深层还较软时,在拉引力和重力的作用下不断变薄,最后定型,并在垂直引上机中进行退火切割成片。垂直引上法生产品种多,引上机机膛同时又是退火设备,占地面积小,容易控制。有槽垂直引上法是玻璃液通过槽子砖缝隙成型平板玻璃的方法,它生产的玻璃有玻筋、线道等缺陷,经常因为清理槽口的结晶、更换槽子砖等而停产,所以这种方法正在被淘汰。无槽垂直引上法和对辊法是对有槽法的一种改进,无槽垂直引上法是采用沉入玻璃液内的引砖,并在玻璃液表面的自由液面上成型。由于无槽引上法采用自由液面成型,所以由槽口不平整(如槽口玻璃液析晶、槽唇侵蚀等)引起的波筋就不再产生,其质量优于有槽法,但无槽引上法的技术操作难度大于有槽引上法。对辊法是玻璃液通过两个辊子缝隙成型平板玻璃的方法,它生产的玻璃平整度较好。但总的来说,拉制法生产的玻璃平整度较差,玻筋、条纹等缺陷很难完全避免,因此,现在很少使用。

2. 玻璃管的拉制成型

玻璃管的拉制分水平拉制和垂直引上(或引下)两类方法。水平拉制一般采用丹纳(Danner)法。图 8.5.5 为丹纳法水平拉管示意图。此法可拉制外径 2～70mm 的玻璃管,主要用于生产安瓿瓶、日光灯管、霓虹灯管等薄壁玻璃管。玻璃液从池窑的工作部经溜槽流出,由闸板控制流量,流出的玻璃液呈带状落绕在由耐火材料制成的旋转管上。旋转管上端直径大,下端小,并以一定的倾斜角装在机头上,由中心钢管连续送入空气,旋转管以净化煤气加热。在不停地旋转下,玻璃液从上端流到下端形成管根,管根被拉成玻璃管,经石棉辊道引入拉管机中,拉管机的上下两组环链夹持玻璃管,使之连续拉出,并按一定长度截断。垂直拉引法一般用于生产厚壁管,其生产的原理和垂直引上平板玻璃类似。

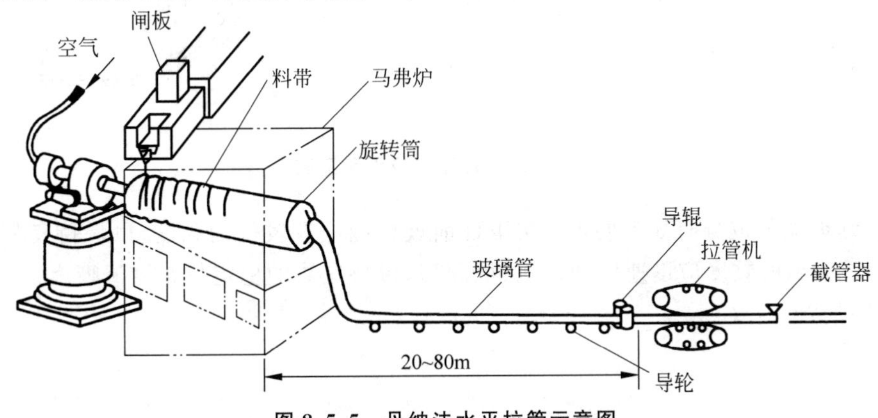

图 8.5.5　丹纳法水平拉管示意图

3. 平拉法成型

平拉法与无槽垂直引上法类似，都是通过玻璃液内的引砖在玻璃液的自由液面上垂直拉出玻璃板。但平拉法垂直拉出的玻璃板在500～700mm高度处，经转向辊（玻璃板此处的温度为620～690℃）转向水平方向，由平拉辊牵引，当玻璃板温度冷却至退火上限温度后，进入水平辊道退火窑退火。平拉法生产的玻璃质量亦不高，此法现也很少使用。

8.5.6 压延法成型

用压延法生产的玻璃品种有压花玻璃（2～12mm厚的各种单面花纹玻璃）、夹丝网玻璃（制品厚度为6～8mm）、波形玻璃（有大波、小波之分，其厚度为7mm左右）、槽形玻璃（分无丝和夹丝两种，其厚度为7mm）、熔融法制的玻璃马赛克、熔融法制的微晶玻璃板材。目前，压延法已不用来生产光面的窗用玻璃和制镜用的平板玻璃。压延法分为单辊压法和对辊压延法两种。

单辊压延法是一种古老的成型方法。它是把玻璃液倒在浇铸平台的金属板上，然后用金属压辊滚压而成平板再送入退火炉退火。这种成型方法无论在产量、质量上、成本上都不具有优势，是已淘汰的成型方法。连续压延法是指玻璃液由池窑工作池沿流槽流出，进入成对的用水冷却的中空压辊，经滚压而成平板，再送入退火炉退火。采用对辊压制的玻璃板其两面的冷却强度大致相近。由于玻璃与压辊成型面的接触时间短，即成型时间短，故采用温度较低的玻璃液。连续压延法的产量、质量、成本都优于单辊压延法。各种压延法示于图8.5.6中。

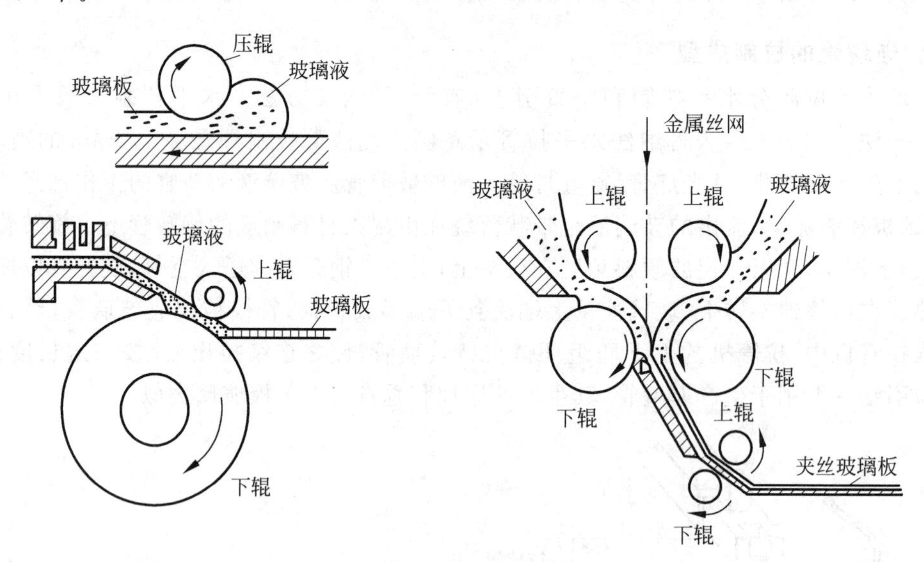

图8.5.6 压延法成型示意图

对压延玻璃的成分有如下要求：在压延前玻璃液应有较低的黏度，以保持良好的可塑性；压延后玻璃的黏度应迅速增加，以保证固型，保持花纹的稳定与花纹清晰度；制品应有一定强度并易于退火。

8.6 玻璃的退火

在生产过程中,玻璃制品经受激烈的、不均匀的温度变化,会产生热应力。这种热应力能降低玻璃制品的强度和热稳定性。热成型的制品若不经退火令其自然冷却,则在冷却、存放、使用、加工过程中易产生炸裂。

退火就是指消除或减少玻璃制品中的热应力至允许值的热处理过程。其目的是防止玻璃制品炸裂和提高玻璃的机械强度。

不同玻璃制品有不同的要求,见表 8.6.1。

表 8.6.1 各种玻璃的容许应力(以光程差表示)

玻 璃 种 类	nm/cm	玻 璃 种 类	nm/cm
光学玻璃精密退火	2～5	镜玻璃	30～40
光学玻璃粗退火	10～30	空心玻璃	60
望远镜、反光镜	20	玻璃管	120
平板玻璃	20～95	瓶罐玻璃	50～400

薄壁制品(如灯泡等)和玻璃纤维在成型后由于热应力很小,除适当地控制冷却速率外,一般都不再进行退火。

若玻璃表面层具有有规律的、均匀分布的压应力,就能提高玻璃的强度和热稳定性。玻璃的淬火增强就是基于这一原理。

8.6.1 玻璃的应力

玻璃中的应力一般可分为三类:热应力、结构应力及机械应力。

1. 热应力

玻璃中由温差而产生的内应力称为热应力,按其产生的特点可分为暂时应力和永久应力两类。

(1) 暂时应力。

在温度低于应变点时,处于弹性变形温度范围内(脆性状态)的玻璃在经受不均匀的温度变化时所产生的热应力,随温度梯度的存在而存在,随温度梯度的消失而消失,这种应力称为暂时应力。

把温度低于应变点以下的、无应力的玻璃板进行双面均匀自然冷却,则玻璃表面层的温度急剧下降,由于玻璃的导热系数低,故内层冷却缓慢,由此在玻璃内部产生了温度梯度,沿厚度方向的温度场分布呈抛物线形。玻璃在冷却过程中处于较低温度的外层收缩量应大于内层,但由于受到内层的阻碍而不能收缩到正常收缩量,所以外层产生了张应力,内层处于压缩状态而产生了压应力。这时玻璃厚度方向的应力分布是:外层为张应力,内层为压应力,其应力分布呈抛物线形。在玻璃中间的某层,压应力和张应力大小相等,应力方向相反,相互抵消,该层应力为零,称中性层。

玻璃继续冷却,当表面层冷却到室温后,表面温度不再下降,其体积也不再收缩,但内层温度高于外层,它将继续降温收缩,这样外层开始受到内层的拉引而产生压应力,此部分应力将部分抵消冷却开始时所受到的张应力，而内层收缩时受到外层的拉伸呈张应力，将部分抵消冷却开始时的压应力。随着内层温度不断下降，外层的张应力和内层的压应力不断相互抵消，当内外层温度一致时，玻璃中不再存在应力。

反之，若玻璃板由室温开始加热，直到应变点以下某温度保温时，其温度变化曲线与应力变化曲线与上述相反。

暂时应力虽然随温度梯度的消失而消失，但其应力值应严加控制，若超过了玻璃的抗张强度的极限，玻璃会发生炸裂。通常应用这一现象以骤冷的方法来切割玻璃制品及玻璃管、玻璃棒等。

(2) 永久应力。

当玻璃内外不存在温差，温度皆为常温时，所残留的热应力称为永久应力。

将一块玻璃板加热到高于玻璃应变点以上的某一温度，待均热后板两面均匀自然冷却，经一定时间后玻璃中温度场呈抛物线分布。玻璃外层为张应力而内层为压应力，由于应变点以上的玻璃具有黏弹性，即此时的玻璃为可塑状态，在受力后可以产生位移和变形，使由温度梯度所产生的内应力消除。这个过程称为应力松弛过程，这时的玻璃内外层虽存在着温度梯度但不存在应力。当玻璃冷却到应变点以下，玻璃成为弹性体，以后的降温和应力变化与前述的产生暂时应力的情况相同，待冷却到室温时虽然消除了应变点以下产生的应力，但不能消除应变点以上所产生的应力，此时，应力方向恰相反，即表面为压应力，内部为张应力，这种应力称为永久应力。

2. 结构应力

玻璃由化学组成不均匀导致结构上的不均而产生的应力称结构应力，它属于永久应力，玻璃即使经退火也不能消除这种应力。玻璃中的成分不均体，其热膨胀系数与主体玻璃不相同，因而主体玻璃与不均体的收缩、膨胀量也不相同，在其界面上产生了应力，所以，退火也不能消除这类应力。例如，当玻璃中存在结石、条纹和节瘤时，就会在这些缺陷的界面上引起应力。

3. 机械应力

由外力作用在玻璃上而引起的应力，当外力除去时该应力随之消失，此应力称为机械应力。在生产和使用过程中，若对玻璃制品施加过大的机械力，也会使玻璃制品破裂。

8.6.2 玻璃的退火工艺

1. 玻璃的退火温度

为了消除玻璃中的永久应力，必须将玻璃加热到低于玻璃化转变温度 T_g 附近某一温度进行保温均热，以消除玻璃各部分的温度梯度，使应力松弛，这个选定的保温均热温度称为玻璃的退火温度。玻璃在退火温度下，由于黏度很大，不会发生可测得的变形。玻璃的最高退火温度是指在此温度下经过 3min 能消除 95%的应力，一般相当于退火点($\eta=10^{12}$ Pa·s)的温度，此温度亦称退火上限温度；最低退火温度是指在此温度下经 3min 只能消除 5%的应力，此温度亦称为退火下限温度。最高退火温度和最低退火温度之间为退火温度范围。

大部分器皿玻璃的最高退火温度为(550±20)℃，平板玻璃为 550～570℃，瓶罐玻璃为 550～600℃，铅玻璃为 460～490℃，硼硅酸盐玻璃为 600～610℃。

实际上，一般采用的退火温度都比最高退火温度低 20～30℃，最低退火温度低于最高退火温度 50～150℃。

玻璃的退火温度与其化学组成有关。凡能降低玻璃黏度的组成，也都能降低退火温度，如碱金属氧化物 Na_2O、K_2O 等。而 SiO_2、Al_2O_3、CaO 等都增加玻璃黏度，所以，随着它们含量的增加，玻璃的退火温度都提高。

2. 玻璃的退火工艺制度

玻璃的退火制度与制品的种类、形状、大小、容许的应力值、退火炉内温度分布情况等有关。目前采用的退火制度有多种形式。

根据退火原理，退火工艺可分为四个阶段：加热阶段、均热阶段、慢冷阶段和快冷阶段。按上述四个阶段可作出温度-时间曲线，此曲线称退火曲线，如图 8.6.1 所示。

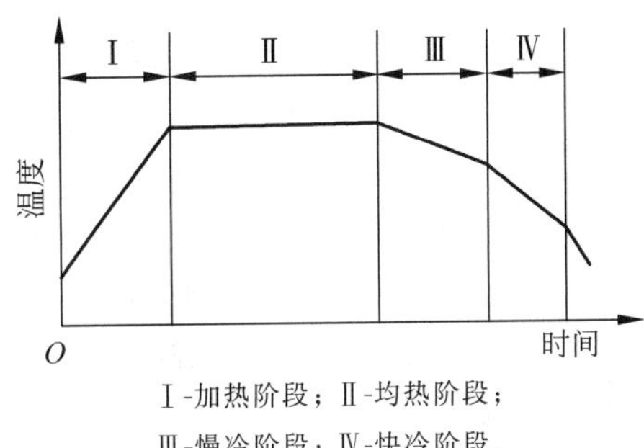

Ⅰ-加热阶段；Ⅱ-均热阶段；
Ⅲ-慢冷阶段；Ⅳ-快冷阶段。

图 8.6.1 玻璃退火温度-时间示意图

1）加热阶段

玻璃制品进入退火窑后，必须把制品加热到退火温度。有的玻璃在成型后直接进入退火炉进行退火，称为一次退火；有的制品在成型冷却后再经加热退火，称为二次退火。在加热过程中，玻璃表面产生压应力，内层产生张应力。由于玻璃的抗压强度约是其抗张强度的 10 倍，所以，加热速率可相应高些。例如，20℃的平板玻璃可直接进入 700℃的退火炉，其加热速率可高达 300℃/min。但在加热过程当中，温度梯度所产生的暂时应力与固有的永久应力之和不能大于其抗张强度极限，否则玻璃将发生破裂。考虑到制品大小、形状、炉内温度分布的不均性等因素，在生产中一般采用的加热速率为 $20/a^2$～$30/a^2$（℃/min），对光学玻璃制品的要求更高，一般小于 $5/a^2$，这里 a 为制品的厚度之半，其单位为 cm。

2）均热阶段

把制品加热到退火温度进行保温、均热以消除应力。在本阶段中首先要确定退火温度，其次是保温时间。一般把比退火上限温度低 20～30℃作为退火温度。退火温度除直接测定外，也可根据玻璃成分计算黏度为 10^{12} Pa·s 时的温度。当退火温度确定后，保温时间可按 $70a^2$～$120a^2$ 进行计算，或按应力允许值计算。

3）慢冷阶段

为了使玻璃制品在冷却后不产生新的永久应力，或减小到制品所要求的应力范围内，在均热后进行慢冷是必要的，以防止过大的温差。这个阶段的冷却速率应当很低，尤其是在温度较高阶段。因为这时由温度梯度产生的应力松弛速度很大，转变成永久应力的趋势大，所以初冷速度应最低。慢冷速度主要是由制品所允许的永久应力决定。慢冷阶段的结束温度必须低于玻璃的应变点，即要使玻璃冷却到玻璃的结构完全固定以后，才不会有永久应力产生的可能。

此阶段冷却速率的极限值为 $10/a^2$（℃/min），每隔 10℃，冷却速率增加 0.2℃/min。

4）快冷阶段

快冷阶段是指应变温度到室温这一段温度区间。在本阶段内只能引起暂时应力，在保证制品不致因热应力而破坏的前提下，可以尽快冷却玻璃制品，以缩短整个退火过程、降低燃料消耗、提高生产效率。此阶段的最大冷却速率可按下式计算：

$$h_c = 65/a^2 \tag{8.6.1}$$

在生产上，一般都采用较低的冷却速率，这是由于制品或多或少地存在某些缺陷，以免在缺陷与主体玻璃间的界面上产生张应力。对一般技术玻璃采用此值的15%～20%，通常还应在生产实践中加以调整。

8.7 玻璃的缺陷

玻璃缺陷的形成与各工艺环节是否正常进行有密切关系，如配合料的质量、熔制过程、成型以及退火等都可能产生各种玻璃缺陷。所谓玻璃缺陷主要是指制品中的气泡、线道、节瘤及结石，这些缺陷的存在不仅影响玻璃的外观质量，而且也影响使用性能。有上述缺陷的制品，在使用过程中极易炸裂。玻璃退火不良，存在永久应力也属玻璃缺陷。各种玻璃制品还有其特有的缺陷，如浮法玻璃中的光畸变、玻璃瓶壁的厚薄差、颜色玻璃中的色差、光学玻璃中的浇铸条纹等都是玻璃缺陷。

不同的玻璃品种对缺陷程度有各种不同的要求。例如，对光学玻璃，即使肉眼看来不明显的条纹也是不允许存在的；在厚壁瓶罐玻璃中一般可容许一些条纹或尺寸小的气泡，但在器皿玻璃中同样的条纹与气泡就要作为瑕疵来对待；对玻璃缺陷要求不严格的制品是熔融法制造的玻璃马赛克，它容许同时存在气泡、条纹、砂粒等，而不视为废品或等外品，这是由玻璃马赛克制品本身的特点所决定，因其面积小、乳浊而不透明、彩色，并要求有未熔化的砂粒。

生产中应尽量减少气泡、条纹、结石等缺陷。因此，研究玻璃缺陷形成的原因并提出相应的措施，对提高玻璃制品的产量和质量有着重要作用。

8.7.1 气泡

玻璃制品中存在气泡(气体夹杂物)，不仅影响制品的外观质量，更重要的是影响玻璃的透明性和机械强度。因此，它是一种值得注意的玻璃体缺陷。

1. 气泡的大小与形状

玻璃制品常以气泡的直径及单位体积内的气泡个数来划分等级。气泡按尺寸大小可以分为灰泡(尘泡，直径小于0.8mm)和气泡(直径大于0.8mm)。制品中气泡的形状可呈球形、椭圆形、细长形(线状)，气泡的变形与成型过程有关。大部分气泡为无色透明的，也可呈有色的，如白色芒硝泡。气泡中的气体有O_2、N_2、H_2O、CO_2、CO、H_2、SO_2、H_2S、NO_2等。有时气泡为真空泡或空气泡。

2. 气泡的种类与成因

通常气泡按形成原因分成有以下几种。

1) 残留气泡(一次气泡)

在玻璃熔制过程中，配合料中的各种盐类等都将在高温下分解，放出的大量气体不断地从熔体中排除。熔体进入澄清阶段还继续排除气泡。为加速排除气泡，一般采用高温熔制以降低玻璃液的黏度，或加入降低表面张力的物质，或使窑内压力降低以使气泡逸出。但尽管如此，有些气泡仍然会残留在玻璃液内，或者由于玻璃液与炉气相互作用后又产生气泡而又未能及时排除，这就形成了残留气泡。

要防止这种缺陷，就必须严格遵守配料与熔制制度，或调整熔制温度、改变澄清剂种类和用量，或适当改变玻璃成分，使熔体的黏度和表面张力降低等。以上都是有利于排除玻璃液中气泡的措施。

2）二次气泡（再生泡）

二次气泡的产生有物理和化学两种原因。

玻璃液澄清结束后，玻璃液处于气液两相平衡状态，若降温后的玻璃液又一次升温超过一定限度，则原溶解于玻璃液中的气体由温度升高而引起溶解度的下降，析出了极细小的分布均匀的、数量极多的气泡，这就是二次气泡。这种情况属于物理上的原因。

产生二次气泡的化学原因可以是多种多样的。在使用芒硝的玻璃液中，未分解完全的芒硝在冷却阶段继续分解而形成二次气泡；含钡玻璃由于过氧化钡在低温时的分解而形成二次气泡；以硫化物着色的玻璃与含硫酸盐的玻璃接触也产生二次气泡等。

由于二次气泡产生于玻璃液的低温状态下，其黏度很大，因而微小的气泡极难排除，且由于玻璃液是高黏滞液体，要建立新的平衡是比较缓慢的。

由于二次气泡的成因不同，为防止二次气泡应有相应的措施。例如，控制稳定的熔制温度制度，更换玻璃化学组成时注意逐步过渡，合理控制窑内气氛与窑压等。

3）耐火材料气泡

耐火材料气泡是指玻璃液与耐火材料相互进行物理化学作用而产生的气泡。

耐火材料本身有一定的气孔率，当与玻璃液接触后，因毛细管作用，玻璃液进入空隙而将气体挤出形成气泡，耐火材料的气孔率比较大，因而放出的气体量是相当可观的。

耐火材料所含铁的氧化物对玻璃液中残留的盐类的分解起着催化作用，也会使玻璃液产生气泡。

由还原焰烧成的耐火材料，在其表面上或缝隙中会留有碳素，这些碳素与玻璃液中的变价氧化物作用会生成气泡。

为防止这类气泡的产生，必须提高耐火材料的质量，降低气孔率，并在熔制工艺操作上严格遵守作业制度，减少温度的波动。

4）铁器引起的气泡

在冷修或热修玻璃熔窑时，可能会在窑中落入铁器，在很长时间内铁器将逐步氧化并溶于玻璃液中，使玻璃着成褐色，而铁中的碳也将氧化成 CO 及 CO_2 而形成气泡。由此可见，由铁器引起的气泡在其周边上往往伴随有褐色的玻璃膜。

5）其他气泡

成型时因挑料而带入的空气，搅拌叶带入的空气等都可以形成空气泡。

玻璃表面遭受急冷而使外层结硬，而内层还将继续收缩，这时只要内层中有极小的气泡就造成了真空条件，使极小的气泡迅速长大而形成真空泡。

在玻璃电熔过程中，如果电流密度过大，在电极附近就会产生氧气泡。

8.7.2 条纹和节瘤

在主体玻璃内存在的异类玻璃夹杂物，称为玻璃态夹杂物（通常是指条纹、线道和节瘤)。它是一种比较普遍的玻璃不均匀性缺陷。由于两者成分和性质不同,其结果不仅影响外观,也可使界面上的力学强度、耐热性、密度、黏度、折射率、表面张力、色泽上与主体玻璃不同,这使制品的使用性能降低。

大多数情况下,线道是由于玻璃液中存在着尚未均化的、黏度高、表面张力大的玻璃在拉制成型过程中形成的;节瘤是由结石与周围玻璃液中的组分在长期高温下作用而成,或由碹滴转化而成的玻璃团块;条纹是早期形成的不均匀的玻璃液在液流作用下和在搅拌过程中被分散而尚未扩散而成的细小条带。这三种玻璃态夹杂物中前两种的缺陷对制品质量的影响最大。虽然条纹也影响质量,但对有些制品,如包装用瓶罐及低档的器皿等,在一定程度上还容许存在,但对光学玻璃却是绝对不容许的。

根据玻璃态夹杂物产生的原因,可以分为以下几种。

1. 由熔制不均匀引起的条纹和节瘤

玻璃熔化过程中,由于均化不够完善,玻璃体存在一定程度的不均匀性。石英颗粒的颗粒组成、配合料均匀度、粉料飞扬与分层、碎玻璃质量与使用情况、熔制制度、窑内气氛等都对其有一定影响,这些原因引起的条纹和节瘤往往富含氧化硅。

2. 由窑碹玻璃滴引起的条纹和节瘤

碹滴滴入或流入玻璃体中,会产生此类缺陷,由于它们富含 SiO_2 或 Al_2O_3,其黏度很大,在玻璃体中扩散很慢,来不及溶解,从而形成条纹和节瘤。由于富硅质玻璃态夹杂物的密度和折射率均小于主体玻璃,这可作为鉴别的依据。

3. 由耐火材料被侵蚀引起的条纹和节瘤

玻璃熔体侵蚀耐火材料,被破坏的部分可能形成玻璃态物质溶解于玻璃体内,使玻璃体中增加了提高黏度和表面张力的组分,形成条纹。一般形成富氧化铝质条纹。

提高耐火材料的质量是减少和避免这类条纹产生的有效途径。

4. 由结石熔化引起的条纹和节瘤

结石有较大的溶解度,在高温停留一定时间后可以消失。结石溶解后的玻璃体与主体玻璃具有不同的化学组成,因此形成条纹和节瘤。

玻璃熔体中,不同部分之间的表面张力对条纹和节瘤的消除有重要的作用。

8.7.3 结石

结石是出现在玻璃中的结晶态夹杂物。结石是玻璃制品中最严重的缺陷,它破坏了玻璃制品的外观和光学均匀性,另外,由于结石与主体玻璃的热膨胀系数不同,因而在制品加热或冷却过程中造成界面应力,大大降低玻璃制品的机械强度和热稳定性。它是制品出现裂纹和炸裂的主要原因。

根据结石产生的原因,它可以分为以下几类。

1. 配合料结石

配合料结石是配合料中未熔化的颗粒,大多数情况下是石英颗粒,色泽呈白色,其边缘由于逐渐溶解而变圆,表面常有沟槽,在石英颗粒周围有一层 SiO_2 含量较高的无色圈,它黏度高不易扩散,常导致形成粗筋。石英颗粒的边缘往往会出现方石英和鳞石英的晶体。

配合料结石的产生不仅与配合料的制备质量有关,也与熔制的加料方式,熔制温度的高低与波动等有关。常见的结石有方石英及鳞石英。

2. 耐火材料结石

当耐火材料受到侵蚀而剥落或在高温下玻璃液与耐火材料相互作用时,有些碎屑及作用后的新矿物夹杂在玻璃制品中形成耐火材料结石。

窑碹、胸墙常用硅砖砌成,在高温或者碱性飞料的作用下会产生蚀变,有时形成熔溜物淌下,或以碹滴落入玻璃液中,这是耐火材料结石的另一种来源。

为防止耐火材料结石的产生,就必须合理选用优质耐火材料,避免熔化温度过高、助熔剂用量过大,避免易起反应的耐火材料砌筑在一起,提高砌筑质量。

常见的耐火材料结石为铝硅质结石,如莫来石、霞石、白榴石等。

3. 析晶结石

玻璃液在一定温度范围内析出的晶体称为析晶结石。

玻璃中的析晶结石往往使玻璃产生迷濛的白点,或呈现具有明显结晶态的产物。析晶结石特别容易发生在两相界面上。例如,玻璃液的表面,玻璃液与气泡或耐火材料接触的界面。

玻璃液长期停留在有利于晶体形成和生长的温度范围,玻璃液化学组成不均匀,是使玻璃产生析晶的主要因素。

设计合理的玻璃化学组成,制定合理的熔化制度和成型制度,设计合理的熔窑结构均可以避免析晶结石的产生。

常见的析晶结石有鳞石英与方石英(SiO_2)、硅灰石($CaO \cdot SiO_2$)、失透石($Na_2O \cdot 3CaO \cdot 6SiO_2$)、透辉石($CaO \cdot MgO \cdot 2SiO_2$)及二硅酸钡($BaO \cdot 2SiO_2$)等。

4. 硫酸盐夹杂物

玻璃熔体中所含硫酸盐若超过所能溶解的量,它就会以硫酸盐的形式成为浮渣析出,在冷却后硬化而成结晶体。

5. 黑色夹杂物

在玻璃中也会出现黑色夹杂物,它们直接或间接由配合料而来,常见的有氧化铬晶体、氧化镍晶体、铬铁晶体等。

8.8 玻璃制品的加工

许多玻璃制品成型后还需要进一步的加工才能得到符合要求的制品。玻璃制品的加工可以分为冷加工、热加工和表面处理三大类。

8.8.1 冷加工

通过机械方法改变玻璃制品的外形和表面状态,称为冷加工。冷加工的基本方法有研磨、抛光、切割、喷砂、钻孔和切削。下面重点介绍研磨抛光加工。

研磨和抛光加工是两个不同的工序,统称磨光。经研磨、抛光后,玻璃制品称为磨光玻璃。玻璃的研磨是磨盘与玻璃做相对运动,磨料在磨盘负荷下对玻璃表面进行划痕和剥离的机械作用,并使玻璃产生微裂纹。磨料用水既有冷却作用,又与玻璃新生表面发生水解作用,生成硅胶,有利于剥离,具有一定的化学作用。研磨后玻璃表面形成一层凹陷的毛面,并带有一定深度的裂纹层。

玻璃研磨时,主要是机械作用,磨料硬度必须大于玻璃硬度。主要磨料有刚玉、天然金刚砂或石英砂。影响玻璃研磨的主要工艺因素为磨料的硬度、粒度,磨料悬浮液的浓度和给料量,研磨盘转速与压力,磨盘材料,玻璃化学组成等。

玻璃抛光时摩擦生热,产生一层流动层,该流动层称为"培比层"。抛光过程应看作是同时发生并相互交错的机械、化学和物理化学作用的总和。

常用抛光材料有红粉(氧化铁),氧化铈、氧化铬、氧化锆等。

影响玻璃抛光过程的主要工艺因素是抛光材料的性质、浓度、给料量、抛光盘转速与压力、环境温度、玻璃温度、抛光悬浮液性质、抛光盘材质等。

8.8.2 热加工

热加工对器皿玻璃、仪器玻璃十分重要。通过热加工,一方面可以进行成型,另一方面也可以改善玻璃制品性能及外观质量。

利用玻璃黏度随温度改变的特性以及玻璃的表面张力和导热系数等性质,可以对玻璃制品进行热加工。首先把制品加热到一定温度,随着温度升高,玻璃的黏度变小;玻璃导热系数小,采用局部加热,在需要热加工的地方,使之局部达到变形、软化,甚至熔化流动,以进行切割、钻孔、焊接等加工。利用玻璃的表面张力使玻璃表面趋向平整,制品可以进行火抛光和烧口。对玻璃制品进行热加工时,要防止玻璃析晶。焊接时,两者热膨胀系数要匹配。同时,经过热加工的制品应缓慢冷却,防止炸裂或产生大的永久应力。有些制品还需进行二次退火。

玻璃制品热加工的主要方法有烧口、火抛光、火焰切割或钻孔、焊接。

8.8.3 玻璃的表面处理

玻璃的表面处理可以归纳为三大类。第一是形成玻璃的光滑面或散光面,通过表面处理控制玻璃表面的凹凸,例如器皿玻璃的化学蚀刻、玻璃的化学抛光等。第二是改变玻璃表面的薄层组成,改善表面性质,以得到新的性能,如表面着色、改善玻璃的化学稳定性等。第三是进行表面涂层,如镜子的镀银、表面导电玻璃膜、憎水玻璃膜等。

1. 化学蚀刻

玻璃的化学蚀刻是指用氢氟酸(HF)溶掉玻璃表面层的硅氧,根据残留盐类的溶解度的不同而得到有光泽表面或无光泽毛面。蚀刻后玻璃的表面性质取决于氢氟酸与玻璃作用后所生成的盐类的性质、溶解度大小、结晶的大小以及是否容易从玻璃表面清除。若反应物不断被清除,腐蚀作用均匀,则可以得到非常光滑或有光泽的表面。反应产物溶解度小,得到粗糙无光泽的表面;结晶大,使表面无光泽。玻璃的化学组成影响蚀刻表面的性质。例如,玻璃中含氧化铅较多,则会形成细粒的毛面;含氧化钡,则形成粗粒的毛面;含氧化锌、氧化钙或氧化铬,则呈中等粒状毛面。蚀刻液的组成也影响蚀刻表面。蚀刻液如含有能发生溶解反应生成盐类的成分,如硫酸,则可得到光泽的表面。可在 HF 中加入 NH_4F、KF 和水组成蚀刻液。

2. 化学抛光

化学抛光像化学蚀刻一样，是利用氢氟酸破坏玻璃表面原有的硅氧膜，生成一层新的硅氧膜，使玻璃得到很高的光洁度与透光度。化学抛光的方法有两种：单纯的化学侵蚀作用；化学侵蚀和机械研磨相结合。前者大多用于玻璃器皿，后者用于平板玻璃。此方法是在玻璃表面添加磨料和化学侵蚀剂，化学侵蚀生成氟硅酸盐，通过研磨而去除，使化学抛光的效率大为提高。

影响化学抛光的因素有玻璃成分、氢氟酸与硫酸的比例、酸液温度、处理时间等。铅晶质玻璃最易于抛光，钠钙玻璃难于抛光。氢氟酸与硫酸的比例根据玻璃成分调整。酸液温度一般控制在40～50℃，温度过高，反应过于剧烈，制品易产生缺陷；温度过低，则反应太慢。处理时间过短，则作用不完全；处理时间过长，则表面有盐类沉淀。

3. 表面着色(扩散着色)

玻璃表面着色是指在高温下用着色离子的金属熔盐、盐类糊膏涂覆在玻璃表面上，使着色离子与玻璃中的离子进行交换，扩散到玻璃表层中，使玻璃表面着色。有些金属离子还需要还原为原子，原子集聚成胶体而着色。通常在着色离子的盐类中加入填充剂(载体-ZrO_2，黏土等)、黏结剂(糊精、阿拉伯胶、松解油等)配成糊状物，涂于玻璃表面，再放在马弗炉中进行热处理。

应用电浮法可以连续生产表面着色玻璃。该法是在浮法成型熔融锡槽上的高温玻璃上面，另设置需要着色的熔融金属槽，这两种熔融金属槽通以直流电压，上面的金属离子扩散到玻璃中，进行离子交换，形成表面着色的玻璃或热反射玻璃。

此外，还可利用表面金属涂层制造反射镜、热反射玻璃、膜层导电玻璃、保温瓶等。

4. 建筑玻璃的深加工

建筑玻璃深加工的产品主要有钢化玻璃、夹层玻璃、中空玻璃、镀膜玻璃等。此外，还有镜子玻璃、蒙砂玻璃、冰花玻璃、喷砂玻璃等。

夹层玻璃是两片或两片以上玻璃用合成树脂胶片(聚乙烯醇缩丁醛薄膜)黏结在一起而制成的一种安全玻璃。

中空玻璃是一种节约能源的玻璃制品，它主要用于有采暖和空调的建筑中。其生产方法有胶接法、焊接法、熔接法。胶接法是指把玻璃与周边支撑框架胶接在一起；焊接法是指把玻璃与周边支撑框架焊接在一起；熔解法是指把两块玻璃的周边加热后对接而成。中空玻璃的性能主要有隔热、隔音及不结露等。

综上所述，建筑玻璃深加工既有冷加工，也有热加工和表面处理等。加工后不仅增添了新的性能及扩大了用途，而且其价值远超深加工前的产品。

思考题和作业

8.1 简述玻璃原料的种类以及引入各氧化物的原料。

8.2 石英类原料主要有哪些种类?

8.3　钙质原料有哪些？作用是什么？
8.4　玻璃的辅助原料有哪些？
8.5　简述配合料的质量要求。
8.6　何谓熔化？哪些无机非金属材料的生产涉及熔化过程？
8.7　简述玻璃的熔制过程。
8.8　影响熔化过程的因素有哪些？
8.9　熔化设备有哪些种类？
8.10　玻璃的主要成型性质有哪些？对成型有什么影响？
8.11　玻璃成型制度制定的依据有哪些？
8.12　玻璃的成型方法包括哪些？
8.13　什么叫作浮法？浮抛金属液应具备什么条件？
8.14　如何控制浮法玻璃的厚度？
8.15　玻璃退火的目的是什么？简述玻璃的退火工艺过程。
8.16　简述玻璃制品的加工方法。

第9章

陶瓷工艺

9.1 原料

普通陶瓷所用原料大部分是天然矿物原料，主要是具有可塑性的黏土类原料，以石英为代表的瘠性类原料和以长石为代表的熔剂类原料。此外，还有一些化工原料，作为坯料的辅助原料和釉料、色料的原料。特种陶瓷所用的原料主要是化工原料。

9.1.1 黏土类原料

黏土类原料是普通陶瓷的主要原料之一，它在配料中的用量常达40%以上。它为陶瓷成型和烧成提供必需的可塑性、悬浮性及烧结性。

1. 黏土的定义

黏土是指以一种或多种含水铝硅酸盐矿物为主要成分的混合物，既无确定的化学组成，也无固定的熔点，主要是由铝硅酸盐岩石自然风化或热液蚀变而逐步形成。各类黏土主要是由不同的黏土矿物组成，除了黏土矿物外，还有杂质矿物，如未风化的岩石碎屑、石英砂、长石、方解石、黄铁矿、有机物杂质等。

2. 黏土的分类

1）按黏土的成因分类

（1）原生黏土（一次黏土或残留黏土）。它是由母岩风化后残留在原地形成的。其质地较纯，颗粒稍粗，可塑性较差，耐火度较高。

（2）次生黏土（二次黏土或沉积黏土）。它是指由风化形成的黏土受雨水、风力的作用，迁移到其他地点沉积而形成的黏土层。其黏土颗粒很细，而且在迁移过程中夹入很多杂质和有色物质，故常显示一定的颜色，但可塑性较好，耐火度较差。

2）按黏土的可塑性分类

（1）高可塑性黏土又称软质黏土、球土或结合黏土，其分散度大，多呈疏松状或板状，如膨润土、木节土、球土等。

（2）低可塑性黏土又称硬质黏土，其分散度小，多呈致密块状、石状，如叶蜡石、焦宝石、瓷石等。

3）按黏土的耐火度分类

（1）耐火黏土。其耐火度大于1580℃，是比较纯的黏土，含杂质较少，灼烧后多呈白色、灰色或淡黄色，为瓷器、耐火制品的主要原料。

(2) 难熔黏土。其耐火度为1350～1580℃,易熔杂质含量在10%～15%,可作炻器、陶器、耐酸制品、装饰砖及瓷砖的原料。

(3) 易熔黏土。其耐火度在1350℃以下,含有大量的各种杂质,多用于建筑砖瓦和粗陶等制品。

4) 按黏土中的主要黏土矿物分类

① 高岭石类黏土(如苏州土、紫木节土);②蒙脱石类黏土(如辽宁黑山和福建连城膨润土);③伊利石类(或水云母类黏土,如河北章村土);④叶腊石类黏土(如浙江青田叶腊石);⑤水铝英石类黏土(如唐山A、B、C级矾土)。

3. 黏土的组成

1) 化学组成

黏土的主要化学成分为SiO_2和Al_2O_3,还有少量碱金属氧化物(K_2O、Na_2O),碱土金属氧化物(CaO、MgO),着色氧化物(Fe_2O_3、TiO_2)和灼减量(机械结合水、化合水、有机物、碳酸盐等)。

根据黏土的化学组成可以初步判断黏土的一些工艺性能,如Al_2O_3含量大于36%的黏土难烧结;而SiO_2含量大于70%,则该黏土中含有石英含量较高;若K_2O和Na_2O总含量大于2%,则此黏土可能是水云母质黏土,其烧结温度较低;当Fe_2O_3含量大于0.8%时,制品白度降低,呈灰白色、黄色,甚至暗红色;同样TiO_2含量大于0.2%时,制品在还原气氛下烧成,易呈黄色。

2) 矿物组成

一种黏土往往同时含有两种或两种以上的黏土矿物,按其主要黏土矿物的不同可分为高岭石类、蒙脱石类和伊利石类三大类别。

高岭石($Al_2O_3 \cdot 2SiO_2 \cdot 2H_2O$)是最常见的黏土矿物,由其作为主要成分的纯净黏土称为高岭土。它的特性是吸附能力小,可塑性和结合性较差,杂质少、白度高、耐火度高。江苏的苏州土、湖南的界牌土、山西的大同土和江西的星子土都是以高岭石为主要矿物的高岭土,是优质的陶瓷原料。

蒙脱石($Al_2O_3 \cdot 4SiO_2 \cdot nH_2O, n>2$)由于其独特的层状结构,遇水体积膨胀形成胶状物,具有很强的吸附力和阳离子交换能力,以蒙脱石为主要矿物的黏土称为膨润土,其颗粒细小,可塑性极强,能提高坯料可塑性和干坯强度,但杂质多、收缩大、烧结温度低,坯料中膨润土的用量一般在5%以下。

伊利石($K_2O \cdot 3Al_2O_3 \cdot 2SiO_2 \cdot 2H_2O \cdot nH_2O$)属水云母矿物。它是云母水解成高岭石的中间产物,以伊利石为主要矿物的瓷石是良好的制瓷原料,可以两组分甚至单组分成瓷。伊利石类黏土一般可塑性低,干燥后强度小,干燥收缩小,烧结温度低,开始烧结温度一般在800℃左右,完全烧结温度在1000～1150℃。

此外,黏土中还经常伴生一些非黏土矿物,如长石、云母、铁质及钛质矿物、碳酸盐、硫酸盐等,它们通常以细小晶粒及其集合体分散于黏土中。它们对黏土的性能、制品的质量产生不利的影响,可通过淘洗、磁选等方法除去。很多黏土中含有不同数量的有机物质,如褐煤、蜡、腐殖酸衍生物等,它们含量的多少和种类的不同,可使黏土呈灰至黑等各种颜色。但它们一般不会影响陶瓷制品的颜色,因为它们都可在高温过程中被烧掉。

3）颗粒组成

黏土矿物的粒径都很小，一般在 2μm 以下。非黏土矿物如石英、长石等杂质多半是较粗的颗粒。蒙脱石、伊利石类黏土的颗粒比高岭石类黏土细小，黏土的颗粒越细，可塑性越强，干坯强度、干燥收缩也越大。

4. 黏土的工艺性质

黏土的工艺性质和组成是合理选择黏土质原料的重要指标，而黏土的工艺性质则主要取决于它的矿物组成、化学组成和颗粒组成。

1）可塑性

可塑性是指黏土与一定量水混炼后形成的泥团，在外力作用下，可塑造成所需要的形状而不开裂，在外力除去后，仍能保持该形状不变的性能。黏土的可塑性通常用塑性指数或塑性指标表示。塑性指数是指黏土的液限（由塑性状态进入流动状态的最高含水量）与塑限（由固体状态进入塑性状态的最低含水量）之间的差值。塑性指标是指在工作水分下，泥料受外力作用最初出现裂纹时应力与应变的乘积。

黏土具有可塑性的原因有多种解释，但都与黏土颗粒和水的相互作用有关。一般认为是：黏土在水中分散成细小颗粒，由于离子吸附，黏土颗粒周围形成适当厚度的水化薄膜，受力作用时水膜起润滑作用，可任意滑移变形，又因黏土颗粒间形成毛细管，水膜又成了张紧膜，使发生滑移的颗粒不致脱离分开，起保形作用。显然，只有当泥料的水分适中时，才能在黏土颗粒周围形成一定厚度的连续水膜，黏土的可塑性才最好。不同的黏土矿物的黏土，可塑性也不相同，蒙脱石类黏土较高岭石、伊利石类的可塑性好。同样的黏土，其颗粒越细，有机质含量越高，可塑性越好。此外，若黏土颗粒吸附的阳离子浓度大，离子半径小、电价高（如 Ca^{2+}，H^{+}），则吸附水膜较厚，可塑性较好。

提高坯料可塑性的措施为：将黏土原矿进行淘洗，或长期风化；把湿润了的黏土或坯料施以长期陈腐；对泥料进行真空练泥；掺用少量的强可塑性黏土；加入增塑剂，如糊精、羧甲基纤维素等。

结合性是与黏土可塑性相关的工艺性能，结合性是指黏土结合瘠性原料形成可塑泥料并具有一定的干坯强度的能力。一般地，可塑性好的黏土，其结合性也好。

2）触变性

静置的黏土泥浆或可塑泥团受到振动或搅拌时，黏度会降低而流动性增加，在放置一段时间后又逐渐恢复原来的状态。此外，泥料放置一段时间后，在维持原有水分的情况下也会出现变稠和固化现象。这种性质统称为触变性。

触变性的大小常用厚化度来表示。泥浆的厚化度是指泥浆放置 30min 和 30s 后其相对黏度之比；泥团的厚化度是指静置一定时间后，球体或圆锥体压入泥团达一定深度时剪切强度增加的百分数。

颗粒表面荷电是黏土产生触变性的主要原因。因此，影响黏土颗粒电荷的各种因素，如矿物组成、粒度大小和形状、水分含量、电解质种类与用量，以及泥浆（或可塑泥料）的温度等，都会对黏土的触变性产生影响。

蒙脱石遇水后膨胀要比高岭石和伊利石大，其触变性比高岭石和伊利石大；黏土颗粒的颗粒越细，形状越不对称，越易成触变结构；吸附阳离子的价数越小，或价数相同，离子半径越小者，其触变性越大；含水量大的泥浆，不易形成触变结构，反之则易成触变结构；温度升高，触变性变小。

在陶瓷生产中，通常要求所配泥料具有适宜的触变性。因为触变性过大，则注浆成型后易变形，并且给管道输送带来困难。触变性过小，则生坯强度不够，可能影响成型、脱模与修坯的质量。

3）收缩性

黏土经 110℃干燥后，自由水及吸附水相继排出而引起颗粒间距离的减少，由此产生的体积收缩，称为干燥收缩。

干燥后的黏土经高温煅烧，随之发生结晶水脱水、分解、熔化等一系列的物理化学变化而导致体积的进一步收缩，称为烧成收缩。

收缩分为线收缩（制品的长度变化百分率）和体收缩（制品的体积变化百分率），体收缩值大约是线收缩值的 3 倍。

收缩的测定是陶瓷生产中研制模型及制作生坯尺寸放尺的依据。坯体的配方不同其收缩也不同，此外，同一个坯体的水平收缩与垂直收缩、上部与底部的收缩也不同。在干燥与烧成中，若坯体收缩太大，将产生过大应力而导致其开裂。

4）烧结温度与烧结范围

黏土是多种矿物的混合物，没有固定的熔点。一般地，黏土加热到一定温度后（大于900℃）体积开始剧烈收缩，气孔率明显下降，密度提高，其对应的温度称为开始烧结温度 T_1（图 9.1.1）；当黏土完全烧结，其气孔率降至最低值，收缩率达最大值，该温度称为烧结温度 T_2；若继续升温，试样将因液相量过多而发生变形，其对应的最低温度称为软化温度 T_3。烧结温度 T_2 至软化温度 T_3 的温度区间称为烧结温度范围。在此范围内黏土可烧结致密。

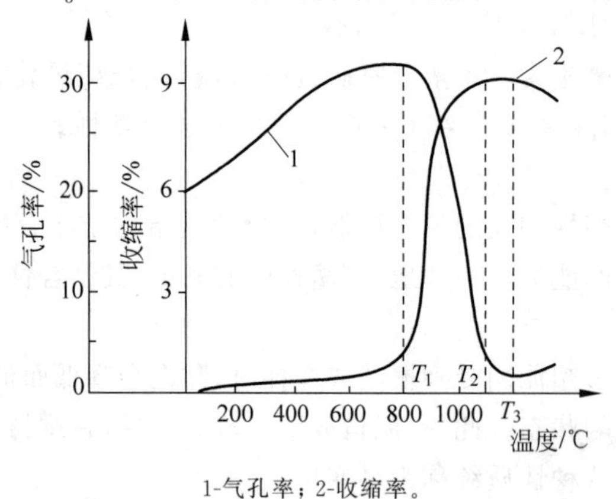

1-气孔率；2-收缩率。

图 9.1.1 黏土烧结过程气孔率和收缩率的变化

黏土中杂质矿物，特别是含碱矿物含量较高时，烧结温度较低，烧结范围较窄，优质的高岭土烧结温度范围可达 200℃，不纯的黏土约为 150℃，伊利石类黏土仅为 50～80℃。为了便于控制，陶瓷生产中通常要求黏土具有 100～150℃以上或更宽的烧结温度。

5. 我国的黏土原料

我国北方的黏土多为次生黏土，含有机质较多，吸附力强，可塑性好；游离石英和铁质较少；有时含水铝石类矿物，所以，Al_2O_3、TiO_2 含量较高，耐火度较高，一般不需淘洗，制得的干坯强度大，坯体内外可同时上釉，一次烧成；由于铁质少，有机质多，大多采用氧化焰烧成。南方的黏土多是原生黏土，有机质含量少，可塑性差，游离石英多，含钛少而含铁多，一般需淘洗处理；因生坯强度低，一般分两次施釉，即施内釉、外釉或两次烧成；采用强还原焰烧成，以提高制品的白度和色泽。

9.1.2　石英类原料

1. 石英类原料的种类

自然界中的 SiO_2 结晶矿物统称为石英。常用的石英类原料有如下几种。

1）石英砂

石英砂又称硅砂，是石英岩、长石等风化成细粒后，由水流冲击沉积而成，一般杂质含量较多，用时须进行控制。质地纯净的硅砂为白色，一般的硅砂因含有铁的氧化物和有机质，而多呈淡黄色、灰色或红褐色。

2）砂岩

砂岩是石英颗粒和胶结物质在高压下胶结而成的一种碎屑沉积岩。有黏土质砂岩、长石质砂岩和钙质砂岩等。砂岩外观多呈淡黄、淡红等颜色，铁染现象严重时呈红色，其 SiO_2 含量在 90%～95%变化。

3）石英岩

石英岩是一种变质岩。系硅质砂岩经变质作用，石英颗粒再结晶的岩石，硬度大，不易粉碎。SiO_2 含量大于 97%，是制造陶瓷的良好原料。

4）脉石英

脉石英属火成岩，质地坚硬，外观色纯白，半透明，呈油脂光泽，断口呈贝壳状，SiO_2 含量高达 99%，是生产日用细瓷的良好原料。

2. 石英原料在陶瓷生产中的应用

石英原料是日用陶瓷等生产的主要原料之一。它在陶瓷生产中的作用如下所述。

1）加快坯体的干燥

石英是瘠性料，可降低泥料的可塑性，减少成型水分，降低坯体干燥收缩并加快坯体的干燥。

2）减小坯体变形

石英在高温时部分溶于液相，提高液相黏度，石英晶型转变的体积膨胀可抵消坯体的部分收缩，从而减小坯体变形。

3）增加制品的机械强度

残余石英可以与莫来石一起构成坯体骨架，增加机械强度，同时，石英也能提高坯体的白度和透光度。

4）提高釉的耐磨与耐化学侵蚀性

在釉料中 SiO_2 是生成玻璃的主要组分，增加釉料中石英含量能提高釉的熔融温度和黏度，降低釉的热膨胀系数，提高釉的耐磨性、硬度和耐化学腐蚀性。

3. 石英的晶型转化

石英在加热过程中会发生复杂的多晶型转变，同时伴随体积变化，这是使用石英类原料时必须注意的一个重要问题。其晶型间相互转变的温度变化和体积变化情况如图 9.1.2 所示。

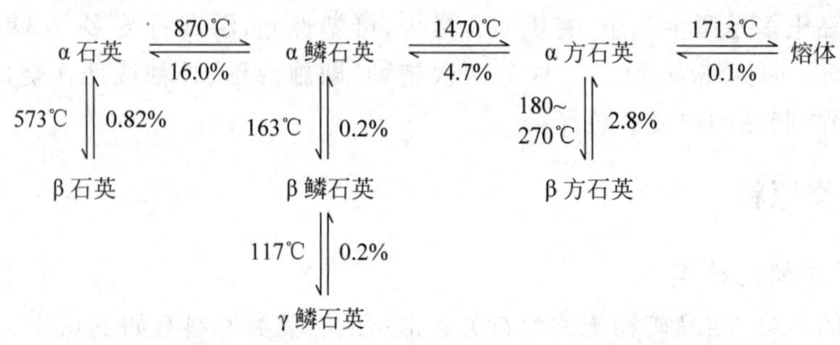

图 9.1.2 石英晶型间相互转变的温度变化和体积变化情况

高温型转化(图 9.1.2 中横向转化,又称为重建型转变)的体积变化大,但转化速度慢,又有液相缓冲,所以危害不大。低温型的转化(图 9.1.2 中纵向转化,又称为位移型转变)体积变化小,但转化速度快,又是在无液相出现的条件下进行转化,易产生不均匀引力而引起制品开裂,因而破坏性强,必须注意。

实际上在有矿化剂存在的情况下,矿化剂产生的液相就会沿着裂缝侵入内部,促使半安定方石英转化为鳞石英。假如无矿化剂存在或在矿化剂很少时,就转化为方石英,而颗粒内部仍保持部分半安定方石英。普通陶瓷由于烧成温度达不到使之充分转化所必须的温度(约1400℃),所以陶瓷烧成后得到少量的半安定性方石英,大多数石英颗粒仍保持石英的晶形。

因此,掌握石英的晶型转化规律,对指导生产具有重要的实际意义。例如,可利用它的加热膨胀作用,对石英原料在 1000℃左右进行预煅烧,便于下一步的粉碎。此外,在制品烧成和冷却时,处于晶型转化的温度阶段,应适当控制升温与冷却速率,从而保证制品不开裂。

9.1.3 长石类原料

长石作为陶瓷常用的熔剂原料,用量较大,是陶瓷三大原料之一。

1. 长石的种类

长石是一类最为常见的造岩矿物,为架状结构的碱金属或碱土金属的铝硅酸盐。长石类矿物分为四种基本类型:钾长石($K_2O \cdot Al_2O_3 \cdot 6SiO_2$)、钠长石($Na_2O \cdot Al_2O_3 \cdot 6SiO_2$)、钙长石 $CaO \cdot Al_2O_3 \cdot 2SiO_2$)、钡长石($BaO \cdot Al_2O_3 \cdot 2SiO_2$)。自然界中的长石种类很多,但本质上都是这几种基本矿物的固溶体。例如,常见的斜长石是钠长石与钾长石混溶形成的连续固溶体。

陶瓷工业主要使用正长石亚族中的正长石、微斜长石、透长石等。生产中所称的钾长石,实际上是以含钾为主的钾钠长石,而所称的钠长石实际上是以含钠为主的钾钠长石。

2. 长石在陶瓷生产中的作用

长石在陶瓷原料中是作为熔剂使用的,主要有以下三个方面的作用。

1) 降低陶瓷的烧成温度

长石是坯、釉中碱金属氧化物(K_2O、Na_2O)的主要来源,从而降低陶瓷的烧成温度。

2) 提高陶瓷的机械强度和化学稳定性

熔融后的长石熔体能溶解部分高岭土分解产物和石英颗粒,促进莫来石晶体的形成和长大,提高瓷体的机械强度和化学稳定性。

3) 提高陶瓷制品的透光度

长石熔体填充于各颗粒间,促进坯体致密化。其液相过冷成为玻璃相,提高了陶瓷制品的透光度。

3. 长石的代用原料

天然矿物中优质的长石资源并不多,工业生产中常使用一些长石的代用品,主要有伟晶花岗岩和霞石正长岩。

9.1.4 其他原料

1. 碳酸盐类原料

这类原料在高温下起熔剂作用,其中最常见的是含氧化钙和氧化镁的原料。

1) 碳酸钙类

这类原料主要有方解石、石灰石、大理石、白垩等。方解石含杂质较少,一般为乳白色或无色。石灰石为方解石微晶或潜晶聚集块体,无解理,含杂质较多,多呈灰白色、黄色等。大理石是微细的碳酸钙晶粒在高温高压下经再结晶而成的变质岩。白垩是由海底含石灰质的微生物或贝壳的遗骸沉积而成,含有机物较多。

2) 菱镁矿

菱镁矿的主要成分是 $MgCO_3$,常含铁、钙、锰等杂质,因此多呈白、灰、黄、红等色。有玻璃光泽,硬度为 3.5~4,密度为 2.8~2.9g/cm^3,分解温度为 730~1000℃,但在陶瓷坯料中 CO_2 完全脱离 $MgCO_3$ 时的温度要到 1100℃左右,用菱镁矿代替部分长石,可降低坯料的烧结温度,并减少液相量。此外,MgO 还可减弱坯体中由铁、钛等化合物所产生的黄色,提高瓷坯的半透明性和坯体的机械强度。在釉料中加入 MgO,可增宽熔融范围,改善釉层的弹性和热稳定性。

3) 白云石

白云石是碳酸钙和碳酸镁的固溶体。其化学式为 $CaCO_3 \cdot MgCO_3$,常含铁、锰等杂质,一般为灰白色,有玻璃光泽,硬度为 3.5~4.0,密度为 2.8~2.9g/cm^3,分解温度为 730~830℃,先分解为游离氧化镁与碳酸钙,950℃左右碳酸钙分解。

白云石在坯体中能降低烧成温度,增加坯体透明度,促进石英的熔解及莫来石的生成。它也是瓷釉的重要原料,可代替方解石,且能提高釉的热稳定性以及在一定程度上防止吸烟。

2. 滑石

滑石是天然的含水硅酸镁矿物,其化学式为 $3MgO \cdot 4SiO_2 \cdot H_2O$,常含有铁、铝、锰、钙等杂质。纯净的滑石为白色,含杂质的一般为淡绿、浅黄、浅灰、淡褐等色。具有脂肪光泽,富有滑腻感,多呈片状或块状。莫氏硬度为 1,密度为 2.7~2.8g/cm^3。

滑石用于制造陶瓷釉料或滑石质细瓷、工业瓷的坯料。在釉料中加入滑石可改善釉层的弹性、热稳定性,增宽熔融范围;在坯料中加入少量滑石,可降低烧成温度,在较低的温度下形成液相,加速莫来石晶体的生成,同时扩大烧结温度范围,提高白度、透明度、机械强度和热稳定性。在精陶坯体中用滑石代替长石,可降低釉的后期龟裂。

3. 硅灰石

硅灰石是偏硅酸钙类矿物,其化学式为 $CaO \cdot SiO_2$。天然硅灰石常与透辉石、石榴石、方解石、石英等共存,故其组成中含有少量 Fe_2O_3、Al_2O_3、MgO、MnO、K_2O、Na_2O 等杂质。

硅灰石单晶呈板状或片状,集合体呈片状、纤维状、块状或柱状等。颜色常呈白色及灰色,具有玻璃光泽。硬度为 4.5~5,密度为 2.8~2.9g/cm^3,熔点为 1540℃。

硅灰石在陶瓷生产中常作为低温快烧配方的主要原料使用。它与黏土配成硅灰石质坯料。由于硅灰石本身不含有机物和结构水,干燥收缩和烧成收缩都很小,其热膨胀系数也小(6.7×10^{-6}/℃),因此适宜于快速烧成。烧成后,瓷坯中的针状硅灰石晶体交叉排列成网状,使制品的机械强度提高,同时形成含碱土金属氧化物较多的玻璃相,其吸湿膨胀也小,可用于制造釉面砖、日用陶瓷、低损耗无线电陶瓷等;也有用来生产卫生陶瓷、磨具、火花塞等。

4. 透辉石和透闪石

透辉石是偏硅酸钙镁,化学式为 $CaMg[Si_2O_6]$,它和硅灰石一样多属于链状结构硅酸盐矿物。透辉石常与含铁的钙铁辉石系列矿物共存,故常含有铁、锰、铬等成分。常呈浅绿或淡灰色,具有玻璃光泽,硬度为 6~7,密度为 3.8g/cm^3。

透辉石在陶瓷中的应用与硅灰石类似,既可作为助熔剂使用,也可作为主要原料,适合于低温快速烧成。天然产出的透辉石都含有一定量的铁,所以在生产白色陶瓷制品时,必须进行挑选。

透闪石为含水的钙镁硅酸盐,其化学式为 $Ca_2Mg_5[Si_4O_{11}]_2(OH)_2$,此外还有 FeO 和少量的钠、钾、镁等的氧化物,FeO 的含量最高可达 3%。透闪石色白或灰,硬度为 5~6,密度在 3g/cm^3 左右。

透闪石在陶瓷中的应用与硅灰石、透辉石相似,常作为釉面砖的主要原料使用。但因其含有少量结构水,且结构水的排出温度较高(1050℃左右),故不适于一次低温快烧工艺。

9.2 配料及计算

不同的陶瓷产品对坯料和釉料的性能有不同的要求,各地可供选用的原料也各异,在生产过程中原料的成分、性能也会发生变化,因此,配料方案的确定和配料计算是陶瓷生产的关键问题之一。通常是根据配方计算的结果进行试验,然后在试验的基础上确定产品最佳的配方。

9.2.1 配料的依据

单独一种原料,一般很难直接用来制造陶瓷,更难以满足产品的特定要求。通常都是采用多种原料互相配合,才能制造出符合特定要求的陶瓷产品。在拟定原料配方时,应遵循以下各项原则。

1. 坯料和釉料的组成应满足产品的物理化学性质和使用性能要求

普通陶瓷一般均有国家标准、行业标准或企业标准。它们规定了对吸水率、抗折强度、规整度等的要求，这些要求是设计配方的基本依据，必须注意满足这些具体要求。例如，地砖要求吸水率较小，但应耐磨、耐酸碱腐蚀和防滑等；日用瓷要求有一定的白度和透明度，并对釉面铅的溶出量有严格限制。

2. 应满足生产工艺的要求

配料时要充分了解产品的具体生产工艺要求，满足其要求。一般来说，对于坯料总是希望成型性能好，坯体强度高，有较宽的烧成范围。建筑陶瓷要求坯体有较高的干燥强度，而卫生陶瓷则对泥浆流动性及成坯速率等要求比较高。对于釉料则要求其性能与坯体相适应；若釉、坯化学性质相差过大，烧成时易出现坯体吸釉，造成干釉现象；釉的熔融温度应与坯体烧结温度相近；釉的热膨胀系数应比坯体稍小，使冷却时釉层受到不大的压应力，有利于增加产品的机械强度，防止变形。

3. 借鉴成熟配方

调查了解有关企业或研究单位的某种产品的成熟配方，可以缩短试验过程，减少人力、物力的浪费。但在应用成功的配方时，应注意具体情况的差异，特别是各地出产的同种原料，性能和成分也可能有很大不同。例如，不同矿区出产的黏土，铝含量波动范围就很大(可达 13%～40%)。因此，不可机械地搬用，一定要慎重分析，并通过试验验证或在成功经验的基础上进行试验创新。

4. 应考虑经济上的合理性

选用原料要了解原料的来源、品位和到厂价格，尽量做到就地取材，综合利用各种矿渣、高炉矿渣等废弃物，降低成本，减轻环境污染，提高经济效益和社会效益。

5. 了解各种原料对于陶瓷产品性质的影响

陶瓷坯、釉配方中包含的各种原料，在生产过程中或在材料结构中有着不同的作用，有的原料是产品的主晶相或玻璃相的来源，有的是调节性质或工艺性能的添加剂，了解这些规律，可使配方试验避免盲目性。

9.2.2 坯料和釉料组成的表示方法

坯、釉料组成的表示方法有多种，了解常见表示方法及其含义，是分析和计算坯、釉料配方的基础。

1. 配料比表示法

它直接列出所用的各种原料的名称和质量分数，是生产中最常见的表示方法。例如，某厂釉面砖坯料的配方为：焦宝石 40%、石英 30%、黏土 15%、滑石 5%、石灰石 7%、长石 3%。这种方法的优点是便于直接进行配料。缺点是由于各厂原料成分不同，因而缺乏可比性，不能直接引用，而且若原料成分变化，则配方也必须作相应调整。

2. 矿物组成(示性矿物组成)表示法

普通陶瓷坯料一般是由黏土、石英及熔剂类矿物原料组成。用这三类矿物的质量分数可表示坯料的组成，这样的表示方法称为示性矿物组成表示法。例如，某釉面砖配方为：黏土类矿物 51%、石英 28%、熔剂类矿物 21%。它有助于了解坯料的一些工艺性能，如烧成性能等。

3. 化学组成表示法

即用坯料中各种化学组成的质量分数表示坯料或釉料的组成。再结合原料的化学组成进行配方计算。

一般坯料的化学组成有 SiO_2、Al_2O_3、Fe_2O_3、CaO、MgO、K_2O、Na_2O、灼减量等。根据化学组成可以看出对坯、釉性质起主要作用的氧化物含量,能降低烧成温度的熔剂含量,杂质的含量,以及烧成时分解排出的气体量,从而初步判断坯、釉的一些基本性质。例如,坯料中 SiO_2、Al_2O_3 含量高,则坯体比较难烧结;K_2O、Na_2O 的含量高,则坯体易烧结,即烧成温度低,烧成温度范围也较宽;Fe_2O_3、TiO_2 含量高,则烧后有较深的黄色或红色;烧失量(也称灼减量)大则说明坯体中有机物或其他挥发物较多,烧成过程中易产生气泡和针孔。但氧化物与性能之间的关系复杂,故化学组成表示法也有局限性。

4. 实验式表示法

根据坯或釉化学组成中各氧化物的质量分数(%),除以各氧化物的摩尔质量,得到各组分的物质的量,将物质的量冠于各氧化物分子式前作为系数,再按碱性氧化物(R_2O+RO)·中性氧化物(R_2O_3)·酸性氧化物(RO_2)的顺序排列起来,并把其中一种的系数调整为 1,即得实验式(坯式或釉式)。

为便于进行比较,对于坯式是将中性氧化物(R_2O_3)的物质的量调整为 1,对于釉式则是将碱性氧化物(R_2O+RO)的物质的量总和调整为 1。

一种釉面砖的坯式为

$$\left.\begin{array}{l}0.036\ K_2O\\0.027\ Na_2O\\0.080\ CaO\\0.268\ MgO\end{array}\right\}\begin{array}{l}0.987\ Al_2O_3\\0.013\ Fe_2O_3\end{array}\left\{\begin{array}{l}5.321\ SiO_2\\0.027\ TiO_2\end{array}\right.$$

若欲将其碱性氧化物的物质的量总和调整为 1,只需将 4 种碱性氧化物系数相加:

$$0.036+0.027+0.080+0.268=0.411$$

用其和除各氧化物系数即得

$$\left.\begin{array}{l}0.088\ K_2O\\0.065\ Na_2O\\0.195\ CaO\\0.652\ MgO\end{array}\right\}\begin{array}{l}2.401\ Al_2O_3\\0.032\ Fe_2O_3\end{array}\left\{\begin{array}{l}12.946\ SiO_2\\0.066\ TiO_2\end{array}\right.$$

式中,Al_2O_3 和 SiO_2 的系数很大,据此可以判断上式为坯料组成。釉料组成的釉中 Al_2O_3 和 SiO_2 的系数都很小。例如,

硬瓷的坯式为

$$1(R_2O+RO)\cdot(3\sim5)Al_2O_3\cdot(15\sim21)SiO_2$$

硬瓷的釉式为

$$1(R_2O+RO)\cdot(0.5\sim1.2)Al_2O_3\cdot(6.0\sim12.0)SiO_2$$

借助实验式,通过计算酸性系数($C\cdot A$)可大致判断材料的物理性能。酸性系数以下式计算:

$$C \cdot A = \frac{RO_2}{R_2O + RO + 3R_2O_3} \tag{9.2.1}$$

硬瓷釉的酸性系数为1.8～2.5，软瓷釉为1.4～1.6，可见随着酸性系数的增加，软瓷釉逐渐向硬瓷釉转变。酸性系数增大，坯体的脆性增加强度降低，高温易变形，烧成温度也降低。

9.2.3　坯料配方计算

由于坯料组成有多种表示方法。故必须了解这几种不同表示方法之间的换算。在此基础之上，再进行配方计算。

1. 坯式的计算

1）已知坯料化学组成计算坯式

计算步骤如下：

（1）用各氧化物的相对分子质量去除该氧化物的质量分数%，得各氧化物的物质的量；

（2）以中性氧化物 R_2O_3 的物质的量为基准，令其和为1，计算各氧化物的相对物质的量，并作为相应氧化物的系数；

（3）按照碱性氧化物、中性氧化物、酸性氧化物的顺序排列出坯式。

例9.1　已知坯料的化学全分析见表9.2.1，试计算其坯式。

表9.2.1　坯料的化学组成（质量分数%）

SiO_2	Al_2O_3	Fe_2O_3	TiO_2	CaO	MgO	K_2O	Na_2O	灼减	合计
67.08	21.12	0.23	0.43	0.35	0.16	5.92	1.35	2.44	99.08

解　（1）计算各氧化物的物质的量：

SiO_2　67.08÷60.06＝1.1169

Al_2O_3　21.12÷101.94＝0.2072

Fe_2O_3　0.23÷159.68＝0.0014

TiO_2　0.43÷80.1＝0.0054

CaO　0.35÷56.08＝0.0062

MgO　0.16÷40.32＝0.0040

K_2O　5.92÷94.19＝0.0629

Na_2O　1.35÷61.99＝0.0218

（2）以中性氧化物物质的量总和为基准，令其为1，计算相对物质的量。中性氧化物 $Al_2O_3+Fe_2O_3$ 物质的量总和为

0.2072＋0.0014＝0.2086

以此数除各氧化物的物质的量，得

SiO_2　1.1169÷0.2086＝5.3543

Al_2O_3　0.2072÷0.2086＝0.9933

Fe_2O_3　0.0014÷0.2086＝0.0067

TiO_2　0.0054÷0.2086＝0.0259

CaO　0.0062÷0.2086＝0.0297

MgO　0.0040÷0.2086＝0.0192

K_2O 0.0629÷0.2086=0.3015

Na_2O 0.0218÷0.2086=0.1045

(3) 按碱性、中性、酸性氧化物的顺序排列出坯式为：

$$\left.\begin{matrix}0.3015\ K_2O\\0.1045\ Na_2O\\0.0297\ CaO\\0.0192\ MgO\end{matrix}\right\}\begin{matrix}0.9933\ Al_2O_3\\0.0067\ Fe_2O_3\end{matrix}\left\{\begin{matrix}5.3543\ SiO_2\\0.0259\ TiO_2\end{matrix}\right.$$

若化学组成中未包含灼减，则仍照上述程序计算，所得坯式的结果不变，即灼减对实验式没有影响。

2) 已知坯式，求化学组成(质量分数%)

计算步骤如下：

(1) 将坯式中各氧化物的物质的量，乘以相应氧化物的相对分子质量，得出各氧化物的质量克数；

(2) 由坯式中各氧化物质量总和为基准，求出各氧化物的不含灼减的化学组成(质量%)；

(3) 若已知灼减，则可再化为包含灼减的化学组成。

例 9.2 求下列坯式的化学组成。

$$\left.\begin{matrix}0.0875\ K_2O\\0.1224\ Na_2O\\0.0823\ CaO\\0.0317\ MgO\end{matrix}\right\}\left.\begin{matrix}0.9795\ Al_2O_3\\0.0205\ Fe_2O_3\end{matrix}\right\}4.2300\ SiO_2$$

解 (1) 求坯式中各氧化物的质量：

$$SiO_2=4.2300\times60.06=254.05$$
$$Al_2O_3=0.9795\times101.94=99.85$$
$$Fe_2O_3=0.0205\times159.68=3.27$$
$$CaO=0.0823\times56.08=4.62$$
$$MgO=0.0317\times40.32=1.28$$
$$K_2O=0.0875\times94.19=8.24$$
$$Na_2O=0.1224\times61.99=7.59$$

(2) 根据以上各氧化物的质量总和 378.90，计算各氧化物的质量分数(不含灼减)：

$$SiO_2=254.05\div378.90=67.05\%$$
$$Al_2O_3=99.85\div378.90=26.35\%$$
$$Fe_2O_3=3.27\div378.90=0.86\%$$
$$CaO=4.62\div378.90=1.22\%$$
$$MgO=1.28\div378.90=0.34\%$$
$$K_2O=8.24\div378.90=2.17\%$$
$$Na_2O=7.59\div378.90=2.00\%$$

(3) 若已知该坯料的灼减为 5.54%，则包含灼减的化学组成，可将以上各氧化物乘以系数(100－5.54)/100＝0.9446并列于表9.2.2。

表9.2.2 坯式的化学组成(质量分数%)

SiO_2	Al_2O_3	Fe_2O_3	CaO	MgO	K_2O	Na_2O	灼减	$\sum$
63.34	24.89	0.81	1.15	0.32	2.05	1.89	5.54	99.99

2. 根据矿物组成计算配方

在进行配方计算时，若要求坯料达到预想的矿物组成，并已知原料的示性分析时，应根据原料的组成和性能，确定一定的比例，依次递减计算，从而得出各种原料的配入量。计算过程见例3。

例9.3 要求坯料的矿物组成为：黏土矿物60%，长石15%，石英25%，原料黏土的示性分析为：黏土矿物80%，长石12%，石英8%。除此黏土外，长石及石英的差额由纯原料补足。

解 (1) 先计算黏土的用量。

以100g坯料为计算基准，坯料中黏土矿物为60g，长石15g，石英25g。又因原料黏土含黏土矿物80%，故原料黏土的用量为60×100/80＝75g。

(2) 计算随原料黏土带入的长石和石英：

$$长石为\quad 75\times12\%=9g$$
$$石英为\quad 75\times8\%=6g$$

(3) 计算应补足的长石和石英：

$$应补长石\quad 15-9=6g$$
$$应补石英\quad 25-6=19g$$

(4) 实际配料方为：黏土75%，长石6%，石英19%。

3. 由化学组成计算配方

当已知瓷坯和原料的化学组成而要求计算配料量时，应先分析瓷坯中某种氧化物应由哪种原料提供，再根据这种氧化物在该种原料中的含量，计算其用量。有时为满足成型工艺需要而使用两种黏土配料时，可根据需要的配合比例，逐项从坯料成分中扣除其对应的含量，最终剩余量中若某氧化物仍较大时可选用纯原料补足，若无剩余或剩余量甚微则计算结束。最后根据各种原料的配合量算出其百分比。计算过程见例4。

例9.4 已知瓷坯及其所选原料的化学组成(表9.2.3)，试计算其配方。

解 由化学组成表可见，瓷坯中K_2O系由钾长石提供，由它们的K_2O含量即可计算出钾长石的用量，以100g瓷坯为计算基准，需K_2O 4.16g，故钾长石的引入量：4.16×100/16＝26g。根据钾长石的化学组成可算出随长石引入的其他成分的量分别为：$SiO_2=26\times64\%=16.64g$，$Al_2O_3=26\times19\%=4.94g$，$Fe_2O_3=26\times0.19\%=0.05g$，$CaO=26\times0.3\%=0.08g$，$MgO=26\times0.5\%=0.13g$，然后由瓷坯中应含有的各氧化物量减去钾长石引入的相应成分的量即余量。分析余量成分，坯体中Al_2O_3余量应由黏土提供，根据黏土中Al_2O_3含量39%，可算出黏土原料的配料量：20.86×100/39＝53.49g。其余计算过程类似进行。全部计算见表9.2.4。

表 9.2.3　瓷坯及其所选用原料的化学组成(质量分数%)

类别	SiO_2	Al_2O_3	Fe_2O_3	CaO	MgO	K_2O	灼减	$\sum$
瓷坯	69.04	25.80	0.30	0.50	0.20	4.16	—	100.00
钾长石	64.00	19.00	0.19	0.30	0.50	16.00	—	99.99
高岭土	47.00	19.00	0.47	0.78	0.13	—	12.60	99.98
石英	100	—	—	—	—	—	—	100.00

表 9.2.4　瓷坯原料用量的计算

成　　分		SiO_2	Al_2O_3	Fe_2O_3	CaO	MgO	K_2O
100g 瓷坯基准		69.04	25.80	0.30	0.50	0.20	4.16
原料及其用量	钾长石						
	4.16/16%=26	16.64	4.94	0.05	0.08	0.13	4.16
	余量	52.40	20.86	0.25	0.42	0.07	0
	高岭土						
	20.86/39%=53.49	25.14	20.86	0.25	0.42	0.07	
	余量	27.26	0	0	0	0	
	石英						
	27.26/100%=27.26	27.26					
	余量	0					

最后算出原料的百分组成,见表 9.2.5。

表 9.2.5　原料的百分组成(质量分数%)

原 料 名 称	计算引入量	百 分 组 成
钾长石	26.00	24.36
高岭土	53.49	50.11
石英	27.26	25.53
合计	106.75	100.00

注意,在本题计算过程中,未考虑高岭土的灼减量 12.60%,若计算前先将高岭土换算为不含灼减的组成,再行计算,则最后换算为初始含灼减的百分组成时,计算结果不变。

4. 由实验公式计算坯料配方

已知坯料和原料的实验公式欲计算坯料的配方,可以以坯料实验公式中所列的每种氧化物相对物质的量为基准,依次减去所用原料的相对物质的量,最后换算为各种原料的质量分数。

已知坯式和原料的矿物组成欲计算原料配比,可根据坯式算出所需各种矿物的质量分数(应与原料所含矿物一致),然后用代数法或图解法计算。

9.3 坯料及制备

9.3.1 陶瓷坯料的种类和质量要求

将陶瓷原料经配料和一定的加工过程,制得的符合生产工艺要求的多组分均匀的混合料，称为坯料。

1. 坯料的基本质量要求

(1) 配料准确；

(2) 各组分混合均匀；

(3) 颗粒细度符合工艺要求；

(4) 空气含量少。

2. 坯料的种类

根据成型方法的不同，通常将陶瓷坯料分为三大类。

(1) 注浆坯料。其含水率为28%～35%，如生产卫生陶瓷用的泥浆。

(2) 可塑坯料。其含水率为18%～25%，如生产日用陶瓷用的泥团(饼)。

(3) 压制坯料。含水率为3%～7%的粉料称为干压坯料，含水率为8%～15%的粉料称为半干压坯料，如生产建筑陶瓷用的粉料。

9.3.2 可塑坯料的制备

1. 可塑坯料的质量要求

可塑坯料是由固相、液相和气相组成的塑性-黏性系统，具有弹性-塑性流动性质。一般要求具有如下性质。

1) 良好的可塑性

泥料的可塑性是可塑成型的依据，坯料的可塑性主要由可塑黏土提供，也可通过添加塑化剂实现。可塑黏土含量越高，则可塑性越好，一般要求可塑坯料的塑性指标应大于2。具体要在生产时，根据需要确定。不同的成型方法对坯料在工作水分下的应力和应变值的要求不同。挤制、拉坯成型时要求泥团的屈服值大些，使坯体形状稳定。在石膏模内旋坯或滚压成型时，屈服值可以低些，但要求泥料的变形量较大；不同方法成型时，可以通过适当变动工作水分的方法来保证坯料具有一定的可塑性指标值。

2) 适当的含水量

坯料中水分适当时可呈现最大的可塑性。可塑坯料的水分一般控制在18%～25%。不同的成型方法所需的水分有所不同，手工成型的水分为22%～25%，辊压成型的水分为20%～23%，挤压成型的水分为18%～19%。

3) 一定的形状的稳定性

形状的稳定性是指可塑坯料在成型后不会因自身重力而下塌或变形，尤其是对大件制品更应如此。可以通过调节强可塑性原料的用量和含水量来控制。

4) 较好的坯体干燥强度和适当的收缩率

可塑坯料成型的坯体应有较好的干燥强度(不低于1MPa)，大件制品应有更高的干燥强度。生产上常用干坯的抗折强度来衡量它的干燥强度。较大的干燥强度，能明显减少成型以后的脱模、修坯、上釉过程中的半成品损失，有利于成型后的脱模修坯。但干燥强度大，坯体的收缩率也会相应增大，这可能影响坯体的造型和尺寸的准确性，坯体也容易变形和开裂。影响坯体干燥强度和收缩率的主要因素是坯体中强可塑性原料的用量和水分含量。

除了上述四个主要质量要求，还要求坯料的空气含量要小。泥料中气孔的多少和大小将直接影响坯料的成型性能和产品的机电性能，降低坯体的致密度，通常通过真空练泥使泥料中空气含量降低至0.5%～1%。

2. 可塑坯料的制备流程

(1) 干法中碎、湿法球磨制备可塑坯料的工艺流程如图9.3.1所示。

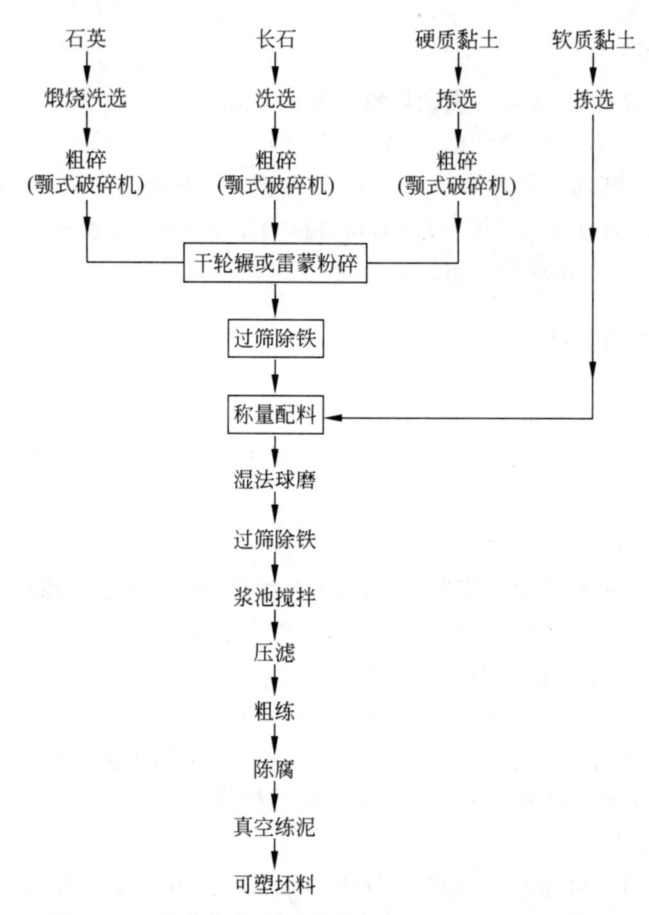

图9.3.1 干法中碎、湿法球磨制备可塑坯料的工艺流程

(2) 湿法轮辗(中碎)、湿法球磨制备可塑坯料的工艺流程如图9.3.2所示。

(3) 湿法细碎、泥浆混合制备可塑坯料的工艺流程如图9.3.3所示。

(4) 干法细碎、加水调和制备可塑坯料的工艺流程如图9.3.4所示。

3. 典型工艺流程的比较

1) 干法中碎、湿法球磨

该流程的特点是：干法配料准确，湿法球磨细度高并且混合均匀，可塑性相对提高，但软、硬质原料同时进磨，影响球磨效率，不便于连续化生产，劳动强度大，特别是干法轮碾或雷蒙机粉碎时粉尘大。

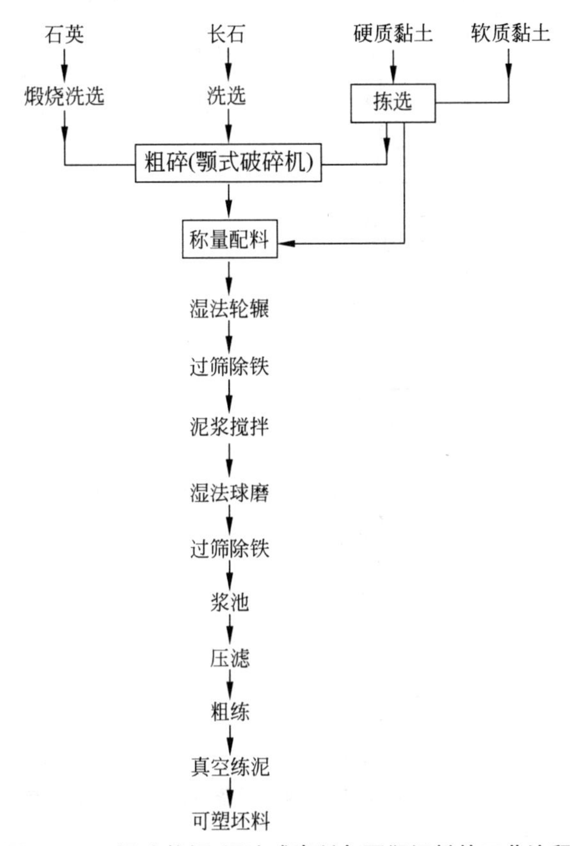

图 9.3.2　湿法轮辗、湿法球磨制备可塑坯料的工艺流程

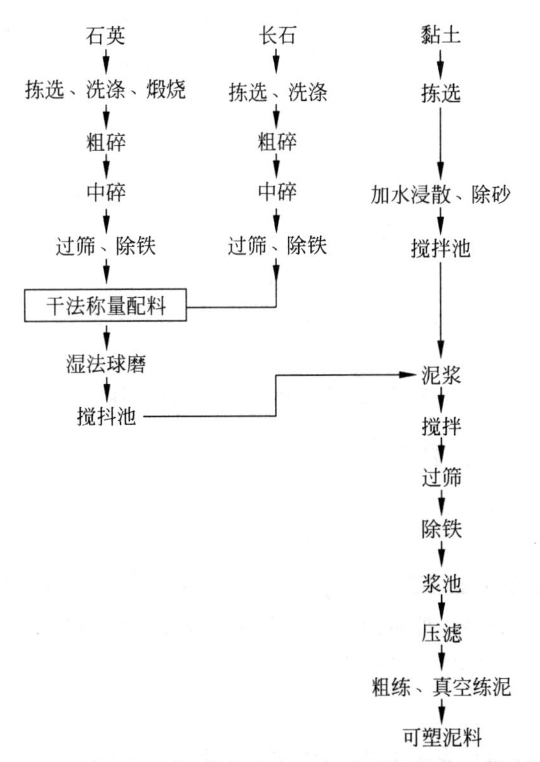

图 9.3.3　湿法细碎、泥浆混合制备可塑坯料的工艺流程

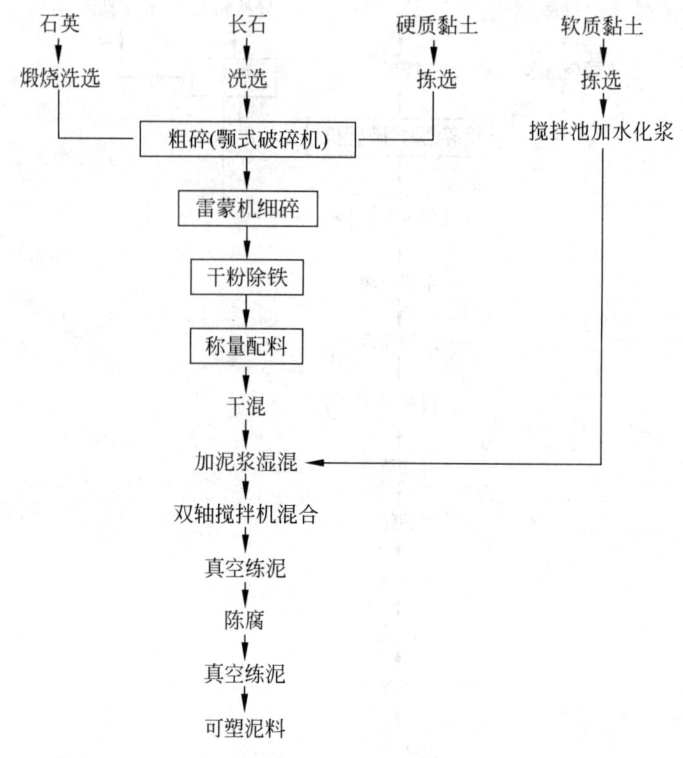

图 9.3.4　干法细碎、加水调和制备可塑坯料的工艺流程

2）湿法轮辗、湿法球磨工艺

湿法轮碾，可以克服粉尘大的问题，目前在国内应用最普遍。湿法装磨（压力入磨或真空入磨）可以大大降低劳动强度，提高装磨效率。但这种方法配料准确性较差，所需的泥浆池、泥浆泵多。

3）湿法细碎、泥浆混合

该流程硬质原料单独入磨，软、硬质泥浆按体积配合，球磨效率高，但配料准确性差，所需的浆池和泥浆泵多，适用于多种配方及大规模生产的工厂。

4）干法细碎、加水调和

该流程可以省去劳动强度高而效率低的球磨工序和压滤工序，且便于连续生产，但坯料的均匀性和可塑性均较差，而且雷蒙磨中带进 0.1%～0.3%的铁，而干法除铁效率很低，这种坯料制备工艺还有待进一步完善，目前在国外已经有采用。

4. 可塑坯料制备的工艺要点

1）原料的预处理和精选

（1）石英的预煅烧。

天然石英是低温型的 β 石英，其硬度为 7，难于粉碎。故可以在粉碎前先将石英煅烧到 900～1000℃以强化晶型转变，然后急冷，产生内应力，造成裂纹或碎裂，有利于对其粉碎。此外通过煅烧可使着色氧化物显露出来，便于检选。

（2）原料的精选

硬质原料（如石英、长石）要在洗石机中洗去表面的污泥、碎屑，用人工敲去夹杂的云母、铁质等有害矿物。黏土需要预先风化，冬季可促使原料分散崩裂，便于粉碎，夏季可增加腐殖酸作用，提高可塑性。此外，对含游离杂质较多的黏土，有时需用淘洗法或水力旋流法去除夹杂的砂砾、草根等杂物。除了淘洗、精选外，常用湿式磁选机除去料浆中的铁质。

2）原料的粉碎

长石、石英、石灰石、焦宝石等块状硬质岩石原料的粉碎分为粗碎（处理后原料粒度为40～50mm），中碎（处理后原料粒度为0.3～0.5mm），细碎（粒度＜60μm）。一般粗碎使用颚式破碎机，中碎使用轮辗机和雷蒙机。

轮碾机粉碎比较大，一般在10以上，它既可用来干碾，也可用来湿碾。虽然生产效率低，但在陶瓷工业中使用很普遍，轮碾机的辗轮和辗盘多是石质的，可有效地防止给原料带入铁质。

雷蒙机粉碎效率高，粉碎比大，处理原料细度高，但磨损大，粉碎带进0～1%以上的铁质，只用于干法中、细碎，采取风选。

陶瓷工业中细碎普遍采用间隙式球磨机，且多采用湿磨，它既可细碎又可混合，球磨机筒体的长径比一般小于2，为不致污染原料，球磨机的衬板和磨球采用硬质岩石或瓷质的磨球，橡胶内衬的使用也开始增多。

间歇式鼓形球磨机的构造如图9.3.5所示。磨机主体是由钢板铆接或焊接成的圆筒。内部镶衬板，圆筒的两端有钢的或铸铁的顶盖，在顶盖中央固定有轴颈，轴颈支承在轴瓦上。在非传动一侧顶盖上，开有一个人孔，作为更换与维修磨衬之用。圆筒上有一入料孔，作为装填物料及球石之用。磨好后的物料也从该孔卸出，为了避免卸料时有球石漏出，入料孔上应装放浆嘴。

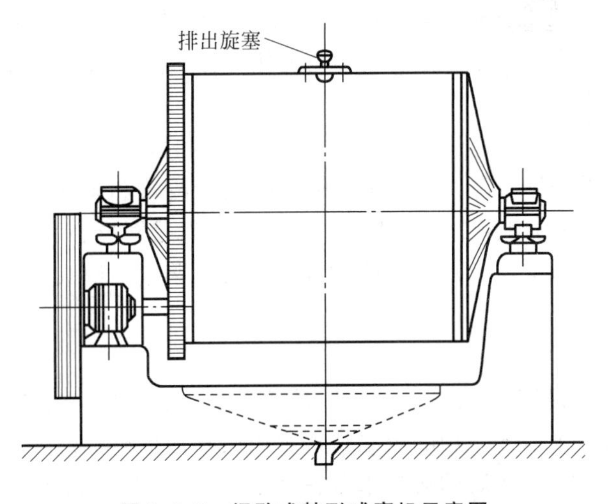

图9.3.5　间歇式鼓形球磨机示意图

间歇式鼓形球磨机工作原理是：筒体内装填着按工艺要求配比的物料及研磨体，湿磨时还有水。当筒体转动时，研磨体由于离心力的作用贴附在筒体内壁与筒体一道转动，在被带至一定高度后，由于重力作用又落下，给物料以剧烈的撞击与摩擦作用而将物料粉碎。

陶瓷泥料的细度以通过万孔筛（最大粒径60μm）的筛余来表示。一般对细瓷坯料的细度，要求控制在万孔筛筛余在1%～2%，精陶坯料的细度，应控制在万孔筛筛余在2%～5%。可塑坯料的细度和颗粒形状对坯料的工艺性质有很大影响，适当提高泥料的细度，可以增加可塑性、干燥强度和瓷坯强度等性能。

当物料磨到要求的细度后，则停机卸料。为了加快料浆流出的速度和使料浆卸得更完全，亦可在卸料的同时，通入压缩空气，以使料浆在压缩空气的压力作用下流出。

现在陶瓷原料的细碎趋向于采用大吨位球磨机（干基装料量 10～50t）进行加工生产。大型球磨机的采用，可减少装出磨的次数，能提高研磨效率并使装磨出磨操作简化。

3）泥浆的筛分、除铁、储存和搅拌、脱水、陈腐、练泥

（1）筛分。

泥浆过筛一般采用振动筛，也可用六角回转筛。振动筛的特点是产量高，不易堵塞。国际上筛网规格分公制和英制两类，公制以"孔/平方厘米"表示，即每平方厘米面积上有多少孔；英制以"目/英寸（2.54cm）"表示，即每英寸（2.54cm）边长上有多少孔（目）。由此可算出：万孔筛≈250 目筛。

（2）除铁。

除铁是减少产品色斑的重要措施。通常是通过磁选机或永久磁铁除去强磁性物质（如金属铁、磁铁矿）。湿式除铁（在泥浆状态下除铁）比在粉料状态下的干式除铁效果好。高档日用陶瓷和高强度电瓷对除铁过筛要求十分严格。

对泥浆除铁多采用蜂窝状过滤式湿法磁选机，其结构如图 9.3.6 所示。

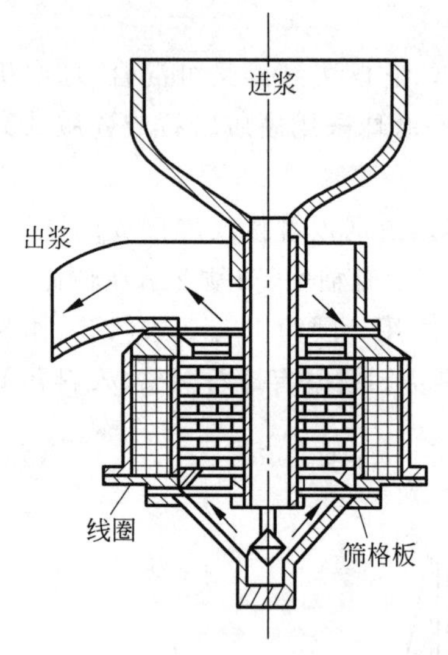

图 9.3.6 湿法磁选机

当线圈通直流电后使筛格板的铁芯被磁化，泥浆由漏斗加入，然后在静水压的作用下，由下往上经过筛格板，则含铁杂质被吸住，而净化的泥浆由溢流槽流出。筛格板应定时取出，进行冲洗。

（3）泥浆的储存和搅拌。

泥浆储存有利于改善和均化泥浆的性能。建筑陶瓷坯料泥浆一般需在浆池内储存 2～3d 再使用。浆池一般是圆形、六角形或八角形，内设搅拌器，以防止泥浆分层和沉淀。常用的泥浆搅拌机有螺旋桨式和框式搅拌两种，目前多用螺旋桨式搅拌机。

（4）泥浆的脱水。

湿法球磨的出磨泥浆水分在 60%左右，而可塑泥料的水分只有 19%～25%，因此泥浆必须经过脱水，除去多余水分。用隔膜泵将泥浆由搅拌池抽至板框式压滤机脱水，目前广泛采用的是间歇式压滤机，压滤后的泥料水分在 22%～25%，压滤机工作压力 0.8～1.2MPa，工作周期 1～1.5h。国外使用高压榨泥机，其工作压力 2MPa，泥饼水分 20.5%左右，最高的工作压力 7.5MPa，泥饼水分仅 15.5%，工作周期仅 18～45min。生产中为缩短压滤周期常通蒸汽至泥浆中，使之加热到 40～60℃，以降低泥浆的黏度从而提高压滤速度。

（5）陈腐。

陈腐是指将泥料放置在一定温度、一定湿度的环境下储存一定时间，使泥料中的水分分布更加均匀，黏土颗粒充分水化和产生离子交换，细菌使有机物分解为腐殖酸，从而提高了泥料的可塑性。泥浆进行陈腐还可降低黏度，提高流动性。

（6）练泥。

练泥分为粗练泥和真空练泥。粗练泥在捏练机或卧式双轴练泥机中进行，目的是使泥料的水分、组成分布均匀。真空练泥在真空练泥机中进行，它不仅使泥料的水分、组成均匀，而且能使泥料中气体降至0.5%～1%以下，提高泥料的可塑性、致密度。泥浆经过练泥、抽真空、挤出成为泥条后，直接送去成型。

9.3.3 注浆坯料的制备

1. 对泥浆的质量要求

注浆坯料一般是指各种原料和添加剂在水中悬浮的分散体系。为了便于加工后的贮存、输送及成型，注浆坯料应满足以下要求。

1）流动性好

泥浆的流动性要好，保证注浆时泥浆能充满整个模型。流动性用100mL的泥浆从恩格勒(Engler)黏度计中流出的时间表示，一般的瓷坯是10～15s，精陶坯是15～25s。流动性主要与泥浆的含水率以及稀释用电解质的种类和数量有关，在保证流动性及成型性能的前提下，水分越少越好，含水率高，会带来成坯速率低、易塌坯、石膏模易老化和坯体干燥慢收缩大等一系列问题。生产上习惯用控制泥浆密度来控制含水率，泥浆密度一般为1.65～1.85g/cm^3，一般小件制品可取下限，而大件制品取其上限。另外，通过加入电解质可获得含水率低、流动性好的浓泥浆。

2）悬浮性好

浆料的悬浮性要好，即浆料中的固体颗粒能较长时间呈悬浮状态而不沉淀分层，这样便于泥浆的输送及储存，在成型过程中也不易分层。黏土的种类和加入量对泥浆悬浮性影响较大，有时也用悬浮剂来提高泥浆的悬浮性能。

3）滤过性好

滤过性也称渗模性，是指泥浆能够在石膏模中滤水成坯的性能。滤过性好，则成坯速率较快。滤过性与原料的种类和细度有关。熟料和瘠性原料较多时，有利于泥浆的脱水成坯。泥浆的细度要适当，泥浆的细度较其他坯料的细度要求高，一般细度为万孔筛筛余小于1%，但细颗粒过多时，易堵塞石膏模表面的微孔脱水通道，不利于成坯，泥浆还应有适当的颗粒组成。

4）触变性适当

泥浆的触变性要适当。一般希望泥浆稠化度较小，这样不易堵塞泥浆管道，且坯体脱模后不易塌落变形，便于管道输送又能保证成坯。稠化度过小，生坯强度较低，影响脱坯和修坯。通常瓷坯用泥浆的稠化度控制在1.8～2.2，精陶坯控制在1.5～1.6。

此外，泥浆的细度要合理，气泡要少，坯体易脱模。

2. 注浆坯料的制备流程及选择

注浆坯料的制备流程大致与可塑坯料制备流程中泥浆压滤前的流程相似。所不同的是注浆坯料中必须加入电解质以稀释泥浆，获得流动性好、含水率低的浓泥浆。

3. 泥浆的稀释

泥浆的稀释要考虑以下两个方面的因素。

1）合理控制泥浆的容积密度和颗粒细度

当泥浆的容积密度过大，或颗粒太细时，颗粒间距较小，颗粒间引力较大，泥浆的流动阻力就大，当引力大于胶粒间的斥力时就会聚沉；反之，如果泥浆的密度过小，或颗粒太粗，则会降低成坯速度和坯体强度，泥浆也会因颗粒沉淀而破坏稳定性。

2）添加合适的电解质

根据泥浆的组成和性质，选用合适的电解质作稀释剂，是泥浆制备的重要措施之一。

在黏土-水系统中，黏土颗粒由于断键、同晶取代（例如，硅氧四面体中的 Si^{4+} 被 Al^{3+} 所取代，铝氧八面体中的 Al^{3+} 被二价的 Mg^{2+}、Ca^{2+} 所取代），总是带有电荷的（通常为负电荷）。由于水化作用，被黏土颗粒吸附的只能是水化阳离子。距离粒子表面越远，引力也越弱，吸附阳离子浓度就越小，黏土颗粒周围形成包括吸附层和扩散层的水化膜。黏土胶团形成了三个不同层次：胶核（黏土颗粒本身）、胶粒（胶核加吸附层）、胶团（胶粒加扩散层）。当黏土颗粒移动时，只有吸附层随之移动。吸附层表面对溶液存在电势差，称为 ζ 电势。胶粒的 ζ 电势大，则胶粒之间的斥力大，不易相互聚合产生絮凝从而使泥浆稳定，流动性也好。ζ 电势主要取决于扩散层厚度和胶核表面电荷密度，并与它们成正比关系。

电解质中的一价阳离子（H^+ 除外）的电价比二价、三价的要小，但水化离子的半径却比二价、三价阳离子的大，因此在泥浆中加入由一价阳离子（Na^+）组成的电解质后，由于一价离子（H^+ 除外）吸附能力弱，所以进入胶团吸附层的离子数少，使整个胶粒呈现的负电荷较多。同时，一价离子水化能力强，进入扩散层较多，使扩散层厚度增加，水化膜加厚，导致 ζ 电势增加，使泥浆的稳定性、流动性增强。此外，泥浆的 pH 对泥浆的稳定也有重要意义，因为黏土颗粒是片状的，一般边上带正电，面上带负电，如果加入电解质后使溶液呈碱性（OH^- 过剩），则可使部分颗粒边上也带负电，从而防止颗粒的边-面之间由带不同电荷而相互吸引导致凝聚，促使泥浆稀释。

陶瓷工业用电解质分无机和有机两大类（多为相应的钠盐），其中最常用的有水玻璃、纯碱、三聚磷酸钠、六偏磷酸钠、腐殖酸钠等。生产中常同时使用水玻璃和纯碱作电解质，以调整吸浆速度和坯体强度。水玻璃与纯碱的质量比可取 1∶3。单用水玻璃的泥浆成坯时泥浆渗水性差，易黏模，坯体致密，强度较大；而单用纯碱的泥浆成坯时坯体疏松吸浆速度快、脱模快，但干坯强度小。在使用水玻璃时要选用适当的模数，即 SiO_2/Na_2O 的比值，通常取 3 左右。纯碱必须防止受潮变成 $NaHCO_3$，从而使泥浆絮凝。电解质的用量要合适，太少则不能充分置换 H^+、Ca^{2+} 等；太多则会使部分扩散层离子压入吸附层，使胶粒的净电荷减少，扩散层厚度减少，导致颗粒的 ζ 电势减小，泥浆发生絮凝。

9.3.4 压制坯料的制备

1. 对压制坯料的工艺要求

压制坯料是指含有一定水分或其他润滑剂的粉料。这种粉料中一般包裹着气体。为了在钢模中压制成型状规整而致密的坯体，对粉料有以下要求。

（1）流动性好。

为使粉料在短时间内填满钢模中的各个部分，使模型中填充致密、均匀，保证坯体的致密度和压坯速度，要求粉料具有良好的流动性。最好是把粉料制成一定大小的球状团粒。

(2) 堆积密度大。

堆积密度主要与团粒的粒度、形状和级配有关。堆积密度大,气孔率就小,压制后的坯体越致密。压制坯料中,团粒占 30%~50%,其余是少量的水和空气。团粒是由几十个甚至更多的坯料细颗粒、水和空气所组成的集合体,团粒大小要求在 0.25~3mm,团粒大小要适合坯体的大小,最大团粒不可超过坯件厚度的 1/7,并以球状为好。

粉料造粒后能使堆积密度增加,光滑的球状颗粒、适当的级配有利于提高堆积密度。喷雾干燥制得的粉料是圆形的空心球,且有较好的颗粒分布,故流动性且易压实,排气性能也较佳。

(3) 含水率适当且水分分布均匀。

水是粉料成型时的润滑剂和结合剂。压制粉料分为干压和半干压两种,干压粉料含水率 3%~7%;半干压粉料含水率 8%~15%。当成型压力较大时,粉料含水可以少些;反之,粉料含水可以多些。墙地砖成型用的粉料含水率一般在 6%~9%。水分要求分布均匀,当粉料含水不均匀,即局部过干和过湿时,便会出现压制困难,且砖坯在以后的干燥和烧成中易出现开裂和变形。

2. 粉料的制备流程

常用的粉料制备流程有三种:普通造粒法、泥饼干燥打粉法和喷雾干燥造粒法。

(1) 普通造粒法。

该法又称干粉混合法,是将各种原料干粉在混料机内加适量的水(有的在水中加入适量黏结剂)混合均匀后过筛造粒。

(2) 泥饼干燥打粉法。

该法是将压滤后的泥饼通过隧道干燥器、链板干燥机或余热干燥室等干燥设备干燥至一定水分,再经过打粉机破碎成一定粒度的粉料,过筛后制成。

(3) 喷雾干燥造粒法。

该法是用喷雾器将制好的料浆喷入干燥塔进行干燥造粒,雾滴中的水分在塔内受热空气的干燥作用在塔内蒸发而使料浆成球状团粒,完成造粒过程。

根据雾化方式不同可分为压力式和离心式两大类,图 9.3.7 为压力式逆流喷雾干燥工艺示意图。

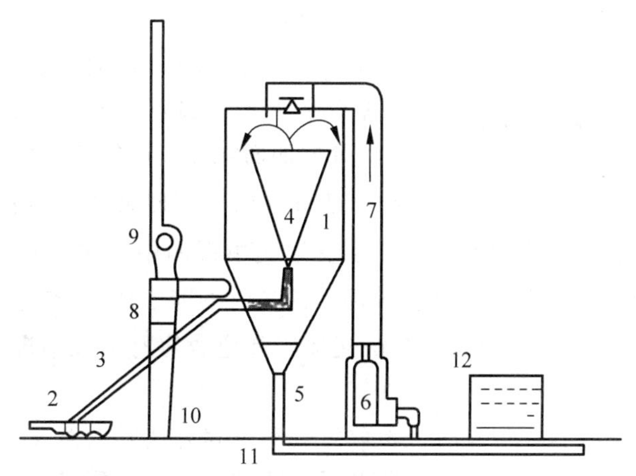

1-塔体;2-隔膜泵;3-送浆管道;4-喷嘴;5-卸料口;6-热风炉;7-热风道;8-旋风收尘器;9-排风机;10-排风道;11-皮带输送机;12-控制台。

图 9.3.7　压力式逆流喷雾干燥工艺示意图

喷雾干燥工艺得到的球状团粒流动性好、生产周期短、产量大,可连续生产,劳动强度也大为降低,为现代化大规模生产所广泛采用。缺点是投资较大,热耗较高。

9.4 成型

陶瓷产品的成型是指将坯料加工成具有一定形状和尺寸的半成品。陶瓷产品的种类很多,形状相差悬殊,不同类型的陶瓷产品,其坯料性能和制备工艺也不相同,所以生产中采用的成型方法是多种多样的。普通陶瓷制品的成型方法,按照坯料的性能分为三类。

(1) 塑性成型法。将含水分 16%~25%的塑性泥料坯,通过各种成型机械用挤制、湿压、滚压或轧膜等方法使之成为具有一定规格的坯体。

(2) 注浆成型法。将含水分 30%~45%的坯料浆在石膏模中浇注成型。用石蜡调成的瘠性浆料则须加热加压注浆成型(如高铝陶瓷制品)。

(3) 压制成型法。将含水分 6%~8%的粉状坯料,在较高压力下于金属模具中压制成型(如墙地砖产品)。

在实际生产中一般是根据制品的形状、大小、厚薄、坯料性能、产量和质量要求、设备及技术能力、用途、经济效果等因素确定选用何种成型方法。

9.4.1 可塑成型

1. 可塑泥团的流变性特征

可塑泥团是由固相、液相、气相组成的塑性-黏性系统。当它受到应力作用而发生变形时,既有弹性性质,又出现塑性变形的阶段(图 9.4.1)。当应力很小时,含水量一定的泥团受到应力 σ 的作用产生形变 ε,两者呈直线关系,而且是可逆的。这种弹性变形主要是由于泥团中含有少量空气和塑化剂,它们具有弹性,同时是由黏土粒子表面形成水化膜所致。若应力增大超过极限值 σ_y,则出现不可逆的假塑性变形。

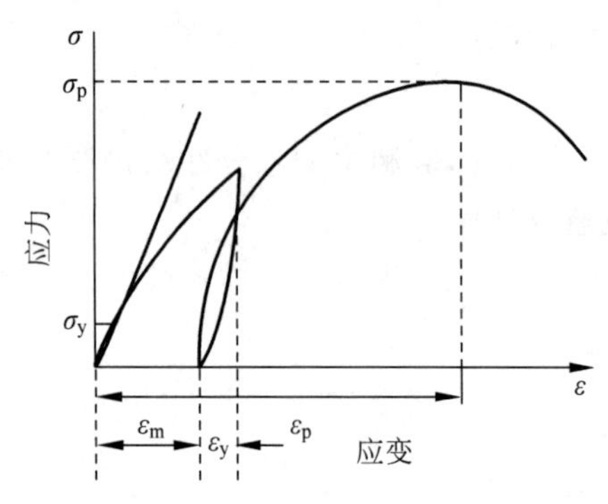

图 9.4.1 黏土泥团的流变曲线

由弹性变形过渡到假塑性变形的极限应力 σ_y 称为流动极限(或称流限、屈服值)。此值随泥团中水分增加而降低。达到流限后,应力增加引起更大的变形速率。若除去泥团受到的应力,则会部分地回复到原来状态(用 ε_y 表示),剩下的不可逆变形部分 ε_n 称为假塑性变形。假塑性变形是由泥团中矿物颗粒产生相对位移所致。若应力超过强度极限 σ_p,则泥团会开裂破坏。破坏时的变形值 ε_p 和应力 σ_p 的大小取决于所加应力的速度和应力扩散的速度。在快速加压和应力容易消除情况下,则 ε_p 和 σ_p 值会降低。

在可塑坯料的流变性质中,有两个参数对成型过程有实际的意义。一是泥团开始假塑性变形时须加的应力,即其屈服值;二是出现裂纹前的最大变形量。成型性能好的泥团应有一个足够高的屈服值,以防遭偶然的外力而产生变形;而且应有足够大的变形量,使得成型过程中不致出现裂纹。一般可以近似地用屈服值和最大变形量的乘积来评价泥料的成型能力。对于某种泥料来说，在合适的水分下，这个乘积可达到最大值，也就具有最好的成型能力。

不同的可塑成型方法对泥料流变性的上述两个参数要求也是不同的。在挤压或拉坯成型时，要求坯泥料的屈服值大些，使坯体形状稳定。在石膏模内旋坯或滚压成型时，坯体在模型中停留时间较长，受应力作用的次数较多，屈服值可低些。对泥料开裂前的最大变形量来说，手工成型的坯泥料可小些，因为工人可根据坯泥料特性来适应它。机械成型时则要求坯泥料的变形量大些，以降低废品率。

1）影响坯料可塑性的因素

（1）黏土矿物结构的影响。

普通陶瓷制品的坯料均采用黏土矿物原料作为塑化剂。坯料的可塑性与所采用黏土矿物原料的种类有很大关系。例如，高岭土和膨润土的塑性相差很大，高岭土的塑性较差，而膨润土的可塑性强。

（2）吸附阳离子的影响。

黏土胶团间的吸引力影响着黏土坯料的可塑性，而吸引力的大小决定于阳离子交换的能力以及交换阳离子的大小与电荷。坯用原料在细碎过程中产生断键作用，其颗粒均带有不同离子的电荷，具有一定的吸附能力。此外，比表面积的增加会促使原料的阳离子交换能力增强，细粒原料可塑性好。

黏土吸附不同阳离子时，其可塑性减少的顺序和阳离子交换能力减少的顺序是相同的。即，$Al^{3+} > Ba^{2+} > Ca^{2+} > Mg^{2+} > NH_4^+ > K^+ > Na^+ > Li^+$。

阴离子交换能力比较小，对可塑性的影响不大。

（3）颗粒大小和形状的影响。

坯料的可塑性受黏土颗粒大小的影响很大。颗粒越细，比表面积越大，每个颗粒表面形成水膜所需的水分越多，产生的毛细管力越大，可塑性越好。反之，可塑性越差。原料颗粒加工越细，能耗也越多，实际生产应根据产品性能、用途、成型方法等因素确定原料颗粒加工细度。

不同形状的颗粒对坯料的可塑性也有一定的影响。不同形状颗粒的比表面积是不同的，形成的毛细管力也不一样。据计算，板状、短柱状颗粒比球状和立方状颗粒的可塑性好。

（4）分散介质的影响。

坯料中最常用的分散介质是水。坯料中加入水分适当时才呈现最佳的可塑性。一般地说，包围各个粒子的水膜厚度为 $0.2\mu m$ 时，坯料会呈现最大的可塑性。

此外，在工厂实际生产中，通常采取一些工艺措施（如陈腐、多次练泥等）也可提高坯料的可塑性。

2）塑化剂的作用和选择

普通陶瓷制品的坯料中，均配有一定数量的黏土原料，具有一定的可塑性。为有利于成型和后继工序的顺利进行以及机械化与自动化生产的需要，往往在坯料中适当增加塑性原料（如可塑黏土或膨润土）的用量或加入有机塑化剂。特种陶瓷采用的原料大多数是瘠性的化工原料，它们主要依靠塑化剂的作用才会具有成型能力。

生产中使用的塑化剂种类很多，通常采用几种物质配制而成。

采用一些有机物质的溶液，常温下能将坯料颗粒黏合在一起，使坯料具有成型性能，烧成时它们会氧化、分解和挥发，这类物质称为黏合剂。常用的黏合剂为糊精、聚乙烯醇、羧甲基纤维素、聚苯乙烯等。

用来溶解黏合剂的物质称为溶剂。常用的溶剂为水、无水乙醇、甲苯、醋酸乙酯等。

2. 可塑成型的方法

可塑成型是一种古老的成型方法。手工拉坯等成型需要有极为熟练的操作技术，这种非机械化的生产方法已逐渐淘汰。然而在制造大型器物、薄胎器物、异型陶质制品和少量艺术瓷时，仍采用该方法。

常用的主要可塑成型方法是挤压成型法、车坯成型法、湿压成型法（包括旋坯法、滚压法、冷模湿压法和热模湿压法）、轧膜成型法等。

1）挤压成型法

挤压成型法是指可塑坯料团经过抽真空挤压成型机的螺旋或活塞挤压而向前，再经过机头模具挤压出来，达到要求的坯体形状。各种管状产品、柱形瓷棒、各种形状规格的劈离砖等产品，都可采用挤压法成型。这些产品的坯体外形由挤坯机机头或模具的内部形状所决定，坯体的长度可根据需要进行切割。

（1）挤制的压力。

挤制的压力过小时，要求泥料水分较多才能顺利挤出。这样得到的坯体强度低、收缩大。若压力过大则摩擦阻力大，加重设备工作负荷。挤制压力主要决定于机头喇叭口的锥度（图 9.4.2）以及模具出口断面尺寸。如果锥角 α 过小，则挤出泥段或坯体不致密，强度低。如果锥角过大，则阻力大，设备的驱动负荷加重，甚至出现泥料向相反方向退回。根据实践经验，当机嘴出口直径 d 在 10mm 以下时，α 角为 12°～13°；d 在 10mm 以上时，α 角为 17°～20°较合适。挤制较粗坯体，坯料塑性较强时，α 角可增大至 20°～30°。影响挤制压力的另一个因素是挤嘴出口直径 d 与机筒直径 D 之比。比值愈小，则对泥料挤制的压力愈大。一般比值在 1/2～1/1.6 范围内。

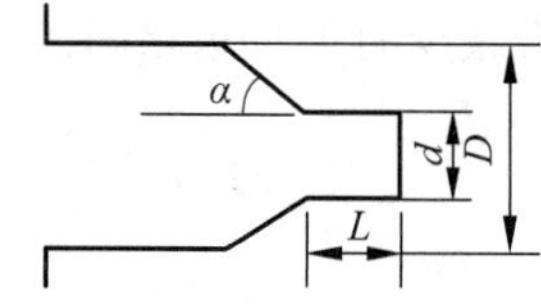

图 9.4.2 挤坯机机头尺寸

（2）挤出速率。

当挤出压力达到最佳状态时，挤出速率主要决定于主轴转数和加料快慢。

（3）挤压成型的缺陷。

A. 气孔。其原因主要是练泥时抽真空度不够，或者坯泥料陈腐时间太短等。

B. 弯曲变形。其形成原因是坯料太湿，坯料组成不均匀，模具芯头调整不好，坯体两面厚薄不一，承接坯体的托板不光滑等。

C. 表面不光滑。其形成原因是挤坯时压力不稳定，坯料中大颗粒过大（如干法雷蒙制粉）等。

2）车坯成型法

对外形复杂的圆柱形陶瓷产品，常将挤出的泥段再经车坯成型。尺寸精度要求较高的产品则多采用干车成型。该法是将经过真空练泥机挤出的圆柱形泥段，再干燥到含 6%～11%的水分，然后固定在立式或卧式车坯机上加工而成型。该成型方法通常在高压电瓷生产中使用。

3）旋坯成型法

旋坯成型的设备是辘轳旋压机。它是利用型刀（样板刀）将置入石膏模内泥料进行旋压成型。模内的泥片受型刀的压挤和剪切作用，紧贴在石膏模上，形成所需要形状的坯体。旋坯成型又分为两种。石膏模内凹，模型内壁决定坯体的外形，型刀决定坯体内部形状时，这种方式称为阴模旋坯（内旋）。石膏模凸起，坯体的内表面取决于模型的形状，坯体的外表面由型刀旋压出来，这种方式称为阳模旋坯（外旋）。大型坯体，内孔较深、孔径大、口径小的产品（如杯、碗、悬式绝缘子等）多采用阴模旋坯成型。器型较浅、口较大的产品（如盘、碟等）采用阳模旋坯成型。

4）滚压成型法

滚压成型是由旋坯法发展而得的新工艺。这种方法是把扁平的型刀改变成尖锥形或圆柱形的回转体——滚压头。成型时，盛放着坯泥料的模型和滚压头分别绕自己的轴线以一定速度旋转。滚压头一面转动一面压紧泥料。这种方法广泛用于日用陶瓷的成型。

滚压成型又分为阳模滚压和阴模滚压。前者是指用滚压头来决定坯体外表面的形状和大小，所以又叫作外滚；后者系指用滚压头形成坯体的内表面，又叫作内滚。另外，根据滚压头是否通电加热，又分冷滚压成型与热滚压成型。外滚压一般适用于盘、碟等扁平器皿或内表面饰有花纹的制品成型；内滚压一般适用于碗、杯等深腔制品的成型。

滚压成型与旋坯成型比较，其优点是坯体致密度高，机械强度大，变形较少，劳动强度低，易于机械化、自动化生产，生产效率高。

5）湿压成型法

湿压成型是把水分为20％左右的可塑坯泥料放在模型内，用金属模头加压成型。

另外，轧膜成型用于生产一些薄片状的陶瓷产品（如晶体管底座、厚膜电路基板、圆片电容器等），由于这些产品比较薄（厚度一般在1mm以下，甚至为0.04～0.05mm），干压成型不能满足这个要求，故生产中广泛采用轧膜成型工艺。轧膜成型是由橡胶和塑料工业移植而来的一种成型方法。

9.4.2 注浆成型

注浆成型是利用石膏模的吸水性，将具有流动性的泥浆注入石膏模内，使泥浆分散地黏附在模壁上，形成与模型相同形状的坯泥层，并随时间的延长而逐渐增厚，当达到一定程度时，经干燥收缩而与模壁脱离，然后脱模取出，坯体制成。

注浆成型是一种适应性大、生产效率高的成型方法。凡是形状复杂或不规则，以及薄胎等制品，均可采用注浆成型法来生产。

1. 注浆成型的工艺原理

1）注浆成型对泥料和稀释剂的要求

在实际生产中，注浆成型的泥浆应具有一定的流动性和稳定性才能满足成型的要求。

(1) 固相的含量、颗粒大小和形状的影响。

泥浆流动时的阻力来自三个方面：水分子本身的相互吸引力；固相颗粒与水分子之间的吸引力；固相颗粒相对移动时的碰撞阻力。

低浓度(或称低黏度)泥浆中固相颗粒少,则说明泥浆黏度主要由液相本身的黏度所决定。在高浓度泥浆中固相颗粒多,泥浆黏度主要取决于固相颗粒移动时的碰撞阻力。固相颗粒增多必然会降低泥浆的流动性,对此仅靠增加水来解决其流动性是不利的(产生坯体收缩过大、强度降低、减缓石膏模的吸浆速度),所以在实际生产中往往采用适当加入稀释剂的方法来改善泥浆流动性。

一定浓度的泥浆中,固相颗粒越细,则颗粒间的平均距离越小,颗粒间吸引力越大,位移时所需克服的引力作用增大,流动性减小。此外,由于水有偶极性和胶体粒子带有电荷,每个颗粒周围都形成水化膜,固相颗粒所呈现的体积比真实体积大得多,因而阻碍了泥浆的流动。

泥浆流动时,固相颗粒既有平移又有旋转运动。当颗粒形状不同时,对泥浆流动所产生的阻力必然不同。对于体积相同的固相颗粒来说,等轴颗粒产生的阻力最小;越不规则颗粒,则阻力越大,泥浆的流动性越差。

(2) 泥浆温度的影响。

将泥浆加热时,分散介质的黏度下降,泥浆黏度也因而降低。提高泥浆温度除增大流动性外,还可加速泥浆脱水,增加坯体强度。所以实际生产中有采用热模热浆进行浇注的方法。若泥浆温度为35~40℃,模型温度为35℃左右,则吸浆时间可缩短一半,脱模时间也相应缩短。

(3) 黏土及泥浆处理方法的影响。

黏土经过干燥后配成的泥浆,其流动性有所改变。当黏土干燥温度达到105℃时,配成的泥浆其流动性可达最大值。而进一步升高干燥温度,泥浆的流动性则又降低。这说明黏土干燥脱水后,表面吸附离子的吸附性质发生变化。黏土经过干燥后,水化膜消失,对水的亲合力减小,再水化困难。当再加水调成泥浆时,新生成的水化膜较薄,颗粒易于位移,泥浆的流动性增大。为此,有的工厂把黏土预先干燥再进行配料列入工艺规程中,从而易于控制和保证泥浆的流动性。

泥浆陈腐一定时间,对稳定注浆性能、提高流动性和增加坯体强度都非常有利。这是因为,含有电解质的泥浆中,吸附离子的交换量随着时间的延长而增加,陈腐过程除促进交换反应继续进行外,还可以让有机物分解,排除气泡,从而改善泥浆性能。对泥浆进行真空处理,也可得到同样的效果。

(4) 稀释剂的影响及选用。

根据坯料的组成和性质,选用适当的电解质作稀释剂,是获得合格注浆坯料的重要因素之一。

A. 作为稀释剂的电解质必须具备如下条件:

a. 具有水化能力大的一价阳离子,如 Na^+;

b. 能直接离解或水解而提供足够的 OH^-,使分散系统呈碱性;

c. 它的阴离子能与黏土中的有些离子(如 Ca^{2+}、Mg^{2+})形成难溶的盐类或稳定的络合物。

B. 稀释剂的分类及选用。

陶瓷工业生产中常用的稀释剂可分为三类。

a. 无机电解质。如水玻璃、纯碱、磷酸钠、六偏磷酸钠等。这是最常用的一类稀释剂。

泥浆的黏度与所需加入无机电解质的种类和数量以及泥浆中黏土的类型有密切的关系。一般来说，电解质用量为干坯料质量的0.3%～0.5%。

水玻璃对增强高岭土泥浆的悬浮能力效果最好，它不仅显著地降低其黏度，而且在相当宽的电解质浓度范围内黏度都是很低的，有利于生产操作。对于含有机物质的紫木节土泥浆，纯碱的稀释作用较水玻璃好。

生产中常同时采用水玻璃和纯碱作稀释剂以调整吸浆速度和坯体的软硬程度。因为单用水玻璃时，坯体脱模后硬化较快，内外水分差别小，致密发硬，容易开裂。单用纯碱时，脱模后坯体硬化较慢，内外水分差别大，坯体较软，或者外硬内软。

使用电解质时，要注意其质量。纯碱如果受潮，就会变成碳酸氢钠，后者会使泥浆絮凝。水玻璃(Na_2SiO_3)是一种可溶性硅酸盐，它的组成用 SiO_2/Na_2O 的分子比(称为水玻璃的模数)来表示，当其模数大于4时，长期放置会析出胶体 SiO_2，常用作稀释剂的水玻璃模数一般为3左右。

b. 有机酸盐类。如腐殖酸钠、单宁酸钠、柠檬酸钠、松香皂等。这类有机物质具备稀释剂的条件，它们的稀释效果比较好。

c. 聚合电解质。聚合电解质常用作不含黏土原料的泥浆的稀释剂。常用的有阿拉伯树胶、桃胶、明胶、羧甲基纤维钠盐等有机胶体，其用量少时会使浆料聚沉，适当增多时会稀释浆料，用量一般在0.3%左右。

2) 注浆成型的物理化学变化

采用石膏模注浆成型时，既发生物理脱水过程，又发生化学凝聚过程，而前者是主要的，后者只占次要地位。

(1) 注浆时的物理脱水过程。

泥浆注入石膏模型后，在毛细管力的作用下，泥浆中的水沿着毛细管排出后被吸入石膏模毛细管内。可以认为毛细管力是泥浆脱水过程的推动力。这种推动力取决于毛细管的半径和水的表面张力。毛细管越细，水的表面张力越大，则脱水的动力就越大。当模型内表面形成一层坯体后，水分要继续排出就必须先通过坯体的毛细孔，然后再被吸入模型的毛细管内。这时注浆过程的阻力来自石膏模和坯体两方面。注浆开始时，模型的阻力起主要作用。随着吸浆过程的不断进行，坯体厚度继续增加，坯体所产生的阻力起主导作用。

坯体所产生阻力的大小决定了泥浆本身的性质和坯体的结构。含塑性原料多的泥浆，脱水阻力大；形成的坯体密度大，其阻力也大。石膏模产生的阻力取决于毛细管的大小和分布。它又与制造模型时水和熟石膏粉的比例，以及模型干燥程度、使用次数等有关。

(2) 注浆时的化学凝聚过程。

泥浆与石膏接触时，在其接触表面上溶有一定数量的 $CaSO_4$(25℃时100g水中 $CaSO_4$ 的溶解度为0.208g)。它与泥浆中的Na-黏土和水玻璃发生离子交换反应：

$$\text{Na-黏土} + CaSO_4 + Na_2SiO_3 \longrightarrow \text{Ca-黏土} + CaSiO_3 \downarrow + Na_2SO_4$$

使得靠近石膏模表面的一层Na-黏土变为Ca-黏土，泥浆由悬浮状态转为聚沉。石膏起到絮凝剂的作用，促进泥浆絮凝硬化，缩短了成坯时间。通过上述反应生成溶解度很小的 $CaSiO_3$，促使反应不断向右进行；生成的 Na_2SO_4 是水溶性的，被吸进模型的毛细管中。当烘干模型时，Na_2SO_4 以白色丛毛状结晶的形态析出。由于 $CaSO_4$ 的溶解与反应，模型的毛细管增大，表面出现麻点，机械强度下降。

3）增大吸浆速度的方法

（1）减少模型的阻力。

模型的阻力主要是通过改变模型制造工艺来加以控制，为了减少模型的阻力，一般可以采用增加熟石膏与水的比值，适当延长石膏浆的搅拌时间，真空处理石膏浆等方法。

（2）减少坯料的阻力。

坯料的阻力取决于其结构，而后者又由泥浆的组成、浓度及添加物的种类等因素所决定。

泥浆中塑性原料含量多则吸浆速度小；瘠性原料多的泥浆则吸浆速度大。因此，在不影响泥浆工艺性质和产品质量的前提下，适当减少塑性原料，增多瘠性原料，对加速吸浆过程是有利的。

泥浆颗粒越细，其比表面越大，越易形成致密的坯体，疏水性差，吸浆速度因而降低。对于大件产品，泥浆颗粒应适当加粗。

另外，在保证泥浆具有一定流动性的前提下，减少泥浆中的水分，增加其密度，可提高吸浆速度。但由于泥浆浓度增加必然使得其黏度加大，从而影响其流动性，这就要求选用高效能的稀释剂。

（3）提高吸浆过程的推动力。

在吸浆过程中，泥浆与模型之间的压力差是吸浆过程的推动力。在一般的注浆方法中，压力差来源于毛细管力。若采用外力以提高压力差，则必然有效地推动吸浆过程的加速进行。

2. 注浆成型对石膏模及泥浆的性能要求

注浆成型的关键是要有高质量的石膏模型和性质良好的注浆泥料。

1）对石膏模型的要求

（1）模型设计合理，易于脱模，各部位吸水均匀，能够保证坯体各部位干燥收缩一致，即坯体的密实度一致。

（2）模型的孔隙率大，吸水性能好。其孔隙率要求在30%～40%。使用时石膏模不宜太干，其含水量一般控制在4%～6%，过干会引起制品干裂、气泡、针眼等缺陷，同时模子使用寿命缩短；过湿会延长成坯时间，甚至难于成型。

（3）翻制模型时，应严格控制石膏与水的比例，以保证有一定的吸水性和机械强度，并使模型质量稳定。

（4）模型工作表面应光洁、无空洞、无润滑油迹或肥皂膜。新模第一次使用前，应用2%的纯碱溶液擦拭内壁，以除去残留涂料，也可用细砂纸将模内表面轻轻擦去一层。

2）对泥浆的要求

（1）泥浆的流动性良好，倾注时像乳酪一样呈一根连绵不断的细线，否则浇注困难，如模型复杂时，会产生流浆不到位，形成缺角等缺陷。

（2）含水量尽可能低，以降低收缩，缩短干燥时间。一般泥浆含水量控制在30%～35%，密度在1.65～1.90g/cm^3。这样使泥浆在石膏模内短时间形成坯体，并在坯体硬化后易于脱模。

（3）泥浆要有足够的稳定性，稀释剂的选择和用量要适当，以防止较大的颗粒分离沉淀。

(4) 要有良好滤过性(渗透性),使泥浆扩散快,成型时间短,以防止坯体表面硬化,而中心尚有流浆的现象。

(5) 泥浆的触变性要适宜,不应过大。如泥浆在模型内聚凝,就会造成坯体表面凸凹不平,甚至塌陷。

3. 注浆成型的方法

1) 注浆方法

(1) 空心注浆(单面注浆)。

操作时,泥浆注满模型经过一定时间后,模型内壁黏附着具有一定厚度的坯体。然后,将多余泥浆倒出,坯体形状在模型内固定下来,如图 9.4.3 所示。这种方法适用于浇注小型薄壁的产品,如陶瓷坩埚、花瓶、管件等。空心注浆所用的泥浆密度较小,一般在 1.65～1.80g/cm^3,否则倒浆后坯体表面有泥缕和不光滑现象。坯体的厚度取决于吸浆的时间、模型的湿度和温度,也与泥浆性质有关。

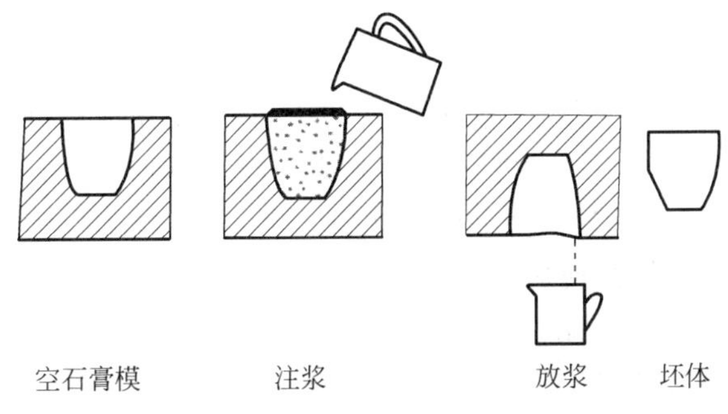

图 9.4.3　空心注浆的操作过程

(2) 实心注浆(双面注浆)。

实心注浆是将泥浆注入石膏外模与模芯之间,如图 9.4.4 所示。坯体的内部形状由型芯决定。注浆后,不需倒出余浆。该方法多用来注制盅、鱼盘、鸭池、汁斗、瓷板,以及尺寸大、外形比较复杂的制品。实心注浆常用较浓的泥浆,一般密度在 1.8g/cm^3 以上,以缩短吸浆时间。空石膏模坯体在形成过程中,模型从两个方向吸取泥浆中的水分,靠近模壁处坯体较致密,坯体中心部位较疏松。因此,对泥浆性能和注浆操作要求较严。

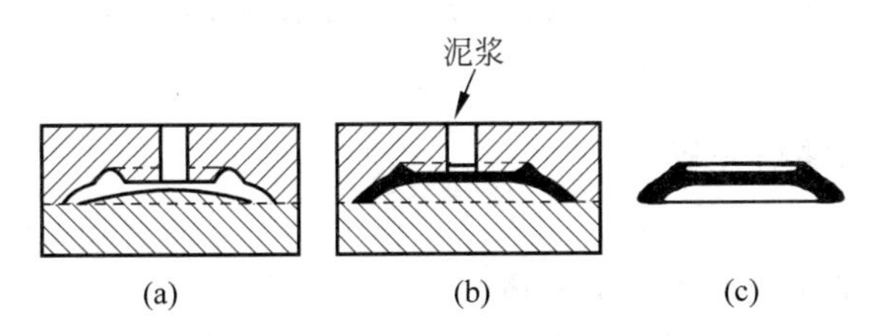

图 9.4.4　实心注浆鱼盘的操作过程

(a) 装配好的模型;(b) 浇注及补浆;(c) 坯体

2) 加速注浆的方法

(1) 压力注浆。

一般增大泥浆压力的方法是提高浆桶的高度,利用泥浆本身的重力从模型底部进浆,也可用压缩空气将泥浆注入模型内。

(2) 离心注浆。

离心注浆是指在模型旋转运动的情况下,将泥浆注入模型中。由于离心力的作用,泥浆紧靠模壁脱水后形成坯体。离心注浆时,浆料中的气泡较轻,在模型旋转时,多集中于中部,最后破裂消失。这种方法得到的坯体厚度较均匀,变形较少。模型的转速应根据产品的大小而定。大件产品转速要低些,以免不稳定。若转速较小,则会出现泥纹。一般转速在100r/min以下。这种方法所用泥浆中的固体颗粒尺寸不能相差太大,否则粗颗粒会集中在坯体内部,细颗粒容易集中在模型表面,造成坯体密实不均匀,干燥收缩时易变形。

(3) 真空注浆。

一种方式是在石膏模外面抽取真空,增大模型内外压力差;另一种方式是在真空室中全部处于负压下注浆。这两种方式均可加速坯体形成。

另外,真空注浆还可减少坯体中的气孔和针眼,提高坯体强度。但操作时要缓慢抽真空和缓慢进气,模型要加固。

4. 注浆成型操作注意事项

(1) 新制成的泥浆应至少存放(陈腐)一天以上再使用,用前需继续搅拌5~10min。

(2) 泥浆温度应不低于10~12℃;冬天泥浆过冷,影响泥浆的流动性;故在冬天注浆车间应有暖气设备,维持室内温度在20~25℃。

(3) 石膏模应按顺序轮换使用,使模型湿度保持一致。对于空心注浆,每次注坯后,泥浆在模中的停留时间须严格控制。

(4) 泥料注入模型时,应沿着漏斗徐徐而又连续不断地一次注满,使模内的空气充分逸出。注坯时最好模子置于转盘上,一边注,一边用手使之回转,这样可借助离心力的作用,促进泥层的生成和均匀一致,减低坯内气泡,减少烧成变形。

在实心注浆时,泥浆注入后应将模型稍微振动,使泥浆流满各处。同时也有利于泥浆内的气泡散逸。

(5) 石膏模内壁在注浆前最好喷一层薄釉渣或撒一层滑石粉,以防黏模。

(6) 从空心注浆后倒出来的余浆和修整而得的废浆,既有一些解凝剂,也从模型上混入一些硫酸钙。回收使用时,要先加水搅拌,洗去这些可溶盐类,然后过筛压滤与新浆料配用。

(7) 注浆坯体脱模后要轻拿轻放,放平、放正、放稳,并防止振动。高足或器形特殊的坯体,最好放在托板上。

5. 注浆成型常见缺陷分析

1) 气孔、针孔

气孔及针孔产生的主要原因如下所述。

(1) 泥浆水分太少,黏度太大,流动性差,使泥浆中的气泡不易排出。

(2) 泥浆存放时间太长,泥浆温度过高,致使泥浆发酵;泥浆未经陈腐。

(3) 电解质的种类及用量不当。

(4) 搅拌泥浆太剧烈,或注浆速度太快,使泥浆夹有空气泡。

(5) 石膏模中混有杂质,如砂子或碳酸钙等;制模用石膏的颗粒太粗,致使模型的结构不均匀;模型表面沾有灰尘。

(6) 石膏模过干、过湿，或温度过高。

2) 开裂

开裂的主要原因如下所述。

(1) 泥浆中塑性原料用量不当，颗粒过粗。

(2) 电解质的用量不当，或泥浆未经陈腐，搅拌不匀，流动性差。

(3) 模型干湿不一，新模型在使用前未清除表面的油污杂质。

(4) 注浆操作不善，未完全倒净余浆，造成注件厚薄不匀，干燥收缩不一。

(5) 注件脱模过早、过迟，干燥温度过高。

3) 变形

变形的主要原因如下所述。

(1) 泥浆混合不匀，造成干燥收缩不一。

(2) 泥浆的水分过多，造成干燥收缩大。

(3) 倒余浆操作不当，坯体厚薄不匀。

(4) 模型过湿，或脱模过早，或出模操作不当，湿坯没有放平、放正。

4) 泥缕

泥缕产生的主要原因为：泥浆的黏度大，流动性差；模型工作面沾有浆滴；倒余浆操作不当。

9.4.3 压制成型

压制成型是指将粉状的坯料在钢模中压成所需要的形状和尺寸的致密坯体的一种成型方法。压制成型的坯料水分少，压力大，因而坯体较致密，收缩较小，形状准确。压制成型工艺简单，生产效率高，缺陷少，便于连续化、机械化和自动化生产。

目前，陶瓷墙地砖产品均采用压制成型。在实际生产中，应根据原料性质、坯料制备方法以及对产品质量要求和生产规模，来选用合适的压制方式和压制机械。另外，要得到结构致密、均匀和尺寸准确的制品，就必须注意粉料性质、填料方式、压制压力，以及加压方式对制品的影响。

1. 压制成型的工艺原理

1) 粉料的工艺性质

(1) 粒度和粒度分布。

粒度是指粉料的颗粒大小，通常以颗粒半径 r 或直径 d 表示。实际上并非所有的粉料颗粒都是球状。非球形颗粒的大小可用等效半径来表示。压制成型粉料的颗粒是由许多小颗粒组成的粒团，比真实的固体颗粒大得多。例如，半干压法生产面砖时，泥浆细度用万孔筛筛余 1%～2%，即固体颗粒大部分小于 60μm；实际压砖时粉料的假颗粒度为通过 0.16～0.24mm 筛网(100～60 目筛)。因而要先经过造粒。

在实际生产中，很细或很粗的粉料，在一定压力下被压紧成型的能力较差，表现在相同压力下坯体的密度和强度相差很大。此外，细粉料加压成型时，颗粒间分布着的大量空气会沿着与加压方向垂直的平面逸出，产生层裂；而含有不同粒度的粉料成型后，密度和强度都较高。这里就涉及粉料粒度分布问题。粒度分布是指各种不同大小颗粒所占的百分比。另外，压制成型与粉料颗粒形状、堆积方式等有关。以等径球状粉料为例，若采用不同大小的球状粉料堆积，则小球料可能填塞到等径大球料的空隙中去。因此，采用一定粒度分布的粉料可减少其气隙，提高粉料自由堆积的密度，有利于提高压制成型的坯体的质量。

(2) 粉料的含水率。

粉料的含水率直接影响到它的压制成型性能。当粉料的含水率高于适当值时，压制成型过程中容易粘模；而当粉料的含水率低于适当值时，却难以得到密实的坯体。

成型设备的压力不同，对粉料含水率亦有不同的要求。采用30t摩擦压砖机生产釉面砖，要求坯粉料含水率为7.5%～8.5%；而采用意大利PH550型油压机生产釉面砖，要求坯粉料含水率为5.5%～6.5%。一般地，成型压力大，坯料水分可适当低一些；反之，则高一些。

不同季节中使用的坯粉料含水率也有区别。某厂生产釉面砖，夏季使用粉料含水率为8%～9%，冬季则为7.5%～8.5%。

另外，坯料水分不均匀，出现局部过湿或过干，对压制成型坯体的质量影响也很大。其危害性不亚于粉料含水率不适当所带来的危害。

(3) 粉料的拱桥效应。

粉料自由堆积的孔隙率往往比理论计算值大得多。这是因为实际粉料不是球形，加上表面粗糙，结果颗粒互相交错咬合，形成拱桥形空间，增大孔隙率，这种现象称为拱桥效应(或称桥接)。较大且光滑的颗粒堆积在一起时，孔隙率不会很大。细颗粒的质量小，比表面大，颗粒间的附着力大，容易形成拱桥。

(4) 粉料的流动性。

当粉料堆积到一定高度后，会向四周流动，始终保持为圆锥体，其自然休止角α保持不变。当粉料堆的斜度超过其固有的α角时，粉料向四周流泻，直到倾斜角降至α角为止。因此可用α角来反映粉料的流动性。一般粉料的自然休止角α为20°～40°。如粉料呈球形，表面光滑，易于向四周流动，α角值就小。

粉料的流动性取决于它的内摩擦力。当粉料维持自然休止角α时，颗粒不再流动。实际上粉料的流动性与其粒度分布、颗粒的形状和大小以及表面状态等因素有关。

在实际生产中，粉料的流动性决定着它在模型中的填充速度和填充程度。流动性差的粉料难以在短时间内填满模具，影响压机的产量和坯体的质量。所以往往向粉料中加入适量的润滑剂，目的在于提高粉料的流动性。

2) 压制过程中坯体的变化

在压制成型过程中，随着压砖机压力的增大，松散的粉料中气体被排除，固体颗粒被压缩靠拢，坯料形成坯体。这时坯体的密度和强度的变化呈现出一定规律。通常坯体中不同的部位受到的压力不相同，因而坯体各部位的密度也存在差异。

(1) 密度变化。

粉料在受压时，加压第一阶段，密度急剧增加，迅速形成坯体；第二阶段中，压力继续增加时，坯体密度增加缓慢，后期几乎无变化；第三阶段，压力超过某一数值后，坯体密度又随压力增大而增高。若以成型压力为横坐标，以坯体的密度为纵坐标作图，可定性地得到坯体密度与压力的关系曲线，如图9.4.5所示。

坯体密度随压力变化的规律如下所述。粉料开始受压的第一阶段，大量颗粒产生相对滑动和位移，位置重新排列，孔隙减少、假颗粒碎裂、拱桥破坏、坯体密度增大；而且压力越大，发生位移和重排的颗粒越多，孔隙消失越快，坯体密度和强度也越大。在第二阶段中，坯体中宏观的大量空隙已不存在，颗粒间的接触由简单的点、线或小块面的接触发展为较复杂的点、线、面的接触。在压力达到使固体颗粒变形和断裂的程度以前，不会再出现大量孔隙被填充和颗粒重新排列，因此，坯体密度变化很小。在第三阶段中，当成型压力增加到能使固体颗粒变形和断裂的程度时，颗粒的棱角压平，孔隙继续填充，因而坯体密度进一步提高。

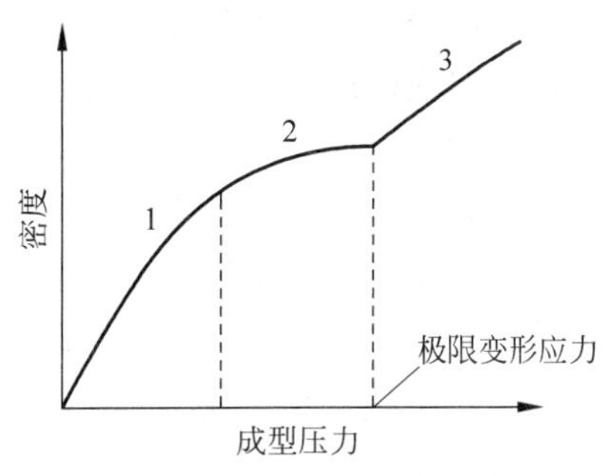

1-第一阶段；2-第二阶段；3-第三阶段。

图 9.4.5 坯体密度与成型压力的关系

在实际生产中，还可以通过以下几种途径来提高压制成型坯体的密度。

A. 减少粉料装模时自由堆积的孔隙率。可以通过控制粉料粒度、粒度分布，提高粉料容重或采用振动喂料来实现。

B. 增加压制压力，可使坯体孔隙率减小。因受生产设备结构的限制，以及坯体质量的要求，压制压力不能过大。

C. 延长加压时间，可以提高坯体的致密度，降低坯体的气孔率，但相应会降低生产效率。

D. 减小粉料颗粒间内摩擦力，能使坯体气孔率降低。实际上，粉料经过造粒（或通过喷雾干燥）得到球形颗粒，加入成型润滑剂或采取一边加压一边升温（热压）等方法均可达到这种效果。

（2）强度变化。

坯体强度与成型压力的关系大致如图 9.4.6 所示。按图曲线的形状可分为三个阶段，第一阶段压力较低，粉料颗粒位移，填充孔隙而使坯体孔隙减小，则强度主要来自于颗粒之间的机械咬合作用，此时颗粒间接触面积还小，所以坯体强度并不大。第二阶段是成型压力增加，不仅颗粒位移和填充孔隙继续进行，而且能使颗粒发生变形，颗粒间接触面积大大增加，出现原子间力的相互作用，这时坯体强度直线增加。压力继续增大至第三阶段，坯体孔隙和密度变化不明显，强度变化也较平坦。

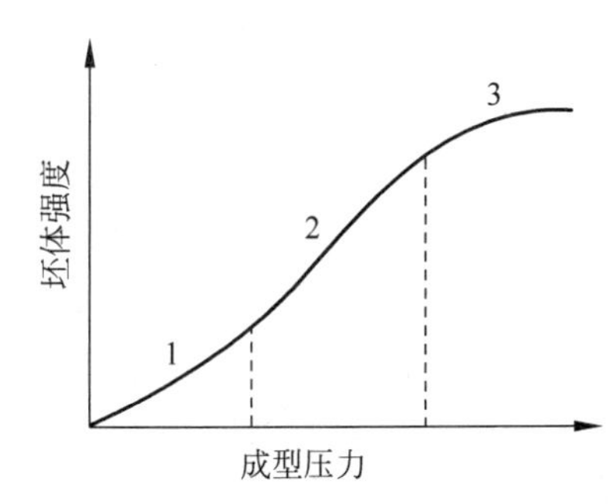

图 9.4.6 坯体强度与成型压力的关系

（3）坯体中压力的分布。

压制成型的一个问题是坯体中压力分布不均匀，即不同的部位受到的压力不等，导致坯体各部分的密度不均匀。产生这种现象的原因是坯料颗粒移动和重新排列时，颗粒之间产生内摩擦力；颗粒与模壁之间产生外摩擦力。这两种摩擦力妨碍了压制压力的传递。坯体中离开加压面的距离越大，则受到的压力越小。摩擦力对坯体中压力及密度分布，随坯体高度和直径的比值 H/D 不同而变化。H/D 比值越大，则压力不均匀分布现象越严重。由于坯体各部位密度不同，烧成时收缩也就不一样，容易引起产品变形和开裂。若施加压力的中心线与模型的中心线产生错位，会引起坯体中压力分布更加不均匀。因此，生产中要求施加压力的中心线应与坯体和模型的中心对正。

陶瓷墙地砖产品的厚度较薄(H/D 值小)，故大多数采用单面压制成型坯体。

3）加压制度及压制成型操作对坯体质量的影响

(1) 填料方式与填料操作。

压制成型的第一步是将粉料填入钢模内。如果快速而均匀地将粉料装入钢模，将有利于劳动生产率及成型坯体质量的提高。填入的粉料不均匀，会使成型的坯体结构不均匀，而压制好的坯体具有某些难以觉察的缺陷，这些缺陷会在随后的干燥与烧成中暴露出来，比较典型的缺陷是变形、硬裂、口裂。因此，在生产中除要求粉料流动性良好外，还要求有一个正确的填料方式。

墙地砖压制成型时，粉料通常都是从一面送入模型内。在装料器推出砖坯的过程中，模套升起(或下模下降)粉料填满模型，装料器再从模型上拉回来即完成填料操作。为保证填料操作质量，工人们在实践中总结出“长推、稳推、慢拉、推拉，层次分明，节奏清楚”，“紧推、慢拉、中间哆嗦”的经验以及每压一次坯，往装料器中添加粉料一次，以保证装料器每次填入模型中的粉料均匀一致。

各种自动压砖机的填料系统有一共同之处，就是喂料中有料层高度控制装置，保证料斗中料层高度稳定。根据压机种类不同，填料机构有三种形式。在往复式填料机构中，一种为模拟人工填料，另一种是填料后振动一次使粉料均匀。回转式压砖机所用填料机构为回转式充填盘。充填盘与回转盘间的相对速度可以调整。由于充填盘与模具同步前进，充填盘转速可作无级调速，这样使粉料在模具内得到均匀的填充厚度和密度。

(2) 成型压力的确定。

陶瓷墙地砖坯体的成型压力，主要由以下两个方面来确定。

A. 克服粉料的阻力 P_1，称为净压力。它包括粉料颗粒相对位移时所需克服的内摩擦力，以及使粉料颗粒变形所需的力。

B. 克服粉料颗粒对模壁摩擦所消耗的力 P_2，称为消耗压力。

所以，粉料在压制过程中的总压力 $P=P_1+P_2$，即通常所说的成型压力。它一方面与粉料的组成和性质有关；另一方面与模壁与粉料的摩擦力和摩擦面积有关，即与坯体大小和形状有关。如果坯体截面不变，而高度增加，形状复杂，则压力损耗增大。若高度不变，而横截面尺寸增加，则压力损耗减小。对于某种坯料来说，为了获得一定致密度的坯体，所需要施加的单位面积上的压力是一个定值，而压制不同尺寸的坯体，所需的总压力等于单位压力乘以受压面积。

实际生产中，在保证坯体质量好、生产效率高的同时，选用尽量高的成型压力，获得强度高的坯体，会有利于以后各工序的进行。但要注意的是，成型压力不要过高，因为压力过高，不仅无益于坯体强度和密度的提高，反而会引起无谓的能量消耗，并使得坯体中残留过度压缩的空气，在压力取消后气体膨胀而引起过压层裂。一般陶瓷的单位成型压力为 40～100MPa。含黏土的坯料塑性较好，成型压力较低，一般为 10～60MPa。产品性能要求严格的瘠性坯料需用较大的压力。

(3) 加压方式和加压操作。

墙地砖生产中采用的压机，一般都是依靠上冲头的下降而实现冲压过程，由于模型结构的不同，压力施加到坯体上的方式也有所不同。图 9.4.7 示出了三种不同模型结构的加压方式。其中图(a)为气动模套，上冲模压在模套上，模套因压力的作用而降落。这时坯体从下面受到压力，首先是靠近下模的坯粉被压紧，而将压力逐渐传递到上层。这种加压方式导致坯体下部料层致密，上部料层较疏松。墙地砖生产多数采用这种加压方式。图(b)是模套固定在机座上，上冲模直接塞进模套内进行压制，压力从上部施加到坯料上，这样压制的坯体致密度是上层致密、下层较疏松。由此可见，从单面进行压制成型，难以获得结构与致密度均匀的坯体。图(c)是一种双面先后加压的模型，开始是上冲模塞进模套内进行压制，压力从上部加于坯料上；待到一定程度后，二道冲模就加压在模套上，在压力作用下，模套下降，压力又从下面施加于坯料之上。这种双面先后加压的方式能获得结构与致密度较为均匀的坯体。墙地砖生产同样能采用这种加压方式压制坯体，但模具加工较为费工费时。

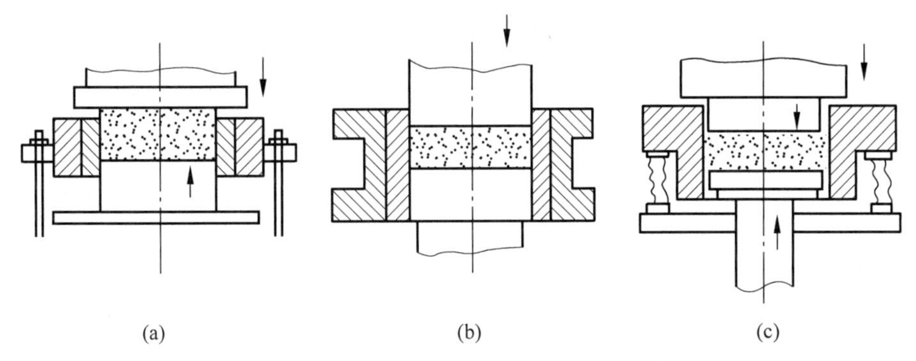

图 9.4.7 三种不同模型结构的加压方式

粉料填充模具内，其颗粒间充满着占其容积 40%的空气，因而，无论以什么方式压制坯体，首先是要排除坯料中的空气，并尽量使之排除干净；否则，当压力撤出后，残留于坯体中的气体膨胀，坯体发生层裂，即通常所说的夹层。坯料中的空气能否顺利排除，与压制方法有直接关系。在开始加压时，压力应小些，以利于空气排出，然后短时间释放压力，使受压空气逸出。初压时坯体疏松，空气易排出，可以稍快加压。当用高压压制使坯料颗粒紧密靠拢后，必须减慢加压速度，延长持压时间，以免残余空气无法排出，产生坯体缺陷。

为了使压力在坯内均匀分布，通常采用多次加压。墙地砖采用摩擦压机压制成型时，通常加压 3～4 次。开始时稍加压力，然后压力加大，不致封闭空气排出通路，最后一次提起上模时要轻些缓些，防止残留的空气急速膨胀而产生裂纹。这就是所谓的“一轻、二重、慢提起”的操作方法。这种操作原则同样适用于液压压砖机的操作。

坯体出现层裂，除与压制方法有关外，还与粉料的物理性质有关。粉料含水量过多、过少都容易出现层裂。水分过多时，在不大的压力下坯体表面就被压实，水分封闭了气体通路，较多气体不易排出，从而在压力撤去后膨胀，造成坯体层裂。水分过少时，在同样压力下难以得到足够强度的坯体。这时的坯体强度不足以克服残留在颗粒间的少量气体膨胀的斥力，而生成微小的裂纹，造成坯体层裂。这种裂纹通常细小，难以发现。另一个原因就是当粉料中含有大量细粉时，在压制过程中阻碍了空气的排除，而导致层裂产生。不正确的脱模操作也会带来类似的层裂。

(4) 脱模操作。

脱模操作是压制成型过程中最后的一个关键操作。只有掌握好正确的脱模时间，才能得到高质量的坯体。根据实践经验，在上冲模压力尚未完全解除前，使模套下降脱模，能大大减少开裂起层缺陷。脱模时如果上模减压过快，则易造成横向开裂即层裂；如模套下降过快，则形成直裂，即通常所指的膨胀裂。

2. 压制成型方法

陶瓷墙地砖压制成型方法通常依据压制成型的机械种类，以及是否采用人工操作来划分。目前大多数工厂采用两种压制成型机械压制成型坯砖：一种是人工操作摩擦式压砖机；另一种是自动式压砖机。

1）摩擦式压砖机

这种压制成型设备因其加压机构的运动方式而得名。压制成型时，采用人工喂料和人工操作压机压制成型坯砖。当加压螺杆顶端的飞轮盘与左边或右边的主动回转盘接触时，由于两者间的摩擦，即可带动螺杆回旋着上升或下降。由于螺杆的运动比较平缓，并且压力是逐渐加大的，所以压出的制品非常紧密。目前墙地砖生产的中、小厂家多采用这种压砖机。

2）自动式压砖机

采用自动式压砖机压制坯砖，整个动作过程都由电子装置自动控制。该机多为油压压砖机。它的制造原理是：加在密闭液体上的压强，能够按照原来的大小，由液体向各个方向传递。

3. 压制成型常见缺陷

1）规格尺寸不符合要求

最常见的尺寸偏差是：偏薄偏厚；四角厚薄不一；上凸或下凹以及扭斜；大小头。

(1) 偏薄偏厚。砖坯厚度公差超过要求。产生原因是：填料不均匀，过薄或过厚；料层密度不一，钢模不平。

(2) 斜度大。砖坯一边厚、一边薄，或四角厚薄不一；烧后产品一头大、一头小。产生原因是：①填料不均匀，料层一边厚一边薄或者一边疏松一边紧密，四角料层密度不一(由填料操作不当或者粉料流动性不好造成)；②钢模安装不平，模腔一边深一边浅；③机台加压螺杆或滑架晃动，粉料受压情况不一致(一边先施压、一边后施压；一边压力大、一边压力小)。

(3) 砖面中心凸起(上凸)、砖面中心下凹(下凹)。其产生原因是：①钢模不平；②上模板过薄、安装时变形；③安装钢模时，垫纸过多造成钢模变形；④砖坯结构不匀，正反两面密度相差大，脱模时上模离开太快，砖坯两面膨胀不一，在干燥和烧成过程中收缩不一。

2）裂纹

裂纹有坯裂，包括层裂(夹层)、角裂、膨胀裂，以及素烧裂，包括大口裂、硬裂。

(1) 层裂(夹层)。

压制时排气不良，在压力作用下，气体沿与加压方向垂直的平面分布，当压力撤除后，气体膨胀而形成层状裂纹。产生原因为：①操作不当；②粉料含水率太高，排气性能不良；③粉料含水率太低，坯体强度不好，不足以克服少量残留气体膨胀产生的应力；④坯粉级配不好；⑤压制压力过大，残留气体因过分压缩而膨胀较大。

(2) 角裂。

坯角开裂。产生原因为：①角部填料太松，引起砖坯角部强度太差；②砖坯外形设计不合理，在码坯、装钵和搬运时，受到冲击应力。

（3）膨胀裂。

边部垂直砖面的微小裂纹。产生原因主要是脱模时模套下降太快，砖坯迅速膨胀，产生了较大的应力。

（4）大口裂。

素烧后出现在砖边部的大裂纹。产生原因是：压制成型后的坯体强度不足以克服水分蒸发及坯体收缩而产生的应力，由此产生的裂纹规律性强，基本上出现在坯体较疏松边上；装钵方法不合理，使坯体局部受拉应力；素烧升温太快。

（5）硬裂。

出现在砖坯中部的裂纹。产生原因为：①操作不当致使砖坯各处密度不一样；②传统工艺制备的粉料中有大硬块；③坯粉水分不均匀，坯料陈腐时间太短；④素烧预热阶段升温过快。

3）麻面（黏模）。

坯料粘在钢模上，而使砖坯表面凹凸不平。产生原因为：①坯料太湿或干湿不匀；②坯料温度太高；③电热模具温度太低；④钢模内面光洁度不够；⑤擦模次数太少；⑥喷雾干燥制备坯粉时，可溶性盐类及电解质残留在颗粒表面。

4）坯脏。

砖坯中夹有杂质或脏物，能使制品出现斑点、熔洞、裂纹、变色。产生原因为：①坯粉制备过程中混进杂物，除铁、过筛不严；②坯粉运输过程中混进杂物；③压制成型过程中混进杂质；④粘有机油的坯料，砖坯上掉下的硬块，由维修机台及换钢模时掉下的铁屑、铁锈等物。

5）坯粉（黏粉）。

砖坯表面粘有粉料。产生原因为：压制好的砖坯推出时，由于摩擦易粘上残留于模套上的坯粉，而在装钵前或码垛前没有清扫干净，经烧后粘在砖坯上。

6）掉边、掉角。

砖坯边角掉落。产生原因为：①操作不当；②钢模开口宽度、深度不当或精度不够；③模具使用时间太长，造成边角部位疏松、粗糙。

9.5　釉料制备及施釉

釉是指覆盖在陶瓷坯体表面上的类玻璃态薄层，但釉不是玻璃，它的组成较玻璃复杂，其性质和显微结构也与玻璃有较大的差异。例如，它的高温黏度远大于玻璃；其组成和制备工艺与坯料相接近而不同于玻璃。

釉的作用在于：改善陶瓷制品的表面性能，使制品表面光滑，对液体和气体具有不透过性，不易沾污。与坯体形成一个整体，可以提高制品的机械强度、电学性能、化学稳定性和热稳定性。釉还对坯起装饰作用可以遮盖坯体的不良颜色和粗糙表面。

9.5.1　釉的分类

1. 按与其结合的坯体的种类分类

釉分成瓷釉和陶釉两种。

2. 按制备方法分类

(1) 生料釉。是指所有制釉的原料均不预先熔制,而是直接加入球磨机混合,制成釉浆。

(2) 熔块釉。是指先将部分易熔、有毒的原料以及辅助原料熔化成熔块,再与黏土等其他原料混合,研磨成釉浆。

(3) 盐釉(挥发釉)。是指当坯体煅烧到高温时,向窑内投入挥发性盐(常用 NaCl),使之汽化后直接与坯体作用而形成很薄的釉层。

3. 按釉的外观特征分类

釉分成透明釉、乳浊釉、半无光釉、无光釉、结晶釉、金属光泽釉、裂纹釉、单色釉、多色釉等。

4. 按釉的成熟温度分类

釉分成高温釉(高于 1250℃)、中温釉(1100～1250℃)、低温釉(低于 1100℃)。

5. 按釉的主要熔剂矿物分类

釉分成长石釉、石灰釉、铅釉、锂釉、镁釉、锌釉等。

长石釉是以长石为主要熔剂,釉式中“K_2O+Na_2O”的分子数等于或稍大于 RO 的分子数,长石釉的高温黏度大、烧成范围宽、硬度较大、热膨胀系数也较大。

石灰釉的主要熔剂为 CaO,釉式中 CaO 的物质的量大于等于 0.7,石灰釉的光泽很强、硬度大、透明度高,但烧成范围较窄,气氛控制不好易产生“烟熏”。如果用一部分长石代替石灰石,使 CaO 质量分数小于 8%则称为石灰碱釉;以部分 MgO(分子数>0.5)代替部分 CaO 则称为镁釉;以 ZnO 代替 CaO(分子数>0.5)称为锌釉。

铅釉是以 PbO 为助熔剂的易熔釉。它的特点是成熟温度较低,熔融范围较宽,釉面光泽强,表面平整光滑,弹性好。

9.5.2 釉层的形成

1. 釉料在加热过程中的变化

1) 分解反应

这类反应包括碳酸盐、硝酸盐、硫酸盐及氧化物的分解,以及原料中吸附水、结晶水的排出。

2) 化合反应

在釉料中出现液相之前,已有许多生成新化合物的反应在进行。例如,Na_2CO_3 与 SiO_2 在 500℃以下生成 Na_2SiO_3;$CaCO_3$ 与高岭土在 800℃以下形成钙铝尖晶石($CaO \cdot Al_2O_3$),在 800℃以上形成硅酸钙:PbO 与 SiO_2 在 600～700℃生成 PbSiO3。此外 ZnO 和 SiO_2 通过固相反应生成硅锌矿($2ZnO \cdot SiO_2$)。

3) 熔融

釉料在两种情况下出现液相。一是原料本身的熔融,如长石、碳酸盐、硝酸盐的熔化。另外是一些低共熔物的形成,如碳酸盐与石英、长石;铅丹与石英、黏土;硼砂、硼酸与石英及碳酸盐；氟化物与长石、碳酸盐；乳浊剂与含硼原料、铅丹等。由于温度升高，最初出现的液相使粉料由固相反应逐渐转为有液相参与，不断溶解釉料成分，最终使液相量急剧增加，大部分变成熔液。

2. 釉层冷却时的变化

（1）有些晶相溶解后再析晶，形成微晶相。

（2）高温黏度随温度的降低而增加，再继续冷却，釉熔体变成凝固状态。

（3）有些物质分解不完全，产生的气体未完全排除，以及坯体中碳素氧化后生成的气体未来得及排除，这些气体在坯釉中形成气泡。

3. 坯、釉中间层的形成

由于坯、釉化学组成上的差异，烧成时两者间通过固相反应相互渗透，在接触面处形成胚釉中间层。胚釉中间层形成的好坏对制品的性质，特别是外观质量有非常重要的影响。

9.5.3 釉层的性质

1. 釉的熔融态的性质

1）釉的熔融温度范围

釉和玻璃一样无固定的熔点，而是在一定的温度范围内逐渐熔化，因而熔化温度有上限和下限之分。熔融温度的下限是指釉的软化变形点，习惯上称为釉的始熔温度。熔融温度上限是指釉完全熔融时的温度，又称为流动温度。由始熔至完全熔融的温度范围称为熔融温度范围。釉的成熟温度可以理解为在某温度下釉料充分熔化，并均匀分布于坯体表面，冷却后呈现一定光泽玻璃层时的温度。釉的成熟温度是在熔融温度范围内选取的。釉的熔融温度与釉的化学组成、细度、混合均匀程度及烧成时间有密切关系。现在通常用高温显微镜来测定釉料的始熔温度、熔融温度和流动温度。

2）影响熔融温度的因素

化学组成对熔融性能的影响主要取决于釉式中 Al_2O_3、SiO_2 和碱组分的含量和配比。根据釉式，釉的熔融温度随 Al_2O_3 和 SiO_2 含量的增加而提高，且 Al_2O_3 对熔融温度提高所作的贡献大于 SiO_2。

碱和碱土金属氧化物作为熔剂，降低釉的熔融温度。碱金属氧化物的助熔作用强于碱土金属氧化物。熔剂可分为软熔剂和硬熔剂，前者包括 Na_2O、K_2O、Li_2O、PbO，大部分属于 R_2O 族，它们能在低温下起助熔作用；后者包括 CaO、MgO、ZnO 等，属于 RO 族，它们在高温下起助熔作用。

根据酸度系数可以初步估计釉的熔融温度。它是指釉中酸性氧化物与碱性氧化物的物质的量之比，一般以 $C\cdot A$ 表示：

$$C\cdot A=\frac{RO_2}{R_2O+RO+3R_2O_3} \tag{9.5.1}$$

对于精陶器用含硼釉（除铅釉外），有的学者认为 Al_2O_3 与 B_2O_3 的某些影响有相似处，故计算时可合并，此时，

$$C\cdot A=\frac{SiO_2}{(R_2O+RO)+3(Al_2O_3+B_2O_3)} \tag{9.5.2}$$

对于精陶器含铅釉，由于 Al_2O_3 是提高釉的耐酸性的，可作为酸性氧化物；相反，B_2O_3 是减弱耐酸性的，此时，

$$C \cdot A = \frac{SiO_2 + Al_2O_3}{(RO + R_2O) + 3B_2O_3} \tag{9.5.3}$$

酸性系数越大，釉的烧成温度越高。例如，硬瓷釉的组成范围为：$(R_2O+RO)\cdot(0.5\sim1.4)Al_2O_3\cdot(5\sim12)SiO_2$，$C\cdot A=1.8\sim2.5$，烧成温度为 1320～1450℃；软瓷釉的组成范围为：$(R_2O+RO)\cdot(0.3\sim0.6)Al_2O_3\cdot(3\sim4)SiO_2$，$C\cdot A=1.4\sim1.6$，烧成温度为 1250～1280℃。

此外釉的细度、混合均匀程度、烧成时间对釉的熔融温度也有影响，釉料磨得越细，混合越均匀，烧成时间越长，其始熔温度和熔融温度均相应降低。

2. 釉熔体的黏度、润湿性和表面张力

熔化的釉料能否在坯体表面铺展成平滑的优质釉面，与釉熔体的黏度、润湿性和表面张力有关。在成熟温度下，釉的黏度过小，则流动性过大，容易造成流釉、堆釉及干釉缺陷；釉的黏度过大，则流动性差，易引起橘釉、针眼、釉面不光滑，光泽不好等缺陷。流动性适当的釉料，不仅能填补坯体表面的一些凹坑，而且还有利于釉与坯之间的相互作用，生成中间层。

釉熔体的黏度主要取决于其化学组成和烧成温度。碱金属氧化物对黏度降低的作用以 Li_2O 最大，其次是 Na_2O，再次是 K_2O；碱土金属氧化物 CaO、MgO、BaO 在高温下降低釉的黏度，而在低温中相反地增加釉的黏度。CaO 在低温冷却时使釉的黏度增大，熔融温度范围窄；ZnO、PbO 对釉的黏度影响与 CaO 基本相同，所不同的是在冷却时，黏度增加速度较慢或熔融温度范围宽。

碱土金属阳离子降低黏度作用的顺序为：$Ba^{2+}>Sr^{2+}>Ca^{2+}>Mg^{2+}$。但它们降低黏度的程度均较碱金属离子弱。+3 价和高价的金属氧化物，如 Al_2O_3、SiO_2、ZrO_2 都增加釉的黏度。其中 B_2O_3 对釉黏度的影响呈现硼反常，即加入量小于 15%时，B_2O_3 处于$[BO_4]$状态，黏度随 B_2O_3 含量的增加而增大；超过 15%时，B_2O_3 处于$[BO_3]$状态，黏度随 B_2O_3 含量的增加而减小。Fe^{3+} 比 Mg^{2+} 能显著降低釉的黏度。水蒸气 CO、H_2、H_2S 也能降低熔融釉的黏度。一般陶瓷釉在成熟温度下的黏度值为 200Pa·S 左右。

釉的表面张力对釉的外观质量影响很大。表面张力过大，阻碍气体的排除和熔体的均化，在高温时对坯的润湿性不好，容易造成缩釉缺陷；表面张力过小，则易造成"流釉"（当釉的黏度也很小时，情况更严重），并使釉面小气孔破裂时所形成的针孔难以弥合，形成缺陷。

釉熔体表面张力的大小，决定于它的化学组成、烧成温度和烧成气氛。在化学组成中，碱金属氧化物对降低表面张力作用较强，且离子半径愈大的，其降低效应愈显著，按表面张力由大至小顺序为：$Li^+>Na^+>K^+$。

碱土金属离子其离子半径越大，表面张力越小，但不像+1 价金属阳离子那样明显。即，$Mg^{2+}>Ca^{2+}>Sr^{2+}>Ba^{2+}>Zn^{2+}>Cd^{2+}$。

PbO 明显降低釉的表面张力。Fe_2O_3、Al_2O_3、B_2O_3 等的影响随阳离子半径的增大而增大。B_2O_3 会降低表面张力。

硅酸盐熔体表面张力随温度的升高而降低，熔体的表面张力在高温时没有多大变化，在低温时则显著增大。

表面张力还与窑内气氛有关。表面张力在还原气氛下约比在氧化气氛下增大 20%。

熔融釉的表面张力约为0.3N/m，当表面张力大于0.32N/m时，釉因抽缩而出现疙瘩。

釉熔体对坯体的润湿性可用釉熔体与坯体的接触角θ表示。当$\theta>90°$时，液体不能将固体润湿；当$\theta<90°$时，则表面润湿；$\theta=0°$时液体完全润湿。

同一釉料，如果所用坯体不同，其接触角也不同。接触角最小时流动性最大，润湿程度高。

3. 坯釉适应性

坯釉适应性是指釉熔体冷却后与坯体紧密结合成完美的整体，釉面不开裂、不剥脱的能力。影响坯釉适应性的因素主要有四个方面。

1）热膨胀系数对坯釉适应性的影响

因为釉和坯是紧密相连的，对釉的要求是釉熔体在冷却后能与坯体很好结合，既不开裂也不剥落，为此要求坯和釉的热膨胀系数相适应。

如果釉的热膨胀系数小于坯，冷却后釉受到坯的压缩作用产生压应力，形成"正釉"；反之，当釉的热膨胀系数大于坯时，冷却后釉受到张应力，形成"负釉"。

由于釉的抗压强度远大于抗张强度，所以负釉容易开裂。由于正釉处于受压状态，它能抵消部分加在制品上的张应力，因此不仅不易开裂，且能提高制品的机械强度，改善表面性能和热性能。但如果釉层受的压应力过大，轻则会使制品弯曲变形，重则造成釉层剥落，所以要求釉的热膨胀系数略小于坯。

当坯、釉热膨胀系数差别超出一定范围时，无论是"负釉"还是"正釉"均会造成釉层开裂或剥落的缺陷，如图9.5.1所示。

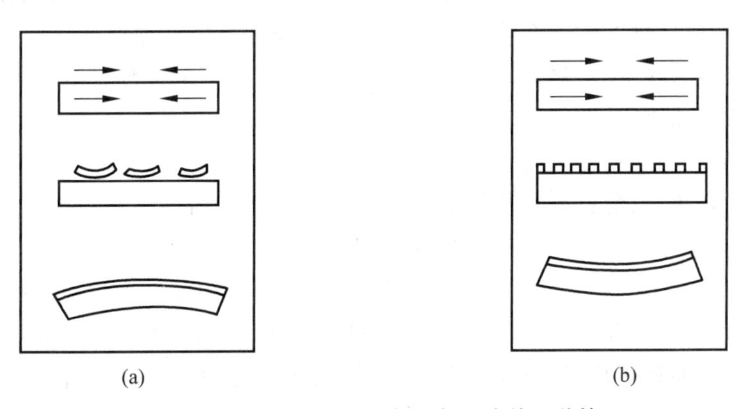

图9.5.1　坯、釉热膨胀系数不相适应的两种情况

(a) $\alpha_{釉}<\alpha_{坯}$；(b) $\alpha_{釉}>\alpha_{坯}$

2）中间层对坯、釉适应性的影响

中间层可促使坯釉间的热应力均匀。发育良好的中间层可填满坯体表面的隙缝，减弱坯釉间的应力，增大制品的机械强度。

3）釉的弹性、抗张强度对坯釉适应性的影响

具有较高弹性（弹性模量较小）的釉，能补偿由坯、釉接触层中形变差所产生的应力，以及由机械作用所产生的应变。即使坯、釉热膨胀系数相差较大，釉层也不一定开裂、剥落。

釉的抗张强度高，抗釉裂的能力就强，坯釉适应性就好。

4）釉层厚度对坯釉适应性的影响

薄釉层在煅烧时组分的改变比厚釉层大，釉的热膨胀系数降低得也多，而且中间层相对厚度增加，有利于提高釉中的压力，有利于提高坯釉适应性。对于厚釉层，坯、釉中间层厚度相对地降低，因而不足以缓和两者之间由热膨胀系数差异而出现的有害应力，不利于坯釉适应性。

釉层厚度对于釉面外观质量有直接影响，釉层过厚就会加重中间层的负担，易造成釉面开裂及其他缺陷；而釉层过薄则易发生干釉现象。一般釉层厚度小于 0.3mm 或通过实验来确定。

9.5.4 釉料制备和施釉

1. 釉料配方的确定

1）确定釉料配方的原则

(1) 根据坯体的烧结性质来调节釉的熔融性质。

釉料必须在坯体烧结温度下成熟并具有较宽的熔融温度范围（不小于 30℃），在此温度范围内釉熔体能均匀地铺在坯体上，不被坯体的微孔吸收而造成干釉，在冷却后能形成平整光滑的釉面。

(2) 使釉的热膨胀系数与坯体热膨胀系数相适应。一般要求釉的热膨胀系数略低于坯体的热膨胀系数，两者相差的程度取决于坯釉的种类和性质。

(3) 坯釉的化学组成要相适应。

为了保证坯釉紧密结合，形成良好的中间层，应使两者的化学性质既要相近，又要保持适当差别。一般以坯釉的酸度系数 $C \cdot A$ 来控制。酸性强的坯配以酸性弱的釉，酸性弱的坯配以偏碱性的釉，含 SiO_2 高的坯配以长石釉，含 Al_2O_3 高的坯配以石灰釉。

(4) 合理选择釉用原料。

釉用原料较坯用原料复杂得多，既有天然原料又有多种化工原料。天然原料主要有石英、长石、黏土、石灰石、滑石等。釉料中 Al_2O_3 最好是由长石而不是由黏土引入，以避免因熔化不良而失去光泽。为提供釉浆的悬浮性，釉中的 Al_2O_3 部分地由黏土引入，其用量应限制在 10%以下。引入碳酸钡可使釉更加洁白或增大乳白感；碳酸银对减少釉中气泡是颇为有效的；用等量的萤石置换石灰石，可制成玻化完全、熔融非常好的釉；用硅灰石代替部分长石，能消除釉面针孔缺陷，增加釉面光泽，扩大熔融范围。以滑石引入 MgO，可助长乳浊作用，提高白度；同时又能改善釉浆悬浮性，增加釉的烧成范围，克服烟熏和发黄等缺陷。

2）釉料配制方法

① 在成功的经验配方基础上加以调整；②参考釉的组成-釉成熟温度图等文献资料和经验数据加以调整；③参考测温锥的标准成分进行配料。

3）釉料配方计算

生料釉的计算可参照坯料的配方计算进行。

熔块釉的计算包括两部分，即熔块和生料应分别进行计算。

(1) 熔块的配制原则。

A. $(SiO_2+B_2O_3):(R_2O+RO)=1:1\sim3:1$。此外必须考虑 PbO、$B_2O_3$ 和碱金属氧化物在高温时的挥发。

B. 在熔块中碱性金属氧化物与碱土金属氧化物之比小于 1∶1。此项规定的目的是防止熔块的可溶性。

C. 熔块中的酸性成分须含 SiO_2，但如果加入 B_2O_3，则 SiO_2 与 B_2O_3 之比宜大于或等于 2∶1，因为硼酸盐溶解度大。

D. 熔块中 Al_2O_3 不宜超过 0.2mol(釉式)，因为 Al_2O_3 太多，熔融困难。

(2) 熔块釉的计算。

A. 按熔块配制原则，确定熔块组成。先计算出熔块的釉式，再根据熔块的釉式，计算出熔块原料的配料量。

B. 根据所要求的熔块釉的釉式，以已配好的熔块料为其中一种原料，配以其余的原料进行熔块釉配料量的计算。

2. 釉料制备

1) 对釉用原料和粒料的要求

(1) 对釉用原料的要求高于坯用原料，对长石、石英要严格洗选。用于生料釉的原料应不溶于水。

(2) 与坯料相比，釉料具有较高的细度。釉浆过细，稠度过大，浸釉时釉层太厚，会降低产品的强度和热稳定性，甚至导致釉层开裂；如果釉料熔化太急，气体不能完全排出，会造成气泡等缺陷。通常釉浆的细度要求万孔筛筛余小于 0.2%，最好为 0.1%～0.2%。

(3) 釉浆应具有良好的稳定性、流动性。为此可添加适量电解质。

(4) 釉浆应具有适当密度，一般要求 1.3～1.5g/cm^3，如果密度过小，釉层太薄，易产生干釉；密度过大，易使釉层太厚，上釉不均匀。

2) 生料釉制备流程

生料釉制备工艺流程，如图 9.5.2 所示。

本流程中，料∶球∶水＝1∶1.8∶0.5；磨 70h 分析细度，要求过 400 目筛，筛余小于 0.2%；生产上过 160～180 目筛，无筛余。

3) 熔块釉制备流程与熔块炉

熔块釉制备工艺流程，如图 9.5.3 所示。

在上述流程中，关键的工序是釉料的熔制，目前国内的熔制设备主要有坩埚炉、池炉和回转炉。

3. 施釉

施釉工艺在于根据坯体的性质、尺寸和器形以及生产条件来选择合适的施釉方法和适当的釉浆密度。施釉的方法主要有以下几种。

1) 浸釉法

浸釉法是将坯体浸入釉浆，利用坯体的吸水性或热坯对釉的黏附而使釉料附着坯上。釉层厚度视坯的吸水性、釉浆浓度和浸渍时间而定，此法可用于除薄壁坯体以外的大中小型产品。

2) 浇釉法

浇釉法是将坯体放在旋转的机轮上，釉浆浇在坯体中央，借离心力使浆体均匀散开。或使釉浆流过半球浇釉器表面再流向坯体。此法适用于盘碟和单面釉层瓷砖，或坯体强度较差的坯体。

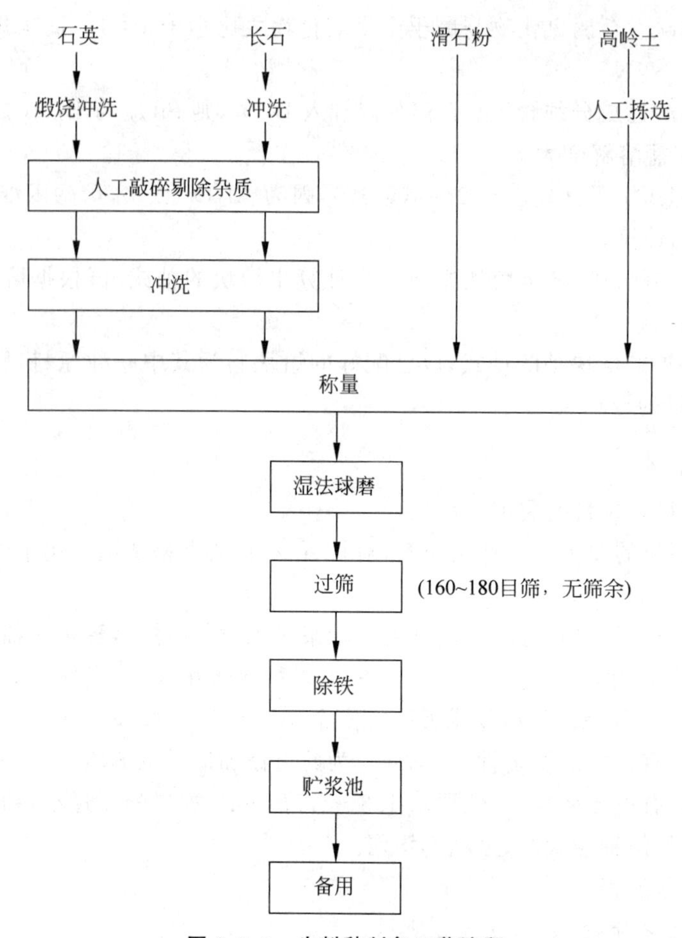

图 9.5.2 生料釉制备工艺流程

3）喷釉法

喷釉法是利用喷枪或喷雾器将釉浆喷成雾滴使之黏附坯上。此法适用于大型、薄壁或形状复杂的生坯。可多次喷釉以增加釉层厚度，卫生陶瓷生产上釉线已采用自动喷釉，并设计出静电喷釉，使操作时釉浆损失大为减少。

4）刷釉法

刷釉法是用毛刷或毛笔浸釉涂刷在坯体表面上，此法多用于工艺瓷的施釉及补釉，釉浆密度可以很大。

5）汽化施釉、荡釉法和滚釉法

熔盐釉最常见的施釉法为汽化施釉。荡釉适用于中空的壶、瓶等器物的内部上釉。滚釉法适用于圆管形坯，施釉时坯在釉浆面上自由滚动。

此外，还有静电施釉法、流化床施釉法、釉纸施釉法和干法施釉法等施釉新方法。其中，干法施釉法正在建筑陶瓷生产上获得应用。干法施釉法是指采用含水率较低的釉粉（含水率为1%～3%，经喷雾干燥制备）与坯料（粉料）一起压制成型，使之结合为一个整体。一般是先压坯粉，然后撒有机黏结剂，再撒釉粉并加压。此法还可在坯上施熔块粉（尺寸为0.04～0.2mm）、熔块粒（尺寸为0.2～2 mm）、熔块片（尺寸为2～5mm）。干法施釉与传统施釉工

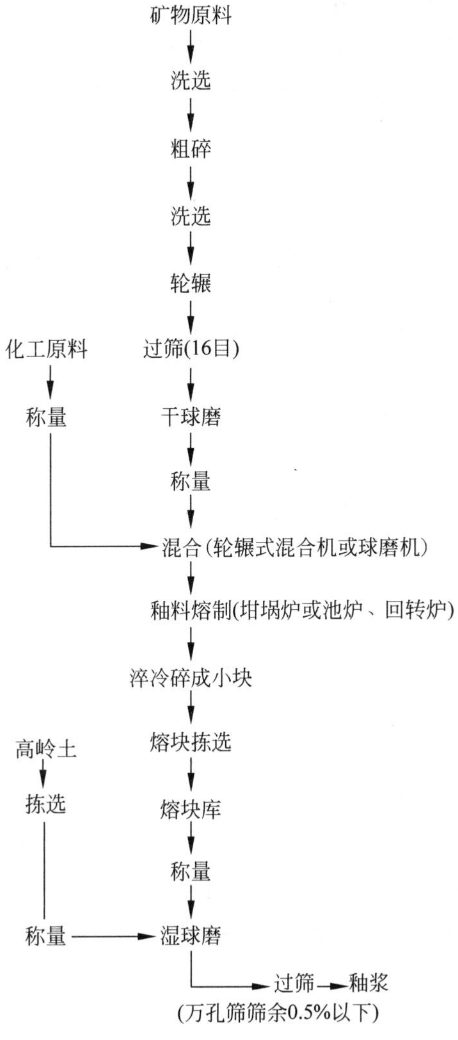

图 9.5.3　熔块釉制备工艺流程

艺相比，具有以下特点：①大多数釉粉可回收再利用；②简化了釉料制备工艺；③可获得自然感、立体感更强的釉面装饰效果；④施干粉的砖坯，有利于烧成过程中的气体排出，釉面气泡、针孔少，可获得平整光滑的釉面，且可达到耐磨和防滑的目的。

9.5.5　陶瓷的装饰

1. 装饰方法

装饰方法很多，可在施釉前对坯体或坯表进行装饰，也能对釉本身或在釉面上或釉面下联合进行装饰，常用以下几种方法。

（1）雕塑。包括刻花、剔花、堆花、镂花、浮雕及塑造。

（2）色坯。色泥、化妆土。

（3）色釉。它包括颜色釉（如单色釉、复色釉等）、艺术釉（如结晶釉、碎纹釉、雪花釉等）。颜色釉是我国传统制品，如宋代的青瓷和钧红，清代的郎窑红、窑变花釉等均为世所珍视的名品。颜色釉的制造方法有三种。

(1) 将着色金属氧化物或人工合成色剂作为外加剂，与釉料混合研磨制成色浆。

(2) 将着色氧化物或合成色剂作为外加剂引入熔块料中，制成有色熔块，再与其他原料配成色釉浆。

(3) 将着色氧化物按分子比例取代釉式中的部分无色助熔氧化物，制成色釉再与原来不加着色剂的釉按比例配成不同色调的釉。

结晶釉系指釉内出现明显粗大结晶的釉。通常它是在含氧化铅低的釉料中加入 ZnO、MnO_2、TiO_2 等结晶形成剂，在严格控制烧成过程中形成晶核并长大而制得。

裂纹釉指的是采用具有比坯体热膨胀系数高的釉，在迅速冷却中使釉表面产生裂纹。

4) 釉上彩绘

釉上彩绘包括古彩、粉彩、新彩，以及印花、刷花、喷花与贴花。它是指在釉烧过的陶瓷釉上用低温颜料进行彩绘，然后在较低温度下(600～900℃)彩烧的装饰方法。该工艺生产效率高、成本低，但釉上彩绘画面容易磨损，光滑性差，同时容易发生铅溶出而引起铅中毒。

5) 釉下彩绘和釉中彩绘

其中有贴花、彩绘、彩印等。

釉下彩绘是指在生坯(或素烧釉坯)上进行彩绘，然后施一层透明釉，最后釉烧而成。其优点是画面不会在陶瓷器日常使用过程中被破坏，而且画面显得清秀光亮，并能保持色彩鲜艳和防止铅等毒物的溶出。但工艺难度大。

6) 贵金属装饰

其中包括亮金、磨光金与腐蚀金。

此外，近几年发展起来了一种陶瓷装饰新技术——喷墨打印技术。它又称非接触装饰技术，是指一种无接触、无压力、无印版的新的陶瓷表面装饰技术。其工作过程是将色料按设计图案喷射到待装饰的陶瓷表面。激光装饰技术，对于特殊图案或个性化设计是最理想的方式，是近年国内外的研发热点。

2. 陶瓷颜料

色泥、色釉、釉上彩与釉下彩用的色剂，可以直接采用过渡金属或稀土金属氧化物，但为提高稳定性，多数为预先合成的着色无机化合物，少数情况下是天然着色矿物或金属，统称陶瓷颜料。陶瓷颜料种类繁多，其分类也多种多样。表 9.5.1 所列的是根据陶瓷颜料的化学组成与矿物相类型进行的综合分类。

表 9.5.1 陶瓷颜料分类

陶瓷颜料类型		陶瓷颜料(举例)
简单化合物型	着色氧化物及其氢氧化物	Fe_2O_3、NiO、CoO、Cr_2O_3、$CuCO_3$、$Cu(OH)_2$
	着色碳酸盐、硝酸盐、氯化物	$CoCO_3$、$MnCO_3$、$CrCl_3$、$VO_2(NO_3)_2 \cdot 6H_2O$
	铬酸盐	铬酸铅红，铬酸锶黄
	铀酸盐	西红柿红($Na_2U_2O_7$)
	锑酸盐(烧绿石型)	拿波尔黄($2PbO \cdot Sb_2O_5$)
	硫化物	镉黄(CdS)，镉硒红(CdS_xSe_{1-x})

续表

陶瓷颜料类型		陶瓷颜料(举例)
固溶体单一氧化物型	刚玉型	铬铝桃红
	金红石型	铬锡紫丁香紫
	萤石型	钒锆黄
尖晶石型	完全尖晶石型	古青($CoO \cdot Al_2O_3$)
	不完全尖晶石型	钴蓝($CoO \cdot 5Al_2O_3$)
	类尖晶石型	锌钛黄($2ZnO \cdot TiO_2$)
	复合尖晶石型	孔雀蓝$(Co,Zn)O(CrAl)_2O_3$
钙钛矿型	灰锡石型	铬锡红
	灰钛石型	钒钛黄
硅酸盐型	石榴石型	维多利亚绿
	榍石型	铬钛茶
	锆英石型	钒锆蓝

陶瓷颜料的着色机理,概括地说是该物质对可见光具有选择性吸收而显色,可分为离子着色、胶体着色与晶体着色等,一般过渡金属和稀土金属氧化物以及贵重金属均具有一定的着色效果。

陶瓷颜料的制备一般有下面几个主要步骤：原料处理→配料→混合→煅烧→粗碎→洗涤→细磨→烘干。

以上每道工序必须精细加工,以确保颜料质量。煅烧是制备颜料的重要工序,一般要求煅烧温度不低于颜料的使用温度,有时还要进行2～3次的反复煅烧,保证固相反应趋于完全。颗粒磨得愈细,发色能力愈强。粉碎后的颜料须经水洗或酸洗,以除去所有的可溶性物质或未反应完全的物质。

9.6　干燥

干燥是从含水物料中排除其所含水分的工艺过程。例如,经过滤所得含水约22%的泥饼,亦需通过干燥减除过多的水分才能制成符合成型要求的粉料；注浆成型的卫生陶瓷坯体(含水约16%)和半干压成型的墙地砖坯体(含水约7%),均需经过干燥才能进行施釉或入窑烧成。

干燥的作用为：①由泥浆或泥饼制取符合成型要求水分的粉料；②使成型坯体具有一定的强度,以便于运输和加工；③使坯体具有一定吸附釉浆的能力,以便于施釉；④能够顺利进行入窑烧成,从而提高烧成窑的效率。

泥料干燥不良将直接影响成型工序的进行,坯体干燥不当将造成干燥废品,甚至影响烧成质量。因此干燥是陶瓷生产重要工序之一。本节主要介绍坯体的干燥。

9.6.1　干燥原理

1. 物料中的水分

物料中所含的水分有物理结合水和化学结合水两大类。后者在物料组成中与某些成分互相化合,结合比较牢固,排除时需要有较高的能量。因此,化学结合水的排除不属于干燥过程。

物理结合水又分自由水和大气吸附水两种。自由水是物料与水直接接触时所吸收的水分,它存在于物料的大毛细管中,与物料结合松弛,故也称机械结合水。自由水排出时,物料颗粒彼此靠拢,因而体积收缩,故自由水又称收缩水。

大气吸附水是存在于物料微毛细管中及物料细分散的胶体颗粒表面的水,它处于分子力场所控制的范围内,与物料结合较牢。因此,当大气吸附水排除时,物料表面的水蒸气分压力小于表面温度下的饱和水蒸气分压力。在排除大气吸附水时,物料体积不发生收缩。在干燥过程中,当物料表面的水蒸气分压力逐渐下降到等于周围介质的水蒸气分压力时,水分不能继续排除,此时物料中所含的水分称为平衡水分。由图 9.6.1 可见,平衡水是大气吸附水的一部分,它的多少取决于干燥介质的温度和相对湿度,亦与物料的性质及颗粒大小有关。

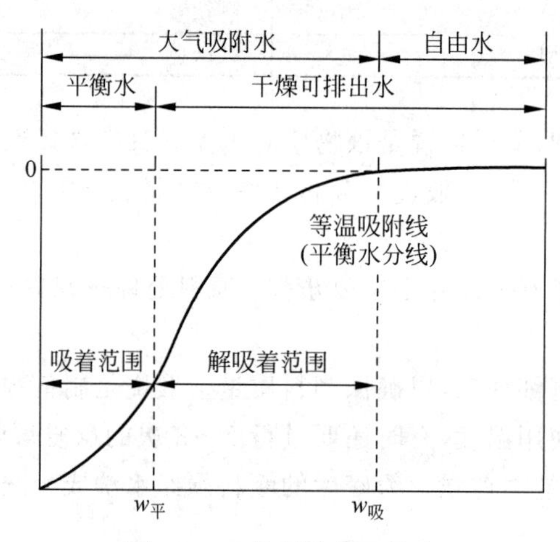

图 9.6.1 物料中的平衡水

2. 物料的干燥过程

通常用干燥速率来表示干燥过程进行的快慢,干燥速率是物料每单位表面积在单位时间里所蒸发排出的水分质量(kg/(m^2·h))。

湿物料的干燥过程是一个既有热量交换又有质量交换的复杂过程。热量交换是向物料供给(传入)能量的过程,用以满足湿物料中水分的蒸发、移动所需要的能量。质量交换包括物料表面产生的水蒸气向干燥介质移动的外扩散过程,以及物料内部的水分由浓度较高的内层向浓度较低的外层移动的内扩散过程。在干燥条件稳定的情况下,物料的表面温度、平均水分、干燥速率与时间的关系如图 9.6.2 所示,根据图中曲线变化的特征,可将干燥过程分为以下三个阶段。

1) 加热阶段

在这个阶段,干燥介质传给物料的热量大于物料中水分蒸发所需的热量,多余的热量使物料温度升高。随着物料温度的升高,水分蒸发量也随之升高,由此,很快到达物料获得热与蒸发耗热的动态平衡状态,即到达等速干燥阶段。

2) 等速干燥阶段

本阶段继续排除自由水,由于物料含水量较高,表面蒸发多少,内部就能补充多少,所以

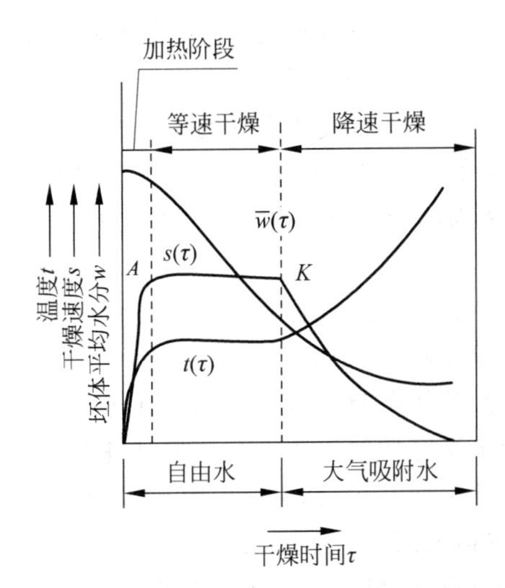

图 9.6.2 表面温度、平均水分、干燥速度与时间的关系

表面维持润湿状态。干燥介质传给表面的热量等于水分蒸发所需的热量,故物料表面温度保持不变。物料表面的水汽分压等于表面温度下的饱和水汽分压,干燥速率恒定,故称等速干燥阶段。

由于是排除自由水,故坯体会产生体积收缩。若干燥速度过快,表面蒸发剧烈,外层很快收缩,甚至过早结成硬皮,使毛细管直径缩小,妨碍内部水分向外部移动,增大了内外湿度差,结果内层就会受到压应力,而外层则受到张应力,导致坯体的裂纹或变形。因此本阶段,对干燥速率应慎重进行控制。

3) 降速干燥阶段

物料含水量逐渐下降到表层开始出现大气吸附水,此时等速干燥阶段结束,进入降速干燥阶段。转折点 K 相应的水分含量称为临界含水率。由于物料含水量减少,内扩散速度赶不上表面水分蒸发的外扩散速度,表面不再维持润湿,干燥速率逐渐降低,物料表面温度开始逐渐升高。

当物料水分下降至等于平衡水分时,干燥速率降为零,干燥过程停止。

在降速干燥阶段,蒸发水分逐渐减少,坯体已不再有明显的体积收缩,所以此时提高温度,促进内扩散速度,加速干燥过程,并无危险。

在干燥过程中,坯体的水分和收缩随时间延续而变化。坯体收缩的大小,与所用黏土的性能,坯料的组成、含水率,以及加工工艺等因素有关。一般来说,黏土颗粒越细,所吸附的水膜越厚,干燥收缩也越大。含 Na^+ 的黏土,比含 Ca^{2+} 的黏土干燥收缩大。泥料的成型水分越大,收缩也越大。增加配料中瘠性物料的数量,收缩率减小;将配料中部分黏土预烧脱水,也可以使坯体的干燥收缩减小。

3. 影响干燥速率的因素

1) 物料性质的影响

黏土的可塑性越强,加入量越多,颗粒组成越细,干燥速率就越难以提高。

2) 坯体形状和大小及受热表面的影响

一般坯体越大,越重,形状越复杂,则干燥越要缓慢进行。复杂形状的坯体干燥时,边角处易发生微细裂纹，干燥速率难以提高。此外，暴露在干燥介质中的表面越大，干燥所用时间就越短。因此，若变单面干燥为双面干燥，可以加快干燥过程。

3）坯体成型后的含水量和干燥后残余水分的影响

坯体成型后的含水量越多，对干燥后坯体的残余水分要求越少，则干燥时间越长。但若干燥后坯体的残余水分过少，则出干燥器后放在空气中，再吸收水分（平衡水）时，也会由于膨胀而可能发生开裂。

4）干燥介质的温度和湿度以及流速的影响

干燥介质的温度越高，湿度越小，则吸收水分的能力越大。

当处于等速干燥阶段时，外扩散阻力成为左右整个干燥速率的主要矛盾。根据传质原理，扩散速率与物料表面和干燥介质的水蒸气浓度差成正比，因此，若减小干燥介质的水蒸气分压，就可以提高水蒸气外扩散速率，即干燥速率可以加快。

外扩散阻力主要发生在边界层上，因此，若增大干燥介质的流速，采用对流干燥，减薄边界层的厚度，增大对流传质系数，则可以加快干燥过程。

5）干燥方式的影响

湿物料中水分的内扩散包括湿扩散和热扩散的共同作用。湿扩散是物料内部由湿度梯度的存在而引起的水分移动，它的方向是由湿度高的地方（坯体内部）指向湿度低的地方（坯体表面）。热扩散是物料内部由温度梯度的存在而引起的水分移动，它的方向是由温度高的地方（坯体表面）指向温度低的地方（坯体中心），很显然，在对流干燥时，湿扩散与热扩散方向相反，热扩散成了湿扩散的阻力，使内扩散的速率受到了限制。

在处于降速干燥阶段时，内扩散成为左右整个干燥过程的主要矛盾，因此，加快内扩散过程，是提高干燥速度的有效途径。采用辐射干燥方法，如远红外或微波干燥可以使坯体内外的水分同时受热，因而可以加快内扩散过程。

9.6.2 干燥方法

在建筑卫生陶瓷工业中应用较多的干燥方法有自然对流干燥、强制对流干燥、辐射式干燥和喷雾干燥等。

1. 自然对流干燥

自然对流干燥通常是以空气作为干燥介质，由空气密度不同而引起对流，当空气源源不断掠过湿坯时，即带走湿坯表面逸出的水汽，而使坯体得以干燥。为了加快干燥过程，可利用工厂的余热或另设热源来加热空气和制品。

这种干燥方式多用于泥料和成型后湿坯的干燥。由滤泥所得的泥饼，可送入地坑干燥室除去多余的水分。地炕干燥室下部砌有数排烟巷，既可利用烟气余热，亦可另设烧煤的燃烧室供热。欲烘干的泥料应按顺序分区排放，烘好后依次取出。这种干燥室效率低，干燥质量差，劳动强度大；但结构简单，投资少。成型后的湿坯，可码放在干燥小车上，推入干燥室进行自然干燥，热源多采用蒸汽排管间接加热，也有利用烟气余热的。此时棚架的排列和码法、进出风口的位置、风速大小、室内温度和压力等多种因素对干燥室的工作都有影响。其特点和地炕烘干室类似。

2. 强制对流干燥

强制对流式干燥是指采用强制通风手段，利用具有一定流速的热空气吹拂欲干燥的坯体表面，使其得到干燥的方法。根据干燥器热工制度的不同，可分为间歇式和连续式两大类。

1）间歇式干燥器（室）

间歇式干燥器，湿坯分批进入干燥器后，关闭干燥器门，开始送风和抽风，通过改变阀门开度，控制干燥介质的温度、湿度和速度，使干燥制度能够按预定的规律进行。湿坯干燥好后，开启干燥器门，取出已干燥的坯体，从而完成一个干燥周期。

为了适应工厂连续生产的需要，应根据产量大小、每个干燥室的容量和每个干燥周期持续的时间，确定干燥室的数量。

间歇式干燥器的热源可取自隧道窑的余热，也可另设辅助加热器。由于干燥过程各个阶段对干燥速度有不同的要求，因此对干燥介质的温度、湿度和流速应进行程序自动控制。这对保证干燥质量十分重要，特别是在多干燥室的情况下更是如此。

现代的间歇干燥室一般是采用机械装出料，装载车可在轨道上移动，可对干燥室的上下棚架迅速装出料，因此干燥室容积利用率提高，装出窑损失可下降。

由于间歇式干燥室的干燥热工制度可分别调整，因此适用于大型或难以干燥的制品的干燥，但操作过程较复杂，能源消耗较高。

2）连续式干燥

连续式干燥器的特点是湿坯连续不断地进入干燥器，在通过干燥器的不同区段时，与温度湿度或流速不同的干燥介质相遇，完成干燥过程而后离开干燥器。

（1）隧道干燥器。

陶瓷工业所用的隧道干燥器，一般都是按逆流方式工作：欲干燥的坯体，被码放在专用的干燥车上，干燥车沿轨道由干燥器的一端（头部）推入，而从另一端（尾部）推出。干燥介质则由尾部鼓入而由头部抽出，干燥介质的流动方向与坯体运动方向相反。刚进入隧道的含水较多的坯体，首先与温度不高而相对湿度较大的气流相遇，干燥缓和，不易产生废品；在进入减速干燥阶段后，刚好与尾部温度较高而相对湿度较低的新气相遇，有利于提高干燥速度和降低坯体的残余水分。进入隧道干燥器的新气温度一般不超过200℃，排出废气的温度应高于其露点，以保证在坯体表面不致凝露，并防止排废气设备受到酸腐蚀。

一般隧道干燥室由数条隧道并联组成，各通道之间由隔墙分开。隧道长度一般为24～36m，内宽为0.85～1m，内高为1.4～1.7m。

具有废气再循环的隧道干燥器系统示于图9.6.3。

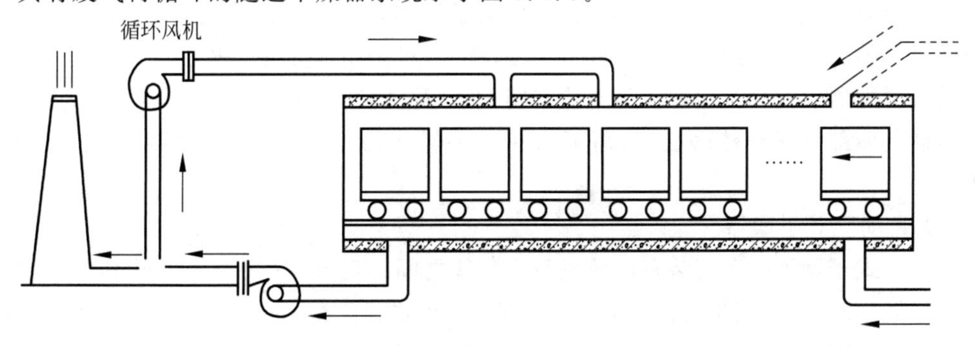

图9.6.3　带废气再循环的隧道干燥器流程

图 9.6.3 中,循环风机将循环废气分 2 个(或多个)口喷射入干燥室内,便于控制坯体的干燥速度。为了减少气流分层,应注意隧道的内高不宜过大;废气应从干燥器下部抽出;操作中要随时搞好密封,减少冷风漏入等。

隧道干燥器的优点是能连续生产,操作控制容易,劳动强度小,干燥质量较均匀;缺点是对大小不一、干燥性能相差较大的坯体不能适应。故主要用于批量大、干燥性能一致的产品的干燥。表 9.6.1 为隧道干燥器在干燥卫生瓷、地砖和瓷砖的技术经济指标。

表 9.6.1　隧道干燥器在干燥卫生瓷、地砖和瓷砖的技术经济指标

指　标	单位	卫生瓷	地砖	瓷砖
干燥器长	m	28.9	25.7	22.9
内宽	m	1.95	1.95	1.95
内高	m	1.65	1.65	1.65
容车数	辆	20	18	16
介质进口温度	℃	100	120	120
介质出口温度	℃	40	40	40
进入湿坯水分	%	13～15	8	8
出口干坯水分	%	1～2	2	2
干燥时间	h	24	20	18
产量(一条隧道)	kg/d	1840	8550	3940
单位热耗	$kJ/kg_{水}$	5439	5648	5439
干燥车尺寸:长×宽	m	1.4×0.85	1.4×0.85	1.4×0.85
每车装载量	标件/车	8	1320	616
	kg/车进口	92	396	185

(2) 链式干燥器。

链式干燥器由吊篮运输机和干燥室两个主要部分组成,吊篮运输机是指在两根形成闭路的链带上,每隔一定的距离悬挂一个吊篮,吊篮上放有垫板,板上放置待干燥的坯体。坯体在干燥室的一端(靠近成型处)放入吊篮,在链条带动下,经干燥后由另一端取出。运动中吊篮始终保持水平。

根据链条的走向,链式干燥器分立式、卧式、综合式三种。因为它既是干燥设备,又是输送设备,应用于成型、干燥和烧成流水作业线上,可使这三道工序连续化。

干燥介质(一般为抽取隧道窑的热风)应从干燥器顶部集中或分散送入,废气则由底部集中或分散抽出。为利用余热以及调节温度、湿度,可采用部分废气循环。

链式干燥器放入和取出坯体处不能密闭,热气体外溢,恶化工人操作环境。为此,有的将干燥器主体部分移至楼房上层,而工人在下层操作,称其为楼式干燥器,操作条件有所改善。

(3) 自动立式干燥器。

自动立式干燥器一般安装在压砖机至施釉线之间的辊道输送系统中。由压机成型后的墙地砖坯体,经传动辊道单层进入立式干燥器内,并被放置在吊篮的搁板上,吊篮由安装在滑动导轨上的辊子链带动,先向下而后向上,再转向下,完成一个循环。在这一运动中坯体与干燥介质进行逆流换热并被干燥,干坯在出口被推出干燥器,并经辊道送往施釉线。燃烧炉以轻柴油或煤气作为燃料，燃烧烟气混入部分干燥废气作为干燥介质，并通过多个喷口进入搁板之间，对坯体进行对流干燥。气流进入坯体通道后与坯体逆向流动，先向上而后向下，然后进入中部废气道，再经出口由引风机排出。由于每个喷口都有闸板可调节开度大小，可以根据坯体干燥性能调整合适的干燥曲线，故干燥质量较好。

坯体进入干燥器时水分为7%～8%，离开时为0.5%，烘干物料的热耗为335kJ/kg。

立式干燥器占地面积小，自动化程度高，调整好后基本不需人工操作，干燥质量均匀，但造价较高。

(4) 辊道式干燥器。

辊道式干燥器的工作通道是一个扁口隧道，与辊道窑类似。墙地砖类产品排列在辊道上单层进入辊道，棍子由链条带动，向同一方向旋转。干燥介质可用热空气或较纯净的烟气，若担心烟气污染坯体，亦可砌筑隔烟板，将烟道与坯体通道隔开，以辐射方式加热坯体。

由于坯体呈薄片状，且是单层排列，因此干燥速度很快。辊道式干燥器投资较少，维护使用也方便，但占地面积较大，故有时将辊道干燥器就安设在辊道窑上面(或下面)，既减少占地面积，又可利用窑的余热。辊道干燥器因是利用辊道传送坯体，故很容易与前后工序连成自动生产线。在墙地砖生产企业用得较为广泛。

3. 辐射式干燥

辐射式干燥是指利用红外线、微波等电磁波的辐射能，使物料除去水分的方法。

1) 红外线干燥器

红外线的传播不需要中间介质，而且空气不吸收红外线，故红外干燥器的热效率高。红外线的穿透深度与波长为同一数量级，只能达到坯体表面很薄的一层，因此适用于薄壁坯体的干燥。红外线干燥不污染制品，故特别适用于施釉制品及对表面质量要求高的产品的干燥。

(1) 近、中红外线干燥器

近、中红外线干燥器现有两种类型：一种是红外线灯泡，峰值波长可达3～4μm，安装使用方便，但易损坏，目前在墙地砖施釉线上用得较普遍；另一种是以炽热金属或耐火材料板(管)作辐射源，可用电，亦可用其他热源加热，能发射6μm以下的红外线。

(2) 远红外线干燥器。

水在远红外区有很强的吸收峰，而且对被照物体的穿透深度也比近、中红外线深，因此，采用远红外线干燥陶瓷坯体更为合理，现已得到广泛应用，收到了明显效果。例如，原来用80℃热风干燥生坯要2h，改用远红外干燥仅需10min。

远红外线干燥器种类很多，根据加热元件的外形分为管状、板状等。其基本结构都是由基体、辐射层(能发射远红外射线的物质)、热源及保温装置所组成。

红外线干燥器可以安装在室式干燥器、链式干燥器或隧道式干燥器中单独作为热源，但最合理的办法是将远红外干燥和对流干燥结合起来，使红外辐射与热气流高速喷射交替进行。远红外辐射加热有利于内部水分的扩散，但对外扩散效果较差；热风高速喷射有利于水分的外扩散，但对内扩散效果较差；若交替使用，不仅可以相得益彰，互相补充，而且热扩散和湿扩散的方向可调整到一致，既能加快干燥速度，又不致产生干燥废品，故远红外与对流干燥复合的方法最为理想。

2）微波干燥

微波干燥的原理与远红外线干燥相近，当含水物料（湿坯）置于微波电磁场中时，水能够显著吸收微波能量，并使其转化为热能，故物料能得以干燥。

微波干燥器通常选用915MHz和2450MHz两个专用加热频率。微波干燥的主要特点是加热具有选择性，当坯体水分减少后，坯体的介质损耗也随之下降，升温速度降低，出现自动平衡，故坯体加热干燥更均匀。特别是注浆成型带石膏模型干燥时，石膏模是多孔的，其介电系数和介质损耗都比较小，模型受热不大，不影响其使用寿命，且能源消耗少。

微波干燥的另一个特点是穿透能力比远红外更大，对一般坯体基本上可做到表里一致同时加热，故干燥速度快而均匀。

此外，微波辐射虽对人体有害，但只要注意防护就不会有危险。目前，微波干燥装置价格较贵，在陶瓷工业上应用还不够广泛。

9.6.3 干燥缺陷及原因

陶瓷坯体在干燥过程中容易出现的主要缺陷是变形和开裂。这两种缺陷的产生原因和处理方法都有一些共同之处。

1. 产生原因

1）坯料制备方面

（1）坯料配方中塑性黏土用量过多，以致干燥时收缩过强，易产生变形和开裂。但若塑性黏土用量过少，降低了坯料的结合能力，不能抵抗收缩产生的应力，也会造成开裂缺陷。

（2）坯料颗粒度过粗、过细，或粗、中、细颗粒级配不当，成型后不能得到最佳的堆集密度，抗折能力差，抵抗不了收缩应力以致开裂，严重时甚至成型后的生坯中即有微细裂纹存在，若未查出来又进入干燥器，则裂纹进一步扩大。

（3）坯料粒度不匀，以致成型后生坯各部位密度不同，也会造成开裂缺陷。

（4）坯体含水量过大，或坯体内水分不均匀，坯体干燥时就会收缩过大或各部位收缩不均，会造成变形或开裂。

2）成型方面

（1）器型设计不合理，厚薄变化过大或结构过于复杂，难以实现均匀干燥。

（2）压制成型时，坯体各部位受压不均匀造成密度不同；或压制操作不正确，坯体中气体不能很好地排除，有暗裂等。

（3）注浆成型时因泥浆未经陈腐；泥浆流动性差或分段注浆间隔时间太久，形成空气间层；未倒净余浆使坯体底部过厚等，造成干燥收缩不一致。

（4）注浆时石膏模过干或模型构造有缺点；脱模过早；坯体在精修、镶接时操作不当；或石膏各部位干湿程度不一致，吸水不同，造成密度不一致。

（5）在练泥或成型时所形成的颗粒定向排列，引起干燥收缩不一致。

3）干燥方面

（1）干燥速度过快，坯体表面收缩过快、过大，结成硬皮，使内扩散困难，加剧了坯体内的湿度差，结果坯体内部湿度大的位置受压应力，边部干的表面受到张应力，引起变形开裂缺陷。机压湿坯升温过急，内部水分激烈汽化，易造成胀裂（炸裂）。

（2）干燥不均匀，其产生原因有，干燥介质温度不均匀，局部流速过快或过慢，或码坯不当等。干燥不均则收缩不均，易引起变形开裂缺陷。

（3）即使干燥介质本身温度均匀，但坯体本身传热传质的条件不同，边角处升温、干燥快，特别是大件产品，边缘及棱角处与中心部位干湿差较大，也易出现开裂缺陷。

（4）坯体放置不平或放置方法不当，在自身重力作用下可能出现变形缺陷；若坯体与垫板间摩擦阻力过大，在干燥过程中会阻碍坯体的自由收缩，当摩擦阻力超过坯体强度时，即造成开裂缺陷。

（5）干燥介质湿度过大，在较冷的坯体表面析出冷凝水，继续干燥时，易出现裂纹缺陷。此外，若出干燥器的坯体过干时，停留在大气中也可能二次吸湿，而导致裂纹缺陷。

2. 解决措施

（1）坯料配方应稳定，粒度级配应合理，并注意混合均匀。

（2）严格注意控制成型水分。水分的多少应与成型压机相适应，并根据季节不同适时调整，一般冬季略低，夏季略高。水分应均匀一致。

（3）成型应严格按操作规程进行，并应加强检查，防止有微细裂纹和层裂的坯体进入干燥器。

（4）器型设计要合理，避免厚薄相差过大，墙地砖坯体的背纹不要设计成封闭式的，而应做成敞开的，这样在叠放干燥时，有利于排汽。

（5）为防止边缘部位干燥过快，可在边缘部位作隔湿处理，即涂上油脂类物质，以降低边部的干燥速度，减少干燥应力。

（6）设法变单面干燥为双面干燥，有利于增大水分扩散面积和减少干燥应力。

（7）严格控制干燥制度，使外扩散与内扩散趋向平衡。采用逆流干燥和废气再循环，使进入干燥器的湿坯，首先与热空气相遇，预热坯体，使坯体内、外温度一致，然后控制干燥介质温度、湿度和流速；温度不应过高，而湿度应适当大些，使干燥速度不要过大，安全完成等速干燥阶段。当坯体超过临界温度以后，进入降速干燥阶段，再提高干燥介质温度，降低其湿度，并增大其流速，使坯体快速干燥。

（8）加强干燥制度和干燥质量的监测，并根据不同的产品，制定合理的干燥制度。

9.7 烧成

将陶瓷坯体在一定条件下进行热处理，使之发生一系列物理化学变化，从而获得预期的晶相组成、显微结构、性能及形状尺寸的陶瓷制品的过程称为烧成。烧成的实质是将粉料集合体变成致密的，具有足够强度的烧结体的过程。烧成是一个复杂的过程，包括燃料的燃烧、坯体的加热、坯体中发生的一系列物理化学变化，以及制品的冷却等。它是陶瓷生产过程中最后一道关键工序，烧成过程进行的好坏将直接影响产品的质量、产量和成本，故制定合理的烧成工艺是至关重要的。

9.7.1 烧成方式

陶瓷的烧成方式按照烧成的次数分成一次烧成、二次烧成和三次烧成，以及在此基础之上的烤花、重烧等。

1. 一次烧成

一次烧成是指将施釉后的生坯在烧成窑内一次烧成陶瓷产品的方法。

一次烧成的特点如下：

(1) 简化了工艺流程，减少了素烧窑、素检等设施的投资及占地面积；

(2) 减少了操作人员，降低了工人的劳动强度，提高了劳动生产率；

(3) 节约能源，减少环境污染。

我国生产的日用瓷器，除青瓷和薄胎瓷外，一般采用一次烧成工艺。但在国外，瓷器绝大多数是二次烧成，二次烧成可以提高日用瓷的档次。卫生瓷和锦砖一般也是一次烧成。

2. 二次烧成

二次烧成是指将生坯先在素烧窑内进行素烧，即第一次烧成，然后经检选、施釉等工序后再进入釉烧窑内进行釉烧，即第二次烧成。二次烧成有利于减少釉面和产品的其他缺陷。

二次烧成分成两种类型：一是"低温素烧，高温釉烧"；二是"高温素烧，低温(中温)釉烧"。

先将生坯在较低的温度(600～900℃)烧成素坯，然后施釉，再在较高的温度下进行釉烧而得到产品，这种方法称为"低温素烧，高温釉烧"。我国大多数釉面砖、一般陶瓷等即是采用这种方法烧成的。素烧的主要目的在于使坯体具有足够的强度，能够进行施釉，减少破损，并具有良好吸附釉层的能力；此外部分氧化分解反应，如碳素和有机物的氧化、高岭土的脱水、菱镁矿的热解等也可在这一阶段完成，减小了釉烧时的物质交换数量。

将生坯烧到足够高的温度，使之成瓷，然后施釉，再在较低的温度下进行釉烧，这种方法称为"高温素烧，低温(中温)釉烧"。对于一般精陶制品如日用瓷中的骨灰瓷，其烧成即使用这种方法。这种烧成方式是以素烧为主，素烧的最终温度即是该种陶瓷的烧成温度。釉烧的作用只是将熔融温度较低的釉料熔化，均匀分布于坯体表面，形成紧密的釉层。

在确定是采取高温素烧还是低温素烧时，应考虑坯釉的组成、坯体的烧结(成瓷)温度及釉的适宜熔融温度。釉的熔融温度较低而坯体烧结温度较高时，宜采用高温素烧、低温釉烧。

二次烧成具有如下特点。

(1) 素烧时坯体中已进行氧化分解反应，产生的气体已经排除，可避免釉烧时由釉面封闭后气造成"橘釉""气泡"等缺陷，有利于提高釉面光泽度和白度。

(2) 素烧时气体和水分排除后，坯体内有大量的细小孔隙，吸水性能改善，容易上釉，且釉面质量好。

(3) 经素烧后坯体机械强度进一步提高，能适应施釉、印花等工序的机械化，降低半成品的破损率。

(4) 素烧时坯体已有部分收缩，故釉烧时收缩较小，有利于防止产品变形。

(5) 素烧后要经过检选(素检)，不合格的素坯一般重新用于配料，合格的素坯才可施釉，故提高了釉烧的合格率，减少了原料损失。

3. 三次烧成

经两次烧成后的釉面砖等用高档色釉料(结晶釉、金砂釉)或熔块，配以干法施釉等技术后再煅烧一次得到最终产品，即三次烧成。三次烧成可得到立体感和艺术感极强的陶瓷产品，这种技术称为三次烧成技术。

将卫生陶瓷等一次烧成产品的缺陷（不明显的缺釉和坯裂等）修补后又重烧一次得到符合质量要求的产品，这一过程称为重烧。

在瓷器上贴上专用陶瓷花纸或用烤花颜料进行装饰以后，还必须入炉烤烧，使花面纹样牢固地附着于瓷器的釉面上，这种烤烧，称"烤花"。烤花（也称为烤烧）技术不仅用在日用瓷上，也正越来越多地用于建筑卫生陶瓷上。

4. 烧成方式的选择

烧成方式的选择主要是根据产品大小、形状和性能要求，窑炉制造技术水平和综合经济效益等决定。一种制品，往往可以采取多种窑型和多种烧成方式，并非一成不变。一般来说，对于批量大，工艺成熟，质量要求不是很高的产品，可以进行一次烧成。我国的日用瓷大部分采用一次烧成。但少数高档产品，如骨灰瓷和西餐具是用二次烧成。我国大部分釉面砖都是采用二次烧成，而一次烧成也可以得到高质量釉面的釉面砖。国外发达国家从环保和节能角度出发，正大力发展一次烧成技术。电瓷、化工陶瓷、卫生陶瓷和特种陶瓷大都采用一次烧成。大多数建筑陶瓷（玻化砖、彩釉砖、劈离砖、广场砖、琉璃制品等）也是采用一次烧成。

9.7.2 坯体和釉在烧成过程中的变化

陶瓷的烧成过程十分复杂，原料的化学组成、矿物组成、粒度大小、混合的均匀性以及烧成的条件，对于烧成过程的物理化学变化有至关重要的影响。只有深入研究和掌握这些变化的类型和规律，才能选择或设计好窑炉，制定出合理的烧成工艺，达到优质、高产、低耗的目的。同时也可以为烧成缺陷的分析提供理论依据，有利于调整配方，改进工艺、设备和操作。这里以普通黏土质陶瓷为例，介绍其坯体和釉在烧成过程中的物理化学变化。

1. 低温预热阶段（室温～300℃）

由于进入烧成窑的坯体仍含有一定数量的残余水分（约2%以下），故本阶段的主要作用是排除坯体内的残余水分，也可称为干燥阶段或小火、预热阶段。

随着坯体中的残余机械水和吸附水的排除，坯体发生气孔率增加、体积少量收缩、质量减轻、强度提高等变化。

本阶段坯体水分含量是影响升温速度的首要控制因素。要提高窑炉的生产效率，则应当尽量降低坯体入窑水分。正常烧成时一般控制在2%，若入窑坯体水分含量超过3%，则必须严格控制升温速度，否则由于水分剧烈汽化，易导致坯体开裂；若入窑坯体水分小于1%，则升温速度可以加快。一般地，隧道窑的坯体入窑水分不超过1%，辊道窑的坯体入窑水分应控制在0.5%以下。

由于本阶段窑内气体中水汽含量较高，故应加强通风使水汽及时排除，这有利于提高干燥速度。应控制烟气温度高于露点，防止在坯体表面出现冷凝水，使制品局部胀大，造成水迹或开裂缺陷。此外烟气中的 SO_2 气体在有水存在条件下与坯体中的钙盐作用，生成 $CaSO_4$ 析出物，$CaSO_4$ 分解温度高，易使制品产生气泡缺陷。

本阶段坯体内基本不发生化学变化，故对气氛性质无特殊要求。

2. 中温氧化分解阶段(300～950℃)

中温阶段又称为氧化与分解阶段,是陶瓷烧成过程的关键阶段之一。此阶段坯体中发生碳素和有机物的氧化,碳酸盐和硫酸盐的分解,结构水排出,晶型转变,以及气孔率进一步增大、体积略有变化、质量急速减少、强度增加等物理变化。

1) 氧化反应

(1) 碳素和有机物的氧化。

陶瓷原料中一般含有不同程度的有机物和碳素,像北方的紫木节土、南方的黑泥等含量较多。压制成型时,坯料中有时加入了有机添加剂,坯体表面沾有润滑油。此外,烟气中未燃尽的碳粒可能沉积在坯体表面。这些物质在加热时均会发生氧化反应:

$$\text{C有机物} + O_2 \longrightarrow CO_2 \quad (350℃\text{以上})$$

$$C + O_2 \longrightarrow CO_2 \quad (\text{约}\ 600℃\text{以上})$$

$$S + O_2 \longrightarrow SO_2 \quad (250\sim920℃)$$

上述反应均应在釉面熔融和坯体显气孔封闭前结束。否则,就易产生烟熏、起泡等缺陷。

(2) 硫化铁的氧化。

$$FeS_2 + O_2 \longrightarrow FeS + SO_2\uparrow \quad (350\sim450℃)$$

$$4FeS + 7O_2 = 2Fe_2O_3 + 4SO_2\uparrow \quad (500\sim800℃)$$

FeS_2 是一种十分有害的物质,应在此阶段把它全部氧化成 Fe_2O_3。否则,一旦釉面熔融、气孔封闭,再进行氧化,逸出的 SO_2 气体就可能使制品起泡,且生成的 Fe_2O_3 又易使制品表面污染成黄、黑色。

2) 分解反应

(1) 结构水的分解排除。

坯料中各种黏土原料和其他含水矿物(如滑石、云母等),随着温度的升高,其结构水(或称结晶水)会逐步排除。黏土矿物脱水分解的起始温度一般为 200～300℃,但剧烈脱水温度和脱水速度则取决于原料矿物组成、结晶程度、制品厚度和升温速度等。例如,高岭土的脱水温度为 500～700℃,后期脱水速度较快;蒙脱石的脱水温度为 600～750℃;伊利石的脱水温度为 400～600℃,后两者脱水速度较缓慢。高岭土脱除结构水的反应式为

$$Al_2O_3 \cdot 2SiO_2 \cdot 2H_2O \longrightarrow Al_2O_3 \cdot 2SiO_2(\text{偏高岭石}) + 2H_2O(400\sim600℃)$$

升温速度对脱除结构水有直接影响,快速升温时,结构水的脱水温度移向高温,而且比较集中。

(2) 碳酸盐的分解。

坯、釉中都含有一定数量的碳酸盐类物质,其分解温度一般在 1050℃以下,其主要反应为

$$MgCO_3 \longrightarrow MgO + CO_2\uparrow \quad (500\sim850℃)$$

$$CaCO_3 \longrightarrow CaO + CO_2\uparrow \quad (600\sim1000℃)$$

$$4FeCO_3 + O_2 \longrightarrow 2Fe_2O_3 + 4CO_2\uparrow \quad (800\sim1000℃)$$

$$MgCO_3 \cdot CaCO_3(\text{白云石}) \longrightarrow CaO + MgO + 2CO_2\uparrow \quad (730\sim950℃)$$

(3) 硫酸盐的分解。

陶瓷坯体中的硫酸盐,分解温度一般在 650℃左右,其主要反应为

$$Fe_2(SO_3)_3 \longrightarrow Fe_2O_3 + 3SO_2\uparrow \quad (560\sim750℃)$$

$$MgSO_4 \longrightarrow MgO + SO_3\uparrow \quad (900℃以上,氧化焰)$$

3）石英的多晶转化和少量液相的生成

石英在配方中一般用量较多,在本阶段将发生多晶转化。在573℃,β石英转变为α石英,伴随体积膨胀0.82%；在867℃,α石英缓慢转变为α鳞石英,体积膨胀16%。石英晶型转变造成的体积膨胀,一部分会被本阶段的由氧化和分解引起的体积收缩所抵消。如果操作得当,特别是保持窑内温度均匀,这种晶型转变对制品不会带来多大的影响。

在900℃附近,长石与石英,长石与分解后的黏土颗粒,在接触位置处有共熔体的液滴生成。

伴随以上化学变化,本阶段发生以下物理变化：随着结构水和分解气体的排除,坯体质量急速减小,密度减小,气孔增加。根据配方中黏土、石英含量多少而发生不同程度的体积变化。后期由于少量熔体的胶结作用,则坯体强度相应提高。

为保证氧化分解反应在液相大量出现以前进行彻底,本阶段应注意加强通风,保持良好的氧化气氛；控制升温速度,保证有足够的氧化分解反应时间,必要时可进行保温,同时减小窑内上下温差。

3. 高温玻化成瓷阶段(950℃～最高烧成温度)

此阶段是烧成过程中温度最高的阶段。在本阶段坯体开始烧结,釉层开始熔化。

由于各地陶瓷制品坯、釉组成和性能的不同,对烧成温度(最高烧成温度)和气氛(又称焰性)的要求也不相同。我国北方大都采用氧化焰烧成,南方大都采用还原焰烧成,这是由于两地原料的铁、钛含量不同。当用还原焰烧成时,本阶段又可细分为氧化保温、强还原和弱还原三个不同气氛的温度阶段。由氧化保温转换为强还原时的温度以及由强还原转化为弱还原时的温度这两个温度点的高低,和还原气氛的浓度,俗称“两点一度”,在生产上尤为重要。下面就以还原焰烧成为例,说明三个阶段的物理化学变化。

1）氧化保温阶段

此阶段是上一阶段氧化分解阶段的延续,其目的是使坯体内的氧化分解反应在釉层封闭以前进行彻底,如$MgSO_4$等的分解反应。

在950℃以前的升温过程中,由于坯体厚薄不同,窑炉各个区域的温度和通风条件也不同,因此各部位坯体的氧化分解进展程度实际上是有差别的。如果氧化未进行充分即转换到强还原,说明还原过早或气氛转换温度点过低,则坯体内沉碳烧不尽,易造成釉泡或烟熏缺陷。这种由氧化不充分导致的釉泡称氧化泡。相反的情况是还原过迟或气氛转换温度点过高,此时坯体烧结、釉面封闭,还原介质难以渗透入坯体内,起不了还原Fe_2O_3的作用,且易造成高温沉碳,从而产生阴黄、花脸、釉泡、烟熏等缺陷。

由此可知,从氧化保温到强还原的气氛转换温度点十分重要,一般应控制在釉面熔融前150℃左右(1000～1100℃)。另外,保温时间的长短取决于窑炉的结构与性能,烧成温度的高低,坯体致密度与厚度等。一般情况是若窑内温差大,烧成温度较低,升温速度快,坯体较厚、密度较大时,则保温时间应延长。

2）强还原阶段

强还原阶段要求气氛中CO的浓度为3%～6%,基本无过剩氧存在,空气过剩系数α

为0.9左右。

强还原的作用主要在于使坯体中所含的氧化铁(Fe_2O_3)还原成氧化亚铁(FeO),后者能在较低温度下与二氧化硅反应,生成淡蓝色易熔的玻璃态物质硅酸亚铁($FeSiO_3$),改善制品的色泽,使制品呈白里泛青的玉色。再者玻璃相黏度减小促使坯体在低温下烧结,由于液相量增加和气孔降低,可相应提高坯体的透光性。

强还原的另一作用是使硫酸盐物质在较低温度下分解(1080~1100℃),使分解出的SO_2气体在釉面玻化前排出。而在氧化气氛中,硫酸盐的分解温度较高。此外,若坯体由于氧化进行得不完全,则在釉熔融后而引起的脱碳反应也在本阶段进行。

主要反应式如下:

$Fe_2O_3 + CO \longrightarrow 2FeO + CO_2 \uparrow$ (1000~1100℃)

$2Fe_2O_3 \longrightarrow 4FeO + O_2 \uparrow$ (1250~1370℃,还原焰为1080~1100℃)

$FeO + SiO_2 \longrightarrow FeSiO_3$ (1150℃)

$Na_2SO_4 \longrightarrow Na_2O + SO_3 \uparrow$ (1200~1370℃,还原焰为1080~1100℃)

$CaSO_4 + CO \longrightarrow CaSO_3 + CO_2 \uparrow$ (1080~1100℃)

$CaSO_3 \longrightarrow CaO + SO_2 \uparrow$

$C + CO_2 \longrightarrow 2CO \uparrow$ (1100℃)

本阶段升温应缓慢,使坯体中还原、分解反应产生的气体能够顺利排除。

3) 弱还原阶段

当还原反应结束时,釉料开始成熟,即应及时转换为弱还原阶段。若再继续使用强还原气氛,则不仅沾污釉面而且浪费燃料。此时从理论上说可以采取中性焰,但实际上中性焰难以达到,为了防止制品中低价铁重新氧化成高价铁,故在强还原之后宜改烧弱还原焰。弱还原气氛以烟气中CO浓度为1.5%~2.5%,相应空气过剩系数约为0.95为宜。强还原转弱还原的温度点约为1250℃,过高或过低都将影响制品质量。

在此阶段,由熔融长石和其他低共熔物形成的液相(玻璃相)大量增加。由于液相的表面张力作用,促使坯体内颗粒重新排列紧密,而且使颗粒互相胶结并填充孔隙,颗粒间距缩小,坯体逐渐致密。同时,由前一阶段高岭石脱除结构水生成的偏高岭石在约1050℃时生成一次莫来石晶体与非晶质二氧化硅,后者在高温下转变为方石英晶体。由长石熔体中析出的针状莫来石称二次莫来石。莫来石晶体长大并形成"骨架",坯体强度增大,逐渐被烧结。

高温阶段发生的物理变化如下:①强度提高很大;②由于玻璃相物质填充于坯体内的孔隙,气孔率下降到最小值;③体积收缩,密度增大;④色泽改变,坯体由淡黄色、青灰色变为白色,光泽度增加。

本阶段应注意控制升温速度,若升温过于急速,则突然出现大量液相,使釉面封闭过早,易产生冲泡、发黄等缺陷。特别是对于两个气氛转换点的温度应把握准确。其次应注意控制还原气氛的浓度,过高过低都不好。最后应注意减小窑内温差。

4. 高温保温阶段

为使坯体内部物化反应进行得更加完全,促使坯体的组织结构趋于均一,尽量减小窑炉各处的温差,则在升温的最后阶段进行高温保温和选择适当的止火温度是非常重要的。止火温度即是烧成温度,它有一个波动范围,对烧结范围宽的坯料,可适当提高止火温度,而减少保温时间;对烧结范围窄的坯料,可适当降低止火温度,而延长保温时间。此外升温速度快(前阶段),窑内温差大时,亦应延长保温时间;装窑密度大时则应适当减少保温时间,这是因为密度大,吸热多,止火后散热慢,无形中加长了保温时间,如未及时调整,则很易造成过烧。此阶段液相量增多,晶体相增加并不断长大,晶体扩散,固、液相趋于均匀分布,坯体结构更为均匀致密。

一般陶器最高烧成温度为1150～1250℃,保温时间在1h以内;一般精陶素烧温度为1220～1250℃,保温2～3h;日用瓷烧成温度为1280～1400℃,保温1～2h。当采用低温快烧时情况有所不同,例如釉面砖(精陶)一般烧成温度为1150～1250℃,采用低温快烧配方时,最高烧成温度为950～1000℃,在辊道窑内整个烧成周期为30min左右,高火保温时间不过1min左右。

5. 冷却阶段(最高烧成温度至常温)

此阶段发生液相析晶、玻璃相物质凝固、游离石英晶型转变、硬度和机械强度增大等变化。此阶段可细分为急冷、缓冷和最终冷却三个阶段。

从最高烧成温度(高火保温结束)到850℃为急冷阶段。此阶段坯体内的液相还处于塑性状态,故可进行快冷而不开裂。快冷不仅可以缩短烧成周期,加快整个烧成过程,而且可以有效防止液相析晶和晶粒长大以及低价铁的再度氧化。从而可以提高坯体的机械强度、白度和釉面光泽度。冷却速率可控制在150～300℃/h。

从850℃到400℃为缓冷阶段。850℃以下液相开始凝固,初期凝固强度很低。此外在573℃左右,石英晶型转化又伴随体积变化。对于含碱和游离石英较多的坯体要多加注意,因含碱高的玻璃热膨胀系数大,加之石英晶型转变,引起的体积收缩应力很大,故应缓慢冷却。冷却速率可控制在40～70℃/h。若冷却不当则将引起惊釉缺陷。

从400℃到室温为最终冷却阶段,一般可以快冷,冷却速率可控制在100℃/h以上,但由于温差逐渐减小,冷却速率的提高实际受到限制。对于含大量方石英的类陶坯,在晶型转化区间仍应缓冷。

对于采用氧化焰烧成陶瓷的情况,烧成过程较简单,关键是控制氧化分解反应在坯釉烧结之前进行充分。因此在950℃以上应缓慢升温,减小温差,保持通风良好。其他阶段和前面相同,烧成操作也较容易。

9.7.3 烧成窑

1. 烧成窑的分类

窑炉是保证陶瓷质量的关键设备。陶瓷窑炉的种类很多,可以从不同角度进行分类。

按烧成过程的连续与否分为间歇式窑和连续式窑。

按用途分为素烧窑、釉烧窑、烤花窑及重烧窑。

按制品与火焰是否接触分为明焰窑、隔焰窑和半隔焰窑三种。明焰窑内火焰与制品直接接触,传热面积大,传热效率高,且可方便调节烧成气氛。但明焰烧成时,对于上釉制品和表面质量要求高的制品就必须采用净化煤气或轻柴油作燃料,以免污染制品;隔焰窑内火焰沿火道流动,借助隔焰板(一般是SiC质)以辐射方式加热窑道内制品,由于火焰不接触制品，故不会造成制品污染，烧成质量较好，对燃料要求也较宽，但制品在充满空气的氧化气氛中烧成，气氛很难调节；若将隔焰板上开孔，使火道内部分气体进入窑内与制品接触，从而便于调节窑内气氛，这种窑就是半隔焰窑。

按所用燃料分为：烧固体燃料的煤窑、柴窑；烧液体燃料的重油窑、轻柴油窑；烧气体燃料的煤气窑、天然气窑等。由于节约能源和保护环境的需要，陶瓷工业理想的燃料是净化煤气。

按火焰的流动方向分为升焰窑、倒焰窑、半倒焰窑、平焰窑。

按形状分为圆窑、方窑、龙窑、隧道窑、阶级窑、梭式(抽屉)窑、钟罩窑、蛋形窑。

2. 间歇式窑

间歇式窑是指将一批坯体码入窑内，关上窑门按一定升温制度加热，使坯体经过烧成过程的各个阶段，冷却至一定温度后，再打开窑门将烧好的制品取出。其特点是：生产分批间歇进行，窑炉安装、烧、冷、出四个阶段顺序循环。

倒焰窑是间歇式窑的一种。它的外形可为圆形或矩形。容积可大可小，一般不超过$150m^3$。窑内码放制品，窑墙四周设有若干燃烧室，火焰从喷火口喷入窑内上升至窑顶后，再经制品周围的火道向下，通过分布在窑底的多个吸火孔，入窑下支烟道、总烟道，最后由烟囱排出窑外。

倒焰窑生产方式灵活，由于火焰自上而下加热制品，故水平温度均匀；但倒焰窑热利用较差，燃料消耗高，劳动强度大。这种窑适合烧成批量不大的大件或特殊制品。例如，细而长的陶瓷棒过去就是在油烧倒焰窑内烧成的。这种窑型目前已限制发展。

另一种间歇式窑是梭式窑(又称抽屉式窑)，其结构示意图如图 9.7.1 所示。梭式窑内地面上装有轨道，制品码在窑车上推入窑内，车面上砌有吸火孔，两侧墙上设有燃烧室。火焰入窑加热制品，烟气经吸火孔支烟道，再通过端墙上的烟道，由烟囱排出。窑车上砌有窑门，推入带窑门的窑车，窑室即自动封闭，排烟口也即接通。

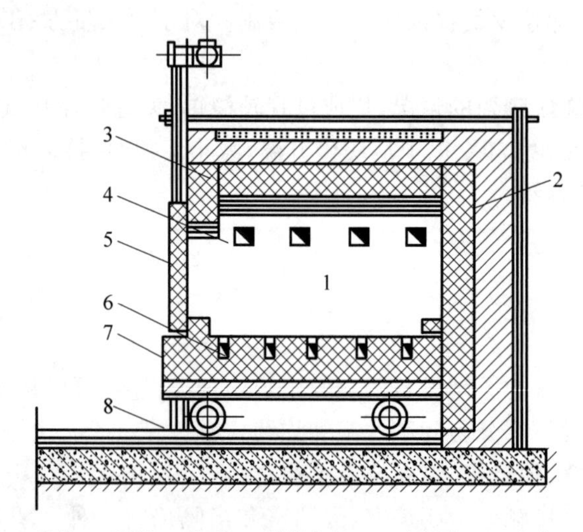

1-窑室；2-窑墙；3-窑顶；4-烧嘴；5-升降窑门；6—支烟道；7—窑车；8—轨道。

图 9.7.1 梭式窑结构示意图

梭式窑生产方式更加灵活，劳动强度小，能够烧成不同质量要求的产品，但燃料消耗仍较连续式窑高。在国外，采用梭式窑的较多。现代梭式窑利用煤气、油或电加热，窑内轨道有单轨、双轨或三轨的。三轨，即窑内并排三辆窑车。窑内容车数由产量决定，现在最大容积可达 60m^3。梭式窑也适用于卫生瓷的重烧，由于气氛控制方便，也适用于广场砖等要求还原烧成的产品。

3. 连续式窑

连续式窑的特点是窑内分为预热、烧成、冷却等若干带，各部位的温度、气氛均不随时间而变化。坯体由窑的入口端进入，在输送装置带动下，经预热、烧成、冷却各带，完成全部烧成过程，然后由窑的出口端送出。连续式窑的一般工作流程如图 9.7.2 所示。

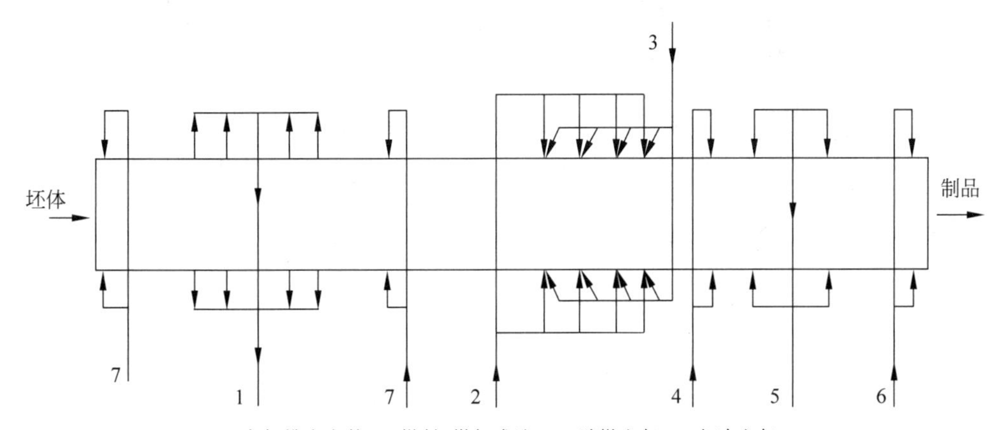

1-废气排出窑外；2-燃料(煤气或油)；3-助燃空气；4-急冷空气；
5-抽出热风；6-最终冷却送风；7-气幕。

图 9.7.2 连续式窑的工作流程

在连续式窑的中部设燃烧室，火焰喷射入窑内形成高温。通常把窑温由 950℃至最高烧成温度的区段称烧成带，坯体入窑至烧成带的区段称预热带，烧成带到制品出窑口间的区段称冷却带。烧成带的高温燃烧产物向压力较低的预热带流动，预热反向移动的坯体，同时降低本身的温度，到预热带头部后，可利用风机将低温废气排出窑外。一般在窑头还设有封闭气幕，以防止外界冷风吸入窑内；预热带中部有搅拌气幕，用以减少窑内断面温差；在需要转换烧成气氛的位置有气氛转换气幕，用以分隔焰性并使整个坯垛内外充分氧化。在冷却带头部可送入急冷风而形成急冷区；窑尾利用集中送风而形成最终冷却区；冷却带中部是缓冷区，两股冷风从中部利用热风机抽出。

连续式窑的类型很多。根据输送制品方式的不同有隧道窑、辊道窑、输送带式窑、气垫窑等。现在使用较广泛的是隧道窑和辊道窑。

1）隧道窑

隧道窑的外形，如同隧道一样。窑内有轨道(或导轨)，坯体码放在窑车或推板上，不论是窑车或推板，都是靠推车机的顶推作用由入口向出口移动。推板型窑阻力大，一般较小，多是隔焰窑，现在生产上用得较少。窑车型隧道窑宽度可超过 2m，长度可超过 100m，产量大，有明焰、隔焰、半隔焰三种燃烧方式；燃料用煤、用油、用气和用电的均有，但目前明焰裸烧以净化煤气作燃料的隧道窑是发展方向。

图 9.7.3 为用液化石油气(LPG)、液化天然气(LNG)、轻油作燃料烧卫生瓷的明焰裸烧隧道窑。

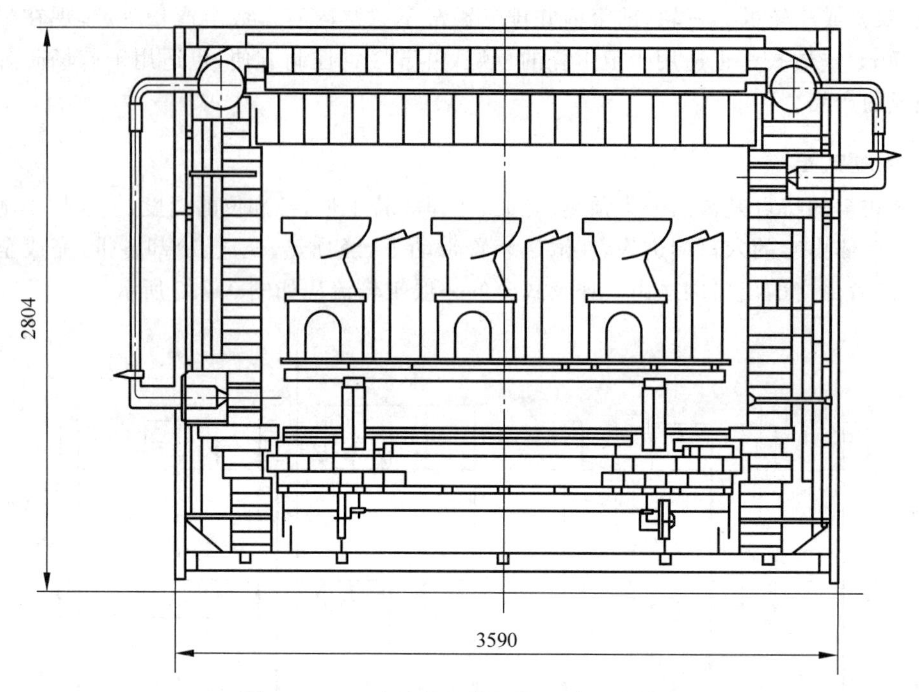

图 9.7.3 卫生瓷的明焰裸烧隧道窑示意图

现在多采用隧道窑烧成卫生瓷、日用瓷、电瓷等。釉面砖素坯可以叠放,故也适用隧道窑烧成。

表 9.7.1 为现代日用陶瓷隧道窑的工艺参数。

表 9.7.1 现代日用陶瓷隧道窑的工艺参数

窑型	燃料	装烧方式	烧成温度/℃	烧成时间/h	窑具与制品的质量比	单位热耗/(MJ/kg)
素烧窑	天然气	明焰裸烧	950	30.7	3.64	6.28
釉烧窑		明焰装烧	1370	33	6.84	28.47

隧道窑用窑车输送制品,窑车蓄热损失很大,不仅降低了热利用率而且限制了产量的提高。此外窑室上下温差大,而克服上下温差必须消耗能量。这是隧道窑的主要缺点。

2) 辊道窑(辊底窑)

辊道窑的构造如图 9.7.4 所示,由数百根互相平行的辊子组成辊道,在传动装置带动下,所有的辊子均向相同的方向旋转,使放在其上的坯体由入口向出口移动,经过窑内烧成陶瓷制品。高温区用瓷辊,其余区用钢辊,辊子直径一般为 25～50mm,长度一般为 2m 左右,最长的已达 3.27m。

一般在辊道窑的烧成带和预热带安装有燃烧器,向窑内供入热量。隔焰、半隔焰的辊道窑以重油或煤为燃料,但窑内温度、气氛不够均匀,热成质量和热利用效果均不如明焰窑。明焰辊道窑以净化煤气、LPG 或轻柴油为燃料,自动化程度很高,产量大,质量好,热效率

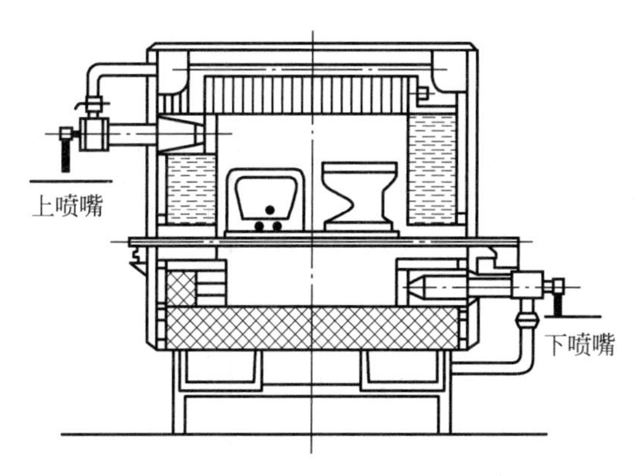

图 9.7.4 辊道窑的剖面结构示意图

高、单位产品消耗的能源少。

辊道窑特别适用于墙地砖类产品的烧成,用辊道窑烧成时总单位热耗仅为隧道窑的41%。

利用辊道窑快速烧成卫生陶瓷的技术也已日臻完善。烧成卫生瓷的辊道窑其烧成带选用碳化硅瓷辊,由于强度限制,烧成最大产品每件不得超过18kg。

目前辊道窑的发展趋势:一是向高温、宽断面大型化方向发展;二是研制能满足要求的材质(特别是辊子材质),烧嘴和自控系统;三是设法降低造价。

9.7.4 烧成制度

为了获得合格的陶瓷产品,必须根据坯、釉物理化学反应对温度、气氛的需要来适时地操作控制窑炉。因此,制定合理的烧成制度是一项重要的工作,它是获得合格陶瓷产品的首要条件。

烧成制度(又称热工制度)包括温度制度、气氛制度和压力制度。对某一产品而言,制定正确的温度制度和合理控制气氛制度是关键,压力制度是温度制度和气氛制度得以实现的保证,三者之间互相协调而构成合理的烧成制度。

1. 温度制度

温度制度一般用温度曲线表示,即由室温加热到烧成温度,再由烧成温度冷却至室温的过程中温度随时间变化的情况。

图9.7.5给出了在圆形倒焰窑内以重油作燃料烧成高压电瓷(还原焰)的温度与时间曲线,这种图直观醒目,方便使用。对于连续式窑炉,因为坯体的移动速度恒定,故坯体的位置,实际就表示了加热时间,图9.7.6给出了隧道窑以重油为燃料烧成日用瓷的温度曲线,横坐标除列出时间和窑长度外,同时标出车位数,非常实用。

温度制度的制定涉及升温速度、最高烧成温度(止火温度)、保温时间和冷却速率等方面,需要考虑下列因素:①烧成时坯体中的反应速度,坯体的组成、原料性质以及高温下发生的化学变化均影响反应的速度;②坯体的厚度、大小以及坯体的热传导能力;③窑炉的结构、形式和热容,以及窑具的性质和装窑密度。

1) 升温速率的确定

低温阶段:升温速率主要取决于坯体入窑时的水分。如果坯体入窑水分高,坯体较厚、

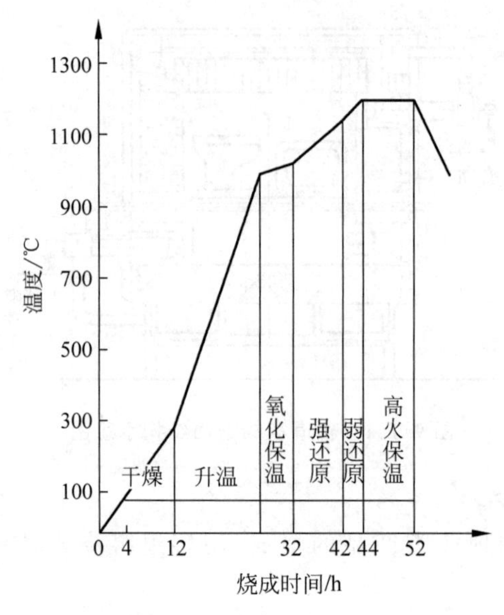

图 9.7.5 重油还原焰烧成高压电瓷的温度与时间曲线

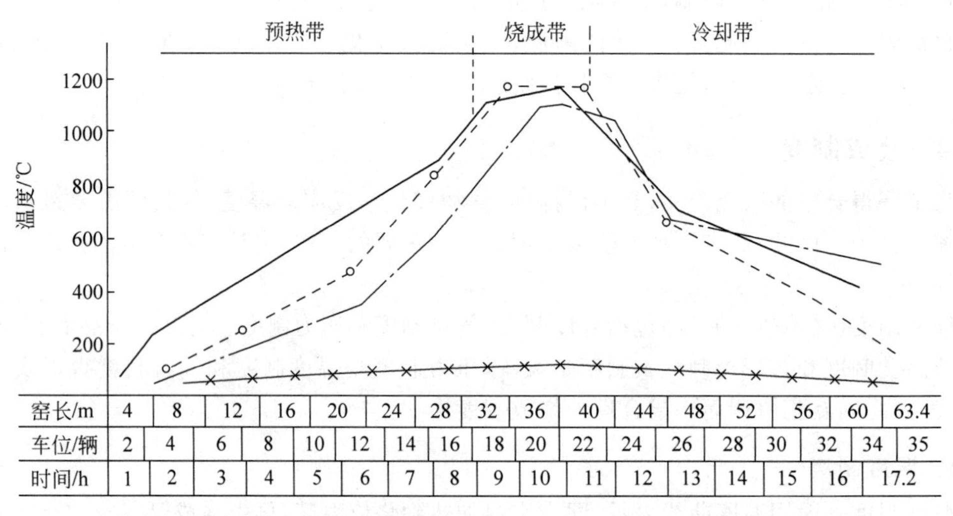

实线为窑顶温度曲线；虚线为设计温度曲线，-◦-为车面温度曲线；-×-为车下温度曲线。

图 9.7.6 重油烧隧道窑煅烧日用瓷的温度曲线

致密或装窑量大，则升温过快将引起坯体内部水蒸气压力的增高，可能产生开裂现象；对于入窑水分不大于1%～2%的坯体，一般强度也大，在120℃前快速升温是合理的。

氧化分解阶段：升温速率主要取决于原料的纯度和坯体的厚度。此外，也与气体介质的流速和性质有关。原料较纯且分解物少，制品较薄的，则升温可快些；如坯体内杂质较多且制品较厚，氧化分解费时较长或窑内温差较大，则升温速率不宜过大；在温度尚未达到烧结温度以前，结合水及分解的气体产物排除是自由进行的，而且没有收缩，因而制品中不会引起应力，升温可快些。随着温度升高，坯体中开始出现液相，应注意使碳素等在坯体烧结和釉层熔融前烧尽；一般当坯体烧结温度足够高时，可以保证气体产物在烧结前逸出，而不致产生气泡。

高温阶段：此阶段的升温速率取决于窑的结构、装窑密度以及坯体收缩变化的程度。当窑的容积很大时，升温过快则窑内温差大，将引起高温反应的不均匀。坯体玻璃相出现的速度和数量对坯体的收缩产生不同程度的影响，应视不同收缩情况决定升温的快慢。在高温阶段主要是收缩较大，但如能保证坯体受热均匀，收缩一致，则即使升温较快，也不会引起应力而使制品开裂或变形。

2）烧成温度及保温时间的确定

烧成温度必须在坯体的烧结温度范围之内，而烧结范围则需控制在线收缩达到最大而显气孔率接近于零的一段温度范围。最适宜的烧成温度或止火温度可根据坯体的加热收缩曲线和显气孔率变化曲线来确定。但需指出，这种曲线与升温速率有关。当升温速率快时，止火温度可以稍高，保温时间可以短些。当升温速率慢时，止火温度可以低一些，操作中可采用较高温度下短时间的烧成或在较低温度下长时间的烧成来实现。在高温下（烧结温度范围的上限），短时间烧成可以节约燃料。但对烧结温度范围窄的坯体来说，由于温度较高，液相黏度急剧下降，容易导致缺陷的产生，在此情况下则应在较低温度下（烧结温度范围的下限）延长保温时间。因为保温能保证所需液相量的平稳增加，不致使坯体产生变形。

3）冷却速率的确定

冷却速率主要取决于坯体厚度及坯内液相的凝固速度。快速冷却可防止莫来石晶体变粗，对提高强度有好处。同时防止坯体内低价铁的重新氧化，可使坯体的白度提高，所以高温冷却可以快速进行。但快速冷却应注意在液相变为固相玻璃的温度（750～800℃）以前结束，此后冷却应缓慢进行，以便液相变为固相时制品内温度分布均匀。400～600℃为石英晶型转化温度范围，体积发生变化，容易造成开裂，故应考虑慢冷。400℃以下则可加快冷却，不会出现问题。对厚件制品，由于内外散热不均而产生应力，特别是液相黏度由 10^{12} Pa·s 数量级至 10^{14} Pa·s 数量级时，内应力较大，处理不当易造成炸裂。

2. 气氛制度

气氛对陶瓷的烧成以及产品的性能都有重要的影响。烧成过程中，为了使坯体发生预期的物理、化学反应过程，对坯体周围气体介质的氧化还原性质有一定的要求。气氛对含有较多铁的氧化物、硫化物、硫酸盐以及有机杂质等陶瓷坯体影响很大，同一坯体在不同气体介质中加热，其烧成温度、收缩速率、最终烧成收缩、气孔率均不相同。故要根据坯体化学组成以及烧成过程各阶段的物理化学变化，恰当选择烧成气氛。我国南方和北方瓷区因坯体的化学矿物组成中铁、钛等氧化物含量不同，而选择了不同的气氛制度，南方瓷区的烧成多采用还原气氛（即小火氧化，大火还原）；北方瓷区则采用全部氧化气氛烧成。陶瓷墙地砖一般采用氧化焰烧成。

气氛的性质是根据燃料燃烧产物中游离氧和还原成分的含量来决定的。当游离氧含量为 4%～5%时，为普通的氧化焰；当游离氧含量为 8%～10%时，为强氧焰；当游离氧含量为 1%～1.5%时，为中性焰；当游离氧含量在 0～1%（CO 含量为 4%～8%）时，为还原焰。

1）氧化气氛的作用与控制

水分排除阶段、氧化分解阶段一般需要氧化气氛。它有两个主要作用：①将前一阶段沉积在坯体上的碳素和坯体中的有机物及碳素烧尽；②将硫化铁氧化。

为使碳素烧尽，空气过剩系数 α 值和升温时间要适当。为此间歇式窑要求燃烧室煤层要薄，窑内通风要好，烟气中有足够的过量空气，窑内明亮，不致因供给空气过多而降低温度。连续式窑通常在氧化分解区段要设置氧化气幕(具体位置在强还原之前)，气幕风量应保证使烟气中可燃物质("$CO+H_2$")完全燃烧并有足够的过剩空气，温度不应降低过多。实践证明，用氧化焰烧成的瓷器，在瓷化阶段如果α值过高，则容易造成釉面光泽不好，甚至造成高火部位坯体起泡。

2) 还原气氛的作用与控制

还原气氛的主要作用如下：①对于含Fe_2O_3较高的坯体，在低于Fe_2O_3分解温度即完成了还原反应，可以避免Fe_2O_3在高温时分解并放出氧，致使坯体发泡；②FeO与SiO_2等形成亚铁硅酸盐而呈淡清的色调，使瓷器具有白如玉的特点。

影响还原气氛的主要介质是O_2，其次是CO和CO_2。还原阶段应尽可能使O_2的浓度小于1%或接近零。空气过剩系数宜小于1，CO的浓度可以根据坯体的组成控制在2%～7%(CO/CO_2浓度比值为0.45～0.37)。若O_2含量高于1%，即使增加CO的含量，还原效果也不好；而CO含量过高，烟气过浓，釉表面就会发生沉碳，碳粒在釉熔融以后燃烧就会产生针孔等缺陷。在氧含量接近于零而碳含量不高时，延长还原时间，有利于提高坯、釉质量。

强还原阶段要求烟气中过剩氧接近于零，而CO含量为3%～6%，坯体进行强还原时的温度一般在1050～1250℃，对间歇式倒焰窑，此阶段属大火阶段，要求厚煤层，产生半煤气，使火焰进入窑内燃烧，坯体周围充满火焰；对连续式隧道窑，此阶段正处于烧成带高温段，窑内也必须充满火焰。烧还原焰，空气过剩系数$\alpha=0.9$，空气不足又是高温的情况下，才能产生CO，使坯体进行还原反应。

强还原气氛之后需要有一段弱还原气氛，一般在1250℃至最高烧成温度，气氛浓度以烟气中CO含量1.5%～2.5%，$\alpha=0.95$较合适。

低温阶段因为不发生化学变化，对气氛无要求。

3. 压力制度

窑内合理的压力制度是实现温度制度和气氛制度的保证。压力制度是指窑内压力与时间或窑长的关系。对间歇式窑来说通常是规定不同温度区间(时间)总烟道抽力的大小。对连续式隧道窑来说，它的压力制度也就是窑内压力沿长度的分布，故也称作压力曲线，压力曲线取测压孔(或看火孔)高度作为基准。

压力曲线反映窑内的通风状况，因此，它与窑炉结构参数、燃烧方式、码窑、操作都有密切关系。为了通过压力制度来保证温度制度和气氛制度的实现，通常是控制压力曲线上几个关键参数。

1) 零压点(零压位)

排烟系统的零压点一般控制在隧道窑预热带和烧成带之间，使烧成带保持微正压，有利于稳定窑内气氛和温度，并使氧化、还原阶段分明，零压点的移动必然影响温度制度和气氛制度。零压位后移，即向烧成带方向移动。预热带负压增大，抽力加大，燃烧强度增大，冷风漏入增加。从气氛来看，氧化时间延长，还原时间缩短，严重时造成还原不足的废品。零压点前移即向窑头方向移动，与此相反，可能造成坯体氧化不足的废品。因此，零压位是压力制度的重要参数。

2）预热带最大负压

一般为－40～－10Pa，过大则说明窑的阻力增大，易造成大量漏风，扩大窑内上下温差。

3）窑头微正压

为减少窑门漏风，设置窑头封闭气幕，保持微正压，以减少窑外冷空气漏入。

4）冷却带压力

冷却带一般处于正压之下，但也不宜过大，以免漏出热风而烧坏窑车，而且恶化环境，浪费能量，最大约15Pa。冷却带前部压力借助于调节急冷气幕和抽热风量而与高火保温带压力相等，以免影响高火保温带的气氛和温度，或烟气倒流入冷却带，使产品熏烟。

油烧隧道窑还原焰烧成时，一般窑的预热带控制负压（－29.42Pa以下），烧成带正压（19.61～29.42Pa），冷却带正压（0～19.61Pa）。零压位在预热带和烧成带之间；油烧隧道窑氧化焰烧成时，一般预热带为负压，烧成带为微负压到微正压负（－4.9～4.9Pa），冷却带为正压。为保持合理的压力制度，可通过调节总烟道闸板、排烟孔小闸板来控制抽力，控制好氧化幕、急冷气幕以及抽余热风机的风量与风压，并适当控制烧嘴油量，调节车下风压和风量等办法。

9.7.5 烧成缺陷及产生原因

1. 变形

制品出现表面翘曲或整体扭斜等各种不规则形态，称为变形，是陶瓷生产中常见缺陷之一。

产生的主要原因如下所述。

(1) 配方中的软质原料灼减量大，熔剂性原料含量过高，使坯体在烧成时体积收缩大。

(2) 坯体制备不精，陈腐时间短，水分分布不均匀，颗粒级配不适当。

(3) 坯釉料的膨胀系数搭配不合理。

(4) 器型结构设计不合理，如厚薄相差太大，过渡部位会出现应力；成型操作不正确，如压力不均、添料不匀，造成坯体各部位密度差别大，收缩不均匀；强制脱模使坯体内潜伏了应力等，烧成时都会引起变形。

(5) 装钵（窑）不当，未垫平；匣钵高温强度差；钵柱不宜；产品在垫片上不能自由收缩；入窑坯体水分过大。

(6) 坯体与托辊、窑具黏附而使坯体变形。

(7) 烧成时低温干燥阶段升温过急，或一块制品上承受的温差过大。

(8) 烧成时止火温度高于产品的烧成温度。

2. 斑点

特征：产品表面大小不一的异色脏点。

产生的主要原因如下所述。

(1) 原料中所含杂质，如铁的化合物等，在洗涤加工过程中没有除净。

(2) 加工过程中混入了杂质，如机械铁屑与焊渣，设备和工具上的铁锈皮，外界带入的煤渣、泥沙等，除铁时又没有除净。

(3) 坯体存放时表面落上灰尘、异物,而在入窑时未清扫干净。

(4) 坯料含铁量高而且粒度粗,铁质集中,还原烧成时会呈现黑斑或黑点。

(5) 燃料中含硫量过高,烧成时与铁质发生反应生成硫化铁黑点。

3. 落脏

特征:产品表面落上脏物并与产品烧黏在一起。

产生的主要原因如下所述。

(1) 半成品存放时落上脏物,装窑时没有扫净。

(2) 坯体施釉后落上脏物。

(3) 窑中的耐火材料碎屑落在制品上。

4. 裂纹

特征:产品出现裂痕,分釉面开裂(釉面开裂)和坯体开裂(坯裂)两种。

1) 釉面开裂的主要原因

(1) 坯与釉热膨胀系数不相适应。当釉的膨胀系数大于坯的膨胀系数时,由于釉面在冷却过程中产生张应力,引起釉面开裂;当釉的热膨胀系数小于坯的膨胀系数时,釉层产生压应力,若压应力太大或釉层弹性差、强度低时,则易产生釉层剥脱。

(2) 釉层过厚或生成有害的胚釉中间层。

(3) 烧成温度低,烧成时缓冷阶段冷却过急或出窑温度过高。

2) 坯体开裂的主要原因

(1) 坯体中高干燥敏感性原料用量过多,干燥制度不合理,导致的干燥开裂在坯检时没有发现,从而在烧成的预热阶段裂痕增大。

(2) 入窑生坯含水量过大,升温过快,水分排出过急而造成开裂。这种情况裂纹向纵深发展,坯釉同时裂开,断面粗糙但不锋利。

(3) 坯体过分干燥,入窑前或在烧成的预热阶段吸湿,产品表面出现大量微细裂纹。

(4) 在过于干燥的生坯体上施釉。

(5) 半干压坯料中有硬块,因而压制成的坯体密度与水分不均,烧成后产品表面在硬块处出现放射状的数条裂纹(面砖素烧坯上经常出现)。

(6) 压制成型时填料不均,压力不均,坯体致密度不一致,造成烧成时收缩不一致。

(7) 烧成时升温速度控制不当,导致产品边部开裂(口裂)和中心开裂(硬裂);冷却过快,导致风惊裂(断口整齐)。

5. 起泡

特征:产品表面凸起小泡,可产生于无釉产品和有釉产品,包括开口泡(表面已破)和闭口泡(泡突起未破)。

产生的主要原因如下所述。

(1) 入窑水分过高或坯体过干后又吸附了大气中的水分,入窑后在预热阶段升温过急。

(2) 止火温度高于产品烧成温度。由于烧成温度过高,超出了烧成范围,使坯体产生全面小泡(称为过烧泡)。起泡程度与坯体含铁量的多少和过烧温度有关。

(3) 烧成时气氛不当,坯体氧化分解不完全,气体难以排除。这种原因产生的起泡有氧化泡和还原泡。氧化泡是由氧化不彻底造成的，泡的大小似小米粒，外面有釉层覆盖，断面呈灰黑色说明是碳素起泡，往往同时存在烟熏。出现这种情况时，应延长氧化时间，窑内存烟不要过长，减少入窑坯体含水量等。还原泡是由还原不足引起的，断面常呈黄色。其产生原因是还原阶段开始太迟，或结束过早，或气氛浓度不够，或窑内温差大等。

(4) 低温釉料中含硫酸盐、碳酸盐及有机物过多，釉中含有过量的碱性氧化钡、氧化硼等，造成釉面表面张力过大。

(5) 施釉时扑集大量气体于釉层中，釉层厚而釉熔体黏度过高。

(6) 釉料过细使熔点降低，过早形成黏度大的釉熔体，使坯体分解产生的气体或坯体表面蓄积的气体无法顺利排出釉层。

(7) 坯体边棱处蓄积大量可溶性盐类，易产生釉泡。由于坯或釉中可溶性盐类过多，干燥时移聚于边缘和棱角处，使这些局部位置釉的熔点降低，烧成时提前熔化，气体排出困难，使边缘棱角处形成一连串小泡(称为水边泡)。

(8) 燃料中含硫量过多，燃料不完全燃烧，窑中存在还原气氛等。

6. 棕眼

特征：釉面呈现针尖似的小孔。

产生的主要原因如下所述。

(1) 釉泡形成的一切原因，在体积稍有改变时，均可能形成棕眼。

(2) 釉浆与坯的附着力不好；釉层中含有干燥敏感性高的黏土、生氧化锌，釉层干燥收缩大，预热阶段釉层开裂，而高温下釉熔体黏度高、张力大，都易形成棕眼。

(3) 烧成温度过低，釉玻化不好。

(4) 釉的颗粒过粗，烧成时釉熔融不好。

(5) 施釉时坯体过干或坯体过热，施釉前没有把坯体表面的脏物除净。

(6) 烧成时间短，后火期氧化不好，碳素沉淀于釉层表面，碳素烧除后，釉面留下小孔。

7. 缺釉

特征：产品表面局部无釉。

产生的主要原因如下所述。

(1) 施釉前坯体上的灰尘、油污、蜡没有除净，在施釉时不吸釉。

(2) 施釉时坯体太湿。

(3) 釉浆太细，釉的黏度大，釉熔体表面张力过高，釉与坯的浸润性不良，易导致缩釉性质的缺釉。

(4) 烧成时窑内水汽太多，坯面潮湿，加热后釉层开裂卷起，导致缩釉性质的缺釉。

(5) 釉坯在存放、搬运、装窑过程中，因擦碰使局部釉层剥落又未补釉。

8. 色泽不良

特征：产品表面颜色不均或釉面无光。

产生的主要原因如下所述。

(1) 釉料配方不当或自由原料纯度不高。

(2) 釉浆搅拌不匀，施釉时釉层厚薄不均。

(3) 烧成气氛控制不当,烧成温度低于釉的成熟温度,釉面不能完全玻化。

(4) 窑内各部位烧成温度不一致。

(5) 燃料含硫量过高,烧成中二氧化硫气体和灰分与釉料化合生成硫化物,或窑中有水蒸气。

(6) 釉烧温度过高,釉熔体被多孔性坯体吸收,烧成时间太长,釉中组分挥发。

(7) 有不溶性颗粒残留于釉面上。

9. 夹层

特征:产品内部有分层现象。

产生的主要原因如下所述。

坯料不符合压制成型的工艺要求,或成型时操作不当,施压过急,粉料中的气体没能排出,注浆成型时吃浆不透,坯体未干透。

10. 釉缕

特征:产品釉面呈现厚条痕或滴状釉痕。

产生的主要原因如下所述。

(1) 施釉不均,釉层太厚,施釉机内有釉滴落于产品上。

(2) 釉的烧成温度高于成熟温度,或釉的熔点过低,使产品四周釉层变厚。

11. 波纹

特征:产品釉面不平,在光线下呈现鱼鳞状起伏状态。

产生的主要原因如下所述。

(1) 釉层厚薄不均。

(2) 喷釉时雾点太粗,生釉层表面高低相差较大。

(3) 釉的高温黏度大而表面张力低。

(4) 烧成温度过低,釉面玻化不好。

12. 橘釉

特征:产品釉面呈现橘皮状。

产生的主要原因如下所述。

(1) 坯体干湿不均,吸釉能力不一致,釉层厚薄不均。

(2) 釉熔化后黏度大,表面张力小,釉熔体流展性不好。

(3) 烧成时高温阶段升温过快,或窑内局部温度过高,超过了釉的成熟温度,使釉熔体发生沸腾现象。

13. 烟熏

特征:釉面局部或全部呈现灰黑色。

产生的主要原因如下所述。

(1) 釉料中氧化钙过多,过早产生液相,容易吸烟。

(2) 坯体入窑水分大,烧成时碳素浸入釉层,氧化不充分,沉积的碳素没有完全烧去。

(3) 装窑密度过大,通风不畅。

（4）氧化阶段温度过低或时间过短，低温沉碳和坯料内的有机物、碳素不能烧尽；或者还原阶段气氛过浓，时间过长，至釉面玻化后，造成高温沉碳。

（5）烟囱抽力不够，烟气在窑中停留时间过长。

14. 色黄、火刺

特征：釉面局部或全部呈现黄色或黑色。

陶瓷制品表面发黄产生的主要原因如下所述。

（1）升温太快，釉的熔融过早。

（2）氧化铁未能充分还原成氧化亚铁。

（3）还原以后又采用氧化气氛，急冷阶段却过慢又造成再次氧化。

陶瓷制品产生火刺的主要原因如下所述。

匣钵密封不严，火焰直接与制品接触，燃烧气体中灰分、杂质使制品表面局部显黄色或黑色的缺陷。

思考题和作业

9.1 黏土类原料如何分类？

9.2 黏土的化学组成和矿物组成是什么？

9.3 什么是黏土的可塑性、触变性、烧结温度和烧结范围？

9.4 石英类原料主要有哪些种类？

9.5 石英有哪些晶型转变和体积变化？石英原料煅烧的目的是什么？

9.6 长石的种类有哪些？有何作用？

9.7 坯料的种类有哪些？简述可塑坯料、注浆坯料、压制坯料的质量要求。

9.8 陶瓷的成型方法有哪些？

9.9 陶瓷注浆成型的基本方法有哪些？使用的模具有哪些？

9.10 简述干燥的三个阶段及特点。

9.11 干燥的方法有哪些？

9.12 简述普通陶瓷的坯、釉在烧成过程发生的物理化学变化。

9.13 烧成制度包括哪些制度？烧成温度曲线制定的依据是什么？

9.14 陶瓷烧成的升温速度如何确定？

9.15 陶瓷窑是如何分类的？连续式窑有哪些？

9.16 烧成缺陷有哪些？缺釉和釉料缺陷产生的主要原因是什么？

第10章 水泥工艺

10.1 硅酸盐水泥的生产

10.1.1 通用硅酸盐水泥的国家标准

硅酸盐水泥是以硅酸钙为主要成分的硅酸盐水泥熟料所制得的水泥的总称。如果掺入一定数量的混合材料，则硅酸盐水泥名称前冠以混合材料的名称，如矿渣硅酸盐水泥、火山灰质硅酸盐水泥、粉煤灰硅酸盐水泥等。

国家标准对通用硅酸盐水泥的定义、分类、组分与材料、强度等级、技术要求、试验方法等均有严格的规定。根据国家标准 GB 175—2007/XG1—2009《通用硅酸盐水泥》，对通用硅酸盐水泥的定义、分类、组分与材料、强度等级、技术要求等介绍如下。

1. 定义

以硅酸盐水泥熟料和适量的石膏以及规定的混合材料制成的水硬性胶凝材料称为通用硅酸盐水泥。

2. 通用硅酸盐水泥的分类

通用硅酸盐水泥按混合材料的品种和掺量分为硅酸盐水泥、普通硅酸盐水泥、矿渣硅酸盐水泥、火山灰质硅酸盐水泥、粉煤灰硅酸盐水泥和复合硅酸盐水泥。

3. 通用硅酸盐水泥的组分与材料

1）组分

通用硅酸盐水泥的组分应符合表 10.1.1 的规定。

表 10.1.1 通用硅酸盐水泥的组分要求

品　种	代号	组分（质量分数，%）						
		主要组分						替代组分
		水泥熟料＋石膏	粒化高炉矿渣	粉煤灰	火山灰质混合材料	石灰石	砂岩	
硅酸盐水泥	P·Ⅰ	100	—	—	—	—	—	—
	P·Ⅱ	95～100	0～5	—	—	—	—	—
			—	—	—	0～5	—	—
普通硅酸盐水泥	P·O	80～95	5～20[a]			—	—	0～5[b]

续表

品种	代号	组分(质量分数,%)						
		主要组分						替代组分
		水泥熟料+石膏	粒化高炉矿渣	粉煤灰	火山灰质混合材料	石灰石	砂岩	
矿渣硅酸盐水泥	P·S·A	50~80	20~50	—	—	—	—	0~8[c]
	P·S·B	30~50	50~70	—	—	—	—	
粉煤灰硅酸盐水泥	P·F	60~80	—	20~40	—	—	—	—
火山灰质硅酸盐水泥	P·P	60~80	—	—	20~40	—	—	—
复合硅酸盐水泥	P·C	50~80	20~50[d]					0~8[e]

注：a. 本组分材料由符合本标准规定的粒化高炉矿渣、粉煤灰、火山灰质混合材料组成。

b. 本替代组分为符合本标准规定的石灰石、砂岩、窑灰中的一种材料。

c. 本替代组分为符合本标准规定的粉煤灰、火山灰、石灰石、砂岩、窑灰中的一种材料。

d. 本组分材料由符合本标准规定的粒化高炉矿渣、粉煤灰、火山灰质混合材料、石灰石和砂岩中的三种(含)以上材料组成。其中石灰石和砂岩的总量小于水泥质量的20%。

e. 本替代组分为符合本标准规定的窑灰。

2）材料

(1) 硅酸盐水泥熟料。

硅酸盐水泥熟料是指由主要含 CaO、SiO_2、Al_2O_3、Fe_2O_3 的原料，按适当比例磨成细粉烧至部分熔融所得的以硅酸钙为主要矿物成分的水硬性胶凝物质。其中硅酸钙矿物含量(质量分数)不小于66%，氧化钙和氧化硅的质量比不小于2.0。

(2) 石膏。

天然石膏：应为符合国家标准GB/T 5483—2008《天然石膏》中规定的G类或M类二级(含)以上的石膏或混合石膏。

工业副产石膏：以硫酸钙为主要成分的工业副产物。采用前应经过试验证明对水泥性能无害。

(3) 活性混合材料。

活性混合材料应分别为符合GB/T 203—2008《用于水泥中的粒化高炉矿渣》、GB/T 18046—2017《用于水泥、砂浆和混凝土中的粒化高炉矿渣粉》、GB/T 1596—2017《用于水泥和混凝土中的粉煤灰》、GB/T 2847—2022《用于水泥中的火山灰质混合材料》标准要求的粒化高炉矿渣、粒化高炉矿渣粉、粉煤灰、火山灰质混合材料。

(4) 非活性混合材料。

活性指标分别低于上述标准要求的粒化高炉矿渣、粒化高炉矿渣粉、粉煤灰、火山灰质混合材料；石灰石和砂岩，其中石灰石中的三氧化二铝含量(质量分数)不得超过2.5%。

(5) 窑灰。

窑灰应符合JC/T 742—2009《掺入水泥中的回转窑窑灰》的规定。窑灰是从回转窑窑尾废气中收集的粉尘。

(6) 助磨剂。

水泥粉磨时允许加入助磨剂，其加入量应不大于水泥质量0.5%，助磨剂应符合JC/T 667—2004《水泥助磨剂》的规定。

4. 强度等级

硅酸盐水泥的强度等级分为42.5、42.5R、52.5、52.5R、62.5、62.5R六个等级。

普通硅酸盐水泥的强度等级分为42.5、42.5R、52.5、52.5R四个等级。

矿渣硅酸盐水泥、火山灰质硅酸盐水泥、粉煤灰硅酸盐水泥和复合硅酸盐水泥的强度等级分为32.5、32.5R、42.5、42.5R、52.5、52.5R六个等级。

其中，R型水泥属于快硬型，对其3d强度有较高的要求。

5. 技术要求

1) 化学指标

通用硅酸盐水泥的化学指标应符合表10.1.2的规定。

表10.1.2 通用硅酸盐水泥的化学指标(%)

<table>
<tr><th>品　种</th><th>代号</th><th>w(不溶物)</th><th>w(LOI)</th><th>$w(SO_3)$</th><th>w(MgO)</th><th>$w(Cl^-)$</th></tr>
<tr><td rowspan="2">硅酸盐水泥</td><td>P·Ⅰ</td><td>≤0.75</td><td>≤3.0</td><td rowspan="3">≤3.5</td><td rowspan="3">≤6.0</td><td rowspan="8">≤0.10[a]</td></tr>
<tr><td>P·Ⅱ</td><td>≤1.50</td><td>≤3.5</td></tr>
<tr><td>普通硅酸盐水泥</td><td>P·O</td><td>—</td><td>≤5.0</td></tr>
<tr><td rowspan="2">矿渣硅酸盐水泥</td><td>P·S·A</td><td>—</td><td>—</td><td rowspan="2">≤4.0</td><td>≤6.0</td></tr>
<tr><td>P·S·B</td><td>—</td><td>—</td><td>—</td></tr>
<tr><td>火山灰质硅酸盐水泥</td><td>P·P</td><td>—</td><td>—</td><td rowspan="3">≤3.5</td><td rowspan="3">≤6.0</td></tr>
<tr><td>粉煤灰硅酸盐水泥</td><td>P·F</td><td>—</td><td>—</td></tr>
<tr><td>复合硅酸盐水泥</td><td>P·C</td><td>—</td><td>—</td></tr>
</table>

注：a 当用户有更低要求时，由买卖双方协商确定。

2) 碱含量(选择性指标)

水泥中碱含量按“$Na_2O+0.658K_2O$”计算值表示。若使用活性骨料，用户要求提供低碱水泥时，则水泥中的碱含量应不大于0.6%或由买卖双方协商确定。

3) 物理指标

(1) 凝结时间。

硅酸盐水泥初凝时间不小于45min，终凝时间不大于390min。

普通硅酸盐水泥、矿渣硅酸盐水泥、火山灰质硅酸盐水泥、粉煤灰硅酸盐水泥和复合硅酸盐水泥初凝时间不小于45min，终凝时间不大于600min。

(2) 安定性。

沸煮法检验必须合格。

(3) 强度。

不同品种、不同强度等级的通用硅酸盐水泥，其不同龄期的强度应符合表10.1.3的规定。

表 10.1.3　通用硅酸盐水泥不同龄期的强度指标　（单位：MPa）

强度等级	抗压强度 R_c		抗折强度 R_f	
	3d	28d	3d	28d
32.5	≥12.0	≥32.5	≥3.0	≥5.5
32.5 R	≥17.0		≥4.0	
42.5	≥17.0	≥42.5	≥4.0	≥6.5
42.5 R	≥22.0		≥4.5	
52.5	≥22.0	≥52.5	≥4.5	≥7.0
52.5 R	≥27.0		≥5.0	
62.5	≥27.0	≥62.5	≥5.0	≥8.0
62.5 R	≥32.0		≥5.5	

（4）细度。

硅酸盐水泥和普通硅酸盐水泥的细度以比表面积表示，其比表面积不小于 $300m^2/kg$；矿渣硅酸盐水泥、火山灰质硅酸盐水泥、粉煤灰硅酸盐水泥和复合硅酸盐水泥的细度以筛余表示，其 80μm 方孔筛筛余不大于 10%，或 45μm 方孔筛筛余不大于 30%。

6. 合格品与不合格品

通用硅酸盐水泥出厂必须对不溶物、烧失量、MgO 含量，SO_3 含量，Cl^- 含量、凝结时间、安定性和强度进行检验，全部满足这些项目技术要求的水泥为合格品，只要有一项不符合要求则均为不合格品。

以上标准中，凝结时间、安定性及强度是通用硅酸盐水泥的三项重要建筑性质指标。

水泥的凝结时间是指水泥从加水开始到失去流动性，即从可塑性状态发展到固体状态所需要的时间，分初凝时间和终凝时间两种。初凝时间是指水泥从加水开始到初步失去塑性状态的时间；终凝时间是指水泥从加水拌和开始到完全失去塑性的时间。凝结时间直接影响到施工。凝结时间过短，则水泥砂浆与混凝土在浇灌之前即已失去流动性而无法使用；凝结时间过长，则降低施工速度和延长模板周转时间。硅酸盐水泥熟料初凝时间只有几分钟，则要加入石膏进行调节，才能达到规定的要求。石膏掺入量过多，则不仅水泥强度会降低，还会产生水泥安定性不良。因此，标准中除规定了初凝与终凝时间，还规定了三氧化硫的极限含量。石膏适宜的掺入量应通过试验来确定。

水泥加水硬化后体积变化的均匀性称为水泥安定性。即水泥加水以后，逐渐水化硬化，水泥硬化浆体能保持一定形状、不开裂、不变形、不溃散的性质。一般来说，除了膨胀水泥这一类水泥在凝结硬化过程中体积稍有膨胀外，大多数水泥在此过程中体积稍有收缩，但这些膨胀和收缩都是硬化之前完成的，因此，水泥石（包括砂浆和混凝土）的体积变化均匀，即安定性良好。如果水泥中某些成分的化学反应不是在硬化前完成，而是在硬化后发生，并伴随有体积变化，这时便会使已经硬化的水泥石内部产生有害的内应力；如果这种内应力大到足以使水泥石的强度明显降低，甚至溃裂而导致水泥制品破坏时，即水泥安定性不良。

水泥安定性不良，一般是由熟料中游离氧化钙、结晶氧化镁的存在或水泥中掺入石膏过多等而导致的。其中，游离氧化钙的存在是一种最常见的，也是影响最严重的因素。死烧状态的游离氧化钙其水化速度很慢，在硬化的水泥石中继续与水生成六方板状的氢氧化钙晶体后，体积增大近一倍，产生膨胀应力，以致破坏水泥石。其次是结晶氧化镁，即方镁石，它的水化速度更慢，水化生成氢氧化镁时体积膨胀 148%。但极冷的熟料中的方镁石结晶细小，对安定性影响不大。最后是水泥中三氧化硫含量过高，即石膏掺入量过多，多余的三氧化硫在水泥硬化后继续与水和铝酸三钙(C_3A)反应形成钙矾石，体积膨胀，产生膨胀应力而影响水泥的安定性。

由不同原因引起的水泥安定性不良，必须采用不同的试验方法检验。游离氧化钙由于水化相对较快，只需加热到100℃，即可在短时间内判断是否会引起水泥的安定性不良，因此，采用沸煮法检验。方镁石由于水化很慢，即使加热到100℃也不能判断，必须采用高温高压(215.7℃，2.0MPa)才能在短时间内得出结论，因此，需要采用压蒸法进行检验。由于水泥中氧化镁的来源不全是方镁石，而且方镁石的危害程度还与结晶颗粒大小等因素有关，实验证明，只要水泥中氧化镁的含量符合表10.1.2要求就可以确保其无害，不必进行压蒸安定性检验。而对于三氧化硫所引起的安定性不良，大量的试验表明，只要控制水泥中的三氧化硫含量不大于3.5%(矿渣水泥为不大于4.0%)，水泥就不会由于三氧化硫而出现安定性不良。如果要判断三氧化硫含量高是否会造成水泥的安定性不良，则由于钙矾石在高温下会分解，所以必须采用水浸法(20℃水中浸6d)进行检验。

强度是水泥的一个重要指标，又是设计混凝土配合比的重要数据。水泥在水化硬化过程中强度是逐渐增长的，一般以3d、7d以前的强度称为早期强度，28d及其后的强度称为后期强度，也有把三个月以后的强度称为长期强度。由于水泥经28d后强度已大部分发挥出来，所以，用28d强度划分水泥的等级，即划分为不同的标号。凡是符合某一标号和某一类型的水泥，都必须同时满足表10.1.3中规定的各龄期抗压、抗折强度的相应指标。若其中任一龄期的抗压、抗折强度指标达不到所要求标号的规定，则以其中最低的某一龄期的强度指标确定该水泥的标号。

影响水泥强度的因素较多，主要有熟料的矿物组成、f-CaO含量、水泥细度、水灰比、混合材和石膏的掺加量等。

熟料的矿物组成决定了水泥的水化速度、水化产物的性质，以及彼此构成网状结构时的各种键的比例，因此是影响水泥强度的重要因素。硅酸三钙(C_3S)的早期强度最高，后期强度也较高；硅酸二钙(C_2S)早期强度较低，但以后增长幅度较大；C_3A的早期强度增长很快，但其强度值不高。有试验表明，C_3A对早期强度的影响较大，但如果超过最佳含量，则对后期强度将产生明显的不利影响。铁铝酸四钙(C_4AF)与C_3A相比，早期强度较高，后期强度还能有所增长。必须指出，水泥在水化时，矿物与矿物之间还存在着复杂的互相影响和相互促进关系。熟料中f-CaO含量高，则会使水泥强度，特别是抗折、抗拉强度降低。

水泥的水化硬化速度与细度有密切的关系，提高水泥细度对提高水泥的早期强度效果较明显。但是，水泥过细则水泥标准稠度需水量增加，在水泥石结构中产生孔洞的机会也增多，对水泥后期强度不利，因此水泥细度必须合适，颗粒级配应有合理要求。另外，水泥太细，粉磨电耗剧增，所以，对水泥细度应从多方面予以综合考虑。

水泥石结构亦影响强度。水泥的水化程度越高，单位体积内水化产物就越多，彼此之间接触点也越多，水泥浆体内毛细孔被水化硅酸钙凝胶填充程度越高，水泥石的密实程度也就越高，这些都可使水泥强度相应提高。

水灰比越大，则水泥石内毛细孔越多，强度必然下降，当水泥石内总孔隙率及大毛细孔减少时，能大幅度提高水泥石强度。

加入适量石膏有利于提高水泥强度，特别是早期强度，但石膏加入量过多时，则可能形成较多的钙矾石而造成体积膨胀，使水泥强度降低。

混合材的掺入可使水泥早期强度降低，掺量越多，降低幅度越大，但在掺量适当的情况下可使后期强度有所增长。

10.1.2 硅酸盐水泥的生产方法和生产过程

1. 硅酸盐水泥的生产方法

硅酸盐水泥的生产分为三个阶段。

(1) 生料的制备。石灰质原料、黏土质原料及少量的校正材料经破碎后按一定的比例配合、细磨，并经均化调配为成分合适、分布均匀的生料。

(2) 熟料的煅烧。将生料在水泥工业窑内煅烧至部分熔融，经冷却后得到以硅酸钙为主要成分的熟料的过程。

(3) 水泥的制成。将熟料、石膏，有时加入适量混合材共同磨细成水泥的过程。

以上三个阶段可以简称为"两磨一烧"。

水泥的生产方法按生料制备方法的不同可分为干法与湿法两大类。原料经烘干、粉碎而制成生料粉，然后喂入窑内煅烧成熟料的方法，称为干法。将生料粉加入适量的水分而制成生料球，再喂入立窑或立波尔窑内煅烧成熟料的方法，一般称为半干法，亦可归入干法。将原料加水粉磨成生料浆，再喂入回转窑内煅烧成熟料的方法，称为湿法。

20 世纪 50 年代出现的悬浮预热器窑，在 60 年代取得了较大发展，大大降低了熟料热耗；70 年代出现了窑外分解技术，使产量成倍地提高，热耗也有较大幅度地下降。同时，生料的均化和原料预均化技术的发展、烘干兼粉磨设备的不断改进，使熟料质量进一步提高；冷却机热风用于窑外分解炉，窑废气用于原料、煤粉的烘干，以及成功地利用窑尾废气进行发电，使余热得到了比较充分的利用。这样，水泥的生产方法就开始逐步发生变化，出现了向干法发展以及湿法改干法的趋向。悬浮预热器窑和窑外分解窑已经成为当前世界各国竞相发展的窑型。目前，我国的水泥工业正在以新型干法生产为主体，并向生态环境型产业转型。

2. 硅酸盐水泥生产的主要工艺过程

1) 立窑生产水泥的工艺过程

机械化立窑水泥厂的生产流程如图 10.1.1 所示。石灰石经破碎后进入碎石库。黏土、铁粉、无烟煤经烘干分别进入干燥的黏土、铁粉、无烟煤库，在库底用计量秤按比例准确配料后喂入生料磨粉磨。出磨生料入生料库调配和均化，然后加水成球，用布料器撒入机械化立窑中煅烧成熟料(成球时有的工厂还按要求配入部分粒状煤)。出窑熟料经破碎后送至熟料库储存。混合材料经烘干送入混合材料库，石膏经破碎送入石膏库，熟料、混合材料、石膏按要求比例配合喂入水泥磨粉磨。出磨水泥送至水泥库储存，经检验后包装出厂或散装出厂。

2) 新型干法窑生产水泥的工艺过程

窑外分解窑干法生产水泥的流程如图 10.1.2 所示。石灰石 1 进厂后，经过一级破碎 6 和二级破碎 7 而成为碎石，进入碎石库 8；黏土 2 经汽车运输进厂，经黏土破碎机 10 破碎后，与碎石经计量按一定配比进入预均化堆场 9，经过均化和粗配的碎石和黏土，再经计量秤与铁质校正原料 3 按规定比例配合，进入烘干兼粉磨的生料磨 11 而加工成生料粉，24 为水泥选粉机。生料由气力提升泵 12 送至连续性空气搅拌库 13，经均化的生料粉再由气力提升泵送至窑尾悬浮预热器 14 和窑外分解炉 15，经预热和分解的物料进入回转窑 16 被煅烧成熟料，熟料经篦式冷却机 17 冷却，用斗式提升机输送至熟料库 22。回转窑和分解炉所用的燃料(煤粉)是原煤 4,经烘干兼粉磨的风扫式煤磨 20 而制备成煤粉,经粗细分离器 21 选出细度合格的煤粉,储存在煤粉仓。生料和煤的烘干所需的热气体来自窑尾,冷却熟料的部分热风送至分解炉以帮助煤的燃烧。窑尾的多余气体经排气除尘系统排出,18 为电收尘器,19 为增湿塔。熟料经计量秤配入一定数量石膏 5,在圈流球磨机 23 中粉磨成一定细度的水泥,24 为水泥选粉机。水泥经仓式空气输送泵 25 送至水泥库 26 储存。一部分水泥经包装机 27 包装为袋装水泥,经火车或汽车 28 运输出厂;另外,也可用专用的散装车 29 散装出厂。

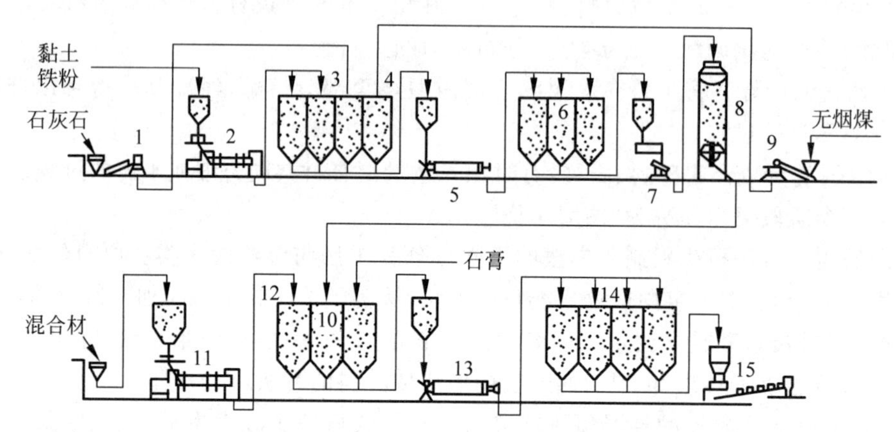

1-破碎机;2-烘干机;3-原料库;4-原煤库;5-生料磨;6-生料库;7-成球盘;8-立窑;9-碎煤机;10-熟料库;11-烘干机;12-混合材库;13-水泥磨;14-水泥库;15-包装机。

图 10.1.1 机械化立窑水泥厂生产流程示意图

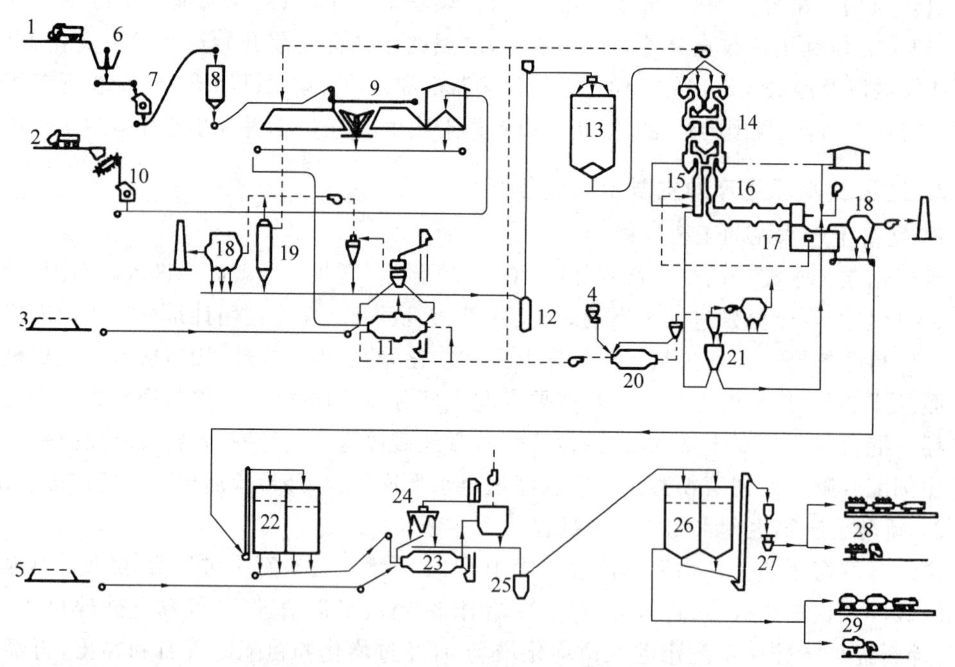

1-石灰石;2-黏土;3-铁质校正原料;4-原煤;5-石膏;6-一级破碎;7-二级破碎;8-碎石库;9-预均化堆场;10-黏土破碎机;11-生料磨;12-气力提升泵;13-连续性空气搅拌库;14-悬浮预热器;15-窑外分解炉;16-回转窑;17-篦式冷却机;18-电收尘器;19-增湿塔;20-煤磨;21-粗细分离器;22-熟料库;23-圈流球磨机;24-水泥选粉机;25-仓式空气输送泵;26-水泥库;27-包装机;28-火车或汽车;29-散装车。

图 10.1.2 窑外分解窑干法水泥厂生产流程示意图

新型干法生料粉磨采用烘干兼粉磨系统，它可以在立式磨(辊式磨)，也可以在球磨机中进行。

为保证入窑生料质量均匀、具有适当的化学组成，除应严格控制原、燃料的化学成分进行精确的配料外，通常出磨生料均应在生料库内进行调配均化。当干法生产的原料较复杂时，原料在入磨前，也应在预均化堆场预先进行预均化。

熟料的煅烧可以采用立窑和回转窑。立窑适用于规模较小的工厂，而大、中型厂则宜采用回转窑。回转窑又分为干法窑(预分解窑)、立波尔窑、湿法窑。

10.2 硅酸盐水泥熟料的组成

10.2.1 硅酸盐水泥熟料的化学组成

水泥的质量主要取决于熟料的矿物组成和结构，而后者又取决于化学组成。因此，控制合适的熟料化学组成是获得优质水泥熟料的中心环节。

硅酸盐水泥熟料主要由 CaO、SiO_2、Al_2O_3 和 Fe_2O_3 四种氧化物组成，其含量总和通常在95%以上。这四种氧化物含量的波动范围为：CaO 62%～67%；SiO_2 20%～24%；Al_2O_3 4%～7%；Fe_2O_3 2.5%～6.0%。

在某些情况下，由于水泥品种、原料成分以及工艺过程的不同，其氧化物含量也可能不在上述范围。例如，白色硅酸盐水泥熟料中 Fe_2O_3 必须小于0.5%，而 SiO_2 可高于24%，甚至可达27%。

除了上述四种主要氧化物，通常还含有 MgO、SO_3、K_2O、Na_2O、TiO_2、P_2O_5 等。

10.2.2 硅酸盐水泥熟料的矿物组成

硅酸盐水泥熟料是以适当成分的生料烧到部分熔融，所得的以硅酸钙为主要成分的烧结物。因此，在硅酸盐水泥熟料中 CaO、SiO_2、Al_2O_3 和 Fe_2O_3 不是以单独的氧化物形式存在，而是以两种或两种以上的氧化物经高温化学反应而生成的多种矿物的集合体形式存在。其结晶细小，一般为30～60μm。它主要有以下四种矿物：

硅酸三钙 $3CaO \cdot SiO_2$，可简写为 C_3S；

硅酸二钙 $2CaO \cdot SiO_2$，可简写为 C_2S；

铝酸三钙 $3CaO \cdot Al_2O_3$，可简写为 C_3A；

铁相固溶体，通常以铁铝酸四钙 $4CaO \cdot Al_2O_3 \cdot Fe_2O_3$ 作为代表式，可简写成 C_4AF。

此外，还有少量游离氧化钙(f-CaO)、方镁石(结晶氧化镁)、含碱矿物及玻璃体。

通常熟料中 C_3S 和 C_2S 的含量约占75%，称为硅酸盐矿物。C_3A 和 C_4AF 的理论含量约占22%。在水泥熟料煅烧过程中，C_3A 和 C_4AF 以及氧化镁、碱等在1250～1280℃会逐渐熔融形成液相，促进 C_3S 的形成，故称为熔剂矿物。

1. 硅酸三钙

C_3S 是硅酸盐水泥熟料的主要矿物，其含量通常为50%左右，有时甚至高达60%以上。纯 C_3S 只有在1250～2065℃温度范围内才稳定。在2065℃以上不一致熔融为 CaO 和液相；在1250℃以下分解为 C_2S 和 CaO，但反应很慢，故纯 C_3S 在室温可呈介稳状态存在。

C_3S 有三种晶系七种变型：

$$R \xleftrightarrow{1070℃} M_{Ⅲ} \xleftrightarrow{1060℃} M_{Ⅱ} \xleftrightarrow{990℃} M_{Ⅰ} \xleftrightarrow{960℃} T_{Ⅲ} \xleftrightarrow{920℃} T_{Ⅱ} \xleftrightarrow{520℃} T_{Ⅰ}$$

R 型为三方晶系，M 型为单斜晶系，T 型为三斜晶系，这些变型的晶体结构相近。但有人认为，R 型和 M 型的强度比 T 型的高。

在硅酸盐水泥熟料中，C_3S 并不以纯的形式存在，总含有少量氧化镁、氧化铝、氧化铁等形成固溶体，称为阿利特(Alite)或 A 矿。阿利特通常为 M 型或 R 型。据认为，煅烧温度的提高或煅烧时间的延长也有利于形成 M 型或 R 型。

纯 C_3S 为白色，密度为 3.14kg/m^3，其晶体截面为六角形或棱柱形。单斜晶系的阿利特单晶为假六方片状或板状。在阿利特中常以 C_2S 和 CaO 的包裹体存在。

C_3S 凝结时间正常，水化较快，放热较多，早期强度高且后期强度增进率较大，28d 强度可达一年强度的 70%～80%，其 28d 强度和一年强度在四种矿物中均最高。但 C_3S 的水化热较高，抗水性较差。

2. 硅酸二钙

C_2S 在熟料中含量一般为 20%左右，是硅酸盐水泥熟料的主要矿物之一，熟料中硅酸二钙也不是以纯的形式存在，而是与少量 MgO、Al_2O_3、Fe_2O_3、R_2O 等氧化物形成固溶体，通常称为贝利特(Belite)或 B 矿。纯 C_2S 在 1450℃以下有下列多晶转变：

$$\alpha \xrightleftharpoons{1425℃} \alpha'_H \xrightleftharpoons{1160℃} \alpha'_L \xrightleftharpoons{630\sim680℃} \beta \xrightarrow{<500℃} \gamma$$

$$\gamma \xrightarrow{780\sim860℃} \alpha'_L$$

（H为高温型；L为低温型）

在室温下，α、α'_H、α'_L、β 等变形都是不稳定的，有转变成 γ 型的趋势。在熟料中 α 型和 α' 型一般较少存在，在烧成温度较高、冷却较快的熟料中，由于固溶有少量 Al_2O_3、MgO、Fe_2O_3 等氧化物，可以 β 型存在。通常所指的 C_2S 或 B 矿即 β 型 C_2S。

α 和 α' 型 C_2S 强度较高，而 γ 型 C_2S 几乎无水硬性。在立窑生产中，若通风不良、还原气氛严重、烧成温度低、液相量不足、冷却较慢，则 C_2S 在低于 500℃下易由密度为 3.28kg/m^3 的 β 型转变为密度为 2.97kg/m^3 的 γ 型，体积膨胀 10%而导致熟料粉化。但若液相量多，可使溶剂矿物形成玻璃体，将 β-C_2S 晶体包围住，并采用迅速冷却方法使之越过 β 型向 γ 型的转变温度而保留下来。

贝利特为单斜晶系，在硅酸盐水泥熟料中常呈圆粒状，这是因为贝利特的棱角已溶进液相而其余部分未溶进液相。已全部溶进液相而在冷却过程中结晶出来的贝利特，则可以自行出现而呈其他形状。

纯 C_2S 色洁白，当含有 Fe_2O_3 时呈棕黄色。贝利特水化反应较慢，28d 仅水化 20%左右，凝结硬化缓慢，早期强度较低但后期强度增长率较高，在一年后可赶上阿利特。贝利特的水化热较小，抗水性较好。在中低热水泥和抗硫酸盐水泥中，适当提高贝利特含量而降低阿利特含量是有利的。

3. 中间相

填充在阿利特、贝利特之间的物质通称中间相。它可包括铝酸盐、铁酸盐、组成不定的玻璃体和含碱化合物，以及游离氧化钙和方镁石。但以包裹体形式存在于阿利特和贝利特中的游离氧化钙和方镁石除外。中间相在熟料煅烧过程中，熔融成为液相，冷却时部分液相结晶；部分液相来不及结晶而凝固成玻璃体。

1）铝酸钙

纯 C_3A 为等轴晶系，无多晶转化。C_3A 也可固溶部分氧化物，如 K_2O、Na_2O、SiO_2、Fe_2O_3 等，随固溶的碱含量的增加，立方晶体的 C_3A 向斜方晶体 NC_8A_3 转变。结晶完善的 C_3A 常呈立方、八面体或十二面体。但在水泥熟料中其形状随冷却速率而异。氧化铝含量高而慢冷的熟料，才可能结晶出完整的大晶体，一般则溶入玻璃相或呈不规则微晶析出，C_3A 在熟料中的潜在含量为 7%～15%。

纯 C_3A 为无色晶体，密度为 $3.04kg/m^3$，熔融温度为 1533℃。反光镜下，快冷呈点滴状，慢冷呈矩形或柱形。因反光能力差，呈暗灰色，故称黑色中间相。

C_3A 水化迅速，放热多，凝结很快，若不加石膏等缓凝剂，则易使水泥急凝、硬化快，强度 3d 内就发挥出来，但绝对值不高，以后几乎不增长，甚至倒缩。干缩变形大，抗硫酸盐性能差。

2）铁相固溶体

铁相固溶体在熟料中的潜在含量为 8%～10%。熟料中含铁相较复杂，在一般硅酸盐水泥熟料中，其成分接近为 C_4AF，故多用 C_4AF 代表熟料中铁相的组成。若熟料中 $Al_2O_3/Fe_2O_3<0.64$，则可生成铁酸二钙。

C_4AF 的水化速度早期介于 C_3A 和 C_3S 之间，但随后的发展不如 C_3S。早期强度类似于 C_3A，后期还能不断增长，类似于 C_2S。抗冲击性能和抗硫酸盐性能好，水化热较 C_3A 低，但含 C_4AF 高的熟料难磨。在道路水泥和抗硫酸盐水泥中，C_4AF 的含量高为好。

3）玻璃体

在生产条件下，由于冷却速率较快，有部分液相来不及结晶而成为过冷液体，即玻璃体。在玻璃体中，质点排列无序，组成也不定。其主要成分为 Al_2O_3、Fe_2O_3、CaO，还有少量 MgO 和碱等。玻璃体在熟料中的含量随冷却条件而异，快冷，则玻璃体含量多而 C_3A、C_4AF 等晶体少；反之，则玻璃体含量少而 C_3A、C_4AF 晶体多。据认为，普通冷却熟料中，玻璃体含量为 2%～21%；急冷熟料则为 8%～22%；慢冷熟料的只有 0～2%。

C_3A 和 C_4AF 在煅烧过程中熔融成液相，可以促进 C_3S 的顺利形成，这是它们的一个重要作用。如果物料中熔剂矿物过少，则易生烧使氧化钙不易被吸收完全，从而导致熟料中游离氧化钙的增加，影响熟料的质量，降低窑的产量并增加燃料的消耗；如果熔剂矿物过多，物料在窑内易结大块，甚至在回转窑内结圈，在立窑内结炉瘤等，严重影响回转窑和立窑的正常生产。

4）游离氧化钙和方镁石

游离氧化钙是指经高温煅烧而仍未化合的氧化钙，也称游离石灰。经高温煅烧的游离氧化钙结构比较致密，水化很慢，通常要在 3d 后才明显反应，水化生成氢氧化钙后体积增加 97.9%，在硬化的水泥浆中造成局部膨胀应力。随着游离氧化钙的增加，首先是抗折强度下降，进而引起 3d 以后强度倒缩，严重时引起安定性不良。因此，在熟料燃烧中要严格控制游离氧化钙含量。我国回转窑一般控制在 1.5%以下，而立窑在 2.5%以下。这是因为立窑熟料的游离氧化物中有一部分是没有经过高温死烧而出窑的生料。这种生料中的游离氧化钙水化快，对硬化水泥浆的破坏力不大。

方镁石是指游离状态的MgO晶体。MgO由于与SiO_2、Fe_2O_3的化学亲和力很小，在熟料煅烧过程中一般不参与化学反应。它以下列三种形式存在于熟料中：①溶解于C_3A、C_3S中形成固溶体；②溶于玻璃体中；③以游离状态的方镁石形式存在。据认为，前两种形式的MgO含量约为熟料的2%，它们对硬化水泥浆体无破坏作用；而以方镁石形式存在时，由于水化速度比游离氧化钙要慢，要在0.5～1年后才明显水化。水化生成氢氧化镁后，体积膨胀148%，也会导致安定性不良。方镁石膨胀的严重程度与晶体尺寸、含量均有关系。尺寸1μm时，含量5%才引起微膨胀；尺寸5～7μm时，含量3%就引起严重膨胀。国家标准GB 175—2007/XG1—2009规定硅酸盐水泥中氧化镁含量不得超过5.0%。在生产中应尽量采取快冷措施，减小方镁石的晶体尺寸。

10.2.3 熟料的率值

因为硅酸盐水泥熟料是由两种或两种以上的氧化物化合而成的，因此，在水泥生产中控制各氧化物之间的比例（率值），比单独控制各氧化物的含量更能反映出对熟料矿物组成和性能的影响。故常用表示各氧化物之间相对含量的率值来作为生产的控制指标。

1. 石灰饱和系数

在熟料四个主要氧化物中，CaO为碱性氧化物，其余三个为酸性氧化物。两者相互化合形成C_3S、C_2S、C_3A、C_4AF四种主要熟料矿物。很明显CaO含量一旦超过所有酸性氧化物的需求，则必然以游离CaO形态存在，含量高时将引起水泥安定性不良，造成危害，因此，从理论上说存在一个极限石灰含量。A. Guttmann与F. Gille认为，酸性氧化物形成的碱性最高的矿物为C_3S、C_3A、C_4AF，从而提出了他们的石灰理论极限含量。而B. A. Киnnand和B. H. IOHГ认为，在实际生产中，Al_2O_3和Fe_2O_3始终为CaO所饱和，而SiO_2可能不完全饱和成C_3S而存在一部分C_2S，否则熟料就会出现游离CaO。因此，应在石灰理论极限含量计算式中m_{SiO_2}之前乘一个小于1的系数，即石灰饱和系数KH。因此，石灰理论极限含量为

$$m_{CaO}=KH\times 2.8m_{SiO_2}+1.65m_{Al_2O_3}+0.35m_{Fe_2O_3} \tag{10.2.1}$$

将上式改写成

$$KH=\frac{m_{CaO}-1.65m_{Al_2O_3}+0.35m_{Fe_2O_3}}{2.8m_{SiO_2}} \tag{10.2.2}$$

式中，m_{SiO_2}、m_{CaO}、$m_{Al_2O_3}$、$m_{Fe_2O_3}$分别为SiO_2、CaO、Al_2O_3、Fe_2O_3的质量分数。因此，石灰饱和系数KH是熟料中全部SiO_2生成硅酸钙（C_3S+C_2S）所需的CaO含量与全部SiO_2理论上全部生成C_3S所需的CaO含量的比值，也即表示熟料中SiO_2被CaO饱和形成C_3S的程度。

式(10.2.2)适用于$m_{Al_2O_3}/m_{Fe_2O_3}\geqslant 0.64$的熟料。若$m_{Al_2O_3}/m_{Fe_2O_3}<0.64$，则石灰饱和系数KH为

$$KH=\frac{m_{CaO}-1.1m_{Al_2O_3}-0.7m_{Fe_2O_3}}{2.8m_{SiO_2}} \tag{10.2.3}$$

考虑到熟料中含有游离CaO、游离SiO_2和SO_3。故式(10.2.2)、式(10.2.3)将写成

$$KH=\frac{m_{CaO}-m_{CaO游}-(1.65m_{Al_2O_3}+0.35m_{Fe_2O_3}+0.7m_{SO_3})}{2.8(m_{SiO_2}-m_{SiO_2游})}$$

$$(m_{Al_2O_3}/m_{Fe_2O_3}\geqslant 0.64) \tag{10.2.4}$$

$$KH=\frac{m_{CaO}-m_{CaO游}-(1.1m_{Al_2O_3}+0.7m_{Fe_2O_3}+0.7m_{SO_3})}{2.8(m_{SiO_2}-m_{SiO_2游})}$$

$$(m_{Al_2O_3}/m_{Fe_2O_3}<0.64) \tag{10.2.5}$$

石灰饱和系数与矿物组成的关系可用下面的数学式表示：

$$KH=\frac{m_{C_3S}+0.8838m_{C_2S}}{m_{C_3S}+1.3256m_{C_2S}} \tag{10.2.6}$$

式中，m_{C_3S}、m_{C_2S} 分别代表熟料中相应矿物的质量分数。

从式(10.2.6)可见，当 $m_{C_3S}=0$ 时，KH=0.667；当 $m_{C_2S}=0$ 时，KH=1.0。故实际上KH值在0.667～1.0。KH实际上表示了熟料中 C_3S 与 C_2S 百分含量(质量分数，%)的比例。KH越大，则硅酸盐矿物中的 C_3S 的比例越高，熟料强度越高，故提高KH有利于提高水泥质量。但KH过高，熟料煅烧困难，保温时间长，否则会出现游离CaO，同时窑的产量低，热耗高，窑衬工作条件恶化。因此在硅酸盐水泥生产中熟料KH值控制在0.87～0.96。

值得注意的是，各国用于控制石灰含量的率值公式不尽相同。常见的有水硬率、石灰标准值和F. M. Lear和T. W. Parker石灰饱和系数等。

2. 硅率

硅率又称硅酸率，它表示熟料中 SiO_2 的含量(质量分数，%)m_{SiO_2} 与 Al_2O_3 的含量(质量分数，%)$m_{Al_2O_3}$ 和 Fe_2O_3 的含量(质量分数，%)$m_{Fe_2O_3}$ 之和的比，用SM表示：

$$SM=\frac{m_{SiO_2}}{m_{Al_2O_3}+m_{Fe_2O_3}} \tag{10.2.7}$$

通常硅酸盐水泥的硅率在1.7～2.7。但白色硅酸盐水泥的硅率可达4.0，甚至更高。硅率除了表示熟料的 SiO_2 与"$Al_2O_3+Fe_2O_3$"的含量之比外，还表示了熟料中硅酸盐矿物与溶剂矿物的比例关系，相应地反映了熟料的质量和易烧性。当 Al_2O_3/Fe_2O_3 大于0.64时，硅率与矿物组成的关系为

$$SM=\frac{m_{C_3S}+1.325m_{C_2S}}{1.434m_{C_3A}+2.046m_{C_4AF}} \tag{10.2.8}$$

式中，m_{C_3S}、m_{C_2S}、m_{C_3A}、m_{C_4AF} 分别代表熟料中各矿物的质量分数。从式(10.2.8)可见，硅率随硅酸盐矿物与熔剂矿物含量之比而增减。若熟料硅率过高，则由于高温液相量显著减少，熟料煅烧困难，C_3S 不易形成；如果CaO含量低，那么 C_2S 含量过多而熟料易粉化。硅率过低，则熟料因硅酸盐矿物少而强度低，且由于液相量过多，易出现结大块、结炉瘤、结圈等，影响窑的操作。

3. 铝率

铝率又称铁率，以IM表示。其计算式为

$$IM=\frac{m_{Al_2O_3}}{m_{Fe_2O_3}} \tag{10.2.9}$$

铝率通常在0.9～1.7。抗硫酸盐水泥或低热水泥的铝率可低至0.7。

铝率表示熟料中氧化铝与氧化铁的含量(质量分数,%)之比,也表示熟料中C_3A与C_4AF含量的比例关系,因而也关系到熟料的凝结快慢。同时还关系到熟料液相黏度,从而影响熟料的煅烧的难易,熟料铝率与矿物组成的关系如下:

$$IM=\frac{1.15m_{C_3A}}{m_{C_4AF}}+0.64 \quad (m_{Al_2O_3}/m_{Fe_2O_3}\geqslant 0.64) \tag{10.2.10}$$

从式(10.2.10)可见,铝率高,则熟料中C_3A多,液相黏度大,物料难烧,水泥凝结快。但铝率过低时,虽然液相黏度小,液相中质点易扩散而对C_3S形成有利,但烧结范围窄,窑内易结大块,不利于窑的操作。

我国目前采用石灰饱和系数、硅率和铝率三个量值来控制熟料成分。

为使熟料既顺利烧成,又保证质量,保持矿物组成稳定,应根据各厂的原料、燃料和设备等具体条件来选择三个量值,使之互相配合适当,不能单独强调其某一量值。一般说来,不能三个量值都同时都高,或同时都低。

10.2.4 熟料矿物组成的计算

熟料的矿物组成可用岩相分析、X射线衍射定量分析等方法测定,也可根据化学成分进行计算。

X射线衍射定量分析是基于熟料矿物特征峰强度与基准单矿物特征峰的强度之比求其含量。这种方法方便且准确,国外现代化水泥厂都普遍采用。但限于设备条件,我国水泥厂使用的还不多,另外,此方法对含量太低的矿物不适用。我国常用化学方法进行计算。此方法计算出来的仅是理论上可能生成的矿物,称之为"潜在矿物"组成。在生产条件稳定的情况下,熟料真实矿物组成与计算矿物组成有一定的相关性,已能说明矿物组成对熟料及水泥性能的影响,因此在我国仍普遍使用。

常用的从化学成分计算熟料矿物组成的方法有石灰饱和系数法和鲍格法两种。

1. 石灰饱和系数法

利用石灰饱和系数(KH)值可以算出IM≥0.64时的熟料矿物组成如下:

$$m_{C_3S}=3.8(3KH-2)m_{SiO_2} \tag{10.2.11}$$

$$m_{C_2S}=8.60(1-KH)m_{SiO_2} \tag{10.2.12}$$

$$m_{C_4AF}=3.04m_{Fe_2O_3} \tag{10.2.13}$$

$$m_{C_3A}=2.65(m_{Al_2O_3}-0.64m_{Fe_2O_3}) \tag{10.2.14}$$

$$m_{CaSO_4}=1.7m_{SO_3} \tag{10.2.15}$$

同样可以算出IM<0.64时的熟料矿物组成。

2. 鲍格(R. H. Bogue)法

鲍格法也称代数法,它是根据物料平衡列出熟料化学成分与矿物组成的关系式,并组成联立方程组,然后解此方程组,即可得到矿物组成的计算公式如下:

当IM≥0.64时,

$$m_{C_3S}=4.07m_{CaO}-7.6m_{SiO_2}-6.72m_{Al_2O_3}-1.43m_{Fe_2O_3}-2.86m_{SO_3} \tag{10.2.16}$$

$$m_{C_2S}=8.60m_{SiO_2}+5.07m_{Al_2O_3}+1.07m_{Fe_2O_3}+2.15m_{SO_3}-3.07m_{CaO}$$
$$=2.87m_{SiO_2}-0.754m_{C_3S} \tag{10.2.17}$$
$$m_{C_3A}=2.65m_{Al_2O_3}-1.69m_{Fe_2O_3} \tag{10.2.18}$$
$$m_{C_4AF}=3.04m_{Fe_2O_3} \tag{10.2.19}$$

当 IM<0.64 时，

$$m_{C_3S}=4.07m_{CaO}-7.60m_{SiO_2}-4.47m_{Al_2O_3}-2.86m_{Fe_2O_3}-2.86m_{SO_3} \tag{10.2.20}$$
$$m_{C_2S}=8.60m_{SiO_2}+3.38m_{Al_2O_3}+2.15m_{SO_3}-3.07m_{CaO}$$
$$=2.87m_{SiO_2}-0.754m_{C_3S} \tag{10.2.21}$$
$$m_{C_4AF}=4.77m_{Al_2O_3} \tag{10.2.22}$$
$$m_{C_2F}=1.70(m_{Fe_2O_3}-1.57m_{Al_2O_3}) \tag{10.2.23}$$
$$m_{CaSO_4}=1.7m_{SO_3} \tag{10.2.24}$$

3. 熟料真实矿物组成与计算矿物组成的差异

硅酸盐水泥熟料矿物组成的计算是假设熟料是平衡冷却，并生成 C_3S、C_2S、C_3A 和 C_4AF 四种纯矿物，其计算结果与熟料真实矿物组成并不完全一致，有时甚至相差很大。其原因如下所述。

1）固溶体的影响

计算矿物为纯 C_3S、C_2S、C_3A 和 C_4AF，但实际矿物为固溶有少量其他氧化物的固溶体，即阿利特、贝利特、铁相固溶体等。例如，若阿利特组成按 $C_{54}S_{16}MA$ 考虑，则计算 C_3S 的公式中 m_{SiO_2} 前面的系数就不是 3.80 而是 4.30，这样实际含量就要提高 11%，而 C_3A 则因有一部分 Al_2O_3 固溶进阿利特而使它的含量减少。

2）冷却条件的影响

硅酸盐水泥熟料冷却过程，若缓慢冷却而平衡结晶，则液相几乎全部结晶出 C_3A、C_4AF 等矿物。但在生产条件下，冷却速率较快，因而液相可部分或几乎全部变成玻璃体，此时，实际 C_3A、C_4AF 含量均比计算值低，而 C_3S 含量可能增加，使 C_2S 减少。

3）碱和其他微量组分的影响

碱的存在导致可能与硅酸盐矿物形成 $KC_{23}S_{12}$，与 C_3A 形成 NC_8A_3，而析出 CaO，从而使 C_3A 减少，而出现 NC_8A_3，碱也可能影响 C_3S 含量。其他次要氧化物如 TiO_2、MgO、P_2O_5 也会影响熟料的矿物组成。

尽管计算的矿物组成与实测值有一定差异，但它能基本说明对熟料煅烧和性能的影响，也是设计某一矿物组成的水泥熟料时，计算生料组成的唯一可行的方法，因此，在水泥工业中仍得到广泛应用。

10.2.5 熟料矿物组成的选择

熟料矿物组成的选择，一般应根据水泥的品种和标号，原料和燃料的品质，生料制备和熟料煅烧工艺综合考虑，以达到优质高产、低消耗和设备长期安全运转的目的。

1. 水泥品种和标号

若要求生产普通硅酸盐水泥，则在保证水泥标号以及凝结时间正常和安定性良好的条件下，其化学成分可在一定范围内变动。可以采用高铁、低铁、低硅、高硅、高石灰饱和系数等多种配料方案。但要注意三个率值配合适当，不能过分强调某一率值。

生产专用水泥或特性水泥时应根据其特殊要求，选择合适的矿物组成。若生产快硬硅酸盐水泥，则要求 C_3S 和 C_3A 含量高，因此，应提高 KH 和 IM。

2. 原料品质

原料的化学成分和工艺性能对熟料矿物组成的选择有很大影响，在一般情况下，应尽量采用两种或三种原料的配料方案。除非其配料方案不能保证正常生产，才考虑更换原料或掺加另一种校正原料。

若石灰石品位低而黏土 SiO_2 含量又不高，则无法提高 KH 和硅率，熟料强度难以提高，只有采用品位高的石灰石和 SiO_2 含量高的黏土才能提高 KH 和硅率，烧出标号较高的水泥。若石灰石的燧石含量较高而黏土的粗砂含量高，则因为原料难磨，熟料难烧，其熟料的 KH 也不能高。原料含碱量太高，KH 宜降低。

3. 燃料品质

燃料品质既影响煅烧过程又影响熟料质量。一般说来，发热量高的优质燃料，其火焰温度高，熟料的 KH 值可高些。若燃料质量差，则除了火焰温度低外，还会因煤灰的沉落不均匀而降低熟料质量。

煤灰掺入熟料中，除全黑生料的立窑外，往往分布不均匀，对熟料质量影响极大。据统计，由于煤灰掺入不均匀，熟料 KH 值将降低 0.04～0.16；硅率将下降 0.05～0.20；铝率将提高 0.05～0.30。当煤灰掺入量增加时，熟料强度下降，此时除了提高煤粉细度，采用矿化剂，以及改用性能较好的多通道燃烧器等措施外，还应适当降低熟料 KH 值，以利生产正常进行。

当煤质变化时，熟料组成也应相应调整。对回转窑来说，采用的煤的发热量高，挥发分低，则火焰黑火头长，燃烧部分短，热力集中，导致熟料易结大块，游离 CaO 增加，耐火砖寿命缩短，此时除设法使火焰的燃烧部分延长外，还应降低 KH 值并提高铝率值。

若用液体或气体燃料，火焰强度很高，形状易控制，几乎无灰分，则 KH 值可适当提高。

4. 生料细度和均匀性

生料化学成分的均匀性，不但对窑的热工制度的稳定和运转率的提高有影响，而且对熟料质量也有影响，因而也就影响到配料方案的确定。

一般说来，生料均匀性好，KH 值可高些。若生料均匀性差，则其熟料 KH 值应比生料均匀性好的要低一些；否则游离 CaO 增加，强度下降。若生料粒度粗，则由于化学反应难以进行完全，KH 值也应适当低些。

5. 窑型与规格

物料在不同类型的窑内受热和燃烧的情况不同，因此，熟料的组成也应有所不同。回转窑内物料不断翻滚，与立窑、立波尔窑相比，物料受热和煤灰掺入都比较均匀，物料反应进程较一致，因此 KH 可适当高些。

立窑通风、煅烧都不均匀，因此不掺矿化剂的熟料 KH 值要适当低些。对于掺复合矿化剂的熟料，由于液相出现温度低且液相黏度低，烧成温度范围变宽，一般采用高 KH、低硅率和高铝率的配料方案。

预分解窑生料预热好，分解率高。另外，由于单位产量窑筒体散热损失少，以及耗热最大的碳酸盐分解带已移到窑外，因此，窑内气流温度高。为了有利于挂窑皮和防止结皮、堵塞、结大块，目前趋于低液相量的配料方案。我国大型预分解窑大多采用高硅率、高铝率、中饱和比的配料方案，即所谓"二高一中"配料方案。例如，KH=0.89，SM=2.20～2.30，IM=1.45。各率值的参考范围为KH=0.88～0.92，SM=2.4～2.80，IM=1.4～1.9。窑的规格对熟料组成的设计也有影响。窑的规格小，窑内的气流温度也稍低，因此，各率值也要稍低一些。

影响熟料组成的选择的因素很多，一个合理的配料方案既要考虑熟料质量，又要考虑物料的易烧性；既要考虑各率值或矿物组成的绝对值，又要考虑它们之间的相互关系。原则上，三个率值不能同时偏高或偏低。

10.3 硅酸盐水泥的原料和配料计算

10.3.1 硅酸盐水泥的原料

原料的成分和性能直接影响配料、粉磨、煅烧和熟料的质量，最终也影响水泥的质量。因此，了解和掌握原料的性能，正确地选择和合理地控制原料的质量，是水泥生产工艺中一个重要环节。

生产硅酸盐水泥的主要原料是石灰质原料（主要提供CaO）和黏土质原料（主要提供SiO_2和Al_2O_3，也提供部分Fe_2O_3）。我国黏土原料及煤炭灰分中一般含Al_2O_3较高，而含Fe_2O_3不足，因此需要加入铁质校正原料。当黏土中SiO_2或Al_2O_3含量偏低时，可加入硅质或铝质校正原料。

生产水泥的原料应满足以下工艺要求。

(1) 化学成分必须满足配料的要求，以制得成分合适的熟料；否则会使配料困难，甚至无法配料。

(2) 有害杂质的含量应尽量少，以利于工艺操作和水泥的质量。

(3) 应具有良好的工艺性能，如易磨性、易烧性、热稳定性、易混合性、成球性等。

1. 石灰质原料

凡以碳酸钙为主要成分的原料都叫作石灰质原料，主要有石灰岩、泥灰岩、白垩、贝壳等。它是水泥生产中用量最大的一种原料，一般生产1t熟料需1.2～1.3t石灰质干原料。

石灰岩是由碳酸钙所组成的化学与生物化学沉积岩，主要矿物是方解石，并含有白云石，硅质（石英或燧石）、含铁矿物和黏土质杂质，是一种具有微晶或潜晶结构的致密岩石，中等硬度、性脆，纯的方解石含有56%CaO和44%CO_2，生产硅酸盐水泥用石灰石中CaO含量一般应不低于48%，以免配料发生困难。石灰岩原料的质量要求见表10.3.1。

表10.3.1 石灰质原料的质量要求

品位		CaO/%	MgO/%	R_2O/%	SO_3/%	燧石和石灰
石灰石	一级品	>48	<2.5	<1.0	<1.0	<4.0
	二级品	45～48	<3.0	<1.0	<1.0	<4.0
泥灰岩		35～45	<3.0	<1.2	<1.0	<4.0

注：① 石灰石二级品和泥灰岩在一般情况下均须与石灰石一级品搭配使用，当用煤作燃料时，搭配后的CaO含量要达到48%；

② SiO_2、Al_2O_3、Fe_2O_3的含量应满足熟料的配料要求。

泥灰岩是碳酸钙和黏土质物质同时沉积所形成的均匀混合的沉积岩。泥灰岩中 CaO 含量超过 45%，石灰饱和系数大于 0.95 时，称为高钙泥灰岩，用它作原料时应加入黏土配合。若 CaO 含量小于 43.5%，石灰饱和系数低于 0.8 时，称为低钙泥灰岩，一般应与石灰石搭配使用。若 CaO 含量在 43.5%～45%，其率值也和熟料相近，则称为天然水泥岩，可直接用于烧成熟料，但自然界很少见。泥灰岩是一种较好的水泥原料，因为它含有的石灰岩和黏土已呈均匀状态，易于煅烧，有利于提高窑的产量，降低燃料消耗，泥灰岩的硬度低于石灰岩，所以它的易磨性较好，有利于提高磨机产量，降低粉磨电耗。

石灰石中的白云石($CaCO_3 \cdot MgCO_3$)是熟料中氧化镁的主要来源，为使熟料中的氧化镁含量小于 5.0%，应控制石灰石中的氧化镁含量小于 3.0%。

燧石俗称"火石"。主要成分是 SiO_2，常以 α 石英为主要矿物，色棕、褐等，结晶完整粗大，质地坚硬，难以磨细，化学反应能力差，在熟料煅烧时也不易起反应，对熟料的产质量及消耗均有不利影响。作为水泥原料的石灰石，其燧石和石英含量一般控制在 4%以下。石灰石中碱含量应小于 1.0%，以免影响煅烧和熟料质量。

除天然石灰质原料外，电石渣、糖滤泥、碱渣、白泥等工业废渣都可作为石灰质原料使用，但应注意其中杂质的影响。

2. 黏土质原料

黏土质原料是含碱和碱土的铝硅酸盐，主要化学成分是 SiO_2，其次是 Al_2O_3，还有少量 Fe_2O_3，一般生产 1t 熟料用 0.3～0.4t 黏土质原料。天然黏土原料有黄土、黏土、页岩、泥岩、粉砂岩及河泥等，其中黄土和黏土使用最广。衡量黏土质量主要有它的化学成分(硅率、铝率)，含碱量及其可塑性，热稳定性，正常流动度的需水量等工艺性能。这些性能因黏土中所含的主导矿物、黏粒多少及其杂质等的不同而异。所谓主导矿物是指黏土同时含有几种黏土矿物时，其中含量最多的矿物。根据主导矿物的不同，可将黏土分成高岭石类、蒙脱石类及水云母类等。

黏土质原料的质量要求见表 10.3.2。

表 10.3.2 黏土质原料的质量要求

品位	硅率 SM	铝率 IM	MgO/%	R_2O/%	SO_3/%	塑性指数
一级品	2.7～3.5	1.5～3.5	<3.0	<4.0	<2.0	>12
二级品	2.0～2.7 或 3.5～4.0	不限	<3.0	<4.0	<2.0	>12

黏土中一般均含有碱，它是由云母及长石等风化、伴生、夹杂而带入，含碱量过高时对水泥窑的正常生产、熟料质量及水泥性能均有不利的影响。例如，煅烧操作困难、料发黏、热工制度不易稳定；熟料中 f-CaO 增加，C_3S 含量减少，在悬浮预热器中容易结皮堵塞，使水泥急凝等。所以，一般应将黏土中碱含量控制在小于 4.0%，悬浮预热器窑用生料中碱含量("K_2O+Na_2O")应不大于 1.0%。

如果黏土中含有过多的石英砂，则不但使生料难以磨细，还会给煅烧带来困难，因为 α 石英不易与 CaO 化合。同时，含砂量大则黏土的塑性差，对生料的成球不利，所以应限制其含量，一般要求 0.08mm 方孔筛筛余不超过 10%；0.2mm 方孔筛筛余不超过 5%。

黏土的可塑性对生料成球的质量影响很大，成球质量又直接影响立窑和立波尔窑加热机内的通风和煅烧均匀程度，要求生料球在输送和加料过程中不破裂，煅烧过程中仍有一定强度和热稳定性好，才能保证窑的正常生产；否则会恶化窑内的煅烧。通常可塑性好的黏土，生料易于成球，料球强度高，入窑后不易炸裂，热稳定性好。立窑和立波尔窑用的黏土的可塑性指数应不小于12。

黏土可塑性大小与它的黏粒（小于5μm）含量、所含的主导矿物及杂质有关。黏粒含量多，分散度高，则可塑性好。立窑或立波尔窑水泥厂应使用可塑性与热稳定性良好的以高岭石、多水高岭石、蒙脱石等为主导矿物的黏土，避免采用可塑性差、热稳定性不良的以水云母或伊利石为主导矿物的黏土。

3. 校正原料

当石灰质原料和黏土质原料配合所得的生料成分不能符合配料方案要求时，必须根据所缺少的组分，掺加相应的校正原料。Fe_2O_3 不够时，应掺加 Fe_2O_3 含量大于40%的铁质校正原料，常用的有低品位铁矿石、炼铁厂尾矿以及硫酸厂工业硫酸渣（硫铁矿渣等）。硫铁矿渣主要成分为 Fe_2O_3，含量大于50%，红褐色粉末，由于含水量较大，对储存、卸料均有不利的影响。

常用的硅质校正原料有砂岩、河砂、粉砂岩等，一般要求硅质校正原料的 SiO_2 含量为70%～90%，大于90%时，由于石英含量过高，难以粉磨与煅烧，故很少采用。

当黏土中 Al_2O_3 含量偏低时，可掺入煤渣、粉煤灰、煤矸石等高铝原料校正，铝质校正原料要求 Al_2O_3 一般不小于30%。

10.3.2 硅酸盐水泥的配料计算

熟料组成确定后，即可根据所用原料，进行配料计算，求出符合要求熟料组成的原料配合比。配料计算的依据是物料平衡。任何化学反应的物料平衡是：反应物的量应等于生成物的量。

物料物理水蒸发以后，处于干燥状态，以物料干燥状态质量所表示的计算单位，称为干燥基。原料的化学成分和生料配合比通常用干燥基准表示。

去掉烧失量（结晶水、二氧化碳与挥发物质等）以后，生料处于灼烧状态。以灼烧状态质量所表示的计算单位，称为灼烧基。灼烧基用于计算灼烧原料的配合比和熟料的化学成分。

如果不考虑生产损失，在采用基本上无灰分掺入的气体或液体燃料时，则灼烧原料、灼烧生料与熟料三者的质量相等，即

灼烧石灰石＋灼烧黏土＋灼烧铁粉＝灼烧生料＝熟料

如果不考虑生产损失，在采用有灰分掺入的燃煤时，则灼烧生料与掺入熟料的煤灰之和应等于熟料的质量，即

灼烧生料＋掺入熟料的煤灰＝熟料

在实际生产中，由于总有生产损失，且飞灰的化学成分不可能等于生料成分，煤灰的掺入量也并不相同。因此，在生产中应以生料与熟料成分的差别进行统计分析，对配料方案进

行校正。

生料配料计算方法较多，有代数法、图解法、尝试误差法（包括递减试凑法、累加试凑法）、矿物组成法、最小二乘法等。目前，“水泥厂化验室专家系统”软件中已配置有成熟的智能化配料计算程序可供配料使用。人工计算主要采用尝试误差法。

尝试误差法的原理是根据熟料化学成分要求，依次加入各种原料，同时计算所加入原料的化学成分，然后，进行熟料成分累积验算。如发现成分不符合要求，则再进行试凑，直至符合要求为止。

10.4 物料的破碎和均化

10.4.1 物料的破碎

1. 物料破碎的目的

水泥生产的部分物料，如石灰石、砂岩、煤、熟料、石膏等都要预先破碎，以便粉磨、烘干、输送和储存。大多物料经破碎后可以提高磨机和烘干机的效率，因为破碎后的物料烘干过程中受热面积增大，能加速物料的烘干过程。在整个破碎过程中，破碎机的效率要比磨机高得多，在粉磨前物料破碎，使入磨物料粒度减小，能显著提高磨机的粉磨效率，同时，也降低了粉磨的电耗。经破碎后的物料，便于输送，并有利于计量和储存，所以破碎是水泥生产的基本工艺过程之一。

2. 破碎的方法

目前，在水泥工业中，物料的破碎主要是通过机械力来完成，由于物料的大小和性质不同，所用的破碎方法也不同，利用机械力破碎的方法有压碎、折碎、冲击破碎、劈碎、磨碎。

3. 破碎比及破碎的工艺流程

破碎比是衡量破碎程度的重要参数，是破碎机计算生产能力和动力消耗的重要依据。

破碎比通常用平均破碎比、公称破碎比表示。公称破碎比通常比平均破碎比高10%～30%，在破碎机选型时要特别注意。水泥厂常用的破碎机的破碎比见表10.4.1。

表 10.4.1 常用破碎机的破碎比

破碎机类型	颚式	圆锥式	单辊式	锤式（单转子）	反击式（单转子）
破碎比	3～5	3～6	4～8	10～25	10～25

物料破碎的级数，是根据物料总破碎比来确定。物料总破碎比是根据原料的块度与下一道工序所要求的物料粒度来确定。根据总破碎比来选择破碎机。采用一种破碎机就能满足破碎要求时，即单级破碎系统；选择两种或三种破碎机进行分级破碎才能满足总破碎比的要求时，即两级破碎或三级破碎系统。物料破碎的级数越多，系统越复杂，不仅占地面积大，而且劳动生产率低，扬尘点多。因此要力求减少破碎的级数。

现在,破碎系统正向大型化、单段化,兼有破碎与烘干性能的多功能化等方向发展。

4. 破碎机的类型

1）颚式破碎机

颚式破碎机是水泥厂广泛应用的粗碎和中碎机械。颚式破碎机具有结构简单,管理和维修方便,工作安全可靠,适用范围广等优点。其缺点是:工作间歇式,非生产性的功率消耗大,工作时产生较大的惯性力,使零件承受较大的负荷,不适合破碎片状及软质黏性物质,破碎比较小等。

2）锤式破碎机

锤式破碎机的优点是:结构简单而紧凑,外形体积小,破碎比较大,生产能力高,单位产量电耗低,操作维修简便。其缺点是:锤头和篦条等部件磨损较快,不适用于破碎潮湿或黏性物料,因为篦条容易堵塞而影响正常生产。

锤式破碎机在水泥厂中常用于中碎(二次破碎),也有用于粗碎。新型高效的锤式破碎机,可用于破碎石灰石、石膏、煤等物料,出料粒度小于25mm,故属于一次完成型破碎机,这就使破碎车间的工艺布置大为简化,破碎机占地面积减小,辅助设备减少,并使破碎车间的操作费用降低,劳动生产率提高。

3）反击式破碎机

反击式破碎机的主要优点是:由于它比锤式破碎机更多地利用了冲击和反击作用进行选择性破碎,料块自击粉碎强烈。其破碎效率高,生产能力大,动力消耗低,对物料适应性较强,破碎比较大,一般可为40左右,最高可达150,因此可减少破碎段数,简化生产流程,节约投资。反击式破碎机的结构简单,制造容易,操作维修方便。其缺点是:打击板锤与反击板磨损快,运转时噪声大。

反击式破碎机在水泥厂的应用较广泛,可用于粉碎石灰石、水泥熟料、石膏和煤等。

10.4.2　物料的均化技术

水泥厂物料的均化包括原料、燃料的预均化和生料、水泥的均化。

生料成分是否均匀,不仅影响熟料质量,而且影响窑的产量、热耗、运转率,以及耐火材料的消耗。由于矿山开采的层位及开采地段的不同,原料的成分波动是在所难免的。此外为了充分利用矿山资源,常采用高低品位的原料搭配使用。因此必须对原料及生料采取有效的均化措施,满足生料成分均匀的要求。

以煤为原料的工厂,由于煤的水分、灰分的波动,对窑的热工制度的稳定和产量、质量有一定影响。对于煤质波动大的水泥厂,煤的预均化也是必要的。

出厂水泥的质量直接影响建筑工程的质量和人民生命财产的安全。即使水泥质量符合国家标准,但由于水泥质量的波动,也会产生超标号现象,对工厂的效益有一定影响。因此,进行水泥的均化有利于稳定水泥质量和提高工厂的经济效益。

物料成分的均匀性是以物料某主要成分含量的波动大小来衡量的,常用的衡量物料均匀性的指标是某主要成分的标准偏差 S,标准偏差 S 越小,则表示物料越均匀。均化设施的均化效果 H,通常是指均化设施进料和出料的某成分样本标准偏差之比,即 $H=S_{in}/S_{out}$,H 越大,均化效果越好。均化效果 H 与堆料层数 n 的平方根成正比:$H\propto\sqrt{n}$,即增加料堆层数,可提高均化效果。但料堆层数的增加又受制于堆场的空间、堆取装置及物料的特性等因素。因此,预均化堆场的布置形式、物料的堆取方式和取料机械类型需要优化设计和合理选择。

为制备成分均匀的生料,则从原料的矿山开采直至生料入窑前的生料制备的全过程中可分为四个均化环节。

(1) 矿山的原料按质量情况计划开采和矿石搭配使用。

(2) 原料预均化堆场及储库内的预均化。

(3) 生料在粉磨中的配料与调节。

(4) 生料入窑前在均化库内的均化。

这四个均化环节组成一条完整的均化链,以保证入窑生料成分的稳定。

1. 原料与燃料的均化

原料预均化,常用于石灰石,当干法水泥厂矿山成分波动较大,地质构造复杂时,通常考虑设置预均化堆场。黏土质原料和铁质原料通常成分比较均匀,一般不需要进行预均化,以降低投资及运行费用。

在预均化堆场,经破碎后的物料用专门的堆料设备沿纵向以薄层平铺叠堆,层数可达400～500层,取料时则用专门的取料设备在横向以垂直料层而切取,即"薄层相叠成堆,垂直取切而混",物料就是在堆、取、运的过程中得到均化。预均化堆场的均化效果原则上与取料时同时切取的总层数有关,总层数越多,则其均化效果越好,一般均化效果 H 为5～8。

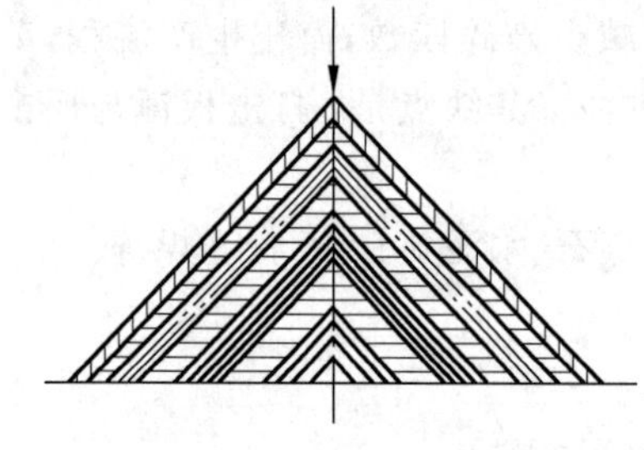

图 10.4.1 单人字形堆料

目前,国内外水泥厂预均化堆场采用的堆料方式有多种,但最常用的是单人字形堆料,如图 10.4.1 所示。因为它只要求下料点沿料堆中心线往返运动,所以,堆料设备简单,常用设备为车式悬臂胶带堆料机和设置于料堆顶部上方的胶带输送机。取料机械亦有多种,通常使用的是刮板取料机。

预均化堆场的布置形式有矩形和圆形两种,分别如图 10.4.2 和图 10.4.3 所示。矩形预均化堆场内设置两个堆料区,一个区在堆料,另一个区在取料,两区交替使用。圆形预均化堆场具有连续堆料和取料的条件,其占地面积比矩形预均化堆场约少 40%,运输设备数量较少而且运输距离也短,设备费用和维护费用均较低。但实际有效的储量较少,均化效果亦比矩形者略差。由于有出料隧道,当地下水位较高时也有不利之处。

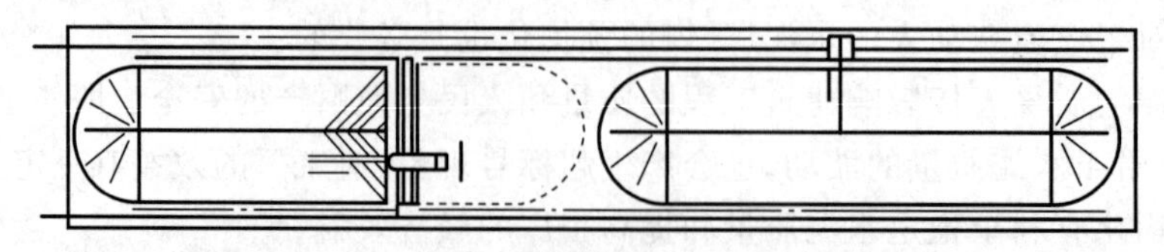

图 10.4.2 矩形预均化堆场的堆料方式示意图

原料预均化堆场具有以下作用:①储存作用,其储量为5～7d,可作为矿山和生产工艺线之间的缓冲;②均化作用,一般均化效果为5～8;③预配料作用,进入堆场的两种物料,可按质量比例预先配合成具有一定要求的混合料。

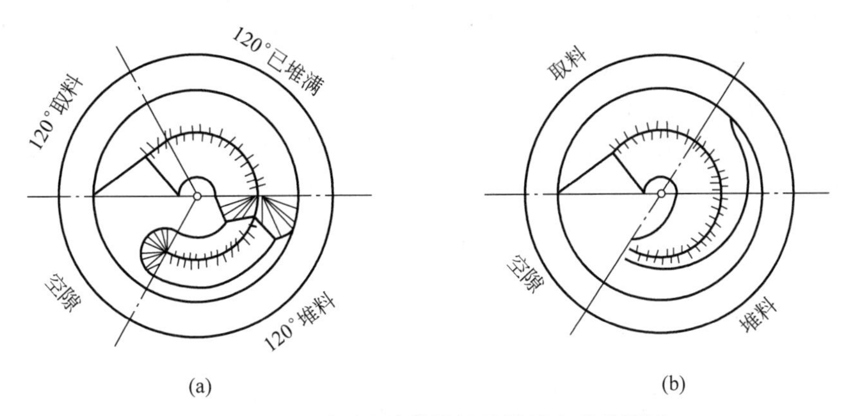

图 10.4.3 圆形预均化堆场的堆料方式示意图

(a) 3×120°人字形堆料；(b) 连续式堆料

2. 生料的均化

生料均化的主要功能是消除出磨生料成分的波动，使生料满足入窑成分的均匀性要求，以稳定烧成的热工制度，提高熟料产量、质量和窑系统的安全运转率，降低能耗。

生料的均化可采用机械均化和气力均化两种基本方式。机械均化简便、投资少，但均化效果差，用于小厂。气力均化效果好，已被普遍采用，但投资相对较高。

1）机械均化

（1）多库搭配。

多库搭配是根据各库的生料碳酸钙滴定值及控制指标，计算出各库搭配的比例。各库按比例卸料，在运输过程中进行均化。这种方法一般不需增加设备，但均化效果较差。

（2）机械倒库。

机械倒库是利用螺旋运输机和提升机反复将库内物料卸出和装入，以达到混合均匀的目的。机械倒库均化效果 H 为 2～3。

2）气力均化

气力均化分为间歇式均化和连续式均化两种。间歇式均化是利用通入库底的压缩空气使粉料流态化，再按一定规律改变各区进气压力，使流态化粉料上下翻滚对流。经 1～1.5h 的混合，可获得相当好的均化效果，其均化效果 H 可达 10～30，但能耗高，且为间歇作业。间歇式生料均化系统一般是由搅拌库和储存库组成，出磨生料粉先进入搅拌库，搅拌后的生料进入储存库以供窑用。为了简化工艺流程，亦可不设储库而增加搅拌库的数量，一般为 4～6 个，其中部分搅拌库进行充气搅拌均化，部分已均化的作储存使用，待卸料后再进料搅拌，没有预均化堆场的中、小型水泥厂，多采用间歇式均化系统。

连续式均化是在均化库中连续完成生料的加入、搅拌和卸料过程。其操作既可以在单库中完成，也可以通过几个库的并联或串联完成。连续式均化库流程简单，库容利用率高，占地面积小，气耗和电耗较低，易实现自动化控制。其均化效果 H 一般为 5～12，较间歇式均化库低。原则上不允许在库内进行生料成分调整，要求入库生料成分的绝对波动值不能过大，即前期均化效果较好。一般用于设有预均化堆场，出磨生料成分波动不大的大、中型水泥厂。

连续式均化库的类型包括串联式均化系统、混合室连续式均化库和多料流式均化库。

串联式均化系统一般由 2 个连续空气搅拌库和 1～2 个生料储存库组成。搅拌库库顶连续进料，库底连续充气流态化，使生料自库上部溢流孔流入下一库继续均化，最后经输送设备送入储存库或直接入窑使用。该系统也可采用双层库布置方式，即将连续空气搅拌库放在生料储存库上面，搅拌均匀的生料依靠重力直接卸入储存库。串联式均化系统操作管理比较简单，均化效果 H 可达 10～12，但投资较高、电耗大，因此，应用范围有限。

混合室连续式均化库根据库底中心混合室形状分为锥形混合室均化库和圆柱形混合室均化库。其中，锥形混合室均化库底部一般配置四等分扇形充气装置，空气经排气通道与库顶空间相通。库底环形区域有一定斜度，分 8～12 个充气区。当轮流向某一充气区送入低压空气时，使该区生料呈流态化并向中心流动，经混合室周围的进料孔流入混合室并受到强烈的气流搅拌而均化。同时，生料在呈旋涡状塌落的下移过程中产生重力混合作用。均化效果一般为 5～9，单库运行时为 5，两库并联时可达 9。圆柱形混合式均化库库底中心为直径较大的圆柱形混合式。其容积较锥形混合室增大一倍以上，气力搅拌更强，均化效果提高，H 可达 10 以上。

混合室连续式均化库的气耗和能耗相对较高，土建结构也较复杂，目前有被多料流式均化库取代的趋势。

多料流式均化库是目前使用最多的连续式均化库。其原理侧重于重力混合，库内不用或少用气力混合，以简化结构和降低能耗。由于对卸料区和卸料流量的控制，库内平铺料层产生均匀变化的漏斗料柱，料层在重力驱动下形成纵向和径向混合。一般库底设置了一个小型气力搅拌仓，使经过重力搅拌的生料进入小仓，再次搅拌后卸料。

多料流式均化库的类型包括多股流连续式均化库、控制流连续式均化库和中心室连续式均化库等。

(1) 多股流连续式均化库。

依靠库底环形区由 10～16 个充气箱和带有多孔盖板的卸料沟槽组成的充气和卸料区，对库内平铺物料进行分区对角垂直重力切取，形成交错的漏斗料柱，达到重力混合的目的。其中心混合室由库底向下伸出，容量增大。切取的物料进入中心混合室，并通过强气流搅拌再次进行混合，实现物料的重力与气力混合均化的目的。为了提高均化效果，对各充气和卸料区对角卸料切取时间进行交替协同控制。

该均化库的均化效果 H 为 7～10，能耗较低，卸空率高，土建结构较为简单，造价适中，但系统控制较复杂，风量分配不当时易形成堵塞而影响均化效果。

(2) 控制流连续式均化库。

库底通过 7 个卸料区中的卸料器和 42 个充气小区的编程控制，对库内的平铺物料进行垂直重力切取，达到重力混合目的。库内不设混合室，重力切取后的物料在库底下部的计量仓中，通过强气流搅拌再次进行混合。卸料时通过对 7 个卸料区中的 42 个充气小区的编程控制，使物料形成不同流量条件下的卸料流动，漏斗料柱的料层产生重力驱动的纵向和径向混合。

该均化库的均化效果可达 10～15，能耗较低，卸空率很高，土建结构简单，造价较低，但系统控制较复杂，目前在国内应用较少。

(3) 中心室连续式均化库。

库底中心建有一个用混凝土构成的大圆锥，圆锥下部设有搅拌仓。在库壁与大圆锥间的底部圆环区域分割成6～8个扇形充气区和卸料器，对平铺料层进行垂直重力切取。各区交替充气、卸料，形成一个接一个的漏斗料柱，实现重力混合。切取的物料通过空气斜槽汇集于搅拌仓再度气力混合。

该均化库的均化效果可达7～8，能耗低，卸空率很高，控制简单，易操作，设备投资适中，但土建结构和施工较复杂。

10.5 粉磨工艺

粉磨在水泥生产过程中占有重要的地位。生产1t水泥，需要粉磨的物料量约3t，水泥生产总耗电量的60%～70%耗费在粉磨过程中。因此，确定合适的粉磨产品的细度，选择合理的粉磨系统，对保证生料和水泥的质量，提高产量，降低单位产品电耗，具有十分重要的意义。

10.5.1 粉磨的目的和要求

粉磨是指将颗粒状物料通过机械力的作用变成细粉的过程。对于生料和水泥粉磨过程，也是几种原料细粉均匀混合的过程。粉磨的目的是使物料表面积增大，促使化学反应的迅速完成。粉磨产品细度常用筛余量和比表面积来表示。

1. 生料粉磨的目的和要求

生料的细度直接影响窑内煅烧时熟料的形成速度。生料细度越细，则生料各组分间越能混合均匀，窑内煅烧时生料各组分越能充分接触，使碳酸钙分解反应、固相反应和固液相反应的速度加快，有利于游离氧化钙的吸收；但当生料细度过细时，粉磨单位产品的电耗将显著增加，磨机产量迅速降低，而对熟料中游离氧化钙的吸收并不显著。

生料中的粗颗粒，特别是一些粗大的石英(结晶 SiO_2)和方解石晶体的反应能力低，且不能与其他氧化物组分充分接触，这就造成燃烧反应不完全，使熟料f-CaO增多，严重影响熟料质量，所以必须严格加以控制。而颗粒较均匀的生料，能使熟料煅烧反应完全，并加速熟料的形成，故有利于提高窑的产量和熟料的质量。

因此，生料的粉磨细度，用管磨机生产时通常宜控制在0.08mm方孔筛筛余10%左右，0.2mm方孔筛筛余小于1.5%。闭路粉磨时，因其粗粒较少，产品颗粒较均匀，因而可适当放宽0.08mm筛筛余，但仍应控制0.2mm筛筛余；当原料中含石英质原料和粗质石灰岩时，生料细度应细些，特别要注意0.2mm筛筛余量。

2. 水泥粉磨的目的和要求

水泥的细度越细，水化与硬化反应就越快；水化越易完全，水泥胶凝性质的有效利用率就越高，水泥的强度，尤其是早期强度也越高，而且还能改善水泥的泌水性、和易性等。反之，水泥中有过粗的颗粒存在，则粗颗粒只能在表面反应，从而损失了熟料的活性。

必须注意：水泥中小于3μm颗粒太多时，虽然水化速度很快，水泥有效利用率很高，但是，因水泥比表面积大，水泥浆体要达到同样流动度，需水量就过多，这将使水泥硬化浆体内产生较多孔隙从而强度下降。在满足水泥品种和标号的前提下，水泥细度不宜太细，以节省电能，通常水泥的细度为比表面积控制在 $300m^2/kg$ 左右。

3. 煤粉磨的目的和要求

用于回转窑的煤粉细度，一般要求控制在0.08mm方孔筛筛余10%～15%。煤粉越细，则比表面积越大，与空气中氧气接触的机会增多，燃烧速度越快、越完全，单位时间内放出的热量越多，可以提高窑内火焰温度；煤粉太粗时，黑火头长，难着火，燃烧速度慢，火力不集中，烧成温度低。煤粉太粗时，还会造成窑内还原气氛，煤灰掺入熟料中不均匀，窑内结圈。这些因素会使熟料质量降低，窑内热工制度不稳定，操作困难。

10.5.2 粉磨流程

1. 粉磨系统

粉磨流程又称为粉磨系统，它对粉磨作业的产量、质量、电耗、投资，以及生产操作、维护等都有十分重要意义。

粉磨系统有开路和闭路两种。当物料一次通过磨机后即成品时，称为开路系统，如图10.5.1所示；物料出磨后经过分级设备选出产品，而粗料返回磨机内再磨，称为闭路系统，如图10.5.2所示。

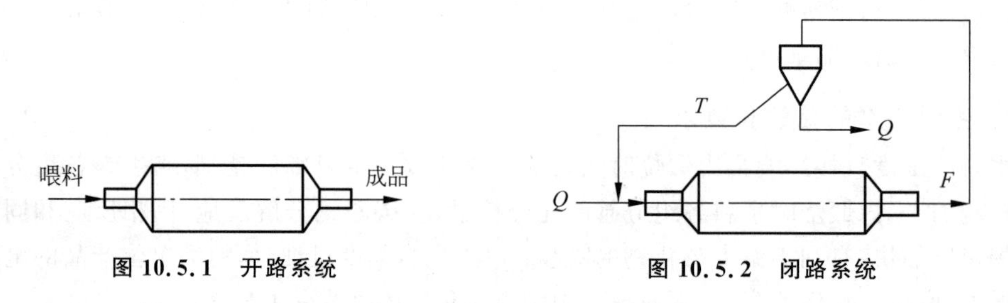

图10.5.1 开路系统　　图10.5.2 闭路系统

开路系统的优点是：流程简单，设备少，投资省，操作维护方便，但物料必须全部达到产品细度后才能出磨。开路系统产品颗粒分布较宽，当产品细度(筛余)达到要求时，其中必有一部分物料过细，称为过粉磨现象。过细的物料在磨内产生缓冲垫层，妨碍粗料进一步磨细，从而降低粉磨效率。闭路系统与开路系统相比，由于细粉被及时选出，产品粒度分布较窄，过粉磨现象得以减轻。出磨物料经输送及分选，可散失一部分热量，粗粉再回磨时，可降低磨内温度，有利于提高磨机产量，降低粉磨电耗。一般闭路系统较开路系统可提高产量15%～25%，产品细度可通过调节分级设备来控制。但是闭路系统设备多，较为复杂，系统设备利用率低，投资大，操作、维护、管理较复杂。

此外，开路系统产品的颗粒分布较宽，而闭路系统产品的颗粒组成较均匀，粗粒和微粉数量减少，因而在相同比表面积的条件下，闭路系统较开路系统粉磨的水泥，早期强度略有提高，后期强度有较明显的提高，如保持同样的强度，则闭路系统的产品比表面积可比开路系统低一些。

2. 生料粉磨流程

生料粉磨流程可以分成湿法生料粉磨系统和干法生料粉磨系统。由于湿法生产水泥已被淘汰，这里主要介绍干法生料粉磨系统。

干法生料粉磨系统，需要对含有水分的物料进行烘干。随着干法水泥生产技术的发展，特别是悬浮预热器窑和预分解窑的出现，为充分利用窑的废气余热并简化生产工艺过程，出现了多种闭路的烘干-粉磨系统，如尾卸提升烘干磨，中卸提升循环烘干磨（图 10.5.3），风扫式钢球磨和立式磨（辊式磨，图 10.5.4）等。

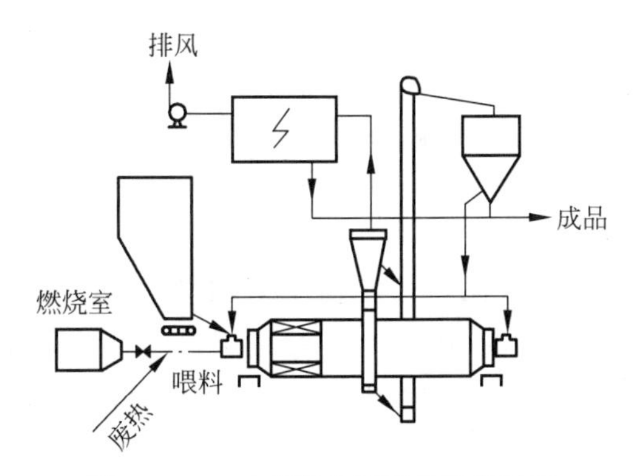

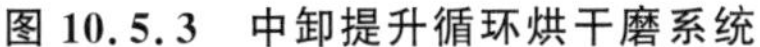
图 10.5.3　中卸提升循环烘干磨系统

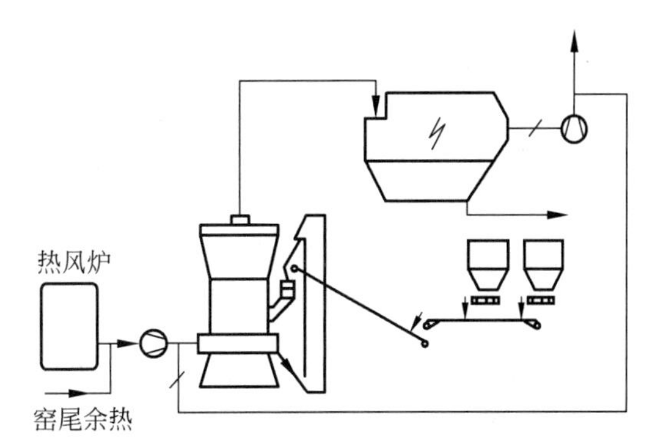

图 10.5.4　风扫式和立式磨系统

采用烘干兼粉磨系统粉磨物料时，既节省了烘干设备及物料的中间储存和运输，又节省了投资和管理人员；同时，物料在粉磨过程中进行烘干，由于物料不断被粉碎，比表面积不断增大，烘干效果更好，尤其是磨内通入大量热风，能及时将细物料带出磨外而减少缓冲垫层作用，有利于提高粉磨效率。但是此系统辅助设备较多，操作控制较复杂。

20 世纪 70 年代以来，采用立式磨系统粉磨生料有了较大的发展，立式磨是利用厚床粉磨原理，主要靠磨辊和磨盘间的压力来粉碎物料，经过碾压的物料再次滚压时，可进一步实现相当有效的粉磨，它减少了钢球磨对研磨体的提升和研磨体互相撞击所消耗的能量，并有效地防止了物料的凝聚现象，所以粉磨效率可比钢球磨提高一倍左右。磨机本身带有选粉装置，控制成品细度比较方便，而且入磨物料粒度较大，可达 100～150mm，可省去二级破碎，所以其电耗较低，且占地面积也小。特别是立式磨的通风量较一般钢球磨大，可以更好地利用窑尾烟气的余热进行生料的烘干。因此，立式磨随着悬浮预热器窑和预分解窑的广泛使用而得到迅速发展。但是立式磨对研磨体和衬板的磨耗是与物料磨蚀性的平方根成正比的，因此，当物料中含有一定量的结晶 SiO_2 而磨蚀性较强时，就不宜采用立式磨。

3. 水泥粉磨流程

水泥粉磨系统通常有长磨或中长磨开路系统，中长磨一级闭路系统，短磨二级闭路系统，闭路中卸磨系统等。

在水泥细度要求不高时，开路系统即可满足要求；但当要求产品细度较高时，普通开路系统的粉磨效率较低，而闭路系统则较高，而且闭路系统易于调节产品细度，可以适应生产不同品种水泥的需要。因此，水泥粉磨以闭路系统较多，特别是大型水泥磨多为闭路生产。

近年来的研究发现：无论是钢球磨还是立式磨，物料在粉磨时都是受到压力和剪力，而水泥工业所需处理的各种原料、燃料、熟料都属于脆性材料，其特点是抗压强度高，而抗拉强度低，致使传统的粉磨设备效率较低。进一步研究后发现：在一颗粒状物料粉碎过程中，如果只施加纯粹的压力，则所产生的应变 5 倍于剪力所产生的应变，即如能采用一种只使物料受压的粉碎设备，就能提高粉碎效率，大幅度节能，这就诞生了辊压机（又称挤压磨），其工作原理如图 10.5.5 所示。

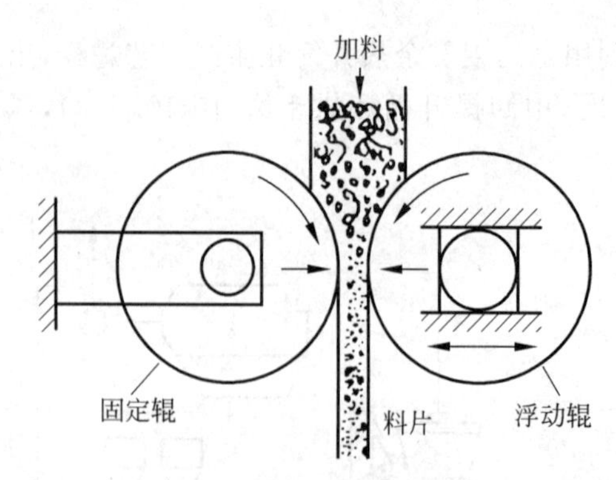

图 10.5.5 辊压机的工作原理

在辊压机中，物料在两辊之间承受高达 100～200MPa 的挤压，线压力可达 l0t/cm，外力使颗粒压实，物料结构，包括微结构遭到破坏，从而产生大量裂纹，出辊压机的料片中，小于 90μm 的颗粒约占 30%，所以，可以使磨机以较低的电耗进行粉磨。生产实践表明，在钢球磨机前增设辊压机后，可使磨机产量增加 30%～60%，节电 5%～15%。

近年来水泥粉磨趋向于采用球磨机、辊压机、高效选粉机不同组合的粉磨流程。辊压机用于水泥粉磨的流程有预粉磨、混合粉磨、终粉磨等几种。混合型粉磨流程是将辊压机装在球磨机前面(图 10.5.6)，选粉机出来的粗粉一部分进入辊压机，一部分进入球磨机。这一流程与传统的球磨机相比，节省单位产品电耗 30%左右。

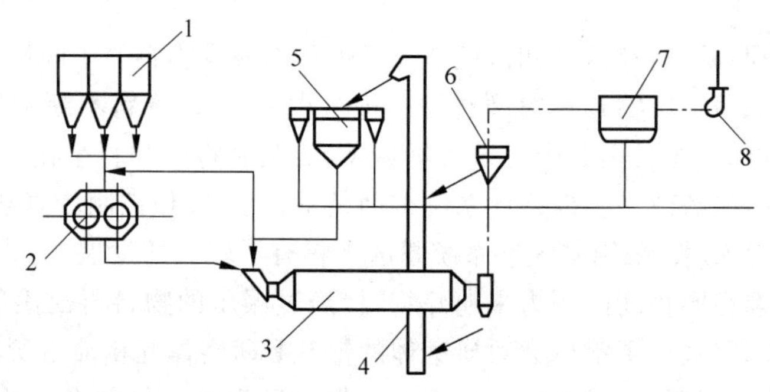

1-料仓；2-辊压机；3-磨机；4-提升机；5-选粉机；6-粗粉分离器；7-收尘器；8-排风机。

图 10.5.6 混合型粉磨系统流程图

10.5.3 影响磨机产量和质量及能耗的主要因素

在粉磨的过程中，怎样实现优质、高产、低消耗，这是粉磨生产过程所要研究的一个重要问题，其影响因素很多，现简要分析如下。

1. 入磨物料粒度

入磨物料粒度的大小是影响磨机产量和能耗的主要因素之一。由于入磨物料粒度小，可以减小钢球直径，在钢球装载量相同时，使钢球个数增多，钢球的总表面积增大，因而就增强了钢球对物料的粉磨效果。降低入磨粒度的实质就是“以破代磨”，可以使粉磨电耗和单位产品破碎粉磨的总电耗降低。但是，入磨粒度不能过小，因为随着破碎产品粒度的减少，破碎电耗迅速增加，使破碎和粉磨的总电耗反而增加，经济的入磨粒度可按经验公式(10.5.1)计算：

$$d = 0.005D_0 \tag{10.5.1}$$

式中，d 为经济入磨粒度，以 d_{80} 标注，即以 80%通过的筛孔孔径表示；D_0 为磨机有效内径，mm。

一般中型水泥厂，入磨物料粒度以 8～10mm 为宜。

2. 易磨性

物料的易磨性常用相对易磨性系数 K_m 来表示，即物料单位功率产量 $q_{物}$ 与标准物料单位功率产量 $q_{标}$ 的比值：$K_m = q_{物}/q_{标}$。

标准物料常用平潭标准砂，K_m 大表示容易磨细，反之则表示难磨。

物料的易磨性与其本身的结构有关，所以，即使是同一类物料，易磨性也可以不一样。例如，结构致密的石灰石，其易磨性系数较小，而结构疏松的石灰石则易磨性系数大。

熟料的易磨性与各矿物组成的含量以及冷却速率有很大关系。试验证明，熟料中 C_3S 含量多，冷却速率快，其质地较脆，易磨性系数就大；如 C_2S 和铁相含量多，冷却慢，或者因过烧结成大块，则韧性大且较致密，易磨性系数就小，因而难磨。

因此，在可能的条件下，应尽量选用易磨性好的原料，并生产 C_3S 含量高，而且冷却速率快的熟料，出窑熟料经过适当陈放降温，并使熟料中的 f-CaO 吸水而变为 $Ca(OH)_2$，在这一转换过程中体积膨胀，可改善熟料的易磨性。所以应禁止出窑熟料直接入磨。

3. 入磨物料温度

入磨物料温度高，物料带入磨内大量热量，加之粉磨时，大部分机械能转化为热能，使磨内温度更高。物料的易磨性随温度升高而降低。磨内温度高，易使水泥细粉因静电而聚集，严重时会黏附研磨体和衬板，从而降低粉磨效率。温度越高，这种现象越严重。水泥粉磨时，如果磨内温度过高，则二水石膏易脱水形成半水石膏，使水泥产生假凝现象，影响水泥质量；水泥入库后易结块。

磨内温度高，磨机筒体产生一定的热应力，会引起衬板螺栓的折断，也会影响轴承的润滑。因此，入磨物料温度应加以控制。根据经验一般应控制在50℃以下。出磨水泥温度应控制 110～120℃以下。

对于大型磨机，如果要求水泥细度较细，即使入磨温度不高，也会因粉磨过程产生的热量使物料温度过高而产生包球与细粉吸附衬板与隔舱板。因此，大型磨机除采用筒体外喷水冷却外，还采用磨内喷水方法来降低磨内物料温度。采用磨内喷水要注意喷水量要适当，而且要雾化好。否则过多的水反而导致粉磨状态恶化。此外采用闭路粉磨，可以降低磨内温度。

4. 入磨物料水分

生产实践证明，入磨物料水分对普通干法钢球磨机的生产影响较大，当入磨物料平均水分大于 1.8%时，磨机产量开始下降；水分大于 2.5%时，磨机台时产量降低 15%～30%；水分大于 3.5%时，粉磨作业严重恶化；水分 5%左右时，磨机无法正常生产，主要是造成隔舱板和出料篦板堵塞，出现“糊磨”和“饱磨”现象，如果处理不及时，甚至会造成坚固的“磨内结圈”，被迫停磨处理。但是，物料过于干燥也无必要，入磨物料平均水分一般控制在1%左右为宜。

5. 磨内通风

强化干法磨内的通风，具有如下作用：

（1）能够及时排出磨内的微粉，减少物料的过粉磨现象和缓冲作用；

（2）可以及时地排出磨机内的水蒸气，防止隔舱板和卸料篦板的篦孔堵塞，并可减少黏球现象；

(3) 可降低磨内温度和物料温度，有利于磨机的正常运行和防止设备的使用寿命缩短。

磨内通风是指由排风机抽取磨内含尘气体，经收尘器分离净化后排入大气。

磨机通风速度一般以磨机最后一仓出口净空风速表示。适当提高磨内风速，有利于提高磨机产质量和降低单位产品电耗；但如果风速过大，则又会使产品细度变粗，排风机电耗增加。试验证明，开路磨内风速以 0.7～1.2m/s 为宜，闭路磨机可适当降低，以 0.3～0.7m/s 为宜。

应该注意，加强磨内通风，必须防止磨尾卸料端的漏风，因为卸料口的漏风不仅会减少磨内有效通风量，还会大大增加磨尾气体的含尘量。因此，采用密封卸料装置以加强"锁风"具有十分重要的作用，同时应合理地设计收尘系统，以保证排放气体符合环保标准要求。

6. 助磨剂

在粉磨过程中，加入少量的外加剂，可消除细粉的黏附和聚集现象，加速物料粉磨过程，提高粉磨效率，降低单位粉磨电耗，提高产量。这类外加剂统称为"助磨剂"。

常用的助磨剂有煤、焦炭等碳素物质，以及表面活性物质，如亚硫酸盐纸浆废液、三乙醇胺下脚料、醋酸钠、乙二醇、丙二醇等。

助磨剂加速粉磨的机理，还有待作进一步的深入研究。通常认为，碳素物质可消除磨内静电现象所引起的黏附和聚结，表面活性物质由于它们具有强烈的吸附能力，可吸附在物料细粉颗粒表面，而使物料之间不再互相黏结，而且吸附在物料颗粒的裂隙间，减弱了分子力所引起的"愈合作用"，外界做功时可促进颗粒裂缝的扩展，从而提高粉磨效率。

粉磨水泥时，碳素物质的加入量不得超过 1%，以确保水泥质量。当用亚硫酸盐纸浆废液的浓缩物时，其加入量为 0.15%～0.25%，过多会影响水泥的早期强度。用三乙醇胺下脚料时，一般加入量为 0.05%～0.1%，在水泥细度不变的情况下，可消除细粉的黏附现象，提高产量 10%～20%，还有利于水泥早期强度的发挥；但加入量过多，会明显降低水泥强度。

应该注意，助磨剂的加入，虽然可以提高磨机产量，降低粉磨电耗，但是应选择使用效果好、成本低的助磨剂；否则不但不经济，同时助磨剂的加入将损害水泥的质量。

7. 设备及流程

1) 设备的规格、内部结构及转速

试验表明，磨机的规格越大，产量越高，单位产品电耗越低。

磨机的内部结构主要是指衬板和隔舱板。

衬板具有调整各仓研磨体运动状态，使之符合粉磨过程的功能，是使各仓粉磨能力平衡的一个重要因素。所用的衬板表面形式要适应粉磨物料的性质、磨机的规格、磨机的转速，以及研磨体的形状和各仓的粉碎要求。

国内外相继研制了各种节能衬板，如角螺旋分级衬板、沟槽衬板等，对磨机的增产、节电产生了很大效果。

隔舱板的结构形式、篦孔的有效断面面积，以及隔舱板的安装位置(各仓的长度)，其对于磨机内物料流速的控制、各仓粉磨能力是否符合要求，以及各仓粉磨能力的平衡十分重要。如果物料易磨性好，粒度小于 5mm 所占的比例较大，可适当缩小单仓长度；反之，则适当增加单仓长度，或通过增大单仓平均球径，减少入磨粒度来解决。

磨机的转速加快，在同一时间内研磨体做功就多，能提高磨机产质量。实践证明，把磨机转速提高到临界转速的80%～85%，可增加20%左右的产量。但是磨机转速应与衬板的形式、研磨体运动状态、磨机的规格、粉磨物料的性质等统一考虑。当衬板、隔舱板设计得不够合理时，是可以调整的；而磨机的转速一经制造和安装之后是不易改变的。

2）粉磨的流程

开路磨安装了选粉机或分级机后，可以提高产量15%～25%。闭路系统的产量还与循环负荷率和分级效率有关。

循环负荷率 K 是指分级机的回料量 T 与成品量 G 之比，以百分数表示。循环负荷率可以通过测定分级机喂入物料、回料和成品的细度计算得出。

分级效率 η 是指分级机选出的产品中，精粉量占入分级机物料中精粉量的百分数。当分级机为选粉机时，即选粉效率。

适当地提高闭路系统的循环负荷，可以提高粉磨效率；过多地提高循环负荷，反而使粉磨效率下降。

选粉效率高，回磨粗粉中所含合格细粉量少，可以减少过粉磨现象，提高粉磨效率。选粉效率与选粉机的型式及喂料量有关。高效选粉机的选粉效率在70%以上。闭路系统循环负荷高，喂入选粉机的物料量多，选粉机选粉效率往往因喂料量过多而降低。工厂应根据磨机的规格、物料的性能、粉磨细度要求、选粉机的规格与型式，合理调节选粉效率与循环负荷，达到优质、高产、低耗的效果。

3）研磨介质

物料在磨机内通过研磨体的冲击和研磨作用而被磨成细粉，因此，研磨体的形状、大小、装载量、配合和补充等对磨机生产的影响较大。

合适的研磨体装载量是提高磨机产量、降低单位产品电耗的重要措施，试验与生产实践证明，中长磨与长磨研磨体的填充系数分别为25%～35%和30%～35%时则产量较高，30%左右时则电耗较低；在短磨中，填充系数可以达到35%～40%，各厂应根据磨机和物料等具体情况，通过试验来决定，但是过高的填充系数不利于设备的安全运转。

在粉磨过程中，刚入磨的大颗粒物料，需要较大的冲击力将其破碎，故应选用较大的钢球；物料被磨到一定粒度后，要进一步磨细时，要求研磨体有较强的研磨作用，则应选用较小的研磨体，以增加研磨体的接触面面积，提高研磨能力，在细磨仓则可用钢锻，以增加研磨表面。为了适应各种不同粒度的冲击和研磨作用的要求，提高粉磨效率，实际生产中常采用不同尺寸的研磨体配合在一起，这就是研磨体的级配。研磨体级配的确定，需要考虑物料的入磨粒度、水分含量、粉磨流程、产品粒度、筒体直径、物料流速和衬板形式等因素，通常产品粒度越细，筒体直径越大，则小尺寸研磨体占的比例越高。合理的级配应使各仓粉磨能力平衡，产品粒度适宜，并能达到预计产量。球仓通常采用3～6种尺寸的钢球，锻仓通常采用2～3种尺寸的钢锻。级数太多，空隙率过小，影响排料速度；级数过少，空隙率过大，影响粉末效率。

10.6 硅酸盐水泥熟料的煅烧

硅酸盐水泥熟料的煅烧是指将由石灰质、黏土质和少量铁质原料按一定的比例（约75∶20∶5）配合制备好的生料喂入水泥窑系统内，经烘干、预热、固相反应、碳酸盐分解、烧成、冷却等阶段，最后形成熟料的整个过程。它是水泥生产中最重要的工艺过程，因为硅酸盐水泥主要是由熟料所组成，熟料的煅烧过程直接决定水泥的产量和质量，燃料与衬料的消耗，以及窑的安全运转。水泥工业是消耗能源较多的产业，而在水泥生产中，熟料煅烧要占全部能耗的80%左右，因此，了解并研究熟料的煅烧过程是非常必要的。

10.6.1 硅酸盐水泥熟料的形成

1. 熟料的形成过程

1）干燥

入窑生料中都含有一定量的水分，新型干法窑生料含水分一般不超过1%，立窑生料含水分12%～15%。生料入窑后，物料温度逐渐升高，当温度升高到100～150℃时，生料中水分全部被排除，这一过程称为干燥过程。每1kg水分的蒸发潜热高达2257kJ(100℃)，因而湿法生产料浆的水分为35%左右时，每生产1kg熟料，用于蒸发水分的热量高达2100kJ，占总热耗的35%以上，这是湿法生产被淘汰的主要原因。

2）黏土矿物脱水

黏土矿物的化合水有两种，一种是以OH^-状态存在于晶体结构中，称为晶体配位水；一种是以水分子状态吸附在晶层结构间，称为晶层间水或层间吸附水。伊利石的层间水因风化程度而异，层间水在100℃左右即可脱去，而配位水则必须高达400～600℃时才能脱去。

生料干燥后，继续被加热，温度上升较快，当温度升到500℃时，黏土中的主要组成矿物高岭石发生脱水分解反应，其反应式为

$$Al_2O_3 \cdot 2SiO_2 \cdot 2H_2O \longrightarrow Al_2O_3 \cdot 2SiO_2 + 2H_2O \tag{10.6.1}$$

高岭石进行脱水分解反应时，在失去化学结合水的同时，本身晶体结构也受到破坏，生成无定形偏高岭石。因此，高岭土脱水后的活性较高，当继续加热到970～1050℃时，由无定形物质转换成晶体莫来石，同时放出热量。

蒙脱石和伊利石脱水后，仍然具有晶体结构，因而它们的活性较高岭土差。伊利石脱水时还伴随有体积膨胀，而高岭石和蒙脱石则是体积收缩，所以立窑和立波尔窑生产时，不宜采用以伊利石为主导矿物的黏土；否则料球的热稳定性差，入窑后会引起炸裂，严重影响窑内通风。

黏土矿物脱水分解反应是个吸热过程，每1kg高岭土在450℃时吸热为934kJ，但因黏土质原料在配合料中的含量较少，所以其吸热反应不显著。

3）碳酸盐分解

脱水后的物料，温度继续升至600℃左右时，生料中的碳酸盐开始分解，主要是石灰石中的碳酸钙和原料中夹杂的碳酸镁进行分解，其反应如下：

$$MgCO_3 \rightleftharpoons MgO + CO_2 \uparrow \tag{10.6.2}$$

$$CaCO_3 \rightleftharpoons CaO + CO_2 \uparrow \tag{10.6.3}$$

（1）碳酸盐分解反应的特点。

A. 可逆反应。受系统温度和周围介质中CO_2的分压影响较大。为了使分解顺利进行，必须保持较高的反应温度，降低周围介质中CO_2分压或减少CO_2浓度。

B. 强吸热反应。碳酸盐分解时，需要吸取大量的热量，是熟料形成过程中消耗热量最多的一个工艺过程，所需热量约占湿法生产总热耗的 1/3，约占悬浮预热预分器或预分解窑的 1/2，因此，为保证碳酸钙分解反应能完全地进行，必须供给足够的热量。

C. 反应的起始温度较低。约在 600℃时就有 $CaCO_3$ 进行分解反应，但速度非常缓慢，至 894℃时，分解放出的 CO_2 分压达 0.1MPa，分解速度加快。1100～1200℃时，分解速度极为迅速，温度每增加 50℃，分解速度常数约增加 1 倍，分解时间约缩短 50%。

(2) 碳酸钙的分解过程。

碳酸钙的分解有五个过程：二个传热过程——热气流向颗粒表面传热，热量以传导方式由表面向分解面的传热过程；一个化学反应过程——分解面上 $CaCO_3$ 分解并放出 CO_2；二个传质过程——分解放出 CO_2 气体穿过分解层向表面扩散，表面 CO_2 向大气中扩散。

这五个过程中，传热和传质皆为物理传递过程，仅有一个化学反应过程，因为各个过程的阻力不同，所以，$CaCO_3$ 的分解速度受控于其中最慢的一个过程。在一般回转窑内，由于物料在窑内呈堆积状态，CO_2 传热面积非常小，传热系数也很低，所以，$CaCO_3$ 的分解速度主要取决于传热过程；立窑和立波尔窑生产时，生料成球，由于球径较大，故传热速度慢，传质阻力很大，所以 $CaCO_3$ 的分解速度决定于传热和传质过程。在新型干法生产时，由于生料粉能够悬浮在气流中，传热面积大，传热系数高，传质阻力小，所以 $CaCO_3$ 的分解速度取决于化学反应速度。

(3) 影响碳酸钙分解反应的因素。

A. 石灰石的结构和物理性质。

结构致密、质点排列整齐、结晶粗大、晶体缺陷少的石灰石，质地坚硬，分解反应困难，如大理石等。质地松软的白垩和内含其他组分较多的泥灰岩，则分解所需的活化能较低，分解反应容易。

B. 生料细度

生料细度细，颗粒均匀，粗粒少，则生料的比表面积增加，使传热和传质速度加快，有利于分解反应。

C. 反应条件

提高反应温度，分解反应的速度加快，同时促使 CO_2 扩散速度加快，加强通风，及时地排出反应生成的 CO_2 气体，则可加速分解反应。

D. 生料悬浮分散程度

在新型干法生产时，生料粉在预热器和分解炉内的悬浮分散性好，则可提高传热面积，减少传质阻力，迅速提高分解速度。

E. 黏土质组分的性质

如果黏土质原料的主导矿物是活性大的高岭石，则由于其容易与分解产物 CaO 直接进行固相反应生成低钙矿物，从而可加速 $CaCO_3$ 的分解反应。反之，如果黏土的主导矿物是活性差的蒙脱石和伊利石，则要影响 $CaCO_3$ 分解的速度，由结晶 SiO_2 组成的石英砂的反应活性最低。

4) 固相反应

(1) 反应过程。

在熟料形成过程中，从碳酸钙开始分解起，物料中便出现了性质活泼的游离 CaO，它与

生料中的 SiO_2、Fe_2O_3 和 Al_2O_3 等通过质点的相互扩散而进行固相反应，形成熟料矿物。固相反应的过程比较复杂，其过程大致如下：

约 800℃：$CaO \cdot Al_2O_3$(CA)、$CaO \cdot Fe_2O_3$(CF)与 $2CaO \cdot SiO_2$(C_2S)开始形成。

800～900℃：开始形成 $12CaO \cdot 7Al_2O_3$($C_{12}A_7$)、$2CaO \cdot Fe_2O_3$(C_2F)。

900～1100℃：$2CaO \cdot Al_2O_3 \cdot SiO_2$($C_2AS$) 形成后又分解。开始形成 C_3A 和 C_4AF。所有碳酸盐均分解，游离 CaO 达最大值。

1100～1200℃：大量形成 C_3A 和 C_4AF，C_2S 含量达最大值。

由此可见，水泥熟料矿物 C_3A、C_4AF 及 C_2S 的形成是一个复杂的多级反应，反应过程是交叉进行的。水泥熟料矿物的固相反应是放热反应，当用普通原料时，固相反应的放热量为 420～500kJ/kg。

由于固体原子、分子或离子之间具有很大的作用力，因而固相反应的反应活性较低，反应速度较慢。通常，固相反应总是发生在两组分界面上，为非均相反应。对于粒状物料，反应首先是通过颗粒间的接触点或面进行，随后是反应物通过产物层进行扩散迁移，因此，固相反应一般包括界面上的反应和物质迁移两个过程。

(2) 影响固相反应的主要因素。

A. 生料的细度和均匀性。

生料越细，则其颗粒尺寸越小，比表面积越大，各组分之间的接触面积越大；同时表面的质点自由能亦大，使反应和扩散能力增强，因此，反应速度越快。但是，当生料磨细到一定程度后，如继续再细磨，则对固相反应的速度增加不明显；而磨机产量却会大大降低，粉磨电耗剧增。特别是对于预分解窑，生料过细，旋风筒分离效率会下降，从而造成物料在窑尾预热器和收尘器之间的外循量增大，最终降低窑的产量，增加熟料热耗。因此，必须综合平衡，优化控制生料细度。对于预分解窑而言，生料颗粒大小应尽量均齐，尽量减少 0.2mm 筛的筛余量，而 0.08mm 筛的筛余量可适当放宽。

生料的均匀性好，即生料内各组分混合均匀，可以增加各组分之间的接触，所以，能加速固相反应。

B. 温度和时间。

当温度较低时，固体的化学活性低，质点的扩散和迁移速度很慢，因此，固相反应通常需要在较高的温度下进行，提高反应温度，可加速固相反应。由于固相反应时离子的扩散和迁移需要时间，所以必须要有一定的时间才能使固相反应进行完全。

C. 原料性质。

当原料中含有结晶 SiO_2(如燧石、石英砂等)和结晶方解石时，由于破坏其晶格困难，所以，使固相反应的速度明显降低，特别是原料中含有粗粒石英砂时，其影响更大。

D. 矿化剂。

能加速结晶化合物的形成，使水泥生料易烧的少量外加物称为矿化剂。矿化剂可以通过与反应物形成固溶体而使晶格活化，从而增加反应能力；或是与反应物形成低共熔物，使物料在较低温度下出现液相，加速扩散和对固相的溶解作用；或是可促使反应物断键而提高反应物的反应速度，因此，加入矿化剂可以加速固相反应。

5) 熟料的烧结

当物料温度升高到 1250～1280℃时，即达到其最低共熔温度后，开始出现以氧化铝、氧化铁和氧化钙为主体的液相,液相的组分中还有氧化镁和碱等。在高温液相的作用下,水泥熟料逐渐烧结,物料逐渐由疏松状转变为色泽灰黑、结构致密的熟料,并伴随着体积收缩。同时,硅酸二钙和游离氧化钙都逐步溶解于液相,以 Ca^{2+} 扩散与硅酸根离子、硅酸二钙反应,即硅酸二钙吸收氧化钙而形成硅酸盐水泥熟料的主要矿物硅酸三钙。其反应式如下:

$$C_2S + CaO \longrightarrow C_3S \tag{10.6.4}$$

随着温度升高和时间的延长,液相量增加,液相黏度减少,氧化钙、硅酸二钙不断溶解和扩散,硅酸三钙不断形成,并使小晶体逐渐发育长大,最终形成几十微米大小的发育良好的阿利特晶体,完成熟料的烧结过程。

(1) 最低共熔温度。

物料在加热过程中,两种或两种以上组分开始出现液相的温度称为最低共熔温度。物料中组分性质与数目都影响系统的最低共溶温度。硅酸盐水泥熟料由于含有氧化镁、氧化钾、氧化钠、硫矸、氧化钛、氧化磷等次要氧化物,因此其最低共熔温度为1250~1280℃。矿化剂和其他微量元素对降低共熔温度有一定作用。

(2) 液相量。

液相量增加,则能溶解的氧化钙和硅酸二钙亦多,形成 C_3S 就快。但是液相量过多,则煅烧时容易结大块,造成回转窑结圈,立窑炼边、结炉瘤等,影响正常生产。

液相量不仅与组分的性质,而且与组分的含量、熟料烧结温度等有关。因此,不同的生料成分与烧成温度等对液相量会有很大影响。

一般水泥熟料在烧成阶段的液相量为20%~30%,而白水泥熟料的液相量可能只有15%左右。

(3) 液相黏度。

液相黏度直接影响硅酸三钙的形成速度和晶体的尺寸,液相黏度小,则液相的黏滞阻力小,液相中质点的扩散速度增加,有利于硅酸三钙的形成和晶体的发育成长;反之,则使硅酸三钙形成困难。熟料液相黏度随温度和组成(包括少量氧化物)而变化。提高温度,使离子动能增加,减弱了相互间的作用力,因而降低了液相黏度;熟料铝率增加,液相黏度增大。

(4) 液相的表面张力。

液相表面张力越小,越容易润湿熟料颗料或固相物质,有利于固相反应与固液相反应,促进熟料矿物特别是硅酸三钙的形成。试验表明,随着温度的升高,液相的表面张力降低;熟料中有镁、碱、硫等物质时,均会降低液相的表面张力,从而促进熟料的烧结。

(5) 氧化钙溶解于熟料液相的速率。

氧化钙在熟料液相中的溶解量,或者说氧化钙溶解于熟料液相的速率,对氧化钙与硅酸二钙生成硅酸三钙的反应有十分重要的影响。这个速率与氧化钙颗粒大小和煅烧温度有关,随着氧化钙粒径减少和煅烧温度的升高,溶解于液相的时间越短。

(6) 反应物存在的状态。

研究发现,在熟料烧结时,氧化钙与贝利特晶体尺寸小,处于晶体缺陷多的新生态,其活性大,活化能小,易溶于液相中,因而反应能力很强,有利于硅酸三钙的形成。试验还表明,极快速升温(600℃/min以上)加热生料至烧成温度进行反应,可使黏土矿物的脱水、碳酸盐的分解、固相反应、固液相反应几乎重合,使反应产物处于新生的高活性状态,在极短的时间内,可同时生成液相、贝利特和阿利特。熟料的形成过程基本上始终处于固液相反应的过程中,大大加快了质点或离子的扩散速度,降低离子扩散活化能,加快反应速度,促使阿利特的形成。

6) 熟料的冷却

一般所说的冷却过程是指液相凝固以后(1300℃)。但是严格地讲,当熟料过了最高温度1450℃后,就进入冷却阶段。熟料的冷却并不单纯是温度的降低,而是伴随着一系列物理化学的变化,同时进行液相的凝固和相变两个过程。熟料的冷却有以下作用。

(1) 提高熟料的质量。

熟料冷却时,形成的矿物要进行相变。例如,慢冷时β-C_2S转化为γ-C_2S,同时体积膨胀约10%,使熟料"粉化",因γ-C_2S几乎没有水硬性,会使熟料质量下降。如采用快速冷却并固溶一些离子等,则可以避免β-C_2S向γ-C_2S转化,从而获得较高的水硬性。硅酸三钙在1250℃以下不稳定,会分解为硅酸二钙与二次游离氧化钙,降低水硬活性。C_3S的分解速度较缓慢,所以,提高冷却速率可防止C_3S的分解。

水泥的安定性受方镁石晶体大小的影响较大,晶体愈大影响愈严重。如快速冷却,则可使MgO来不及结晶而存在于玻璃体中,或使结晶细小,来不及长大并且分散,减少其危害性。

熟料快冷能增强水泥的抗硫酸盐性。因为熟料快冷时,C_3A主要呈玻璃体,从而其抗硫酸盐溶液腐蚀的能力较强。

(2) 改善熟料的易磨性。

急冷熟料的玻璃体含量较高,同时造成熟料产生内应力,而且熟料矿物晶体较小,所以,快冷可显著地改善熟料的易磨性。

(3) 回收余热。

熟料从1300℃冷却,进入冷却机时尚有1100℃以上的高温,如把它冷却到室温,则尚有约837kJ/kg的熟料热量可用二次空气来回收,有利于窑内燃料的燃烧,提高窑的热效率。

(4) 有利于熟料的输送、储存和粉磨。

为确保输送设备的安全运转,要使熟料温度低于100℃,储存熟料的钢筋混凝土圆库如温度较高,则容易出现裂纹;为防止水泥粉磨时,磨内温度过高而造成水泥的"假凝"现象,磨内研磨体产生包球,降低磨机产量,则必须将熟料冷却到较低的温度。

2. 熟料形成的热耗

水泥原料在加热过程中所发生的一系列物理化学变化,有吸热反应和放热反应,各反应的温度和热效应见表10.6.1。

表10.6.1 水泥熟料的形成温度和热效应

温度/℃	反　应	相应温度下1kg物料的热效应
100	游离水蒸发	吸热2250kJ,水
450	黏土结合水逸出	吸热932kJ,高岭石
600	碳酸镁分解	吸热1420kJ,$MgCO_3$
900	黏土中无定形物结晶	放热260～285kJ,脱水高岭石
900	碳酸钙分解	吸热1655kJ,$CaCO_3$
900～1200	固相反应生成矿物	放热420～500kJ,熟料

续表

温度/℃	反　　应	相应温度下 1kg 物料的热效应
1250～1280	形成部分液相	吸热 105kJ,熟料
1300～1450～1300	硅酸三钙形成	微吸热 8.6kJ,C_3S

熟料矿物中的生成热随化学成分不同而异,因而各熟料矿物的生成热不同。具体数据根据熟料矿物含量不同可用加和法计算之。

熟料煅烧过程中在 1000℃以下,变化主要是吸热反应,而在 1000℃以上则是放热反应。因此,在整个熟料煅烧过程中,大量热量消耗在生料的预约和分解上,特别是碳酸钙的分解上,约占总吸热量的一半左右。可见,在形成熟料矿物时,只需保持一定的温度(1450℃)和时间就可使其化学反应完全。所以,保证生料的预热,特别是碳酸钙的完全分解,对熟料形成具有重大意义。

根据生成 1kg 熟料的理论生料消耗量,以及生料在加热过程中的化学反应热和物理热,就可计算出生成熟料的理论热耗。假设生成 1kg 熟料所需的生料量为 1.55kg,则理论热耗计算如下所述。

基准：1kg 熟料,20℃

支出热量项目	支出热量(kJ/kg,熟料)
① 原料由 20℃加热到 450℃	712
② 450℃黏土脱水	167
③ 物料自 450℃加热到 900℃	816
④ 900℃碳酸盐分解	1988
⑤ 将分解后的物料加热到 1400℃	523
⑥ 熔融净热	102
合计	4308
收入热量项目	**收入热量(kJ/kg,熟料)**
① 脱水黏土产物结晶放热	42
② 水泥熟料矿物形成放热	418
③ 熟料自 1400℃冷却到 20℃	1507
④ CO_2 自 900℃冷却到 20℃	502
⑤ 水蒸气由 450℃冷却到 20℃	84
合计	2553

$$理论热耗量=支出热量-收入热量=4308-2553=1755\text{kJ/kg}$$

由于原料不同,煅烧时的理论热耗也有所不同,一般波动在 1630～1800kJ/kg。

在实际生产中,由于所形成的熟料、废气不可能冷却到 20℃,因而必然带走一部分热量;生产过程中不可能没有物料损失;燃烧设备还要向外散失热量,因而实际生产每 1kg 熟料所消耗的热量,必然比熟料理论热耗要大得多,根据生产方法和使用的设备不同,一般在 3400～7500kJ/kg 范围内,这就是熟料的单位热耗,即熟料的实际热耗。熟料的实际热耗越接近熟料理论热耗,煅烧设备的热效率越高。

10.6.2 矿化剂和微量元素对熟料煅烧和质量的影响

在熟料煅烧过程中，掺入少量矿化剂，对改善生料易烧性，加速水泥熟料矿物的形成，提高熟料质量，降低能耗等有明显的效果，特别是当煅烧石灰饱和系数高或原料中含碱及石英砂的生料时，加入矿化剂效果更明显。

1. 矿化剂的种类

能在水泥熟料燃烧过程中起矿化作用的物质种类很多，常用的有以下几类。

(1) 含氟化合物：如萤石(CaF_2)、NaF、Na_2SiF_6、$CaSiF_6$、$MgSiF_6$ 等。

(2) 硫酸盐：如石膏、磷石膏、氟石膏、$MnSO_4$、重晶石($BaSO_4$)等。

(3) 氯化物：如 $CaCl_2$、NaCl 等。

(4) 其他工业废渣：如铜矿渣、钛矿渣等。

2. 氟化钙的矿化作用

CaF_2 是使用最广泛、效果最好的一种矿化剂。

在熟料煅烧过程中，氟离子可破坏各原料组分的晶格，提高生料的活性，促进碳酸盐的分解过程，加速固相反应。当原料中有长石等含碱矿物(如钾长石)时，加入 CaF_2 能降低它们的分解温度，加速它们的分解和挥发。CaF_2 分解产生的 CaO 活性很大，易于反应，而 HF 与 $CaCO_3$ 反应重新生成 CaF_2，这样就促进了 $CaCO_3$ 的分解。CaF_2 在 1000～1200℃时还能促使 C_3A 分解成 $C_{12}A_7$ 和 CaO，使析出的 CaO 与 C_2S 结合成 C_3S，增加 A 矿的含量，这在煅烧 Al_2O_3 含量高的生料时(如生产白水泥)，影响较明显。

CaF_2 可显著降低液相出现的温度和熟料烧成温度。加入 0.6%～1.2%的 CaF_2，可降低烧成温度 50～100℃，扩大了烧成温度范围，相当于延长了烧成带长度，增加物料的反应时间。此外，CaF_2 还可降低液相黏度，有利于液相中质点的扩散，加速硅酸三钙的形成。

研究表明，加入 CaF_2 能使硅酸三钙在低于 1200℃的温度下形成，硅酸盐水泥熟料可在 1350℃左右烧成，其熟料组成中含有 C_3S、C_2S、$C_{11}A_7 \cdot CaF_2$、C_4AF 等矿物，有时也可生成 C_3A 矿物，熟料质量良好，安定性合格。也可以使熟料在 1400℃以上温度烧成，获得普通矿物组成的水泥熟料。

掺 CaF_2 矿化剂时，熟料应急冷，以防止 C_3S 分解而影响强度。

3. 硫化物的矿化作用

原料黏土或页岩中含有少量硫，燃料中带入的硫通常较原料中多。在回转窑内氧化气氛中，含硫化合物最终都被氧化成为 SO_3，并分布在熟料、废气以及飞灰中。硫对熟料形成有强化作用：SO_3 能降低液相黏度，增加液相数量，有利于 C_3S 形成；可以形成 $2C_2S \cdot CaSO_4$ 及无水硫铝酸钙($4CaO \cdot 3Al_2O_3 \cdot SO_3$，简写为 $C_4A_3\bar{S}$)。$2C_2S \cdot CaSO_4$ 为中间过渡化合物，它于 1050℃左右开始形成，于 1300℃左右分解为 α'-C_2S 和 $CaSO_4$。

$C_4A_3\bar{S}$ 在 950℃左右形成，在 1350℃仍然稳定，在接近 1400℃开始分解为铝酸钙、氧化钙和 SO_3，1400℃以上时大量分解。$C_4A_3\bar{S}$ 是一种早强矿物，因而在水泥熟料中含有适当数量的无水硫铝酸钙是有利的。

加入 SO_3 能降低液相出现温度，并能使液相黏度和表面张力降低，所以 SO_3 能明显地促进阿利特晶体的生长过程，有利于生长大晶体颗粒，但含硫酸盐的阿利特晶体的水硬性较弱，因此，单独使用硫化物作矿化剂时必须注意这一点。

4. 萤石-石膏复合矿化剂

两种或两种以上的矿化剂一起使用时，称为复合矿化剂，最常用的是萤石-石膏复合矿化剂。

掺加萤石-石膏复合矿化剂，熟料的形成过程比较复杂，影响因素较多，与熟料组成（饱和系数（KH）高低，铝率（IM）大小等）、CaF_2/SO_3 比值、烧成温度高低等均有关系。不同条件生成的熟料矿物并不完全相同。加入萤石-石膏复合矿化剂，在900～950℃形成 $3C_2S \cdot 3CaSO_3 \cdot CaF_2$，该四元过渡相在温度升高而开始消失的同时，物料内出现液相，因此，对阿利特的形成有明显的促进作用，即能降低熟料烧成时液相出现的温度，降低液相的黏度，从而使阿利特的形成温度降低了150～200℃，促进了阿利特的形成。

试验表明，掺加萤石-石膏复合矿化剂后，硅酸盐水泥熟料可以在1300～1350℃的较低温度下烧成，阿利特含量高，熟料中游离氧化钙含量低，还可形成 $C_4A_3\bar{S}$ 和 $C_{11}A_7 \cdot CaF_2$ 或者两者之一的早强矿物，因而熟料早期强度高。如果煅烧温度超过1400℃，虽然早强矿物 $C_4A_3\bar{S}$ 和 $C_{11}A_7 \cdot CaF_2$ 分解，但形成的阿利特数量多，而且晶体发育良好，也同样可获得高质量的水泥熟料，其最终强度还高于低温烧成的熟料。

掺复合矿化剂的硅酸盐水泥熟料，多采用高饱和系数、低硅率和高铝率配料方案。其石膏掺量以熟料中 $SO_3=1\%\sim2\%$ 为宜，萤石的掺量以熟料中 $CaF_2=0.8\%\sim1.2\%$ 为宜，氟硫比（CaF_2/SO_3）以0.4～0.6为宜。

值得注意的是，掺萤石-石膏复合矿化剂的熟料，会出现有时闪凝，有时慢凝的不正常凝结现象。一般地，当KH偏低、IM偏高、煅烧温度偏低、窑内出现还原气氛时，易出现闪凝现象；当煅烧温度过高、IM偏低、KH偏高、MgO和 CaF_2 含量偏高时，会出现慢凝现象。另外还要注意复合矿化剂对窑衬的腐蚀和对大气的污染。

5. 微量氧化物对熟料煅烧和质量的影响

原料、燃料中除主要氧化物 CaO、SiO_2、Al_2O_3、Fe_2O_3 外，同时夹杂其他一些微量氧化物，它们会直接影响熟料的煅烧反应和质量。

1）碱

碱主要来源于原料。黏土与石灰石中长石、云母等杂质，这些杂质都是含碱的铝酸盐。在使用煤作燃料时，也有少量碱来自煤灰。物料在燃烧过程中，苛性碱、氯碱首先挥发，碱的碳酸盐和硫酸盐次之，而存在于长石、云母、伊利石中的碱要在较高的温度下才能挥发。挥发的碱只有少量排入大气，其余部分随窑内烟气向窑低温区域运动时，会凝结在温度较低的生料上。对预热器窑，通常在最低二级预热器内就冷凝，然后又和生料一起进入窑内，温度升高时又挥发，这样就产生了碱循环。当碱循环富集到一定程度就会引起氯化碱（RCl）和硫酸碱（R_2SO_4）等化合物黏附在最低二级预热器锥体部分或卸料溜子，形成结皮，严重时会出现堵塞现象，影响正常生产。因此，原料含碱量高时，对带旋风预热器的窑应采取旁路放风排碱。

微量的碱能降低最低共熔温度，降低熟料烧成温度，增加液相量起助熔作用，对熟料性能并不造成多少危害，但碱含量高时会出现煅烧困难，同时，碱和熟料矿物反应生成含碱矿物和固溶体($KC_{23}S_{12}$ 和 NC_8A_3),这将使 C_3S 难以形成,并增加游离氧化钙含量,因而影响熟料强度。

由于熟料中硫的存在,生成碱的硫化物,可以缓和碱的不利影响。水泥中含碱量高,由于碱易生成钾石膏($K_2SO_4 \cdot CaSO_4 \cdot H_2O$),使水泥库结块和造成水泥快凝。碱还能使混凝土表面起霜(白斑)。当制造水工混凝土时,水中的碱能和活性集料发生"碱-集料反应",产生局部膨胀,引起构筑物的变形开裂。

通常熟料碱含量以 Na_2O 计应小于 1.3%,生产低热水泥用于水工建筑时,应小于 0.6%。对旋风预热器窑和预分解窑,生料中碱含量(K_2O+Na_2O)应小于 1%。

2) 氧化镁

石灰石中常含有一定数量的碳酸镁,分解出的氧化镁参与熟料的煅烧过程,一部分与熟料矿物结合成固溶体,一部分溶于玻璃相中。少量氧化镁能降低熟料的烧成温度,增加液相数量、降低液相黏度,有利于熟料的烧成,可起助熔剂的作用,有利于 C_3S 的形成。但在预分解窑中,由于烧成温度很高,氧化镁含量过高(大于 3%)时,就变成有害了。因为它与预分解窑要求液相量低且黏度高的情况相反,所以,氧化镁通常会使预分解窑熟料质量和产量降低。当预分解窑熟料的氧化镁含量过高时,应降低熟料中三氧化二铁的含量,以减少氧化镁带来的危害。

氧化镁还能改善水泥色泽。少量氧化镁与 C_4AF 形成固溶体,能使 C_4AF 从棕色变为橄榄绿色,从而使水泥的颜色变为墨绿色。

在硅酸盐水泥熟料中,氧化镁的固溶量可达 2%,多余的氧化镁呈游离状态,以方镁石形式存在,因此,氧化镁含量过大时,会影响水泥的安定性。

3) 氧化磷

熟料中氧化磷的含量一般极少。当原料中含有磷(P_2O_5),例如采用磷石灰或用含磷化合物作矿化剂时,可带入少量磷。当熟料中 P_2O_5 含量在 0.1%~0.3%时,可以提高熟料强度,这可能是与 P_2O_5 能与 C_2S 生成固溶体,从而稳定高温型的 C_2S 有关。但含 P_2O_5 高的熟料会导致 C_3S 分解,因而每增加 1%的 P_2O_5,将会减少 9.9%的 C_3S,增加 10.9%的 C_2S,当 P_2O_5 含量达 7%左右时,熟料中 C_3S 含量将会减少到零。因此,当用含磷原料时,应注意适当减少原料中氧化钙含量,以免游离氧化钙过高。但由于这种熟料 C_3S/C_2S 的比值较低,因而强度发展较慢。当磷灰石含有氟时,它可以减少 C_3S 的分解,同时使液相生成温度降低,所以,当原料中含磷时,可加入萤石以抵消部分 P_2O_5 的不良影响。

4) 氧化钛

黏土原料中含有少量的氧化钛(TiO_2),一般熟料中氧化钛含量不超过 0.3%。当熟料中含有少量的氧化钛(0.5%~1.0%),由于它能与各种水泥熟料矿物形成固溶体,特别是对 $\beta\text{-}C_2S$ 起稳定作用,可提高熟料的质量。但含量过多,则因与氧化钙反应生成没有水硬性的钙钛矿($CaO \cdot TiO_2$)等,消耗了氧化钙,减少了熟料中的阿利特含量,从而影响水泥强度。因此,氧化钛在熟料中的含量应小于 1%。

10.6.3 水泥熟料煅烧的设备

水泥熟料的煅烧,最初使用的是竖式窑(立窑),后来发明了回转窑。由于立窑只能煅烧料球,故只能采用半干法制备生料的生产流程。而回转窑可以适应各种状态的生料,故回转窑又有干法窑、半干法和湿法窑之分。水泥窑的基本类型和主要指标可参见表10.6.2。

表10.6.2 水泥窑的主要类型和主要指标

窑型	分类	所带附属设备	长径比（或高径比）	单位热耗/(kJ/$kg_{熟料}$)	单机生产能力（大型）/(t/d)
回转窑	湿法回转窑	湿法长窑：带内部热交换装置，如链条、格子式交换器等	30～38	5300～6800	3600
		湿法窑：带外部热交换装置，如料浆蒸发机、压滤机、料浆干燥机等	18～30	5250～6200	1000
	干法回转窑	干法长窑：中空或带格子式热交换器等	20～38	5300～6300	2500～3000
		干法窑：带余热锅炉等	15～30	3020～4200（扣除发电）	3000
		新型干法窑：带悬浮预热器或预分解炉(SP或NSP)	14～17	3000～4000	5000～10000
	半干法窑	立波尔窑：带炉篦子加热机	10～15	3350～3800	3300
立窑	机械化立窑	连续机械化加料及卸料设备	3～4	3500～4200	240～300
	普通立窑	机械加料器、人工卸料	4～5	3600～4800	45～100

立窑是填充床式的反应器，具有设备简单、钢材耗用少、投资省、单位容积产量高、热耗较低、建设周期短等优点，但存在单机产量低，熟料质量不够均匀（料粉之间、料球之间相对运动少，缺少炉内均化作用），劳动生产率低，且通风动力消耗高等缺点，只能适用于交通不便、市场规模小的地区，属于限制发展和淘汰的窑型。

新型干法窑是指以悬浮预热和预分解技术为核心，把现代科学技术和工业生产最新成果，例如原料矿山计算机控制网络化开采，原料预均化，生料均化，挤压粉磨，新型耐热、耐磨、耐火、隔热材料，以及信息技术(IT)等广泛应用于水泥干法生产全过程，使水泥生产具有高效、优质、节约资源、清洁生产、符合环境保护要求和大型化、自动化、科学管理特征的现代化水泥生产方法。而其他的湿法回转窑、干法长窑、带余热锅炉的干法窑或带炉篦子加热器的立波尔窑等，由于其热耗高等缺陷而均属于落后窑型，正迅速被淘汰。图10.6.1为预分解窑系统生产流程示意图。

10.6.4 悬浮预热器

采用传统的湿法、干法回转窑生产水泥熟料时，生料的预热、分解和烧成过程均在窑内完成。回转窑作为烧成设备时，由于它能够提供断面温度分布比较均匀的温度场，并能保证物料在高温下有足够的停留时间，尚能满足煅烧要求。但作为传热、传质设备则不理想，对需要热量较大的预热、分解过程则甚不适应。这主要是由于窑内物料堆积在窑的底部，气流从料层表面流过，气流与物料的接触面积小，传热效率低。同时，窑内分解带料粉处于层状堆积态，料层内部分解出的二氧化碳向气流扩散的面积小，阻力大，速度慢，并且料层内部颗粒被二氧化碳气膜包裹，二氧化碳分压大，分解温度要求高，这就增大了碳酸盐分解的难度，降低了分解速度。悬浮预热技术的突破从根本上改变了物料预热过程的传热状态，将窑内物料堆积态的预热过程，移到悬浮预热器内在悬浮状态下进行。

由于物料悬浮在热气流中，与气流的接触面积大幅度增加，因此，传热性速度极快，传热

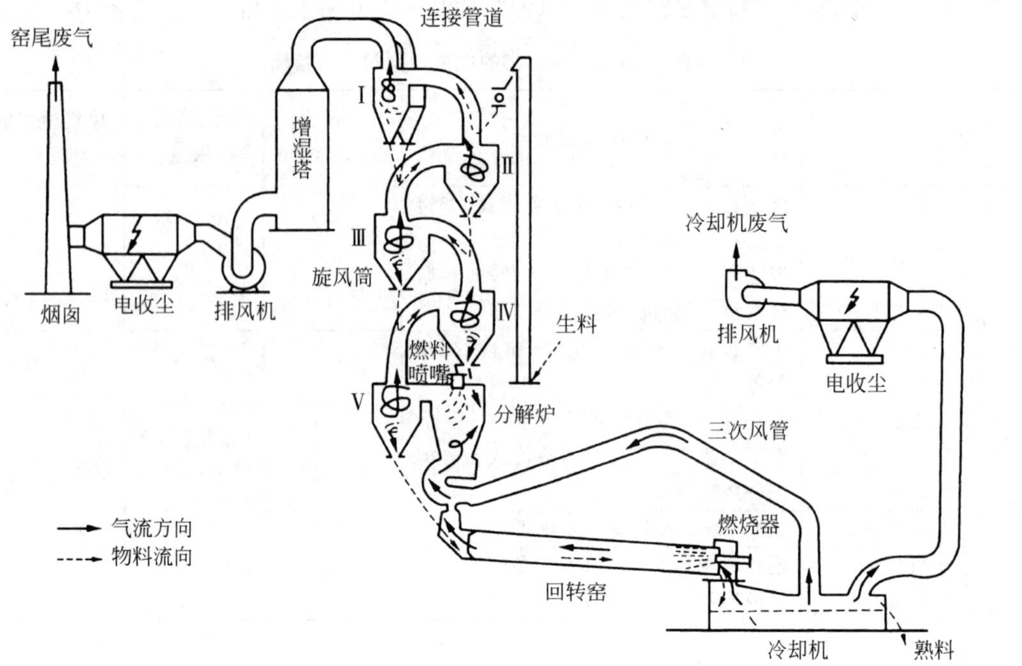

图 10.6.1 预分解窑系统生产流程示意图

效率很高。同时，生料粉与燃料在悬浮状态下均匀混合，燃料燃烧热及时传给物料，使之迅速分解。因此，由于传热、传质迅速，大幅度提高了生产效率和热效率。

1. 悬浮预热器的种类和功能

悬浮预热器是指将生料粉与从回转窑尾排出的烟气混合，使生料悬浮在热烟气中进行热交换的设备。

悬浮预热器主要分旋风预热器、立筒预热器两类。现在，立筒预热器已被淘汰。预分解窑已全部采用旋风预热器作为预热单元装置。

悬浮预热器的主要功能在于，充分利用回转窑及分解炉内排出的炽热气流中所具有的热焓加热生料，使之进行预热及部分碳酸盐分解，然后进入分解炉或回转窑内继续加热分解，完成熟料煅烧任务。因此，它必须具备使气固两相能充分分散均布、迅速换热、高效分离等三个功能，只有兼备这三个功能，并且尽力使之高效化，方可最大限度地提高换热效率，为全窑系统的优质、高效、低耗和稳定生产创造条件。

2. 旋风预热器的构成

旋风预热器是由若干个旋风筒串联组合而成。图 10.6.2 为五级旋风预热器系统示意图，它是由 5 个旋风筒串联组合而成。为了提高收尘效率，最上一级做成双筒，其余四级均为单旋风筒，旋风筒之间由气体管道连接，每个旋风筒和相连接的管道形成一级预热器，旋风筒的卸料口设有锁风阀，主要起密封和卸料作用。

生料首先喂入第Ⅱ级旋风筒的排风管道内，粉状颗粒被来自该级的热气流吹散，在管道内进行充分的热交换，然后由Ⅰ级旋风筒把气体和物料颗粒分离，收下的生料经卸料管进入Ⅲ级旋风筒的上升管道内进行第二次热交换，再经Ⅱ级旋风筒分离，这样依次经过五级旋风

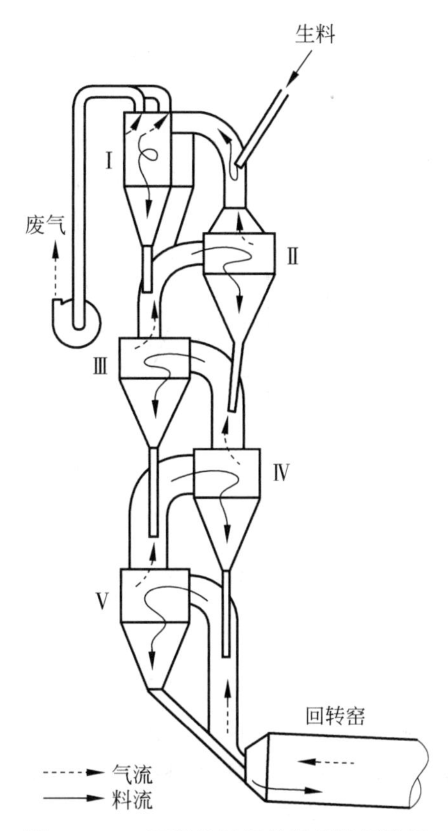

图 10.6.2　五级旋风预热器系统示意图

预热器而进入回转窑内进行煅烧,预热器排出的废气经增湿塔、收尘器,由排风机排入大气。

经各级预热器热交换后,废气温度降到 300℃上下,生料经各级预热器预热到 800℃左右进入回转窑。这样不但使物料得到干燥、预热,而且还有部分碳酸钙进行分解,从而减轻了回转窑的热负荷。由于排出废气温度较低,且熟料产量提高,因而熟料单位热耗较低,并使回转窑的热效率有较大的提高。

1）旋风筒的功能与机理

旋风预热器每级换热单元都是由旋风筒和换热管道组成,如图 10.6.3 所示。旋风筒的主要任务在于气固分离。这样,经过上一级预热单元加热后的生料,通过旋风筒分离后才能进到下一级换热单元继续加热升温。

含尘气流在旋风筒内做旋转运动时,气流主要受离心力、器壁的摩擦力的作用；粉尘主要受离心力、器壁的摩擦力和气流的阻力作用。此外,两者还同时受到含尘气流从旋风筒上部连续挤压而产生的向下推力作用。这个推力则是含尘气流旋转向下运动的原因。由此可见,含尘气流中的气流和粉尘的受力状态基本相同。但是,由于气流和粉尘的物理特性不同,一个是气态物质,质量较小,容易变形；另一个是固态物质,质量较大,不易变形。因此,当含尘气流受离心力作用向旋风筒内壁浓缩时,粉尘所受到的离心力较气体大,因此,粉尘在力学上有条件将气流挤出而浓缩于器壁,而气流则贴附于粉尘层上,从而使含尘气流最后得到分离。

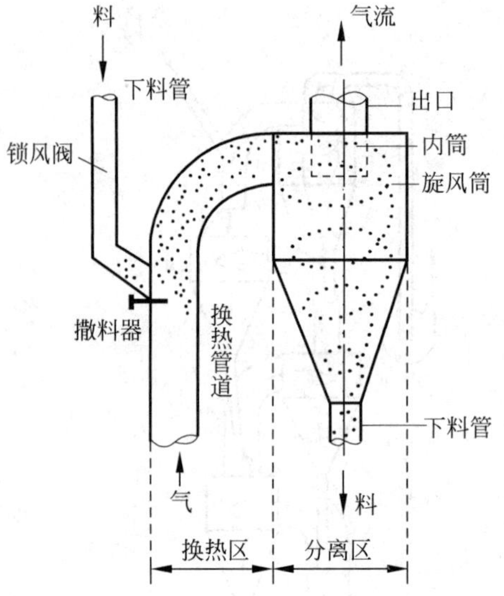

图 10.6.3 旋风筒换热单元功能结构示意图

2）换热管道结构与功能

换热管道是旋风预热器系统中的重要装备，它不但承担着上下两级旋风筒间的连接和气流的输送任务，同时承担着物料分散、均布、锁风和气固两相间的换热任务。从图 10.6.3 可见，换热管道除管道本身外还装设有下料管、撒料器、锁风阀等装备。它们同旋风筒一起组成一个换热单元。

在换热管道中，生料尘粒与热气流之间的温差及相对速度都较大，生料粉被气流吹起悬浮，热交换剧烈，生料与气流的热交换主要（约 80%以上）在连接管道内进行。如果管道风速太低，则虽然热交换时间延长，但影响传热效率，甚至会使生料难以悬浮而沉降积聚，并且使管道面积过大；如果风速过高，则增大系统阻力，增加电耗，并影响旋风筒的分离效率。因此，正确确定换热管道的尺寸，则必须首先确定合适的管道风速。各种类型的旋风预热器的换热管道风速，一般选用 12～18m/s。

撒料装置的作用在于防止下料管下行物料进入换热管道时向下冲料，并促使下冲物料冲至下料板后得以飞溅、分散。该装置虽小，但对保证换热管道中气、固两相充分换热作用却是很大的。撒料装置一般有两种类型，一是板式撒料器（图 10.6.4），二是撒料箱（图 10.6.5）。这两种装置在预分解窑系统中被广泛采用。

锁风翻板排灰阀（简称锁风阀），是预热器系统的重要附属设备。它装设于上级旋风筒下料管与下级旋风筒出口的换热管道入料口之间的适当部位。其作用在于保持下料管经常处于密封状态，既保持下料均匀畅通，又能密封物料所不能填充的下料管空间，最大限度地防止上级旋风筒与下级旋风筒出口换热管道间由压差而容易产生的气流短路、漏风。做到换热管道中的气流及下料管中的物料“气走气路、料走料路”，各行其路。这样，既有利于防止换热管道中的热气流经下料管上窜至上级旋风管下料口，引起已经收集的物料的再次飞扬，降低分离效率；又能防止换热管道中的热气流未与物料换热，就经由上级旋风筒底部窜入旋风筒内，造成不必要的热损失，降低换热效率。因此，锁风阀必须结构合理，轻便灵活。图 10.6.6 和图 10.6.7 分别为单板阀和双板阀的结构示意图。

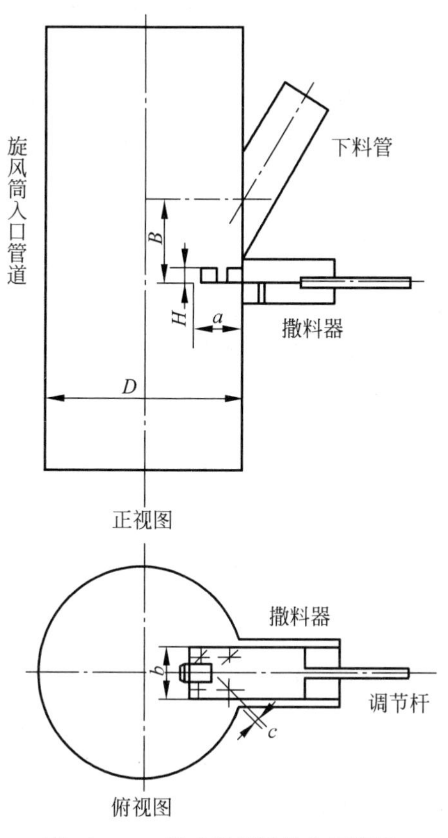

图 10.6.4 板式撒料器结构示意图

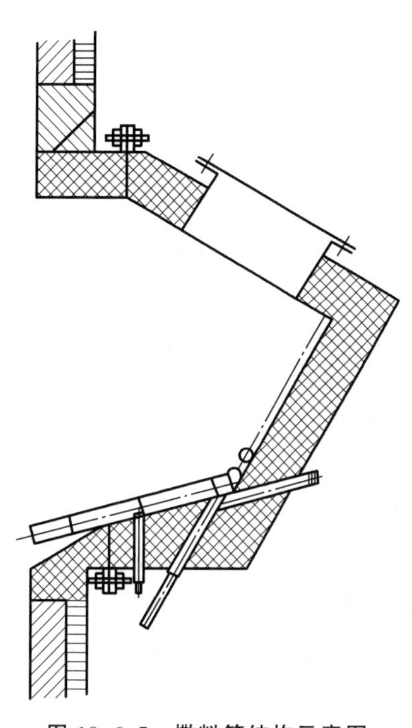

图 10.6.5 撒料箱结构示意图

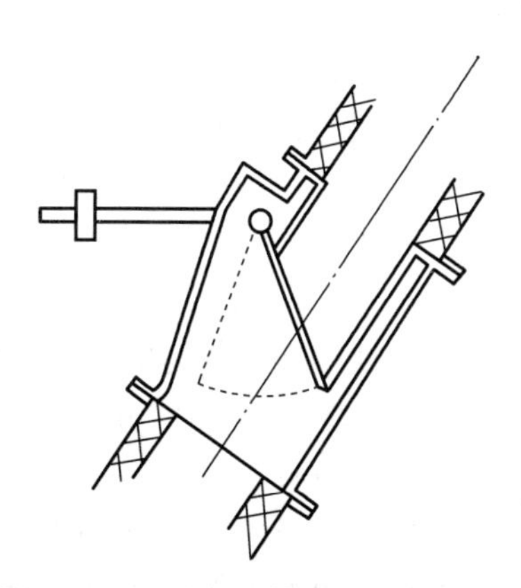

图 10.6.6 单板式锁风阀结构示意图

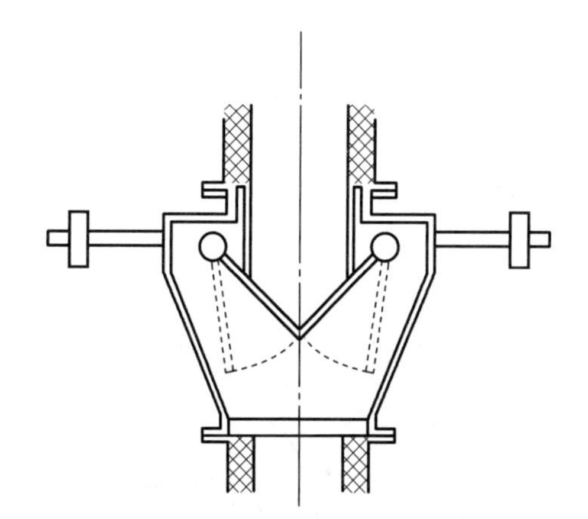

图 10.6.7 双板式锁风阀结构示意图

3. 悬浮预热器的发展

初期的旋风预热器系统一般为四级装置，它在悬浮预热器窑和预分解窑中得到了广泛的应用。由于 20 世纪 70 年代的世界性能源危机，促使对节能型的五级或六级旋风预热器系统的研究开发，并已获得了成功。自 20 世纪 80 年代后期以来，世界各国建造的新型干法水泥厂，其预热器系统一般均采用5级，也有少数厂采用4级或6级的。预热器型式都为低阻高效旋风筒式，大型窑的预热器一般为双列系统。

研究和生产实践表明，5级预热器的废气温度可降至300℃左右，比4级预热器约低50℃，而6级预热器的废气温度可降至260℃左右，比4级预热器低90℃左右。1kg熟料热耗分别比4级预热器约降低105kJ与185kJ。

10.6.5 分解炉

预分解窑或称窑外分解窑，是20世纪70年代以来发展起来的一种能显著提高水泥回转窑产量的煅烧新技术，其流程如图10.6.1所示。它是在悬浮预热器和回转窑之间增设一个分解炉，把大量吸热的碳酸钙分解反应从窑内传热速率较低的区域移到单独燃烧的分解炉中进行。

在分解炉中，生料颗粒分散呈悬浮或沸腾状态，以最小的温度差，在燃料无焰燃烧的同时，进行高速传热过程，使生料迅速完成分解反应。入窑生料的表观分解率可以从原来悬浮预热器窑的40%左右提高到85%～95%，从而大大地减轻了回转窑的热负荷，使窑的产量成倍地增加，同时延长了耐火衬料的使用寿命，提高了窑的运转周期。目前最大预分解窑的日产量已达10000t熟料。

预分解窑的热耗比一般悬浮预热器窑低，是由于窑产量大幅度提高，减少了单位质量熟料的窑体表面散热损失；在投资费用上也低于一般悬浮预热器窑；由于分解炉内的燃烧温度低，不但降低了回转窑内高温燃烧时所产生的NO_x有害气体，而且还可使用较低品位的燃料，因此，预分解技术是水泥工业发展史上的一次重大技术突破。

预分解炉是一个燃料燃烧、热量交换和分解反应同时进行的新型热工设备，其种类和形式繁多，基本原理是：在分解炉内同时喂入经预热后的生料、一定量的燃料以及适量的热气体，生料在炉内呈悬浮或沸腾状态；在900℃以下的温度，燃料进行无焰燃烧，同时高速完成传热和碳酸钙分解过程；燃料（如煤粉）的燃烧时间和碳酸钙分解所需要的时间为2～4s，这时生料中碳酸钙的分解率可达85%～95%，生料预热后的温度为800～850℃。分解炉内可以使用固体、液体或气体燃料，我国主要用煤粉作燃料，加入分解炉的燃料占全部燃料的55%～65%。

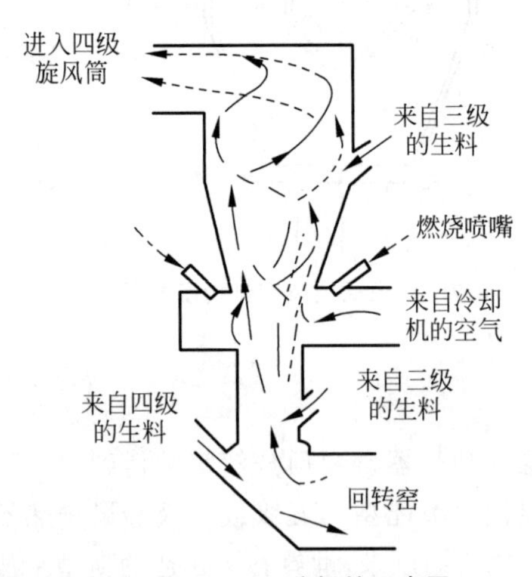

图10.6.8 NSF分解炉示意图

分解炉按作用原理可分为旋流式、喷腾式、紊流式、涡流燃烧式和沸腾式等多种，但其基本原理是类似的。现以日本石川岛公司的NSF（新型悬浮预热和快速分解炉）为例加以说明，如图10.6.8所示。

NSF分解炉是原SF分解炉的改进型。它主要的改进之处在于让燃料和来自冷却机新鲜热空气的混合，使燃料充分燃烧。同时，将预热后的生料分成上下两路分别进入分解炉反应室和窑尾上升烟道，后者是为了降低窑尾废气温度，减少结皮的可能性，并使生料进一步预热，与燃料充分混合，以提高传热效率和生料分解率。回转窑窑尾上升烟道与NSF分解炉底部相连，使回转窑的高温热烟气从分解炉底部进入下涡壳，并与来自冷却机的热空气相遇，上升时与生料粉、煤粉等一起沿着反应室的内壁做螺旋式运动。上升到上涡壳后经气体管道进入最下一级旋风筒。由于涡流旋风作用，使生料和燃料颗粒同气体发生混合和扩散作用，燃料颗粒燃烧时，在分解炉内看不见像回转窑内燃烧时那样明亮的火焰，燃料是在悬浮状态下燃烧。同时，把燃烧产生的热量，以强制对流的形式，立即直接传给生料颗粒，使碳酸钙分解，从而使整个炉内都形成燃烧区，炉内处于800～900℃的低温无焰燃烧状态，温度比较均匀，使热效率提高，分解率可达85％～90％。

预分解窑和悬浮预热器窑一样，对原料的适应性较差，为避免结皮和堵塞，要求生料中的碱含量（K_2O+Na_2O）小于1％。当碱含量大于1％时，则要求生料中的硫碱摩尔比（SO_3摩尔数/（K_2O摩尔数＋Na_2O摩尔数））为0.5～1.0。生料中的氯离子含量（质量分数）应小于0.015％，燃料中的SO_3含量（质量分数）应小于3.0％。

10.6.6 回转窑

1. 回转窑的煅烧方法

采用回转窑煅烧水泥熟料，是利用一个倾斜的回转钢圆筒，其斜度一般为3％～5％，生料由圆筒的高端（一般称为窑尾）加入，由于圆筒具有一定的斜度而且不断回转，物料由高端向低端（一般称为窑头）逐渐运动。因此，回转窑首先是一个运输设备。

回转窑又是一个煅烧设备，固体（煤粉）、液体和气体燃料均可使用，我国水泥厂以使用固体粉状燃料为主，将燃煤事先经过烘干和粉磨而制成粉状，用鼓风机经喷煤管由窑头喷入窑内。煅烧用的空气由两部分组成，一部分空气是与煤粉混合并将煤粉送入窑内，这部分空气称为“一次空气”，一般占燃烧总量的15％～30％；大部分空气是经过预热到一定温度后进入窑内，称为“二次空气”。

煤粉在窑内燃烧后，形成高温火焰（一般可达1650～1700℃），放出大量热量，高温气体在窑尾排风机的抽引下向窑尾流动，它和煅烧熟料产生的废气一起经过收尘器净化后排入大气。

高温气体和物料在窑内是相向运动的，在运动过程中进行热量交换，物料接受由高温气体和高温火焰传给的热量，经过一系列物理化学变化后，被煅烧成熟料；其后进入冷却机，遇到冷空气又进行热交换，本身被冷却，并将空气预热作为二次空气进入窑内，因此，回转窑还是一个化学反应设备和传热设备。

2. 回转窑内“带”的划分及物料的反应

物料进入回转窑后，在高温作用下，进行一系列的物理化学反应后烧成熟料。按照不同反应在回转窑内长度方向所占有的空间情况，把回转窑划分成不同的空间，即“带”。湿法长窑的反应带划分为干燥带、预热带、碳酸盐分解带、放热反应带、烧成带、冷却带等六个带。而在现代的预分解窑中，由于入窑生料的碳酸盐分解率已达到85％～95％，因此一般可把预分解窑划分为三个带。

1）过渡带

从窑尾起到物料温度为1300℃左右的部位，称为“过渡带”。过渡带物料温度在1000～1300℃，气体温度在1400～1600℃。由于碳酸盐分解产生大量的氧化钙，它与其他氧化物进一步发生固相反应，形成熟料矿物，并放出一定热量。

2）烧成带

从物料出现液相开始到液相凝固为止，即物料温度为1300～1450～1300℃，称为烧成带。该带物料直接受火焰加热，自进入该带起开始出现液相，一直到1450℃，液相量继续增加，大大促进了固相反应的进行，游离氧化钙与C_2S反应生成大量的C_3S，直至水泥熟料烧成。

由于C_3S的生成速度随着温度的升高而激增，因此，烧成带必须保证一定的温度。在不损害窑皮的情况下，适当提高该带温度，可以促进熟料的迅速形成，提高熟料的产量和质量。烧成带还要有一定的长度，主要是使物料在烧成温度下持续一段时间，使生成C_3S的化学反应尽量完全，使熟料中游离氧化钙的含量最少。物料在烧成带的停留时间一般在15～20min，预分解窑烧成带的长度一般为4.5～5.5D，其平均值约为5.2D。

3）冷却带

预分解窑除了过渡带和烧成带，其余部分称为冷却带。在冷却带中物料温度由出烧成带的1300℃左右开始下降，液相凝固成为坚固灰黑颗粒，进入冷却机内再进一步冷却。但大型预分解回转窑中几乎没有冷却带，温度高达1300℃的物料立即进入冷却机骤冷，这样可改善熟料的质量，提高熟料的易磨性。

如果冷却带过长，熟料的淬冷效果下降，增加了熟料的韧性，玻璃质特征变差，降低了熟料的易磨性。使用高镁原料的企业，熟料中的方镁石不能迅速淬冷，晶体颗粒变粗变大，增加了熟料及水泥产品的不安定性。

应说明的是，回转窑内各带的划分是人为的，这些带的各种反应往往是交叉或同时进行的，不能截然分开。如果生料受热不均匀或传热缓慢，都将增大各种反应的交叉，因此，回转窑各带的划分只是粗略的。

3. 预分解窑系统中回转窑的工艺特点

（1）回转窑只划分为三个带：过渡带、烧成带、冷却带。

（2）回转窑的长径比（L/D）减小、烧成带长度增加。预分解回转窑的长径比一般约为15，而华新型湿法回转窑的长径比高达41。由于大部分碳酸钙分解过程外移到分解炉内进行，因此，回转窑的热负荷明显减少，造成窑内火焰温度提高并长度延长，预分解窑烧成带长度一般在4.5～5.5D，其平均值为5.2D，而湿法窑一般小于3D。

（3）由于预分解窑的单位容积产量高，使回转窑内物料层厚度增加，所以其转速也相应提高，以加快物料层内外受热均匀性，窑转速一般为2～3r/min，比普通窑转速加快，使物料在烧成带内的停留时间有所减少，一般为10～15min。因为物料预热情况良好，窑内的来料不均匀现象大为减少，所以窑的快转率较高，操作比较稳定。

10.6.7 熟料冷却机

熟料冷却机是一种将高温熟料向低温气体传热的热交换装置。对冷却机有如下要求：①尽可能多地回收熟料的热量，以提高入窑二次空气的温度，降低熟料的热耗；②缩短熟料的冷却时间，以提高熟料质量，改善易磨性；③冷却单位质量熟料的空气消耗量要少，以便提高二次空气温度，减少粉尘飞扬、降低电耗；④结构简单、操作方便、维修容易、运转率高。

熟料冷却机可分为筒式冷却机和篦式冷却机两大类。筒式冷却机分为单筒式、多筒式和立筒式冷却机；篦式冷却机分为回转、振动、推动篦式冷却机，推动篦式冷却机已发展到第四代固定篦床冷却机。

推动篦(箅)式冷却机(图 10.6.9)的工作过程是：热熟料从窑口卸落到篦子上，形成一定厚度的料床，在往复运动的篦板的推送下不断向前运动。由专门风机供给的冷空气从由篦下向上垂直于熟料运动方向吹入料层内，渗透扩散，对热熟料进行冷却。冷却熟料后的冷却风成为热风，热端高温热风作为燃烧空气入窑(二次风)及入分解窑(三次风)，部分热风还可作烘干或余热发电使用。热风的热回收利用起到了降低系统热耗的作用。多余的低温热风将经过收尘处理后排入大气。冷却后的小块熟料经过栅筛，落入篦冷机后的输送机中；大块熟料则经过破碎、再冷却后，汇入输送机中；细粒熟料及粉尘通过篦床的篦缝及篦孔漏下，进入集料斗，当集料斗中料位达到一定高度时，由料位传感系统控制的锁风阀门自动打开，漏下的细料便进入机下的漏料拉链机中被输送走。当集料斗中残存的细料尚能封住锁风阀门时，阀板即关闭而保证不会漏风。

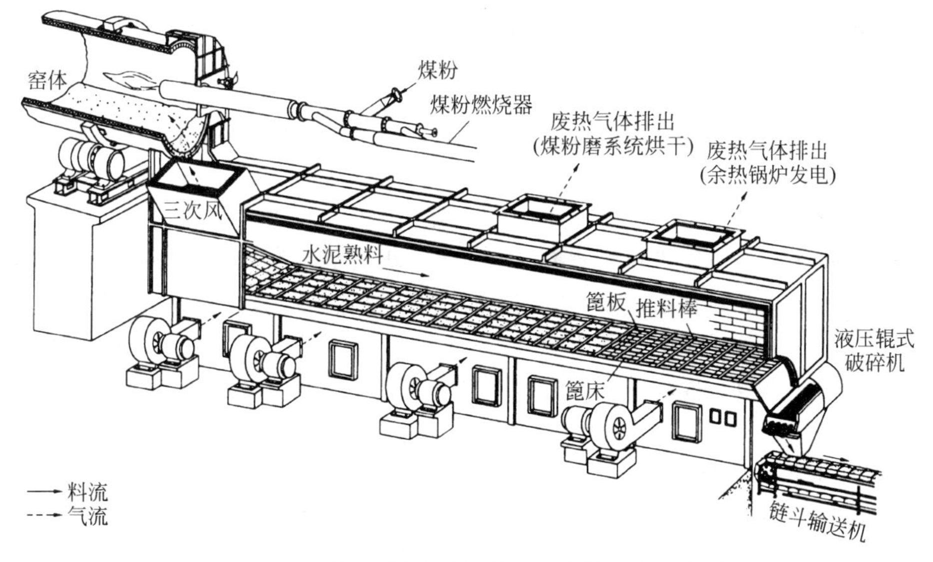

图 10.6.9　第四代推动篦(箅)式冷却机结构示意图

推动篦式冷却机的料层较厚，通常为 250～400mm，有的可达 800mm，运动速度较慢，可缩短机身，提高二次风温，在高温区，经高压风机处理，几分钟即可使熟料温度降低 100℃以下，全部冷却时间仅 20～30min，废气处理量较振动式低，1kg 熟料冷却风量为 3.0～3.5N·m^3，二次风温可达 600～900℃，熟料可冷却到 80～150℃，因而热效率较高，可达 65%～75%。

10.7　硅酸盐水泥的制成

硅酸盐水泥是以硅酸盐水泥熟料所制得的水泥的总称。若掺入一定数量的混合材料，则硅酸盐水泥名称前冠以混合材料名称，如矿渣硅酸盐水泥、火山灰质硅酸盐水泥、粉煤灰硅酸盐水泥等。硅酸盐水泥的制成是指将合适组成的硅酸盐水泥熟料与石膏、混合材料经粉磨、储存、均化工艺而达到质量要求的过程，是水泥生产过程中的最后一个环节。

10.7.1 粉磨工艺

水泥粉磨的流程有开路系统和闭路系统两种。随着立式磨合挤压粉末技术的发展，水泥粉磨系统中新的粉磨流程，如所谓“终粉碎”等已经得到推广应用。

1）开路系统的粉磨过程

物料的流动：按配比要求由配料设备配合好水泥组成物料，经喂料设备喂入磨机内进行粉磨，达到质量要求的水泥出磨后，由输送设备送入水泥库储存。

2）闭路系统

按配比要求由配料设备配合好水泥组成物料，经喂料设备喂入磨机内进行粉磨，符合生产控制要求的物料出磨后，由输送设备送入分机设备，分选出来的未达到产品细度要求的物料回送到磨头，与入磨物料混合再次被粉磨；分选出来的达到产品细度要求的水泥产品，由输送设备送入水泥库储存。

10.7.2 影响水泥粉磨产量和质量的因素

1）入磨物料的粒度

入磨物料的粒度是影响磨机产量的主要因素之一。入磨粒度小，可显著提高磨机产量，降低单位产品电耗。

2）入磨物料的水分

入磨物料的水分对于磨机粉磨效率影响很大。当入磨物料平均水分较大时，磨内会产生细粉黏附在研磨体和衬板上，并容易堵塞隔舱板的篦缝，阻碍物料和气流的流动，使粉磨效率降低。但是物料过于干燥也不必要，因为入磨物料中保持少量水分，可以降低磨内温度，有利于减少静电效应，提高粉磨效率。因此，入磨物料平均水分一般控制在0.5%～1%为宜。

3）入磨物料的易磨性

入磨物料的易磨性（或易碎性）表示物料本身被粉碎的难易程度。

不同组成的熟料其易磨性差别较大，熟料中 C_3S 含量增加时，则熟料易磨性好，易于粉磨；当熟料中 C_2S 和 C_4AF 含量增加时，易磨性就差。水泥熟料的易磨性还与煅烧情况有关。例如，过烧料或黄心熟料的易磨性较差，快冷的熟料易磨。磨制水泥时，掺入的混合材料种类和含量不同，易磨性也不同。

4）入磨物料温度

入磨物料温度对磨机产量和水泥质量都有影响。入磨物料温度过高，磨内温度高，易产生水泥粉黏附在研磨体表面的所谓“包球”现象，影响磨机的粉磨效率。

另外，磨内温度过高还会引起石膏脱水成半水石膏，甚至产生少量无水石膏，使水泥产生假凝，影响水泥的质量。

5）产品细度

粉磨的物料要求细度越细时，物料在磨内停留时间就越长。为使磨内物料充分粉磨，达到要求细度，则必须减少物料喂入量，以降低物料在磨内流速；另外，要求细度越细，则磨内产生细粉越多，缓冲作用越大，黏附现象也较严重，这些都会使磨机的产量降低。因此，在满足水泥品种、标号、原料的性质和要求的前提下，要确定经济合理的粉磨细度指标。

6）磨机通风

磨内通风状况是影响粉磨效率的重要因素之一。加强磨机通风，可将磨内微粉及时排除，减少过粉碎现象和缓冲作用，从而可提高粉末效率；另外，加强磨内通风能及时排除磨内的水蒸气，减少黏附现象，防止隔舱板篦孔堵塞；加强磨内通风还可以降低磨内温度，防止磨头冒灰，改善环境卫生，减少设备磨损。

7）分级效率与循环负荷率

闭路粉磨系统选粉机的分级（选粉）效率的高低对磨机产量影响很大。这是因为，选粉机将进入选粉机的物料中的合格细粉分离出来，可改善磨机的粉磨条件，提高粉磨效率。然而分级效率高，磨机产量不一定高，因为选粉机本身并不起粉磨作用，也不能增加物料的比表面积，所以，选粉机的作用一定要与磨机的粉磨能力与循环负荷率相配合，才能提高磨机的产量。

循环负荷率是指在闭路粉磨系统中，出磨机的物料在进入选粉机后分选为合格的产品和需要返回磨机重新粉磨的粗粉（回磨粉），在稳定操作后，回粉量保持稳定。这个稳定的回磨粉量称为闭路粉磨系统的循环量。循环量与产品质量之比称为循环负荷率。循环负荷率大，进入磨机的物料总量也越大，物料由喂料端向出料端的运动速度也增大，缩短了的物料在磨内的被粉磨时间，大大减少了过粉磨现象，对提高磨机产量有好处。但如果循环负荷率过大，则不但要增大出磨物料，提升设备的负荷，而且会使选粉机的分机效率降低太多。所以一般将循环负荷率控制在50%～150%范围内。

8）料球比及磨内物料流速

料球比是指磨内研磨体的质量与物料质量之比。根据生产经验，对正常生产的磨机停磨检查，第一仓钢球大部分应露出料面半个球为宜。在第二仓，研磨体应埋于物料下面1～2cm。磨内物料流速是影响产品质量、能耗的重要因素。磨内物料流速太快，容易跑粗料，难以保证产品细度；若流速太慢，易产生过粉碎现象，增加粉磨阻力，降低粉末效率。所以，生产中必须把物料的流速控制适当。物料的流速可以通过磨内料球比、隔舱板形式、篦缝形状大小、研磨体机级配、装载量来调节。

10.7.3　水泥储存与均化

水泥出磨后需送入水泥库储存并进行均化。

1）水泥储存的作用

（1）确保生产平衡。水泥库在生产中起调节水泥粉磨车间的不间断操作和水泥及时出厂的作用，保持生产的连续性。

（2）改善水泥质量。水泥在存放过程中吸收空气中的水分，使水泥中游离氧化钙消解，改善水泥的安定性。

（3）满足生产多品种、多等级水泥的需要。水泥库的储量和数量不但要满足生产平衡，而且要满足生产多品种、多等级水泥的需要。

（4）有利于水泥均化，便于质量调控。水泥在储存的过程中需同时进行均化，保证出厂水泥质量的稳定。

2）水泥均化

水泥质量的稳定与否，直接关系到土建工程质量和人们生命财产安全。所以，不但要求出厂水泥能全部符合国家标准，而且必须保证所有编号的水泥都具有富余强度（28d 抗压强度富余 2.5MPa 以上），以补偿水泥在运输和保管过程中的强度损失。实际生产中由于多种因素，如原料、燃料质量的变化，工艺及设备条件的限制，生料均化程度的影响和操作管理水平等，往往影响出厂水泥质量的稳定。为保证出厂水泥质量稳定，生产中要考虑并进行水泥均化。

水泥均化是在水泥储存过程中进行的，水泥的均化方式有多库调配、机械倒库和空气搅拌。

10.7.4 水泥包装和散装

水泥包装与散装是水泥储运过程中的两种方式。

包装水泥主要是每包 50kg 的纸袋装水泥。这种袋装水泥的优点是：运输、储存及使用时不需专用设施，并且便于清点和计量，部分纸袋可作旧袋回收再加工使用。但是，纸袋装水泥存在严重缺点：

（1）装卸、使用时不便于实行机械化；

（2）储运过程中，纸袋容易破损，水泥损失较大，一般为 3%～5%；

（3）消耗大量纸袋，既耗费大量优质木材，又增加水泥成本。

除纸袋外，用于水泥包装的还有复合袋、覆膜塑编袋等。

散装水泥与袋装水泥比较具有下述优点：

（1）改善劳动条件，提高劳动生产率。散装水泥不需包装，便于实现水泥装卸、运输和储存机械化。

（2）节约包装费、降低水泥成本。水泥包装费用在整个水泥成本中占较大的比重，而水泥散装费用要便宜得多。

（3）减少水泥损失。袋装水泥从出厂到使用，一般要倒运多次，纸袋破损率高，用过的纸袋中又残存少量水泥，水泥损失量大。散装水泥的损失量则低得多。

（4）确保水泥质量。散装水泥储存于中转库内，不易受潮变质。

10.8 硅酸盐水泥的水化和硬化

水泥用适量的水拌和后，形成能黏结砂石集料的可塑性浆体，随后逐渐失去塑性而凝结硬化为具有一定强度的石状体。同时，还伴随着水化放热、体积变化和强度增长等现象，这说明水泥拌水后产生了一系列复杂的物理、化学和物理化学变化。为了更好地应用水泥，就必须了解水泥水化硬化过程的机理，以便控制和改善水泥的性能。

10.8.1 熟料矿物的水化

1. 硅酸三钙的水化

硅酸三钙（C_3S）在水泥熟料中的含量约占 50%，有时高达 60%，因此，它的水化作用、产物及其所形成的结构对硬化水泥浆体的性能有很重要的影响。

C_3S 在常温下的水化反应，大体上可用下面的方程式表示：

$$3CaO \cdot SiO_2 + nH_2O \longrightarrow xCaO \cdot SiO_2 \cdot yH_2O + (3-x)Ca(OH)_2 \quad (10.8.1)$$

简写为

$$C_3S + nH \longrightarrow C\text{-}S\text{-}H + (3-x)CH \quad (10.8.2)$$

上式表明，其水化产物为 C-S-H 凝胶和氢氧化钙，C-S-H 有时也被笼统地称为水化硅酸钙，它的组成不定，其 CaO/SiO_2 物质的量比（简写成 C/S）和 H_2O/SiO_2 物质的量比（简写为 H/S）都在较大范围内变动。C-S-H 凝胶的组成与它所处的液相的氢氧化钙浓度有关。

当溶液中 CaO 浓度小于 1×10^{-3} mol/L 时，生成氢氧化钙和硅酸凝胶。当溶液中 CaO 浓度为 $(1\sim2)\times10^{-3}$ mol/L 时，生成水化硅酸钙和硅酸凝胶。当溶液中 CaO 浓度为 $(2\sim20)\times10^{-3}$ mol/L 时，生成 C/S 比为 0.8～1.5 的水化硅酸钙，其组成可用 $(0.8\sim1.5)CaO \cdot SiO_2 \cdot (0.5\sim2.5)H_2O$ 表示，称为 C-S-H（Ⅰ）。当溶液中 CaO 浓度饱和（$c_{CaO} \geqslant 20\times10^{-3}$ mol/L）时，生成碱度更高（C/S=1.5～2.0）的水化硅酸钙，一般可用 $(1.5\sim2.0)CaO \cdot SiO_2 \cdot (1\sim4)H_2O$ 表示，称为 C-S-H（Ⅱ）。C-S-H（Ⅰ）和 C-S-H（Ⅱ）的尺寸都非常小，接近于胶体范畴，在显微镜下，C-S-H（Ⅰ）为薄片状结构；而 C-S-H（Ⅱ）为纤维状结构，像一束棒状或板状晶体，它的末端有典型的扫帚状结构。氢氧化钙是一种具有固定组成的六方板状晶体。

C_3S 的水化速率很快，其水化过程根据水化放热速率-时间曲线（图 10.8.1），可分为五个阶段。

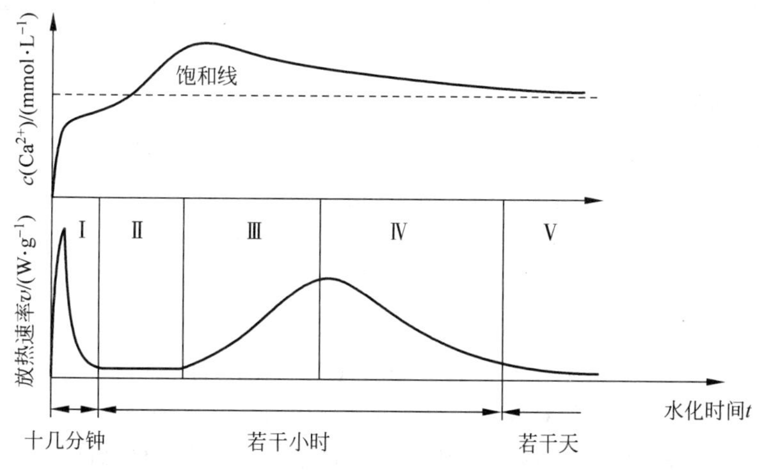

Ⅰ-初始水解期；Ⅱ-诱导期；Ⅲ-加速期；Ⅳ-衰减期；Ⅴ-稳定期。

图 10.8.1　C_3S 水化放热速率和 Ca^{2+} 浓度变化曲线

(1) 初始水解期。

加水后立即发生急剧反应迅速放热，Ca^{2+} 和 OH^- 迅速从 C_3S 粒子表面释放，几分钟内 pH 上升超过 12，溶液具有强碱性，此阶段约在 15min 内结束。

(2) 诱导期。

此阶段水解反应很慢，又称为静止期或潜伏期，一般维持 2～4h，是硅酸盐水泥能在几小时内保持塑性的原因。

（3）加速期。

反应重新加快，反应速率随时间而增长，出现第二个放热峰，在峰顶达最大反应速率，相应为最大放热速率。加速期处于 4～8h，然后开始早期硬化。

（4）衰减期。

反应速率随时间下降，又称减速期，处于 12～24h，由于水化产物 CH 和 C-S-H 从溶液中结晶出来而在 C_3S 表面形成包裹层，故水化作用受水通过产物层的扩散控制而变慢。

（5）稳定期。

反应速率很低并基本稳定的阶段，水化完全受扩散速率控制。

由此可见，在加水初期，水化反应非常迅速，但反应速率很快就变得相当缓慢，这就是进入了诱导期，在诱导期末水化反应重新加速，生成较多的水化产物，然后水化速率即随时间的增长而逐渐下降。影响诱导期长短的因素较多，主要是水固比、C_3S 的细度、水化温度以及外加剂等。诱导期的终止时间与初凝时间有一定的关系，而终凝时间则大致发生在加速期的中间阶段。

2. 硅酸二钙的水化

β-C_2S 的水化与 C_3S 相似，只不过水化速度慢而已。

$$2CaO \cdot SiO_2 + nH_2O \longrightarrow xCaO \cdot SiO_2 \cdot yH_2O + (2-x)Ca(OH)_2 \quad (10.8.3)$$

简写为

$$C_2S + nH \longrightarrow C\text{-}S\text{-}H + (2-x)CH \quad (10.8.4)$$

所形成的水化硅酸钙在 C/S 和形貌方面与 C_3S 水化产物都无大区别，故也称为 C-S-H 凝胶。但 CH 生成量比 C_3S 少，结晶也比 C_3S 的粗大些。

3. 铝酸三钙的水化

铝酸三钙（C_3A）与水反应迅速，放热快，其水化产物组成和结构受液相 CaO 浓度和温度的影响很大。在常温，其水化反应依下式进行：

$$2(3CaO \cdot Al_2O_3) + 27H_2O = 4CaO \cdot Al_2O_3 \cdot 19H_2O + 2CaO \cdot Al_2O_3 \cdot 8H_2O \quad (10.8.5)$$

简写为

$$2C_3A + 27H = C_4AH_{19} + C_2AH_8 \quad (10.8.6)$$

C_4AH_{19} 在低于 85%的相对湿度下会失去 6mol 的结晶水而成为 C_4AH_{13}。C_4AH_{19}、C_4AH_{13} 和 C_2AH_8 都是片状晶体，常温下处于介稳状态，有向 C_3AH_6 等轴晶体转化的趋势：

$$C_4AH_{13} + C_2AH_8 = 2C_3AH_6 + 9H \quad (10.8.7)$$

上述反应随温度升高而加速。在温度高于 35℃时，C_3A 会直接生成 C_3AH_6：

$$3CaO \cdot Al_2O_3 + 6H_2O = 3CaO \cdot Al_2O_3 \cdot 6H_2O \quad (10.8.8)$$

即

$$C_3A + 6H = C_3AH_6 \quad (10.8.9)$$

由于 C_3A 本身水化热很大，使 C_3A 颗粒表面温度高于 135℃，因此 C_3A 水化时往往直

接生成 C_3AH_6。

在液相 CaO 浓度达到饱和时，C_3A 还可能依下式水化：

$$3CaO \cdot Al_2O_3 + Ca(OH)_2 + 12H_2O = 4CaO \cdot Al_2O_3 \cdot 13H_2O \quad (10.8.10)$$

即

$$C_3A + CH + 12H = C_4AH_{13} \quad (10.8.11)$$

在硅酸盐水泥浆体的碱性液相中，CaO 浓度往往达到饱和或过饱和，因此，可能产生较多的六方片状 C_4AH_{13}，足以阻碍粒子的相对移动，据认为这是使浆体产生瞬时凝结的一个主要原因。

在有石膏的情况下，C_3A 水化的最终产物与其石膏掺入量有关(表 10.8.1)。其最初的基本反应是

$$3CaO \cdot Al_2O_3 + 3(CaSO_4 \cdot 2H_2O) + 26H_2O = 3CaO \cdot Al_2O_3 \cdot 3CaSO_4 \cdot 32H_2O \quad (10.8.12)$$

即

$$C_3A + 3CSH_2 + 26H = C_3A \cdot 3C\bar{S} \cdot H_{32} \quad (10.8.13)$$

所形成的三硫型水化硫铝酸钙，称为钙矾石。由于其中的铝可被铁置换而成为含铝、铁的三硫型水化硫铝酸盐相。故常用 AFt 表示。

若 $CaSO_4 \cdot 2H_2O$ 在 C_3A 完全水化前耗尽，则钙矾石与 C_3A 作用转化为单硫型水化硫铝酸钙(AFm)：

$$C_3A \cdot 3C\bar{S} \cdot H_{32} + 2C_3A + 4H \longrightarrow 3(C_3A \cdot C\bar{S} \cdot H_{12}) \quad (10.8.14)$$

若石膏掺量极少，在所有钙矾石转变成单硫型水化硫铝酸钙后，还有 C_3A，那就形成 $C_3A \cdot C\bar{S} \cdot H_{12}$ 和 C_4AH_{13} 的固溶体。

表 10.8.1　C_3A 的水化产物

实际参加反应的 $C\bar{S}H_2/C_3A$ 物质的量比	水化产物
3.0	钙矾石(AFt)
3.0～1.0	钙矾石＋单硫型水化硫铝酸钙(AFm)
1.0	单硫型水化硫铝酸钙(AFm)
<1.0	单硫型固溶体($C_3A(C\bar{S},CH)H_{12}$)
0	水石榴子石(C_3AH_6)

4. 铁相固溶体的水化

水泥熟料中铁相固溶体可用 C_4AF 作为代表，也可用 Fss 表示。它的水化速率比 C_3A 略慢，水化热较低，即使单独水化也不会引起快凝。

铁相固溶体的水化反应及其产物与 C_3A 很相似。氧化铁基本上起着与氧化铝相同的作用，相当于 C_3A 中一部分氧化铝被氧化铁所置换，生成水化铝酸钙和水化铁酸钙的固溶体。

$$C_4AF + 4CH + 22H = 2C_4(A,F)H_{13} \quad (10.8.15)$$

在 20℃以上，六方片状的 $C_4(A,F)H_{13}$ 要转变成 $C_3(A,F)H_6$。当温度高于 50℃时，C_4AF 直接水化生成 $C_3(A,F)H_6$。

掺有石膏时的反应也与 C_3A 大致相同。当石膏充分时，形成铁置换过的钙矾石固溶体 $C_3(A,F)\cdot 3C\bar{S}\cdot H_{32}$，而石膏不足时，则形成单硫型固溶体。并且同样有两种晶型的转化过程。在石灰饱和溶液中，石膏使放热速度变得缓慢。

10.8.2 硅酸盐水泥的水化

1. 硅酸盐水泥的水化过程和水化产物

硅酸盐水泥由于是多种熟料矿物和石膏共同组成的，因此，当水泥加水后，石膏要溶解于水，C_3A 和 C_3S 很快与水反应，C_3S 水化时析出 $Ca(OH)_2$，故填充在颗粒之间的液相实际上不是纯水，而是充满 Ca^{2+} 和 OH^- 的溶液。水泥熟料中的碱也迅速溶于水。因此，水泥的水化在开始之后，基本上是在含碱的氢氧化钙和硫酸钙溶液中进行。其钙离子浓度取决于 OH^- 浓度，OH^- 浓度越高，则 Ca^{2+} 浓度越低，液相组成的这种变化会反过来影响各熟料的水化速度。据认为，石膏的存在，可略加速 C_3S 和 C_2S 的水化，并有一部分硫酸盐进入 C-S-H 凝胶。更重要的是，石膏的存在，改变了 C_3A 的反应过程，使之形成钙矾石。当溶液中石膏耗尽而还有多余 C_3A 时，C_3A 与钙矾石作用生成单硫型水化硫铝酸钙：

$$2C_3A+C_3A\cdot 3C\bar{S}\cdot H_{32}+4H=\!=\!=3(C_3A\cdot C\bar{S}\cdot H_{12}) \qquad (10.8.16)$$

碱的存在使 C_3S 的水化加快，水化硅酸钙中的 C/S 增大。

石膏也可与 C_4AF 作用生成三硫型水化硫铝(铁)酸钙固溶体。在石膏不足的情况下，亦可生成单硫型水化硫铝(铁)酸钙固溶体。

因此，水泥的主要水化产物是氢氧化钙、C-S-H 凝胶、水化硫铝酸钙和水化硫铝(铁)酸钙，以及水化铝酸钙、水化铁酸钙等。

图 10.8.2 为硅酸盐水泥在水化过程中的放热曲线，其形式与 C_3S 的基本相同，据此可将水泥的水化过程简单地划分为三个阶段。

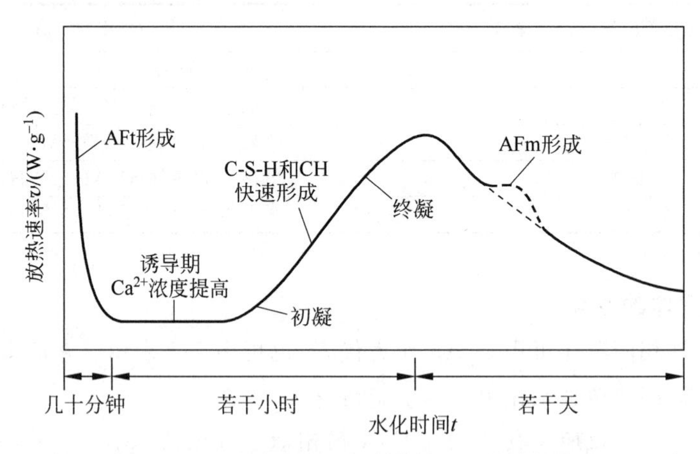

图 10.8.2 硅酸盐水泥在水化过程中的放热曲线

(1) 钙矾石形成期。

C_3A 率先水化，在石膏存在的条件下，迅速形成钙矾石，这是第一个放热峰形成的主要因素。

（2）C_3S 水化期。

C_3S 开始迅速水化，大量放热，形成第二个放热峰。有时会有第三个放热峰，或在第二个放热峰上出现一个“峰肩”，一般认为是由钙矾石转化成单硫型水化硫铝（铁）酸钙而引起的。当然，C_2S 和铁相亦以不同程度参与了这两个阶段的反应，生成相应的水化产物。

（3）结构形成和发展期。

此阶段，放热速率很低并趋于稳定。随着各种水化产物的增多，填入原先由水所占据的空间，再逐渐连接并相互交织，发展成硬化的浆体结构。

2. 影响水化速率的因素

水化速率是指单位时间内水泥水化程度或水化深度。水化程度是指一定时间内已水化的水泥量与完全水化量的比值。测量水泥水化程度的方法有岩相法、X 射线定量法，以及测量化学结合水、水化热和析出的 $Ca(OH)_2$ 含量等。

影响水泥水化程度的因素很多，主要有以下几种。

（1）熟料矿物组成。

一般认为，熟料中四种主要矿物的水化速率顺序为：$C_3A>C_3S>C_4AF>C_2S$。水化速率主要与矿物的晶体结构有关，C_3A 晶体中 Ca^{2+} 周围的 O^{2-} 排列极不规则，距离不等，造成很大的“空洞”，水分子容易进入，因此，水化速率很快。而 C_2S 晶体堆积比较紧密，水化产物又易形成保护膜，因此，水化速率最慢。

（2）水灰比。

水灰比大，则水泥颗粒能高度分散，水与水泥的接触面积大，因此，水化速率快。另外，水灰比大使水化产物有足够的扩散空间，有利于水泥颗粒继续与水接触而起反应。但水灰比大也使水泥凝结变慢，强度下降。

（3）细度。

水泥细度细，与水接触面积多，水化快；另外，细度细，水泥晶格扭曲、缺陷多，也有利于水化。一般认为，水泥颗粒粉磨至粒径小于 40μm，水化活性较高，技术经济较合理。细度过细，往往使早期水化反应和强度提高，但对后期强度没有多大益处。

（4）养护温度。

温度提高，水化加快。但温度对不同矿物的水化速率的影响程度不尽相同。对水化慢的 β-C_2S 温度的影响最大；而 C_3A 在常温下水化就很快，放热多，故温度对 C_3A 水化速率影响不大。温度越高，对水泥早期水化速率影响越大，但水化程度的差别到后期逐渐趋小。

（5）外加剂。

常用的外加剂有促凝剂、促硬剂及延缓剂等。

绝大多数无机电解质都有促进水泥水化的作用。使用历史最早的是 $CaCl_2$，主要是增加 Ca^{2+} 浓度，加快 $Ca(OH)_2$ 的结晶，缩短诱导期。

大多数有机外加剂对水化有延缓作用，最常使用的是各种木质磺酸盐。

3. 水化热和体积变化

水泥水化过程中各种熟料与水作用放出热量产生水化热。对冬季施工而言，水化放热可提高浆体温度，以保持水泥的正常凝结硬化。但对于大型基础和堤坝等大体积工程，由于内部热量不容易散失，混凝土温度升高 20～40℃，与其表面的温差过大，产生温度应力而导致裂缝。

水泥水化放热的周期很长，但大部分热量是在3d以内放出，水化热的大小与放热速率首先取决于熟料的矿物组成，一般规律为：C_3A的水化热和放热速率最大；C_3S和C_4AF次之；C_2S的水化热最小，放热速率也最慢。影响水化热的因素很多，凡能加速水泥水化的各种因素均能相应提高放热速率。

水泥浆体在硬化过程中会产生体积变化，如果水泥在硬化过程中产生剧烈而不均匀的体积变化，则会造成安定性不良而不得出厂使用。另外，体积变化对水泥浆体的结构和力学等物理性能及耐久性能均会产生影响。

硬化过程体积发生的变化，主要是固相体积大大增加，而水泥-水体系的总体积则有所减缩。其原因是随着水化的进行，有些游离水成为水化产物的一部分，从而使水化反应前后，反应物和生成物的密度不同。据认为，硅酸盐水泥完全水化后，其固相体积是原来水泥体积的2.2倍，因此，固相体积填充着原先体系中水所占有的空间，使水泥石致密，强度及抗渗性增加。而水泥浆体绝对体积的减缩在体系中产生一些减缩孔。

4. 硅酸盐水泥的凝结、硬化过程

从整体来看，凝结与硬化是同一过程中的不同阶段，凝结标志着水泥浆失去流动性而具有一定塑性强度。硬化则表示水泥浆固化后所建立的结构具有一定的机械强度。

1）硅酸盐水泥的凝结时间

水泥浆体的凝结时间对工程施工具有重要意义。水泥凝结过程分为初凝和终凝两个阶段，以表示凝结过程的进展。初凝表示水泥浆体失去了流动性和部分可塑性；终凝则表示水泥浆体已完全失去可塑性，并有一定抵抗外来压力的强度。从水泥用水拌和到水泥初凝所经历的时间称为"初凝时间"，到终凝所经历过的时间称"终凝时间"。初凝和终凝时间是为了适应水泥使用而人为规定的。国家规定用维卡仪测其初凝和终凝时间。GB 175—2007规定，硅酸盐水泥的初凝时间不得早于45min，终凝不得迟于390min；普通水泥初凝不得早于45min，终凝不得迟于600min。

在水泥开始凝结之前，必须先有水化作用，故凡能影响水化速率的因素，也都同样地影响水泥的凝结时间（凝结速度）。但凝结与水化过程也有区别。水化作用只涉及水泥的化学反应，而没有涉及水泥浆体的结构形成。凝结则不仅与水化过程有关，而且还与浆体结构形成有关。没有水化就没有水化产物，更谈不上凝结，有了水化，形成水化产物，但水化产物如不能形成网状结构，则浆体也不能凝结。例如，水灰比大，水化快，但由于浆体不易形成网状结构，其凝结反应变慢。一般说来，除了水灰比，水泥凝结速度还与水泥熟料的矿物组成、碱含量、细度，以及石膏的种类和掺量等有关。

（1）水泥熟料矿物组成种类和含量。

水泥凝结速度既与熟料矿物的水化难易有关，又与各矿物的含量有关。决定水泥凝结的主要矿物是C_3A和C_3S，一般说来，当C_3A含量高时，水泥发生快凝；反之，C_3A含量低并掺入石膏缓凝剂，则水泥的凝结由C_3S决定。因为熟料中C_3S含量一般高达50%，它本身凝结正常，因此，水泥凝结时间也正常。总之，快凝是由C_3A引起，而正常凝结则是由C_3S控制。

水泥凝结快慢还与这两种矿物的含量有关。若 C_3A 含量低，则一般不加石膏也可能凝结正常。提高煅烧温度和延长煅烧时间，或掺入助熔剂 CaF_2 等往往使含铝相减少，从而使凝结速度变慢；而烧成温度不够的轻烧熟料往往凝结速度快。

(2) 熟料中的碱含量。

熟料中的碱含量对水泥的凝结速度影响很大，它使水泥的标准稠度需水量增加，凝结加快。为使水泥凝结正常，往往需掺入更多的石膏。

(3) 熟料和水化产物的结构。

化学组成和煅烧温度相同的熟料，若冷却制度不同，则凝结时间也不同。一般说来，急冷的熟料凝结正常而慢冷熟料往往凝结较快。这是因为熟料在急冷时，铝酸盐成为玻璃体，在慢冷时铝酸盐形成晶体。

对水化产物结构来说，水化产物为凝胶体而在颗粒表面形成包裹膜，则阻碍水与矿物接触，即阻止进一步水化，因此，这种水化产物就延缓凝结，例如水化硅酸钙凝胶就有此作用。

(4) 细度和石膏

一般地，水泥熟料磨成细粉，与水相遇就会在瞬间很快凝结(熟料的 C_3A 含量相当低时除外，例如，C_3A 小于 2%，或熟料迅速冷却而极少析出 C_3A 晶体)，使施工无法进行。

加入适量石膏不仅可调节其凝结时间，以利于施工，同时还可以改善水泥的一系列性能，例如提高水泥的强度，改善水泥的耐蚀性、抗冻性、抗渗性，降低干缩变形等。但石膏对水泥凝结时间的影响并不与掺量成正比，而是突变的。当掺量超过一定数量时，略有增加就会使凝结时间变化很大。石膏掺量太少，起不到缓凝的作用；但掺量太多，会在水泥水化后期继续形成钙矾石，将使初期硬化的浆体产生膨胀应力，削弱强度，发展严重的还会造成安定性不良的后果。为此，国家标准 GB 175—2007 限制了出厂水泥中石膏的掺入量，其根据是使水泥的各种性能不会恶化的最大允许含量。

2) 硅酸盐水泥凝结时间的调节

(1) 快凝现象。

所谓快凝是指熟料粉磨后与水混合时很快凝结并放出热量的现象。

熟料或水泥的快凝主要是由于 C_3A 水化迅速生成足够数量的水化铝酸钙互相搭接形成松散的网状结构，因而很快凝结。若 C_3A 含量很少(小于 2%)，则由于浆体中 C_3A 溶解的浓度低，形成的水化铝酸钙不足以很快连接成网状结构，因此不快凝。

为了防止快凝，控制水泥的凝结时间，一般在熟料的粉磨过程中加入石膏一起粉磨。

在掺氟硫复合矿化剂低温烧成的硅酸盐水泥熟料中，由于形成的含铝相 $C_{11}A_7 \cdot CaF_2$ 的水化和凝结比 C_3A 更快，特别是当 $C_{11}A_7 \cdot CaF_2$ 含量较高时，水泥往往急凝，熟料粉磨时需要掺更多的石膏。或者是从生产工艺方面，通过降低铝率，提高 KH 值特别是提高煅烧温度，改变其矿物组成的结构，延长其凝结时间。

(2) 石膏的缓凝机理。

关于石膏的缓凝机理，多数人认为：石膏在 $Ca(OH)_2$ 饱和溶液中与 C_3A 作用，生成细颗粒的钙矾石覆盖于 C_3A 颗粒表面形成一层薄膜，阻止水分子及离子的扩散，从而延缓水泥颗粒特别是 C_3A 的继续水化。随着扩散作用的缓慢进行，在 C_3A 表面又形成钙矾石，当固相体积增加，产生结晶压力达到一定数值时，使钙矾石薄膜局部胀裂，而使水化继续进行。接着又生成钙矾石，直至溶液中 SO_2^{4-} 消耗完为止。因此，石膏的缓凝作用是在水泥颗粒表面形成钙矾石保护膜，阻碍水分子等移动的结果。

除石膏外，许多无机盐或有机外加剂也可起到缓凝作用。

(3) 石膏的适宜掺入量。

所谓石膏适宜掺入量是指使水泥凝结正常、强度高、安定性良好的掺量。

许多学者认为，石膏适宜掺入量的原则是水泥加水 24h 石膏刚好被耗尽的数量。此量与熟料矿物组成、碱含量和水泥细度有关。一般说来，水泥熟料中 C_3A 含量高，水泥细、含碱的水泥，则石膏加入量应适当增加。

实际生产中影响石膏掺量的因素很多，其适宜石膏掺入量很难按化学计量进行精确计算，一般是通过试验确定，我国生产的普通水泥和硅酸盐水泥，其石膏掺入量一般波动于 SO_3 为 1.5%～2.5%。有试验表明，SO_3 掺量少于 1.3%，不足以阻止快凝；而掺量超过 2.5%，则凝结时间变化不大。石膏掺量过多，不但对缓凝作用帮助不大，还会在后期形成钙矾石，产生膨胀应力，降低浆体强度，严重的还会引起安定性不良。为此，国家标准 GB 175—2007 限制硅酸盐水泥的 SO_3 含量在 3.5%以下。

除二水石膏外，天然硬石膏和化学副产石膏也可用作缓凝剂。不过硬石膏溶解速度很慢，尽管它的溶解度比二水石膏大，但要满足缓凝的要求，则其加入量以 SO_3 计，一般要比二水石膏适当增加。有些工厂将天然硬石膏和二水石膏混合使用，效果较好。化工副产石膏由于生产过程中含有少量游离酸，会使凝结时间过长，则应经过处理纯化(洗涤或用碱性物质中和)，才能很好地利用。

3) 假凝现象

假凝是指水泥用水调和几分钟后发生的一种不正常的固化或过早变硬现象。假凝与快凝不同，假凝不产生大量热量，而且经剧烈搅拌后，浆体又可恢复塑性，达到正常凝结，对强度无不利影响；而快凝的放热量多，浆体已有一定强度，重新搅拌后不再有塑性。

一般认为，假凝的主要原因是水泥粉磨时，磨内温度过高，或磨内通风不良，二水石膏受到高温(有时超过 150℃)作用，有一部分脱水生成半水石膏。当水泥调水后，半水石膏迅速溶解析出针状二水石膏，形成网状结构，从而引起水泥浆固化。但由于不是水泥组成的水化，所以不像快凝那样放出大量的热。这种假凝的水泥浆经剧烈搅拌而破坏二水石膏的结构网后，水泥浆又能恢复原来的塑性状态。为避免水泥假凝，在水泥生产中往往采用降低入磨熟料温度，向磨机筒体淋水，加强磨内通风或向磨内喷水等措施，以便降低磨内温度。将水泥适当存放一段时间，以及在制备混凝土时延长搅拌时间等，亦可消除假凝现象。

4) 水泥凝结硬化过程

水泥凝结硬化过程可分为如图 10.8.3 所示的三个阶段。

第一阶段，大约在水泥拌水起到初凝为止，C_3S 和水迅速反应生成 $Ca(OH)_2$ 饱和溶液，并从中析出 $Ca(OH)_2$ 晶体。同时，石膏也很快进入溶液和 C_3A 反应，生成细小的钙矾石晶体。在这一阶段，由于水化产物尺寸细小，数量又少，不足以在颗粒间架桥相联，网状结构未能形成，水泥浆呈塑性状态。

第二阶段，大约从初凝起至 24h 为止，水泥水化开始加速，生成较多的 $Ca(OH)_2$ 和钙矾石晶体。同时水泥颗粒上长出纤维状的 C-S-H。在这个阶段中，由于钙矾石晶体的长大以及 C-S-H 的大量形成，产生强(结晶的)、弱(凝聚的)不等的接触点，将各颗粒初步联接成网，而使水泥浆凝结。随着接触点数目的增加，网状结构不断加强，强度相应增大。原先残

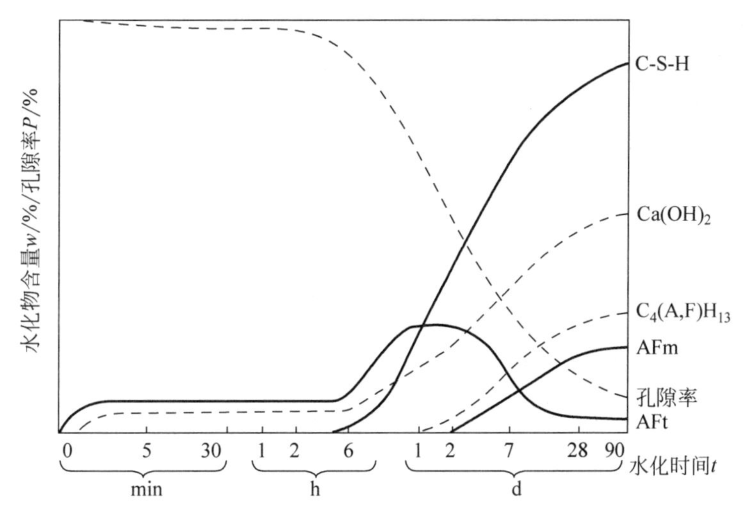

图 10.8.3　水泥水化产物的形成和浆体结构发展示意图

留在颗粒间空间中的非结合水就逐渐被分割成各种尺寸的水滴，填充在相应大小的孔隙之中。

第三阶段，是指 24h 以后，直到水化结束。在一般情况下，石膏已经耗尽，所以，钙矾石开始转化为单硫型水化硫铝酸钙，还可能会形成 $C_4(A,F)H_{13}$。随着水化的进行，C-S-H、$Ca(OH)_2$、$C_3A \cdot C\bar{S} \cdot H_{12}$、$C_4(A,F)H_{13}$ 等水化产物的数量不断增加，结构更趋致密，强度相应提高。

10.8.3　硬化水泥浆体的结构

硬化水泥浆体是一个非均质的多相体系，其组成为：由各种水化产物和残存熟料所构成的固相，以及存在于孔隙中的水和空气，所以，它是固-液-气三相多孔体。它具有一定的机械强度和孔隙率，而外观和其他性能又与天然石材相似，因此，通常又称为水泥石。水化产物本身的化学组成和结构虽然深刻影响硬化浆体的性能，但各种水化产物的形貌及其相对含量在很大程度上决定着相互结合的坚固程度，与浆体结构的强弱密切相关。从力学性质看，物理结构有时比化学组成更有影响。而且，即使水泥品种相同，若适当改变水化产物的形成条件和发展情况，也可使孔结构与孔分布产生一定差异，从而获得不同的浆体结构，相应地使性能有所变化。

1. 水泥石的组成

硅酸盐水泥的水化产物包括：结晶度较差呈似无定形或无定形的水化硅酸钙（C-S-H 凝胶），结晶较好的氢氧化钙、钙矾石、单硫型水化硫铝酸钙及水化铝酸钙等晶体。它们是水泥石的主要组成。此外，水泥石中一般还包含部分未水化的熟料颗粒和极少量的无定形氢氧化钙、玻璃质、有机外加物等。

按照戴蒙德的研究，在充分水化的水泥浆体中，各种组成的质量比可作如下估计：C-S-H 凝胶约 70%，$Ca(OH)_2$ 约 20%，钙矾石和单硫型水化硫铝酸钙等约 7%，未水化的残留熟料和其他微量组分约 3%。当然，很多水泥浆体并达不到完全水化的程度，未水化的残留熟料较多，其他组成的比例即相应减少。

综上所述，可将水泥石看成是由水泥凝胶、吸附在凝胶孔内的凝胶水、$Ca(OH)_2$ 等结晶相、未水化水泥颗粒、毛细孔及毛细孔水所组成。水化反应越完全，则水泥石总孔隙率降低，毛细孔减少，凝胶孔相对增加。

2. 孔结构

各种尺寸的孔也是硬化水泥浆体结构中的一个主要部分，总孔隙率、孔径大小的分布以及孔的形态等，都是硬化水泥浆体的重要结构特征。

在水化过程中，水化产物的体积要大于熟料矿物的体积。约45%的水化产物处于水泥颗粒原来的周界之内，成为内部水化产物；另有55%则为外部水化产物，占据着原先充水的空间。这样，随着水化过程的进展，原来充水的空间减少，而没有被水化产物填充的空间，则逐渐被分割成型状极不规则的毛细孔。

另外，在C-S-H凝胶所占据的空间内还存在着孔，尺寸极为细小，用扫描电镜也难以分辨。

3. 水及其存在形式

硬化水泥浆体中的水有不同的存在形式，按其与固相组成的作用情况，可以分为结晶水、吸附水和自由水三种类型。

结晶水又称化学结合水，根据其结合力的强弱，又分为强、弱结晶水两种。强结晶水又称晶体配位水，以 OH^- 状态占据晶格上的固定位置，结合力强，脱水温度高，脱水过程将导致晶格的破坏。例如，$Ca(OH)_2$ 中的结合水就是以 OH^- 形式存在。

弱结晶水是指占据晶格固定位置内的中性水分子。结合不如配位水牢固，脱水温度亦不高，在100～200℃以上就可脱水，脱水过程并不导致晶格的破坏。当晶体为层状结构时，此种水分子常存在于层状结构之间，又称层间水。

凝胶水包括凝胶微孔内所含水分及胶粒表面吸附的水分子，由凝胶表现强烈吸附而高度定向，属于不起化学反应的吸附水。

毛细孔水是存在于几纳米和0.01μm甚至更大的毛细孔中的水，结合力弱，脱水温度低。

自由水又称游离水，属于多余的蒸发水。它的存在使水泥浆体结构不致密，干燥后水泥石孔隙增加，强度下降。

为了研究工作的方便，把水泥浆体中的水分为可蒸发水和非蒸发水。凡是经105℃或降低周围水蒸气压到D-干燥(6.67×10^{-2}Pa)的条件下能除去的水，皆称为可蒸发水。它主要是毛细孔水、自由水和凝胶水，还有水化硫铝酸钙、水化铝酸钙和C-S-H凝胶中一部分结合不牢的结晶水。凡是经105℃或D-干燥仍不能除去的水分，称为非蒸发水。有人称这部分水为“化学结合水”。实际上它不是真正的化学结合水，而仅仅代表化学结合水的一个近似值。由于它们已成为晶体结构的一部分，因此，比容比自由水小，这是水泥水化过程中体积减缩的主要原因。

10.8.4 掺混合材的水泥的水化和硬化

1. 水泥混合材料

在磨制水泥时，为改善水泥性能、调节水泥标号、增加水泥产量、降低能耗而掺入水泥中的人造或天然矿物材料，称为水泥混合材料。

目前所用的混合材料中，大部分是工业废渣，因此，水泥中掺加混合材料又是废渣综合利用的重要途径，有利于环境保护。生产掺混合材料的水泥，在技术上和经济上都具有重大的意义，并且还有巨大的社会效益。我国目前所生产的水泥中，大多数为掺混合材料的水泥，所用混合材料的数量占水泥产量的 1/4～1/3。

1）混合材料的分类

水泥工业所使用的混合材料品种很多，通常按照它的性质分为活性和非活性两大类。

活性混合材料是指具有火山灰性或潜在的水硬性，以及兼有火山灰性和水硬性的矿物质材料。主要品种有各种工业矿渣（粒化高炉矿渣、钢渣、化铁炉渣、磷渣等）、火山灰混合材料和粉煤灰三大类，它们的活性指标均应符合有关的国家标准或行业标准。

所谓火山灰性是指一种材料磨成细粉，单独不具有水硬性，但在常温下与石灰一起和水后能形成具有水硬性的化合物的性能；而潜在的水硬性是指材料单独存在时基本无水硬性，但在某些激发剂的激发下，可呈现水硬性。常用的激发剂有两类：碱性激发剂（硅酸盐水泥熟料和石灰）、硫酸盐激发剂（各类天然石膏或以硫酸钙为主要成分的化工副产品，如氟石膏、磷石膏等）。

非活性混合材料是指在水泥中主要起填充作用，而又不损害水泥性能的矿物质材料，即活性指标达不到活性混合材料要求的矿渣、火山灰材料、粉煤灰，以及石灰石、砂岩、生页岩等材料。一般对非活性混合材的要求是对水泥性能无害。

2）粒化高炉矿渣

在高炉冶炼生铁时所得以硅酸钙与铝酸钙为主要成分的熔融物，经淬冷成粒后，即粒化高炉矿渣，简称矿渣（水渣）。粒化高炉矿渣是目前国内水泥工业中用量最大、质量最好的活性混合材料，但若是慢冷的产品则呈现块状或细粉状等，不具有活性，属非活性混合材料。

我国各钢铁厂的粒化高炉矿渣多呈疏松多孔结构，体积密度只有 $800kg/m^3$，其玻璃体含量一般在 85%以上，粒化高炉矿渣单独水化时具有微弱的水硬性，但与水泥、石灰、石膏在一起水化时却有很大的水硬性。

矿渣含有 SiO_2、Al_2O_3、CaO、MgO 等氧化物，其中前三者占 90%以上。另外还含有少量的 MnO、FeO 和一些硫化物，如 CaS、MnS、FeS 等。在个别情况下，还可能含有 TiO_2、Na_2O、V_2O_5、P_2O_5、Cr_2O_3 和氟化物等。

粒化高炉矿渣的化学成分与水泥熟料相似，只是 CaO 含量低而 SiO_2 偏高。各种粒化矿渣的化学成分差别很大，同一工厂生产的矿渣，化学成分也不完全一样。矿渣中的 CaO、SiO_2、Al_2O_3 等氧化物主要形成玻璃体。只含少量晶体矿物，主要有铝方柱石（$2CaO \cdot Al_2O_3 \cdot SiO_2$）、钙长石（$CaO \cdot Al_2O_3 \cdot 2SiO_2$）、硅酸二钙（$2CaO \cdot SiO_2$）、硅酸一钙（$CaO \cdot SiO_2$），MgO 含量多时还有镁方柱石（$2CaO \cdot MgO \cdot 2SiO_2$）、镁橄榄石（$2MgO \cdot SiO_2$）。

矿渣的活性主要取决于化学成分和成粒质量。CaO 含量高的矿渣活性高，因为 CaO 是 β-C_2S 的主要成分。Al_2O_3 含量高，矿渣活性高，因为它在碱及硫酸盐的激发下，强烈地与 $Ca(OH)_2$ 及 $CaSO_4$ 结合，生成水化硫铝酸钙及水化铝酸钙。MgO 在一定范围内可降低矿渣溶液的黏度，促进矿渣玻璃化，从而对提高矿渣活性有利。SiO_2 含量增加，矿渣活性下降，因为它使矿渣形成低碱性硅酸钙和高硅玻璃体。另外，SiO_2 含量高的矿渣黏度大，易于形成玻璃体。MnO 使矿渣形成锰的硅酸盐和铝硅酸盐，其活性比钙硅酸盐和铝硅酸盐的活性低。TiO_2 与 CaO 作用生成无活性的 $CaO \cdot TiO_2$，消耗了对矿渣活性有利的 CaO。此外，钛含量太高的矿渣质地坚硬，还影响磨机产量。

矿渣的成粒质量对活性影响也很大。成粒质量除了与其化学成分有关，还与矿渣的熔融温度和冷却速率有关。一般说来，矿渣熔融温度越高，冷却速率越快，则矿渣玻璃体含量越高，活性就越好，质量越高。因此，为获得活性高的矿渣，就必须把熔渣温度迅速急冷到800℃以下，我国多用水淬法，即将熔融矿渣直接倾入水池水淬。由于从水池中取出的矿渣会有一定量的水分，而矿渣内含有 β-C_2S 矿物，所以它的储存时间不宜超过三个月。同时在烘干矿渣时，必须避免温度过高，以防止粒化矿渣产生"反玻璃化现象"(900℃左右玻璃体转变成晶体称为反玻璃化)而结晶，失去它的活性。

3）火山灰质混合材料

凡以 SiO_2、Al_2O_3 为主要成分的矿物质原料，磨成细粉拌水后本身并不硬化，但与石灰混合，加水拌和成胶泥状后，既能在空气中硬化又能在水中硬化者，称为火山质混合材料。用于水泥中的火山灰质混合材料，必须符合 GB/T 2847—2005《用于水泥中的火山灰质混合材料》的有关规定。

火山灰质混合材料按其成因可分为天然的和人工的两大类。

天然的火山灰质混合材料有火山灰、凝灰岩、浮石、沸石岩、硅藻土和硅藻石。人工的主要是工业副产品或废渣，如烧页岩、煤矸石、烧黏土、煤渣、硅质渣。

火山灰质混合材料的化学成分以 SiO_2、Al_2O_3 为主，其含量占 70%，而 CaO 较低，多在5%以下。其矿物组成随其成因变化较大，天然火山灰的玻璃体含量一般在 40%～50%，比表面积大，表面能大，参加化学反应的作用面积也大。但同时也带来易吸附水，在拌制水泥混凝土时需水量大的缺点。此外，由需水量大还带来干缩性大的缺点。

实验表明，我国目前所采用的火山灰质混合材料的活性一般都不如矿渣，而天然的一类又不如人工的。这是因为人工的一类经过受热后，黏土质矿物中分解出游离 SiO_2 和 Al_2O_3，活性有不同程度的提高。

4）粉煤灰

粉煤灰是指火力发电厂煤粉锅炉收尘器所捕集的烟气中的微细粉尘。在火力发电厂，煤粉在锅炉内经 1100～1500℃的高温燃烧后，一般有 70%～80%呈粉状灰随烟气排除，经收尘器收集，即粉煤灰。我国每年的排灰量较大，但利用率还不高。粉煤灰的排放，占用农田，堵塞江河，污染环境。粉煤灰是有一定活性的火山灰质混合材料。利用它作混合材料，既可增产水泥、降低成本，又可改变水泥的某些性能，变废为宝，化害为利。为了有效地推广粉煤灰作为混合材料的利用，国家制定了粉煤灰硅酸盐水泥标准 GB/T 20491—2006，使粉煤灰硅酸盐水泥成为我国六大水泥之一。

粉煤灰的化学成分随煤种、燃烧条件和收尘方式等条件的不同，而在较大范围内波动，但以 SiO_2、Al_2O_3 为主，并含有少量 Fe_2O_3、CaO。粉煤灰的化学成分波动范围为：SiO_2 35%～60%，Al_2O_3 13%～40%，CaO 2%～5%，Fe_2O_3 2%～12%，未燃尽炭(以烧失量表示)1%～24%。其玻璃体含量为 50%～70%，晶体部分主要是莫来石($3Al_2O_3 \cdot 2SiO_2$)、石英(α-SiO_2)，还有赤铁矿、磁铁矿。

粉煤灰的活性来源，从物理相结构上看，主要来自低铁玻璃体，含量越高，活性也越高；石英、莫来石、赤铁矿、磁铁矿不具有活性，含量多则活性下降。从化学成分上看，活性主要

来自游离的 SiO_2 和 Al_2O_3，含量越高，活性也越高。粉煤灰越细，则表面能越大，化学反应面积越大，活性也越高。颗粒形状对活性也有影响，细小密实球形玻璃体含量高，则标准稠度需水量低，活性也高。不规则的多孔玻璃体含量多，则粉煤灰标准稠度需水量增多，活性下降。未燃炭粒增多，则需水量增多，由其制成的粉煤灰水泥强度也低。

由于粉煤灰经高温熔融，结构非常致密，因此，水化速度比较慢。粉煤灰颗粒经过一年时间大约只有1/3已水化，而矿渣颗粒水化1/3只需90d。在28d以前，粉煤灰活性发挥稍低于沸石、页岩渣等火山灰材料，但3个月以后的长龄期，与一般火山灰材料相当。这说明粉煤灰颗粒外层的致密熔壳，在 $Ca(OH)_2$ 不断作用下，需3个月的时间和逐步地受到侵蚀，将内部表面暴露出来，积极地参与水化作用。

2. 掺混合材的硅酸盐水泥的水化硬化

掺混合材的硅酸盐水泥的水化硬化过程较硅酸盐水泥复杂，这些水泥之间的水化硬化过程也不完全相同。一般认为，先是硅酸盐水泥熟料的水化，水化生成的 $Ca(OH)_2$ 再与混合材料的活性组分起二次反应，生成碱度低的二次水化产物。

硅酸盐熟料首先与水作用，生成水化硅酸钙、水化铝酸钙、水化铁酸钙和氢氧化钙等。这些水化产物的性质与纯硅酸盐水泥水化产物的性质是相同的。然后，生成的氢氧化钙再与活性混合材（火山灰）中的活性组分 Al_2O_3、SiO_2 反应或作为（矿渣）的碱性激发剂，解离玻璃体结构，使玻璃体中 Ca^{2+}、AlO_4^{5-}、Al^{3+}、SiO_4^{4+} 进入溶液，生成低碱度的水化硅酸钙、水化铝酸钙。在有石膏存在时，还生成水化硫铝（铁）酸钙。由于这些水泥中熟料含量相对减少，又有相当多的混合材与氢氧化钙作用，故与硅酸盐水泥相比，水化产物的碱度即钙硅比等一般要低些，其C-S-H凝胶主要为C-S-H（Ⅰ）。另外，氢氧化钙含量也相对减少。当混合材掺量较多时，水化后期可能不存在氢氧化钙。

据认为，火山灰质硅酸盐水泥最终水化产物是以C-S-HC（Ⅰ）为主的水化硅酸钙凝胶，其次是水化铝酸钙与水化铁酸钙形成的固溶体，以及水化硫铝酸钙。粉煤灰水泥的水化硬化过程与火山灰水泥尤为相似。只不过粉煤灰的球形玻璃体比较稳定，表面又相当致密，水化速度慢。水泥水化7d后的粉煤灰颗粒表面几乎没有变化，直至28d，才能见到表面开始初步水化，略有凝胶状水化物出现，水化90d后，粉煤灰颗粒表面才开始生长大量水化硅酸钙凝胶。

矿渣水泥最终水化产物主要是水化硅酸钙凝胶、钙矾石、水化铝酸钙及其固溶体、少量氢氧化钙等。

由各种混合材的活性以及相应的掺混合材的硅酸盐水泥的水化硬化过程可知，此类水泥中熟料含量较少，故其早期（3d、7d）强度偏低，特别是粉煤灰硅酸盐水泥。

3. 掺混合材的硅酸盐水泥的性能和用途

此类水泥的密度比硅酸盐水泥的小，颜色均较淡，水泥凝结时间一般比硅酸盐水泥长，标准稠度用水量取决于混合材的种类，矿渣水泥与普通水泥的相近；但火山灰水泥由于火山灰比表面积大，因此，标准稠度用水量大；粉煤灰水泥因粉煤灰表面光滑且为圆形颗粒，故标准稠度用水量低。此类水泥早期强度均偏低，特别是火山灰水泥和粉煤灰水泥，但后期可赶上甚至超过普通水泥，可以采取适当提高水泥熟料的 C_3S 和 C_3Al 含量，控制混合材的质量和掺量，提高水泥的细度，适当增加石膏掺入量，加入减水剂或早强剂等措施，提高这类水泥的早期强度。此类水泥的强度发展对温度很敏感，温度低，凝结硬化慢，所以不宜冬天露天施工。

此类水泥水化热比硅酸盐水泥低；耐水性比硅酸盐水泥稍好，或与硅酸盐水泥相近；耐热性较好，与钢筋黏结力也强；抗硫酸盐性能也优于硅酸盐水泥。但抗冻性及抗大气稳定性比硅酸盐水泥差，过早干燥及干湿交替对水泥强度发展不利。矿渣水泥的泌水性大。火山灰水泥由于标准稠度用水量大，干燥收缩率大。

此类水泥可代替普通硅酸盐水泥广泛用于各种土木工程，制造各种构件；可用于海工及水工建筑；也可用于大体积混凝土工程，特别是粉煤灰水泥。此外，也可用于高温车间的建筑。但抗冻性差，不宜用于有冻融循环及干湿交替条件下使用的建筑工程。

10.9 硅酸盐水泥的化学侵蚀

硅酸盐水泥硬化后，在通常的使用条件下，一般有较好的耐久性。但是，在环境介质的作用下，会产生很多化学、物理和物理化学变化而被逐渐侵蚀，侵蚀严重时会降低水泥石的强度，甚至会崩溃破坏。

对于水泥耐久性有害的环境介质主要为淡水、酸和酸性水、硫酸盐溶液和碱溶液等。影响侵蚀过程的因素很多，除了水泥品种和熟料矿物组成，还与硬化浆体或混凝土的密实度、抗渗性，以及侵蚀介质的压力、流速、温度的变化等多种因素有关，而且又往往有数种侵蚀作用同时并存，互相影响。因此，必须针对侵蚀的具体情况加以综合分析，才能制定出切合实际的防护措施。

10.9.1 淡水的侵蚀

硬化浆体如不断受到淡水的浸泡时，其中一些组成如 $Ca(OH)_2$ 等将按照溶解度的大小，依次逐渐被水溶解，产生溶出性侵蚀，最终能导致破坏。

在各种水化产物中，$Ca(OH)_2$ 的溶解度最大，所以，首先被溶解，如水量不多，则水中的 $Ca(OH)_2$ 浓度很快就达到饱和程度，溶出作用也就停止。但在流动水中，特别在有水压作用且混凝土的渗透性又较大的情况下，水流就不断地将 $Ca(OH)_2$ 溶出并带走，不仅增加了孔隙率，使水更易渗透，而且由于液相中 $Ca(OH)_2$ 浓度降低，还会使其他水化产物发生分解。

可见，随着 CaO 的溶出，首先是 $Ca(OH)_2$ 晶体被溶解，其次是高碱性的水化硅酸盐、水化铝酸盐等分解而成为低碱性的水化产物。如果不断浸析，最后会变成硅酸凝胶、氢氧化铝等无胶结能力的产物。有人发现，当 CaO 溶出 5%时，强度下降 7%，而溶出 24%时强度下降达 29%。

所以，冷凝水、雪水、冰川水或者某些泉水，如果接触时间较长，就会对混凝土表面产生一定破坏。但对抗渗性良好的硬化浆体或混凝土，淡水的溶出过程一般发展很慢，几乎可以忽略不计。

10.9.2 酸和酸性水的侵蚀

当水中溶有一些无机酸或有机酸时，硬化水泥浆体就受到溶蚀和化学溶解双重的作用，将浆体组成转变为易溶盐类，侵蚀明显加速，酸类离解出来的 H^+ 和酸根 R^-，分别与浆体

所含 $Ca(OH)_2$ 的 OH^- 和 Ca^{2+} 结合成水和钙盐。

所以，酸性水侵蚀作用的强弱，决定于水中的氢离子浓度。如 pH 小于 6，硬化水泥浆体就有可能受到侵蚀。pH 越小，H^+ 越多，侵蚀就越强烈，当 H^+ 达到足够浓度时，还能直接与水化硅酸钙、水化铝酸钙，甚至是未水化的硅酸钙、铝酸钙等起作用，使浆体结构遭到严重破坏。酸中阴离子的种类也与侵蚀性的大小有关。常见的酸多数能和浆体组分生成可溶性的盐。例如，盐酸和硝酸就能反应生成可溶性的氯化钙和硝酸钙，随后被水带走；而磷酸则会生成几乎不溶于水的磷酸钙，堵塞在毛细孔中，侵蚀的发展就慢。有机酸的侵蚀程度没有无机酸强烈，其侵蚀性也视其所生成的钙盐性质而定，醋酸、蚁酸、乳酸等与 $Ca(OH)_2$ 生成的钙盐容易溶解；而草酸生成的却是不溶性钙盐，实际上其还可以用以处理混凝土表面，增加对其他弱有机酸的抗蚀性。一般情况下，有机酸的浓度越高，相对分子质量越大，则侵蚀性越厉害。

上述的无机酸与有机酸很多是在化工厂或工业废水中遇到的，而自然界中对水泥有侵蚀作用的酸类则并不多见。不过，在大多数的天然水中多少总有碳酸存在，大气中的 CO_2 溶于水中能使其具有明显的酸性(pH=5.72)，再加生物化学作用所形成的 CO_2，常会产生碳酸侵蚀。

碳酸与水泥混凝土相遇时，首先和所含的 $Ca(OH)_2$ 作用，生成不溶于水的碳酸钙。但是水中的碳酸还要和碳酸钙进一步作用，生成易溶于水的碳酸氢钙：

$$CaCO_3+CO_2+H_2O = Ca(HCO_3)_2 \tag{10.9.1}$$

从而使氢氧化钙不断溶失，而且又会引起水化硅酸钙和水化铝酸钙的分解。

由上式可知，当生成的碳酸氢钙达到一定浓度时，便会与残留下来的一部分碳酸建立起化学平衡；反应进行到水中的 CO_2 和 $Ca(HCO_3)_2$ 达到浓度平衡时就终止。实际上，天然水本身常含有少量碳酸氢钙，即具有一定的暂时硬度。因而，也必须有一定量的碳酸与之平衡。这部分碳酸不会溶解碳酸钙，没有侵蚀作用，称为平衡碳酸。

当水中含有的碳酸超过平衡碳酸量时，其剩余部分的碳酸才能与 $CaCO_3$ 反应。其中一部分剩余碳酸与之生成新的碳酸氢钙，即称为侵蚀性碳酸，而另一部分剩余碳酸则用于补充平衡碳酸量，与新形成的碳酸氢钙又继续保持平衡。所以，水中的碳酸可以分成“结合的”“平衡的”和“侵蚀的”三种。只有侵蚀性碳酸才对硬化水泥浆体有害，其含量越大，侵蚀越激烈。

水的暂时硬度越大，则所需的平衡碳酸量越多，就会有较多的碳酸作为平衡碳酸存在。相反，在淡水或暂时硬度不高的水中，二氧化碳含量即使不多，但只要大于当时相应的平衡碳酸量，就可能产生一定的侵蚀作用。另外，暂时硬度大的水中所含的碳酸氢钙，还可与浆体中的 $Ca(OH)_2$ 反应，生成碳酸钙，堵塞表面的毛细孔，提高致密度。

还有试验表明，少量 Na^+、K^+ 等离子的存在，会影响碳酸平衡向着碳酸氢钙的方向移动，因而能使侵蚀作用加剧。

10.9.3 硫酸盐的侵蚀

绝大部分硫酸盐对于硬化水泥浆体都有显著的侵蚀作用，只有硫酸钡除外。在一般的河水和湖水中，硫酸盐含量不多，但在海水中 SO_4^{2-} 的含量常达 2500～2700mg/L。有些地下水流经常有石膏、芒硝或其他硫酸盐成分的岩石夹层，将部分硫酸盐溶入水中，也会引起一些工程的明显侵蚀。这主要是由于硫酸钠、硫酸钾等多种硫酸盐都能与浆体所含的氢氧化钙作用生成硫酸钙，再与水化铝酸钙反应而生成钙矾石，从而使固相体积增加很多，分别为124%和94%，产生相当大的结晶压力，造成膨胀开裂以至毁坏。

因为在石灰饱和溶液中，当 $c_{SO_4^{2-}}<1000mg/L$ 时，石膏由于溶解较大，不会析晶沉淀。但钙矾石的溶解度要小得多，在 SO_4^{2-} 浓度较低的条件下就能生成晶体。所以，在各种硫酸盐稀溶液中（$c_{SO_4^{2-}}=250\sim1500mg/L$）产生的是硫铝酸盐侵蚀。当硫酸盐到达更高浓度后，才转而为石膏侵蚀或者硫铝酸钙与石膏的混合侵蚀。

应该注意所含阳离子的种类，例如硫酸镁就具有更大的侵蚀作用，首先与浆体中的 $Ca(OH)_2$ 依下式反应：

$$MgSO_4+Ca(OH)_2+2H_2O=\!=\!=CaSO_4\cdot 2H_2O+Mg(OH)_2 \tag{10.9.2}$$

生成的氢氧化镁溶解度极小，极易从溶液中沉析出来，从而使反应不断向右进行。而且，氢氧化镁饱和溶液的pH只为10.5，水化硅酸钙不得不放出石灰，以建立使其稳定存在所需的pH。但是硫酸镁又与放出的氧化钙作用，如此连续进行，实质上就是硫酸镁使水化硅酸钙分解。同时，Mg^{2+} 还会进入水化硅酸钙凝胶，使其胶结性能变差。而且，在氢氧化镁的饱和溶液中，水化硫铝酸钙也并不稳定。因此，除产生硫酸盐侵蚀外，还有 Mg^{2+} 的严重危害，常称为"镁盐侵蚀"。两种侵蚀的最终产物是石膏、难溶的氢氧化镁、氧化硅及氧化铝的水化物凝胶。

再如硫酸铵由于能生成极易挥发的氨，因此，成为不可逆反应，反应进行得相当迅速：

$$(NH_4)_2SO_4+Ca(OH)_2=CaSO_4\cdot 2H_2O+2NH_3\uparrow \tag{10.9.3}$$

而且，也会使水化硅酸分解，所以，侵蚀极为严重。

10.9.4 含碱溶液的侵蚀

一般情况下，水泥混凝土能够抵抗碱类的侵蚀。但如长期处于较高浓度（大于10%）的含碱溶液中，也会发生缓慢的破坏。温度升高时，侵蚀作用加剧，其主要有化学侵蚀和物理析晶侵蚀两方面的作用。

化学侵蚀是碱溶液与水泥石的组分间起化学反应，生成胶结力不强、易为碱液溶蚀的产物，代替了水泥石原有的结构组成：

$$2CaO\cdot SiO_2\cdot nH_2O+2NaOH=\!=\!=2Ca(OH)_2+Na_2SiO_3+(n-1)H_2O \tag{10.9.4}$$

$$3CaO\cdot Al_2O_3\cdot 6H_2O+2NaOH=\!=\!=3Ca(OH)_2+Na_2O\cdot Al_2O_3+4H_2O \tag{10.9.5}$$

析晶侵蚀是指孔隙中的碱液，由蒸发析晶产生结晶压力，而引起水泥石的膨胀破坏。例如，孔隙中的NaOH在空气中二氧化碳作用下，形成 $Na_2CO_3\cdot 10H_2O$，体积增加而膨胀。

10.9.5 提高水泥抗蚀性的措施

1. 调整硅酸盐水泥熟料的矿物组成

从上述腐蚀机理的讨论可知，减少水泥熟料中的 C_3S 含量可提高抗淡水溶蚀的能力，也有利于改善其抗硫酸盐性能；减少熟料中的 C_3Al 含量，而增加 C_4AF 含量，可提高水泥的抗硫酸盐性能。这是因为，C_4AF 的水化产物为水化铝酸钙和水化铁酸钙的固溶体 $C_3(A,F)H_6$，抗

硫酸盐性能比 C_3AH_6 好。此外，水化铁酸钙能在水化铝酸钙周围生成薄膜，提高抗硫酸盐性能。

冷却条件对水泥熟料的耐蚀性也有影响。对于 C_3Al 含量高的熟料，采用急冷形成较多的玻璃体，可提高抗硫酸盐性能；对于含铁高的熟料，急冷对抗硫酸盐侵蚀反而不利，因为 C_4AF 晶体比高铁玻璃更耐蚀。

2. 在硅酸盐水泥中掺混合材

在硅酸盐水泥中掺入火山灰质混合材能提高混凝土的致密度，减少侵蚀介质的渗入量。另外，火山灰混合材中活性氧化硅与水泥水化时析出的氢氧化钙作用，生成低碱水化硅酸钙，从而消耗了水泥中氢氧化钙，使其在淡水中的溶蚀速度显著降低，并使钙矾石的结晶在液相氧化钙浓度很低的条件下形成，因此，膨胀特性缓和，除非生成的钙矾石数量很多，否则不易引起硫铝酸钙的膨胀破坏。

3. 提高混凝土致密度

混凝土越致密，侵蚀介质就越难渗入，被侵蚀的可能性就越小。许多调查表明，混凝土往往是由于不密实而过早破坏，有些混凝土即使不采用耐蚀的水泥，只要混凝土密实，腐蚀就缓和。

思考题和作业

10.1 黏土的主要化学成分和矿物组成是什么？

10.2 钙质原料主要有哪些种类？有何品质要求？

10.3 为何要制定水泥的国家标准？通用硅酸盐水泥有哪些品种？

10.4 硅酸盐水泥熟料的化学成分和矿物组成是什么？熟料各矿物具有什么性能？

10.5 为什么要制定水泥熟料的率值？水泥熟料的率值有哪些？

10.6 在设计水泥熟料组成（配料方案）时，应考虑哪些因素？

10.7 配料计算的基本原理是什么？已知原料、燃料的有关分析数据（表10.1，表10.2）。假设用预分解窑以三种原料配合进行生产，要求熟料的三个率值为：KH＝0.90，SM＝2.6，IM＝1.6，单位熟料热耗 $q_{熟料}$ 为3260kJ/kg$_{熟料}$，试用累加试凑法计算其配合比。

表10.1 原料与煤灰的化学成分（%）

名称	烧失量	SiO_2	Al_2O_3	Fe_2O_3	CaO	MgO	其他	合计
石灰石	43.66	2.42	0.31	0.19	52.13	0.57	0.72	100.00
黏土	6.27	69.25	14.72	5.48	1.41	0.92	1.95	100.00
铁粉	0.00	34.42	11.53	48.27	3.53	0.09	2.16	100.00
煤灰	0.00	61.52	27.34	4.46	4.79	1.19	0.70	100.00

表10.2 燃料的工业分析

挥发物/%	固定碳/%	灰分/%	水分/%	热值/(kJ/kg)
22.42	49.02	28.56	0.6	20930

10.8 水泥熟料在煅烧过程中都发生了哪些反应？影响这些反应的因素有哪些？
10.9 欲提高水泥生料的易烧性，应采取哪些措施？
10.10 简述新型干法窑生产水泥的工艺过程。
10.11 水泥熟料煅烧有哪些类型的煅烧设备？悬浮预热器有何功能？
10.12 为什么悬浮预热器可提高水泥熟料的生产效率和热效率？
10.13 旋风筒的主要功能是什么？连接旋风筒的管道主要作用是什么？
10.14 水泥预分解窑为何能大幅度提高熟料的产量？
10.15 水泥预分解窑为何对原料和燃料中的碱、硫和氯含量有所限制？
10.16 预分解窑内可划分为几个反应带？各反应带的主要反应如何？
10.17 什么是熟料冷却机？冷却的主要作用是什么？
10.18 水泥为什么会凝结和硬化？为什么会产生强度？
10.19 水泥粉磨时为什么要掺加石膏？但又为什么要限制其掺加量？
10.20 为什么水泥的国家标准中要对水泥中的三氧化硫含量作出限制规定？
10.21 水泥的安定性不良的原因有哪些？各应采取什么方法检验？为什么？
10.22 水泥熟料各矿物的水化产物是什么？水泥的水化产物是什么？
10.23 硅酸三钙水化过程分为哪几个阶段，简述各阶段的反应特点。
10.24 如何调节水泥的水化速率？
10.25 硅酸盐水泥水化后生成的固相有哪些？水化后为什么会产生体积变化？
10.26 水泥的耐久性受哪些因素影响？有何改进措施？
10.27 水泥中为什么要掺加混合材料？掺加混合材料的目的是什么？
10.28 何为活性混合材料？何为非活性混合材料？它们的区别有哪些？
10.29 为什么矿渣硅酸盐水泥相比于硅酸盐水泥，其早期强度低，而后期强度较高？

第四篇

金属材料工艺

第11章

金属材料概论

11.1 金属材料概述

11.1.1 金属材料的定义和分类

金属和人类的联系既悠久又深远，人类利用金属已达5000多年。元素周期表118种元素中，90余种为金属。目前，通过人工合成等手段，金属的队伍仍在发展和壮大。金属最初主要用作日用品、武器以及装饰品等，工业革命后被广泛用来制造各种工业产品及工具。今天，在日常生活和工业生产中能接触到的小到刀、剪、勺等，大到机器设备、交通工具、大型建筑物等都离不开金属。金属材料已经成为工农业生产、人民生活和国防建设的重要物质基础。

金属是指具有良好的导电性和导热性，有一定的强度和塑性，并具有光泽和不透明的物质，如铁、铝和铜等。合金是由两种或两种以上的化学组分，如均为金属元素，或者金属元素与非金属元素熔合在一起形成的具有金属性质的物质。钢、生铁、铸铁、黄铜、青铜、白铜、硬铝等本质上都是合金。例如，实用的钢铁都是由铁元素和碳元素以及其他元素形成的合金。

金属材料是由金属元素组成的，或以金属元素为主要成分并具有金属特性的材料，它包括纯金属和合金。合金根据组成元素的数目，可分为二元合金、三元合金和多元合金。金属材料，尤其是钢铁材料(约占金属材料的90%)，是现代工业的基础，各种机器、设备、交通运输工具、火箭、卫星以及人类的日常生活都离不开金属材料。正确地认识掌握及选用金属材料，充分发挥金属材料的作用，具有重要的实际意义。

金属(或金属材料)在工业上通常分为黑色金属和有色金属两大类：通常将铁、铬、锰及其合金称为黑色金属，如钢和生铁、铸铁；除黑色金属以外的其他金属称为有色金属，如铜、铝及其合金等。

金属的主要特征如下所述。

(1) 具有金属光泽和颜色、良好的反射能力和不透明性。

(2) 具有较高的强度和良好的延展性(塑性变形能力)。

(3) 具有比一般非金属材料大得多的导电能力。

(4) 具有磁、热、光等许多物理特性。作为电、磁、热、光等方面的功能材料，金属可以在很多领域里发挥作用。

(5) 表面工艺性能优良，在金属表面可进行各种装饰工艺以获得理想的质感。

其他材料也可能有金属材料上述特征中的一项或几项，但决不会同时具有上述的全部特性，也达不到金属所具有的那么高的性能水平。

11.1.2 金属材料的发展概况

人类在大约公元前4000年由石器时代进入了青铜时代，人们首先开始利用的是自然界中存在的天然铜，随后开始冶炼铜。人们用火在能够承受高温的陶质容器内把铜熔化，然后将液态的铜倒进模腔内，以铸成所需的工具。在炼铜技术的不断发展过程中，人们在不知不觉中发现了“合金”，最早的合金可能是青铜，它大约由10%的锡及90%的铜构成。随着青铜技术的不断发展，人们意识到增大锡的比例会使合金变硬，即“合金”比单一的金属拥有更好的性能，于是发展出了黄铜等适用于不同场合的合金。我国安阳市武官村出土的质量达832.84kg的后母戊鼎是目前世界上出土的最大的青铜器，它是我国青铜冶铸鼎盛时期的产物，从它的纹饰、构造等都反映了当时我国青铜冶铸的高超技术。

在公元前约1200年，人类步入了铁器时代，人们对铁的最早认识源于太空中的陨铁，古埃及人称它为“天铁”。人们发现铁的硬度要比铜或青铜都大得多，于是开始研究如何冶炼铁。据说铁矿石冶炼技术最早出现在公元前14世纪的埃及、两河流域以及爱琴海地区，而春秋末期、战国早期的中国也已经诞生了最早的铁器。冶炼铁技术的出现和坚硬的铁器的使用，为人类的进步作出了巨大贡献，让人类文明向前跨出了一大步。在这个时期人们能够加工出各种铁器。铁的高硬度、高熔点与铁矿石的高储量，使得铁相对于青铜来说更便宜且应用更广，所以其需求很快便远超青铜。而在欧洲，资本主义萌芽带来的社会化大生产也促使金属的冶炼和材料的制造向着工厂化、规模化发展。一些效率更高的大型炼铁炉被建造起来。英国在18世纪初已经出现了“高炉”的原型，日产铁以吨计。起初是使用木炭等天然燃料，后来改用焦炭，并安装上鼓风机，从此慢慢演变为近代的高炉，这是炼铁工业的起点。由于铁的大规模生产，人类物质文明进一步提高，铁轨等应运而生。19世纪，一个英国人把空气直接鼓入铁水中以烧掉其中的杂质，从而找到了将铁炼成钢的方法。钢的出现克服了铁的性能不足，人们认识到钢是更适合的工程材料，于是代替铁轨的钢轨等钢材开始得到广泛应用。19世纪中叶，现代平炉和转炉炼钢技术的出现，使人类真正进入了钢铁时代，钢铁工业的发展成为产业革命的重要内容和物质基础。借助于金属材料的优良导电性，第二次工业革命迅速开展并使人类步入电气时代。近代以来，合金钢以及其他金属材料飞速发展。高速钢、不锈钢、耐热钢、耐磨钢、电工用钢等特种钢相继出现，其他合金如铝合金、铜合金、钛合金、钨合金、钼合金、镍合金等，以及各种稀有合金也不断发展，直到20世纪中叶，金属材料在材料工业中一直占有主导地位。金属材料作为四大材料之一，未来仍有很大的发展空间。

11.1.3 金属材料的性能

金属材料具有许多良好的性能，因此被广泛地应用于制造各种构件、机械零件、工具和日常生活用具。金属材料的性能通常包含工艺性能和物理化学性能两方面。工艺性能是指制造工艺过程中金属适应加工的性能；物理化学性能是指金属材料自身所具有的性能。

1. 金属材料的工艺性能

金属材料的一般加工过程如图11.1.1所示。

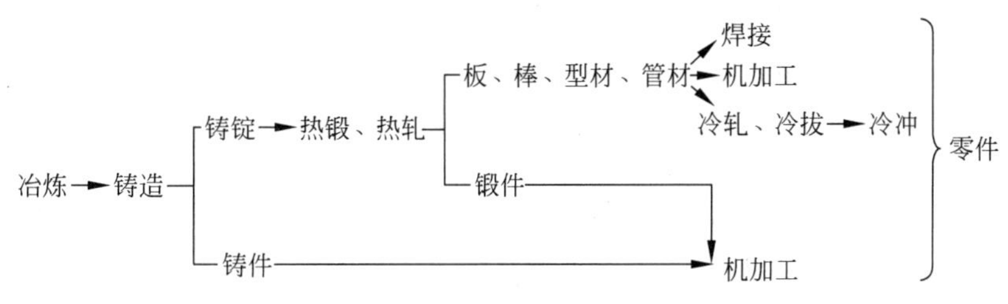

图 11.1.1　金属材料的一般加工过程

在铸造、锻压、焊接、机加工等加工前后过程中，一般还要进行不同类型的热处理。因此，一个由金属材料制得的零件其加工过程十分复杂。工艺性能直接影响零件加工后的质量，是选材和制订零件加工工艺路线时应当考虑的因素之一。

1）铸造性能

金属材料铸造成型而获得优良铸件的能力称为铸造性能。它可用流动性、收缩性和偏析来衡量。

(1) 流动性。熔融金属的流动能力称为流动性。流动性好的金属容易充满铸型，从而获得外形完整、尺寸精确、轮廓清晰的铸件。

(2) 收缩性。铸件在凝固和冷却过程中，其体积和尺寸减小的现象称为收缩性。铸件收缩不仅影响尺寸，还会使铸件产生缩孔、疏松、内应力、变形和开裂等缺陷，故铸造用金属材料的收缩率越小越好。

(3) 偏析。金属凝固后，铸锭或铸件化学成分和组织的不均匀现象称为偏析。偏析大，会使铸件各部分的力学性能有很大的差异，降低铸件的质量。表 11.1.1 为几种金属材料的铸造性能的比较。

表 11.1.1　几种金属材料的铸造性能的比较

材　料	流 动 性	收缩性		偏 析 倾 向	其　他
		体收缩	线收缩		
灰口铸铁	好	小	小	小	铸造内应力小
球墨铸铁	稍差	大	小	小	易形成缩孔、缩松，白口化倾向小
铸钢	差	大	大	大	导热性差，易发生冷裂
铸造黄铜	好	小	较小	较小	易形成集中缩孔
铸造铝合金	尚好	小	小	较大	易吸气，易氧化

2）锻造性能

金属材料用锻压加工方法成型的适应能力称为锻造性。锻造性能主要取决于金属材料的塑性和变形抗力。塑性越好，变形抗力越小，金属的锻造性能越好。铜合金和铝合金在室温状态下有良好的锻造性能；碳钢在加热状态下锻造性能较好，其中低碳钢最好，中碳钢次之，高碳钢较差；低合金钢的锻造性能接近于中碳钢，高合金钢的较差；铸铁锻造性能差，不能锻造。

3）焊接性能

金属材料对焊接加工的适应性称为焊接性，即在一定的焊接工艺条件下，获得优质焊接接头的难易程度。在机械工业中，焊接的主要对象是钢材。碳质量分数是焊接性好坏的主要因素。低碳钢和碳质量分数低于0.18%的合金钢,有较好的焊接性能;碳质量分数大于0.45%的碳钢和碳质量分数大于0.35%的合金钢,焊接性能较差。碳质量分数和合金元素质量分数越高,焊接性能越差。铜合金和铝合金的焊接性能都较差,灰口铸铁的焊接性很差。

4) 切削加工性能

切削加工金属材料的难易程度称为切削加工性能。一般由工件切削后的表面粗糙度及刀具寿命等方面来衡量。影响切削加工性能的因素主要有工件的化学成分、金相组织、物理性能、力学性能等。铸铁比钢切削加工性能好,一般碳钢比高合金钢切削加工性能好。金属材料的切削加工性能比较复杂,很难用一个指标来评定,通常用以下四个指标来综合评定:切削时的切削抗力、刀具的使用寿命、切削后的表面粗糙度和断屑性情况。如果一种材料在切削时的切削抗力小,刀具寿命长,表面粗糙度低,断屑性好,则表明该材料的切削加工性能好。另外,也可以根据材料的硬度和韧性作大致的判断。硬度在170~230HBW,并有足够脆性的金属材料,其切削加工性良好;硬度和韧性过低或过高,切削加工性均不理想。改变钢的化学成分(例如加入少量铅、磷等元素)和进行适当的热处理(例如低碳钢进行退火,高碳钢进行球化退火)可提高钢的切削加工性能。表11.1.2是几种金属材料的切削加工性能的比较。

表11.1.2 几种金属材料的切削加工性能的比较

等级	金属材料	切削加工性能	等级	金属材料	切削加工性能
1	铝、镁合金	很容易加工	5	85钢(轧材)、2Cr13钢调质	一般
2	易切削钢	易加工	6	65Mn钢调质、易切削不锈钢	难加工
3	30钢正火	易加工	7	1Cr18Ni9Ti,W18Cr4V钢	难加工
4	45钢、灰口铸铁	一般	8	耐热合金、钴合金	难加工

5) 热处理工艺性能

钢的热处理工艺性能主要考虑其淬透性,即钢接受淬火的能力。含Mn、Cr、Ni等合金元素的合金钢淬透性比较好,碳钢的淬透性较差。铝合金的热处理要求较严,它进行固溶处理时加热温度离熔点很近,温度的波动必须保持在±5℃以内。铜合金只有几种可以用热处理强化。

2. 金属材料的力学性能

金属材料的力学性能,即是指金属材料在外力作用时表现出来的性能,包括强度、塑性、硬度、韧性及疲劳强度等。

1) 强度

金属材料抵抗塑性变形或断裂的能力称为强度。根据载荷的不同,可分为抗拉强度、抗压强度、抗弯强度、抗剪强度和抗扭强度等几种。

金属材料的强度指标根据其变形特点分成下列几种。

(1) 弹性极限值。表示材料保持弹性变形,不产生永久变形的最大应力,是弹性零件的设计依据。

(2) 屈服极限(屈服强度)。表示金属在受力过程中,开始发生明显塑性变形的应力值。有些材料(如铸铁)没有明显的屈服现象,则用条件屈服极限来表示,即产生0.2%残余应变时的应力值。

(3) 强度极限(抗拉强度)。表示金属受拉时所能承受的最大应力值。

屈服极限、屈服极限及强度极限是机械零件和构件设计和选材的主要依据。

金属材料的强度与其化学成分和工艺过程,尤其是热处理工艺有密切关系。例如,对于退火状态的碳质量分数为0.4%的铁碳合金,其抗拉强度为500MPa;但其经淬火和高温回火后,抗拉强度可提高到700～800MPa。纯金属的抗拉强度较低,例如铜为60MPa。但铜合金和铝合金的抗拉强度明显提高。例如,铜合金的抗拉强度达600～700MPa;铜合金经固溶-时效处理后,抗拉强度最高为1250MPa。

2) 塑性

金属材料受力超过屈服极限后,断裂前产生显著变形而不立刻断裂的能力称为塑性,用伸长率和断面收缩率来表示。

(1) 伸长率。在拉伸试验中,试样拉断后,标距的伸长与原始标距的百分比称为伸长率。同一材料的试样长短不同,测得的伸长率略有不同。

(2) 断面收缩率。试样拉断后,缩颈处截面积的最大缩减量与原横断面积的百分比称为断面收缩率。

金属材料的伸长率和断面收缩率的数值越大,表示材料的塑性越好。塑性好的金属可以发生大量塑性变形而不破坏,便于通过各种压力加工而获得复杂形状的零件。铜、铝、铁的塑性很好。铸铁塑性很差,伸长率和断面收缩率几乎为零,不能进行塑性变形加工。塑性好的材料,在受力过大时,由于首先产生塑性变形而不致发生突然断裂,因此比较安全。

3) 硬度

材料抵抗外力刻划或另一硬物体压入其内的能力叫作硬度,即受压时抵抗局部塑性变形的能力。硬度的试验方法很多,表示方式亦有多种。

(1) 布氏硬度。一定直径的球体(钢球或硬质合金球)在一定载荷作用下压入试样表面,保持一定时间后卸除载荷,测量其压痕直径,计算硬度值。布氏硬度值用球面压痕单位表面积上所承受的平均压力来表示,用符号HBS(当用钢球压头时)或HBW(当用硬质合金球时)来表示。

实际测量时,可由相应的压痕直径与布氏硬度对照表查得硬度值。

布氏硬度记为200HBS10/1000/30,则表示用直径为10mm的钢球,在9800N(1000kgf)的载荷下保持30s时测得布氏硬度值为200。如果钢球直径为10mm,载荷为29400N(3000kgf),保持10s,硬度值为200,则可简单表示为200HBS。

布氏硬度主要用于各种退火状态下的钢材、铸铁、有色金属等,也用于调质处理的机械零件。

(2) 洛氏硬度。将金刚石压头(或钢球压头),在先后施加的两个载荷(预载荷和总载荷)的作用下压入金属表面。总载荷为预载荷和主载荷之和。卸去主载荷后,测量其残余压入深度来计算洛氏硬度值。残余压入深度越大,表示材料硬度越低,实际测量时硬度可直接从洛氏硬度计的表盘上读得。根据压头的种类和总载荷的大小,洛氏硬度常用的表示方式有HRA、HRB、HRC三种。如洛氏硬度为62HRC,则表示用金刚石圆锥压头,总载荷为1470N测得的洛氏硬度值。

洛氏硬度试验压痕小,直接读数,操作方便,可测低硬度、高硬度材料。应用最广泛,用于试验各种钢铁原材料、有色金属、经淬火后工件、表面热处理工件及硬质合金等。

材料的硬度还可用维氏硬度试验方法和显微硬度试验方法测定。

各种不同方法测得的硬度值之间可通过查表的方法进行互换。例如，61HRC＝82HRA＝627HBW＝803HV30。

铝合金和铜合金的硬度较低，铝合金的硬度一般低于150HBS，铜合金的硬度范围为70～200HBS。退火态的低碳钢、中碳钢、高碳钢的硬度分别为120～180HBS、180～250HBS、250～350HBS。中碳钢淬火后硬度可达50～58HRC，高碳钢淬火后可达60～65HRC。

4）韧性

许多机械零件和工具在工作中，往往要受到冲击载荷的作用，如活塞销、锤杆、冲模和锻模等。材料在不被折断时，抵抗冲击载荷作用的能力称为韧性，常用一次摆锤冲击弯曲试验来测定。韧性与材料组织有密切关系。铸铁的冲击韧度很低。

5）疲劳强度

轴、齿轮、轴承、叶片、弹簧等零件，在工作过程中各点的应力随时间作周期性的变化，这种随时间作周期性变化的应力称为交变应力（也称循环应力）。在交变应力作用下，虽然零件所承受的应力低于材料的屈服极限（屈服点），但经过较长时间的工作而产生裂纹或突然发生完全断裂的过程，称为金属的疲劳。金属承受的交变应力越大，则断裂时应力循环次数 N 越少。当应力低于一定值时，试样可以经受无限周期循环而不破坏，则此应力值称为材料的持久极限，亦叫作疲劳极限。实际上，金属材料不可能做无限次交变载荷试验。对于黑色金属，一般规定应力循环 10^7 次而不断裂的最大应力为疲劳极限；有色金属、不锈钢则取 10^8 次。

金属的疲劳极限受到很多因素的影响，主要有工作条件、表面状态、材质、残余内应力等。改善零件的结构形状、降低零件表面粗糙度，以及采取各种表面强化的方法，都能提高零件的疲劳极限。

6）断裂韧性

桥梁、船舶、大型轧辊、转子等有时会发生低应力脆断，这种断裂的名义断裂应力低于材料的屈服极限。尽管在设计时保证了足够的伸长率、韧性和屈服极限，但它仍不免被破坏。其原因是构件或零件内部存在着或大或小、或多或少的裂纹和类似裂纹的缺陷。裂纹在应力作用下可失稳而扩展，导致机件破断。材料抵抗裂纹失稳扩展断裂的能力叫作断裂韧性。

断裂韧性是材料本身的特性，是由材料的成分、组织状态决定，与裂纹的尺寸、形状以及外加应力的大小无关。

3. 金属材料的理化性能

1）金属的物理性能

（1）密度。单位体积物质的质量称为该物质的密度。密度小于 $5\times10^3 kg/m^3$ 的金属称为轻金属，如铝、镁、钛及它们的合金；密度大于 $5\times10^3 kg/m^3$ 的金属称为重金属，如铁、铅、钙等。金属材料的密度直接关系到由它们所制成的构件和零件的自重。轻金属多用于航天航空器上。

（2）熔点。金属从固态向液态转变时的温度称为熔点，纯金属都有固定的熔点。熔点高的金属称为难熔金属，如钨、钼、钒等，可以用来制造耐高温零件。例如，在火箭、导弹、燃气轮机和喷气飞机等方面得到广泛应用。熔点低的金属称为易熔金属，如锡、铅等，可用于制造保险丝和防火安全阀零件等。

(3) 导热性。导热性通常用热导率来衡量。热导率的符号是λ,单位是W/(m·K)。热导率越大,导热性越好。金属的导热性以银为最好,铜、铝次之。合金的导热性比纯金属差。在热加工和热处理时,必须考虑金属材料的导热性,防止材料在加热或冷却过程中形成过大的内应力,以免零件变形或开裂。导热性好的金属,其散热也好,在制造散热器、热交换器与活塞等零件时,宜选用导热性好的金属材料。

(4) 导电性。传导电流的能力称导电性,用电阻率来衡量,电阻率的单位是Ω·m。电阻率越小,金属材料导电性越好。金属导电性以银为最好,铜、铝次之。合金的导电性比纯金属差。电阻率小的金属(纯铜、纯铝)适于制造导电零件和电线;电阻率大的金属或合金(如钨、钼、铁、铬)适于微电热元件。

(5) 热膨胀性。金属材料随着温度变化而膨胀、收缩的特性称为热膨胀性。一般来说,金属受热时膨胀体积增大,冷却时收缩体积缩小。热膨胀性用线膨胀系数和体膨胀系数表示。

由膨胀系数大的材料制造的零件,在温度变化时,尺寸和形状变化较大。轴和轴瓦之间要根据其膨胀系数来控制其间隙尺寸;在热加工和热处理时,也要考虑材料的热膨胀影响,以减少工件的变形和开裂。

(6) 磁性。金属材料可分为铁磁质材料(在外磁场中能强烈地被磁化,如铁、钴等)、顺磁质材料(在外磁场中只能微弱地被磁化,如锰、铬等)和抗磁质材料(能抗拒或削弱外磁场对材料本身的磁化作用,如铜、锌等)三类。铁磁质材料可用于制造变压器、电动机、测量仪表等。抗磁质材料则用于要求避免电磁场干扰的零件和结构材料,如航海罗盘。

铁磁质材料当温度升高到一定数值时,磁畴被破坏,变为顺磁质,这个转变温度称为居里点,如铁的居里点是769℃。

一些金属的物理性能及力学性能见表11.1.3。

表11.1.3　一些金属的物理性能及力学性能

金　属	铝	铜	镁	镍	铁	钛	铅	锡	锑
元素符号	Al	Cu	Mg	Ni	Fe	Ti	Pb	Sn	Sb
密度/(10^3 kg/m^3)	2.70	8.94	1.74	8.9	7.86	4.51	11.34	7.3	6.69
熔点/℃	660	1083	650	1455	1539	1660	327	232	631
线膨胀系数/10^{-6}℃$^{-1}$	23.1	16.6	25.7	13.5	11.7	9.0	29	23	11.4
导电率/%	60	95	34	23	16	3	7	14	4
热导率/W/(m·℃)	2.09	3.85	1.46	0.59	0.84	0.17			
磁化率	21	抗磁	12	铁磁	铁磁	182	抗磁	2	
杨氏模量/MPa	72400	130000	4360	210000	200000	112500			
抗拉强度/MPa	80～110	200～240	200	400～500	250～330	250～300	18	20	4～10
伸长率/%	32～40	45～50	11.5	35～40	25～55	50～70	45	40	0
断面收缩率/%	70～90	65～75	12.5	60～70	70～85	76～88	90	90	0
布氏硬度(HB)	20	40	36	80	65	100	4	5	30
色泽	银白	玫瑰红	银白	白	灰白	暗灰	苍灰	银白	银白

2) 金属的化学性能

(1) 耐腐蚀性。金属材料在常温下抵抗氧、水蒸气及其他化学介质腐蚀破坏作用的能力称耐腐蚀性。碳钢、铸铁的耐腐蚀性较差；钛及其合金、不锈钢的耐腐蚀性好。在食品、制药、化工工业中，不锈钢是重要的应用材料。铝合金和铜合金有较好的耐腐蚀性。

(2) 抗氧化性。金属材料在加热时抵抗氧化作用的能力称抗氧化性。加入 Cr、Si 等合金元素，可提高钢的抗氧化性。例如，合金钢 4Cr9Si2 中含有质量分数为 9%的 Cr 和质量分数为 2%的 Si，可在高温下使用，制造内燃机排气阀，以及加热炉炉底板、料盘等。

金属材料的耐腐蚀性和抗氧化性统称化学稳定性。在高温下的化学稳定性称为热稳定性。在高温条件下工作的设备，如锅炉、汽轮机、喷气发动机等部件和零件应选择热稳定性好的材料来制造。

11.1.4 金属材料的结构与组织

材料的性能决定于材料的化学成分和其内部的组织结构。固态物质按其原子(离子或分子)的聚集状态可分为两大类：晶体与非晶体。原子(离子或分子)在三维空间有规则地周期性重复排列的物体称为晶体，如天然金刚石、水晶、氯化钠等；原子(离子或分子)在空间无规则地排列的物体则称为非晶体，如松香、石蜡、玻璃等。金属是由金属键结合，其内部的金属离子在空间作有规则的排列，因此，固态金属一般都是晶体。

1. 纯金属的晶体结构

1) 各种纯金属的晶体结构

金属的晶体结构随温度变化会发生变体转变。金属晶体的结构大部分是属于体心立方结构、面心立方结构或密排六方结构。ⅠA 族元素(碱金属元素)均为体心立方结构，其配位数为 8；ⅡA 主族元素(碱土金属元素)大部分为密排六方结构，其配位数为 12；过渡金属的晶体结构一开始主要是体心立方和密排六方，最后完全过渡到面心立方结构。面心立方结构和密排六方一样是最密的堆积方式，其配位数也是 12。由于金属键的作用，金属的晶体结构具有最致密的堆积方式，故配位数也特别高。

在常温下，铁、铬、钨、钼、钒等属于体心立方结构；铝、铜、铅、镍、金、银和 912～1394℃时的 γ-铁等属于面心立方结构；钛、镁、锌、镉、铍等属于密排六方结构；金刚石、硅、锗等半金属属于金刚石结构。

面心立方晶格和密排六方晶格中原子排列的紧密程度完全一样，在空间是最紧密排列的两种形式；体心立方晶格中原子排列的紧密程度要差些。因此，当一种金属(如 α-Fe)从面心立方晶格向体心立方晶格转变时，将伴随着体积的膨胀，这就是钢在淬火时由相变而发生体积变化的原因。面心立方晶格中的空隙半径比体心立方晶格中的空隙半径要大，表示容纳直径小的其他原子的能力要大，如 γ-Fe 中可容纳质量分数为 2.11%的碳原子，而 α-Fe 中最多只能容纳质量分数为 0.02%的碳原子，这在钢的化学热处理(渗碳)过程中有很重要的实际意义。

除单质金属外，由两种以上的金属元素或金属元素与非金属元素构成并具有金属性质的合金，一般都是多晶体，有时可以形成固溶体、共溶晶、金属间化合物以及它们的聚集体。典型的金属固溶体有 Cu-Au、Cu-Ni、Fe-Ni 等合金。组成合金的元素，相互之间作用可以形成化合物，也可以形成固溶体。特殊情况下，也可以形成既不属于化合物，也不属于固溶体的相，称为中间相。

2）金属晶体的特性

（1）金属晶体具有确定的熔点。

（2）金属晶体具有各向异性。

在晶体中，不同晶面和晶粒方向上原子排列的方式和密度不同，它们之间的结合力的大小也不相同，因而金属晶体不同方向上的性能不同，这种性质称为晶体的各向异性。而非晶体则是各向同性的。但对于实际使用的金属，由于其内部是由许许多多个晶粒组成的，每个晶粒在空间分布的位向不同，因而在宏观上沿各个方向上的性能趋于相同，晶体的各向异性就显示不出来了。

3）实际金属中的晶体缺陷

以上所讨论的金属的晶体结构是理想的结构，由于许多因素的作用，实际金属的结构远不是理想完美的单晶体，结构中存在有许多不同类型的缺陷。按照几何特征，晶格缺陷主要可区分为点缺陷、线缺陷和面缺陷三类，每类缺陷都对晶体的性能产生重大影响。

点缺陷是指在三维尺度上都很小的，不超过几个原子直径的缺陷。点缺陷有空位、间隙原子、异类原子等。点缺陷造成局部晶格畸变，使金属的电阻率、屈服强度增加，密度发生变化。

线缺陷是指二维尺度很小而第三维尺度很大的缺陷，这就是位错，由晶体中原子平面的错动引起。位错有刃型位错和螺型位错两种。位错能够在金属的结晶、塑性变形和相变等过程中形成，位错可以用透射电镜观察到。位错的存在极大地影响金属的力学性能。当金属为理想晶体或仅含极少量位错时，金属的屈服强度很高；当含有一定量的位错时，其屈服强度降低。当进行形变加工时，位错密度增加，金属的屈服强度又将会增高。

面缺陷是指二维尺度很大而第三维尺度很小的缺陷。金属晶体中的面缺陷主要有两种：晶界和亚晶界。晶界和亚晶界均可提高金属的屈服强度。晶界越多，晶粒越细，金属的塑性变形能力越大，塑性越好。

2. 合金的晶体结构

一种金属元素同另一种或几种其他元素，通过熔化或其他方法结合在一起所形成的具有金属特性的物质称为合金。组成合金的独立的、最基本的单元称为组元。组元可以是金属、非金属元素或稳定化合物。由两个组元组成的合金称为二元合金，例如工程上常用的铁碳合金、铜镍合金、铝铜合金等。合金的强度、硬度、耐磨性等力学性能比纯金属高许多；还有三元合金和多元合金等。某些合金还具有特殊的电、磁、耐热、耐蚀等物理、化学性能。因此合金的应用比纯金属广泛得多。

在金属或合金中，凡化学成分相同、晶体结构相同，并有界面与其他部分明显分开的均匀组成部分，皆称为相。合金的晶体结构即合金的相结构。固态合金中有两类基本相：固溶体和金属化合物。

1）固溶体

合金组元通过溶解而形成一种成分和性能均匀的，且结构与组元之一相同的固相，称为固溶体。与固溶体晶格相同的组元为溶剂，一般在合金中含量较多；另一组元为溶质，含量较少。

（1）固溶体的分类。

按溶质原子在溶剂晶格中的位置，固溶体可分为置换固溶体与间隙固溶体两种。按溶质原子在溶剂中的溶解度,固溶体可分为有限固溶体和无限固溶体两种。按溶质原子在固溶体中分布是否有规律,固溶体可分为无序固溶体和有序固溶体两种。在一定条件(如成分、温度等)下,一些合金的无序固溶体可转变为有序固溶体,这种转变称为有序化。

影响固溶体类型和溶解度的主要因素有组元的原子半径、电化学特性和晶格类型等。原子半径、电化学特性接近,晶格类型相同的组元,固溶体容易形成置换固溶体,并有可能形成无限固溶体。当组元原子半径相差较大时,固溶体容易形成间隙固溶体。间隙固溶体都是有限固溶体,并且一定是无序的。无限固溶体和有序固溶体一定是置换固溶体。

(2) 固溶体的性能。

固溶体随着溶质原子的溶入而使晶格发生畸变。对于置换固溶体,溶质原子较大时造成正畸变,较小时引起负畸变。形成间隙固溶体时,晶格总是产生正畸变。晶格畸变随溶质原子浓度的增高而增大。晶格畸变增大位错运动的阻力,使金属的滑移变形更加困难,从而提高合金的强度和硬度。这种通过形成固溶体而使金属的强度和硬度提高的现象,称为固溶强化。固溶强化是金属强化的一种重要形式,在溶质含量适当时,可显著提高材料的强度和硬度,而塑性和韧性没有明显降低。所以固溶体的综合力学性能很好,常常作为结构合金的基体相。固溶体与纯金属相比,物理性能有较大的变化,例如电阻率上升、电导率下降、磁矫顽力增大等。

2) 金属化合物

合金组元相互作用而形成的,晶格类型和特性完全不同于任一组元的新相,即金属化合物,或称中间相。金属化合物一般熔点较高,硬度高,脆性大。合金中含有金属化合物时,强度、硬度和耐磨性提高,而塑性和韧性降低。金属化合物是许多合金的重要组成相。根据形成条件及结构特点,金属化合物主要有正常价化合物、电子化合物、间隙化合物。

严格遵守化合价规律的化合物称为正常价化合物。它们由元素周期表中相距较远、电负性相差较大的两元素组成,可用确定的化学式表示。例如,大多数金属和ⅣA族、ⅤA族、ⅥA族元素生成 Mg_2Si_2、Cu_2Se、ZnS、AlP 及 β-SiC 等,皆为正常价化合物。这类化合物性能的特点是硬度高、脆性大。

以电子为阴离子不遵守化合价规律但符合于一定电子浓度(化合物中价电子数与原子数之比)的化合物,称为电子化合物。它们由ⅠB族或过渡族元素与ⅡB族、ⅢA族、ⅣA族、ⅤA族元素所组成。一定电子浓度的化合物相应有确定的晶体结构,并且还可溶解其他组元,形成以电子化合物为基的固溶体。生成这种合金相时,元素的每个原子所贡献的价电子数,Au、Ag、Cu为1个;Be、Mg、Zn为2个;Al为3个;Fe、Ni为0个。电子化合物主要以金属键结合,具有明显的金属特性,可以导电。它们的熔点和硬度较高,塑性较差,在许多有色金属中为重要的强化相。

由过渡族金属元素与碳、氮、氢、硼等原子半径较小的非金属元素形成的化合物,称为间隙化合物。尺寸较大的过渡族元素原子占据晶格的结点位置,尺寸较小的非金属原子则有规则地嵌入晶格的间隙。根据结构特点,间隙化合物分间隙相和复杂结构的间隙化合物两种。当非金属原子半径与金属原子半径之比小于0.59时,形成具有简单晶格的间隙化合物,称为间隙相。间隙相具有金属特性,有极高的熔点和硬度,非常稳定。它们的合理存在,可有效地提高钢的强度、热强性、红硬性和耐磨性,是高合金钢和硬质合金中的重要组成相。当非金属原子半径与金属原子半径之比大于0.59时,形成具有复杂结构的间隙化合物。钢

中的 Fe_3C、$Cr_{23}C_6$、Fe_4W_2C、Mn_3C、FeB 等都是这类化合物。Fe_3C 是铁碳合金中的重要组成相，具有复杂的斜方晶格。其中铁原子可以部分地被锰、铬、钼、钨等金属原子所置换，形成以间隙化合物为基的固溶体，如 $(Fe、Mn)_3C$、$(Fe、Cr)_3C$ 等。复杂结构的间隙化合物也具有很高的熔点和硬度，但比间隙相稍低些，在钢中也起强化相作用。

3. 金属材料的组织

1）组织的概念

将一小块金属材料用金相砂纸磨光后进行抛光，然后用浸蚀剂浸蚀，即获得一块金相样品。在金相显微镜下观察，可以看到金属材料组织的微观形貌。这种微观形貌称作显微组织（简称组织），组织由数量、形态、大小和分布方式不同的各种相组成。金属材料的组织可以由单相组成，也可以由多相组成。例如，纯铁的室温平衡组织是由颗粒状的单相 α 相（也称铁素体相）组成，这种组织叫作铁素体；碳质量分数为 0.77% 的铁碳合金的室温平衡组织是由粗片状的 α 相和细片状的 Fe_3C 相两相相间所组成，这种组织叫作珠光体。

2）组织的决定因素

金属材料的组织取决于它的化学成分和工艺过程。不同碳质量分数的铁碳含金在平衡结晶后获得的室温组织不一样。

金属材料的化学成分一定时，工艺过程则是其组织的最重要的影响因素。纯铁经冷拔后，其组织由原来的等轴形状的铁素体晶粒变成拉长了的铁素体晶粒。碳质量分数为 0.77% 的铁碳合金经球化退火后，得到的组织为球状珠光体，这种组织与室温平衡组织片状珠光体的形态完全不一样。

3）组织与性能的关系

金属材料的性能由金属内部的组织结构所决定。灰铸铁是工业生产和日常生活中常用的金属材料，它有三种不同的组织：①铁素体和片状石墨组织；②铁素体和团絮状石墨组织；③铁素体和球状石墨组织。它们的基体都是铁素体，但石墨的形态不同，使它们的抗拉强度相差很大。三种组织的灰口铸铁的抗拉强度分别为 150MPa、350MPa 和 420MPa；冲击韧性最高的是③，其次为②，最低的是①。

在研究组织与性能之间的关系时，需要注意两种情况。

（1）在有些情况下，金属的组织名称相同，组成相也相同，但晶粒形状、大小不同，则它们的性能也不相同。

（2）在某些合金中，在显微镜下观察它们的组织相同，组成相也相同，且形状、大小无明显差异，只是其成分有所不同，这时表现出来的性能也不相同。金属材料的性能不仅取决于其显微组织，还取决于其成分和内部的微观结构。

综上所述，金属材料的成分、工艺、组织结构和性能之间有着密切的关系。了解它们之间的关系，掌握材料中各种组织的形成及各种因素的影响规律，对于合理使用金属材料有十分重要的指导意义。

11.1.5 金属材料的生产工艺

从矿石提取金属涉及一系列工艺过程，不同的矿石又有不同的冶炼工艺，冶炼工艺大致可分为火法冶金、湿法冶金及电冶金三种。

1. 火法冶金

利用较高温度从矿石提取金属或其化合物的方法称为火法冶金。这种工艺没有水溶液参加,因而又称为干法冶金。这种工艺一般分为三个步骤:矿石准备、冶炼、精炼。

1)矿石准备

矿石是生产金属的原料。矿石中所含的欲提取的金属并非以纯金属状态存在,而是以化合物如氧化物、硫化物、氢氧化物、碳酸盐、硅酸盐等形式存在。

矿石很少以单一的化合物形式单独存在,而是与一些无利用价值的矿物(脉石,即石英、石灰石)一起存在。所以矿石开采后的第一步就是选矿。首先将矿石粉碎和研磨,然后进行分离,除去无用的矿物组分,即富集有用的矿物。这种分离的基础在于利用这两种矿物组分的不同性能,例如,两者不同的相对密度(用重力分离法);不同的磁性(磁法分离);在酸、碱等化学物质中的不同溶解度(化学法分离);对有机溶液润湿性的差别(浮选法)。

经以上各种过程所得到的细碎矿石适用于现代气-固反应技术(流态床还原)冶金工艺,但不适用于高炉冶金工艺。对于当今普遍采用的高炉冶金,必须将粉碎并富集过的矿石团聚成具有一定形状和大小的颗粒才便于使用。一般是将精矿粉与适量的黏结剂(消石灰、石灰石等)与水在造球机内均匀混合制成直径为1～5cm的球状矿石团,称为"球团";制得的生球经干燥(300～600℃)和预热(600～1000℃)后,再进行高温烧结;在预热和烧结过程中可发生氧化、去硫等一系列化学反应。另一途径则是将磨碎的精矿石与煤粉一起直接烧结而团化。

2)冶炼

冶炼是将处理好的矿石用气体或固体还原剂还原为金属而把金属提炼出来的过程。经处理后的矿石中还含有脉石,需加入熔剂与之化合成炉渣而分离。

冶炼是一种还原反应过程,也是一个吸热过程。对氧化铁而言,理想的还原剂是焦炭。以下简要介绍火法冶炼工艺。

(1)高炉法冶炼生铁。

还原磁铁矿的总反应方程为:$Fe_3O_4 + 2C \longrightarrow 3Fe + 2CO_2$。

需注意的是,若温度低于1100℃,这种反应是难以实现的,因为一旦在矿石表面产生了金属铁,它就把还原反应的双方隔开,使反应无法继续进行。

实现上述反应大规模工业化的装置就是炼铁高炉。高炉的最大容积,20世纪初为几十立方米,20世纪70年代达5000m^3,2009年10月21日,江苏沙钢集团有限公司5860m^3高炉投产,成为世界第二大高炉。

高炉是根据逆流反应器原理而制成的竖式鼓风炉,其运行过程如下:固体物料(矿石、焦炭、添加料)由高炉顶部加入并自上而下沉降;气体(CO/CO_2以及来自燃烧室气中的N_2)从高炉的下部向上运动,它将作为高炉煤气排出并加以利用;在高炉下部导入预热空气,使焦炭燃烧产生热量并供给还原反应所需的CO;按Fe-C相图,在高炉底部焦炭与铁的直接接触,致使熔融铁的渗碳量约达4.3%(质量分数),从而使铁的熔点由1530℃下降至1150℃;饱和渗碳的铁水,由于相对密度较大,集中在高炉底部并间歇式地排出,如此得到的生铁包括的主要杂质有Mn、Si、P、S等;矿石中的废矿渣和其他杂质与适当选择的添加剂一起形成熔点约1000℃的熔渣,它浮在生铁的上部由排渣口排出。

高炉生产有两个重要技术指标：一是反映生产率的高炉利用系数，当前国际先进水平已超过$(2t/m^3)/d$；二是反映燃料消耗的焦比，国际先进水平每吨合格生铁消耗的千焦量已达460kg。

近年来发展了许多取代高炉冶炼过程的新工艺流程。其中最引人注目的是用气相还原剂(C/CO_2、$CO/H_2/CO_2/H_2O$、$CH_4/H_2/CO$)作还原介质的沸腾床法。

(2) 碳还原其他金属化合物。

在高温下，碳具有很高的还原能力，可用于还原许多金属氧化物。例如，锡精矿(SnO_2)配入一定量的无烟煤和石英石、石灰石等熔剂，加热到1250～1350℃则按下式反应：$2SnO_2+3C \longrightarrow 2Sn+2CO+CO_2$。氧化铁等杂质与熔剂熔化而成炉渣。

(3) 氢还原法。

用氢气可还原钨、钢的氧化物以及锗及硅的氧化物，以制备相应的金属，例如$WO_3+3H_2 \longrightarrow W+3H_2O$。

(4) 金属热还原法。

用Ca、Mg、Al、Na等活泼金属可还原其他金属化合物而制得相应的金属，例如$2Al+Cr_2O_3 \longrightarrow 2Cr+Al_2O_3$。

(5) 熔硫冶炼。

从熔硫(冰铜)冶炼粗钢可分两个阶段。第一阶段在1150～1250℃将FeS氧化成FeO，造渣除去，得到白冰铜(Cu_2S)；第二阶段在1200～1280℃将白冰铜还原为Cu：

$$2Cu_2S+3O_2 \longrightarrow 2Cu_2O+2SO_2$$

$$Cu_2S+2Cu_2O \longrightarrow 6Cu+SO_2$$

3) 精炼

精炼是指将由冶炼得到的含有少量杂质的金属进一步纯化的过程。精炼可采用化学方法、物理方法，也可采用电化学方法。这里仅简要介绍火法冶金中的火法精炼。

生铁所含的主要杂质为Mn、Si、P、S和质量分数约4.3%的碳。凝固时生铁中将生成65%(体积分数)的渗碳体Fe_3C，因而性脆。精炼的目的就是将生铁中的碳含量(质量分数)降低到0.1%以下，同时除去其中的其他有害杂质，得到工业纯铁。

最简单且廉价的除碳方法是以氧脱碳。以氧脱碳时还必须注意避免铁再度被氧化成氧化铁。20世纪50年代以前主要有两种精炼方法，一种是平炉法，使用一个由气体加热的大面积炉床，在其上铁水与熔渣起反应，促进矿石Fe_2O_3对碳的氧化。另一种是转炉法，它是从一个注满铁水的转炉下部吹入压缩空气，空气中的氧和碳反应，净化铁水中溶解的碳。此外，它还把Mn、Si、S及P分别氧化成MnO、SiO_2、SO_2及P_2O_5。转炉内铁水上层覆盖着一层CaO/SiO_2基的流动性良好的熔渣层，它吸收MnO和SiO_2；此外，它可能与SO_2及P_2O_5起反应分别生成硫酸钙和磷酸钙。这样空气和熔渣一起对铁水起净化作用，而产生的钢渣可作为一种化学肥料。

20世纪70年代出现了一种新式炼钢法即LD法，它用一水冷喷嘴由顶部垂直向铁水吹纯氧，亦称为氧气顶吹法，其净化过程与转炉法大体一样。LD钢成本低廉且质量好，当前已在很多炼钢厂取代了老工艺。

吹氧精炼将碳的质量分数降低至所要求的水平，但该过程温度较高，导致氧在铁水中溶解量增大，当浇铸和凝固时，氧溶度下降，导致CO的生成，形成大量气泡，猛烈排出，使正待凝固的钢水变得“沸腾”，从而使铸钢件的均匀性和质量下降。为此，铸造前需加 Al 或 Si 脱氧。

目前也常采用真空技术脱除液态金属中的氧以及氮、氢等气体。

20 世纪 40 年代提出的电渣重熔精炼法，已获得了很大发展，用于冶炼优质合金钢、高温合金、精密合金、钛合金等。

通电因电阻热使渣池熔化，并使自耗电极端头逐渐熔化，液滴穿过渣池，发生充分的钢-渣反应，使钢中的有害杂质硫、铅、锡、锑、铋等有效地排除。液态金属在渣的覆盖下避免了再氧化。钢锭凝固前，由于金属熔池和渣池的保温和补缩作用，保证了钢锭内部的致密性；上升的渣池在结晶器内壁形成薄壳渣层，不仅使钢锭表面光洁，而且起到绝热作用，使更多的热量自上而下传导，有利于自下而上地定向结晶。因此，电渣重熔的钢锭质量优异。最大的钢锭已达 200t，用于重型机械大锻件的制造。

2. 湿法冶金

湿法冶金是指利用溶剂，借助于氧化、还原、中和、水解、络合等化学作用，对原料中金属进行提取和分离的工艺方法。由于绝大部分溶剂是水溶液，因而亦称为水法冶金。与火法冶金比较，其最大优点是环境污染较小，能处理低品位的矿石，但成本较高。目前全部的氧化铝、氧化铀，以及约 74%的锌、12%的铜和多数的稀有金属，都是用湿法冶金生产的。

湿法冶金包括浸取、分离、富集、提取金属或其化合物共四个步骤。在原理上是分析化学的范畴；在工程上则涉及化学工程的领域。

浸取是一种选择性溶解过程，即选择适当溶剂或试剂，使处理后的矿石中欲提取的成分溶解，从而与不溶物质相分离。根据浸取剂的不同可分为酸浸、碱浸、氨浸、氰化物浸取、氯化物浸取、有机溶剂浸取等。

分离实际上是一个过滤过程。

富集是浸取液的净化和富集过程。富集的方法有化学沉淀、离子交换及溶剂萃取三种。

提取金属或其化合物常用电解法，例如从净化液中制取 Au、Ag、Cu、Zn、Ni、Co 等纯金属；而 Al、W、Mo、V 等多数是以含氧酸的形式存在于净化液中，一般是先析出其氧化物，再用氢还原法或熔盐电解法制取金属。

3. 电冶金

电冶金是指应用电能作热源从矿石或其他原料中提取、回收、精炼金属的冶金过程。电冶金包括电炉冶炼、水溶液电解及熔盐电解三部分。电炉冶炼是利用电炉加热，已在火法冶金中述及。

应用水溶液电解精炼金属，称为电解精炼或可溶阳极电解；而应用水溶液电解从浸取液中提取金属，称为电解提取或不溶阳极电解。

金、银、铜及镍、钴等大都用电解精炼。铝、镁、钠等活泼金属无法在水溶液中电解，需选用有高电导率和较低熔点的熔盐作电解质，在熔盐中电解。熔盐是几种卤化物的混合物，它们比纯卤化物的熔点低。此外，熔盐的挥发性必须要低。

11.1.6 金属材料的成型与加工

金属材料的成型加工过程如图 11.1.2 所示。

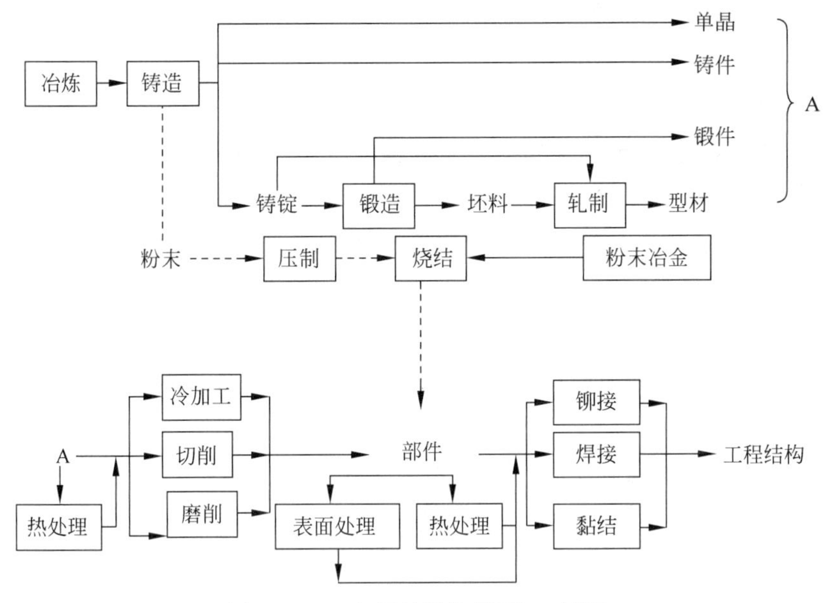

图 11.1.2　金属材料的成型加工过程

1. 铸造

冶炼生产的钢、铝及铜中，有很大部分是先铸成锭子，以便于储存和进一步加工。

传统的铸锭过程是将液态金属注入由铸钢制成的锭模中。最简单的方法是液态金属由上部注入锭模，热量通过模壁传递于周围环境，液态金属由外而内地逐渐凝固。铸锭外部形成柱状晶，心部则富集杂质和合金元素(铸锭偏析)，其组织为细晶粒。对锭模顶部加保温帽，可使凝固过程中的缩孔不断地得到液态金属的补充而减小或消除缩孔。用下注法并采用适当的分配器，就能用一个铸造盛钢桶即钢包同时铸造多个锭子。现在已发展出了连续铸造工艺，用一个下部开口的水冷连续铸锭模取代空气冷却铸锭模。开始铸锭时，在开口处放置一块金属，控制其向下运动的速度使其与凝固速度相等，另借一注钢装置保持钢液水平面恒定。用这种方法制备的钢锭无缩孔、均匀、表面质量高，最适用于挤压成型。

连续铸造工艺的进一步发展的结果是连续铸板机的出现，其锭模由两个平行的水冷导向不锈钢带组成。

对于不具备形变加工所必需的塑性的材料(如铸铁、Al-Si 合金)，需用模铸方法生产所需的部件。将液态金属注入所需工件的阴模中，凝固后即成。模型可用木材、轻金属或塑料等制作，再用它制成砂型。铸造用砂型箱至少要由两半组成，还要留有浇口和排气孔。

对某些精密零件需采用熔模法。首先由原始模型制得阴模；借此阴模用蜡或易熔塑料制成预铸工件的精确模型；由蜡模组成枞树状阳模，其表面涂以细粒陶瓷粉泥料，这层泥料固化并干燥后，加热使蜡模熔化并除去，这样就得到一组用于铸造工件的精密阴模。铸件凝固后清除掉阴模即得枞树状铸件组。

离心铸造法适用制造管状部件。这种方法是在一根快速旋转的水冷管状锭模中，注入液态金属并沿模壁由其一端移向另一端，凝固而形成铸管。

铸造是一个复杂的过程，在制订具体工艺条件时，需了解金属黏度与温度的关系、凝固相变过程、合金元素的重新分布、气体的溶解度以及成核及长大问题。此外还涉及铸模、液态及固态金属的热容和热传导问题。

2. 粉末冶金

对于高熔点金属，如铜基合金、铁基合金和镍基合金，就不宜使用铸造法制备形状复杂的工件。这时采用粉末冶金技术最为经济合适。按配方将金属粉末和作为压型助剂的有机黏合剂混匀，用阴模和阳模压制成型，制成粗坯，用传送带将粗坯送入由气体(一般为还原性气体 H_2)保护的电热烧结炉中加热烧结成型。这和陶瓷的烧结成型基本上是相同的。

3. 金属加工工艺

金属加工工艺是由铸造粗制品开始的一系列生产过程中的一环。加工工艺所依据的是金属的可塑性。原则上可把加工工艺分成热加工和冷加工两大类。

热加工过程中材料被强制变形，导致轻微强化并借恢复和再结晶而消除强化。为此，热加工需在高于材料再结晶温度范围内进行，即温度为 $0.5T_m$(T_m 为熔点)左右。

冷加工是在 $0.5T_m$ 以下进行的加工，通常都是在室温下进行，这样因塑料变形就会发生显著的加工强化。

1) 热加工

热加工主要有锻造、轧制和挤压三种加工方法。

(1) 锻造。锻造是指用水力锻压机进行轴向挤压或用锻锤锻打，锻造时一步就可产生大的形变。成批生产某种锻件时可用模锻法，由锻模与锤头一起构成一套两半的负模，将加热的可塑性金属置于模中锻打成型。

(2) 轧制。轧制过程是一种连续进行的锻造过程。轧制工件以一定速度通过轧机，工件的每一小段都受到一个脉冲式的压缩应力。工件与轧辊因摩擦作用而被迫通过轧辊间窄小的间隙。轧机一般都是带有支撑辊的四辊轧机。

如只用一台轧机进行轧制，则轧辊间隙调节装置在每道次之后需将辊之间的间隙调小一些，把轧件反向轧制。对于批量生产，可采用多台轧机在流水线上连续作业。生产型材(铁轨、T 型材、H 型材等)可使用带有相应形状槽口的轧辊。

轧制也是生产无缝管的基本过程。这时采用斜轧辊轧制或把管状料套在一根刚性芯棒上反复轧制的办法(皮尔格(Pilger)式周期轧管法)。

(3) 挤压。挤压法广泛应用于铝加工工业中。这是用很高的水压(5～100MN)将已预热至加工温度的棒状坯料挤压通过模具(阴模)而实现的。用挤压法亦可生产空心型材。

2) 冷加工

冷加工分轧制、拉拔和冲压三种主要方法。

冷轧与热轧的不同之处在于，冷轧时不发生任何再结晶，而是发生微弱的恢复，因此冷轧制件产生强烈的加工硬化，所以用于轧制的力很大。由于作用于轧件上的力很大，特别是对冷轧宽的板材(600～2000mm 宽)，为避免工作轧辊发生弯曲，则两个支撑辊(四辊轧机)一般难以满足要求，必须采用多组支撑辊的多辊轧机。冷轧时每道次的形变量低于热轧的，所需道次增多，因此有必要在其间插入中间再结晶退火的工序。冷轧件的表面光洁度高，表面光洁度是产品质量的重要标志，所以制件表面需精心保护。

拉拔是生产直径 5mm 以下丝材的常规方法。丝材断面的减缩是将它强行通过尺寸较小的拔丝模而实现的。生产细丝的拔丝模多用金刚石制成，而生产粗丝的拔丝模多用硬质合金（如 Co 基黏结的 WC）。

冲压是一种室温下的模锻，它要求受冲压的材料具有很高的强度。用冲压法可将平板材加工成中空体（如汽车壳体）。用一个冲头把板坯压入一阴模中强制成所需的形状，这也称为深冲加工工艺。

近年来还发展了爆炸成型工艺，它是利用炸药爆炸而产生的冲击波取代冲头的作用，可把用通常方法无法成型的材料加工成型。

4. 金属的超塑性成型加工

许多金属材料在特定的条件下均匀形变的伸长率可高达 200%～2000%，这种现象称为超塑性，其可用于加工形状复杂的部件。

应用超塑性成型部件时，一般采用凹模成型或可动凸模成型。近年来发展了多层板超塑性成型工艺，与扩散焊接结合起来，用于制造夹层结构。

超塑性成型的缺点是由于应变速率的限制，生产缓慢。此外，超塑性成型也是一种蠕变过程，在晶界形成微洞而使力学性能下降。

5. 切削加工

切削加工包括车、刨、钻、铣等不同类型的冷加工方法。概括地说，任何使用刃具从坯件或半成品上除去一定厚度的多余金属层，因而在形状上及表面粗糙度上达到要求的工艺，都是切削加工。

切削过程包括材料的分离切削和塑性变形两个基本过程。切削速度是由切削点能量转换情况决定的。

切削本质上是一种强制的开裂过程。若被切削的材料是完全脆性的，则每产生单位长度的车削只需消耗两倍的界面能。若材料在切削时于裂纹尖端（切削区）产生塑性形变，则还需供给附加的塑性形变功，它要比界面能高出 100～1000 倍。此外还有切削工具与工件之间，以及切削工具与运动着的切屑之间的摩擦所消耗的功。切削时使用切削液，一方面可以减少摩擦，另一方面可以起冷却作用，从而可减少摩擦所消耗的功。此外，若切削液含有极性分子的表面活性物质，可沿金属表面微缝浸入，则极性分子间的斥力使裂缝受到劈力，降低了金属的强度（罗宾德（Rehbinder）效应），从而起到降低切削过程的能耗。

由于切削过程存在上述的三种能耗，所以在切削过程中有局部集中的很强的热效应。这种热效应有可能导致被切削材料发生退火，在某些情况下还可能将其熔化。所以，在切削过程中将切削速度控制在一定范围内以减少热量和采取有效的散热措施是十分重要的。

尽管如此，切削工具仍不免显著发热，发热的程度随切削速度的提高而增加。与此同时，其磨损作用随切削速度的提高而成高于正比例的增长。切削力（切削工具对工件的压力）、摩擦速度和发热这三个因素限制了切削工具的使用寿命。因此，对切削工具材料的要求是很高的。当前用作切削工具的材料有高速工具钢、硬质合金（由碳化钨颗粒和钴基体组成的复合材料）以及陶瓷（Al_2O_3 基的切削刀具陶瓷）。

车屑的性质也是一个十分重要的问题。一般都希望产生短的车屑，这关系到始于切削工具前沿的车屑是否自断和何时断的问题。这一方面与车屑的形变强化行为有关，另一方面也与加工过程中由热量而引起的脆化转变过程有关。对合金成分作微小调整常可产生短的车屑而有利于切削加工，这种合金称为易切削合金。易切削合金的制造，目前主要是凭经验，缺乏理论指导。

极硬的或很脆的金属材料难以进行机械加工，如钻孔时往往得不到圆孔。为解决这一难题，发展了许多替代机械加工的工艺方法，如电化学加工工艺。此种工艺是基于水溶液腐蚀过程中的阳极溶解现象，由于阳极溶解的结果，把要“钻孔”的部位腐蚀掉，阴极则随之下移。

同样地，也可利用强超声振动加上粉末状磨料的磨蚀作用于成型加工（超声波加工）。用这种方法可以在玻璃和陶瓷上打孔。

6. 焊接

材料制成零件后，可用不同的方法连接成结构。连接方法除用铆接、螺钉连接等机械连接方法之外，还有借助于物理化学过程的黏结和焊接。黏结剂一般是高分子化合物，借助于它与材料之间强烈的表面黏着力可使部件连接成永久性的结构。焊接则是借助于金属间的压结、熔合、扩散、合金化、再结晶等而使金属零件永久地结合在一起。

从焊接过程的物理本质考虑，母材可在固态或局部熔化状态下进行焊接，而促使焊接的主要因素有压力和温度。在液态进行焊接时，母材接头被加热到熔点以上，在液态下相互熔合，冷却时便凝固在一起，这称为熔化焊接。在固态进行焊接时，又有两种方式，其一是利用压力将母材接头焊接，加热只起辅助作用，有时不加热，有时加热至接头的高塑性状态，甚至使接头表层熔化，这称为压力焊接；第二种方式是接头之间加入熔点比母材低得多的合金，局部加热使这些合金熔化，这种母材不熔化，而借助于熔化合金与固态接头的物理化学作用的焊接方法，称为钎焊，钎焊用的合金称钎焊合金。根据加热方法、熔化工艺及钎焊合金的不同，工业上使用的焊接方法不下几十种，图 11.1.3 列出了工业上常用焊接方法及其分类。

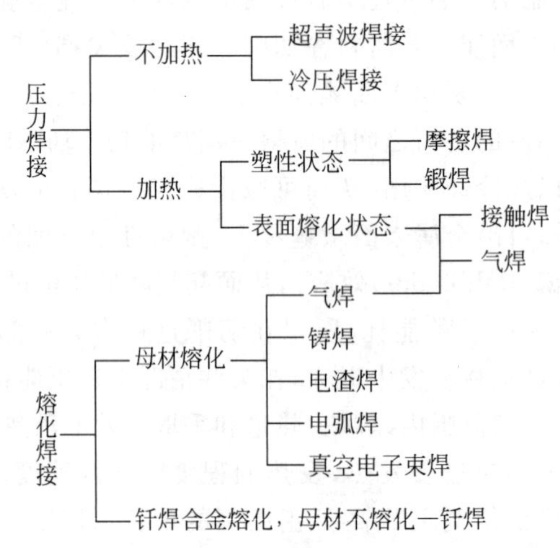

图 11.1.3 工业上常用的焊接方法及其分类

冷压焊的特点是不加热，只靠高压来焊接，适用于熔点较低的母材。超声波焊接也是一种冷压焊，只是用超声波的机械振荡作用降低所需的压力，适用于点焊有色金属及其合金的薄板。

锻焊是指将接头加热至高塑性状态再用手锻法进行压焊的方法。气焊是指用氧与可燃气体(乙炔)混合燃烧生成的火焰加热的方法。接触焊是指利用电阻加热的方法,最常用的有点焊、滚焊及对焊。接触焊的特点是机械化及自动化程度高,生产率大,但需强大的电流。

摩擦焊是指将待连接两半工件分别接在相向而立的两转轴上,使两半工件相对高速运动(通常为旋转)的同时,加压把它们压在一起;由于相对的固体摩擦作用,此两工件互相咬住,摩擦热将使其界面区发生熔化——微观熔化,一旦两者迅速停止了相对运动,就不再产生新的摩擦热,因而熔化界面在很短时间内立即凝固,两部分工件旋即成为一个整体。用摩擦焊法可以连接截面积较大的工件。

铸焊是指采用浇注铝热剂或镁热剂经化学反应而释热来熔化金属的方法,一般只用于修补工作。

如上所述,钎焊是指用低熔点合金(焊料)把两部分金属连在一起的方法。

通常根据焊料熔点的高低,把钎焊区分为软钎焊(熔点 $T_s<450℃$)和硬钎焊(熔点 $T_s>450℃$)两类。软钎焊料多是 Pb-Sn 共晶合金并添加有少量作为硬化剂的 Sb;软钎焊料熔点较低,它的力学强度自然也较低,故对那些要求很高力学强度的连接,一般都不选用软钎焊料;软钎焊特别适用于那些要求快速、廉价、能再度拆开、有良好的导电性和能够避免把过多的热量传递给待连接部件的加工成型的情况;现在用软钎焊能够进行高速自动化的批量生产。硬钎焊料由含铜高的青铜或 Ag-Cu 合金制成;其凝固点高,故对要求高的连接强度(约 $400N/mm^2$)的钎焊当然要选用这类焊料;硬钎焊要求供给一定的热量且不可避免地要对工件表面加热,这就使得焊料与工件间显微尺度上的相互扩散变得容易,因而也改善了焊料与基材之间的结合,其缺点是较昂贵和使基材受热。

最常见的非接触性热源是电弧放电(电弧焊)。电弧是在工件上的待焊点与电焊条尖端之间点燃,电焊条一般是由焊接填料制成的。在电弧的作用下,电焊条渐渐消耗,必须通过机械调节的方法推进电焊条,以维持电弧点燃的间距。也可以用一支不消耗的钨电极取代熔化焊条,而借钨电极与焊缝间的电弧将一独立的焊接填料熔化,填充焊缝(后一方法的特点是可能精确地控制电弧)。

电子束焊是指真空室中使用一束细聚焦的电子束,将待连接工件互相平行(非 V 形)的对接两侧熔化的焊接方法。电子束能熔透较厚的金属,而热影响区的宽度较小。由于电子束焊接必须在真空室中进行,所以很昂贵。但是,对于精密零件的焊接,或那些对氧亲和力较强的 Ti 或 Zr 等金属制件的焊接来说,它是最合适的方法。

激光焊接也有类似于电子束焊的优点。此外,突出的优点是激光焊接可以在真空室外进行。

埋弧焊接法是一种更为稳妥且效能很高的方法。它是借一特殊的送料机构将造渣粉末连续地撒在不断前进的电弧之前沿,使电弧的发生过程完全是在粉末堆之内,这样一来,就可以有效地保护熔化电极。部分粉末将形成熔渣覆盖在新鲜熔池的表面上起保护作用。

对于电渣焊,一开始也像埋弧焊一样用粉末造渣,当电弧已熔融了足够多的熔渣时,即把电弧没入熔渣中消失掉。这时熔渣作为离子导体,取代电弧起传递电流的作用,同时也发热供给熔化焊缝和填充料之需,这样熔融金属将始终为熔渣所覆盖。

7. 表面改性

材料的表面改性涉及防腐处理、表面强化和表面涂层等,这里主要介绍表面涂层的制备。

1）扩散法表面改性

由于N原子和C原子可溶于钢而成为间隙原子，并具有较高的扩散系数，因此可采用渗碳、渗氮或碳氮共渗的方法使钢表面硬化。

借助于渗碳和淬火形成马氏体的办法而使钢表面硬化，是一种经典的工艺过程。碳原子易溶于铁晶格中，所以由气体反应 $2CO \longrightarrow C+CO_2$，$CH_4 \longrightarrow C+2H_2$ 产生的碳原子溶解于铁表层晶格中，并以较快的速度向内扩散，扩散深度取决于淬火时的冷却速率，离表面距离越深，冷却速率越慢。从某一深度开始，冷却速率低于形成马氏体所需的临界冷却速率时，则在更深的部位就不再形成马氏体。在此传统工艺中，硬化所必需的CO来自于锻造火焰或充满木炭的红热铁箱，该箱中还添加 $BaCO_3$ 之类的催化剂以促进炭的燃烧或汽化，待硬化工件则埋于铁箱内木炭中，这就是表面碳硬化处理，在炭粉深处因空气不足而产生CO。当今，这类反应所需CO已不是来自于固体炭，而是来自于更为洁净的气体源，一般为 N_2 稀释的天然气-氢混合气（CH_4/H_2），有时亦用丙烷。

工具钢、传动件、滚珠轴承及滚动轴承等，一般都要进行表面渗碳硬化处理。

渗氮硬化过程温度较低，可避免急冷过程，以及由形成马氏体而出现的体积显著变化，也减少了内应力，因此，常用于大型机器零件（如曲轴）的生产。此工艺的缺点是投资大且耗时，因为氮不像碳那样容易由气相状态转变为固溶于金属中的状态。用辉光放电法产生氮离子，可加速氮化过程（离子氮化）。

渗氮工艺适用于一些特殊的低合金钢（一般含约1%的Al），对非合金钢渗氮时不形成起硬化作用的氮化物质点。当然，也可在非合金钢表面预先渗铝再进行渗氮。

2）保护涂层

在施加保护涂层时，基材仅起衬底的作用。保护层与基材金属之间必须有良好的结合力，因此，一般要通过合金化或形成化合物办法预先形成一中间层或过渡层。

（1）对钢板、钢带和型钢施加的防腐涂层是最常用的涂层工艺。为防止大气腐蚀，主要是用热浸镀锌。将基材浸入熔融锌中，在其上沉积一层固态锌，然后通过扩散形成中间层，即通过铁与锌反应形成中间层，其中铁含量由外向内而增加，这与梯度高分子物的形成相似。与热浸镀锌相似的另一种工艺是热浸镀锡。常用的白铁皮就是用热浸镀锌法生产的。

（2）高熔点金属（如Ni、Cr等）和贵金属（Ag、Au、Rh等）组成的涂层不能用热浸工艺施加保护层，一般要用电镀的方法，即采用阴极金属沉积法。电解溶（电解液，其中含待电镀的金属离子）的成分和电流密度决定了镀层的质量。这类方法统称为电镀工艺。

（3）玻璃、陶瓷及塑料均不导电，不能用通常的电镀工艺对它们镀金属。因此，需先设法在其表面施加一导电的中间层，常用的方法是真空蒸镀。此外还可用火焰或气体放电等离子体来产生金属原子或离子，并用惰性气体将其喷涂到待镀表面上并沉积下来，这分别称为火焰喷涂和等离子喷涂法。以上所述的方法统称为物理气相沉积（PVD）。

（4）当前发展了一种称为化学气相沉积（CVD）的方法。这主要是用一种易分解的气相金属化合物（如卤化物）在热金属表面上进行热分解。

（5）在钢板表面施加陶瓷保护层的工艺方法称为搪瓷。这是在钢的表面施以玻璃状熔体而形成保护层的方法。钢板表面原始的氧化物层有助于搪瓷与钢板的结合。

（6）在金属上施以塑料保护层的工艺近些年发展很快。这类工艺广泛使用流化床技术，因而可进行大批量生产。

11.2 钢和铸铁

金属材料是目前应用最广泛的工程材料，尤其是钢、有色金属及其合金。其中铝及铝合金、铜及铜合金和轴承合金的应用更为重要。

11.2.1 钢

钢按化学成分可分为碳素钢和合金钢两大类。碳素钢（简称碳钢）的化学成分除铁、碳元素之外，还含有少量的锰、硅、硫、磷等杂质元素。由于碳钢具有较好的力学性能和工艺性能，并且产量大，价格较低，已成为工程上应用最广泛的金属材料。合金钢是为了改善和提高钢的性能或使之获得某些特殊性能，在碳钢的基础上，加入某些合金元素而得到的钢种。由于合金钢具有比碳钢更优良的特性，因而合金钢的用量正在逐年增大。

1. 钢的分类与牌号

1）钢的分类

钢的分类方法很多，一般是按钢的化学成分、用途、质量或热处理金相组织等进行分类（图 11.2.1）。图中 w 为对应的化学元素的质量分数（%）。除此之外，还可以按钢的冶炼方法分为平炉钢、转炉钢、电炉钢；按钢的脱氧程度分为沸腾钢、镇静钢、半镇静钢。

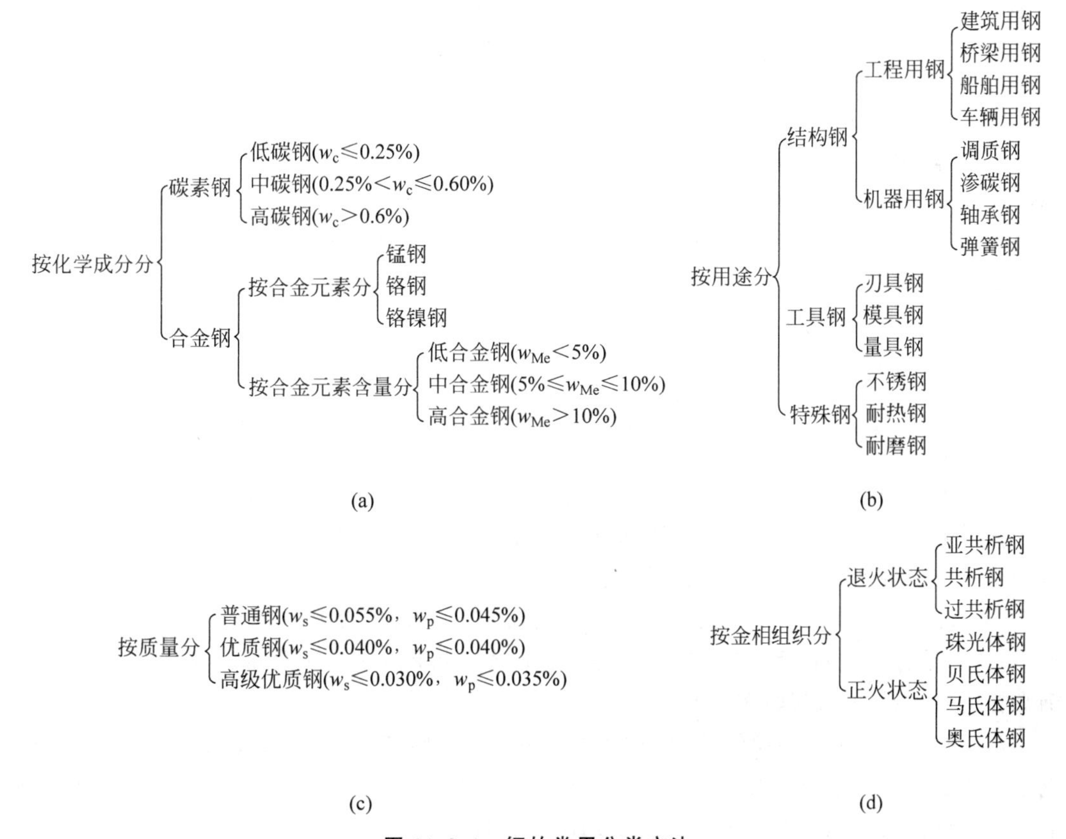

图 11.2.1 钢的常用分类方法

(a) 按化学成分；(b) 按用途分；(c) 按质量分；(d) 按金相组织分

2）钢的牌号

我国钢材的牌号是按碳的质量分数、合金元素的种类和数量，以及质量级别对每一种具体钢产品编制的名称，即钢号。依据国家标准规定，钢号中的化学元素采用国际化学元素符号表示，如Si、Mn、Cr（稀土元素用“RE”表示）。产品名称、用途、冶炼和浇注方法等则采用汉语拼音字母表示。表11.2.1是部分钢的名称、用途、冶炼方法及浇注方法用汉字或汉语拼音字母表示的代号。

表11.2.1 部分钢的名称、用途、冶炼方法及浇注方法代号

名称	牌号表示		名称	牌号表示	
	汉字	汉语拼音字母		汉字	汉语拼音字母
平炉	平	P	高温合金钢	高温	GH
酸性转炉	酸	S	磁钢	磁	C
碱性侧吹转炉	碱	J	容器用钢	容	R
顶吹转炉	顶	D	船用钢	船	C
氧气转炉	氧	Y	矿用钢	矿	K
沸腾钢	沸	F	桥梁钢	桥	q
半镇静钢	半	B	锅炉钢	锅	g
碳素工具钢	碳	T	钢轨钢	轨	u
滚动轴承钢	滚	G	焊条用钢	焊	H
高级优质钢	高	A	电工用纯铁	电铁	DT
易切钢	易	Y	铆螺钢	铆螺	ML
铸钢	铸钢	ZG			

（1）普通碳素结构钢。这类钢是用代表屈服强度的字母Q、屈服强度值、质量等级符号（A、B、C、D）以及脱氧方法符号（F、b、Z、TZ）等四部分按顺序组成。例如Q235-A、F，表示屈服强度为235MPa的A级沸腾钢。质量等级符号反映碳素结构钢中硫、磷含量的多少，由A至D，质量依次提高。

（2）优质碳素结构钢。这类钢的钢号是用钢中平均碳质量分数的两位数字表示，单位为万分之一。例如钢号45，表示平均碳质量分数为0.45%的钢。

对于碳质量分数大于0.6%，锰的质量分数在0.9%～1.2%的钢，以及碳质量分数小于0.6%，锰的质量分数为0.7%～1.0%的钢，数字后面附加化学元素符号“Mn”。例如钢号25Mn，表示平均碳质量分数为0.25%，锰的质量分数为0.7%～1.0%的钢。

沸腾钢、半镇静钢以及专门用途的优质碳素结构钢，应在钢号后特别标出。例如，15g即平均碳质量分数为0.15%的锅炉用钢。

（3）碳素工具钢。碳素工具钢是在钢号前加“T”表示，其后跟以表示钢中平均碳质量分数（单位为千分之一）数字。例如，平均碳质量分数为0.8的碳素工具钢记为T8。高级优质钢则在钢号末端加“A”，如T10A。

（4）合金结构钢。该类钢的钢号由“数字＋元素＋数字”三部分组成。前两位数字表示钢中平均碳质量分数（单位为万分之一）；合金元素用化学元素符号表示，元素符号后面的数字表示该元素平均质量分数。当其平均质量分数＜1.5%时，一般只标出元素符号而不标数字，当其质量分数分别≥1.5%，≥2.5%，≥3.5%，…时，则在元素符号后相应地标出2，

3,4,…,虽然这类钢中的钒、钛、铝、硼、稀土(RE)等合金元素质量分数很低,但仍应在钢中标出元素符号。高级优质钢在钢号后应加字母“A”。

(5) 合金工具钢。该类钢号前用一位数字表示平均碳质量分数(单位为千分之一)。例如,9CrSi钢,表示平均碳质量分数为0.9%(当平均碳质量分数≥1%时,不标出其碳质量分数),合金元素Cr、Si的平均质量分数都小于1.5%的合金工具钢;Cr12MoV钢表示平均碳质量分数>1%,铬的质量分数约为12%,钼、钒的质量分数都小于1.5%的合金工具钢。

高速钢的钢号中一般不标出碳质量分数,仅标出合金元素的平均质量分数(单位为百分之一),如W6Mo5Cr4V2。

(6) 滚动轴承钢。高碳铬轴承钢属于专用钢,该类钢在钢号前冠以“G”,其后为“Cr+数字”来表示,数字表示铬的平均质量分数(单位为千分之一)。例如,GCr15钢,表示铬的平均质量分数为1.5%的滚动轴承钢。

(7) 特殊性能钢。特殊性能钢的碳质量分数也以千分之一为单位。例如,9Cr18表示该钢平均碳质量分数为0.9%。但当钢的碳质量分数≤0.03%及≤0.08%时,钢号前应分别冠以“00”及“0”表示。如00Cr18Ni10、0Cr19Ni9等。

(8) 铸钢。铸钢的牌号由字母“ZG”后面加两组数字组成,第一组数字代表屈服强度值,第二组数字代表抗拉强度值。例如,ZG270-500表示屈服强度为270MPa、抗拉强度为500MPa的铸钢。

2. 钢中的杂质及合金元素

1) 杂质元素对钢性能的影响

钢中除含有铁与碳两种元素外,还含有少量锰、硅、硫、磷、氧、氮、氢等非有意加入的杂质元素。它们对钢的性能有一定影响。

(1) 锰。锰是炼钢时用锰铁脱氧而残留在钢中的。锰的脱氧能力较好,能清除钢中的FeO,降低钢的脆性。锰与硫化合成MnS,可以减轻硫的有害作用,改善钢的热加工性能。锰大部分溶于铁素体中,形成置换固溶体,发生强化作用。锰对钢的性能有良好的影响,是一种有益的元素。

(2) 硅。硅是炼钢时用硅铁脱氧而残留在钢中的。硅的脱氧能力比锰强,能有效地消除钢中的FeO,改善钢的品质。大部分硅溶于铁素体中,使钢的强度有所提高。

(3) 硫。硫是在炼钢时由矿石和燃料带入的。在钢中一般是有害杂质,硫在α-Fe中溶解度极小,以FeS的形式存在。FeS与Fe形成低熔点共晶体(FeS+Fe),熔点为985℃,低于钢材热加工的开始温度(1150~1250℃)。因此在热加工时,分布在晶界上的共晶体处于熔化状态而导致钢的脆裂,这种现象称为热脆。因为Mn与S能形成熔点高的MnS(熔点为1620℃),所以增加钢中锰的含量,可消除硫的有害作用。硫化锰在铸态下呈点状分布于钢中,高温时塑性好,热轧时易被拉成长条,使钢产生纤维组织。钢中硫的含量必须严格控制。

2) 合金元素在钢中的作用

合金元素在钢中的作用是极为复杂的,当钢中含有多种合金元素时更是如此。下面简要介绍合金元素在钢中的几个最基本的作用。

(1) 合金元素对钢中基本相的影响。铁素体和渗碳体是碳钢中的两个基本相,合金元素加入钢中时，可以溶于铁素体内，也可以溶于渗碳体内。与碳亲和力弱的非碳化物形成元素，如镍、硅、铝、钴等，主要溶于铁素体中形成合金铁素体。而与碳亲和力强的碳化物形成元素，如锰、铬、钼、钨、钒、铌、锆、钛等，则主要与碳结合形成合金渗碳体或碳化物。

A. 强化铁素体。大多数合金元素都能溶于铁素体，由于其与铁的晶格类型和原子半径有差异，必然引起铁素体晶格畸变，产生固溶强化作用，使其强度、硬度升高，塑性和韧性下降。锰、硅能显著提高铁素体的硬度，但当 $w_{Mn}>1.5\%$、$w_{Si}>0.6\%$时，将强烈地降低其韧性。只有铬和镍比较特殊，在适当的含量范围内($w_{Cr}\leqslant 2\%$、$w_{Ni}\leqslant 5\%$)，不仅能提高铁素体的硬度，而且还能提高其韧性。

B. 形成合金碳化物。碳化物是钢中的重要组成相之一，碳化物的类型、数量、大小、形状及分布对钢的性能有很重要的影响。碳钢在平衡状态下，可以按碳的质量分数不同，分为亚共析钢、共析钢、过共析钢。通过热处理又可改变珠光体中 Fe_3C 片的大小，从而获得珠光体、索氏体、屈氏体等。在合金钢中，碳化物的状况显得更重要。作为碳化物形成元素，在元素周期表中都是位于铁以左的过渡族金属，越靠左，则 d 层电子数越少，形成碳化物的倾向越强。

合金元素按其与钢中的碳亲和力的大小可分为非碳化物形成元素和碳化物形成元素两大类。常见的非碳化物形成元素有：镍、钴、铜、硅、铝、氮、硼等；常见的碳化物形成元素按照与碳亲和力由弱到强的顺序排列是：铁、锰、铬、钨、钒、铌、锆、钛等。钢中形成的合金碳化物主要有以下两类。

A. 合金渗碳体。弱或中强碳化物形成元素，由于其与碳的亲和力比铁强，通过置换渗碳体中的铁原子溶于渗碳体中，从而形成合金渗碳体，如$(FeMn)_3C$、$(FeCr)_3C$ 等。合金渗碳体与 Fe_3C 的晶体结构相同，但比 Fe_3C 略稳定，硬度也略高，是一般低合金钢中碳化物的主要存在形式。这种碳化物的熔点较低、硬度较低、稳定性较差。

B. 特殊碳化物。中强或强碳化物形成元素与碳形成的化合物，其晶格类型与渗碳体完全不同。根据碳原子半径 r_C 与金属原子半径 r_M 的比值，可将碳化物分成两种类型。

当 $r_C/r_M>0.59$ 时，形成具有简单晶格的间隙化合物，如 $Cr_{23}C_6$、Fe_3W_3C、Cr_7C_3 等。

当 $r_C/r_M<0.59$ 时，形成具有复杂晶格的间隙相，或称特殊碳化物，如 WC、VC、TiC、Mo_2C 等。与间隙化合物相比，它们的熔点、硬度与耐磨性高，也更稳定，不易分解。

其中，中强碳化物形成元素如铬、钼、钨，既能形成合金渗碳体，如$(FeCr)_3C$ 等，又能形成各自的特殊碳化物，如 Cr_7C_3、$Cr_{23}C_6$、MoC、WC 等。这些碳化物的熔点、硬度、耐磨性以及稳定性都比较高。

铌、锆、钛是强碳化物形成元素，它们在钢中优先形成特殊碳化物，如 VC、NbC、TiC 等。它们的稳定性最高，熔点、硬度和耐磨性也最高。

(2) 合金元素对热处理和力学性能的影响。合金钢一般都是经过热处理后使用的，主要是通过热处理改变钢的组织来显示合金元素的作用。

A. 改变奥氏体区域。扩大奥氏体区域的元素有镍、锰、碳、氮等，这些元素使 A_1 和 A_3 温度降低，使 S 点、E 点向左下方移动，从而使奥氏体区域扩大。

Mn 的质量分数>13%或 Ni 的质量分数>9%的钢，其 S 点能降到零点以下，在常温下仍能保持奥氏体状态，成为奥氏体钢。由于 A_1 和 A_3 温度的降低，直接地影响热处理加热的温度，所以锰钢、镍钢的淬火温度低于碳钢。又由于 S 点的左移，使共析成分降低，与同样含碳量的亚共析碳钢相比，组织中的珠光体数量增加，而使钢得到强化。由于E点的左移，又会使发生共晶转变的含碳量降低，在C的质量分数较低时，使钢具有莱氏体组织。例如，高速钢虽然碳的质量分数只有0.7%～0.8%，但是由于E点左移，在铸态下会得到莱氏体组织，成为莱氏体钢。

缩小奥氏体区域的元素有铬、钼、硅、钨等，使 A_1 和 A_3 温度升高，使S点、E点向左上方移动，从而使奥氏体的淬火温度也相应地提高了。当Cr的质量分数>13%（含碳量趋于零）时，奥氏体区域消失，在室温下得到单相铁素体，称为铁素体钢。

B. 对奥氏体化的影响。大多数合金元素（除镍、钴外）减缓奥氏体化过程。合金钢在加热时，奥氏体化的过程基本上与碳钢相同，即包括奥氏体的形核与长大，碳化物的溶解以及奥氏体均匀化这三个阶段，它是扩散型相变。钢中加入碳化物形成元素后，使这一转变减慢。一般合金钢，特别是含有强碳化物形成元素的钢，为了得到较均匀的、含有足够数量的合金元素的奥氏体，充分发挥合金元素的有益作用，则需更高的加热温度与较长的保温时间。

C. 细化晶粒。几乎所有的合金元素（除锰外）都能阻碍钢在加热时奥氏体晶粒的长大，但影响程度不同。碳化物形成元素（如钒、钛、铌、铬等）容易形成稳定的碳化物，铝形成稳定的化合物 AlN、Al_2O_3，它们都以弥散质点的形式分布在奥氏体晶界上，对奥氏体晶粒的长大起机械阻碍作用。因此，除锰钢外，合金钢在加热时不易过热。这样有利于在淬火后获得细马氏体；有利于适当提高加热温度，使奥氏体中熔入更多的合金元素，以增加淬透性及钢的机械性能；同时也可减少淬火时变形与开裂的倾向。对渗碳零件，使用合金钢渗碳后，有可能直接淬火，以提高生产率。因此，合金钢不易过热是它的一个重要优点。

D. 对C曲线和淬透性的影响。大多数合金元素（除钴外）溶入奥氏体后，都能降低原子扩散速率，增加过冷奥氏体的稳定性，均使曲线位置向右下方移动（图11.2.2），临界冷却速率减小，从而提高钢的淬透性。通常对于合金钢，可以采用冷却能力较低的淬火剂淬火，即采用油淬火，以减少零件的淬火变形和开裂倾向。

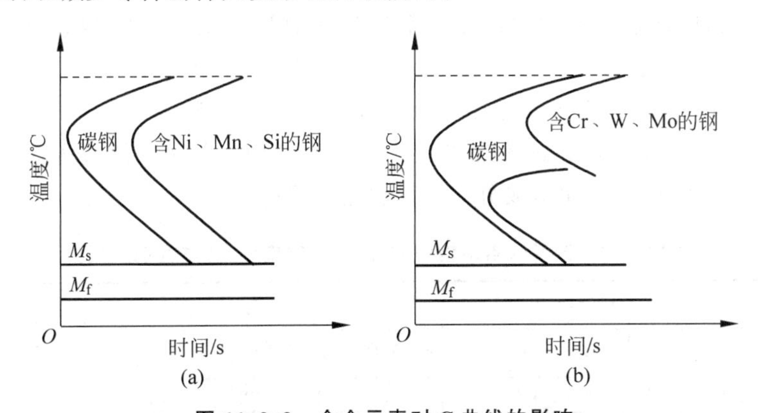

图11.2.2 合金元素对C曲线的影响

（a）非碳化物形成元素；（b）碳化物形成元素

合金元素不仅使C曲线位置右移，而且对C曲线的形状也有影响。非碳化物形成元素和弱碳化物形成元素，如镍、锰、硅等，仅使C曲线右移。而对于中强和强碳化物形成元素，如铬、钨、钼、钒等，溶于奥氏体后，不仅使C曲线右移，提高钢的淬透性，而且能改变C曲线的形状，将珠光体转变与贝氏体转变明显地分为两个独立的区域。

合金元素对钢的淬透性的影响，由强到弱可排成下列次序：钼、锰、钨、铬、镍、硅、钒。能显著提高钢淬透性的元素有钼、锰、铬、镍等，微量的硼（$w_B<0.005\%$）也可显著提高钢的淬透性。多种元素同时加入，要比各元素单独加入更为有效，所以淬透性好的钢多采用“多元少量”的合金化原则。

E. 提高回火稳定性。淬火钢在回火时抵抗硬度下降（软化）的能力称为回火稳定性。回火是靠固态下的原子扩散完成的，由于合金元素溶入马氏体，使原子扩散速率减慢，因而在回火过程中，马氏体不易分解，碳化物也不易析出聚集长大，提高了钢的回火稳定性。高的回火稳定性可以使钢在较高温度下仍能保持高的硬度和耐磨性。由于合金钢的回火稳定性比碳钢高，若要求得到同样的回火硬度时，则合金钢的回火温度应比碳钢高，回火时间也应延长，因而内应力消除得好，钢的韧性和塑性指标高。而当回火温度相同时，合金钢的强度、硬度就比碳钢高。钢在高温（大于 500℃）下保持高硬度（260HRC）的能力叫作热硬性。这种性能对切削工具钢具有重要的意义。

碳化物形成元素如铬、钨、钼、钒等，在回火过程中有二次硬化作用，即回火时出现硬度回升的现象。二次硬化实际上是一种弥散强化。二次硬化现象对需要较高热硬性的工具钢来说具有重要意义。

3. 结构钢

结构钢包括工程用钢和机器用钢两大类。工程用钢主要用于各种工程结构，它们大都是用普通碳素钢和普通低合金钢制造。这类钢具有冶炼简便、成本低、用量大的特点，使用时一般不进行热处理。而机器用钢大都是经过热处理后使用，主要用于制造机器零件，它们大都是用优质碳素钢和合金结构钢制造的。

1）普通结构钢

（1）普通碳素结构钢。

A. 用途。普通碳素结构钢适用于一般工程用热轧钢板、钢带、型钢、棒钢等，可供焊接、铆接、拴接构件使用。

B. 成分特点和钢种。普通碳素结构钢平均碳的质量分数为 0.06%～0.38%，并含有较多的有害杂质和非金属夹杂物，但能满足一般工程结构及普通零件的性能要求，因而应用较广。表 11.2.2 为其牌号、化学成分与力学性能及用途。

表 11.2.2 普通碳素结构钢的牌号、化学成分、力学性能及用途

牌号	等级	化学成分/%			力学性能			用途
		w_c	w_s	w_p	σ_s/MPa	σ_b/MPa	δ_5/%	
Q195	—	0.06～0.12	<0.050	<0.045	195	315～390	≥33	塑性好，有一定的强度，用于制造受力不大的零件，如螺钉、螺母、垫圈等，以及焊接件、冲压件以及桥梁建设等金属结构件
Q215	A	0.09～0.15	<0.050	<0.045	215	335～410	≥31	
	B		<0.045					
Q235	A	0.14～0.22	<0.050	<0.045	235	375～460	≥26	
	B	0.12～0.20	<0.045					
	C	≤0.18	<0.040	<0.040				
	D	≤0.17	<0.035	<0.035				

续表

牌号	等级	化学成分/%			力学性能			用　　途
		w_c	w_s	w_p	σ_s/MPa	σ_b/MPa	δ_5/%	
Q255	A	0.18～0.28	<0.050	<0.045	255	410～510	≥24	强度较高，用于制造承受中等载荷的零件，如小轴、销子、连杆等
	B		<0.045					
Q275	—	0.28～0.38	<0.050	<0.045	275	490～610	≥20	

碳素结构钢一般以热轧空冷状态供应。Q195 与 Q275 牌号的钢是不分质量等级的，出厂时同时保证力学性能和化学成分。

Q195 钢碳的质量分数很低、塑性好，常用于制作铁钉、铁丝及各种薄板等。Q275 钢为中碳钢，强度较高，能代替 30 钢、40 钢制造稍重要的零件。Q215、Q235、Q255 等钢，当质量等级为 A 级时，出厂时保证力学性能及硅、磷、硫等成分，其他成分不保证。若为其他等级时，则力学性能及化学成分均保证。

(2) 普通低合金结构钢。

A. 用途。该类钢有高的屈服强度、良好的塑性、焊接性能及较好的耐蚀性。可满足工程上各种结构的承载大、自重轻的要求，如建筑结构、桥梁、车辆等。

B. 成分特点和钢种。低合金结构钢是在碳素结构钢的基础上加入少量(不大于 3%)合金元素而制成，产品同时保证力学性能与化学成分。它含碳量(质量分数 0.1%～0.2%)较低，以少量锰(质量分数 0.8%～1.8%)为主加元素，含硅量较碳素结构钢为高，并辅加某些其他(铜、钛、钒、稀土等)合金元素。

C. 热处理特点。该类钢多在热轧、正火状态下使用，组织为“铁素体+珠光体”。也有淬火成低碳马氏体，或热轧空冷后在获得的贝氏体组织状态下使用的。

D. 钢种和牌号。常用普通低合金结构钢的牌号、主要成分、力学性能及用途见表 11.2.3。

表 11.2.3　常用普通低合金结构钢的牌号、主要成分、力学性能及用途

牌　　号	钢材厚度和直径/mm	力学性能			使用状态	用　　途
		σ_s/MPa	σ_b/MPa	δ_5/%		
09MnV	≤16	430～580	≥295	≥23	热轧或正火	车辆部门的冲压件、建筑金属构件、冷弯型钢
	>16～25		≥275	≥22		
09Mn2	≤16	440～590	≥295	≥22	热轧或正火	低压锅炉、中低压化工容器、输油管道、储油罐等
	>16～30	420～570	≥275	≥22		
16Mn	<16	510～660	≥345	≥21	热轧或正火	各种大型钢结构、桥梁、船舶、锅炉、压力容器、电站设备等
	>16～5	490～640	≥325	≥18		
15MnV	≤4～16	530～680	≥390	≥18	热轧或正火	中高压锅炉、中高压石油化工容器、车辆等焊接构件
	>16～25	510～660	≥375	≥20		
16MnNb	≤16	530～680	≥390	≥19	热轧	大型焊接结构，如容器、管道及重型机械设备、桥梁等
	>16～20	510～660	≥375	≥19		
HMnVTiRE	≤12	550～700	≥440	≥19	热轧或正火	大型船舶、桥梁、高压容器、重型机械设备等焊接结构件
	>12～20	530～680	≥410	≥19		

16Mn 是这类钢的典型钢号，它发展最早、用量最多、产量最大，各种性能匹配较好，屈服强度达 350MPa，它比 Q235 钢的屈服强度高 20%～30%，故应用最广。

2）优质结构钢

这类钢主要用于制造各种机器零件，如轴类、齿轮、弹簧和轴承等，也称机器零部件用钢。根据化学成分，这类钢分为优质碳素结构钢与合金结构钢两类。

(1) 优质碳素结构钢。

A. 用途。优质碳素结构钢主要用来制造各种机器零件。

B. 成分特点。优质碳素结构钢中磷、硫的质量分数均小于 0.035%，非金属夹杂物也较少。根据含锰量不同，分为普通含锰量(质量分数 0.25%～0.8%)及较高含锰量(质量分数 0.7%～1.2%)。这类钢的纯度和均匀度较好，因而其综合力学性能比普通碳素结构钢优良。

C. 钢种和牌号。常用优质碳素结构钢的牌号、化学成分、力学性能及用途见表 11.2.4。

表 11.2.4 常用优质碳素结构钢的牌号、化学成分、力学性能及用途

牌号	化学成分			力学性能			用途
	w_c/%	w_{Si}/%	w_{Mn}/%	σ_s/MPa	σ_b/MPa	δ_5/%	
08F	0.05～0.11	≤0.03	0.25～0.50	≥295	≥175	≥35	受力不大但要求高韧性的冲压件、焊接件、紧固件等，渗碳淬火后可制造要求强度不高的耐磨零件，如凸轮、滑块、活塞销等
08	0.05～0.12	0.17～0.37	0.35～0.65	≥325	≥195	≥33	
10	0.07～0.14	0.17～0.37	0.35～0.65	≥335	≥205	≥31	
15	0.12～0.19	0.17～0.37	0.35～0.65	≥375	≥225	≥27	
20	0.17～0.24	0.17～0.37	0.35～0.65	≥410	≥245	≥25	
30	0.27～0.35	0.17～0.37	0.50～0.80	≥490	≥295	≥21	负荷较大的零件，如连杆、曲轴、主轴、活塞销、表面淬火齿轮、凸轮等
35	0.32～0.40	0.17～0.37	0.50～0.80	≥530	≥315	≥20	
40	0.37～0.45	0.17～0.37	0.50～0.80	≥570	≥335	≥19	
45	0.42～0.50	0.17～0.37	0.50～0.80	≥600	≥355	≥16	
50	0.47～0.55	0.17～0.37	0.50～0.80	≥630	≥375	≥14	
55	0.52～0.60	0.17～0.37	0.50～0.80	≥645	≥380	≥13	
65	0.62～0.70	0.17～0.37	0.50～0.80	≥695	≥410	≥10	要求弹性极限或强度较高的零件，如轧辊、弹簧、钢丝绳、偏心轮等
65Mn	0.62～0.70	0.17～0.37	0.90～1.20	≥735	≥430	≥9	
70	0.67～0.75	0.17～0.37	0.50～0.80	≥715	≥420	≥9	
75	0.72～0.80	0.17～0.37	0.50～0.80	≥1080	≥880	≥7	

牌号 08F 钢塑性好，可制造冷冲压零件。牌号 10 钢、20 钢冷冲压性能与焊接性能良好，可用于制作冲压件及焊接件，经过适当热处理(如渗碳)后也可制作轴、销等零件。牌号 35 钢、40 钢、45 钢、50 钢经热处理后，可获得良好的综合力学性能，可用于制造齿轮、轴类、套筒等零件。牌号 60 钢、65 钢主要用于制造弹簧。优质碳素结构钢使用前一般都要进行热处理。

(2) 合金结构钢。

合金结构钢是机械制造、交通运输、石油化工及工程机械等方面应用最广、用量最大的一类合金钢。合金结构钢通常是在优质碳素结构钢的基础上加入一些合金元素而形成。合金元素加入量不大，属于中、低合金钢。

A. 渗碳钢。

a. 用途。渗碳钢主要用于制造汽车、拖拉机中的变速齿轮，内燃机上的凸轮轴、活塞销等机器零件。工作中它们遭受强烈的摩擦和磨损，同时承受较高的交变载荷特别是冲击载荷。所以这类钢经渗碳处理后，应具有表面耐磨和心部抗冲击的特点。

b. 性能要求。根据使用特点，渗碳钢应具有以下性能。

Ⅰ. 渗碳层硬度高，并具有优异的耐磨性和接触疲劳抗力，同时要有适当的塑性和韧性。

Ⅱ. 渗碳件心部有高的韧性和足够高的强度，心部韧性不足时，在冲击载荷或过载荷作用下容易断裂；强度不足时，则硬脆的渗碳层缺乏足够的支撑，而容易碎裂、剥落。

Ⅲ. 有良好的热处理工艺性能，在高的渗碳温度（900～950℃）奥氏体晶粒不易长大，并且具有良好的淬透性。

c. 成分特点。根据性能要求，渗碳钢的化学成分特点如下所述。

Ⅰ. 低碳，含碳量一般较低，在0.10%～0.25%，是为了保证零件心部有足够的塑性和韧性。

Ⅱ. 加入提高淬透性的合金元素，以保证经热处理后心部强化并提高韧性。常加入元素有Cr(2%)、Ni(4%)、Mn(2%)等。铬还能细化碳化物，提高渗碳层的耐磨性，镍则对渗碳层和心部的韧性非常有利。另外，微量硼能显著提高淬透性。

Ⅲ. 加入少量阻碍奥氏体晶粒长大的合金元素，主要是强碳化物形成元素V(<0.4%)、Ti(0.1%)、Mo(<0.6%)、W(<1.2%)等。形成的稳定合金碳化物，除了能防止渗碳时晶粒长大，还能增加渗碳层硬度、提高耐磨性。

d. 热处理特点。以用20CrMnTi钢制造汽车变速齿轮为例。其工艺路线为：下料→锻造→正火加工齿形→渗碳（930℃），预冷淬火（830℃）→低温回火（200℃）→磨齿。正火的目的在于改善锻造组织，保持合适的加工硬度（170～210HB），其组织为“索氏体＋铁素体”。齿轮在使用状态下的组织为：由表面往心部为“回火马氏体＋碳化物颗粒＋残余奥氏体”→“回火马氏体＋残余奥氏体”→…，而心部的组织分两种情况，在淬透时为“低碳马氏体＋铁素体”。

e. 钢种及牌号。常用合金渗碳钢的牌号、热处理工艺规范、力学性能及用途见表11.2.5。

表11.2.5　常用合金渗碳钢的牌号、热处理工艺规范、力学性能及用途

牌号	试样尺寸/mm	热处理温度/℃				力学性能					用途
		渗碳	第一次淬火	第二次淬火	回火	σ_s%/MPa	σ_b/MPa	δ_5/%	φ%	α_k/(J/cm^2)	
20Cr	15	930	880(水、油)	780(水)～820(油)	≥200	≥835	≥540	≥10	≥40	≥60	用于30mm以下受力不大的渗碳件
20CrMnTi	15	930	880(油)	870(油)	≥200	≥1080	≥853	≥10	≥45	≥70	用于30mm以下承受高速中载荷的渗碳件

续表

牌　　号	试样尺寸/mm	热处理温度/℃			力学性能						用　　途
		渗碳	第一次淬火	第二次淬火	回火	σ_s%/MPa	σ_b/MPa	δ_5/%	φ%	α_k/(J/cm^2)	
20SiMnVB	15	930	850～880(油)	780～800(油)	≥200	≥1175	≥980	≥10	≥45	≥70	代替 20CrMnTi
20Cr2Ni4	15	930	880(油)	780(油)	≥200	≥1175	≥1080	≥10	≥45	≥80	用于承受高载荷的重要渗碳件如大型齿轮

碳素渗碳钢,多用 15 钢、20 钢。这类钢价格便宜,但淬透性低,导致渗碳、淬回火后心部强度、表层耐磨性均不够高。主要用于尺寸小、载荷轻、要求耐磨的零件。

合金渗碳钢,常按淬透性大小分为三类。

Ⅰ. 低淬透性渗碳钢,水淬临界淬透直径为 20～35mm。典型钢种为 20Mn2、20Cr、20MnV 等。用于制造受力不太大,要求耐磨并承受冲击的小型零件。

Ⅱ. 中淬透性渗碳钢,油淬临界淬透直径为 25～60mm。典型钢种有 20CrMnTi、12CrNi3、20MnVB 等,用于制造尺寸较大、承受中等载荷、重要的耐磨零件,如汽车中齿轮。

Ⅲ. 高淬透性渗碳钢,油淬临界淬透直径约 100mm 以上,属于空冷也能淬成马氏体的马氏体钢。典型钢种有 12Cr2Ni4、20Cr2Ni4、18Cr2Ni4WA 等,用于制造承受重载与强烈磨损的极为重要的大型零件,如航空发动机及坦克齿轮。

B. 调质钢

a. 用途。调质钢经热处理后具有高的强度和良好的塑性、韧性,即良好的综合力学性能。广泛用于制造汽车、拖拉机、机床和其他机器上的各种重要零件。

b. 性能要求。调质钢件大多承受多种和较复杂的工作载荷,要求具有高水平的综合力学性能,但不同零件受力状况不同,其性能要求有所差别。截面受力均匀的零件如连杆,要求整个截面都有较高的强韧性。受力不均匀的零件,如承受扭转或弯曲应力的传动轴,主要要求受力较大的表面区有较好的性能,心部要求可低些。

c. 成分特点。为了达到强度和韧性的良好配合,合金调质钢的成分设计如下。

Ⅰ. 中碳。含碳量一般在 0.25%～0.50%,以 0.40%居多。碳量过低,不易淬硬,回火后强度不足;碳量过高则韧性不够。

Ⅱ. 加入提高淬透性的合金元素 Cr、Mn、Si、Ni、B 等。调质件的性能水平与钢的淬透性密切有关。尺寸较小时,碳素调质钢与合金调质钢的性能差不多,但当零件截面尺寸较大而不能淬透时,其性能与合金钢相比就差得很远了。40Cr 钢的强度要比 45 钢的高许多,同时具备良好的塑性和韧性。

Ⅲ. 加入 Mo、W 消除回火脆性。含 Ni、Cr、Mn 的合金调质钢,高温回火慢冷时容易产生第二类回火脆性。合金调质钢一般用于制造大截面零件,由快冷来抑制这类回火脆性往往有困难。因此常加入 Mo、W 来防止,其适宜含量为 0.15%～0.30%Mo 或 0.8%～1.2%W。

d. 热处理特点。以东方红-75 拖拉机的连杆螺栓为例,材质为 40Cr,工艺路线为:下料→锻造→退火→粗机加工→调质→精机加工→装配。在工艺路线中,预备热处理采用退火

(或正火),其目的是改善锻造组织,消除缺陷,细化晶粒,调整硬度,便于切割加工,为淬火做好组织准备。

调质工艺采用830℃加热、油淬得到马氏体组织,然后在525℃回火。为防止第二类回火脆性,在回火的冷却过程中采用水冷,最终使用状态下的组织为回火索氏体。

对于调质钢,有时除要求综合力学性能高之外,还要求表面耐磨,则在调质后可进行表面淬火或氮化处理。这样在得到表面硬化层的同时,心部仍保持综合力学性能高的回火索氏体组织。

e. 钢种及牌号。常用调质钢的牌号、主要成分、热处理温度、力学性能与用途见表11.2.6。它在机械制造业中应用相当广泛,按其淬透性的高低,可分为三类。

表11.2.6 常用调质钢的牌号、主要成分、热处理温度、力学性能与用途

牌号	主要成分			热处理温度		力学性能			用途
	w_c/%	$w_{Si,Cr}$/%	w_{Mn}/%	淬火/℃	回火/℃	σ_s/MPa	σ_b/MPa	σ_k/(kJ/m^2)	
40Cr	0.37~0.45	Cr0.8~1.10	0.50~0.80	850(油)	500(水、油)	≥980	≥785	≥47	制作重要调质件,如轴类、连杆螺栓、汽车转向节、齿轮等
40MnB	0.37~0.44	0. 20 ~0.40	1.10~1.40	850(油)	500(水、油)	≥980	≥785	≥47	代替40Cr
35CrMo	0.32~0.40	Cr0.8~1.10	0.40~0.70	850(油)	550(水、油)	≥980	≥835	≥63	制作重要的调质件,如锤杆、轧钢曲轴40CrNi的代用钢
38CrMoAlA	0.35~0.42	Cr1.35~1.65	Al0.7~1.1	940(水、油)	640(水、油)	≥980	≥835	≥71	制作需氮化的零件,如镗杆、磨床主轴、精密丝杆、量规等
40CrMnMo	0.37~0.45	Cr0.9~1.20	0.90~1.20	850(油)	600(水、油)	≥980	≥785	≥63	制作受冲击载荷的高强度件,是40CrNiMn钢的代用钢

Ⅰ. 低淬透性调质钢。这类钢的油淬临界直径最大为30~40mm,最典型的钢种是40Cr,广泛用于制造一般尺寸的重要零件。40MnB、40MnVB钢是为节省铬而发展的代用钢,40MnB的淬透性、稳定性较差,切削加工性能也差一些。

Ⅱ. 中淬透性调质钢。这类钢的油淬临界直径最大为40~60mm,含有较多合金元素。典型牌号有35CrMo等,用于制造截面较大的零件,例如曲轴、连杆等。加入钼不仅使淬透性显著提高,而且可以防止回火脆性。

Ⅲ. 高淬透性调质钢。这类钢的油淬临界直径为60~160mm,多半是铬镍钢。铬、镍的适当配合,可大大提高淬透性,并获得优良的机械性能。铬镍钢中加入适当的钼,例如40CrNiMo钢,不仅具有最好的淬透性和冲击韧性,还可消除回火脆性,用于制造大截面、重载荷的重要零件,如汽轮机主轴、叶轮、航空发动机轴等。

C. 弹簧钢。

a. 用途。弹簧钢是一种专用结构钢,主要用于制造各种弹簧和弹性元件。

b. 性能要求。弹簧是利用弹性变形吸收能量以缓和振动和冲击，或依靠弹性储能起驱动作用。根据工作要求，弹簧钢应有以下性能。

Ⅰ. 高的弹性极限 σ_e，以保证弹簧具有高的弹性变形能力和弹性承载能力，为此应具有高的屈强强度 σ_s 或屈强比 σ_s/σ_b。

Ⅱ. 高的疲劳极限 σ_r，因弹簧一般在交变载荷下工作，σ_b 越高，σ_r 也相应越高。另外，表面质量对 σ_r 影响很大，弹簧钢表面不应有脱碳、裂纹、折叠、斑疤和夹杂等缺陷。

Ⅲ. 足够的塑性和韧性，以免受冲击时发生脆断。此外，弹簧钢还应有较好的淬透性，不易脱碳和过热，容易绕卷成型等。

c. 成分特点。弹簧钢的化学成分有以下特点。

Ⅰ. 中、高碳。为了保证高的弹性极限和疲劳极限，从而具有高的强度，弹簧钢的含碳量应比调质钢高，合金弹簧钢一般含碳为 0.45%～0.70%，碳素弹簧钢一般含碳为 0.6%～0.9%。

Ⅱ. 加入以 Si 和 Mn 为主的提高淬透性的元素。Si 和 Mn 主要是提高淬透性，同时也提高屈强比，而以 Si 的作用最突出。但它热处理时促进表面脱碳，Mn 则使钢易于过热。因此，重要用途的弹簧钢，必须加入 Cr、V、W 等元素。

d. 热处理特点。按加工工艺的不同，可分为冷成型弹簧和热成型弹簧两种。

Ⅰ. 热成型弹簧。用热轧钢丝或钢板成型，然后淬火加中温（450～550℃）回火，获得回火屈氏体组织，具有很高的屈服强度，特别是具有很高的弹性极限，并有一定的塑性和韧性。这类弹簧一般是较大型的弹簧。

Ⅱ. 冷成型弹簧。小尺寸弹簧一般用冷拔弹簧钢丝（片）卷成，其有三种制造方法。

冷拔前进行"淬铅"处理，即加热到 A_{c3} 以上，然后在 450～550℃的熔铅中等温淬火。淬铅钢丝强度高，塑性好，具有适于冷拔的索氏体组织。经冷拔后弹簧钢丝的屈服强度可达 1600MPa 以上。弹簧绕卷成型后不再淬火，只进行消除应力的低温（200～300℃）退火，并使弹簧定形。

冷拔至要求尺寸后，利用淬火（油淬）加回火来进行强化，再冷绕成弹簧，并进行去应力回火，之后不再热处理。

冷拔钢丝退火后，冷绕成弹簧，再进行淬火和回火强化处理。汽车板簧经喷丸处理后，使用寿命可提高几倍。

e. 钢种和牌号。常用弹簧钢的牌号、主要成分、热处理温度、力学性能及用途见表 11.2.7。

表 11.2.7　常用弹簧钢的牌号、主要成分、热处理温度、力学性能及用途

牌号	主要成分			热处理温度		力学性能			用　途
	w_C/%	w_{Mn}/%	$w_{Si,Cr}$/%	淬火/℃	回火/℃	σ_b/MPa	σ_s/MPa	σ_k/(kJ/m^2)	
65	0.37～0.45	0.50～0.80	0.17～0.37	840(油)	500	>1000	>800	>450	用于工作温度低于200℃，ϕ20～30mm 的减振弹簧、螺旋弹簧
85	0.37～0.44	0.5～0.80	0.17～0.37	820(油)	480	>1150	>1000	>600	用于工作温度低于200℃，ϕ30～50mm 的减振弹簧、螺旋弹簧

续表

牌号	主要成分			热处理温度		力学性能			用途
	w_C/%	w_{Mn}/%	$w_{Si,Cr}$/%	淬火/℃	回火/℃	σ_b/MPa	σ_s/MPa	σ_k/(kJ/m^2)	
65Mn	0.32～0.40	0.9～1.20	0.17～0.37	830(油)	540	>1000	>800	>800	用于工作温度低于200℃，ϕ30～50mm的板簧、螺旋弹簧
60Si2Mn	0.35～0.42	0.60～0.90	1.50～2.00	870(油)	480	>1300	>1200	>800	用于工作温度低于250℃，ϕ<50mm的重型板簧和螺旋弹簧
50CrVA	0.37～0.45	0.50～0.80	Cr0.80～1.10	850(油)	500	>1300	>1150	>800	用于工作温度低于400℃，ϕ30～50mm的板簧、弹簧

碳素弹簧钢包括65钢、85钢、65Mn钢等。这类钢经热处理后具有一定的强度和适当的韧性，且价格较合金弹簧钢便宜，但淬透性差。

合金弹簧钢中常见的是60Si2Mn钢，它有较高的淬透性，油淬临界直径为20～30mm。50CrVA钢不仅有良好的回火稳定性，且淬透性更高，油淬临界直径达30～50mm。

D. 滚动轴承钢。

a. 用途。轴承钢主要用来制造滚动轴承的滚动体(滚珠、滚柱、滚针)、内外套圈等，属于专用结构钢。从化学成分上看它属于工具钢，所以也用于制造精密量具、冷冲模、机床丝杠等耐磨件。

b. 性能要求。轴承元件的工况复杂而苛刻，因此对轴承钢的性能要求很严，主要体现在三方面。

Ⅰ. 高的接触疲劳强度。轴承元件的压应力高达1500～5000MPa，应力交变次数每分钟达几万次甚至更多，往往造成接触疲劳破坏，产生麻点或剥落。

Ⅱ. 高的硬度和耐磨性。滚动体和套圈之间不但有滚动摩擦，而且有滑动摩擦，轴承也常常因过度磨损而破坏，因此具有高而均匀的硬度。硬度一般应为62～64HRC。

Ⅲ. 足够的韧性和淬透性。

c. 成分特点。根据性能要求，滚动轴承钢的化学成分特点如下。

Ⅰ. 高碳。为了保证轴承钢的高硬度、高耐磨性和高强度，碳含量应较高，一般为0.95%～1.1%。

Ⅱ. Cr为基本合金元素。Cr能提高淬透性。它的渗碳体$(FeCr)_3C$呈细密、均匀分布，能提高钢的耐磨性，特别是接触疲劳强度。但Cr含量过高会增大残余奥氏体量和碳化物分布的不均匀性，反而使钢的硬度和疲劳强度降低。适宜含量为0.4%～1.65%。

Ⅲ. 加入硅、锰、钒等。Si、Mn进一步提高淬透性，便于制造大型轴承。V部分溶于奥氏体中，部分形成碳化物(VC)，提高钢的耐磨性并防止过热。无Cr钢中皆含有V。

Ⅳ. 纯度要求极高。规定S<0.02%，P<0.027%。非金属夹杂对轴承钢的性能，尤其是接触疲劳性能影响很大，因此轴承钢一般采用电冶炼，为了提高纯度，还采用真空脱氧等冶炼技术。

d. 热处理特点

Ⅰ. 球化退火。其目的不仅是降低钢的硬度，便于切削加工，更重要的是获得细的球状珠光体和均匀分布的过剩的细粒状碳化物，为零件的最终热处理做组织准备。

Ⅱ. 淬火和低温回火。淬火温度要求十分严格，温度过高会过热、晶粒长大，使韧性和疲劳强度下降，且易淬裂和变形；温度过低，则奥氏体中溶解的铬量和碳量不够，钢淬火后硬度不足。

精密轴承必须保证在长期存放和使用中不变形。引起尺寸变化的原因主要是存在内应力和残余奥氏体的转变。为了稳定尺寸，淬火后可立即进行冷处理（－60～－80℃），并在回火和磨削加工后，进行低温时效处理（于 120～130℃下保温 5～10h）。

e. 钢种和牌号。常用滚动轴承钢的牌号、主要成分、热处理温度、硬度和用途见表 11.2.8。

表 11.2.8　常用滚动轴承钢的牌号、主要成分、热处理温度、硬度和用途

牌　号	主要成分				热处理温度		硬度/HRC	用　途
	w_c/%	w_{Cr}/%	w_{Si}/%	w_{Mn}/%	淬火/℃	回火/℃		
GCr9	1.00～1.10	0.90～1.20	0.15～0.35	0.5～0.45	810～820（水、油）	150～170	62～66	直径小于 20mm 的滚动体以及轴承内、外圈
GCr9SiMn	1.00～1.10	0.90～1.25	0.45～0.75	0.95～1.25	810～830（水、油）	150～160	62～64	直径小于 25mm 的滚柱，壁厚小于 14mm、外径小于 250mm 的套圈
GCr15	0.95～1.05	1.40～1.65	0.15～0.35	0.25～0.45	820～840（水、油）	150～160	62～64	同 GCr9SiMn
GCr15SiMn	0.95～1.05	1.40～1.65	0.45～0.75	0.95～1.25	810～830（油）	160～200	61～65	直径大于 50mm 的滚柱，壁厚大于 14mm、外径大于 250mm 的套圈，ϕ25mm 以上的滚柱
GMnMoVRE	0.95～1.05		0.15～0.40	1.10～1.40	770～810（油）	170±5	≥62	代替 GCr15 钢用于军工和民用方面的轴承

我国轴承钢分两类，即铬轴承钢和添加 Mn、Si、Mo、V 的轴承钢。

Ⅰ. 铬轴承钢。最有代表性的是 GCr5，使用量占轴承钢的绝大部分。由于淬透性不很高，多用于制造中、小型轴承，也常用来制造冷冲模、量具、丝锥等。

Ⅱ. 添加 Mn、Si、Mo、V 的轴承钢。在铬轴承钢中加入 Si、Mn 可提高淬透性，如 GCr15SiMn 钢等，用于制造大型轴承。为了节省铬，加入 Mo、V 可得到无铬轴承钢，如 GSiMoV、GSiMnMoVRE 等，其性能与 GCr15 相近。

4. 工具钢

工具钢是用来制造刀具、模具和量具的钢。按化学成分分为碳素工具钢、低合金工具钢、高合金工具钢等。按用途分为刃具钢、模具钢、量具钢。

1）刃具钢

(1) 碳素工具钢。

A. 用途。主要用于制造车刀、洗刀、钻头等金属切削刀具。

B. 性能要求。刃具切削时受工件的压力，刃部与切屑之间发生强烈的摩擦。由于切削发热，刃部温度可达500～600℃。此外，还承受一定的冲击和振动。因此对刃具钢提出如下基本性能要求。

a. 高硬度。切削金属材料所用刃具的硬度一般都在60HRC以上。

b. 高耐磨性。耐磨性直接影响刃具的使用寿命和加工效率。高的耐磨性取决于钢的高硬度和其中碳化物的性质、数量、大小及分布。

c. 高热硬性。刀具切削时必须保证刃部硬度不随温度的升高而明显降低。钢在高温下保持高硬度的能力称为热硬性或红硬性。热硬性与钢的回火稳定性和特殊碳化物的弥散析出有关。

碳素工具钢是含碳量为0.65%～1.35%的高碳钢，该钢的碳含量范围可保证淬火后有足够高的硬度。虽然该类钢淬火后硬度相近，但随着碳含量的增加，未溶渗碳体增多，使钢耐磨性增加，而韧性下降。故不同牌号的该类钢所承制的刃具亦不同。高级优质碳素工具钢的淬裂倾向较小，宜制造形状复杂的刃具。

C. 热处理特点。碳素工具钢的预备热处理为球化退火，在锻、轧后进行，目的是降低硬度、改善切削加工性能，并为淬火做组织准备。最终热处理是“淬火＋低温回火”。淬火温度为780℃，回火温度为180℃，组织为“回火马氏体＋粒状渗碳体＋少量残余奥氏体”。

碳素工具钢的缺点是淬透性低，截面大于10～12mm的刃具仅表面被淬硬，其红硬性也低。温度升达200℃后硬度明显降低，丧失切削能力，且淬火加热易过热，致使钢的强度、塑性、韧性降低。因此，该类钢仅用来制造截面较小、形状简单、切削速度较低的刃具，用来加工低硬度材料。

D. 钢种和牌号。碳素工具钢的牌号、主要成分、硬度及用途见表11.2.9。

表11.2.9 碳素工具钢的牌号、主要成分、硬度及用途

牌　号	主要成分			硬度		用　途
	w_c/%	w_{Si}/%	w_{Mn}/%	退火后/HBS	淬火后/HRC	
T7(A)	0.65～0.74	≤0.40	≤0.35	≤187	≥62	制作受冲击的工具，如手锤、旋具等
T8(A)	0.75～0.84	≤0.40	≤0.35	≤187	≥62	制作低速切削刀具，如锯条、木工刀具、虎钳钳口、饲料机刀片等
T9(A)	0.85～0.90	≤0.40	≤0.35	≤192	≥62	
T10(A)	0.95～1.04	≤0.40	≤0.35	≤197	≥62	制作低速切削刀具、小型冷冲模、形状简单的量具
Tll(A)	1.05～1.14	≤0.40	≤0.35	≤207	≥62	
T12(A)	1.15～1.24	≤0.40	≤0.35	≤207	≥62	制作不受冲击，但要求硬、耐磨的工具，如锉刀、丝锥、板牙等
T13(A)	1.25～1.35	≤0.40	≤0.35	≤217	≥62	

(2) 低合金刃具钢。

A. 成分特点。

a. 高碳。保证刃具有高的硬度和耐磨性，含碳量为0.9%～1.1%。

b. 加入Cr、Mn、Si、W、V等合金元素。Cr、Mn、Si主要是提高钢的淬透性，Si还能提高回火稳定性；W、V能提高硬度和耐磨性，并防止加热时过热，保持晶粒细小。

B. 热处理特点。预备热处理为锻造后进行球化退火。最终热处理为"淬火＋低温回火"，其组织为"回火马氏体＋未溶碳化物＋残余奥氏体"。

与碳素工具钢相比较，由于合金元素的加入，淬透性提高了，因此可采用油淬火。淬火变形和开裂倾向小。

C. 钢种和牌号。常用低合金刃具钢的牌号、主要成分、热处理温度、硬度和用途见表11.2.10。

表 11.2.10 常用低合金刃具钢的牌号、主要成分、热处理温度、硬度和用途

牌号	主要成分				热处理温度/℃		硬度/HRC	用途
	w_{c}/%	w_{si}/%	w_{Mn}/%	w_{Cr}/%	淬火	回火		
9Mn2V	0.85～0.95	≤0.40	1.70～2.00		780～810(油)	150～200	60～62	丝锥、板牙、绞刀、量规、块规、精密丝杆
9CrSi	0.85～0.95	1.20～1.60	0.30～0.60	0.95～1.25	820～860(油)	180～200	60～63	耐磨性高、切削不剧烈的刀具，如板牙、齿轮铢刀等
CrWMn	0.90～1.05	≤0.40	0.80～1.10	0.90～1.20	800～830(油)	140～160	62～65	要求淬火变形小的刀具，如拉刀、长丝锥、量规等
Cr2	0.95～1.10	≤0.40	≤0.40	1.30～1.65	830～860(油)	150～170	60～62	低速、切削量小、加工材料不很硬的刀具、测量工具，如样板
CrW5	1.25～1.0	≤0.30	≤0.30	0.40～0.70	800～820(水)	150～160	64～65	低速切削硬金属用的刀具，如车刀、铣刀、刨刀
9Cr2	0.85～0.95	≤0.40	≤0.40	1.30～1.70	820～850(油)			制作冷轧辊、钢引冲孔凿、尺寸较大的绞刀

Cr2 钢，含碳量高，加入 Cr 后显著提高淬透性，减少变形与开裂倾向，碳化物细小均匀，使钢的强度和耐磨性提高。可制造截面较大(20～30mm)、形状较复杂的刃具，如车刀、铣刀、刨刀等。

9CrSi 钢，有更高的淬透性和回火稳定性，其工作温度可达 250～300℃。适用于制造形状复杂、变形小的刃具，特别是薄刃者，如板牙、丝锥、钻头等。但该钢脱碳倾向大，退火硬度较高，切削性能较差。

(3) 高合金刃具钢。

高合金刃具钢就是高速钢，具有很高的热硬性，在高速切削的刃部温度达 600℃时，硬度无明显下降。

A. 成分特点。

a. 高碳。碳含量在 0.70%以上，最高可达 1.5%左右，它一方面要保证能与 W、Cr、V 等形成足够数量的碳化物；另一方面还要有一定数量的碳溶于奥氏体中，以保证马氏体的高硬度。

b. 加入铬提高淬透性。几乎所有高速钢的含铬量均为 4%左右。铬的碳化物($Cr_{23}C_6$)在淬火加热时几乎全部溶于奥氏体中，增加过冷奥氏体的稳定性，大大提高钢的淬透性。铬还提高钢的抗氧化、脱碳能力。

c. 加入钨。钢保证高的热硬性。退火状态下 W 或 Mo 主要以 M_6C 型的碳化物形式存在。淬火加热时，一部分$(Fe,W)_6C$等碳化物溶于奥氏体中，淬火后存在于马氏体中。在560℃左右回火时，碳化物以W_2C或Mo_2C形式弥散析出，造成二次硬化。这种碳化物在500～600℃温度范围内非常稳定，不易聚集长大，从而使钢产生良好的热硬性。淬火加热时，未溶的碳化物能起阻止奥氏体晶粒长大及提高耐磨性的作用。

d. 加入钒提高耐磨性。V形成的碳化物VC(或V_4C_3)非常稳定，极难溶解，硬度较高(大大超过W_2C的硬度)且颗粒细小，分布均匀，因此对提高钢的硬度和耐磨性有很大作用。钒也产生二次硬化，但因总含量不高，对提高热硬性的作用不大。

B. 热处理特点。现以W18Cr4V钢制造的盘形齿轮铣刀为例，说明其热处理工艺方法的选定和工艺路线的安排。

盘形齿轮铣刀的主要用途是铣制齿轮。在工作过程中，齿轮铣刀往往会磨损变钝而失去切削能力，因此要求齿轮铣刀经淬火回火后，应保证具有高硬度(刃部硬度要求为63～65HRC)、高耐磨性及热硬性。为了满足上述性能要求，根据盘形齿轮铣刀的规格(模数$m=3$)和W18Cr4V钢成分的特点来选定热处理工艺方法和安排工艺路线。

盘形齿轮铣刀生产过程的工艺路线如下：

下料→锻造→退火→机械加工→淬火＋回火→喷砂→磨加工→成品

高速钢的铸态组织中具有鱼骨状碳化物。这些粗大的碳化物不能用热处理的方法消除，而只能用锻造的方法将其击碎，并使它分布均匀。

锻造退火后的显微组织由索氏体和分布均匀的碳化物组成。如果碳化物分布不均匀，将使刀具的强度、硬度、耐磨性、韧性和热硬性均降低，从而使刀具在使用过程中容易崩刃和磨损变钝，导致早期失效。因此高速钢坯料的锻造，不仅是为了成型，而且是为了击碎粗大碳化物，使碳化物分布均匀。

对齿轮铣刀锻坯，碳化物不均匀性要求不大于4级。为了达到上述要求，高速钢锻造须反复镦粗、拔长多次，绝不应一次成型。由于高速钢的塑性和导热性均较差，而且具有很高的淬透性，在空气中冷却即得到马氏体淬火组织。因此，高速钢坯料锻造后应缓慢冷却，通常采用砂中缓冷，以免产生裂纹。这种裂纹在热处理时会进一步扩张，而导致整个刀具开裂报废。锻造时如果停锻温度过高(大于1000℃)或变形度较大，会造成晶粒的不正常长大。

锻造后必须经过退火，以降低硬度(退火后硬度为207～255HB)，消除应力，并为随后淬火回火热处理做好组织准备。

为了缩短时间，一般采用等温退火。W18Cr4V钢的等温退火工艺，为了使齿轮铣刀在铣削后齿面有较高的光洁程度，在铣削前须增加调质处理。即在900～920℃加热，油中冷却，然后在700～720℃回火1～3h。调质后的组织为“回火索氏体＋碳化物”，其硬度为26～32HRC。若硬度低，则光洁程度达不到要求。

W18Cr4V钢制盘形齿轮铣刀在淬火之前先要进行一次预热(800～840℃)。由于高速钢导热性差，而淬火温度又很高，假如直接加热到淬火温度就很容易产生变形与裂纹，所以必须预热。对于大型或形状复杂的工具，还要采用两次预热。

高速钢的热硬性主要取决于马氏体中合金元素的含量，即加热时溶于奥氏体中合金元素的量。淬火温度对奥氏体成分的影响很大。对高速钢热硬性影响最大的两个元素(W和V)，在奥氏体中的溶解度只有在1000℃以上时才有明显的增加，在1270～1280℃时，奥氏体中含有7%～8%的W、4%的Cr、10%的V。温度再高，奥氏体晶粒就会迅速长大变粗，淬火状态残余奥氏体也会迅速增多，从而降低高速钢性能。这就是淬火温度一般定为1270～1280℃的主要原因。高速钢刀具淬火加热时间一般按8～15s/mm(厚度)计算。

淬火方法应根据具体情况确定，本例的铣刀采用580～620℃在中性盐中进行一次分级淬火。分级淬火可以减小变形与开裂。对于小型或形状简单的刀具也可采用油淬等。

W18Cr4V钢要进行三次回火。因为W18Cr4V钢在淬火状态有20%～25%的残余奥氏体，一次回火难以全部消除，经三次回火即可使残余奥氏体减至最低量(一次回火后约剩15%，二次回火后剩3%～5%，三次回火后剩1%～2%)。后一次回火还可以消除前一次回火由奥氏体转变为马氏体所产生的内应力。它由"回火马氏体＋少量残余奥氏体＋碳化物"组成。常用高速钢的牌号、主要化学成分、热处理及性能见表11.2.11。

表11.2.11 常用高速钢的牌号、主要化学成分、热处理及性能

牌　　号	主要化学成分					热处理及性能		
	w_c/%	w_W/%	w_V/%	w_{Cr}/%	w_{Mo}/%	淬火/℃	回火/℃	回火后硬度/HRC
W18Cr4V	0.70～0.80	17.5～19.0	1.00～1.40	3.80～4.40		1270～1285(油)	550～570(三次)	≥63
W6Mo5Cr4V2	0.80～0.90	5.50～6.75	1.75～2.20	3.80～4.40	4.75～5.50	1210～1230(油)	540～560(三次)	≥63

2）模具钢

模具钢一般分为冷作模具钢和热作模具钢两大类。

(1) 冷作模具钢。

A. 用途。冷作模具钢用于制造各种冷冲模、冷镦模、冷挤压模及拉丝模等。工作温度不超过200～300℃。

B. 性能要求。冷作模具钢工作时承受很大的压力、弯曲力、冲击载荷和摩擦，主要损坏形式是磨损，也常出现崩刃、断裂和变形等失效现象。因此冷作模具钢应具有以下基本性能。

a. 高硬度，一般为58～62HRC。

b. 高耐磨性。

c. 足够的韧性与疲劳抗力。

d. 热处理变形小。

C. 成分特点。

a. 高碳。多在1.0%以上，有时达2%，以保证获得高硬度和高耐磨性。

b. 加入Cr、Mo、W、V等合金元素。加入这些合金元素后，形成难溶碳化物，提高耐磨性。尤其是加Cr，典型的Cr12型钢，铬含量高达12%。铬与碳形成M_7C_3型碳化物，能极大地提高钢的耐磨性。铬还显著提高淬透性。

D. 热处理特点。高碳高铬冷作模具钢的热处理方案有两种。

a. 一次硬化法。在较低温度(950～1000℃)下淬火，然后低温(150～180℃)回火，硬度可达61～64HRC，使钢具有较好的耐磨性和韧性，适用于重载模具。

b. 二次硬化法。在较高温度(1100～1150℃)下淬火，然后于510～520℃多次(一般为三次)回火,产生二次硬化,使硬度达 60～62HRC,红硬性和耐磨性较高(但韧性较差),适用于在 400～450℃温度下工作的模具。Cr12 型钢热处理后组织为回火马氏体、碳化物和残余奥氏体。

Cr12 型钢属莱氏体钢,网状共晶碳化物和碳化物的不均匀分布使材料变脆,以致发生崩刃现象,所以要反复锻造来改善其分布状态。

E. 钢种和牌号。冷作模具钢的牌号、主要成分、热处理温度、性能及用途见表 11.2.12。

表 11.2.12　各类常用模具钢的牌号、主要成分、热处理温度、性能及用途

类别	牌号	主要成分				热处理温度和性能				用途
		w_c/%	w_{Mn}/%	w_{Si}/%	w_{Cr}/%	淬火/℃	硬度/HRC	回火/℃	硬度/HRC	
冷作模具钢	Cr12	2.00～2.30	≤0.35	≤0.4	11.5～13.0	980(油)	62～65	180～220	60～62	冷冲模、冲头、冷切剪刀
						1080(油)	45～50	520(三次)	59～60	
	Cr12MoV	1.45～1.70	≤0.35	≤0.40	11.0～12.5	1030(油)	62～63	180～200	61～62	冷切剪刀、冷丝模
						1120(油)	41～50	510(三次)	60～61	
热作模具钢	5CrNiMo	0.50～0.60	0.50～0.80	≤0.35	0.50～0.80	830～860(油)	≤47	530～550	364～402HBW	大型锻模
	5CrMnMo	0.50～0.60	1.20～1.60	0.25～0.60	0.60～0.90	820～850(油)	≥50	560～580	324～364HBW	中型锻模
	6SiMnV	0.55～0.65	0.90～1.20	0.80～1.10		820～860(油)	≥56	490～510	374～444HBW	中小型锻模
	3Cr2W8V	0.30～0.40	0.20～0.40	≤0.35	2.20～2.70	1050～1100(油)	>50	560～580(三次)	44～48	螺钉或铆钉热轧模、热切剪刀

(2) 热作模具钢。

A. 用途。用于制造各种热锻模、热压模、热挤压模和铸模等,工作时型腔表面温度可达 600℃以上。

B. 性能要求。热作模具钢工作中承受很大的冲压载荷、强烈的塑性摩擦、剧烈的冷热循环,从而引起不均匀热应变和热应力以及高温氧化,常出现崩裂、塌陷、磨损、龟裂等失效现象。因此热作模具钢的主要性能要求如下。

a. 高的热硬性和高温耐磨性。

b. 高的抗氧化能力。

c. 高的热强性和足够高的韧性,尤其是受冲击较大的热锻模钢。

d. 高的热疲劳抗力,以防止龟裂破坏。此外,由于热作模具一般较大,还要求有高的淬透性和导热性。

C. 成分特点。

a. 中碳。碳含量一般为 0.3%～0.6%,以保证高强度、高韧性,较高的硬度(35～52HRC)和较高的热疲劳抗力。

b. 加入较多的提高淬透性的元素。如 Cr、Ni、Mn、Si 等。Cr 是提高淬透性的主要元素,并与 Ni 一起提高钢的回火稳定性。Ni 在强化铁素体的同时还增加钢的韧性,并与 Cr、Mo 一起提高钢的淬透性和耐热疲劳性能。

c. 加入产生二次硬化的Mo、W、V等元素。Mo还能防止第二类回火脆性，提高高温强度和回火稳定性。

D. 热处理特点。对于热模钢，要反复锻造，其目的是使碳化物均匀分布。锻造后要退火，其目的是消除锻造应力、降低硬度(197～241HB)，以便于切削加工。最后通过"淬火+高温回火(调质处理)"，得到回火索氏体，以获得良好的综合力学性能从而满足使用要求。

E. 钢种和牌号。对于中小尺寸(截面尺寸小于300mm)的模具，一般采用5CrMnMo；对于大尺寸(截面尺寸大于400mm)的模具，一般采用5CrNiMo。

各类常用模具钢的牌号、主要成分、热处理温度、性能及用途见表11.2.12。

3) 量具钢

(1) 用途。量具钢用于制造各种测量工具，如卡尺、千分尺、螺旋测微仪、块规、塞规等。

(2) 性能要求。对量具钢的性能要求是：高的硬度和耐磨性；高的尺寸稳定性，热处理变形要小，存放和使用过程中，尺寸不发生变化。

(3) 成分特点。量具钢的成分与低合金刃具钢相同，为高碳(0.9%～1.5%)和加入提高淬透性的元素(Cr、W、Mn等)。

(4) 热处理特点。为保证量具的高硬度和耐磨性，应选择的热处理工艺为淬火和低温回火。为了量具的尺寸稳定、减少时效效应，通常需要有三个附加的热处理工序：淬火之前的调质处理、常规淬火之后的冷处理、常规热处理后的时效处理。

调质处理的目的是获得回火索氏体组织。因为回火索氏体组织与马氏体的体积差别较小，能使淬火应力和变形减小，从而有利于降低量具的时效效应。

冷处理的目的是使残余奥氏体转变为马氏体，减少残余奥氏体量，从而增加量具的尺寸稳定性。冷处理应在淬火后立即进行。

时效处理通常在磨削后进行。量具磨削后在表面层有很薄的二次淬火层，为使这部分组织稳定，需在110～150℃经过6～36h的人工时效处理。

常用的量具用钢选用见表11.2.13。

表11.2.13　量具用钢的选用举例

量　　具	牌　　号
平样板或卡板	10、20或50、55、60、60Mn、65Mn
一般量规与块规	T10A、T12A、9CrSi
高精度量规与块规	Cr钢、CrMn钢、GCr15
高精度且形状复杂的量规与块规	CrWMn(低变形钢)
抗蚀量具	4Cr13、9Cr18(不锈钢)

5. 特殊性能钢

特殊性能钢是指用于制造在特殊工作条件或特殊环境(腐蚀介质、高温等)下具有特殊性能要求的构件和零件的钢材。它一般包括不锈钢、耐热钢、耐磨钢、磁钢等。这些钢在机械制造，特别是在化工、石油、电机、仪表和国防工业等部门都有广泛、重要的用途。

1) 不锈钢

在化工、石油等工业部门中，许多机件与酸、碱、盐及含腐蚀性气体和水蒸气直接接触，使机械腐蚀。因此，用于制造这些机件的钢除应有一定的力学性能及工艺性能外，还必须具有良好的抗腐蚀性能。所以，获得良好的抗腐蚀性能是这类钢合金化和热处理的基本出发点。

不锈钢是指在大气和弱腐蚀介质中耐蚀的钢。而在各种强腐蚀介质(酸)中耐腐蚀的钢，则称耐酸钢。

(1) 金属腐蚀的概念。

腐蚀是指由外部介质引起金属破坏的过程。金属腐蚀可分为两大类：化学腐蚀和电化学腐蚀。

化学腐蚀是指金属直接与介质发生化学反应。例如钢的高温氧化、脱碳，在石油、燃气中的腐蚀等。腐蚀过程是铁与氧、水蒸气等直接接触，发生氧化反应。化学反应的结果，使金属逐渐被破坏。但是如果化学腐蚀的产物与基体结合得牢固且很致密，则使腐蚀的介质与基体金属隔离，从而阻碍腐蚀的继续进行。因此，防止金属产生化学腐蚀主要措施之一是加入 Si、Cr、Al 等能形成保护膜的合金元素进行合金化。

电化学腐蚀是指金属在电解质溶液里由原电池作用产生电流而引起的腐蚀。根据原电池原理，产生电化学腐蚀的条件是必须有两个电势不同的电极、有电解质溶液，以及两电极构成电路。

钢的腐蚀一般都是由电化学腐蚀引起的，但又与普通的原电池有所不同。在普通的原电池中需要有两块电极电势不同的金属极板，而实际钢铁材料是在同一块材料上发生电化学腐蚀，称微电池现象。在碳钢的平衡组织中，除了有铁素体，还有碳化物，这两个相的电极电势不同。铁素体的电势低(阳极)，渗碳体电势高(阴极)，这两者就构成了一对电极。加之钢材在大气中放置时表面会吸附水蒸气形成水溶液膜，于是就构成了一个完整的微电池，便产生了电化学腐蚀。

电化学腐蚀产生的位置及条件的不同，则发生的腐蚀的类型亦不同，如晶间腐蚀、应力腐蚀、疲劳腐蚀等。由上述电池过程可知，为了提高金属的耐腐蚀能力，可以采用以下三种方法。

A. 减少原电池形成的可能性，使金属具有均匀的单相组织，并尽可能提高金属的电极电势。

B. 形成原电池时，尽可能减小两极的电极电势差，并提高阳极的电极电势。

C. 减小甚至阻断腐蚀电流，使金属“钝化”，即在表面形成致密的、稳定的保护膜，将介质与金属隔离。这是提高金属耐腐蚀性的非常有效的方法。

(2) 用途及性能要求。

不锈钢在日常生活以及建筑和装饰、石油和化工、航空和航天、医疗、食品加工、能源和环保、国防等领域都得到广泛应用。主要用于制造在各种腐蚀介质中工作且有较高抗腐蚀能力的零件或结构。例如化工装置中的各种管道、阀门、泵、热裂设备零件，医疗手术器械，防锈刃具和量具等。

对不锈钢的性能要求最主要的是抗蚀性。此外，制作工具的不锈钢，还要求有高硬度、高耐磨性；制作重要结构零件时，要求有高强度；某些不锈钢则要求有较好的加工性能等。

(3) 合金化特点。

A. 碳含量。耐蚀性要求越高，碳含量应越低。大多数不锈钢的碳含量为 0.1%～0.2%，但用于制造刃具和滚动轴承等的不锈钢，碳含量应较高(可达 0.85%～0.95%)，此时必须相应地提高铬含量。

B. 加入最主要的合金元素铬。铬能提高基体的电极电势。含 Cr 量为 12.5%、25%、

37.5%(原子比)时,电极电势才能显著地提高。铬是缩小 γ 区的元素,当铬含量很高时能得到单一的铁素体组织。另外,铬在氧化性介质(如水蒸气、大气、海水、氧化性酸等)中极易钝化,生成致密的氧化膜,使钢的耐蚀性大大提高。

C. 同时加入镍。可获得单相奥氏体组织,显著提高耐蚀性。但这时钢的强度不高,如果要获得适度的强度和高耐蚀性,则必须把镍和铬同时加入钢中才能达到构件及零件的性能要求。

D. 加入钼、铜等。Cr 在非氧化性酸(如盐酸、稀硫酸等)和碱溶液中的钝化能力差。加入 Mo、Cu 等元素,可提高钢在非氧化性酸和碱溶液中的耐蚀能力。

E. 加入钛、铌等。Ti、Nb 能优先同碳形成稳定的碳化物,使 Cr 保留在基体中,避免晶界贫铬,从而减轻钢的晶界腐蚀倾向。

F. 加入锰、氮等。使部分镍获得奥氏体组织,并能提高铬不锈钢在有机酸中的耐蚀性。

(4) 常用不锈钢。

根据成分与组织的特点,不锈钢可分为以下几种类型。

A. 奥氏体型。这类不锈钢的应用最广泛。由于通常含有18%左右的 Cr 和 8%以上的 Ni,因此也常称为 18-8 型不锈钢。这类钢具有很高的耐蚀性,并具有优良的塑性、韧性和焊接性。虽然强度不高,但可通过冷变形强化。这类钢在 450～800℃加热时,晶界附近易出现贫铬区,往往会产生晶间腐蚀,为此常采取加入 Ti 或 Nb 以及发展超低碳不锈钢(含碳量小于 0.03%)等防止措施。此外,这类钢应进行固溶处理,以获得单相奥氏体。

B. 铁素体型。这类钢含 Cr17%～30%,含碳小于 0.15%,加热至高温也不发生相变,不能通过热处理来改变其组织和性能,通常是在退火或正火状态下使用。这类钢具有较好的塑性,但强度不高,对硝酸、磷酸有较高的耐蚀性。

C. 马氏体型。这类钢含 Cr12%～14%,含碳 0.1%～0.4%,正火组织为马氏体。马氏体不锈钢具有较好的力学性能,有很高的淬透性,直径不超过 100mm,均可在空气中淬透。

D. 沉淀硬化型。这类型的成分与 18-8 型不锈钢相近,但含 Ni 量略低,并加入少量 Al、Ti、Cu 等强化元素。从高温快冷至室温时,得到不稳定的奥氏体或马氏体。在 500℃左右时,可析出大量细小弥散的碳化物,使钢在保持相当的耐蚀性的同时具有很高的强度。这类钢还具有优良的工艺性能。

各种类型不锈钢的牌号、力学性能、热处理温度特点见表 11.2.14。

表 11.2.14 各种类型不锈钢的牌号、力学性能、热处理温度特点

类别	牌号	主要成分			热处理温度	力学性能			用途
		w_c/%	w_{Cr}/%	w_{Ni}/%	淬火/℃	σ_b/MPa	σ_s/MPa	δ/%	
奥氏体不锈钢	0Crl8Ni9	≤0.08	17～19	8～12	1050～1100(水)	≥490	≥180	≥40	具有良好的耐蚀性,是化工行业良好的耐蚀材料
	lCr18Ni9	≤0.12	17～19	8～12	1100～1150(水)	≥550	≥200	≥45	制作耐硝酸、冷磷酸、有机酸及盐、碱溶液腐蚀的设备零件
	lCr18Ni9Ti	≤0.12	17～19	8～11	1100～1150(水)	≥550	≥200	≥40	耐酸容器及设备衬里,输送管道等设备和零件,抗磁仪表、医疗器械

续表

类别	牌　号	主要成分			热处理温度	力学性能			用　　途
		w_c/%	w_{Cr}/%	w_{Ni}/%	淬火/℃	σ_b/MPa	σ_s/MPa	δ/%	
马氏体不锈钢	1Cr13	0.08～0.15	12～14		1000～1050（水、油）700～790（回火）	≥600	≥420	≥20	制作能抗弱腐蚀性介质、承受冲击负荷的零件，如汽轮机叶片、水压机阀、结构架、螺栓、螺帽等
	2Cr13	0.16～0.24	12～14		1000～1050（水、油）700～790（回火）	≥660	≥450	≥16	
	3Cr13	0.25～0.34	12～14		1000～1050（油）200～300（回火）				制作具有高硬度和耐磨性的医疗工具、量具、滚珠轴承等
	4Cr13	0.35～0.45	12～14		1000～1050（油）200～300（回火）				制作具有高硬度和耐磨性的医疗工具、量具、滚珠轴承等
铁素体不锈钢	1Cr17	≤0.12	16～18		750～800（空冷）	≥400	≥250	≥20	制作硝酸工厂设备。如吸收塔、热交换器、酸槽、输送管道及食品工厂设备等
	Cr25Ti	≤0.12	25～27		700～800（空冷）	≥450	≥300	≥20	制作生产硝酸及磷酸的设备

2）耐热钢

耐热钢是具有高温抗氧化性和一定高温强度等优良性能的特殊钢。高温抗氧化性是指金属材料在高温下对氧化作用的抗力，而高温强度是指金属材料在高温下对机械负荷作用的抗力。

（1）耐热钢的抗氧化性及高温强度。

A. 金属的抗氧化性。金属的抗氧化性是保证零件在高温下能持久工作的重要条件，抗氧化能力的高低主要由材料的成分决定。钢中加入足够的Cr、Si、Al等元素，使钢在高温下与氧接触时，表面能生成致密的高熔点氧化膜。它严密地覆盖住钢的表面，可以保护钢免于高温气体的继续腐蚀。

B. 金属的高温强度。金属在高温下所表现的机械性能与室温下是大不相同的。当温度超过再结晶温度时，除受机械力的作用产生塑性变形和加工硬化外，同时还可发生再结晶和软化的过程。当工作温度高于金属的再结晶温度，工作应力超过金属在该温度下的弹性极限时，随着时间的延长，金属发生极其缓慢的变形，这种现象称为“蠕变”。金属对蠕变抗力越大，即表示金属高温强度越高。通常加入能升高钢的再结晶温度的合金元素来提高钢的高温强度。

金属的蠕变过程是指塑性变形引起金属的强化过程在高温下通过原子扩散使其迅速消除。因此，在蠕变过程中，两个相互矛盾的过程同时进行，即塑性变形使金属强化和由温度的作用而消除强化。蠕变现象产生的条件为材料的工作温度高于再结晶温度、工作应力高于弹性极限。

因此，要想完全消除蠕变现象，就必须使金属的再结晶温度高于材料的工作温度，或者增加弹性极限使其在该温度下高于工作应力。

对高温工作的零件，不允许产生过大的蠕变变形，应严格限制其在使用期间的变形量。因此，对这类在高温下工作、精度要求又高的零件用钢的热强性，通常用蠕变极限来评定。蠕变极限是指在一定温度下引起一定变形速度的应力。

对一些在高温下工作时间较短，不允许发生断裂的工作（例如，宇宙火箭工作的时间是几十分钟，而送入轨道的一级或二级运载火箭的工作时间仅是几秒钟），在这种情况下，要求构件不会发生断裂，便不能用蠕变极限来评定，而应用持久强度来评定。持久强度是在一定温度下，经过一定时间引起断裂的应力。

材料的蠕变极限和持久强度越高，材料的热强性也越高。

不同类型的耐热钢适用于不同的温度。一般来说，马氏体耐热钢在300～600℃范围内使用，铁素体、奥氏体耐热钢用于600～800℃，800～1000℃时则常用镍基高温合金。

(2) 常用耐热钢。

A. 抗氧化钢。在高温下有较好的抗氧化性并有一定强度的钢称为抗氧化钢，又称为不起皮钢。它多用来制造炉用零件和热交换器，如燃气轮机燃烧室，锅炉吊钩，加热炉底板、辊道及炉管等。高温炉用零件的氧化剥落是零件损坏的主要原因。锅炉过热器等受力器件的氧化还会削弱零件的结构强度，因此在设计时要增加氧化余量。高温螺栓氧化会造成螺纹咬合，这些零件都要求高的抗氧化性。

抗氧化性取决于表面氧化皮的稳定性、致密性，以及其与基体金属的黏附能力，其主要影响因素是化学成分。

a. 铬。铬是一种钝化元素，含铬钢能在表面形成一层致密的 Cr_2O_3 氧化膜，有效地阻挡外界的氧原子继续往里扩散。较高温度下使用的钢和合金，铬含量常大于20%。例如，含铬22%在100℃以下是稳定的，可以形成连续而又致密的氧化膜。

b. 硅。含硅钢在高温时其表面可形成一层 SiO_2 薄膜，它能提高抗氧化性，但过量的硅会恶化钢的热加工工艺性能。

c. 铝。铝和硅都是比较经济的提高抗氧化性的元素。含铝钢在表面形成 Al_2O_3 薄膜，与 Cr_2O_3 相似，能起很好的保护作用。含铝6%可使钢在980℃具有较好的抗氧化性，含铝5%的铁锰铝奥氏体钢可在800℃长期使用，过高的铝量会使钢的冲击性能和焊接性能变坏。

d. 稀土元素。镧等稀土元素可进一步提高含铬钢的抗氧化性。它们会降低 Cr_2O_3 挥发性，改善氧化膜组成，使其变为更加稳定的 $(Cr,La)O_3$；它们还可促进铬扩散，有助形成 Cr_2O_3。镧抑制在1100～1200℃范围内形成容易分解的NiO。

实际上应用的抗氧化钢大多是铬钢，是在铬镍钢或铬锰氮钢基础上添加硅或铝而配制而成，单纯的硅钢或铝钢因其机械性能和工艺性能欠佳而很少应用。

抗氧化性常用钢种有3Cr18Mn12Si2N、2Cr20Mn9Ni2Si2N等。它们的抗氧化性能很好，最高工作温度可达1000℃，多用于制造加热炉的变热构件、锅炉中的吊钩等。它们常以铸件的形式使用，主要热处理是固溶处理，以获得均匀的奥氏体组织。

B. 热强钢。高温下有一定抗氧化能力和较高强度以及良好组织稳定性的钢称为热强钢。汽轮机、燃气轮机的转子和叶片、锅炉过热器、高温工作的螺栓和弹簧、内燃机进排气阀等用钢均属此类。

a. 铁素体基耐热钢。这类钢的工作温度在450～600℃，合金化包括以下几种。

Ⅰ. 低碳。含碳量一般为0.1%～0.2%。含碳量越高，组织越不稳定，碳化物容易聚集长大，甚至发生石墨化，使热强度大大降低。

Ⅱ. 加入铬。改善钢的抗氧化性，提高钢的再结晶温度以增高热强度。钢的耐蚀性和热强性要求越高，铬含量也应越高，可从1%直到3%。

Ⅲ. 加入钼、钒。提高钢的再结晶温度，同时形成稳定的弥散碳化物来保持高的热强性。

b. 奥氏体基耐热钢。工作温度可达600～700℃，其合金化包括以下几种。

Ⅰ. 低碳。多在0.1%以上，可达0.4%，要利用碳形成碳化物起第二相强化作用。

Ⅱ. 加入大量铬、镍。总量一般在25%以上。Cr主要是提高热化学稳定性和热强性，Ni是保证获得稳定奥氏体。

Ⅲ. 加入钨、钼等。提高再结晶温度，并析出较稳定的碳化物提高热强性。

Ⅳ. 加入钒、钛、铝等。形成稳定的第二相提高热强性。第二相有碳化物(如VC等)和金属间化合物(如Ni(Ti,Al)等)两类，后者强化效果较好。

c. 马氏体型热强钢。常用钢种为Cr12型(1Cr11MoV、1Cr12WMoV)、铬硅钢(4Cr9Si2、4Cr10Si2Mo)等。

1Cr11MoV和1Cr12WMoV钢具有较好的热强性、组织稳定性及工艺性。1Cr11MoV钢适用于制造540℃以下汽轮机叶片、燃气轮机叶片、增压器叶片；1Crl2WMoV钢适用于制造580℃以下汽轮机叶片、燃气轮机叶片。这两种钢大多在调质状态下使用。1Cr11MoV马氏体热强钢的调质热处理工艺为：1050～1000℃空冷，720～740℃高温回火(空冷)。

4Cr9Si2、4Cr10Si2Mo等铬硅钢是另一类马氏体热强钢，它们属于中碳高合金钢。钢中含碳量提高到约0.40%，主要是为了获得高的耐磨性；钢中加入少量的钼，有利于减小钢的回火脆性并提高热强性。这两种钢经适当的调质处理后，具有高的热强性、组织稳定性和耐磨性。4Cr9Si2钢主要用来制造工作温度在650℃以下的内燃机排气阀，也可用来制造工作在800℃以下、受力较小的构件，如过热器吊架等。4Cr10Si2Mo钢比4Cr9Si2钢含有较多的铬和钼，因此它的性能比较好，而且使回火脆性倾向减弱。该钢常用来制造某些航空发动机的排气阀，亦可用来制造加热炉构件。

d. 奥氏体型热强钢，这类热强钢在600～800℃温度范围内使用。它们含大量合金元素，尤其是含有较多的Cr和Ni，其总量远超过10%。这类钢用于制造汽轮机、燃气轮机、舰艇、火箭、电炉等的部件，即广泛应用于航空、航海、石油及化工等工业部门。常用钢种有4Cr14Ni14W2Mo、0Cr18Ni11Ti等。这类钢一般进行固溶处理或固溶-时效处理。

4Cr14Ni14W2Mo是14-14-2型奥氏体钢。由于钢中合金元素的综合影响，它的热强性、组织稳定性及抗氧化性均比上述4Cr9Si2和4Cr10Si2Mo等马氏体热强钢高。

3) 耐磨钢

某些机械零件，如挖掘机、球磨机的衬板等，在工作时受到严重磨损及强烈撞击，因而制造这些零件的钢除了应有良好的韧性，还应具有良好的耐磨性。

在生产中应用最普遍的是高锰钢。高锰钢铸件适用于承受冲击载荷和耐磨损的零件，但它几乎不能加工，且焊接性差，因而基本上都是铸造成型的，故其钢号写成ZGMn13-1、

ZGMn13-2 等。

高锰钢铸件的性质硬而脆，耐磨性也差，不能实际应用，其原因是在铸态组织中存在着碳化物。高锰钢只有在全部获得奥氏体组织时才呈现出最为良好的韧性和耐磨性。

为了使高锰钢全部获得奥氏体组织，须进行"水韧处理"。水韧处理是一种淬火处理的操作，其方法是钢加热至临界点温度以上(在 1060～1100℃)保温一段时间，使钢中碳化物能全部溶解到奥氏体中去，然后迅速浸淬于水中冷却。由于冷却速率非常快，碳化物来不及从奥氏体中析出，因而保持了均匀的奥氏体状态。水韧处理后，高锰钢的硬度并不高，在 180～220HB 范围。当它在受到剧烈冲击或较大压力作用时，表面层奥氏体将迅速产生加工硬化，并有马氏体及 ε 碳化物沿滑移面形成，从而使表面层硬度提高到 450～550HB，获得高的耐磨性，其心部则仍维持原来状态。

高锰钢制件在使用时必须伴随外来的压力和冲击作用，不然高锰钢是不能耐磨的，其耐磨性并不比硬度相同的其他钢种好。

水韧处理后的高锰钢加热到 250℃以上是不合适的。这是因为加热超过 300℃时，在极短时间内即开始析出碳化物，而使性能变坏。高锰钢铸件水韧处理后一般不做回火。为了防止产生淬火裂纹，可考虑改进铸件设计。

高锰钢广泛应用于一些既耐磨损又耐冲击的零件。在铁路交通方面，高锰钢用于铁道上的辙岔、辙尖、转辙器、从小半径转弯处的轨条等。高锰钢用于这些零件，不仅是因为它具有良好的耐磨性，而且是因为它材质坚韧，不容易突然折断。即使有裂纹开始发生，由于加工硬化作用，也会抵抗裂纹的继续扩展，使裂纹扩展缓慢且易被发觉。另外，高锰钢在寒冷气候条件下仍有良好的机械性能，不会冷脆。高锰钢在受力变形时，能吸收大量的能量，受到弹丸射击时也不易穿透。因此高锰钢也用于制造防弹板及保险箱钢板等。高锰钢还大量用于挖掘机、拖拉机、坦克等的履带板、主动轮、从动轮和履带支承滚轮等。由于高锰钢是非磁性的，也可用于既耐磨损又抗磁化的零件。

11.2.2 铸铁

铸铁是工业上应用最广泛的材料之一，它的使用价值与铸铁中碳的存在形式密切相关。一般说来，铸铁中的碳主要以石墨形式存在时，才能被广泛地应用。

1. 概述

从铁碳合金相图可知，铸铁是碳的质量分数大于 2.11%的铁碳合金。常用铸铁的成分范围(质量分数)是：2.5%～4.0%的 C，1.0%～3.0%的 Si，0.5%～1.4%的 Mn，0.01%～0.50%的 P，0.02%～0.20%的 S。此外，为了提高铸铁的机械性能，还可加入一定量的合金元素，如 Cr、Mo、V、Cu、Al 等，组成合金铸铁。可见，在成分上铸铁与钢的主要不同是：铸铁含碳和含硅量较高，杂质元素硫、磷较多。

同钢相比，铸铁生产设备和工艺简单、成本低廉，虽然强度、塑性和韧性较差，不能进行锻造，但它却具有一系列优良的性能，如良好的铸造性、减摩性和耐磨性，良好的消振性和切削加工性，以及缺口敏感性低等。因此，铸铁广泛应用于机械制造、冶金、石油化工、交通、建筑和国防等工业部门。特别是近年来由于稀土镁球墨铸铁的发展，更进一步打破了钢与铸铁的使用界限，不少过去使用碳钢和合金钢制造的重要零件，如曲轴、连杆、齿轮等，如今已可采用球墨铸铁来制造，“以铁代钢”，“以铸代锻”。这不仅为国家和企业节约了大量的优质钢材，而且还大大减少了机械加工的工时，降低了产品的成本。

铸铁之所以具有一系列优良的性能，是因为它的含碳量较高，接近于共晶合金成分，使得它的熔点低、流动性好；此外，它的含碳和含硅量较高，使得其中的碳大部分不再是以化合状态(Fe_3C)而是以游离的石墨状态存在。铸铁组织的一个特点就是其中含有石墨，而石墨本身具有润滑作用，从而使铸铁具有良好的减摩性和切削加工性。

1）铸铁的石墨化过程

铸铁组织中石墨的结晶形成过程称为“石墨化”过程。

在铁碳合金中，碳可能以两种形式存在：化合状态的渗碳体(Fe_3C)和游离状态的石墨（常用G表示）。石墨具有简单六方晶格，原子呈层状排列，其结晶形态常易发展成为片状。石墨本身的强度、塑性和韧性非常低，接近于零。

在铁碳合金中，已形成渗碳体的铸铁在高温下进行长时间退火，其中的渗碳体便会分解为铁和石墨，即 $Fe_3C \longrightarrow 3Fe+C$(石墨)。可见，碳呈化合状态存在的渗碳体并不是一种稳定的相，它不过是一种亚稳定的状态，而碳呈游离状态存在的石墨则是一种稳定的相。通常，在铁碳合金的结晶过程中，之所以自其液体或奥氏体中析出的是渗碳体而不是石墨，主要原因是渗碳体的含碳量(6.69%)比石墨的含碳量(约100%)更接近于合金成分的含碳量(2.5%～4.0%)，析出渗碳体时所需的原子扩散量较小，渗碳体的晶核形成较容易。但在冷却极其缓慢的条件下，或合金中含有可促进石墨形成的元素（如Si等）时，那么在铁碳合金的结晶过程中，可直接自液体或奥氏体中析出稳定的石墨相，而不再析出渗碳体。因此，根据冷却速率和成分不同，实际上存在两种相图，可用 Fe-Fe_3C 相图和 Fe-G(石墨)相图叠合在一起而形成的铁碳双重相图描述。由相图可知，Fe-G(石墨)系较 Fe-Fe_3C 系更为稳定。视具体合金的结晶条件不同，铁碳合金可全部或部分地按照其中的一种或另一种相图进行结晶。

根据Fe-G(石墨)系相图，在极缓慢冷却条件下，铸铁石墨化过程可分成三个阶段：

第一阶段（高温石墨化阶段），即由液体中直接结晶出初生相石墨，或在1154℃时通过共晶转变而形成石墨；

第二阶段（石墨化过程阶段），即在1154～738℃的冷却过程中，自奥氏体中析出二次石墨；

第三阶段（低温石墨化阶段），即在738℃时通过共析转变而形成石墨。

铸铁的组织与石墨化过程及其进行的程度密切相关。由于高温下具有较高的扩散能力，所以第一、二阶段的石墨化比较容易进行，即通常都按照Fe-G相图进行结晶；而第三阶段的石墨化温度较低，扩散能力低，且常因铸铁的成分和冷却速率等条件的不同，而被全部或部分抑制，从而得到三种不同的组织，即“铁素体F＋石墨G”“铁素体F＋珠光体P＋石墨G”“珠光体P＋石墨G”。铸铁的一次结晶过程决定了石墨的形态，而二次结晶过程决定了基体组织。

2）铸铁的分类及牌号

(1) 铸铁的分类。

根据铸铁在结晶过程中的石墨化程度不同，铸铁可分为以下三类。

A. 白口铸铁。即第一阶段、第二阶段和第三阶段的石墨化全部都被抑制，完全按照

$Fe\text{-}Fe_3C$ 相图进行结晶而得到的铸铁。这类铸铁组织中的碳全部呈化合碳的状态形成渗碳体，并具有莱氏体的组织，其断裂时断口呈白亮颜色，故称白口铸铁。其性能硬脆，故在工业上很少应用，主要用作炼钢原料。

B. 灰口铸铁。即在第一阶段和第二阶段石墨化的过程中都得到了充分石墨化的铸铁，碳大部分或全部以游离的石墨形式存在，因断裂时断口呈暗灰色，故称为灰口铸铁。工业上所用的铸铁几乎全部属于这类铸铁。这类铸铁根据第三阶段石墨化程度的不同，又可分为三种不同基体组织的灰口铸铁，即铁素体、“铁素体＋珠光体”和珠光体灰口铸铁。

C. 麻口铸铁。即在第一阶段的石墨化过程中未得到充分石墨化的铸铁。碳一部分以渗碳体形式存在，另一部分以游离态石墨形式存在，断口上呈黑白相间的麻点。其组织介于白口与灰口之间，含有不同程度的莱氏体，也具有较大的硬脆性，工业上也很少应用。

根据铸铁中石墨结晶形态的不同，铸铁又可分为以下三类。

A. 灰口铸铁。铸铁组织中的石墨形态呈片层状结晶，这类铸铁的机械性能不太高，但生产工艺简单，价格低廉，故在工业上应用最为广泛。

B. 可锻铸铁。铸铁组织中的石墨形态呈团絮状，其机械性能比普通灰口铸铁要好，但其生产工艺冗长，成本高，故只用来制造一些重要的小型铸件。

C. 球墨铸铁。其组织中的石墨形态呈球状，它不仅机械性能较高，生产工艺远比可锻铸铁简单，并且可通过热处理显著提高强度，故近年来得到广泛应用，在一定条件下可代替某些碳钢和合金钢制造各种重要的铸件，如曲轴、齿轮。

(2) 铸铁的牌号。

铸铁的牌号由铸铁代号、合金元素符号及其质量分数、力学性能组成。牌号中第一位是铸铁的代号，其后为合金元素的符号及其质量分数，最后为铸铁的力学性能。常规元素碳、硅、锰、硫一般不标注。其他合金元素的质量分数大于或等于1%时，用整数表示；小于1%时，一般不标注，只有对该合金特性有较大影响时，才予以标注。当铸铁中有几种合金化元素时，按其质量分数递减的顺序排列，质量分数相同时按元素符号的字母顺序排列。力学性能标注部分为一组数据时表示其抗拉强度值；为两组数据时，第一组表示抗拉强度值，第二组表示伸长率，两组数字之间用“-”隔开。常见铸铁名称、代号及牌号表示方法如表11.2.15所示。

表 11.2.15 常见铸铁名称、代号及牌号表示方法

铸铁名称	代　号	牌号表示方法示例	铸铁名称	代　号	牌号表示方法示例
灰铸铁	HT	HT100	抗磨白口铁	KmTB	KmTBMn5Mo2Cu
蠕墨铸铁	RuT	RuT400	抗磨球墨铸铁	KmTQ	KmTQMn6
球墨铸铁	QT	QT400-17	冷硬铸铁	LT	LTCrMoR6 （R表示稀土元素）
黑心可锻铸铁 白心可锻铸铁 珠光体可锻铸铁	KTH KTB KTZ	KTH300-06 KTB350-04 KTZ450-06	耐蚀铸铁 耐蚀球磨铸铁	ST STQ	STSi5R STQAl5Si5
耐磨铸铁	MT	MTCu1PTi-150	耐热铸铁 耐热球磨铸铁	RT RTQ	RTCr2 RTQAl6

2. 常用铸铁

1）灰口铸铁

（1）灰口铸铁的化学成分、组织与性能。

灰口铸铁的成分范围是2.5%～4.0%的C，1.0%～3.0%的Si，0.5%～1.4%的Mn，0.01%～0.20%的P，0.02%～0.20%的S，其中C、Si、Mn是调节组织的元素，P是控制使用的元素，S是应该限制的元素。究竟选用何种成分，应根据铸件基体组织及尺寸大小来决定。

灰口铸铁的第一、第二阶段石墨化过程均能充分进行，其组织类型主要取决于第三阶段的石墨化程度。根据第三阶段石墨化程度的不同，可分别获得如下三种不同基体组织的灰口铸铁。

A. 铁素体灰口铸铁。若第三阶段石墨化过程得到充分进行，最终得到的组织是铁素体基体上分布着片状石墨。

B. "珠光体＋铁素体"灰口铸铁。若第三阶段即共析阶段的石墨化过程仅部分进行，获得的组织是"珠光体＋铁素体"基体上分布着片状石墨。

C. 珠光体灰口铸铁。若第三阶段石墨化过程完全被抑制，获得的组织是珠光体基体上分布片状石墨。

实际铸件能否得到灰口组织和得到何种基体组织，主要取决于其结晶过程中的石墨化程度。而铸铁的石墨化程度受许多因素影响，铸铁的化学成分和结晶过程中的冷却速率是影响石墨化的主要因素。

A. 铸铁化学成分的影响。铸铁中的C和Si是影响石墨化过程的主要元素，它们有效地促进石墨化进程，铸铁中碳和硅的含量越高，则石墨化越充分。故生产中为了在铸件浇铸后不得到白口或麻口铸铁而只得到灰口铸铁，且不致含有过多和粗大的片状石墨，通常铸铁中必须加入足够的C、Si促进石墨化，一般其成分控制在2.5%～4.0%的C及1.0%～2.5%的Si。除了碳和硅以外，铸铁中的Al、Ti、Ni、Cu、P、Co等元素也是促进石墨化的元素，而S、Mn、Mo、Cr、V、W、Mg、Ce等碳化物形成元素则阻止石墨化。Cu和Ni既能促进共晶时的石墨化，又能阻碍共析时的石墨化。S不仅强烈地阻止石墨化，而且还会降低铸铁的机械性能和流动性，容易产生裂纹等，故其含量应尽量低，一般应在0.1%～0.15%以下。而锰因可与硫形成MnS，减弱了硫的有害作用；锰既可以溶解在基体中，也可溶解在渗碳体中形成$(Fe,Mn)_3C$。溶解在渗碳体中的锰可增强铁与碳的结合力，阻碍石墨化过程，增加铸铁白口深度，所以铸铁中锰的质量分数控制在0.5%～1.4%范围内。P是可微弱促进石墨化的元素，但当磷的质量分数超过0.3%，会在铸铁中出现低熔点的二元或三元磷共晶存在于晶界，增加铸铁的冷脆倾向，所以一般小于0.20%。

B. 铸铁冷却速率的影响。对于同一成分的铁碳合金，在熔炼条件等完全相同的情况下，石墨化过程主要取决于冷却条件。冷却越慢，越有利于扩散，对石墨化越有利，而快冷则阻止石墨化。在铸造时，除了造型材料和铸造工艺会影响冷却速率以外，铸件的壁厚不同，也会具有不同的冷却速率，得到不同的组织。实际生产中，在其他条件一定的情况下，铸铁的冷却速率取决于铸件的壁厚。铸件越厚，冷却速率越小，铸铁的石墨化程度越充分。对于不同壁厚的铸件，常根据这一关系调整铸铁中的碳和硅的含量，以保证得到所需要的灰口组织。这一点与铸钢件是截然不同的。

灰口铸铁的基体组织对性能有着很大的影响。铁素体灰口铸铁的强度、硬度和耐磨性都比较低，但塑性较高。铁素体灰口铸铁多用于制造负荷不太重的零件。珠光体特别是细小粒状珠光体灰口铸铁，其强度和硬度高、耐磨性好，但塑性比铁素体灰口铸铁低，多用于受力较大、耐磨性要求高的重要铸件，如汽缸套、活塞、轴承座等。在实际生产过程中，难以获得基体全部为珠光体的铸态组织，常见的是“铁素体＋珠光体”组织，其性能也介于铁素体灰口铸铁和珠光体灰口铸铁之间。

灰口铸铁的抗拉强度、塑性及韧性均比同基体的钢低。这是由于石墨的强度、塑性、韧性极低，它的存在不仅割裂了金属基体的连续性，缩小了承受载荷的有效面积，而且在石墨片的尖端处导致应力集中，使铸铁发生过早的断裂。随着石墨片的数量、尺寸、分布不均匀性的增加，灰口铸铁的抗拉强度、塑性、韧性进一步降低。

灰口铸铁的硬度和抗压强度取决于基体组织，石墨对其影响不大。因此，灰口铸铁的硬度和抗压强度与同基体的钢相差不多。灰口铸铁的抗压强度为其抗拉强度的 3～4 倍，因而广泛用作受压零构件如机座、轴承座等。此外，灰口铸铁还具有较好的铸造性能、切削加工性能、减摩性、减振性，以及较低的缺口敏感性。

(2) 灰口铸铁的牌号。

按国家标准 GB/T 9439—2010 规定，灰口铸铁有 6 个牌号：HT100（铁素体灰口铸铁）、HT150（“铁素体＋珠光体”灰口铸铁）、HT200 和 HT250（珠光体灰口铸铁）、HT300 和 HT350（孕育铸铁）。“HT”为“灰铁”二字汉语拼音的首字母大写，后续的三位数字表示直径为 30mm 铸件试样的最低抗拉强度值 σ_b（MPa）。例如灰口铸铁 HT200，表示最低抗拉强度为 200MPa。灰口铸铁的分类、牌号及显微组织见表 11.2.16。

表 11.2.16　灰口铸铁的分类、牌号及显微组织

<table>
<tr><th rowspan="2">分　类</th><th rowspan="2">牌　号</th><th colspan="2">显微组织</th></tr>
<tr><th>基体</th><th>石墨</th></tr>
<tr><td rowspan="3">普通灰铸铁</td><td>HT100</td><td>F＋少量 P</td><td>粗片</td></tr>
<tr><td>HT150</td><td>F＋P</td><td>较粗片</td></tr>
<tr><td>HT200</td><td>P</td><td>中等片</td></tr>
<tr><td rowspan="3">孕育铸铁</td><td>HT250</td><td>细 P</td><td>较细片</td></tr>
<tr><td>HT300</td><td rowspan="2">细 P</td><td rowspan="2">细片</td></tr>
<tr><td>HT350</td></tr>
</table>

(3) 灰口铸铁的孕育处理。

改善灰口铸铁机械性能的关键，是改善铸铁中石墨片的形状、数量、大小和分布情况。因此生产上常进行孕育处理。孕育处理就是在浇注前向铁水中加入少量（铁水总质量的 4%左右）的孕育剂（如硅铁、硅钙合金）进行孕育（变质）处理，使铸铁在凝固过程中产生大量的人工晶核，以促进石墨的形核和结晶，从而获得分布在细小珠光体基体上的少量的细小、均匀的石墨片组织。孕育处理后的铸铁称为孕育铸铁或变质铸铁。由于其强度、塑性、韧性比普通灰铸铁高，因此常用于制作汽缸、曲轴、凸轮轴等较重要的零件。

(4) 灰口铸铁的热处理。

虽然通过热处理只能改变铸铁的基体组织,而不能改变片状石墨的形状和分布状态,但可以消除铸件的内应力、消除白口组织和提高铸件表面的耐磨性。

A. 去应力退火。在铸造过程中,由于各部分的收缩和组织转变的速度不同,使铸件内部产生不同程度的内应力。这样不仅降低铸件强度,而且使铸件产生翘曲、变形,甚至开裂。因此,铸件在切削加工前通常要进行去应力退火,又称为人工时效处理。时效热处理时将铸件缓慢加热到 500～560℃适当保温(每 100mm 截面保温 2h)后,随炉缓冷至 150～200℃出炉空冷,此时内应力可被消除 90%。去应力退火加热温度一般不超过 560℃,以免共析渗碳体分解、球化,降低铸件强度、硬度和耐磨性。

B. 消除白口,改善切削加工性能的高温退火。铸件冷却时,表层及截面较薄处由于冷却速率快,易出现白口组织而使硬度升高,难以切削加工。为了消除自由渗碳体、降低硬度、改善铸件的切削加工性能和力学性能,可对铸件进行高温退火处理,使渗碳体在高温下分解成铁和石墨。高温石墨化退火热处理时将铸件加热至 850～950℃保温 1～4h,使部分渗碳体分解为石墨,然后随炉缓冷至 400～500℃,再置于空气中冷却,最终得到铁素体基体或“铁素体+珠光体”基体灰口铸铁,从而消除白口、降低硬度、改善切削加工性。

C. 表面淬火。某些大型铸件的工作表面需要有较高的硬度和耐磨性,如内燃机汽缸套的内壁等,在机加工后可用快速加热的方法对铸铁表面进行淬火热处理。淬火后铸铁表面为“马氏体+石墨”的组织。珠光体基体铸铁淬火后的表面硬度可达到 50HRC 左右。

2) 可锻铸铁

可锻铸铁是指由白口铸铁通过高温石墨化退火或氧化脱碳热处理,改变其金相组织或成分而获得的具有较高韧性的铸铁。由于铸铁中石墨呈团絮状分布,故大大削弱了石墨对基体的割裂作用。与灰口铸铁相比,可锻铸铁具有较高的强度和一定的塑性和韧性。可锻铸铁又称为展性铸铁或玛钢,但实际上可锻铸铁并不能锻造。

(1) 可锻铸铁的类型。

按化学成分、石墨化退火条件和热处理工艺不同,可锻铸铁分为黑心可锻铸铁(包括珠光体可锻铸铁)、白心可锻铸铁两类。当前广泛采用的是黑心可锻铸铁。

将白口铸件毛坯在中性介质中经高温石墨化退火而获得的铸铁件,若金相组织为铁素体基体上分布着团絮状石墨,其断口由于石墨大量析出而使心部颜色为暗黑色,表层因部分脱碳而呈亮白色的,则称为黑心可锻铸铁;若金相组织为珠光体基体上分布团絮状石墨,则称为珠光体可锻铸铁。因其断口呈灰色,习惯上也将其称为黑心可锻铸铁。

白心可锻铸铁是将白口铸件毛坯放在氧化介质中经石墨化退火及氧化脱碳而得到。表层由于完全脱碳而形成单一的铁素体组织,其断口为灰色。根据铸件断面大小不同,心部组织可以是“珠光体+铁素体+退火碳(退火过程中由渗碳体分解形成的石墨)”或“珠光体+退火碳”。心部断口为灰白色,故称之为白心可锻铸铁。

(2) 可锻铸铁的化学成分特点及可锻化(石墨化)退火。

A. 成分范围。为使铸铁凝固获得全部白口组织,同时使随后的石墨化退火周期尽量短,并有利于提高铸铁的机械性能,可锻铸铁的化学成分应控制在 2.4%～2.7%的 C、1.4%～1.8%的 Si、0.5%～0.7%的 Mn、<0.8%的 P、<0.25%的 S、<0.06%的 Cr 范围内。

B. 可锻铸铁石墨化退火工艺。可锻铸铁的石墨化退火工艺曲线如图 11.2.3 所示。将浇铸成的白口铸铁加热到900～980℃保温约15h,使渗碳体分解为奥氏体加石墨。由于固态下石墨在各个方向上的长大速度相差不多,故石墨至团絮状。在随后的缓慢冷却过程中,奥氏体将沿早已形成的团絮状石墨表面析出二次石墨,至共析转变温度范围(750～720℃)时,奥氏体分解为铁素体加石墨。结果得到铁素体可锻铸铁,其退火工艺曲线如图11.2.3中①所示。

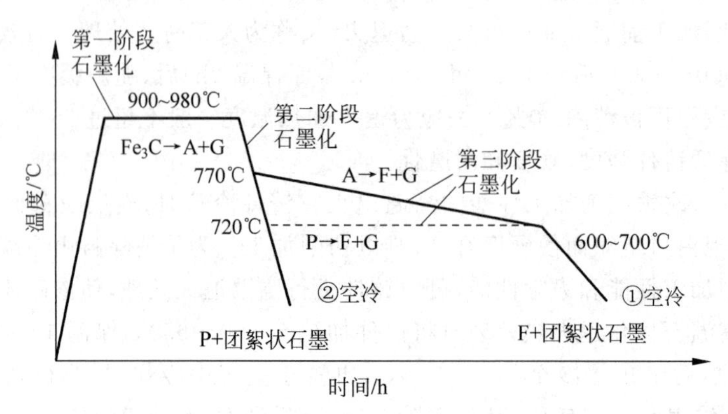

图11.2.3 可锻铸铁的石墨化退火工艺曲线

如果在通过共析转变温度时的冷却速率较快,则将得到珠光体可锻铸铁,其退火工艺曲线如图11.2.3中②所示。可锻铸铁的退火周期较长,约70h。为了缩短退火周期,常采用孕育处理、低温时效处理方法。

(3) 可锻铸铁的牌号、性能、用途。

A. 可锻铸铁的牌号。可锻铸铁的牌号(表11.2.17,试棒直径为16mm)中"KT"是"可铁"二字汉语拼音的首字母大写,表示可锻铸铁。其后加"H"则表示黑心可锻铸铁(如KTH330-8),加"Z"表示珠光体基可锻铸铁(如KTZ550-4),加"B"表示白心可锻铸铁(如KTB380-12)。随后两组数字分别表示最低抗拉强度σ_b(MPa)和最低延伸率δ(%)。

表11.2.17 可锻铸铁的分类、牌号及机械性能

分 类	牌 号	壁厚/mm	机械性能		
			σ_b/MPa	δ/%	硬度/HBS
黑心可锻铸铁	KTH300-6	>12	300	6	120～163
	KTH330-8	>12	330	8	120～163
	KTH350-10	>12	350	10	120～163
	KTH370-12	>12	370	12	120～163
珠光体基可锻铸铁	KTZ450-5		450	5	152～219
	KTZ500-4		500	4	179～241
	KTZ600-3		600	3	201～269
	KTZ700-2		700	2	240～270
白心可锻铸铁	KTB350-4		350	4	230
	KTB380-12		380	12	200
	KTB400-5		400	5	220
	KTB450-7		450	7	220

B. 可锻铸铁的特性和用途。普通黑心可锻铸铁具有一定的强度和较高的塑性与韧性，常用作汽车、拖拉机后桥外壳，低压阀门，以及各种承受冲击和振动的农机具。珠光体可锻铸铁具有优良的耐磨性、切削加工性和极好的表面硬化能力，常用作曲轴、凸轮轴、连杆、齿轮等承受较高载荷、耐磨损的重要零件。而白心可锻铸铁在机械工业中则应用很少。

3）球墨铸铁

在浇铸前向铁水中加入少量的球化剂（镁或稀土镁）和孕育剂（75%Si 的硅铁），获得具有球状石墨的铸铁，称为球墨铸铁。由于它具有优良的机械性能、加工性能、铸造性能，生产工艺简单，成本低廉，故得到了越来越广泛的应用。

（1）球墨铸铁的成分、组织、性能。

球墨铸铁的成分范围一般为 C 3.5%～3.9%，Si 2.0%～2.6%，Mn 0.6%～1.0%，S<0.06%，P<0.1%，Mg 0.03%～0.06%，RE 0.02%～0.06%。与灰口铸铁相比，球墨铸铁的碳、硅含量较高，含锰较低，对磷、硫限制较严。碳含量高（4.5%～4.7%）是为了获得共晶成分的铸铁（共晶点为 4.6%～4.7%），使之具有良好的铸造性能。低硫是因为硫与镁、稀土具有很强的亲和力，从而消耗球化剂，造成球化不良。对镁和稀土残留量有一定要求，这是因为适量的球化剂才能使石墨完全呈球状析出。由于镁和稀土是阻止石墨化的元素，所以在球化处理的同时，必须加入适量的硅铁进行孕育处理，以防止白口出现。

球墨铸铁的组织特征为钢的基体加球状石墨。球墨铸铁的性能与其组织特征有关。由于石墨呈球状分布，不仅造成应力的集中小，而且对基体的割裂作用也最小。因此，球墨铸铁的基体强度利用率可达 70%～90%，而灰口铸铁的基体强度利用率仅为 30%～50%。所以，球墨铸铁的抗拉强度、塑性、韧性不仅高于其他铸铁，而且可与相应组织的铸钢相当。特别是球墨铸铁的屈强比（σ_s/σ_b）为 0.7～0.8，几乎比钢高一倍。这一性能特点有很大的实际意义。因为在机械设计中，材料的许用应力是按屈服强度确定的，因此，对于承受静载荷的零件，用球墨铸铁代替铸钢，就可以减轻机器重量。

球墨铸铁不仅具有良好的机械性能，同时也保留灰口铸铁具有的一系列优点，特别是通过热处理可使其机械性能达到更高水平，从而扩大了球墨铸铁的使用范围。

（2）球墨铸铁的牌号及用途。

A. 球墨铸铁的牌号。表 11.2.18 为球墨铸铁的牌号、基体组织和机械性能。牌号中“QT”是“球铁”二字汉语拼音的首字母大写，表示球墨铸铁的代号，后面两组数字分别表示最低抗拉强度 σ_b（MPa）和最小延伸率 δ（%）。

表 11.2.18　球墨铸铁的牌号、基体组织和机械性能

牌　号	基体组织	机械性能				
		σ_b/MPa	$\sigma_{0.2}$/MPa	δ_5/%	σ_k/(kJ/m^2)	硬度/HBS
QT400-17	F	≥400	≥250	≥17	≥600	≤179
QT420-10	F	≥420	≥270	≥10	≥300	≤207
QT500-5	F+P	≥500	≥350	≥5	—	147～241
QT600-2	P	≥600	≥420	≥2	—	229～302
QT700-2	P	≥700	≥490	≥2	—	229～302
QT800-2	P	≥800	≥560	≥2	—	241～321
QT1200-1	B	≥1200	≥840	≥1	300	≥38HRC

注：脆性材料的屈服点，用 $\sigma_{0.2}$ 表示（有具体定义），σ_k 为断裂强度，δ_5 为屈服点伸长率。

（3）球墨铸铁的用途。

铁素体基体球墨铸铁具有较高的塑性和韧性，常用来制造变压阀门、汽车后桥壳、机器底座。珠光体基球墨铸铁具有中高强度和较高的耐磨性，常用于制作拖拉机或柴油机的曲轴、油轮轴，部分机床上的主轴、轧辊等。贝氏体基球墨铸铁具有高的强度和耐磨性，常用于制造汽车上的齿轮、传动轴，以及内燃机曲轴、凸轮轴等。

（4）球墨铸铁的热处理。

A. 球墨铸铁热处理的特点。球墨铸铁的热处理工艺性较好，因此凡能改变和强化基体的各种热处理方法均适用于球墨铸铁。球墨铸铁在热处理过程中的转变机理与钢大致相同，但由于球墨铸铁中有石墨存在且含有较高的硅及其他元素，因而球墨铸铁热处理有如下特点。

a. 硅有提高共析转变温度且降低马氏体临界冷却速率的作用，所以铸铁淬火时它的加热温度比钢高，淬火冷却速率可以相应缓慢。

b. 铸铁中由于石墨起着碳的“储备库”作用，因而通过控制加热温度和保温时间可调整奥氏体的含碳量，以改变铸铁热处理后的基体组织和性能。但由于石墨溶入奥氏体的速度十分缓慢，故保温时间要比钢长。

c. 成分相同的球墨铸铁，因结晶过程中的石墨化程度不同，可获得不同的原始组织，故其热处理方法也各不相同。

B. 球墨铸铁常用的热处理方法。

a. 退火。为提高铸态球铁的塑性和韧性，改善切削加工性能，以消除铸造内应力，就必须进行退火，使其中珠光体和渗碳体得以分解，获得铁素体基球墨铸铁。根据铸态组织不同，退火工艺有两种。

Ⅰ. 高温退火。当铸态组织中不仅有珠光体而且有自由渗碳体时，应进行高温退火。

Ⅱ. 低温退火。当铸态组织仅为“铁素体＋珠光体基体”，而没有自由渗碳体存在时，为获得铁素体基体，则只需进行低温退火。

b. 正火。球墨铸铁进行正火的目的，是使铸态下基体的混合组织全部或大部分变为珠光体，从而提高其强度和耐磨性。

Ⅰ. 高温正火。将铸件加热到共析温度以上，使基体组织全部奥氏体化，然后空冷（含硅量高的厚壁件，可采用风冷、喷雾冷却），使其获得珠光体球墨铸铁。正火后，为消除内应力，可增加一次消除内应力的退火（或回火）。

Ⅱ. 低温正火。将铸件加热到共析温度范围内，使基体组织部分奥氏体化，然后出炉空冷，可获得“珠光体＋铁素体基”的球墨铸铁。其塑性、韧性比高温正火高，但强度略低。

c. 调质处理。对于受力复杂、截面大、综合机械性能要求较高的重要铸件，可采用调质处理。

调质处理后得到“回火索氏体＋球状石墨”，硬度为 245～335HB，具有良好的综合机械性能。柴油机曲轴等重要的零件常采用此种处理方法。球墨铸铁淬火后，也可采用中温或低温回火，获得贝氏体或回火马氏体基组织，使其具有更高的硬度和耐磨性。

d. 等温淬火。对于一些形状复杂，要求综合机械性能较高，热处理易变形与开裂的零件，常采用等温淬火。将零件加热到 860～920℃，保温时间比钢长 1 倍，保温后，迅速放入温度为 250～300℃的等温盐浴中，进行 0.5～1.5h 的等温处理，然后取出空冷，获得“贝氏体＋

球状石墨”为主的组织。

4）蠕墨铸铁

在钢的基体上分布着蠕虫状石墨的铸铁，称为蠕墨铸铁。蠕虫状石墨的形状介于片状石墨和球状石墨之间，也称为厚片状石墨。

（1）蠕墨铸铁的获得及蠕化处理。

在浇铸前用蠕化剂处理铁水，从而获得蠕虫状石墨的过程称为蠕化处理。常用的蠕化剂有稀土硅钙、稀土硅铁和镁钛稀土硅铁合金。这些蠕化剂除了能使石墨成为厚片状外，均容易造成铸铁的白口倾向增加，因此在进行蠕化处理的同时，必须向铁水中加入一定量的硅铁或硅钙进行孕育处理，以防止白口倾向，并保证石墨细小均匀分布。

如果铸铁结晶时间过长，已加入的足够量的蠕化剂作用会消退，从而形成片状石墨，使蠕墨铸铁衰退为灰口铸铁。这种情况称为蠕化衰退。厚大的铸件由于冷速小而容易蠕化衰退。

（2）蠕墨铸铁的牌号、性能及用途。

蠕墨铸铁的牌号是以“蠕”的拼音“Ru”和“铁”的拼音首字母大写“T”的组合“RuT”作为代号，后面的一组数字表示最低抗拉强度值 σ_b（MPa）。表 11.2.19 为蠕墨铸铁的牌号、基体组织和机械性能。

表 11.2.19　蠕墨铸铁的牌号、基体组织和机械性能

牌　　号	基 体 组 织	机械性能			
		σ_b/MPa	$\sigma_{0.2}$/MPa	δ_5/%	硬度/HBS
RuT420	P	≥420	≥335	≥0.75	200～280
RuT380	P	≥380	≥300	≥0.75	193～274
RuT340	P+F	≥340	≥270	≥1.0	170～249
RuT300	F+P	≥300	≥240	≥1.5	140～217
RuT260	F	≥260	≥195	≥3	121～197

蠕墨铸铁的机械性能优于灰口铸铁，低于球墨铸铁。但其导热性、抗热疲劳性和铸造性能均比球墨铸铁好，易于得到致密的铸件。因此蠕墨铸铁也称为“紧密石墨铸铁”，应用于铸造内燃机缸盖、钢锭模、阀体、泵体等。

3. 合金铸铁

随着工业的发展，对铸铁性能的要求不断提高，不但要求它具有更高的机械性能，有时还要求它具有某些特殊的性能，如高耐磨性、耐热及耐蚀等。为此向铸铁（灰口铸铁或球墨铸铁）铁液中加入一些合金元素，可获得具有某些特殊性能的合金铸铁。合金铸铁与相似条件下使用的合金钢相比，熔炼简便、成本低廉，具有良好的使用性能。但它们大多具有较大的脆性，机械性能较差。

（1）耐磨铸铁。

耐磨铸铁按其工作条件可分为两种类型：一种是在润滑条件下工作的，如机床导轨、汽缸套、活塞环和轴承等；另一种是在无润滑的干摩擦条件下工作的，如犁铧、轧辊及球磨机零件等。

在干摩擦条件下工作的耐磨铸铁，应具有均匀的高硬度组织，例如白口铸铁、冷硬铸铁都是较好的耐磨材料。为进一步提高铸铁的耐磨性和其他机械性能，常加入 Cr、Mn、Mo、V、Ti、P、B 等合金元素，形成耐磨性更高的合金铸铁。合金铸铁通常用于如犁铧、轧辊及球磨机零件等。

在润滑条件下工作的耐磨铸铁，其组织应为软基体上分布有硬的组织组成物，以便在磨后使软基体有所磨损，形成沟槽，保持油膜。普通的珠光体基体的铸铁基本上符合这一要求，其中的铁素体为软基体，渗碳体层片为硬组分，而石墨同时也起储油和润滑作用。为了进一步改善珠光体灰口铸铁的耐磨性，通常将铸铁中的含磷量提高到 0.4%～0.7%，即形成高磷铸铁。其中磷形成 Fe_3P，并与铁素体或珠光体组成磷共晶，呈断续的网状分布在珠光体基体上，形成坚硬的骨架，使铸铁的耐磨性显著提高。在普通高磷铸铁的基础上，再加入 Cr、Mn、Cu、Mo、V、Ti、W 等合金元素，构成高磷合金铸铁。这样不仅细化和强化了基体组织，也进一步提高了铸铁的机械性能和耐磨性。生产上常用其制造机床导轨、汽车发动机缸套等零件。

此外，我国还发展了钒钛铸铁、铬钼铜合金铸铁、锰硼铸铁及中锰球墨铸铁等耐磨铸铁，它们均具有优良的耐磨性。

（2）耐热铸铁。

耐热铸铁具有良好的耐热性，可代替耐热钢用于制作加热炉炉底板、马弗罐、坩埚、废气管道、换热器及钢锭模等。

铸铁抗氧化与抗生长的性能称为耐热性。具备良好耐热性的铸铁称为耐热铸铁。为了提高铸铁的耐热性，一种方法是在铸铁中加入硅、铝、铬等合金元素，使铸件表面形成一层致密的 SiO_2、Al_2O_3、Cr_2O_3 氧化膜，保护内层组织不被继续氧化。另一种方法是提高铸铁的相变点，使基体组织为单相铁素体，不发生石墨化过程，因而提高了铸铁的耐热性。常用耐热铸铁的化学成分和力学性能见表 11.2.20。

表 11.2.20 常用耐热铸铁的化学成分和力学性能

铸铁牌号	化学成分/%							抗拉强度/MPa	硬度/HBS
	w_c	w_{Si}	w_{Mn}	w_p	w_S	w_{Cr}	w_{Al}		
			不小于						
RTCr2	3.0～3.8	2.0～3.0	1.0	0.20	0.12	1.0～2.0	—	150	207～288
RTCr16	1.6～2.4	1.5～2.2	1.0	0.10	0.05	15.0～18.0	—	340	400～450
RTSi5	2.4～3.2	4.5～5.5	0.8	0.20	0.12	0.5～1.0	—	140	160～270
RQTSi4Mo	2.7～3.5	3.5～4.5	0.5	0.10	0.03	w_{Mo}0.3～0.7	—	540	197～280
RQTAl4Si4	2.5～3.0	3.5～4.5	0.5	0.10	0.02	—	4.0～5.0	250	285～341
RQTAl5Si5	2.3～2.8	4.5～5.2	0.5	0.10	0.02	—	5.0～5.8	200	302～363

注：不含 Cr 含 Mo，W_{Mo}，Mo 的质量百分数。

（3）耐蚀铸铁。

耐蚀铸铁主要应用于化工部门，制作管道、阀门、泵类等零件。为提高其耐蚀性，常加入 Si、Al、Cr、Ni 等元素，使铸件表面形成牢固、致密的保护膜；同时使铸铁形成单相基体上分布着数量较少且彼此孤立的球状石墨的组织，并提高铸铁基体的电极电势。

耐蚀铸铁的种类很多，有高硅耐蚀铸铁、高铝耐蚀铸铁、高铬耐蚀铸铁等。其中应用最广泛的是高硅耐蚀铸铁，碳含量<12%，硅含量为10%～18%。

11.3 有色金属及合金

通常把除铁、铬、锰之外的金属称为有色金属。我国有色金属矿产资源十分丰富，钨、锡、钼、锑、汞、铅、锌稀土金属以及钛的储量居世界前列，铜、铝、锰的储量也很丰富。与黑色金属相比，有色金属具有许多优良的特性，这决定了有色金属在国民经济中占有十分重要的地位。例如，铝、镁、钛等金属及其合金，具有相对密度小、比强度高的特点，在飞机制造、汽车制造、船舶制造等工业上应用十分广泛。又如银、铜、铝等有色金属，导电性和导热性能优良，在电气工业和仪表工业上应用十分广泛。再如钨、钼、钽、铌及其合金，是制造在1300℃以上使用的高温零件及电真空材料的理想材料。虽然有色金属的年消耗量目前仅占金属材料年消耗量的5%，但任何工业部门都离不开有色金属材料，在空间技术、原子能、计算机、电子等新型工业部门，有色金属材料都占有极其重要和关键的地位。

有色金属一般有如下三种分类方法。

(1) 按有色纯金属分类。重金属、轻金属、贵金属、半金属和稀有金属五类。

(2) 按合金系统分类。重有色金属合金、轻有色金属合金、贵金属合金和稀有金属合金等。

(3) 按合金用途分类。变形(压力加工用合金)合金、铸造合金、轴承合金、印刷合金、硬质合金、焊料、中间合金和金属粉末等。

11.3.1 铝及铝合金

铝是一种具有面心立方晶格的金属，无同素异构转变。由于铝的化学性质活泼，在大气中极易与氧作用而生成一层牢固致密的氧化膜，防止了氧与内部金属基体的作用，所以铝在大气和淡水中具有良好的耐蚀性。但在碱和盐的水溶液中，铝表面的氧化膜易被破坏，使其很快被腐蚀。铝具有很好的低温性能，在低温下塑性和冲击韧性不降低。铝具有一系列优良的工艺性能，易于铸造，易于切削，也易于通过压力加工而制成各种规格的半成品。

工业纯铝是含有少量杂质的纯铝，主要杂质为铁和硅，此外还有铜、锌、镁、锰和钛等。杂质的性质和含量对铝的物理性能、化学性能、机械性能和工艺性能都有影响。一般来说，随着主要杂质含量的增高，纯铝的导电性能和耐蚀性能均降低，其机械性能表现为强度升高，塑性降低。

工业纯铝的强度很低，抗拉强度仅为50MPa，虽然可通过冷作硬化的方式强化，但也不能直接用于制作结构材料。只有通过合金化及时效强化的铝合金，具有400～700MPa的抗拉强度，才能成为飞机的主要结构材料。

目前，用于制造铝合金的合金元素大致分为主要元素(硅、铜、镁、锰、锌、锂)和辅加元素(铬、钛、锆、稀土、钙、镍、硼等)两类。铝与主加元素的二元相图的近铝端一般都具有如图11.3.1所示的形式。根据该相图可以把铝合金分为变形铝合金和铸造铝合金。相图上最大饱和溶解度D(D点也代表合金元素在S相中脱溶的脱溶线起始点)是这两类合金的理论分界线。D点左边的合金Ⅰ，加热时能形成单相固溶体组织，适用于形变加工，称为变形铝合金；D点右边的合金Ⅳ，常温下具有共晶组织，适用于铸造成型，称为铸造铝合金。

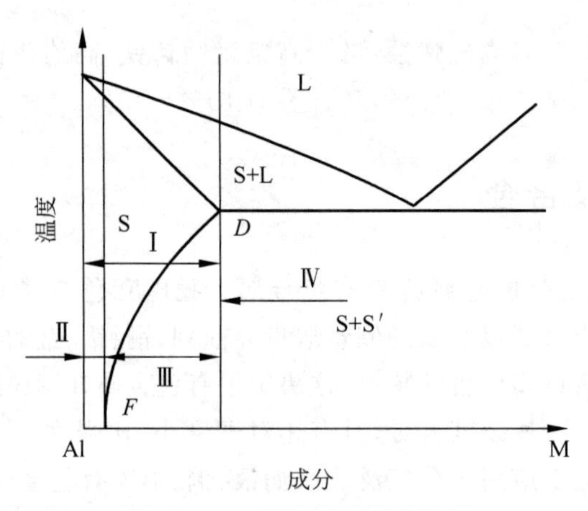

图 11.3.1 铝合金近铝端相图

1. 变形铝合金

变形铝合金通过熔炼铸成锭子后，要经过加工制成板材、带材、管材、棒材、线材等半成品，故要求合金应有良好的塑性变形能力。合金成分小于 D 点的合金，其组织主要为固溶体，在加热至固溶线以上温度时，甚至可得到均匀的单相固溶体，其塑性变形能力很好，适于锻造、轧制和挤压。为了提高合金强度，合金中可包含有一定数量的第二相，很多合金中第二组元的含量超过了极限溶解度 D。但当第二相是硬脆相时，第二组元的含量只允许少量超过 D 点。

变形铝合金分为两大类，一类是凡成分在 F 点以左的合金Ⅱ，其固溶体成分不随温度而变化，不能通过时效处理强化合金，故称为非热处理强化的铝合金；另一类是成分在 F、D 之间的合金Ⅲ，其固溶体的成分将随温度而变化，可以进行时效处理强化，称为热处理强化的铝合金。非热处理强化铝合金是防锈铝合金，耐腐蚀，易加工成型和焊接，强度较低，适宜制作耐腐蚀和受力不大的零部件及装饰材料。热处理强化铝合金通过固溶处理和时效处理，大体可分为三种：第一种是硬铝，以 Al-Cu-Mg 合金为主，应用广泛，有强烈的时效强化能力，可制作飞机受力构件；第二种是锻铝，以 Al-Mg-Si 合金为主，冷热加工性好，耐腐蚀，低温性能好，适合制作飞机上的锻件；第三种是超硬铝，以 Al-Zn-Mg-Cu 合金为主，是强度最高的铝合金。此外，还有新发展的铝合金，如铝锂合金、快速凝固铝合金等。表 11.3.1 为常用变形铝合金的牌号、化学成分、性能及用途。

表 11.3.1 常用变形铝合金的牌号、化学成分、性能及用途

类别	牌号(代号)	化学成分/%						热处理	力学性能			用途
		w_{Cu}	w_{Mg}	w_{Mn}	w_{Zn}	其他	w_{Al}		σ_b/MPa	δ/%	硬度	
防锈铝合金	3A05(LF5)		4.0～5.5	0.3～0.6			余量	退火	280	20	70	焊接油箱、油管、焊条、铆钉及中载零件
	3A21(LF21)			1.0～1.6			余量	退火	130	20	30	焊接油箱、油管、铆钉及轻载零件
硬铝合金	2A01(LY1)	2.2～3.0	0.2～0.5				余量	淬火＋自然时效	300	24	70	工作温度不超过100℃，常用作铆钉
	2A12(LY12)	3.8～4.9	1.2～1.8	0.3～0.9			余量	淬火＋自然时效	470	17	105	高强度结构件、航空模锻件及150℃以下工作零件

续表

类别	牌号(代号)	化学成分/%						热处理	力学性能			用途
		w_{Cu}	w_{Mg}	w_{Mn}	w_{Zn}	其他	w_{Al}		σ_b/MPa	δ/%	硬度	
超硬铝合金	7A04(LC4)	1.4~2.0	1.8~2.8	0.2~0.6	5.0~7.0	Cr 0.1~0.25	余量	淬火+人工时效	600	12	150	主要受力构件,如飞机机架、桁架等
	7A06(LC6)	2.2~2.8	2.5~3.2	0.2~0.5	7.6~8.6	Cr 0.1~0.25	余量	淬火+人工时效	680	7	190	主要受力构件,如飞机大梁、桁架、起落架等
锻铝合金	2A05(LD5)	1.8~2.0	0.4~0.8	0.4~0.8		Si 0.7~1.2	余量	淬火+人工时效	420	13	105	形状复杂、中等强度的锻件
	2A10(LD10)	3.9~4.8	0.4~0.8	0,4~1.0		Si 0.5~1.2	余量	淬火+人工时效	480	19	135	承受重载荷的锻件

2. 铸造铝合金

用于直接铸成各种形状复杂的甚至是薄壁的成型件。浇注后,只需进行切削加工即可成为零件或成品,故要求合金具有良好的流动性。凡成分大于 D 点的合金,由于有共晶组织存在,其流动性较好,且高温强度也比较高,可以防止热裂现象,故适于铸造。因此,大多数铸造铝合金中合金元素的含量均大于极限溶解度 D。当然,实际上当合金元素小于极限溶解度 D 时,也是可以进行成型铸造的。

铸造铝合金应具有高的流动性,较小的收缩性,热裂、缩孔和疏松倾向小等良好的铸造性能。共晶合金或合金中有一定量共晶组织就具有优良的铸造性能。为了综合运用热处理强化和过剩相强化,则铸造铝合金的成分都比较复杂,合金元素的种类和数量相对较多。以所含主要合金组元为标志,常用的铸造铝合金有铝硅系、铝铜系、铝镁系、铝稀土系和铝锌系合金,主要铸造铝合金的牌号和化学成分见表 11.3.2。

表 11.3.2 主要铸造铝合金的牌号和化学成分

合金系	牌号	w_{Si}/%	w_{Cu}/%	w_{Mg}/%	w_{Mn}/%	w_{Zn}/%	w_{Ni}/%	w_{Ti}/%	w_{Zr}/%
Al-Si	ZL102	10.0~13.0	<0.6	<0.05	<0.5	<0.3		0.1~0.35	
	ZL104	8.0~10.5	<0.3	0.17~0.30	0.2~0.5	<0.3			
	ZL105	4.5~5.5	1.0~1.5	0.35~0.60	<0.5	<0.2			
	ZL111	8.0~10.0	1.3~1.8	0.4~0.6	0.1~0.35	<0.1			
Al-Cu	ZL201	<0.3	4.5~5.3	<0.05	0.6~1.0	<0.1	<0.1	0.15~0.35	<0.2
	ZL203	<1.5	4.5~5.0	<0.03	<0.1	<0.1		<0.07	
Al-Mg	ZL301	<0.3	<0.1	9.5~11.5	<0.1	<0.1		<0.07	
	ZL303	0.8~1.3	<0.1	4.5~5.5	0.1~0.4	<0.2		<0.2	

11.3.2 铜及铜合金

1. 纯铜

纯铜呈紫红色,又称紫铜,密度为 8.9kg/m^3,熔点为 1083℃。它分为两大类,一类为含氧铜,另一类为无氧铜。由于有良好的导电性、导热性和塑性,并兼有耐蚀性和可焊接性,它是化工、船舶和机械工业中的重要材料。

工业纯铜的导电性和导热性在 64 种金属中仅次于银。冷变形后，纯铜的电导率变化小。形变 80%后电导率下降不到 3%，故可在冷加工状态下用作导电材料。杂质元素都会降低其导电性和导热性，尤以磷、硅、铁、钛、铍、铅、锰、砷、锑等影响最为强烈；形成非金属夹杂物的硫化物、氧化物、硅酸盐等影响小，不溶的铅、铋等金属夹杂物影响也不大。

铜的电极电势较正，在许多介质中都耐蚀，可在大气、淡水、水蒸气及低速海水等介质中工作，铜与其他金属接触时成为阴极，而其他金属及合金多为阳极，并发生阳极腐蚀，为此需要镀锌保护。

铜的另一个特性是无磁性，常用来制造不受磁场干扰的磁学仪器。

铜有极高的塑性，能承受很大的变形量而不发生破裂。

铋或铅与铜形成富铋或铅的低熔点共晶，其共晶温度相应为 270℃和 326℃，共晶含 $w_{Bi}=99.8\%$或 $w_{Pb}=99.94\%$，在晶界形成液膜，造成铜的热脆。

纯铜的氧含量低于 0.01%的称为无氧铜，以 TU1 和 TU2 表示，用于制作电真空器件。TUP 为磷脱氧铜，用于焊接钢材，制作热交换器、排水管、冷凝管等。TUMn 为锰脱氧铜，用于电真空器件。T1～T4 为纯铜，含有一定氧。T1 和 T2 的氧含量较低，用于导电合金；T3 和 T4 含氧较高，小于 0.1%，一般用作铜材。

2. 铜合金

按照化学成分，铜合金可分为黄铜、白铜及青铜三大类。

(1) 黄铜。以锌为主要元素的铜合金，称为黄铜，按其余合金元素种类可分为普通黄铜和特殊黄铜，按生产方法可分为压力加工产品和铸造产品两类。

(2) 白铜。以镍为主要元素的铜合金，称为白铜。白铜分为结构白铜和电工白铜两类。

(3) 青铜。除锌和镍以外的其他元素作为主要合金元素的铜合金称为青铜。按所含主要素的种类分为锡青铜、铝青铜、铅青铜、硅青铜、铍青铜、钛青铜、铬青铜等。

11.3.3 镁及镁合金

镁合金是实际应用中最轻的金属结构材料，它具有密度小，比强度和比模量高，阻尼性、导热性、切削加工性、铸造性好，电磁屏蔽能力强，尺寸稳定，资源丰富，容易回收等一系列优点，因此，在汽车工业、通信电子业和航空航天业等领域得到日益广泛的应用。近年来镁合金产量在全球的年增长率高达 20%，显示出极大的应用前景。

与铝合金相比，镁合金的研究和应用还很不充分，目前，镁合金的产量只有铝合金的 1%。镁合金作为结构件应用最多的是铸件，其中 90%以上的是压铸件。限制镁合金广泛应用的主要问题，是镁合金在熔炼加工过程中极易氧化燃烧，因此镁合金的生产难度很大；镁合金生产技术还不成熟和完善，特别是镁合金成型技术更待进一步发展；镁合金的耐蚀性较差；现有镁合金的高温强度、蠕变性能较低，限制了镁合金在高温(150～350℃)场合的应用。

镁合金可以分为变形镁合金和铸造镁合金两类。

(1) 变形镁合金。

按化学成分可分为以下三类。

A. 镁-锰系合金。代表合金有 MB1。可经过各种压力加工而制成棒、板、型材和锻件，主要用作航空、航天器的结构材料。

B. 镁-铝-锌系合金。代表合金有 MB2、MB3，均为高塑性锻造镁合金，MB3 为中等强度的板带材合金。

C. 镁-锌-锆系合金。属于高强镁合金，主要代表有 MB15 等。由于塑性较差，不易焊接，主要生产挤压制品和锻件。

(2) 铸造镁合金。

与变形镁合金相比，铸造镁合金在应用方面占统治地位。主要分为无锆镁合金和含锆镁合金两类。

11.3.4 钛及钛合金

钛合金是一种快速发展中的材料。钛及钛合金密度小(约 $4.5g/cm^3$)，强度远高于钢，比强度和比模量性能突出。波音 777 的起落架采用钛合金制造，大大减轻了质量，经济效益极为显著。钛的耐腐蚀性能优异，是目前耐海水腐蚀的最好材料。钛是制造工作温度 500℃以下，如火箭低温液氮燃料箱、导弹燃料罐、核潜艇船壳、化工厂反应釜等构件的重要材料。我国钛产量居世界第一，TiO_2 储量约 8 亿吨，特别是在攀枝花、海南岛资源非常丰富。

钛合金高温强度差，不宜在高温中使用。尽管钛的熔点在 1700℃以上，比镍等金属材料高几百摄氏度，但其使用温度较低，最高的工作温度只有 600℃。例如，当前使用的飞机涡轮叶片材料是镍铝高温合金，若能采用耐高温钛合金，材料的比强度、耐蚀性和寿命将大大提高。为解决钛合金的高温强度，世界各国正积极研究采用中间化合物，即金属间的化合物作为高温材料。中间化合物熔点较高、结合力强，特别是钛铝，密度又小，作为航空的高温材料有较大的优越性和发展前途。目前研制的有序化中间化合物使钛合金使用温度达到 600℃以上，Ti_3Al 达到 750℃，TiAl 达到 800℃，未来有望提高到 900℃以上。

11.3.5 轴承合金

轴承分为滚动轴承与滑动轴承。滑动轴承是指支承轴颈和其他转动或摆动零件的支承件。它是由轴承体和轴瓦两部分构成的。轴瓦可以直接由耐磨合金制成，也可在钢背上浇铸(或轧制)一层耐磨合金内衬制成。用来制造轴瓦及其内衬的合金，称为轴承合金。

根据轴承的工作条件，轴承合金应具备如下一些性能。

(1) 在工作温度下，应具备足够的抗压强度和疲劳强度，以承受轴颈所施加的载荷。

(2) 应具有良好的减摩性和耐磨性，即轴承合金的摩擦系数要小，对轴颈的磨损要少，使用寿命要长。

(3) 应具有一定的塑性和韧性，以承受冲击。

(4) 应具有小的膨胀系数和良好的导热性，以便在干摩擦或半干摩擦条件下工作时，若发生瞬间热接触，而不致咬合。

(5) 应具有良好的磨合性，即在轴承开始工作不太长的时间内，轴承上的突出点就会在滑动接触时被去除掉，而不致损坏配对表面。

(6) 应具有良好的嵌镶性，使润滑油中的杂质和金属碎片能够嵌入合金中而不致划伤轴颈的表面。

(7) 轴承的制造要容易，成本要低廉。因为轴是机器上重要零件，价格较贵，因而在磨损不可避免时，应确保轴的长期使用。

此外，还要求轴承应具有良好的顺应性、抗蚀性，以及能够与钢背牢固相结合的有关工艺性能。

显然，要同时满足上述多方面性能要求是很困难的。选材时，应具备各种机械的具体工作条件，以满足其性能要求为原则。

常用轴承合金，按其主要化学成分可分为铅基、锡基、铝基、铜基和铁基。下面着重介绍铅基、锡基、铝基和铜基四种轴承合金。

1. 铅基轴承合金

铅基轴承合金是在铅锑合金的基础上加入锡、铜等元素形成的合金，又称为铅基巴氏合金。我国铅基轴承合金的牌号、化学成分和机械性能见表 11.3.3。

表 11.3.3 铅基轴承合金的牌号、化学成分和机械性能

牌　　号	化学成分				机械性能		
	w_{Sn}/%	w_{Sb}/%	w_{Pb}/%	w_{Cu}/%	σ_b/MPa	δ/%	硬度/HBS
ZChPb16-16-2	15.0～17.0	15.0～17.0	余量	1.5～2.0	78	0.2	30
ZChPb15-5-3	5.0～6.0	14.0～16.0	余量	2.5～3.0	—	—	32

铅基轴承合金的突出优点是成本低，高温强度好，亲油性好，有自润滑性，适用于润滑较差的场合。但耐蚀性和导热性不如锡基轴承合金，对钢背的附着力也较差。

2. 锡基轴承合金

锡基轴承合金是以锡为主，并加入少量锑和铜的合金。我国锡基轴承合金的牌号、化学成分和机械性能见表 11.3.4。合金牌号中的“Ch”表示“轴承”中“承”字的汉语拼音的前 2 个字母，“Ch”的后边为基本元素锡和主要添加元素锑的化学元素符号，最后为锑和铅的含量。

表 11.3.4 锡基轴承合金的牌号、化学成分和机械性能

牌　　号	化学成分			机械性能		
	w_{Sn}/%	w_{Sb}/%	w_{Pb}/%	σ_b/MPa	δ/%	硬度/HBS
ZChSnSb11-6	余量	10～12	5.5～6.5	90	6	30
ZChSnSb8-4	余量	7.8～8.0	3.6～4.0	80	10.6	24

锡基轴承合金的主要特点是摩擦系数小，对轴颈的磨损少，基体是塑性好的锑在锡中的固溶体，硬度低，顺应性和嵌镶性好，抗腐蚀性高，对钢背的黏着性好。它的主要缺点是抗疲劳强度较差，且随着温度升高，机械强度急剧下降，最高运转温度一般应小于 110℃。

3. 铝基轴承合金

铝基轴承合金密度小，导热性好，疲劳强度高，价格低廉，广泛用于高速高负荷下工作的轴承。

铝基轴承合金按成分可分为铝锡系、铝锑系、铝石墨系三类。

(1) 铝锡系铝基轴承合金。它是以铝(60%～95%)和锡(5%～40%)为主要成分的合金，其中以 Al-20Sn-1Cu 合金最为常用。这种合金的组织为在硬基体(Al)上分布着软质点(Sn)。硬的铝基体可承受较大的负荷,且表面易形成稳定的氧化膜,既有利于防止腐蚀,又可起减摩作用。低熔点锡在摩擦过程中易熔化并覆盖在摩擦表面,起到减少摩擦与磨损的作用。铝锡系铝基轴承合金具有疲劳强度高,耐热性、耐磨性和耐蚀性均良好等优点,因此被世界各国广泛采用,尤其适用于高速、重载条件下工作的轴承。

(2) 铝锑系铝基轴承合金。其化学成分为:4%Sb,0.3%～0.7%Mg,其余为Al。组织为软基体(Al)上分布着硬质点AlSb,加入镁可提高合金的疲劳强度和韧性,并可使针状AlSb变为片状。这种合金适用于载荷不超过20MPa、滑动线速度不大于10m/s的工作条件,与08钢板热轧成双金属轴承使用。

(3) 铝-石墨系铝基轴承合金。铝-石墨减摩材料是新发展起来的一种新型材料。为了提高基体的机械性能,基体可选用铝硅合金(含硅量6%～8%)。由于石墨在铝中的溶解度很小,且在铸造时易产生偏析,故需采用特殊铸造办法制造,或者以镍包石墨粉或铜包石墨粉的形式加入合金中,合金中适宜的石墨含量为3%～6%。铝石墨减摩材料的摩擦系数与铝锡系轴承合金相近,由于石墨具有优良的自润滑作用和减振作用以及耐高温性能,故该种减摩材料在干摩擦时,能具有自润滑的性能,特别是在高温恶劣条件下(工作温度达250℃),仍具有良好的性能。因此,铝石墨系减摩材料可用来制造活塞和机床主轴的轴瓦。

4. 铜基轴承合金

铜基轴承合金的牌号、化学成分及机械性能见表11.3.5。

表11.3.5 铜基轴承合金的牌号、化学成分及机械性能

名称	牌号	化学成分/%			机械性能			
		w_{Pb}	w_{Sn}	其他	w_{Cu}	σ_b/MPa	δ/%	硬度/HB
铅青铜	ZQPb30	27.0～33.0	—	—	余量	60	4	25
	ZQPb25-5	23.0～27.0	4.0～6.0	—	余量	140	6	50
	ZQPb12-8	11.0～13.0	7.0～9.0	—	余量	120～200	3～8	80～120
锡青铜	ZQSn10-1	—	1.0～9.0	P0.6～1.2	余量	250	5	90
	ZQSn6-6-3	2.0～4.0	5.0～7.0	Zn5.0～7.0	余量	200	10	65

铅青铜是硬基体软质点类型的轴承合金。同巴氏合金相比,具有高的疲劳强度和承载能力,优良的耐磨性、导热性和低的摩擦系数,能在较高温度(250℃)下正常工作。铅青铜适于制造大载荷、高速度的重要轴承。

锡基、铅基轴承合金及不含锡的铅青铜,其强度比较低,承受不了大的压力,所以使用时必须将其镶铸在钢的轴瓦中,形成一层薄而均匀的内衬,做成双金属轴承。含锡的铅青铜,由于锡溶于铜中使合金强化,获得高的强度,不必做成双金属,可直接做成轴承或轴套使用。由于高的强度,也适于制造高速度、高载荷的柴油机轴承。

11.4 新型金属材料

新型金属材料是一类具有优异的性能和特殊的功能的金属材料。它大多数是合金材料,包括形状记忆合金、非晶态合金、储氢合金、超塑性合金、铝合金、钛合金、镍合金、镁合金等。

11.4.1 形状记忆合金

1. 概述

形状记忆合金是一种特殊的功能材料，这种材料能够根据环境的变化进行自我调节，也是一种智能材料。

20世纪50年代初，美国科学家张禄经和Read等在Au-Cd合金中首次发现了形状记忆现象，然而在当时并未受到世界的重视。1963年，美国海军军械实验室再次发现镍钛合金丝具有形状记忆功能。1965年，Ti-Ni形状记忆合金问世，并引起人们的极大关注。1970年，美国将形状记忆合金用于宇宙飞船天线。随之Ti-Ni合金又被成功用于美国F-14战斗机的液压管路连接。20世纪70年代以来，已开发出了Ti-Ni基形状记忆合金、Cu-Al-Ni基和Cu-Zn-Al基形状记忆合金，以及Fe-Ni-Co-Ti基和Fe-Mn-Si基形状记忆合金。

到目前为止，人们对形状记忆效应的物理本质及其各种影响因素已经有了较为清晰的认识。形状记忆合金已在电子、机械、航空、建筑、运输、化学、医疗、能源领域以及日常生活中得到了广泛的应用。

2. 形状记忆合金的原理

形状记忆效应是指具有一定形状的材料，在某一低温状态下受力的作用发生塑性变形后，把其加热到某一温度时又恢复到初始形状的现象。具有形状记忆效应的合金材料被称为形状记忆合金(shape memory alloy，SMA)。

一般的金属在受到外力作用，首先发生弹性变形，达到屈服点时就会发生塑性变形，应力消除后，则会留下永久变形。而形状记忆合金在发生塑性变形后，去除应力，除弹性变形能部分恢复外，其他部分并不恢复原状，但将其升温至某一温度之上，则完全恢复到变形前的形状。

1) 热弹性马氏体相变

大部分合金记忆材料是通过热弹性马氏体相变而呈现形状记忆效应。

钢在高温奥氏体相区淬火时，原来的面心立方点阵的奥氏体晶粒内以原子无扩散形式转变为体心立方结构，这就是钢的马氏体相变。徐祖耀提出了马氏体相变的定义：替换原子经无扩散位移(均匀和不均匀形变)，由此产生形状改变和表面浮凸，呈现不变平面应变特征的一级相变(指具有放热等热量突变和膨胀等体积突变的相变)、形核-长大型的相变。其中“不变平面相变”为晶体学的专门术语，指相变应变中，母相(高温相)和马氏体之间的相界面(称为惯习面)既不应变也不转动。

在无应力的条件下，通常把形状记忆合金的马氏体相变(P-M)的开始和终了温度以及马氏体逆相变(M-P)的开始和终了温度分别表示为M_s、M_f和A_s、A_f，且$M_s<M_f<A_s<A_f$。如图11.4.1所示为马氏体与母相平衡的热力学条件。

具有马氏体逆相变且M_s与A_s相差很小的合金，将其冷却到M_s点以下，马氏体晶核随温度下降而逐渐长大；温度回升时，马氏体晶核又反过来同步地随温度上升而缩小，这种马氏体叫作热弹性马氏体。

在M_s点以上某一温度对合金施加外力，也可以引起马氏体相转变，所形成的马氏体叫作应力诱发马氏体。其中有些应力诱发马氏体也属弹性马氏体，应力增加时马氏体长大，反

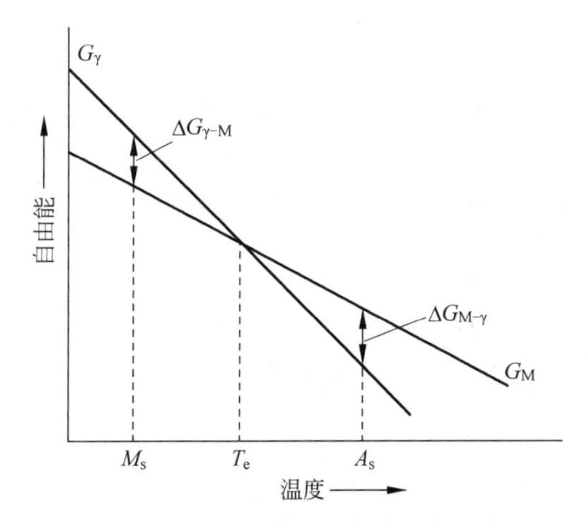

图 11.4.1 马氏体与母相的平衡温度

之马氏体缩小,应力消除后马氏体消失,这种马氏体叫作应力弹性马氏体。应力弹性马氏体形成时会使合金产生附加应变,当除去应力时,这种附加应变也随之消失,这种现象称为伪弹性或者超弹性。

母相通过淬火处理得到马氏体,然后使马氏体发生塑性变形。将变形后的合金加热至温度高于 A_s 时,马氏体发生逆转变,恢复母相的原始状态;温度升高至 A_f 时,马氏体消失,合金完全恢复到原来的形状,从而呈现形状记忆效应。

2) 形状记忆效应

研究表明,形状记忆合金应具备以下条件:

(1) 马氏体相变是热弹性的;

(2) 母相与马氏体相呈现有序点阵结构;

(3) 马氏体点阵的不变切变为孪变,亚结构为孪晶或层错;

(4) 马氏体相变在晶体学上是可逆的。

以上是根据早期的形状记忆材料的特征而提出的产生形状记忆效应的条件。随着对形状记忆材料研究的不断深入,发现不完全具备上述条件的合金(例如 Fe-Mn-Si 合金,其马氏体相变是半热弹性的,且母相无序)也可以显示形状记忆效应。

马氏体相变是一种非扩散型转变,这种转变可认为是原子排列面的切应变。剪切形变方向不同,导致产生结构相同但位向不同的 24 种马氏体变体。每一种马氏体变体形成时,在周围基体中会产生一定方向的应力场,马氏体变体沿此方向长大时会越来越难。

马氏体变体相互邻接生长,任一马氏体变体在其他变体的应力场中形成时,所导致的相变应变相互抵消,这就是马氏体相变的自协调现象。

每片马氏体形成时都伴有形状的变化。生成的马氏体沿外力方向能够择优取向。对于应力诱发马氏体而言,当大部分或全部的马氏体为一个取向时,整个材料在宏观上表现为形变。

将变形马氏体加热到 A_s 点以上时,马氏体发生逆相变。马氏体晶体的对称性低,同一母相可以有几种不同的马氏体结构。马氏体转变为母相时只能形成几个位向,甚至只有一个位向——母相原来的方向。

逆转变完成后，变形马氏体晶体完全恢复了原来母相的晶体，宏观变形也完全恢复。

3）形状记忆效应分类

形状记忆合金的形状记忆效应按形状恢复情况分为三类，如图 11.4.2 所示。

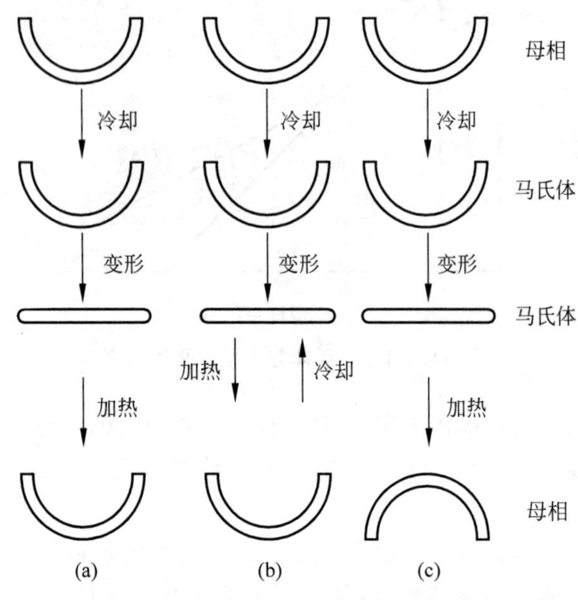

图 11.4.2 形状记忆效应的三种形式

（1）单程形状记忆效应。

将母相在高温下制成某种形状，再将母相冷却或加应力，使之发生马氏体相变，然后对马氏体任意变形，再重新加热至 A_s 点以上，马氏体发生逆转变，温度升至 A_f 点，马氏体完全消失，材料恢复母相形状，而重新冷却时却不能恢复低温相时的形状。

（2）双程形状记忆效应。

若加热时，恢复高温相形状，冷却时恢复低温相形状，即通过温度升降自发可逆地反复恢复高低温相形状，则此现象称为双程形状记忆效应，又称可逆形状记忆效应。

（3）全程形状记忆效应。

这是一种加热时恢复高温形状，冷却时变为形状相同而取向相反的高温相的现象。这种效应只在富镍的 Ti-Ni 合金中出现。

4）伪弹性效应

应力弹性马氏体形成时会使合金产生附加应变，当去除应力后，部分应变因应力诱发马氏体(SIM)逆变为母相而恢复，称为伪弹性（应力-应变曲线上所呈现的弹性由相变引起）；当应变全部恢复时称为超弹性。

从逆转变引起形状恢复角度来看，形状记忆合金都会表现出超弹性（在原理上）。两者本质是相同的，区别只是变形温度与最初状态（马氏体还是母相）不同。如果合金塑性变形的临界应力较低，在应力较小时，就出现滑移，发生塑性变形，则合金不会出现伪弹性；反之，当临界应力较高时，应力未达到塑性变形的临界应力（未发生塑性变形）就出现了超弹性。

3. 形状记忆合金的分类

形状记忆合金是目前形状记忆材料中形状记忆效应最好的材料。迄今为止，人们已发现的具有形状记忆的合金有50多种，可分为三大系列：钛-镍基系形状记忆合金、铜基系形状记忆合金和铁基系形状记忆合金。

1）钛-镍基系形状记忆合金

Ti-Ni合金是目前所有形状记忆合金中研究最全面、记忆性能最好的合金。

Ti-Ni合金中有三种金属间化合物：Ti_2Ni、TiNi和$TiNi_3$。TiNi的高温相是CsCl结构的体心立方晶体(B2)，低温相是一种复杂的长周期堆垛结构B19，属单斜晶系。高温相(母相)与马氏体之间的转变温度(M_s)点随合金成分及其热处理状态而改变。Ti-Ni合金由于其强度高、塑性大、耐腐蚀性好、稳定性好，尤其是特殊的生物相容性等，得到了广泛的应用，特别在医学和生物上的应用是其他形状记忆合金所不能替代的。

2）铜基系形状记忆合金

铜基形状记忆合金种类很多，其中具有实用意义的主要包括Cu-Zn-Al及Cu-Zn-Al-X(X=Mn、Ni)，Cu-Al-Ni及Cu-Al-Ni-X(X=Ti、Mn)，Cu-Zn-X(X=Si、Sn、Au)等系列。Cu-Zn-Al合金应用较广。

3）铁基系形状记忆合金

铁基系形状记忆合金发展较晚。目前主要有Fe-Pt、Fe-Pd、Fe-Mn-Si、Fe-Ni-Co-Ti等合金。另外，已知高锰钢和不锈钢也具有不完全的形状记忆效应。与Ti-Ni基和Cu基合金相比，Fe基合金价格低、加工性能好、力学强度高、使用方便，在应用方面具有明显的竞争优势。

目前发现记忆性能较好的铁基形状记忆合金是Fe-Ni-Co-Ti系和Fe-Mn-Si系。然而Fe-Ni-Co-Ti中含有价格昂贵的Co而导致其成本较高；另外，该合金在预变形超过2%后记忆效应下降到40%以下，严重影响使用。目前的研究主要集中在Fe-Mn-Si系合金上，对于合金元素、预变形、热-机械训练对其记忆效应的影响均有较深入的研究。

4. 形状记忆合金的制备

1）Ti-Ni基形状记忆合金的制备

(1) 合金锭的制备。

Ti-Ni基合金制备过程中对合金元素的配比以及杂质元素的控制尤为重要。冶炼过程成为制备Ti-Ni基形状记忆合金的关键。

熔炼Ti-Ni基形状记忆合金时，对组成元素Ni、Ti，以及O、N、C和某些过渡族金属的控制，是获得理想的Ti-Ni合金所必须考虑的关键问题。Ni含量的变化将引起相变温度的变化，一般来说，当Ni含量变化0.1%(原子分数)时，A_f点将变化10～20K。这要求熔炼时不仅有适当的配比，还需要有成分均匀的铸锭。

氧含量的增加，不仅会使相变温度下降，更严重的是使合金的记忆性能下降，而且使材料的力学性能恶化，影响正常使用。氮的性质与氧相似，故O、N是需要严格控制的元素。碳含量是冶炼时容易渗入的元素(指在石墨坩埚中)，C含量不明显影响合金的力学性能，但对合金的记忆性能有一定的作用，主要是相变滞后扩大，且恢复率下降，故需要将其控制在一定范围内。所以在Ti-Ni基形状记忆合金熔炼的过程中，必须按使用要求配比适当的Ti和Ni，冶炼时要控制O、N的渗入，同时将C控制在一定的范围内。

另外，Fe、Cu等过渡族金属的加入均可使M_s下降。其中Ni被Fe置换后，扩大了使R

相稳定的温度范围，使 R 相变更为明显。Cu 置换 Ni 后，M_s 点变化不大，但形状记忆效应十分显著，因而可以节约合金成本，并且由于减少了相变滞后，该类合金具有一定的使用价值。

Nb 的加入将使相变滞后明显增加。加入 2%（原子分数）Nb 可使相变滞后由 30℃增大到 150℃。

目前工业性生产 Ti-Ni 合金的主要办法有真空自耗电极电弧熔炼、真空感应熔炼和真空感应水冷铜坩埚熔炼等。真空自耗电极电弧熔炼杂质污染虽少，但铸锭成分均匀性较差，所以一般用它作为母合金，然后再用真空感应熔炼，称为自耗电弧-真空感应双联法。也有先采用真空感应炉制备母合金，然后再用真空感应炉调节成分的方法，称为双真空感应法。此法成分易控制，而且均匀，缺点是经过 2 次接触石墨坩埚，容易增碳。真空感应水冷铜坩埚熔炼是近年来发展起来的新技术，可以一次获得杂质少且成分均匀的铸锭，不过由于真空感应水冷铜坩埚炉造价昂贵，世界上还为数不多。所以目前熔炼 Ti-Ni 合金的主要生产方法还是采用石墨坩埚真空感应熔炼方法。

（2）加工成型。

Ti-Ni 形状记忆合金是可以进行塑性变形的金属化合物，其制作工艺和 Ti 基合金的制作工艺基本相同。也就是在熔炼铸锭后，进行热轧、模锻、挤压，然后进行冷加工。

Ti-Ni 基合金具有较好的热加工性能。此外，Ti-Ni 基合金还可以进行冷变形加工。但与普通金属材料相比，其加工硬化率高，变形量小，冷加工性能相对较差。Ti-Ni 合金的切削加工是非常困难的。

（3）形状记忆处理。

形状记忆处理过程首先是在一定的条件下热成型，随后进行热处理以达到所需温度条件下的形状记忆功能。同样，也可以在低温下变形，并约束其变形后的形状在一定温度下热处理，以获得同样的结果。

A. Ti-Ni 合金获得单向形状记忆效应的热处理方法。

一般有中温处理、低温处理和时效处理三种。

a. 中温处理。经冷加工的 Ti-Ni 合金按所要求的形状在 700℃左右热成型，然后在 400℃～500℃进行几分钟到几小时的热处理就可以获得单程形状记忆功能。此方法由于工艺简单而被广泛使用。

b. 低温处理。首先将 Ti-Ni 合金在 800℃以上高温完全退火，然后在室温下成型，再在 200℃～300℃保温几分钟到几十分钟，以记忆其形状。由于经完全退火后，合金变得很软，很容易成型，尤其适合制造形状复杂的产品。但低温处理后合金的形状记忆特性，特别是疲劳寿命，不如中温处理法。

c. 时效处理。富 Ni 的 Ti-Ni 合金需要进行时效处理，一则为了调节材料的相变温度，二则可以获得综合的形状记忆性能。处理工艺基本上是在 800℃～1000℃固熔处理后淬入冰水，再经过 400℃～500℃时效处理若干时间（通常为 500℃/h）。随着时效温度的提高或时效时间的延长，相变温度 M_s 相应下降。

B. Ti-Ni 合金获得双向形状记忆效应的热处理方法。

为了使合金获得双向形状记忆效应，最常用的方法是进行记忆训练（锻炼）。首先如同单向形状记忆处理那样获得形状记忆效应，但此时仅可记忆高温相的形状；随后再低于 M_s

温度，根据所需的形状将试样进行一定限度的可以恢复的变形；加热到 A_f 以上温度，试样恢复到高温态形状后，降低到 M_s 以下，再变形试件使之成为低温所需形状；如此反复多次后，就可获得双向形状记忆效应。在温度升、降过程中，试件均可自动地反复记忆高、低温时的两种形状。这种形状记忆训练实际上就是强制变形。

C. Ti-Ni 合金获得全程形状记忆效应的方法。

Ti-51%(原子分数)Ni 合金不仅具有双向形状记忆性能，而且在高温与低温时，记忆的形状恰好是完全逆转的。这是由与基体共格的 $Ti_{11}Ni_{14}$ 析出相产生的某种固定的内应力所致。应力场控制了 R 相变和马氏体相变的"路径"，使马氏体相变和逆相变按固定"路径"进行。因此全程形状记忆处理的关键是限制性时效，必须根据需要选择合适的约束时效工艺。

无论上述何种形状记忆处理，为了保持良好的形状记忆特性，其变形的应变量不得超过一定值，该值与元件的形状、尺寸、热处理状态、循环使用次数等有关，一般为 6%(不包括全程形状记忆处理)。同时在使用过程中，在形状记忆合金受约束的条件下，要避免过热，亦即形状记忆高温态的温度只需略高于 A_f 温度即可。

2) 铜基形状记忆合金的制备

(1) 合金的制备。

铜基形状记忆合金最常用的制备方法是熔炼法。Cu 基形状记忆合金的熔炼方法与普通铜合金有所不同。Cu 基形状记忆合金的熔炼对成分的精度以及材料的均匀性要求很高，所以在熔炼时，无论是对原料、熔炼炉、熔剂和计测装置，还是对熔炼温度、熔炼时间和熔炼时的环境气氛等各个方面，都有严格要求。

对 Cu 基合金相变温度影响较大的因素是合金成分和处理条件。当合金淬入不同温度的介质中时，M_s 点的温度可以有很大的变化。实际应用中，可以利用淬火速率来控制相变温度。

(2) 形状记忆效应的获得。

单向形状记忆处理是将成型后的合金元件加热到 β 相区保温一段时间(Cu-Zn-Al 合金在 800℃～850℃保温 10min)，使合金组织全部变成 β 相，直接淬入室温水或冰水中(淬火介质温度在 A_f 以上)。为了防止淬火空位在使用中的扩散，将淬火后的元件立即放入 100℃水中保温适当时间，使组织稳定化。也可以采用分级淬火的方法，将全部为 β 相的元件先淬入 150℃油中，停留一定时间(大于 2min)，再淬入室温水中，这种处理可以使 Cu-Zn-Al 合金在 327℃附近的 $B2 \rightarrow DO_3$ 转变充分。这样既可以避免由时效引起的性能不稳定，又由于 DO_3 向 18R 的马氏体相变而获得良好的热弹性。

双向形状记忆效应可以通过与 Ti-Ni 合金相同的训练法获得。

5. 形状记忆合金的应用

1) 工程应用

(1) 在机械工业方面。

形状记忆合金材料主要用于管件接头、密封垫、紧固件、定位器、压板、记忆铆钉、特殊弹簧和机械手等。其中用作连接件，是目前形状记忆合金用量最大的一项用途。选用形状记忆合金制作管接头，可以防止由传统焊接所引起的组织变化，更适合于严禁明火的管道连接，并且具有操作简便，性能可靠等优点。

(2) 在自控和仪表工业方面。

形状记忆合金用于制造温度自动调节器和报警器的控温装置、电路连接器、各种热敏元件和接线柱等。

(3) 作为能量转换的材料。

形状记忆合金能够用于制造热发动机，进行能量转换。热发动机是利用形状记忆合金在高温和低温时发生相变，伴随形状的改变，产生极大的应力，从而实现热能与机械能的相互转换。它可以把低质能源(如工厂废气、废水中的热量)转变成机械能或电能，也可以用于海水温差发电。

(4) 在航空航天工业方面。

典型的应用是利用形状记忆合金制作卫星天线。例如，采用镍钛形状记忆合金板制成人造卫星天线，并对其进行形状记忆热处理提高其形状记忆性能，此种天线被压缩卷放在卫星体中，当卫星进入轨道后，利用太阳能或其他热源加热，天线就能自动在太空中展开。

(5) 在家庭应用方面。

形状记忆合金可应用于玩具市场、装饰品市场和保健品市场。例如，日本用形状记忆合金生产了一种叫"顽童入浴"的智力玩具，当把一个垂头丧气、手脚蜷缩的玩偶放入温水中，它马上就会变得精神抖擞，其面部表情也随之欣喜若狂；当离开温水以后，又很快恢复到原来的状态。

2) 医学应用

医学上使用的形状记忆合金主要是 Ti-Ni 合金。这是由于 Ti-Ni 形状记忆合金具有良好的形状记忆效应、超弹性、高的抗腐蚀性能、高的抗疲劳性能，以及良好的生物相容性等。从功能方面考虑，在医学上的应用几乎就是利用其形状恢复功能。Ti-Ni 合金通常用作口腔牙齿矫正的丝状材料，以及用于外科中的各种矫形棒、骨连接器、血管夹、血凝过滤器等。Ti-Ni 合金还可应用于放射性工作。

3) 智能应用

形状记忆合金更具潜力的应用是在智能方面。它可以广泛应用于各种自调节和控制装置，如农艺温室窗户的自动开闭装置，自动电子干燥箱，自动启闭的电源开关，火灾自动报警器，消防自动喷水龙头。形状记忆合金薄膜和细丝可能成为未来机器人和机械手的理想材料，它们除温度外，不受任何其他环境条件的影响，可望在核反应堆、加速器、太空实验室等高科技领域大显身手。

11.4.2 非晶态金属

1. 非晶态金属的定义

非晶态金属是指在原子尺度上结构无序的一种金属材料。大部分金属材料具有很高的有序结构，原子呈现周期性排列，表现为平移对称性，或者是旋转对称，镜面对称，角对称(准晶体)等。而与此相反，非晶态金属不具有任何的长程有序结构，但具有短程有序和中程有序(中程有序正在研究中)。一般地，具有这种无序结构的非晶态金属可以从其液体状态直接冷却得到，故又称为"玻璃态"，所以非晶态金属又称为"金属玻璃"或"玻璃态金属"。

2. 非晶态合金的特征

1）长程无序性

在非晶态结构中，原子排列没有周期性。即原子的排列从总体上是无规则的，但近邻原子的排列却呈现一定的规律性。例如，非晶硅的每个原子仍为四价共价键，与最邻近原子构成四面体，但总体原子的排列却无周期性的规律。由于非晶态结构的长程无序性，因而可以把非晶态材料看作是均匀的和各向同性的结构。

2）亚稳态性

晶态材料是处于自由能最低的稳定平衡态。非晶态材料则是处于一种亚稳态。所谓亚稳态是指该状态下系统的自由能比平衡态高，有向平衡态转变的趋势。但是，从亚稳态转变到自由能最低的平衡态时必须克服一定的趋势。因此，非晶态及其结构具有相对的稳定性。这种稳定性直接关系着非晶态材料的使用寿命和应用。

3）性能特征

（1）力学性能特性。

A. 非晶态合金的强度。

非晶态合金具有极高的断裂强度和屈服强度以及良好的塑性，可经受180°弯曲而不发生断裂，而晶态合金很难具备这样好的性能。

B. 非晶态合金的弹性模量

非晶态合金具有明显的埃尔因瓦（Elinvar）特性。所谓埃尔因瓦特性是指材料在一定温度范围内，弹性模量随温度的变化极小。例如，许多非晶态Fe基合金在室温附近的杨氏模量和剪切弹性模量皆不随温度变化，非晶态Pd-Si合金也具有埃尔因瓦特性。

C. 非晶态合金的密度

一般来说，非晶态合金的密度值比相应的晶态合金低1%～2%。例如，晶态下$Fe_{88}B_{12}$合金的密度为7.52g/cm^3，而非晶态时则为7.45g/cm^3。非晶态合金的密度与成分之间存在着线性关系。

（2）非晶态合金的热学性能特性。

A. 非晶态合金的热稳定性。

非晶态合金处于亚稳态，是温度敏感材料。若材料的居里温度（居里点）和晶化温度较低，则更不稳定，有些甚至在室温时就会发生转变。因此提高非晶态合金的温度稳定性是非晶态合金的一个重要的研究课题。通过调节成分来实现是解决非晶态合金不稳定性的重要途径之一。

B. 非晶态合金的低膨胀系数。

非晶态合金在相当宽的温度范围内，都显示出很低的热膨胀系数；并且经过适当热处理，还可以进一步降低非晶态合金在室温下的热膨胀系数。

C. 加压下非晶态合金的热学性能。

在较低温度下对非晶态合金进行单纯加压，不会导致晶化。但是，若在加压的同时加温，则将使材料晶化温度提高。

（3）非晶态合金的电学性能特性。

由于非晶态合金的结构是长程无序，因此，它的导电性能与晶态合金有许多的差异。非晶态合金在室温下的电阻率比晶态合金大得多，一般为$(50\sim350)\times10^{-8}\Omega\cdot m$，比相应的晶态合金大2倍。非晶态合金的电阻温度系数比晶态合金小，并且常是负值。非晶态合金电阻率随温度而变化，常在低温出现一个与晶态合金不同的电阻极小值。

(4) 非晶态合金的磁学性能特性。

非晶态合金具有类似于晶态合金的磁致伸缩现象，而且其饱和磁致伸缩常数与过渡族金属的相近。虽然非晶态合金的结构是长程无序性，宏观上应当是各向同性的，但是实际上在许多非晶态磁性材料中存在磁各向异性。经过适当的退火处理，由于内应力消除其磁各向异性可以变得很小，因而具有优良的软磁特性。另外，非晶态合金的磁损耗、矫顽力较相应的晶态合金低；退火对于非晶态合金磁滞回线有较大影响，可使H_c减小，磁导率得到适当提高。非晶态磁性材料具有低矫顽力、高磁导率、低损耗等特点。

(5) 非晶态合金的化学性能特性。

非晶态合金由于结构长程无序性，没有晶界，具有优异的耐蚀性。非晶态耐蚀合金不仅在一般情况下不发生局部腐蚀，而且对于在特殊条件下诱发的点蚀与缝隙腐蚀也能抑制发展。

3. 非晶态合金的制备方法

目前非晶态合金的制备方法大体上可分为三种：①通过蒸发、电解、溅射等方法使金属原子(或离子)凝聚或沉积而成；②由熔融合金通过急冷快速固化而形成粉末、丝、条带等；③利用激光、离子注入、喷镀、爆炸等方法使表面层结构无序化。

1) 非晶态合金膜的制备方法

(1) 真空蒸镀法。

在高真空下用电阻、高频感应或电子束等方法加热基体金属，使得蒸发的金属原子附着到用玻璃等材料做成的基板上而获得薄膜。为获得非晶态合金薄膜，就需要冷却基板，纯金属非晶态薄膜则需要将基板冷却到液氦温度。此法的优点是设备和工艺比较简单，冷却速率较快，可以制取纯金属非晶态薄膜。缺点是蒸镀速度太慢，即0.5～1nm/s，一般只可获得厚度小于10nm的极薄膜，膜的致密度低。

(2) 溅射法。

利用在1.3～0.1Pa真空下电离的离子撞击阴极靶，得到具有较高动能的溅射原子，使其附着到阳极基板上而获得薄膜。此法的优点是有较高的沉积速度，即1～10nm/s，可获得较厚的膜，也可制作合金膜。缺点是基板温度上升快。本方法是目前获得非晶态合金薄膜的一个主要方法，用等离子或磁控管式高速溅射装置可制取数毫米厚膜。

(3) 化学气相反应法。

利用含有析出元素的化合物蒸气在基板上热分解，与其他气体在气态下发生化学反应，并在基板上析出反应生成物而得到薄膜。此法主要用来制取碳化硅、氮化硅、硼化硅等非晶态薄膜。

(4) 电镀法。

利用电极还原电解液中金属离子，或用还原剂还原，析出金属原子来获得非晶态材料。主要用于Ni-P-Co-P等少数合金系。此法可得到大面积的非晶薄膜。

(5) 其他方法。

利用激光扫描、离子注入、等离子喷镀、爆炸等方法可以获得大面积非晶薄膜，但这些方法大都处在初期研究阶段。

2）单片非晶态合金箔的制备方法

（1）枪法。

把在低压氩气保护下熔融的合金液珠，用高压氩气将其喷射到钢板上，得到数微米级的不定型非晶态箔。它具有约 10℃/s 的冷却速率，是液态急冷方法中冷却速率最快的一种。此法是最早期研究非晶态合金的制备方法之一。

（2）活塞-砧法。

熔融状下滴的合金液珠在活塞与砧的撞击下形成圆形箔片非晶态合金，单片质量可达数百毫克。箔片存在极大的应力，但厚度尺寸均匀，一般厚度小于 50μm。因其所需合金数量极少，故仍是一种试验研究用的工艺手段。

3）非晶态合金粉末和纤维的制备方法

（1）雾化法。

利用液氮等低温液体代替一般雾化法制造粉末中所用氮气，或用冷却板使合金在雾化的同时高速冷却而成非晶态粉末。后者较难获得球状粉末。

（2）旋转液中喷射法。

由于离心力的作用，在一个高速旋转的冷却体的内表面附着一层冷却液，熔融合金喷射到冷却液中而获得非晶态粉末。

（3）双辊法。

熔融合金通过双辊接触表面快速固化而形成非晶态。当辊速足够大时，在带与辊分离区形成较大负压，使已固化的非晶态合金带粉碎成为非晶态粉末。另一种方式是在带辊分离处设置一个高速转轮，使固化非晶态带破碎成粉末。实际上双辊法获得的是片状粉末。

（4）熔体抽取法。

利用辊轮状冷却体边缘与溶液表面的接触，在离心力作用下使熔体甩出呈纤维状。用不同形状的辊轮，可以得到相应形状的非晶态合金纤维。此法更多的是用来制造微晶或晶态纤维材料。

4）非晶态合金丝材的制备方法

（1）液体拉丝法。

利用玻璃或石英包裹合金，在加热或熔融状态下拉制成丝。其主要是依靠辐射和对流传热使合金冷却，冷却速率极小，所以，只有少数合金在拉成微米级细丝时可以成为非晶态。

（2）液中拉丝法。

熔融合金从圆嘴喷出，与流动的冷却液汇合，靠液体吸热而冷却固化成为非晶态。其冷却速率约为 10℃/s，只适用于制备贵金属一类要求冷却速率不太高的非晶态合金丝。

（3）旋转液中喷丝法。

其装置与液中拉丝法类似，从圆嘴喷出的金属丝在一个高速旋转的冷却体的内表面附着的一层冷却液中冷却。控制合适的工艺参数可以获得非晶态合金细丝。此法适用于制备具有优良力学性能的细丝，特点是能够得到圆形截面的非晶态合金细丝。

（4）外圆法。

其实质是用下面介绍的外圆法制备极窄的非晶态合金带，其宽度可小于 0.5mm，在一些特殊的使用场合，这种扁丝有着比圆形细丝更为优越的性能。

5）非晶态合金薄带的连续制备方法

制备连续非晶态合金带的基本工艺是用各种加热方法熔化的母合金，通过一定形状的喷嘴喷射到高速旋转的急冷体表面，主要依靠接触导热，使熔融合金以约 10^6℃/s 的冷却速率高速固化成非晶态合金条带。急冷装置大致可以分为三类：内圆法、双辊法和外圆法。

（1）内圆法。

内圆法又分为垂直式和水平式。

A. 垂直式。合金在保护气氛中熔化后，通过侧面喷嘴水平方向喷射到高速旋转的铜质垂直圆筒内壁，为能获得稍长的非晶态合金带，需要自动控制喷嘴做相应的连续上升或下降。由于离心力的作用，此法形成的带与筒壁有极好的接触，因而有较高的冷却速率。但受圆筒壁高度的限制，非晶态合金的长度有限，故没有生产前景。

B. 水平式。熔融合金以一定倾角喷射到高速旋转的水平放置的冷却筒内弧面上。固化带与筒壁接触一定的距离后，在离心力的水平分力的作用下，自行脱离。与垂直式相比，它的设备和操作工艺更简单方便，但因所得非晶态带往往呈弧形，难以实际应用而未能有所发展。

（2）双辊法。

熔融合金喷射到两个相对高速旋转的冷却辊接触面上快速固化而得到非晶态条带。此法得到的非晶态条带两面平整光滑。但是制备宽带在工艺上存在很大困难。为了保证有较长的使用寿命，需要采用合金钢制造轧辊。

采用在两个相对高速旋转的冷却辊之间加上两条引带，熔融合金喷到两条由高速旋转冷却辊带动的引带之间，由双辊调节引带间的压力，这样能改进一般双辊法非晶态带与辊接触时间太短，因而冷却不充分的弱点。但这种装置设备比较复杂，工艺控制困难。这种方式可以演变用来制备复合非晶态合金带。双辊法如采用异形冷却辊，则可以制备异形非晶态合金材料。

（3）外圆法。

这是目前工业生产应用最广泛的一种方法。熔融合金喷射到高速旋转的冷却辊外表面，形成一个动平衡的熔潭，主要是依靠冷却辊的吸热使熔融合金高速固化而获得连续非晶态合金带。此方法发展很快，从实验室的每次数克发展到工业生产的每次 500kg，从手工操作到各种工艺参数的计算机自动控制，从作为研究非晶态形成、结构、性能的手段到各类产品的现代化车间生产。

实际生产成品的宽度是随着应用的需要而增加。目前大量生产的宽度在 100mm 以内，也可以制造 200mm 的宽带。冷却辊一般用铜、铜合金或钢制成。为了满足喷制量的增大，以及对尺寸公差和表面质量等要求的提高，人们采用了冷却辊内冷、温度自动控制、随机修磨、带与辊柔性分离、带自动卷取等各种技术措施。

6）影响非晶态合金带材制备的因素

这里以单辊快淬为例，说明影响非晶态合金带材制备的主要因素。

（1）合金的成分。

非晶态合金的成分是影响非晶态形成能力和优良性能的主要因素。只有母合金成分准确，才能获得所需要的非晶态合金带。

试验研究和小量制备非晶态合金大多是采用真空感应炉冶炼母合金。这种冶炼工艺比较成熟和稳定，容易保证得到合格的成分。当然，对于含量高达20%（原子分数）的非金属元素的加入，尤其是硼、磷这类难熔、易挥发元素的加入，还在摸索和掌握规律的过程中。

如果具备粉末冶金生产手段，则先将粉末烧结后再熔化而得到适合的母合金成分是一种经济和方便的方法。同样，真空非自耗电弧炉冶炼也是较合适的方法，其关键是如何确保成分的准确。

工业性大量制造非晶态合金带时，冶炼好的熔融母合金直接注入中间包，再通过喷嘴喷到冷却辊上，这样可以减少生产工序和消耗、降低生产成本。

（2）加热方式。

目前，在大多数场合是采用感应加热，有较高的热利用率和较快的加热速度。感应加热的关键是在不同的熔化量下要使得感应圈与负荷（合金量）有最佳匹配，以获得最快加热熔化速度。对于高频辐射的防护需要加以重视。为防止母合金的氧化，在加热熔化时一般用氩气保护，这对于铁基、钴基等合金是可行的，但是对于含铅、稀土等易氧化合金则需要在真空或充氩气的装置中喷制，才可能避免氧化而获得成功。

当合金熔点低于600℃时，用电阻丝炉加热能更易控制温度。由于加热速度比较缓慢，需要注意防止合金氧化的问题。

（3）坩埚和喷嘴。

试验研究和小量制备非晶态合金是采用坩埚和喷嘴一体的结构，常用熔融石英棒制成。石英透明因而便于直接观察合金熔化情况，它有良好的耐急冷急热性能，与大多数合金无作用或无明显作用；尺寸小的石英加工制作较为灵活方便，在上述使用情况下是一种比较理想的坩埚和喷嘴材料。但是，由于石英的软化点较低，使用温度不能过高，强度较低，所以大尺寸的喷嘴制作困难，喷嘴尺寸精度及一致性较差，使得石英难以满足工业型大量生产的要求。

工业型大量生产的坩埚是采用组合结构，合金在坩埚中熔化，通过中间包过渡连接到喷嘴。对坩埚和中间包的主要要求是耐急冷急热、与合金不发生作用或无明显作用，以及价格尽量低廉等，氧化铝、氧化镁、碳化硅等耐火材料均可作此用。另外，喷嘴材料还应该具有加工性能好、表面质量高、耐熔融合金冲刷的性能好，以及有较高的高温强度等优点。氮化硼是一种性能优良的喷嘴材料，但目前它的价格比较高。

要得到一定几何尺寸的非晶态合金带，一个基本条件是喷嘴有合理的形状、精确的尺寸和要保证至少在一次喷制过程中不变形。非晶态合金细丝和小于3mm的窄带应采用圆形孔喷嘴喷制，3mm以上的带一般使用矩形狭缝喷嘴。喷嘴应该表面平整光滑，尺寸精确。

一般讲，喷嘴狭缝长度等于非晶态合金带所需要的宽度。狭缝宽度不能过小，否则不易控制熔液流的连续稳定，造成熔潭的不稳定，从而使得到的非晶态合金带在几何形状和尺寸上出现缺陷。如果缝宽过大，则往往由于熔液的重力而发生“自流”现象，导致喷制失败。在一般实验室用的急冷装置上，这个问题较为突出。合适的缝宽取决于急冷装置的性能、不同的合金组成和熔化量，以及喷嘴形状等因素。采用中间包的工业型生产或采用塞杆机构的急冷装置则不会出现“自流”现象，可采用放宽喷嘴缝和相应的低喷射压力的喷制工艺。

（4）冷却辊。

作为冷却体的旋转辊是获得高冷却速率的主要条件。要求制造冷却辊的材料具有高的热传导系数、尽可能高的硬度、与合金熔液的良好润湿性、容易加工和保持辊面的较细的表面粗糙度等性能。但是，实际上对某一种材料来说，要完全满足这些要求是困难的，因而，选材时只能综合地考虑。常用材料有纯铜、铜合金和钢。

铜辊适合于实验室型装置,不适合于工业型设备;钢具有较高的强度和硬度,虽然热传导系数较低,但实践已证实,钢冷却辊同样可以成功地制备非晶态合金。工业型设备宜采用钢冷却辊。

为了保证工艺参数的稳定,必须控制冷却辊的温度,这就需要采取对冷却辊强迫冷却的措施。实际采用的冷却方式大多是水内冷。

冷却辊表面在喷制带的过程中会不断被玷污、损伤,造成非晶态合金带上无规则的或周期性的孔洞等缺陷,影响带的质量,甚至成为废品。设置能够在喷制过程中连续清理、修整冷却辊表面的机构是非常必要的,对于工业生产型装置则是必须的。

(5) 非晶态合金带的卷取

非晶态合金带的制造特点是从熔融合金高速冷却直接固化成薄带,其成带速度约30m/s,带厚在30μm左右。因而带的直接卷取存在较大困难。试验研究和少量制备非晶态合金带可以在喷制结束后用手工或机械卷取,但在工业型大量生产时就必须在喷制的同时进行卷绕。

由于带与辊表面的相互作用和周围气流的影响,带宽5mm以上的非晶态合金带就不能自行与冷却辊分离。如果不采取措施强迫带与辊分离,带就会贴附在冷却辊表面上和辊一起旋转,从而打到喷嘴上引起事故。一般可以用高压气流使带与辊分离。

从冷却辊表面分离后的非晶态合金带必须能够沿一定的方向运动,这就需要一个导向机构,采用气流输送是比较适宜的。通过导向机构,带沿指定方向导入卷取机构,卷取机构首先要及时准确地抓住以30m/s左右速度运动着的非晶态合金带的前端,同时必须保证卷取滚筒与冷却辊同步(等切线速度)旋转,否则会发生非晶态合金带的大量堆积或拉断而使卷取失败。可以利用磁力、气压或其他机械机构来完成对非晶态合金带的抓取;要达到同步旋转,就必须依靠自动控制调节机械,利用计算机进行操作。

4. 非晶态合金材料的应用

1) 非晶态合金磁性元件的应用

非晶态合金应用最广泛的是制作具有软磁特性的器件。非晶态软磁合金适用于坡莫合金和铁氧体通常工作频率之间的频率范围,主要有以下两方面应用。

(1) 非晶态磁性器件。主要包括50～60Hz配电变压器,400Hz、800Hz航空变压器,开关型电源,直流变换器,小功率脉冲变压器,电磁传感器,电动机用低损耗软磁性器件;以及漏电自动开关,通信和电子信息用磁头和电子工业、仪表的磁屏蔽用高导磁器件。

(2) 软磁耐蚀性器件。主要用于轧钢废水处理、高岭土磁分离和油过滤器等。

2) 非晶态弹性合金的应用

弹性合金一般分为高弹性合金和恒弹性合金两大类。目前的非晶态弹性合金主要是利用恒弹性性能,用于制备应变传感器、超声延迟器、扬声器用振动板和机械振子等。

3) 非晶态合金的其他应用

非晶态合金在其他新领域,如精密机械、化学、电学等方面将会获得越来越多的应用。

11.4.3 储氢合金

氢能是一种清洁、高效、无污染的可再生能源,是21世纪最具发展潜力的能源。储氢合金是在一定温度和压力下，能多次吸收、储存和释放氢气的新型合金材料，也是一种储氢材料(详见第2章2.2.6节"储氢材料")。

储氢合金在一定的温度和压力条件下能够大量"吸收"氢气，反应生成金属氢化物，同时放出热量。其后，将这些金属氢化物加热，它们又会分解，将储存在其中的氢释放出来。

储氢合金吸、放氢时伴随着巨大的热效应，发生热能-化学能的相互转换，这种反应的可逆性好，反应速率快，因而是一种特别有效的蓄热和热泵介质。储氢合金储存热能是一种化学储能方式，长期储存毫无损失。将金属氢化物的分解反应用于蓄热目的时，热源温度下的平衡压力应为一个大气压至几十个大气压。利用储氢合金的热装置可以充分回收利用太阳能和各种中低温(300℃以下)的余热、废热、环境热，使能源利用率提高20%～30%。

储氢合金的优点是安全、储气密度高(高于液氢)，并且无需高压(小于4MPa)以及液化可长期储存而少有能量损失，是一种最安全的储氢方法。

储氢合金有镧镍类储氢合金、钛铁类储氢合金、镁镍(铜)类储氢合金、混合稀土类和非晶态类储氢合金。

储氢合金的发展非常迅速，用途也十分广泛。不仅可用作氢气储存运输的良好容器，而且还有望取代石油等传统能源驱动体系，用于高效环保的氢能汽车和飞机，也可以用于热-压传感和热液激励器，氢同位素分离和核反应堆，储氢合金氢化物热泵，工业尾气中的氢气的回收，含有杂质的氢气的提纯等；储氢合金还可以用作镍氢电池的负极材料，利用材料的吸放氢性能，使氢原子通过碱性电解液在正负极之间发生往复运动来完成充放电。目前已有不少的储氢合金进入实用的阶段。例如，日、美等国用储氢合金制作的空调器已开始商品化，它不用有污染的氟利昂，而是利用储氢合金制成超低温制冷机，包括获得77K的液氮制冷器，21～29K的液氢制冷器，甚至低于10K的超低温微型制冷器，在航天和其他超低温物理中有重要用途。利用储氢合金制作热机械泵的原理，可利用工厂排出的低温废水、废气中的热能，建立节能型冷、暖房系统，这是100～200℃低温热源利用的范例，可以节省大量的能源。储氢合金应用于汽车，每立方米氢的燃烧可行驶5～6km，是一种完全无污染的能源，目前燃氢的汽车发动机已经研制成功。储氢合金还可以用于小型民用电池、电动车电池和燃料电池等。

目前对于固体储氢材料的研究还处于改进和探索的阶段，对于部分储氢材料的理论研究还不够全面，想要实现规模化的应用仍然面临着巨大的挑战。今后的研究重点应该集中于解决原料成本较高、材料制备工艺复杂、储氢容量高与工作条件适宜难以同时满足等问题。需要开发廉价且多样的原料体系和高效的合成方法。要进一步研究储氢机理和复合材料的结构，充实理论基础，进而指导新型储氢材料的设计和典型储氢材料的改良。组织结构的纳米化可以改变储氢材料的动力学和热力学性质，因此可以从纳米结构出发，发展纳米结构的储氢理论研究，从而优化储氢材料的性能。加入其他元素从而得到多相多尺度结构的储氢材料，由于不同相之间的协同催化作用，储氢性能可以得到明显改善，对于添加的元素种类和加入方法的进一步研究，同样是今后研究的一个重要方向。

11.4.4 超塑性合金

1. 超塑性和超塑性合金

超塑性是指合金在一定条件下所表现的具有极大伸长率和很小变形抗力的现象。具有超塑性的合金称为超塑性合金。合金发生超塑性时的断裂伸长率通常大于100%，有的甚至可以超过1000%。从本质上讲，超塑性是高温蠕变的一种，因而发生超塑性需要一定的温度条件，称为超塑性温度 T_s。根据金属学特征可将超塑性分为细晶超塑性和相变超塑性两大类。

细晶超塑性也称等温超塑性，是研究得最早和最多的一类超塑性，目前提到的超塑性合金主要是指具有这一类超塑性的合金。

细晶超塑性产生的必要条件是：①温度要高，$T_s=(0.4\sim0.7)T_{熔}$；②变形速率 ε 要小，$\varepsilon\leqslant10^{-3}s^{-1}$；③材料组织为非常细的等轴晶粒，晶粒直径小于 $5\mu m$。

细晶超塑性合金要求有稳定的超细晶粒组织。细晶组织在热力学上是不稳定的，为了保持细晶组织的稳定，则必须在高温下有两相共存或弥散分布粒子存在。两相共存时，晶粒长大就需原子长距离扩散，因而长大速度小；而弥散粒子则对晶界有钉扎作用。因而细晶超塑性合金多选择共晶或共析成分合金，或有第二相析出的合金，而且要求两相尺寸（对共晶或共析合金）和强度都十分接近。另外，研究表明，只有在一定的变形速率范围内合金才表现出超塑性。

关于细晶超塑性的微观机制，比较流行的观点认为，超塑性变形主要是由晶界移动和晶粒的转动造成的。其主要证据是，在超塑性流动中晶粒仍然保持等轴状，而晶粒的取向却发生明显变化。

2. 常见的超塑性合金

常见超塑性合金有锌基超塑性合金、铝基超塑性合金、铁基超塑性合金、镍基超塑性合金等。

1）锌基合金

锌基合金是最早的超塑性合金，具有巨大的无颈缩延伸率。但其蠕变强度低，冲压加工性能差，不宜作结构材料，而是用于一般不需切削的简单零件。

2）铝基合金

铝基共晶合金虽具有超塑性，但其综合力学性能较差，室温脆性大，限制了在工业上的应用。含有微量细化晶粒元素（如Zr等）的超塑性铝合金则具有较好的综合力学性能，可加工成复杂形状部件。

3）镍基合金

镍基高温合金由于高温强度高，难以锻造加工。利用超塑性进行精密锻造，压力小，节约材料和加工费，制品均匀性好。

4）超塑性钢

将超塑性用于钢方面，至今尚未达到商品化程度。最近研究的IN-744Y超塑性不锈钢，具有铁素体和奥氏体两相细晶组织，如果把碳质量分数控制在0.03%，则可产生几倍的断裂伸长率。碳素钢的超塑性基础研究正在进行，其中含碳1.25%的碳钢在650～700℃的加工温度下，取得400%的断裂伸长率。

5）钛基合金

钛基合金变形抗力大，回弹严重，加工困难，用常规方法锻造、冲压加工时，需要大吨位的设备，难以获得高精度的零件。利用超塑性进行等温模锻或挤压，变形抗力大为降低，可制出形状复杂的精密零件。

3. 超塑性合金的应用

1）高变形能力的应用

在温度和变形速度合适时，利用超塑性合金的极大伸长率，可完成通常压力加工方法难以完成或用多道工序才能完成的加工任务。还可以采用无模拉拔技术进行成型加工。

2）固相黏结能力的应用

细晶超塑性合金的晶粒尺寸远小于普通粗糙金属表面的微小凸起的尺寸（约 10mm），所以当它与另一金属压合时，超塑性合金的晶粒可以顺利地填充满微小凸起的空间，使两种材料间的黏结能力大大提高。利用这一点可轧合多层材料、包覆材料和制造各种复合材料，获得多种优良性能的材料。

3）减振能力的应用

合金在超塑性温度下具有使振动迅速衰减的性质，因此可将超塑性合金直接制成零件以满足不同温度下的减振需要。

4）其他应用

（1）利用动态超塑性可将铸铁等难加工的材料进行弯曲变形达 120°左右。

（2）对于铸铁等焊接后易开裂的材料，在焊后于超塑性温度保温，可消除内应力，防止开裂。

超塑性还可以用于高温苛刻条件下使用的机械、结构件的设计、生产及材料的研制，也可应用于金属陶瓷和陶瓷材料中。总之，超塑性的开发与利用，有着十分广阔的前景。

思考题和作业

11.1　何谓金属材料？金属材料通常分成几类？有何特征？

11.2　金属材料有哪些加工性能？它的性能特点是什么？

11.3　如何理解金属材料的结构和组织以及它们与性能的关系。

11.4　简述金属材料的火法冶金过程。

11.5　金属加工工艺包括哪些方面？

11.6　哪些合金元素可使钢在室温下获得铁素体组织？哪些合金元素可使钢在室温下获得奥氏体组织？并说明理由。

11.7　何谓回火稳定性、热硬性？合金元素对回火转变有哪些影响？

11.8　为什么高速切削刀具要用高速钢制造？为什么尺寸大、要求变形小、耐磨性高的冷变形模具要用 Cr12MoV 钢制造？它们的锻造有何特殊要求？其淬火、回火温度应如何选择？

11.9　比较合金渗碳钢、合金调质钢、合金弹簧钢、轴承钢在成分、热处理、性能方面的区别及应用范围。

11.10　不锈钢和镍基耐蚀合金、耐热钢和高温合金、低温钢在成分、热处理、性能方面有何区别及应用范围有何异同。

11.11　比较低合金工具钢和高合金工具钢在成分、热处理、性能方面的区别及应用范围。

11.12 下列零件或构件要求材料具有哪些主要性能？应选用何种材料（写出材料牌号）？应选择何种热处理？并制定各零件和构件的工艺路线。

①大桥；②汽车齿轮；③镗床镗杆；④汽车板簧；⑤汽车、拖拉机连杆螺栓；⑥拖拉机履带板；⑦汽轮机叶片；⑧硫酸、硝酸容器；⑨锅炉；⑩加热炉炉底板。

11.13 何谓石墨化？铸铁石墨化过程分哪三个阶段？对铸铁组织有何影响？

11.14 试述石墨形态对铸铁性能的影响。

11.15 灰铸铁中有哪几种基本相？可以组成哪几种组织形态？

11.16 为什么铸铁的 σ_b 比钢的低？为什么铸铁在工业上又被广泛应用？

11.17 简述铸铁的使用性能及各类铸铁的主要应用。

11.18 可锻铸铁是如何获得的？所谓黑心、白心可锻铸铁的含义是什么？可锻铸铁可以锻造吗？

11.19 下列铸件宜选择何种铸铁铸造：

①机床床身；②汽车、拖拉机曲轴；③1000～1100℃加热炉炉体；④硝酸盛储器；⑤汽车、拖拉机转向壳；⑥球磨机衬板。

11.20 铝合金是如何分类的？变形铝合金包括哪几类铝合金？用 2A01（原 LY1）制作的铆钉应在何状态下进行铆接？在何时得到强化？

11.21 铜合金分哪几类？不同铜合金的强化方法与特点是什么？

11.22 黄铜分为几类？分析含锌量对黄铜的组织和性能的影响。

11.23 黄铜在何种情况下产生应力腐蚀？如何防止？

11.24 按应用白铜如何分类？所谓“康铜”是什么铜合金，它的性能与应用特点如何？

11.25 变形镁合金包括哪几类镁合金？它们各自的性能特点是什么？

11.26 钛合金分为几类？钛合金的性能特点与应用是什么？

11.27 轴承合金常用合金类型有哪些？轴承合金对性能和组织的要求有哪些？

11.28 简述形状记忆合金材料。

第12章

金属工艺

12.1 铸造

铸造是指将液态金属浇注到铸型型腔中，待其冷却凝固，从而获得一定形状和性能铸件的成型过程和方法。

铸造从古至今都是金属成型的主要方法。几乎所有的合金锭坯都是通过铸造制备的，它在机器产品中铸件所占比例很高，如机床、内燃机中，铸件占总质量的70%～90%，拖拉机为65%～80%，液压、泵类机械为50%～60%，农业机械为40%～70%。铸造能够得到如此广泛的应用，其原因是它有如下优点。

(1) 适应范围广。铸铁、碳素钢、合金钢、铝合金、铜合金等常用金属材料都可铸造，而应用广泛的铸铁件只能用铸造方法成型；铸造可用于形状复杂，特别是具有复杂内腔的毛坯成型；铸件的质量和尺寸可以在很大范围内变化，铸件的大小几乎不限，铸件的壁厚从0.2mm到1m，质量为几克到数百吨；铸造的批量不限，从单件、小批，直到大量生产。

(2) 加工余量小，节省金属，减少机械加工工时，降低制造成本。

铸造的缺点是工艺复杂，工序多，生产率低，易出现缺陷，质量不够稳定，废品率较高，劳动强度大，劳动条件差等，但随着铸造技术的迅速发展，这些缺点在不断被改进和完善。

铸造的最基本方法是砂型铸造，此方法生产的铸件占总产量的90%以上。此外，还有熔模铸造、金属型铸造、压力铸造、离心铸造等特种铸造方法。

12.1.1 铸造成型基础

铸造生产过程复杂，影响铸件质量的因素很多，废品率一般较高。铸造质量不仅与铸型工艺有关，还与铸型材料、铸造金属、熔炼、浇注等密切相关。

1. 液态金属的充型能力

液态金属填充铸型的过程简称充型。液态金属充满铸型型腔，获得形状完整、轮廓清晰铸件的能力，称为液态金属的充型能力。在液态金属的充型过程中，有时伴随着结晶现象。若充型能力不足，在型腔被填满之前，形成的晶粒将充型的通道堵塞，金属液被迫停止流动，铸件将产生浇不足或冷隔等缺陷。充型能力主要受金属液的流动性、铸型性质、浇注条件及铸件结构等因素的影响。

1) 金属的流动性

液态金属本身的流动能力称为金属的流动性，是金属主要铸造性能之一。金属的流动性越好，充型能力越强，越便于浇铸出轮廓清晰、薄而复杂的铸件。同时，有利于非金属夹杂物和气体的上浮与排除，还有利于对金属冷凝过程所产生的收缩进行补缩。液态金属的流动性通常以螺旋形试样长度来衡量。显然，在相同的浇注条件下，金属的流动性越好，所浇出的试样越长。在常用的铸造金属中灰铸铁、硅黄铜的流动性最好，铸钢的流动性最差。

影响金属流动性的因素很多，但以化学成分的影响最为显著。共晶成分合金的流动性最好。除纯金属外，其他成分合金的合金成分越远离共晶点，则结晶温度范围越宽，流动性愈差。亚共晶铸铁随着含碳量的增加，结晶温度范围减小，流动性提高。

2）浇注条件

（1）浇注温度。

浇注温度对金属的充型能力有着决定性影响。提高浇注温度，金属的黏度下降，流速加快，还能使铸型温度升高，金属在铸型中保持流动的时间长，从而大大提高金属的充型能力。但浇注温度过高，铸件容易产生缩孔、缩松、黏砂、气孔、粗晶等缺陷，故在保证充型能力足够的前提下，浇注温度应尽量降低。

（2）充型压力。

液态金属所受的压力越大，充型能力越好。例如，压力铸造、低压铸造和离心铸造时，因充型压力较砂型铸造时提高甚多，所以充型能力较强。

3）铸型填充条件

液态金属充型时，铸型阻力将影响合金的流动速度，而铸型与合金间的热交换又将影响合金保持流动的时间。因此，铸型材料、铸型温度、铸型中气体对充型能力均有显著影响。

（1）铸型材料。

铸型材料的热导率和比热容越大，对液态金属的激冷能力越强，金属的充型能力就越差。例如，金属型铸造较砂型铸造容易产生浇不足和冷隔缺陷。

（2）铸型温度。

金属型铸造、压力铸造和熔模铸造时，铸型被预热到数百摄氏度，由于减缓了金属液的冷却速率，故充型能力得到提高。

（3）铸型中气体。

在金属液的热作用下，铸型（尤其是砂型）将产生大量气体，如果铸型排气能力差，则型腔中气压将增大，以致阻碍液态合金的充型。为了减小气体的压力，除应设法减少气体的来源外，还应使铸型具有良好的透气性，并在远离浇口的最高部位开设出气口。

2. 铸件的收缩

铸件在冷却过程中，其体积或尺寸缩减的现象称为收缩，它是铸造金属的物理本性。收缩给铸造工艺带来许多困难，是多种铸造缺陷（缩孔、缩松、裂纹、变形等）产生的根源。

金属从液态冷却到室温要经历三个相互联系的收缩阶段。

（1）液态收缩。从浇注温度到凝固开始温度（液相线温度）间的收缩。

（2）凝固收缩。从凝固开始温度到凝固终止温度（固相线温度）间的收缩。

（3）固态收缩。从凝固终止温度到室温间的收缩。

金属的液态收缩和凝固收缩表现为金属体积的缩小，使型腔内金属液面下降，通常用体积收缩率来表示，它们是铸件产生缩孔和缩松缺陷的基本原因；金属的固态收缩不仅引起其体积上的缩减，同时，更明显地表现在铸件尺寸上的缩减，因此固态收缩常用单位长度上的收缩量(线收缩率)来表示，它是铸件产生内应力而引起变形和裂纹的主要原因。

1）影响收缩的因素

不同合金的收缩率不同。表 12.1.1 为几种铁碳合金的体积收缩率。

表 12.1.1　几种铁碳合金的体积收缩率

合金种类	含碳质量分数/%	浇注温度/℃	液态收缩/%	凝固收缩/%	固态收缩/%	总体积收缩/%
铸造碳钢	0.35	1610	1.6	3	7.8	12.4
白口铸铁	3.00	1400	2.4	4.2	5.4～6.3	12～12.9
灰铸铁	3.50	1400	3.5	0.1	3.3～4.2	6.9～7.8

铸件的实际收缩率与其化学成分、浇注温度、铸件结构和铸型条件有关。

2）收缩对铸件质量的影响

(1）铸件的缩孔与缩松。

液态合金在冷凝过程中，若其液态收缩和凝固收缩所缩减的容积得不到补足，则在铸件最后凝固的部位形成一些孔洞，容积较大而集中的称缩孔，细小而分散的称缩松，如图 12.1.1 所示。

一般来说，纯金属和共晶合金在恒温下结晶，铸件由表及里逐层凝固，容易形成缩孔，缩孔常集中在铸件的上部或厚大部位等最后凝固的区域。具有一定凝固温度范围的合金，凝固是在较大的区域内同时进行，容易形成缩松。缩松常分布在铸件壁的轴线区域及厚大部位等。

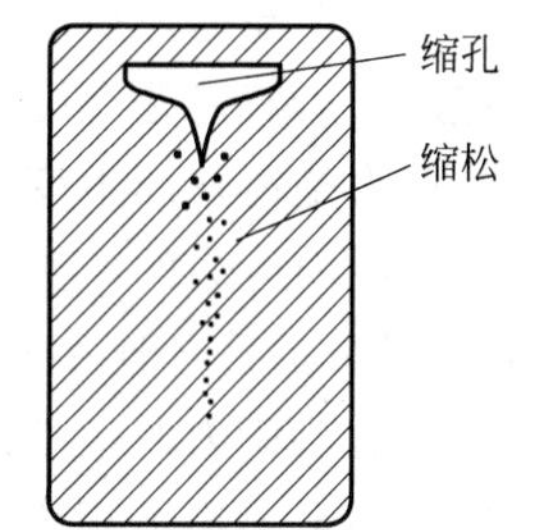

图 12.1.1　缩孔和缩松

缩孔和缩松会减小铸件的有效面积，并在该处产生应力集中，降低其机械性能，缩松还可使铸件因渗漏而报废。因此，必须依据技术要求，采取适当的工艺措施予以防止。实践证明，只要能使铸件实现顺序凝固原则，则尽管金属的收缩较大，也可获得没有缩孔的致密铸件。

所谓顺序凝固，就是在铸件上可能出现缩孔的厚大部位通过安放冒口等工艺的措施。首先使铸件远离冒口的部位(图 12.1.2 中Ⅰ)凝固；然后是靠近冒口部位(图 12.1.2 中Ⅱ、Ⅲ)凝固；最后才是冒口本身的凝固。按照这样的凝固顺序，先凝固部位的收缩，由后凝固部位的金属液补充；后凝固部位的收缩，由冒口中的金属液来补充，从而使铸件各个部位的收缩均能得到补充，而将缩孔转移到冒口之中。冒口是多余部分，在铸件清理时予以切除。

为了实现铸件的顺序凝固，在安放冒口的同时，还可在铸件的某些厚大部位增设冷铁。图 12.1.3 所示铸件的热节不止一个，仅靠顶部冒口难以向底部凸台补缩，为此，在该凸台的型壁上安放了两个外冷铁。由于冷铁加快了该处的冷却，则厚度较大的凸台反而最先凝固；由于实现了自下而上的定向凝固，从而防止了凸台处缩孔、缩松的产生。可见，冷铁仅是加快某些部位的冷却速率，以控制铸件的凝固顺序，但本身并不起补缩作用。冷铁通常用钢或铸铁制成。

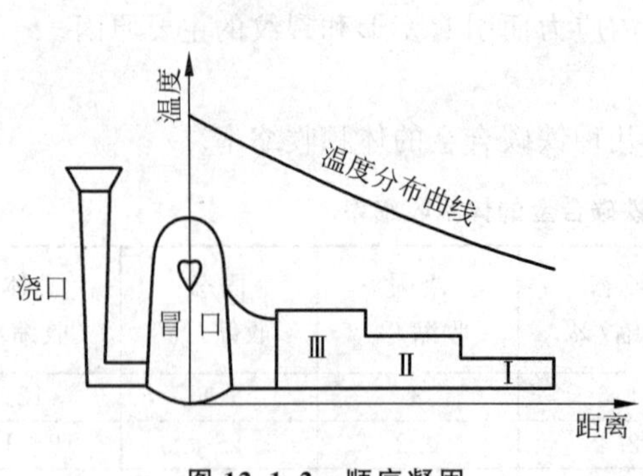

图 12.1.2 顺序凝固

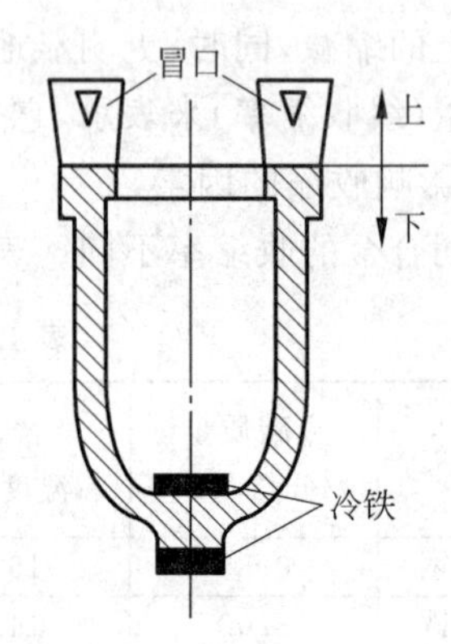

图 12.1.3 冷铁的应用

安放冒口和冷铁，实现顺序凝固，虽可有效地防止缩孔和宏观缩松，但却耗费许多金属和工时，加大了铸件成本。同时，顺序凝固扩大了铸件各部分的温度差，促进了铸件的变形和裂纹倾向。因此，顺序凝固主要用于必须补缩的场合，如铝青铜、铝硅合金和铸钢件等。

(2) 铸造内应力、变形和裂纹。

铸件在凝固之后的继续冷却过程中，其固态收缩若受到阻碍，铸件内部将产生内应力，这些内应力有时是在冷却过程中暂存的，有时则一直保留到室温，后者称为残余内应力。铸造内应力是铸件产生变形和裂纹的基本原因。

按照内应力的产生原因，可分为热应力和机械应力两种。热应力是由铸件的壁厚不均匀、各部分的冷却速率不同，以致在同一时期内铸件各部分收缩不一致而引起的。

预防热应力的基本途径是尽量减少铸件各个部位间的温度差，使其均匀地冷却。同时凝固原则主要用于灰铸铁、锡青铜等。这是由于灰铸铁的缩孔、缩松倾向小，而锡青铜倾向于糊状凝固，采用定向凝固也难以有效地消除其显微缩松缺陷。

机械应力是指金属的线收缩受到铸型或型芯的机械阻碍而形成的内应力。机械应力使铸件产生暂时性的正应力或剪切应力，这种内应力在铸件落砂之后便可自行消除。但它在铸件冷却过程中可与热应力共同起作用，增大了某些部位的应力，促进了铸件的裂纹倾向。

具有残余内应力的铸件是不稳定的，它将自发地通过变形来减缓其内应力，以便趋于稳定状态。为防止铸件产生变形，除在铸件设计时尽可能使铸件的壁厚均匀、形状对称外，在铸造工艺上还应采用同时凝固原则，以使冷却均匀。对于长而易变形的铸件，还可采用反变形工艺。反变形法是指在统计铸件变形规律的基础上，在模样上预先作出相当于铸件变形量的反变形量，以抵消铸件的变形。

当铸造内应力超过金属的强度极限时，铸件便将产生裂纹。裂纹是铸件的严重缺陷，大多会使铸件报废。裂纹可分成热裂和冷裂两种。

热裂是在高温下形成的裂纹，其形状特征是：缝隙宽、形状曲折、缝内呈氧化色。试验证明，热裂是在金属凝固末期的高温下形成的。因为金属的线收缩是在完全凝固之前便已开始，此时固态金属已形成完整的骨架，但晶粒之间还存有少量液体，故强度、塑性甚低，若机械应力超过了该温度下金属的强度，便发生热裂。另外，铸件的结构不好，型砂或芯砂的退让性差，金属的高温强度低等，都易使铸件产生热裂纹。

冷裂是在低温下形成的裂纹，其形状特征是：裂纹细小、呈连续直线状，有时缝内呈轻微氧化色。冷裂常出现在形状复杂工件的受拉伸部位，特别是应力集中处（如尖角、孔洞类缺陷附近），不同铸造金属的冷裂倾向不同。例如，塑性好的合金可通过塑性变形使内应力自行缓解，故冷裂倾向小；反之，脆性大的合金较易产生冷裂。为防止铸件的冷裂，除应设法降低内应力外，还应控制钢铁中的含磷量，使其不能过高。

12.1.2　砂型铸造

砂型铸造就是将液态金属浇入砂型的铸造方法，型砂通常是由石英砂、黏土（或其他黏结材料）和水按一定比例混制而成的。型砂要有一定的强度、透气性、耐火性和退让性。砂型可用手工制造，也可用机器造型。

砂型铸造是目前最常用最基本的铸造方法，其造型材料来源广，价格低廉，所用设备简单，操作方便灵活，不受铸造合金种类、铸件形状和尺寸的限制，并适合于各种生产规模。目前，我国砂型铸件约占全部铸件产量的 80%以上。

1. 砂型铸造过程

砂型铸造工艺过程如图 12.1.4 所示。首先，根据零件的形状和尺寸设计并制造出模样和芯盒，配制好型砂和芯砂；用型砂和模样在砂箱中制造砂型，用芯砂在芯盒中制造型芯，并把砂芯装入砂型中，合箱即得完整的铸型；将金属液浇入铸型型腔，冷却凝固后落砂清理即得所需的铸件。

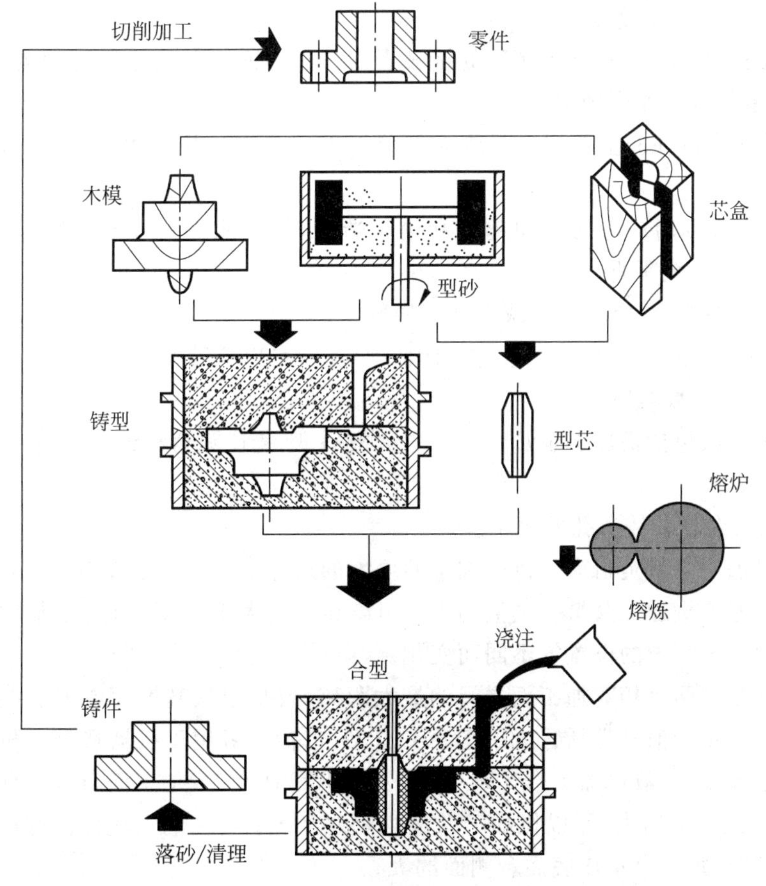

图 12.1.4　砂型铸造工艺过程

2. 砂型铸造工艺

铸造工艺设计是生产铸件的第一步,需根据零件的结构、技术要求、批量大小及生产条件等确定适宜的铸造工艺方案,包括浇注位置和分型面的选择、工艺参数的确定等,并将这些内容表达在零件图上形成铸造工艺图。它通常按以下步骤和原则进行。

1)浇注位置的选择原则

浇注位置是指浇注时铸件在铸型中所处的空间位置。浇注位置确定的好坏对铸件质量有很大影响,确定时应遵循以下原则。

(1)铸件上的重要加工面或质量要求高的面,尽可能置于铸型的下部或处于侧立位置。因为在浇注过程中金属液中的气体和熔渣往上浮,且由于静压力作用,铸件下部组织致密。

(2)将铸件上的大平面朝下,以免在此面上出现气孔和夹砂缺陷。这是因为,在金属液的充型过程中,灼热的金属液对砂型上表面产生的强烈热辐射会使其拱起或开裂,金属液渗进砂型的裂缝处,致使该表面产生夹砂缺陷。

(3)有大面积薄壁的铸件,应将其薄壁部分放在铸型的下部或处于侧立位置,以免产生浇不足和冷隔缺陷。

(4)为防止铸件产生缩孔,应把铸件上易产生缩孔的厚大部位置于铸型顶部或侧面,以便安放冒口补缩。例如卷扬筒,其厚端位于顶部是合理的。

2)分型面位置的确定原则

分型面是指上、下或左、右砂箱间的接触表面。分型面位置确定得合理与否,是铸造工艺的关键,应遵循以下原则确定。

(1)尽可能将铸件的重要加工面或大部分加工面与加工基准面放在同一砂箱内,以保证其精度。

(2)选择分型面时应考虑方便起模和简化造型,尽可能减少分型面数目和活块数目。此外,分型面应尽可能平直。

(3)分型面的选择,应尽可能减少型芯的数目。

(4)分型面的选择,应便于下芯、扣箱(合型)及检查型腔尺寸等操作。

3)铸造工艺参数的确定

铸造工艺参数包括机加工余量、铸出孔、起模斜度、铸造圆角和铸造收缩率等,各参数的确定方法如下。

(1)机加工余量和铸出孔的大小。

铸件的机加工余量是指为了机械加工而增大的尺寸部分。凡是零件图上标注粗糙度符号的表面均需考虑机加工余量。其值的大小可随铸件的大小、材质、批量、结构的复杂程度,以及该加工面在铸型中的位置等不同而变化。

公称尺寸是指两个相对加工面之间的最大距离,或是指从基准面或中心线到加工面的距离。机加工余量的值不带括号者用于手工造型,带括号者用于机器造型。机械造型的铸件比手工造型精度高,故机加工余量要小些;铸件尺寸越大(或加工面与基准面间的距离越大),铸件尺寸误差会增大,所以机加工余量也随之加大;铸件的上表面比底面和侧面更易产生缺陷,故其机加工余量比底面和侧面的大。

铸件上的孔和槽铸出与否，要根据铸造工艺的可行性和必要性而定。一般来说，较大的孔和槽应铸出，以减少切削工时和节约金属材料。表 12.1.2 是铸件的最小铸出孔尺寸。

表 12.1.2 铸件的最小铸出孔尺寸

生产批量	最小铸出孔直径/mm	
	灰铸铁件	铸钢件
大量	12～15	—
成批	15～30	30～50
单件、小批	30～50	50

(2) 起模斜度(或拔模斜度)。

起模斜度是指在造型(或制芯)时，为便于把模型从传型中(或把芯子从芯盒中)取出，而在模型(或芯盒)的起模方向上做出一定的斜度。起模斜度一般用角度 α(或宽度 a)表示，其标注方法如图 12.1.5 所示。

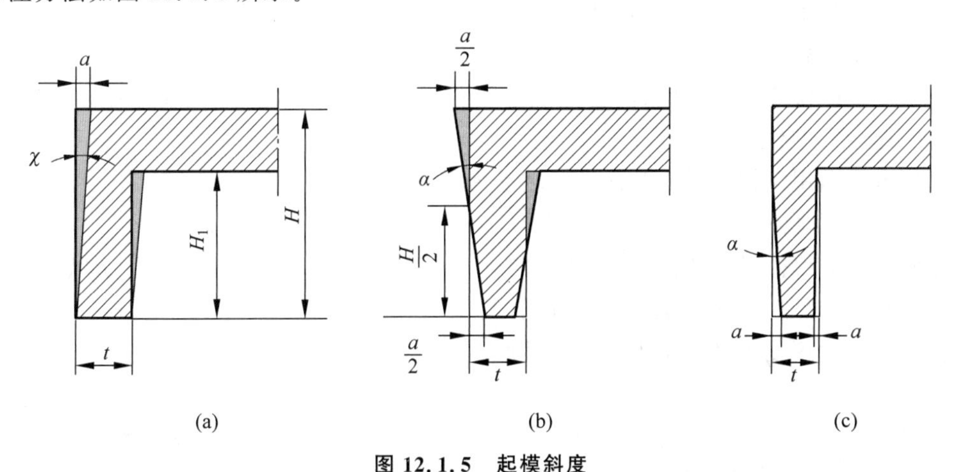

图 12.1.5 起模斜度

(a) 增加铸件厚度；(b) 加减铸件厚度；(c) 减少铸件厚度

起模斜度的大小取决于该垂直壁的高度和造型方法。通常是随着垂直壁高度的增加，起模斜度减小。机器造型的起模斜度较手工造型的小，外壁的起模斜度也小于内壁。一般起模斜度在 0.5°～5°。

(3) 铸造圆角。

铸造圆角是指铸件上壁和壁的交角应做成圆弧过渡，以防止在该处产生缩孔和裂纹。铸造圆角的半径值一般为两相交壁平均厚度的 1/3～1/2。

(4) 铸造收缩率。

铸造收缩是指金属液浇注到铸型后，随温度的下降将发生凝固所引起的尺寸缩减。这种缩减的百分率为该金属的铸造收缩率。制造模型或芯盒时，应根据铸造合金收缩率将模型或芯盒放大，以保证该合金铸件冷却至室温时的尺寸能符合要求。合金铸造收缩率的大小，随铸造合金的种类、成分以及铸件的结构和尺寸等的不同而改变，通常灰铸铁为 0.7%～1.0%，铸钢为 1.5%～2.0%，有色金属合金为 1.0%～1.5%。

12.1.3 砂型铸造方法

1. 手工造型

1）手工造型工具

手工造型常用工具为捣沙锤、直浇道棒、通气针、起模针、墁刀、秋叶、砂勾、皮老虎等，其中，墁刀用于修平面及挖沟槽；秋叶用于修凹的曲面；砂勾用于修深的底部或侧面及钩出砂型中散砂。

2）手工造型的方法及选择

手工造型的方法很多，按模样特征分为整模造型法、挖砂造型法、活块造型法、刮板造型法、假箱造型法和分模造型法等；按砂箱特征分为两箱造型法、三箱造型法、地坑造型法、脱箱造型法等。

造型方法的选择具有较大灵活性，一个铸件往往可用多种方法造型，应根据铸件结构特点，形状和尺寸，生产批量及车间具体条件等进行分析比较，以确定最佳方案。

（1）整模造型法。

整模造型的模样是一个整体，分型面是平面，铸型型腔全部在半个铸型内。其造型简单，铸件不会产生错箱缺陷。

整模造型适用于铸件最大截面靠一端且为平面的铸件。

（2）挖砂造型法。

挖砂造型的模样虽是整体的，但铸件的分型面为曲面。为了能起出模样，造型时用手工挖去阻碍起模的型砂。其造型费工，生产率低。

挖砂造型适用于单件和小批生产分型面不是平面的铸件。

（3）活块造型法。

活块造型的铸件上有妨碍起模的小凸台、筋条等。制模时将这些做成活动部分。造型起模时，先起出主体模样，然后再从侧面取出活块。其造型费时，要求工人技术水平高。

活块造型主要用于单件、小批生产带有突出部分难以起模的铸件。

（4）刮板造型法。

刮板造型是用刮板代替木模造样，它可大大降低模型成本，节约木材，缩短生产周期，但造型生产率低，要求工人的技术水平高。

刮板造型主要用于有等截面的或回转体大、中型铸件的单件和小批生产，如皮带轮、飞轮、齿轮、铸管、弯头等。

（5）假箱造型法。

为克服挖砂造型的挖砂特点，在造型前预先作个底胎（假箱），然后，再在底胎上装下箱。底胎由于并不参加浇注，故称假箱。假箱造型比挖砂造型操作简便，且分型整齐。

假箱造型用于成批生产需要挖砂的铸件。

（6）分模造型法。

分模造型是将模样沿截面最大处分为两半，型腔位于上、下两个半型内。其造型简单，节省工时。

分模造型常用于铸件最大截面在中部（或圆形）的铸件。

(7) 两箱造型法。

两箱造型的铸样由成对的上箱和下箱构成,操作方便。

两箱造型为造型的最基本方法,适用于批量生产各种大、小铸件。

(8) 三箱造型法。

三箱造型的铸型由上、中、下三箱构成。中箱的高度须与铸件两个分型面的间距相适应。三箱造型操作费工,且需有适合的砂箱。

三箱造型主要用于手工造型单件、小批生产具有两个分型面的铸件。

(9) 地坑造型法。

地坑造型是利用车间地面砂床作为铸型的下箱,大铸件需在砂床下面铺以焦炭,埋上出气管,以便浇注时引气。

地坑造型仅用上箱便可造型,减少了制造专用下箱的生产准备时间,减少砂箱的投资。但造型费工,且要求技术较高。

地坑造型常用于砂箱不足的生产条件,制造批量不大的大、中型铸件。

(10) 脱箱造型法。

脱箱造型是采用活动砂箱来造型,在铸型合箱后,将砂箱脱出,重新用于造型,所以一个砂箱可制许多铸型。金属浇注时,为防止错箱,需用型砂将铸型周围填紧,也可在铸型上加套箱。

脱箱造型常用于生产小铸件。因砂箱无箱带,所以砂箱规格一般小于 400mm。

2. 机器造型

机器造型是用机器来完成填砂、紧实和起模等造型操作过程,是现代化铸造车间的基本造型方法。与手工造型相比,可以提高生产率和铸型质量,减轻劳动强度。但设备及工装模具投资较大,生产准备周期较长,主要用于成批大量生产。

机器造型按紧实方式的不同,分为压实造型、震击造型、抛砂造型和射砂造型四种基本方式。

1) 压实造型

压实造型是利用压头的压力将砂箱内的型砂紧实,图 12.1.6 为压实造型。

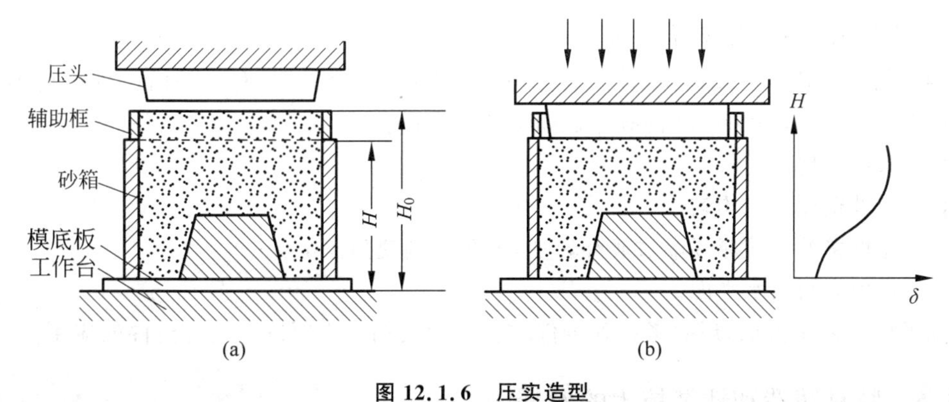

图 12.1.6 压实造型

(a) 压实前;(b) 压实后

先将型砂填入砂箱和辅助框中,然后压头向下将型砂紧实。辅助框是用来补偿紧实过程中砂柱被压缩的高度。压实造型生产率较高,但砂型沿砂箱高度方向的紧实度不够均匀,一般越接近模板,紧实度越差。因此,只适于高度不大的砂箱。

2）震击造型

这种造型方法是利用震动和撞击力对型砂进行紧实。砂箱填砂后，震击活塞将工作台连同砂箱举起一定高度，然后下落，与缸体撞击，依靠型砂下落时的冲击力产生紧实作用，砂型紧实度分布规律与压实造型相反，越接近模板，紧实度越高。因此，震击造型常与压实造型联合使用，以便型砂紧实度分布更加均匀。

3）抛砂造型

抛砂机抛砂头转子上装有叶片，型砂由皮带输送机连续地送入，高速旋转的叶片接住型砂，并分成一个个砂团，当砂团随叶片转到出口处时，由于离心力的作用，砂团被高速抛入砂箱，同时完成填砂和紧实。

4）射砂造型

射砂紧实多用于制芯。射砂造型时，由储气筒中迅速进入射膛的压缩空气，将型芯砂由射砂孔射入芯盒的空腔中，而压缩空气经射砂板上的排气孔排出，射砂过程是在较短的时间内同时完成填砂和紧实，生产率极高。

12.1.4 铸件结构的工艺性

铸件结构的工艺性通常是指零件的本身结构应符合铸造生产的要求，既便于整个工艺过程的进行，又利于保证产品质量。铸件结构是否合理，对简化铸造生产过程，减少铸件缺陷，节省金属材料，提高生产率和降低成本等具有重要意义，并与铸造合金、生产批量、铸造方法和生产条件有关。

1. 从简化铸造工艺过程分析

为简化造型、制芯及工装制造工作量，便于下芯和清理，对铸件结构有如下要求。

(1) 铸件外形应尽量简单。

(2) 铸件内腔结构应符合铸造工艺要求。

(3) 铸件的结构斜度要适当。

2. 从避免产生铸造缺陷分析

铸件的许多缺陷，如缩孔、缩松、裂纹、变形、浇不足、冷隔等，有时是由铸件结构不合理而引起的。因此，设计铸件结构应考虑如下几个方面。

(1) 壁厚合理。

(2) 铸件壁厚力求均匀。

(3) 铸件壁的连接应逐渐过渡和转变，避免出现锐角。

(4) 避免有较大水平面。

除了以上两个方面，还要考虑到铸件结构的后续加工方便以及组合铸件的应用。

12.1.5 特种铸造和铸造技术的发展

砂型铸造有许多优点，但也存在一些难以克服的缺点，例如，一型一件，生产率低，铸件表面粗糙，加工余量较大，废品率较高，工艺过程复杂，劳动条件差等。为了克服上述缺点，在生产实践中发展出一些其他铸造方法，统称为特种铸造。特种铸造方法很多，往往在某种特定条件下，采用适应不同铸件生产的特殊要求的方法，以获得更好的质量或更高的经济效益。

1. 熔模铸造

熔模铸造是用易熔材料制成模样，造型之后将模样熔化，排出型外，从而获得无分型面的型腔。由于熔模广泛采用蜡质材料制成，又常称失蜡铸造。这种方法能够获得具有较高精度和表面质量的铸件，故有“精密铸造”之称。

1）基本工艺过程

熔模铸造的工艺过程主要包括蜡模制造、结壳、脱蜡、焙烧和浇注等过程。

（1）蜡模制造。

蜡模制造通常根据零件图制造出与零件形状尺寸相符合的模具，这一过程和方法称为压型。把熔化成糊状的蜡质材料压入压型，等冷却凝固后取出，就得到蜡模。在铸造小型零件时，常把若干个蜡模黏合在一个浇注系统上，构成蜡模组，以便一次浇出多个铸件。

（2）结壳。

把蜡模组放入黏结剂和石英粉配制的涂料中浸渍，使涂料均匀地覆盖在蜡模表层，然后在上面均匀地撒一层石英砂，再放入硬化剂中硬化。如此反复4～6次，最后在蜡模组外表形成由多层耐火材料组成的坚硬的型壳。

（3）脱蜡。

通常将附有型壳的蜡模组浸入85～95℃的热水中，使蜡料熔化并从型壳中脱除，以形成型腔。

（4）焙烧和浇注。

型壳在浇注前，必须在800～950℃下进行焙烧，以彻底去除残蜡和水分。为了防止型壳在浇注时变形或破裂，可将型壳排列于砂箱中，周围用干砂填紧。焙烧后通常趁热(600～700℃)进行浇注，以提高充型能力。

2）熔模铸造的特点和应用

熔模铸件精度高，表面质量好，可铸出形状复杂的薄壁铸件，大大减少机械加工工时，显著提高金属材料的利用率。

熔模铸造的型壳耐火性强，适用于各种合金材料，尤其适用于那些高熔点合金及难切削加工合金的铸造，并且生产批量不受限制，单件、小批、大量生产均可。

但熔模铸造工序繁杂，生产周期长，铸件的尺寸和质量受到限制(质量一般不超过25kg)。它主要用于成批生产形状复杂、精度要求高或难以进行切削加工的小型零件，如汽轮机叶片和叶轮、大模数滚刀等。

2. 金属型铸造

金属型铸造是将液态金属浇入金属铸型，以获得铸件的铸造方法。由于金属铸型可重复使用，所以又称永久型铸造。

1）金属型的结构及其铸造工艺

根据铸件的结构特点，金属铸型可采用多种形式。金属型一般用铸铁制成，也可采用铸钢。铸件的内腔可用金属型芯或砂型来形成，其中金属型芯用于非铁金属件。为使金属型芯能在铸件凝固后迅速从内腔中抽出，金属型还常设有抽芯机构。对于有侧凹的内腔，为使型芯得以取出，金属型芯可由几块组合而成。

金属型导热快，无退让性和透气性，铸件容易产生浇不足、冷隔、裂纹、气孔等缺陷。此外，在高温金属液的冲刷下，型腔易损坏。为此，需要采取如下工艺措施：通过浇注前预热，浇注过程中适当冷却等，使金属型在一定的温度范围内工作，型腔内涂以耐火涂料，以减慢铸型的冷却速率，并延长铸型寿命；在分型面上做出通气槽、出气口等，以利于气体的排出；掌握好开型时间，以利于取件和防止铸铁件产生白口。

2）金属型铸造的特点及应用

金属型"一型多铸"，工序简单，生产率高，劳动条件好。金属型内腔表面光洁，刚度大，因此，铸件精度高，表面质量好。金属型导热快，铸件冷却速率快，凝固后铸件晶粒细小，从而提高了铸件的机械性能。

但是，金属型的成本高，制造周期长，铸造工艺规程要求严格，铸铁件还容易产生白口组织。因此，金属型铸造主要适用于大批量生产形状简单的有色合金铸件，如铝活塞、汽缸体、缸盖、油泵壳体，以及铜合金轴瓦、轴套等。

3. 压力铸造

压力铸造是将熔融的金属在高压下，快速压入金属型，并在压力下凝固，以获得铸件的方法。压力铸造通常在压铸机上完成。

压力铸造是在高速、高压下成型，可铸出形状复杂、轮廓清晰的薄壁铸件，铸件的尺寸精度高，表面质量好，一般不需机加工可直接使用，而且组织细密，机械性能高。在压铸机上生产，生产率高，劳动条件好。

但是，压铸设备投资大，压型制造费用高，周期长，压型工作条件恶劣，易损坏。因此，压力铸造主要用于大量生产低熔点合金的中小型铸件，在汽车、拖拉机、航空、仪表、电气、纺织、医疗器械、日用五金及国防等部门获得广泛的应用。

4. 低压铸造

低压铸造是介于金属型铸造和压力铸造之间的一种铸造方法。它是在较低的压力下，将金属液注入型腔，并在压力下凝固，以获得铸件。低压铸造过程是在一个密闭的保温坩埚中，通入压缩空气，使坩埚内的金属液在气体压力下，从升液管内平稳上升充满铸型，并使金属在压力下结晶。当铸件凝固后，撤销压力，于是，升液管和浇口中尚未凝固的金属液在重力作用下流回坩埚。最后开启铸型，取出铸件。

低压铸造充型时的压力和速度容易控制，充型平稳，对铸型的冲刷力小，故可适用各种不同的铸型；低压铸造铸件组织致密，机械性能高。另外，低压铸造设备投资较少，便于操作，易于实现机械化和自动化。因此，低压铸造广泛用于铝合金和镁合金铸件的大批量生产，如发动机的缸体和缸盖、内燃机活塞、带轮、粗纱锭翼等，也可用于球墨铸铁、铜合金等较大铸件的生产。

5. 离心铸造

离心铸造是将熔融金属浇入高速旋转的铸型中，使其在离心力作用下填充铸型和结晶，从而获得铸件的方法。

离心铸造不用型芯，不需要浇注口，工艺简单，生产率和金属的利用率高，成本低；在离心力作用下，金属液中的气体和夹杂物因密度小而集中在铸件内表面，金属液自外表面向内表面顺序凝固，因此铸件组织致密，无缩孔、气孔、夹渣等缺陷，机械性能高，而且提高了金属液的充型能力。但是，利用自由表面所形成的内孔，尺寸误差大，内表面质量差，且不适于密度偏析大的合金。目前这一方法主要用于生产空心回转体铸件，如铸铁管、气缸套、活塞环及滑动轴承等，也可用于生产双金属铸件。

6. 铸造方法的选择

铸造方法的确定必须依据生产的具体特点，既要保证产品质量，又要考虑产品的成本和现场设备、原材料供应情况等，要进行全面分析比较，选定最适当的铸造方法。表 12.1.3 列出了几种常用的铸造方法，供选择时参考。

表 12.1.3 常用的铸造方法比较

比较项目	砂型铸造	熔模铸造	金属型铸造	压力铸造	低压铸造
铸件尺寸精度	IT14～16	IT11～14	IT12～14	IT11～13	IT12～14
铸件表面粗糙度 $Ra/\mu m$	粗糙	25～3.2	25～12.5	6.3～1.6	25～6.3
适用金属	任意	不限制，以铸钢为主	不限制，以非铁合金为主	铝、锌、镁低熔点合金	以非铁合金为主，也可用于黑色金属
适用铸件大小	不限制	小于 45kg，以小铸件为主	中、小铸件	一般小于 10kg，也可用于中型铸件	以中、小铸件为主
生产批量	不限制	不限制，以成批、大量生产为主	大批、大量	大批、大量	成批、大量
铸件内部质量	结晶粗	结晶粗	结晶细	表层结晶细内部多有孔洞	结晶细
铸件加工余量	大	小或不加工	小	小或不加工	较小
铸件最小壁厚/mm	3.0	0.7	铝合金 2～3，灰铸铁 4.0	0.5～0.7	2.0
生产率（一般机械化程度）	低、中	低、中	中、高	最高	中

7. 铸造技术的发展

近些年来，铸造新工艺、新技术和新设备发展迅速。例如，在型砂和芯砂方面，不仅推广了快速硬化的水玻璃砂及各类自硬砂，并成功地运用了树脂砂来快速制造高强度砂芯；在铸造合金方面，发展了高强度、高韧性的球墨铸铁和各类合金铸铁；在铸造设备方面，建立起先进的机械化和自动化的高压造型生产线。此外，计算机技术在铸造方面的应用也有很大发展。例如，利用计算机的模拟技术研究凝固理论；用计算机数值模拟技术模拟生产条件，以确定适宜的工艺参数；利用计算机三维图形技术来辅助实现铸造模具的快速成型。

12.2 锻压

12.2.1 概述

锻压(forging)又称为塑性加工(plasticworking)，是锻造与冲压的总称。锻压是指利用锻压机械的锤头、砧块、冲头或通过模具对坯料施加压力，使之产生塑性变形，从而获得所需形状和尺寸的制件的成型加工方法，属于金属压力加工生产。塑性加工具有以下优点。

(1) 能改善金属内部组织、消除一些缺陷，具有较高的力学性能。对于承受冲击或交变应力的重要零件(如机床主轴、齿轮等)，应优先采用锻件毛坯。

(2) 节省金属。与切削加工方法相比,锻造减少了零件的金属消耗,材料的利用率高。另外,金属坯料经锻造后,由于力学性能(如强度)的提高,在同等受力和工作条件下可以缩小零件的截面面积,减轻质量,从而节约金属材料。

(3) 生产率较高。与切削加工相比,锻造生产率大大提高,使生产成本降低。例如,齿轮、滚轮轧制,模锻成型内六角螺钉,其生产率比用切削加工方法提高几十倍。特别是对于大批量生产,锻造具有显著的经济效益。

(4) 适应性广。锻造能生产出质量小至几克的仪表零件,大至上吨重的巨型锻件。

锻造的缺点是:锻件的结构工艺性要求较高,对形状复杂,特别是内腔形状复杂的零件或毛坯,难以甚至不能锻压成型;通常锻压件(主要指锻造毛坯)的尺寸精度不高,还需配合切削加工等方法来满足精度要求;锻造需要重型的机器设备和较复杂的模具,模具的设计制造周期长,初期投资费用高等。

总之,锻造具有独特的优越性,获得了广泛的应用,凡承受重载荷、对强度和韧性要求高的机器零件,如机器的主轴、曲轴、连杆、重要齿轮、凸轮、叶轮及炮筒、枪管、起重吊钩等,通常均采用锻件做毛坯。

常用的锻造分为六类:自由锻、模锻、挤压、拉拔、轧制、板料冲压。它们的成型方式、所用工模具的形状和塑性变形区特点,如图 12.2.1 所示。

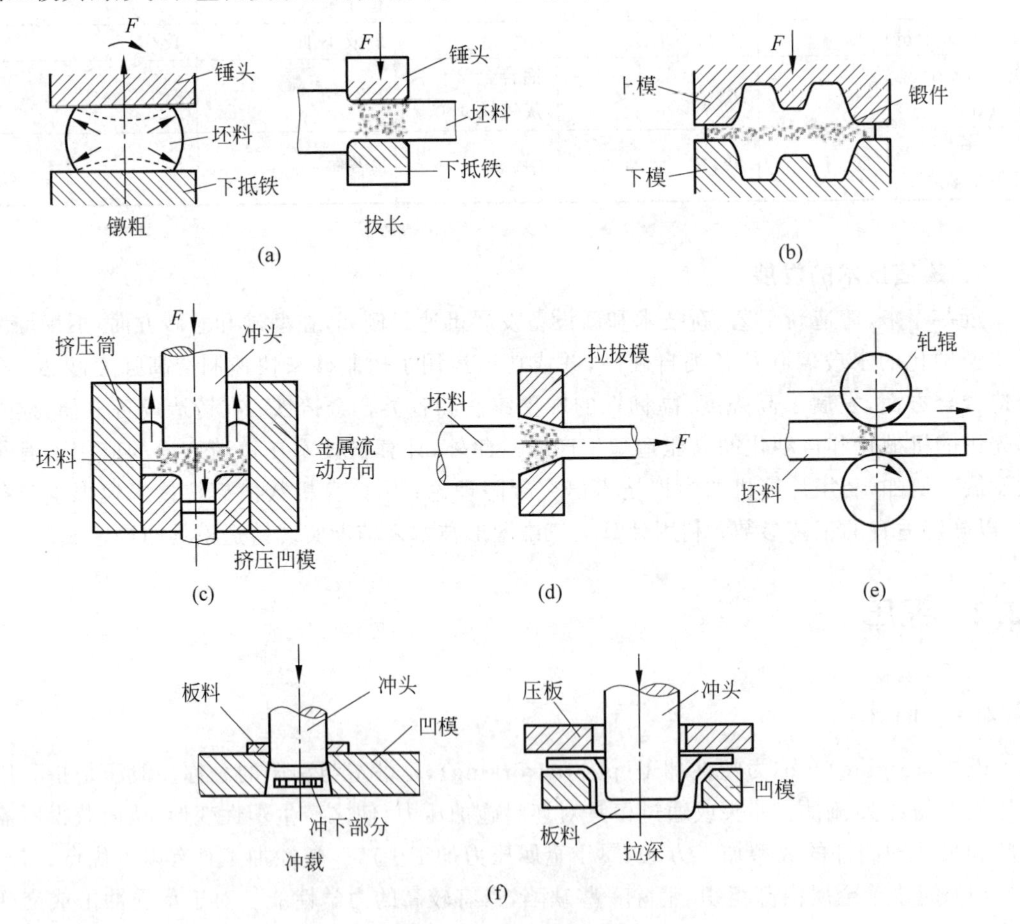

图 12.2.1 常用的锻压加工方法

(a) 自由锻;(b) 模锻;(c) 挤压;(d) 拉拔;(e) 轧制;(f) 板料冲压

12.2.2　塑性变形对金属组织及性能的影响

金属的塑性变形对金属组织和性能的影响，主要表现在以下四个方面。

1. 加工硬化（或冷变形强化）

金属在塑性变形中随着变形程度的增大，金属的强度、硬度升高，而塑性和韧性下降，这种现象称为加工硬化。在生产中，可以利用加工硬化来强化金属性能，但加工硬化也使进一步的变形困难，给生产带来一定麻烦。在实际生产中，常采用加热的方法使金属发生再结晶，从而再次获得良好塑性，这种工艺操作叫作再结晶退火。

2. 回复及再结晶

将金属加热至其熔化温度的20%～30%时，晶粒内扭曲的晶格将恢复正常，内应力减少，冷变形强化部分消除，这一过程称为回复。

当温度继续升高至其熔化温度的40%时，金属原子获得更多的热能，开始以某些碎晶或杂质为核心而结晶成新的晶粒，从而消除全部冷变形强化现象，这一过程称为再结晶。

3. 冷变形和热变形

金属的塑性变形一般分为冷变形和热变形两种。

在再结晶温度以下的变形叫作冷变形。变形过程中无再结晶现象，变形后的金属只具有冷变形强化现象。所以在变形过程中变形程度不宜过大，以避免产生破裂。冷变形能使金属获得较高的硬度和低的表面粗糙度，生产中常用冷变形来提高产品的表面质量和性能。

在再结晶温度以上的变形叫作热变形。其间，再结晶速度大于变形强化速度，则变形产生的强化会随时因再结晶软化而消除，变形后金属具有再结晶组织，从而消除冷变形强化痕迹。因此，在热变形过程中金属始终保持低的塑性变形抗力和良好的塑性，塑性加工生产多采用热变形来进行。

4. 纤维组织

铸锭经热变形后，其内部的气孔、缩松等被锻合，使组织致密，晶粒细化，机械性能提高。同时存在于铸锭中的非金属化合物夹杂，随着晶粒的变形被拉长，在再结晶时，金属晶粒形状改变，而夹杂沿着被拉长的方向保留下来，形成了纤维组织。变形程度越大，形成纤维组织越明显。

纤维组织使金属在性能上具有方向性，对金属变形后的质量也有影响。纤维组织的稳定性很高，不能用热处理方法加以消除，只能在热变形过程中改变其分布方向和形状。因此，在设计和制造零件时，应使零件工作时的最大正应力与纤维方向重合，最大切应力与纤维方向垂直，并使纤维沿零件轮廓分布而不被切断，以获得最好的机械性能。

12.2.3　金属的锻造性能

金属的锻造性能是指金属经受塑性加工时成型的难易程度。金属的锻造性能好，表明该金属适于采用塑性加工方法成型。

金属的锻造性能常用金属的塑性和变形抗力来综合衡量，塑性越好，变形抗力越小，则金属的锻造性能越好。金属的锻造性能取决于金属的化学成分和组织以及变形条件。

1. 金属的化学成分和组织

1）化学成分

一般纯金属的锻造性能好于合金。碳钢随碳质量分数的增加，锻造性能变差。合金元素的加入会劣化金属的锻造性，合金元素的种类越多，含量越高，锻造性越差。因此，碳钢的锻造性好于合金钢，低合金钢的锻造性好于高合金钢。另外，钢中硫、磷含量多也会使锻造性能变差。

2）金属组织

金属内部组织结构不同，其锻造性有很大差别。纯金属与固溶体具有良好的锻造性能，而碳化物的锻造性能差。铸态柱状组织和粗晶结构不如细小而又均匀的晶粒结构的锻造性能好。

2. 变形条件

1）变形温度

随着温度升高，金属原子的动能升高，易于产生滑移变形，从而改善了金属的锻造性能。故加热是塑性加工成型中很重要的变形条件。

对于钢而言，当加热温度超过 A_{cm} 或 A_{c3} 线时，其组织转变为单一的奥氏体，锻造性能大大提高。因此，适当提高变形温度对改善金属的锻造性能有利。但温度过高，会使金属产生氧化、脱碳、过热等缺陷，甚至使锻件产生过烧而报废，所以应该严格控制锻造温度范围。

锻造温度范围是指始锻温度（开始锻造的温度）与终锻温度（停止锻造的温度）间的温度范围。它的确定以合金状态图为依据。终锻温度过低，金属的冷变形强化严重，变形抗力急剧增加，使加工难以进行，若强行锻造，将导致锻件破裂报废。而始锻温度过高，会造成过热、过烧等缺陷。

2）变形速度

变形速度即单位时间内的变形程度，它对金属锻造性能的影响是复杂的。正是由于变形程度的增大，回复和再结晶不能及时克服冷变形强化现象，金属表现出塑性下降、变形抗力增大，锻造性能变坏。此外，金属在变形过程中，消耗于塑性变形的能量有一部分转化为热能，使金属温度升高，这就是金属在变形过程中产生的热效应现象。变形速度越大，热效应现象越明显，使金属的塑性提高，变形抗力下降，锻造性能变好。

在一般塑性加工方法中，由于变形速度较低，热效应不显著。目前采用高速锤锻造、爆炸成型等工艺来加工低塑性材料，可利用热效应现象来提高金属的锻造性能。

3）应力状态

金属在经受不同方法进行变形时，所产生的应力大小和性质是不同的。

实践证明，在三个方向中压应力的数目越多，金属的塑性越好；拉应力的数目越多，金属的塑性越差；而同号应力状态下引起的变形抗力大于异号应力状态下的。当金属内部存在气孔、小裂纹等缺陷时，在拉应力作用下，缺陷处易产生应力集中，缺陷必将扩展，甚至达到破坏而使金属失去塑性。压应力使金属内部摩擦增大，变形抗力亦随之增大，但压应力使金属内部原子间距减小，使缺陷不易扩展，故金属的塑性会增高。

12.2.4 锻造

锻造是利用工（模）具，在冲击力或静压力的作用下，使金属材料产生塑性变形，从而获得一定尺寸、形状和质量的锻件的加工方法。根据所用设备和工具的不同，锻造分为自由锻造和模型锻造两类。

1. 自由锻

利用简单的工具和开放式的模具(砧块)直接使金属坯料变形而获得锻件的工艺方法，称自由锻造，简称自由锻。自由锻时，金属仅有部分表面与工具或砧块接触，其余部分为自由变形表面，锻件的形状尺寸主要由工人操作来控制。适应性强，适用于各种大小的锻件生产，而且是大型锻件的唯一锻造方法。由于采用通用设备和工具，故费用低，生产准备周期短。但自由锻的生产率低，工人劳动强度大，锻件的精度差，加工余量大，因此自由锻件在锻件总量中所占的比重随着生产技术的进步而日趋减少。自由锻也是大型锻件的主要生产方法，在重型的冶金机械、动力机械、矿山机械、粉碎机械、锻压机械、船舶和机车制造工业中占有重要的地位。

自由锻分为手工锻和机器自由锻。手工锻是靠手抡铁锤锻打金属使之成型，是最简单的自由锻，在某些零星修理或农具配件行业中仍然存在，但正逐渐被淘汰。机器自由锻是在锻锤或水压机上进行。锤上自由锻时金属变形速度快，可以较长时间保持金属的锻造温度，有利于锻出所需要的形状。锤上自由锻主要用轧制或锻压过的钢材作为坯料，用于生产小批量的中小型锻件。水压机上自由锻的锻压速度较慢，金属变形深入锻坯内部，主要用于钢锭开坯和大锻件(质量几吨以上)制造，如冷、热轧辊，低速大功率柴油机曲轴，汽轮发电机和汽轮机转子，核电站压力壳筒体和法兰等，其锻件质量可达250t。

1）自由锻设备及工具

自由锻最常用的设备有空气锤、蒸汽-空气锤和水压机。通常几十千克的小锻件采用空气锤，2t以下的中小型锻件采用蒸汽-空气锤，大锻件则应在水压机上锻造。

自由锻工具主要有夹持工具、衬垫工具、支持工具(铁砧)等。

2）自由锻基本工序

自由锻的工序可分为三类：基本工序(使金属产生一定程度的变形，以达到所需形状和尺寸的工艺过程)、辅助工序(使基本工序操作便利而进行的预先变形工序，如压钳口、压棱边等)、精整工序(用以减少锻件表面缺陷、提高锻件表面质量的工序，如整形等)。

自由锻的基本工序有镦粗、拔长、冲孔、切割、扭转、弯曲等。实际生产中常用的是镦粗、拔长和冲孔三种。

(1) 镦粗。

镦粗是指在外力作用方向垂直于变形方向，使坯料高度减小而截面面积增大的工序。若使坯料的部分截面积增大，则称局部镦粗。镦粗主要用于制造高度小、截面大的工件(如齿轮、圆盘、法兰等盘形锻件)的毛坯或作为冲孔前的准备工序以及增加金属变形量，提高内部质量的预备工序，也作为拔长的预备工序。

完全镦粗时，坯料应尽量用圆柱形，且长径比不能太大，端面应平整并垂直于轴线，镦粗时的打击力要足，否则容易产生弯曲、凹腰、歪斜等缺陷。

(2) 拔长。

拔长是指缩小坯料截面积增加其长度的工序。拔长是通过反复转动和送进坯料进行压缩来实现的，是自由锻生产中常用的工序，包括平砧上拔长、带芯轴拔长及芯轴上扩孔。平砧上拔长主要用于制造各类方截面、圆截面的轴、杆等锻件。带芯轴拔长及芯轴上扩孔用于制造空心件,如炮筒、圆环、套筒等。

拔长时要不断送进和翻转坯料,以使变形均匀,每次送进的长度不能太大,避免坯料横向流动增大,影响拔长效率。

(3) 冲孔。

冲孔是指利用冲头在坯料上冲出通孔或不通孔的工序。一般锻件通孔采用实心冲头双面冲孔,先将孔冲到坯料厚度的 2/3～3/4 深,取出冲子,然后翻转坯料,从反面将孔冲透。主要用于制造空心工件,如齿轮坯、圆环和套筒等。冲孔前坯料须镦粗至扁平形状,并使端面平整,冲孔时坯料应经常转动,冲头要注意冷却。冲孔偏心时,可局部冷却薄壁处,再冲孔校正。对于厚度较小的坯料或板料,可采用单面冲孔。

2. 模锻

模锻是利用模具使毛坯变形而获得锻件的锻造方法。模锻时,坯料在模具模膛中被迫塑性流动变形,从而获得比自由锻质量更高的锻件。

与自由锻相比,模锻具有锻件精度高、流线组织合理、力学性能好等优点,而且生产率高,金属消耗少,并能锻出自由锻难以成型的复杂锻件。因此,在现代化大批量生产中广泛采用模锻。但模锻需用锻造能力大的设备和价格昂贵的锻模,而且每种锻模只能加工一种锻件,所以不适合于单件、小批量生产。另外,受设备吨位限制,模锻件的质量不能太大,一般不超过 150kg。

根据模锻设备不同,模锻可分为锤上模锻、胎模锻、压力机上模锻等。

1) 锤上模锻

锤上模锻是指在蒸汽-空气锤、高速锤等模锻锤上进行的模锻,其锻模由开有模膛的上下模两部分组成。模锻时,把加热好的金属坯料放进下模的模膛中,开启模锻锤,带动上模锤击坯料,使其充满模膛而形成锻件。

形状较复杂的锻件,往往需要用几个模膛使坯料逐步变形,最后在终锻模膛中得到锻件的最终形状。

2) 胎模锻

胎模锻是指在自由锻设备上使用胎模生产模锻件的工艺方法。通常用自由锻方法使坯料初步成型,然后将坯料放在胎模模腔中终锻成型。胎模一般不固定在锤头和砧座上,而是用工具夹持,平放在锻锤的下砧上。

胎模锻虽然不及锤上模锻生产率高,精度也较低,但它灵活,适应性强,不需昂贵的模锻设备,模具也较简单。因此,一些生产批量不大的中小型锻件,尤其是在没有模锻设备的中小型工厂中,广泛采用自由锻设备进行胎模锻造。

胎模按其结构分为扣模、套筒模(简称筒模)及合模三种类型。

(1) 扣模。用于非回转体锻件的扣形或制坯。

(2) 筒模。为圆筒形锻模,主要用于锻造齿轮、法兰盘等回转体盘类锻件。形状简单的锻件,只用一个筒模就可进行生产。对于形状复杂的锻件,则需要组合筒模,以保证从模内取出锻件。

(3) 合模。通常由上模、下模组成,依靠导柱、导锁定位,使上模、下模对中。合模主要用于生产形状较复杂的非回转体锻件，如连杆、叉形锻件等。

12.2.5　板料冲压

利用冲模使板料产生分离或变形，以获得零件的加工方法称为板料冲压。板料冲压通常在室温下进行，故称冷冲压；只有当板料厚度超过8～10mm时，才采用热冲压。板料冲压具有下列特点。

(1) 可以冲压出形状复杂的零件，废料较少。

(2) 产品具有足够高的精度和较低的表面粗糙度，互换性能好。

(3) 能获得质量轻、材料消耗少、强度和刚度较高的零件。

(4) 冲压操作简单，工艺过程易于实现机械化自动化，生产率高，故零件成本低。

但冲模制造复杂，模具材料及制作成本高，只有大批量生产才能充分显示其优越性。冲压工艺广泛应用于汽车、飞机、农业机械、仪表电气、轻工和日用品等工业部门。

板料冲压所用的原材料要求在室温下具有良好的塑性和较低的变形抗力。常用的金属材料有低碳钢，高塑性低合金钢，铜、铝、钛及其合金的金属板料、带料等；还可以加工非金属板料，如纸板、绝缘板、纤维板、塑料板、石棉板、硅橡胶板等。

1. 板料冲压基本工序

冲压生产中常用的设备有剪床和冲床等。剪床用来把板料剪切成一定宽度的条料，以供下一步的冲压工序用。冲床用来实现冲压工序，制成所需形状和尺寸的成品零件。冲压生产的基本工序有分离工序和变形工序两大类。

1) 分离工序

分离工序是指使坯料的一部分与另一部分相互分离的工序，如冲裁、切断和修整等。

(1) 冲裁。冲裁是指使坯料按封闭轮廓分离的工序，主要用于落料和冲孔。落料时，冲下的部分为成品，剩下部分为废料；冲孔则相反，冲下的部分为废料，剩下部分为成品。

(2) 切断。切断是指用剪刃或冲模将板料沿不封闭轮廓进行分离的工序。剪刃安装在剪床(或称剪板机)上；而冲模是安装在冲床上，多用于加工形状简单、精度要求不高的平板零件或下料。

(3) 修整。当零件精度和表面质量要求较高时，在冲裁之后，常需进行修整。修整是指利用修整模沿冲裁件外缘或内孔去除一薄层金属，以消除冲裁件断面上的毛刺和斜度，使之成为光洁平整的切面。

2) 变形工序

使板料的一部分相对于另一部分在不破裂的情况下产生位移的工序，称为变形工序，如弯曲、拉深、成型和翻边等。

(1) 弯曲。弯曲是指使坯料的一部分相对于另一部分弯成一定角度的工序。可利用相应的模具把金属板料弯成各种所需的形状。

(2) 拉深。拉深是指使平板坯料变形成为空心零件的工序。用拉深方法可以制成筒形、阶梯形、锥形、球形、方盒形及其他不规则形状的零件。

板料冲压还可完成翻边、胀形等其他工序。

2. 冲压模具

冲压模具简称冲模，是冲压生产中必不可少的模具。冲模结构的合理与否，对冲压件质量、冲压生产的效率及模具寿命等都有很大的影响。冲模基本上可分为简单模、连续模和复合模三种。

1）简单模

在冲床的一次行程中只完成一道冲压工序的模具，称为简单模。

2）连续模

冲床的一次行程中，在模具不同部位上同时完成数道冲压工序的模具，称为连续模。

3）复合模

冲床的一次行程中，在模具同一部位上同时完成数道冲压工序的模具，称为复合模。复合模的最大特点是模具中有一个凸凹模。复合模适用于产量大、精度高的冲压件。

12.2.6 挤压、轧制、拉拔

1. 挤压

挤压是指使坯料在挤压筒中受强大的压力作用而变形的加工方法，具有如下特点。

（1）挤压时，金属坯料在三向压应力状态下变形，因此可提高金属坯料的塑性。挤压材料不仅有铝、铜等塑性较好的有色金属，而且碳钢、合金结构钢、不锈钢及工业纯铁等也可以用挤压工艺成型。在一定的变形量下，某些高碳钢，甚至高速钢等也可进行挤压。

（2）可以挤压出各种形状复杂的深孔、薄壁、异型断面的零件。

（3）零件精度高，表面粗糙度低。一般尺寸精度为IT6～IT7，表面粗糙度为 $Ra=3.2\sim0.4$，从而可达到少屑、无屑加工的目的。

（4）零件的力学性能好。挤压变形后零件内部的纤维组织是连续的，基本沿零件外形分布而不被切断，从而提高了零件的力学性能。

（5）节约原材料，材料利用率可达70%，生产率也很高，可比其他锻造方法高几倍。

挤压按挤压模出口处的金属流动方向和凸模运动方向的不同，可分为以下四种。

（1）正挤压。挤压模出口处的金属流动方向与凸模运动方向相同。

（2）反挤压。挤压模出口处的金属流动方向与凸模运动方向相反。

（3）复合挤压。挤压过程中，在挤压模的不同出口处，一部分金属的流动方向与凸模运动方向相同，而另一部分金属流动方向与凸模方向相反。

（4）径向挤压。挤压模出口处的金属流动方向与凸模运动方向垂直。

除了上述挤压方法，还有一种静液挤压方法。静液挤压时，凸模与坯料不直接接触，而是给液体施加压力（压力可达3000atm以上），再经液体传给坯料，使金属通过凹模而成型。静液挤压由于在坯料侧面无通常挤压时存在的摩擦，所以变形较均匀，可提高一次挤压的变形量，挤压力也较其他挤压方法小10%～50%。

静液挤压可用于低塑性材料，如铍、钽、铬、钼、钨等金属及其合金的成型。对常用材料可采用大变形量（不经中间退火）一次挤成线材和型材。静液挤压法已用于挤制螺旋齿轮（圆柱斜齿轮）及麻花钻等形状复杂的零件。

挤压是在专用挤压机上进行的（有液压式、曲轴式、肘杆式等），也可在经适当改进后的通用曲柄压力机或摩擦压力机上进行。

2. 轧制

轧制方法除了生产型材、板材和管材外，近年来也用它生产各种零件，在机械制造业中得到了越来越广泛的应用。零件的轧制具有生产率高、质量好、成本低，并可大量减少金属材料消耗等优点。

根据轧辊轴线与坯料轴线方向的不同，轧制分为纵轧、横轧、斜轧等几种。

1）纵轧

纵轧是指轧辊轴线与坯料轴线互相垂直的轧制方法，包括各种型材轧制、辊锻轧制、辗环轧制等。

（1）辊锻轧制。

辊锻轧制是把轧制工艺应用到锻造生产中的一种新工艺。辊锻是指使坯料通过装有圆弧形模块的一对相对旋转的轧辊时受压而变形的生产方法。既可作为模锻前的制坯工序，也可直接辊锻锻件。目前，成型辊锻适用于生产以下三种类型的锻件。

A. 扁断面的长杆件，如扳手、活动扳手、链环等。

B. 带有不变形头部而沿长度方向横截面面积递减的锻件，如叶片等。叶片辊锻工艺和铁削旧工艺相比，材料利用率可提高4倍，生产率提高2.5倍，而且叶片质量大为提高。

C. 连杆成型辊锻。国内已有不少工厂采用辊锻方法锻制连杆，生产率高，简化了工艺过程，但锻件还需用其他锻压设备进行精整。

（2）辗环轧制。

辗环轧制是指用来扩大环形坯料的外径和内径，从而获得各种环状零件的轧制方法。用这种方法生产的环类件，其横截面可以是各种形状的，如火车轮箍、轴承座圈、齿轮及法兰等。

2）横轧

横轧是指轧辊轴线与坯料轴线互相平行的轧制方法，如齿轮轧制等。

齿轮轧制是一种无屑或少屑加工齿轮的新工艺。直齿轮和斜齿轮均可用热轧法制造。

3）斜轧

斜轧亦称螺旋斜轧。它是指轧辊轴线与坯料轴线相交呈一定角度的轧制方法，如钢球轧制、周期轧制、冷轧丝杠等。

螺旋斜轧采用两个带有螺旋型槽的轧辊，互相交叉呈一定角度，并做同方向旋转，使坯料在轧辊间既绕自轴线转动，又向前进，同时受压变形而获得所需产品。

3. 拉拔

拉拔是指将金属坯料通过拉拔模的模孔而使其变形的塑性加工方法。

拉拔过程中，坯料在拉拔模内产生塑性变形，通过拉拔模后，坯料的截面形状和尺寸与拉拔模模孔出口相同。因此，改变拉拔模模孔的形状和尺寸，即可得到相应的拉拔成型的产品。

目前，拉拔形式主要有线材拉拔、棒料拉拔、型材拉拔和管材拉拔。

线材拉拔主要用于各种金属导线，工业用金属线以及电器中常用的漆包线的拉制成型，此时的拉拔也称为拉丝。拉拔生产的最细的金属丝直径可达0.01mm以下。线材拉拔一般要经过多次成型，且每次拉拔的变形程度不能过大，必要时要进行中间退火，否则将使线材拉断。

拉拔生产的棒料可有多种截面形状，如圆形、方形、矩形、六角形等。型材拉拔多用于特殊截面或复杂截面形状的异形型材生产。

异形型材拉拔时，坯料的截面形状与最终型材的截面形状差别不宜过大。差别过大时，会在型材中产生较大的残余应力，导致裂纹以及沿型材长度方向上的形状畸变。

管材拉拔以圆管为主，也可拉制椭圆形管、矩形管和其他截面形状的管材。管材拉拔后管壁将增厚。当不希望管壁厚度变化时，拉拔过程中要加芯棒。需要管壁厚度变薄时，也必须加芯棒来控制壁管的厚度。

拉拔模在拉拔过程中会受到强烈的摩擦，生产中常采用耐磨的硬质合金(有时甚至用金刚石)来制作，以确保其精度和使用寿命。

12.2.7 特种塑性加工方法

1. 塑性成型

超塑性是指金属或合金在特定条件下，在极低的形变速率($\varepsilon=10^{-4}\sim10^{-2}s^{-1}$)、一定的变形温度和均匀的细晶粒度(晶粒平均直径为0.2～5μm)条件下，其相对延伸率δ超过100%的特性。例如，钢超过500%、钛超过300%、锌铝合金超过1000%。

超塑性状态下的金属在拉伸变形过程中不产生缩颈现象，变形应力可比常态下金属的变形力降低百分之几十。因此该金属极易成型，可采用多种工艺方法制出复杂零件。

目前常用的超塑性成型材料主要是锌铝合金、铝基合金、钛合金及高温合金。

1) 超塑性成型工艺的应用

(1) 板料冲压。选用超塑性材料可以一次拉深成型，质量很好，零件性能无方向性。

(2) 板料气压成型。将超塑性金属板料放于模具内，把板料与模具一起加热到规定温度，向模具内充入压缩空气或抽出模具内的空气形成负压，板料将贴紧在凹模或凸模上，获得所需形状的工件。该方法可加工的板料厚度为0.4～4mm。

(3) 挤压和模锻。高温合金及钛合金在常态下塑性很差，变形抗力大，不均匀变形引起各向异性的敏感性强，用通常的成型方法较难成型，材料损耗极大，致使产品成本很高。如果在超塑性状态下进行模锻，就可完全克服上述缺点，节约材料，降低成本。

2) 超塑性模锻工艺特点

(1) 扩大了可锻金属材料种类。例如，过去只能采用铸造成型的镍基合金，也可以进行超塑性模锻成型。

(2) 金属填充模膛的性能好，可锻出尺寸精度高，机械加工余量小甚至不用加工的零件。

(3) 能获得均匀细小的晶粒组织，零件力学性能均匀一致。

(4) 金属的变形抗力小，可充分发挥中、小设备的作用。

2. 高能率成型

高能率成型是一种在极短时间内释放高能量而使金属变形的成型方法。高能率成型主要包括爆炸成型、电液成型和电磁成型等几种形式。

1) 爆炸成型

爆炸成型是指利用爆炸物质在爆炸瞬间释放的巨大的化学能对金属坯料进行加工的高能率成型方法。

爆炸成型时，爆炸物质的化学能在极短时间内转化为周围介质（空气或水）中的高压冲击波，并以脉冲波的形式作用于坯料，使其产生塑性变形并以一定速度贴模，完成成型过程。冲击波对坯料的作用时间为微秒级，仅占坯料变形时间的一小部分。这种高速变形条件，使爆炸成型的变形机理及过程与常规冲压加工有着根本性的差别。

爆炸成型主要特点如下所述：

（1）模具简单，仅用凹模即可。节省模具材料，降低成本。

（2）简化设备。一般情况下，爆炸成型无须使用冲压设备，生产条件简化。

（3）能提高材料的塑性变形能力，适用于塑性差的难成型材料。

（4）适于大型零件成型。

爆炸成型目前主要用于板材的拉深、胀形、校形等成型工艺。此外，还常用于爆炸焊接、表面强化、管件结构的装配、粉末压制等方面。

2）电液成型

电液成型是指利用液体中强电流脉冲放电所产生的强大冲击波对金属进行加工的高能率成型方法。

电液成型装置由两部分组成，即充电回路和放电回路。来自电网的交流电经升压变压器及整流器后变为高压直流电并向电容器充电。当充电电压达到所需值后，点燃辅助间隙，高压电瞬时加到两放电电极所形成的主放电间隙上，并使主间隙击穿，产生高压放电，在放电回路中形成非常强大的冲击电流，结果在电极周围介质中形成冲击波及液流冲击而使金属坯料成型。

电液成型除了具有模具简单、零件精度高、能提高材料塑性变形能力等特点，与爆炸成型相比，电液成型时能量易于控制，成型过程稳定，操作方便，生产率高，便于组织生产。电液成型主要用于板材的拉深、胀形、翻边、冲裁等。

3）电磁成型

电磁成型是指利用脉冲磁场对坯料进行塑性加工的高能率成型方法。电磁成型装置是通过电容放电形成强磁场与感应磁场的相互叠加，产生强大的磁力，使金属坯料变形。与电液成型装置原理比较，除放电元件不同外，其他都是相同的。电液成型的放电元件为水介质中的电极，而电磁成型的放电元件为空气中的线圈。

电磁成型除具有一般的高能成型特点外，还无需传压介质，可以在真空或高温条件下成型，能量易于控制，成型过程稳定，再现性强，生产效率高，易于实现机械化和自动化。

电磁成型典型工艺主要有管坯胀形、管坯缩颈及平板坯料成型。此外，在管材的缩口、翻边、压印、剪切及装配、连接等方面也有较多应用。

3. 液态模锻

液态模锻是指将一定量的液态金属直接注入金属模膛，随后在压力的作用下，使处于熔融或半熔融状态的金属液发生流动并凝固成型，同时伴有少量塑性变形，从而获得毛坯或零件的加工方法。

液态模锻工艺流程一般分为金属液和模具准备、浇注、合模施压，以及开模取件四个步骤。

此工艺适用于液态模锻的材料非常多，不仅是铸造合金，而且变形合金，有色金属及黑色金属的液态模锻也已大量应用。

液态模锻适用于各种形状复杂、尺寸精确的零件制造，在工业生产中应用广泛，如活塞、炮弹引信体、压力表壳体、波导弯头、汽车油泵壳体、摩托车零件等铝合金零件；齿轮、蜗轮、高压阀体等铜合金零件；钢法兰、钢弹头、凿岩机缸体等碳钢、合金钢零件。

4. 粉末锻造

粉末锻造通常是指将粉末烧结的预成型坯经加热后，在闭式模中锻造成零件的成型工艺方法。它是将传统的粉末冶金和精密锻造结合起来的一种新工艺，并兼有两者的优点：可以制取密度接近材料理论密度的粉末锻件，克服了普通粉末冶金零件密度低的缺点；使粉末锻件的某些物理和力学性能达到甚至超过普通锻件的水平；同时，又保持了普通粉末冶金少屑、无切屑工艺的优点。通过合理设计预成型坯和实行少、无飞边锻造，从而具有成型精确，材料利用率高，锻造能量消耗少等特点。

粉末锻造的目的是把粉末预成型坯锻造成致密的零件。目前，常用的粉末锻造方法有粉末锻造、烧结锻造、锻造烧结和粉末冷锻几种。

粉末锻造在许多领域中得到了应用，特别是在汽车制造中的应用更为突出。

12.2.8 塑性加工零件的结构工艺性

1. 自由锻件结构工艺性

（1）锻件上具有锥体或斜面的结构，必须使用专用工具，锻造成型也比较困难，应尽量避免。

（2）锻件由几个简单几何体构成时，几何体的交接处不应形成空间曲线，这种结构的锻造成型极为困难，应改成平面与圆柱、平面与平面相接。

（3）自由锻件上不应设计加强筋、凸台、工字形截面或空间曲线形表面，这种结构难以用自由锻方法获得。

（4）锻件的横截面面积有急剧变化或形状较复杂时，应设计成由几个简单件构成的组合体。每个简单件锻制成型后，再用焊接或机械连接方式构成整个零件。

2. 冲压件结构工艺性

冲压件结构应具有良好的工艺性能，以减少材料消耗和工序数目，延长模具寿命，提高生产率，降低成本，并保证冲压质量。所以，冲压件设计时，要考虑以下原则。

1）对冲裁件的要求

（1）落料件的外形和冲孔件的孔形应力求简单、规则、对称，排样力求废料最少。

（2）应避免长槽与细长悬臂结构。

（3）冲孔及外缘凸凹部分尺寸不能太小，孔与孔以及孔与零件边缘距离不宜过近。

2）对弯曲件的要求

（1）形状应尽量对称，弯曲半径不能太小，弯曲边不宜过短，拐弯处离孔不宜太近。

（2）应注意材料的纤维方向，尽量使坯料纤维方向与弯曲线方向垂直，以免弯裂。

3）对拉深件的要求

（1）拉深件外形应简单、对称，且不宜太高，以减少拉伸次数并易于成型。

(2) 拉深件转角处圆角半径不宜太小,最小许可半径与材料的塑性和厚度等因素有关。

4) 改进结构,节省材料,简化工艺

(1) 对于形状复杂的冲压件,可先分别冲出若干个简单件,再焊成整体件。

(2) 采用冲口工艺减少组合件。

12.2.9　塑性加工技术新进展

1. 发展省力成型工艺

塑性加工工艺相对于铸造、焊接工艺,有产品内部组织致密、力学性能好且稳定的优点。但是传统的塑性加工工艺往往需要大吨位的压力机,重型锻压设备的吨位已达万吨级,相应的设备质量及初期投资非常大。实际上,塑性加工也并不是沿着"大工件—大变形力大设备—大投资"这样的逻辑发展的。

省力的主要途径有三种:①改变应力状态;②降低流动应力;③减少接触面面积。

2. 增强成型柔度

柔性加工是指应变能力很强的加工方法,它适于产品多变的场合。在市场经济条件下,柔度高的加工方法显然也有较强的竞争力。

提高塑性加工柔度的方法有两种途径:一是从机器的运动功能上着手,例如多向多动压力机,快速换模系统及数控系统;二是从成型方法上着手,可以归结为无模成型、单模成型、点模成型等多种成型方法。

无模成型是一种基本上不使用模具的柔度很高的成型方法。例如,管材无模弯曲、变截面坯料无模成型、无模胀球等工艺近年来得到了非常广泛的应用。

单模成型是指仅用凸模或凹模成型,当产品形状尺寸变化时不需要同时制造凸模和凹模。属于这类成型方法的有爆炸成型、电液成型或电磁成型、聚氨酯成型及液压胀形等。

点模成型也是一种柔性很高的成型方法。对于像船板一类的曲面,当曲面参数变化时,仅需调整一下上下冲头的位置即可。

单点模成型的利用近年来有较大的发展,实际上钣金工历史上就是用锤逐点敲打成很多复杂零件的。近年来数控技术的发展,使单点成型数控化,这是一个有相当应用前景的技术。

3. 提高成型精度

近年来,近无余量成型很受重视,主要优点是减少材料消耗,节约后续加工的能源,当然成本就会降低。提高产品精度一方面要使金属能充填模腔中很精细的部位,另一方面又要有很小的模具变形。等温锻造由于模具与工件的温度一致,工件流动性好,变形力小,模具弹性变形小,是实现精锻的好方法。粉末锻造,由于容易得到最终成型所需要的精确的预制坯,所以既节省材料又节省能源。

4. 推广 CAD/CAE/CAM 技术

随着计算机技术的迅速发展,计算机辅助设计/计算机辅助工程/计算机辅助制造(CAD/CAE/CAM)技术在塑性加工领域的应用日趋广泛,对推动塑性加工的自动化、智能化、现代化进程发挥了重要作用。

在锻造生产中,利用 CAD/CAM 技术可进行锻件、锻模设计,材料选择、坯料计算,制坯工序、模锻工序及辅助工序设计,确定锻造设备及锻模加工等一系列工作。

在板料冲压成型中,随着数控冲压设备的出现,CAD/CAM 技术得到了充分的应用。尤其是冲裁件 CAD/CAM 系统应用已经比较成熟。不仅使冲模设计、冲裁件加工实现了自动化,大幅度提高了生产率,而且对于大型复杂冲裁件,还省去了大型、复杂的模具,从而大大降低了产品成本。

12.3 切削

金属切削加工是指在金属切削机床上,用刀具从工件表面上切除多余的金属材料,从而获得形状、尺寸精度和表面质量等符合预定技术要求的零件的加工过程。

金属材料表面常规的切削加工方法是车削、铣削、刨削、拉削和镗削等加工。

12.3.1 车削加工

车削加工是指在车床上利用工件的旋转和刀具的移动,从工件表面切除多余材料,使其成为符合一定形状、尺寸和表面质量要求的零件的一种切削加工方法。其中工件随主轴的旋转为切削运动,为主运动,刀具的移动为进给运动。

车削比其他的加工方法应用更普遍,一般机械加工车间中,车床往往占总机床的 20%~50%甚至更多。车床主要用来加工各种回转表面(内外圆柱面、圆锥面及成型回转表面)和回转体的端面,有些车床可以加工螺纹面。图 12.3.1 所示为适宜在车床上加工的零件。

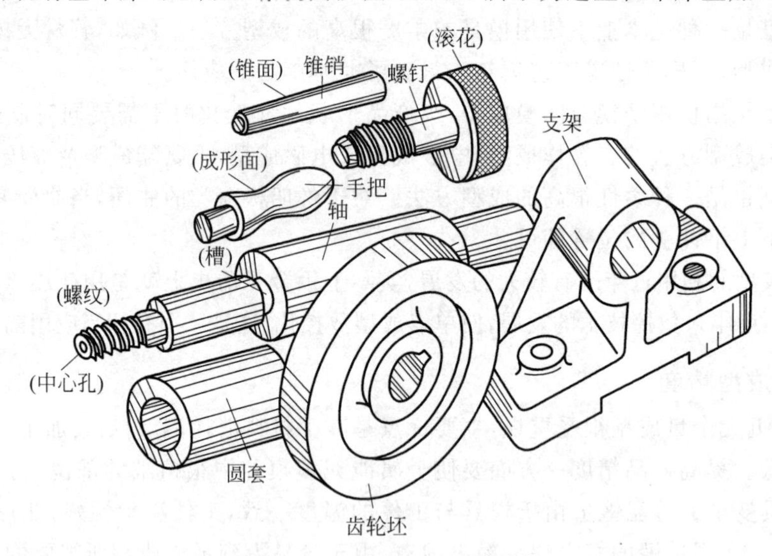

图 12.3.1 车床加工零件举例

1. 车刀

车刀是最简单的金属切削刀具。车削加工的内容不同,采用的车刀种类也不同。车刀的种类很多,按其结构可分为焊接式、整体式、机夹可转位式等;按形式可分为直头、弯头、尖头、圆弧、右偏刀和左偏刀;根据用途可分为外圆、端面、螺纹、镗孔、切断、螺纹和成型车刀等。生产常用的车刀种类和用途如图 12.3.2 所示。

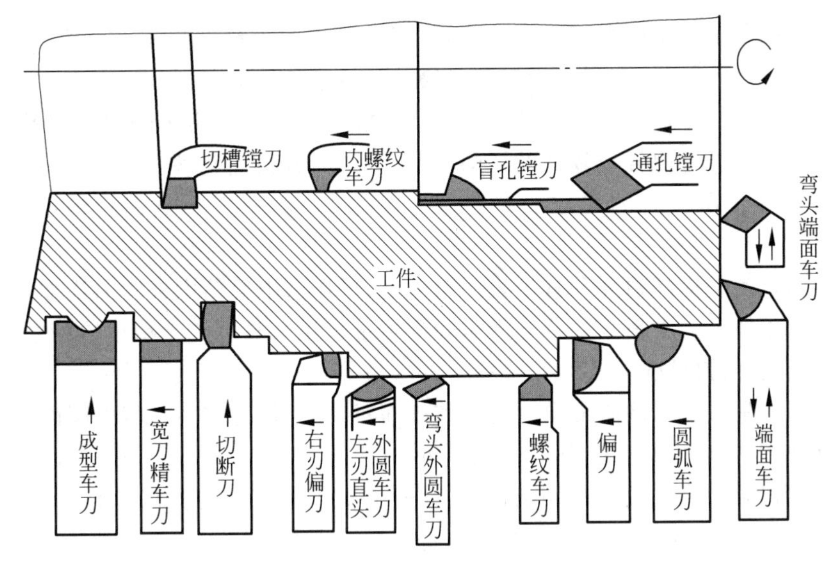

图 12.3.2 常用的车刀种类和用途

2. 车削基本工艺

车削加工适用于加工各种轴类、套筒类和盘类零件上的回转表面，如内圆柱面、圆锥面、环槽、成型回转表面、端面和各种常用螺纹等。在车床上还可以进行钻孔、扩孔、铰孔和滚花等工艺，如图 12.3.3 所示。

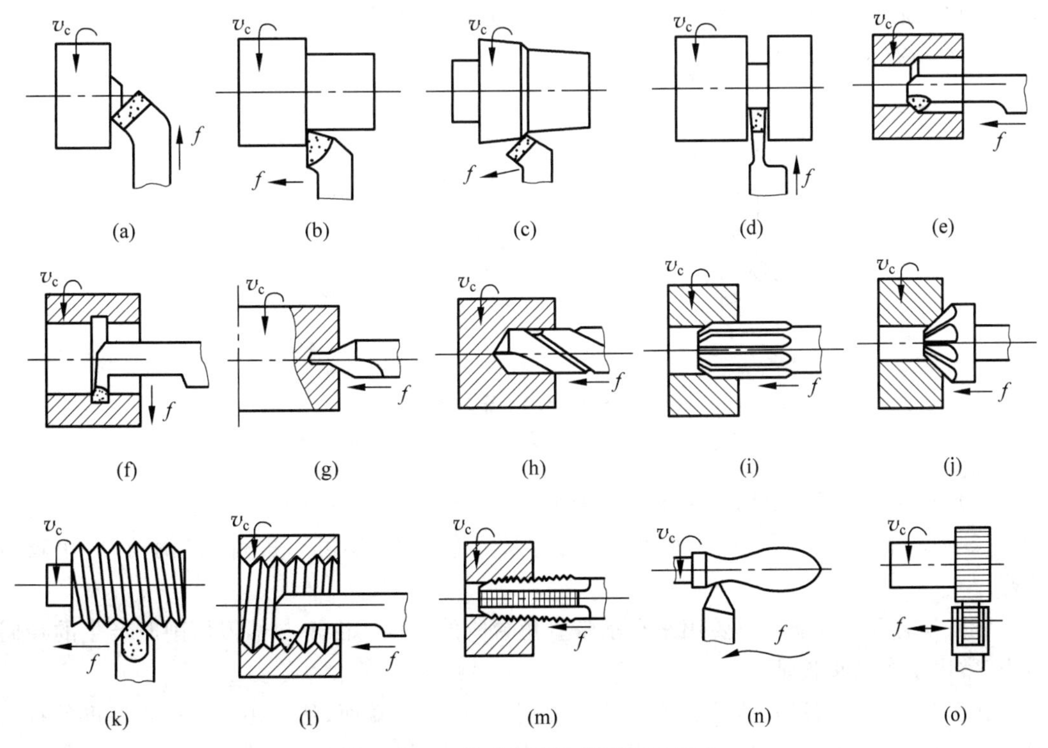

图 12.3.3 卧式车床的典型加工工序

(a) 车端面；(b) 车外圆；(c) 车外圆锥面；(d) 切槽、切断；(e) 车孔；(f) 切内槽；(g) 钻中心孔；(h) 钻孔；(i) 铰孔；(j) 锪锥孔；(k) 车外螺纹；(l) 车内螺纹；(m) 攻螺纹；(n) 车成型面；(o) 滚花由于车刀的角度和切削用量不同，车削的精度和表面粗糙度也不同。为了提高生产率及保证加工质量，外圆面的车削分为粗车、半精车、精车和精细车。

粗车的目的是从毛坯上切去大部分余量，为精车做准备。粗车时，采用较大的背吃刀量、较大的进给量，以及中等或较低的切削速度，以达到高的生产率。粗车也可作为低精度表面的最终工序。粗车后的尺寸公差等级一般为 IT13～IT11，表面粗糙度 Ra 为 50～12.5μm。

半精车的目的是提高精度和减小表面粗糙度，可作为中等精度外圆的终加工，亦可作为精加工外圆的预加工。半精车的背吃刀量和进给量较粗车时小。半精车的尺寸公差等级可达 IT10～IT9，表面粗糙度 Ra 为 6.3～3.2μm。

精车的目的是保证工件所要求的精度和表面粗糙度，作为较高精度外圆面的终加工，也可作为光整加工的预加工。精车一般采用小的背吃刀量（a_p<0.15mm）和进给量（f<0.1mm/r），可以采用高的或低的切削速度，以避免积屑瘤的形成。精车的尺寸公差等级一般为 IT8～IT7，表面粗糙度 Ra 为 1.6～0.8μm。

精细车一般用于技术要求高、韧性大的有色金属零件的加工。精细车所用机床应有很高的精度和刚度，多使用细刃磨过的金刚石刀具。车削时，采用小的背吃刀量（a_p<0.03～0.05mm），小的进给量（f=0.02～0.2mm/r）和高的切削速度（v_c>2.6m/s）。精细车的尺寸公差等级可达 IT6～IT5，表面粗糙度 Ra 为 0.4～0.1μm。

1）车外圆

刀具的运动方向与工件轴线平行时，将工件车削成圆柱形表面的加工称为车外圆。这是车削加工最基本的操作，经常用来加工轴销类和盘套类工件的外表面。常用外圆车刀（图 12.3.4）有以下几种。

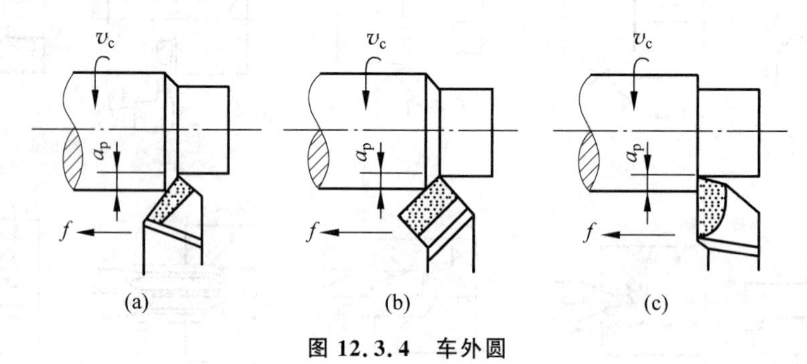

图 12.3.4　车外圆

（a）尖刀车外圆；（b）45°弯头刀车外圆；（c）右偏刀车外圆

（1）尖刀。尖刀主要用于粗车外圆和车削没有台阶或台阶不大的外圆。

（2）45°弯头刀。45°弯头刀既可车外圆，又可车端面，还可以进行 45°倒角，应用较为普遍。

（3）右偏刀。右偏刀主要用来车削带直角台阶的工件。由于右偏刀切削时产生的径向力小，常用于车削细长轴。

在粗车铸件、锻件时，因表面有硬皮，可先倒角或车出端面，然后用大于硬皮厚度的背吃刀量粗车外圆，使刀尖避开硬皮，以防刀尖磨损过快或被硬皮打坏。

用高速钢车刀低速精车钢件时，采用乳化液润滑；用高速钢车刀低速精车铸铁件时，采用煤油润滑可降低工件表面粗糙度。

2）车端面

轴类、盘套类工件的端面经常用作轴向定位和测量的基准。车削加工时，一般都先将端面车出。

对工件端面进行车削时，刀具进给运动方向与工件轴线垂直。车削时，注意刀尖要对准中心，否则端面中心处会留有凸台。端面的车削加工如图 12.3.5 所示。

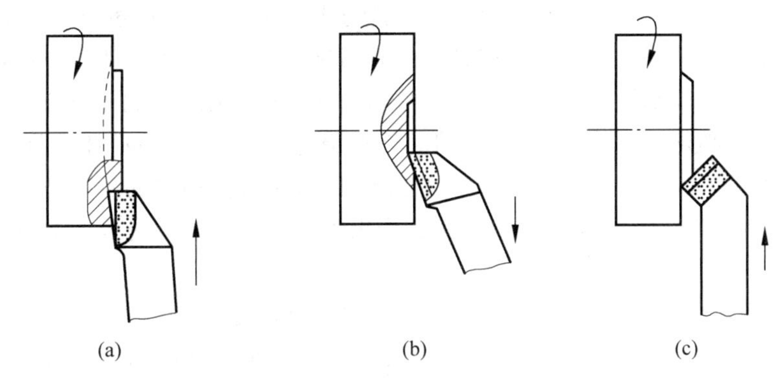

图 12.3.5　车端面

（a）偏刀车端面（由外向中心）；（b）偏刀车端面（由中心向外）；（c）弯头刀车端面

粗车或加工大直径工件时，车刀自外向中心切削，多用弯头车刀，弯头车刀车端面对中心凸台是逐步切除的，这样不易损坏刀尖。

精车或加工小直径工件时，多用右偏车刀。右偏刀由外向中心车端面时，凸台是瞬时去掉的，容易损坏刀尖，且右偏刀由外向中心进给切削时前角小，切削不顺利，而且背吃刀量大时容易引起扎刀，使端面出现内凹。右偏刀自中心向外切削，此时切削刃前角大，切削顺利，表面粗糙度小。

3）车台阶

很多的轴类、盘套类零件上的台阶面的加工，当进行高度小于 5mm 的低台阶加工时，由正装的 90°偏刀车外圆时车出；高度大于 5mm 的高台阶则是在车外圆几次走刀后，用主偏角大于 90°的偏刀沿径向向外走刀而车出，如图 12.3.6 所示。

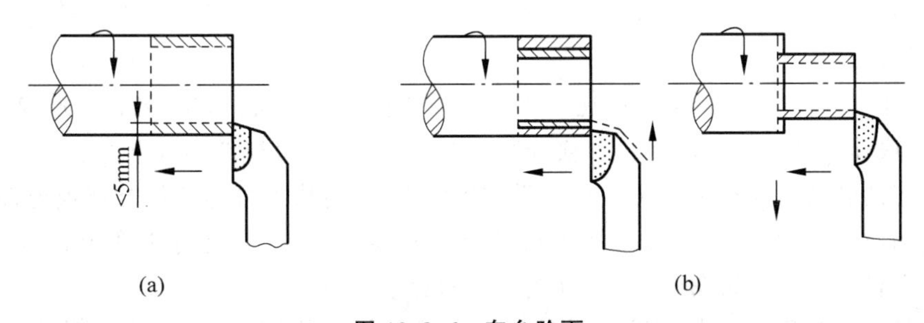

图 12.3.6　车台阶面

（a）车低台阶；（b）车高台阶

4）切槽与切断

（1）切槽。回转体工件表面经常需要加工一些沟槽，如螺纹退刀槽、砂轮越程槽、油槽、密封圈槽等，分布在工件的外圆表面、内孔或端面上。切槽所用的刀具为切槽刀，它有一条主切削刃、两条副切削刃、两个刀尖，加工时沿径向由外向中心进刀。

车削宽度小于5mm的窄槽时，用主切削刃尺寸与槽宽相等的车槽刀一次车出；车削宽度大于5mm的宽槽时，先沿纵向分段粗车，再精车，车出槽深及槽宽。

当工件上有几个同一类型的槽时，如槽宽一致，则可以用同一把刀具切削。

(2) 切断。切断是指将坯料或工件从夹持端上分离下来。

切断所用的切断刀与车槽刀极为相似，只是刀头更加窄长，刚性更差。由于刀具要切至工件中心，呈半封闭切削，排屑困难，容易将刀具折断。因此，装夹工件时，应尽量将切断处靠近卡盘，以增加工件刚性。对于大直径工件，有时采用反切断法，目的在于排屑顺畅。

切断时，刀尖必须与工件等高，否则切断处将留有凸台，也容易损坏刀具；切断刀伸出不宜过长，以增强刀具刚性；切断时切削速度要低，采用缓慢均匀的手动进给，以防进给量太大而造成刀具折断；切断钢件时应适当使用切削液，以加快切断过程的散热。

5) 车圆锥

车削锥面的常用方法有宽刀法、小拖板旋转法、偏移尾座法和靠模法。

(1) 宽刀法。宽刀法就是指利用主切削刃横向直接车出圆锥面。此时，切削刃的长度要略长于圆锥母线长度，切削刃与工件回转中心线成半锥角。

宽刀法加工方法方便、迅速，能加工任意角度的内、外圆锥。此种方法加工的圆锥面很短，而且要求切削加工系统要有较高的刚性，适用于批量生产。

(2) 小拖板旋转法。车床中拖板上的转盘可以转动任意角度，松开上面的紧固螺钉，使小拖板转过半锥角。将螺钉拧紧后，转动小拖板手柄，沿斜向进给，便可以车出圆锥面。

小拖板旋转法操作简单方便，能保证一定的加工精度，能加工各种锥度的内、外圆锥面，应用广泛。受小拖板行程的限制，小拖板旋转法不能车太长的圆锥。小拖板只能手动进给，加工的锥面粗糙度数值大。小拖板旋转法在单件或小批生产中用得较多。

(3) 偏移尾座法。将尾座带动顶尖横向偏移距离 S，使得安装在两顶尖间的工件回转轴线与主轴轴线成半锥角。这样车刀做纵向走刀而车出的回转体母线与回转体中心线成斜角，形成圆锥面。

偏移尾座法能切削较长的圆锥面，并能自动走刀，其表面粗糙度比小拖板旋转法的小，与自动走刀车外圆一样。由于受到尾部偏移量的限制，该法一般只能加工小锥度圆锥，也不能加工内锥面。

(4) 靠模法。在大批量生产中还经常用靠模法车削圆锥面。靠模装置的底座固定在床身的后面，底座上装有锥度靠模板。松开紧固螺钉，靠模板可以绕定位销钉旋转，与工件的轴线成一定的斜角。靠模上的滑块可以沿靠模滑动，而滑块通过连接板与拖板连接在一起。中拖板上的丝杠与螺母脱开，其手柄不再调节刀架横向位置，而是将小拖板转过90°，用小拖板上的丝杠调节刀具横向位置，以调整所需的背吃刀量。

如果工件的锥角为 α，则将靠模调节成 $\alpha/2$ 的斜角。当大拖板作纵向自动进给时，滑块就沿着靠模滑动，从而使车刀的运动平行于靠模板，车出所需的圆锥面。

靠模法加工进给平稳，工件的表面质量好，生产效率高，可以加工 $\alpha<12°$ 的长圆锥。

6) 成型面车削

在回转体上有时会出现母线为曲线的回转表面，如手轮、圆球等。这些表面称为成型面。成型面的车削方法有手动法、成型刀法、靠模法、数控法等。

(1) 手动法。操作者双手同时操纵中拖板和小拖板手柄移动刀架，使刀尖运动的轨迹与要形成的回转体成型面的母线尽量相符合。车削过程中还经常用成型样板检验。通过反复地加工、检验、修正，最后形成要加工的成型表面。手动法加工简单方便，但对操作者技术要求高，而且生产效率低，加工精度低，一般用于单件或小批生产。

(2) 切削刃形状与工件表面形状一致的车刀，称为成型车刀(样板车)。用成型车刀切削时，只要做横向进给就可以车出工件上的成型表面。用成型车刀车削成型面时，工件的形状精度取决于刀具的精度，加工效率高。但由于刀具切削刃长，加工时的切削力大，加工系统容易产生变形和振动，则要求机床有较高的刚度和切削功率。成型车刀制造成本高，且不容易刃磨，因此，成型车刀法宜用于成批或大量生产。

(3) 靠模法。用靠模法车成型面，与靠模法车圆锥面的原理是一样的，只是靠模的形状是与工件母线形状一样的曲线。大拖板带动刀具作纵向进给的同时，靠模带动刀具作横向进给，两个方向进给形成的合运动产生的进给运动轨迹就形成工件的母线。靠模法加工采用普通的车刀进行切削，刀具实际参加切削的切削刃不长，切削力与普通车削相近，变形小，振动小，工件的加工质量好，生产效率高，但靠模的制造成本高。靠模法车成型面主要用于成批或大量生产。

7) 孔加工

车床上孔的加工方法有钻孔、扩孔、铰孔和镗孔。

(1) 钻孔。在车床上钻孔时，钻孔所用的刀具为麻花钻。工件的回转运动为主运动，尾座上的套筒推动钻头所做的纵向移动为进给运动。

车床钻孔前，先车平工件端面，以便于钻头定心，防止钻偏；然后用中心孔钻在工件中心处先钻出麻花钻定心孔，或用车刀在工件中心处车出定心小坑；最后选择与所钻孔直径对应的麻花钻，麻花钻工作部分长度略长于孔深。如果是直柄麻花钻，则用钻夹头装夹后插入尾座套筒。锥柄麻花钻用过渡锥套或直接插入尾座套筒。

钻孔时，松开尾座锁紧装置，移动尾座直至钻头接近工件，开始钻削时进给要慢一些，然后以正常进给量进给，并应经常将钻头退出，以利于排屑和冷却钻头。钻削钢件时，应加注切削液。

(2) 镗孔。镗孔是指利用镗孔刀对工件上铸出、锻出或钻出的孔作进一步的加工。

在车床上镗孔(图 12.3.7)，工件旋转作主运动，镗刀在刀架带动下作进给运动。镗孔时，镗刀杆应尽可能粗一些，镗刀伸出刀架的长度应尽量短些，以增加镗刀杆的刚性，减少振动，但伸出长度不得小于镗孔深度；镗孔时选用的切削用量要比车外圆小些，其调整方法与

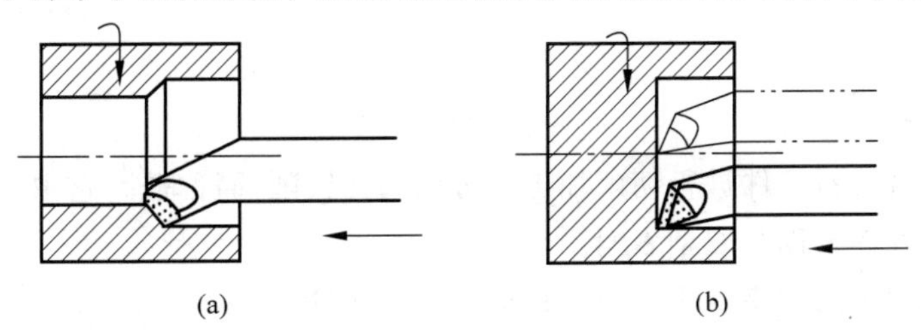

图 12.3.7　镗孔

(a) 镗通孔；(b) 镗不通孔

车外圆基本相同,只是横向进刀方向相反。开动机床镗孔前要将镗刀在孔内手动试走一遍,确认无运动干涉后再开车切削。

车床上的孔加工主要是针对回转体工件中间的孔。对非回转体上的孔可以利用四爪单动卡盘或花盘装夹在车床上加工,但更多的是在钻床和镗床上进行加工。

8) 车螺纹

车床上加工螺纹主要是用车刀车削各种螺纹。对于小直径螺纹也可用板牙或丝锥在车床上加工。这里只介绍普通螺纹的车削加工。

各种螺纹的牙型都是靠刀具切出的,所以螺纹车刀切削部分的形状必须与将要车的螺纹的牙型相符。螺纹车刀装夹时,刀尖必须与工件中心等高,并用样板对刀,保证刀尖角的角平分线与工件轴线垂直,以保证车出的螺纹牙形两边对称。

9) 滚花

许多工具和机器零件的手握部分,为了便于其握持和增加美观,常常在表面滚压出各种不同的花纹,如百分尺和千分尺的套管、铰杠扳手及螺纹量规等。这些花纹一般都是在车床上用滚花刀滚压而成的。

滚花的花纹有直纹和网纹两种,滚花刀也分直纹滚花刀和网纹滚花刀。花纹亦有粗细之分,工件上花纹的粗细取决于滚花刀上滚轮。滚花时工件所受的径向力大,工件装夹时应使滚花部分靠近卡盘。滚花时工件的转速要低,并且要有充分的润滑,以减少塑性流动的金属对滚花刀的摩擦和防止产生乱纹。

3. 车削的工艺特点

(1) 易于保证零件各加工表面的相互位置精度。对于轴、套筒、盘类等零件,在一次安装中加工出同一零件不同直径的外圆面、孔及端面,可保证各外圆面之间的同轴度,各外圆面与内圆面之间的同轴度,以及端面与轴线的垂直度。

(2) 生产率高。车削的切削过程是连续的(车削断续外圆表面例外),而且切削面积保持不变(不考虑毛坯余量的不均匀),所以切削力变化小。与铣削和刨削相比,车削过程平稳,允许采用较大的切削用量,常可以采用强力切削和高速切削,生产率高。

(3) 生产成本低。车刀是刀具中最简单的一种,制造、刃磨和安装方便,刀具费用低。车床附件多,装夹及调整时间较短,生产准备时间短,加之切削生产率高,生产成本低。

(4) 应用范围广。车削除了经常用于车外圆、端面、孔、切槽和切断等加工,还用来车螺纹、锥面和成型表面。同时车削加工的材料范围较广,可车削黑色金属、有色金属和某些非金属材料,特别是适合于有色金属零件的精加工。车削既适于单件小批量生产,也适于中、大批量生产。

12.3.2 铣削加工

在铣床上用铣刀对工件进行切削加工的方法叫作铣削,简称铣。它主要用于加工平面、斜面、垂直面、各种沟槽以及成型表面。

铣削是平面加工的主要方法之一。铣削可以分为粗铣和精铣,对有色金属还可以采用高速铣削,以进一步提高加工质量。铣平面的尺寸公差等级一般可达IT9~IT7级,表面粗糙度 Ra 为6.3~1.6μm,直线度可达0.12~0.08mm/m。铣平面时,铣刀的旋转运动是主运动,工件随工作台的直线运动是进给运动。

1. 铣刀

铣刀实质上是一种由数把单刃刀具组成的多刃刀具,它的刀齿分布在圆柱铣刀的外回转表面或端铣刀的端面上。常用的铣刀刀齿材料有高速钢和硬质合金两种。铣刀的分类方法很多,根据铣刀安装方法的不同,铣刀可分为两大类:带孔铣刀和带柄铣刀。

1) 带孔铣刀

带孔铣刀如图 12.3.8 所示,多用于卧式铣床。

圆柱铣刀(图 12.3.8(a))主要用其周刃铣削中小型平面。按刀齿在刀体圆柱表面上的分布形式可分为直齿和螺旋齿圆柱铣刀两种。螺旋齿铣刀又分为粗加工用的粗齿铣刀(8～10 个刀齿)和精加工用的细齿铣刀(12 个刀齿以上)。螺旋齿铣刀同时参加切削的刀齿数较多,工作较平稳,生产中使用较多。

三面刃铣刀(图 12.3.8(b))用于铣削小台阶面、直槽和四方或六方螺钉小侧面。

锯片铣刀(图 12.3.8(c))用于铣削窄缝或切断,其宽度比圆盘铣刀的宽度小。

盘状模数铣刀(图 12.3.8(d))属于成型铣刀,用于铣削齿轮的齿形槽。

角度铣刀(图 12.3.8(e)、(f))属于成型铣刀,具有各种不同的角度,用于加工各种角度槽和斜面。

半圆弧铣刀(图 12.3.8(g)、(h))属于成型铣刀,其切削刃呈凸圆弧、凹圆弧等,用于铣削内凹和外凸圆弧表面。

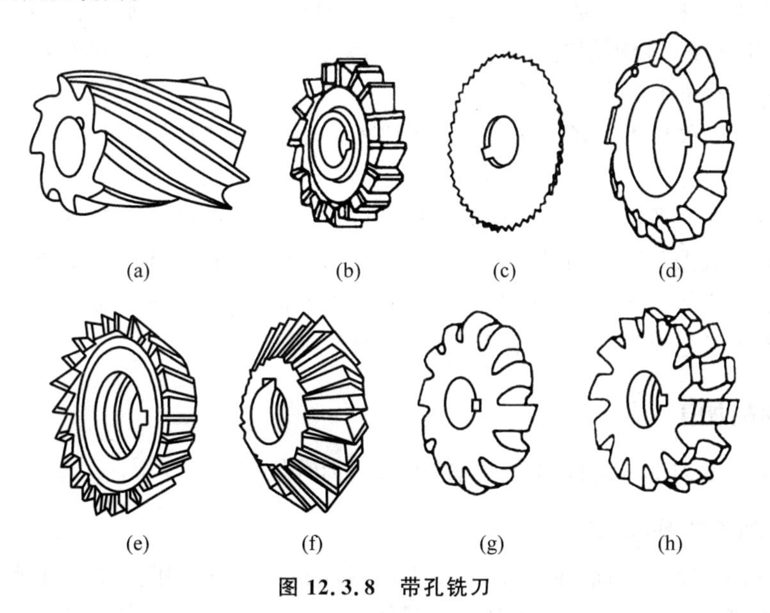

图 12.3.8 带孔铣刀

2) 带柄铣刀

带柄铣刀多用于立式铣床,有时也可用于卧式铣床。

端铣刀的刀齿分布在刀体的端面上和圆柱面上。按结构形式分为整体和镶齿端铣刀两种。端铣刀刀杆伸出长度短、刚性好,铣削较平稳,加工面的粗糙度值小。其中硬质合金镶齿铣刀在钢制刀盘上镶有多片硬质合金刀齿,用于铣削较大的平面,可实现高速切削,故得到广泛应用。

立铣刀的刀齿分布在圆柱面和端面上，它很像带柄的端铣刀，端部有三个以上的刀刃，主要用于铣削直槽、小平面、台阶平面和内凹平面等。

键槽洗刀的端部只有两个刀刃，专门用于铣削轴上封闭式键槽。

T 形槽铣刀和燕尾槽铣刀分别用于铣削 T 形槽和燕尾槽。

2. 铣削加工方法

(1) 铣平面。根据具体情况，铣平面可以用端铣刀、圆柱形铣刀、套式立铣刀、三面刃铣刀和立铣刀加工。其中，铣平面优先选择端铣，因为用端铣刀铣平面生产率较高，加工表面质量也较好。

(2) 铣斜面。铣斜面常用的方法有：使用斜垫铁铣斜面，利用分度头铣斜面，旋转立铣头铣斜面和利用角铣刀铣斜面。

(3) 铣沟槽。铣沟槽时，根据沟槽形状可在卧式铣床或立式铣床上用相应的沟槽铣刀进行铣削。在铣燕尾槽和 T 形槽之前，应先铣出宽度合适的直槽。

(4) 铣齿轮。齿轮的铣削加工属于成型法加工，它只用于单件小批量生产。低精度齿轮的齿铣削时，工件装夹在分度头上，根据齿轮的模数和齿数的不同选择相应的齿轮铣刀加工。每铣完一个齿槽后再铣另一个齿槽，直到铣完为止。

3. 铣削的工艺特点

(1) 生产效率高。铣刀是多刀齿刀具，铣削时有较多的刀齿参加切削，参与切削的切削刃较长，总的切削面积较刨削时大，而且主运动是连续的旋转运动，有利于采用高速切削，因此铣平面比刨平面有较高的生产率。

(2) 铣刀刀齿散热条件好。洗刀刀齿在切离工件的一段时间内，可以得到一定的冷却，散热条件好。

(3) 铣削过程不平稳。铣削过程中，铣刀的刀齿切入和切出时产生冲击，同时参加工作的刀齿数的增减以及每个刀齿的切削厚度的变化，都将引起切削面积和切削力的变化，从而使得铣削过程不平稳。因此，它限制了铣削加工质量和生产率的进一步提高。

(4) 铣床加工范围广，可加工各种平面、沟槽和成型面。

12.3.3 刨削加工

在刨床上用刨刀加工工件的方法，称为刨削，简称刨。

1. 刨削加工的基本工艺

刨削主要用于加工平面(水平面、垂直面和斜面)，也广泛地用于加工直槽、燕尾槽和 T 形槽等。如果进行适当的调整和增加某些附件，则还可用于加工齿条、齿轮、花键，以及母线为直线的成型面等。

2. 刨削加工的特点

(1) 成本低。刨床结构简单，调整操作方便。刨刀为单刃刀具，制造方便，容易刃磨，价格低。

(2) 适应性广。刨削可以适应多种表面的加工，如平面、V 形槽、燕尾槽、T 形槽及成型表面等。在刨床上加工床身、箱体等平面，易于保证各表面之间的位置精度。

(3) 生产效率较低。因为刨削的主运动是往复直线运动，回程时不切削，加工是不连续的，增加了辅助时间。同时，采用单刃刨刀进行加工时，刨刀在切入、切出时产生较大的冲击、振动，限制了切削用量的提高。因此，刨削生产率低于铣削，一般用在单件小批或修配生产中。但是，当加工狭长平面如导轨、长直槽时，由于减少了进给次数，或在龙门刨床上采用多工件、多刨刀刨削时，刨削生产率可能高于铣削。

(4) 加工质量较低。精刨平面的尺寸公差等级一般可达 IT9～IT8 级，表面粗糙度 Ra 为 6.3～1.6μm，刨削的直线度较高，可达 0.04～0.08mm/m。

12.3.4 拉削加工和镗削加工

1. 拉削加工

拉削加工是指在拉床牵引力作用下，用拉刀加工工件的内表面或外表面的工艺方法，简称拉。拉削时，拉刀的直线移动是主运动。拉削无进给运动，其进给运动是靠拉刀的每齿升高来实现的，所以拉削可以看作是按高低顺序排列的多把刨刀来进行的刨削的过程。

拉削可视为刨削的发展。拉削时，拉刀只进行纵向运动，由于拉刀的后一个刀齿较前一个刀齿高一个 S_Z(齿升量)，所以拉削实现了连续切削。拉刀每一刀齿切去薄薄的一层金属，一次行程即可切去全部加工余量。

拉削加工的工艺特点如下所述。

(1) 生产率高。拉刀同时工作的刀齿多，而且一次行程能够完成粗、精加工，尤其是加工形状特殊的内外表面时，效果更显著。

(2) 拉刀耐用度高。拉削速度低，每齿切削厚度很小，切削力小，切削热也少，刀具磨损慢，耐用度高。

(3) 加工精度高。拉削的尺寸公差等级一般可达 IT8～IT7，表面粗糙度为 0.8～0.4μm。

(4) 拉床只有一个主运动(直线运动)，结构简单，操作方便。

(5) 加工范围广。拉削可以加工圆形及其他形状复杂的通孔、平面，以及其他没有障碍的外表面，但不能加工台阶孔、不通孔和薄壁孔。

(6) 拉刀成本高，刃磨复杂，而且一把拉刀只适宜加工一种规格尺寸的孔或键槽，因此除标准化和规格化的零件外，在单件小批生产中很少应用。

2. 镗削加工

镗削是在大型工件或形状复杂的工件上加工孔及孔系的基本方法。对于直径较大的孔、内成型面或孔内环槽等，镗削是唯一合适的加工方法。其优点是能加工大直径的孔，而且能修正由上一道工序形成的轴线歪斜的缺陷。

12.4 特种加工

特种加工主要是指利用化学和物理(电、磁、光、声、热)等能量去除或增加金属材料的加工方法。加工过程中工具和工件之间不存在显著的机械切削力。特种加工可以加工任何硬度、强度、韧性和脆性的金属或非金属材料，尤其是加工复杂表面、微细表面和低刚度零件。常用特种加工方法分类见表 12.4.1。

表 12.4.1 常用特种加工方法分类

特种加工方法		能量来源及形式	作用原理	英文缩写
电火花加工	电火花成型加工	电能、热能	熔化、汽化	EDM
	电火花线切割加工	电能、热能	熔化、汽化	WEDM
电化学加工	电解加工	电化学能	金属离子阳极溶解	ECM(ELM)
	电解磨削	电化学能、机械能	阳极溶解、磨削	ECM(ECC)
	电解研磨	电化学能、机械能	阳极溶解、研磨	ECH
	电铸	电化学能	金属离子阴极沉积	EFM
	涂镀	电化学能	金属离子阴极沉积	EPM
激光加工	激光切割、打孔	光能、热能	熔化、汽化	LBM
	激光打标记	光能、热能	熔化、汽化	LBM
	激光处理、表面改性	光能、热能	熔化、相变	LBT
电子束加工	切割、打孔、焊接	电能、热能	熔化、汽化	EBM
离子束加工	蚀刻、镀覆、注入	电能、动能	离子撞击	IBM
等离子弧加工	切割(喷镀)	电能、热能	熔化、汽化(涂覆)	PAM
超声加工	切割、打孔、雕刻	声能、机械能	磨料高频撞击	USM
化学加工	化学铣削	化学能	腐蚀	CHM
	化学抛光	化学能	腐蚀	CHP
	光刻	光能、化学能	光化学腐蚀	PCM
快速成型	液相固化法	光能、化学能	增材法加工	SL
	粉末烧结法			SLS
	纸片叠层法	光能、机械能		LOM
	熔丝堆积法	电能、热能、机械能		FDM

生产中应用最多的是电火花加工、电解加工、超声加工和高能电子束或高能离子束加工。

12.4.1 电火花加工

电火花加工又称放电加工，从 20 世纪 40 年代开始研究并逐步应用于生产。

1. 电火花加工的原理及特点

1) 电火花加工原理

电火花加工是一种利用工具和工件两极间脉冲放电时局部瞬时产生的高温把多余的金属去除，从而实现对工件进行加工的方法。当脉冲电流作用在工件表面上时，工件表面上导电部位立即熔化。熔化的金属因剧烈飞溅而抛离电极表面，使材料表面形成电腐蚀的坑穴。在这一加工过程中可看到放电过程中伴有火花，因此将这一加工方法称为电火花加工。如果适当控制这一过程，就能准确地加工出所需的工件形状。

电火花加工应具备如下条件：

(1) 工具和工件被加工面的两极之间要保持一定的放电间隙；

(2) 必须采用脉冲电源；

(3) 火花放电必须在一定绝缘性能的液体介质中进行。

2）电火花加工的特点

(1) 可加工高强度、高硬度、高韧性和高熔点的难切削加工的导电材料；

(2) 电火花加工时，工具硬度可以低于被加工材料的硬度；

(3) 由于加工过程不存在显著的机械力，有利于小孔、窄槽、曲线孔及薄壁零件加工；

(4) 脉冲参数可任意调节；

(5) 电火花加工效率低于切削加工；

(6) 放电过程有电极消耗，对成型精度有一定影响。

2. 电火花加工的应用范围

电火花加工按加工特点分为电火花成型加工与电火花线切割加工。电火花加工有许多传统切削加工所无法比拟的优点，主要用以进行难加工材料及复杂形状零件的加工。

1）穿孔加工

电火花穿孔成型加工主要是用于冲模(包括凸凹模及卸料板、固定板)、粉末冶金模、挤压模和型孔零件的穿孔加工。

2）型腔加工

电火花型腔加工主要是用于加工各类热锻模、压铸模、挤压模、塑料模和胶木模的型腔。这类型腔多为盲孔，形状复杂。

3）电火花线切割加工

电火花线切割加工的基本原理是利用移动的细金属导线(铜丝或钼丝)作电极，对工件进行脉冲火花放电、切割成型。根据电极丝的运行速度，电火花切割机床分为两大类：一类是高速走丝电火花线切割机床，这类机床的电极丝做高速往复运动，一般走丝速度为8～10m/s，是我国生产和使用的主要机种，也是我国独创的线切割加工模式；另一类是低速走丝(慢速走丝)线切割机床，这类机床做低速单向运动，速度低于0.2m/s，是国外生产和使用的主要机种。

电火花线切割加工的特点如下所述。

(1) 电火花线切割加工可以加工具有薄壁、窄槽、异型孔等复杂结构零件。

(2) 电火花线切割加工可以加工由直线和圆弧组成的二维曲面图形，还可以加工一些由直线组成的三维直纹曲面，如阿基米德螺旋线、抛物线、双曲线等特殊曲线的图形。

(3) 电火花线切割加工可以加工形状大小和材料厚度差异大的零件。

利用电火花线切割加工异型孔喷丝板、异型孔拉丝模及异型整体电极，都可以获得较好的工艺效果。电火花线切割加工已广泛用于国防和民用的生产和科研工作中，用于各种难加工材料、复杂表面，以及有特殊要求的零件、刀具和模具的加工。通过线切割加工还可制作精美的工艺美术制品。

12.4.2 电解加工

电解加工是继电火花加工之后发展起来的一种适用于加工难切削材料和复杂形状的零件的特种加工方法。

1. 电解加工基本原理及特点

电解加工是指利用金属在电解液中发生阳极溶解的电化学原理，将金属工件加工成型的一种方法。

1）电解加工的原理

电解加工时，工件阳极与工具阴极通以 5～24V 低电压的连续或脉冲直流电。工具向工件缓慢进给，两极间保持很小的加工间隙（0.1～1mm），通过两极间加工间隙的电流密度高达 $10\sim10^2\,A/cm^2$。具有一定压力（0.5～2MPa）的电解液从间隙中不断高速（6～30m/s）流过，以带走工件阳极的溶解产物和电解电流通过电解液时所产生的热量，并冲除工件的腐蚀层。

电解加工成型原理为：加工开始时，在成型的阴极与阳极工件距离较近的地方电流密度较大，电解液流速较快，阳极溶解速度也就较快。由于工具相对工件不断进给，工件表面就不断被电解，电解产物不断被电解液冲走，直至工件表面形成与阴极表面基本相似的形状为止。

2）电解加工的特点

（1）加工范围广、可成型范围宽；

（2）生产效率高；

（3）电解加工表面光整，无加工纹路，无毛刺，可以达到较好的表面粗糙度（0.2～1.25μm）和±0.1mm 左右的平均加工精度；

（4）工具无损耗；

（5）电解液对机床有腐蚀作用，电解产物的处理回收困难。

2. 电解加工的应用

国内自 20 世纪中期将电解加工成功地应用在膛线加工以来，电解加工工艺在花键孔、深孔、内齿轮、链轮、叶片、异型零件及模具加工等方面获得了广泛的应用。

12.4.3 超声加工

1. 超声加工的原理和特点

1）超声加工的原理

超声加工是指利用工具端面做超声频振动，通过悬浮磨料对零件表面撞击抛磨而实现脆硬材料加工的一种方法。

当工件、悬浮液和工具头紧密相靠时，悬浮液中的悬浮磨粒将在工具头的超声振动作用下以很大的速度不断冲击琢磨工件表面，局部产生很大的压力，使工件材料发生破坏，形成粉末被打击下来。与此同时，悬浮液受工具端部的超声振动作用而产生液压冲击和空化现象，促使液体钻入被加工材料的隙裂处，加速了机械破坏作用的效果。由于空化现象，在工件表面形成液体空腔，其在闭合时所引起的极强的液压冲击，加速了工件表面的破坏，也促使悬浮液循环，使变钝了的磨粒及时得到更换。由此可知，超声加工是磨粒在超声振动作用下的机械撞击和抛磨作用与超声波空化作用的综合结果，其中磨粒的连续冲击作用是主要的。

2）超声加工的特点

（1）能加工各种硬脆材料，特别是一些电火花加工等方法无法加工的不导电材料；

（2）工件只受到瞬时的局部撞击压力，而不存在横向摩擦力，所以受力很小；

（3）可获得较高的加工精度和低的表面粗糙度，加工表面也无残余应力、烧伤等；

(4) 只要将工具头做成一定的形状和尺寸，就可以加工出各种不同的孔型；
(5) 工具和工件运动简单，加工机床结构简单、操作维修方便。

2. 超声加工的应用

超声加工广泛用于加工半导体和非导体的脆硬材料。由于加工精度和表面粗糙度优于电火花加工和电解加工，因此，电火花加工后的一些淬火件和硬质合金零件还常用超声抛磨进行光整加工。此外，超声加工还可以用于清洗、焊接和探伤等。

12.4.4 高能束加工

1. 激光加工

1) 激光加工的原理和特点

激光加工是指利用高强度、高亮度、方向性好、单色性好的相干光，通过一系列的光学系统聚焦成平行度很高的微细光束(直径几微米至几十微米)，获得极高的能量密度和1000℃以上的高温，使材料在极短的时间(千分之几秒甚至更短)内熔化甚至汽化，以达到去除材料的加工方法。

(1) 激光加工的基本原理。

激光加工是以激光为热源对工件材料进行热加工。其加工过程大体分为激光束照射工件材料，工件材料吸收光能，光能转变为热能使工件材料加热，工件材料被熔化、蒸发、汽化并溅出去除，加工区冷凝几个阶段。

(2) 激光束加工的特点。

A. 激光加工几乎可熔化、汽化任何材料；
B. 激光加工可用于精密微细加工；
C. 加工速度快、热影响区小，易实现自动化，能通过透明体加工；
D. 无明显机械力，没有工具损耗。加工装置比较简单；
E. 在加工表面光泽或透明材料时，要进行色化或打毛处理。

2) 激光加工的应用

激光加工主要应用于激光打孔、激光切割、激光焊接、激光表面热处理，以及涂覆、熔凝、刻网纹、化学气相沉积、物理气相沉积、增强电镀等。

2. 电子束加工

1) 电子束加工的原理

电子束加工是指在真空条件下，利用高速电子的动能轰击工件的加工方法。在真空条件下，将具有很高速度和能量的电子束聚焦到被加工材料上，电子的动能绝大部分转变为热能，使材料局部瞬时熔融、汽化蒸发而去除。控制电子束能量密度的大小和能量注入时间，就可以达到不同的加工目的。

2) 电子束加工特点

(1) 电子束能够极其微细地聚焦，甚至可达0.1μm，可进行微细加工；
(2) 非接触式加工，工件不受机械力的作用，加工材料的范围广；
(3) 电子束的能量密度高，加工效率高；

(4) 电子束的强度、位置、聚焦等可控,加工过程便于实现自动化;

(5) 电子束加工在真空中进行,污染少,加工表面不易被氧化;

(6) 电子束加工需要整套的专用设备和真空系统,价格较贵。

3) 电子束加工的应用范围

电子束加工方法有热型和非热型两种。热型加工方法是利用电子束将材料的局部加热至熔化或汽化点进行加工,比较适用于打孔、切割槽缝、焊接及其他深结构的微细加工。非热型加工方法是利用电子束的化学效应进行刻蚀等微细加工。

3. 离子束加工

1) 离子束加工的原理

离子束加工是指在真空条件下,将离子源产生的离子束经过加速、集束和聚焦后,投射到工件表面的加工部位以实现加工的方法。离子带正电荷,其质量比电子大数千倍乃至数万倍,离子束加工是靠离子束射到材料表面时所发生的撞击效应、溅射效应进行加工。

2) 离子束加工的特点

(1) 离子束加工是目前特种加工中最精密、最微细的加工;

(2) 离子束加工在高真空中进行,污染少,特别适用于易氧化的金属、合金和半导体材料的加工;

(3) 加工应力和变形极小,适用于对各种材料的加工;

(4) 离子束加工设备费用昂贵,成本高,加工效率低,应用受限制。

3) 离子束加工的应用范围

(1) 刻蚀加工。离子刻蚀是利用离子束轰击工件,入射离子的动量传递到工件表面的原子,当传递能量超过了原子间的键合力时,原子就从工件表面被撞击溅射出来,达到刻蚀的目的。

(2) 离子溅射沉积。用能量为0.1~0.5keV的氩离子轰击某种材料制成的靶材,将靶材原子击出,并使其沉积到工件表面而形成一层薄膜的工艺,称为离子溅射沉积。

(3) 离子镀膜。离子镀膜是指一方面把靶材射出的原子向工件表面沉积,另一方面还有高速中性粒子打击工件表面,以增强镀层与基材的结合力而形成镀膜的工艺。离子镀膜的可镀材料广泛。离子镀膜技术应用于镀制润滑膜、耐热膜、耐蚀膜、装饰膜、电气膜等。

(4) 离子注入。离子注入是指向工件表面直接注入离子。离子注入可以注入任何离子,且注入量可以精确控制。注入离子固溶到材料中,含量可达10%~40%,深度可达1μm。离子注入主要应用在半导体材料加工上。

12.5 焊接

焊接是最主要的连接技术之一。焊接(welding)是指同种或异种材质的工件,通过加热或加压(或两者并用),用(或者不用)填充材料,使工件达到分子或原子水平的结合而形成永久性连接的工艺。

12.5.1 焊接基础

焊接过程中一般需要对焊接区域进行加热,使其达到或超过材料的熔点(熔焊),或接近熔点的温度(固相焊接),随后在冷却过程中形成焊接接头。这种加热和冷却过程称为焊接热过程。它贯穿于材料焊接过程的始终,对于后续涉及的焊接冶金、焊缝凝固结晶、母材热影响区的组织和性能、焊接应力变形以及焊接缺陷(如气孔、裂纹等)的产生都有着重要的影响。

典型焊条电弧焊的焊接过程为：焊条与被焊工件之间燃烧产生的电弧热使工件和焊条熔化形成熔池；药皮燃烧产生的 CO_2 气流围绕电弧周围,连同熔池中浮起的熔渣可阻挡空气中的氧、氮等侵入,从而保护熔池金属；电弧焊的冶金过程如同在小型电弧炼钢炉中进行炼钢,焊接熔池中进行着熔化、氧化还原、造渣、精炼和渗合金等一系列物理、化学过程；电弧焊过程中,电弧沿着工件逐渐向前移动,并对工件局部进行加热,使工件和焊条金属不断熔化成为新的熔池,原先的熔池则不断地冷却凝固,形成连续焊缝；焊缝连同熔合区和热影响区组成焊接接头。

1. 焊接热过程的特点

焊接热过程包括焊件的加热、焊件中的热传递及冷却三个阶段。焊接热过程具有如下特点。

(1) 加热的局部性。

由于焊接加热的局部性,焊件的温度分布很不均匀,特别是在焊缝附近,温差很大,由此而带来了热应力和变形等问题。

(2) 焊接热源是移动的。

焊接时热源沿着一定方向移动而形成焊缝,焊缝处金属被连续加热熔化,同时又不断冷却凝固。移动热源在焊件上所形成的是一种准稳定温度场,对它做理论计算也比较困难。

(3) 具有极高的加热速率和冷却速率。

2. 焊接热源

现代焊接生产对于焊接热源的要求,主要有以下三点。

(1) 能量密度高,并能产生足够高的温度。高能量密度和高温可以使焊接加热区域尽可能小,热量集中,并实现高速焊接,提高生产率。

(2) 热源性能稳定,易于调节和控制。热源性能稳定是保证焊接质量的基本条件。

(3) 高的热效率,降低能源消耗。尽可能提高焊接热效率,节约能源消耗有着重要技术经济意义。

主要焊接热源有化学热、电弧热、电阻热、等离子焰、电子束和激光束等,见表 12.5.1。

表 12.5.1　各种热源的主要特性

热　源	最小加热面积/cm^2	最大功率密度/(W/cm^2)	正常焊接工艺参数下的温度	热　源	最小加热面积/cm^2	最大功率密度/(W/cm^2)	正常焊接工艺参数下的温度
乙炔火焰	10^{-2}	2×10^3	3200℃	埋弧焊	10^{-3}	2×10^4	6400K
金属极电弧	10^{-3}	10^4	6000K	电渣焊	10^{-2}	10^4	2000℃
钨极氩弧(TIG)	10^{-3}	1.5×10^4	8000K	等离子焰	10^{-5}	1.5×10^5	18000～24000K
熔化极氩弧(MIG)	10^{-4}	$10^4\sim10^5$	—	电子束	10^{-7}	$10^7\sim10^9$	—
CO_2 气体保护焊	10^{-4}	$10^4\sim10^5$	—	激光束	10^{-8}	$10^7\sim10^9$	—

3. 焊接温度场

根据热力学第二定律,只要有温度差存在,热量总是由高温处流向低温处。在焊接时,由于局部加热的特点,工件上存在着极大的温度差,因此在工件内部必然要发生热量的传输过程。此外,焊件与周围介质间也存在很大温差,并进行热交换。在焊接过程中,传导、对流和辐射三种传热方式都存在。但是,对于焊接过程影响最大的是热能在焊件内部的传导过程,以及由此而形成的焊接温度场。它对于焊接应力、变形,焊接化学冶金过程,焊缝及热影响区的金属组织变化,以及焊接缺陷(如气孔、裂纹等)的产生均有重要影响。

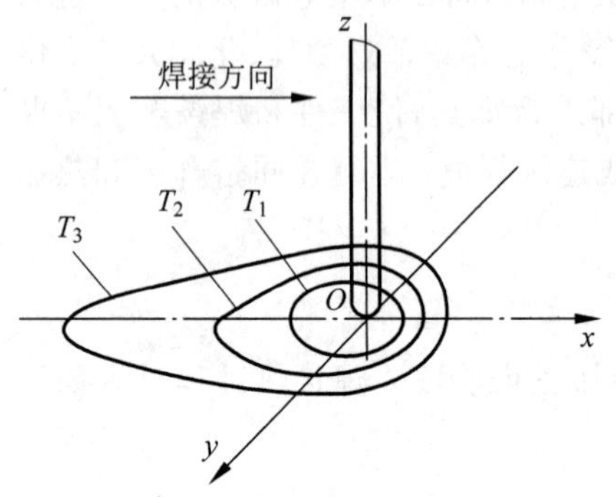

图 12.5.1 焊接温度场的等温线

温度场指的是物体内各点温度分布状况的空间描述。焊接时,焊件上存在着不均匀的温度分布,同时,由于热源不断移动,焊件上各点的温度也在随时变化。因此,焊接温度场是不断随时间变化的。焊接温度场可以用等温线来表示,如图 12.5.1 所示。

4. 焊接热循环

焊接过程中,焊缝附近母材上各点,当热源移近时,将急剧升温;当热源离去后,将迅速冷却。母材上某一点所经受的这种升温和降温过程称为焊接热循环。焊接热循环具有加热速率快,温度高,高温停留时间短和冷却速率快等特点。焊接热循环可以用如图 12.5.2 所示的温度-时间曲线来表示。反映焊接热循环的主要特征,并对焊接接头性能影响较大的四个参数是:加热速率 ω_h、加热的最高温度 T_m、相变点以上停留时间 t_H 和冷却速率 v_c。焊接过程中加热速率极高,在一般电弧焊时,可以达到 200~300℃/s,远高于一般热处理时的加热速率。最高温度 T_m 相当于焊接热循环曲线的极大值,它是对金属组织变化具有决定性影响的参数之一。

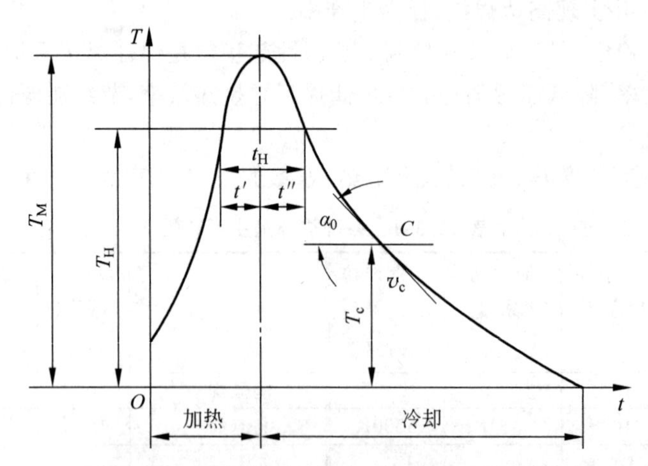

图 12.5.2 焊接热循环温度-时间曲线及主要参数

在实际焊接生产中,应用较多的是多层、多道焊,特别是对于厚度较大的焊件,有时焊接层数可以高达几十层。在多层焊接时,后面施焊的焊缝对前层焊缝起着热处理的作用,而前面施焊的焊缝在焊件上形成一定的温度分布，对后面施焊的焊缝起着焊前预热的作用。因此，多层焊时，近缝区中的热循环要比单层焊时复杂得多。但是，多层焊时层间焊缝相互的热处理作用对于提高接头性能是有利的。多层焊时的热循环与其施焊方法有关。在实际生产中，多层焊的方法有"长段多层焊"和"短段多层焊"两种，它们的热循环也有很大差别。

一般来说，在焊接易淬火硬化的钢种时，长段多层焊各层均有产生裂纹的可能。为此，在各层施焊前仍需采取与所焊钢种相应的工艺措施，如焊前预热、焊后缓冷等。短段多层焊虽然对于防止焊接裂纹有一定作用，但是它操作工艺较烦琐，焊缝接头较多，生产率也较低，一般较少采用。

5. 焊接化学冶金

熔焊时，伴随着母材被加热熔化，在液态金属的周围充满了大量的气体，有时表面上还覆盖着熔渣。这些气体及熔渣在焊接的高温条件下与液态金属不断地进行着一系列复杂的物理化学反应，这种焊接区内各种物质之间在高温下相互作用的过程，称为焊接化学冶金过程。该过程对焊缝金属的成分、性能、焊接质量以及焊接工艺性能都有很大的影响。

1）焊接化学冶金反应区

焊接化学冶金反应从焊接材料（焊条或焊丝）被加热、熔化开始，经熔滴过渡，最后到达熔池，该过程是分区域（或阶段）连续进行的。不同焊接方法有不同的反应区。以焊条电弧焊为例，可划分为三个冶金反应区：药皮反应区、熔滴反应区和熔池反应区（图 12.5.3）。

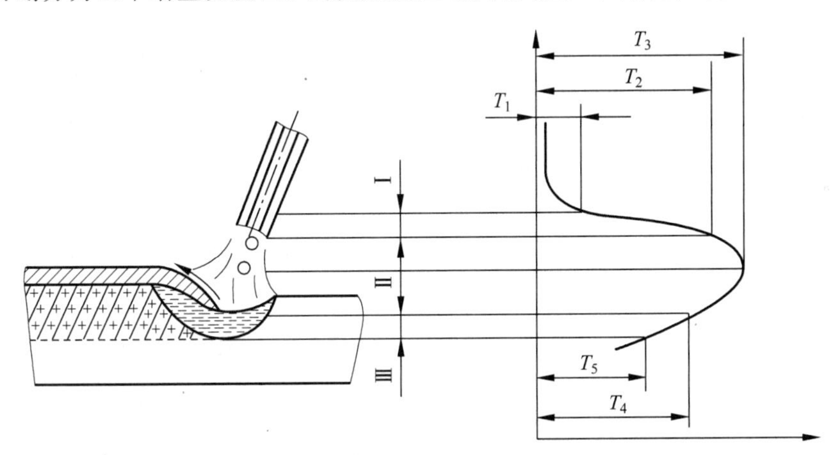

Ⅰ-药皮反应区；Ⅱ-熔滴反应区；Ⅲ-熔池反应区；T_1-药皮开始反应温度；
T_2-焊条端熔滴温度；T_3-弧柱间熔滴温度；T_4-熔池表面温度；T_5-熔池凝固温度。

图 12.5.3　焊条电弧焊的冶金反应区

（1）药皮反应区。焊条药皮被加热时，固态下其组成物之间也会发生物理化学反应。其反应温度范围从 100℃至药皮的熔点，主要是水分的蒸发、某些物质的分解和铁合金的氧化等。

当加热温度超过 100℃时，药皮中的水分开始蒸发。再升高到一定温度时，其中的有机物、碳酸盐和高价氧化物等逐步发生分解，析出 H_2、CO_2 和 O_2 等气体。这些气体，一方面机械地将周围空气排开，对熔化金属进行了保护；另一方面也对被焊金属和药皮中的铁合金产生了很强的氧化作用。

(2) 熔滴反应区。熔滴反应区包括从熔滴形成、长大，到过渡至熔池中的整个阶段。在熔滴反应区中，反应时间虽短，但因温度高，液态金属与气体及熔渣的接触面积大，并有强烈的混合作用，所以冶金反应最激烈，对焊缝成分的影响也最大。在此区进行的主要物理化学反应有气体的分解和溶解、金属的蒸发、金属及其合金的氧化与还原，以及焊缝金属的合金化等。

(3) 熔池反应区。熔滴金属和熔渣以很高的速度落入熔池，并与熔化后的母材金属相混合或接触，同时各相间的物理化学反应继续进行，直至金属凝固，形成焊缝。这个阶段即属熔池反应区，它对焊缝金属成分和性能具有决定性作用。与熔滴反应区相比，熔池的平均温度较低，为 1600～1900℃，比表面积较小，为 $3\sim130cm^2/kg$，反应时间较长。熔池反应区的显著特点之一是温度分布极不均匀。由于在熔池的前部和后部存在着温度差，因此化学冶金反应可以同时向相反的方向进行。此外，熔池中的强烈运动，有助于加快反应速率，并为气体和非金属夹杂物的外溢创造了有利条件。

2) 气相对焊缝金属的影响

焊接过程中，在熔化金属的周围存在着大量的气体，它们会不断地与金属产生各种冶金反应，从而影响着焊缝金属的成分和性能。

焊接区内的气体主要来源于焊接材料。例如，焊条药皮、焊剂和焊芯中的造气剂、高价氧化物和水分都是气体的重要来源。热源周围的空气也是一种难以避免的气源。此外，还有一些冶金反应也会产生气态产物。

气体的状态(分子、原子和离子状态)对其在金属中的溶解和与金属的作用有很大的影响。主要有简单气体的分解和复杂气体的分解，焊接区气相中常见的简单气体有 N_2、H_2、O_2 等双原子气体，CO_2 和 H_2O 是焊接冶金中常见的复杂气体。

焊接时，焊接区内气相的成分和数量与焊接方法、焊接规范、焊条药皮或焊剂的种类有关。用低氢型焊条焊接时，气相中 H_2 和 H_2O 的含量很少，故有"低氢型"之称。埋弧焊和中性火焰气焊时，气相中 CO_2 和 H_2O 的含量很少，因而气相的氧化性也很小，而焊条电弧焊时气相的氧化性则较强。

氮、氢、氧在金属中的溶解及扩散都会对焊接质量产生一定的影响，当然也有相应的控制措施。

3) 熔渣及其对金属的作用

熔渣在焊接过程中的作用有保护熔池、改善工艺性能和冶金处理三个方面。根据焊接熔渣的成分和性能，可将其分为三大类，即盐型熔渣、盐-氧化物型熔渣和氧化物型熔渣。熔渣的性质与其碱度、黏度、表面张力、熔点和导电性都有密切的关系。

焊接时的氧化还原问题，是焊接化学冶金涉及的重要内容之一，主要包括焊接条件下金属及合金元素的氧化与烧损、金属氧化物的还原等。

氧对焊接质量有严重的危害性。对已进入焊缝的氧，则必须通过脱氧将其去除。脱氧是一种冶金处理措施，它是通过在焊丝、焊剂或焊条药皮中加入某种对氧亲和力较大的元素，使其在焊接过程中夺取气相或氧化物中的氧，从而来减少被焊金属的氧化及焊缝的含氧量。钢的焊接常用 Mn、Si、Ti、Al 等元素的铁合金或金属粉(如锰铁、硅铁、钛铁和铝粉等)作脱氧剂。

焊缝中硫和磷的质量分数超过 0.04%时，极易产生裂纹。硫、磷主要来自焊接材料，一般应选择含硫、磷低的原材料，并通过药皮（或焊剂）进行脱硫、脱磷，以保证焊缝质量。

6. 焊接接头的金属组织和性能

熔焊是指在局部进行短时高温的冶炼、凝固过程。这种冶炼和凝固过程是连续进行的，与此同时，周围未熔化的基本金属受到短时的热处理。因此，焊接过程会引起焊接接头组织和性能的变化，直接影响焊接接头的质量。熔焊的焊接接头由焊缝区、熔合区和热影响区组成。

1）焊缝的组织和性能

焊缝是由熔池金属结晶形成的焊件结合部分。焊缝金属的结晶是从熔池底壁开始的，由于结晶时各个方向冷却速率不同，因而形成的晶粒是柱状晶，柱状晶粒的生长方向与最大冷却方向相反，垂直于熔池底壁。由于熔池金属受电弧吹力和保护气体的吹动，熔池壁的柱状晶生长受到干扰，使柱状晶呈倾斜状，晶粒有所细化。熔池结晶过程中，由于冷却速率很快，已凝固的焊缝金属中的化学成分来不及扩散，易造成合金元素分布的不均匀。例如，硫、磷等有害元素易集中到焊缝中心区，将影响焊缝的力学性能。所以焊条芯必须采用优质钢材，其中硫、磷的含量应很低。此外，由于焊接材料的渗合金作用，焊缝金属中锰、硅等合金元素的含量可能比基本金属高，所以焊缝金属的力学性能可高于基本金属。

2）热影响区的组织和性能

在电弧热的作用下，焊缝两侧处于固态的母材发生组织和性能变化的区域，称为焊接热影响区。由于焊缝附近各点受热情况不同，其组织变化也不同，不同类型的母材金属，热影响区各部位也会产生不同的组织变化。

按组织变化特征，其热影响区可分为过热区、正火区和部分相变区。过热区紧靠熔合区，低碳钢过热区的最高加热温度在1100℃至固相线之间。母材金属加热到这个温度，结晶组织全部转变成为奥氏体，奥氏体急剧长大，冷却后得到过热粗晶组织，因而，过热区的塑性和冲击韧性很低。焊接刚度大的结构和碳质量分数较高的易淬火钢材时，易在此区产生裂纹。

正火区紧靠过热区，是焊接热影响区内相当于受到正火热处理的区域。一般情况下，焊接热影响区内的正火区的力学性能高于未经热处理的母材金属。部分相变区紧靠正火区，是母材金属处于 $A_{c1} \sim A_{c3}$ 的区域，加热和冷却时，该区结晶组织中只有珠光体和部分铁素体发生重结晶转变，而另一部分铁素体仍为原来的组织形态。因此，已相变组织和未相变组织在冷却后晶粒大小不均匀对力学性能有不利影响。熔合区是焊接接头中焊缝与母材交接的过渡区，这个区域的焊接加热温度在液相线和固相线之间，又称为半熔化区。

3）改善焊接接头组织性能的方法

焊接热影响区在焊接过程中是不可避免的。低碳钢焊接时因其热影响区较窄，危害性较小，焊后不进行热处理就能保证使用。对于焊后不能进行热处理的金属材料或构件，正确选择焊接方法可减少焊接接头内不利区域的影响，以达到提高焊接接头性能的目的。

12.5.2 常用焊接方法

焊接方法的种类很多，而且新的方法仍在不断涌现，目前应用的已不下数十种，按焊接工艺特征可将其分为熔化焊、压力焊、钎焊三大类。图12.5.4列出其中部分焊接方法。

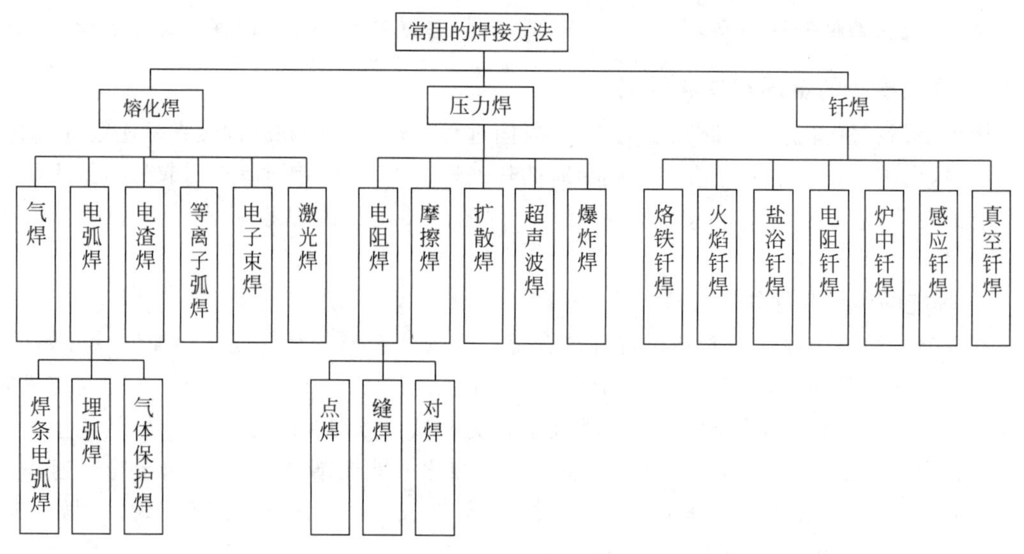

图 12.5.4 常用的焊接方法

1. 手工电弧焊

手工电弧焊(手弧焊)又称焊条电弧焊。手弧焊是指利用电弧作为热源,将其产生的热量来局部熔化被焊工件及填充金属,冷却凝固后形成整体或牢固接头的焊接方法。焊接过程依靠手工操作完成。手孤焊设备简单,操作灵活方便,适应性强,并且配有相应的焊条,可适用于碳钢、不锈钢、铸铁、铜、铝及其合金等材料的焊接。但其生产率低,劳动条件较差,所以随着埋弧自动焊、气体保护焊等先进电弧焊方法的出现,手弧焊的应用逐渐有所减少,但在目前焊接生产中仍占很重要的地位。

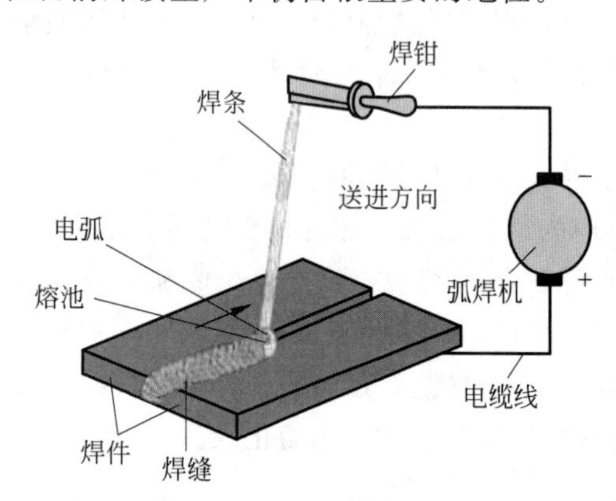

图 12.5.5 手工电弧焊焊缝形成过程

手弧焊的焊接过程如图 12.5.5 所示。弧焊机(电源)供给电弧所必需的能量。焊接前,将焊件和焊条分别接到焊机的两极。焊接时,首先将焊条与工件接触,使焊接回路短路,接着将焊条提起 2~4mm,电弧即被引燃。电弧热使焊件局部及焊条末端熔化,熔化的焊件和焊条熔滴共同形成金属熔池。焊条外层的涂层(药皮)受热熔化并发生分解反应,产生液态熔渣和大量气体包围在电弧和熔池周围,防止周围气体对熔化金属的侵蚀。为确保焊接过程的进行,在焊条不断熔化缩短的同时,焊条要连续向熔池方向送进,同时还要沿焊接方向前进。

当电弧离开熔池后,被熔渣覆盖的液态金属就冷却凝固成焊缝,熔渣也凝固成渣壳。在电弧移动的下方,又形成新的熔池,随后又凝固成新的焊缝和渣壳。上述过程连续不断进行直至完成整个焊缝。

1) 手弧焊设备

为电弧焊提供电能的设备叫作电弧焊机。手工电弧焊机有交流、直流和整流三类。

交流弧焊机又称弧焊变压器，实际上是一个特殊的变压器，如 BX1-300 型交流弧焊机（又称动铁芯式弧焊变压器）。这种焊机的初级电压为 220V 或 380V，次级空载电压为 78V，额定工作电压为 22.5～32V，焊接电流调整范围为 62.5～300A。使用时，可按要求调节电流。粗调电流是用改变次级线圈抽头的接法，即改变次级线圈匝数来达到。细调电流是通过摇动调节手柄，改变可动铁芯位置而实现。由于交流弧焊机具有结构简单、维修方便、体积小、质量轻、噪声小等优点，所以应用较广。

直流弧焊机又称直流弧焊发电机。它是由直流发电机和原动机（如电动机、内燃机等）两部分组成。直流弧焊机的焊接电流也可通过粗调和细调在较大范围内调节。直流弧焊发电机的优点是电流稳定，故障较少。但由于其结构复杂、维修困难、噪声大、效率低，因此应用较少，一般只在对焊接电源有特殊要求的场合或无交流电源的地方使用。

交流弧焊机近年来得到了迅速发展，在很大程度上取代了直流弧焊发电机。

直流弧焊机的电极有正负极之分。在焊接时，如把工件接正极，焊条接负极，这种接法称为直流正接；反之，称为直流反接。直流反接常用于薄板、有色金属及使用碱性焊条时的焊接。

2）焊条

（1）焊条的组成及其作用

焊条由焊芯和涂层（药皮）组成。常用焊芯直径（焊条直径）有 1.6mm、2.0mm、2.5mm、3.2mm、4mm、5mm 等，长度常在 200～450mm。

手弧焊时，焊芯的作用，一是作为电极，起导电作用，产生电弧，提供焊接热源；二是作为填充金属，与熔化的母材共同形成焊缝。因此，可通过焊芯调整焊缝金属的化学成分。焊芯采用焊接专用的金属丝（焊丝），碳钢焊条用焊丝 H08A 等作焊芯，不锈钢焊条用不锈钢焊丝作焊芯。

焊条药皮对保证手弧焊的焊缝质量极为重要。药皮的组成物按其作用分为稳弧剂、造气剂、造渣剂、脱氧剂、合金剂、黏结剂等。在焊接过程中，药皮能稳定电弧燃烧，防止熔滴和熔池金属与空气接触，防止高温的焊缝金属被氧化，进行焊接冶金反应，去除有害元素，增添有用元素等，以保证焊缝具有良好的成型和合适的化学成分。

（2）焊条的种类、型号和牌号。

焊条的种类按用途分为碳钢焊条、低合金焊条、不锈钢焊条、铸铁焊条、堆焊焊条、镍和镍合金焊条、铜和铜合金焊条、铝和铝合金焊条等。

焊条按熔渣性质分为两大类。熔渣以酸性氧化物为主的焊条称为酸性焊条；熔渣以碱性氧化物和氟化钙为主的焊条称为碱性焊条。

碱性焊条和酸性焊条的性能有很大差别，使用时要注意，不能随便地用酸性焊条代替碱性焊条。碱性焊条与强度级别相同的酸性焊条相比，其焊缝金属的塑性和韧性高，含氧量低，抗裂性强。但碱性焊条的焊接工艺性能（包括稳弧性、脱渣性、飞溅等）较差，对锈、油、水的敏感性大，易出气孔，并且产生的有毒气体和烟尘多。因此，碱性焊条适用于对焊缝塑性、韧性要求高的重要结构。

焊条型号是指国家标准 GB/T 5117—2012《非合金钢及细精粒钢焊条》中的焊条代号，如 E4303、E5015 等。“E”表示焊条；前两位数字表示熔敷金属抗拉强度最小值，单位为 kgf/mm^2；第三位数字表示焊条的焊接位置，如“0”及“1”表示焊条适用于全位置焊接；第三和第四位数字组合时表示焊接电流种类及药皮类型，如“03”为钛钙型药皮，交流或直流正、反接，又如“15”为低氢钠型药皮，直流反接。

焊条牌号是焊条行业统一的焊条代号。焊条牌号一般用一个大写拼音字母和三个数字表示，如J422、J507等。拼音字母表示焊条的大类，例如“J”表示结构钢焊条，“Z”表示铸铁焊条等；焊条牌号的前两位数字表示焊缝金属抗拉强度等级，单位为 kgf/mm^2，最后一位数字表示药皮类型和电流种类，例如“2”为钛钙型药皮，交流或直流，“7”为低氢钠型药皮，直流反接。其他焊条牌号表示方法，见原国家机械工业委员会编《焊接材料产品样本》。J422符合GB/T 5117—2012中的E4303，J507符合GB/T 5117—2012中的E5015。

(3) 焊条的选用。

焊条的选用原则是要求焊缝和母材具有相同水平的使用性能。选用结构钢焊条时，一般是根据母材的抗拉强度，按“等强度”原则选用焊条。例如16Mn的抗拉强度为520MPa，故应选用J502或J507等。对于焊缝性能要求较高的重要结构或易产生裂纹的钢材和结构(厚度大、刚性大、施焊环境温度低等)，焊接时应选用碱性焊条。选用不锈钢焊条和耐热钢焊条时，应根据母材化学成分类型选择相同成分类型的焊条。

3) 手弧焊工艺

(1) 接头和坡口形式。

由于焊件的结构形状、厚度及使用条件不同，所以其接头和坡口形式也不同。常用接头形式有对接、角接、T字接和搭接等。当焊件厚度在6mm以下时，对接接头可不开坡口；当焊件较厚时，为保证焊缝根部焊透，则要开坡口。焊接接头形式和坡口形式如图12.5.6所示。

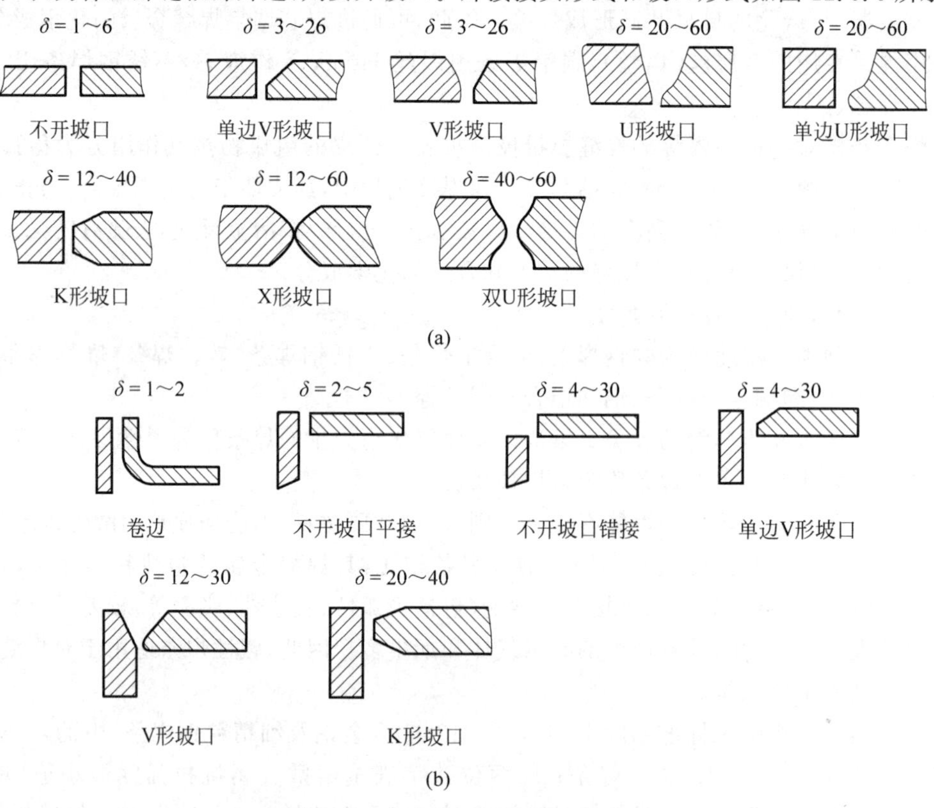

图12.5.6 焊接接头形式和坡口形式

(a) 对接接头；(b) 角接接头；(c) T字接头；(d) 搭接接头

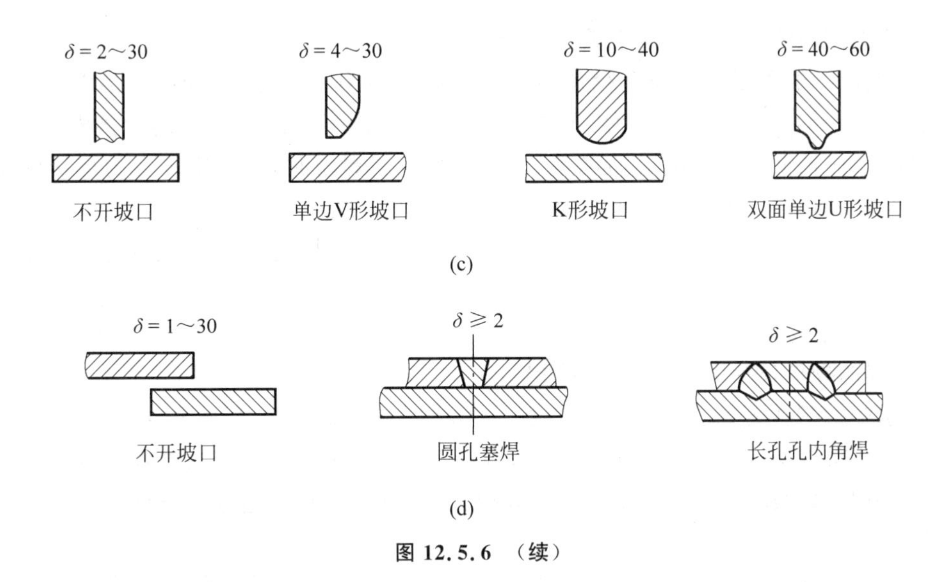

图 12.5.6 （续）

（2）焊缝的空间位置。

根据焊缝所处空间位置的不同可分为平焊缝、立焊缝、横焊缝和仰焊缝，如图 12.5.7 所示。不同位置的焊缝，其施焊难易不同。平焊时，最有利于金属熔滴进入熔池，且熔渣和金属液不易流焊，同时应适当减小焊条直径和焊接电流，并采用短弧焊等措施以保证焊接质量。

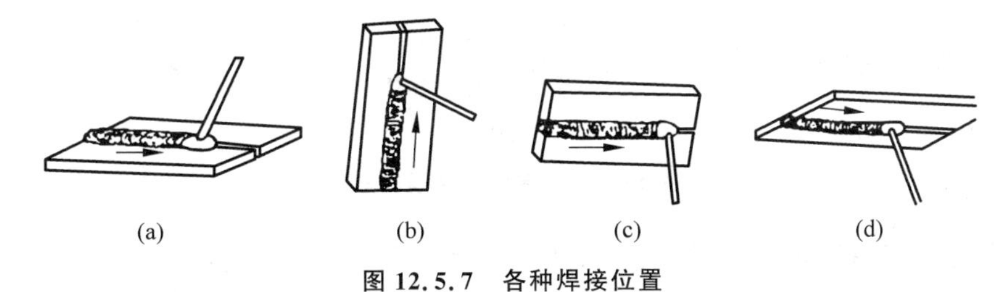

图 12.5.7 各种焊接位置

（a）平焊缝；（b）立焊缝；（c）横焊缝；（d）仰焊缝

（3）焊接工艺参数。

手弧焊的焊接工艺参数通常为焊条直径、焊接电流、焊缝层数、电弧电压和焊接速度。其中最主要的是焊条直径和焊接电流。

A. 焊条直径。为了提高生产率，应尽量选用直径较大的焊条。但焊条直径过大，易造成烧穿或焊缝成型不良等缺陷。因此应合理选择焊条直径。焊条直径一般根据工件厚度参考表 12.5.2 选择。对于多层焊的第一层及非平焊位置焊接，应采用较小的焊条直径。

表 12.5.2 焊条直径的选择

焊件厚度/mm	≤4	4～12	＞12
焊条直径/mm	不超过工件厚度	3.2～4	≥4

B. 焊接电流。焊接电流的大小对焊接质量和生产率影响较大。电流过小，电弧不稳，会造成未焊透、夹渣等焊接缺陷，且生产率低；电流过大，易使焊条涂层发红失效，并产生咬

边、烧穿等焊接缺陷。因此焊接电流要适当。

焊接电流一般可根据焊条直径初步选择。焊接碳钢和低合金钢时，焊接电流 I(A)与焊条直径 d(mm)的经验关系式为：$I=(35\sim55)d$。依据此式计算出的焊接电流值，在实际使用时，还应根据具体情况灵活调整。例如，焊接平焊缝时，可选用较大的焊接电流；在其他位置焊接时，焊接电流应比平焊时适当减小。

总之，焊接电流的选择，应在保证焊接质量的前提下尽量采用较大的电流，以提高生产率。

(4) 操作方法。

手弧焊的操作包括引弧、运条和收尾。

A. 引弧。焊接开始首先要引燃电弧。引弧时须将焊条末端与焊件表面接触形成短路，然后迅速将焊条提起 2～4mm 的距离，电弧即可引燃。引弧方法有敲击法和摩擦法。焊接过程中要保持弧长的相对稳定，并力求使用短电弧(弧长不超过焊条直径)，以利于焊接过程的稳定和保证焊接质量。

B. 运条。电弧引燃后进入正常的焊接过程，此时焊条除了沿其轴线向熔池送进和沿焊接方向均匀移动外，为了使焊缝宽度达到要求，有时焊条还应做适当横向摆动，如图 12.5.8 所示。

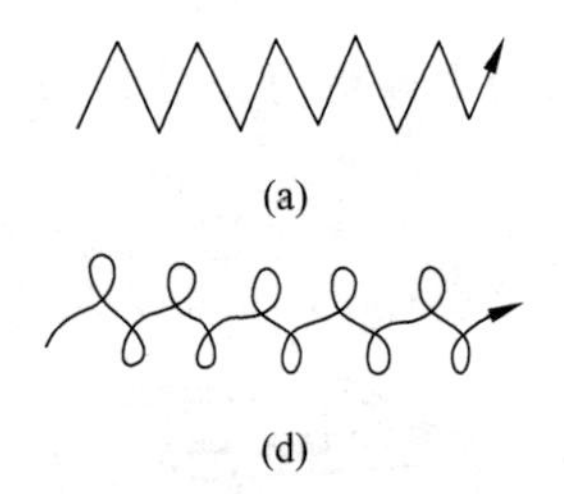

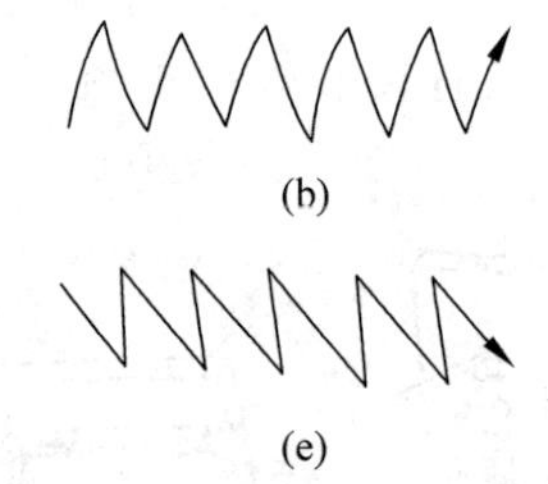

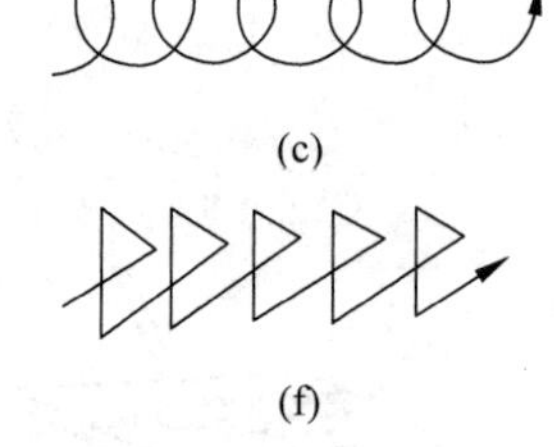

图 12.5.8 焊条横向摆动形式

C. 收尾。当焊缝焊完时，应有一个收尾动作。否则，立即拉断电弧会形成低于焊件表面的弧坑。一般常采用反复断弧收尾法和画圈收尾法，如图 12.5.9 所示。

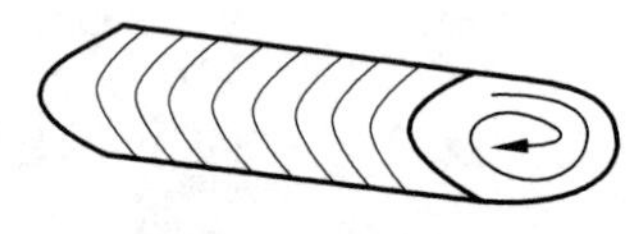

图 12.5.9 画圈收尾法

2. 其他焊接方法

1) 埋弧自动焊

埋弧自动焊是指电弧在焊剂层下燃烧，将手工电弧焊的填充金属送进和电弧移动两个动作都采用机械来完成。

焊接时，在被焊工件上先覆盖一层 30～50mm 厚的由漏斗中落下的颗粒状焊剂，在焊剂层下，电弧在焊丝端部与焊件之间燃烧，使焊丝、焊件及焊剂熔化，形成熔池。由于焊接小车沿着焊件的待焊缝等速地向前移动，带动电弧匀速移动，熔池金属被电弧气体排挤向后堆积。覆盖于其上的焊剂，一部分熔化后形成熔渣。电弧和熔池则受熔渣和焊剂蒸气包围，因此有害气体不能侵入熔池和焊缝。随着电弧移动，焊丝与焊剂不断地向焊接区送进，直至完成整个焊缝。

埋弧焊时焊丝与焊剂直接参与焊接过程的冶金反应，因而焊前应正确选用，并使之相匹配。埋弧自动焊的设备主要是由焊接电源、控制箱、焊接小车三部分组成。焊接电源多采用功率较大的交流或直流电源；控制箱主要是保证焊接过程稳定进行，可以调节电流、电压和送丝速度，并能完成引弧和熄弧的动作；焊接小车主要作用是等速移动电弧以及自动送进焊丝与焊剂。

埋弧自动焊与手弧焊相比，有如下优点。

(1) 生产效率高。由于焊丝上没有涂层，以及导电嘴距离电弧近，因而允许焊接电流最高可达 1000A，厚度在 20mm 以下的焊件可以不开坡口而一次熔透；焊丝盘上可以挂带 5kg 以上焊丝，焊接时焊丝可以不间断地连续送进。这就省去许多在手弧焊时因开坡口、更换焊条而花费的时间和浪费掉的金属材料。因此，埋弧自动焊的生产率比手工电弧焊可提高 5～10 倍。

(2) 焊接质量好而且稳定。由于埋弧自动焊电弧是在焊剂层下燃烧，焊接区得到较好的保护，施焊后焊缝仍处在焊剂层和渣壳的保护下缓慢冷却，因此冶金反应比较充分，焊缝中的气体和杂质易于析出，减少了焊缝中产生气孔、裂纹等缺陷的可能性。另外，埋弧自动焊的焊接参数在焊接过程中可自动调节，因而电弧燃烧稳定，与手弧焊相比，焊接质量对焊工技艺水平的依赖程度可大大降低。

(3) 劳动条件好。埋弧自动焊无弧光，少烟尘，焊接操作机械化，改善了劳动条件。

埋弧自动焊的不足之处是：由于采用颗粒状焊剂，所以一般只适于平焊位置；对其他位置焊接时需采用特殊措施，以保证焊剂能覆盖焊接区；埋弧自动焊因不能直接观察电弧和坡口的位置，易焊偏，因此对工件接头的加工和装配要求严格；它不适于焊接厚度小于 1mm 的薄板和焊缝短而数量多的焊件。

由于埋弧自动焊有上述特点，因而适于焊接中厚板结构的长直焊缝和较大直径的环形焊缝，当工件厚度增大和批量生产时，其优点显著。它在造船、桥梁、锅炉与压力容器、重型机械等部门有着广泛的应用。

2) 气体保护焊

气体保护焊是利用外加气体作为保护介质的一种电弧焊方法。焊接时可用作保护气体的有氩气、氦气、氮气、二氧化碳气体及某些混合气体等。常用气体保护焊是氩气保护焊(简称氩弧焊)和二氧化碳气体保护焊。

(1) 氩弧焊。

氩弧焊是以惰性气体氩气(Ar)作为保护介质的电弧焊方法。氩弧焊时，电弧发生在电极和工件之间，在电弧周围通以氩气，形成气体保护层以隔绝空气，防止其对电极、熔池及邻近热影响区产生的有害影响。在焊接高温下，氩气不与金属发生化学反应，也不溶于液态金属，因此对焊接区的保护效果很好，可用于焊接化学性质活泼的金属并能获得高质量的焊缝。

氩弧焊按电极不同，分为非熔化极氩弧焊和熔化极氩弧焊。

A. 非熔化极氩弧焊。采用熔点很高的钨棒作电极，所以又称钨极氩弧焊。焊接时电极只起发射电子、产生电弧的作用，本身不熔化，不起填充金属的作用，因而一般要另加焊丝。焊接过程可采用手工或自动方式进行。焊接低合金钢、不锈钢和紫铜时，为减少电极损耗，应采用直流正接，同时焊接电流不能过大，所以钨极氩弧焊通常适用于焊接 3mm 以下的薄板或超薄材料。若用于焊接铝、镁及合金时，一般采用交流电源，这既有利于保证焊接质量，又可延长钨极使用寿命。

B. 熔化极氧弧焊。以连续送进的金属焊丝作电极和填充金属,通常采用直流反接。因为可用较大的焊接电流,所以适用于焊接厚度在 3～25mm 的焊件。焊接过程可采用自动或半自动方式。自动熔化极氩弧焊在操作上与埋弧自动焊类似,所不同的是它不用焊剂。焊接过程中氩气只起保护作用,不参与冶金反应。

氩弧焊的主要优点是:氩气保护效果好,焊接质量优良,焊缝成型美观,气体保护无熔渣,明弧可见,可进行全位置焊接。氩弧焊可用于几乎所有金属和合金的焊接,但由于氩气较贵,焊接成本高,通常多用于焊接易氧化的、化学活泼性强的有色金属(如铝、镁、钛、铜)以及不锈钢、耐热钢等。

(2) CO_2 气体保护焊。

CO_2 气体保护焊是指以 CO_2 作为保护介质的电弧焊方法。它是以焊丝作电极和填充金属,有半自动和自动两种方式。

CO_2 是氧化性气体,在高温下具有较强烈的氧化性。其保护作用主要是使焊接区与空气隔离,防止空气中氮气对熔化金属的有害作用。在焊接过程中,由于 CO_2 气体会使焊缝金属氧化,并使合金元素烧损,从而使焊缝机械性能降低,同时氧化作用导致产生气孔和飞溅等。因此,需在焊丝中加入适量的脱氧元素,如硅、锰等。常用的焊丝牌号是 H08Mn2SiA。

目前常用的 CO_2 气体保护焊分为两类。

A. 细丝 CO_2 气体保护焊。焊丝直径为 0.5～1.2mm,主要用于 0.8～4mm 的薄板焊接。

B. 粗丝 CO_2 气体保护焊。焊丝直径为 1.6～5mm,主要用于 3～25mm 的中厚板焊接。

CO_2 气体保护焊的主要优点是:CO_2 气体价格低廉,因此焊接成本低;CO_2 保护焊电流密度大,焊速快,焊后不需清渣,生产效率比手弧焊提高 1～3 倍。采用气体保护,明弧操作,可进行全位置焊接;采用含锰焊丝,焊缝裂纹倾向小。

CO_2 气体保护焊的不足之处是:飞溅较大,焊缝表面成型较差;弧光强烈,烟雾较大;不宜焊接易氧化的有色金属。

CO_2 气体保护焊主要用于焊接低碳钢和低合金钢。在汽车、机车车辆、机械、造船、石油化工等行业中得到广泛的应用。

3) 电阻焊

电阻焊是指利用电流通过焊件及接触处产生的电阻热作为热源,将焊件局部加热到塑性或熔化状态,然后在压力下形成接头的焊接方法。

电阻焊与其他焊接方法相比较,具有生产效率高,焊接应力变形小,不需要另加焊接材料,操作简便,劳动条件好,并易于实现机械化等优点。但设备功率大,耗电量高,适用的接头形式与可焊工件厚度(或断面)受到限制。

电阻焊方法主要有点焊、缝焊、对焊。

(1) 点焊。

点焊是指利用柱状电极,焊件被压紧在两电极之间,以搭接的形式在个别点上被焊接起来。点焊通常采用搭接接头形式,焊缝是由若干个不连续的焊点所组成。每个焊点的焊接过程如下:

电极压紧焊件→通电加热→断电(维持原压力或增压)→去压。

通电过程中，被压紧的两电极（通水冷却）间的贴合面处金属局部熔化而形成熔核，其周围的金属处于塑性状态。断电后熔核在电极压力作用下冷却、结晶，去掉压力后即可获得组织致密的焊点。如果焊点的冷却收缩较大，如铝合金焊点，则断电后应增大电极压力，以保证焊点结晶密实。焊完一点后移动焊件（或电极），依次焊接其他各点。

点焊是一种高速、经济的焊接方法，主要用于焊接薄板冲压壳体结构及钢筋等。焊件的厚度一般小于4mm，被焊钢筋直径小于15mm。点焊可焊接低碳钢、不锈钢、铜合金及铝镁合金等材料，在飞机、汽车、火车车厢、钢筋构件、仪器、仪表等制造中得到广泛应用。

（2）缝焊。

缝焊过程与点焊相似，只是用旋转的盘状滚动电极代替了柱状电极，焊接时，滚盘电极压紧焊件并转动，配合断续通电，形成连续焊点互相接叠的密封性良好的焊缝。

缝焊的接头形式与点焊相似，均为搭接接头。

缝焊主要用于制造密封的薄壁结构件（如油箱、水箱、化工器皿）和管道等，一般只用于3mm以下薄板的焊接。

（3）对焊。

对焊是指利用电阻热使两个工件以对接的形式在整个端面上焊接起来的电阻焊方法。根据工艺过程的不同，又可分为电阻对焊和闪光对焊。

A. 电阻对焊。焊接时，先将两焊件端面接触压紧，再通电加热，由于焊件的接触面电阻大，大部分热量就集中在接触面附近，因而迅速将焊接区加热到塑性状态。断电同时增压顶锻，在压力作用下使两焊件的接触面产生一定量的塑性变形而焊接在一起。

电阻对焊的接头外形光滑无毛刺，但焊前对端面的清理要求高，且接头强度较低。因此，一般仅用于截面简单、强度要求不高的杆件。

B. 闪光对焊。焊接时，先将两焊件装夹好，不接触，再加电压，逐渐移动被焊工件使之轻微接触。由于接触面上只有某些点真正接触，当强大电流通过这些点时，其电流密度很大，接触点金属被迅速熔化、蒸发，再加上电磁作用，液体金属即发生爆破，并以火花状射出，形成闪光现象。经多次闪光加热后，端面均匀达到半熔化状态，同时多次闪光把端面的氧化物也清除干净了，这时断电加压顶锻，形成焊接接头。

闪光对焊的接头机械性能较高，焊前对端面加工要求较低，常用于焊接重要零件。闪光对焊接头外表有毛刺，需焊后清理。闪光对焊可焊相同的金属材料，也可以焊异种金属材料，如钢与铜，铝与铜等。闪光对焊可焊直径0.01mm的金属，也可焊截面积为0.1m^2的钢坯。

对焊主要用于钢筋、锚链、导线、车圈、钢轨、管道等的焊接生产。

4）钎焊

钎焊是指采用比母材熔点低的金属作钎料，将焊件加热到钎料熔化，利用液态钎料润湿母材填充接头间隙，并与母材相互溶解和扩散而实现连接的焊接方法。

钎焊时先将工件的待连接处清理干净，以搭接形式装配在一起，把钎料放在装配间隙附近或装配间隙处，并要加钎剂（钎剂的作用是去除氧化膜和油污等杂质，保护焊件接触面和钎料不受氧化，并增加钎料的润湿性和毛细流动性）。当工件与钎料被加热到稍高于钎料的熔化温度后（工件未熔化），液态钎料充满固体工件间隙内，焊件与钎料间相互扩散，凝固后即形成接头。

钎焊多用搭接接头。钎焊的质量在很大程度上取决于钎料。钎料应具有合适的熔点与良好的润湿性,能与母材形成牢固结合,得到具有一定的机械性能与物理化学性能的接头。钎料按钎料熔点分为两大类:软钎焊和硬钎焊。

(1) 软钎焊。钎料的熔点低于450℃的钎焊称为软钎焊,常用钎料是锡铅钎料,常用钎剂是松香、氯化锌溶液等。软钎焊接头强度低(一般小于70MPa),工作温度低,主要用于电子线路的焊接。

(2) 硬钎焊。钎料的熔点高于450℃的钎焊称为硬钎焊,常用钎料是铜基钎料和银基钎料等。常用钎剂有硼砂、硼酸、氯化物、氟化物等。硬钎焊接头强度较高(可达500MPa),工作温度较高,主要用于机械零部件和刀具的钎焊。

钎焊的加热方法很多,如烙铁加热、火焰加热、炉内加热、高频加热、盐浴加热等。

钎焊与熔化焊相比,它有如下优点。

(1) 焊接质量好。因加热温度低,焊件的组织性能变化很小,焊件的应力变形小,精度高,焊缝外形平整美观。适用焊接小型的、精密的装配件及电子仪表等工件。

(2) 生产率高。钎焊可以焊接一些其他焊接方法难以焊接的特殊结构(如蜂窝结构等)。可以采用整体加热,一次焊成整个结构的全部(几十条或成百条)焊缝。

(3) 用途广。钎焊不仅可以焊接同种金属,还可以焊接异种材料,甚至金属与非金属之间也可焊接。

钎焊也有缺点,例如接头强度比较低,耐热能力较差,装配要求较高等。但由于它有独特的优点,因而在机械、电机、无线电、仪表、航空、原子能、空间技术,以及化工、食品等部门都有应用。

12.5.3 焊接件结构工艺性

焊件结构需要采用具体的焊接方法进行生产,因此在进行焊接结构设计时,必须在满足焊件使用性能要求的前提下,充分考虑焊接生产过程的工艺特点,力求做到焊缝分布合理,既减小焊接应力和变形,又方便制造和进行质量检验。焊接结构设计的一般原则和图例比较列于表12.5.3中。

表12.5.3 焊接结构设计的一般原则和图例比较

设计原则	不良设计	改进设计
焊缝位置应便于操作(手弧焊要考虑焊条操作空间)	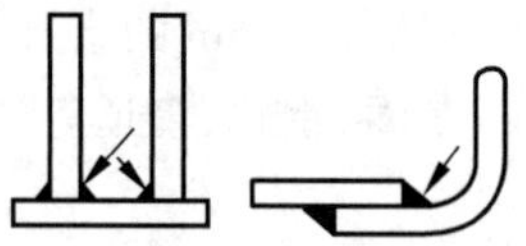	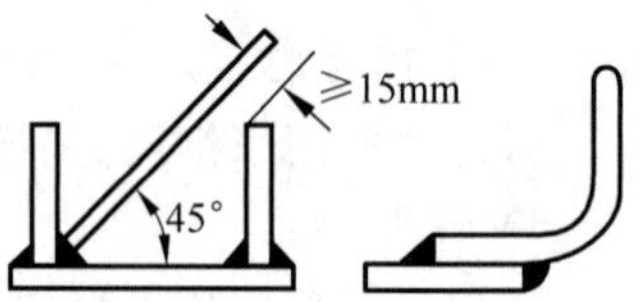 ≥15mm 45°
焊缝应尽量避开最大应力和应力集中处	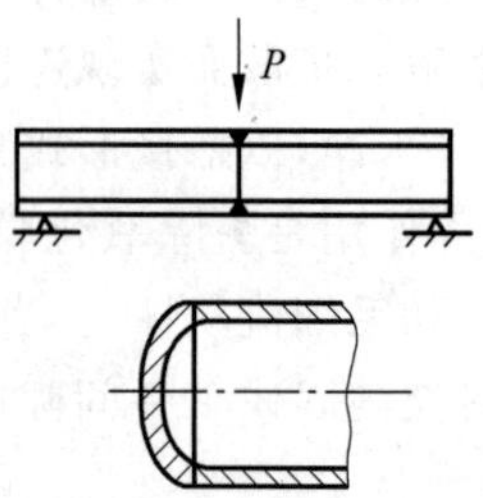 P	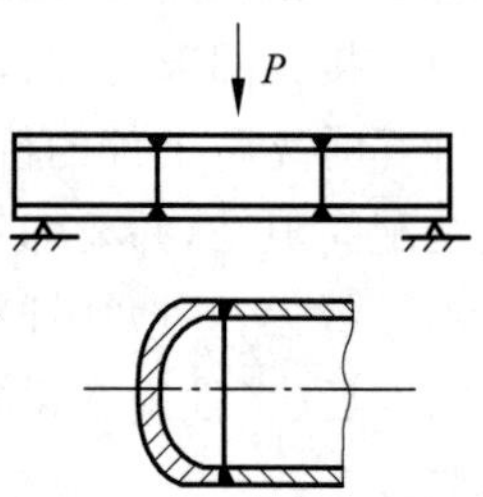 P

续表

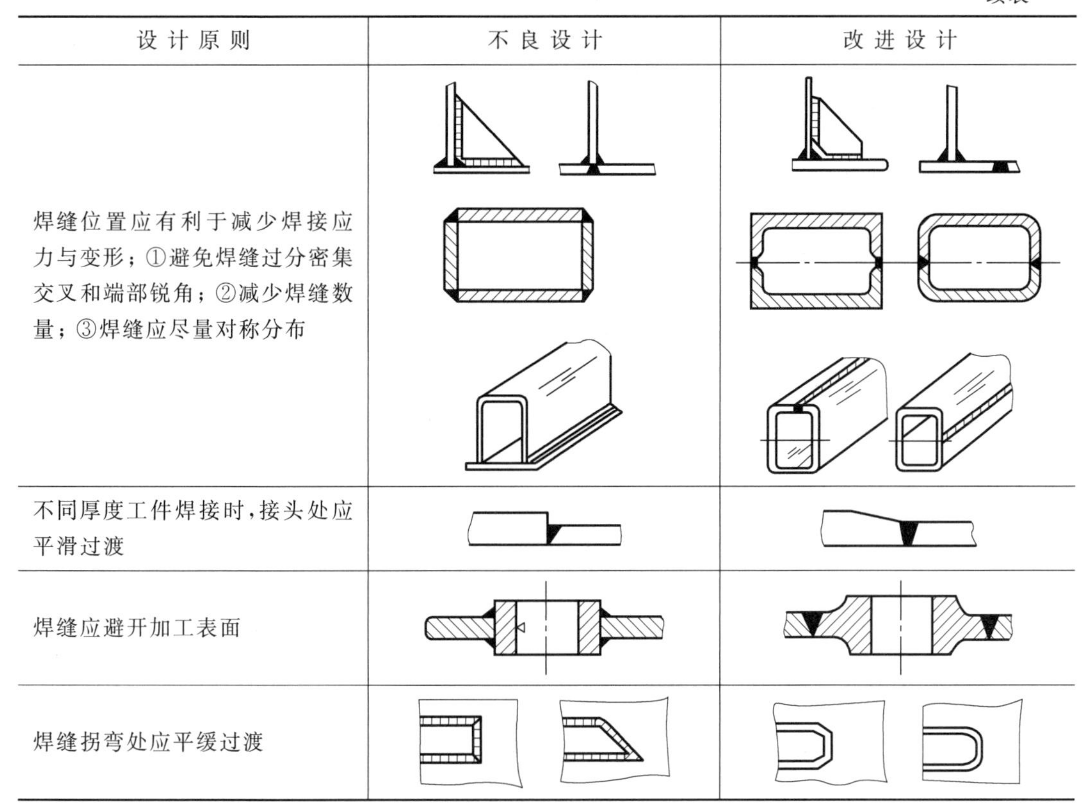

设计原则	不良设计	改进设计
焊缝位置应有利于减少焊接应力与变形；①避免焊缝过分密集交叉和端部锐角；②减少焊缝数量；③焊缝应尽量对称分布		
不同厚度工件焊接时，接头处应平滑过渡		
焊缝应避开加工表面		
焊缝拐弯处应平缓过渡		

12.5.4 焊接质量检测

1. 焊接缺陷

1）焊接缺陷的概念

在焊接结构制造过程中，由于结构设计不当、原材料不符合要求、焊接过程不合理或焊后操作有误等，常产生各种焊接缺陷。常见的焊接缺陷有焊缝外形尺寸不符合要求、咬边、焊瘤、气孔、夹渣、未焊透和裂缝等。其中以未焊透和裂缝的危害性最大。

为了满足焊接结构件的使用要求，应该把缺陷限制在一定的程度之内，使其不至于对焊接结构件的使用产生危害。由于不同的焊接结构件其使用场合不同，对其的质量要求也不一样，因而对缺陷的容限范围也不相同。

评定焊接接头的质量优劣的依据，是缺陷的种类、大小、数量、形态、分布及危害程度。接头中存在着焊接缺陷时，一般可通过焊补来修复，或者采取铲除焊道后重新进行焊接，有时则直接按废品处理。

2）常见焊接缺陷

焊接缺陷的种类很多，有熔焊产生的缺陷，也有压焊、钎焊产生的缺陷。这里主要介绍熔焊缺陷。根据 GB/T 6417.1—2005《金属熔化焊接头缺陷分类及说明》，可将熔焊缺陷分为六类：裂纹，孔穴，固体夹杂，未熔合和未焊透，形状和尺寸不良，其他缺陷。除以上六类缺陷外，还有金相组织不符合要求，以及焊接接头的理化性能不符合要求的性能缺陷（包括化学成分、力学性能及不锈钢焊缝的耐腐蚀性能等)。

这类缺陷大多是由违反焊接工艺操作规程或错用焊接材料所引起的。

3) 焊接缺陷产生的主要因素

焊接缺陷的产生过程是十分复杂的,既有冶金的原因,又有应力和变形的作用。通常焊接缺陷容易出现在焊缝及其附近区域,而这些区域正是结构中拉伸残余应力最大的地方。一般认为,焊接缺陷之所以会降低焊接结构的强度,其主要原因是缺陷减小了结构承载截面的有效面积,并且使缺陷周围产生了严重的应力集中。

4) 焊接缺陷的防止

防止焊接缺陷的主要途径:一是制定正确的焊接技术指导文件;二是针对焊接缺陷产生的原因,在操作中避免焊缝尺寸不符合要求,从适当选择坡口尺寸、装配间隙及焊接规范入手,并辅以熟练的操作技术。采用夹具固定、定位焊和多层多道焊,有助于焊缝尺寸的控制和调节。

为了防止咬边、焊瘤、气孔、夹渣、未焊透等缺陷,必须正确选择焊接工艺参数。焊条电弧焊工艺参数中,以电流和焊速的影响最大,其次是预热温度。

要防止冷裂纹,应降低焊缝中氢的含量,采用预热、后热等技术也可有效地防止冷裂纹的产生。

为了防止焊缝中气孔的产生,必须仔细清除焊件表面的污物,手工焊条电弧焊时在坡口面两侧各 10mm。

要预防夹渣,除了保证合适的坡口参数和装配质量,焊前清理是非常重要的,包括坡口面清除锈蚀、污垢和层间清渣。

加强焊接过程中的自检,可杜绝由操作不当所产生的大部分缺陷,这对多层多道焊来说更为重要。

2. 常用检验方法

焊接产品虽然在焊前和焊接过程中进行了检验,但由于制造过程外界因素的变化,或采用规范的不成熟,或能源的波动等,都有可能引起缺陷的产生。为了保证产品的质量,则对成品必须进行质量检验。检验的方法很多,应根据产品的使用要求和图样的技术条件进行选用。

1) 外观检验和测量

外观检验方法手续简便、应用广泛,常用于成品检验,有时亦用于焊接过程中。例如,厚壁焊件多层焊时,每焊完一层焊道时便进行检验,防止当前焊道的缺陷被带到下一层焊道中。

外观检验一般是通过肉眼,借助标准样板、量规和放大镜等工具来进行检验,主要是发现焊缝表面的缺陷和尺寸上的偏差。检查之前,须将焊缝附近 10～20mm 基本金属上的所有飞溅物及其他污物清除干净。要注意焊渣覆盖和飞溅物的分布情况,粗略地预料缺陷。

若焊缝表面出现缺陷,焊缝内部便有存在缺陷的可能。如果焊缝表面出现咬边或满溢,则其内部可能存在未焊透或未熔合;如果焊缝表面多孔,则焊缝内部亦可能会有气孔或非金属夹杂物存在。

2) 致密性检验

对于储存液体或气体的焊接容器,其焊缝的不致密缺陷,如贯穿性的裂纹、气孔、夹渣、未焊透以及疏松组织等,可用致密性试验来发现。

(1) 煤油试验。煤油试验是致密性检验最常用的方法，常用于检验敞口的容器，如储存石油、汽油的固定存储容器和同类型的其他产品。这是由于煤油黏度和表面张力很小，渗透性很强，具有透过极小的贯穿性缺陷的能力。这种方法最适合对接接头，而对于搭接接头，除检验有一定困难外，缺陷焊缝的修补工作也有一定的危险，因搭接处的煤油不易清理干净，修补时容易着火。

(2) 载水试验。进行这种试验时，将容器的全部或一部分充水，观察焊缝表面是否有水渗出。如果没有水渗出，那么该容器的焊缝视为合格。这种方法常用于不受压力的容器或敞口容器的检验。

(3) 水冲试验。这种试验进行时，在焊缝的一面用高压水流喷射，而在焊缝的另一面观察是否漏水。水流喷射方向与试验焊缝的表面夹角不应小于70°，水管喷嘴直径要在15mm以上，水压应使垂直面上的反射水环直径大于400mm。检验竖直焊缝时应从下至上，避免已发现缺陷的漏水影响未检焊缝的检验。这种方法常用于检验大型敞口容器，如船体甲板的密封性检验。

(4) 沉水试验。试验时，先将工件浸入水中，然后冲入压缩空气，为了易于发现焊缝的缺陷，被检的焊缝应在水面下20～40mm的深处。当焊缝存在缺陷时，在缺陷的地方有气泡出现。这种方法只适用于小型焊接容器，如汽车油箱的致密性检验。

(5) 吹气试验。这种方法是用压缩空气对着焊缝的一面猛吹，焊缝另一面涂上肥皂水，有缺陷存在时，焊缝表面便产生肥皂泡。所使用压缩空气的压力不得小于4atm，并且气流要正对焊缝表面，喷嘴到焊缝表面的距离不得超过30mm。

(6) 氨气试验。试验时，将容器的焊缝表面用质量分数为5%的硝酸汞水溶液浸过的纸带盖上，在容器内加入体积分数为1%(常压下的含量)的氨气的混合气体，加压至所需的压力时，如果焊缝有不致密的地方，氨气就会透过焊缝，并作用到浸过硝酸汞的纸上，使该处形成黑色的图像。根据这些图像就可以确定焊缝的缺陷部位。试验所用的硝酸汞纸带可作为判断焊缝质量的证据。亦可用浸过同样溶液的普通医用绷带代替纸带，绷带的优点是洗净后可再用。这种方法比较准确、便宜和快捷，同时可在低温下检验焊缝的致密性。

(7) 氦气试验。氦气检验是通过被检容器充氦或用氦气包围着被检容器后，检验容器是否漏氦和漏氦的程度。它是灵敏度比较高的一种致密性试验方法。用氦气作为试剂是因为氦气质量轻，能穿过微小的孔隙。此外，氦气是惰性气体，不会与其他物质起作用。目前的氦气检漏仪，可以探测出气体中体积分数的千万分之一的氦气存在，相当于在标准状态下漏氦气率为$1cm^3/a$。

3) 受压容器焊接接头的强度检验

产品整体进行的接头强度试验是用来检验焊接产品的接头强度是否符合产品的设计强度要求，常用于储藏液体或气体的受压容器检验。这类容器除进行密封性试验外，还要进行强度试验。产品整体的强度试验分为两类：一类是破坏性强度试验；另一类是超载试验。

进行破坏性强度试验时，所施加载荷的性质(压力、弯曲、扭转等)和工作载荷的性质相同，载荷要加至产品被破坏为止。用破坏载荷和正常工作载荷的比值来说明产品的强度情况。比值达到或超过规定的数值时则为合格，反之则不合格。这个数值由设计部门规定。高压锅炉汽包的爆破试验即属这种试验。这种试验在大量生产而质量尚未稳定的情况下，抽样百分之一或千分之一来进行；或在试制新产品以及在改变产品的加工工艺规范时选用。

超载试验是指对产品所施加的载荷超过工作载荷一定程度，如超过25%、50%，来观察焊缝是否出现裂纹，以及产品变形的部分是否符合要求，从而判断其强度是否合格。受压的焊接容器按照规定100%均要接受这种检验。试验时，施加的载荷性质是与工作载荷性质相同的。在载荷的作用下，保持一定的停留时间进行观察，若不出现裂纹或其他渗漏缺陷，且变形程度在规定范围内，则产品评为合格。

12.5.5 焊接技术新进展

随着科学的发展，焊接技术也在不断地向高质量、高生产率、低能耗的方向发展。目前，出现了许多新技术、新工艺，拓宽了焊接技术的应用范围。

1. 新的焊接方法不断涌现

1) 真空电弧焊接技术

这是一种可以对不锈钢、钛合金和高温合金等金属进行熔化焊，以及对小试件进行快速高效的局部加热钎焊的最新技术。该技术由俄罗斯人发明，并迅速应用在航空发动机的焊接中。使用真空电弧进行涡轮叶片的修复、钛合金气瓶的焊接，可以有效地解决材料氧化、软化、热裂、抗氧化性能降低等问题。

2) 窄间隙熔化极惰性气体保护电弧焊技术

其具有比其他窄间隙焊接工艺更多的优势，在任意位置都能得到高质量的焊缝，且具有节能、焊接成本低、生产效率高、适用范围广等特点。利用表面张力过渡技术进行熔化极惰性气体MIG(metal inert gas)保护电弧焊表明，该技术必将进一步促进熔化极惰性气体保护电弧焊在窄间隙焊接的应用。

3) 激光填料焊接

激光填料焊接是指在焊缝中预先填入特定焊接材料后用激光照射熔化，或在激光照射的同时，填入焊接材料以形成焊接接头的方法。广义的激光填料焊接包括两类：激光对焊与激光熔覆。其中激光熔覆是指利用激光在工件表面熔覆一层金属、陶瓷或其他材料，以改善材料表面性能的一种工艺。激光填料焊接技术主要应用于异种材料焊接、有色及特种材料焊接和大型结构钢件焊接等激光直接对焊不能胜任的领域。

4) 高速焊接技术

这一技术可使MIG/MAG(metal active gas，熔化极活性气体)的焊接生产率成倍增长，它包括快速电弧技术和快速熔化技术。由于采用的焊接电流大，所以熔深大，一般不会产生未焊透和熔合不良等缺陷，焊缝成型良好，焊缝金属与母材过渡平滑，有利于提高疲劳强度。

5) 搅拌摩擦焊

搅拌摩擦焊(FSW)作为一种固态连接手段，它克服了熔焊的诸如气孔、裂纹、变形之类缺陷，更使得以往传统熔焊手段所无法焊接的材料可以采用FSW实现焊接，被誉为“继激光焊后又一革命性的焊接技术”。

作为一种固态连接手段，FSW除了可以焊接用普通熔焊方法难以焊接的材料，还具有如下优点：温度低，变形小，接头力学性能好，不产生类似熔焊接头的铸造组织缺陷，且其组织由于塑性流动而细化、焊接变形小、焊前及焊后处理简单、能够进行全位置的焊接、适应性好，效率高、操作简单、对环境友好等。尤其值得指出的是，搅拌摩擦焊具有适合于自动化和机器操作的优点,例如不需要填丝、保护气(对于铝合金);可允许有薄的氧化膜;对于批量生产,不需要对工具头进行打磨、刮擦之类的表面处理,延长工具头的使用寿命。

6)激光-电弧复合热源焊接

复合焊接时,激光产生的等离子体有利于电弧的稳定;复合焊接可提高加工效率;可提高焊接性差的材料诸如铝合金、双相钢之类的焊接性;可增加焊接的稳定性和可靠性;通常,激光加丝焊是很敏感的,通过与电弧的复合,则变得容易而可靠。

激光-电弧复合主要是指激光与惰性气体保护钨极电弧焊(TIG)、等离子弧以及MAG焊的复合。通过激光与电弧的相互影响,可克服每一种方法自身的不足,进而产生良好的复合效应。MAG焊成本低,使用填丝,适用强,缺点是熔深浅、焊速低、工件承受热载荷大。激光焊可形成深而窄的焊缝,焊速高、热输入低,但投资高,对工件制备精度要求高,对铝等材料的适应性差。激光-MAG电弧的复合效应表现在电弧增加了对间隙的桥接性,其原因有两个:一是填充焊丝,二是电弧加热范围较宽。电弧功率决定了焊缝顶部宽度;激光产生的等离子体减小了电弧引燃和维持的阻力,使电弧更稳定;激光功率决定了焊缝的深度。即复合导致了效率增加以及焊接适应性的增强。激光电弧复合对焊接效率的提高十分显著。焊接钢时,激光等离子体使电弧更稳定,同时,电弧也进入熔池小孔,减少了能量的损失;焊接铝时,由于叠加效应几乎与激光波长无关,其物理机制和特性尚待进一步研究。

激光-TIG Hybrid可显著增加焊速,约为TIG焊接时的2倍,钨极烧损也大大减小,寿命增加,坡口夹角亦减小,焊缝面积与激光焊时相近。

2. 针对具体的结构生产技术,设计研究专门的自动化焊接系统

这是新近发展起来的一种新的高效焊接技术,它是在焊接中采用随动的水冷装置,强迫冷却熔池来形成焊缝。由于采用了水冷装置,熔池金属冷却速率快,同时受到冷却装置的机械限制,控制了熔池及焊缝的形状,克服了自由成型中熔池金属容易下坠溢流的技术难点,焊接熔池体积可适当扩大,因此,可选用较大的焊接电压和电流,提高焊接生产效率。目前,该种焊接方法在中厚度板及大厚度板的自动立焊中具有广阔的应用前景。

1)焊接机器人和柔性焊接系统

目前,采用机器人焊接已成为焊接自动化技术现代化的主要标志。采用机器人技术,可提高生产率,改善劳动条件,稳定和保证焊接质量,实现小批量产品的焊接自动化。目前,焊接机器人由单一的单机示教再现型向多传感、智能化的柔性加工单元(系统)方向发展,实现由第二代向第三代的过渡将成为焊接机器人发展的目标。

2)焊接过程模拟

采用科学的模拟技术和少量的试验验证以代替过去一切都要通过大量重复性试验进行验证,已成为焊接技术发展的一个重要方法。这不仅可以节省大量的人力物力,而且还可以通过数值模拟研究一些目前尚无法采用试验进行直接研究的复杂问题。

12.6 钢的热处理

12.6.1 概述

为了满足人们对金属材料性能越来越高的要求,人们采取两种解决办法,一是不断研制新型金属材料，二是对钢及其他金属材料进行热处理。热处理是一种重要的金属热加工工艺，广泛地应用于机械制造工业。

热处理(heat treatment)是指在一定介质中将固态金属或合金进行加热、保温和冷却等操作，改变其整体或表面的组织，从而获得预期组织结构和所需性能的一种热加工工艺。

材料通过热处理可以使其潜在的性能得到充分发挥，改善和提高材料的工艺性能和使用性能，满足机械零件在加工和使用过程中对其性能的要求，所以绝大多数的机械零部件，尤其是重要的零部件都要进行热处理。热处理工艺可以是机械零件加工过程中的一个中间工序，例如，改善铸、锻、焊毛坯组织和降低这些毛坯的硬度，改善切削加工性能的退火或正火；也可以是使工件性能达到规定技术指标的最终工序，如"淬火＋回火"。所以热处理在机械制造中具有重要的地位和作用。

根据不同的性能要求，采取的热处理类型亦不同，但其工艺过程都包括加热、保温和冷却三个阶段。按照应用特点，热处理工艺大致分为以下几类。

(1) 普通热处理。包括退火、正火、淬火和回火等。

(2) 表面热处理和化学热处理。表面热处理包括感应加热淬火、火焰加热淬火和电接触加热淬火等；化学热处理包括渗碳、渗氮、碳氮共渗、渗硼、渗硫、渗铝、渗铬等。

(3) 其他热处理。包括可控气氛热处理、真空热处理和形变热处理等。

钢的热处理工艺还可大致分为预先热处理和最终热处理两类。钢的淬火、回火和表面热处理，能使钢满足使用条件下的性能要求，一般称为最终热处理；而钢的退火与正火，多数是要满足钢的冷加工性能，一般称为预先热处理，但对于一些性能要求不高的零件，也常以退火，特别是正火作为最终热处理。

12.6.2 退火与正火

1. 退火与正火的定义和目的及分类

退火(annealing)一般是将金属材料及其制件加热到临界温度以上适当温度，保温适当时间后缓慢冷却，以获得接近平衡的珠光体组织的热处理工艺。

正火(normalizing)也是将钢或其粉件加热到临界温度以上适当温度，保温适当时间后以较快冷却速率冷却(通常在空气中冷却)，以获得珠光体组织的热处理工艺。

钢在加热和冷却时的临界温度如图 12.6.1 所示。

退火和正火的主要目的为：①调整钢件硬度以便进行切削加工；②消除残余应力，以防钢件的变形、开裂；③细化晶粒，改善组织以提高钢的力学性能；④为最终热处理(淬火、回火)做好组织上的准备。

退火和正火是应用非常广泛的热处理工艺。在机器零件或工模具等工件的加工制造过程中，退火和正火经常作为预先热处理工序，安排在铸造或锻造之后、切削(粗)加工之前进行，用以消除热加工工序所带来的某些缺陷，为随后的工序做组织和性能准备。

退火和正火除了经常作为预先热处理工序，在一些普通铸钢件、焊接件以及某些不重要的热加工工件上，还作为最终热处理工序。

钢件退火工艺种类很多，按加热温度可分为两大类。一类是在临界温度(A_{c1} 或 A_{c3})以上的退火，又称相变重结晶退火，包括完全退火、均匀化退火(扩散退火)和球化退火等；

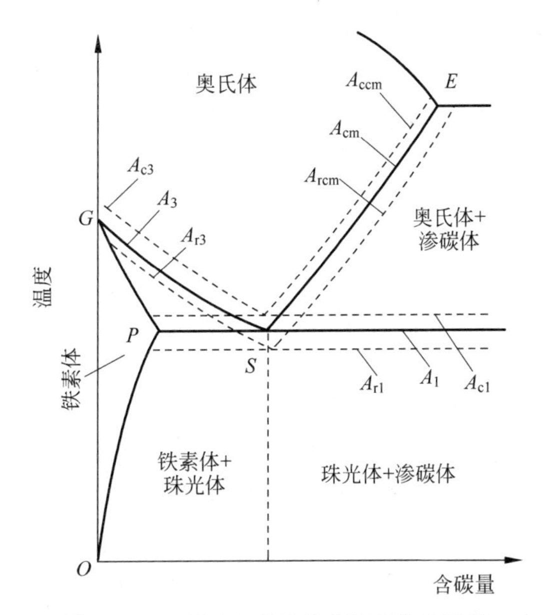

图 12.6.1 钢在加热和冷却时的临界温度

另一类是在临界温度以下的退火，包括软化退火、再结晶退火及去应力退火等。各种退火的加热温度范围和工艺曲线如图 12.6.2 所示，保温时间可参考经验数据。

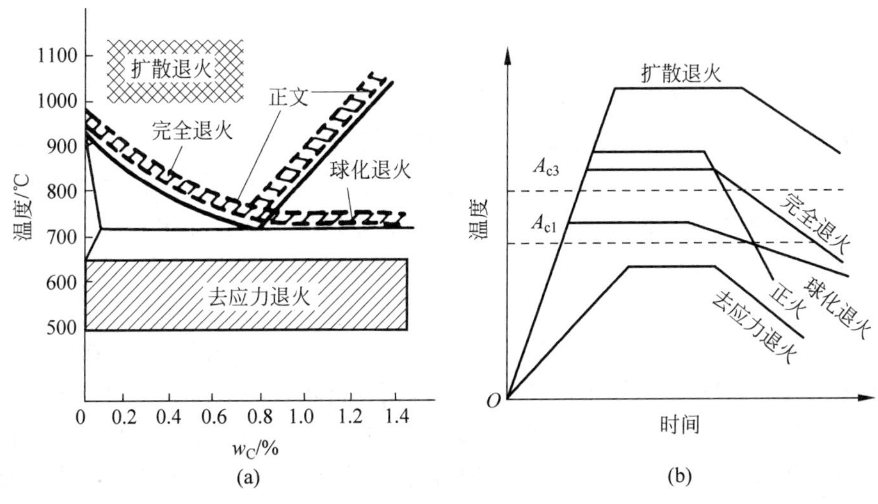

图 12.6.2 碳钢各种退火和正火工艺规范

(a) 加热温度范围；(b) 工艺曲线

2. 退火和正火操作及其应用

1) 退火操作及应用

(1) 完全退火与等温退火。

完全退火又称重结晶退火，一般简称为退火。这种退火主要用于亚共析的碳钢和合金钢的铸、锻件及热轧型材，有时也用于焊接结构。一般常作为一些不重要工件的最终热处理或作为某些重要工件的预先热处理。

完全退火操作是将亚共析钢工件加热到 A_{c3} 以上 30～50℃，保温一定时间后缓慢冷却(随炉冷却或埋入石灰和砂中冷却)至 500℃以下，然后在空气中冷却。

完全退火的“完全”是指工件被加热到临界点以上获得完全的奥氏体组织。它的目的是通过完全重结晶，使热加工所造成的粗大、不均匀组织均匀化和细化；或使中碳以上的碳钢及合金钢得到接近平衡状态的组织，以降低硬度、改善切削加工性能；由于冷却缓慢，所以它还可消除残余应力。

完全退火主要用于亚共析钢，过共析钢不宜采用，因为加热到 A_{ccm} 以上慢冷时，二次渗碳体会以网状形式沿奥氏体晶界析出，使钢的韧性大大下降，并可能在以后的热处理中引起裂纹。

完全退火全过程所需时间比较长，特别是对于某些奥氏体比较稳定的合金钢，往往需要数十小时，甚至数天的时间。如果在对应于钢的 C 曲线上的珠光体形成温度进行过冷奥氏体的等温转变处理，则有可能在等温处理之后稍快地进行冷却，从而大大缩短整个退火的过程。这种退火方法称为等温退火。

等温退火是指将钢件或毛坯加热到高于 A_{c3}(或 A_{c1})温度，保温适当时间后，较快地冷却到珠光体转变温度区间的某一温度，并等温保持使奥氏体转变为珠光体型组织，然后在空气中冷却的退火工艺。

等温退火的目的及加热过程与完全退火相同，但转变较易控制，能获得均匀的预期组织。对于奥氏体较稳定的合金钢，可大大缩短退火时间，一般只需完全退火的一半时间左右。

(2) 球化退火。

球化退火属于不完全退火，是指使钢中碳化物球状化而进行的热处理。球化退火主要用于过共析钢，如工具钢、滚动轴承钢等，其目的是使二次渗碳体及珠光体中的渗碳体球状化(退火前先正火将网状渗碳体破碎)，以降低硬度，提高塑性，改善切削加工性能，以及获得均匀的组织，改善热处理工艺性能，并为以后的淬火做组织准备。球化退火应用于亚共析钢也获得了成效，使其得到最佳的塑性和较低的硬度，从而极有利于冷挤、冷拉、冷冲压成型加工。

球化退火的工艺是将工件加热到 A_{c1} ±(10～20)℃保温后等温冷却或缓慢冷却。球化退火一般采用随炉加热，加热温度略高于 A_{c1}，以便保留较多的未溶碳化物粒子或较大的奥氏体。碳浓度分布的不均匀性，促进了球状碳化物的形成。若加热温度过高，二次渗碳体易在慢冷时以网状的形式析出。球化退火需要较长的保温时间以保证二次渗碳体的自发球化。保温后随炉冷却，在通过 A_{r1} 温度范围时，应足够缓慢，使奥氏体进行共析转变时，以未溶渗碳体粒子为核心形成粒状渗碳体。生产上一般采用等温冷却以缩短球化退火时间。

(3) 均匀化退火。

均匀化退火又称扩散退火，是指将金属铸锭、铸件或锻坯，在略低于固相线的温度，消除或减少化学成分偏析及显微组织(枝晶)的不均匀性，以达到均匀化目的的热处理工艺。

钢的均匀化退火是将钢加热到略低于固相线的温度(1050～1150℃)下加热并长时间(10～20h)保温，然后缓慢冷却，以消除或减少化学成分偏析及显微组织(枝晶)的不均匀性，从而达到均匀化的目的。主要用于铸件凝固时发生偏析，造成成分和组织的不均匀性的情况。如果是钢锭，则这种不均匀性在轧制成钢材时，将沿着轧制方向拉长而呈方向性，最常见的有带状组织。低碳钢中所出现的带状组织，其特点为：有的区域铁素体多，有的区域珠光体多，该二区域并排地沿着轧制方向排列。产生带状组织的原因是锻锭中锰等合金元素(影响过冷奥氏体的稳定性)产生了偏析。由于这种成分和结构的不均匀性，需要长程均匀化才能消除，因而过程进行得很慢，需要消耗大量的能量，且生产效率低，只有在必要时才使用。所以，均匀化退火多用于高合金钢的钢锭、铸件和锻坯，以及偏析现象较为严重的合金。均匀化退火在铸锭开坯或铸造之后进行比较有效，因为此时铸态组织已被破坏，元素均匀化的障碍大为减少。

钢件均匀化退火的加热温度通常选择在 A_{c3} 或 A_{ccm} 以上 150～300℃。根据钢种和偏析程度而异，碳钢一般为 1100～1200℃，合金钢一般为 1200～1300℃。均匀化退火时间一般为 10～15h。加热温度提高时，扩散时间可以缩短。

均匀化退火因为加热温度高，造成晶粒粗大，所以随后往往要经一次完全退火或正火处理来细化晶粒。

(4) 去应力退火。

去应力退火是将工件随炉加热到 A_{c1} 以下某一温度(一般是 500～650℃)，保温后缓冷(随炉冷却)至 300～200℃以下出炉空冷。由于加热温度低于 A_{c1}，钢在去应力退火过程中不发生组织变化。其主要目的是消除工件在铸、锻、焊和切削加工、冷变形等冷热加工过程中产生的残留内应力，以稳定工件尺寸，减少其变形。这种处理可以消除 50%～80%的内应力而不引起组织变化。

2) 正火的操作及应用

正火是指将钢加热到 A_{c3}(亚共析钢)或 A_{ccm}(过共析钢)以上 30～50℃，保温后在自由流动的空气中均匀冷却的热处理工艺。与退火相比，正火的冷却速率较快，目的是使钢的组织正常化，所以亦称正常化处理；正火的转变温度较低，因而发生伪共析组织转变，使组织中珠光体量增多，获得的珠光体型组织较细，钢的强度、硬度也较高。正火后的组织，通常为索氏体，对于碳质量分数低的亚共析碳钢还有部分铁素体，即 F+S；而碳质量分数高的过共析碳钢则会析出一定量的碳化物，即 $S+Fe_3C_{II}$。

正火主要应用于最终热处理、预先热处理和改善切削加工性能。

3) 退火与正火的选择

综上所述，退火和正火目的相似，它们之间的选择，可以从以下几方面加以考虑。

(1) 切削加工性。一般来说，钢的硬度为 170～230HB，组织中无大块铁素体时，切削加工性较好。因此，对低、中碳钢宜用正火；高碳结构钢和工具钢，以及含合金元素较多的中碳合金钢，则以退火为好。

(2) 使用性能。对于性能要求不高，随后便不再淬火回火的普通结构件，往往可用正火来提高力学性能；但若是形状比较复杂的零件或大型铸件，采用正火有变形和开裂的危险时，则用退火。如从减少淬火变形和开裂倾向考虑，则正火不如退火。

(3) 经济性。正火比退火的生产周期短，设备利用率高，节能省时，操作简便，故在可能的情况下，优先采用正火。

由于正火与退火在某种程度上有相似之处，实际生产中有时可以相互代替。而且正火与退火相比，力学性能高、操作方便、生产周期短、耗能少，所以在可能条件下，应优先考虑正火处理。

12.6.3 淬火

淬火(quenching)是指将钢件加热到 A_{c3} 或 A_{c1} 以上某一温度,保温一定时间,然后快速冷却以获得马氏体或(和)贝氏体组织的热处理工艺。

淬火的目的是提高钢的力学性能。例如,用于制作切削刀具的 T10 钢,退火态的硬度小于 20HRC,适合于切削加工,如果将 T10 钢淬火获得马氏体后配以低温回火,则硬度可提高到 60～64HRC,同时具有很高的耐用性,可以切削金属材料(包括退火态的 T10 钢)。再如,45 钢经淬火获得马氏体后高温回火,其力学性能与正火态相比:σ_s 由 320MPa 提高到 450MPa,δ 由 18%提高到 23%,σ_k 由 $70J/cm^2$ 提高到 $100J/cm^2$,具有良好的强度与塑性和韧性的配合。可见,淬火是一种强化钢件、更好地发挥钢材性能潜力的重要手段。

1. 淬火工艺

1) 淬火加热温度的选择

淬火加热的目的是获得细小而均匀的奥氏体后,通过快冷得到细小而均匀的马氏体或(和)贝氏体。

碳钢的淬火加热温度可根据 $Fe\text{-}Fe_3C$ 相图进行选择,如图 12.6.3 所示。

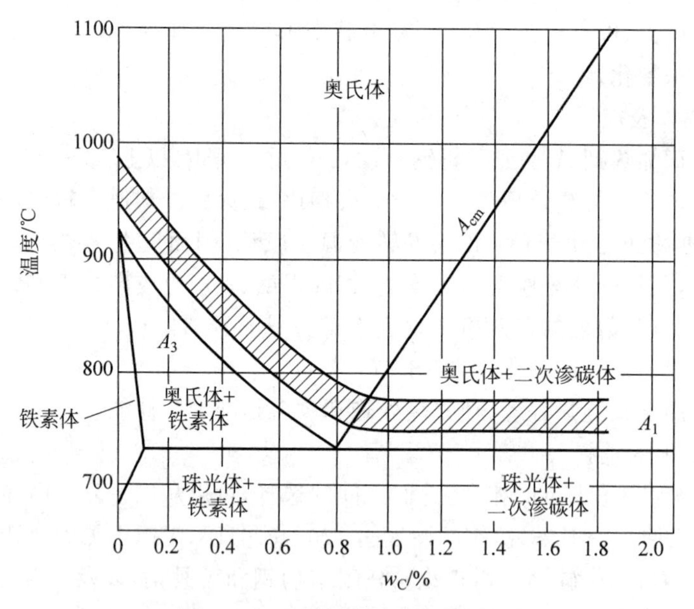

图 12.6.3 碳钢的淬火加热温度

亚共析钢的淬火加热温度为 A_{c3} 以上 30～50℃,加热后的组织为细的奥氏体,淬火后可以得到细小而均匀的马氏体。淬火加热温度不能过高,否则,奥氏体晶粒粗化,淬火后会出现粗大的马氏体组织,使钢的脆性增大,而且使淬火应力增大,容易产生变形和开裂;淬火加热温度也不能过低(如低于 A_{c3}),否则必然会残存一部分自由铁素体,淬火时这部分铁素体不发生转变,保留在淬火组织中,使钢的强度和硬度降低。但对于某些亚共析合金钢,在略低于 Ac_3 的温度进行亚温淬火,可利用少量细小残存分散的铁素体提高钢的韧性。

共析钢、过共析钢的淬火加热温度为 A_{c1} 以上 30～50℃。对于过共析钢,在此温度范围内淬火的优点有：组织中保留了一定数量的未溶二次渗碳体，有利于提高钢的硬度和耐磨性；由于降低了奥氏体中的碳质量分数，改变了马氏体的形态，从而降低马氏体的脆性。此外，使奥氏体的碳质量分数不至过多而保证淬火后残余奥氏体不至过多，有利于提高钢的硬度和耐磨性，使得奥氏体晶粒细小，淬火后可以获得较高的力学性能；同时，加热时的氧化脱碳及冷却时的变形、开裂倾向小。若淬火温度太高，则会形成粗大的马氏体，使机械性能恶化，同时也增大了淬火应力，使变形和开裂倾向增大。

2）淬火加热时间的确定

淬火加热时间包括升温和保温两个阶段的时间。通常以装炉后炉温达到淬火温度所需时间为升温阶段，并以此作为保温时间的开始。保温阶段是指钢件心部达到淬火温度（烧透）并完成奥氏体化所需的时间。

3）淬火冷却介质

工件进行淬火冷却时所使用的介质称为淬火冷却介质。

（1）理想淬火介质的冷却特性。

淬火要得到马氏体，淬火冷却速率必须大于 v_k，而冷却速率过快，总是要不可避免地造成很大的内应力，往往引起零件的变形和开裂。淬火时既要得到马氏体而又能减小变形并避免开裂，这是淬火工艺中要解决的一个主要问题。对此，可从两个方面考虑：一是找到一种理想的淬火介质，二是改进淬火冷却方法。

由C曲线可知，要通过淬火得到马氏体，并不需要在整个冷却过程都进行快速冷却，理想淬火介质的冷却特性应如图12.6.4所示。在650℃以上时，因为过冷奥氏体比较稳定，速度应慢些，以降低零件内部由温度差而引起的热应力，防止变形；在650～550℃（C曲线“鼻尖”附近），过冷奥氏体最不稳定，应快速冷却，淬火冷却速率应大于 v_k，使过冷奥氏体不至于发生分解而形成珠光体；在300～200℃，过冷奥氏体已进入马氏体转变区，应缓慢冷却，因为此时相变应力占主导地位，可防止内应力过大而使零件产生变形，甚至开裂。但目前为止，符合这一特性要求的理想淬火介质还没有发现。

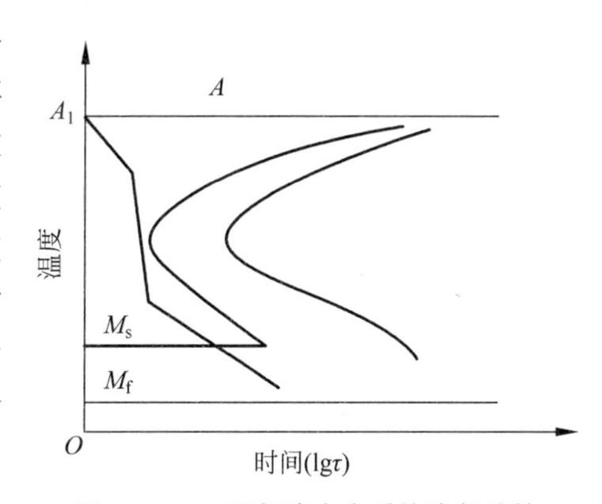

图12.6.4　理想淬火介质的冷却特性

（2）常用淬火介质。

目前常用淬火介质有水及水基、油及油基等。

水是应用最为广泛的淬火介质，这是因为水价廉易得，且具有较强的冷却能力。但它的冷却特性并不理想，水在500～650℃范围内冷却速率较大，在200～300℃范围内也较大，所以容易使零件产生变形，甚至开裂，这是它的最大缺点。提高水温能降低500～650℃范围的冷却能力，但对200～300℃的冷却能力几乎没有影响，而且不利于淬硬，也不能避免变形，故淬火用水的温度常控制在30℃以下。水在生产上主要用作尺寸较小、形状简单的碳钢零件的淬火介质。

为提高水的冷却能力，在水中加入5%～15%的食盐成为盐水溶液，其冷却能力比清水更强，在500～650℃范围内，冷却能力比清水提高近1倍，这对于保证碳钢件的淬硬是非常有利的。当用盐水淬火时，由于食盐晶体在工件表面的析出和爆裂，不仅能有效地破坏包围在工件表面的蒸气膜，使冷却速率加快，而且还能破坏在淬火加热时所形成的氧化皮，使它剥落下来，所以用盐水淬火的工件，易得到高的硬度和光洁的表面，不易产生淬不硬的弱点，这是清水无法相比的。但盐水在300～200℃范围内，冷却速率仍像清水一样快，易使工件产生变形，甚至开裂。生产上为防止这种变形和开裂，采用先盐水快冷，在 M_s 点附近再转入冷却速率较慢的介质中缓冷。所以盐水主要使用于形状简单、硬度要求较高而均匀、表面要求光洁、变形要求不严格的低碳钢零件的淬火。

油也是广泛使用的一种冷却介质，所用几乎全部为各种矿物油(如机油、柴油、变压器油等)。它的优点是在200～300℃范围内冷却能力低，有利于减少零件的变形与开裂；缺点是在500～650℃范围冷却能力也低，对防止过冷奥氏体的分解是不利的，因而不利于钢的淬硬。所以只能用于一些较稳定的过冷奥氏体合金钢或尺寸较小的碳钢件的淬火。

为了减少零件淬火时的变形，可用盐浴和碱浴作淬火介质。这类淬火介质的特点是，在冷却过程中因沸点高而不发生物态变化，工件淬火主要靠对流冷却，通常在高温区域冷却速率快，在低温区域冷却速率慢(在高温区碱浴的冷却能力比油强而比水弱，硝盐浴的冷却能力则比油弱；在低温区则都比油弱)；淬火性能优良，淬透力强，淬火变形小，基本无裂纹产生；但是对环境污染大，劳动条件差，耗能多，成本高；常用于截面不大，形状复杂，变形要求严格的碳钢、合金钢工件和工模具的淬火。熔盐有氯化钠、硝酸盐、亚硝酸盐等，工件在盐浴中淬火可以获得较高的硬度，而变形极小，不易开裂，通常用作等温淬火或分级淬火。其缺点是熔盐易老化，对工件有氧化及腐蚀的作用。熔碱有氢氧化钠、氢氧化钾等，它具有较强的冷却能力，工件加热时若未氧化，则淬火后可获得银灰色的洁净表面，也有一定的应用。但熔碱蒸气具有腐蚀性，对皮肤有刺激作用，使用时要注意通风和采取防护措施。常用碱浴和盐浴的成分、熔点及使用温度见表12.6.1。

表12.6.1 热处理常用碱浴和盐浴的成分、熔点及使用温度

熔　盐	成　分	熔点/℃	使用温度/℃
碱浴	80%KOH+20%NaOH+6%H_2O	130	140～250
硝盐	53%KNO_3+40%$NaNO_2$+7%$NaNO_3$	137	150～500
硝盐	55%KNO_3+45%$NaNO_3$	218	230～550
中性盐	30%KCl+20%NaCl+50%$BaCl_2$	560	580～800

近年来，新型淬火介质最引人注目的进展是有机聚合物淬火剂的研究和应用。这类淬火介质是将有机聚合物溶解于水中，并根据需要调整溶液的浓度和温度，配制成冷却性能能满足要求的水溶液，它在高温阶段冷却速率接近于水，在低温阶段冷却速率接近于油。其优点是无毒，无烟无臭，无腐蚀，不燃烧，抗老化，使用安全可靠，且冷却性能好，冷却速率可以调节，适用范围广，工件淬硬均匀，可明显减少变形和开裂倾向。因此，它能提高工件的质量，改善工作环境和劳动条件，节能、环保，给工厂带来技术和经济效益。

目前，有机聚合物淬火剂在大批量、单一品种的热处理上用得较多，尤其对于水淬开裂、变形大、油淬不硬的工件，采用有机聚合物淬火剂比淬火油更经济、高效、节能。从提高工件质量、改善劳动条件、避免火灾和节能的角度考虑，有机聚合物淬火剂有逐步取代淬火油的趋势，是淬火介质的主要发展方向。有机聚合物淬火剂的冷却速率受浓度、使用温度和搅拌程度三个基本参数的影响。一般来说,浓度越高,冷却速率越慢;使用温度越高,冷却速率越慢;搅拌程度越激烈,冷却速率越快。搅拌的作用很重要,可以使溶液浓度均匀,加强溶液的导热能力,从而保证淬火后工件硬度高且分布均匀,减少产生淬火软点和变形、开裂的倾向。通过控制上述因素,可以调整有机聚合物淬火剂的冷却速率,从而达到理想的淬火效果。一般来说,夏季使用的浓度可低些,冬季使用的浓度可高些,而且要有充分的搅拌。有机聚合物淬火剂大多是制成含水的溶液,在使用时可根据工件的特点和技术要求,加水稀释成不同的浓度,便可以得到具有多种淬火烈度的淬火液,以适应不同的淬火需要。不同种类的有机聚合物淬火剂具有显著不同的冷却特性和稳定性,能适合不同淬火工艺的需要。目前世界上使用最稳定、应用面最广的有机聚合物淬火剂是聚烷二醇(PAG)类淬火剂。这类淬火剂具有逆溶性,可以配成比盐水慢而比较接近矿物油的不同淬火烈度的淬火液,其浓度易测易控,可减少工件的变形和开裂,避免淬火软点的产生,使用寿命长,适合于各类感应加热淬火和整体淬火。

2. 常用淬火方法

由于淬火介质不能完全满足淬火质量要求,所以在热处理工艺上还应在淬火方法上加以改进。生产中应根据钢的化学成分、工件的形状和尺寸,以及技术要求等选择淬火方法。选择合适的淬火方法要求在获得所要求的淬火组织和性能的前提条件下,尽量减少淬火应力,从而减少工件变形和开裂的倾向。目前常用的淬火方法有单介质淬火、双介质淬火、分级淬火和等温淬火等(表 12.6.2),其冷却曲线如图 12.6.5 所示。

表 12.6.2 常用的淬火方法

淬火方法	冷却方式	特点和应用
单介质淬火	将奥氏体化后的工件放入一种淬火冷却介质中一直冷却到室温	操作简单,已实现机械化与自动化,适用于形状简单的工件
双介质淬火	将奥氏体化后的工件在水中冷却到接近 M_s 点时,立即取出放入油中冷却	防止低温马氏体转变时工件发生裂纹,常用于形状复杂的合金钢
马氏体分级淬火	将奥氏体化后的工件放入稍高于 M_s 点的盐浴中,使工件各部分与盐浴的温度一致后,取出空冷完成马氏体转变	大大减小热应力、变形和开裂,但盐浴的冷却能力较小,故只适用于截面尺寸小于 10mm^2 的工件,如刀具、量具等
贝氏体等温淬火	将奥氏体化的工件放入温度稍高于 M_s 点的盐浴中等温保温,使过冷奥氏体转变为下贝氏体组织后,取出空冷	常用来处理形状复杂、尺寸要求精确、韧性高的工具、模具和弹簧等
局部淬火	对工件局部要求硬化的部位进行加热淬火	
冷处理	将淬火冷却到室温的钢继续冷却到−80～−70℃,使残余奥氏体转变为马氏体,然后低温回火,消除应力,稳定新生马氏体组织	提高硬度、耐磨性、稳定尺寸,适用于一些高精度的工件,如精密量具、精密丝杠、精密轴承等

3. 钢的淬透性

1) 淬透性的基本概念

淬透性(hardenability)是指钢在淬火时获得马氏体的能力。淬火时,同一工件表面和心部的冷却速率是不同的,表面的冷却速率最大,越到中心,冷却速率越小,如图 12.6.6(a)

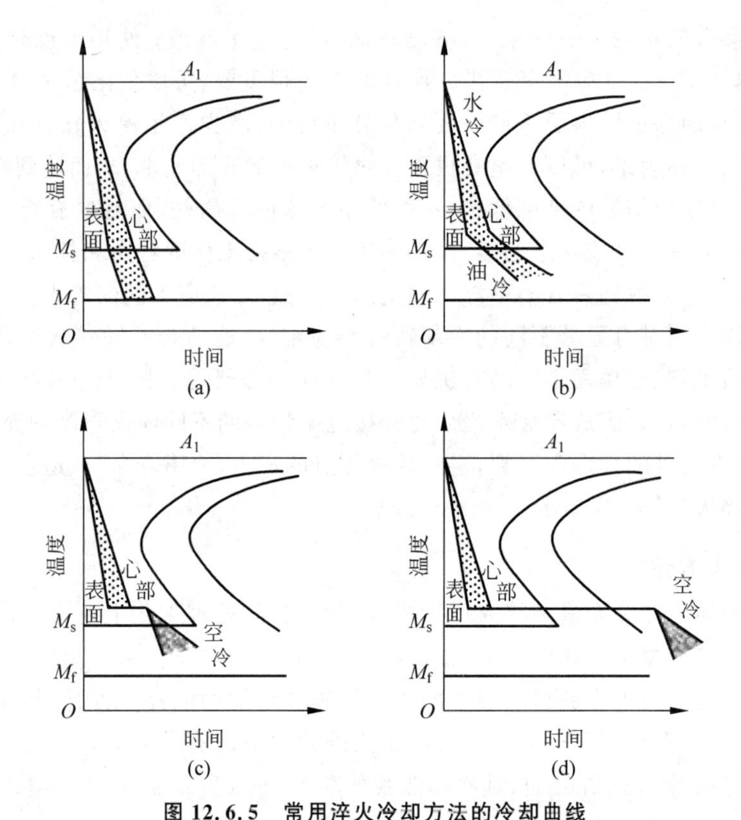

图 12.6.5 常用淬火冷却方法的冷却曲线

(a) 单介质淬火；(b) 双介质淬火；(c) 马氏体分级淬火；(d) 贝氏体等温淬火

所示。淬透性低的钢，其截面尺寸较大时，由于心部不能淬透，因此表层与心部组织的硬度不同(图 12.6.6(b))。钢的淬透性主要决定于临界冷却速率。临界冷却速率越小，过冷奥氏体越稳定，钢的淬透性也就越好。因此，除 Co 外，大多数合金元素都能显著提高钢的淬透性。

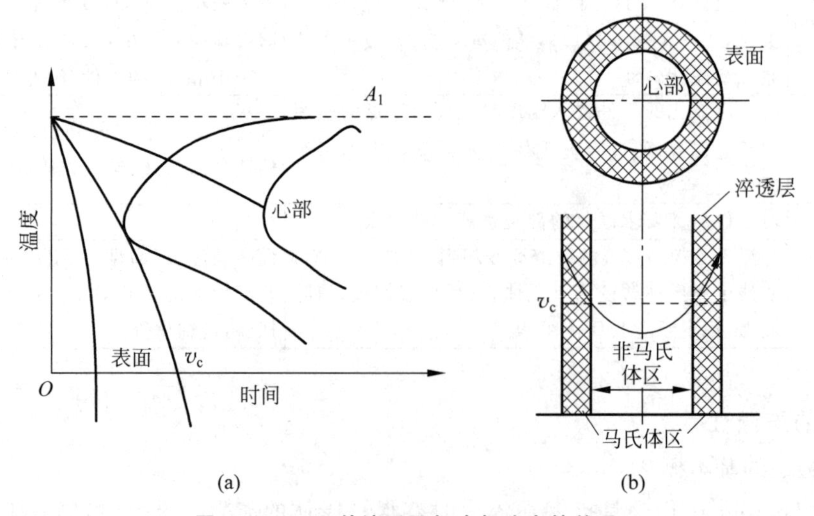

图 12.6.6 工件淬透层与冷却速率的关系

淬透性是钢的固有属性，决定了钢材淬透层深度和硬度分布的特性。淬透性的大小可用钢在一定条件下淬火所获得的淬透层深度和硬度分布来表示。从理论上讲，淬透层深度应为工件截面上全部淬成马氏体的深度；但实际上，即使马氏体中含少量(质量分数5%～10%)的非马氏体组织，在显微镜下观察或通过测定硬度也很难区别开来。为此规定：从工件表面向里的半马氏体组织处的深度为有效淬透层深度，以半马氏体组织所具有的硬度来评定是否淬硬。当工件的心部在淬火后获得了50%以上的马氏体时，则可被认为已淬透。

同样形状和尺寸的工件，用不同成分的钢材制造，在相同条件下淬火，形成马氏体的能力不同，容易形成马氏体的钢淬透层深度越大，则反映钢的淬透性越好。

需要注意的是，钢的淬透性与实际工件的淬透层深度是有区别的。淬透性是钢在规定条件下的一种工艺性能，是确定的、可以比较的，是钢材本身固有的属性；淬透层深度是实际工件在具体条件下获得的表面马氏体到半马氏体处的深度，是变化的，与钢的淬透性及外在因素(如淬火介质的冷却能力、工件的截面尺寸等)有关。淬透性好、工件截面小、淬火介质的冷却能力强，则淬透层深度就大。

2) 淬透性的评定方法

评定淬透性的方法常用的有临界淬透直径测定法及末端淬火试验法。

(1) 临界淬透直径测定法。

用截面较大的钢制试棒进行淬火实验时，发现仅在表面一定深度获得马氏体，试棒截面硬度分布曲线呈U字形，如图12.6.7所示，其中半马氏体深度 h 即有效淬透深度。

钢材在某种冷却介质中冷却后，心部能淬透(得到全部马氏体或50%马氏体组织)的最大直径称为临界淬透直径，以 D_c 表示。临界淬透直径测定法就是制作一系列直径不同的圆棒，淬火后分别测定各试样截面上沿直径分布的硬度U形曲线，从中找出中心恰为半马氏体组织的圆棒，该圆棒直径即临界淬透直径。显然，冷却介质的冷却能力越大，钢的临界淬透直径就越大。在同一冷却介质中钢的临界淬透直径越大，则其淬透性越好。表12.6.3为常用钢材的临界淬透直径。

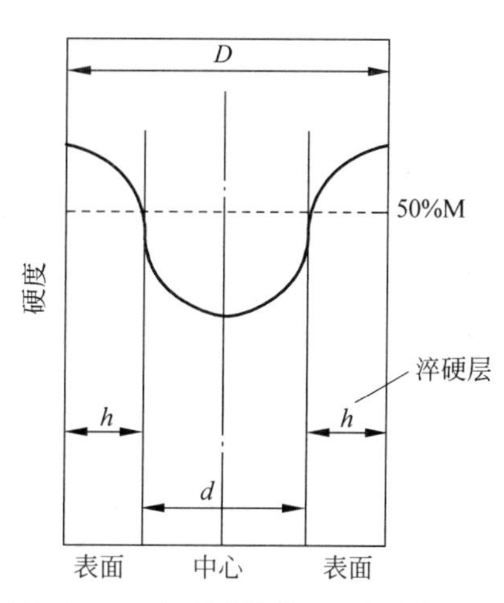

图12.6.7 钢制试棒截面硬度分布曲线

表12.6.3 常用钢材的临界淬透直径

钢号	临界淬透直径 D_c/mm		钢号	临界淬透直径 D_c/mm	
	水冷	油冷		水冷	油冷
45	13～16.5	6～9.5	35CrMo	3～42	20～28
60	14～17	6～12	60Si2Mn	55～62	32～46
T10	10～15	<8	50CrVA	55～62	32～40
65Mn	25～30	17～25	38CrMoAlA	100	80
20Cr	12～19	6～12	20CrMnTi	22～35	15～24
40Cr	30～38	19～28	30CrMnSi	40～50	23～40
35SiMn	40～46	25～34	40MnB	50～55	28～40

(2) 末端淬火试验法。

末端淬火试验法是将标准尺寸的试样(ϕ25mm×100mm),经奥氏体化后,迅速放入末端淬火试验机的冷却孔,对其一端面喷水冷却。规定喷水管内径为12.5mm,水柱自由高度为65mm±5mm,水温为20～30℃。显然,喷水端冷却速率最大,随着距末端沿轴向距离的增大,冷却速率逐渐减少,其组织及硬度亦逐渐变化。在试样侧面沿长度方向磨一深度为0.2～0.5mm的窄条平面,然后从末端开始,每隔一定距离测量一个硬度值,即可测得试样冷却后沿轴线方向硬度与距水冷端距离的关系曲线,称为淬透性曲线。这是淬透性测定的常用方法,详细可参阅GB/T 225—2006《钢淬透性的末端淬火试验方法》。

同一牌号的钢,由于化学成分和晶粒度的差异,淬透性实际上是有一定波动范围的淬透性带。根据GB 225—2006规定,钢的淬透性值用$J\ \dfrac{\mathrm{HRC}}{d}$表示。其中$J$表示末端淬火的淬透性;$d$表示距水冷端的距离;HRC为该处的硬度。例如,淬透性值$J\ \dfrac{42}{5}$,即表示距水冷端5mm试样硬度为42HRC。

半马氏体组织比较容易由显微镜或硬度的变化来确定。马氏体中含非马氏体组织量不多时,硬度变化不大;非马氏体组织量增至50%时,硬度陡然下降,曲线上出现明显转折点。另外,在淬火试样的断口上,也可以看到以半马氏体为界,发生由脆性断裂过渡为韧性断裂的变化,并且其酸蚀断面呈明显的明暗界线。半马氏体组织和马氏体一样,硬度主要与碳质量分数有关,而与合金元素质量分数的关系不大。

3) 影响淬透性的因素

由钢的连续冷却转变曲线可知,淬火时要想得到马氏体,则冷却速率必须大于临界速率v_k,所以钢的淬透性主要由其临界速率决定。v_k越小,即奥氏体越稳定,钢的淬透性越好。因此,凡是影响奥氏体稳定的因素,均影响淬透性。

(1) 合金元素。合金元素是影响淬透性的最主要因素。除Co外,大多数合金元素溶于奥氏体后,均能降低v_k,使C曲线右移,从而提高钢的淬透性。

(2) 碳质量分数。对于碳钢来说,钢中的碳质量分数越接近共析成分,其C曲线越靠右;v_k越小,淬透性越好。即亚共析钢的淬透性随碳质量分数的增加而增大,过共析钢的淬透性随碳质量分数的增加而减小。

(3) 奥氏体化温度。提高奥氏体化温度,使奥氏体晶粒长大,成分均匀化,从而减小珠光体的形核率,使奥氏体过冷且更稳定,C曲线向右移,降低钢的v_k,增大其淬透性。

(4) 钢中未溶第二相。钢中未溶入奥氏体的碳化物、渗氮物及其他非金属夹杂物,可成为奥氏体分解的非自发形核的核心,进而促进奥氏体转变产物的形核,减少过冷奥氏体的稳定性,使v_k增大,降低淬透性。

4) 淬透性的应用

根据淬透性曲线,可比较不同钢种的淬透性。淬透性是选用钢材的重要依据之一。利用半马氏体硬度曲线和淬透性曲线,找出钢的半马氏体区所对应的距水冷端距离,从而推算出钢的临界淬火直径,确定钢件截面上的硬度分布情况等。临界淬火直径越大,则淬透性越好。

淬透性对钢的力学性能影响很大。例如,将淬透性不同的钢调质处理后,沿截面的组织和机械性能差别很大。设计人员必须充分考虑钢的淬透性的作用，以便能根据工件的工作条件和性能要求进行合理选材、制定热处理工艺，以提高工件的使用性能，具体应注意以下几点。

（1）根据零件不同的工作条件合理地确定钢的淬透性要求。并不是所有场合都要求淬透，也不是在任何场合淬透都是有益的。截面较大、形状复杂及受力情况特殊的重要零件，如螺栓、拉杆、锻模、锤杆等要求表面和心部力学性能一致，应选淬透性好的钢。当某些零件的心部力学性能对其寿命的影响不大时，如承受扭转或弯曲载荷的轴类零件，外层受力很大、心部受力很小，可选用淬透性较低的钢，获得一定的淬透层深度即可。有些工件则不能或不宜选用淬透性高的钢，如焊接件、冷镦模等。

（2）零件尺寸越大，其热容量越大，淬火时零件冷却速率越慢。淬透层越薄，性能越差，因此不能根据手册中查到的小尺寸试样的性能数据计算大尺寸零件的强度。这种随工件尺寸增大而热处理强化效果减弱的现象，称为钢材的尺寸效应。但是，合金元素含量高的淬透性大的钢，其尺寸效应则不明显。

（3）由于碳钢的淬透性低，在设计大尺寸零件时，有时用碳钢正火比调质更经济，而效果相似。

（4）淬透层浅的大尺寸工件应考虑在淬火前先切削加工。

4. 钢的淬硬性

淬硬性（hardening capacity）是指钢在理想条件下进行淬火硬化（得到马氏体组织）所能达到的最高硬度的能力。淬硬性与淬透性是两个不同的概念，淬硬性主要取决于马氏体中的碳质量分数（也就是淬火前奥氏体的碳质量分数），马氏体中的碳质量分数越高，淬火后硬度越高。合金元素的含量则对淬硬性无显著影响。所以，淬硬性好的钢淬透性不一定好，淬透性好的钢淬硬性也不一定高。

淬硬性对于按零件使用性能要求选材及热处理工艺的制订同样具有重要的参考作用。对于要求高硬度、高耐磨性的各种工、模具，可选用淬硬性高的高碳、高合金钢；对于综合力学性能要求较高的机械零件，可选用淬硬性中等的中碳及中碳合金钢；对于要求高塑性、韧性的焊接件及其他机械零件，则应选用淬硬性低的低碳、低合金钢；当对于零件表面有高硬度、高耐磨性要求时，则可配以渗碳工艺，通过提高零件表面的碳质量分数使其表面淬硬性提高。

12.6.4 回火

回火（tempering）是指把淬火钢加热到 A_{c1} 以下的某一温度保温后进行冷却的热处理工艺。回火紧接着淬火后进行，除等温淬火外，其他淬火零件都必须及时回火。

淬火钢回火的目的是：①降低脆性，减少或消除内应力，防止工件变形或开裂；②获得工件所要求的力学性能；③稳定工件尺寸；④改善某些合金钢的切削性能。

1. 淬火钢在回火时的转变

不稳定的淬火组织有自发向稳定组织转变的倾向。淬火钢的回火正是促使这种转变较快地进行。在回火过程中，随着组织的变化，钢的性能也发生相应的变化。

1）回火时的组织转变

随着回火温度的升高，淬火钢的组织大致发生四个阶段的变化，如图 12.6.8 所示。

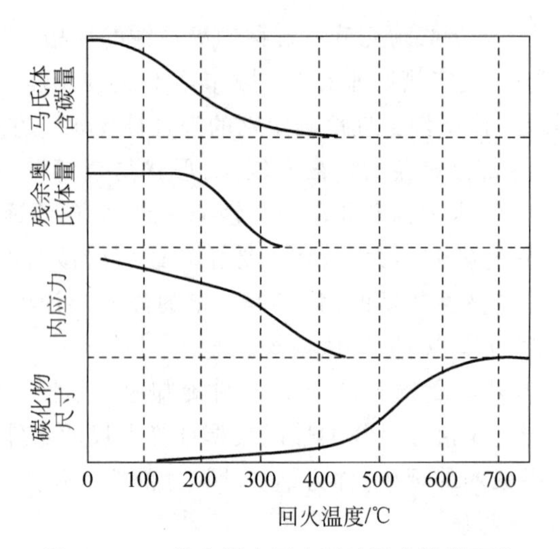

图 12.6.8 淬火钢在回火时的四个阶段变化

(1) 马氏体分解。

回火温度小于100℃(这是对碳钢而言,合金钢会有不同程度的提高)时,钢的组织基本无变化。马氏体分解主要发生在100～200℃时,此时马氏体中的过饱和碳以ε碳化物(Fe_xC)的形式析出,使马氏体的过饱和度降低。析出的碳化物以极细片状分布在马氏体基体上,这种组织称为回火马氏体,用符号"$M_{回}$"表示。在显微镜下观察,回火马氏体呈黑色,残余奥氏体呈白色。

马氏体分解一直进行到350℃,此时,α相中的碳质量分数接近于平衡成分,但仍保留马氏体的形态。马氏体的碳质量分数越高,析出的碳化物也越多,对于碳的质量分数小于0.2%的低碳马氏体,在这一阶段不析出碳化物,只发生碳原子在位错附近的偏聚。

(2) 残余奥氏体的分解。

残余奥氏体的分解主要发生在200～300℃时。由于马氏体的分解,正方度下降,减轻了对残余奥氏体的压应力,因而残余奥氏体分解为ε碳化物和过饱和α相,其组织与下贝氏体或同温度下马氏体回火产物一样。

(3) ε碳化物转变为Fe_3C。

回火温度在300～400℃时,亚稳定的ε碳化物转变成稳定的渗碳体(Fe_3C),同时,马氏体中的过饱和碳也以渗碳体的形式继续析出。到350℃上下,马氏体中的碳质量分数已基本降到铁素体的平衡成分,同时内应力大量消除。此时回火马氏体转变为在保持马氏体形态的铁素体基体上分布着的细粒状渗碳体的组织,称回火屈氏体,用符号"$T_{回}$"表示。

(4) 渗碳体的聚集长大及α相的再结晶。

这一阶段的变化主要发生在400℃以上,铁素体开始发生再结晶,由针片状转变为多边形。这种由颗粒状渗碳体与多边形铁素体组成的组织称为回火索氏体,用符号"$S_{回}$"表示。

2) 回火过程中的性能变化

淬火钢在回火过程中力学性能总的变化趋势是:随着回火温度的升高,硬度和强度降低,塑性和韧性上升。但若回火温度太高,则塑性会有所下降。

在200℃以下,由于马氏体中析出大量ε碳化物而产生弥散强化作用,钢的硬度并不下降，对于高碳钢，甚至略有升高。

在 200～300℃时，高碳钢由于有较多的残余奥氏体转变为马氏体，硬度会再次提高；而低、中碳钢由于残余奥氏体量很少，硬度则缓慢下降。

在 300℃以上时，由于渗碳体粗化以及马氏体转变为铁素体，所以钢的硬度呈直线下降。

由淬火钢回火得到的回火屈氏体、回火索氏体和球状珠光体，比由过冷奥氏体直接转变的屈氏体、索氏体和珠光体的力学性能好，在硬度相同时，回火组织的屈服强度、塑性和韧性好得多。这是由两者渗碳体形态的不同所致，片状组织中的片状渗碳体受力时，其尖端会引起应力集中，形成微裂纹，导致工件破坏；而回火组织的渗碳体呈粒状，不易造成应力集中。这正是重要的零件都要求进行淬火和回火的原因。

2. 回火种类及应用

淬火钢回火后的组织和性能取决于回火温度，根据钢的回火温度范围，把回火分为三类。

1）低温回火

回火温度为 150～250℃，回火组织为回火马氏体。目的是在降低淬火内应力和脆性的同时，保持钢在淬火后的高硬度（一般达 58～64HRC）和高耐磨性。它广泛用于处理各种切削刀具、冷作模具、量具、滚动轴承、渗碳件和表面淬火件等。

2）中温回火

回火温度为 350～500℃，回火后组织为回火屈氏体，具有较高屈服强度和弹性极限以及一定的韧性，硬度一般为 35～45HRC，主要用于各种弹簧和热作模具的处理。

3）高温回火

回火温度为 500～650℃，回火后得到粒状渗碳体和铁素体基体的混合组织，称为回火索氏体，硬度为 25～35HRC。这种组织具有良好的综合力学性能，即在保持较高强度的同时，具有良好的塑性和韧性。习惯上，把淬火加高温回火的热处理工艺称为调质处理，简称调质。它广泛用于处理各种重要的机器结构构件，如连杆、螺栓、齿轮、轴类等。同时，也可作为某些要求较高的精密工件如模具、量具等的预先热处理。

钢调质处理后的机械性能与正火后的相比，不仅强度高，而且塑性和韧性也比较好，这与它们的组织形态有关。调质得到的是回火索氏体，其渗碳体为粒状；正火得到的是索氏体，其渗碳体为片状，粒状渗碳体对阻止断裂过程的发展比片状渗碳体有利。

必须注意的是，某些高合金钢淬火后高温回火，是为了促使残余奥氏体转变为马氏体回火，获得的是以回火马氏体和碳化物为主的组织。这与结构钢的调质在本质上是不同的。

除了上述三种常用的回火方法，某些高合金钢还在 640～680℃进行软化回火，以改善切削加工性。某些精密零件，为了保持淬火后的高硬度及尺寸稳定性，有时需在 100～150℃进行长时间（10～15h）的加热保温。这种低温长时间的回火称为尺寸稳定处理或时效处理。

3. 回火脆性

淬火钢的韧性并不总是随回火温度的升高而提高的。在某些温度范围内回火时，出现冲击韧性明显下降的现象，称为回火脆性。回火脆性有第一类回火脆性（250～400℃）和第二类回火脆性(450～650℃)两种。这种现象在合金钢中比较显著,应当设法避免。

1) 第一类回火脆性

淬火钢在250～400℃回火时出现的脆性称为第一类回火脆性。淬火后形成马氏体的钢在此温度回火,几乎都不同程度地产生这种脆性。这与在这一温度范围沿马氏体的边界析出碳化物的薄片有关。目前,尚无有效办法完全消除这类回火脆性,所以一般不在250～350℃温度范围内回火。

2) 第二类回火脆性

淬火钢在450～650℃范围内回火时出现的脆性称为第二类回火脆性。第二类回火脆性主要发生在含Cr、Ni、Si、Mn等合金元素的合金钢中,这类钢淬火后在450～650℃长时间保温或以缓慢速度冷却时,便产生明显的脆化现象,但如果回火后快速冷却,脆化现象便消失或受抑制。所以这类回火脆性是"可逆"的。第二类回火脆性产生的原因,一般认为与Sb、Sn、P等杂质元素在原奥氏体晶界偏聚有关。Cr、Ni、Si、Mn等会促进这种偏聚,因而增加了这类回火脆性的倾向。

除回火后快冷可以防止第二类回火脆性外,在钢中加入W(约1%)、Mo(约0.5%)等合金元素也可有效地抑制这类回火脆性的产生。

12.6.5 表面热处理

一些零件如齿轮、轴等,既要求表面硬度高、耐磨性好,又要求芯部的韧性好,若仅从选材方面考虑,这是难以解决的。例如,高碳钢的硬度高,但韧性不足;低碳钢虽然韧性好,但表面的硬度和耐磨性又低。在实际生产中,广泛采用表面淬火或化学热处理的办法来满足上述要求。

钢的表面淬火是指将工件的表面层淬硬到一定深度,而芯部仍保持未淬火状态的一种局部淬火法。它是利用快速加热使工件表面奥氏体化,然后迅速冷却,这样,工件的表层组织为马氏体,而芯部仍保持原来的退火、正火或调质状态的组织。其特点是仅对钢的表面进行加热、冷却而成分不改变。

表面淬火一般适用于中碳钢和中碳合金钢,也可用于高碳工具钢、低合金工具钢以及球墨铸铁等。按照加热的方式,有感应加热、火焰加热、电接触加热和电解加热等表面淬火,目前应用最多的是感应加热和火焰加热表面淬火法。

1. 感应加热表面淬火

1) 感应加热的基本原理

感应线圈中通以高频交流电,线圈内外即产生与电流频率相同的高频交变磁场。若把钢制工件置于通电线圈内,在高频磁场的作用下,工件内部将产生感应电流(涡流),由于工件本身电阻的作用而被加热。这种感应电流密度在工件的横截面上分布是不均匀的,即在工件表面电流密度极大,而芯部电流密度几乎为零,这种现象称为趋肤效应。功率越高,表面电流密度越大,则表面加热层越薄。感应加热的速度很快,在几秒钟内即可使温度上升至800～1000℃,而芯部仍接近室温。当表层温度达到淬火加热温度时,立即喷水冷却,使工件表层淬硬。

感应加热淬火的淬硬层深度(电流透入工件表层的深度),除与加热功率、加热时间有关外，还取决于电流的频率。对于碳钢，淬硬层深度主要与电流频率有关，电流频率越高，则表面电流密度越大，电流透入深度越小，淬硬层越薄。因此，可选用不同的电流频率而得到不同的淬硬层深度。根据电流频率的不同，感应加热可分为高频加热、中频加热和工频加热。工业上，对于淬硬层为 0.5～2mm 的工件，可采用电子管式高频电源，其常用频率为 200～300kHz；要求淬硬层为 2～5mm 时，适宜的频率为 2500～8000Hz，可采用中频发电机或可控硅变频器；对于处理要求 10～15mm 以上淬硬层的工件，可采用频率为 50Hz 的工频发电机。

2）感应加热表面淬火适用的钢种

一般用于中碳钢和中碳低合金钢。这类钢经预先热处理（正火或调质）后表面淬火，芯部保持较高的综合性能，而表面具有较高的硬度（50HRC 以下）和耐磨性。高碳钢也可感应加热表面淬火，主要用于受较小冲击和交变载荷的工具、量具等。

3）感应加热表面淬火的特点

感应加热表面淬火后的组织和性能有以下特点。

（1）淬火后组织为极细的隐晶马氏体，因而表面硬度高，比一般淬火高 2～3HRC，而且表面硬度脆性较低。

（2）由于体积膨胀，在工件表面层造成较大的残余压应力，显著提高了工件的疲劳强度。

（3）工件的表面氧化和脱碳少，而且由于心部未被加热，工件的淬火变形也小。

（4）加热温度和淬硬层厚度容易控制，便于实现机械化和自动化。

由于以上特点，感应加热表面淬火在热处理生产中得到了广泛的应用。其缺点是设备昂贵，当零件形状复杂时，感应圈的设计和制造难度较大，所以生产成本比较高。

感应加热后，采用水、乳化液或聚乙烯醇水溶液喷射淬火，淬火后进行 180～200℃ 的低温回火，以降低淬火应力，并保持高硬度和高耐磨性。在生产中，也常采用自回火，即在工件冷却到 200℃左右时停止喷水，利用工件内部的余热达到回火的目的。

2. 火焰加热表面淬火

火焰加热表面淬火是用氧-乙炔或氧-煤气等高温火焰（约 3000℃）加热工件表面，使其快速升温，升温后立即喷水冷却的热处理工艺方法。调节喷嘴到工件表面的距离和移动速度，可获得不同厚度的淬硬层。

火焰加热表面淬火的淬硬层厚度一般为 2～6mm。火焰加热表面淬火和高频感应加热表面淬火相比，具有工艺及设备简单、成本低等优点，但生产率低、工件表面存在不同程度的过热，淬火质量控制也比较困难。因此主要用于单件、小批量生产及大型零件（如轴、齿轮、轧辊等）的表面淬火。

12.6.6 化学热处理

化学热处理是指将工件置于一定温度的活性介质中加热和保温，使介质中的一种或几种元素渗入工件表面，改变其化学成分和组织，达到改进表面性能，满足技术要求的热处理过程。与表面淬火相比，化学热处理不仅使工件的表面层有组织化，而且还有成分变化。

根据表面渗入的元素不同，化学热处理可分为渗碳、渗氮、碳氮共渗、渗硼、渗铝等。化学热处理的主要目的是有效提高钢件表面硬度、耐磨性、耐蚀性、抗氧化性以及疲劳强度等，以替代昂贵的合金钢。

任何化学热处理的物理化学过程基本相同，都要经过分解、吸收和扩散阶段。目前在生产中，最常用的化学热处理工艺是渗碳、渗氮和碳氮共渗。

1. 钢的渗碳

为了增加工件表层的碳质量分数和获得一定的碳浓度梯度，将工件置于渗碳介质中加热和保温，使其表面层渗入碳原子，这样的化学热处理工艺称为渗碳。渗碳使低碳(碳质量分数 0.15%～0.30%)钢件表面获得高碳浓度(碳质量分数约 1.0%)，再经过适当淬火和回火处理后，可使工件的表面具有高硬度和高耐磨性，并具有较高的疲劳极限，而心部仍保持良好的塑性和韧性。因此渗碳主要用于表面将受严重磨损，并在较大冲击载荷、交变载荷，以及较大的接触应力条件下工作的零件，如各种齿轮、活塞销、套筒等。

渗碳件一般采用低碳钢或低碳合金钢，如 20、20Cr、20CrMnTi 等。渗碳层厚度一般在 0.5～2.5mm，渗碳层的碳浓度一般控制在 1%左右。

根据渗碳介质的不同，渗碳可分为固体渗碳、气体渗碳和液体渗碳，常用的是气体渗碳和固体渗碳。

渗碳后的零件要进行淬火和低温回火处理，常用的淬火方法有三种：直接淬火、一次淬火、二次淬火。渗碳淬火后要进行低温回火(150～200℃)，以消除淬火应力，提高韧性。

2. 钢的渗氮

向工件表面渗入氮，形成含氮硬化层的化学热处理工艺称为渗氮，其目的是提高工件表面的硬度、耐磨性、耐蚀性及疲劳强度。常用的渗氮方法有气体渗氮和离子渗氮。

1) 气体渗氮

气体渗氮是把工件放入密封的井式渗氮炉内加热，并通入氨气，氨被加热分解出活性氮原子($2NH_3 \longrightarrow 2[N]+3H_2$)，活性氮原子被工件表面吸收并溶入表面，在保温过程中向内扩散，形成一定厚度的渗氮层。

气体渗氮的特点如下所述。①渗氮温度低，一般都在 500～570℃进行。②渗氮时间长，一般需要 20～50h，渗氮层厚度为 0.3～0.5mm。③渗氮前零件需经调质处理。对于形状复杂或精度要求高的零件，在渗氮前精加工后还要进行消除内应力的退火，以减少渗氮时的变形；④渗氮后不需要再进行其他热处理。

(1) 渗氮件的组织和性能。

渗氮后的钢工件表面具有很高的硬度(1000～1100HV)，而且硬度可以在 600℃以下保持不降，所以渗氮层具有很高的耐磨性和热硬性。根据 Fe-N 相图，氮可溶于铁素体和奥氏体中，并与铁形成 γ' 相(Fe_4N)与 ε 相(Fe_2N)。渗氮后，工件表面最外层为白色的 ε 相的渗氮物薄层，硬而脆但很耐蚀；紧靠这一层的是极薄的($\varepsilon+\gamma'$)两相区；其次是暗黑色含氮共析体($\alpha+\gamma'$)层；心部为原始回火索氏体组织。对于碳钢工件，上述固溶体和化合物中都溶有碳。

渗氮表面可形成致密的化学稳定性较高的 ε 相层，所以耐蚀性好，在水、过热蒸汽和碱性溶液中均很稳定。渗氮后工件表面层体积膨胀，形成较大的表面残余压应力，使渗氮件具有较高的疲劳强度。渗氮温度低，零件变形小。

(2) 渗氮用钢。

碳钢渗氮时形成的渗氮物不稳定,加热时易分解并聚集粗化,使硬度很快下降。为了克服这个缺点,同时为保证渗氮后的工件表面具有高硬度和高耐磨性,心部也具有强而韧的组织,则渗氮钢一般都是采用能形成稳定渗氮物的中碳合金钢,如35CrAlA、38CrMoAlA、38CrWVAlA等。Al、Cr、Mo、W、V等合金元素与N结合形成的渗氮物AlN、CrN、MoN等都很稳定,并在钢中均匀分布,能起到弥散强化的作用,使渗氮层达到很高的硬度,在600~650℃时也不降低。

由于渗氮工艺复杂,周期长,成本高,所以只适用于耐磨性和精度都要求较高的零件,或要求抗热、抗蚀的耐磨件,如发动机的汽缸、排气阀,精密机床丝杠,镗床主轴,汽轮机阀门、阀杆等。随着新工艺(如软渗氮、离子渗氮等)的发展,渗氮处理得到了愈来愈广泛的应用。

2) 离子渗氮

离子渗氮是指在离子渗氮炉中利用直流辉光放电而实现渗氮,所以又称为辉光离子渗氮。离子渗氮的基本原理是:将严格清洗过的工件放在密封的真空室内的阴极盘上,并抽至真空度1~10Pa,然后向炉内通入少量的氨气,使炉内的气压保持在133~1330Pa。阴极盘接直流电源的负极(阴极),真空室壳和炉底板接直流电源的正极(阳极)并接地,并在阴阳极之间接通500~900V的高压电。氨气在高压电场的作用下,部分被电离成氮和氢的正离子及电子,并在靠近阴极(工件)的表面形成一层紫红色的辉光放电现象。高能量的氮离子轰击工件的表面,将离子的动能转化为热能,使工件表面温度升至渗氮的温度(500~650℃)。在氮离子轰击工件表面的同时,还能产生阴极溅射效应,溅射出铁离子。被溅射出来的铁离子在等离子区与氮离子化合形成渗氮铁(FeN),在高温和离子轰击工件的作用下,FeN迅速分解为Fe_2N、Fe_4N,并放出氮原子向工件内部扩散,于是在工件表面形成渗氮层,渗层为Fe_2N、Fe4N等渗氮物,具有很高的耐磨性、耐蚀性和疲劳强度。随着时间的增加,渗氮层逐渐加深。

离子渗氮的优点为:①生产周期短;②渗层具有一定的韧性;③工件变形小;④能量消耗低,渗剂消耗少,对环境几乎无污染;⑤渗氮前不需去钝处理。

3. 钢的碳氮共渗

碳氮共渗是指同时向工件表面渗入碳和氮的化学热处理工艺,也称为氰化处理。常用的碳氮共渗有液体碳氮共渗和气体碳氮共渗。液体碳氮共渗的介质有毒,污染环境,劳动条件差,很少应用。气体碳氮共渗有中温和低温碳氮共渗,其应用较为广泛。

1) 中温气体碳氮共渗

碳氮共渗是将工件放入密封炉内,加热到共渗温度,向炉内滴入煤油,同时通入氨气。保温一段时间后,工件的表面就获得一定深度的共渗层。

中温气体碳氮共渗时温度对渗层的碳/氮含量比和厚度的影响很大。温度越高,渗层的碳/氮比越高,渗层也比较厚;降低共渗温度,碳/氮比小,渗层也比较薄。

生产中常用的共渗温度一般在820~880℃范围内,保温时间在1~2h,共渗层厚0.2~0.5mm。渗层的氮含量在0.2%~0.3%,碳含量在0.85%~1.0%。

中温碳氮共渗后可直接淬火,并低温回火。这是由于共渗温度低,晶粒较细,工件经淬火和回火后,共渗层的组织由细片状回火马氏体、适量的粒状碳渗氮物以及少量的残留奥氏体组成。

中温碳氮共渗与渗碳相比的优点为：①渗入速度快，生产周期短，生产效率高；②加热温度低，工件变形小；③耐磨性更好；④共渗层比渗碳层具有更高的疲劳强度，耐蚀性也比较好。

中温气体碳氮共渗主要应用于形状复杂、要求变形小的耐磨零件。

2）低温气体碳氮共渗

低温碳氮共渗以渗氮为主，又称为气体软渗氮，在普通气体渗氮设备中即可进行处理。软渗氮的温度在520～570℃，时间一般为1～6h，常用介质为尿素。尿素在500℃以上发生分解反应而产生活性氮原子。由于处理温度比较低，在分解反应中，活性氮原子多于活性碳原子，加之碳在铁素体中的溶解度小，因此气体软渗氮是以渗氮为主。

气体软渗氮的特点是：①处理速度快，生产周期短；②处理温度低，零件变形小，处理前后零件精度没有显著变化；③渗层具有一定韧性，不易发生剥落。

气体软氮化硬度比较低（一般为400～800HV），但能赋予零件表面耐磨、耐疲劳、抗咬合和抗擦伤等性能；缺点是渗层较薄，仅为0.01～0.02mm。一般用于机床、汽车的小型轴类和齿轮等零件，也可用于工具、模具的最终热处理。

12.6.7 热处理新技术

随着科学的进步和发展，不断有许多钢的热处理新技术、新工艺出现，极大地提高了钢热处理后的质量和性能。

1. 可控气氛热处理和真空热处理

目前防止钢铁热处理时的氧化和脱碳缺陷的最有效方法是采用可控气氛热处理和真空热处理。

1）可控气氛热处理

向炉内通入一种或几种一定成分的气体，通过对这些气体成分的控制，使工件在热处理过程中不发生氧化和脱碳，这就是可控气氛热处理。

采用可控气氛热处理是当前热处理的发展方向之一，它可以防止工件在加热时的氧化和脱碳，实现光亮退火、光亮淬火等先进热处理工艺，节约钢材，提高产品质量。也可以通过调整气体成分，在光亮热处理的同时，实现渗碳和碳氮共渗。可控气氛热处理也便于实现热处理过程的机械化和自动化，极大提高劳动生产率。

我国目前常用的可控气氛主要有以下四大类。

（1）放热式气氛。即用煤气或丙烷等与空气按一定比例混合后进行放热反应（燃烧反应），由于反应时放出大量的热，所以称为放热式气氛。主要用于防止加热时的氧化，如低、中碳钢的光亮退火或光亮淬火等。

（2）吸热式气氛。即用煤气、天然气或丙烷等与空气按一定比例混合后，通入发生器进行吸热反应（外界加热），称为吸热式气氛。其碳势（碳势是指炉内气氛与奥氏体之间达到平衡时，钢表面的碳的质量分数）可调节和控制，可用于防止工件的氧化和脱碳，或用于渗碳处理。它适用于各种碳质量分数的工件的光亮退火、淬火，渗碳或碳氮共渗。

（3）氨分解气氛。即将氨气加热分解为氮和氢，一般用来代替价格较高的纯氢作为保护气氛。主要应用于含铬较高的合金钢的光亮退火、淬火和钎焊等。

（4）滴注式气氛。用液体有机化合物（如甲醇、乙醇、丙酮和三乙醇胺等）混合滴入热处理炉内所得到的气氛称为滴注式气氛。它容易获得，只需要在原有的井式炉、箱式炉或连续炉上稍加改造即可使用。滴注式气氛主要应用于渗碳、碳氮共渗、软渗氮、保护气氛淬火和退火等。

2）真空热处理

（1）真空热处理的效果。

真空热处理起到多方面作用的效果有：真空的保护作用、表面净化作用、脱脂作用、脱气作用和工件变形小。

（2）真空热处理的应用。

真空热处理主要用于真空退火、真空淬火、真空渗碳等。

2. 形变热处理

形变热处理是指将形变与相变结合在一起的一种热处理新工艺，它能获得形变强化与相变强化的综合作用，是一种既可以提高强度，又可以改善塑性和韧性的最有效的方法。形变热处理中的形变方式很多，可以是锻、轧、挤压、拉拔等。

形变热处理中的相变类型也很多，有铁素体珠光体类型相变、贝氏体类型相变、马氏体类型相变及时效沉淀硬化型相变等。形变与相变的关系也是各式各样的，可以先形变后相变，也可以相变后再形变，或者是在相变过程中进行形变。目前最常用的有以下两种。

1）高温形变热处理

高温形变热处理是指将钢加热到 A_{c3} 以上（奥氏体区域），进行塑性变形，然后淬火和回火的工艺方法；也可以立即在变形后空冷或控制冷却，得到铁素体、珠光体或贝氏体组织，这种工艺称为高温形变正火，也称为控制轧制。

高温形变强化的原因是在形变过程中位错密度增加，奥氏体晶粒细化，使马氏体细化，从而提高了强化效果。高温形变热处理与普通热处理相比，不但提高了钢的强度，而且同时提高了塑性和韧性，使钢的综合力学性能得到明显的改善。高温形变热处理适用于各类钢材，可将锻造和轧制同热处理结合起来，减少加热次数，节约能源。同时减少了工件氧化、脱碳和变形，在设备上没有特殊要求，生产上容易实现。目前在连杆、曲轴、汽车板簧和热轧齿轮上应用较多。

2）中温形变热处理

将钢加热到 A_{c3} 以上，迅速冷却到珠光体和贝氏体形成温度之间，对过冷奥氏体进行一定量的塑性变形，然后淬火回火，这种处理方法称为中温形变热处理。中温形变热处理要求钢要有较高的淬透性，以便在形变时不产生非马氏体组织。它适用于在550～650℃范围内存在过冷奥氏体亚稳定区的合金钢。

中温形变热处理的强化效果非常显著，而且塑性和韧性不降低，甚至略有升高。中温形变热处理的形变温度较低，而且要求形变速度要快，所以加工设备功率大。因此，虽然中温形变热处理的强化效果好，但因工艺实施困难，应用受到限制，目前主要用于强度要求极高的零件，如飞机起落架、高速钢刃具、弹簧钢丝、轴承等。

3. 表面热处理新技术

1）激光热处理

（1）激光加热表面淬火。

激光束可以在极短的时间（1/1000～1/100s）内将工件表面加热到相变温度，然后依靠工件本身的传热而实现快速冷却淬火。其特点如下所述。

A. 加热时间短，相变温度高，形核率高，淬火得到隐晶马氏体组织，因而表面硬度高，耐磨性好。

B. 加热速度快，表面氧化与脱碳极轻微，同时靠自冷淬火，不用冷却介质，工件表面清洁，无污染。

C. 工件变形小，特别适于形状复杂的零件（拐角、沟槽、盲孔）的局部热处理。

(2) 激光表面合金化。

在工件表面涂覆一层合金元素或化合物，再用激光束进行扫描，使涂覆层材料和基体材料的浅表层一起熔化、凝固，形成一超细晶粒的合金化层，从而使工件表面具有优良的力学性能或其他一些特殊要求的性能。

2) 气相沉积技术

气相沉积技术是指利用气相中发生的物理、化学反应生成的反应物在工件表面形成一层具有特殊性能的金属或化合物涂层。气相沉积技术分为化学气相沉积(CVD)法和物理气相沉积(PVD)法两大类。近年来，将等离子技术引入化学气相沉积，出现了等离子体化学气相沉积(PCVD)法。

化学气相沉积是指利用气态物质在固态工件表面进行化学反应，生成固态沉积物的过程。它通常是在工件表面上涂覆一层过渡族元素（如钛、铌、钒、铬等）的碳、氮、氧、硼化合物。化学气相沉积的速度较快，而且涂层均匀，但由于沉积温度高，工件变形大，只能用于少数几种能承受高温的材料，如硬质合金。

物理气相沉积是指通过蒸发、电离或溅射等物理过程产生金属粒子，在与反应气体反应生成化合物后，沉积在工件的表面形成涂层。物理气相沉积温度低（约500℃），可以在刃具、模具的表面沉积一层硬质膜，提高其使用寿命。

等离子体化学气相沉积技术是在化学气相沉积技术基础上，将等离子体引入反应室内，使沉积温度从化学气相沉积的1000℃降到了600℃以下，扩大了其应用范围。

气相沉积方法的优点是涂覆层附着力强、均匀、质量好、无污染等。涂覆层具有良好的耐磨性、耐蚀性等，涂覆后的零件寿命可提高2～10倍以上。气相沉积技术还能制备各种润滑膜、磁性膜、光学膜以及其他功能膜，因此在机械制造、航空航天、原子能等部门得到了广泛的应用。

思考题和作业

12.1 何谓液态金属的充型能力？主要受哪些因素影响？充型能力差易产生哪些铸造缺陷？

12.2 浇注温度过高或过低，常易产生哪些铸造缺陷？

12.3 什么是顺序凝固原则？需采取什么措施实现？哪些合金常需采用顺序凝固原则？

12.4 何谓合金的收缩？它受哪些因素影响？铸造内应力、变形和裂纹是怎样形成的？如何防止？

12.5 砂型铸造常见缺陷有哪些？如何防止？

12.6　为什么铸铁的铸造性能比铸钢好？

12.7　什么是特种铸造？常见的特种铸造方法有哪几种？

12.8　什么是熔模铸造？试述其大致工艺过程。在不同批量下，其压型的制造方法有何不同？为什么说熔模铸造是重要的精密铸造方法？其适应的范围如何？

12.9　金属型铸造有何优越性？为什么金属型铸造未能完全取代砂型铸造？为何用它浇注铸铁件时，常出现白口组织？应采取哪些措施来避免？

12.10　压力铸造有何缺点？它与熔模铸造的适用范围有何显著不同？

12.11　在批量生产的条件下，机床床身、铝活塞、铸铁污水管等宜选用哪种铸造方法生产？

12.12　什么是热变形？什么是冷变形？各有何特点？生产中如何选用？

12.13　什么叫作加工硬化？加工硬化对工件性能及加工过程有何影响？

12.14　什么是可锻性？其影响因素有哪些？

12.15　自由锻有哪些主要工序？试比较自由锻造与模锻的特点及其应用范围。

12.17　简述板料冲压生产的特点和应用范围，冲压的基本工序和各工序的工艺特点。

12.18　用 $\phi 50$ 冲孔模具生产 $\phi 50$ 落料件时能否保证冲压件的精度？为什么？

12.19　金属材料常规的切削加工方法有哪些？

12.20　电火花加工的工作原理及应用范围是什么？影响电火花加工生产率的因素有哪些？

12.21　简述电解加工的工作原理、特点和应用范围。

12.22　简述超声加工的特点和应用范围。

12.23　简述激光加工的特点和应用范围。

12.24　焊条的焊芯和药皮应各起什么作用？试问，用敲掉了药皮的焊条（或光焊丝）进行焊接时，将会产生什么问题？

12.25　E4303，E5015，J422，J507，这些焊条的型号或牌号的含义是什么？

12.26　酸性焊条和碱性焊条的性能有什么不同？如何选用？

12.27　什么叫作焊接热影响区？低碳钢焊接热影响区分哪几个区？

12.28　焊接应力是怎样产生的？减小焊接应力有哪些措施？消除焊接残余应力有什么方法？

12.29　既然埋弧自动焊比手工电弧焊效率高、质量好、劳动条件也好，为什么手工电弧焊现在应用仍很普遍？

12.30　CO_2 气体保护焊与埋弧自动焊比较，二者各有什么特点？

12.31　钎焊与熔化焊相比，二者有何根本区别？

12.32　常见焊接缺陷主要有哪些？它们有什么危害？

12.33　焊接结构工艺性要考虑哪些内容？焊缝布置不合理及焊接顺序不合理可能引起什么不良影响？

12.34　钢的热处理包括哪三大类？各包括哪些方法？钢的热处理新技术有哪些？

12.35　什么是退火、正火、淬火和回火，它们有何区别？

12.36　生产中常用的退火方法有哪几种？下列情况的钢件：①经冷轧后的15钢钢板，要求保持高硬度；②经冷轧后的15钢钢板，要求降低硬度；③ZG270-500（原ZG35）的铸造齿轮毛坯；④锻造过热的60钢锻坯；⑤具有片状渗碳体的T12钢坯，它们各选用何种退火方法？指出退火的目的及退火后钢件的组织。

第五篇

复合材料工艺

第13章

复合材料概论

随着人类社会的进步，尤其是航空航天、汽车、能源和建筑等行业的飞速发展，人们对材料的性能要求越来越高，单一的高分子、金属或陶瓷等材料的性能已不能满足人们的需求，这促使了复合材料的出现和快速发展。复合材料最大的特点是其性能比单一材料的性能优越得多，极大地改善或克服了单一材料的弱点，具有单一材料所无法达到的特殊和综合性能，甚至可创造单一材料不具备的功能，或者在不同时间或条件下发挥不同的功能。例如，用高强度、高模量的硼纤维、碳（石墨）纤维增强铝基、镁基复合材料，既保持了铝、镁合金的轻质、导热、导电性，又充分发挥了增强纤维的高强度、高模量，可获得高比强度、高比模量、导热、导电、热膨胀系数小的金属基复合材料；用缠绕法制造的火箭发动机机壳，由于玻璃纤维的方向与主应力的方向一致，所以在这一方向上的强度是单一树脂的20多倍，从而最大限度地发挥了材料的潜能；因此，复合材料在生产、生活中得到广泛的应用和蓬勃发展，形成了材料科学与工程学科中一个独立的分支学科。

13.1 复合材料的定义和命名及分类

13.1.1 复合材料的定义

根据国际标准化组织（ISO）为复合材料（composite material，CM）所下的定义，复合材料是指由两种或两种以上物理和化学性质不同的物质组合而成的一种多相固体材料。复合材料的各组分材料虽然保持其相对独立性，但复合材料的性能却不是组分材料性能的简单加和，而是有着重要的改进。它既能保留原组分材料的主要特色，又通过复合效应获得原组分所不具备的性能；可以通过材料设计使各组分的性能互相补充并彼此关联，从而获得新的优越性能，故与一般材料的简单混合有本质的区别。

复合材料由基体和增强材料组成。基体是指构成复合材料连续相的单一材料，如玻璃钢中的树脂，其作用是将增强材料黏合成一个整体；增强材料是指复合材料中不构成连续相的材料，如玻璃钢中的玻璃纤维，它是复合材料的主要承力组分，特别是拉伸强度、弯曲强度和冲击强度等力学性能主要由其承担，起到均衡应力和传递应力的作用，其增强材料的性能得到了充分的发挥。

13.1.2 复合材料的命名

复合材料还没有统一的名称和命名方法，复合材料是由基体材料和增强体（功能组分）组成，因此，复合材料通常是根据增强体和基体的名称进行命名。

1. 按基体材料命名

当强调基体时,复合材料以基体材料的名称为主命名,如树脂基复合材料、金属基复合材料、陶瓷基复合材料等。

2. 按增强体命名

当强调增强体时,复合材料以增强体的名称为主命名,如玻璃纤维增强复合材料、碳纤维增强复合材料、陶瓷颗粒增强复合材料等。

3. 按基体材料和增强体命名

这种命名方法常用以表示某一种具体的复合材料,习惯上把增强体的名称放在前面,基体材料的名称放在后面。例如,玻璃纤维增强环氧树脂复合材料,简称为玻璃纤维/环氧树脂复合材料,或玻璃纤维/环氧复合材料,而我国则常把这类复合材料通称为“玻璃钢”。

国外还常用英文编号来表示,如 MMC(metal matrix composite)表示金属基复合材料,FRP(fiber reinforced plasics)表示纤维增强塑料,而玻璃纤维/环氧树脂则可表示为 GF/Epoxy,或 G/Ep(G-Ep)。

13.1.3 复合材料的分类

复合材料的分类方法较多,常见的分类方法有以下几种。

1) 按基体材料类型分类

(1) 聚合物基复合材料。以有机聚合物(主要为热固性树脂、热塑性树脂及橡胶)为基体制成的复合材料。

(2) 金属基复合材料。以金属为基体制成的复合材料,如铝基复合材料、钛基复合材料等。

(3) 无机非金属基复合材料等。以无机非金属材料为基体制成的复合材料。

2) 按增强材料类型分类

(1) 玻璃纤维增强复合材料;

(2) 碳纤维增强复合材料;

(3) 有机纤维(芳香族聚酰胺纤维、芳香族聚酯纤维、高强度聚烯烃纤维等)增强复合材料;

(4) 金属纤维(如钨丝、不锈钢丝等)增强复合材料;

(5) 陶瓷纤维(如氧化铝纤维、碳化硅纤维、硼纤维等)增强复合材料等。

3) 按增强材料形态分类

(1) 连续纤维复合材料。作为分散相的纤维,每根纤维的两个端点都位于复合材料的边界处。

(2) 短纤维复合材料。短纤维无规则地分散在基体材料中制成的复合材料。

(3) 粒状填料复合材料。微小颗粒状增强材料分散在基体中制成的复合材料。

(4) 编织复合材料。以平面二维或立体三维纤维编织物为增强材料与基体复合而成的复合材料。

4) 按材料作用分类

(1) 结构复合材料。用于制造受力构件的复合材料。

(2) 功能复合材料。具有各种特殊功能(如阻尼、导电、导磁、换能、摩擦、屏蔽等)的复合材料。

除上述分类,复合材料还可以根据增强原理分为弥散增强型复合材料、粒子增强型复合材料和纤维增强型复合材料;根据复合过程的性质分为化学复合的复合材料、物理复合的复合材料和自然复合的复合材料;根据复合材料的功能分为电功能复合材料、热功能复合材料、光功能复合材料等。

13.2 复合材料的发展概况

复合材料自古至今有几千年的发展历史。从我国西安东郊半坡村的仰韶文化遗址发现,早在公元前2000多年人们就开始用草(稻草、麦草等)和泥土组成的复合材料建造房屋,一直沿用至今。湖南长沙马王堆汉墓,出土了大量漆器,有盛装饮料食品的各种鼎、钵、盒及壶等,式样应有尽有,品种达20多种,工艺精巧,色泽鲜艳,光亮如新,这些漆器基本上是由麻丝、麻布等天然纤维为增强材料而以大漆为基体所制成的复合材料。寺庙的佛像是用大漆、木粉、泥土、麻布等组成的复合材料塑造而成。

大家熟悉的由钢筋和水泥复合而成的钢筋混凝土已使用了上百年。进入20世纪以后,由于航空、航天、原子能、电子工业及通信技术的发展,要求材料除具有高强度、高模量、耐高温等性能外,还对材料的密度、韧性、耐磨、耐蚀、光、电、磁等性能提出了多种要求,于是各种现代的复合材料相继研制成功。20世纪40年代,因航空工业的需要,发展了玻璃纤维增强塑料(俗称玻璃钢),从此出现了复合材料这一名称。20世纪50年代以后,陆续发展了碳纤维、石墨纤维和硼纤维等高强度和高模量纤维。70年代出现了芳纶纤维和碳化硅纤维。这些高强度、高模量纤维能与合成树脂、碳、石墨、陶瓷、橡胶等非金属基体或铝、镁、钛等金属基体复合,构成各具特色的复合材料。超高分子量聚乙烯纤维的比强度在各种纤维中位居第一,尤其是它的抗化学试剂侵蚀性能和抗老化性能优良。它还具有优良的高频声呐透过性和耐海水腐蚀性,许多国家已用它来制造舰艇的高频声呐导流罩,大大提高了舰艇的探雷、扫雷能力。在国内,福建思嘉环保材料科技有限公司开发的复合新材料代表了国内的较高水平。除了军事领域,在汽车制造、船舶制造、医疗器械、体育运动器材等领域,超高分子量聚乙烯纤维也有广阔的应用前景。该纤维一经问世就引起了世界发达国家的极大兴趣和重视。

现代复合材料中出现得较早、至今使用得最广、占主要地位的合成树脂基复合材料具有很多优点,解决了很多具体问题,但是它们的耐热性差,于是就发展了金属基和陶瓷基复合材料,使其性能大幅提高。复合材料优异的性能使其有着广阔的应用和发展前景,将在未来的社会发展中发挥重要的作用。

13.3 复合材料的性能和加工及应用

13.3.1 复合材料的性能

复合材料通常由各不相同的组分构成,存在各向异性,并存在明显的相界面,其性能是复合材料中各组分性能的综合体现。影响复合材料性能的因素很多,例如所选用基体和增强体的特性、含量、分布、界面结合情况,以及加工工艺等。因此,只有通过材料内部组元结构的优化组合设计,采用合适的加工工艺,才能获得复合材料良好的综合性能。工程中常用的不同种类复合材料的性能特点,主要表现为以下几个方面。

(1) 比强度与比模量高。

比强度和比模量是用来度量材料承载能力的性能指标。比强度越高,同一零件的自重越小;比模量越高,零件的刚性越大。复合材料的突出优点是比强度和比模量高,有利于材料的减重。许多纤维增强的聚合物基复合材料的比强度、比模量都远高于钢和铝合金。例如,玻璃纤维增强树脂基复合材料的密度为 $2.0g/cm^3$,只有普通碳钢的1/5～1/4,约是铝合金的2/3,而拉伸强度却超过普通碳钢的拉伸强度,这是现有其他任何材料所不能比拟的。

(2) 良好的抗疲劳性能。

疲劳破坏是指材料在变载荷作用下,由于裂缝的形成和扩展而形成的低应力破坏。金属材料的疲劳破坏常常是没有任何预兆的突发性破坏。而聚合物基复合材料中纤维与基体的界面能阻止裂纹扩展,其疲劳破坏总是从纤维的薄弱环节开始而逐渐扩展到结合面上,因此,破坏前有明显的预兆,不像金属那样突然发生。

大多数金属材料的疲劳强度极限是其拉伸强度的40%～50%,而碳纤维聚酯树脂复合材料则达70%～80%。

(3) 减振性能好。

受力结构的自振频率除与结构本身形状有关外,还与材料的比模量的平方根成正比。复合材料比模量高,故具有高的自振频率,避免了工作状态下由共振而引起的早期破坏。同时,复合材料界面具有较好的吸振能力,使材料的振动阻尼高,减振性好。根据对相同形状和尺寸的梁进行的试验可知,轻金属合金梁需9s才能停止振动,而碳纤维复合材料梁只需2.5s就会停止同样大小的振动。

(4) 抗腐蚀性能好。

很多复合材料都能耐酸碱腐蚀,例如玻璃纤维增强酚醛树脂复合材料,在含氯离子的酸性介质中能长期使用,可用来制造耐强酸的化工管道、泵、容器、搅拌器等设备;而用耐碱玻璃纤维或碳纤维构成的复合材料能在强碱介质中使用,在苛刻环境条件下也不会被腐蚀。复合材料耐化学腐蚀的优点使其可以广泛用在沿海或海上的军、民用工程中。

(5) 良好的高温性能。

聚合物基复合材料可以制成具有较高比热容、熔融热和汽化热的材料,以吸收高温烧蚀时的大量热能。碳化硅纤维、氧化铝纤维与陶瓷复合,在空气中能耐1200～1400℃高温,要比所有超高温合金的耐热性高出100℃以上。同时,增强纤维、晶须、颗粒在高温下又都具有很高的高温强度和模量,并在复合材料中起着主要承载作用,强度在高温下基本不下降,所以金属基复合材料的高温性能可保持到接近金属熔点,并比金属基体的高温性能高许多。例如钨丝增强耐热合金,其1100℃、100h的高温持久强度仍为207MPa,而基体合金的高温持久强度只有48MPa。

(6) 良好的导电和导热性能。

金属基复合材料中金属基体占有很高的比例,一般在60%(体积分数)以上,因此仍保持金属所具有的良好导热和导电性，可以使局部的高温热源和集中电荷很快扩散消失，减少构件受热后产生的温度梯度。良好的导电性可以防止飞行器构件产生静电聚集的问题，有利于解决热气流冲击和雷击问题。为解决高集成度电子器件的散热问题，也可以在金属基复合材料中添加高导热性的增强物，进一步提高其导热系数。

（7）耐磨性好。

复合材料具有良好的耐摩擦性能。例如，金属基体中加入了大量高硬度、化学性能稳定的陶瓷纤维、晶须、增强颗粒，不仅提高了基体的强度和刚度，也提高了复合材料的硬度和耐磨性。复合材料的高耐磨性在汽车、机械工业中有很广的应用前景，可用于汽车发动机、刹车盘、活塞等重要零件，能明显提高零件的性能和寿命。

（8）容易实现制备与成型一体化。

材料制备与制件成型有时可一次完成。例如，在纤维增强复合材料中根据构件形状设计模具，再根据铺层设计来敷设增强材料，最后注入液态基体，使其渗入增强材料的间隙中，使基体材料与增强材料组合、固化后直接获得复合材料构件，无须再加工就可使用，可避免多次加工工序。

需要说明的是，对于不同的复合材料还存在着许多其他方面的优异性能。例如，玻璃纤维增强塑料是一种优良的电气绝缘材料；有些复合材料中有大量增强纤维，当材料过载而有少数纤维断裂时，载荷会迅速重新分配到未破坏的纤维上，使整个构件在短期内不至于失去承载能力，有效地保证了过载时的安全性；作为增强物的碳纤维、碳化硅纤维、晶须、硼纤维等均具有很小的热膨胀系数，又具有很高的模量，尤其是石墨纤维只有负的热膨胀系数，可以保证复合材料的热膨胀系数小，具备良好的尺寸稳定性；在水泥中引入高模量、高强度、轻质纤维或晶须增强混凝土，能够在提高混凝土制品的抗拉强度的同时提高混凝土的耐腐蚀性能；而有些功能性复合材料具备特殊的光学、电学、磁学特性。

13.3.2　复合材料的加工

1. 复合材料加工工艺方法选择的原则

选择复合材料加工工艺方法时，必须同时满足材料性能、产品质量和经济效益等多种因素，具体包括：

（1）产品的外形构造和尺寸大小；

（2）产品性能和质量要求（如材料的物化性能、产品的强度等）；

（3）生产批量的大小及供应时间（允许的生产周期）；

（4）企业可提供的设备条件及资金；

（5）综合经济效益。

2. 复合材料加工工艺方法

复合材料加工工艺的特点主要取决于复合材料的基体。一般情况下其基体材料的加工工艺方法也常适用于以该类材料为基体的复合材料，特别是以颗粒、晶须和短纤维为增强体的复合材料。而以连续纤维为增强体的复合材料的加工则往往是完全不同的，或至少是需要采取特殊工艺措施。

热固性树脂基复合材料的加工工艺主要有手糊成型、层压成型、热压罐(压机、压力袋)模压成型、喷射成型、压注成型、离心浇注成型等。

热塑性树脂及热固性复合材料的很多成型方法均适用于热塑性复合材料的成型。

金属基复合材料制备工艺主要有以下四大类：固态法、液态法、喷射与喷涂沉积法、原位复合法。

陶瓷基复合材料的成型方法分为两类。一类是针对短纤维、晶须、晶片和颗粒等增强体，基本采用传统的陶瓷成型工艺，即热压烧结和化学气相渗透法。另一类是针对连续纤维增强体，有料浆浸渍后热压烧结法和化学气相渗透法。

13.3.3 复合材料的应用

复合材料优异的耐腐蚀性、高强度与抗冲击性，使其在航空航天、建筑、防腐、管道、水处理等领域广泛应用。近年来，复合材料的应用领域更加广阔，在汽车、新能源、桥梁建筑等市场大显身手。例如，在航空航天领域，由于复合材料热稳定性好，比强度、比刚度高，可用于制造飞机机翼和前机身、卫星天线及其支撑结构、太阳能电池翼和外壳、大型运载火箭壳体、发动机壳体、航天飞机结构件等。

在汽车工业，由于复合材料具有特殊的振动阻尼特性，可减振和降低噪声、抗疲劳性能好，损伤后易修理，便于整体成型，故可用于制造汽车车身、受力构件、传动轴、发动机架、内部构件，以及车门、仪表盘、后视镜外壳、保险杠、行李箱盖等外部构件。

此外，在化工、纺织和机械制造领域，由耐蚀性良好的碳纤维与树脂基体复合而成的材料，可用于制造化工设备、纺织机、造纸机、复印机、高速机床、精密仪器等。同时，碳纤维复合材料具有优异的力学性能和不吸收X射线特性，可用于制造医用X光机和矫形支架等。碳纤维复合材料还具有生物组织相容性和血液相容性，生物环境下稳定性好，也用作生物医学材料。复合材料还应用于制造体育运动器件和用作建筑材料等。

13.4 复合材料的基体和增强体

13.4.1 基体

复合材料由基体和增强体组成。在复合材料成型过程中，经过一定物理和化学的复杂变化过程，基体与增强体复合成具有特定形状的整体材料。基体是复合材料中的连续相，起到将增强体黏结成整体，并赋予复合材料一定形状、传递外界作用力、保护增强体免受外界环境侵蚀等作用。

复合材料中的基体主要有聚合物基体、金属基体、无机非金属材料基体等。

1. 聚合物基体

作为复合材料基体的聚合物种类很多。一般分为热固性树脂和热塑性树脂两类。热固性树脂如不饱和聚酯、环氧树脂、聚酰亚胺、聚双马来酰亚胺等。热塑性树脂如聚乙烯、聚丙烯、聚酰胺、聚苯硫醚、聚醚醚酮、聚醚酮等。

不饱和聚酯树脂(UP)是制造玻璃纤维复合材料的一种重要树脂，在国外不饱和聚酯树脂占玻璃纤维复合材料用树脂总量的80%以上。不饱和聚酯树脂有以下特点：工艺性良好，能在室温下固化，常压下成型，工艺装置简单，这也是它与环氧、酚醛树脂相比最突出的优点。固化后的树脂综合性能良好，但力学性能不如酚醛树脂或环氧树脂。它的价格比环氧树脂低，比酚醛树脂略贵一些。不饱和聚酯树脂的缺点是固化时体积收缩率大、耐热性差等，因此很少用作碳纤维复合材料的基体材料，主要用于一般民用工业和生活用品中。

环氧树脂(EP)具有一系列的可贵性能，自20世纪60年代以来发展很快，广泛用于碳纤维复合材料及其他纤维复合材料。

酚醛(PF)的特点是在加热条件下即能固化，无须添加固化剂，酸、碱对固化反应起促进作用，树脂固化过程中有小分子析出，故树脂固化需在高压下进行，固化时体积收缩率大，树脂对纤维的黏附性不够好，已固化的树脂有良好的压缩性能，良好的耐水、耐化学介质和耐烧蚀性能，但断裂延伸率低、脆性大。所以酚醛树脂大量用于粉状压塑料、短纤维增强塑料，少量应用于玻璃纤维复合材料、耐烧蚀材料等，在碳纤维和有机纤维复合材料中很少使用。

除上述几类热固性树脂外，近年来研究和发展了用热塑性聚合物做碳纤维复合材料的基体材料，其中耐高温聚酰亚胺有着重要意义。其他热塑性聚合物除了用于玻璃纤维复合材料，也开始用于碳纤维复合材料，这对于扩大碳纤维复合材料的应用无疑是一个很大的推动。

2. 金属基体

常用的金属基体可分为铝基、镁基、钛基、铜基、高温合金基(镍基、钛基、铁基等)、金属间化合物(Nb_3Al、NiAl、Ti_3Al等)基以及难熔金属(Ta、Nb、W等)基等。用于航空航天、汽车、先进武器等结构件的复合材料一般均要求有高的比强度和比模量，有高的结构效率，因此大多选用铝及铝合金、镁及镁合金作为基体金属。目前研究发展较成熟的金属基复合材料主要是铝基、镁基复合材料，用它们制成各种高比强度、高比模量的轻质结构件。在发动机，特别是燃气轮机中所需要的是热结构材料，要求复合材料零件在高温下连续安全工作。工作温度在650～1200℃，同时要求复合材料有良好的抗氧化、抗蠕变、耐疲劳和良好的高温力学性能。铝、镁基复合材料的工作温度为450℃左右，钛合金基体复合材料的工作温度为650℃，而镍、钴基复合材料的工作温度为1200℃。金属间化合物也可作为热结构复合材料的基体。

结构用金属基复合材料的基体，大致可分为轻金属基体和耐热合金基体两大类。

1) 450℃以下的轻金属基体

目前最成熟应用最广泛的金属基复合材料是铝基和镁基复合材料，用于航天飞机、人造卫星、空间站、汽车发动机零件、刹车盘等，并已形成工业规模生产。对于不同类型的复合材料应选用合适的铝、镁合金基体。连续纤维增强金属基复合材料一般选用纯铝或含合金元素少的单相铝合金，而颗粒、晶须增强金属基复合材料则选择具有高强度的铝合金。

2) 工作温度为450～700℃的金属基体

钛合金具有密度小、耐腐蚀、耐氧化、强度高等特点，是一种可在450～700℃温度下使用的合金，在航空发动机等零件上使用。用高性能碳化硅纤维、碳化钛颗粒、硼化钛颗粒增强钛合金，可以获得更高的高温性能。

3）工作温度为1000℃以上的高温金属基体

用于1000℃以上的高温金属基复合材料的基体材料主要是镍基、铁基耐热合金和金属间化合物，较成熟的是镍基、铁基高温合金，金属间化合物基复合材料尚处于研究阶段。镍基高温合金是广泛应用于各种燃气轮机的重要材料，用钨丝、钍钨丝增强镍基合金，可以大幅提高其高温性能、高温持久性能和高温蠕变性能。其性能一般可提高1～3倍，主要用于高性能航空发动机叶片等重要零件。金属间化合物、铌合金等金属也正在作为更高温度下使用的金属基复合材料的基体而被深入研究。

4）金属基功能复合材料的基体

金属基功能复合材料随着电子、信息、能源、汽车等工业技术的不断发展，越来越受到各方面的重视，面临广阔的发展前景。这些高技术领域的发展要求材料和器件具有优良的综合物理性能，例如同时具有高力学性能、高导热、低热膨胀、高电导率、高抗电弧烧蚀性、高摩擦系数和耐磨性等。单靠金属与合金难以具有优良的综合物理性能，从而要靠优化设计和先进制造技术将金属与增强物做成复合材料来满足需求。

由于工况条件不同，所需用的材料体系和基体合金也不同。目前已有的金属基功能复合材料（不含双金属复合材料）主要用于微电子技术的电子封装，作为高导热、耐电弧烧蚀的集电材料和触头材料，耐高温摩擦的耐磨材料，耐腐蚀的电池极板材料等。主要选用的金属基体是铝及铝合金、纯铜及铜合金、银、铅、锌等金属。

总之，在考虑复合材料性能的同时，也要注意增强体和基体的性能。一般来说，金属基体的强度可以通过各种强化措施（如合金化和热处理强化等）来提高。但是对于弹性模量，即使是通过合金化，多数情况下也很难奏效。因此，加入增强体制备复合材料在提高强度的同时，希望弹性模量也要相应得到提高。选用高温合金基体或难熔金属基体时，复合材料的使用温度可以大大提高，高温性能得到明显改善。选用低密度的轻金属（如Al、Mg、Ti等）基体时，制备的复合材料具有很高的比强度和比模量。

3. 无机非金属材料基体

常用的无机非金属材料基体主要包括玻璃陶瓷、非氧化物陶瓷、无机胶凝材料等。

1）玻璃陶瓷

许多无机玻璃可以通过适当的热处理使其发生非晶态向晶态的转变过程，这一过程称为反玻璃化。反玻璃化使玻璃中析出晶体，透光性变差，而且体积变化还会产生内应力，影响材料强度，所以普通玻璃出现这种情况是玻璃的一种缺陷，称为“失透”，生产中应当避免发生这种反玻璃化过程。但对于某些玻璃，可以控制玻璃的反玻璃化过程，从而能够得到无残余应力、性能优良的微晶玻璃，这种材料称为玻璃陶瓷。为了实现反玻璃化，一般需要加入成核剂（如TiO_2）。玻璃陶瓷具有热膨胀系数小、力学性能好和导热系数较大等特点，玻璃陶瓷基复合材料的研究受到广泛重视。

2）氧化物陶瓷

氧化物陶瓷基体主要有Al_2O_3、MgO、SiO_2、ZrO_2、莫来石等，它们的熔点在2000℃以上。氧化物陶瓷主要为单相多晶结构，除晶相外，可能还含有少量气相，微晶氧化物的强度较高，粗晶结构时晶界面上的残余应力较大，对强度不利，氧化物陶瓷的强度随环境温度的升高而降低，但在1000℃以下降低较小。这类陶瓷基复合材料应避免在高应力和高温环境下使用，这是由于 Al_2O_3 和 ZrO_2 的抗热振性较差，SiO_2 在高温下容易发生蠕变和相变。虽然莫来石具有较好的抗蠕变性能和较低的热膨胀系数，但使用温度也不宜超过 1200℃。

3）非氧化物陶瓷

非氧化物陶瓷是指不含氧的氮化物、碳化物、硼化物和硅化物，其特点是耐火性和耐磨性好，硬度高，但脆性也很大。碳化物和硼化物的抗热氧化温度为 900～1000℃，氮化物略低，硅化物的表面能形成氧化硅膜，所以抗热氧化温度达 1300～1700℃。氮化硼具有类似石墨的六方结构，在高温（1360℃）和高压作用下可转变成立方结构的β-氮化硼，耐热温度高达 2000℃，硬度极高，可替代金刚石。

4）无机胶凝材料

无机胶凝材料作为基材组合或复合其他材料的能力强，如纤维增强胶凝材料、聚合物增强胶凝材料、纤维-聚合物-胶凝材料多元复合等。

在无机胶凝材料基增强材料中，研究和应用最多的是纤维增强水泥基增强材料。它是以水泥净浆、砂浆或混凝土为基体，以短切纤维或连续纤维为增强材料组成的。用无机胶凝材料作基体制成纤维增强材料已有初步应用，主要集中在建筑工程、军事工程、装饰及水利等方面，但其长期耐久性尚待进一步提高，其成型工艺尚待进一步完善，其应用领域有待进一步开发。无机胶凝材料作为一种复合材料基体，随着胶凝材料科学和复合材料科学的发展，必将产生新的飞跃。

与树脂相比，水泥基体有如下特征。

（1）水泥基体为多孔体系，其孔隙尺寸可由数埃到数百埃。孔隙的存在不仅会影响基体本身的性能，也会影响纤维与基体的界面黏结。

（2）纤维与水泥的弹性模量比不大，因水泥的弹性模量比树脂的高，对多数有机纤维而言，与水泥的弹性模量比甚至小于 1，这意味着在纤维增强水泥复合材料中应力的传递效应远不如纤维增强树脂。

（3）水泥基材的断裂延伸率较低，仅是树脂基材的 1/20～1/10，故在纤维尚未从水泥基材中拔出拉断前，水泥基材即已开裂。

（4）水泥基材中含有粉末或颗粒状的物料，与纤维成点接触，故纤维的掺量受到很大限制。树脂基体在未固化前是黏稠液体，可较好地浸透纤维中，故纤维的掺量可高些。

（5）水泥基材呈碱性，对金属纤维可起保护作用，但对大多数矿物纤维是不利的。

13.4.2 增强体

复合材料的主要组成是增强体与基体。对于纤维增强复合材料，起主要承载作用的是纤维；而在粒子增强复合材料中，起主要作用的是基体。用于受力构件的复合材料大多为纤维复合材料，纤维能大幅度地提高基体树脂材料的强度和弹性模量，减少复合材料成型过程中的收缩，提高热变形温度。总体来说，增强体对于复合材料是不可或缺的，基体材料中加入增强材料，其目的在于获得更为优异的力学性能或赋予复合材料新的性能和功能。

增强体总体上可分为有机增强体和无机增强体两大类。无机增强材料有玻璃纤维、碳纤维、硼纤维、金属纤维、晶须等。有机增强材料有芳纶纤维、聚酯纤维、超高分子量聚乙烯纤维等。上述增强材料中，玻璃纤维、芳纶纤维、碳纤维应用最为广泛。

需要特别指出的是：高性能纤维是近年材料领域迅速发展的一类特种纤维，通常是指具有高强度、高模量、耐高温、耐环境、耐摩擦、耐化学药品等高物性的纤维。高性能纤维品种很多，如芳香族聚酰胺纤维、芳香族聚酯纤维、高强度聚烯烃纤维、碳纤维以及各种无机及金属纤维等。作先进复合材料的增强材料，是高性能纤维的重要用途之一。

1. 玻璃纤维

玻璃纤维是由氧化硅与金属氧化物等组成的混合物经熔融纺丝制成的，它是最早被用作增强材料的纤维之一。玻璃纤维复合树脂于20世纪40年代开始在航空工业得到应用。由于玻璃纤维在结构、性能、加工工艺、价格等方面的特点，它在复合材料制造业中一直占有重要位置。中国玻璃纤维的70%以上用于增强基材，在国际市场上具有成本优势，但在品种规格和质量上与先进国家尚有差距，必须改进和发展纱类、机织物、无纺毡、编织物、缝编织物、复合毡，推进玻纤与玻钢两行业的密切合作，促进玻璃纤维增强材料的新发展。

1）玻璃纤维的分类

根据玻璃纤维中钾、钠氧化物（K_2O、Na_2O）的质量分数，玻璃纤维可分为：①无碱纤维，又称E玻璃纤维，碱性氧化物质量分数在2%以下；②低碱玻璃纤维，碱性氧化物质量分数为2%～6%；③中碱玻璃纤维，碱性氧化物质量分数为6%～12%；④有碱玻璃纤维，碱性氧化物质量分数大于12%。组分中的碱金属氧化物质量分数高，玻璃易熔，易拉丝，产品成本低。

按照玻璃纤维直径可分为：①粗纤维，单丝直径30μm；②初级纤维，单丝直径20μm；③中级纤维，单丝直径10～20μm；④高级纤维，单丝直径3～9μm，多用于纺织制品。

此外，按用途玻璃纤维可分为高强度纤维、低介电纤维、耐化学药品纤维、耐电腐蚀纤维、耐碱纤维。按纤维的外观玻璃纤维可分为长纤维、短纤维、空心纤维、卷曲纤维。

2）玻璃纤维的化学组成及物理结构

（1）玻璃纤维的化学组成。

玻璃的成分主要为SiO_2和其他氧化物，它们对玻璃纤维的性质和工艺特点起决定性作用。以SiO_2为主的称为硅酸盐玻璃，以氧化硼（B_2O_3）为主的称为硼酸盐玻璃。

SiO_2是玻璃中的一个主要成分，它的存在导致玻璃具有低的热膨胀系数。SiO_2的熔点高，具有很高的黏度，在熔融状态下气泡脱除速度很慢，加入Na_2O、Li_2O、K_2O等碱金属氧化物，可降低玻璃的黏度，改进玻璃流动性，故称助熔氧化物。但这些氧化物使成品玻璃具有高的热膨胀系数和易受潮气的侵蚀。另外，PbO能极大地降低玻璃液黏度，起着助熔剂的作用，还可增加成品玻璃密度及光亮程度，提高热膨胀率。

B_2O_3使玻璃液具有中等黏度，在熔制时起助熔剂作用，使玻璃具有低的热膨胀性及稳定的电气性能。CaO、MgO使玻璃液具有中等黏度，改进玻璃制品的耐腐蚀性和耐温性。Al_2O_3增加熔体黏度，使玻璃制品具有较高的机械性能及改善耐化学性。ZnO稍提高玻璃液黏度，同时有助于玻璃耐化学性的增加。BeO导致中等玻璃黏度，有助于增加玻璃产品的耐化学性及提高密度。TiO_2导致玻璃液黏度稍高，改善玻璃耐化学性，特别是耐碱性。ZrO_2显著增加玻璃液黏度及析晶倾向，极大提高玻璃的耐碱性。

（2）玻璃纤维的物理结构。

玻璃纤维的外观与块状玻璃完全不同，而且玻璃纤维的强度比块状玻璃高出许多倍。

但研究表明，玻璃纤维的结构仍与玻璃相同。玻璃是熔融物过冷时因黏度增加而具有固体性质的无定形物体，属于各向同性的均质材料。从物理结构上看，玻璃纤维的结构是一种具有短程有序、远程无序特点的网络结构的无定形态。

3）玻璃纤维的生产

玻璃纤维的生产时既要求玻璃液黏度随温度有较快的变化速率，从而有利于在拉丝时能在冷却条件下迅速硬化定形，又要求黏度随温度不能过快上升，以致妨碍将玻璃丝拉制到预定的直径。玻璃纤维的制造方法主要有坩埚拉丝法（也称玻璃球法）和池窑拉丝法（也称直接熔融法）。

坩埚拉丝法是先将熔融的玻璃流入造球机制成玻璃球，然后将合格的玻璃球再放入坩埚中熔化拉丝制成玻璃纤维。若将熔炼炉中熔化了的玻璃直接流入拉丝网中拉丝，则称池窑法。池窑拉丝法省去了制球工艺，降低了成本，是广泛采用的方法。

连续纤维生产时，熔融玻璃在恒定的温度压力下自漏板底部流出，被拉丝机绕线筒以1000～3000m/min的线速度制成具有一定细度的玻璃纤维。单丝经过浸润槽集束成原纱，原纱经排纱器以一定角度规则地缠绕在纱筒上。

短纤维生产多采用吹制法，即在熔融的玻璃流出时，立即施以喷射空气或蒸气气流冲击，将玻璃液吹拉成短纤维，将短纤维收集并均匀涂以黏结剂，可进一步制成玻璃棉或玻璃毡。

润湿剂在玻璃纤维拉丝和纺织过程中的作用是使纤维束黏合集束，润滑耐磨，消除静电，保证拉丝和纺织工序的顺利进行。润湿剂有两类。一类为纺织型润湿剂，主要满足纺织加工的需要，其主要成分有凡士林、石蜡、硬脂酸、变压器油、固色剂、表面活性剂和水。这类润湿剂不利于树脂和玻璃纤维的黏结，因此在使用时要经过脱蜡处理。另一类是增强型润湿剂，其主要成分有成膜剂（如水溶性树脂、树脂乳液等）、偶联剂、润滑剂、抗静电剂等，这类润湿剂在使用时不需要清除。

生产玻璃纤维制品的主要设备是纺织机和织布机。

4）玻璃纤维性能

（1）玻璃纤维的物理性能。

玻璃纤维外观是光滑的圆柱体，密度为2.16～4.30g/cm^3，有碱玻璃纤维则密度较小。用于复合材料的玻璃纤维，直径一般为5～20μm，密度为2.4～2.7g/cm^3，与铝的密度几乎一样，所以在航空工业上用复合材料替代铝钛合金成为可能。

玻璃纤维具有低线膨胀系数、低导热系数和良好的热稳定性。普通硅酸盐玻璃纤维在450℃时强度变化不大。一般玻璃纤维的软化温度为550～850℃；C玻璃纤维的软化点为688℃；S玻璃和E玻璃纤维的软化点分别为970℃和846℃；石英和高硅氧玻璃纤维的耐热温度可达2000℃以上。石英纤维是由化学成分纯度达99.5%以上的SiO_2经熔融制成，其线膨胀系数较小，而且具有弹性模量随温度增高而增加的罕见特性。

在外电场的作用下，玻璃纤维内的碱金属离子最容易迁移而导电，因此，有碱玻璃纤维的电绝缘性远低于无碱玻璃纤维。玻璃纤维的化学组成、环境温度、湿度是影响其导电性的主要因素。石英纤维和高硅氧纤维具有优异的电绝缘性能，室温下电阻率为10^{16}～10^{17}Ω·cm，在700℃的高温时，其介电性能没有变化。高硅氧玻璃纤维中SiO_2的含量为91%～99%，是以酸浸洗E玻璃纤维，除去碱金属，再于680～800℃加热烧结而形成的高硅氧玻璃纤维。

(2) 玻璃纤维的化学性能。

玻璃纤维不燃烧,具有良好的化学稳定性,除氢氟酸和热浓强碱外,对大多数化学药品都是稳定的,也不受霉菌或细菌的侵蚀。玻璃纤维的化学性能主要取决于组成中的 SiO_2 及碱金属的含量。增加 SiO_2、Al_2O_3 含量或加入 ZrO_2 及 TiO_2 可改进玻璃纤维的耐酸性;提高 SiO_2 比例或添加 CaO、ZrO_2、ZnO 有利于增强耐碱性;Al_2O_3、ZrO_2、TiO_2 等都能强化玻璃纤维的耐水性。

有碱玻璃由于组成中碱金属氧化物较多,在水或空气的作用下易发生水解,耐水性较差。水使玻璃纤维中的碱金属氧化物溶解,使其表面裂纹扩展,降低纤维的强度。所以,一般控制碱金属氧化物含量不超过 13%。除了溶解作用,由于玻璃纤维比表面积大,对水的吸附能力也大于玻璃。表面吸附水使玻璃纤维与树脂的黏结力减弱,从而影响复合材料性能。

在水和酸性介质中,石英、高硅氧玻璃纤维的稳定性极高,即使加热条件下也很稳定。室温下,氢氟酸能破坏这种纤维,而磷酸要在 300℃以上才能使其破坏。在碱性介质中,石英和高硅氧玻璃纤维的稳定性较差,但是比普通玻璃纤维要好得多。

(3) 玻璃纤维的力学性能。

玻璃纤维的最大特点是具有较高的拉伸强度。一般玻璃的拉伸强度只有 40~100MPa,而玻璃纤维的拉伸强度高达 1500~4500MPa,是高强钢的 2~4 倍;比强度更为高强度钢的 6~10 倍,弹性模量为 60~110GPa,与铝和钛合金相当。因此,采用玻璃纤维制成的玻璃纤维增强塑料又称为玻璃钢。玻璃纤维具有高强度是因为纤维直径小、缺陷少,所以玻璃纤维的直径越细,拉伸强度越高。在 200~250℃下,玻璃纤维的强度不会降低,但会发生体积收缩。

玻璃纤维属于具有脆性特征的弹性材料,应力-应变曲线基本为一直线,没有明显的塑性变形阶段,其断裂延伸率在 3%左右。玻璃纤维的弹性模量高于木材和有机纤维,一般在 100GPa 以下,与纯铝相近,仅为普通钢材的 1/3 左右,所以玻璃纤维不能作为先进复合材料的增强材料。

玻璃纤维抗扭折能力和耐磨性差,易受机械损伤。玻璃纤维长期放置后强度稍有下降,这主要是空气中的水分对纤维侵蚀的结果。随着对玻璃纤维施加载荷时间的增加,其拉伸强度降低,环境湿度较高时更加明显。其原因是在水分侵蚀和外力的联合作用下裂纹扩展速度加快,导致强度降低。此外,在反复波动的高温环境下,承载玻璃纤维复合材料易发生界面黏附破坏。

2. 碳纤维

碳纤维是指由不完全石墨结晶沿纤维轴向排列的一种多晶新型碳材料,碳含量超过 90%。碳纤维的研究始于 1880 年,爱迪生用棉、亚麻等纤维制取碳纤维用作电灯丝,不过因其亮度低而改为亮度高的钨丝。20 世纪 50 年代末,真正有使用价值的碳纤维才发展起来。以碳纤维为增强材料复合而成的结构材料,其强度比钢大、密度比铝合金低,且还有许多宝贵的电学、热学和力学性能,因此碳纤维的研究、发展和应用一直是新材料领域中的重要内容。

1) 碳纤维的名称及分类

碳纤维一般以力学性能和制造原材料来分类。根据力学性能可分为:①高强型(HT);

②高模型(HM)；③通用型(GP)；④超高强型(UHT)；⑤超高模型(UHM)；⑥高强高模(HP)型等多种规格。

根据制造方法可分为有机前驱体碳纤维和气相生长碳纤维，其中有机前驱体碳纤维根据原材料可分为：①聚丙烯腈碳纤维；②沥青基碳纤维；③酚醛树脂基碳纤维；④纤维素基碳纤维。

另外，根据热处理温度和气氛介质不同分为：①碳纤维(1000～1600℃；N_2,H_2)；②石墨纤维(2000～3000；N_2,Ar)；③活性碳纤维(700～1000℃；H_2O,CO_2,N_2)。石墨纤维并不意味着纤维内部完全为石墨结构，仅是表明热处理的温度更高而已，一般将碳纤维和石墨纤维统称为碳纤维。

碳纤维有四种产品形式：纤维、布料、预浸料坯和切短纤维。布料是指由碳纤维制成的织品。预浸料坯是一种产品，是将碳纤维按照一个方向一致排列，并将碳纤维或布料放入树脂中浸泡使其转化成片状。切短纤维是指短丝。

2）碳纤维的结构及性能

(1）碳纤维的结构。

碳纤维是有机物经高温固相反应转化而来，属于聚合的碳。碳纤维不是理想的石墨点阵结构，而是属于片状石墨微晶沿纤维轴向方向堆砌而成的“乱层”石墨结构。碳纤维中基本结构是由石墨片层组成片状石墨微晶，由片状石墨微晶再组成直径50nm、长数百纳米的原纤维，最后由原纤维组成直径6～18μm的碳纤维单丝。碳纤维层面的间距为0.339～0.342nm，比石墨层面间距0.344nm略小。各层面上和层面间的碳原子排列不如石墨那样规整，层与层之间借范德瓦耳斯力连接在一起。原纤维的内部存在着直径1～2nm、长几十纳米的针形孔隙，其孔洞的含量、大小和分布对碳纤维的性能影响较大。

石墨化的温度比碳化高，石墨化过程中残留的非碳原子继续排除，反应形成的芳环平面增加，内部各平面层间的乱层石墨排列也较规整，材料整体由二维乱层石墨结构向三维有序结构转化，纤维的弹性模量增加，取向性显著提高。

(2）碳纤维的性能。

根据原材料、含碳量及石墨化条件，碳纤维的拉伸强度为1～7GPa，弹性模量为100～850GPa。性能的变化主要与碳纤维的结构有关，一般的碳纤维由乱层结构石墨微晶所组成，石墨的平面层不完整，沿纤维轴向排列也不整齐，因而强度和模量不够高。在高强度碳纤维中平面层完整性提高，沿轴向排列也趋于整齐，而高模量纤维则平面层更完整，沿轴向排列更整齐。因此，影响碳纤维强度和模量的直接因素是晶粒的取向度，此外还有微晶结构的不均匀性、原纤维内部条带交联的断裂等。

碳纤维的应力-应变曲线为一直线，断裂过程在瞬间完成，纤维在断裂前是弹性体，不发生屈服，因此碳纤维的弹性回复是100%。碳纤维沿轴向表现出很高的强度，是钢铁的3倍还多，而径向强度远不如轴向，仅为轴向拉伸强度的10%～30%，因而碳纤维不能打结。

碳纤维在化学组成上非常稳定，并且具有高抗腐蚀性和耐高温蠕变性能，一般情况下，碳纤维在1900℃以上才会出现永久塑性变形。碳的化学性能在室温下是惰性的，除被强氧化剂氧化外，一般的酸碱对碳纤维不起作用。碳纤维在空气中当温度高于400℃时即发生明显的氧化，所以在空气中的使用温度一般在360℃以下。但在隔绝氧的情况下，碳纤维的突出特性是耐热性，使用温度可高达1500～2000℃。碳纤维的电动势是正值，而铝合金的电动势为负值，因此当碳纤维复合材料与铝合金组合应用时会发生化学腐蚀。

碳纤维的密度为 1.6～2.18g/cm^3，除了与原丝结构有关，主要决定于碳化处理的温度。经过 3000℃以上石墨化处理，密度可达 2.0g/cm^3 以上。碳纤维的热膨胀系数具有各向异性的特点，平行于纤维方向是负值，而垂直于纤维方向是正值。碳纤维的热导率和电阻率与纤维的类型和温度有关。温度升高，碳纤维的热导率下降。碳纤维具有良好的耐低温性能，例如在液氮温度下也不脆化。此外还具有抗辐射、导电性高、摩擦系数小和润滑能力强等特性。

3）碳纤维的制造方法

碳纤维的制造方法有有机先驱体纤维法和化学气相生长法。有机先驱体纤维法是由有机纤维经高温固相反应转变成碳纤维的一种方法，应用的有机纤维主要有黏胶纤维、PAN 纤维和沥青纤维三种。化学气相生长法是指利用催化剂由低碳烃混合气体直接析出晶须状碳纤维。目前主要生产的是 PAN 基碳纤维和沥青基的碳纤维。在强度上 PAN 基的碳纤维要优于沥青基的碳纤维，因此在碳纤维生产中占有绝对优势。这里以 PAN 碳纤维为例介绍有机先驱体法生产碳纤维，同时简要介绍化学气相生长法。

（1）聚丙烯腈碳纤维。

聚丙烯腈(PAN)是一种主链为碳链的长链聚合物，链侧有氰基。制造 PAN 的基本原料是丙烯腈(CH_2 ═CHCN)，先将丙烯腈与共聚单体(丙烯酸甲酯、亚甲基丁二酸)进行聚合，生成共聚丙烯腈树脂，经硫氰酸钠、硝酸、二甲基亚砜等溶剂溶解，形成黏度适宜的纺丝液。例如有的纺丝溶液聚合物的相对分子质量约为 9×10^4，纺丝液黏度为 100Pa·s，纺丝溶液聚合物质量分数为 15%。用纺织液纺丝后经成型、水洗、牵伸、卷绕等工序，获得生产碳纤维专用的有机先驱体——PAN。PAN 原丝大致经过预氧化、碳化、石墨三步工艺过程后形成 PAN 碳纤维。

A. 原丝预氧化。

由于 PAN 在分解前会软化熔融，因此需在空气中进行预氧化处理。预氧化使聚丙烯腈发生交联、环化、脱氢、氧化等反应，转化为耐热的类梯形高分子结构，以承受更高的碳化温度和提高碳化率。如果有足够长的时间，将产生纤维吸氧作用而形成 PAN 分子间的结合，形成含氧的类梯形结构。预氧化时需给原丝纤维一定张力，使纤维中分子链伸展，沿纤维轴取向。预氧丝中的氧含量一般控制在 8%～10%，氧与纤维反应形成各种含氧结构，碳化时大部分氧与聚丙烯中的氢结合生成 H_2O 逸出，促进相邻链的交联，提高纤维的强度和模量。但过高的氧含量会与以 CO、CO_2 的形式将碳链中的碳原子拉出，降低碳化效率，增加了缺陷，使碳纤维力学性能变坏。

预氧化过程中释放出 NH_3、H_2O、HCN 和 CO_2 等低分子物质，原丝逐渐由白变黄，继而呈棕褐色，最后变成黑色且具有耐燃性的预氧化丝。原丝色泽的变化直接反映预氧化程度的大小。预氧化程度主要是由热处理温度和时间两个因素决定的，通过两者的调整可以找出最佳的预氧化条件。预氧化温度在 200～400℃空气介质氧化过程中，纤维逐渐由白变黄，经铜褐色最后变成黑色。早期的预氧化的时间需要十几小时，目前只需十几至几十分钟。预氧化是一复杂的放热过程，需注意避免由热积累而导致单丝过热产生热分解。

B. 预氧丝碳化。

在高纯度的惰性气体(Ar 或 N_2)保护下，预氧丝于 1000～1600℃时发生碳化反应。碳化过程中，进一步发生交联、环化、缩聚、芳构化等化学反应，非碳原子 H、O、N 等不断被裂解出去。最终，预氧化时形成的梯形大分子转变成稠环结构，碳含量从约 60%提高到 90%以上，形成一种由梯形六元环连接而成的乱层石墨片状结构。随着碳化温度的变化，纤维力学性能亦发生明显变化。例如，纤维模量随碳化温度升高而增大，而断裂伸长率减小，在 1000～1700℃时强度出现最大值。碳化之前最好将纤维在 100～280℃时烘干。碳化时避免空气中氧气进入炉内，同时需对预氧丝施以一定张力，还要控制各阶段升温速度，以有利于提高碳纤维的强度。

C. 碳纤维石墨化。

通常碳纤维是指热处理到 1000～1600℃的纤维，石墨纤维是指加热到 2000～3000℃的纤维。碳化过程中，随着非碳原子逐步被排除，碳含量逐步增加，形成碳纤维。石墨化过程中，聚合物中的芳构化碳转化成类似石墨层面的结构，内部紊乱的乱层石墨也向结晶态转化，形成石墨纤维。石墨碳纤维有金属光泽，导电性好，杂质极少，含碳量在 99%左右。随温度提高，结晶碳增长和定向越强烈，促进石墨纤维弹性模量提高，但使抗拉强度和断裂延伸率下降，最终石墨纤维可能完全转化为脆性材料。

PAN 碳化后的结构已比较规整，所以石墨化所需时间很短，数十秒或几分钟即可。但石墨化温度下，氮气与碳发生反应生成氰，故传热和保护介质多采用具有一定压强的氩气。

(2) 化学气相法制备碳纤维。

气相生长碳纤维(VGCF)实际是一种以金属微细粒子为催化剂，氢氧为载体，在高温下直接由低碳烃(甲烷、一氧化碳、苯或苯和氢等)混合气体析出的非连续晶须类碳纤维。其制法主要包括基板法和气相流动法两种。

A. 基板法。

将喷洒、涂布有催化剂(如硝酸铁)的陶瓷或石墨基板置于石英或刚玉反应管中，在 1100℃下，通入低碳烃或单、双环芳烃类与氢气混合气，在基板上将得到热解碳，生成的碳溶解在催化剂微粒中引起原始纤维的生长，可得到直径 1～100μm、长 300～500mm 的 VGCF。基板法为间断生产，收率很低。

B. 气相流动法。

由低碳烃类，单、双环芳烃，脂环烃类等原料与催化剂(Fe、Ni 等合金超细粒子)和氢气组成三元混合体系，在 1100～1400℃高温下，Fe 或 Ni 等金属微粒被氢气还原为新生态熔融金属液滴，起催化作用。原料气热解生成的多环芳烃在液滴周边合成固体碳，并托浮起催化剂液滴，在铁微粒催化剂液滴下形成直线型碳纤维；在镍微粒催化剂液滴下方则形成螺旋状碳纤维，碳纤维直径为 0.5～1.5μm，长度为毫米级。

化学气相生长碳纤维(晶须)一般没有晶界，具有高度的结晶完整性，具有高强度、高模量，在导电、导热性上也十分优越。在 3000℃高温环境下热处理后，碳晶须几乎全部石墨化，石墨晶须的拉伸强度和模量分别到达 21GPa 和 1000GPa，具有非常优异的物理、机械性能。虽然气相生长碳纤维目前仍处于研制阶段，但由于其工艺简单，不需纺丝成型、不熔化和碳化处理，纤维直径变化范围大，原料资源丰富，成本低廉，预计将在先进复合材料中显示重要作用。

3. 芳纶纤维

芳香族聚酰胺纤维是目前主要用于聚合物基复合材料的一种有机纤维，由美国杜邦公司在 1968 年研制成功，并在 1973 年正式以 Kevlar 作为其商品名，国内该类纤维的商品名为芳纶。

1）芳纶纤维的性能特点

芳纶纤维具有强度高、模量高、韧性好、减振性优异的特点。它的密度小，仅为 1.44～1.45g/cm^3，是所有增强材料中密度较低的纤维之一。其比强度和比模量均优于玻璃纤维，特别是比强度甚至高于一般碳纤维和硼纤维，比模量也超过钢、铝等，与碳纤维相近。芳纶纤维的韧性好，冲击韧性大约为碳纤维的 6 倍、硼纤维的 3 倍。芳纶纤维便于纺织，它和碳纤维混杂，可提高纤维复合材料的耐冲击性。芳纶纤维各向异性，在高温下轴向有热收缩，而横向热膨胀，这一点在设计和制造复合材料时必须加以考虑。

芳纶纤维大分子的刚性很强，分子链几乎处于完全伸直状态，这种结构不仅使纤维具有很高的强度和模量，而且还使其具有良好的热稳定性。芳纶纤维玻璃化温度约为 345℃，分解温度为 550℃，在高温下不熔，变形极低。在 150℃长期作用下抗拉强度几乎不变，同时，在－190℃低温也不变脆。芳纶纤维属自熄性材料，其燃烧时产生的 CO、HCN 和 N_2O 等毒气量也相对较少。

芳纶纤维是一种外观呈黄色的纤维，由于纤维结晶度高、结构致密，对其染色难度较大；有良好的耐介质腐蚀性，大部分有机熔剂对其断裂强度影响很小，大部分盐水熔剂无影响，但强酸和强碱会降低纤维的强度；对紫外线比较敏感，在受到太阳光照射时，纤维产生严重的光致劣化，使纤维变色，机械性能下降。

2）芳纶纤维的制备方法

芳纶纤维的种类繁多，但是聚对苯二甲酰对苯二胺（PPTA）纤维在复合材料中的应用最多。这里以 PPTA 为例说明芳纶纤维的制备。

合成 PPTA 所用的单体主要是对苯二胺和对苯二甲酰氯（或对苯二甲酸），一般采用溶液聚合法，即在强极性溶剂（如六甲基磷胺、二甲基乙酰胺、N-甲基吡咯烷酮等）中，通过低温溶液缩聚或直接缩聚反应而得，结构中酰胺基直接与芳香环相连，构成刚性的分子链。

将 PPTA 溶解在适当的溶剂中，在一定条件下溶液显示液晶性质，这种液晶态聚合物溶液称为溶致性液晶。研究发现，当 PPTA 溶入浓硫酸的质量分数增加到一定极限时，PPTA 分子相互紧密地堆砌在一起，在小区域内呈取向排列，也就是说 PPTA/H_2SO_4 溶液表现出液晶性能，具有液体的流动性和晶体相变的特点。聚合物在熔剂中形成液晶后，液晶溶液黏度降低，低剪切力下液晶内流动单元更加容易取向，有利于纺织成型，所以可以采用液晶纺丝。1970 年，Blades 发明的 PPTA 液晶溶液干喷-湿法纺丝工艺就是基于这样的原理，迄今仍被广泛采用。该方法溶液细流流动取向效果好，尤其适于刚性高分子或液晶聚合物的纺丝成型。处于液晶态的刚性大分子受剪切作用在喷丝孔道中沿流动方向发生高度取向，而纺丝细流离开喷丝板后的解取向作用远小于柔性大分子，因此初生纤维内具有高度取向的结构。初生纤维在熔剂萃取、洗涤干燥后成为成品纤维，如 Kevlar29 纤维。将初生纤维进行清洗干燥后，在惰性气氛下热处理，可获得取向度和结晶度更高的纤维，Kevlar49 纤维就是在氮气保护下经 550℃热处理后得到的。

3）芳纶纤维的结构

芳纶（PPTA）纤维化学的结构是由芳香环和酰胺基组成的大分子链，酰胺基连接在芳环对位上，大分子主链间由氢键做横向连接，有利于纤维的结晶或结构致密化。由于大共轭的芳环难以内旋转，通常刚性 PPTA 大分子沿纤维方向刚性伸直并高度取向，大分子折叠、弯曲、链缠结很少，这种结构使纤维轴具有优异的强度及刚度，但沿纤维径向分子间作用力弱，纤维抗压缩性能较差。

PPTA 纤维呈折叠层结构，折叠层结构并不很容易理解，可从以下两个角度来考虑。首先从纤维凝固过程看，纤维表层先形成，比较致密，纤维中心后形成，较松弛，同时结晶过程中，周期性形成均匀的折叠，显然这种折叠给纤维带来了一定的弹性。其次从最终的结构看，纤维由层状结构所组成，层状结构则由近似棒状的晶粒所组成，层中的晶粒互相紧密排列，存在一些贯穿数层的长晶粒，它们加强了纤维的轴向强度。

4. 陶瓷纤维

陶瓷纤维是具有陶瓷组分的一种高性能增强材料，耐高温(1260～1790℃)、耐磨耐蚀性好，物理机械性能突出，但脆性大，对裂纹等缺陷敏感，主要用于金属基、聚合物基，特别是陶瓷基复合材料。根据组成的不同陶瓷纤维可分为氧化物陶瓷纤维、氮化物陶瓷纤维、碳化物陶瓷纤维和硼化物陶瓷纤维。制备连续陶瓷纤维，通常有两条基本路线：一是直接利用目标陶瓷材料为起始原料，在玻璃态高温熔融纺丝冷却固化而成，或通过纺丝助剂的作用纺成纤维经高温烧结而得；二是利用含有目标元素并且裂解可得目标陶瓷的先驱体，经干法或湿法纺的纤维高温裂解而成。前者如熔融拉丝法、超细微粉挤出纺丝法和基体纤维溶液浸渍法等；而后者的制备方法有溶胶-凝胶法和有机聚合物转化法等。此外还有化学气相沉积法和化学气相反应法。

1）氧化铝纤维

（1）氧化铝纤维的结构与性能。

氧化铝纤维是 20 世纪 70 年代发展起来的，它强度较好，热导率低，高温抗氧化性能优良，有很大的商业价值，是近些年备受重视的无机纤维。氧化铝纤维中，氧化铝为主要成分，并含有少量的 SiO_2、B_2O_3 或 Zr_2O_3、MgO 等，多数情况下属于多晶体纤维。

氧化铝有多种同素异构体存在，如 α-Al_2O_3、β-Al_2O_3，γ-Al_2O_3、δ-Al_2O_3 等，因此实际当中有多种晶型的氧化铝纤维。α-Al_2O_3 在热力学上最稳定，呈六方型紧密堆砌，密度大，硬度高，活性低，高温稳定，具有优良的绝缘、耐高温、抗氧化性能。除 α-Al_2O_3 以外的氧化铝可统称为中间氧化铝，它们较难形成完整的结晶结构，在高温时几乎全部转化为 α-Al_2O_3。不同晶型的氧化铝纤维模量差别较大，α-Al_2O_3 结构的氧化铝纤维模量最高，可达 400GPa，其他结构的氧化铝纤维模量较低，但也明显高于玻璃纤维。氧化铝纤维强度与微晶尺寸有很大关系，用有机铝化合物制成氧化铝纤维，其微晶尺寸约为 10nm；而以氧化铝凝胶为原料制成的纤维，其微晶尺寸约为 60nm。因此，前者在烧结过程中获得致密的结构，强度较高。α-Al_2O_3 纤维的化学性质稳定，用作增强材料时与基体的相容性较差，需通过在纺丝溶液中添加 Li 等适当进行改性。γ-Al_2O_3 纤维具有一定活性，与树脂及熔融金属的相容性较好。

氧化铝纤维性能优良，拉伸强度最高达 3.2GPa，弹性模量最高达 420GPa，可应用于 1400℃的高温场合，具有独特的电学性能和抗腐蚀等一系列特点。同时氧化铝纤维原料容易获得，生产过程简单，设备要求不高，不需要惰性气体保护等。所以氧化铝纤维有很高的商业价值，广泛用作各种先进复合材料的增强体。

(2) 氧化铝纤维的制备方法。

氧化铝纤维的制备方法很多,已经开发出的氧化铝纤维不论是单晶 α-Al_2O_3,还是多晶 α-Al_2O_3 或是其他晶型,它们的力学性能与纤维成型工艺及氧化铝结构有着密切关系。这里仅介绍几种制备氧化铝纤维的典型方法。

A. 淤浆纺织法。

杜邦公司采用淤浆法生产含量为 99.5%的连续氧化铝纤维,商品名为 FP。该方法是把小于 0.5μm 的 α-Al_2O_3 微粉与羟基氯化铝和少量的氯化镁调制成淤浆状纺丝溶液,纺丝后进行 1300℃烧结处理,制成多晶氧化铝纤维。羟基氯化铝($Al_2(OH)_5Cl$)起黏结剂的作用,烧结过程中转变为 α-Al_2O_3。添加氯化镁可控制在烧结时的氧化铝微粒长大并保持微粒结构,有利于强度的提高。由于采用微粒氧化铝为原料,粒子空隙在纤维表面有缺陷产生,纤维强度将大大降低,因此需覆盖表面的缺陷。具体方法是:将纤维重新在约 1500℃含硅气体中处理几秒钟,使结晶粒之间烧结,并在纤维表面形成 0.1μm 厚的具有非结晶的 SiO_2 薄膜,除提高强度外,还可以改善纤维与金属的润湿性。

B. 溶液纺织法。

日本住友化学公司采用此法制备以氧化铝为主要成分并含有 SiO_2 和 B_2O_3 的多晶纤维,所以又称住友法,也称预聚合法、预烧结法。该法用烷基铝加水聚合成含有—Al—O—主链结构的聚铝氧烷聚合物,将它溶解在有机溶剂中,再加入硅酸酯或有机硅聚合物,将混合液浓缩成纺丝液进行干法纺丝,得到预烧结纤维。然后在 1000℃以上的空气中对预烧结纤维进行烧结处理,除去残存的有机物,最后制成 SiO_2 质量分数为 0%~30%的微晶聚集态的氧化铝连续纤维。加入 SiO_2 是为了抑制在 1200℃左右氧化铝由 γ 态急剧向 α 态的转变过程,防止晶粒粗大。溶液纺织法中,原料是一种有机金属化合物,烧结时有机成分失去少,纤维的内部致密,纤维强度高。同时,在烧结过程中氧化铝显示出不同的特异结构变化,用电子显微镜观察到,纤维结构是 5~10nm 大小的超微粒子的聚集态结构。

C. 溶胶法。

美国 3M 公司采用生产商品名为 Nextel312 的氧化铝纤维的方法,又称挤压法、3M 法。在含有甲酸根离子($HCOO^-$)和乙酸根离子(CH_3COO^-)的氧化铝溶液中加入适量的硅胶和硼酸溶液,浓缩后制成溶胶纺丝液,直接从纺丝孔中挤出纤维,凝胶后在 1000℃以上于张力下烧成连续氧化铝纤维。纺织液中,硅溶胶作为硅成分,硼酸作为氧化硼成分,当然也可以加入铬酸或者铝酸。

2) 碳化硅纤维

碳化硅纤维是以碳和硅为主要组分的一种典型陶瓷纤维。碳化硅纤维具有良好的力学性能、高的热稳定性和耐氧化性,是 20 世纪 80 年代以来高温陶瓷基复合材料的最佳增强纤维,是近些年来发展较快的一种新型纤维。碳化硅纤维按形态分有晶须和连续纤维两种。连续碳化硅纤维属多晶的纤维,制备工艺主要是有机先驱体法和化学气相沉积法。这里介绍连续碳化硅纤维的制造和性能。

(1) 有机先驱体法制备碳化硅纤维。

有机先驱体法制备碳化硅纤维的过程是将有机硅聚合物(聚二甲基硅烷)转化成可纺性的聚碳硅烷,经熔融纺丝或溶液纺丝制成先驱丝,再经辐射线交联或氧化交联之后,在惰性气氛或真空中高温连续烧结,得到细的、连续的、柔软的具有金属光泽的碳化硅纤维。碳化硅有两种晶体结构，即 α-SiC 和 β-SiC，它们由碳化硅四面体以不同的堆砌方式堆砌而成，β-SiC 的性能好于 α-SiC。碳化硅纤维的主要组成是尺寸在 10μm 以下的 β-SiC 微晶，还有少量 SiO_2 及游离碳，有时碳化硅纤维也具有非晶结构。

碳化硅纤维的主要特点是：①拉伸强度和模量大，密度小，低膨胀；②耐热性好，在氧化性气氛中可长期在 1000℃使用；③与金属的润湿性良好，1100℃以上才与某些金属发生反应；④碳化硅纤维具有半导体性质，其电阻率在 $10^{-1}\sim10^{6}\Omega\cdot cm$ 可调；⑤耐化学腐蚀性优异；⑥耐辐射能力强。

尽管已工业化生产的 Nicalon™ 和 Tyranno 等碳化硅纤维的工作温度可达 1200℃，然而其耐热性能仍不能满足某些高温领域的应用需要。碳化硅纤维元素组成有硅、碳、氧等元素，由于氧(含量 24.9%)的存在，纤维在 1300℃以上分解并释放出 CO 和 SiO 气体，形成 β-SiC 微晶并长大，使纤维的强度降低。因此，只有降低纤维中的含氧量，使纤维结构更接近理想结构，才能提高其高温性能。用电子束照射聚碳硅烷纤维进行不熔化处理，烧结后可制得含氧量低于 0.5%的碳化硅纤维，纤维在 1500℃的氩气中恒温 10h，纤维仍保持 2.0GPa 的拉伸强度。

(2) CVD 法制备碳化硅纤维。

CVD 法是较早用以制备陶瓷纤维的一种方法，它需要以一种导热导电性能较好的纤维作为芯材，利用可以汽化的小分子化合物在一定的温度下反应，生成目标陶瓷材料沉积到芯材上，从而得到"有芯"的陶瓷纤维。

碳化硅纤维的 CVD 制法是在管式反应器直接用直流电或射频加热，将芯丝加热到 1200℃以上，并通入有机硅化合物和氢气的混合气体，在灼热的芯丝表面上反应生成碳化硅并沉积在芯丝表面。芯丝一般采用直径为 10μm 左右的钨丝或 30μm 左右的碳丝，制成的碳化硅纤维直径在 100μm 以上。碳化硅纤维断面其结构大致可分成四层，由纤维中心向外依次为芯丝、富碳的碳化硅层、碳化硅层和外表面富硅涂层，一般内层的碳化硅晶粒尺寸小于外层。CVD 法获得的碳化硅纤维几乎是 100%的 β-SiC 晶体结构，因此其性能优于 Nicalon 碳化硅纤维。

CVD 法制备碳化物纤维过程中，碳化硅在载体上成核和长大是一个复杂的物理化学过程，而且芯丝表面呈张应力状态，从而使碳化硅纤维不可避免地产生各种缺陷和应力，降低纤维强度并增加表面损伤敏感性。纤维表面质量越差，这种不良效果就越强烈。因此，在碳化硅纤维表面施加适当的涂层将使其得到有效的保护。另外，涂层改变纤维表面特性，易于碳化硅纤维增强的聚合物基、金属基、陶瓷基复合材料的制备。

3) 氮化硼纤维

(1) 氮化硼纤维的性能。

氮化硼(BN)纤维具有类似石墨的六元氮硼环状结构，加之 B—N 键强大，使得氮化硼纤维具有十分突出的耐热性和抗氧化性。石墨纤维在空气中 400℃时氧化性能开始降低，而氮化硼纤维在 800～900℃的空气中才开始氧化。石墨纤维被氧化时产生气体，不形成表面的保护层；而氮化硼纤维在氧化过程中具有增重现象，这是因为形成氧化硼保护层，可以阻止氧的进入。在惰性或还原性气氛中 2500℃以下氮化硼纤维的性能是稳定的。

氮化硼纤维的强度和模量接近于玻璃纤维，但是它的多晶性质使它具有较好的耐腐蚀性能。它的密度为 1.4～2.0g/cm³，用其制备的复合材料具有轻质高强的特点。氮化硼纤维具有优异的电性能,氮化硼熔点3000℃,但直到2000℃纤维还具有极好的电绝缘性能。氮化硼纤维还具有很低的介电损耗和电容率,是耐烧蚀大舷窗的理想材料。由于氮化硼纤维表面上孔隙率很低且呈封闭状态,纤维很难被树脂浸润,氮化硼纤维增强的聚合物基复合材料主要是靠摩擦力而相互作用。

(2) 氮化硼纤维的制造。

最早制造氮化硼纤维的美国金刚砂公司采用气相反应法(CVR),该法需要以一种可以通过反应转化成目标纤维的基体纤维为起始材料,与引入的化学气体发生气固反应转化成所需的陶瓷纤维。通常是以 B_2O_3 为原料,经熔融纺丝成先驱体 B_2O_3 纤维,在较低温度的 NH_3 气氛中使 B_2O_3 与 NH_3 反应形成硼胺中间化合物,再将这种晶型不稳定的纤维在张力下进一步在 NH_3 或 NH_3 与 N_2 的混合气氛中加热到1800℃以上,此时氧化硼纤维将全部转化成氮化硼纤维。从整个过程来看,该工艺也属于无机先驱体转化法。由于在氮化的过程中,纤维外层最先形成高熔点的氮化硼,芯部未氮化的 B_2O_3 在高温下将变成熔融状态向外迁移,在纤维内部留下裂纹,使纤维性能降低,因此必须选择最佳的升温速率和反应时间,防止纤维芯部熔化并控制氮化速度。这样制备的氮化硼纤维抗拉强度最高可达2.10GPa,弹性模量最高可达350GPa。

采用有机先驱体转化法也可以制备氮化硼纤维。首先制备含有B—N主键结构的聚合物为先驱体,然后经熔融纺丝及交联后经1800℃高温处理而获得氮化硼纤维。该法的好处是,可根据目标产物的结构和性能要求,进行先驱体分子结构设计,通过改变分子结构和组成而得到性能不同的氮化硼纤维。此外,也可通过CVD法利用硼纤维通过氮化过程制备氮化硼纤维。硼纤维被加热到560℃氧化,然后再将氧化的纤维置于 NH_3 中,加热到1000~1400℃,大约反应6h便可得氮化硼纤维。这是一个CVD法和CVR法相结合的典型实例。目前,氮化硼纤维的制造技术还不够完善,纤维物理-机械性能也有待进一步提高。

4) 氮化硅纤维

氮化硅纤维也是一种陶瓷纤维,按组成有Si-C-N纤维和 Si_3N_4 纤维。由氮化硅纤维增强的复合陶瓷材料有诸多优异性能,因此氮化硅的研究工作活跃。制备氮化硅可以采用聚硅氮烷作先驱体的方法,也可以采用聚碳硅纤维用电子束照射交联或空气氧化后再将该纤维在氨气流中高温烧成,获得力学性能优异的氮化硅纤维。氮化硅纤维有类似于碳化硅纤维的力学性能和应用领域,耐高温性能和耐腐蚀性能好,是先进陶瓷基复合材料的增强纤维之一,也是制造航空航天、汽车发动机等耐高温部件最有希望的材料,有着广阔的应用前景。

13.5 复合材料的增强机制和复合原则

13.5.1 复合材料的增强机制

复合材料由基体与增强材料复合而成,这种复合不是两种材料简单的组合,而是两种材料发生相互的物理、化学、力学等作用的复杂组合过程。

对于不同形态的增强材料,其承载方式不同。

(1) 颗粒增强复合材料。

承受载荷的主要载体是基体,此时,增强材料的作用主要是阻碍基体中位错的运动或阻碍分子链的运动。复合材料的增强效果与增强材料的直径、分布、数量有关。一般认为，当颗粒相的直径为0.01～0.1μm时，增强效果最大。当直径太小时，容易被位错绕过，对位错的阻碍作用小，增强效果差。当颗粒直径大于0.1μm时，容易造成基体的应力集中，产生纹理，使复合材料强度下降。这种性质与金属中第二相强化原理相同。

(2) 纤维增强复合材料。

承受载荷的载体主要是增强纤维。这是因为，第一，增强材料是具有强结合键的材料或硬质材料，如陶瓷、玻璃等，增强相的内部一般含有微裂纹，易断裂，表现在性能上就是脆性大，但若将其制成细纤维，使纤维断面尺寸缩小，从而降低裂纹长度和出现裂纹的概率，最终使脆性降低，则复合材料的强度明显提高；第二，纤维在基体中的表面得到较好的保护，且纤维彼此分离，不易损伤，在承受载荷时不易产生裂纹，承载能力较大；第三，在承受大的载荷时，部分纤维首先承载，若过载则可能发生纤维断裂，但韧性好的基体能有效地阻止裂纹的扩展；第四，纤维过载断裂时，在一般情况下断口不在同一个平面上，复合材料的断裂必须使许多纤维从基体中抽出，即断裂须克服黏结力这个阻力，因而复合材料的断裂强度很高；第五，在三向应力状态下，即使是脆性组成，复合材料也能表现出明显的塑性，即受力时不表现为脆性断裂。

由于以上几点原因，纤维增强复合材料强化效果明显，复合材料的强度很高。

13.5.2　复合材料的复合原则

1. 颗粒复合材料的复合原则

对于颗粒复合材料，基体承受载荷时，颗粒的作用是阻碍分子链或位错的运动。增强的效果与颗粒的体积含量、分布、尺寸等密切相关。颗粒复合材料的复合原则可概括如下。

(1) 颗粒高度均匀地弥散分布在基体中，从而阻碍导致塑性变形的分子链或位错的运动。

(2) 颗粒大小应适当。颗粒过大本身易断裂，同时会引起应力集中，从而导致材料的强度降低；颗粒过小，位错容易绕过，起不到强化的作用。通常，颗粒直径为几微米到几十微米。

(3) 颗粒的体积含量应在20%以上，否则达不到最佳强化效果。

(4) 颗粒与基体之间应有一定的结合强度。

2. 纤维增强复合材料的复合原则

由上述纤维复合材料的增强机制，可以得到以下的复合原则。

(1) 纤维增强相是材料的主要承载体，所以纤维相应有高的强度和模量，并且要高于基体材料。

(2) 基体相起黏结剂的作用，所以应该对纤维相有润湿性，从而把纤维有效结合起来，并保证把力通过两者界面传递给纤维相；基体相还应有一定的塑性和韧性，从而防止裂纹的扩展，保护纤维相表面，以阻止纤维损伤或断裂。

(3) 纤维相与基体之间的结合强度应适当。结合力过小，受载时容易沿纤维和基体间产生裂纹；结合力过高，会使复合材料失去韧性而发生危险的脆性断裂。

(4) 基体与增强相的热膨胀系数不能相差过大，以免在热胀冷缩过程中自动削弱相互间的结合强度。

(5) 纤维相必须有合理的含量、尺寸和分布。一般来说,基体中纤维相体积分数越高,其增强效果越明显,但过高的含量会使强度下降;纤维越细,则缺陷越少,其增强效果越明显;连续纤维的增强效果远高于短纤维,短纤维含量必须超过一定的临界值才有明显的强化效果。

(6) 纤维和基体间不能发生有害的化学反应,以免引起纤维相性能降低而失去强化作用。

13.6 复合材料界面

13.6.1 概述

复合材料的性能与复合材料界面的结构和性能关系密切。为了开发新型复合材料和加工出符合要求的复合材料,则有必要了解复合材料的界面和掌握界面优化设计。

复合材料中增强体与基体接触构成的界面,是一层具有一定厚度(纳米以上)的、结构随基体和增强体而异的、与基体有明显差别的新相——界面相(界面层)。它是增强相和基体相连接的"纽带",也是应力及其他信息传递的桥梁。界面是复合材料极为重要的微结构,其结构与性能直接影响复合材料的性能。复合材料中的增强体,不论是晶须、颗粒还是纤维,与基体在成型过程中将会发生程度不同的相互作用和界面反应,形成各种结构的界面。因此,深入研究界面的形成过程、界面层性质、界面黏合、应力传递行为对宏观力学性能的影响规律,从而有效地进行控制,是获取高性能复合材料的关键。

对于以聚合物为基体的复合材料,尽管涉及的化学反应比较复杂,但关于界面性能的要求还是比较明确的,即高的黏结强度(有效地把载荷传递给纤维)和对环境破坏的良好抵抗力。对于以金属为基体的复合材料(MMC),通常需要适中的黏结界面,但界面处的塑性行为也可能是有益的,还要控制组元之间在成型时或在高温工作条件下的化学反应,而且控制组元间化学反应要比避免环境破坏更重要。

随着对界面研究的不断深入,人们发现界面效应与增强体及基体(聚合物、金属)两相材料之间的润湿、吸附、相容等热力学问题有关,与两相材料本身的结构、形态以及物理、化学等性质有关,与界面形成过程中所诱导发生的界面附加的应力有关,还与复合材料成型加工过程中两相材料相互作用和界面反应程度有密切的关系。复合材料界面结构极为复杂,所以国内外学者围绕增强体表面性质、形态、表面改性及表征,以及增强体与基体的相互作用、界面反应、界面表征等方面,来探索界面微结构、性能与复合材料综合性能的关系,从而进行复合材料界面优化设计。

13.6.2 聚合物基复合材料界面

聚合物基复合材料是由增强体(纤维、织物、颗粒、晶须等)与基体(热固性或热塑性树脂),通过复合而组成的材料。

1. 改善聚合物基复合材料的原则

1) 改善树脂基体对增强材料的浸润程度

聚合物基复合材料分为热塑性聚合物基复合材料和热固性聚合物基复合材料。前者的成型有两个阶段：一是热塑性聚合物基体的熔体和增强材料之间的接触和润湿；二是复合后体系冷却凝固定型。由于热塑性聚合物熔体的黏度很高，很难通过纤维束中单根纤维间的狭小缝隙而浸渗到所有的单根纤维表面。为了增加高黏度熔体对纤维束的浸润，可采取延长浸渍时间、增大体系压力、降低熔体黏度以及改变增强材料织物结构等措施。

热固性聚合物基复合材料的成型工艺方法与前者不同，聚合物基体树脂黏度低，又可溶解在溶剂中，有利于聚合物基体对增强材料的浸润。工艺上常采用预先形成预浸料（干法、湿法）的方法，以提高聚合物基体对增强体的浸润程度。无论是热塑性还是热固性聚合物基复合材料，也无论采取什么样的方式形成界面结合，其先决条件是聚合物基体对增强材料都要充分浸润，使界面不出现空隙和缺陷。这是因为，界面不完整会导致界面应力集中及传递载荷的能力降低，从而影响复合材料力学性能。

2）适度的界面黏结

增强体与聚合物基体之间形成较好的界面黏结，才能保证应力从基体传递到增强材料，充分发挥数以万计的单根纤维同时承受外力的作用。界面黏结强度不仅与界面的形成过程有关，还取决于界面结合形式。一种是物理的机械结合，即通过等离子体刻蚀或化学腐蚀使增强体表面凹凸不平，聚合物基体扩散嵌入增强体表面的凹坑、缝隙和微孔中，增强材料则“锚固”在聚合物基体中。另一种是化学结合，即基体与增强体之间形成化学键，可以设法使增强体表面带有极性基团，使之与基体间产生化学键或其他相互作用力（如氢键）。

界面黏结的好坏直接影响增强体与基体之间的应力传递效果，从而影响复合材料的宏观力学性能。界面黏结太弱，复合材料在应力作用下容易发生界面脱黏破坏，纤维不能充分发挥增强作用。若对增强材料表面采用适当改性处理，不但可以提高复合材料的层间剪切强度，而且拉伸强度及模量也会得到改善。但同时会导致材料冲击韧性下降，因为在聚合物基复合材料中，冲击能量的耗散是通过增强材料与基体之间界面脱黏、纤维拔出、增强材料与基体之间的摩擦运动，以及界面层可塑性形变来实现的。若界面黏结太强，则在应力作用下，材料破坏过程中正在增长的裂纹容易扩散到界面，直接冲击增强材料而呈现脆性破坏。如果适当调整界面黏结强度，使增强材料的裂纹沿着界面扩展，形成曲折的路径，耗散较多的能量，则能提高复合材料的韧性。因此，不能为提高复合材料的拉伸或抗弯强度而片面地提高复合材料的界面黏结强度，而要从复合材料的综合力学性能出发，根据具体要求设计适度的界面黏结，即进行界面优化设计。

3）减少复合材料成型中形成的残余应力

增强材料与基体之间热导率、热膨胀系数、弹性模量、泊松比等均不同，在复合材料成型过程中，界面处形成热应力。这种热应力在成型过程中如果得不到松弛，将成为界面残余应力而保持下来。界面残余应力的存在会使界面传递应力的能力下降，最终导致复合材料力学性能的下降。

若在增强纤维与基体之间引入一层可产生形变的界面层，则界面层在应力的作用下可以吸收导致微裂纹增长的能量，抑制微裂纹尖端扩展。这种容易发生形变的界面层能有效地松弛复合材料中的界面残余应力。

4）调节界面内应力、减缓应力集中

由于界面能传递外载荷的应力，复合材料中的纤维才得以发挥其增强作用。纤维和基体之间的应力传递主要依赖于界面的剪切应力；界面传递应力能力的大小取决于界面黏结情况。复合材料在受到外加载荷时，产生的应力在复合材料中的分布是不均匀的。界面某些结合较强的部位常集聚比平均应力高得多的应力。界面的不完整性和缺陷也会引起界面的应力集中。界面应力的集中首先会引起应力集中点的破坏，形成新的裂纹，并引起新的应力集中，从而使界面传递应力的能力下降。同理，如在两相间引入容易形变的柔性界面层，则可使集中于界面处的应力得到分散，使应力均匀地传递。另外，当结晶性热塑性聚合物为基体时，在成型过程中纤维表面对结晶性聚合物将产生界面结晶成核效应；同时，界面附近的聚合物分子链由于界面结合以及纤维与聚合物物理性质的差异而产生一定程度的取向，容易在纤维表面形成横晶，造成纤维与基体间结构的不均匀性，并出现内应力，从而影响复合材料力学性能。通过控制复合材料成型过程中的冷却历程及对材料进行适当的热处理，可以消除或减弱由出现横晶所引起的内应力，并有效地提高复合材料的剪切屈服强度，避免复合材料力学性能的降低。

总之，复合材料在成型过程中，界面的形成、作用及破坏是一个极为复杂的问题。界面优化和界面作用的控制与成型工艺方法有密切关系，必须考虑经济性、可操作性和有效性，对不同的聚合物基复合材料有针对性地进行界面优化设计。

2. 几种聚合物基复合材料的形式及改善界面的途径

1）原位复合材料界面及刚性粒子增韧聚合物体系界面

（1）原位复合材料界面。

如果在热塑性聚合物基体中加入两性相容剂（增容剂），则能使液晶微纤与其基体间形成结合良好的界面。两性相容剂的作用不但降低了界面张力，而且优化了界面黏结性能，使之在剪切流动区内达到剪应力与相容作用的动态平衡。这种黏结力的提高改善了有效应力传递。

（2）刚性粒子增韧聚合物体系界面。

根据上述原则，聚合物对刚性粒子要具有良好的浸润性，才有利于提高刚性粒子在聚合物溶体中的分散速度和分散质量；其次，要具备适宜的界面黏附强度，而且希望聚合物基体与刚性粒子的界面层具有一定厚度和形变能力，当受外应力作用时，界面层自身可以形变和诱导基体产生形变，以耗散有效断裂能。

人们研究硬粒子增韧环氧体系界面时，发现改性环氧（DGEBA）体系的模量和屈服强度未受影响，但断裂能与体系中的交联剂（二乙烯基苯，即 DVB）有密切关系。

DVB 的摩尔分数为 0.5%时，断裂能可达 960J/m^2。研究表明，该体系增韧机理是先产生塑性形变而后脱黏。当粒子尺寸、界面强度足够大时，增韧机理表现为断裂屏蔽作用和跨桥作用，此时断裂韧性随界面强度的增加而增加。

2）纤维增强复合材料界面

纤维增强聚合物基复合材料中起承载作用的主要是纤维，为了充分发挥纤维的承载能力，减少纤维和基体性差异以及成型时温度效应对纤维-基体界面的影响，就需要对界面进行改善处理。

（1）纤维表面偶联剂改性。

玻璃纤维是复合材料中用量最大的增强体，为了改善它与聚合物基体间界面的黏结性，一般均用硅烷偶联剂处理。实践表明此方法十分有效，已经在工业规模的生产中使用。

将偶联剂用水或有机溶剂溶解后涂在玻璃纤维表面上，也可以直接加到聚合物基体中靠偶联剂分子迁移到玻璃纤维表面上，但此方法效果较差。

使用硅烷偶联剂能明显改善玻璃纤维增强复合材料的力学性能，特别是在湿态下的性能。

(2) 在纤维上涂覆界面层。

A. 涂覆高聚物形成可塑层。

将聚合物涂覆在玻璃纤维表面上形成一层可塑层，以消除界面残余应力。例如将热塑性聚合物聚醚(Polyether)作为涂覆剂涂在玻璃纤维表面上，可提高复合材料的层间剪切强度。这是由两方面原因造成的：其一，羟基与环氧基偶联反应形成醚键，以及与玻璃纤维表面上的羧基偶联形成酯键，使界面上化学键的比例增加；其二，提供了一层能消除部分内应力的可塑层。

B. 形成不收缩界面层。

若将聚合时体积膨胀的单体双螺环碳酸酯(norbornene spiro orthocarbonate)和环氧树脂的共聚物于表面上，形成固化不收缩界面层，可大大消除树脂固化时由体积收缩而导致的界面上产生的残余应力，使玻璃纤维/环氧树脂环氧复合材料的力学性能进一步提高。

3) 增强体表面改性

增强体表面由于表面能低、化学惰性、表面被污染以及存在弱边界层，因而影响了基体树脂的湿润性和黏结性。所以需对其进行表面改性，以改变增强体表面化学组成，并增加表面能或改变晶态及表面形貌，此外还需除去表面污物等措施，从而提高基体对增强体表面的湿润和黏结等性能。对增强体进行连续化表面改性的方法有等离子体改性、电化学改性、光化学改性、辐照改性、超声改性及臭氧氧化等。这些改性方法一般只引起 1～100μm 表面层的物理或化学变化，不影响其整体性质。

(1) 等离子体对增强体表面的改性。

等离子体对增强体表面改性是近年来发展比较快的方法，操作简便无环境污染，而且被改性的表面只在 5～10nm 薄层起物理变化或化学变化，而不影响增强体的性能。在减压下气体的电容耦合放电所激发的等离子体具有高的本体温度和低的体系温度。高的本体温度有利于改变纤维表面结构，可进行接枝，还可利用非聚合体气体的等离子体进行表面改性。

经氧等离子体处理的超高分子量聚乙烯(UHMW-PE)纤维与环氧树脂界面黏结强度显著提高。处理后的纤维表面上各种含氧基团与树脂间形成化学键合和纤维表面的刻蚀坑形成的机械嵌合效应，使破坏不是发生在界面上，而是发生在纤维内部。

(2) 电化学改性。

电化学改性包括电解氧化(阳极氧化)处理和电聚合改性。电解氧化主要用于碳纤维。研究表明，不同电解质处理后的碳纤维表面化学组成很复杂。以 NH_4HCO_3 为电解质，可以在碳纤维表面上引入能增加界面化学键的含氮基团，并减少氧化程度。不少研究都证明，氨化后的纤维能提高复合材料层间剪切强度。

电解质的类型及工艺条件对复合材料力学性能的影响效果显著，可使复合材料的层间剪切强度(ILSS)提高 70%，拉伸强度提高 6.2%。但是复合材料受冲击时，断裂功和裂纹扩展功有所降低。

用电聚合法在石墨纤维表面聚合一层不同性质的高聚物界面层，该界面层的厚度、模量对复合材料性能有影响。通过电场在纤维表面引发单体聚合，形成柔性界面层，从而松弛了界面应力，使复合材料的断裂韧性增加。

(3) 辐照改性。

高能射线(γ射线、高能电子束、X射线等)辐照方法对增强材料进行处理的优点是:①可在任意温度条件下进行;②射线能量高、穿透能力强、处理增强材料比较均匀;③不需要引发剂便可使基体与增强材料发生反应;④可批量进行改性处理。

最初辐照是用于交联电线电缆、热收缩材料及材料的改性,近年来采用^{60}Coγ射线对芳酰胺类(APMOC)纤维进行辐照改性,试图通过γ射线的作用使纤维的本体发生交联,减少微纤化;同时使表面活化,以提高APMOC纤维本体强度和其复合材料的界面强度。实验证明,N_2作为辐照气氛时,在7.0kGy/h辐照剂量率下,辐照剂量为500kGy时,束丝拉伸强度提高8.1%,ILSS提高4.5%。

3. 混杂纤维复合材料的界面

混杂纤维复合材料是指由两种或两种以上增强体混杂增强单一或多元混杂基体的复合材料。因此,混杂纤维复合材料界面层不同于单一纤维复合材料。由于受多种纤维的影响,界面层更不均匀,界面层结构更为复杂。

当异种纤维接近且距离达到临界界面层或临界混杂界面厚度时,两个界面层相连,使两种异性纤维间又增添一个相邻的界面相。当两种纤维间只有一个界面层,即形成理想混杂界面层时,简称为混杂界面。

混杂界面中缺陷存活率最低,裂纹源数目最少,基体微观开裂的应变值将得到最大程度的提高,抑制裂纹扩展能力也最强,能造成低伸长率纤维出现多次断裂现象。临界混杂界面与混杂界面本身结构的不同会引起性能的差异,界面在力、声、光、热、电波等的作用下,会造成这些物理量的传递、折射、反射等,并相应引出一些特征现象。同时混杂界面多相、多层次的存在将会有利于性能上的可设计性,以及提供了研制多功能复合材料的可能性。

13.6.3 金属基复合材料界面

金属基复合材料的基体一般是金属合金,合金既含有不同化学性质的组成元素和不同的相,同时又具有较高的熔化温度。因此,此种复合材料的制备需在接近或超过金属基体熔点的高温下进行。金属基体与增强体在高温复合时易发生不同程度的界面反应,金属基体在冷却、凝固、热处理过程中,还会发生元素偏聚、扩散、固溶、相变等,这些均使金属基复合材料界面区的结构十分复杂。界面区的组成、结构明显不同于基体和增强体,受到金属基体成分、增强体类型、复合工艺参数等多种因素的影响。

在金属基复合材料界面区出现材料物理性质和化学性质等的不连续性,使增强体与基体金属形成了热力学不平衡的体系。因此,界面的结构和性能对金属基复合材料中应力和应变的分布,导热、导电及热膨胀性能,载荷传递,断裂过程都起着决定性作用。

金属基复合材料的界面结合方式与聚合物基复合材料有所不同,其界面结合可分为以下四类。

(1) 化学结合。它是指金属基体与增强体两相之间发生界面反应所形成的结合,由化学键提供结合力。

(2) 物理结合。它是指两相间原子中电子的交互作用的行为,即以范德瓦耳斯力黏合。

(3) 扩散结合。某些复合体系的基体与增强体虽无界面反应,但发生原子的相互扩散作用,此作用也能提供一定的结合力。

(4) 机械结合。它是指由于某些增强体表面粗糙,当与熔融的金属基体浸渍而凝固后,出现机械的咬合作用所提供的结合力。

一般情况下,金属基复合材料是以界面的化学结合为主,有时也有两种或两种以上界面结合方式并存的现象。

1. 金属基复合材料的界面结构

金属基复合材料界面是指金属基体与增强体之间因化学成分和物理、化学,性质明显不同,构成彼此结合并能起传递载荷作用的微小区域。界面微区的厚度可以从一个原子层厚到几个微米。由于金属基体与增强体的类型、组分、晶体结构、化学物理性质有巨大差别,以及在高温制备过程中有元素的扩散、偏聚、相互反应等,从而形成复杂的界面结构。界面区包含了基体与增强体的接触连接面,基体与增强体相互作用生成的反应产物和析出相,增强体的表面涂层作用区,元素的扩散和偏聚层,近界面的高密度位错区等。

界面微区结构和特性对金属基复合材料的各种宏观性能起着关键作用。清晰地认识界面微区,微结构,界面相组成,界面反应生成相,界面微区的元素分布,界面结构与基体相、增强体相结构的关系等,无疑对指导制备和应用金属基复合材料具有重要意义。

1) 有界面反应产物的界面微结构

多数金属基复合材料在制备过程中发生不同程度的界面反应。轻微的界面反应能有效地改善金属基体与增强体的浸润和结合,是有利的;严重界面反应将造成增强体的损伤和形成脆性界面相等,十分有害。界面反应通常是在局部区域中发生的,形成粒状、棒状、片状的反应产物,而不是同时在增强体和基体相接触的界面上发生层状物。只有严重的界面反应才可能形成界面反应层。碳(石墨)/铝、碳(石墨)/镁、氧化铝/镁、硼/铝、碳化硅/铝、碳化硅/钛、硼酸铝/铝等一些主要类型的金属基复合材料,都存在界面反应的问题。它们的界面结构中一般都有界面反应产物。

2) 有元素偏聚和析出相的界面微结构

金属基复合材料的基体常选用金属合金,很少选用纯金属。基体合金中含有各种合金元素,用以强化基体合金。有些合金元素能与基体金属生成金属化合物析出相,如铝合金中加入铜、镁、锌等元素会生成细小的 Al_2Cu、Al_2CuMg 等时效强化相。由于增强体表面吸附作用,基体金属中合金元素在增强体的表面富集,为在界面区生成析出相创造了有利条件。在碳纤维增强铝或镁复合材料中均可发现界面上有化合物析出相存在。

3) 增强体与基体直接进行原子结合的界面结构

由于金属基复合材料组成体系和制备方法的特点,多数金属基复合材料的界面结构比较复杂,存在不同类型的界面结构,即界面不同的区域存在增强体与基体直接原子结合的清洁、平直界面结构,有界面反应产物的界面结构,也有析出物的界面结构等。只有少数金属基复合材料(主要是自生增强体金属基复合材料)才有完全无反应产物或析出相的界面结构,以及增强体和基体直接原子结合的界面结构,如自生复合材料。在大多数金属基复合材料中,既存在大量的直接原子结合的界面结构,又存在反应产物等其他类型的界面结构。

4) 其他类型的界面结构

金属基复合材料基体合金中不同合金元素在高温制备过程中会发生元素的扩散、吸附和偏聚，在界面微区形成合金元素浓度梯度层。元素浓度梯度的厚度、浓度梯度的大小，与元素的性质、加热过程的温度和时间有密切关系。

由于金属基复合材料体系和制备过程的特点，有时同时存在反应结合、物理结合、扩散结合的界面结构，对界面微结构起决定作用，并对宏观性能有明显影响。

在金属基复合材料中，界面结构和性能是影响基体和增强体性能充分发挥，形成最佳综合性能的关键因素。不同类型和用途的金属基复合材料，其界面的作用和最佳界面结构性能有很大差别。例如连续纤维增强金属基复合材料和非连续增强金属基复合材料的最佳界面结合强度就有很大差别。对于连续纤维增强金属基复合材料，增强纤维均具有很高的强度和模量，纤维强度比基体合金强度要高几倍甚至高一个量级，纤维是主要承载体。因此，要求界面能起到有效传递载荷、调节复合材料内的应力分布、阻止裂纹扩展、充分发挥增强纤维性能的作用，使复合材料具有最好的综合性能。界面结构和性能要具备以上要求，界面结合强度必须适中，过弱不能有效传递载荷，过强会引起脆性断裂，纤维作用不能发挥。

2. 金属基复合材料的界面反应

金属基复合材料制备过程中会发生不同程度的界面反应，形成复杂的界面结构。这是研制、应用和发展金属基复合材料的重要障碍，也是金属基复合材料所特有的问题。金属基复合材料的制备方法有液态金属压力浸渗、液态金属挤压和铸造、液态金属搅拌、真空吸铸等液态法，还有热等静压、高温热压、粉末冶金等固态法。这些方法均需在超过金属熔点或接近熔点的高温下进行，因此基体合金和增强体不可避免地发生不同程度的界面反应及元素扩散作用。界面反应和反应的程度决定了界面结构和特性，主要行为如下所述：

（1）增强了金属基体与增强体界面结合强度。

界面结合强度随界面反应强弱的程度而改变，强界面反应将造成强界面结合。同时界面结合强度对复合材料内残余应力、应力分布、断裂过程均产生极重要的影响，直接影响复合材料的性能。

（2）产生脆性的界面反应产物。

界面反应结果一般形成脆性金属化合物，如 Al_4C_3、AlB_2、AlB_{12} 等。界面反应物在增强体表面上呈块状、棒状、针状、片状，严重反应时，则在纤维颗粒等增强体表面后形成围绕纤维的脆性层。

（3）造成增强体损伤和改变基体成分。

综上所述，可以将界面反应程度分为三类。

第一类为弱界面反应。它有利于金属基体与增强体的浸润、复合和形成最佳界面结合。由于这类界面反应轻微，所以无纤维等增强体损伤和无性能下降，无大量界面反应产物。界面结合强度适中，能有效传递载荷和阻止裂纹向纤维内部扩散。界面能起到调节复合材料内部应力分布的重要作用，因此希望发生这类界面反应。

第二类为中等程度界面反应。它会产生界面反应产物，但没有损伤纤维等增强体的作用，同时增强体性能无明显下降，而界面结合则明显增加。由于界面结合较强，在载荷作用下不发生由界面脱黏使裂纹向纤维内部扩展而出现的脆性破坏。界面反应的结果会造成纤维增强金属的低应力破坏。应控制制备过程工艺参数，避免这类界面反应。

第三类为强界面反应。有大量界面反应产物，形成聚集的脆性相和界面反应产物脆性层，造成纤维等增强体严重损伤，强度下降，同时形成强界面结合。复合材料的性能急剧下降，甚至低于没有增强的金属基体的性能。造成这种情况的工艺方法不可能制成有用的金属基复合材料零件。

界面反应程度取决于金属基复合材料组分的性质、工艺方法和参数。随着温度的升高，金属基体和增强体的化学活性均迅速增高。温度越高和停留时间越长，则反应的可能性越大，反应程度越严重。因此在制备过程中，严格控制制备温度和高温下的停留时间是制备高性能复合材料的关键。

由以上分析可知，制备高性能金属基复合材料时，界面反应程度必须控制到形成合适的界面结合强度。

3. 金属基复合材料界面优化及界面反应控制的途径

金属基复合材料制备过程中如何改善金属基体与增强体的浸润性，控制界面反应，形成最佳的界面结构，这是金属基复合材料能否应用的关键。界面优化的目标是，形成能有效传递载荷、调节应力分布、阻止裂纹扩展的稳定的界面结构。解决途径主要有增强体的表面涂层处理、金属基体合金化，以及优化制备方法和工艺参数。

(1) 增强体的表面涂层处理。

纤维表面改性及涂层处理可以有效地改善浸润性和阻止严重的界面反应。选用化学镀或电镀在增强体表面镀铜、镀镍；选用化学气相沉积法在纤维表面涂覆 TiB、SiC、B_4C、TiC 等涂层，以及 C/SiC、C/SiC/Si 复合涂层；选用溶胶凝胶法在纤维等增强体表面涂覆 Al_2O_3、SiO_2、SiC、Si_3N_4 等陶瓷涂层。涂层厚度一般在几十纳米到 $1\mu m$，有明显改善浸润性和阻止面反应的作用，其中效果较好的有 TiB、SiC、B_4C、C/SiC 等涂层。特别是用化学气相沉积法，控制其工艺过程能获得界面结构最佳的梯度复合涂层。

(2) 金属基体合金化。

在液态金属中加入适当的合金元素改善金属液体与增强体的浸润性，阻止有害的界面反应，形成稳定的界面结构，是一种有效、经济的优化界面及控制界面反应的方法。现有的金属基体合金多数是选用现有的金属合金。

金属基复合材料增强机制与金属合金的强化机制不同，金属合金中加入合金元素主要起固溶强化和时效强化金属基体相的作用。例如铝合金中加入 Cu、Mg、Zn、Si 等元素，经固溶时效处理，在铝合金中生成细小的时效强化相 Al_2Cu(θ 相)、Mg_2Si(β 相)、$MgZn_2$(η 相)、Al_2CuMg(T 相)等金属间化合物，有效地起到时效强化铝基体相的作用，提高了铝合金的强度。

对金属基复合材料，特别是连续纤维增强金属基复合材料，纤维是主要承载体，金属基体主要起固结纤维和传递载荷的作用。金属基体组分的选择不在于强化基体相和提高基体金属的强度，而应着眼于获得最佳的界面结构和具有良好塑性的合适的基体性能，使纤维的性能和增强作用得以充分发挥。因此金属基复合材料中，应尽量避免选择易参与界面反应生成界面脆性相、造成强界面结合的合金元素。针对金属基复合材料最佳界面结构的要求，选择加入少量能抑制界面反应，提高界面稳定性和改善增强体与金属基体浸润性的元素。例如在铝合金基体中加入少量的 Ti、Zr、Mg 等元素、对抑制碳纤维和铝基体的反应，形成良好界面结构，获得高性能复合材料有明显作用。

(3) 优化制备方法和工艺参数。

金属基复合材料界面反应程度主要取决于制备方法和工艺参数,因此,优化制备工艺方法和严格控制工艺参数是优化界面结构和控制界面反应最重要的途径。由于高温下金属基体和增强体元素的化学活性均迅速增加,温度越高则反应越激烈,在高温下停留时间越长则反应越严重,因此在制备工艺方法和工艺参数的选择上首先考虑制备温度、高温停留时间和冷却速率。在确保复合完好的情况下,制备温度尽可能低,复合过程和复合后在高温下保持时间尽可能短,在界面反应温度区冷却尽可能快,低于反应温度后冷却速率应减小,以免造成大的残余应力,影响材料性能。其他工艺参数如压力、气氛等也不可忽视,需综合考虑。

金属基复合材料的界面优化和界面反应的控制途径与制备方法有紧密联系,因此必须考虑方法的经济性、可操作性和有效性,对不同类型的金属基复合材料要有针对性地选择界面优化和控制界面反应的途径。

13.7 聚合物基复合材料

13.7.1 聚合物基复合材料的种类和性能

聚合物基复合材料是结构复合材料中发展最早、应用最广的一类。第二次世界大战期间出现了以玻璃纤维增强工程塑料的复合材料,即玻璃钢,从而使得机器零件不用金属材料成为了现实。接着又相继出现了玻璃纤维增强尼龙和其他的玻璃钢品种。但是,玻璃纤维存在模量低的缺点,大大限制了其应用范围。因此,20 世纪 60 年代又先后出现了硼纤维和碳纤维增强塑料,从而复合材料开始大量应用于航空航天等领域。20 世纪 70 年代初期,聚芳酰胺纤维增强聚合物基复合材料问世,进一步加快了该类复合材料的发展。20 世纪 80 年代初期,在传统的热固性树脂复合材料基础上,产生了先进的热塑性复合材料。从此,聚合物基复合材料的工艺及理论不断完善,各种材料在航空航天、汽车、建筑等各领域得到全面应用。

1. 聚合物基复合材料的种类

聚合物基复合材料有两种分类方式:一种按基体性质不同分为热固性树脂复合材料、热塑性树脂复合材料和橡胶类复合材料;另一种是按增强相类型分类。具体如图 13.7.1 所示。

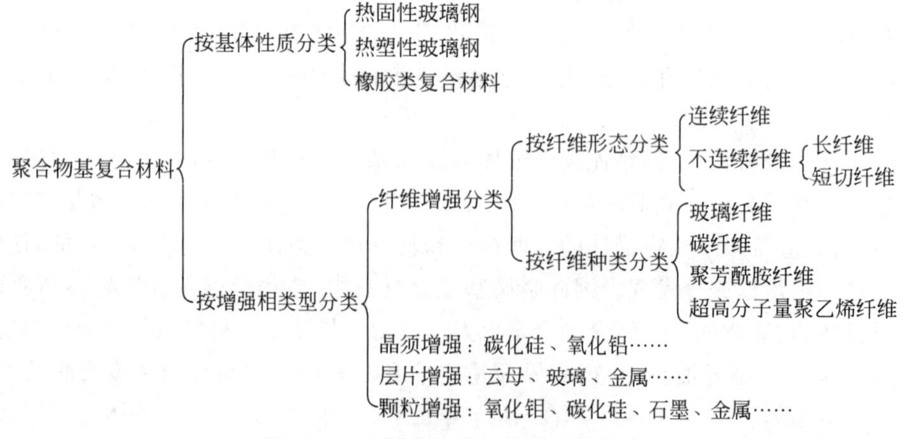

图 13.7.1 聚合物基复合材料的分类

2. 聚合物基复合材料的性能

聚合物基复合材料是以有机聚合物为基体,连续纤维为增强材料组合而成的。纤维的高强度、高模量的特性使它成为理想的承载体。基体材料由于其黏结性能好,把纤维牢固地黏结起来。同时,基体又能使载荷均匀分布,并传递到纤维上去,并允许纤维承受压缩和剪切载荷。纤维和基体之间良好地复合,显示了各自的优点。聚合物基复合材料除了具有上述复合材料的基本性能外,还体现出了如下一些优良特性。

(1) 高温性能好。

聚合物基复合材料的耐热性能非常好,所以适用作烧蚀材料。所谓材料的烧蚀是指材料在高温时,表面发生分解,引起汽化,与此同时吸收热量,达到冷却的目的,随着材料的逐渐消耗,表面出现很高的吸热率。例如玻璃纤维增强酚醛树脂,就是一种烧蚀材料,烧蚀温度可达1650℃;其原因是酚醛树脂经受高的入射热时,迅速碳化,形成耐热性很高的碳原子骨架,而且纤维仍然被牢固地保持在其中;此外,玻璃纤维本身有部分汽化,而表面上残留的几乎是纯的二氧化硅,它的黏结性相当好,从而阻止了进一步的烧蚀,并且它的热导率只有金属的0.1%~0.3%,瞬时耐热性好。

(2) 可设计性强、成型工艺简单。

通过改变纤维和基体的种类及相对含量,纤维集合形式及排列方式,铺层结构等,可以满足对复合材料结构与性能的各种设计要求。由于其制品多为整体成型,一般不需焊、铆、切割等二次加工,工艺过程比较简单。由于一次成型,不仅减少了加工时间,而且零部件、紧固件和接头的数目也随之减少,使结构更加轻量化。

13.7.2 常用聚合物基复合材料的性能及应用

1. 玻璃钢

玻璃钢可分为热固性玻璃钢和热塑性玻璃钢两类。

1) 热固性玻璃钢

热固性玻璃钢(代号GFRP)是指玻璃纤维(包括长纤维、布、带、毡等)作为增强材料,热固性塑料(包括环氧树脂、酚醛树脂、不饱和聚酯树脂等)作为基体的纤维增强塑料。根据基体种类不同,可将GFRP分成三类,即玻璃纤维增强环氧树脂、玻璃纤维增强酚醛树脂、玻璃纤维增强聚酯树脂。

GFRP的突出特点是密度小、比强度高。相对密度为1.6~2.0,比密度最小的金属铝还要轻,而比强度比高级合金钢还高,"玻璃钢"这个名称便由此而来。表13.7.1列出了几种常见热固性玻璃钢的性能指标、特点和用途。

表 13.7.1 常见热固性玻璃钢的性能指标、特点和用途

性能特点	环氧树脂玻璃钢	聚酯树脂玻璃钢	酚醛树脂玻璃钢	有机硅树脂玻璃钢
密度/(10^3 kg/m^3)	1.73	1.75	1.80	—
抗拉强度/MPa	341	290	100	210
抗压强度/MPa	311	93	—	61
抗弯强度/MPa	520	237	110	140

续表

性能特点	环氧树脂玻璃钢	聚酯树脂玻璃钢	酚醛树脂玻璃钢	有机硅树脂玻璃钢
特点	耐热性较高，150～200℃下可长期工作，耐瞬时超高温。价格低，工艺性较差，收缩率大，吸水性大，固化后较脆	强度高，收缩率小，工艺性好，成本高，某些固化剂有毒性	工艺性好，适用各种成型方法，作大型构件，可机械化生产。耐热性差，强度较低，收缩率大，成型时有异味，有毒	耐热性较高，200～250℃可长期使用。吸水性低，耐电弧性好，防潮，绝缘，强度低
用途	主承力构件，耐蚀件，如飞机、宇航器等	一般要求的构件，如汽车、船舶、化工件	飞机内部装饰件、电工材料	印刷电路板、隔热板等

GFRP 还具有良好的耐腐蚀性，在酸、碱、有机溶剂、海水等介质中均很稳定；GFRP 也是一种良好的电绝缘材料，主要表现在它的电阻率和击穿电压强度两项指标都达到了电绝缘材料的标准；GFRP 还具有保温、隔热、隔声、减振等性能。另外 GFRP 不受电磁作用的影响，它不反射无线电波，微波透射性好，可用来制造扫雷艇和雷达罩。

GFRP 也有不足之处，其最大的缺点是刚性差，它的弯曲弹性模量仅为 0.2×10^3 GPa（是结构钢的 1/10～1/5）；其次是 GFRP 的耐热温度低（低于 250℃）、导热性差、易老化等。

为改善该类玻璃钢的性能，通常将树脂进行改性。例如，把酚醛树脂和环氧树脂混溶后得到的玻璃钢，既有环氧树脂的良好黏结性，又降低了酚醛树脂的脆性，同时还保持了酚醛树脂的耐热性，由此得到的玻璃钢也具有较高的强度。

2）热塑性玻璃钢

热塑性玻璃钢（代号 FR-TP）是指玻璃纤维（包括长纤维或短切纤维）作为增强材料，热塑性塑料（包括聚酰胺、聚丙烯、低压聚乙烯、ABS 树脂、聚甲醛、聚碳酸酯、聚苯醚等工程塑料）为基体的纤维增强塑料。

热塑性玻璃钢除了具有纤维增强塑料的共同特点，其突出的特点是具有比 GFRP 更轻的相对密度，一般在 1.1～1.6，为钢材的 1/6～1/5；比强度高，蠕变性极大地改善。例如，合金结构钢 50CrVA 的比强度为 162.5MPa，而玻璃纤维增强尼龙 610 的比强度为 179.9MPa。表 13.7.2 列出了常见热塑性玻璃钢的性能和用途。

表 13.7.2 常见热塑性玻璃钢的性能和用途

材料	密度	抗拉强度/MPa	弯曲模量/10^2 MPa	特性及用途
尼龙 66 玻璃钢	1.37	182	91	刚度、强度、减摩性好。用作轴承、轴承架、齿轮等精密件、电工件、汽车仪表、前后灯等
ABS 玻璃钢	1.28	101	77	用作化工装置、管道、容器等
聚苯乙烯玻璃钢	1.28	95	91	用作汽车内装、收音机机壳、空调叶片等
聚碳酸酯玻璃钢	1.43	130	84	耐磨。用作绝缘仪表等

热固性玻璃钢的用途很广泛，主要用于制造要求自重轻的受力构件和要求无磁性、绝缘、耐腐蚀的零件。例如，在航天工业中用于制造雷达罩、飞机螺旋桨、直升机机身、发动机叶轮、火箭导弹发动机壳体和燃料箱等；在船舶工业中用于制造轻型船、艇及船艇的各种配件，因玻璃钢的比强度大，可用于制造深水潜艇外壳，因玻璃钢无磁性，用其制造的扫雷艇可

避免水雷的袭击；在车辆工业中制造汽车、机车、拖拉机的车身、发动机机罩、仪表盘等；在电机电气工业中用于制造重型发电机护环、大型变压器线圈筒，以及各种绝缘零件、各种电器外壳等；在石油化工工业中代替不锈钢用于制作耐酸、耐碱、耐油的容器、管道等。玻璃纤维增强尼龙可代替有色金属用于制造轴承、齿轮等精密零件；玻璃纤维增强聚丙烯塑料制作的小口径化工管道，每年也有数万米投入使用；用此材料制造的阀门有隔膜阀、球阀、截止阀；有数万只用此材料开发的离心泵、液下泵也已成功投入生产。

2. 碳纤维增强塑料

碳纤维增强塑料是20世纪60年代迅速发展起来的一种强度、刚度、耐热性均好的复合材料。由于碳是六方结构的晶体，底面上的原子以结合力极强的共价键结合，所以碳纤维比玻璃纤维有更高的强度，拉伸强度可达 $6.9\times10^5\sim2.8\times10^6$ MPa，其弹性模量比玻璃纤维高几倍以上，可达 $2.8\times10^4\sim4\times10^5$ MPa，高温低温性能好，在2000℃以上的高温下，其强度和弹性模量基本不变，－180℃以下时脆性也不增高；碳纤维还具有很高的化学稳定性、导电性和低的摩擦系数。所以，碳纤维是很理想的增强剂。但是，碳纤维脆性大，与树脂的结合力比不上玻璃纤维，通常用表面氧化处理来改善其与基体的结合力。

碳纤维环氧树脂、碳纤维酚醛树脂和碳纤维聚四氟乙烯是常见的碳纤维增强塑料。由于碳纤维的优越性，使得碳纤维增强塑料具有低密度、高比强度和比模量，还具有优良的抗疲劳性能、减摩耐磨性、抗冲击强度、耐蚀性和耐热性。这些性能普遍优于树脂玻璃钢，并在各个领域，特别是航空航天工业中得到广泛应用。例如，在航空航天工业中用于制造飞机机身、机翼、螺旋桨、发动机风扇叶片，以及卫星壳体等；在汽车工业中用于制造汽车外壳、发动机壳体等；在机械制造工业中用于制造轴承、齿轮等；在化学工业中用于制造管道、容器等；还可用于制造纺织机梭子、X射线设备、雷达、复印机、计算机零件、网球拍、赛车等。

3. 硼纤维增强塑料

硼纤维增强塑料是指硼纤维增强环氧树脂。硼纤维的比强度与玻璃纤维相近，但比弹性模量却比玻璃纤维高5倍，而且耐热性更高，无氧化条件下可达1000℃。因此，硼纤维环氧树脂、硼纤维聚酰亚胺树脂等复合材料的抗压强度和剪切强度都很高(优于铝合金、铁合金)，并且蠕变小、硬度和弹性模量高，尤其是其疲劳强度很高，达340～390MPa。另外，硼纤维增强塑料还具有耐辐射及导热极好的优点。目前多用于航空航天器的翼面、仪表盘、转子、压气机叶片、螺旋桨叶的传动轴等。由于该类材料制备工艺复杂、成本高，在民用工业方面的应用不及玻璃钢和碳纤维增强塑料广泛。

4. 芳香族聚酰胺纤维增强塑料

芳香族聚酰胺纤维增强塑料的基体材料主要是环氧树脂，其次是热塑性塑料的聚乙烯、聚碳酸酯、聚酯树脂等。

芳香族聚酰胺纤维增强环氧树脂的抗拉强度大于GFRP，而与碳纤维增强环氧树脂相似。它最突出的特点是有压延性，与金属相似；它的耐冲击性超过了碳纤维增强塑料；自由振动的衰减性为钢筋的8倍、GFRP的4～5倍；耐疲劳性比GFRP或金属铝还好。主要用于飞机机身、机翼、发动机整流罩，火箭发动机外壳，防腐蚀容器，轻型船艇，运动器械等。

5. 石棉纤维增强塑料

石棉纤维增强塑料的基体材料主要有酚醛、尼龙、聚丙烯树脂等。石棉纤维与聚丙烯复合以后，使聚丙烯的性能大为改观。它的性能的突出特点是：①断裂伸长率由原来纯聚丙烯的 200%变成 10%，从而使抗拉弹性模量大大提高，是纯聚丙烯的 3 倍；②提高了耐热性，纯聚丙烯的热变形温度为 110℃(0.46MPa)，而增强后为 140℃，提高了 30℃；③线膨胀系数由 11.3×10^{-5}℃$^{-1}$ 缩小到 4.3×10^{-5}℃$^{-1}$，因而其成型加工时尺寸稳定性更好。

石棉纤维增强塑料主要用于汽车制动件、阀门、导管、密封件、化工耐腐蚀件、隔热件、电绝缘件、导弹火箭耐热件等。

6. 碳化硅纤维增强塑料

碳化硅纤维增强塑料主要是指碳化硅纤维增强环氧树脂。碳化硅纤维与环氧树脂复合时不需要表面处理，黏结力很强，材料层间剪切强度可达 1.2MPa。碳化硅纤维增强塑料具有高的比强度和比模量，具有高的抗弯强度和抗冲击强度，主要用于宇航器上的结构件，还可用于制作飞机机翼、门、降落传动装置箱等。

7. 其他增强塑料

其他增强塑料包括混杂纤维增强塑料以及颗粒、薄片增强塑料等。

(1) 混杂纤维增强塑料。

混杂纤维增强塑料是指由两种或两种以上纤维增强同一种基体的增强塑料，如碳纤维和玻璃纤维、碳纤维和芳纶纤维混杂，它具有比单一纤维增强塑料更优异的综合性能。

(2) 颗粒、薄片增强塑料。

颗粒增强塑料是指各种颗粒与塑料的复合材料，其增强效果不如纤维显著，但能改善塑料制品的某些性能，成本低。薄片增强塑料主要是指用纸张、云母片或玻璃薄片与塑料的复合材料，其增强效果介于纤维增强与颗粒增强之间。

13.8 金属基复合材料

现代工业技术的发展，尤其是航空航天的飞速发展，对材料性能的要求越来越高。在结构材料方面，不但要保证零件结构的高强度和高稳定性，又要使结构尺寸小、质量小，这就要求材料的比强度和比刚度(模量)要更低。20 世纪 50 年代发展起来的纤维增强聚合物基复合材料具有较高的比强度和刚度，但却具有使用温度低、耐磨性差、导热与导电性能差、易老化、尺寸不稳定等缺点，很难满足需要。为了弥补这些不足，20 世纪 60 年代逐步发展起来了一种新的复合材料，即金属基复合材料。金属基复合材料是以金属及其合金为基体，以一种或几种金属或非金属为增强体而制得的复合材料。与传统金属材料相比，它具有较高的比强度与比刚度；而与聚合物基复合材料相比，它又具有优良的导电性与耐热性；与陶瓷材料相比，它又具有高韧性和高冲击性能。这些优良的性能使得金属基复合材料在尖端技术领域得到了广泛应用。随着不断发现新的增强相和新的复合材料制备工艺，新的金属基复合材料不断出现，使得其应用由纯粹的航空航天、军工等领域，转向了汽车工业等民用领域。

金属基复合材料按基体分类可分为铝基复合材料、镍基复合材料、钛基复合材料；按增强体来分类可分为颗粒增强复合材料、层状复合材料、纤维增强复合材料等。目前备受关注的金属基复合材料有长纤维增强型、短纤维或晶须增强型、颗粒增强型以及共晶定向凝固型复合材料，所选用的基体主要有铝、镁、钛及其合金，镍基高温合金，以及金属间化合物。

13.8.1 金属陶瓷

金属陶瓷是发展最早的一类金属基复合材料，它是以金属氧化物（如 Al_2O_3、ZrO_2 等）或金属碳化物为主要成分，加入适量金属粉末，通过粉末冶金方法制成的具有某些金属性质的颗粒增强型的复合材料。它是一种把金属的热稳定性和韧性与陶瓷的硬度、耐火度、耐蚀性综合起来而形成的具有高强度、高韧性、高耐蚀和高的高温强度的新型材料。金属陶瓷中的金属通常为钛、镍、钴、铬等及其合金，陶瓷相通常为氧化物（Al_2O_3、ZrO_2、BeO、MgO 等）、碳化物（TiC、WC、TaC、SiC 等）、硼化物（TiB、ZrB_2、CrB_2）和氮化物（TiN、Si_3N_4、BN 等），其中以氧化物和碳化物应用最为成熟。

1. 氧化物基金属陶瓷

氧化物基金属陶瓷是目前应用最多的金属陶瓷。在这类金属陶瓷中，通常以铬为黏结剂，其含量不超过10%。由于铬能与 Al_2O_3 形成固溶体，故可将 Al_2O_3 粉粒牢固地黏结起来。这类材料一般热稳定性和抗氧化能力较好、韧性高，特别适用作高速切削工具材料，有的还可用于制作高温下工作的耐磨件，如喷嘴、热拉丝模，以及耐蚀环规、机械密封环等。

氧化铝基金属陶瓷的特点是热硬性高（达1200℃）、高温强度高，抗氧化性良好，与被加工金属材料的黏着倾向小，可提高加工精度和降低表面粗糙度。但它们的脆性仍较大，且热稳定性较低，主要用作工具材料，如刃具、模具、喷嘴、密封环等。

2. 碳化物基金属陶瓷

碳化物金属陶瓷是应用最广泛的金属陶瓷。通常以 Co 或 Ni 作金属黏结剂。根据金属含量不同可作耐热结构材料或工具材料。碳化物金属陶瓷做工具材料时，通常称为硬质合金。表13.8.1列出了常见的硬质合金的牌号、成分、性能和基本用途。

表13.8.1 常见的硬质合金的牌号、成分、性能和基本用途

牌号		WC-Co 硬质合金			WC-Ti-Co 硬质合金			WC-TiC-TaC-Co 硬质合金	
		YG3	YG6	YG8	YT30	YT15	YT14	YW1	YW2
化学组成/%	WC	97	94	92	66	79	78	84	82
	TiC				30	15	14	6	6
	TaC							4	4
	Co	3	6	8	4	6	8	6	8
机械性能 >	硬度/HRA	91	89.5	89	92.5	91	90.5	92	91
	抗弯强度/MPa	1080	1370	1470	880	1130	1180	1230	1470
密度/(10^3 kg/m^3)		14.9～15.3	14.6～15.0	14.4～14.8	9.4～9.8	11.0～11.7	11.2～11.7	12.6～13.0	12.4～12.9
基本用途		加工断续切削的脆性材料，如铸铁及有色金属和非金属材料			用于车、铣、刨的粗、精加工			用于难加工的材料，如耐热钢和合金等的粗、精加工	

硬质合金一般以钴为黏结剂，其含量在3%～8%。若含钴量较高，则韧性和结构强度愈好，但硬度和耐磨性稍有下降。常用的硬质合金有WC-Co、WC-TiC-Co和WC-TiC-TaC-C硬质合金。其性能特点是硬度高，达86～93HRA(相当于69～81HRC)，热硬性好(工作温度达900～1000℃)，用硬质合金制作的刀具其切削速度比高速钢高4～7倍，刀具寿命可提高几倍到几十倍。

另外，碳化物金属陶瓷作为耐热材料使用，是一种较好的高温结构材料。高温结构材料中最常用的是碳化钛基金属陶瓷，其黏结金属主要是Ni、Co，含量高达60%，以满足高温构件的韧性和热稳定性要求。其特点是高温性能好，如在900℃时仍可保持较高的抗拉强度。碳化钛基金属陶瓷主要用于制作涡轮喷气发动机燃烧室、叶片、涡轮盘，以及航空、航天装置中的某些耐热件。

13.8.2 纤维增强金属基复合材料

纤维增强金属基复合材料是指以各种金属材料作基体，以各种纤维作分散质的复合材料。常用的长纤维增强材料有硼纤维、碳(石墨)纤维、氧化铝纤维、碳化硅纤维(单丝、单束)等，配合的基体金属有铝及铝合金、钛及钛合金、镁及镁合金、铜合金、铅合金、高温合金及金属间化合物等；常用的短纤维增强材料有氧化铝纤维、氮化硅纤维，配合的基体金属有铝、钛、镁等。

金属基复合材料的耐热、导电、导热性能均较优异，其比模量可与高分子基复合材料相媲美，但比强度则与高分子基复合材料有差距，且加工复杂。

1. 纤维增强铝基复合材料

铝基复合材料有高的比刚度和比强度，在航空航天工业中可替代中等温度下使用的铁合金零件。研究最多的铝基复合材料是B/Al复合材料，还有G(石墨)/Al和SiC/Al复合材料等。它们的性能见表13.8.2。

表13.8.2 铝基复合材料的性能

性　能	纤维体积含量/%	抗拉强度/MPa	拉伸模量/GPa	密度/(g/cm^3)
B/Al	50	1200～1500	200～220	2.6
SiC(CVD)/Al	50	1300～1500	210～230	2.85～3.0
G/Al	35	500～800	100～150	2.4
SiC(纺丝)/Al	35～40	700～900	95～110	2.6
SiC(晶须)/Al	18～20	500～620	96.5～138	2.8

1) 硼纤维增强铝合金

(1) 硼纤维-铝复合材料的性能特点。

在金属基复合材料中，硼纤维-铝基复合材料应用最多、最广。硼纤维-铝复合材料能够把硼纤维和铝的最优性能充分结合并发挥出来。有的硼纤维-铝复合材料的弹性模量很高，特别是横向弹性模量，不仅高于硼纤维-环氧树脂复合材料，也高于代号为LC9的超硬铝和钛合金Ti-6Al4V。其抗压强度和抗剪强度也高于硼纤维-环氧树脂复合材料。它的高温性能和使用温度也比LC9高。除此之外，它还有好的抗疲劳性能。

增强金属基的硼纤维表面，一般要涂覆SiC涂层，其原因是在制造或使用的过程中，温度约 500℃时硼纤维和基体中的铝能够化合形成 AlB_2 和 B_2O_3，这就使基体与硼纤维之间具有不相容性，而涂覆 SiC 后可使硼不易形成其他化合物。

(2) 硼纤维-铝复合材料的基体。

硼纤维增强的铝基体，可以是纯铝、变形铝合金或是铸造铝合金，在工艺不同时基体性质不一样。例如，用热压扩散结合成型时，基体选用变形铝合金；用熔体金属润浸或铸造时，基体选用流动性好的铸造铝合金。

(3) 硼纤维-铝复合材料的性能。

硼纤维-铝复合材料是用厚度为 0.07～0.13mm 的多层铝箔和直径为 0.1mm 的硼纤维，经 524℃加热，在 70MPa 的压应力作用下保持 1.5h 制成的。

50%(体积分数)涂 SiC 的硼纤维增强变形铝合金 6A02(LD2)的物理性能和力学性能见表 13.8.3。当硼纤维含量不同、直径不同时，对复合材料抗拉强度有较大的影响，温度升高，硼纤维-铝复合材料的抗拉强度下降。

表 13.8.3　50%(体积分数)涂 SiC 的硼纤维增强变形铝合金 6A02(LD2)的物理性能和力学性能

性能名称	数　值	性能名称	数　值
密度/(g/cm^3)	2.7	纤维方向的抗拉强度/10^2 MPa	9.65～13.1
纤维方向的弹性模量/10^4 MPa	20.7	横纤维方向的抗拉强度/10^2 MPa	0.83～1.03
横纤维方向的弹性模量/10^4 MPa	8.27	层间抗剪强度/10^2 MPa	<0.90
切变模量/10^4 MPa	4.83		

(4) 硼纤维-铝复合材料的应用。

硼纤维-铝复合材料是研究最成功、应用最广泛的复合材料。由于这种复合材料的密度小，刚度比钛合金还高，比强度、比刚度更高，同时还有良好的耐蚀性与耐热性(一般使用温度可达 300℃)，因此主要用于航天飞机蒙皮、大型壁板、长梁、加强肋、航空发动机叶片、导弹构件等。

2) 石墨纤维增强铝基复合材料

石墨纤维增强铝基(G/Al)复合材料由石墨(碳)纤维与纯铝、变形铝合金、铸造铝合金组成。这种复合材料具有比强度高、比模量高、高温强度好、导电性高、摩擦系数低和耐磨性能好等优点。在 500℃以下轴向抗拉强度可高达 690MPa，在 500℃时的比强度比钛合金高 1.5 倍。

G/Al 主要用于制造航空航天器天线、支架、油箱，飞机蒙皮、螺旋桨、涡轮发动机的压气机叶片、蓄电池极板等，也可用于制造汽车发动机零件(如活塞、气缸头)和滑动轴承等。

2. 纤维增强钛基复合材料

钛的主要特点是比强度高，纤维增强钛基合金的强度在 815℃高温时比镍基超耐热合金还高 2 倍，是较理想的涡轮发动机材料。一般采用 SiC 纤维增强 α、β 钛合金。工艺操作是将钛合金制成箔，再将箔与纤维分层交替堆放制成预制件，经外部加热、加压固化成 SiC/Ti 复合材料。另外，也可采用等离子体喷涂法将钛合金粉熔融过热并喷涂在缠绕有碳化硅纤维的转鼓上，然后进行热压制得。现在使用的钛合金一般为 Ti-6Al4V。硼纤维-钛合金复合材料的密度很小，约为 $3.6g/cm^3$，而抗拉强度却高达 1.21×10^3 MPa，弹性模量为 2.34×10^5 MPa，由于其工艺不成熟，目前应用较少。

3. α-Al_2O_3 纤维增强镍基复合材料

单晶的 α-Al_2O_3 纤维（蓝宝石）具有高熔点及高强度、高弹性模量，较低的密度，良好的高温强度和抗氧化性能，因此作为高温金属的增强纤维受到重视。

α-Al_2O_3 作为增强纤维的镍基复合材料，其制法有液态渗透法和粉末冶金法。由于纤维不受液态金属浸润，故首先需对纤维进行金属涂层处理，例如用溅射法使其表面涂上一层比基体更难熔的金属。粉末冶金法是将镍电镀到纤维上，然后热压成型。该法制出的小块材料在室温下有明显的增强效果，但高温时不理想。

4. 自增强金属基复合材料

用控制熔体凝固的方法，使熔体合金在一个有规则的温度梯度场中进行冷却凝固，在金属基体内自身生长晶须，而制造出自增强金属基复合材料。此即原位型复合材料。

自增强金属基复合材料的优点：①增强纤维分布均匀；②基体与纤维界面以相当强的连接键或半连接键结合，可克服晶须与基体浸润性不好的缺点；③由两相材料形成的条件接近热力学平衡条件，它所具有的高温热稳定性对材料在高温下应用极为重要；④易于加工，能直接铸成所需的构件形状。

这种自增强高温合金，在高温下，仍有很好的强度和抗蠕变性能，是航天工业和制造燃气涡轮的优异材料。

13.8.3 颗粒和晶须增强金属基复合材料

颗粒和晶须增强金属基复合材料多以铝、镁和钛合金为基体，以碳化硅、碳化硼、氧化铝颗粒或晶须为增强相，是目前应用最广泛的一类金属复合材料。

颗粒增强通常是为了提高刚性和耐磨性，减少热膨胀系数。一般使用价格较低的碳化物、氧化物和氮化物颗粒作为增强体，基体采用铝、镁、钛的合金。例如 A356-T6 铝材，在添加体积分数为 20%的 10μmSiC 颗粒时，弹性模量从 80GPa 提高到 100GPa（提高 25%），热膨胀系数从 $21.41\times10^{-6}℃^{-1}$ 减少到 $16.4\times10^{-6}℃^{-1}$。与纤维强化比较，颗粒强化工艺的优点是铸造或挤压等二次加工容易。

晶须是一种自由长大的金属或陶瓷型针状单晶纤维，直径在 30μm 以下，长度约为几毫米，它的强度极高，因此，用它作为增强材料的复合材料，其性能特别优良。常用的增强晶须有氧化铝晶须、碳化硅晶须、氮化硅晶须等，配合的基体金属有铝、镁、钛的合金等。

1. SiC 增强铝合金

这类材料具有极高的比强度和比模量，主要在军工行业应用广泛，例如制造轻质装甲、导弹飞翼、飞机部件。另外，在汽车工业如发动机活塞、制动件、喷油嘴件等也有使用。表 13.8.4 给出了几种材料的特点及应用。

表 13.8.4 颗粒和晶须增强铝基复合材料的特点及应用

材　料	应　用	特　点
体积分数为 25%的 SiC 颗粒增强铝基复合材料	航空结构导槽、角材	代替 7075 铝合金，密度更低，模量更高

续表

材　　料	应　　用	特　　点
体积分数为17%的SiC颗粒增强铝基复合材料	飞机、导弹用板材	拉伸模量大于10^5 MPa
体积分数为40%的SiC晶须或颗粒增强铝基复合材料	"三叉戟"导弹制导元件	代替铍，成本低，无毒
体积分数为15%的Ti颗粒增强铝基复合材料	汽车制动件、连杆、活塞	模量高

2. 氧化铝晶须增强镍基复合材料

氧化铝晶须密度小（小于$4g/cm^3$），熔点高，耐高温，在900℃以下随温度上升强度下降不大。它多用于增强镍和镍基高温材料，研制较早的是Al_2O_3-Ni复合材料。但是镍基体与晶须之间有化学不相容性，并且晶须与基体的热膨胀系数相差很大，使这类复合材料的使用受到一定的限制。

13.9 陶瓷基复合材料

陶瓷基复合材料（ceramic matrix composite，CMC）是指在陶瓷基体中引入第二相材料，使之增强、增韧的多相材料，又称为多相复合陶瓷或复相陶瓷。

13.9.1 常用的陶瓷基复合材料

1. 连续纤维补强增韧陶瓷基复合材料

1）陶瓷基复合材料的补强增韧机制

按照最优化设计的陶瓷基复合材料的应力-应变曲线如图13.9.1所示，图中OA段为低应力水平阶段，材料将发生弹性变形，A点对应材料的弹性极限σ_e，从A点开始偏离直线段，这与基体开裂有关。AB为第二阶段，这一阶段随应力的增大，内部裂纹逐渐增多，B点对应于材料的抗拉强度σ_b。与单相陶瓷相比（图中虚线所示），陶瓷基复合材料的抗拉强度低，但在极限强度条件下的应变值要比单相陶瓷大，这就是陶瓷基复合材料中的增韧效果。BC阶段对应着纤维与基体的分离、纤维的断裂和纤维被拔出的过程。

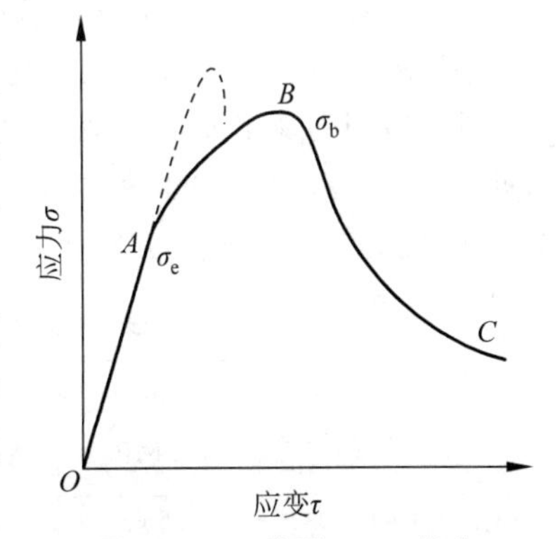

图13.9.1 典型CMC的应力-应变曲线

连续长纤维补强增韧的陶瓷基复合材料，在轴向应力的作用下产生基体的开裂、基体裂纹的增加、纤维的断裂、纤维与基体的分离，以及纤维从基体中拔出的复杂过程。

对于纤维与陶瓷基体构成的复合材料，必须要考虑它们两者之间的相容性，其中化学相容性要求纤维与基体之间不发生化学反应，物理相容性是指纤维与基体热膨胀系数和弹性模量要匹配。对于连续纤维补强陶瓷复合材料，一般要求$\alpha_f > \alpha_m$、$E_f > E_m$（α、E分别表示热膨胀系数和弹性模量，下标f、m分别表示纤维和基体）。

2）常用的纤维补强增韧陶瓷基复合材料

（1）碳纤维补强增韧石英玻璃（$C_{(f)}/SiO_2$）。

碳纤维补强增韧石英玻璃复合材料在强度和韧性方面与石英玻璃相比有了很大的提高，特别是抗弯强度提高了至少十倍以上，冲击吸收功增加了两个数量级。其主要原因是碳纤维与石英玻璃之间有好的相容性，即二者之间没有任何化学反应，同时碳纤维与基体的热膨胀系数基本相当。碳纤维补强增韧石英玻璃复合材料的性能见表13.9.1。

表13.9.1 碳纤维补强增韧石英玻璃复合材料的性能

材料	碳纤维/石英玻璃	石英玻璃	材料	碳纤维/石英玻璃	石英玻璃
密度/(g/cm^3)	2.0	2.16	抗弯强度（室温）/MPa	600	51.5
纤维含量（体积分数）/%	30	—	冲击韧度/(kJ/m^2)	40.9	1.02

（2）碳化硅纤维补强增韧碳化硅复合材料（$SiC_{(f)}/SiC$）。

碳化硅是具有很强共价键的非氧化物材料，其特点是具有良好的高温强度和优良的耐磨性、抗氧化性、耐蚀性，但是有很大的脆性，只有在2000℃的高温下加入硼、碳等添加剂才能烧结。采用碳化硅纤维可以改善韧性，减小脆性，但在2000℃的高温下碳化硅纤维的性能会变得很差。工程上一般采用化学浸入法，可以使复合材料的制作温度降至800℃左右。

2. 晶须补强增韧陶瓷基复合材料

1）晶须补强增韧机理

在晶须补强增韧陶瓷基复合材料中，作为第二相的晶须必须有高的弹性模量，且均匀分布于基体中，并与基体结合形成良好的界面，基体的伸长率应大于晶须的伸长率，从而保证外载荷主要由晶须承担。增韧效果主要靠裂纹的偏转和晶须拔出。裂纹偏转是指基体中的裂纹尖端遇到晶须后发生扭曲偏转，由直线扭曲成三维曲线，裂纹变长，从而提高韧性。

2）典型晶须补强增韧陶瓷基复合材料

（1）碳化硅晶须补强增韧氮化硅复合材料（$SiC_{(w)}/Si_3N_4$）。

碳化硅补强氮化硅复合材料在1750℃条件下热压烧结。这种复合材料的主要力学性能见表13.9.2，表中Si6、Si10分别表示以Si粉为起始料，添加6%、10%的烧结添加物；SN6表示以Si_3N_4为起始料，添加6%的烧结添加物。

表13.9.2 $SiC_{(w)}/Si_3N_4$复合材料的力学性能

材料	抗弯强度/MPa	断裂韧度/$(MPa\cdot m^{1/2})$	材料	抗弯强度/MPa	断裂韧度/$(MPa\cdot m^{1/2})$
Si10(HPRBSN)①	660±33	5.6±0.3	Si6+20%③ $SiC_{(w)}$	360±74	4.0±0.4
Si10+10%③ $SiC_{(w)}$	620±50	7.8±0.3	SN6(HPSN)②	800±27	7.0±0.2
Si6(HPRBSN)	580±21	3.4±0.2	SN6+10%③ $SiC_{(w)}$	850±42	7.7±0.3
Si6+10%③ $SiC_{(w)}$	640±57	5.1±0.2			

注：①HPRBSN，热压反应烧结氮化硅；②HPSN，热压氮化硅；③皆为体积分数。

(2) 碳化硅晶须补强增韧莫来石陶瓷复合材料($SiC_{(w)}$/莫来石)。

莫来石陶瓷具有很小的热膨胀系数、低的热导率和良好的抗高温蠕变性。从其作为高温结构材料来说,它有极大的发展潜力。但它的室温抗弯强度和韧性均较差。碳化硅晶须与莫来石基体的热膨胀系数相近,但弹性模量较高,这符合增强材料与基体间的相容性,用它们制成$SiC_{(w)}$/莫来石复合材料的抗弯强度随晶须含量的增多而提高,在体积分数为20%时强度最大,可达435MPa,比莫来石强度246MPa高80%,随后强度逐渐下降。下降的原因主要是晶须分布不均,造成了气孔和其他缺陷,材料致密度下降,从而使强度降低。

$SiC_{(w)}$/莫来石复合材料的断裂韧度随晶须含量的变化与强度变化相似。在体积分数为30%时断裂韧度最大,约为4.6MPa·$m^{1/2}$,比莫来石增大了50%,因此碳化硅和莫来石陶瓷界面的结合强度较高。由于晶须的加入,大大提高了莫来石的强度和韧性。

(3) Al_2O_3/$SiC_{(w)}$/TiC纳米复合材料。

这种复合材料使用的Al_2O_3颗粒直径约0.4μm,TiC颗粒直径为0.2μm,$SiC_{(w)}$颗粒直径为0.5μm,长度为20μm。采用热压烧结工艺制备。$SiC_{(w)}$的质量分数为20%,TiC的质量分数为2%~10%。TiC含量为4%时强度最高约达1200MPa,断裂韧度可达7.5MPa·$m^{1/2}$。

3) 异相颗粒弥散强化增韧的复相复合陶瓷

异相颗粒弥散强化增韧的复相复合陶瓷是指在脆性陶瓷基体中加入一种或多种弥散相而组成的陶瓷。弥散相可以是粒状或板条状。

这类陶瓷的强度主要受下列因素影响:弥散相和基体截面的结合状态和化学相容性;弥散相和基体间的物理性能的匹配,如热膨胀系数和弹性模量等;弥散相的形状、大小、体积含量、分布状态等。

13.9.2 增韧陶瓷基复合材料的性能

1. 碳纤维/玻璃(玻璃陶瓷)

碳纤维增强硼硅玻璃、微晶玻璃和石英玻璃后,各项力学性能指标均有改善,其中表征韧性的断裂功明显提高。碳纤维与玻璃复合还具有高温下不发生化学反应的优点,同时,由于碳纤维的轴向热膨胀系数为负值,所以可以通过控制碳纤维的取向和体积分数调节复合材料的热膨胀系数。

2. 碳化硅晶须/氧化铝

以热压烧结法制得的碳化硅晶须/氧化铝($SiC_{(w)}$/Al_2O_3)复合材料中,$SiC_{(w)}$体积分数为20%~30%时,复合材料断裂韧性K_{IC}为8~8.5MPa·$m^{1/2}$,抗弯强度达650MPa,在1000℃以上韧性和强度开始下降。

$SiC_{(w)}$/Al_2O_3复合材料具有较高的蠕变应力指数。多晶Al_2O_3的蠕变应力指数约为1.6,而$SiC_{(w)}$/Al_2O_3的约为5.2。

3. 碳化硅基复合材料

BN/SiC、C/SiC、SiC/SiC等碳化硅基复合材料具有较高的断裂应变和抗弯强度,同时具有较好的断裂韧性和高温抗氧化性。采用纤维多向编织的预制坯件,通过CVD或化学气相渗透(chemical vapor infiltration,CVI)制成的C/SiC、SiC/SiC复合材料,具有较好的抗压性能和较高的层间剪切强度，高温工作时热辐射率高，可有效降低构件的表面温度，其机械性能随温度变化不大。

13.9.3 陶瓷基复合材料的应用

陶瓷基复合材料具有的高强度、高模量、低密度和耐高温性能，使其商业化应用已经在多个领域开展，但是由于陶瓷基复合材料制作成本较大，目前的应用主要分为两大类：一类在航天领域，另一类在非航天领域。

1. 航天领域的应用

耐高温结构复合材料是先进航天器的关键材料，连续纤维增强的陶瓷基复合材料已经被广泛应用于航天领域，在C/C复合材料表面涂覆SiC层作为耐烧蚀材料已用在美国的航天飞机上，C/SiC复合材料已作为太空飞机的主要可选材料。

2. 非航天领域的应用

陶瓷基复合材料在耐高温和耐腐蚀的发动机部件、切割工具、耐磨损部件、喷嘴或喷火导管、与能源相关的如热交换管等方面得到了广泛的应用。

增韧的氧化锆以及其他晶须和连续纤维增韧的陶瓷基复合材料，由于其高硬度、低摩擦和超耐磨性而用作耐磨损部件。

在切割工具方面，已经有TiC颗粒增强Si_3N_4、Al_2O_3、$SiC_{(w)}/Al_2O_3$等材料，碳化钨/钴制成的切割工具占据美国金属切割工具市场50%的份额。陶瓷基复合材料制作切割工具的主要优点是化学稳定、超高硬度、在高速运转产生的高温中能保持良好的性能等。

在热交换、储存和回收领域，陶瓷基复合材料与金属相比，它可以在更高的温度和更复杂的环境中使用，如连续纤维增强的热蒸汽过滤部件等。此外，在汽车发动机中使用陶瓷基复合材料，它所具有的耐热、高强度、低磨耗等都可以有效降低燃油消耗，并进一步提高汽车行驶速度等。陶瓷基复合材料为主的陶瓷发动机已经被开发和使用。

13.10 水泥基复合材料

13.10.1 水泥基复合材料的定义和种类

1. 水泥基复合材料的定义

水泥基复合材料是指以水泥为基体与其他材料组合而得到的具有新性能的材料。

2. 水泥基复合材料的种类

长期以来，由硅酸盐水泥、水、砂和石子组成的普通混凝土是建筑领域中最广泛使用的水泥基复合材料。随着现代科技的迅速发展，普通混凝土的性能已不能满足现代建筑对它的要求，这促使了水泥基复合材料的快速发展。

按增强体的种类，水泥基复合材料可分为混凝土、纤维增强水泥基复合材料、聚合物混凝土复合材料等。

13.10.2　混凝土

混凝土是由水泥，水，粗、细集料按适当比例拌和均匀，经浇捣成型后硬化而成。按复合材料定义，它属于水泥基复合材料。如不用粗集料，即砂浆。通常所说的混凝土，是指以水泥、水、砂和石子所组成的普通混凝土，是建筑工程中最主要的建筑材料之一，在工业与民用建筑、给排水工程、水利，以及地下工程、国防建筑等方面都广泛应用。配制混凝土是各种水泥最主要的用途。

在混凝土中，水和水泥拌和成的水泥浆是起胶结作用的组成部分。硬化前的混凝土，也就是混凝土拌和物中，水泥浆填充砂、石空隙并包裹砂、石表面，起润滑作用，使混凝土获得施工时必要的和易性；硬化后，水泥硬化浆体则将砂石牢固地胶结成整体。砂、石集料在混凝土中起着骨架作用，因此一般把它称为骨料。

混凝土具有很多性能，改变胶凝材料和集料的品种，可配成适用于不同用途的混凝土，如轻质混凝土、防水混凝土、耐热混凝土以及防辐射混凝土等；改变各组成材料的比例，则能使强度等性能得到适当的调节，以满足工程的不同需要；混凝土拌和物具有良好的塑性，可浇制成各种形状的构件；与钢筋有良好的黏结力，能和钢筋协同工作，组成钢筋混凝土或预应力钢筋混凝土，从而使其广泛用于各种工程。但普通混凝土还存在着容积密度大，导热系数高，抗折强度偏低以及抗冲击韧性差等缺点，有待进一步发展研究。

配制混凝土时，必须满足施工所要求的和易性，硬化后则应具有足够的强度，以安全地承受设计荷载，同时还须保证经济耐久。值得注意的是，混凝土的质量主要是由组成材料的品质及其配合比例所决定的，而搅拌、成型、养护等工艺因素也有非常重要的作用。

按照在标准条件下所测得的28d抗压强度值（MPa），混凝土可划分为不同的强度等级（C），如C7.5、C10、C15、C20、C25、C30、C35、C40、C45、C50、C55、C60等。现正向高强度混凝土发展，现场浇筑的近C100级混凝土已达实用阶段。

13.10.3　纤维增强水泥基复合材料

纤维增强水泥基复合材料（FRC）是指由不连续的短纤维均匀分散于水泥混凝土基材中形成的复合材料，最常用的纤维有钢纤维、玻璃纤维、碳纤维。

普通混凝土是一种韧性很差的材料，这种性质造成普通混凝土的抗裂性差，拉伸度、抗弯强度、抗疲劳强度均很低，特别是抗冲击强度更低，这使普通混凝土的用途和使用环境受到了很大的限制。利用纤维复合改善混凝土性能，是解决这些问题的有效手段。

纤维混凝土中，韧性及抗拉强度较高的短纤维均匀分布于混凝土中，纤维与水泥浆基材的黏结比较牢固，纤维间相互交叉和牵制，形成了遍布结构全体的纤维网。当纤维水泥混凝土受拉应力过高而使基体材料开裂时，材料内部所受的拉力就由基体逐步转移到跨裂缝的纤维上。这种转移一方面增大了混凝土结构的变形能力；另一方面，纤维的拉伸强度较高也使混凝土结构的拉伸强度增大。此外，混凝土中的纤维网既能阻止混凝土的早期收缩开裂，还能阻止混凝土结构受疲劳应力或冲击力而造成的裂缝扩展。因此，纤维增强水泥基复合材料的抗拉、抗弯、抗裂、抗疲劳、抗振及抗冲击能力得以显著改善。

1. 钢纤维增强水泥基复合材料

钢纤维混凝土是指由水泥浆固化后的水泥石，砂、石集料和钢纤维组成的三相复合材料。其中砂、石集料主要用于提高抗压强度和防止水泥固化过程中的收缩开裂，钢纤维则起到提高抗拉强度、抗弯强度和冲击韧性的作用。也可以把由水泥浆和集料配制成的混凝土看作基体材料，把钢纤维看作增强材料，这样划分有利于钢纤维混凝土的材料设计和制造。钢纤维混凝土的主要性能见表 13.10.1。

表 13.10.1　钢纤维混凝土的主要性能

技术性能	性能指标
抗压强度	比未增强水泥混凝土提高 50%左右
抗拉强度	比未增强水泥混凝土提高 40%～100%，在允许范围内，增强钢纤含量可使抗拉强度提高 2 倍
抗弯强度	增大钢纤含量，减小钢纤直径，均能提高混凝土的抗弯强度
抗冲击强度	比未增强水泥混凝土提高 8～30 倍
弹性模量	无显著影响
韧性	比未增强混凝土提高 10～50 倍
耐疲劳性	经过 10^5 次反复加载和卸载作用，受弯时其残余强度仍可达到其静抗弯强度的 2/3 左右
干缩	当钢纤维掺加量为 90kg/m^3 时，在不加速凝剂条件下，减小 20%～80%；当加速凝剂时，减小 30%～50%
热传导性	增加 10%～30%
徐变性能	无明显影响
热膨胀系数	无明显影响
耐磨性	提高 30%
耐久性	由于钢纤维增强后混凝土的强度和密实性提高，表面裂缝宽度小于 0.08mm，故可认为具有长期耐久性。在大气中，钢纤维混凝土的碳化深度为 2～4mm，因此表层的钢纤维会产生锈斑

钢纤维混凝土根据施工方法的不同，其应用领域见表 13.10.2。

表 13.10.2　钢纤维混凝土的应用领域

施工方法	应用领域		特性	优点
喷射法	隧道衬砌，护坡加固，矿山地下巷道，水渠，某些建筑物或构筑物的修复		抗裂，抗渗，抗冲击，抗剪，抗冻融	省去挂网焊接等工序，加快施工速度，降低喷射层厚度，延长使用寿命
泵送灌注法	地下铁道壳体，下水道，建筑物抗震节点		抗裂，耐地面动载，耐疲劳，抗渗	加快掘进速度，减轻劳动强度
普通灌注法	道路工程	公路的砌筑，机场跑道，桥梁面板，铁路高床路床，厂房地面	抗裂，耐磨，耐疲劳，抗冲击，抗冻融	降低路面厚度，增大伸缩裂缝间距
	防爆防震工程	防爆构筑物，核试验构筑物，火箭发射场地，原子能反应堆压力容器，各种压力容器，重型机器基础，抗震建筑物梁柱结合部位	抗裂，抗剪，抗爆炸荷载，抗冲击	提高安全度
	水利工程	海洋结构物，溢洪道，泄水道	抗裂，抗冲刷，抗气蚀，抗冲击	延长使用寿命
	窑炉工程	高温窑炉衬砌，炉门	抗热振性，不碎裂，耐磨，抗冲击	延长炉窑运转期

续表

施工方法	应用领域		特性	优点
预制构件	建筑工程	外墙板,隔墙板,楼梯段	抗裂,抗震,抗冲击	简化制造工艺,提高安全度
	土工工程	离心管,涵洞,高速公路遮音壁板,破浪堤构件	抗裂,抗冲击	简化制造工艺,提高安全度

2. 玻璃纤维增强水泥基复合材料

玻璃纤维增强水泥(GRC)是一种轻质高强、不燃的一类新型材料,它克服了水泥制品冲击韧性差的缺点,具有密度及热导率小的优点。

我国是最早研究玻璃纤维增强水泥基复合材料的国家之一。南京某建筑公司早在1957年用连续玻璃纤维作配筋材料,制作一些不用钢筋的混凝土楼板,短期效果很好,引起了各方面的重视,纷纷开展研究。随后的研究发现,玻璃纤维增强混凝土制品一年后即被破坏。其主要是由玻璃纤维在混凝土中,受水泥水化析出的氢氧化钙侵蚀所致,因为氢氧化钙是碱性,硅酸盐水泥混凝土中,其pH可达13.5。

1966年,英国公布了Majumday的抗碱玻璃纤维专利,使玻璃纤维增强水泥制品进入了一个新的发展时期。但是,英国用抗碱玻璃纤维和普通硅酸盐水泥匹配得到的玻璃纤维增强水泥,只能制作非承重构件和小建筑制品,其根本原因仍然是抗碱纤维还不足以抵抗硅酸盐水泥中氢氧化钙的强烈侵蚀。因此,玻璃纤维增强水泥复合材料的耐久性,仍然是个需要研究的重要课题。

1983年,中国建筑材料研究院在国家相关部门的支持下,在研究含抗碱玻璃纤维的同时,又开展了低碱水泥的研究。用抗碱玻璃纤维增强低碱水泥复合材料的研究获得了成功,其强度半衰期可以超过100年。这一研究走出了一条用抗碱玻璃纤维增强低碱水泥的“双保险”技术道路,其耐久性研究已处于国际领先地位。在玻璃纤维增强水泥复合材料的生产工艺上,我国已研究成功铺网喷浆工艺、玻璃纤维短切喷射成型、喷浆真空脱水圆网抄取技术,以及预拌和浇筑成型等工艺。推广应用的产品有GRC复合外墙板、槽形单板、波形瓦、中波瓦、温室支架、牧场围栏立柱、凉亭和室外建筑艺术制品。同期,玻璃纤维增强水泥复合材料在美国、日本、德国等国家也得到了迅速发展。

3. 碳纤维增强水泥基复合材料

碳纤维增强水泥基(CFRC)复合材料首先是英国开始研究的,1970年,英国研究成功聚丙烯腈基碳纤维增强水泥板材。此后,日本和中国台湾地区由于地震频繁,碳纤维增强水泥基复合材料在灾后重建的重点工程中得到广泛应用。

碳纤维增强水泥基复合材料具有很高的抗拉、抗弯和断裂性能,低的干缩率和热膨胀系数,较高的阻热能力和耐高温性能,耐大气老化,抗腐蚀和渗透,与混凝土金属的接触电阻低,有良好的电磁屏蔽效应,而且能减轻自重,故碳纤维增强水泥基复合材料有可能发展为智能材料。由于沥青基碳纤维的成本低,近年来发展迅速。

碳纤维增强水泥基复合材料具有优良的耐久性,并且能够限制水泥收缩和抑制水泥膨胀。

13.10.4 聚合物混凝土复合材料

由于混凝土的性能特点和其他的无机材料相当,都属于脆性材料,刚性大、柔性小、抗压强度远大于拉伸强度。为了改善其缺点,使之既具有无机材料的优点,又能像有机高分子材料一样,具有良好的柔性、弹性,于是聚合物混凝土复合材料应运而生,加入的聚合物起增韧、增塑、填孔和固化作用。

1. 聚合物混凝土复合材料的分类

普通混凝土是以水泥为胶结材料,而聚合物混凝土是以聚合物或聚合物与水泥为胶结材料。

按混凝土中胶结料的组成不同,聚合物混凝土复合材料分为聚合物混凝土或树脂混凝土(polymer concrete,PC)、聚合物浸渍混凝土(polymer impregnated concrete,PIC)和聚合物改性混凝土(polymer modified concrete,PMC)。

2. 聚合物混凝土复合材料的特点

1) 聚合物混凝土

聚合物混凝土主要由有机胶结料、填物、粗细骨料组成,为了改善某些性能,必要时可加入短纤维、减水剂、偶联剂、阻燃剂、防老剂等添加剂。聚合物混凝土与普通混凝土的性能比较(相对值)见表13.10.3。

表13.10.3 聚合物混凝土与普通混凝土的性能比较

测试性能	普通混凝土	PIC	PC	PMC
抗压强度	1	3～5	1.5～5	1～2
抗拉强度	1	4～5	3～6	2～3
弹性模量	1	1.5～2	0.05～2	0.5～0.75
吸水率	1	0.05～0.10	0.05～0.2	—
抗冻循环次数/质量损失	700/25	2000～4000/0～2	1500/0～1	—
耐酸性	1	5～10	8～10	1～6
耐磨性	1	2～5	5～10	10

2) 聚合物浸渍混凝土

聚合物浸渍混凝土是把成型的混凝土的构件通过干燥及抽真空排出混凝土结构孔隙中的水分和空气,然后把混凝土构件浸入聚合物单体溶液中,使得聚合物单体溶液进入结构空隙中,通过加热或施加射线使得单体在混凝土结构孔隙中聚合形成聚合物,这样聚合物就填充了混凝土的结构孔隙,并改善了混凝土的微观结构,从而使混凝土的使用性能得到改善。

聚合物浸渍混凝土由于其良好的力学性能、耐久性及抗侵蚀能力,主要用于受力的混凝土及钢筋混凝土结构构件和对耐久性及抗侵蚀有较高要求的地方,如混凝土船体、近海钻井混凝土平台等。虽然聚合物浸渍混凝土有良好的力学性能,但由于聚合物浸渍工艺复杂,成本较高,混凝土构件需预制并且构件尺寸受到限制,因而主要是特殊情况下使用。

3) 聚合物水泥混凝土

聚合物水泥混凝土是在水泥混凝土的成型过程中掺加一定量的聚合物,从而改善混凝土的性能,提高混凝土的使用品质使混凝土满足工程的需要。用于水泥混凝土改性的聚合物的形态,可以是聚合物单体、聚合物乳液及聚合物粉末,但最常使用、最方便、改性效果最好的是聚合物乳液。所使用的聚合物乳液有聚氯乙烯乳液、聚苯乙烯乳液、聚乙烯乙酸酯乳液及聚丁烯酚酯乳液等。

聚合物水泥混凝土更确切地应称为聚合物改性水泥混凝土或高聚合物改性混凝土。与其他的水泥混凝土改性措施(如纤维水泥混凝土等)相比有明显的不同：①水泥混凝土的力学性能得到了改善，尤其是抗折强度提高，而抗压强度降低，抗压强度/抗折强度的比值减小；②混凝土的刚性或者说脆性降低，变形能力增大，这对许多工程很有利；③混凝土的耐久性与抗侵蚀能力也有一定程度的提高；④聚合物改性水泥混凝土具有良好的黏结性，特别适合于破损水泥混凝土的修补工程；⑤完全适应现有的水泥混凝土制造工艺过程；⑥成本相对较低。

13.10.5 水泥基复合材料的应用

水泥基复合材料具有很多优点，价格低廉，使用当地材料即可制得，用途广泛，适应性强，并能做成几乎任何形状和表面，因此，它是一种理想的多用途的复合材料。水泥基复合材料的品种很多，主要用于建筑材料。

1. 混凝土的应用

1) 轻集料混凝土的应用

(1) 保温轻集料混凝土，主要于用房屋建筑的外墙体或屋面结构。

(2) 结构保温轻集料混凝土，主要用于既承重又保温的房屋建筑外墙体及其他热工构筑物。

(3) 结构轻集料混凝土，主要用于承重钢筋混凝土结构或构件。

2) 粉煤灰混凝土的应用

粉煤灰混凝土广泛用于工业与民用建筑工程，桥梁、道路、水工等土木工程，特别适合用于下列情况。

①节约水泥和改善混凝土拌和物和易性的现浇混凝土，特别是泵道混凝土工程；②房屋道路地基与坝体的低水泥用量、高粉煤灰掺量的碾压混凝土(用Ⅲ级灰)；③C80 级以下大流动度高强混凝土(用优质粉煤灰)；④受海水等硫酸盐作用的海工、水工混凝土工程；⑤需降低水化热的大体积混凝土工程；⑥需抑制碱骨料反应的混凝土工程。

3) 高强混凝土的应用

高强混凝土是指强度等级为 C60 以上的混凝土，其研究与应用是当前混凝土技术中的一个重要发展方向。

高强混凝土的应用范围为：①预应力钢筋混凝土轨枕、管桩；②抗爆结构的防护门；③高层、超高层建筑的底层柱子、承重墙及剪力墙；④高层建筑下部框架的柱子及主梁等；⑤海上采油平台结构；⑥大跨桥梁结构的箱形梁及桥墩等；⑦高速公路的路面；⑧隧道和矿井工程的衬砌、支架与护板等。

2. 纤维增强混凝土的应用

锆系耐碱玻璃纤维增强混凝土是一种有实用价值的纤维增强混凝土，其应用范围如下所述。

(1) 作内外墙体材料(隔断、挂墙板、窗台墙、夹层材料等)；

(2) 作模板(楼板的底模、梁柱模、桥台面、各种被覆层)；

(3) 作土木设施(挡土墙、道路和铁路的隔声墙、电线杆、排气塔、通风道、管道、U形管、净化池、贮仓等);

(4) 海洋方面用途(小型船舶、游艇、浮杆、甲板等);

(5) 其他用途(耐火墙、隔热墙、隔声墙、窗框、托板等)。

钢纤维增强混凝土在下列场合被采用:①耐火混凝土增强层;②表面喷涂;③加固补强;④堤堰用;⑤隧道内衬;⑥道路及跑道面层;⑦消波用砌体;⑧其他。

碳纤维增强水泥可用来代替木材,制成住宅的屋顶、构架、梁、地板以及隔板等,也可以代替石棉制成耐压水泥管和各种容器。由于减轻了自重,可降低高层结构中的建筑费用,但碳纤维的成本昂贵,限制了在这方面的应用。

3. 聚合物改性水泥混凝土的应用

聚合物改性水泥砂浆或改性水泥混凝土已得到了较为广泛的应用,主要应用范围见表13.10.4。

表13.10.4 聚合物改性水泥砂浆的应用范围

应　　用	具体使用场合
铺面材料	房屋地面,仓库地面,办公室地面,厕所地面等
地面板	人行道,楼梯,化工车间,车站月台,公路中间,修理车间
耐水材料	混凝土防水层,砂浆的混凝土隔水墙,水容器,游泳池,化粪池
黏结材料	地面板的黏结,墙面板的黏结,绝热材料的黏结等,新旧混凝土之间的黏结及新旧砂浆之间的黏结
防腐材料	污水管道,化工厂地面,耐酸管道的接头黏结,化粪池,机械车间地面,化学实验室地板,药房等
覆盖层	混凝土船体的内外层,桥面覆盖层,停车房地面,人行桥桥面等

1) 地面和道路工程

聚合物改性水泥混凝土由于其良好的耐磨性及耐腐蚀性,施工方法有:

(1) 直接用聚合物浇筑地面;

(2) 聚合物混凝土形成地面板,然后铺砌;

(3) 在地面作一层聚合物水泥砂浆涂层。

由于聚合物改性水泥混凝土具有良好的防水性质,所以在桥梁、道路路面面层大量使用。使用聚合物改性水泥混凝土作桥面,可避免常规施工过程中为黏结及防水所必需的复杂的工艺过程,因而也可用于高等级的刚性水泥混凝土路面,可降低水泥混凝土面层的厚度,减轻面层开裂,从而延长使用寿命。

2) 结构工程

试验证明,聚合物改性水泥混凝土梁具有较强的抗折能力及较大的抗拉伸性。

3) 轻质混凝土

为了减小构件的重量,在混凝土和砂浆中加入聚合物外加剂可达到很好的效果。在普通水泥混凝土中,加入发泡剂虽可降低构件的重量,但会使强度大幅度下降,而聚合物外加剂可在很大程度上弥补这一不足。

轻集料聚合物水泥混凝土具有密度小,强度高的特点,抗压强度通常高于无聚合物的混凝土。采用陶粒、耐火土及其混合物可制得密度为1600～1800 kg/m^3，标号为300号的混凝土。

4）修补工程

聚合物改性水泥砂浆及改性水泥混凝土由于良好的黏结性，能被广泛用于修补工程。用普通混凝土浆体进行混凝土的修补工程不能取得满意的效果时，用聚合物改性水泥混凝土进行修补工程，会有良好的修补效果。

5）其他方面的应用

聚合物改性水泥混凝土还可用作建筑装饰材料、保护材料等。

13.11 纳米复合材料

13.11.1 纳米复合材料的定义和分类及特点

1. 纳米复合材料的定义

纳米复合材料是20世纪80年代出现的一种新材料。纳米复合材料是指由两种或两种以上的固相至少在一维以纳米级大小（1～100nm）复合而成的复合材料。这些固相可以是非晶质、半晶质、晶质或者兼而有之，而且可以是无机物、有机物或二者兼有而有之。纳米复合材料也可以是指分散相尺寸有一维小于100nm的复合材料。分散相的组成可以是无机化合物，也可以是有机化合物，无机化合物通常是指陶瓷、金属等，有机化合物通常是指有机高分子材料。

纳米复合材料的构成形式，主要有以下六种类型：0-0、0-1、0-2、0-3、1-3、2-3型。0-0复合是指不同成分、不同相或不同种类的纳米微粒复合而成，通常采用原位压块、原位聚合、相转变、组合等方法实现。0-1复合是指纳米微粒加入到纤维中形成的纳米复合材料。0-2复合是指纳米微粒分散到二维的纳米薄膜中，得到纳米复合薄膜材料。0-3复合是指纳米微粒分散在常规的三维固体中。1-3复合主要是指碳纳米管、纳米晶须与常规聚合物粉体的复合，对聚合物的增强有特别明显的作用。2-3复合是指无机纳米片体与聚合物粉体或聚合物前躯体的复合，主要体现在插层纳米复合材料的合成。从目前发展状况来看，2-3复合是发展非常强劲的一种复合形式。

2. 纳米复合材料的分类

在复合材料研究中，按各组元在三维空间自身相互联结的方式，即联结型，广泛采用Newnham提出的命名方法。“0”表示微粒，“1”表示纤维，“2”表示薄膜，在三维空间相互联结形成的空间网络则用“3”表示。

纳米复合材料的分类可以按其用途、性能、形态、基体材料、分散相组分类型等方式进行。

1）按用途分类

（1）催化剂。用于高分子聚合的纳米复合催化剂，用于有机化合物光分解的纳米复合催化剂。

（2）塑料增韧。增强聚乙烯纳米复合塑料、增韧增强聚氯乙烯纳米复合塑料等。

（3）涂料。抗磨纳米复合涂料、抗污纳米复合涂料、识别纳米复合涂料等。

(4) 纤维。防紫外线纳米聚酯纤维,抗静电纳米复合纤维等。

(5) 生物仿生材料。人体骨骼替代用纳米复合材料等。

(6) 黏合剂与密封胶。用于各种不同领域的纳米复合材料。

2) 按性能分类

(1) 光电转换材料直接使用,可实现光电转换的纳米复合材料。

(2) 增强剂添加使用型,常称为纳米复合母料,可以提高材料的强度、韧性和耐热性等。

(3) 光学材料直接或添加型使用,用于屏蔽紫外光辐射线等。

3) 按形态分类

(1) 粉体。纳米粉体与聚合物复合形成纳米复合粉状母料,作为间接使用的材料用于制造型材。

(2) 膜材。是一类具有广泛应用前景的纳米复合材料,可以作为直接使用的材料,如光电转换材料等。纳米复合薄膜分为两大类,即纳米复合功能薄膜和纳米复合结构薄膜。

(3) 型材。利用普通或特定方法将纳米材料或纳米复合母料与加工材料混合,加工制造成不同形态、不同用途的材料。

4) 按基体材料分类

有树脂基、金属基和陶瓷基纳米复合材料。

5) 按制备方法分类

有填充纳米复合材料、插层纳米复合材料、杂化纳米复合材料等。

3. 纳米复合材料的特点

(1) 纳米复合材料可以综合发挥各种组分的协同效能,这是其他任何一种材料都不具备的特点。

(2) 纳米复合材料性能的可设计性,可以针对纳米复合材料的性能需求进行材料的设计与制造。

(3) 纳米复合材料可以按需要加工材料的形状,避免多次加工和重复加工。

13.11.2 纳米复合材料的制备技术

1. 无机纳米复合材料制备技术

无机纳米复合材料是研究最早的纳米复合材料,其制备方法一般有溶胶-凝胶法、高能球磨法、气相沉积法、射频(RF)溅射法和无机晶体生长法等。

(1) 溶胶-凝胶法

溶胶-凝胶法是指金属醇盐或无机盐经过溶液、溶胶、凝胶而固化,再经热处理而成为氧化物或其他固体化合物的方法。利用溶胶-凝胶技术制备材料具有制品的均一性好、化学成分可以有选择地掺杂,制品纯度高,烧结温度比传统的固相反应法低 200~500℃ 等优点。用此法可以制备 $\alpha\text{-}Fe_2O_3/TiO_2$、$Al_2O_3/TiO_2$ 等纳米复合材料。

(2) 高能球磨法

高能球磨法是指利用球磨机的转动或振动,使硬球对原料进行强烈的撞击、研磨和搅拌,将其粉碎为纳米级微粒的方法。利用高能球磨法能制备金属-金属纳米复合材料、陶瓷-陶瓷纳米复合材料、金属-陶瓷纳米复合材料。

(3) 化学气相沉积法

利用化学气相沉积方法是将纳米材料与基体材料均匀混合，然后沉积在基体上，经过二次热处理得到纳米复合材料。

(4) 射频溅射法

张立德等利用射频磁控溅射技术制备了分散相粒径只有 3～5nm 的 $In_xGa_{1-x}AsSiO_2$ $(0.2\leqslant x\leqslant 0.8)$的纳米复合材料。

2. 有机-无机纳米复合材料制备技术

有机相可以是塑料、橡胶等，无机相可以是金属、氧化物、陶瓷、半导体等，复合后将会获得集无机、有机、纳米粒子的诸多特性于一身的具有许多特异性质的新材料。有机-无机纳米复合材料的制备方法主要有溶胶-凝胶法、插层复合法、辐射合成法和共混法等。这里主要介绍插层复合法。

插层复合法是指利用层状无机物(硅酸盐黏土等)作为主体，将有机高聚物作为客体插入主体的层间，从而制得有机-无机纳米复合材料的方法。层状无机物主要有层状硅酸盐(黏土等)，以及磷酸盐、过渡金属氧化物等。其结构特点是呈层状，每层结构紧密，但层间存在空隙，每层厚度和层间距离尺寸都在纳米级。

插层纳米复合材料的结构可以分为插层型结构和剥离型结构两种。插层型结构是在黏土硅酸盐的层间插入一层能伸展的聚合物链，从而获得聚合物层与黏土硅酸盐晶层交替叠加的高度有序的多层体，层间域的膨胀相当于伸展链的半径。剥离型结构是黏土硅酸盐晶层剥离并分散在连续的聚合物基质中。

13.11.3 各种纳米复合材料

1. 纳米复合涂料

纳米复合涂料是指将纳米粉体用于涂料中所得到的一类抗辐射、耐老化，以及剥离强度高或具有某些特殊功能的涂料。纳米复合涂料分为纳米改性涂料和纳米结构涂料。利用纳米微粒的某些功能对现有涂料进行改性，提高涂料的性能，这种涂料称为纳米改性涂料。纳米结构涂料是指使用某些特殊工艺制备的涂料，其中某种特别组分的细度在纳米级。纳米改性涂料是传统涂料的进一步发展，不仅在品种方面，更重要的是涂料的品质有了很大的改善和提高。纳米结构涂料是新发展的功能性涂料。

1) 纳米防护涂料

纳米防护涂料是为了防止金属材料如飞机等航空航天飞行器所用材料的腐蚀和延缓复合材料的老化，从而保证飞机等航空航天飞行器的安全及延长其寿命的基本措施。纳米防护涂料有以下三种。

(1) 金属及合金纳米涂料。

金属及合金纳米涂料通常采用电解、还原、喷雾等方法，生成金属或合金纳米粉，然后根据需要配制成纳米涂料。用的金属主要有 Ni、Cu、Fe、Co 等，以及这些金属为基、添加其他元素而形成的合金。

(2) 陶瓷纳米涂料。

陶瓷纳米涂料主要有氧化物纳米涂料、非氧化物纳米涂料和金属陶瓷纳米复合涂料三种。氧化物纳米涂料具有熔点高、耐高温、热导率低、耐磨、抗腐蚀和电绝缘等优点，常用的氧化物纳米涂料有 Al_2O_3、TiO_2、ZrO_2、Cr_2O_3 和 SiO_2 等。非氧化物纳米涂料比氧化物纳米涂料具有更好的力学性能、耐高温性能及抗化学侵蚀性能，非氧化物纳米涂料主要有碳化物涂料、氮化物涂料和硼化物涂料等，常用的有碳化硅、碳化钨、碳化钛、碳化硼、碳化铬、氮化硅和硼化钛等涂料。为了更好地发挥纳米涂料的功能和作用，用金属和陶瓷制备金属陶瓷纳米复合涂料，例如将碳化钨加到 Fe、Co、Ni 中，可以形成硬质合金材料。常用的金属陶瓷有碳化钨系（Ni、Co/WC、Fe/WC 等），碳（氮）化钛系（Fe/Ti(C、N)，Co/Ti(C、N)，Ni/(C、N)等），氧化铝系，氮化硅系，氮化硼系，碳化硅系和二氧化锆系等。将以上涂料用烧结、喷涂和镀覆等技术覆在基体材料上获得防护涂层。

（3）塑料与高分子纳米复合涂料。

在塑料或高分子材料基体中添加复合纳米粉，便形成塑料或高分子基纳米涂料。例如在树脂中加 TiO_2、SiO_2 纳米填充材料，在涂料中会起到固化、强化和增韧作用。

2）纳米功能性涂料

（1）抗菌防污涂料。

抗菌防污涂料是指将纳米粉体均匀分散到涂料中，所得到的纳米粉体杀菌剂以纳米级分散的稳定的涂料。将一定量的纳米 $ZnO_2/Ca(OH)_2/AgNO_3$ 等加入 25%磷酸盐溶液中，经混合、干燥、粉碎等处理后，再制成涂料涂于电话机等公共用具上，有很好的抗菌性能。这些涂料随时可以用水冲刷，把氧化分解的污垢除去，使涂料在使用期内始终维持其抗菌防污效果。

（2）抗菌保健涂料。

电气石是以含硼为特征的 Al、Na、Fe、Mg、Li 环状结构的硅酸盐物质，在一定条件下，产生热电效应和压电效应。当温度和压力变化时（即使微小的变化）能引起电气石晶体之间的电热差，产生的静电达 100 万电子伏特（eV），足以使空气发生电离，被击发的电子附着于邻近的分子并使其转化为空气负离子，即负氧离子，达到净化空气的目的。利用电气石可以配制纳米抗菌保健涂料。

（3）紫外线防护涂料。

纳米 TiO_2、ZnO_2、Al_2O_3、SiO_2 和 Fe_2O_3 等都是优良的抗紫外线吸收剂，用在有机涂料中，能明显地提高涂料的抗老化性能。纳米 TiO_2 是永久性的紫外线吸收剂，把它加入丙烯酸树脂涂料中，少量的纳米 TiO_2 能使涂料的紫外线透过率显著降低。纳米 SiO_2 在紫外光固化涂料中，能显著降低紫外光的透过率，所以，含有纳米 SiO_2 的涂料具有良好的紫外线防护功能。在防晒油、化妆品中加入以上的纳米微粒，可以吸收大气中对人体有害的 300～400nm 波段的紫外线。

（4）纳米隐身涂料。

“隐身”即隐蔽身体的意思。隐形飞机蒙皮上的隐身材料含有多种超微粒子，它们对不同波段的电磁波有强烈的吸收能力。超微粒子，特别是纳米粒子对红外和电磁波有隐身作用的主要原因有两点：一方面，由于纳米微粒尺寸远小于红外雷达波长，因此，纳米微粒材料对这种波的透过率比常规材料要强得多，这就大大减少波的反射率，使得红外探测器和雷达收到的反射信号变得很微弱，从而达到隐身的作用；另一方面，纳米微粒材料的比表面积比常规粗粉小 3～4 个数量级，对红外光和电磁波的吸收率也比常规材料大得多，这就使得红外探测器及雷达收到的反射信号强度大大降低，因此，很难被探测，起到了隐身作用。

目前，隐身材料虽在很多方面都有广阔的应用前景，但当前真正发挥作用的隐身材料大多使用在航空航天领域与军事有密切关系的部件上。

对于航空航天材料，有一个要求是质量轻，在这方面纳米材料是有优势的，特别是由轻元素组成的纳米涂料在航空隐身材料方面应用十分广泛。

纳米隐身涂料是指包括纳米微波涂料、纳米光学涂料和纳米红外涂料的一种功能性的复合涂料。纳米隐身涂层由纳米微波涂层、纳米光学涂层和纳米红外涂层三层组成。有几种纳米微粒在隐身涂料中发挥作用，例如，纳米 Al_2O_3、纳米 Fe_2O_3、纳米 SiO_2 和纳米 TiO_2 的复合粉体与高分子纤维结合，对中红外波段有很强的吸收性能，对中红外波段的红外探测器有很好的屏蔽作用。把铁氧体的纳米磁性材料加入涂料中，不仅有优良的吸波性能，而且还有良好的吸收和耗散红外线的性能，加之相对密度小，在隐身方面有明显的优势。另外，这种材料还可以与驾驶舱内信号控制装置相配合，通过开关发出干扰，改变雷达波的反射信号，使波形畸变，或者使波形变化不定，能有效地干扰、迷惑敌方雷达操作员，达到隐身目的。

2. 纳米塑料

1）概述

纳米塑料是指金属、非金属和有机填充物以纳米尺寸分散于树脂基体中形成的树脂基纳米复合材料。纳米塑料的种类有金属和无机非金属纳米塑料，有机纳米塑料。金属和无机非金属纳米塑料是以各种形态的纳米级金属和非金属物质均匀地分散到树脂基体中构成的新型材料体系，它也是纳米塑料的主要结构形式之一。这类纳米塑料有纳米 $CaCO_3$ 塑料、纳米 SiO_2 塑料、碳纳米管塑料和金属纳米塑料等。有机纳米塑料是指由液晶微纤增强的热塑性塑料。所谓微纤纳米增强塑料，从形态结构上讲是指具有微区相结构的嵌段聚合物。微区相的尺寸可以控制在 10nm 左右。由聚合物纤维复合材料衍生和发展起来的有机纳米塑料主要是指一种聚合物刚性棒状分子以分子水平（直径 10nm 左右）分散在另一种柔性的聚合物基体中起增强剂的作用。有机纳米塑料的典型代表是聚合物/液晶聚合物纳米复合材料。按液晶的种类可以分为聚合物/热致型液晶聚合物（TLCP）纳米复合材料和聚合物/溶致型液晶聚合物（LLCP）纳米复合材料。

2）纳米塑料制造技术

纳米塑料制造技术最常用的有四种：插层技术、溶胶-凝胶技术、共混技术和在位分散聚合技术。高分子功能膜的制备技术有 LB 制膜技术和分子组装技术（MSA）。

（1）插层技术。

插层技术是根据层状无机物（如黏土、云母、五氧化二钒、三氧化锰层状金属盐类等）在一定驱动力作用下能碎裂成纳米尺寸的结构微区，其片层间距一般为纳米级，可容纳单体和聚合物分子的原理而形成的。它不仅可让聚合物嵌入夹层形成“嵌入纳米塑料”，而且可使片层均匀分散于聚合物中形成“层离纳米塑料”。其中黏土易与有机阳离子发生离子交换反应，具有亲油性，甚至可以引入与聚合物发生反应的官能团来提高两相黏结性。根据插层形成又可以分为以下三种。

A. 插层聚合单体先嵌入片层中，再在热、光、引发剂等作用下聚合制备纳米塑料。

B. 溶液或乳液插层通过溶液或乳液将聚合物嵌入片层中制备。

C. 熔体插层将聚合物熔融嵌入制备纳米塑料。熔体插层技术不需溶剂，适用于大多数聚合物。

(2) 共混技术。

共混技术是制备纳米塑料最简单的技术，适用于各种形态的纳米粒子。共混技术可以分为溶液共混法、乳液共混法、熔融共混法和机械共混法四种。

(3) 在位分散聚合技术。

在位分散聚合技术是先使纳米粒子在单体中均匀分散，然后进行聚合反应。采用种子乳液聚合来制备纳米塑料是将纳米粒子作种子进行乳液聚合。在乳化剂存在的情况下，一方面可以防止粒子团聚，另一方面又可以使每一粒子均匀分散于胶束中。

(4) LB 制膜技术。

LB(Langmiur-Blodgett)制膜技术是利用分子间相互作用构建有序超薄分子膜的技术，是在分子水平上的有序组装技术。LB 膜的制备原理是利用具有疏水端和亲水端的两亲性分子在气-液(一般为水溶液)界面的定向性质，在侧向施加一定压力(高于数十个大气压)的条件下，形成分子的紧密定向排列的单分子膜。这种定向排列可以通过一定的挂膜方式有序地、均匀地转移到固定载片上。LB 制膜技术可用于制备由纳米微粒与超薄的有机膜形成的无机、有机层交替的材料。一般采用两种方法：一是利用含金属离子的 LB 膜，通过与 H_2S 等进行化学反应而获得无机-有机交替膜结构；二是已制备的纳米粒子的 LB 组装。前者能制备的材料是比较有限的，无机相多为金属硫化物；而后者制备方法是比较有前途的。

(5) 分子组装技术。

分子组装技术是指以阴阳离子的静电作用为驱动力而制备的单层和多层有序膜的技术。在分子组装膜中，单层与基板之间以及层与层之间极强的静电作用使该膜的热、力学稳定性较 LB 膜有极大提高。同时，分子组装技术操作简单，且膜的厚度可很方便地控制。目前，利用分子组装技术已经成功地制备了 CdSe/聚苯乙烯、TiO_2/聚苯乙烯磺酸(PSS)、TiO_2/聚二甲基二烯丙基氯化铵等多层复合薄膜。

3) 纳米塑料的性能

作为工程材料，纳米塑料与常规增强塑料相比，具有更优异的性能：①高强度和高耐热性；②高阻透性和阻燃窒息性；③阻隔性能好；④热稳定性高；⑤电性能好；⑥各向异性；⑦加工性能好。

3. 纳米复合纤维

将纳米材料应用到合成纤维中制备而成的纤维称为纳米复合纤维。用纳米复合纤维开发的面料，通过纳米技术处理织物，在保持原有织物性能不变的同时，提高了织物防水、防油污的功能，也使织物具有杀菌、防霉和防辐射等特殊效果。

1) 纳米复合纤维的制备

(1) 复合纤维母料法。

复合纤维母料法是指将纳米粉体与有机聚合物共混形成复合纤维母料，按一定比例将复合纤维母料与纺丝原料混合纺丝得到纳米复合纤维。

(2) 涂覆法。

涂覆法是指在纤维表面涂覆含有纳米粉体的黏合剂。这种制备方法的关键是解决纳米粉体在纤维表面的附着性，以及在纺织过程中保障纳米粉体的物理和化学稳定性。

(3) 合成纤维母料法。

合成纤维母料法指在纳米粉体存在的情况下，进行纤维原料的原位合成，形成包覆有纳米粒子的纤维大分子，构成纳米复合的合成纤维母料，最后在纺丝时加入一定比例合成纤维母料而制备成纳米复合纤维。这种制备方法的优点是既能够保障纳米粉体的物理和化学稳定性，又能够使纳米粉体均匀地分散在纤维中。

2) 纳米复合纤维的功能

(1) 增强纤维的抗老化性。

例如将纳米 TiO_2 加入合成纤维中，制备的纳米复合纤维具有抗老化性和防紫外线等功能。

(2) 使纤维具有抗菌杀菌功能。

例如将纳米 ZnO 和纳米 SiO_2 复合得到的复合纤维，纳米银/磷酸盐晶体粉末填充制备的复合纤维等，它们不仅具有抗静电作用，而且还具有除臭、杀菌和净化空气的功能，可用于纺织各种功能的布匹，对大肠杆菌、金黄色葡萄球菌、白色念珠菌的抑菌效果很好，对人体无毒、无刺激，非常安全，可以用任何洗涤品清洗及洗后熨烫，只要纤维存在，它的抗菌功效就不会丧失。

(3) 纤维的保健性。

纳米复合纤维具有抗电磁波和远红外反射功能，将它们制成织物，则对人体的 3～15μm 的远红外辐射，能有效地反射回人体皮肤，在防止人体热量散失的同时，人体皮肤可吸收反射回的远红外线而转化为向人体内部传播的能量，皮肤表面温度升高，热能促使血管扩张，血流加速，局部血液循环和微循环得到改善，提高了细胞的再生能力和肌体的免疫力，从而达到保健作用。

3) 纳米复合纤维的应用

在合成纤维树脂中添加纳米 SiO_2、ZnO、TiO_2 等复合粉体，经抽丝、织布，可以制成杀菌、防霉、除臭和抗紫外线辐射的内衣和服装，可以制造满足国防工业要求的抗紫外线辐射的功能纤维。具体的纤维有远红外长丝、可染丙纶纤维、防紫外线纤维、抗菌纤维、增白纤维和增强纤维，以上纤维可以制造成各种制品。

13.12 碳/碳复合材料

碳/碳复合材料是由碳纤维或各种碳织物增强碳，或石墨化的树脂碳(或沥青)以及化学气相沉积碳所形成的复合材料，是具有特殊性能的新型工程材料，也被称为碳纤维增强碳复合材料。其组成元素为单一的碳，因而这种复合材料具有许多碳和石墨的特点，例如密度小、导热性高、膨胀系数低，以及对热冲击不敏感。同时，该类复合材料还具有优越的机械性能；强度和冲击韧性比石墨高 5～10 倍，并且比强度非常高；随温度升高，这种复合材料的强度也升高；断裂韧性高，化学稳定性高，耐磨性极好。该种材料是最好的高温复合材料，耐温最高可达 2800℃。

碳/碳复合材料的性能随所用碳基体骨架用碳纤维性质，骨架的类型和结构，碳基质所用原料及制备工艺，碳的质量和结构，碳/碳复合材料制成工艺中各种物理和化学变化，界面变化等因素的影响而有很大差别，主要取决于碳纤维的类型、含量和取向等。表13.12.1为单向和正交碳纤维增强碳基复合材料的性能。

表13.12.1 单向和正交碳纤维增强碳基复合材料的性能

材　料	纤维含量(体积分数)/%	密度/($\times10^3$ kg/m^3)	抗拉强度/MPa	抗弯强度/MPa	弯曲模量/GPa	热膨胀系数(0～1000℃)/($\times10^{-6}$k^{-1})
单向增强材料	65	1.7	827	690	186	1.0
正交增强材料	55	1.6	276	—	76	1.0

由此可见，碳/碳复合材料的高强度、高模量主要来自碳纤维。碳纤维在材料中的取向直接影响其性能，一般是单向增强复合材料沿纤维方向强度最高，但横向性能较差，正交增强可以减少纵、横面的强度差异。

目前，碳/碳复合材料主要应用于航空航天、军事和生物医学等领域，例如导弹弹头、固体火箭发动机喷管、飞机刹车盘、赛车和摩托车刹车系统，航空发动机燃烧室、导向器、密封片及挡声板等，人体骨骼替代材料，以及代替不锈钢作人工关节。随着这种材料成本的不断降低，其应用领域也逐渐向民用工业领域转变，例如用于制造超塑性成型工艺中的热锻压模具，用于制造粉末冶金中的热压模具，用于制造在涡轮压气机中涡轮叶片和涡轮盘的热密封件。

思考题和作业

13.1　名词解释：复合材料、比刚度、比强度、纤维复合材料、玻璃钢。

13.2　复合材料的种类有哪些？粒子增强、纤维增强的机制是什么？

13.3　常用增强纤维有哪些？它们各自的性能特点是什么？

13.4　简述纤维增强的树脂基、金属基、陶瓷基复合材料的性能特点及用途。

13.5　比较高分子材料、玻璃材料、复合材料的性能特点。

13.6　什么叫作玻璃钢？玻璃钢性能上有什么特点？

13.7　试比较热塑性塑料和热固性塑料的结构、性能和加工工艺特点。

13.8　试比较环氧玻璃钢、酚醛玻璃钢和聚酯玻璃钢在性能上的异同点。

13.9　分别列举一种颗粒增强和纤维增强复合材料，说明两种增强原理的区别。

13.10　常用增强材料有哪些？在聚合物基和金属基复合材料中，常用的基体有哪些？

13.11　简述常用纤维增强金属基复合材料的性能特点。

13.12　简述纳米复合材料。

第14章

复合材料工艺

复合材料加工工艺的特点主要取决于复合材料的基体。一般情况下，其基体材料的加工工艺方法也适用于以该类材料为基体的复合材料，特别是以颗粒、晶须和短纤维为增强体的复合材料。例如，金属材料的各种加工工艺多适用于颗粒、晶须及短纤维增强的金属基复合材料，包括压铸、精铸、离心铸、挤压、轧制、模锻等。而以连续纤维为增强体的复合材料的加工则往往是完全不同的，或至少是需要采取特殊工艺措施。

14.1 聚合物基复合材料加工工艺

14.1.1 热固性树脂基复合材料加工工艺

1. 手糊成型

以手工作业为主的成型方法。先在经清理并涂有脱模剂的模具上均匀刷上一层树脂，再将纤维增强织物按要求裁剪成一定形状和尺寸，直接铺设到模具上，并使其平整。多次重复以上步骤，逐层铺贴，制成坯件，然后固化成型。

手糊成型主要用于不需加压、室温固化的不饱和聚酯树脂和环氧树脂为基体的复合材料成型。特点是不需专用设备，工艺简单，操作方便，但劳动条件差，产品精度较低，承载能力低。一般用于使用要求不高的大型制件，如船体、储罐、大口径管道等。它也用于热压罐、压力袋、压机等模压成型方法的坯件制造。

2. 层压成型

层压成型是制备复合材料的一种高压成型工艺，此工艺多用纸、棉布、玻璃布作为增强原料，以热固性酚醛树脂、芳烃甲醛树脂、氨基树脂、环氧树脂及有机硅树脂为黏结剂，其工艺过程如图 14.1.1 所示。

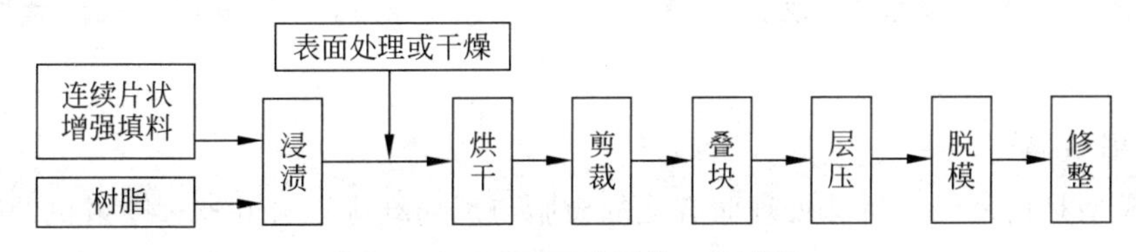

图 14.1.1 层压成型的工艺过程

上述过程中，增强填料的浸渍和烘干在浸胶机中进行。增强填料浸渍后连续进入干燥室以除去树脂液中的溶液以及其他挥发性物质，并控制树脂的流动度。

浸胶材料层压成型是在多层压机上完成的。在进行热压前需按层压制品的大小，选用适当尺寸的浸胶材料，并根据制品要求的厚度计算所需浸胶材料的张数，逐层叠放后，再于最上和最下两面放置2～4张表面层用的浸胶材料。面层浸胶材料含树脂量较高、流动性较大，因而可以使层压制品表面光洁美观。

3. 压机、压力袋、热压罐模压成型

这几种成型方法均可与手糊成型或层压成型配套使用，常作为复合材料层叠坯料的后续成型加工。

用压机施加压力和温度而实现模具内制品的固化成型的方法即压机模压成型。该成型方法具有生产效率高、产品外观好、精度高、适合于大批量生产的特点，但要求模具精度高，制品尺寸受压机规格的限制。

压力袋模压成型是指用弹性压力袋对放置于模具上的制品在固化过程中施加压力成型的方法。压力袋由弹性好、强度高的橡胶制成，充入压缩空气并通过反向机构将压力传递到制品上，固化后卸模取出制品。图14.1.2为压力袋模压成型示意图。

这种成型方法的特点是工艺及设备均较简单，成型所需压力不高，可用于外形简单、室温固化的制品。

热压罐模压成型是指利用热压罐内部的程控温度和静态气体压力，使复合材料层叠坯料在一定温度和压力下完成固化及成型过程的工艺方法。热压罐是树脂基复合材料固化成型的专用设备之一。该工艺方法所用模具简单，制件压制紧密，厚度公差范围小，但能源利用率低，辅助设备多，成本较高。图14.1.3为热压罐结构及成型原理。

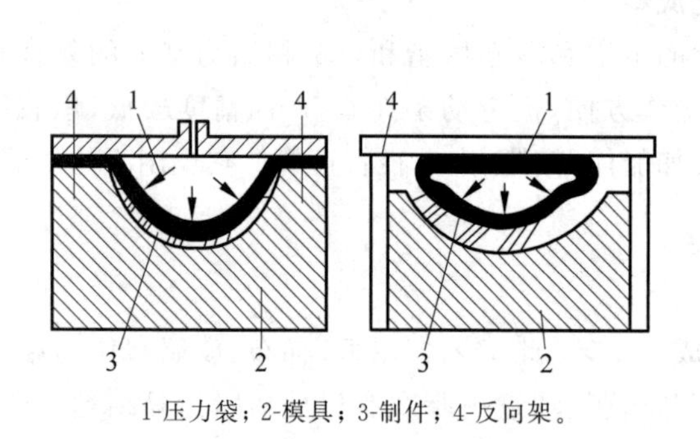

1-压力袋；2-模具；3-制件；4-反向架。

图14.1.2 压力袋模压成型示意图

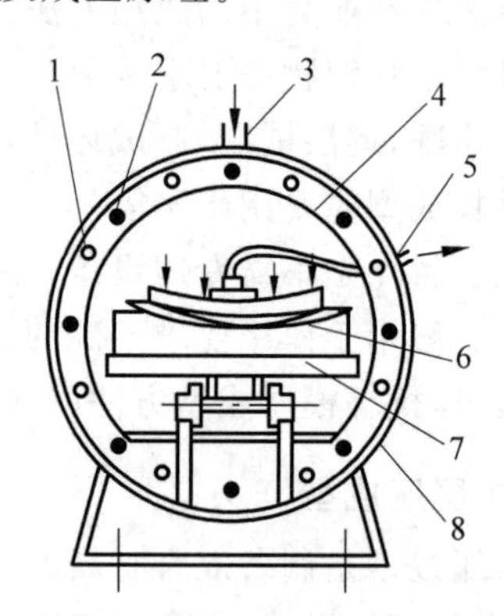

1-冷却管；2-加热棒；3-进气嘴；4-内衬；5-真空嘴；6-模具；7-工作车；8-罐体。

图14.1.3 热压罐结构及成型原理

4. 喷射成型

喷射成型是指将经过特殊处理而雾化的树脂与短切纤维混合并通过喷射机的喷枪喷射到模具上，至一定厚度时，用压辊排泡压实，再继续喷射，直至完成坯件制作(图14.1.4)，然后固化成型。主要用于不需加压、室温固化的不饱和聚酯树脂。

喷射成型方法生产效率高，劳动强度低，节省原材料，制品形状和尺寸受限制小，产品整体性好；但场地污染大，制件承载能力低。适用于制造船体、浴盆、汽车车身等大型部件。

5. 压注成型

压注成型是指通过压力将树脂注入密闭的模腔，浸润其中的纤维织物坯件，然后固化成型的方法。其工艺过程是先将织物坯件置入模腔内，再将另一半模具闭合，用液压泵将树脂注入模腔内使其浸透增强织物，然后固化(图 14.1.5)。

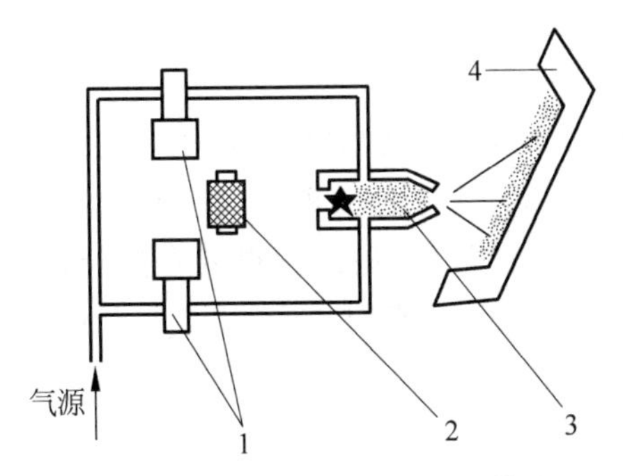

1-树脂罐与泵；2-纤维；3-喷枪；4-模具。

图 14.1.4　喷射成型

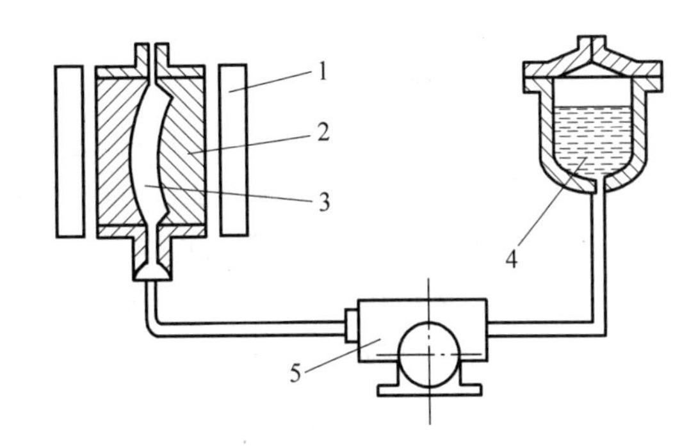

1-加热套；2-模具；3-制品；4-树脂釜；5-泵。

图 14.1.5　压注成型

该成型方法工艺环节少，制件尺寸精度高，外观质量好，一般不需要再加工，但工艺难度大，生产周期长。

6. 离心浇注成型

离心浇注成型是指利用筒状模具旋转产生的离心力，将短纤维和树脂同时均匀喷洒到模具内壁形成坯件，然后再成型。

该成型方法具有制件壁厚均匀、外表光洁的特点。适用于筒、管、罐类制件的成型。

以上介绍的均为热固性树脂基复合材料的成型方法。实际上，针对不同的增强体及制品的形状特点，成型方法远不止这些。例如，大批量生产管材、棒材、异型材时可用拉挤成型方法，管状纤维复合材料的管状制件可采用搓制成型方法。

14.1.2　热塑性树脂基复合材料加工工艺

热塑性树脂的特性决定了热塑性树脂基复合材料的成型不同于热固性树脂基复合材料。

热塑性树脂基复合材料在成型时，基体树脂不发生化学变化，而是靠其物理状态的变化而完成。其过程主要由熔融、融合和硬化三个阶段组成。已成型的坯件或制品，再加热熔融后还可以二次成型。颗粒及短纤维增强的热塑性材料，最适用于注射成型，也可用模压成型；长纤维、连续纤维、织物增强的热塑性复合材料要先制成预浸料，再按与热固性复合材料类似的方法(如模压)压制成型。形状简单的制品，一般先压制出层压板，再用专门的方法二次成型。

热塑性树脂及热固性复合材料的很多成型方法均适用于热塑性复合材料的成型。

14.2　金属基复合材料制备工艺

金属基复合材料(MMC)是以金属及其合金为基体，与一种或几种金属或非金属增强相人工结合成的复合材料。金属基体可以是铝、镁、铜及黑色金属。增强材料大多为无机非金属陶瓷、碳、石墨及硼等，也可以用金属丝。金属基复合材料制备工艺主要有四大类：固态法、液态法、喷射与喷涂沉积法、原位复合法。

14.2.1 固态法制备工艺

金属基复合材料的固态制备工艺主要有粉末冶金法和热压扩散结合法两种。

1. 粉末冶金法

粉末冶金法是制备金属基复合材料，尤其是非连续增强体金属基复合材料的方法之一，广泛应用于各种颗粒、片晶、晶须及短纤维增强的铝、铜、钛、高温合金等金属基复合材料的制备。其制备工艺为，首先将金属粉末或合金粉末和增强体均匀混合，制得复合坯料，经用不同固化技术制成锭块，再通过挤压、轧制、锻造等二次加工制成型材。图 14.2.1 是用粉末冶金法制备短纤维、颗粒或晶须增强金属基复合材料的工艺流程。

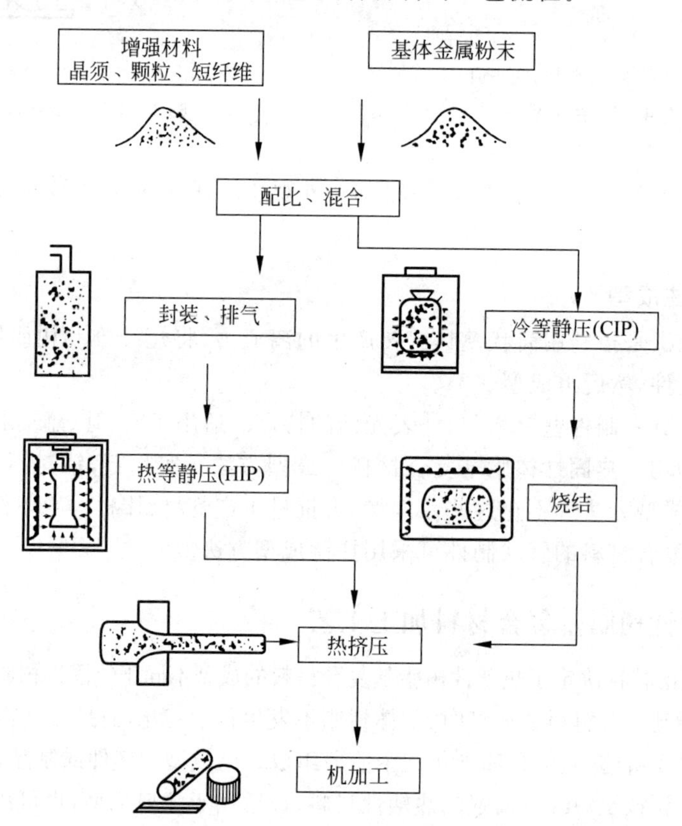

图 14.2.1 粉末冶金法制备短纤维、颗粒或晶须增强金属基复合材料的工艺流程

2. 热压扩散结合法

热压扩散结合法是连续纤维增强金属基复合材料最具代表性的一种常用的固相复合工艺。即按照制品形状、纤维体积密度及增强方向要求，将金属基复合材料预制条带及基体金属箔或粉末布，经裁剪、铺设、叠层、组装，然后在低于复合材料基体金属熔点的温度下加压并保持一定时间；基体金属产生蠕变与扩散，使纤维与基体间形成良好的界面结合，得到复合材料制品。硼纤维增强铝采用此法的工艺流程如图 14.2.2 所示。

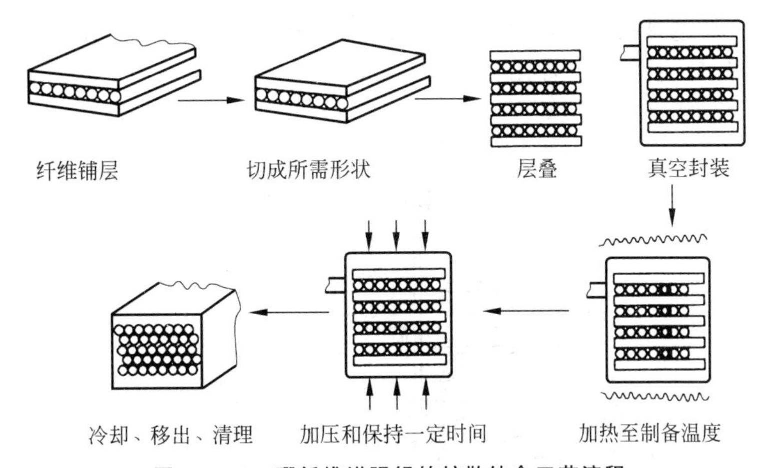

图 14.2.2　硼纤维增强铝的扩散结合工艺流程

与其他复合工艺相比，该方法易于精确控制，制品质量好，但由于型模加压的单向性，使该方法限于制作较为简单的板材、某些型材及叶片等制品。

14.2.2　液态法制备工艺

液态法包括压铸法、半固态复合铸造、液态渗透以及搅拌法等，这些方法的共同特点是金属基体在制备复合材料时均处于液态或呈半固态。以下介绍前两种方法。

压铸法是指在压力作用下，将液态或半液态金属基复合材料以一定速度充填压铸模型腔，在压力下凝固成型而制备金属基复合材料的方法。典型压铸法的工艺流程如图 14.2.3 所示。

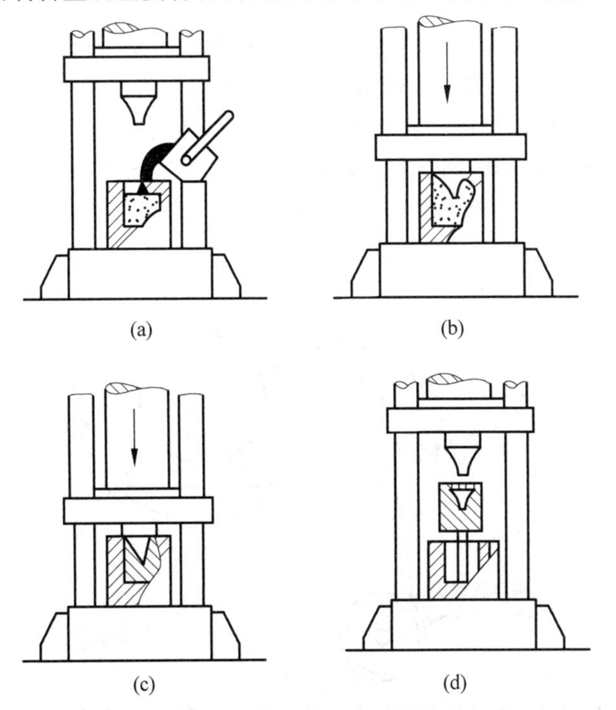

图 14.2.3　典型压铸法的工艺流程

(a) 注入复合材料；(b) 加压；(c) 固化；(d) 顶出

半固态复合铸造是指将颗粒加入处于半固态的金属基体中，通过搅拌使颗粒在金属基体中均匀分布，然后浇注成型，如图 14.2.4 所示。

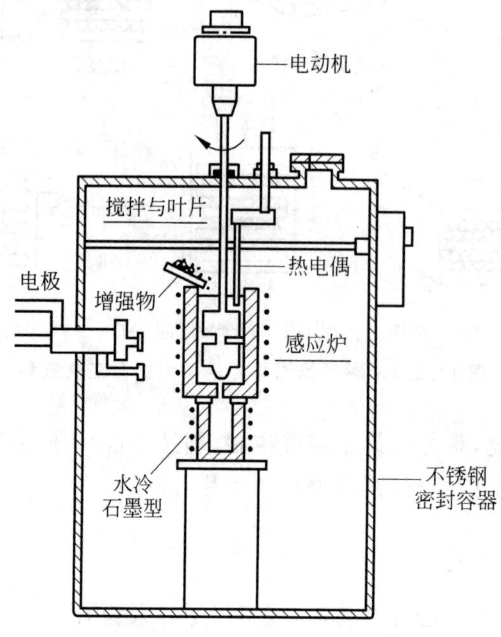

图 14.2.4 半固态复合铸造工艺

14.2.3 喷涂沉积法制备工艺

喷涂沉积法的主要原理是以等离子弧或电弧加热金属粉末或金属线、丝，甚至增强材料的粉末，然后通过高速气体喷涂到沉积基板上，图 14.2.5 为电弧或等离子喷涂形成单层纤维增强金属基复合材料的示意图。将增强纤维缠绕在已经包覆一层基体金属并可以转动的滚筒上，基体金属粉末、线或丝通过电弧喷涂枪或等离子喷涂枪加热形成液滴。基体金属熔滴直接喷涂在沉积滚筒上与纤维相结合并快速凝固。

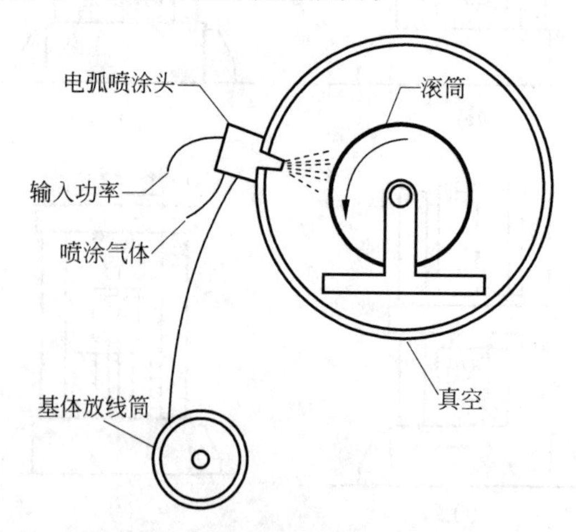

图 14.2.5 电弧或等离子喷涂形成单层纤维增强金属基复合材料

14.2.4 原位复合法制备工艺

增强材料与金属基体间的相容性问题往往影响到金属基复合材料的性能和性能稳定性问题。如果增强材料(纤维、颗粒或晶须)能从金属中直接(原位)生成,则上述相容性问题可以得到较好的解决。这就是原位复合材料的起因。因为原位生成的增强相与金属基体界面接合良好,生成相的热力学稳定性好,也不存在增强相与基体的润湿和界面反应等问题。目前开发的原位复合或原位增强方法主要有共晶合金定向凝固法、直接金属氧化法和反应生成法。

14.3 陶瓷基复合材料制备工艺

陶瓷基复合材料的成型方法分为两类。一类是针对短纤维、晶须、晶片和颗粒等增强体,基本采用传统的陶瓷成型工艺,即热压烧结法和化学气相渗透法。另一类是针对连续纤维增强体,有料浆浸渍热压烧结法和化学气相渗透法。

1. 料浆浸渍热压成型

将纤维置于制备好的陶瓷粉体浆料里,纤维黏附一层浆料,然后将含有浆料的纤维布压制成一定结构的坯体,经干燥、排胶、热压烧结为制品。该方法广泛用于陶瓷基复合材料的成型,其优点是不损伤增强体,不需成型模具,能制造大型零件,工艺较简单;缺点是增强体在基体中的分布不太均匀。

2. 化学气相渗透工艺

先将纤维做成所需形状的预成型体,在预成型体的骨架上具有开口气孔,然后将预成型体置于一定温度下,从低温侧进入反应气体,到高温侧后发生热分解或化学反应沉积出所需陶瓷的基质,直至预成型体中各空穴被完全填满,获得高致密度的复合材料。该方法又称CAI工艺,它可获得高强度、高韧性的复合材料制品。

3. 碳/碳基复合材料成型工艺

碳/碳复合材料是由碳纤维及其制品(碳毡或碳布)增强的碳基复合材料。碳/碳复合材料具有碳和石墨材料的优点,如低密度,优异的热性能,高的热导率,较小的热膨胀系数以及对热冲击不敏感等特性。碳/碳材料还具有优异的力学性能,例如高温下的高强度和模量,尤其是其强度随温度的升高不但不降低,反而升高的特性,以及高断裂韧性、低蠕变特性,使得碳/碳复合材料成为目前唯一可用于高温达2800℃的高温复合材料。在航空航天、核能、军事以及一些民用工业领域获得广泛应用。

根据碳/碳复合材料使用的工况条件、环境条件和所要制备的具体构件,可以设计和制备不同结构的碳/碳复合材料。另外,还可用不同编织方式的碳纤维作增强材料,做成三维、四维、五维的预成型体。

基体碳可通过化学气相沉积或浸渍高分子聚合物碳化获得。制备工艺主要有化学气相沉积工艺和液态浸渍-碳化工艺。在制备工艺中,温度、压力和时间是主要工艺参量。

碳/碳复合材料化学气相沉积工艺的原理是通过气相的分解或反应生成固态物质,并在某固定基体上成核并生长。获取化学气相沉积碳的气体主要有甲烷、丙烷、丙烯、乙炔、天然气或汽油等碳氢化合物。此外,还可通过纤维预成型体的加热,甲烷经过加热可以裂化生成固体碳和氢,碳沉积在预成型体上形成基体碳,气体则排出。

碳/碳复合材料液态浸渍-碳化工艺可获得基体碳中的树脂碳和沥青碳。一般在最初的浸渍-碳化循环时采用酚醛树脂浸渍,在后阶段则采用呋喃树脂/沥青混合浸渍剂。为了改善沥青与碳纤维的结合程度,在碳纤维预成型体浸渍前可先进行 CVDI 工艺,以便在纤维上获得一层很薄的沉积碳。

14.4 水泥基复合材料制备工艺

14.4.1 纤维增强水泥基复合材料的制备工艺

1. 钢纤维增强水泥基复合材料制备工艺

1) 钢纤维混凝土原料

(1) 水泥,一般采用通用水泥。

(2) 钢纤维,用于钢纤维混凝土的钢纤维品种有多种,有长直形圆截面、变截面、波形、哑铃形、带弯钩(单根、集束状)、扁平形等。

(3) 石子,一般混凝土选用碎石或卵石,最大粒径应为钢纤维长度的 1/2～2/3,常选用粒径为 15～20mm。用喷射法施工时,最大粒径不宜大于 10mm。

(4) 砂子,河沙。

(5) 水,采用自来水,不能用对钢纤维有腐蚀作用的水。

(6) 减水剂,改善混凝土的性能,改善流动性,提高强度和致密性。常用减水剂为木质素磺酸钠减水剂,掺量一般为水泥质量的 0.3%～2.0%。

(7) 活性矿物外加料,常选用粉煤灰,因为粉煤灰是一种比较理想的微粉填充料,并且还具有一定的活性,能与水泥的水化产物发生二次水化。

2) 钢纤维混凝土配比设计

钢纤维混凝土的配比设计,需要考虑已有的经验资料,经过试配后才能最后确定,因为影响钢纤维混凝土的因素很多,如水灰比、单位用水量、钢纤维体积率的计算等。

(1) 水灰比计算。

水泥属于脆性材料,其抗压强度大,抗折强度相对较低。为了提高其韧性而加入钢纤维,钢纤维含量和纤维的长径比对钢纤维混凝土的抗折强度影响很大,但对其抗压强度的提高则影响较小,而水灰比(W/C)对抗压强度影响十分显著,水灰比与抗压强度的关系为

$$\sigma_c = AR_c\left(\frac{C}{W} - B\right) \tag{14.4.1}$$

式中,σ_c 为钢纤维混凝土的抗压强度,单位为 MPa; R_c 为水泥活性(标号),单位为 MPa; A、B 为设计常数。

当粗集料为碎石时,$A=0.46$,$B=0.52$,则

$$W/C = 0.48R_c/(R_c + 0.239R_c) \tag{14.4.2}$$

当粗集料为砾石时,$A=0.48$,$B=0.61$,则

$$W/C=0.48R_c/(R_c+0.293R_c) \tag{14.4.3}$$

(2) 单位用水量的计算。

单位用水量的确定主要取决于钢纤维混凝土混合料的工作性、石子的品种及其最大粒径 D_{max}、砂子细度模数及钢纤维体积(V_f)等。钢纤维混凝土混合料的工作性用维勃稠度 V_b 表示,它和坍落度的关系为 $V_b=25-0.651T$,这里 T 为坍落度。单位用水量可参照表 14.4.1 选择。

表 14.4.1 钢纤维混凝土单位用水量

混合料条件	维勃稠度 V_b/s	单位加水量/(kg/m^3)
$V_f=4.0\%$	10	195
$D_{max}=10\sim15$mm	15	182
$W/C=0.4\sim0.5$	20	175
	25	170
	30	166

注:碎石最大粒径为 20mm 时,每立方米用水量相应减少 5kg;$V_f\pm0.5\%$时,每立方米用水量为±8kg。

(3) 水泥用量的确定。

当 W/C 及单位用水量确定之后,水泥用量的计算式为

$$C=\frac{W}{W/C} \tag{14.4.4}$$

(4) 含砂量的选择。

钢纤维混凝土的含砂量要比普通混凝土高。含砂量对钢纤维混凝土混合料的工作性、密实性,以及增进钢纤维对混凝土基体界面黏结性等都有影响,可以按砂浆填满粗集料的孔隙并少有余量来设计,可参考经验数值确定。

(5) 钢纤维体积的计算。

钢纤维的作用主要是提高混凝土的抗折、抗拉强度及韧性,一般是以抗折强度指标进行计算。钢纤维体积计算式为

$$V_f=[100\delta_{cb}/R_c-3.020(C/W)-2.470]/(9.030l_f/d_f) \tag{14.4.5}$$

式中,δ_{cb} 为钢纤维混凝土的抗弯强度,单位为 MPa。

上述计算结果需要经过试配调整,待全部满足钢纤维混凝土混合料的工作性、抗压强度、抗弯强度及耐久性的要求时,该配合比方可确定为生产钢纤维混凝土时的最终配合比。

3) 钢纤维混凝土的配制工艺

钢纤维混凝土的配制与普通混凝土不同。为了使钢纤维能均匀分布于混凝土中,钢纤维的长径比应不超过临界长径比值。当使用单根状的钢纤维时,其长径比不大于 100,一般情况下为 60~80。并且钢纤维存在着最大掺量的限制,体积最大掺量一般为 0.1%~3%,若超过最大掺量,钢纤维在搅拌的过程中会相互缠结,不易分散。常用搅拌设备是强制式搅拌机。

(1) 纤维的分散。

为了使钢纤维在混凝土中均匀分布,加料时应采取通过摇筛或分散加料机。当选用集束钢纤维时,可不用这两种附加设备。

(2) 钢纤维混凝土的拌制工艺。

为了使钢纤维混凝土混合料中的各组分布均匀,加料顺序和搅拌机的选择十分重要,常

采用以下两种方案。

A. 采用自由落体式搅拌机工艺。

自由落体式搅拌机工艺如图 14.4.1 所示。

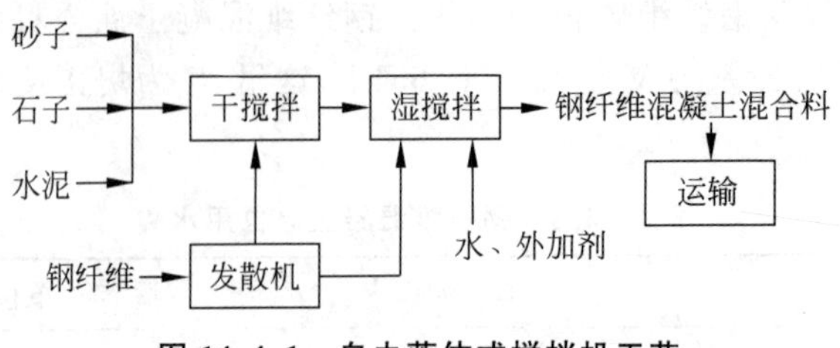

图 14.4.1 自由落体式搅拌机工艺

B. 采用强制搅拌机工艺。

在加料过程中，各种组分要计量准确，钢纤维的加入方式要选用分散机。钢纤维的加入方式有两种，一种将钢纤维加入砂、石、水泥中干搅拌均匀，然后再加水拌和；另一种是先将砂、石、水泥、水及外加剂拌制成混合料，然后再将钢纤维均匀加入混合料中搅拌，制成钢纤维混凝土混合料。

(3) 钢纤维混凝土的浇筑工艺。

钢纤维混凝土的浇筑工艺和振捣方式对混凝土的质量及钢纤维在混凝土中的取向有很大影响。

(1) 采用混凝土泵浇灌大型钢纤维混凝土时(如大型基础及堤坝等)，钢纤维在混凝土中呈三维随机分布。

(2) 采用喷射法成型时，钢纤维在成型面上呈二维随机分布，喷射法成型适用于矿山井巷、交通隧道、地下洞室等工程。

(3) 采用平板式振动器浇灌钢纤维混凝土时，大部分钢纤维在垂直振动器平板方向呈二维随机分布，少量钢纤维呈三维随机分布。

(4) 采用插入式振动器浇筑钢纤维混凝土时，大部分钢纤维在混凝土中呈三维随机分布，少量钢纤维呈二维随机分布。

(5) 挤压成型时利用螺旋挤压机，将混凝土混合料从一个模口挤出，采用这种工艺必须采用脱水措施。常采用化学或矿物外加剂，有时也加入高效速凝剂。

挤压成型的钢纤维混凝土，钢纤维大部分呈三维随机分布，但靠近模口的周边有可能出现纤维单向分布。

2. 玻璃纤维增强水泥基复合材料的制备工艺

1) 玻璃纤维增强水泥基复合材料的原材料

(1) 玻璃纤维。

因为水泥水化会产生大量的碱性的氢氧化钙，所以选用的玻璃纤维必须是抗碱性玻璃纤维，这种纤维中都含有一定量的氧化锆(ZrO_2)。在碱液作用下，纤维表面的 ZrO_2 会转化成含 $Zr(OH)_4$ 的胶状物，经脱水聚合在玻璃纤维表面，形成致密保护膜层，从而减缓了水泥水化产物氢氧化钙对玻璃纤维的侵蚀。抗碱性玻璃纤维的化学成分见表 14.4.2。

表 14.4.2 抗碱性玻璃纤维的化学成分

玻璃纤维种类	化学成分/%								
	SiO_2	CaO	Na_2O	K_2O	ZrO_2	TiO_2	Al_2O_3	MgO	Fe_2O_3
锆钛玻璃纤维	61.0	5.0	10.4	2.6	14.5	6.0	0.3	0.25	0.2
G-20	71.0		2.49		16		1.6		
旭硝子耐碱(日本)	62.5	5.7	14.2	0.3	16.8		0.3		
A 型	56.4		15.3	0.9	16.9	(稀土类酸化物$<$0.5)			
中碱纤维 B17	66.8	8.5	12			(B_2O_3)	4.7	4.2	
无碱纤维 E	53.5	17.3	0~3			8	16.3	4.4	
有碱纤维 A	72.0	10.0	14.2			0.6	0.6	2.5	

(2) 水泥。

由于普通硅酸盐水泥水化会产生大量的碱性的氢氧化钙,所以用于玻璃纤维增强水泥基复合材料的基体材料为硫铝酸盐水泥。

以适当成分的生料经燃烧得到以无水硫铝酸钙($4CaO \cdot 3Al_2O_3 \cdot CaSO_4$)和硅酸二钙($\beta$-$2CaO \cdot SiO_2$)为主要矿物成分的熟料,再加入适量的石膏和0%~10%石灰石,经磨细制成的早期强度高的水硬性胶凝材料,称为快硬硫铝酸盐水泥,代号为R-SAC。

硫铝酸盐水泥属于低碱水泥,pH为9.8~10.2。由于水泥石液相碱度低,所以对玻璃纤维的腐蚀性较小。硫铝酸盐水泥的长期强度稳定性较好,且能有所增长。它能在5℃正常硬化。由于水泥中不含C_3A矿物,水泥石致密性较高,故抗硫酸盐性能较好。水泥水化的产物钙钒石在140~160℃时大量脱水分解,所以在100℃以下是稳定的。当温度达到150℃时,强度会急剧下降。这种水泥在空气中抗收缩,抗冻性和抗渗性较好。

(3) 填料。

玻璃纤维增强水泥基复合材料中的填料主要是砂子,其最大直径为$D_{max}=2$mm,细度模数$M_x=1.2$~1.4,含泥量不大于0.3%。

(4) 外加剂。

玻璃纤维增强水泥基复合材料用的外加剂有减水剂和早强剂等。高效减水剂主要含萘磺酸盐、硫酸钠等粉状物质,如EST型、NSZ型等。普通减水剂主要含木钙或糖钙、硫酸钠等粉状物质,如NC、MS-F、MZS、JZS等。

2) 玻璃纤维增强水泥基复合材料的配合比设计

玻璃纤维增强水泥基复合材料的配料设计与选用的成型工艺息息相关,见表14.4.3。

表 14.4.3 不同成型工艺的配料参考

成型工艺	玻璃纤维	水泥	砂子	外加剂	灰砂比	水灰比
直接喷射法	抗碱玻璃纤维无捻粗纱,短切长度30~44mm,体积掺率3%~5%	快硬硫铝酸盐水泥625#	最大直径不大于2mm,细度模数1.2~1.4,含泥量不大于0.3%	减水剂或超塑化剂掺量由试验确定	1∶0.3~1∶0.5	0.32~0.38
喷射抽吸法	抗碱玻璃纤维无捻粗纱,短切长度30~44mm,体积掺率2%~5%	快硬硫铝酸盐水泥625#	最大粒径小于2mm,细度模数为1.2~1.4,含量不大于0.3%			起始值0.5~0.55 最终值0.25~0.3

续表

成型工艺	玻璃纤维	水泥	砂子	外加剂	灰砂比	水灰比
铺网喷浆法	抗碱玻纤网格布，厚10mm板用复层网格布，体积掺率2%～3%	快硬硫铝酸盐水泥625#	最大砂粒径小于2mm，细度模数为1.2～1.4，含泥率不大于0.3%	减水剂或超塑化剂掺量由试验确定	1∶1～1∶1.5	0.42～0.45
预混合法	抗碱玻璃纤维短切无捻粗纱，长度为35～50mm，体积掺率3%～5%	快硬硫铝酸盐水泥625#	最大粒径小于2mm，细度模数为1.2～1.4，含泥率不大于0.3%	减水剂、超塑化剂、快硬剂由试验确定	1∶1～1∶1.5	0.3～0.4
缠绕成型	抗碱玻璃纤维无捻粗纱、纱团，体积掺率30%～50%	快硬硫铝酸盐水泥625～725#		减水剂、超塑化剂、快硬剂，由试验确定		0.35～0.5

3）玻璃纤维增强水泥基复合材料成型工艺

玻璃纤维增强水泥基复合材料的成型方法很多，有直接喷射法、喷射-抽吸法、铺网-喷浆法、预混合成型法、连续玻璃纤维缠绕成型法等。

（1）直接喷射法。

该法是喷射成型法的一种，是利用喷射机直接喷射而成，喷射机由水泥砂浆喷射部分和玻璃纤维切割部分组成，两部分喷射束形成一个夹角者称为双枪式，两部分喷射束相重合者称为单枪式，如图14.4.2所示。喷射成型原理是将玻璃纤维无捻粗纱切成一定长度，由压缩气流喷出，再与雾化的水泥砂浆在空间内混合，一同喷射到模具上，如此反复操作，直至达到设计厚度。喷射成型的共同特点是需要使用喷射成型机。

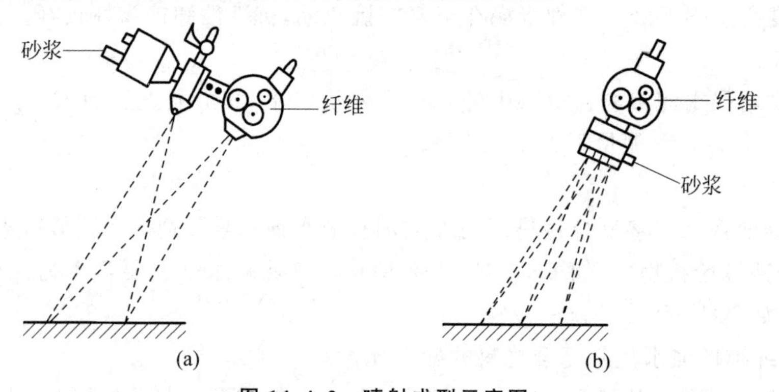

图14.4.2 喷射成型示意图

（a）双枪式喷射成型；（b）单枪式喷射成型

A. 直接喷射法的工艺流程。

直接喷射法的工艺流程如图14.4.3所示。

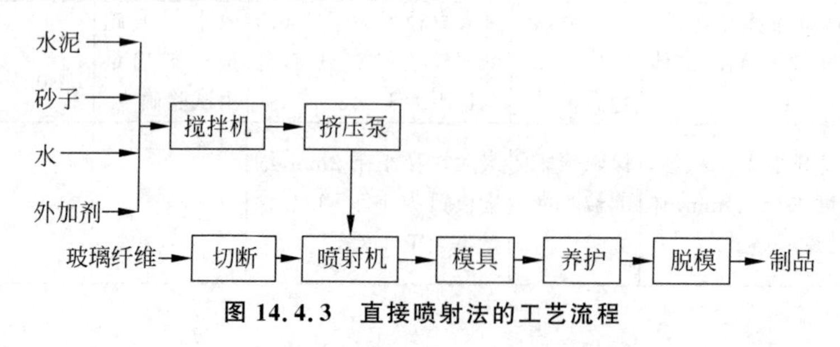

图14.4.3 直接喷射法的工艺流程

B. 喷射成型的主要设备。

喷射成型的主要设备见表 14.4.4。

表 14.4.4 喷射成型的主要设备

设备名称	作用	型式	主要技术参数
CTRC 喷射机	玻璃纤维定长切断后喷出，水泥浆雾化喷出，并使二者混合	双枪式或单枪式气动式电动式	切断长度 22～66mm，纤维喷射量 100～1000g/min，水泥浆喷量 2～22g/min
砂浆搅拌机	制备水泥砂浆或水泥净浆	强制式	容积 0.1～0.2m^3
砂浆输送泵	将制备好的砂浆输送到喷射机，可调节输送量	挤压式或螺旋式	运输能力 1～25L/min
空气压缩机	喷射玻璃纤维及砂浆，带动切纱喷射器的气动式马达	氯动式	送气量 0.9～1.2m^3/min，送气压力为 0.6～0.7MPa

C. 直接喷射法的成型技术

喷射采用双枪式喷射机时，为了使玻璃纤维与水泥砂浆能够在空间混合均匀，玻璃纤维喷枪和水泥砂浆喷枪之间夹角应保持 28°～32°，玻璃纤维喷射枪和模具之间的距离应保持在 300～400mm。当模具上喷射到要求厚度时，停止喷射，并压辊或以振动抹刀压实，排除内部气泡，初整余边，尽量减少成品切边工作量。

成型后是需要养护的，一般以塑料薄膜覆盖表面，经 24h 自然养护后脱模，然后在潮湿条件下继续养护 7d 达到标号强度。也可在成型后停 2～3h，然后在 40～50℃下进行蒸汽养护，经 6～8h 后脱模，再在自然条件下养护 4d。

(2) 喷射-抽吸法。

喷射-抽吸法所得制品密实，强度高，生产周期短，可模塑成一定形状，可生产多种外形制品。

A. 成型工艺流程。

连续制造 GRC 板的工艺流程如图 14.4.4 所示。

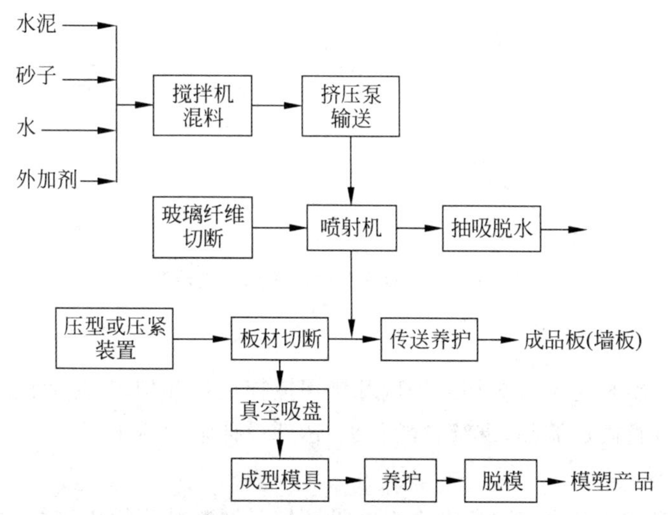

图 14.4.4 喷射-抽吸法连续制造 GRC 板的工艺流程

B. 喷射-抽吸成型主要设备及技术。

主要成型工艺技术与直接喷射法相同。另外，完成真空抽吸后，可用边压实边抽真空法进行修整。模塑成型是用真空盘将喷射成型的湿板坯吸至另一成型模具上，然后用手工及工具模塑成型。养护方法同直接喷射法。

(3) 铺网-喷浆法。

此法是将一定数量和一定规格的玻璃纤维网格布，按设计配置在水泥浆体中，用以制得规定厚度的玻璃纤维增强水泥基复合材料制品。

A. 铺网-喷浆法的成型工艺流程。

铺网-喷浆法的成型工艺流程如图 14.4.5 所示。

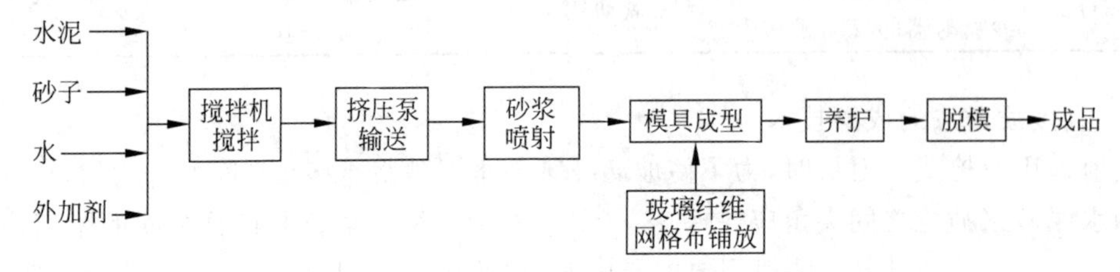

图 14.4.5 铺网-喷浆法的成型工艺流程

B. 铺网-喷浆法的主要设备。

强制式砂浆搅拌机、砂浆输送泵、砂浆喷枪、空气压缩机等。

C. 铺网-喷浆法的成型技术。

用喷枪先在模具上喷一层砂浆，然后用人工将玻璃纤维网格布铺到砂浆层上，再喷一层水泥砂浆，铺第二层网格布，如此反复进行，直至达到设计厚度。

成型后的制品需养护才能达到强度，养护方法同直接喷射法。

(4) 预混合成型法。

预混合成型法分为浇筑法、冲压法和挤出成型法三种，其工艺流程如图 14.4.6 所示。

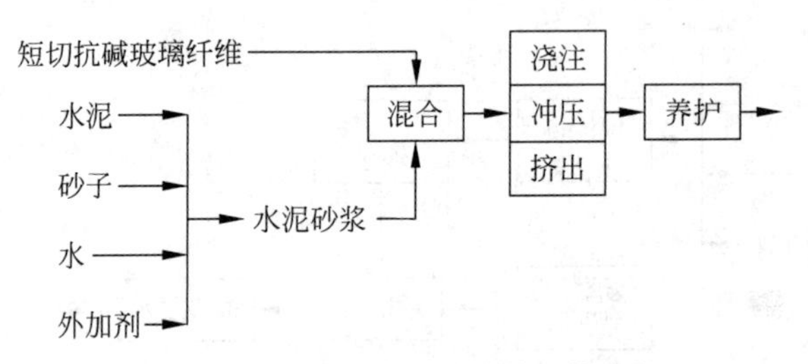

图 14.4.6 预混合成型法的工艺流程

A. 浇筑法。

此法是将水泥砂浆与定长短切的玻璃纤维用搅拌机拌和均匀，然后浇筑入模具内，待养护达到一定强度后脱模成制品，继续自然养护，达到设计强度后出厂。

B. 冲压成型法。

将混合好的玻璃纤维水泥砂浆混合料按设计定量送入冲压模内进行冲压成型。冲压成型可以制造出有立体感的产品。

C. 挤出成型法。

将玻璃纤维和水泥砂浆混合均匀,制成预混合料,连续不断地送入挤出机,通过挤出机端部模型挤出成型。这种方法适合制造线型型材制品和空心板。

(5) 连续玻璃纤维缠绕成型法。

此法是以连续纤维粗纱,通过水泥净浆浸渍槽浸胶,然后缠绕到一个旋转的模型上。缠绕工艺还可以与喷射工艺相结合使用,以获得需要的玻璃纤维掺量。

3. 碳纤维增强水泥基复合材料的制备工艺

1) 碳纤维增强水泥基(CFRC)复合材料的原材料

(1) 碳纤维。

使用的碳纤维主要为聚丙烯腈(PAN)基碳纤维和沥青基碳纤维两大类,这两类纤维都可以作为水泥基复合材料的增强材料。

我国碳纤维研究开始于20世纪80年代,吉林炭素厂和上海炭素厂分别由国外引进了聚丙烯腈基碳纤维生产线,年产量在10t以上。沥青基碳纤维生产线已在辽宁鞍山建成。用于碳纤维增强水泥基复合材料的碳纤维性能见表14.4.5。

表14.4.5　用于碳纤维增强水泥基复合材料的碳纤维性能

性　能	PAN基碳纤维		沥青基碳纤维
	Ⅰ型	Ⅱ型	
直径/μm	7.0～9.7	7.6～8.6	18
密度/(kg/m^3)	950	1725	1600
弹性模量/GPa	390	250	205～350
拉伸强度/MPa	2200	2700	600～800
断裂伸长率/%	0.5	1.0	2～2.4
热膨胀系数/($\times10^{-1}$℃)	−0.5～−1.2(平行的) 7～12(径向的)	−0.1～−0.5(平行的) 7～12(径向的)	

(2) 水泥。

水泥是碳纤维增强水泥基复合材料的基体材料,它应满足如下条件:有一定的细度,保证水泥颗粒能够渗透到碳纤维之间,其颗粒尺寸应小于30μm;与碳纤维间的界面有较强的黏结力;保证碳纤维在水泥基体中均匀或有序分布。水泥细度要求见表14.4.6。

表14.4.6　用于碳纤维增强水泥基复合材料水泥的颗粒尺寸

水泥品种	颗粒平均尺寸/μm	比表面积/(cm^2/g)
普通硅酸盐水泥	16～17	3200～3300
高早强硅酸盐水泥	13～14	4300～4400
超高早强硅酸盐水泥	7～8	5800～5860
钒土水泥	19～21	3800～4000

(3) 细集料及外加剂。

生产碳纤维增强水泥基复合材料的细集料主要是石英砂。一般还需要加入减水剂、表面活性剂。为了使碳纤维在基体中均匀分散，还需要加入微粒矿物掺和料，如硅灰粉、超细粉煤灰和磨细矿渣，其作用主要是有效地分散碳纤维和提高碳纤维与水泥基体界面的黏结。

2）碳纤维增强水泥基复合材料的成型技术

碳纤维增强水泥基复合材料制品的生产工艺可参照玻璃纤维增强水泥基复合材料的工艺进行选择。

14.4.2 聚合物混凝土复合材料的制备工艺

1. 聚合物混凝土的制备工艺

1）聚合物混凝土的组成

聚合物混凝土主要由有机胶结料、填料、粗细骨料组成。

常用的有机胶结材料有环氧树脂、不饱和聚酯树脂、呋喃树脂、甲基丙烯酸甲酯单体及苯乙烯单体等。如果以树脂作为胶结材料，则需要选择合适的固化剂、固化促进剂。固化剂的选择及掺量要根据聚合物的品种而定，固化剂及固化促进剂的用量要依据施工现场环境温度进行适当调整，一般只能在规定的范围内变动。

掺入填料的目的是减少树脂的用量，降低成本，同时可提高黏结力、强度、硬度、耐磨性，增大热导率，减少收缩率及热膨胀系数。选用填料首先要解决填料和聚合物之间的黏结问题，填料和聚合物之间要有良好的黏结性。使用较多的是无机填料，如玻璃纤维、石棉纤维、玻璃微珠等。纤维填料有助于改善材料的冲击韧性，提高抗弯强度。采用小石子、砂子等可改善材料的硬度，提高抗压强度。

骨料一般选择河沙、河石和人造轻骨料等。通常要求骨料的含水率低于1%，级配良好。为了提高胶结料与骨料界面的黏结力，可选用适当的偶联剂，以提高聚合物混凝土的耐久性并提高其强度。加入减缩剂是为了降低树脂固化过程中产生的收缩，过高的收缩率容易引起混凝土内部的收缩应力，导致收缩裂缝的产生，影响混凝土的性能。

2）聚合物混凝土配合比

在配合比设计计算时，常将树脂和固化剂一起作为胶结料，按比例计算填充料，填料应采用最密实级配。配比中骨料的比例要尽量大，颗粒级配要适当。根据选用的树脂不同和使用目的的不同，各种聚合物混凝土和树脂砂浆的配比各不相同，其配合比通常为

胶结料：填料：粗细骨料＝1：(0.5～1.5)：(4.5～14.5)

混合砂浆的配合比为

胶结料：填料：细骨料＝1：(0～1.5)：(3～7)

通常聚合物占总质量的9%～25%，或者树脂用量为4%～10%(用10mm颗粒粒径的骨料)和10%～16%(1mm粒径的粉状骨料)。几种树脂混凝土的配合比见表14.4.7。

表14.4.7 几种树脂混凝土的配合比

材料名称		聚合物混凝土的种类和配合比		
		环氧混凝土	聚酯混凝土	呋喃混凝土
胶结料	液体树脂	环氧树脂12	不饱和聚酯10	呋喃液12
	粉料	铸石粉15	铸石粉14	呋喃粉32

续表

材料名称		聚合物混凝土的种类和配合比		
		环氧混凝土	聚酯混凝土	呋喃混凝土
石英骨料粒径/mm	＜1.2	18	20	12
	5～10	20	20	13
	31	10～20	35	38
其他材料		增韧剂适量	引发剂适量	
		稀释剂适量	促进剂适量	

3）聚合物混凝土的制备工艺

聚合物胶结混凝土的制备工艺同普通混凝土基本相同，可以采用普通混凝土的拌和设备和浇筑设备制作。由于树脂混凝土黏度大，必须采用机械搅拌，用树脂混合搅拌机将液态树脂及固化剂预先充分混合，再往搅拌机内加入骨料进行强制搅拌，由于黏度高，在搅拌中不可避免地会混入气体形成气泡，所以，有时在抽真空状态下搅拌。生产构件时有多种成型方式，例如浇铸成型、振动成型、离心成型、压缩成型、挤出成型等。

聚合物混凝土的养护方式有常温养护和加热养护。常温养护适用于大构件制品或形状复杂的制品，采用这种养护方式混凝土的硬化收缩小，生产中由于不需加热设备，节省能源，费用较低。加热养护多用于压缩成型和挤出成型的制品，这种方式不受环境温度的影响，但需要加热设备，消耗能源，因而费用增加。

2. 聚合物浸渍混凝土的制备工艺

聚合物浸渍混凝土（PIC）是一种用有机单体浸渍混凝土表层的孔隙，并经聚合处理而成一整体的有机-无机复合的新型材料。其主要特征是强度高，比普通水泥混凝土高 2～4 倍，混凝土的密实度得到明显改善，几乎不吸水，因此，抗冻性及耐化学侵蚀能力提高，尤其对硫酸盐、碱和低浓度酸有较强的耐腐蚀性。

聚合物浸渍混凝土用的材料主要是普通混凝土制品和浸渍液两种。浸渍液可以由一种或几种单体加适量引发剂、添加剂组成。混凝土基材和浸渍液的成分、性质都对聚合物浸渍混凝土的性质有直接影响。

聚合物浸渍混凝土中聚合物的主要作用是黏结和填充混凝土中的孔隙和裂隙的内表面，浸渍液的主要功能是：浸渍液对裂缝的黏结作用消除了混凝土裂隙间隙的应力集中；浸渍液增加了混凝土的密实性；形成了一个连续的网状结构。由此可见，聚合物浸渍混凝土使混凝土中孔隙和裂隙被填充，使原来多孔体系变成较密实的整体，提高了强度和各项性能。由于聚合物的黏结作用，混凝土各相间的黏结力加大，加强了混凝土-聚合物互穿网络结构，因此，改善了混凝土的力学性能，并提高了耐久性，改善了抗渗、抗磨损、抗腐蚀等性能。

1）浸渍混凝土的组成

浸渍混凝土主要由基材和浸渍液两部分组成。

（1）基材。

基材主要是水泥混凝土，其中包括钢筋混凝土制品，其制作成型方法与一般混凝土预制件相同，作为浸渍混凝土的基材应该有适当的孔隙，能被浸渍液浸填；有一定的基本强度，能承受干燥、浸渍、聚合过程的作用应力，不因搬动而产生裂缝等缺陷；不含有溶解浸渍液或阻碍浸渍液聚合的成分；构件的尺寸要与浸渍、聚合的设备相适应；要充分干燥，不含水分。

(2) 浸渍液。

浸渍液的选择主要取决于聚合物浸渍混凝土的最终用途、浸渍工艺和制作成本等。用作浸渍液的单体应满足如下要求：有适当的黏度，浸渍时容易渗入基材内部；有较高的沸点和较低的蒸气压，以减少浸渍后和聚合过程中的损失；经加热等处理后，能在基材内部聚合并与其形成一个整体；单体形成的聚合物的玻璃化温度必须超过材料的使用温度；单体形成的聚合物应有较高的强度和较好的耐水、耐碱、耐热、耐老化等性能。

常用的单体及聚合物有苯乙烯、甲基丙烯酸甲酯、丙烯酸甲酯，以及不饱和聚酯树脂和环氧树脂等。

2) 浸渍混凝土的制备工艺

聚合物浸渍混凝土无论是室内加工制品还是现场施工，其工艺过程都比较复杂，而且还需要消耗较多的能量，主要步骤有干燥、抽真空、浸渍和聚合。

准备浸渍的混凝土要进行干燥处理，排除基材中的水分，以确保单体浸填量和聚合物对混凝土的黏着力，这是浸渍处理成功的关键，通常要求混凝土中的含水率不超过 0.5%。干燥方式一般采用热风干燥，干燥温度和时间与制品的形状、厚度及浸渍混凝土的性质有关，干燥温度一般控制在 105～150℃。

抽真空的目的是将阻碍单体渗入的空气从混凝土的孔隙中排除，以加快浸渍速度和提高浸填率。浸填率是衡量浸渍程度的重要指标，以浸渍前后的质量差与浸渍前基材质量的百分比来表示。抽真空是在密闭容器中进行的，真空度以 666.1Pa 为宜。混凝土在浸渍前是否需要真空处理，应视浸渍混凝土的用途而定。高强度混凝土需采用抽真空处理，强度要求不高时可以不采用真空处理。

浸渍可分为完全浸渍和局部浸渍两种。完全浸渍是指混凝土断面被单体完全浸透，浸填量一般在 6%左右，浸渍方式应采用真空-常压浸渍或真空-加压浸渍，并要选用低黏度的单体。完全浸渍可全面改善混凝土的性能，大幅度提高强度。局部浸渍的深度一般在 10mm 以下，浸填量在 2%左右，主要目的是改善混凝土的表面性能，如耐腐蚀、耐磨、防渗等。浸渍方式采用涂刷法或浸泡法。浸泡时间根据单体种类、浸渍方法、基材状况及尺寸而定。施工现场进行浸渍处理多为局部浸渍。

渗入混凝土孔隙的单体通过一定的方式使其由液态单体转变为固态聚合物，这一过程称为聚合。聚合的方法有辐射法、加热法和化学法。辐射法不用加热引发剂，而是靠高能辐射聚合；加热法需要加入引发剂加热聚合；化学法不需要辐射和加热，只用引发剂和促进剂引起聚合。

3. 聚合物改性混凝土的制备工艺

聚合物改性混凝土的生产工艺同普通混凝土基本相同，可以采用普通混凝土的拌和设备和浇筑设备制作。

在水泥砂浆或水泥混凝土改性中使用最为广泛的是聚合物胶乳，或称为聚合物乳液。将聚合物乳液掺入新拌混凝土中，可使混凝土的性能得到明显的改善，这类材料称为聚合物改性混凝土。用于水泥混凝土改性的聚合物品种繁多，基本分为三种类型：聚合物乳液、水溶性聚合物和液体树脂。

聚合物乳液作水泥材料改性剂时，可以部分取代或全部取代拌和水。聚合物乳液具有如下几个方面的特性：作为减水塑化剂，在保持砂浆和易性良好、收缩较小的情况下，可以降低水灰比；可以提高砂浆与老混凝土的黏结能力；提高修补砂浆对水、二氧化碳和油类物质的抗渗能力，而且还能增强对一些化学物质侵蚀的抵抗能力；在一定程度上可以用作养护剂；增强砂浆的抗弯、抗拉强度。

当选择聚合物用于混凝土或砂浆的改性时，必须满足一些要求，例如，改善和易性和弹性；增加力学强度，尤其是弯曲强度、黏结强度和断裂伸长率；减少收缩；提高抗磨性能；提高耐化学介质性能，尤其是冰盐、水和油；提高耐久性。

聚合物改性砂浆的断裂韧性、变形性能都比水泥砂浆有很大提高，弹性模量也明显降低，因为从乳胶改性砂浆横断面的扫描照片中，可清楚地看到乳胶形成的纤维像桥一样横跨在微裂缝上，有效地阻止裂缝的形成和开展。

聚合物水泥砂浆中的含气量较高，可达10%～30%，在拌制聚合物改性混凝土时，只要采用优质消泡剂，其含气量就会少很多，可降到2%以下，与普通混凝土基本相同。这是因为混凝土与砂浆相比，骨料颗粒粗一些，空气容易排除。

除聚乙酸乙烯酯(PVAC)混凝土，聚合物水泥混凝土的抗压、抗弯、抗拉及抗剪切强度均随聚灰比的增加而有所提高，尤其以抗拉强度及抗弯强度的增加更为显著。

思考题和作业

14.1 简述聚合物基复合材料的手糊成型工艺和特点及应用。

14.2 简述聚合物基复合材料的层压成型方法。

14.3 简述聚合物基复合材料的压机、压力袋、热压罐模压成型方法。

14.4 简述聚合物基复合材料的喷射成型方法。

14.5 列举出两种热塑性树脂基复合材料的加工方法，并作简要介绍。

14.6 简述金属基复合材料的固态法制备工艺。

14.7 简述金属基复合材料的液态法制备工艺。

14.8 简述陶瓷基复合材料的料浆浸渍后热压烧结法和化学气相渗透法的制备工艺。

14.9 简述玻璃纤维增强水泥基复合材料的制备工艺。

参考文献

[1] 师昌绪,江东亮,干勇,等.中国材料工程大典[M].第1～26卷.北京:化学工业出版社,2006.
[2] 国家自然基金委员会.无机非金属材料科学[M].北京:科学出版社,1997.
[3] 许并社.材料概论[M].北京:机械工业出版社,2011.
[4] 周达飞.材料概论[M].北京:化学工业出版社,2019.
[5] 张会.材料导论[M].北京:科学出版社,2019.
[6] 曾光廷.现代新型材料[M].北京:中国轻工业出版社,2006.
[7] 贡长生,张克立.新型功能材料[M].北京:化学工业出版社,2001.
[8] 杜彦良,张光磊.现代材料概论[M].重庆:重庆大学出版社,2009.
[9] 雷永泉.新能源材料[M].天津:天津大学出版社,2000.
[10] 袁吉仁.新能源材料[M].北京:科学出版社,2020.
[11] 谢娟,林元华,周莹,等.能量转换材料与器件[M].北京:科学出版社,2014.
[12] 张玉兰,蔺锡柱.新能源材料概论[M].北京:化学工业出版社,2019.
[13] 胡子龙.贮氢材料[M].北京:化学工业出版社,2002.
[14] 张志焜,崔作林.纳米技术与纳米材料[M].北京:国防工业出版社,2000.
[15] 王世敏,许祖勋,傅晶.纳米材料制备技术[M].北京:化学工业出版社,2002.
[16] 张立德.纳米材料[M].北京:化学工业出版社,2000.
[17] 马如璋,蒋民华,徐祖雄.功能材料学[M].北京:冶金工业出版社,1999.
[18] 刘海鹏.智能材料概论[M].北京:北京理工大学出版社,2021.
[19] 姚康德,成国祥.智能材料[M].北京:化学工业出版社,2002.
[20] 干福熹.信息材料[M].天津:天津大学出版社,2000.
[21] 殷景华,王雅珍,鞠刚.功能材料概论[M].哈尔滨:哈尔滨工业大学出版社,1999.
[22] 俞耀庭.生物医用材料[M].天津:天津大学出版社,2000.
[23] 陈治清.口腔生物材料学[M].北京:化学工业出版社,2004.
[24] 肖志国.蓄光型发光材料及其制品[M].北京:化学工业出版社,2002.
[25] 孙家跃,杜海燕,胡文祥.固体发光材料[M].北京:化学工业出版社,2003.
[26] 高长有.高分子材料概论[M].北京:化学工业出版社,2018.
[27] 钱立军,王澜.高分子材料[M].北京:中国轻工业出版社,2020.
[28] 黄丽.高分子材料[M].北京:化学工业出版社,2010.
[29] 贺英.高分子合成与材料成型加工工艺[M].北京:科学出版社,2021.
[30] 周达飞,唐颂超.高分子材料成型加工[M].北京:中国轻工业出版社,2005.
[31] 史玉升,李远才,杨劲松.高分子材料成型加工[M].北京:化学工业出版社,2006.
[32] 李锦春,邹国享.高分子材料成型工艺学[M].北京:科学出版社,2021.
[33] 黄锐.塑料成型工艺学[M].北京:中国轻工业出版社,2013.
[34] 温变英.高分子材料与加工[M].北京:中国轻工业出版社,2016.
[35] 张海.橡胶及塑料加工工艺[M].北京:化学工业出版社,1997.
[36] 中国硅酸盐学会.硅酸盐辞典[M].北京:中国建筑工业出版社,1984.
[37] 邱关明.玻璃形成学[M].北京:兵器工业出版社,1987.
[38] 杨华明,宋晓岚,金胜明.新型无机材料[M].北京:化学工业出版社,2005.
[39] 干福熹.现代玻璃科学技术[M].上海:上海科学技术出版社,1990.
[40] 曹志峰.特种光学玻璃[M].北京:兵器工业出版社,1993.
[41] 胡曙光.特种水泥[M].武汉:武汉理工大学出版社,1998.
[42] 林宗寿.无机非金属材料工学[M].武汉:武汉理工大学出版社,2019.

[43] 曹文聪,杨树森.普通硅酸盐工艺学[M].武汉:武汉理工大学出版社,1996.
[44] 西北轻工业学院.玻璃工艺学[M].北京:中国轻工业出版社,2006.
[45] 武汉建筑材料工业学院.玻璃工艺原理[M].北京:中国建筑工业出版社,1981.
[46] 李家驹.陶瓷工艺学[M].北京:中国轻工业出版社,2006.
[47] 袁润章.胶凝材料学[M].武汉:武汉理工大学出版社,2005.
[48] 沈威.水泥工艺学[M].武汉:武汉理工大学出版社,2005.
[49] 李坚利,周惠群.水泥生产工艺[M].武汉:武汉理工大学出版社,2020.
[50] 周国治,彭宝利.水泥生产工艺概论[M].武汉:武汉理工大学出版社,2011.
[51] 张旭东,张玉军,刘曙光.无机非金属材料学[M].济南:山东大学出版社,2000.
[52] 吴承建.金属材料学[M].北京:冶金工业出版社,2000.
[53] 于文斌,陈异,何洪,等.材料工艺学[M].重庆:西南师范大学出版社,2019.
[54] 王正品,张路,要玉宏.金属功能材料[M].北京:化学工业出版社,2004.
[55] 徐祖耀,江伯鸿.形状记忆材料[M].上海:上海交通大学出版社,2000.
[56] 赵连城.合金的形状记忆效应与超弹性[M].北京:国防工业出版社,2002.
[57] 杨杰,吴月华.形状记忆合金及其应用[M].合肥:中国科学技术大学出版社,1993.
[58] 功能材料及其手册编写组.功能材料及其手册[M].北京:机械工业出版社,1999.
[59] 刘春廷,陈克正,谢广文.材料工艺学[M].北京:化学工业出版社,2013.
[60] 邢忠文,张学仁.金属工艺学[M].哈尔滨:哈尔滨工业大学出版社,1999.
[61] 王雅然.金属工艺学[M].北京:机械工业出版社,1998.
[62] 林再学.现代铸造方法[M].北京:航空工业出版社,1991.
[63] 崔忠圻.金属学与热处理原理[M].哈尔滨:哈尔滨工业大学出版社,1998.
[64] 邢忠文,张学仁.金属工艺学[M].哈尔滨:哈尔滨工业大学出版社,1999.
[65] 梁耀能.机械工程材料[M].广州:华南理工大学出版社,2002.
[66] 刘会霞.金属工艺学[M].北京:机械工业出版社,2010.
[67] 郝建民.机械工程材料[M].西安:西北工业大学出版社,2003.
[68] 朱振华,黄根哲,龚素芝.金属工艺学[M].北京:化学工业出版社,2011.
[69] 丁德全.金属工艺学[M].北京:机械工业出版社,2000.
[70] 武建军.机械工程材料[M].北京:国防工业出版社,2004.
[71] 于永泗,齐民.机械工程材料[M].大连:大连理工大学出版社,2003.
[72] 齐宝森.机械工程材料[M].哈尔滨:哈尔滨工业大学出版社,2003.
[73] 王英杰.金属工艺学[M].北京:机械工业出版社,2011.
[74] 王仲仁.特种塑性成型[M].北京:机械工业出版社,1995.
[75] 朱荆璞,张德惠.机械工程材料学[M].北京:机械工业出版社,1988.
[76] 邹茉莲.焊接理论及工艺基础[M].北京:北京航空航天大学出版社,1994.
[77] 田锡唐.焊接结构[M].北京:机械工业出版社,1982.
[78] 陈祝年.焊接工程师手册[M].北京:机械工业出版社,2002.
[79] 王贵成,张银喜.精密与特种加工[M].武汉:武汉理工大学出版社,2001.
[80] 周曦亚.复合材料[M].北京:化学工业出版社,2004.
[81] 徐国财,张立德.纳米复合材料[M].北京:化学工业出版社,2002.
[82] 鲁云,朱世杰,马鸣图,等.先进复合材料[M].北京:机械工业出版社,2004.
[83] 张以河.复合材料学[M].北京:化学工业出版社,2022.
[84] 周祖福.复合材料学[M].武汉:武汉理工大学出版社,2004.
[85] 刘万辉.复合材料[M].哈尔滨:哈尔滨工业大学出版社,2017.
[86] 刘雄亚,谢怀勤.复合材料工艺及设备[M].武汉:武汉理工大学出版社,1997.